高等学校"十三五"规划教材

无机化学

程清蓉　主　编
黄少云　周　红　游　丹　副主编
潘志权　主　审

化学工业出版社
·北京·

内容提要

《无机化学》充分考虑中学和大学的化学知识衔接以及工科类专业的化学学习要求,在保证学科系统性的前提下,尽可能少而精和简明扼要。全书共 16 章,先介绍了化学反应基础知识(含气体性质)、化学反应的方向、限度和反应速率,然后按酸碱平衡、沉淀-溶解平衡、氧化还原反应及电化学基础、原子结构、分子结构、配位化合物、主族金属元素、非金属元素、过渡元素、常见离子的分离和鉴定安排内容,每章后均有思考题和习题,方便学生检查学习效果。

《无机化学》可作为高等院校化学、化工、制药、环境、材料、生物、轻工、食品等专业本科生的教材,也可供化学工作者参考。

图书在版编目(CIP)数据

无机化学/程清蓉主编. —北京:化学工业出版社,2020.9(2024.8重印)
高等学校"十三五"规划教材
ISBN 978-7-122-37295-6

Ⅰ.①无… Ⅱ.①程… Ⅲ.①无机化学-高等学校-教材 Ⅳ.①O61

中国版本图书馆 CIP 数据核字(2020)第 113884 号

责任编辑:宋林青	文字编辑:刘志茹
责任校对:刘 颖	装帧设计:刘丽华

出版发行:化学工业出版社(北京市东城区青年湖南街 13 号 邮政编码 100011)
印　　装:北京天宇星印刷厂
787mm×1092mm　1/16　印张 27½　彩插 1　字数 743 千字　2024 年 8 月北京第 1 版第 5 次印刷

购书咨询:010-64518888　　　　　售后服务:010-64518899
网　　址:http://www.cip.com.cn

凡购买本书,如有缺损质量问题,本社销售中心负责调换。

定　价:62.00元　　　　　　　　　　　　　　　　　　　　版权所有　违者必究

前　言

无机化学是化工、制药、材料和环境工程等专业必修的一门重要基础课程，无机化学的教学内容必须为刚进大学校门的新生学习整个大学化学提供重要保证，并使学生在学习无机化学过程中完成从中学到大学在化学学习方法和思维方式方面的转变。因此，本书编写的主要目的是让学生掌握无机化学的一些基础理论和知识，为后续化学课程及专业课程的学习提供基础化学知识。

本书编者长期从事无机化学教学，并在近十多年的无机化学教学实践中，比较全面地了解相关专业对无机化学的要求。因此在内容的选取上，既考虑了专业的要求，又考虑了与后续化学课程的衔接与分工。在讨论无机化学基础理论的同时，介绍近期的科学研究成果及无机化学在环境科学、生命科学及材料科学等方面的应用。

本书的编写根据我们在教学实践中的总结，以基本知识和基础理论为主，力求少而精和简明扼要，以保证工科学生更好地掌握无机化学基础理论和知识。本书的选材力争做到承前启后、深入浅出、通俗易懂，更有利于学生理解知识点。本书最大的特点就是我们针对学生难以理解的知识点补充了教学研究成果。

本书由程清蓉任主编，黄少云、周红和游丹任副主编，参加编写的有武汉工程大学化学与环境工程学院黄少云（第2、3章），齐小玲（第5章），李伟伟（第6、11章），程清蓉（第7、13章），杨小红（第8章），李庆祥（第9章），周红（第10章），胡锦东（第12、15章），张汉平（第14章），王会生和彭梦（部分章节编写）；武汉工程大学邮电与信息工程学院游丹（第1、4、16章）。最后由程清蓉统一整理、补充、修改和定稿。张汉平负责全书的附录收集整理和书中插图的绘制工作，全书由潘志权审阅。

本书在编写过程中参考了部分已出版的有关教材及著作，从中借鉴了许多有益的内容，在此向作者和出版社表示谢意。

本书出版过程中化学工业出版社给予了大力支持，我们在此表示衷心的感谢。

限于编者的水平，书中难免有疏漏和不妥之处，敬请读者批评指正。

编者
2020 年 4 月

目 录

第1章 化学反应基础知识 ……… 1
  1.1 基本概念和术语 ……………… 1
    1.1.1 原子量和分子量 …………… 1
    1.1.2 物质的量及单位 …………… 1
    1.1.3 摩尔质量和摩尔体积 ……… 2
  1.2 气体 …………………………… 2
    1.2.1 理想气体状态方程 ………… 2
    1.2.2 理想气体混合物 …………… 5
  1.3 溶液 …………………………… 7
    1.3.1 溶液浓度的表示方法 ……… 7
    1.3.2 物质的溶解度 ……………… 8
  思考题 ……………………………… 9
  习题 ………………………………… 9

第2章 化学反应的方向 ………… 11
  2.1 化学反应方向的焓变判据 …… 11
    2.1.1 热力学中常用的术语 ……… 12
    2.1.2 热力学第一定律 …………… 15
    2.1.3 常见化学反应的过程 ……… 15
    2.1.4 化学反应热效应 …………… 17
    2.1.5 热效应的计算 ……………… 19
    2.1.6 焓变对化学反应方向的影响 … 23
  2.2 化学反应方向的熵变判据 …… 23
    2.2.1 熵及熵的性质 ……………… 23
    2.2.2 熵变对化学反应方向的影响 … 25
  2.3 化学反应方向的吉布斯自由能变
      判据 ………………………………… 27
    2.3.1 吉布斯自由能 ……………… 27
    2.3.2 吉布斯自由能变对化学反应
          方向的影响 ………………… 28
  思考题 ……………………………… 30
  习题 ………………………………… 31

第3章 化学反应的限度 ………… 33
  3.1 化学平衡状态 ………………… 33
    3.1.1 可逆反应与化学平衡 ……… 33
    3.1.2 化学平衡常数 ……………… 33
  3.2 化学反应方向判据 …………… 39
    3.2.1 摩尔反应吉布斯自由能与标准

      平衡常数的关系 ………………… 39
    3.2.2 非平衡状态(non-equilibriumstate)
          化学反应的方向 …………… 39
  3.3 化学平衡的移动 ……………… 40
    3.3.1 浓度对化学平衡的影响 …… 41
    3.3.2 压力对化学平衡的影响 …… 42
    3.3.3 温度对化学平衡的影响 …… 43
    3.3.4 吕•查德理原理 …………… 45
  思考题 ……………………………… 45
  习题 ………………………………… 46

第4章 化学反应速率 …………… 49
  4.1 反应速率的定义 ……………… 49
    4.1.1 平均速率 …………………… 49
    4.1.2 瞬时速率 …………………… 50
  4.2 反应速率与反应物浓度的关系 … 50
    4.2.1 速率方程 …………………… 50
    4.2.2 动力学方程 ………………… 52
  4.3 反应速率理论简介 …………… 54
    4.3.1 基本概念和术语 …………… 54
    4.3.2 碰撞理论 …………………… 55
    4.3.3 过渡态理论 ………………… 56
  4.4 影响化学反应速率的因素 …… 57
    4.4.1 温度对化学反应速率的影响 … 57
    4.4.2 催化剂对化学反应速率的
          影响 ………………………… 59
  思考题 ……………………………… 60
  习题 ………………………………… 61

第5章 酸碱平衡 ………………… 63
  5.1 电解质溶液 …………………… 63
    5.1.1 强电解质溶液 ……………… 63
    5.1.2 弱电解质溶液 ……………… 64
  5.2 酸碱理论 ……………………… 64
    5.2.1 酸碱理论的发展 …………… 64
    5.2.2 酸碱质子理论 ……………… 65
  5.3 水溶液的酸碱平衡 …………… 67
    5.3.1 水的离子积 ………………… 67
    5.3.2 水溶液中的酸碱性和pH值 … 68

5.3.3 弱酸、弱碱的离解平衡
　　　　　（dissociation equilibrium） ········ 68
5.4 酸碱溶液 pH 值的计算 ············ 70
　　5.4.1 一元弱酸、弱碱水溶液中的有关
　　　　　计算 ································ 70
　　5.4.2 多元弱酸、弱碱的水溶液中的有
　　　　　关计算 ···························· 74
　　5.4.3 两性物质的离解平衡 ············ 76
5.5 缓冲溶液 ······························ 77
　　5.5.1 同离子效应 ······················ 77
　　5.5.2 缓冲溶液的组成及缓冲作用 ···· 77
　　5.5.3 缓冲溶液 pH 值的计算 ········ 78
　　5.5.4 缓冲溶液的缓冲容量和缓冲
　　　　　范围 ································ 79
　　5.5.5 缓冲溶液的选择和配制 ········ 80
思考题 ·· 81
习题 ·· 82

第 6 章 沉淀-溶解平衡 ··················· 84
6.1 溶度积原理 ··························· 84
　　6.1.1 溶度积 ···························· 84
　　6.1.2 溶度积与溶解度 ················ 84
6.2 沉淀溶解平衡的移动 ··············· 85
　　6.2.1 同离子效应 ······················ 85
　　6.2.2 盐效应 ···························· 86
　　6.2.3 酸效应 ···························· 86
　　6.2.4 配合效应 ························ 86
6.3 溶度积规则及应用 ··················· 86
　　6.3.1 溶度积规则 ······················ 86
　　6.3.2 沉淀生成 ························ 87
　　6.3.3 沉淀溶解 ························ 88
　　6.3.4 分步沉淀 ························ 90
　　6.3.5 沉淀的转化 ······················ 91
思考题 ·· 91
习题 ·· 93

第 7 章 氧化还原反应及电化学基础 ······ 94
7.1 氧化还原反应的基本概念 ········ 94
　　7.1.1 氧化数 ···························· 94
　　7.1.2 氧化还原反应 ···················· 95
　　7.1.3 氧化还原反应方程式配平 ······ 95
7.2 原电池 ································ 98
　　7.2.1 原电池组成和原电池符号 ······ 98
　　7.2.2 电极类型 ························ 99

　　7.2.3 电池电动势 ···················· 100
　　7.2.4 电池电动势与电池反应吉布斯
　　　　　自由能的关系 ·················· 100
　　7.2.5 标准电动势与电池反应平衡
　　　　　常数 ······························ 101
7.3 电极电势 ···························· 101
　　7.3.1 电极电势的产生 ················ 101
　　7.3.2 标准电极电势 ···················· 102
　　7.3.3 标准电极电势计算 ············ 104
7.4 影响电极电势的因素 ·············· 105
　　7.4.1 能斯特（Nernst）方程 ······ 105
　　7.4.2 浓度对电极电势的影响 ········ 106
　　7.4.3 酸度对电极电势的影响 ······ 109
7.5 电极电势及电池电动势的应用 ··· 110
　　7.5.1 电极电势应用 ···················· 110
　　7.5.2 电池电动势应用 ················ 112
7.6 元素电势图 ·························· 113
7.7 水的电势-pH 图 ···················· 114
思考题 ······································ 115
习题 ·· 117

第 8 章 原子结构 ····························· 119
8.1 原子的玻尔模型 ···················· 120
　　8.1.1 经典物理学局限性 ············ 120
　　8.1.2 氢原子光谱 ······················ 121
　　8.1.3 氢原子的玻尔模型 ············ 122
8.2 原子的量子力学模型 ·············· 123
　　8.2.1 微观粒子的波粒二象性 ······ 123
　　8.2.2 微观粒子测不准关系 ········ 124
　　8.2.3 波函数和薛定谔方程 ········ 125
　　8.2.4 原子核外电子运动状态 ······ 126
　　8.2.5 波函数和电子云的空间图形 ··· 129
8.3 多电子结构和元素周期律 ········ 131
　　8.3.1 屏蔽效应和钻穿效应 ········ 131
　　8.3.2 鲍林近似能级图 ················ 133
　　8.3.3 多电子原子的核外电子排布
　　　　　规律 ······························ 134
　　8.3.4 原子核外电子排布与元素周
　　　　　期律 ······························ 136
8.4 主要原子参数及其变化规律 ····· 139
　　8.4.1 原子半径 ·························· 139
　　8.4.2 电离能 ···························· 140
　　8.4.3 电子亲和能 ······················ 141
　　8.4.4 电负性 ···························· 142

| 思考题 ⋯⋯⋯⋯⋯⋯⋯⋯⋯⋯⋯⋯⋯⋯ 143
| 习题 ⋯⋯⋯⋯⋯⋯⋯⋯⋯⋯⋯⋯⋯⋯⋯ 144

第9章 分子结构 147
9.1 离子键理论 147
9.1.1 离子键的形成 147
9.1.2 离子的特征 149
9.1.3 离子晶体 151
9.1.4 离子极化作用 154
9.2 共价键理论 155
9.2.1 价键理论 156
9.2.2 杂化轨道理论 160
9.2.3 价电子对互斥理论 165
9.2.4 分子轨道理论 168
9.2.5 原子晶体 172
9.3 金属键理论 172
9.3.1 改性共价键理论 172
9.3.2 金属能带理论 173
9.3.3 金属晶体 174
9.4 分子间作用力 175
9.4.1 分子的极性与变形性 176
9.4.2 分子间作用力 177
9.4.3 氢键 179
9.4.4 分子晶体 180
   思考题 ⋯⋯⋯⋯⋯⋯⋯⋯⋯⋯⋯⋯⋯⋯ 180
   习题 ⋯⋯⋯⋯⋯⋯⋯⋯⋯⋯⋯⋯⋯⋯⋯ 181

第10章 配位化合物 183
10.1 基本概念 183
10.1.1 配合物的组成 183
10.1.2 配合物的命名 185
10.1.3 螯合物 186
10.1.4 新型配合物 187
10.2 配合物的空间构型和磁性 188
10.2.1 配合物的空间构型 188
10.2.2 配合物的磁性 189
10.3 配合物的化学键理论 189
10.3.1 价键理论 189
10.3.2 晶体场理论 195
10.4 配合物的稳定性 200
10.4.1 配位平衡和平衡常数 200
10.4.2 影响配位化合物稳定性的因素 202
10.4.3 配位平衡的移动 203

10.5 配合物的应用 207
10.5.1 在分析化学中的应用 207
10.5.2 在工业生产中的应用 209
10.5.3 在生命科学中的作用 210
10.5.4 与生物化学的关系 210
   思考题 ⋯⋯⋯⋯⋯⋯⋯⋯⋯⋯⋯⋯⋯⋯ 211
   习题 ⋯⋯⋯⋯⋯⋯⋯⋯⋯⋯⋯⋯⋯⋯⋯ 212

第11章 主族金属元素（一） 214
11.1 s区元素概述 214
11.2 碱金属 215
11.2.1 碱金属单质的物理化学性质 215
11.2.2 碱金属的氢化物 217
11.2.3 碱金属的氧化物 217
11.2.4 碱金属的氢氧化物 219
11.2.5 碱金属重要盐类的性质 220
11.2.6 碱金属配位化合物 220
11.3 碱土金属 220
11.3.1 碱土金属单质的物理化学性质 220
11.3.2 碱土金属的氢化物 221
11.3.3 碱土金属的氧化物 222
11.3.4 碱土金属的氢氧化物 222
11.3.5 碱土金属的盐类 223
11.3.6 碱土金属配位化合物 223
11.4 锂、铍的特殊性 224
11.4.1 对角线规则 224
11.4.2 锂的特殊性及锂、镁的相似性 224
11.4.3 铍的特殊性及铍、铝的相似性 224
11.5 碱金属和碱土金属的生物效应 225
11.5.1 碱金属的生物效应 225
11.5.2 碱土金属的生物效应 226
   思考题 ⋯⋯⋯⋯⋯⋯⋯⋯⋯⋯⋯⋯⋯⋯ 227
   习题 ⋯⋯⋯⋯⋯⋯⋯⋯⋯⋯⋯⋯⋯⋯⋯ 227

第12章 主族金属元素（二） 229
12.1 p区元素概述 229
12.2 铝 229
12.2.1 铝的物理化学性质 229
12.2.2 氧化铝和氢氧化铝 230
12.2.3 铝盐 231
12.3 锡、铅 232

- 12.2.1 锡和铅的物理化学性质 ……… 233
- 12.3.2 锡和铅的氧化物和氢氧化物 … 233
- 12.3.3 锡和铅的化合物 …………………… 235
- 12.3.4 Sn(Ⅱ)的还原性和 Pb(Ⅳ)的氧化性 …………………………… 236
- 12.4 砷、锑、铋 …………………………………… 237
  - 12.4.1 砷、锑、铋的物理化学性质 … 237
  - 12.4.2 砷、锑、铋的氧化物和氧化物的水合物 …………………… 238
  - 12.4.3 砷、锑、铋的化合物 …………… 239
- 思考题 …………………………………………………… 241
- 习题 ……………………………………………………… 241

第 13 章 非金属元素 …………………………… 244
- 13.1 概述 …………………………………………… 244
  - 13.1.1 单质 ……………………………………… 244
  - 13.1.2 化合物 …………………………………… 245
- 13.2 卤素 …………………………………………… 248
  - 13.2.1 卤素单质的物理化学性质 …… 248
  - 13.2.2 卤化氢和氢卤酸 ………………… 251
  - 13.2.3 卤化物、卤素互化物和多卤化物 …………………………… 254
  - 13.2.4 卤素的氧化物、含氧酸和盐 … 257
  - 13.2.5 拟卤素 …………………………………… 262
- 13.3 氧族元素 ……………………………………… 263
  - 13.3.1 氧族元素的通性 ………………… 263
  - 13.3.2 氧和臭氧 ………………………………… 265
  - 13.3.3 硫及其化合物 …………………… 268
  - 13.3.4 硒、碲及其化合物 ……………… 278
- 13.4 氮族元素 ……………………………………… 281
  - 13.4.1 氮及其化合物 …………………… 281
  - 13.4.2 磷及其化合物 …………………… 291
- 13.5 碳、硅、硼 …………………………………… 300
  - 13.5.1 碳、硅、硼的物理化学性质 … 301
  - 13.5.2 碳的氧化物、含氧酸和盐 …… 303
  - 13.5.3 硅的氧化物、含氧酸和盐 …… 305
  - 13.5.4 硼的氧化物、氢化物、含氧酸和盐 …………………………… 307
- 13.6 氢和稀有气体 ……………………………… 310
  - 13.6.1 氢 ………………………………………… 310
  - 13.6.2 稀有气体 ……………………………… 312
- 思考题 …………………………………………………… 315
- 习题 ……………………………………………………… 315

第 14 章 过渡元素（一）………………………… 317
- 14.1 过渡元素概述 ……………………………… 317
- 14.2 钛副族 ………………………………………… 317
  - 14.2.1 钛的物理、化学性质 …………… 318
  - 14.2.2 钛的氧化物和钛酸盐 ………… 319
  - 14.2.3 钛的卤化物 ………………………… 320
  - 14.2.4 锆和铪的重要化合物 ………… 321
- 14.3 钒副族 ………………………………………… 321
  - 14.3.1 钒族元素的物理化学性质 … 321
  - 14.3.2 钒族元素的重要化合物 …… 322
- 14.4 铬副族 ………………………………………… 324
  - 14.4.1 铬的物理化学性质 ……………… 324
  - 14.4.2 铬(Ⅲ)的化合物 ………………… 325
  - 14.4.3 Cr(Ⅵ) 化合物 …………………… 328
  - 14.4.4 钼和钨的重要化合物 ………… 331
- 14.5 锰副族 ………………………………………… 333
  - 14.5.1 锰的物理化学性质 ……………… 334
  - 14.5.2 Mn(Ⅱ)的化合物 ………………… 334
  - 14.5.3 Mn(Ⅳ)的化合物 ………………… 335
  - 14.5.4 Mn(Ⅵ)和 Mn(Ⅶ)的化合物 ……………………………………… 336
  - 14.5.5 锝和铼的重要化合物 ………… 338
- 14.6 铁系元素 ……………………………………… 339
  - 14.6.1 铁系元素单质的物理化学性质 ……………………………… 340
  - 14.6.2 铁系元素的氧化物和氢氧化物 ……………………………… 341
  - 14.6.3 铁盐、钴盐和镍盐 ……………… 342
  - 14.6.4 铁系元素的配合物 ……………… 344
- 14.7 铂系元素 ……………………………………… 348
  - 14.7.1 铂系元素单质的重要物理化学性质 ……………………… 349
  - 14.7.2 铂系元素的重要化合物 …… 350
- 14.8 稀土元素和镧系元素 …………………… 351
- 14.9 锕系元素简介 ……………………………… 356
- 思考题 …………………………………………………… 358
- 习题 ……………………………………………………… 359

第 15 章 过渡元素（二）………………………… 362
- 15.1 铜副族元素 ………………………………… 362
  - 15.1.1 铜副族元素单质的物理化学性质 ……………………………… 363
  - 15.1.2 铜副族元素的氧化物和氢氧

|化物 ································· 364
   15.1.3 铜副族元素的化合物 ········ 365
   15.1.4 铜副族元素的配合物 ········ 369
   15.1.5 铜（Ⅰ）与铜（Ⅱ）的相互
        转化 ······························ 370
  15.2 锌副族元素 ····························· 371
   15.2.1 锌副族元素单质的物理化学
        性质 ······························ 372
   15.2.2 锌副族元素的氧化物和氢氧
        化物 ······························ 374
   15.2.3 锌副族元素的化合物 ········ 375
  思考题 ··· 379
  习题 ·· 380

第16章 常见离子的分离和鉴定 ········ 382
  16.1 离子的分离和鉴定概述 ············· 382
   16.1.1 鉴定反应和鉴定反应的条件 ··· 382
   16.1.2 鉴定反应的灵敏度和选择性 ··· 383
   16.1.3 空白试验和对照试验 ········ 384
   16.1.4 离子分别鉴定和混合离子分离
        鉴定 ······························ 385
  16.2 常见阳离子的分离和鉴定 ·········· 385
   16.2.1 阳离子与常用试剂的反应 ···· 385
   16.2.2 阳离子混合物的分离鉴定
        方法 ······························ 389
  16.3 常见阴离子的分离和鉴定 ·········· 402
   16.3.1 阴离子的初步检验 ············ 402

   16.3.2 阴离子的鉴定 ················· 403
  思考题 ··· 406
  习题 ·· 407

附录 ·· 408
  附录1 常用物理量、单位和符号 ········ 408
  附录2 国际单位制（SI） ················· 409
  附录3 一些基本的物理常数 ············ 410
  附录4 一些物质的标准热力学数据
       （298.15K，100kPa） ············ 411
  附录5 一些有机物的标准摩尔燃烧焓
       $\Delta_c H_m^\ominus$ ·································· 417
  附录6 弱酸弱碱在水中的解离常数
       （298.15K） ························ 417
  附录7 常用缓冲溶液的配制及pH
       范围 ································ 418
  附录8 难溶电解质的溶度积（298K） ····· 418
  附录9 标准电极电势（298.15K） ······· 419
  附录10 一些弱电解质、难溶物和配离子
        标准电极电势（298.15K） ······ 425
  附录11 元素原子参数 ··················· 428
  附录12 鲍林（Pauling）离子半径 ······ 429
  附录13 某些键的键能和键长 ·········· 430
  附录14 一些配离子的稳定常数
        （298K） ··························· 431

参考文献 ··· 432
元素周期表

第 1 章　化学反应基础知识

无机化学反应分为均相反应（homogeneous reaction），如气体反应和水溶液中的反应；非均相反应（heterogeneous reaction），如碳在空气中燃烧和金属锌与盐酸反应：

$$Zn(s)+HCl(aq)=\!=\!ZnCl_2(aq)+H_2(g)$$
$$C(s)+O_2(g)=\!=\!CO_2(g)$$

本章主要介绍无机化学均相反应中的质量关系。

1.1　基本概念和术语

1.1.1　原子量和分子量

由于原子的实际质量很小，如果用它们的实际质量来计算的话会非常麻烦，例如一个氢原子的实际质量为 1.674×10^{-27} kg，一个氧原子的质量为 2.657×10^{-26} kg，一个碳-12 原子的质量为 1.993×10^{-26} kg。一种元素在自然界中存在多种同位素，如氧在自然界中存在三种同位素，分别是 $^{16}_{8}O$、$^{17}_{8}O$、$^{18}_{8}O$，它们的丰度分别为 99.759%、0.037%、0.204%；碳主要有两种同位素，地球上 98.892% 的碳以 $^{12}_{6}C$ 形式存在，1.108% 以 $^{13}_{6}C$ 形式存在。元素的原子量是其各种同位素原子量的加权平均值。

原子量（relative atomic mass）的定义是以 $^{12}_{6}C$ 的原子质量的 1/12 作为标准，任何一个原子的真实质量与一个 $^{12}_{6}C$ 原子质量的 1/12 的比值，称为该原子的原子量（A_r）。$^{12}_{6}C$ 原子质量的 1/12 为：

$$\frac{1.993\times10^{-26}\,\text{kg}}{12}=1.661\times10^{-27}\,\text{kg}$$

元素原子的原子量是用其原子的实际质量除 1.661×10^{-27} kg 计算，如：

$$\text{氢原子的原子量为：}\frac{1.674\times10^{-27}}{1.661\times10^{-27}}=1.008$$

$$\text{氧原子的原子量为：}\frac{2.657\times10^{-26}}{1.661\times10^{-27}}=15.996$$

为了计算简便，在普通计算中，氢原子和氧原子的原子量分别取 1 和 16。

分子量（relative molecular mass）是指化学式中各个原子的原子量（A_r）总和，用符号 M_r 表示，单位是 1。分子量是一个相对值，定义为"物质的分子或特定单元的平均质量与 $^{12}_{6}C$ 原子质量的 1/12 之比"。定义中的"特定单元"，主要是指空气等组成成分基本不变的特殊混合物。分子量的实际计算是求化学式中各个原子的原子量之和。如：

$$M_r(H_2O)=2A_r(H)+A_r(O)=1.008\times2+15.996=18.012\approx18.01$$

1.1.2　物质的量及单位

物质的量是一个物理量，它表示含有一定数目粒子的集体，符号为 n。物质的量的单位为摩尔，符号为 mol。国际上规定，1mol 为精确包含 6.02214076×10^{23}（阿伏伽德罗常数，用 N_A 表示）个原子或分子等基本单元的系统的物质的量。基本单元可以是组成物质的任何自然存在的原子、分子、电子、离子、光子等一切物质的粒子，也可以是按需要人为地将它们进行分割或组合而实际上并不存在的个体或单元。如：$1/6K_2Cr_2O_7$、$1/5KMnO_4$、（H_2+

$1/2O_2$)等。

物质的量是国际单位制中基本物理量之一。物质的量是物质所含基本单元数（N）与阿伏伽德罗常数（N_A）之比，即 $n=\dfrac{N}{N_A}$。它是把一定数目的微观粒子与可称量的宏观物质联系起来的一种物理量。使用摩尔这个单位时，必须指明基本单元（以化学式表示），否则会造成错误。如：1mol $KMnO_4$ 表示有 N_A 个 $KMnO_4$ 分子，1mol $1/5KMnO_4$ 表示有 N_A 个 $1/5KMnO_4$ 个体。N_A 个 $KMnO_4$ 分子可以分割为 $5N_A$ 个 $1/5KMnO_4$ 个体。因此，同质量的 $KMnO_4$ 分子和 $1/5KMnO_4$ 个体，$1/5KMnO_4$ 个体的物质的量是 $KMnO_4$ 分子的5倍。

1.1.3 摩尔质量和摩尔体积

(1) 摩尔质量

单位物质的量的物质所具有的质量，称为摩尔质量（molar mass），用符号 M 表示。当物质的质量以克为单位时，在数值上等于该物质的原子量或分子量。摩尔质量的常用单位为 $g \cdot mol^{-1}$（克每摩尔），摩尔质量的国际制单位为 $kg \cdot mol^{-1}$（千克每摩尔）。

对于某一纯净物来说，它的摩尔质量是固定不变的，而物质的质量则随着物质的量不同而发生变化。因此某物质的摩尔质量为某物质的质量（m）除以该物质的物质的量（n），即

$$M=\frac{m}{n} \tag{1-1}$$

(2) 摩尔体积

单位物质的量的某种物质的体积，称为摩尔体积（V_m），即一摩尔物质的体积。单位为 $m^3 \cdot mol^{-1}$ 或 $L \cdot mol^{-1}$。

摩尔体积多指气体在指定温度和压力下 1mol 气体的体积，因此气体摩尔体积是在指定温度和压力下，某气体物质的体积（V）除以该气体的物质的量（n），即

$$V_m=\frac{V}{n} \tag{1-2}$$

任何理想气体在标准状况（273.15K 和 101.325kPa）下的摩尔体积为 $0.0224m^3 \cdot mol^{-1}$ 或 $22.4L \cdot mol^{-1}$，较精确的是：$V_m=0.02241410m^3 \cdot mol^{-1}$ 或 $22.41410L \cdot mol^{-1}$。

1.2 气体

气体具有可压缩性，是最容易被压缩的一种聚集状态。在密封的容器中，气体具有与容器相同的形状和体积；气体具有扩散性，不同种类的气体能以任意比例相互均匀混合。通常物质处于气体状态几乎和它们的化学组成无关，这就大大地方便了其存在状态的研究。物质处于气体状态时，分子彼此相距甚远，分子间的引力非常小，每个分子都在无规则地快速运动。所谓理想气体是一种理想化的气体。这种气体，其分子间没有作用力，且分子的大小可以忽略不计而如同几何点一样。一般在高温低压下，任何实际气体的行为都接近理想气体。气体存在的状态主要取决于四个物理量，即气体的体积、压力、温度和物质的量，反映这四个物理量之间的关系是气体的状态方程。

1.2.1 理想气体状态方程

(1) 波义耳定律

波义耳（1627—1691 年）通过一系列的实验研究了空气压力和体积的关系，实验表明：在温度一定时，一定量的气体的体积与压力成反比，这就是波义耳定律（Boyle's law）。其数学表达式是：

$$pV = K \quad 或 \quad V = \frac{K}{p} \tag{1-3}$$

式中，p 为气体的压力；V 为一定量气体的体积；K 为比例常数。

不同气体的 p-V 关系表明：一定量的同一气体在相同温度下，由一种状态转换为另一种状态，其 pV 都等于同一常数，即：

$$p_1 V_1 = p_2 V_2 \tag{1-4}$$

由式(1-4)可以计算出压力对气体体积的影响。

(2) 盖·吕萨克定律

查理约在 1787 年测得了气体的温度与体积之间的关系，然而他的数据没有保存下来，但他的成就由盖·吕萨克在 1802 年进一步证实。实验表明：在一定的压力下，一定量的气体的体积与热力学温度成正比，这就是盖·吕萨克定律（Gay-Lussac's law），或查理定律。其数学表达式是：

$$\frac{V}{T} = 常数 \quad 或 \quad V = 常数 \times T \tag{1-5}$$

式中，T 为热力学温度，K。T 与摄氏温度 t 之间的关系是：

$$T/\text{K} = t/\text{℃} + 273.15 \tag{1-6}$$

盖·吕萨克定律可用于解决气体在压力不变时的 V-T 关系问题。在恒定压力下，同量相同气体由一种状态转换为另一种状态，其 $\frac{V}{T}$ 都等于同一常数，即：

$$\frac{V_1}{T_1} = \frac{V_2}{T_2} \tag{1-7}$$

由公式(1-7)可计算出温度对气体体积的影响。

(3) 化合体积定律和阿伏伽德罗定律

在研究气体的化学反应中，盖·吕萨克总结出了化合体积定律：当气体反应时，在同温同压下消耗气体与生成的气体的体积成简单整数比。如：

$$\text{H}_2(\text{g}) + \text{O}_2(\text{g}) \longrightarrow \text{H}_2\text{O}(\text{g})$$
$$2\text{L} \quad + \quad 1\text{L} \quad \longrightarrow \quad 2\text{L}$$
$$\text{H}_2(\text{g}) + \text{N}_2(\text{g}) \longrightarrow \text{NH}_3(\text{g})$$
$$3\text{L} \quad + \quad 1\text{L} \quad \longrightarrow \quad 2\text{L}$$
$$\text{H}_2(\text{g}) + \text{Cl}_2(\text{g}) \longrightarrow \text{HCl}(\text{g})$$
$$1\text{L} \quad + \quad 1\text{L} \quad \longrightarrow \quad 2\text{L}$$

这些结果表明气体体积与分子有某种关系，1811 年阿伏伽德罗首先对这个关系作出了明确的叙述，即在同温同压下，相同体积的任何气体都含有相同数目的分子。这就是阿伏伽德罗定律（Avogadro's law），其数学表达式为：

$$\frac{N}{V} = 常数 \quad 或 \quad V_\text{m} = \frac{V}{n} = 常数 \tag{1-8}$$

式中，N 为气体分子数；n 为物质的量，mol；V_m 为气体的摩尔体积，在一定的温度和压力下，V_m 是一个不依赖于气体化学组成的常数。

(4) 理想气体状态方程

综合波义耳定律、盖·吕萨克定律和阿伏伽德罗定律，得到描述气体状态的体积、压力、温度和物质的量之间的关系，即：一定量的气体，体积和压力的乘积与热力学温度成正比。其数学表达式为

$$pV_\text{m} = 常数 \times T \quad 或 \quad pV = 常数 \times nT \tag{1-9}$$

式中，常数适用于所有气体，称为通用气体常数，用 R 表示，则上式为

$$pV_m = RT \quad 或 \quad pV = nRT \tag{1-10}$$

式(1-10)称为理想气体状态方程（equation of state of ideal gas），它的基础是在低压下的经验规律，因此它只适用温度不太低和压力不太高的情况下的气体。在低温高压下，由式(1-10)计算的结果与实验测定值有较大的偏差。

理想气体的概念是一种抽象的科学概念，实际上并不存在这种气体，它可看作实际气体在压力趋于零时的极限情况。在高温低压情况下，气体分子间距离很大，分子间的引力小到可以忽略，分子的体积相对气体的体积而言也可以忽略，这时的气体就能较好地服从式(1-10)。但对在低温高压条件下的实际气体的计算就需对式(1-10)进行修正。

(5) 气体常数

气体常数（gas constant）R 可根据理想气体状态方程求得。R 的数值依 V、p、T 和 n 的单位而定，在 SI 单位中，T 用热力学温度（K），n 用摩尔（mol），V 用立方米（m^3），也经常用立方分米（dm^3），习惯上也用升（L，$1L=1dm^3$）或毫升（mL），p 用帕或千帕（Pa 或 kPa，$1Pa=N\cdot m^{-2}$），在化工生产中，习惯用大气压（atm）和毫米汞柱（mmHg）。实验测得 0℃ 及 1atm 时，1mol 理想气体的体积为 22.414dm^3，代入式(1-10)则：

$$R = \frac{pV}{nT} = \frac{1 \times 22.414}{1 \times 273.15} = 0.0821 \ (\text{atm}\cdot\text{L}\cdot\text{mol}^{-1}\cdot\text{K}^{-1})$$

因为 $\quad 1\text{atm} = 760\text{mmHg} = 101.325\text{kPa} = 1.01325 \times 10^5 \text{Pa}$

所以 $\quad R = \dfrac{pV}{nT} = \dfrac{101.325 \times 22.414}{1 \times 273.15} = 8.314 \ (\text{kPa}\cdot\text{L}\cdot\text{mol}^{-1}\cdot\text{K}^{-1})$

或 $\quad R = \dfrac{pV}{nT} = \dfrac{101325 \times 0.022414}{1 \times 273.15} = 8.314 \ (\text{Pa}\cdot\text{m}^3\cdot\text{mol}^{-1}\cdot\text{K}^{-1})$

因为 $\quad 1\text{Pa}\cdot\text{m}^3 = 1\text{J} \quad$ 所以 $\quad R = 8.314 \text{J}\cdot\text{mol}^{-1}\cdot\text{K}^{-1}$

【例 1-1】 自行车轮胎内部压力达到 7.25atm 时将爆裂，一个内部体积为 1.52dm^3，含有 0.406mol 空气的自行车轮胎在多高温度时发生爆裂？

解 已知 $p = 7.25\text{atm}$，$V = 1.52\text{dm}^3$，$n = 0.406\text{mol}$

根据式(1-10) $\quad T = \dfrac{pV}{nR}$

$$= \frac{7.25 \times 1.52}{0.406 \times 0.0821} = 331 \ (\text{K})$$

自行车轮胎爆裂的温度为 331-273=58℃

【例 1-2】 一个体积为 0.204L 容器内装有 0.482g 戊烷，容器内温度和压力分别为 102℃ 和 102.258kPa。求戊烷的摩尔质量。

解 已知 $p = 102.258\text{kPa}$，$V = 0.204\text{L}$，$T = 102 + 273.15 = 375.15\text{K}$，$m = 0.482\text{g}$

根据式(1-10) $\quad M = \dfrac{mRT}{pV}$

$$= \frac{0.482 \times 8.314 \times 375.15}{102.258 \times 0.204} = 72.07 \ (\text{g}\cdot\text{mol}^{-1})$$

【例 1-3】 根据下列反应：

$$4FeS_2(s) + 11O_2(g) \longrightarrow 2Fe_2O_3(s) + 8SO_2(g)$$

求在 100℃ 和 105.378kPa 条件下，生成 75.0L SO_2 所消耗氧的质量（g）。

解 已知 $p = 105.378\text{kPa}$，$V = 75.0\text{L}$，$T = 100 + 273.15 = 373.15\text{K}$

根据式(1-10) $\quad n_{SO_2} = \dfrac{pV}{RT}$

$$n_{SO_2} = \frac{105.378 \times 75.0}{8.314 \times 373.15} = 2.55 \text{ (mol)}$$

$$m_{O_2} = \frac{11}{8} n_{SO_2} M_{O_2} = \frac{11}{8} \times 2.55 \times 32.0 = 112.2 \text{ (g)}$$

1.2.2 理想气体混合物

以上讨论的是一种气体单独存在时的性质和变化规律，而在实际生活和化工生产中遇到的气体多为多种气体的混合物，如空气就是 O_2、N_2、少量的 CO_2 和数种稀有气体的混合物。同一容器几种气体相互之间不发生化学反应，分子本身的体积和它们之间的作用力都可以忽略不计，这种气体混合物就可看成理想气体混合物。早在19世纪，科学家在对低压气体混合物（近似理想气体混合物）的实验研究中，就总结出两条重要的定律，即道尔顿（Dalton）提出的分压定律和阿马格（Amagat）提出的分体积定律。

(1) 道尔顿分压定律

两个体积为 $2dm^3$ 的容器分别装有红棕色的溴气和无色的氮气，气体的压力和温度分别为 300K 和 33kPa。保持温度不变，将氮气全部移入贮有溴气的容器中（不发生化学反应），结果发现混合气体的压力为 66kPa，正好是混合之前的两个压力之和。

道尔顿根据大量的上述类似实验提出：混合气体的总压等于混合气体中各组分气体的分压之和。这一经验定律称为道尔顿分压定律（law of partial pressure），其数学表达式为：

$$p = p_1 + p_2 + p_3 + \cdots + p_i = \sum_i p_i \tag{1-11}$$

式中，p 为混合气体的压力，p_i 为组分气体的分压。

道尔顿分压定律只适用于理想气体混合物，实际气体并不严格遵从道尔顿分压定律，在高压情况下尤其如此。低压下的真实气体混合物近似服从道尔顿分压定律。

理想气体混合物中某一组分 B 的分压就是该组分单独存在，且与混合气体的温度 T 及总体积 V 相同的条件下所具有的压力，见图 1-1。

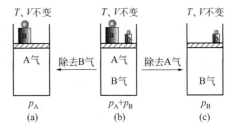

图 1-1　分压示意图

图 1-1(a)、(c) 中的砝码分别是 A、B 两种气体与 (b) 中 A、B 混合气体的温度和体积相同时单独存在所产生的压力。(b) 中砝码表示 A、B 混合气体所产生的压力，即混合气体的总压。

理想气体状态方程同样适用于气体混合物，如以 n 表示各组分气体物质的量之和，n_i 表示各组分气体的物质的量，在温度为 T 和体积为 V 时，则

$$p_i V = n_i RT$$
$$pV = nRT$$

两式相除得：

$$\frac{p_i}{p} = \frac{n_i}{n} = x_i \quad \text{或} \quad p_i = x_i p \tag{1-12}$$

式(1-12)表明混合气体中组分气体 i 的分压 p_i 与混合气体压力之比（即压力分数）等于混合气体中组分气体 i 的摩尔分数（x_i）；或混合气体中组分气体 i 的分压等于混合气体的压力乘以组分气体 i 的摩尔分数。这是分压定律的另一种表示方式。

【例 1-4】 在 30℃ 时，于一个 10.0L 的容器中，O_2、N_2 和 CO_2 混合气体的压力为 93.3kPa。分析结果得 $p(O_2)=26.7$kPa，CO_2 的含量为 5.00g，求：

(1) 容器中 $p(CO_2)$；　　(2) 容器中 $p(N_2)$；　　(3) O_2 的摩尔分数。

解 (1) $n(CO_2) = \dfrac{m}{M} = \dfrac{5.00}{44} = 0.1136$ (mol)

$$p(CO_2) = \dfrac{n(CO_2)RT}{V} = \dfrac{0.1136 \times 8.314 \times (30+273.15)}{10.0} = 28.6 \text{ (kPa)}$$

(2) 根据式(1-11)有：
$$p(N_2) = p - p(O_2) - p(CO_2) = 93.3 - 26.7 - 28.6 = 38.0 \text{ (kPa)}$$

(3) 根据式(1-12)有：
$$\dfrac{n(O_2)}{n} = \dfrac{p(O_2)}{p} = \dfrac{26.7}{93.3} = 0.286$$

【例 1-5】 在 20℃ 和 102.658kPa 的水面上收集了 10mL 氧气。在 0℃ 和 101.325kPa 的条件下，干燥气体的体积是多少？20℃时水的饱和蒸气压是 2.33kPa。

解 根据式(1-11)，20℃时氧气的分压为：
$$p(O_2) = p - p(H_2O) = 102.658 - 2.33 = 100.328 \text{kPa}$$

因为 20℃时：$V_1 = 10\text{mL}$ $p_1 = 100.328\text{kPa}$ $T_1 = 20+273.15 = 293.15\text{K}$

0℃时：$V_2 = ?\text{ mL}$ $p_2 = 101.325\text{kPa}$ $T_2 = 273.15\text{K}$

条件改变，气体的物质的量不变

所以
$$\dfrac{p_1 V_1}{T_1} = \dfrac{p_2 V_2}{T_2}$$

$$V_2 = \dfrac{p_1 T_2 V_1}{T_1 p_2} = \dfrac{100.328 \times 273.15 \times 10}{293.15 \times 101.325} = 9.23 \text{ (mL)}$$

（2）阿马格分体积定律

在进行混合气体组分分析时，常采用量取组分气体体积的方法，这就涉及混合气体的体积分数问题。阿马格通过对低压气体的实验测定提出：混合气体体积等于各组分气体的分体积之和，这就是阿马格分体积定律（law of partial volume），其数学表达式为：

$$V = V_1 + V_2 + V_3 + \cdots + V_i = \sum_i V_i \tag{1-13}$$

式中，V 为混合气体的体积；V_i 为混合气体中组分气体 i 的分体积。

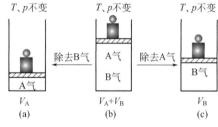

图 1-2 分体积示意图

分体积定律同样只适用于理想气体混合物。对于真实气体，其各组分的体积不等于它单独存在时所占有的体积，当然分体积定律不能成立。在低压下的真实气体混合物近似服从阿马格分体积定律。

所谓分体积，就是混合气体中某组分气体单独存在并具有与混合气体相同温度和压力时占有的体积，如图 1-2。

图 1-2(a)、(c) 分别表示 A、B 两种气体的分体积；(b) 表示 A、B 混合气体的体积，即混合气体的总体积。

分体积定律同样是气体具有理想行为的必然结果。在温度为 T 和压力为 p 时，以 n 表示各组分气体物质的量之和，n_i 表示各组分气体的物质的量，则有

$$pV_i = n_i RT$$
$$pV = nRT$$

两式相除得
$$\dfrac{V_i}{V} = \dfrac{n_i}{n} = x_i \quad \text{或} \quad V_i = x_i V \tag{1-14}$$

式(1-14)表明混合气体中组分气体 i 的分体积 V_i 与混合气体体积之比（即体积分数）等于混合气体中组分气体 i 的摩尔分数；或混合气体中组分气体 i 的分体积等于混合气体的体积乘以组分气体 i 的摩尔分数。

将式(1-12)和式(1-14)相关联，可得到

$$\frac{p_i}{p} = \frac{V_i}{V} = x_i \qquad 或 \qquad p_i = \frac{V_i}{V} p \tag{1-15}$$

即混合气体中某组分气体的分压等于体积分数与混合气体压力的乘积。

【例 1-6】 将 6.00L、900kPa 的 O_2 和 12.00L、300kPa 的 N_2 同时装入一体积为 18.0L 的容器中，混合均匀（设混合前后温度不变），求混合后 O_2 和 N_2 的分压及分体积。

解 混合后，由式(1-4)可知

$$p(O_2) = \frac{900 \times 6.00}{18.0} = 300 \text{ (kPa)}$$

$$p(N_2) = \frac{300 \times 12.00}{18.0} = 200 \text{ (kPa)}$$

由式(1-11)得：$p = p(O_2) + p(N_2) = 500$ (kPa)

根据式(1-15)

$$V(O_2) = V \times \frac{p(O_2)}{p} = 18.0 \times \frac{300}{500} = 10.8 \text{ (L)}$$

$$V(N_2) = V \times \frac{p(N_2)}{p} = 18.0 \times \frac{200}{500} = 7.20 \text{ (L)}$$

1.3 溶液

溶液是由至少两种物质组成的均一、稳定的混合物。溶液是一种物质（溶质）以分子或更小的质点分散于另一种物质（溶剂）中的分散体系。按照溶液的定义，溶液有固态、液态和气态溶液。如大气本身就是一种气态溶液，合金是固态溶液，常称固溶体。一般溶液只是专指液体溶液。液体溶液包括两种，即能够导电的电解质溶液和不能导电的非电解质溶液。

1.3.1 溶液浓度的表示方法

(1) 质量分数

溶质的质量与溶液的质量之比称为质量分数，可用小数或百分数表示。市售硫酸、盐酸、硝酸和氨水所标的浓度一般是质量分数。

【例 1-7】 25g NaCl 溶于 100g 水中，此 NaCl 溶液的质量分数是多少？

解
$$\frac{25\text{g}}{(25+100)\text{g}} \times 100\% = 20\%$$

(2) 摩尔分数

溶液中溶质的物质的量 $n_质$ 与溶液总的物质的量 $n_液$ 之比叫作溶质的摩尔分数，又称溶质的物质的量分数，用符号 $x_质$ 表示，即

$$x_质 = \frac{n_质}{n_液} \qquad 或 \qquad x_质 = \frac{n_质}{n_质 + n_剂} \tag{1-16}$$

同样，溶剂的摩尔分数为

$$x_剂 = \frac{n_剂}{n_液} \qquad 或 \qquad x_剂 = \frac{n_剂}{n_质 + n_剂} \tag{1-17}$$

显然溶质和溶剂的摩尔分数之和为1，即

$$x_\text{质} + x_\text{剂} = 1 \tag{1-18}$$

(3) 物质的量浓度

物质的量浓度(简称浓度),是指单位体积溶液所含溶质的物质的量。如 B 物质的浓度以符号 c_B 表示,单位是 $\text{mol} \cdot \text{L}^{-1}$ 或 $\text{mol} \cdot \text{dm}^{-3}$。即:

$$c_B = \frac{n_B}{V} \tag{1-19}$$

物质 B 的物质的量 n_B 与物质 B 的质量 m_B 的关系为:

$$n_B = \frac{m_B}{M_B} \tag{1-20}$$

式中,M_B 为物质 B 的摩尔质量,单位为 $\text{g} \cdot \text{mol}^{-1}$。根据式(1-20)可以从溶质的质量求出溶质的物质的量,再由式(1-19)求出溶液的浓度。

【例 1-8】 取 54mL 市售浓硫酸(浓度为 98%,密度为 $1.84\text{g} \cdot \text{mL}^{-1}$),在搅拌下慢慢倒入盛有大半杯水的 500mL 烧杯内,冷却后稀释至 0.50L,所配制的硫酸溶液的物质的量浓度是多少?

解
$$c_{H_2SO_4} = \frac{54\text{mL} \times 1.84\text{g} \cdot \text{mL}^{-1} \times 98\%}{98\text{g} \cdot \text{mol}^{-1} \times 0.50\text{L}} = 2.0\text{mol} \cdot \text{L}^{-1}$$

(4) 质量摩尔浓度

质量摩尔浓度是指 1kg 溶剂溶解的溶质的物质的量,用符号 b 表示,单位为 $\text{mol} \cdot \text{kg}^{-1}$。即

$$b_B = \frac{n_B}{m_A} \tag{1-21}$$

式中,n_B 和 m_A 分别为溶质的物质的量和溶剂的质量。

【例 1-9】 将 87.7g NaCl 溶解在 3.00kg 水中所得溶液的质量摩尔浓度为多少?

解
$$b_{NaCl} = \frac{87.7\text{g}}{58.5\text{g} \cdot \text{mol}^{-1} \times 3.00\text{kg}} = 0.500\text{mol} \cdot \text{kg}^{-1}$$

1.3.2 物质的溶解度

物质的溶解度表示一种物质在另一种物质中的溶解能力,通常用易溶、可溶、微溶、难溶或不溶等粗略的概念来表示。溶解度是衡量物质在溶剂中溶解性大小的尺度,是溶解性的定量表示。

在一定温度和压力下,物质在一定量的溶剂中溶解的最大量,为这种物质在这种溶剂中的溶解度。实际工作中最常用的溶解度是某物质在 100g 溶剂中达到饱和状态(或称溶解平衡)时所溶解的质量(g)。

溶解度常用符号 s 表示。溶解度的单位用 $\text{g}/100\text{g H}_2\text{O}$ 表示。例如 20℃,$s_{NaCl} = 36\text{g}/100\text{g H}_2\text{O}$,则表示 20℃ 时,在 100g 水中最多可溶解 36g NaCl。溶解度也可以用饱和溶液的浓度表示。例如,氯化钾在 20℃ 的溶解度是 $4.627\text{mol}/1000\text{g H}_2\text{O}$(此浓度为质量摩尔浓度),即表示 20℃ 在 1000g 水中最多可溶解 4.627mol 的氯化钾。难溶物质的溶解度也可以用物质的量浓度(摩尔浓度)表示。例如在 25℃,氢氧化铁的物质的量浓度是 $0.45\mu\text{mol} \cdot \text{L}^{-1}$,即表示 1L 氢氧化铁饱和溶液中含 $0.45\mu\text{mol}$ 氢氧化铁。

物质的溶解度除了与溶剂的性质有关外,还受到温度和压力的影响。溶解度明显受温度的影响,大多数固体物质的溶解度随温度的升高而增大;气体物质的溶解度则与此相反,随温度的升高而降低。溶解度与温度的关系可以用溶解度曲线来表示。氯化钠的溶解度随温度的升高而缓慢增大,硝酸钾的溶解度随温度的升高而迅速增大,而硫酸钠的溶解度却随温度的升高而减小。

固体和液体的溶解度基本不受压力的影响，而气体在液体中的溶解度与气体的分压成正比。物质的溶解度对化学和化学工业都很重要，在固体物质的重结晶和分步结晶、化学物质的制备和分离、混合气体的分离等工艺中都要利用物质溶解度的差别。

思 考 题

1. 气体具有哪些特征？理想气体与实际气体之间的区别是什么？
2. 气体常数 R 的单位有哪几种？根据什么选择 R 的数值和单位？
3. 混合气体中组分气体的分压的定义是什么？分体积定义又是什么？
4. 分压、分体积与摩尔分数之间有什么关系？压力分数、体积分数和摩尔分数之间的关系又如何？
5. 能否用 $pV=nRT$ 计算混合气体中某一组分气体的摩尔质量和密度？计算时压力是 p 还是 p_i？体积是 V 还是 V_i？
6. 在相同温度下，几种体积相同、压力不同的气体混合，混合后保持体积不变且气体之间不发生化学反应，混合气体压力与组分气体混合前的压力有什么关系？
7. 指出下列方程中何者是错误的？
  A. $pV=nRT$ 　　　　B. $p_iV_i=n_iRT$ 　　　　C. $p_iV=n_iRT$ 　　　　D. $pV_i=n_iRT$
8. "在相同的温度压力下，同体积的任何气体含有相同的分子数"这一假设是谁先提出的？
9. 在压力不变条件下，等体积的 H_2 和 Cl_2 混合进行反应，反应后生成物的体积与反应前的体积相比，有何变化？
10. n mol 质量为 m，密度为 ρ 的理想气体，在温度为 T 时其压力 p 的表达式如何写？
11. 溶液的浓度有哪些常用的表示方法？试比较各种浓度表示方法在实际使用中的优缺点。对于稀的水溶液，试推导其质量摩尔浓度和溶质的摩尔分数的关系式。

习 题

1.1　两种理想气体 A 和 B，气体 A 的密度是气体 B 的密度的两倍，气体 A 的摩尔质量是气体 B 的摩尔质量的一半。计算气体 A 和气体 B 在温度相同时的压力比。

1.2　一种气体在 0℃ 和 1atm 时的体积为 10dm^3，计算这一气体在 20℃ 和 700mmHg 时的体积。

1.3　在中午时火星赤道上方的大气温度可高达 27℃，其表面压力约为 1.07kPa。如一宇宙飞船能收集 10m^3 的火星大气，并把它压缩成一个小体积带回地球，该试样有多少摩尔？

1.4　已知在 25℃、101.325kPa 下，含有 N_2 和 H_2 的混合气体的密度为 0.500g·L^{-1}。试计算 N_2 和 H_2 的分压及体积分数。

1.5　在下列反应

$$2H_2S(g) + SO_2(g) \longrightarrow 2H_2O(l) + 3S(s)$$

中，在 107.991kPa 和 35℃ 时，需多少体积的 SO_2 才能生成 28.3g 硫？假定所用的 H_2S 是过量的。

1.6　在 0℃ 和 4.00atm 时 630mL 乙烯的质量为 3.15g。求其摩尔质量。

1.7　氮和氧的混合物在 101.325kPa 和恒定的温度下贮存在一个 4.80L 的铁容器中。当所有的氧和铁反应后，压力为 59.995kPa。(1) 氮气的最终体积是多少？(2) 氮气和氧气的起始分压和最终分压各多少？(氧和铁反应生成的固体氧化铁的体积忽略不计)

1.8　将 0.01mol PCl$_5$ 充入 200mL 容器内，加热到 473K，发生下列反应：

$$PCl_5(g) \Longleftrightarrow PCl_3(g) + Cl_2(g)$$

当 PCl$_5$ 解离 40.0% 时，容器内总压力、各组分分压分别为多少？

1.9　同一条件下，2.00L 某气体的质量 3.04g，而 8.00L N_2 的质量 10.00g，计算该气体的摩尔质量。

1.10　一个人每天呼出的 CO_2 的体积相当于 0℃ 和 1atm 下的 5800L。在空间站的密封舱中，宇航员呼出的 CO_2 用 LiOH(s) 吸收，计算每个宇航员每天需要 LiOH 的质量。

1.11　氧化亚砷的组成是 As_2O_3，在 844K 和 99058Pa 时，氧化亚砷以气体状态存在，实验测定其蒸气的密度为 5.66g·L^{-1}，试求蒸气状态下化合物的分子式。

1.12　人在呼吸时，呼出的气体组成与吸入的空气组成不同。在 36.8℃ 和 101.325kPa 时，某典型呼出气体的体积分数是：N_2 75.1%，O_2 15.2%，CO_2 3.8%，H_2O 5.9%。试求（1）呼出气体的平均分子量；(2) CO_2 的分压。

1.13　当 2g 气体 A 被通入 25℃的真空刚性容器中时产生 10^5 Pa 压力。再通入 3g 气体 B，则压力升至 1.5×10^5 Pa。假定是理想气体，计算两种气体的摩尔质量比 M_A/M_B。

1.14　在 25℃和 103.9kPa 下，把 1.308g 锌与过量的稀盐酸作用，可得到干燥的氢气多少升？如果上述氢气在相同条件下于水面收集，它的体积应是多少升（25℃时水的饱和蒸气压为 3.17kPa）？

1.15　在 273K 和 1.013×10^5 Pa 下，将 1.0L 洁净干燥的空气缓慢通过 CH_3OCH_3 液体，在此过程中，液体损失 0.0335g，求此种液体 273K 时的饱和蒸气压。

1.16　某化合物中各元素的质量分数分别为：碳 64.7%、氢 10.77%、氧 24.53%。质量为 0.1396g 的该气态化合物样品在 147℃和 90.22kPa 时占有体积 41.56mL，通过计算确定该化合物的化学式。

1.17　某实验采用以空气通过乙醇液体带入乙醇气体的办法来缓慢加入乙醇。试计算在 20.0℃、101.325kPa 下，引入 2.3g 乙醇所需空气的体积（已知 20.0℃时，乙醇的蒸气压为 5.87kPa）。

1.18　在一实验装置中，使 200.0mL 含 N_2、CH_4 的混合气体与 400.0mL O_2 混合。点燃后，其中 CH_4 完全反应。再使反应后的气体通过干燥装置脱去水分；最后测定干气体积为 500.0mL。求原混合气中 N_2 和 CH_4 的体积比（各气体体积都在相同的温度和压力下测定的）。

1.19　使 0.0396g Zn-Al 合金与过量稀盐酸反应，在 25℃、101.00kPa 时用排水集气法收集到 27.1mL 氢气，此温度下水的饱和蒸气压为 3.17kPa，计算合金中 Zn 和 Al 的质量分数（Zn 和 Al 的原子量分别为 65.4 和 27.0）。

1.20　在相同温度压力下，将 45mL 含 CO、CH_4 和 C_2H_2 的混合气体与 100.0mL O_2 混合，使其完全燃烧生成 CO_2(g) 和 H_2O(g)，并用分子筛除去 H_2O，在恢复到原来的温度和压力后，体积为 80.0mL，用 KOH 吸收 CO_2 之后，体积缩减为 15mL。求原混合气体中 CO、CH_4、C_2H_2 的体积分数。

1.21　制备 5.00L 0.5mol·L^{-1} 的氢溴酸，问需要 100kPa、300K 情况下的 HBr 气体的体积是多少？

第 2 章 化学反应的方向

对于化学反应的研究，研究人员需解决三个问题。一是在指定条件下化学反应的方向；二是在指定的条件下化学反应限度，即化学平衡；三是在指定条件下反应时间，即化学反应速率。化学热力学可以解决前两个问题，第三个问题则属于化学动力学的范畴。

在自然界，一切实际发生的宏观过程都具有确定的方向。如水由高处流向低处，热由高温物体传递给低温物体，高压气体向低压气体扩散，溶质由高浓度向低浓度扩散，电流由高电压处流向低电压处，这些过程都是无需人为地施加外力就能自动发生的过程，称为自发过程（spontaneous process）。而这些过程的逆过程在同一条件下不可能自动发生，称为非自发过程（non-spontaneous process）。

化学反应的自发性方向（简称为"反应方向"），即在一定条件下，无需借助于外力，反应自动进行的方向。如把锌片置于稀硫酸中，锌片会自动溶解并有氢气生成。这些不需要外力作用，便可自发进行的过程称为自发过程（化学过程称为自发反应）。

自发过程具有以下特征：

① 自发过程具有确定的方向，是不可逆的。自发过程和非自发过程都是可能发生的。但是，自发过程是能自动发生的，而非自发过程必须借助于一定方式的外部作用才能发生，如用抽水机将低处的水抽到高处。

② 自发过程有一定的限度。自发过程的最大限度是体系达到平衡状态。

如水由高处流向低处是自发过程，最大限度是水面的高度相同；结果是高处的水减少了一定的量，低处的水增加了一定的量。

③ 自发过程都具有做有用功（非体积功）的本领。

指定温度 T 和压力 P 的条件下能自动发生的化学反应（自发过程）的方向和反应的限度是化学工作者十分感兴趣的问题，也是化学热力学研究的重要内容。

2.1 化学反应方向的焓变判据

化学反应过程（chemical reaction process）是反应物转变为产物的过程，其实质是化学键的重新组合，旧的化学键断裂需要吸收能量，而新键的生成又会放出能量，所以物质在发生化学反应时总伴随着能量变化。当旧键断裂吸收的能量小于新键生成放出的能量，反应过程中就会放出能量，即放热反应，如氢气和氧气反应生成气态水：

$$2H_2(g) + O_2(g) \longrightarrow 2H_2O(g) \quad Q=-483.6 \text{kJ·mol}^{-1}$$

当旧键断裂吸收的能量大于新键生成放出的能量，反应过程中就需吸收能量，即吸热反应，如 $CaCO_3$ 分解为 CaO 和 CO_2 的反应：

$$CaCO_3(s) \longrightarrow CO_2(g) + CaO(s) \quad Q=179.4 \text{kJ·mol}^{-1}$$

氢气和氧气反应生成气态水是放热反应，体系的能量降低，低温下反应自发进行；$CaCO_3$ 分解为 CaO 和 CO_2 的反应是吸热反应，体系的能量增加，低温下反应不能自发进行。

化学反应中吸收和释放的能量有多种形式，如热能、电磁能、辐射能和核能等。能量可以被贮存和转化。热和功是能量传递的两种形式。研究热与其它形式的能量之间转化规律的科学称为热力学。热力学的主要内容是热力学第一定律、热力学第二定律和热力学第三定律。将热力学定律应用于化学反应过程中能量的转换和利用及判别化学反应方向和限度的科学又称为化学热力学。本章将利用热力学第一定律和热力学第二定律讨论化学反应的方向，化学反应限度将在第3章讨论。

2.1.1 热力学中常用的术语

(1) 体系和环境（system and surroundings）

热力学把所研究的一部分物质或空间（研究对象）称为体系或系统，而将体系以外的与它密切相关的其余部分物质和空间称为环境。在体系和环境之间的界面可以是实际存在，也可以是想象中存在。例如，将 H_2 和 I_2 的气体装入一密封的容器，若将气体作为体系，则容器内壁就是界面，如将空气中的烟雾作为体系，则界面就是想象的了。体系和环境是根据研究的需要人为的划分，但一经划分就不能任意改变。

根据体系与环境之间的物质和能量的交换情况，将体系分为三种。

① 孤立体系（isolated system） 体系和环境之间既没有物质交换，也没有能量交换，体系和环境相互不影响。如图 2-1(a) 中，在绝热的钢套中，H_2 和 O_2 反应生成气态 H_2O，并放出热量。把钢套中的气体看作体系，因钢套是绝热的，所以体系和环境没有热交换；又因钢套是刚性的，体积没有变化，体系不会对环境做功；钢套是密封的，环境与体系没有物质交换。

② 封闭体系（closed system） 体系和环境之间可以通过界面交换能量，但没有物质交换。如图 2-1(b) 中，汽油在带活塞的气缸中燃烧，将气缸中汽油和气体看作体系，由于气缸是密封的，所以没有任何物质逸散和加入，但气缸不是绝热的，反应除使容器内气体温度升高外，还可通过气缸壁把热量传递给周围的空气，也可推动活塞把一部分能量传递给环境。

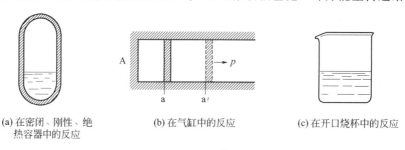

(a) 在密闭、刚性、绝热容器中的反应　　(b) 在气缸中的反应　　(c) 在开口烧杯中的反应

图 2-1　三种体系

③ 敞开体系（open system） 体系和环境之间可通过界面交换能量和物质。如图 2-1(c) 中，装有水的敞开的烧杯在酒精灯上加热。若将烧杯中的水看作体系，燃烧的酒精灯可通过烧杯壁将热量传递给水，使水变为水蒸气逸散。

(2) 状态和状态函数（state and state function）

任何一个体系的状态都可以用一系列的宏观性质（状态函数）来确定。可以说体系的状态是体系所有化学性质和物理性质的综合表现。如理想气体的状态可以由压力（p）、体积（V）、温度（T）和各组分物质的量（n）等物理量来确定。当这些物理量（宏观性质）有一个确定的值，理想气体的状态就确定了，若体系中某一宏观性质发生变化，体系的状态也会随之做相应的改变，但体系状态的宏观性质相互之间存在一定的依赖关系或函数关系，因此将决定体系状态的宏观性质称为状态函数。理想气体的压力、体积、温度和物质的量之间的关系式为 $pV=nRT$，因此压力、体积、温度和物质的量这些宏观性质都是状态函数。

① 状态函数的特征　体系的状态一定，状态函数值就一定，状态函数是一个单值函数。

体系未发生变化时的状态为始态，体系发生变化后的状态为终态，状态函数的变化量只与体系的始态和终态有关，而与变化途径无关。如图 2-2，我们在恒压下将气体（$n=1$mol、$p=101.33$kPa、$T_1=325.15$K）升温到 $T_2=353.15$K，但是由于控制不当升温到了 $T=$

375.15K，只得冷却使温度降到了 $T_2=353.15K$。

两种过程气体体积的变化量都是 $\Delta V = \dfrac{nR(T_2-T_1)}{P}$。可见，不管过程是一次升温达到终态，还是经过升温和降温达到终态，只要终态和始态一定，则状态函数体积的变化量也就是一定的。

体系恢复到原来的状态，状态函数值恢复到原值。这个相互联系着的特征可以概括为：状态函数有特征，状态一定值一定，殊途同归变化等，周而复始变化零。

② **状态函数的性质**　广度性质（extensive property）：此类性质的数值与体系中物质的数

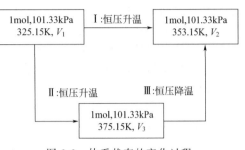

图 2-2　体系状态的变化过程

量成正比。如体积、能量和质量等状态函数，在一定的条件下这一类性质具有加和性。如将体系分成若干部分，则体系的体积等于这些部分的体积之和。

强度性质（intensive property）：此类状态函数性质的数值与体系中的数量无关。如温度、压力和密度等，这些性质无加和性。例如将一杯 50℃ 的水分成若干份，每一份的温度都是 50℃。

(3) 途径和过程（ways and processes）

体系的状态确定后，体系的性质就不再随时间变化而改变。但体系的状态确定是有条件的，当环境的条件或体系的性质发生改变，体系的状态也就随之改变。体系状态的改变可以是一步完成，也可以是多步完成。体系由指定的始态到指定的终态的改变称为过程，而这一改变的具体步骤称为途径。如图 2-2 中过程 Ⅰ 是一步完成，过程 Ⅱ 是两步完成。但两过程中的状态函数改变量（ΔV）是相同的，这就使问题大大地简化。在实际计算过程中状态函数的改变量时，由于根据实际途径计算状态函数的改变量往往比较困难，因此可以设计出比较简单的途径计算状态函数的改变量，结果不变。这种方法称为"状态函数法"。

根据发生过程时体系所处的特定条件，将过程分为以下几种。

① 恒温过程：体系温度不变的过程（$\Delta T=0$）。
② 恒压过程：体系压力不变的过程（$\Delta p=0$）。
③ 恒容过程：体系体积不变的过程（$\Delta V=0$）。
④ 绝热过程：体系与环境间无热量交换的过程（$Q=0$）。
⑤ 循环过程：过程进行后体系重新回到初始状态（$\oint dx = 0$）。

(4) 功和热（work and heat）

功和热是体系与环境进行能量交换的两种形式。也就是说体系的状态发生变化时，体系与环境通过界面传递的能量为功或热。因此，功和热不是体系的性质，不是状态函数，是对途径而言的，是途径函数。体系在指定的始态和终态变化时，若途径不同，则功或热的数值也不同。所以进行功或热的计算时必须知道具体的途径。

① **热**　当两个温度不同的物体相接触，高温物体的能量就会通过接触面（界面）传递给低温物体，高温物体的温度降低，低温物体的温度升高，当两个物体达到温度相同时，两个物体间因温度差通过界面的能量传递就停止。这种体系和环境之间由于温度差的存在而传递的能量称为热，以符号 Q 表示。能量以热的形式传递具有一定的方向性，即从高温物体自动地传递给低温物体。可见，热只出现在体系状态变化中，是与过程联系在一起的，没有过程就没有热。热的单位为能量单位：J 或 kJ。热的符号表示热的传递方向，通常规定，环

境向体系传递热量，体系吸热，Q 为正值，即 $Q>0$；体系向环境传递热量，体系放热，Q 为负值，即 $Q<0$。

② 功 体系与环境之间存在另一种传递的能量，也就是在体系状态发生变化时，通过体系与环境之间的界面传递的除热外的另一种能量，这就是功，以符号 W 表示。功的符号同样表示能量的传递方向，关于功的正负号有不同的规定，本书采用下述标准：

环境对体系做功，即体系以功的形式得到能量，$W>0$。

体系对环境做功，即体系以功的形式失去能量，$W<0$。

功分为以下两大类。

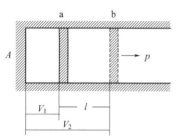

图 2-3 气缸内气体膨胀做功

a. 体积功（volume work）。因体系体积变化而引起的体系与环境交换的能量称为体积功。图 2-3 所示是气体在气缸内膨胀推动活塞对外做功。假定气缸内气体为体系，活塞的面积为 A，无质量且与气缸壁无摩擦。气体在环境压力为 p 的情况下膨胀，体积由 V_1 膨胀到 V_2，活塞行程为 l。根据功的定义：

$$W = -Fl \tag{2-1}$$

式中，F 为外力，将 $F=pA$ 代入式(2-1)得气体在恒定外压力（环境压力恒定）下膨胀所做的功为：

$$W = -pAl = -p(V_2 - V_1) = -p\Delta V \tag{2-2}$$

由式(2-2)可知：当 $p=0$ 时，$W=0$。即气体向真空中自由膨胀而体积增大，体系与环境没有体积功的交换；当 p 小于体系的压力时，气体膨胀，$\Delta V>0$，$W<0$，体系对环境做功；当 p 大于体系的压力时，气体被压缩，$\Delta V<0$，$W>0$，环境对体系做功。

b. 非体积功（non-volume work）。体积功以外的所有其它形式的功为非体积功，用 W' 表示，如电功、表面功、磁功等。

(5) 可逆过程（reversible process）

可逆过程是从实际过程中抽象出来完全理想的过程，是一个无限接近平衡状态的过程。其特点如下。

① 在可逆过程中，体系的状态变化是无限小，进行的速度是无限慢，所经历的时间是无限长，如图 2-4。气缸内装有 1mol 的气体，假定在活塞上堆放一些极细的沙子，活塞与气缸壁之间无摩擦力。当体系处于热力学平衡状态时，$p_{外}=p$。将沙子一粒一粒地移走，气体在无限接近平衡的状态下缓慢地膨胀，只要时间足够长，气体体积就能从 V_1 膨胀到 V_2。

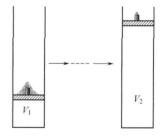

图 2-4 可逆膨胀示意图

② 在图 2-4 中，取走一粒沙子，$p_{外}$ 和 p 之间就相差一个无限小量 $\mathrm{d}p$，因此在可逆过程中，促使体系发生变化的推动力是无限小。若改变此推动力的方向，就能使过程沿原来途径反向进行，体系和环境也都同时恢复原始状态。

③ 可逆过程是一个极限，任何超越这个极限的过程均不能实现。如在可逆过程中，体系与环境交换的功为最大。恒温时理想气体在可逆膨胀过程中做的功为：

$$-W = \int_1^2 p\,\mathrm{d}V = \int_1^2 \frac{nRT}{V}\,\mathrm{d}V = nRT\ln\frac{V_2}{V_1} \tag{2-3}$$

(6) 热力学能（thermodynamics energy）

热力学能又称内能，用符号 U 表示，单位 J。热力学能是体系内部一切能量的总和。它包括体系内分子的平动能、转动能、振动能、电子结合能、原子核能，以及分子之间相互作用的势能等。热力学能 U 是状态函数,具有一切状态函数的特性,即只与体系的始态和终态有关,而与途径无关。

体系在状态确定之后,就有一个确定的热力学能值。由于组成体系的物质结构复杂性和体系内部相互作用的多样性,因此热力学能的绝对值目前无法测定。但当体系的始态和终态一确定,其从始态(热力学能为 U_1)经一过程变化到终态(热力学能为 U_2),无论经历什么途径,过程的热力学能变也就确定,即 $\Delta U = U_2 - U_1$,不因这一过程中途径不同而不同。

2.1.2 热力学第一定律

热力学第一定律(the first law of thermodynamics)又称为能量守恒定律,是 19 世纪中叶人们在长期的生产经验和科学实验的基础上总结出来的。

当封闭体系的状态发生变化时,其热力学能的变化等于变化过程中体系与环境交换的热与功的代数和。即:

$$\Delta U = Q + W \tag{2-4}$$

式(2-4)为封闭体系的热力学第一定律的数学表达式。它说明体系从环境吸收的热除用于对环境做功外,其余全部用于增加体系的热力学能。式中的 W 可以是体积功,也可以是非体积功,或两者的代数和。若体系在恒压的条件下($p = p_{外}$)只做体积功

$$W = -p \Delta V$$

则式(2-4)可表示为:

$$\Delta U = Q_p - p \Delta V \tag{2-5}$$

式中,Q_p 为恒压条件下的热效应。式(2-5)表明在恒压且只做体积功的条件下,体系从环境吸收的热量除用于增加体系的热力学能外,还有一部分用于体系对环境做体积功。

【例 2-1】 气缸中总压为 101.325kPa 的 $H_2(g)$ 和 $O_2(g)$ 混合物经点燃生成 $H_2O(g)$ 时,体系的体积在恒压 101.325kPa 下增大了 2.37dm^3,同时向环境放热 500J。试求体系此过程的热力学能变化。

解 已知:$p_{外} = 101.325 \text{kPa}$,$Q = -500 \text{J}$,$\Delta V = 2.37 \text{dm}^3 = 2.37 \times 10^{-3} \text{m}^3$,求 ΔU

反应过程中,体积增大,体系在恒压条件下对环境做体积功

$$W = -p_{外} \Delta V = -101.325 \times 10^3 \times 2.37 \times 10^{-3} = -240 \text{ (J)}$$

$$\Delta U = Q + W = (-500) + (-240) = -740 \text{ (J)}$$

计算说明体系在此条件下,热力学能减少了 740J。

【例 2-2】 (1) 已知 1g 纯水在 101.325kPa 下,温度由 287.7K 变为 288.7K 吸热 2.0927J,得功 2.0928J,求其内能的变化。(2) 若在绝热条件下,1g 纯水发生与(1)相同的变化,需对它做多少功?

解 (1) 已知:$Q = 2.0927 \text{J}$,$W = 2.0928 \text{J}$,则

$$\Delta U = Q + W = 2.0927 + 2.0928 = 4.1855 \text{ (J)}$$

(2) 已知:$Q = 0$,求 W

因为始态和终态相同,所以 ΔU 相同,因此

$$W = \Delta U - Q = 4.1855 - 0 = 4.1855 \text{ (J)}$$

2.1.3 常见化学反应的过程

化学反应过程一般是在恒容或恒压条件下完成的。现就这两种条件的化学反应过程进行讨论。

(1) 恒容过程(constant volume process)

当化学反应在一个密封的刚性容器中进行时,反应是处于恒容条件下的气体反应。这种

条件下，$\Delta V=0$，体系对环境做的体积功 $W=0$，若不做非体积功，根据式(2-4) 有：
$$\Delta U=Q$$
可见在上述条件下，体系与环境交换的热就是体系的热力学能的变化值。将在封闭体系只做体积功且恒容条件下体系与环境交换的热称为恒容热效应，用符号 Q_V 表示，故上式为：
$$\Delta U=Q_V \tag{2-6}$$

(2) 恒压过程（constant pressure process）

通常，许多化学反应是在敞开的容器中进行，体系和环境的压力相等，反应处于恒压条件下，若体系与环境没有物质交换，且只做体积功，这时的反应热就是恒压热效应，用 Q_p 表示。根据式(2-5) 有：
$$Q_p=\Delta U+p\Delta V$$
因为：
$$\Delta U=U_2-U_1$$
$$\Delta V=V_2-V_1$$
所以：
$$Q_p=(U_2-U_1)+p(V_2-V_1)=(U_2+pV_2)-(U_1+pV_1)$$
在热力学中将 $U+pV$ 定义为焓，用符号 H 表示，即
$$H\equiv U+pV \tag{2-7}$$

由式(2-7) 可知，焓是由状态函数 U、p、V 组合而成，因此焓也是状态函数。由于 U、V 是广度性质，所以 H 也是广度性质。焓与热力学能的单位相同。由于热力学能 U 的绝对值无法测量，因此焓的绝对值也不能确定。根据式(2-7)：
$$H_1=U_1+pV_1; H_2=U_2+pV_2$$
令焓变 $\Delta H=H_2-H_1$，因此有：
$$Q_p=\Delta H \tag{2-8}$$

式(2-8) 表示封闭体系，只做体积功，在恒压过程中，体系与环境交换的热 Q_p 与体系的始态和终态的焓变值相等。

(3) Q_V、Q_p 的关系和意义

热不是状态函数，因此经过一个热力学过程，尽管始态和终态确定，但这一过程中不同的途径体系与环境交换的热不同。而 Q_V 和 Q_p 分别是封闭体系，恒容非体积功为零和恒压非体积功为零的特定条件下体系和环境交换的热。此条件下，$Q_V=\Delta U$ 及 $Q_p=\Delta H$，不同途径的热分别与过程的热力学能变及焓变相等，因此 Q_V 和 Q_p 不再与途径有关，不同途径的恒容热效应（Q_V）相等，不同途径的恒压热效应（Q_p）相等。Q_V 和 Q_p 的这一性质为热力学数据的建立、测定和应用提供了理论依据。

化学反应热效应可以通过实验直接测定，而测定实验多在恒容条件下进行，如用弹式量热计测定反应热效应，测定的反应热效应为 Q_V。但是许多化学反应又是在恒压过程中完成，其反应热效应为 Q_p。所以必须了解 Q_V 与 Q_p 之间的关系。

因为：
$$Q_p=\Delta U+p\Delta V$$
而：
$$\Delta U=Q_V$$
所以：
$$Q_p=Q_V+p\Delta V$$
对于固体和液体，体积变化不大，$\Delta V\approx 0$，$p\Delta V\approx 0$，所以：
$$Q_p\approx Q_V \tag{2-9}$$
对于有气体参加的反应，在恒温、恒压条件下，由理想气体状态方程可知：
$$p\Delta V=\Delta n_g RT$$
Δn_g 为产物和反应物气体的物质的量之差。所以：
$$Q_p=Q_V+\Delta n_g RT \tag{2-10}$$

【例 2-3】 实验测得 1mol 苯在 298.2K 于密封的容器中充分燃烧时，放出 3267.5kJ 的

热，燃烧最终产物为 $CO_2(g)$ 和 $H_2O(l)$。求下列反应

$$C_6H_6(l) + \frac{15}{2}O_2(g) \longrightarrow 6CO_2(g) + 3H_2O(l)$$

在恒压条件下的热效应。

解 已知：$Q_V = -3267.5 \text{kJ}$，求 Q_p

根据式(2-10)，由反应可得：

$$Q_p = -3267.5 + (6-7.5) \times 8.314 \times 298.2 \times 10^{-3} = -3271.2 (\text{kJ} \cdot \text{mol}^{-1})$$

2.1.4 化学反应热效应

将热力学第一定律应用于化学反应，研究化学反应中的热、功和热力学能的相互转化，求算化学反应的热效应（thermal effect of chemical reaction），称为热化学。化学反应热效应又称化学反应热，是对指定的化学计量方程式，当体系中发生化学反应后，使反应温度回到反应前的温度，体系放出或吸收的热。如前所述，化学反应热效应一般有两种。

① 恒容热效应：在封闭体系，非体积功为0，恒容条件下，$Q_V = \Delta_r U$。
② 恒压热效应：在封闭体系，非体积功为0，恒压条件下，$Q_p = \Delta_r H$。

根据化学反应热效应的定义，不同的化学反应计量方程有不同的热效应，如：在100kPa，298.15K 的条件下，氢气和氧气反应生成气态水：

$$H_2(g) + \frac{1}{2}O_2(g) \longrightarrow H_2O(g), \quad \Delta_r H_m^\ominus = -241.8 \text{kJ} \cdot \text{mol}^{-1}$$

$$2H_2(g) + O_2(g) \longrightarrow 2H_2O(g), \quad \Delta_r H_m^\ominus = -483.6 \text{kJ} \cdot \text{mol}^{-1}$$

为了比较反应热效应的相对大小和正确地计算反应热效应，就需要采用统一尺度，这就引入了一个重要的物理量——反应进度 ξ。

(1) 反应进度 ξ（extent of reaction）

假设任一化学反应：

$$aA + bB \Longrightarrow gG + hH$$
$$0 = gG + hH - aA - bB$$
$$0 = \sum_B \nu_B B \tag{2-11}$$

式(2-11)中 B 表示反应式中任一物质；ν_B 表示 B 物质的化学计量数，其对反应物取负值，对产物取正值，是一个没有单位的纯数。反应进度 ξ 定义为

$$\xi \equiv \frac{n_B(\xi) - n_B(0)}{\nu_B} = \frac{\Delta n_B}{\nu_B} \tag{2-12}$$

或

$$\Delta \xi \equiv \frac{n_B(\xi_2) - n_B(\xi_1)}{\nu_B} = \frac{\Delta n_B}{\nu_B} \tag{2-13}$$

式中，ξ 或 $\Delta \xi$ 为反应进度，单位为 mol。式(2-12)中 $n_B(0)$ 和 $n_B(\xi)$ 分别为 $\xi = 0$（反应开始前）时和 $\xi = \xi$ 时 B 的物质的量；式(2-13)中 $n_B(\xi_1)$ 和 $n_B(\xi_2)$ 分别为 $\xi = \xi_1$ 时和 $\xi = \xi_2$ 时 B 的物质的量。$\xi = 1 \text{mol}$ 或 $\Delta \xi = 1 \text{mol}$ 的物理意义是表示各物质按化学计量方程式完全反应。即对于反应 $aA + bB \Longrightarrow gG + hH$，$\xi = 1 \text{mol}$ 意味着 $a \text{molA}$ 和 $b \text{molB}$ 完全反应生成 $g \text{molG}$ 和 $h \text{molH}$。

【例 2-4】 $10 \text{mol} H_2$ 和 $3 \text{mol} N_2$ 在一定条件下反应生成 NH_3，反应进行到某一时刻测得 H_2 为 7mol，N_2 为 2mol，NH_3 为 2mol。求反应进度 ξ。

解 已知 $\Delta n_{H_2} = n_{H_2}(\xi) - n_{H_2}(0) = -3 \text{mol}$，$\Delta n_{N_2} = n_{N_2}(\xi) - n_{N_2}(0) = -1 \text{mol}$

$\Delta n_{NH_3} = n_{NH_3}(\xi) - n_{NH_3}(0) = 2 \text{mol}$，求 ξ

将化学反应计量方程式写成：

$$N_2(g) + 3H_2(g) \longrightarrow 2NH_3(g)$$

则 $\xi = \dfrac{\Delta n_{N_2}}{\nu_{N_2}} = \dfrac{\Delta n_{H_2}}{\nu_{H_2}} = \dfrac{\Delta n_{NH_3}}{\nu_{NH_3}} = \dfrac{-1}{-1} = \dfrac{-3}{-3} = \dfrac{2}{2} = 1.0$（mol）

若将化学反应计量方程式书写成：

$$\dfrac{1}{2}N_2(g) + \dfrac{3}{2}H_2(g) \longrightarrow NH_3(g)$$

则 $\xi = \dfrac{\Delta n_{N_2}}{\nu_{N_2}} = \dfrac{\Delta n_{H_2}}{\nu_{H_2}} = \dfrac{\Delta n_{NH_3}}{\nu_{NH_3}} = \dfrac{-1}{-\frac{1}{2}} = \dfrac{-3}{-\frac{3}{2}} = \dfrac{2}{1} = 2.0$（mol）

【例 2-4】 表明，用反应物和产物中的任一物质的变化量（Δn_B）来计算反应进度 ξ，结果都是相同的。特别值得注意的是：对于同一反应，反应进度 ξ 与反应的计量方程式的书写有关，书写不同 ξ 的值不同，因此在计算或指定 ξ 值时，必须指明相应的化学反应方程式。

(2) 标准摩尔反应焓（standard molar enthalpy of reaction）

对于任一化学反应，$0 = \sum\limits_B \nu_B B$，在一定条件下，其单位反应进度的焓变为：

$$\Delta_r H_m = \dfrac{\Delta H}{\Delta \xi} = \dfrac{\nu_B \Delta H}{\Delta n_B} \tag{2-14}$$

式中，角标 r 表示反应；m 表示摩尔。上式表明反应进度为 1mol 时焓的变化量。

化学反应的反应热与反应进度、反应物和产物的聚集状态、温度和压力等有关，为了便于比较，热力学规定了一个公共的参考态，即标准态。

标准压力（standard pressure）：热力学规定为 100kPa（过去规定为 101.325kPa），用符号 $p^{\ominus}$ 表示，右上角标 $\ominus$ 是表示标准态的符号。

标准质量摩尔浓度：热力学规定为 $1\text{mol} \cdot \text{kg}^{-1}$，用符号 $b^{\ominus}$ 表示。本书讨论溶液中热力学性质时，考虑到多数情况下，溶液浓度比较稀，标准质量摩尔浓度与标准物质的量浓度比较接近，即 $b^{\ominus} \approx c^{\ominus}$，同样 $b \approx c$。因此用 $c^{\ominus}$ 代替 $b^{\ominus}$，用 c 代替 b。

气体的标准态：处于标准压力下，具有理想气体性质的纯气体状态。

液体或固体的标准态：处于标准压力下的纯液体或纯固体状态。

溶液中溶质的标准态：处于标准压力及标准质量摩尔浓度下具有理想稀溶液性质的状态。

化学反应的反应热一般用热力学标准状态下的摩尔反应焓，即标准摩尔反应焓表示。标准摩尔反应焓的定义是，反应物和产物均处于温度为 T 的热力学标准态下，反应进度为 1mol 时的焓变，用符号 $\Delta_r H_m^{\ominus}(T)$ 表示，单位是 $\text{kJ} \cdot \text{mol}^{-1}$。

对于任一反应：

$$aA(\alpha) + bB(\beta) = gG(\gamma) + hH(\delta)$$

式中，α、β、γ、δ 分别表示物质 A、B、G、H 的聚集状态。以 $H_m^{\ominus}(B,T)$ 表示反应中任一物质的标准摩尔焓（1mol 物质 B 处于温度为 T 时的热力学标准态下具有的焓值）。则反应的标准摩尔反应焓为：

$$\Delta_r H_m^{\ominus}(T) = \sum_B \nu_B H_m^{\ominus}(B,T) \tag{2-15}$$

对于给定的反应，其标准摩尔反应焓是该反应的反应进度为 1mol 时的标准反应焓。因为反应进度 ξ 与反应方程书写有关，所以使用标准摩尔反应焓时，必须指明热化学反应计量方程式。

(3) 热化学方程式（thermochemistry equation）

表示化学反应与其反应的标准摩尔反应焓关系的化学反应方程式，叫热化学方程式。例如：

$$C(s) + O_2(g) \longrightarrow CO_2(g) \qquad \Delta_r H_m^\ominus (298.15K) = -393.51 kJ \cdot mol^{-1}$$

$$H_2(g) + \frac{1}{2}O_2(g) \longrightarrow H_2O(l) \qquad \Delta_r H_m^\ominus (298.15K) = -285.85 kJ \cdot mol^{-1}$$

$$H_2O(g) \longrightarrow H_2(g) + \frac{1}{2}O_2(g) \qquad \Delta_r H_m^\ominus (298.15K) = 241.84 kJ \cdot mol^{-1}$$

正确地书写热化学方程式必须注意以下几点。

① 正确地写出并配平化学反应计量式,这是因为标准摩尔反应焓与反应进度有关,不同的化学反应计量式对应不同的标准摩尔反应焓,例如:

$$H_2(g) + \frac{1}{2}O_2(g) \longrightarrow H_2O(g) \qquad \Delta_r H_m^\ominus = -241.8 kJ \cdot mol^{-1}$$

$$2H_2(g) + O_2(g) \longrightarrow 2H_2O(g) \qquad \Delta_r H_m^\ominus = -483.6 kJ \cdot mol^{-1}$$

② 必须注明反应物和产物的聚集态,气态、液态、固态分别用 g、l、s 表示。对于固体,若晶型不同必须注明晶型,如 C(石墨)、C(金刚石)不得省略,这是因为标准摩尔反应焓与反应中各物质的聚集状态及晶型有关,例如:

$$H_2(g) + \frac{1}{2}O_2(g) \longrightarrow H_2O(l) \qquad \Delta_r H_m^\ominus = -285.8 kJ \cdot mol^{-1}$$

$$C(石墨) \longrightarrow C(金刚石) \qquad \Delta_r H_m^\ominus = 1.9 kJ \cdot mol^{-1}$$

③ 必须注明反应温度,若反应温度在 298.15K 时,可以不注明。这是因为标准摩尔反应焓随温度而变,但在一定温度范围内变化不大,因此常用 298.15K 的标准摩尔反应焓代替一定温度范围内(在此温度范围内无相变)的标准摩尔反应焓。如:

$$2CO(g) + O_2(g) \longrightarrow 2CO_2(g)$$

$$\Delta_r H_m^\ominus (298.15K) = -565.969 kJ \cdot mol^{-1}$$

$$\Delta_r H_m^\ominus (1000K) = -565.350 kJ \cdot mol^{-1}$$

④ 逆反应的标准摩尔反应焓与正反应的标准摩尔反应焓数值相同,符号相反。如:

$$2CO_2(g) \longrightarrow 2CO(g) + O_2(g) \qquad \Delta_r H_m^\ominus = 565.969 kJ \cdot mol^{-1}$$

2.1.5 热效应的计算

(1) 盖斯定律(Hess law)

1840 年瑞士籍俄国化学家盖斯(G.H.Hess)归纳总结了大量的实验事实后得出了化学反应中热量的变化规律。在恒温、恒压条件下,一个化学反应无论是一步完成还是分步完成,总的热效应是相同的。即一个反应若能分成两步或多步进行,则总反应的 ΔH 等于各步反应 ΔH 之和。这一定律称为盖斯定律。盖斯定律实质是"状态函数法"的一种应用,因为反应热效应 ΔH 只取决于始态和终态,与过程无关。例如:

$$Sn(s) + Cl_2(g) \longrightarrow SnCl_2(s) \qquad \Delta_r H_m^\ominus (1) = -349.8 kJ \cdot mol^{-1}$$

$$+) \quad SnCl_2(s) + Cl_2(g) \longrightarrow SnCl_4(s) \qquad \Delta_r H_m^\ominus (2) = -195.4 kJ \cdot mol^{-1}$$

$$\overline{\qquad Sn(s) + 2Cl_2(g) \longrightarrow SnCl_4(s) \qquad \Delta_r H_m^\ominus (3) = -545.2 kJ \cdot mol^{-1}}$$

图 2-5 为总反应的焓变与各分步反应的焓变的关系,由图 2-5 可见:

$$\Delta_r H_m^\ominus (3) = \Delta_r H_m^\ominus (1) + \Delta_r H_m^\ominus (2)$$

综上所述,热化学方程式能像数学方程式一样进行加、减运算。因此盖斯定律为化学反应热效应的研究提供了方便,它可以通过已知的化学反应热

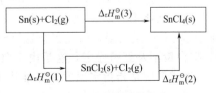

图 2-5 总反应的焓变为分步反应的焓变之和

效应间接地计算出一些不易测准或目前尚无法测定的热效应。如 $C(s)+\frac{1}{2}O_2(g) \longrightarrow CO(g)$ 反应的热效应是很难直接测定的，因为无法控制反应的产物全部是 $CO(g)$，而应用盖斯定律可通过测定下列两个反应的热效应求得。

$$C(s) + O_2(g) \longrightarrow CO_2(g) \qquad \Delta_r H_m^\ominus = -393.51 \text{kJ} \cdot \text{mol}^{-1}$$

$$-)\quad CO(g) + \frac{1}{2}O_2(g) \longrightarrow CO_2(g) \qquad \Delta_r H_m^\ominus = -282.99 \text{kJ} \cdot \text{mol}^{-1}$$

$$C(s) + \frac{1}{2}O_2(g) \longrightarrow CO(g) \qquad \Delta_r H_m^\ominus = -110.52 \text{kJ} \cdot \text{mol}^{-1}$$

【例 2-5】已知：

$$Fe_2O_3(s) + 3CO(g) \longrightarrow 2Fe(s) + 3CO_2(g) \qquad \Delta_r H_m^\ominus(1) = -24.7 \text{kJ} \cdot \text{mol}^{-1}$$

$$3Fe_2O_3(s) + CO(g) \longrightarrow 2Fe_3O_4(s) + CO_2(g) \qquad \Delta_r H_m^\ominus(2) = -46.4 \text{kJ} \cdot \text{mol}^{-1}$$

$$Fe_3O_4(s) + CO(g) \longrightarrow 3FeO(s) + CO_2(g) \qquad \Delta_r H_m^\ominus(3) = 36.1 \text{kJ} \cdot \text{mol}^{-1}$$

求反应：$FeO(s) + CO(g) \longrightarrow Fe(s) + CO_2(g) \qquad \Delta_r H_m^\ominus(4) = ?$

解 根据盖斯定律，将已知的热化学方程式进行加减，消去所求的热化学方程式中没有的化学式（注意：热化学方程式进行加减时要在相同聚集态之间进行，固体若有不同晶型要在相同晶型之间进行），则 $(4) = \frac{1}{6}[(1) \times 3 - (2) - (3) \times 2]$。因此：

$$\Delta_r H_m^\ominus(4) = \frac{1}{6}[\Delta_r H_m^\ominus(1) \times 3 - \Delta_r H_m^\ominus(2) - \Delta_r H_m^\ominus(3) \times 2]$$

$$= \frac{1}{6}[(-24.7) \times 3 - (-46.4) - 36.1 \times 2] = -16.7 \text{ (kJ} \cdot \text{mol}^{-1})$$

(2) 由标准摩尔生成焓计算标准摩尔反应焓

① **标准摩尔生成焓**（standard molar enthalpy of formation） 由于物质焓的绝对值人们无法求得，标准摩尔反应焓通过定义是无法求得的，虽然通过盖斯定律可求，但盖斯定律需要反应热数据多，有些无法实验测得，其应用受限，所以在热化学中，人们研究发现可以通过标准摩尔生成焓来求标准摩尔反应焓。

在温度为 T 的标准状态下，由指定单质生成 1mol 化合物时的标准摩尔反应焓称为该化合物的标准摩尔生成焓，用符号 $\Delta_f H_m^\ominus(T)$ 表示。298.15K 时化合物的 $\Delta_f H_m^\ominus$ 作为基础热力学数据可从手册上查到。

根据定义，人们规定指定单质在 $T(K)$、标准状态下的标准摩尔生成焓为零，即

$$\Delta_f H_m^\ominus(T) = 0 \qquad (2\text{-}16)$$

这里要强调的是指定单质一般为最稳定单质，如：碳单质有石墨和金刚石两种晶型，最稳定的石墨的 $\Delta_f H_m^\ominus(T)$ 为 0，而金刚石的 $\Delta_f H_m^\ominus(T)$ 不为 0。温度为指定温度 $T(K)$，温度如未注明一般是指 298.15K。

稳定单质是指指定温度、标准状态下能稳定存在的单质，如稀有气体的稳定单质为单原子气体 $He(g)$、$Ne(g)$、$Ar(g)$、$Kr(g)$、$Xe(g)$、$Rn(g)$；氢、氧、氮、氟、氯的稳定单质为双原子气体 $H_2(g)$、$O_2(g)$、$N_2(g)$、$F_2(g)$、$Cl_2(g)$；溴和汞的稳定单质是液态 $Br_2(l)$ 和 $Hg(l)$；C 是石墨，硫是正交硫，Sn 是白锡。需要说明的是磷单质白磷的 $\Delta_f H_m^\ominus(T)$ 为 0，但白磷不及红磷稳定，这是由于白磷容易得到。

生成反应是指指定温度、标准状态下由指定单质生成 1mol 化合物时的化学反应。

如：在指定温度、标准状态下，NaOH 生成反应为

$$Na(s) + 1/2 H_2(g) + 1/2 O_2(g) \longrightarrow NaOH(s)$$

如：在298.15K，标准状态下，

$$C(石墨) + O_2(g) \longrightarrow CO_2(g) \qquad \Delta_r H_m^{\ominus} = -393.51 \text{kJ·mol}^{-1}$$

所以 $\Delta_f H_m^{\ominus}(CO_2, g) = \Delta_r H_m^{\ominus}$

② 由标准摩尔生成焓计算标准摩尔反应焓　对于任一化学反应：

$$aA + bB \Longrightarrow gG + hH$$

在298.15K，标准状态下：

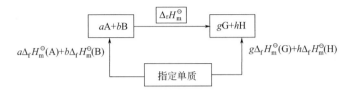

图2-6　由标准摩尔生成焓求标准摩尔反应焓

根据状态函数法，由图2-6可知

$$\Delta_r H_m^{\ominus} = g\Delta_f H_m^{\ominus}(G) + h\Delta_f H_m^{\ominus}(H) - a\Delta_f H_m^{\ominus}(A) - b\Delta_f H_m^{\ominus}(B) \qquad (2-17)$$

即：

$$\Delta_r H_m^{\ominus}(298.15K) = \sum_B \nu_B \Delta_f H_m^{\ominus}(B, 298.15K) \qquad (2-18)$$

此式说明，在298.15K下，任一反应的标准摩尔反应焓等于产物的标准摩尔生成焓之和减去反应物的标准摩尔生成焓之和。

【例2-6】 铝热法的反应如下：

$$8Al(s) + 3Fe_3O_4(s) \Longrightarrow 4Al_2O_3(s) + 9Fe(s)$$

利用 $\Delta_f H_m^{\ominus}$ 数据计算298.15K的恒压反应热。

解　查表得：

	Al(s)	Fe$_3$O$_4$(s)	Al$_2$O$_3$(s)	Fe(s)
$\Delta_f H_m^{\ominus}$/kJ·mol^{-1}	0	-1118.0	-1675.7	0

根据式(2-18)得：

$$\Delta_r H_m^{\ominus} = 4\Delta_f H_m^{\ominus}(Al_2O_3, s) + 9\Delta_f H_m^{\ominus}(Fe, s) - 8\Delta_f H_m^{\ominus}(Al, s) - 3\Delta_f H_m^{\ominus}(Fe_3O_4, s)$$
$$= 4 \times (-1675.7) + 9 \times 0 - 8 \times 0 - 3 \times (-1118.0) = -3348.8 \text{ (kJ·mol}^{-1}\text{)}$$

(3) 由标准摩尔燃烧焓计算标准摩尔反应焓

① 标准摩尔燃烧焓 (standard molar enthalpy of combustion)　标准摩尔生成焓的数据只有一部分可由实验直接测得，而多数数据是不能直接测定的，尤其是有机化合物的标准摩尔生成焓。然而它们容易燃烧，在燃烧过程中放出的热量可通过实验测得。这类物质的标准摩尔生成焓就可通过其标准摩尔燃烧焓间接计算得到。

在温度为 T 的热力学标准状态下，1mol 物质在氧气中完全燃烧的标准摩尔反应焓称为标准摩尔燃烧焓，用符号 $\Delta_c H_m^{\ominus}(B, T)$ 表示。在基础热力学数据手册中，$\Delta_c H_m^{\ominus}(B, T)$ 的温度都是298.15K。

完全燃烧是指化合物燃烧后的产物：C变为 $CO_2(g)$，H变为 $H_2O(l)$，N变为 $N_2(g)$，S变为 $SO_2(g)$，Cl变为 $HCl(aq)$。对燃烧后的产物有不同的规定，因此在使用 $\Delta_c H_m^{\ominus}(B, T)$ 数据时，应注意数据表中的说明。需要说明的是上述指定的燃烧产物是人为规定，不一定是实际燃烧过程中的产物，目的是为了计算时有一个基准。

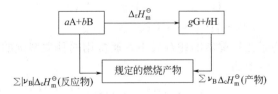

图2-7　由标准摩尔燃烧焓求标准摩尔反应焓

② 由标准摩尔燃烧焓计算标准摩尔反应焓　对于任一化学反应：
$$aA + bB = gG + hH$$
其标准摩尔反应焓由图 2-7 所示过程求得，由图 2-7 可知：

$$\sum |\nu_B| \Delta_c H_m^{\ominus}(\text{反应物}) = \Delta_r H_m^{\ominus} + \sum \nu_B \Delta_c H_m^{\ominus}(\text{产物})$$

则：
$$\Delta_r H_m^{\ominus} = \sum |\nu_B| \Delta_c H_m^{\ominus}(\text{反应物}) - \sum \nu_B \Delta_c H_m^{\ominus}(\text{产物}) \tag{2-19}$$

即：
$$\Delta_r H_m^{\ominus}(298.15K) = -\sum_B \nu_B \Delta_c H_m^{\ominus}(B, 298.15K) \tag{2-20}$$

【例 2-7】 甲烷（CH_4, g）的燃烧反应为：
$$CH_4(g) + 2O_2(g) = CO_2(g) + 2H_2O(l)$$
其标准摩尔燃烧焓为 $-890.31 kJ \cdot mol^{-1}$，求甲烷的标准摩尔生成焓。

解　查表得：

	$O_2(g)$	$CO_2(g)$	$H_2O(l)$
$\Delta_f H_m^{\ominus}/kJ \cdot mol^{-1}$	0	-393.51	-285.83

根据式(2-18) 得：
$$\Delta_r H_m^{\ominus} = 2\Delta_f H_m^{\ominus}(H_2O, l) + \Delta_f H_m^{\ominus}(CO_2, g) - \Delta_f H_m^{\ominus}(CH_4, g) - 2\Delta_f H_m^{\ominus}(O_2, g)$$
$$= \Delta_c H_m^{\ominus}(CH_4, g)$$

整理得：
$$\Delta_f H_m^{\ominus}(CH_4, g) = 2\Delta_f H_m^{\ominus}(H_2O, l) + \Delta_f H_m^{\ominus}(CO_2, g) - \Delta_c H_m^{\ominus}(CH_4, g)$$
$$\Delta_f H_m^{\ominus}(CH_4, g) = 2 \times (-285.83) + (-393.51) - (-890.31) = -74.86 \ (kJ \cdot mol^{-1})$$

(4) 由键焓计算标准摩尔反应焓

① 平均键焓（average bond enthalpy）　化学反应的实质是原子或原子团间的重新组合，一个旧化学键断裂和新化学键形成的过程。例如 HCl 的生成：
$$H—H(g) + Cl—Cl(g) = 2H—Cl(g) \qquad \Delta_r H_m^{\ominus} = -184.6 kJ \cdot mol^{-1}$$
这一反应就是旧化学键 H—H 键和 Cl—Cl 键断裂和两个新化学键 H—Cl 键形成的过程。过程中旧键 H—H 键和 Cl—Cl 键断裂需要吸收能量，两个新键 H—Cl 键形成会释放能量，当吸收的能量大于释放的能量时，反应为吸热反应，反之为放热反应。HCl(g) 的生成过程中旧键断裂吸收的能量小于新键生成释放的能量，是放热反应。因此化学反应热效应从本质上来说，就是化学键的断开和形成过程中所引起的能量变化。如果知道各种化学键的强度，就能估算化合物的生成热。

在热化学中，键的强度用键焓表示。键焓为在标准状态和指定的温度下，气态物质的 1mol 化学键断开成为气态原子过程的焓变，即在气相中键断开时的标准摩尔焓变。用 $\Delta_B H_m^{\ominus}$ 表示，习惯以 D 表示。

键焓与化学键在给定化合物分子中所处的位置有关。因此在不同的物质（或碎片）中断裂同一化学键的焓变是不同的，如 CH_4 分子中四个 C—H 键的键焓：

(a) $CH_4(g) \longrightarrow CH_3(g) + H(g) \qquad \Delta_B H_m^{\ominus} = 430 kJ \cdot mol^{-1}$
(b) $CH_3(g) \longrightarrow CH_2(g) + H(g) \qquad \Delta_B H_m^{\ominus} = 473 kJ \cdot mol^{-1}$
(c) $CH_2(g) \longrightarrow CH(g) + H(g) \qquad \Delta_B H_m^{\ominus} = 422 kJ \cdot mol^{-1}$
(d) $CH(g) \longrightarrow C(g) + H(g) \qquad \Delta_B H_m^{\ominus} = 339 kJ \cdot mol^{-1}$

为了比较键焓的相对大小，通常用同种类型键的键焓的平均值，即平均键焓。C—H 键的平均键焓为：
$$\Delta_B H_m^{\ominus}(C—H) = \frac{430 + 473 + 422 + 339}{4} = 416 \ (kJ \cdot mol^{-1})$$

C—H 键的平均键焓的数值在不同的碳氢化合物中也是略有差别的。因此对许多碳氢化合物而言，$\Delta_B H_m^{\ominus}$(C—H)=416kJ·mol^{-1} 只是一个近似值。一些常见的键焓可从手册中查到。

② 由键焓计算标准摩尔反应焓　化学手册中列出的键焓是实验测得的同类型化学键键焓的平均值，与待计算的化合物中同类型键焓略有差别，因此用键焓计算标准摩尔反应焓实际是估算。利用化学键的键焓，可按下式计算出只含气态物质的化学反应的 $\Delta_r H_m^{\ominus}$

$$\Delta_r H_m^{\ominus} = \sum |\nu_B| \Delta_B H_m^{\ominus}(\text{气态反应物}) - \sum \nu_B \Delta_B H_m^{\ominus}(\text{气态产物}) \qquad (2\text{-}21)$$

式(2-21)表示气相反应的焓变等于反应物的键焓之和减去产物的键焓之和，式中 $\Delta_B H_m^{\ominus}$（气态化合物）是该化合物中所有化学键的平均键焓之和。这种由键焓计算反应焓变的方法多用来估算科学研究中新合成的化合物的生成焓。

【例 2-8】 利用键焓计算 $H_2(g)$ 和 $O_2(g)$ 反应生成 $H_2O(g)$ 的焓变。

解 生成 $H_2O(g)$ 的反应如下：

$$H_2(g) + \frac{1}{2}O_2(g) \Longrightarrow H_2O(g)$$

查表得：　　　　　　　　　　H—H　　O=O　　H—O
$\Delta_B H_m^{\ominus}/\text{kJ·mol}^{-1}$　　　　432　　　493.6　　　458.8

根据式(2-21)得：

$$\Delta_r H_m^{\ominus} = \Delta_B H_m^{\ominus}(\text{H—H}) + \frac{1}{2}\Delta_B H_m^{\ominus}(\text{O=O}) - 2\Delta_B H_m^{\ominus}(\text{O—H})$$

$$= 432 + \frac{1}{2} \times 493.6 - 2 \times 458.8 = -238.8 \text{ (kJ·mol}^{-1}\text{)}$$

此反应的焓变是 $H_2O(g)$ 的 $\Delta_f H_m^{\ominus}$ 值，与附录 4 中的 $H_2O(g)$ 的 $\Delta_f H_m^{\ominus}$ 值 241.82kJ·mol^{-1} 基本吻合。

2.1.6　焓变对化学反应方向的影响

许多化学反应都是自发向放热的方向进行，因此化学反应的标准摩尔反应焓变影响化学反应方向。$\Delta_r H_m^{\ominus} < 0$（放热）有利于反应的进行；$\Delta_r H_m^{\ominus} > 0$（吸热）不利于反应的进行。法国化学家 M. Berthelot 和丹麦化学家 J. Thomsen 于 1878 年提出用焓变作为判断反应方向的依据，他们认为自发反应或自发过程应向体系焓减少的方向进行。从体系能量变化来看，放热使体系的能量降低，反应放热越多体系的能量降得越多，反应进行得越完全，即反应倾向于能量最低状态，这就是能量最低原理。这一原理不仅适应于化学反应，而且适应于相变化等。

大量的实验表明，M. Berthelot 和 J. Thomsen 提出的焓变判据是适用的，尤其在低温条件下是适用的，但同时也发现有些吸热反应也可以自发进行。如：

$$NH_4Cl(s) \xrightarrow{H_2O} NH_4^+(aq) + Cl^-(aq) \qquad \Delta_r H_m^{\ominus} = 9.76 \text{kJ·mol}^{-1} \qquad (1)$$

$$CaCO_3(s) \longrightarrow CaO(s) + CO_2(g) \qquad \Delta_r H_m^{\ominus} = 178.32 \text{kJ·mol}^{-1} \qquad (2)$$

反应（1）在常温下能自发进行。反应（2）在常温下不能自发进行，但在高温下能自发进行。这说明以焓变作为反应自发性的判据尚存在不足。放热（$\Delta H < 0$）只是有助于反应自发进行的因素之一，不是唯一的因素，我们必须对另一因素加以考虑，这一因素就是熵。

2.2　化学反应方向的熵变判据

2.2.1　熵及熵的性质
(1) 热力学第二定律

热力学第一定律解决了能量在转化过程中的守恒问题。但它不能判断在一定条件下过程进行的方向和限度。热力学第二定律（the second law of thermodynamics）就提供了解决这一问题的途径。

第二定律的经典表述有两种：

克劳修斯表述（Clausius statement）　热不可能自动地从低温热源传至高温热源。或不可能以热的形式将低温物体的能量传递给高温物体，而不引起其他变化。这一表述阐明了热传导的不可逆性。

开尔文表述（Kelvin expression）　不可能从单一热源吸取热全部变为功而不发生其他变化。开尔文表述指出了功转变为热的不可逆性。

以上两种表述是等价的，如果一种不成立，另一种也不成立。

从热力学第一定律看，热和功是等价的，可以进行能量衡算。从热力学第二定律看，热和功是不等价的，功能无条件地100%转变为热，热不能无条件地100%转变为功。

热力学第二定律是判断一切宏观过程是否可逆的基本定律。可逆过程是过程进行后引起的变化能自动消除；而不可逆过程是过程进行后引起的变化不能自动消除。用热力学第二定律的文字表述作为判据极不方便，1854年克劳修斯提出了一个状态函数——熵，并导出了热力学第二定律的数学表达式，在后面将进一步说明。

(2) 状态函数和熵

体系中的分子、原子、电子等微观粒子时刻发生微观运动，这种微观运动状态可以用体系混乱度来描述，混乱度的大小与体系中可能存在的微观状态数有关。如果体系状态一定，则体系的微观状态数就一定，混乱度是体系的一个重要属性，由体系状态决定。在热力学上用于描述体系混乱度的状态函数叫作熵，用 S 表示。

1878年，奥地利数学家和物理学家玻耳兹曼将熵与体系的微观状态数联系起来，在统计力学的基础上提出了孤立体系熵与微观状态数之间的关系：

$$S = K \ln \Omega \tag{2-22}$$

式(2-22)称为玻耳兹曼熵定理（Boltzmann's theorem）。式中，Ω 是孤立体系达到热力学平衡时的总微观状态数；K 为玻耳兹曼常数，等于 $1.38 \times 10^{-23} \mathrm{J \cdot K^{-1}}$。由式(2-22)可见，某一宏观状态的熵值越大，拥有的微观状态数越多，其混乱程度也越高。从这个意义上来说，熵是体系或物质混乱度的量度。高度无序的体系或物质，熵值高，井然有序的体系或物质，熵值低。体系由混乱度较小状态转变为混乱度较大的状态，熵增大。因此，温度、压力以及物质的聚集状态等都影响体系或物质的熵值。

① 熵大小的定性比较

a. 对于同一聚集态，高温物质的熵值大于低温物质的熵值。

b. 对于同一聚集态，压力增大体系的熵值减小（液体和固体影响较小，气体影响较大）。

c. 同一种物质，气体熵值大于液体的熵值，液体熵值大于固体的熵值。

d. 混合物的熵值大于纯净物的熵值。

e. 同温同聚集态，摩尔质量大的熵值大于摩尔质量小的熵值。

f. 摩尔质量相等或相近的物质，结构越复杂，对称性越差，熵值越大。

g. 化学反应过程中气体分子数增加，熵值增大，反之亦然。

② **标准熵**（standard entropy）　熵的绝对值是不知道的，根据熵的定义求得的只是始末态之间的熵变。如果规定物质某一状态的熵值，就可求得该物质在其它状态的熵值。据此，1912年普朗克（Planck M.）提出了热力学第三定律，后经其它学者补充修正，表述为："在热力学零度时，完美晶体物质的熵值为零。"即：

$$S^*(0\mathrm{K}, 完美晶体) = 0 \tag{2-23}$$

完美晶体属于内部平衡的纯物质。由于热力学零度是不可能达到的，而且没有考虑核自旋和同位素交换对熵的贡献，因此 $S^*(0K,完美晶体)=0$ 只是一个规定，称为规定熵。

在热力学第三定律的基础上，以 $0K$、p_0（完美晶体处于 $0K$ 时的压力）为始态可以求得纯物质 B 在某一状态（温度为 T，压力为 p）的规定熵

$$\Delta S = S_B(T,p) - S^*(0K,p_0) = S_B(T,p)$$

而在标准态下温度 T 时的规定熵称为标准熵，用符号 $S^\ominus(T)$；同理，在标准态下温度 T 时单位物质的量的规定熵，称为标准摩尔熵，用符号 $S_m^\ominus(T)$，单位 $J \cdot K^{-1} \cdot mol^{-1}$。

③ 熵的性质

a. 熵 S 是状态函数，具有加和（容量）性质。

b. 熵是宏观量，是构成体系的大量微观粒子集体表现出来的性质。它包括分子的平动、振动、转动、电子运动及核自旋运动所贡献的熵，谈论个别微观粒子的熵无意义。

c. 熵的绝对值不能由热力学第二定律确定。由热力学第三定律确定的熵的绝对值，叫规定熵；由分子的微观结构数据用统计热力学的方法计算出的熵的绝对值，叫统计熵。

2.2.2 熵变对化学反应方向的影响

(1) 标准摩尔反应熵的计算

由各物质的标准摩尔熵可以计算化学反应过程中的熵变，即标准摩尔反应熵 $\Delta_r S_m^\ominus(T)$。对任一化学反应：

$$aA + bB \rightleftharpoons gG + hH$$

则：$\quad \Delta_r S_m^\ominus(T) = \sum \nu_B S_m^\ominus(产物,T) - \sum |\nu_B| S_m^\ominus(反应物,T)$

即：$\quad \Delta_r S_m^\ominus(T) = \sum_B \nu_B S_m^\ominus(B,T) \qquad (2-24)$

【例 2-9】 计算 25℃ 及标准态下，下列反应的熵变

$$CaCO_3(s) \rightleftharpoons CaO(s) + CO_2(g)$$

解 查表得：

	$CaCO_3(s)$	$CaO(s)$	$CO_2(g)$
$S_m^\ominus / J \cdot K^{-1} \cdot mol^{-1}$	88.7	39.8	213.6

根据式(2-24)得：

$$\Delta_r S_m^\ominus = S_m^\ominus(CaO,s) + S_m^\ominus(CO_2,g) - S_m^\ominus(CaCO_3,s)$$
$$= 39.8 + 213.6 - 88.7 = 164.7 \ (J \cdot K^{-1} \cdot mol^{-1})$$

【例 2-10】 计算 25℃ 及标准态下，NH_3 生成反应的熵变

$$\frac{3}{2}H_2(g) + \frac{1}{2}N_2(g) \rightleftharpoons NH_3(g)$$

解 查表得：

	$H_2(g)$	$N_2(g)$	$NH_3(g)$
$S_m^\ominus / J \cdot K^{-1} \cdot mol^{-1}$	130.6	191.5	192.3

根据式(2-24)得：

$$\Delta_r S_m^\ominus = S_m^\ominus(NH_3,g) - \frac{3}{2}S_m^\ominus(H_2,g) - \frac{1}{2}S_m^\ominus(N_2,g)$$
$$= 192.3 - \frac{3}{2} \times 130.6 - \frac{1}{2} \times 191.5 = -99.35 \ (J \cdot K^{-1} \cdot mol^{-1})$$

【例 2-11】 铝热法的反应如下：

$$8Al(s) + 3Fe_3O_4(s) \rightleftharpoons 4Al_2O_3(s) + 9Fe(s)$$

利用 $S_m^\ominus$ 数据计算 298.15K 的反应熵。

解 查表得：

	Al(s)	Fe$_3$O$_4$(s)	Al$_2$O$_3$(s)	Fe(s)
$S_m^{\ominus}$/J·K^{-1}·mol^{-1}	28.3	146.0	50.9	27.3

根据式(2-24)得：

$$\Delta_r S_m^{\ominus} = 4S_m^{\ominus}(Al_2O_3, s) + 9S_m^{\ominus}(Fe, s) - 8S_m^{\ominus}(Al, s) - 3S_m^{\ominus}(Fe_3O_4, s)$$
$$= 4 \times 50.9 + 9 \times 27.3 - 8 \times 28.3 - 3 \times 146.0 = -215.1 \text{ (J·K}^{-1}\text{·mol}^{-1}\text{)}$$

例 2-9 是有气体生成的反应，反应是熵增过程（$\Delta_r S_m^{\ominus} > 0$），例 2-10 是气体反应，反应后气体的物质的量减少，反应过程是熵减过程（$\Delta_r S_m^{\ominus} < 0$），可见，凡有气体参加的反应，气体物质的量增加，熵增大；气体物质的量减少，熵减小。对无气体参加的反应，这一规律不一定适用，如例 2-11 中，反应后物质的量增加，但熵值减少。

温度对物质的熵值影响较大，但由于温度升高或降低时，反应物和生成物的熵同时升高或降低，因此反应的熵变变化不大，故在一定温度范围内（此范围内无相变）可以不考虑温度对化学反应熵变的影响。

(2) 熵变对化学反应的影响

热力学证明体系由状态 1 变到状态 2 时，体系的熵变：

$$\Delta S_{1 \to 2} \geqslant \left(\sum \frac{\delta Q}{T_{环}} \right)_{1 \to 2} \quad (2-25)$$

式(2-25) 称为克劳修斯不等式，它是热力学第二定律的一种数学表达式。式中，$\frac{\delta Q}{T_{环}}$ 是封闭体系内任一过程中微小的热温商。式(2-25) 说明封闭体系内的任一过程，若熵变大于该过程的热温商之和，该过程不可逆；若熵变等于该过程的热温商之和，则该过程可逆。而熵变小于热温商的过程不可能发生。式(2-25) 计算证明在后续物理化学课程中讨论。

对于孤立体系，由于体系与环境之间没有热交换，$\delta Q = 0$，则式(2-25) 为：

$$\Delta S_{孤立} \geqslant 0 \quad (2-26)$$

式(2-26) 说明在孤立体系中，熵值增大的过程为不可逆过程，且一定是自发过程；熵变为 0 是可逆过程；熵变小于 0 的过程不可能发生。即"孤立体系的熵永不减小"，这就是熵增加原理。

根据熵增加原理，在孤立体系中可用熵变来判别过程是否可逆：

$\Delta S_{孤立} > 0$ 不可逆过程，自发

$\Delta S_{孤立} = 0$ 可逆过程，体系处于平衡

$\Delta S_{孤立} < 0$ 不能发生，非自发

对于任一化学反应，如果是熵增 $[\Delta_r S_m^{\ominus}(T) > 0]$ 反应，即使是吸热反应，都可改变温度使其自发进行，如反应：

$$CaCO_3(s) \Longrightarrow CaO(s) + CO_2(g)$$

但如果是熵减 $[\Delta_r S_m^{\ominus}(T) < 0]$ 吸热反应，则在任何温度下都不能自发进行，如反应：

$$3O_2(g) \longrightarrow 2O_3(g)$$

这说明 $\Delta_r S_m^{\ominus}$ 是影响化学反应方向的一个重要因素，但有些熵减 $[\Delta_r S_m^{\ominus}(T) < 0]$ 反应在一定的条件下也能自发进行，如反应：

$$\frac{3}{2}H_2(g) + \frac{1}{2}N_2(g) \Longrightarrow NH_3(g)$$

可见用熵变来判断化学反应方向有一定的局限性，这是因为用熵变判断过程的自发性，只适用于孤立体系，然而化学反应一般处于封闭体系，用熵变来判断化学反应的方向必须考虑环境的熵变，因为 $\Delta S_{孤立} = \Delta S_{体系} + \Delta S_{环境}$，这就给应用带来了困难，甚至成为不可能。因

此，尽管熵增有利于反应的自发进行，但是与反应焓变一样，不能仅用熵变作为反应自发性的判据。所以需要一个能方便判断任一化学反应的方向和限度，并且与体系有关的新状态函数。我们常常研究两种情况下化学反应的方向和限度，一是恒温恒容条件下的方向和限度，其判据可用亥姆霍兹自由能变；一是恒温恒压条件下的方向和限度，其判据可用吉布斯自由能变。本书只讨论吉布斯自由能变。

2.3 化学反应方向的吉布斯自由能变判据

2.3.1 吉布斯自由能

由前面的讨论可知影响化学反应自发性的因素有两个，一是能量因素（焓变），另一个则是体系的混乱度变化（熵变）因素。任何化学反应自发进行的方向都倾向于：a. 降低体系的能量 $[\Delta_r H_m^\ominus(T)<0]$；b. 增加体系的混乱度 $\Delta_r S_m^\ominus(T)>0$。当化学反应的焓变和熵变都有利于化学反应自发进行，则可判断反应能自发进行；而化学反应的焓变和熵变都不利于化学反应自发进行，则可判断反应不能自发进行。而下面两个反应：

$$\text{HCl(g)} + \text{NH}_3\text{(g)} \longrightarrow \text{NH}_4\text{Cl(s)} \qquad \Delta_r H_m^\ominus = -176.0 \text{kJ·mol}^{-1}$$

$$\text{NH}_4\text{Cl(s)} \xrightarrow{\text{H}_2\text{O}} \text{NH}_4^+\text{(aq)} + \text{Cl}^-\text{(aq)} \qquad \Delta_r H_m^\ominus = 9.76 \text{kJ·mol}^{-1}$$

前一个反应 $\Delta_r H_m^\ominus<0$，有利于自发进行，但 $\Delta_r S_m^\ominus<0$ 不利于自发进行；后一个反应 $\Delta_r H_m^\ominus>0$，不利于自发进行，但 $\Delta_r S_m^\ominus>0$ 有利于自发进行。然而在常温的条件下这两个反应都能自发进行。这表明化学反应的自发性不仅与焓变和熵变有关，而且还与温度条件有关。

为了确定一个化学反应自发性的判据，美国著名物理化学家吉布斯（J. W. Gibbs）综合考虑了系统的 H、S 以及温度这三者之间的关系，提出了一个新的状态函数，称为吉布斯自由能。

(1) 吉布斯自由能定义（the definition of Gibbs free energy）

设某封闭体系经历了一个恒温恒压过程，与环境交换热量为 Q。由式(2-25)可知，体系的熵变大于或等于此过程的热温商，即：

$$\Delta S \geqslant \frac{Q}{T_{环}}$$

由于是等温过程，所以 $T_{环}=T_{体}=T=$ 常数，则有：

$$T\Delta S \geqslant Q$$

将封闭体系热力学第一定律 $\Delta U = Q + W$ 代入有：

$$T\Delta S - \Delta U \geqslant -W$$

式中，W 为体系在此过程中做的总功，因为在封闭体系恒压条件下，$p_{外}=p=$ 常数，所以 $W=-p\Delta V+W'$，则上式可为：

$$T\Delta S - \Delta U - p\Delta V \geqslant -W'$$

根据焓的定义，$H \equiv U + pV$ 及恒压条件，上式可变为：

$$T\Delta S - \Delta H \geqslant -W'$$

若体系从状态1变为状态2，则上式为：

$$-[(H_2-TS_2)-(H_1-TS_1)] \geqslant -W'$$

1876年，吉布斯将 $H-TS$ 定义为自由能，用 G 表示。即

$$G \equiv H - TS \tag{2-27}$$

根据定义有：

$$-\Delta G \geqslant -W' \tag{2-28}$$

式中，G 为状态函数的组合，因此 G 也是广度性质的状态函数，称为吉布斯自由能，又称吉布斯函数，单位为 $kJ \cdot mol^{-1}$；W' 为非体积功。由式(2-28)可知，在封闭体系中，在恒温恒压条件下，体系对环境做非体积功必引起体系自由能降低。

(2) 标准摩尔反应吉布斯自由能的计算

对于化学反应，把单位反应进度的反应吉布斯自由能称为摩尔反应吉布斯自由能，在热力学标准状态下的摩尔反应吉布斯自由能称为标准摩尔反应吉布斯自由能，用符号 $\Delta_r G_m^{\ominus}(T)$ 表示。

① 由标准摩尔生成吉布斯自由能计算标准摩尔反应吉布斯自由能　在标准状态和指定温度下（通常为 298.15K），由指定单质生成 1mol 化合物时的标准摩尔反应吉布斯自由能称为该化合物的标准摩尔生成吉布斯自由能，用符号 $\Delta_f G_m^{\ominus}(T)$ 表示。化合物的 $\Delta_f G_m^{\ominus}$(298.15K) 作为基础热力学数据可从手册上查到。

同焓变的计算一样，利用化学反应的各物质的 $\Delta_f G_m^{\ominus}(T)$ 值可计算反应的 $\Delta_r G_m^{\ominus}(T)$ 值。对于任一反应：

$$aA + bB = gG + hH$$

则：$\Delta_r G_m^{\ominus}(T) = \sum \nu_B \Delta_f G_m^{\ominus}(产物,T) - \sum |\nu_B| \Delta_f G_m^{\ominus}(反应物,T)$

即：
$$\Delta_r G_m^{\ominus}(T) = \sum_B \nu_B \Delta_f G_m^{\ominus}(B,T) \tag{2-29}$$

【例 2-12】 铝热法的反应如下：

$$8Al(s) + 3Fe_3O_4(s) = 4Al_2O_3(s) + 9Fe(s)$$

利用 $\Delta_f G_m^{\ominus}$ 数据计算 298.15K 的标准摩尔反应吉布斯自由能。

解 查表得：

	Al(s)	Fe_3O_4(s)	Al_2O_3(s)	Fe(s)
$\Delta_f G_m^{\ominus}/kJ \cdot mol^{-1}$	0	-1015.0	-1582.4	0

根据式(2-29)得：

$$\Delta_r G_m^{\ominus} = 4\Delta_f G_m^{\ominus}(Al_2O_3,s) + 9\Delta_f G_m^{\ominus}(Fe,s) - 8\Delta_f G_m^{\ominus}(Al,s) - 3\Delta_f G_m^{\ominus}(Fe_3O_4,s)$$
$$= 4 \times (-1582.4) + 9 \times 0 - 8 \times 0 - 3 \times (-1015.0) = -3284.6 \text{ (kJ} \cdot mol^{-1})$$

② 由吉布斯自由能定义计算标准摩尔反应吉布斯自由能　由吉布斯自由能定义可知，吉布斯自由能变随温度变化而变化，但是化学反应的焓变和熵变随温度变化不大，在一定的温度范围内（此温度范围内反应的物质无相变）可视为常数，因此化学反应的标准摩尔反应吉布斯自由能可由下式计算。

$$\Delta_r G_m^{\ominus}(T) \approx \Delta_r H_m^{\ominus}(298.15K) - T\Delta_r S_m^{\ominus}(298.15K) \tag{2-30}$$

【例 2-13】 铝热法的反应如下：

$$8Al(s) + 3Fe_3O_4(s) = 4Al_2O_3(s) + 9Fe(s)$$

利用吉布斯自由能定义计算 298.15K 时的标准摩尔反应吉布斯自由能。

解 由例 2-6 和例 2-11 知 $\Delta_r H_m^{\ominus} = -3348.8 kJ \cdot mol^{-1}$，$\Delta_r S_m^{\ominus} = -215.1 J \cdot K^{-1} \cdot mol^{-1}$。由式(2-30)得：

$$\Delta_r G_m^{\ominus}(298.15K) = -3348.8 - 298.15 \times (-215.1) \times 10^{-3} = -3284.7 \text{ (kJ} \cdot mol^{-1})$$

例 2-13 与例 2-12 的结果一致。

2.3.2 吉布斯自由能变对化学反应方向的影响

(1) 化学反应方向的吉布斯自由能判据 (free energy criterion)

吉布斯自由能变是封闭体系恒温恒压条件下反应自发性的判据。根据

$$-\Delta G \geqslant -W'$$

可知在封闭体系，恒温恒压下，体系经历一过程后，对环境所做的非体积功小于体系的吉布斯自由能的减少值，这一过程一定是自发过程，若这一过程为化学反应，则反应正向进行；当体系经历一过程后，对环境所做的非体积功等于体系的吉布斯自由能的减少值，这一过程一定是可逆过程，若这一过程为化学反应，则体系处于化学平衡状态；而体系对环境所做的非体积功大于体系的吉布斯自由能的减少值的过程一定不是自发过程，若这一过程为化学反应，则反应不能正向进行。

当化学反应在封闭体系恒温恒压下不做非体积功时，$W'=0$，则式(2-28)变为：
$$-\Delta G_{T,p,W'=0} \geq 0 \quad 即 \quad \Delta G_{T,p,W'=0} \leq 0 \tag{2-31}$$

当 $\Delta G_{T,p,W'=0}<0$，正反应自发进行

　　　　　　　　$=0$，反应达到平衡

　　　　　　　　>0，正反应不能自发进行，逆反应可自发进行

恒温、恒压下不做非体积功时，任何化学反应的自发过程总是朝着吉布斯自由能（G）减小的方向进行。$\Delta_r G_m=0$ 时，反应达平衡，体系的 G 降低到最小值。此即为著名的最小自由能原理。

这里需要说明的是 $\Delta_r G_m$ 适用于任何温度和压力下化学反应方向的判断，而 $\Delta_r G_m^\ominus$ 只适用于温度为 T，反应物和生成物都处于标准状态下化学反应方向的判断。$\Delta_r G_m$ 与 $\Delta_r G_m^\ominus$ 的关系将在第 3 章讨论。

(2) 温度对化学反应方向的影响

前面已经叙述，温度 T 对 ΔG 有影响，这一影响是不能忽略的，由 $\Delta G=\Delta H-T\Delta S$ 可知，在不同的温度下化学反应进行的方向取决于 ΔH 和 $T\Delta S$ 值的相对大小。几种情况的定性判断如表 2-1。

表 2-1　恒压下温度对化学反应方向的影响

序号	ΔH	ΔS	ΔG 低温	ΔG 高温	反应情况	实例
1	−	+	−	−	任何温度下正反应均为自发	$2N_2O(g) \longrightarrow 2N_2(g)+O_2(g)$
2	+	−	+	+	任何温度下正反应均为非自发	$3O_2(g) \longrightarrow 2O_3(g)$
3	−	−	−	+	低温正反应自发，高温正反应非自发	$NH_3(g)+HCl(g) \longrightarrow NH_4Cl(s)$
4	+	+	+	−	低温正反应非自发，高温正反应自发	$CaCO_3(s) \longrightarrow CaO(s)+CO_2(g)$

由表 2-1 可见，ΔH 和 ΔS 的符号相同时，温度决定反应的方向。根据 $\Delta G=\Delta H-T\Delta S$，总能找到一个温度使 $\Delta G=0$，在此温度下，$\Delta H=T\Delta S$。对于吸热熵增反应，这一温度是能正向进行的最低温度，低于这一温度正反应不能自发；对于放热熵减反应，这一温度是能正向进行的最高温度，高于这一温度正反应不能自发。因此，这一温度是吸热熵增反应或放热熵减反应能否正向进行的转变温度。不考虑温度和压力的影响，转变温度为：

$$T_{转} = \frac{\Delta_r H_m^\ominus(298.15K)}{\Delta_r S_m^\ominus(298.15K)} \tag{2-32}$$

【例 2-14】 已知反应 $CaCO_3(s) \longrightarrow CaO(s)+CO_2(g)$ 的 $\Delta_r H_m^\ominus=179.4 kJ\cdot mol^{-1}$，$\Delta_r S_m^\ominus=163.9 J\cdot K^{-1}\cdot mol^{-1}$。

（1）判断在标准状态，1000K 的反应方向；

（2）计算在标准状态下 $CaCO_3$ 分解的最低温度。

解　（1）根据式(2-30)

$$\Delta_r G_m^\ominus(1000K) \approx 179.4-1000 \times 163.9 \times 10^{-3} = 15.5 \text{ (kJ·mol}^{-1}\text{)}$$

$\Delta_r G_m^{\ominus}(1000) > 0$,故在标准状态下 1000K 时,$CaCO_3$ 不会分解。

(2) 根据式(2-32)

$$T_{转} = \frac{179.4}{163.9 \times 10^{-3}} = 1094 \text{ (K)}$$

$CaCO_3$ 分解的最低温度为 1094K,高于这一温度时,$CaCO_3$ 分解反应可自发进行。

思 考 题

1. 解释下列概念

体系、环境、途径、过程、标准状态、状态函数、化学热力学、可逆过程、热化学、化学反应热、标准摩尔生成焓、标准摩尔燃烧焓、自发过程、焓判据、熵判据、吉布斯自由能判据。

2. 判断下列说法是否正确,并说明理由

(1) Fe(s) 和 Br_2(g) 的 $\Delta_f H_m^{\ominus}$ 都为零。

(2) 凡能发生的化学反应都是熵增过程,而熵减少的化学反应一定不能发生。

(3) 一个化学反应的 $\Delta_r G_m^{\ominus}$ 的值越负,其自发进行的倾向越大,反应速率越快。

(4) 盖斯定律认为化学反应的热效应与途径无关,是因为反应处在可逆条件下进行的缘故。

(5) 体系吉布斯自由能减少的过程一定是自发过程。

3. 选择题

(1) 下列各热力学函数中,哪些函数值为零?（　　）

A. $\Delta_f H_m^{\ominus}$(Al, s, 298.15K)　　　　　　B. $\Delta_f H_m^{\ominus}$(Br_2, g, 298.15K)

C. $S_m^{\ominus}$(N_2, g, 298.15K)　　　　　　　D. $\Delta_f G_m^{\ominus}$(I_2, g, 298.15K)

E. $\Delta_f G_m^{\ominus}$(H_2, g, 298.15K)

(2) 写出满足下列等式的条件（　　）。

A. $Q_V = \Delta U$　　　　　　　　　　　　B. $Q_p = \Delta H$

C. $\Delta H = \Delta U + p\Delta V$　　　　　　　　D. $\Delta G = \Delta H - T\Delta S$

(3) 下列物理量中哪些属于状态函数,哪些与过程有关?（　　）

A. Q　　　　　B. W　　　　　C. T　　　　　D. V

(4) 如果系统经过一系列变化,最后又变到初始状态,则系统的（　　）。

A. $Q=0$, $W=0$, $\Delta U=0$, $\Delta H=0$　　　B. $Q\neq 0$, $W\neq 0$, $\Delta U=0$, $\Delta H=Q$

C. $Q=-W$, $\Delta U=Q+W$, $\Delta H=0$　　　D. $Q\neq W$, $\Delta U=Q-W$, $\Delta H=0$

(5) 已知 NH_3(g) 的 $\Delta_f H_m^{\ominus} = -46 \text{kJ} \cdot \text{mol}^{-1}$,H—H 键能为 $435 \text{kJ} \cdot \text{mol}^{-1}$,N≡N 键能为 $941 \text{kJ} \cdot \text{mol}^{-1}$,则 N—H 键的平均键能（$\text{kJ} \cdot \text{mol}^{-1}$）为（　　）。

A. -390　　　　B. 1169　　　　C. 390　　　　D. -1169

(6) 在标准条件下石墨燃烧反应的焓变为 $-393.7 \text{kJ} \cdot \text{mol}^{-1}$,金刚石燃烧反应的焓变为 $-395.6 \text{kJ} \cdot \text{mol}^{-1}$,则石墨转变成金刚石反应的焓变为（　　）。

A. $-789.3 \text{kJ} \cdot \text{mol}^{-1}$　　　　　　　B. 0

C. $1.9 \text{kJ} \cdot \text{mol}^{-1}$　　　　　　　　　D. $-1.9 \text{kJ} \cdot \text{mol}^{-1}$

(7) 同一温度和压力下,一定量的某物质的熵值是（　　）。

A. $S(g) > S(l) > S(s)$　　　　　　　　B. $S(g) > S(l) < S(s)$

C. $S(g) > S(l) = S(s)$　　　　　　　　D. $S(g) = S(l) = S(s)$

(8) 判断反应 $CH_4(g) + 2O_2(g) \longrightarrow CO_2(g) + 2H_2O(l)$ 的反应熵 $\Delta_r S_m^{\ominus}$。

A. >0　　　　B. <0　　　　C. $=0$　　　　D. 无法判断

4. 书写热化学方程式应注意些什么?

5. 用热化学方程表示:

(1) 标准状态下,$CuSO_4$(s) 在 25℃ 的生成热为 $-771.4 \text{kJ} \cdot \text{mol}^{-1}$。

(2) 标准状态下,1mol 的乙醇 (C_2H_5OH, l) 在 25℃ 被 O_2 完全氧化成为 CO_2(g) 和 H_2O(l) 放出 1366.8kJ 热量。

6. 下列两组反应,在 25℃ 和标准状态下的恒压反应热是否相同,并说明理由。

(1) C(石墨) + O$_2$(g) === CO$_2$(g); C(金刚石) + O$_2$(g) === CO$_2$(g)

(2) N$_2$(g) + 3H$_2$(g) ⟶ 2NH$_3$(g); $\frac{1}{2}$N$_2$(g) + $\frac{3}{2}$H$_2$(g) ⟶ NH$_3$(g)

7. 熵和混乱程度之间有何联系？下列变化中体系 ΔS 是正值还是负值？

(1) H$_2$O(g) ⟶ H$_2$O(l)

(2) NaCl(s) ⟶ NaCl(l)

(3) 2NO$_2$(g) ⟶ 2NO(g) + O$_2$(g)

8. 判断反应自发性的标准是什么？

9. 写出与 NaCl(s)，H$_2$O(l)，C$_6$H$_{12}$O$_6$(s)，PbSO$_4$(s) 的标准摩尔生成焓相对应的生成反应方程式。

10. 举例说明盖斯定律的应用。

习 题

2.1 1mol CaCO$_3$ 在 100kPa 和 1110K 分解为 1mol CaO 和 1mol CO$_2$ 时，从环境吸收 178.3kJ 热量，体积增大了 0.091m^3，求 1mol CaCO$_3$ 分解后热力学能的变化。

2.2 反应 N$_2$(g) + 3H$_2$(g) ⟶ 2NH$_3$(g) 开始时 N$_2$、H$_2$ 和 NH$_3$ 的物质的量分别为 3.0mol、10.5mol 和 1mol。反应进行到 t 时，测得 N$_2$、H$_2$ 和 NH$_3$ 的物质的量分别为 2.5mol、9.0mol 和 2mol。求 t 时的反应进度。

2.3 求在 100kPa 和 100℃下 5mol 水变成 5mol 水蒸气所做的体积功（设水蒸气为理想气体，水的体积与水蒸气的体积比较可以忽略）。

2.4 1mol 的理想气体在 0℃时由始态 200kPa 恒温反抗 10kPa 恒定外压达到平衡末态，求气体所做的体积功。

2.5 20g 乙醇在其正常沸点汽化为气体。已知乙醇的正常汽化热为 857.72J·g^{-1}，乙醇蒸气的比容为 607mL·g^{-1}。求此过程中 Q、W、ΔU、ΔH（液体乙醇的体积可忽略不计）。

2.6 已知下列键能数据

	N≡N	N—F	N—Cl	F—F	Cl—Cl
B.E./kJ·mol^{-1}	942	272	201	155	243

试由键能数据求出标准生成热来说明 NF$_3$ 在室温下较稳定，而 NCl$_3$ 却极易爆炸。

2.7 碘钨灯发光效率高，使用寿命长，灯管中所含少量碘与沉积在管壁上的钨化合物生成 WI$_2$(g)：

$$W(s) + I_2(g) \longrightarrow WI_2(g)$$

此时 WI$_2$ 又可扩散到灯丝周围的高温区，分解成钨蒸气沉积在钨丝上 [已知 298K 时，$\Delta_f H_m^{\ominus}$(WI$_2$,g) = -8.37kJ·mol^{-1}，$\Delta_f H_m^{\ominus}$(I$_2$,g) = 62.24kJ·mol^{-1}，$S_m^{\ominus}$(WI$_2$,g) = 0.2504kJ·mol^{-1}·K^{-1}，$S_m^{\ominus}$(W,s) = 0.0335 kJ·mol^{-1}·K^{-1}，$S_m^{\ominus}$(I$_2$,g) = 0.2600kJ·mol^{-1}·K^{-1}]。

(1) 计算上述反应在 623K 时的 $\Delta_r G_m^{\ominus}$；

(2) 计算 WI$_2$(g) ⟶ I$_2$(g) + W(s) 发生时的最低温度是多少？

2.8 设 1mol 乙烷在密封的容器中燃烧

$$C_2H_6(g) + \frac{7}{2}O_2(g) \longrightarrow 2CO_2(g) + 3H_2O(l)$$

实验测得 298.2K 时，反应热 Q_V 为 -1560kJ·mol^{-1}，试计算 Q_p 值。

2.9 已知下列反应的焓变：

(1) C(石墨) + O$_2$(g) ⟶ CO$_2$(g) $\Delta_r H_m^{\ominus}$(1) = -393.5kJ·mol^{-1}

(2) H$_2$(g) + $\frac{1}{2}$O$_2$(g) ⟶ H$_2$O(l) $\Delta_r H_m^{\ominus}$(2) = -285.8kJ·mol^{-1}

(3) CH$_3$COOCH$_3$(l) + $\frac{7}{2}$O$_2$(g) ⟶ 3CO$_2$(g) + 3H$_2$O(l)，$\Delta_r H_m^{\ominus}$(3) = -1788.2kJ·mol^{-1}

计算 CH$_3$COOCH$_3$(乙酸甲酯)的标准摩尔生成焓。

2.10 SO$_3$ 的分解反应为：

$$2SO_3(g) \longrightarrow 2SO_2(g) + O_2(g)$$

计算：(1) 25℃、标准状态下的 $\Delta_r G_m^{\ominus}$，说明反应能否自发进行；

(2) 1.00g SO_3 在此条件下分解时的 $\Delta_r G^{\ominus}$；
(3) 估计该反应 $\Delta_r S_m^{\ominus}$ 的符号；
(4) 标准状态下，反应自发进行的温度。

2.11　25℃，100kPa 压力下，氮气与氢气反应，生成 1.00g 氨，放出 2.71kJ 的热量。计算氨的标准摩尔生成焓。

2.12　求下列反应的 $\Delta_r G_m^{\ominus}$（用两种方法求解）并判断反应自发进行的方向。
$$2NO(g) + O_2(g) \longrightarrow 2NO_2(g)$$

2.13　金属铝是一种还原剂，它可将其它金属氧化物还原成金属单质，本身生成 Al_2O_3。计算在 25℃ 时和 100kPa 压力下，1mol 下列氧化物被铝还原的 $\Delta_r G_m^{\ominus}$。
(1) Fe_2O_3　　　　(2) CuO

2.14　氢醌被过氧化氢氧化生成醌和水，其反应如下：
$$C_6H_4(OH)_2(aq) + H_2O_2(aq) \longrightarrow C_6H_4O_2(aq) + 2H_2O(l)$$
根据下列热化学方程式计算该反应的 $\Delta_r H_m^{\ominus}$。
(1) $C_6H_4(OH)_2(aq) \longrightarrow C_6H_4O_2(aq) + H_2(g)$，$\Delta_r H_m^{\ominus}(1) = 177.4 kJ \cdot mol^{-1}$
(2) $H_2(g) + O_2(g) \longrightarrow H_2O_2(aq)$，$\Delta_r H_m^{\ominus}(2) = -191.2 kJ \cdot mol^{-1}$
(3) $H_2(g) + \frac{1}{2}O_2(g) \longrightarrow H_2O(g)$，$\Delta_r H_m^{\ominus}(3) = -241.8 kJ \cdot mol^{-1}$
(4) $H_2O(g) \longrightarrow H_2O(l)$，$\Delta_r H_m^{\ominus}(4) = -44.0 kJ \cdot mol^{-1}$

2.15　生成水煤气的反应 $C(石墨) + H_2O(g) \longrightarrow CO(g) + H_2(g)$ 在 25℃ 时反应能否正向进行？如不能正向进行，需多高温度方能正向进行（不考虑 $\Delta_r H_m^{\ominus}$ 和 $\Delta_r S_m^{\ominus}$ 随温度的变化）。

2.16　反应：$2Ca(l) + ThO_2(s) \longrightarrow 2CaO(s) + Th(s)$
$T = 1373K$ 时，$\Delta_r G_m^{\ominus} = -10.46 kJ \cdot mol^{-1}$
$T = 1473K$ 时，$\Delta_r G_m^{\ominus} = -8.37 kJ \cdot mol^{-1}$
试估计能还原 ThO_2 的最高温度。

2.17　已知 298K 时，丙烯加 H_2 生成丙烷的反应焓变 $\Delta_r H_m^{\ominus} = -123.9 kJ \cdot mol^{-1}$，丙烷的燃烧焓变 $\Delta_c H_m^{\ominus} = -2220.4 kJ \cdot mol^{-1}$，$\Delta_f H_m^{\ominus}(CO_2, g) = -393.5 kJ \cdot mol^{-1}$，$\Delta_f H_m^{\ominus}(H_2O, l) = -286.0 kJ \cdot mol^{-1}$。计算（1）丙烯的燃烧焓；（2）丙烯的生成焓。

2.18　根据下面的热力学数据通过计算说明在 298K，标准压力下，用 C 还原 Fe_2O_3 生成 Fe 和 CO_2 在热力学上是否可能？若要反应自发进行，温度最低为多少？

	$Fe_2O_3(s)$	$Fe(s)$	$C(s)$	$CO_2(g)$
$\Delta_f H_m^{\ominus}/kJ \cdot mol^{-1}$	-822	0	0	-393.5
$\Delta_f G_m^{\ominus}/kJ \cdot mol^{-1}$	-741	0	0	-394.4
$S_m^{\ominus}/J \cdot mol^{-1} \cdot K^{-1}$	90	27.2	5.7	214

2.19　已知：
(1) $4N_2(g) + 3H_2O(l) \longrightarrow 2NH_3(g) + 3N_2O(g)$，$\Delta_r H_m^{\ominus}(1) = 1011.5 kJ \cdot mol^{-1}$
(2) $N_2O(g) + 3H_2(g) \longrightarrow N_2H_4(l) + H_2O(l)$，$\Delta_r H_m^{\ominus}(2) = -317.3 kJ \cdot mol^{-1}$
(3) $2NH_3(g) + \frac{1}{2}O_2(g) \longrightarrow N_2H_4(l) + H_2O(l)$，$\Delta_r H_m^{\ominus}(3) = -143 kJ \cdot mol^{-1}$
(4) $H_2O(l) \longrightarrow H_2(g) + \frac{1}{2}O_2(g)$，$\Delta_r H_m^{\ominus}(4) = 285.8 kJ \cdot mol^{-1}$

又 $\Delta_f H_m^{\ominus}(N_2O, g) = 82.1 kJ \cdot mol^{-1}$，试通过两种途径求 $\Delta_f H_m^{\ominus}(NH_3, g)$。

第3章 化学反应的限度

第2章讨论了化学反应在一定的条件下能否进行,即反应方向问题。这一章将讨论化学工作者最关心的另一个问题,即在一定条件下,反应物(原料)的最大转化率,也就是反应的极限产率是多少?以及在什么条件下能得到较大的产率?这一问题就是热化学的化学平衡问题。化学平衡就是研究在一定条件下的化学反应所能达到的极限。用热化学的计算方法可以得到反应的极限,也就是在这一反应条件下的理论产率,这一产率是不可超越的最大产率。如果理论产率与实际产率已十分接近,就没有必要进行提高产率的实验,除非改变反应条件。本章将重点讨论反应达到平衡时各组分之间量的关系——平衡常数;平衡组成和平衡转化率的计算;影响平衡的因素。

3.1 化学平衡状态

3.1.1 可逆反应与化学平衡

(1) 可逆反应

在一定温度下,对于指定的化学反应方程式,反应既可以从左向右进行,也可以从右向左进行,那么这样的化学反应,我们就称为可逆反应。如在一定温度下,在密闭容器中加入 $H_2(g)$ 和 $I_2(g)$ 可以生成 $HI(g)$;在同样的条件下加入 $HI(g)$ 可以分解成 $H_2(g)$ 和 $I_2(g)$。用双箭头表式为

$$H_2(g) + I_2(g) \rightleftharpoons 2HI(g)$$

向右进行的反应为正反应,向左进行的反应为逆反应。大多数化学反应都是可逆反应,但有些反应在宏观上只能观察到朝一个方向进行,如高锰酸钾受热分解,虽然说在一定条件下仍具有可逆性,我们习惯上称为不可逆反应。

(2) 化学平衡

对于任一化学反应:$aA + bB \rightleftharpoons gG + hH$,如果反应体系中开始只有反应物 A、B,在反应开始时,正反应速率大,逆反应速率为零。但随着反应的进行,在体系中反应物的浓度逐渐减小,将使正反应速率逐渐变小,而在体系中生成物浓度会逐渐增加,其逆反应速率变大,如果反应时间足够,当正反应速率与逆反应速率相等时,这时反应体系就处于化学平衡状态。

在化学平衡状态时,反应体系中各反应物和生成物的浓度将不再改变。需注意的是化学平衡是一种动态平衡,虽然说反应体系中各反应物和生成物的浓度不变,但反应一直在进行,只是各反应物和生成物消耗的量和生成量相等而已,并且一旦条件发生改变,化学平衡就会破坏,这时体系会进一步反应达到新的化学平衡状态。

3.1.2 化学平衡常数

(1) 实验平衡常数(experiment equilibrium constant)

在一定温度下,任一可逆化学反应达到平衡时,产物浓度系数次幂的乘积除以反应物浓度系数次幂的乘积为一常数。即对于任一反应(若有离子参与,则为离子方程式):

$$aA + bB \rightleftharpoons gG + hH$$

在温度 TK 时达到平衡,反应体系各物质的平衡浓度分别为 c_A、c_B、c_G、c_H。则有如下

关系：

$$K=\frac{c_G^g c_H^h}{c_A^a c_B^b} \tag{3-1}$$

式中，K 为实验平衡常数。从式(3-1)中可知，实验平衡常数 K 一般具有量纲，但当 $g+h=a+b$ 时，K 量纲为1。

若反应在平衡体系中有纯固体、纯液体以及稀溶液中有水参加，则平衡常数表达式中不用体现，因为它们在反应过程中浓度几乎没有变化，可以认为是一个常数归至平衡常数项。

式(3-1)中，平衡常数是由平衡浓度算出的，这种实验平衡常数 K 也称为浓度平衡常数，用 K_c 表示：

$$K_c=\frac{c_G^g c_H^h}{c_A^a c_B^b} \tag{3-2}$$

若反应物和生成物均为气体，既可以按式(3-2)由平衡浓度算出 K_c，也可以用平衡分压算得平衡常数。如在温度 T 时达到平衡，各物质的平衡分压分别为 p_A、p_B、p_G、p_H，则有如下关系：

$$K_p=\frac{p_G^g p_H^h}{p_A^a p_B^b} \tag{3-3}$$

K_p 称压力平衡常数。若气相反应中各组分气体均符合理想气体性质，因为 $pV=nRT$，所以 $p=\frac{n}{V}RT=cRT$，则 K_p 和 K_c 有如下关系：

$$K_p=\frac{p_G^g p_H^h}{p_A^a p_B^b}=\frac{c_G^g(RT)^g c_H^h(RT)^h}{c_A^a(RT)^a c_B^b(RT)^b}=K_c(RT)^{g+h-(a+b)}$$

即

$$K_p=K_c(RT)^{\Delta n} \tag{3-4}$$

式中，Δn 是生成物与反应物气体总计量系数之差，R 的单位由气体分压的单位而定。

K_p 和 K_c 可由实验直接测定。表 3-1 是在四个密闭容器中分别加入不同数量的 $H_2(g)$、$I_2(g)$ 和 $HI(g)$，发生如下反应：

$$H_2(g) + I_2(g) \rightleftharpoons 2HI(g)$$

加热到 427℃，恒温，体系达到平衡时的实验结果。

表 3-1　427℃，反应 $H_2(g) + I_2(g) \rightleftharpoons 2HI(g)$ 体系各组分分压和 K_p

编号	起始分压/kPa			平衡分压/kPa			$K_p=\dfrac{p_{HI}^2}{p_{H_2} p_{I_2}}$
	p_{H_2}	p_{I_2}	p_{HI}	p_{H_2}	p_{I_2}	p_{HI}	
1	66.00	43.70	0	26.57	4.293	78.82	54.47
2	62.14	62.63	0	13.11	13.60	98.10	53.98
3	0	0	26.12	2.792	2.792	20.55	54.17
4	0	0	27.04	2.878	2.878	21.27	54.62

由此可见，测定一定温度下各组分的平衡浓度或分压，代入平衡常数表达式就可计算出该温度下的实验平衡常数。

由以上实验可知，平衡常数是在一定条件下的化学反应的特征常数，它的值与组分的起始浓度或分压无关，与反应的本性和反应温度有关，对于一个指定的化学反应，温度一定平衡常数就一定。平衡常数值是反应进行程度的标志，K 值越大，反应进行的程度越大。

(2) 标准平衡常数 (standard equilibrium constant)

将实验测得的各组分平衡时的浓度或分压（组分为气体必须用平衡分压），分别除以标准浓度（$c^\ominus$）或标准压力（$p^\ominus$），然后代入平衡常数表达式得到的平衡常数称为标准平常数或热力学平衡常数，用符号 $K^{\ominus}$ 表示。标准平衡常数与实验平衡常数不同，组分浓度或分压的单位已消除，故 $K^{\ominus}$ 是一个量纲为 1 的纯数。标准平衡常数与实验平衡常数一样是与反应本性和反应温度有关的特征常数。它的值表示化学反应进行的程度。标准平衡常数值与实验平衡常数值的关系是：

$$K^{\ominus}=K_c \tag{3-5}$$

$$K^{\ominus}=K_p\left(\frac{1}{p^{\ominus}}\right)^{\Delta n} \tag{3-6}$$

书写标准平衡常数应注意以下几点。

a. 如果有离子参加的反应，反应方程式为离子方程式，平衡常数表达式中各组分浓度（或分压）必须为平衡浓度（或平衡分压），并需除以标准浓度（或标准压力），产物为分子，反应物为分母，式中每个组分浓度（或分压）与标准浓度（或标准压力）之比的指数是反应方程式中相应的化学计量系数。

b. 对于同一化学反应，反应式的书写方法不同，平衡常数表达式也不同，例如：

$$H_2(g) + I_2(g) \rightleftharpoons 2HI(g)$$

$$K_1^{\ominus}=\frac{\left(\dfrac{p_{HI}}{p^{\ominus}}\right)^2}{\left(\dfrac{p_{H_2}}{p^{\ominus}}\right)\left(\dfrac{p_{I_2}}{p^{\ominus}}\right)}$$

该反应若写成：

$$\frac{1}{2}H_2(g) + \frac{1}{2}I_2(g) \rightleftharpoons HI(g)$$

则：

$$K_2^{\ominus}=\frac{\left(\dfrac{p_{HI}}{p^{\ominus}}\right)}{\left(\dfrac{p_{H_2}}{p^{\ominus}}\right)^{\frac{1}{2}}\left(\dfrac{p_{I_2}}{p^{\ominus}}\right)^{\frac{1}{2}}}$$

c. 有纯液体或纯固体参与的反应，在平衡常数表达式中，液体和固体不需要列出；在稀溶液中有水参与的反应，由于水的浓度变化很小，浓度基本保持不变，所以水的浓度也不需要列出（但在非水溶液中，若反应过程中有水参与反应或反应生成水，则水的浓度需要列出）。反应式中，某物质若是气体，需以分压表示；若是溶液中的溶质，需以浓度表示。例如：

$$MnO_2(s) + 2Cl^-(aq) + 4H^+(aq) \rightleftharpoons Mn^{2+}(aq) + Cl_2(g) + 2H_2O(l)$$

$$K^{\ominus}=\frac{\dfrac{c_{Mn^{2+}}}{c^{\ominus}}\dfrac{p_{Cl_2}}{p^{\ominus}}}{\left(\dfrac{c_{Cl^-}}{c^{\ominus}}\right)^2\left(\dfrac{c_{H^+}}{c^{\ominus}}\right)^4}$$

(3) 多重平衡规则

如果一个反应是若干个相关反应之和，在相同的温度下这个反应的平衡常数就等于它们相应的平衡常数之积，相反，一个反应是另外两个反应之差，这个反应的平衡常数就等于另外两个平衡常数之商，这就是多重平衡规则。例如：

反应 (1) $2H_2O(g) \rightleftharpoons 2H_2(g)+O_2(g)$ $K^{\ominus}(1)$

反应 (2) $CO_2(g)+H_2(g) \rightleftharpoons H_2O(g)+CO(g)$ $K^{\ominus}(2)$

反应 (3) $2CO_2(g) \rightleftharpoons 2CO(g)+O_2(g)$ $K^{\ominus}(3)$

因为 (3)=(1)+2×(2) 所以 $K^{\ominus}(3)=K^{\ominus}(1)\times[K^{\ominus}(2)]^2$

当某一化学反应的平衡常数难以测得，或不易从文献中查得时，可利用多重平衡规则，先找出各化学反应式之间的关系，再通过相关的其他化学反应的平衡常数进行间接计算求得。

在一个反应体系内往往不只存在一个化学平衡，如在水溶液中的化学反应，一般会有沉淀反应、解离反应和配位反应等多个反应同时存在，然而水溶液中一定存在一个总的化学反应，只要知道了这个总的反应的平衡常数，对于有关的计算就会简单得多。因此多重平衡规则在平衡运算中是很有用的。

(4) 平衡常数的有关计算

① 标准平衡常数的计算

a. 由平衡时组分浓度或分压计算

【例 3-1】 向一密封的真空容器内注入 NO 和 O_2，使体系始终保持 400℃，反应开始的瞬间测得 $p(NO)=100.0$ kPa，$p(O_2)=286.0$ kPa。当反应：$2NO(g)+O_2(g) \rightleftharpoons 2NO_2(g)$ 达到平衡时 $p(NO_2)=79.2$ kPa，试计算该反应在 400℃ 时的 $K^{\ominus}$。

解 $\qquad 2NO(g) \quad + \quad O_2(g) \quad \rightleftharpoons \quad 2NO_2(g)$

起始分压/kPa $\qquad$ 100.0 $\qquad\qquad$ 286.0 $\qquad\qquad$ 0

平衡分压/kPa $\qquad$ 100.0−79.2 $\qquad$ 286.0−79.2/2 $\qquad$ 79.2

$$K^{\ominus}=\frac{\left(\dfrac{p_{NO_2}}{p^{\ominus}}\right)^2}{\left(\dfrac{p_{NO}}{p^{\ominus}}\right)^2\left(\dfrac{p_{O_2}}{p^{\ominus}}\right)}=\frac{\left(\dfrac{79.2}{100}\right)^2}{\left(\dfrac{100-79.2}{100}\right)^2\left(\dfrac{286.0-79.2/2}{100}\right)}=5.88$$

【例 3-2】 600K、100.0kPa 下，将 0.080mol 空气（其中氧气的体积分数为 20%，其它均为 N_2）与 0.020mol HCl 混合，发生反应：$2HCl(g)+\dfrac{1}{2}O_2(g) \rightleftharpoons Cl_2(g)+H_2O(g)$；平衡时 Cl_2 的体积分数为 4.0%，计算反应的标准平衡常数 $K^{\ominus}$。

解 根据式(1-14) 0.080mol 空气中氧气和氮气的物质的量为：

$$n_{O_2}=\frac{V_{O_2}}{V}\times n_{空气}=0.20\times 0.080=0.016(mol)$$

$$n_{N_2}=0.080-0.016=0.064(mol)$$

设平衡时 Cl_2 的物质的量为 a mol

$\qquad\qquad\qquad\qquad 2HCl(g)+\dfrac{1}{2}O_2(g) \rightleftharpoons Cl_2(g)+H_2O(g)$

起始时物质的量/mol $\qquad$ 0.020 $\qquad$ 0.016 $\qquad$ 0 $\qquad$ 0

转化了的物质的量/mol $\qquad$ $-2a$ $\qquad$ $-\dfrac{1}{2}a$ $\qquad$ a $\qquad$ a

平衡时物质的量/mol $\qquad$ $0.020-2a$ $\quad$ $0.016-\dfrac{1}{2}a$ $\quad$ a $\quad$ a

则平衡时体系总的物质的量为：$0.036-\dfrac{1}{2}a+n_{N_2}=0.036-\dfrac{1}{2}a+0.064=0.10-\dfrac{1}{2}a$

因为 $\dfrac{n_{Cl_2}}{n_{总}}=\dfrac{V_{Cl_2}}{V}$，所以 $\dfrac{a}{0.10-\dfrac{1}{2}a}=0.040$，$a=0.0039$mol

故平衡时，$p_{HCl} = \dfrac{n_{HCl}}{n_{总}} \times p = \dfrac{0.0122}{0.09805} \times 100 = 12.4 \text{kPa}$

$$p_{O_2} = \dfrac{n_{O_2}}{n_{总}} \times p = \dfrac{0.01405}{0.09805} \times 100 = 14.3 \text{kPa}$$

$$p_{Cl_2} = p_{H_2O} = \dfrac{n_{Cl_2}}{n_{总}} \times p = \dfrac{0.0039}{0.09805} \times 100 = 4.0 \text{kPa}$$

因为，$K^{\ominus} = \dfrac{\dfrac{p_{Cl_2}}{p^{\ominus}} \times \dfrac{p_{H_2O}}{p^{\ominus}}}{\left(\dfrac{p_{HCl}}{p^{\ominus}}\right)^2 \left(\dfrac{p_{O_2}}{p^{\ominus}}\right)^{\frac{1}{2}}} = \dfrac{\left(\dfrac{4}{100}\right)^2}{\left(\dfrac{12.4}{100}\right)^2 \times \left(\dfrac{14.3}{100}\right)^{\frac{1}{2}}} = 0.28$

对于气相反应，列入平衡常数表达式的是平衡时各组分的分压，因此计算反应的标准平衡常数及平衡时各组分的分压和转化率时，对恒温恒容反应，因组分的分压变化与反应计量式的物质的量变化密切相关，其值依反应式的计量系数变化，为简化计算，未知组分以设分压好，这样可根据反应计量式和已知组分的分压计算出未知组分的分压，如例 3-1；但对恒温恒压反应，组分的分压变化与反应计量式中物质的量变化没有确定的量的关系，其值不按反应的计量系数变化，因此未知组分只能设物质的量，根据反应计量式和已知组分的物质的量计算出未知组分的物质的量，然后由分压定律计算出平衡时各组分的分压，如例 3-2。

b. 由有关反应的标准平衡常数计算（多重平衡规则）

【例 3-3】 已知反应：

(1) $Fe_2O_3(s) + 3CO(g) \rightleftharpoons 2Fe(s) + 3CO_2(g)$ $\quad K_1^{\ominus}$

(2) $3Fe_2O_3(s) + CO(g) \rightleftharpoons 2Fe_3O_4(s) + CO_2(g)$ $\quad K_2^{\ominus}$

(3) $Fe_3O_4(s) + CO(g) \rightleftharpoons 3FeO(s) + CO_2(g)$ $\quad K_3^{\ominus}$

求反应：(4) $FeO(s) + CO(g) \rightleftharpoons Fe(s) + CO_2(g)$ 的平衡常数 $K_4^{\ominus}$ 的表达式。

解 根据例 2-5 可知，反应方程式有如下关系

$$(4) = \dfrac{1}{6}[(1) \times 3 - (2) - (3) \times 2]$$

则

$$K_4^{\ominus} = \left[\dfrac{(K_1^{\ominus})^3}{K_2^{\ominus}(K_3^{\ominus})^2}\right]^{\frac{1}{6}}$$

【例 3-4】 已知下列反应在 1123K 时的标准平衡常数

(1) $C(石墨) + CO_2(g) \rightleftharpoons 2CO(g)$ $\quad K_1^{\ominus} = 1.3 \times 10^{14}$

(2) $CO(g) + Cl_2(g) \rightleftharpoons COCl_2(g)$ $\quad K_2^{\ominus} = 6.0 \times 10^{-3}$

计算反应：(3) $2COCl_2(g) \rightleftharpoons C(石墨) + CO_2(g) + 2Cl_2(g)$ 在 1123K 时的 $K_3^{\ominus}$ 值。

解 可知反应方程式间有如下关系：(3) = -(1) - (2) × 2，则

$$K_3^{\ominus} = \dfrac{1}{K_1^{\ominus} K_2^{\ominus 2}} = \dfrac{1}{1.3 \times 10^{14} \times (6.0 \times 10^{-3})^2} = 2.1 \times 10^{-10}$$

② 化学平衡（chemical equilibrium）组成及理论转化率（theoretical conversion ratio）的计算 若已知反应体系的初始组成，利用标准平衡常数可以计算出平衡时体系的组成。

【例 3-5】 275℃ 时，反应 $NH_4Cl(s) \rightleftharpoons NH_3(g) + HCl(g)$ 的标准平衡常数为 0.0104。将 0.980g 固体 NH_4Cl 样品放入 1.00L 密封容器中，加热到 275℃，计算：

(1) 达平衡时，NH_3 和 HCl 的分压各为多少？

(2) 达平衡时，在容器中固体 NH_4Cl 的质量为多少？

解：（1）　　　　　　　　　$NH_4Cl(s) \rightleftharpoons NH_3(g) + HCl(g)$

开始分压/kPa　　　　　　　　　　　　　　　　0　　　　　　0

转化了的分压/kPa　　　　　　　　　　　　p_{NH_3}　　　p_{HCl}

平衡分压/kPa　　　　　　　　　　　　　　p_{NH_3}　　　p_{HCl}

将平衡分压代入平衡常数表达式

$$K^{\ominus} = \frac{p_{NH_3}}{p^{\ominus}} \times \frac{p_{HCl}}{p^{\ominus}} = 0.0104$$

因为 $p_{NH_3} = p_{HCl}$

所以 $p_{NH_3} = p_{HCl} = 0.102 p^{\ominus} = 10.2$ （kPa）

（2）因为 $n_{NH_3} = n_{HCl} = \dfrac{pV}{RT} = \dfrac{10.2 \times 10^3 \times 1.00 \times 10^{-3}}{8.314 \times (275+273)} = 0.00224$ （mol）

而生成 1mol 的 NH_3 需消耗 1mol NH_4Cl

所以　　　　　　　$m_{NH_4Cl} = 0.980 - 53.5 \times 0.00224 = 0.860$ （g）

化学反应还经常用平衡转化率（又称理论转化率或最高转化率）来表示反应进行的程度，平衡转化率用符号 α 表示：

$$\alpha = \frac{平衡时某反应物已转化的量}{该反应物的起始量} \times 100\% \tag{3-7}$$

平衡转化率和平衡常数都是表示反应进行的程度，但两者有差别，平衡常数与体系的起始状态无关，只与反应温度有关；转化率除与温度有关外还与体系的起始状态有关，并须指明是哪种反应物的转化率，反应物不同，转化率的数值往往不同。

【例 3-6】 在一密封容器中，反应：$CO(g) + H_2O(g) \rightleftharpoons CO_2(g) + H_2(g)$ 平衡常数 $K^{\ominus} = 2.6 (476℃)$，求：

(1) 当 H_2O 和 CO 的物质的量之比为 1 时，CO 的转化率为多少？

(2) 当 H_2O 和 CO 的物质的量之比为 3 时，CO 的转化率为多少？

(3) 根据计算结果，能得到什么结论。

解 （1）设 CO 转化率为 α_1

　　　　　　　　　　　$CO(g) + H_2O(g) \rightleftharpoons CO_2(g) + H_2(g)$

起始分压/kPa　　　　　$p^{\ominus}$　　　　$p^{\ominus}$　　　　　　0　　　　　　0

平衡分压/kPa　　$p^{\ominus} - \alpha_1 p^{\ominus}$　　$p^{\ominus} - \alpha_1 p^{\ominus}$　　$\alpha_1 p^{\ominus}$　　$\alpha_1 p^{\ominus}$

$$K^{\ominus} = \frac{\dfrac{p_{CO_2}}{p^{\ominus}} \times \dfrac{p_{H_2}}{p^{\ominus}}}{\dfrac{p_{H_2O}}{p^{\ominus}} \times \dfrac{p_{CO}}{p^{\ominus}}} = \frac{\left(\dfrac{\alpha_1 p^{\ominus}}{p^{\ominus}}\right)\left(\dfrac{\alpha_1 p^{\ominus}}{p^{\ominus}}\right)}{\left(\dfrac{p^{\ominus} - \alpha_1 p^{\ominus}}{p^{\ominus}}\right)\left(\dfrac{p^{\ominus} - \alpha_1 p^{\ominus}}{p^{\ominus}}\right)}$$

$$= \frac{\alpha_1^2}{(1-\alpha_1)^2} = 2.6$$

解得 $\alpha_1 = 0.62 = 62\%$

（2）设 CO 转化率为 α_2

　　　　　　　　　　　$CO(g) + H_2O(g) \rightleftharpoons CO_2(g) + H_2(g)$

起始分压/kPa　　　　　$p^{\ominus}$　　　　$3p^{\ominus}$　　　　　0　　　　　　0

平衡分压/kPa　　$p^{\ominus} - \alpha_2 p^{\ominus}$　　$3p^{\ominus} - \alpha_2 p^{\ominus}$　　$\alpha_2 p^{\ominus}$　　$\alpha_2 p^{\ominus}$

$$K^\ominus = \frac{\dfrac{p_{CO_2}}{p^\ominus} \times \dfrac{p_{H_2}}{p^\ominus}}{\dfrac{p_{H_2O}}{p^\ominus} \times \dfrac{p_{CO}}{p^\ominus}} = \frac{\left(\dfrac{\alpha_2 p^\ominus}{p^\ominus}\right)\left(\dfrac{\alpha_2 p^\ominus}{p^\ominus}\right)}{\left(\dfrac{p^\ominus - \alpha_2 p^\ominus}{p^\ominus}\right)\left(\dfrac{3p^\ominus - \alpha_2 p^\ominus}{p^\ominus}\right)} = \frac{\alpha_2^2}{(1-\alpha_2)(3-\alpha_2)} = 2.6$$

解得 $\alpha_2(1) = 5.63$（>1，不合理，弃去），$\alpha_2(2) = 0.865 = 86.5\%$

(3) 从计算可知，增加反应体系中反应物 H_2O 的量，可提高 CO 的转化率。

3.2 化学反应方向判据

3.2.1 摩尔反应吉布斯自由能与标准平衡常数的关系

对于任一可逆理想气体反应，$aA + bB \rightleftharpoons gG + hH$

在恒温恒压下进行，根据热力学可以证明摩尔反应吉布斯自由能与反应体系各物质的分压之间存在下列关系：

$$\Delta_r G_m = \Delta_r G_m^\ominus + RT \ln \frac{(p_G/p^\ominus)^g (p_H/p^\ominus)^h}{(p_A/p^\ominus)^a (p_B/p^\ominus)^b} \tag{3-8}$$

令

$$J \equiv \frac{(p_G/p^\ominus)^g (p_H/p^\ominus)^h}{(p_A/p^\ominus)^a (p_B/p^\ominus)^b} \tag{3-9}$$

则式(3-8) 可写成：

$$\Delta_r G_m = \Delta_r G_m^\ominus + RT \ln J \tag{3-10}$$

式中，J 称为压力商。式(3-8) 为化学反应等温式。若反应体系中只有反应物，产物气体分压为 0，则 $J = 0$，这时 $\Delta_r G_m = -\infty$，体系进行正向反应的能力很大。然而随着反应的进行，J 增大，$\Delta_r G_m$ 增大，反应正向进行的能力降低。其限度是 $\Delta_r G_m = 0$，反应达到平衡。

当体系处于平衡状态时，$\Delta_r G_m = 0$，$J = K^\ominus$，代入式(3-10) 有：

$$\Delta_r G_m^\ominus = -RT \ln K^\ominus \tag{3-11}$$

若是溶液反应或多相反应，J 为反应商（浓度商），其表示方式与 $K^\ominus$ 相同，区别在于浓度项或压力项是体系任何状态下（可以是平衡态，也可以是非平衡态）浓度项或压力项的数值。

根据式(3-11) 可以计算出反应的标准平衡常数。

【例 3-7】 一定量的 N_2O_4 气体在一密封容器中保温，已知反应：

$$N_2O_4(g) \rightleftharpoons 2NO_2(g)$$

$\Delta_f G_m^\ominus/kJ \cdot mol^{-1}$　　　　　97.82　　　　51.31

计算在 298K 时该反应的标准平衡常数 $K^\ominus$。

解　$\Delta_r G_m^\ominus = 2 \times \Delta_f G_m^\ominus(NO_2) - \Delta_f G_m^\ominus(N_2O_4)$
　　　　　$= 2 \times 51.31 - 97.82 = 4.80 \, (kJ \cdot mol^{-1})$

由式(3-11) 得：　$\ln K^\ominus = \dfrac{-\Delta_r G_m^\ominus}{RT} = \dfrac{-4.8 \times 1000}{8.314 \times 298} = -1.94$

解得：　$K^\ominus = 0.14$

注意：$\Delta_r G_m^\ominus$、$K^\ominus$ 的热力学温度必须相同。

3.2.2 非平衡状态 (non-equilibrium state) 化学反应的方向

将式(3-11) 代入式(3-10)，得

$$\Delta_r G_m = -RT \ln K^\ominus + RT \ln J \tag{3-12}$$

利用式(3-12) 就可判断任一指定化学反应在某一状态下反应的方向。

$J < K^\ominus$ 时	$\Delta_r G_m < 0$	反应正向进行
$J = K^\ominus$ 时	$\Delta_r G_m = 0$	反应达到平衡
$J > K^\ominus$ 时	$\Delta_r G_m > 0$	反应逆向进行

可见，对于任一指定的化学反应，利用标准平衡常数与该状态下化学反应的反应商（压力商或浓度商）的比较可判断反应进行的方向。这就是化学反应进行方向的反应商判据。

【例 3-8】 反应 $H_2(g) + I_2(g) \rightleftharpoons 2HI(g)$ 在 350℃时的 $K^\ominus = 17.0$，若在该温度下 H_2、I_2 和 HI 三种气体在密封容器中混合，测得其初始分压分别为 405.2kPa、405.2kPa 和 202.6kPa，问反应将向何方向进行？

解
$$J = \frac{\left(\frac{p_{HI}}{p^\ominus}\right)^2}{\frac{p_{H_2}}{p^\ominus} \times \frac{p_{I_2}}{p^\ominus}} = \frac{\left(\frac{202.6}{100}\right)^2}{\frac{405.2}{100} \times \frac{405.2}{100}} = 0.25$$

$J < K^\ominus$，反应向右进行

由式(3-12)可知，当 $K^\ominus$ 不太大也不太小时，可改变反应体系中各组分的浓度（或分压），即改变 J 值的大小，改变反应进行的方向。

【例 3-9】 反应 $Fe(s) + H_2O(g) \rightleftharpoons FeO(s) + H_2(g)$ 在 700℃时，$K^\ominus = 2.35$。如果在 700℃下，用总压力为 100kPa 的等物质的量的 H_2O 与 H_2 混合处理 FeO，试问会不会被还原成 Fe？如果 H_2O 与 H_2 混合气体的总压力仍为 100kPa，要使 FeO 被还原，则 $H_2O(g)$ 的分压应小于多少？

解 (1) $n(H_2O) = n(H_2) = \frac{1}{2} n_总$

在 T、V 不变时有：
$$p_{H_2O} = p_{H_2} = \frac{1}{2} p_总 = \frac{1}{2} \times 100 = 50 \text{ (kPa)}$$

则：
$$J = \frac{\frac{p_{H_2}}{p^\ominus}}{\frac{p_{H_2O}}{p^\ominus}} = \frac{\frac{50}{100}}{\frac{50}{100}} = 1.0$$

因为 $J < K^\ominus$，所以反应向生成物方向进行，FeO 不会被还原成 Fe。

(2) 若要使 FeO 被还原，反应逆向进行，必须是 $J > K^\ominus$，即：
$$J = \frac{\frac{p_{H_2}}{p^\ominus}}{\frac{p_{H_2O}}{p^\ominus}} = \frac{\frac{100 - p_{H_2O}}{100}}{\frac{p_{H_2O}}{100}} > 2.35$$

解得 $p_{H_2O} < 30$ (kPa)

故 p_{H_2O} 小于 30kPa 时 FeO 就会被还原。

3.3 化学平衡的移动

在一定的条件下，化学反应达到了动态平衡，体系内各组分的浓度（或分压）不再随时间变化。但这种平衡是在一定条件下的一种暂时稳定状态，一旦外界条件（温度、压力、浓度等）发生改变，这种平衡状态就会遭到破坏，其结果必然是在新的条件下建立新的平衡状

态。但在新的平衡体系中，各反应物和生成物的浓度（或分压）已不同于原来平衡体系中的浓度（或分压）。这种因外界条件改变，使可逆反应从原来的平衡状态转变到新的平衡状态的过程称为化学平衡（chemical equilibrium）的移动。下面分别讨论浓度、压力、温度对化学平衡的影响。

3.3.1 浓度对化学平衡的影响

对于任一化学反应

$$a\text{A} + b\text{B} \rightleftharpoons g\text{G} + h\text{H}$$

反应商 J 的表达式为：

$$J = \frac{(c_\text{G}/c^\ominus)^g (c_\text{H}/c^\ominus)^h}{(c_\text{A}/c^\ominus)^a (c_\text{B}/c^\ominus)^b}$$

式中，浓度为反应在任一时刻的浓度。平衡常数 $K^\ominus$ 的表达式为：

$$K^\ominus = \frac{(c_\text{G}/c^\ominus)^g (c_\text{H}/c^\ominus)^h}{(c_\text{A}/c^\ominus)^a (c_\text{B}/c^\ominus)^b}$$

式中，浓度为反应处于平衡时的浓度。

当 $J = K^\ominus$ 时，反应处于平衡状态。若在平衡体系中增加反应物的浓度，或减少生成物的浓度，J 值减小，则 $J < K^\ominus$，体系不再处于平衡状态，反应朝着增加生成物方向进行，直到反应达到 $J = K^\ominus$，建立新的平衡。由于温度不变，$K^\ominus$ 的值不变，所以新的平衡体系中生成物 G、H 的浓度比原来的平衡高，或反应物 A、B 的浓度比原来的平衡低。若在平衡体系中减少反应物的浓度，或增加生成物的浓度，则 $J > K^\ominus$，反应朝生成反应物方向进行。

【例 3-10】 $AgNO_3$ 和 $Fe(NO_3)_2$ 两种溶液会发生下列反应

$$Fe^{2+}(aq) + Ag^+(aq) \rightleftharpoons Fe^{3+}(aq) + Ag(s)$$

在 25℃时，将 $AgNO_3$ 和 $Fe(NO_3)_2$ 溶液混合，开始时溶液中 Ag^+ 和 Fe^{2+} 浓度均为 $0.100 \text{mol} \cdot \text{L}^{-1}$，达到平衡时 Ag^+ 的转化率为 19.4%。求：

(1) 该温度下平衡常数；

(2) 在此平衡体系中，加入一定量的 Fe^{2+}，使 Fe^{2+} 浓度达到 $0.181 \text{mol} \cdot \text{L}^{-1}$，维持温度不变，此时 Ag^+ 总的转化率。

解 (1) 平衡时消耗 Ag^+ 浓度为 $0.100 \times 19.4\% = 0.0194 \text{mol} \cdot \text{L}^{-1}$

	$Fe^{2+}(aq)$	+	$Ag^+(aq)$	$\rightleftharpoons$	$Fe^{3+}(aq)$	+ $Ag(s)$
起始浓度/$\text{mol} \cdot \text{L}^{-1}$	0.100		0.100		0	
变化浓度/$\text{mol} \cdot \text{L}^{-1}$	−0.0194		−0.0194		0.0194	
平衡浓度/$\text{mol} \cdot \text{L}^{-1}$	0.100−0.0194 =0.0806		0.100−0.0194 =0.0806		0.0194	

$$K^\ominus = \frac{c_{Fe^{3+}}/c^\ominus}{(c_{Fe^{2+}}/c^\ominus)(c_{Ag^+}/c^\ominus)} = \frac{0.0194}{(0.0806)^2} = 2.99$$

(2) 设达到新的平衡时又消耗 Ag^+ 浓度为 $x \text{mol} \cdot \text{L}^{-1}$

	$Fe^{2+}(aq)$	+	$Ag^+(aq)$	$\rightleftharpoons$	$Fe^{3+}(aq)$	+ $Ag(s)$
起始浓度/$\text{mol} \cdot \text{L}^{-1}$	0.181		0.0806		0.0194	
变化浓度/$\text{mol} \cdot \text{L}^{-1}$	−x		−x		x	
平衡浓度/$\text{mol} \cdot \text{L}^{-1}$	0.181−x		0.0806−x		0.0194+x	

$$K^{\ominus} = \frac{c_{Fe^{3+}}/c^{\ominus}}{(c_{Fe^{2+}}/c^{\ominus})(c_{Ag^+}/c^{\ominus})} = \frac{0.0194+x}{(0.181-x)(0.0806-x)}$$

因为温度不变,所以 $K^{\ominus}$ 不变。则

$$\frac{0.0194+x}{(0.181-x)(0.0806-x)} = 2.99$$

解得　　$x_1 = 0.581$（不合理,弃去）　　$x_2 = 0.0139$

Ag^+ 总的转化率为:

$$\alpha_{Ag^+} = \frac{0.0194+0.0139}{0.100} \times 100\% = 33.3\%$$

加入 Fe^{2+} 后,Ag^+ 的转化率由 19.4% 提高到 33.3%,由此说明,增加体系的一种反应物的量,有利于提高另一种反应物的转化率。在实际生产中,若某反应有两种以上的反应物,常常使一种或两种反应物过量,提高一种价格较高（成本考虑）或有毒（环保考虑）的反应物的转化率。

3.3.2　压力对化学平衡的影响

压力的变化实质是可能引起反应体系组分浓度的变化,因此在一定的条件下,压力对化学平衡会产生影响。压力对固体、液体物质的体积影响较小,其浓度的变化可忽略不计,因此可以认为压力对只有固体或/和液体参与的化学平衡没有影响。所以在这里只讨论压力对有气体参与的化学平衡的影响。

对于任一理想气体反应

$$a\text{A} + b\text{B} \rightleftharpoons g\text{G} + h\text{H}$$

其平衡常数表达式为

$$K^{\ominus} = \frac{(p_G/p^{\ominus})^g (p_H/p^{\ominus})^h}{(p_A/p^{\ominus})^a (p_B/p^{\ominus})^b}$$

当反应达到平衡后,维持温度不变,将体系的总压增大 x 倍,根据道尔顿分压定律,这时体系各组分的分压也增至原来的 x 倍,则反应商

$$J = \frac{(xp_G/p^{\ominus})^g (xp_H/p^{\ominus})^h}{(xp_A/p^{\ominus})^a (xp_B/p^{\ominus})^b} = K^{\ominus} x^{(g+h)-(a+b)} = K^{\ominus} x^{\Delta n}$$

$$\Delta n = (g+h) - (a+b)$$

假定 $x > 1$,即体系的总压增大,则

① 当 $\Delta n > 0$,即气体生成物的计量系数和大于气体反应物的计量系数和时,$J > K^{\ominus}$,平衡向生成反应物方向移动。

② 当 $\Delta n = 0$,即气体生成物的计量系数和与气体反应物的计量系数和相等时,$J = K^{\ominus}$,平衡不移动。

③ 当 $\Delta n < 0$,即气体生成物的计量系数和小于气体反应物的计量系数和时,$J < K^{\ominus}$,平衡向生成生成物方向移动。

可见增大体系的总压力,当 $\Delta n \neq 0$ 时,平衡向气体计量系数和减少的方向移动。

若 $x < 1$,即体系的总压降低,可以得出:当 $\Delta n \neq 0$ 时,平衡向气体计量系数和增加的方向移动。

若在一平衡体系加入不参与反应的其它气体,维持温度不变,这时压力对化学平衡的影响有下面两种情况。

① 体积不变,体系的总压力增加,因为体系总压力增加是加入的气体引起的,而参与反应的各气体物质的分压并无变化,J 仍然等于 $K^{\ominus}$,平衡不移动。

② 总压力维持不变，体系的体积增大，参与反应的各气体物质的分压降低，当 $\Delta n \neq 0$ 时，$J \neq K^{\ominus}$，平衡向气体计量系数和增加的方向移动。

【例 3-11】 PCl_5 过热分解：$PCl_5(g) \rightleftharpoons PCl_3(g) + Cl_2(g)$。0.01294mol PCl_5 在温度为 523K，总压力为 100kPa 达到平衡时，分解率为 77.74%。求：

(1) 523K 时的平衡常数 $K^{\ominus}$；

(2) 温度不变，总压力为 1000kPa 时 PCl_5 的分解率。

解 (1) 平衡时 PCl_5 分解的物质的量为 $0.01294 \times 77.74\% = 0.01006$ mol

$$PCl_5(g) \rightleftharpoons PCl_3(g) + Cl_2(g)$$

起始物质的量/mol	0.01294	0	0
变化物质的量/mol	−0.01006	0.01006	0.01006
平衡物质的量/mol	0.01294−0.01006	0.01006	0.01006

则 $n_{总} = 0.01294 + 0.01006 = 0.02300$ (mol)

根据分压定律：

$$p_{PCl_5} = \frac{0.01294 - 0.01006}{0.02300} p_{总} = 0.1252 p_{总}, \quad p_{PCl_3} = p_{Cl_2} = \frac{0.01006}{0.02300} p_{总} = 0.4374 p_{总}$$

$$K^{\ominus} = \frac{(p_{Cl_2}/p^{\ominus})(p_{PCl_3}/p^{\ominus})}{(p_{PCl_5}/p^{\ominus})} = \frac{(0.4374 p_{总}/p^{\ominus})^2}{0.1252 p_{总}/p^{\ominus}} = 1.528$$

(2) 总压力为 1000kPa 时，由于温度不变，所以 $K^{\ominus}$ 也维持不变

设 PCl_5 已分解的物质的量为 x mol

$$PCl_5(g) \rightleftharpoons PCl_3(g) + Cl_2(g)$$

起始物质的量/mol	0.01294	0	0
变化物质的量/mol	−x	x	x
平衡物质的量/mol	0.01294−x	x	x

则 $n_{总} = 0.01294 + x$

$$p_{PCl_5} = \frac{0.01294 - x}{0.01294 + x} p_{总}, \quad p_{PCl_3} = p_{Cl_2} = \frac{x}{0.01294 + x} p_{总}$$

$$K^{\ominus} = \frac{(p_{Cl_2}/p^{\ominus})(p_{PCl_3}/p^{\ominus})}{(p_{PCl_5}/p^{\ominus})} = \frac{[xp_{总}/(0.01294+x)p^{\ominus}]^2}{(0.01294-x)p_{总}/(0.01294+x)p^{\ominus}}$$

$$= \frac{x^2}{(0.01294-x)(0.01294+x)} \times \frac{p_{总}}{p^{\ominus}} = \frac{10x^2}{1.674 \times 10^{-4} - x^2} = 1.528$$

解得 $x_1 = 0.004713$ mol $x_2 = -0.004711$ mol（不合理，弃去）

$$PCl_5 \text{ 的分解率} = \frac{0.004713}{0.01294} \times 100\% = 36.42\%$$

此例中，平衡总压力为 100kPa 时，PCl_5 的分解率为 77.74%，而平衡总压力为 1000kPa 时，PCl_5 的分解率降到 36.42%，可见总压力为 100kPa 平衡体系中增大压力，平衡向生成反应物方向移动，即向计量系数和减少的方向移动。

3.3.3 温度对化学平衡的影响

温度对化学平衡的影响与浓度和压力对化学平衡的影响有本质的不同。因为平衡常数是温度的函数，而与起始浓度无关，故改变平衡体系的浓度、压力只改变 J 值，不改变 $K^{\ominus}$ 值，$J \neq K^{\ominus}$，平衡点发生移动。温度的改变将使得平衡常数值改变，从而引起平衡的移动。

对某一化学平衡体系，由式(3-11) 可得：

$$\ln K^{\ominus} = \frac{-\Delta_r G_m^{\ominus}}{RT}$$

将 $\Delta_r G_m^\ominus = \Delta_r H_m^\ominus - T\Delta_r S_m^\ominus$ 代入得：

$$\ln K^\ominus = \frac{-(\Delta_r H_m^\ominus - T\Delta_r S_m^\ominus)}{RT} = -\frac{\Delta_r H_m^\ominus}{RT} + \frac{\Delta_r S_m^\ominus}{R}$$

若某一化学反应在温度为 T_1 时的平衡常数为 $K_1^\ominus$，在温度为 T_2 时的平衡常数为 $K_2^\ominus$，反应在 $T_1 \sim T_2$ 区间物种若没有相的变化。则 $\Delta_r H_m^\ominus$ 和 $\Delta_r S_m^\ominus$ 可近似看作常数。因此：

$$\ln K_1^\ominus = -\frac{\Delta_r H_m^\ominus}{RT_1} + \frac{\Delta_r S_m^\ominus}{R}$$

$$\ln K_2^\ominus = -\frac{\Delta_r H_m^\ominus}{RT_2} + \frac{\Delta_r S_m^\ominus}{R}$$

$$\ln K_2^\ominus - \ln K_1^\ominus = \frac{\Delta_r H_m^\ominus}{RT_1} - \frac{\Delta_r H_m^\ominus}{RT_2}$$

整理得：

$$\ln \frac{K_2^\ominus}{K_1^\ominus} = \frac{\Delta_r H_m^\ominus}{R}\left(\frac{T_2 - T_1}{T_2 T_1}\right) \tag{3-13}$$

由式(3-13) 可见：对于吸热反应（$\Delta_r H_m^\ominus > 0$），升高温度（$T_2 > T_1$），$K_2^\ominus > K_1^\ominus$，即 $J < K_2^\ominus$，平衡正向移动，即向吸热方向移动；对于放热反应（$\Delta_r H_m^\ominus < 0$），升高温度（$T_2 > T_1$），$K_2^\ominus < K_1^\ominus$，即 $J > K_2^\ominus$，平衡逆向移动，即反应向吸热方向移动。

简而言之，在化学平衡体系中，升高温度，平衡总是向吸热方向移动；降低温度，平衡则向放热方向移动。

【例 3-12】 氧化银遇热分解：$2Ag_2O(s) \rightleftharpoons 4Ag(s) + O_2(g)$，已知 298K 时 Ag_2O 的 $\Delta_f H_m^\ominus = -31.1 kJ \cdot mol^{-1}$；$\Delta_f G_m^\ominus = -11.2 kJ \cdot mol^{-1}$。求：

(1) 298K 时 Ag_2O-Ag 体系的 p_{O_2}；

(2) Ag_2O 热分解时，$p_{O_2} = 100 kPa$，求其热分解温度。

解 (1) $\Delta_r G_m^\ominus = 4 \times \Delta_f G_m^\ominus(Ag,s) + \Delta_f G_m^\ominus(O_2,g) - 2 \times \Delta_f G_m^\ominus(Ag_2O,s)$
$= 4 \times 0 + 0 - 2 \times (-11.2) = 22.4$ (kJ·mol^{-1})

$$\ln K_{298K}^\ominus = \frac{-\Delta_r G_m^\ominus}{RT} = \frac{-22.4 \times 10^3}{8.314 \times 298} = -9.04$$

$$K_{298K}^\ominus = 1.19 \times 10^{-4}$$

因为

$$K_{298K}^\ominus = \frac{p_{O_2}}{p^\ominus} = 1.19 \times 10^{-4}$$

所以

$$p_{O_2} = 1.19 \times 10^{-4} \times 100 = 1.19 \times 10^{-2} \text{ (kPa)}$$

(2) 因为 $p_{O_2} = 100 kPa$

所以

$$K_{分解}^\ominus = \frac{p_{O_2}}{p^\ominus} = \frac{100}{100} = 1.00$$

又 $\Delta_r H_m^\ominus = 4 \times \Delta_f H_m^\ominus(Ag,s) + \Delta_f H_m^\ominus(O_2,g) - 2 \times \Delta_f H_m^\ominus(Ag_2O,s)$
$= 4 \times 0 + 0 - 2 \times (-31.1) = 62.2$ (kJ·mol^{-1})

由式(3-13) 得：

$$\ln \frac{K_{298}^\ominus}{K_{分解}^\ominus} = \frac{\Delta_r H_m^\ominus}{R}\left(\frac{298 - T_{分解}}{298 T_{分解}}\right)$$

$$\ln \frac{1.19 \times 10^{-4}}{1.00} = \frac{62.2 \times 10^3}{8.314} \times \left(\frac{298 - T_{分解}}{298 T_{分解}}\right)$$

解之

$$T_{分解} = 466K$$

由于 Ag_2O 的分解反应是吸热反应,所以 Ag_2O 分解需要升高温度。

3.3.4 吕·查德理原理

综上所述,当一化学反应处于平衡状态,若增大反应物的浓度或体系的压力,平衡就会向减小反应物浓度或降低体系的压力的方向移动;若升高温度,平衡向吸热方向,也就是向降温方向移动。这些结论由法国科学家吕·查德里(Le Châtelier)于1884年归纳为一普遍规律:当改变化学平衡的条件之一,如温度、压力和浓度,化学平衡就向减弱这种改变的方向移动。这一规律称为吕·查德里原理。

必须指出,吕·查德里原理只适用于已处于平衡状态的体系,而不适用未达到平衡状态的体系。

思 考 题

1. 解释下列概念

反应商和平衡常数,平衡的移动,吕·查德里原理,多重平衡规则,平衡转化率。

2. 论述化学反应方向几种判据各自适用的条件。

3. 下列叙述是否正确? 并说明之。

(1) 在恒温条件下,某反应体系中,反应物的起始浓度和分压不同,则平衡时体系的组成不同,标准平衡常数也不同。

(2) 在一定的条件下,某气体反应达到平衡后,恒温增大体系的压力,由于反应体系中各组分的分压也增大相同的倍数,平衡必定移动。

(3) 一种反应物的转化率随另一种反应物的起始浓度而变。

(4) 高温低压有助于反应:$3O_2(g) \rightleftharpoons 2O_3(g)$ ($\Delta_r H_m^{\ominus} = 288.9 kJ \cdot mol^{-1}$) 的进行。

(5) 当反应:$4NH_3(g) + 5O_2(g) \rightleftharpoons 4NO(g) + 6H_2O(g)$ 达到平衡后,于平衡体系中加入惰性气体以增加体系的压力,NO 平衡浓度减少,NH_3 的平衡浓度增加。

(6) 反应:$2A(g) + B(g) \rightleftharpoons 2C(g)$ 的平衡常数为 $K^{\ominus} = \dfrac{(p_C/p^{\ominus})^2}{(p_A/p^{\ominus})^2 (p_B/p^{\ominus})}$,随着反应的进行,C 的分压不断增大,A 和 B 的分压不断减小,标准平衡常数不断增大。

(7) 反应:$C(s) + H_2O(g) \rightleftharpoons CO(g) + H_2(g)$ 达到平衡时,各反应物和生成物的分压一定相等。

(8) 二氧化硫被氧化为三氧化硫,可写成如下两种形式的反应方程式

① $2SO_2(g) + O_2(g) \rightleftharpoons 2SO_3(g)$ $\quad K_1^{\ominus}$

② $SO_2(g) + \dfrac{1}{2}O_2(g) \rightleftharpoons SO_3(g)$ $\quad K_2^{\ominus}$

$K_2^{\ominus} = \sqrt{K_1^{\ominus}}$。如果温度一定,反应开始时,体系中 p_{SO_2}、p_{O_2}、p_{SO_3} 保持一定,则按上述两种化学计量式计算平衡组成,结果是相同的。

(9) 反应:$2NO(g) + O_2(g) \rightleftharpoons 2NO_2(g)$ 在某一温度下达到平衡,NO(g)、O_2(g) 不再发生反应。

(10) 吕·查德里原理适用于平衡状态的所有体系。

4. 雨水中含有来自大气中的二氧化碳。按照平衡移动的原理,解释下列现象。

$CaCO_3(s) + H_2O(l) + CO_2(g) \rightleftharpoons Ca^{2+}(aq) + 2HCO_3^-(aq)$,$\Delta_r H_m^{\ominus} = -40.55 kJ \cdot mol^{-1}$

(1) 当雨水通过石灰石岩层时,有可能形成山洞。雨水变成了含有 Ca^{2+} 的硬水。

(2) 当硬水在壶中被加热或煮沸时,形成了水垢。

(3) 当硬水慢慢地渗过山洞顶部的岩石层,钟乳石和石笋就有可能形成。

5. 若反应:$CaCO_3(s) \rightleftharpoons CaO(s) + CO_2(g)$ 在 700℃ 时的 $K^{\ominus} = 2.92 \times 10^{-2}$,在 900℃ 时的 $K^{\ominus} = 1.05$,由此说明其正反应是吸热还是放热? 为什么?

6. 工业上用乙烷裂解制备乙烯,反应式为:

$C_2H_6(g) \rightleftharpoons C_2H_4(g) + H_2(g)$ $\quad \Delta_r H_m^{\ominus} > 0$

试解释工业上通常在高温、常压下,加入过量水蒸气的方法来提高乙烯的产率(水蒸气在此条件下不参加化学反应)。

7. 选择题

(1) 气体反应：$A(g) + B(g) \rightleftharpoons C(g)$ 在密封的容器中建立化学平衡，如果温度不变，体积缩小了1倍，则平衡常数 $K^{\ominus}$ 为原来的（　　）。

　A. 0.5 倍　　　　　B. 2 倍　　　　　C. 4 倍　　　　　D. 不变

(2) 反应：$NO_2(g) \rightleftharpoons NO(g) + \frac{1}{2}O_2(g)$ 的 $K_1^{\ominus} = a$，则反应：$2NO_2(g) \rightleftharpoons 2NO(g) + O_2(g)$ 的 $K_2^{\ominus}$ 应为（　　）。

　A. a　　　　　B. $\frac{1}{2}a$　　　　　C. a^2　　　　　D. $a^{\frac{1}{2}}$

(3) 在850℃时，反应：$CaCO_3(s) \rightleftharpoons CaO(s) + CO_2(g)$ 的 $K^{\ominus} = 0.50$，下列情况反应不能达到平衡的是（　　）。

　A. 有 CaO 和 CO_2 ($p_{CO_2} = 100\text{kPa}$)　　　　B. 有 $CaCO_3$ 和 CaO
　C. 有 CaO 和 CO_2 ($p_{CO_2} = 10\text{kPa}$)　　　　D. 有 $CaCO_3$ 和 CO_2 ($p_{CO_2} = 10\text{kPa}$)

(4) 反应：$2COF_2(g) \rightleftharpoons CF_4(g) + CO_2(g)$，当 CO_2 为 8mol，CF_4 为 5mol，COF_2 为 3mol 时，体系达到平衡。已知此反应为吸热反应，下列结论不正确的是（　　）。

　A. $K_p = K_c = \frac{40}{9}$　　　　　　　　B. 正反应的 $\Delta_r G_m^{\ominus} < 0$
　C. 只改变压力对上述平衡无影响　　　　D. 只改变温度对上述平衡无影响

(5) 反应：$PCl_5(g) \rightleftharpoons PCl_3(g) + Cl_2(g)$ 中，PCl_5 的分解率在 200℃ 达到平衡时为 48.5%，在 300℃ 达到平衡时为 97%。则此反应为（　　）。

　A. 放热反应　　B. 吸热反应　　C. 既不吸热也不放热　　D. 平衡常数为 2

(6) 对于 $\Delta_r H_m^{\ominus} < 0$ 的反应，温度升高 10℃，将发生哪种变化？（　　）

　A. $K^{\ominus}$ 降低　　B. $K^{\ominus}$ 增加一倍　　C. $K^{\ominus}$ 减少一半　　D. $K^{\ominus}$ 不变

(7) 对于可逆反应，其正反应和逆反应的平衡常数之间的关系为（　　）。

　A. 相等　　　B. 二者之和等于1　　C. 二者之积等于1　　D. 二者正负号相反

(8) 恒温下的反应，在某一时刻 $J > K^{\ominus}$，此时反应的 $\Delta_r G_m$ 的值（　　）。

　A. >0　　　B. <0　　　C. $=0$　　　D. 无法判断

(9) 在等温等压条件下，某反应的 $K^{\ominus} = 1$，则反应的 $\Delta_r G_m^{\ominus}$ 的值（　　）。

　A. $=1$　　　B. $=0$　　　C. <0　　　D. >1

(10) 某温度时，反应：$H_2(g) + Br_2(g) \rightleftharpoons 2HBr(g)$ 的 $K^{\ominus} = 4 \times 10^{-2}$，则反应 $HBr(g) \rightleftharpoons \frac{1}{2}H_2(g) + \frac{1}{2}Br_2(g)$ 的 $K^{\ominus}$ 为（　　）。

　A. $\dfrac{1}{4 \times 10^{-2}}$　　B. $\dfrac{1}{\sqrt{4 \times 10^{-2}}}$　　C. 4×10^{-2}　　D. 0.2

8. 反应：$H_2(g) + I_2(g) \rightleftharpoons 2HI(g)$，$\Delta_r H_m^{\ominus} > 0$，达到平衡后进行下列变化，对指明的物质有何影响？

(1) 加入一定量的 $I_2(g)$，会使 $H_2(g)$ 的转化率____；$HI(g)$ 的量____；
(2) 增大反应器体积，$H_2(g)$ 的量____；
(3) 减小反应器体积，$HI(g)$ 的量____；
(4) 提高温度，K_p ____；$HI(g)$ 的分压____。

习　题

3.1　55℃，100kPa 时，N_2O_4 部分分解成 NO_2，体系平衡混合物的平均摩尔质量为 $61.2 \text{g} \cdot \text{mol}^{-1}$，求：(1) 离解度 α 和平衡常数 $K^{\ominus}$；(2) 计算 55℃ 总压力为 10kPa 时的离解度。

3.2　已知 $CaCO_3(s) \rightleftharpoons CaO(s) + CO_2(g)$ 的 $K^{\ominus} = 62.4$（1500K），在此温度下，CO_2 又有部分分解成 CO，即 $CO_2(g) \rightleftharpoons CO(g) + \frac{1}{2}O_2(g)$，若将 1mol $CaCO_3$ 装入 1.0L 真空容器中，加热到 1500K 平

衡，气体中 O_2 的摩尔分数为 0.15，求此时的 CaO 的物质的量（mol）。

3.3 在 21.8℃时，反应：$NH_4HS(s) \rightleftharpoons NH_3(g) + H_2S(g)$ 的平衡常数 $K^\ominus$ 为 0.070；现将 0.20g $NH_4HS(s)$ 放入容积为 10.0L 的密封容器中，问 21.8℃时，上述平衡是否存在？（计算说明）

3.4 反应：$SO_2(g) + NO_2(g) \rightleftharpoons SO_3(g) + NO(g)$ 在某一温度于体积为 1L 的反应器内达平衡时，测得反应体系中含有 0.6mol SO_3，0.4mol NO，0.1mol NO_2，0.8mol SO_2。保持 T 及 V 不变，应往容器中补加多少摩尔的 NO，才能使 NO_2 的物质的量达到 0.3mol？

3.5 反应：$2CO(g) + O_2(g) \rightleftharpoons 2CO_2(g)$ 在 2000 K 的 $K^\ominus = 3.27 \times 10^7$，设在此温度下体系混合气体中 CO、$O_2$、$CO_2$ 的分压分别为 1kPa、5kPa、100kPa，试计算此条件下 $\Delta_r G_m$。反应向哪个方向进行？如果 CO、CO_2 的分压不变，要使反应逆向进行，O_2 的分压应是多少？设气体服从理想气体状态方程。

3.6 反应：$H_2(g) + I_2(g) \rightleftharpoons 2HI(g)$ 在温度为 T 和体积为 V 的容器中进行，若加入 1mol H_2 和 3mol I_2，反应达到平衡时生成 x mol HI。在上述平衡混合物中再加入 2mol H_2，则平衡时生成 $2x$ mol HI。计算 $K^\ominus$。

3.7 反应：$LiCl \cdot 3NH_3(s) \rightleftharpoons LiCl \cdot NH_3(s) + 2NH_3(g)$，在 40℃时 $K^\ominus = 9.24$。40℃，5L 容器内含 0.1mol $LiCl \cdot NH_3$，试问需要通入多少摩尔 NH_3，才能使 $LiCl \cdot NH_3$ 全部变成 $LiCl \cdot 3NH_3$？

3.8 气态 HNO_3 按下式分解：
$$4HNO_3(g) \rightleftharpoons 4NO_2(g) + 2H_2O(g) + O_2(g)$$
将 HNO_3 气体通入温度为 T 的反应器，达到平衡时测得平衡总压力为 p，O_2 的分压为 p_{O_2}，试证明此温度下的标准平衡常数为：
$$K^\ominus = \frac{1024 p_{O_2}^7}{(p - 7p_{O_2})^4 (p^\ominus)^3}$$

3.9 NOCl 的分解反应如下：
$$2NOCl(g) \rightleftharpoons 2NO(g) + Cl_2(g)$$
(1) 在 200℃的容器中通入一定量 NOCl，反应达到平衡后，总压为 $1p^\ominus$，NOCl 的分压为 $0.64p^\ominus$，试计算 $K^\ominus$；(2) 200℃时温度升高 1℃，$K^\ominus$ 增加 1.5%，计算 $\Delta_r H_m^\ominus$；(3) 假定 200℃时 $K^\ominus$ 为 0.1，计算 NOCl 离解度为 20%时的总压。

3.10 在某一温度时，已知反应：

(1) $SO_2(g) + \frac{1}{2}O_2(g) \rightleftharpoons SO_3(g)$ $\qquad K^\ominus = 2.0$

(2) $2NO(g) + O_2(g) \rightleftharpoons 2NO_2(g)$ $\qquad K^\ominus = 6.94 \times 10^3$

计算反应：$SO_2(g) + NO_2(g) \rightleftharpoons SO_3(g) + NO(g)$ 的 $K^\ominus$。

3.11 在 5.0L 容器中含有相等物质的量的 PCl_3 和 Cl_2，在 250℃时反应：$PCl_3(g) + Cl_2(g) \rightleftharpoons PCl_5(g)$ 达到平衡（$K^\ominus = 0.533$），测得 PCl_5 的分压为 100kPa。问原来 PCl_3 和 Cl_2 物质的量为多少？

3.12 反应：$NO(g) + \frac{1}{2}O_2(g) \rightleftharpoons NO_2(g)$ 在一密闭容器内进行，700℃达到平衡时，12.0%的 NO 转化为 NO_2，已知反应开始时 NO 和 O_2 的分压分别为 $1p^\ominus$ 和 $6p^\ominus$，计算：

(1) 平衡时各组分气体的分压；(2) 700℃时的 $K^\ominus$ 和 K_p。

3.13 3.509g SO_2Cl_2 放入 1.00L 真空球形容器内加热到 102℃，SO_2Cl_2 按下式分解：
$$SO_2Cl_2(g) \rightleftharpoons SO_2(g) + Cl_2(g)$$
(1) 当体系在 102℃达到平衡时，容器中的总压力为 144.8kPa，计算 SO_2、Cl_2 和 SO_2Cl_2 的分压。
(2) 计算此温度下平衡常数 $K^\ominus$ 值。

3.14 反应：$H_2(g) + I_2(g) \rightleftharpoons 2HI(g)$ 在温度为 25℃和体积为 5.0L 的容器中进行，平衡常数 $K^\ominus = 8.9 \times 10^2$，计算

(1) 25℃时反应的 $\Delta_r G_m^\ominus$；
(2) 25℃时，当 $p_{H_2} = p_{I_2} = 0.10 p^\ominus$，$p_{HI} = 0.010 p^\ominus$ 时的 $\Delta_r G_m$，并判断反应进行方向。

3.15 在 $10p^\ominus$、400℃时，体积比为 1:3 的 N_2 和 H_2 混合气体于一密封的容器中按式 $3H_2(g) + N_2(g) \rightleftharpoons 2NH_3(g)$ 反应，达到平衡时，生成 NH_3 的体积分数为 3.85%。试计算：

(1) 此时反应的 $K^\ominus$ 值；
(2) 若维持温度不变，生成的 NH_3 的体积分数为 5.00%，总压应为多少？

(3) 若维持温度不变，总压为 $50p^\ominus$ 时，生成的 NH_3 的体积分数又为多少？

3.16 反应：$Br_2(g) \rightleftharpoons 2Br(g)$ 在 1600K 的平衡常数 $K^\ominus$ 为 0.258。将 0.10mol Br_2 导入 1.0L 的密封容器中并加热到 1600K。计算：(1) 平衡时气态 Br 原子的分压；(2) Br_2 的分解率。

3.17 反应：$2H_2S(g) \rightleftharpoons 2H_2(g) + S_2(g)$ 在 800K 时的 $\Delta_r G_m^\ominus = 100 kJ \cdot mol^{-1}$。一密封容器装有 $10.0p^\ominus$ 的 H_2S，升温到 800K，恒温。计算反应达到平衡时的 S_2 的分压。（提示：$K^\ominus$ 很小，$10.0p^\ominus \gg 2p_{S_2}$，$10.0p^\ominus - 2p_{S_2} \approx 10.0p^\ominus$）

3.18 欲求某温度下反应 (1) $2NH_3(g) + \frac{5}{2}O_2(g) \rightleftharpoons 2NO(g) + 3H_2O(g)$ 的 $K_1^\ominus$。除需要已知同温度时反应：(2) $N_2(g) + O_2(g) \rightleftharpoons 2NO(g)$ 的 $K_2^\ominus$ 值和 (3) $H_2(g) + \frac{1}{2}O_2(g) \rightleftharpoons H_2O(g)$ 的 $K_3^\ominus$ 值外，还需知道何种反应的 $K^\ominus$ 值。

3.19 已知反应：$NO(g) + \frac{1}{2}Br_2(l) \rightleftharpoons NOBr(g)$ 在 298K 时的 $K^\ominus = 3.6 \times 10^{-15}$，液溴在 298K 时的蒸气压为 28.36×10^3 Pa。计算反应：$NO(g) + \frac{1}{2}Br_2(g) \rightleftharpoons NOBr(g)$ 在 298K 时的标准平衡常数。

第4章 化学反应速率

一些反应，如火药爆炸、酸碱中和等能在瞬间完成，而另一些化学反应却进行得很慢，例如，在常温下，氢气和氧气混合在一起，若没有催化剂或点火引发，在宏观上几乎见不到氢和氧生成水的反应。因此，化学反应的快慢差异很大。化学热力学能预测化学反应的方向，但它不能告诉我们化学反应进行的快慢。如反应：

$$H_2(g) + \frac{1}{2}O_2(g) = H_2O(l) \qquad \Delta_r G_m^\ominus = -237.1 \text{kJ} \cdot \text{mol}^{-1}$$

$$H_2(g) + O_2(g) = H_2O_2(l) \qquad \Delta_r G_m^\ominus = -120.4 \text{kJ} \cdot \text{mol}^{-1}$$

这两个反应的 $\Delta_r G_m^\ominus < 0$，热力学认为反应正向进行的趋势很大，但因其反应速率很小，将反应物放在一起，常温下基本上得不到产物。可见化学反应速率是化学工作者关注的问题。如合成氨的生产，由化学热力学可知，在低温下对合成氨生产有利，但其反应速率太慢，没有实际意义。为了提高反应速率必须使用铁催化剂，而这种催化剂只有在高温下才具有活性，因此就不能过多考虑热力学有利条件，应多考虑反应速率。因此，实际工作中既要从化学热力学角度考虑化学反应进行的可能性和程度，又要从化学动力学考虑反应进行的速率。本章主要讨论化学反应速率的基本概念和规律等有关问题。

4.1 反应速率的定义

化学反应速率表示化学反应进行的快慢，通常以单位时间内反应物或生成物浓度的变化值（减少值或增加值）来表示，浓度单位为 $\text{mol} \cdot \text{dm}^{-3}$ 或 $\text{mol} \cdot \text{L}^{-1}$，时间单位是 s、min 或 h，可由反应的快慢而定，则反应速率单位有 $\text{mol} \cdot \text{dm}^{-3} \cdot \text{s}^{-1}$ 或 $\text{mol} \cdot \text{L}^{-1} \cdot \text{s}^{-1}$、$\text{mol} \cdot \text{dm}^{-3} \cdot \text{min}^{-1}$ 或 $\text{mol} \cdot \text{L}^{-1} \cdot \text{min}^{-1}$、$\text{mol} \cdot \text{dm}^{-3} \cdot \text{h}^{-1}$ 或 $\text{mol} \cdot \text{L}^{-1} \cdot \text{h}^{-1}$。

4.1.1 平均速率

若反应速率是在一定时间间隔内求得的，则称为平均速率，用 $\bar{v}$ 表示。

例如氮气和氢气合成氨的反应：

$$N_2 + 3H_2 \longrightarrow 2NH_3$$

氮气和氢气的起始浓度分别为 $2.0 \text{mol} \cdot \text{L}^{-1}$ 和 $3.0 \text{mol} \cdot \text{L}^{-1}$，在 2s 末测得反应体系的氮气、氢气和氨的浓度分别为 $1.8 \text{mol} \cdot \text{L}^{-1}$、$2.4 \text{mol} \cdot \text{L}^{-1}$ 和 $0.4 \text{mol} \cdot \text{L}^{-1}$，则根据定义，在反应 0 到 2s 时间内的平均速率为：

$$v_{N_2} = -\frac{\Delta c_{N_2}}{\Delta t} = -\frac{(1.8-2.0)\text{mol} \cdot \text{L}^{-1}}{(2-0)\text{s}} = 0.1 \text{mol} \cdot \text{L}^{-1} \cdot \text{s}^{-1}$$

$$v_{H_2} = -\frac{\Delta c_{H_2}}{\Delta t} = -\frac{(2.4-3.0)\text{mol} \cdot \text{L}^{-1}}{(2-0)\text{s}} = 0.3 \text{mol} \cdot \text{L}^{-1} \cdot \text{s}^{-1}$$

$$v_{NH_3} = \frac{\Delta c_{NH_3}}{\Delta t} = \frac{(0.4-0)\text{mol} \cdot \text{L}^{-1}}{(2-0)\text{s}} = 0.2 \text{mol} \cdot \text{L}^{-1} \cdot \text{s}^{-1}$$

在反应体系内用不同物质浓度表示的反应速率有不同的数值，易造成混乱，使用不方便。

为了反应只有一个反应速率 v,现行国际单位制建议 $\dfrac{\Delta c}{\Delta t}$ 值除以反应式中的计量系数,即

$$v = -\frac{\Delta c_{N_2}}{1 \times \Delta t} = -\frac{\Delta c_{H_2}}{3 \times \Delta t} = \frac{\Delta c_{NH_3}}{2 \times \Delta t} = 0.1 \text{mol} \cdot \text{L}^{-1} \cdot \text{s}^{-1}$$

这样就得到一个反应体系的速率 v 都有一致的确定值。

因此对于任一化学反应

$$a\text{A} + b\text{B} = g\text{G} + h\text{H}$$

其平均反应速率

$$v = -\frac{\Delta c_A}{a\Delta t} = -\frac{\Delta c_B}{b\Delta t} = \frac{\Delta c_G}{g\Delta t} = \frac{\Delta c_H}{h\Delta t} \tag{4-1}$$

即:

$$v = \frac{1}{\nu_B} \times \frac{\Delta c_B}{\Delta t} \tag{4-2}$$

上式中,B 为反应式中任一物质;ν_B 为 B 的反应系数,其对反应物取负值,对产物取正值。

4.1.2 瞬时速率

平均反应速率,其大小也与指定时间以及时间间隔有关。开始时反应物的浓度较大,单位时间内反应物浓度减小得较快,反应产物浓度增加得也较快,也就是反应较快;随着反应的进行,反应物的浓度逐渐变小,单位时间内反应物减小越来越慢,反应产物浓度增加也越来越慢,也就是反应速率越来越慢。由于反应时间内反应速率不断变化,因此,我们将某一特定时刻或某一特定浓度时的反应速率称为瞬时速率。相对于平均速率而言,瞬时速率更为重要和具有实际意义。

在实际工作中,通常测量反应的瞬时反应速率,是用 t 时刻的浓度 $c(t)$ 作 $c(t)$-t 曲线图,某时刻 t 时该曲线的斜率即为该反应在时刻 t 时的反应速率。对于任一反应,其瞬时反应速率可以表示为

$$v = \lim_{\Delta t \to 0} \frac{1}{\nu_B} \times \frac{\Delta c_B}{\Delta t} = \frac{1}{\nu_B} \times \frac{\mathrm{d} c_B}{\mathrm{d} t} \tag{4-3}$$

显然化学反应速率与化学反应的化学计量系数有关,因此化学反应速率与化学反应式的书写有关,所以表示化学反应速率时,必须注明相应的化学计量方程式。

4.2 反应速率与反应物浓度的关系

大量的实验事实表明,增加反应物的浓度反应速率增加,降低反应物的浓度反应速率降低,利用反应物浓度计算化学反应的反应速率的方程称为化学反应速率方程。化学反应速率方程反映了反应速率与反应物浓度之间的关系,这种关系遵循的规律叫反应速率定律。

4.2.1 速率方程

(1) 基元反应和复杂反应

基元反应是指反应物一步生成产物的化学反应,又称简单反应。如反应

$$\text{SO}_2\text{Cl}_2 = \text{SO}_2 + \text{Cl}_2$$
$$\text{NO}_2 + \text{CO} = \text{NO} + \text{CO}_2$$

实际上,许多化学反应不是一步完成的。有些反应尽管看起来简单,但它却不是基元反应,而是经过两个或多个步骤完成的复杂反应。如反应

$$H_2(g)+I_2(g) \Longrightarrow 2HI(g)$$

实际上是由两个基元反应组成的化学反应。

① $\quad I_2 \longrightarrow I+I \quad$ （快）

② $\quad H_2+2I \Longrightarrow 2HI \quad$ （慢）

（2）质量作用律

基元反应或复杂反应中的基元步骤，其最重要的动力学特征如下：

任一基元反应 $\quad aA+bB \Longrightarrow gG+hH$

该反应的速率方程可写成

$$v=kc_A^a c_B^b \tag{4-4}❶$$

式(4-4)可表述为：基元反应的反应速率与反应物浓度以化学计量系数为指数的幂的乘积成正比。

式(4-4)中，a、b 为反应级数。反应级数是针对某反应物而言的，所以上述反应中对反应物 A 是 a 级反应，对反应物 B 是 b 级反应，该反应的反应级数为 $a+b$，即为速率方程中幂系数之和。或者说该反应是 $a+b$ 级反应。

基元反应中的反应级数与反应分子数是不同的概念。反应分子数是基元反应和复杂反应基元步骤中发生反应所需要的反应物粒子（分子、原子、离子、自由基）数目。反应分子数只能对基元反应或复杂反应的基元步骤而言，非基元反应不能谈反应分子数。既不能认为反应方程中反应物的化学计量数之和就是反应分子数，也不能认为速率方程中反应浓度的幂指数之和就是反应分子数。反应级数是一个宏观概念，要将其与反应分子数这个微观概念区别开来。反应级数可为零、小数和整数，反应分子数只存在一、二、三这三种可能性，分别称为单分子反应、双分子反应及三分子反应。反应分子数不可能是零及四或四以上的数，也不可能是分数。

式(4-4)中 k 为速率常数，k 是在给定温度下，各种反应物的浓度为 $1 mol \cdot L^{-1}$ 时的反应速率，有时又称其为比速常数。速率常数 k 取决于反应的性质和温度，与浓度无关。k 的量纲与反应级数有关。对于任一化学反应

$$aA+bB \Longrightarrow gG+hH$$

若反应的速率方程为

$$v=kc_A^a c_B^b$$

则：

$$k=\frac{v(mol \cdot dm^{-3} \cdot s^{-1})}{c_A^a c_B^b (mol \cdot dm^{-3})^{a+b}} \tag{4-5}$$

若用 A、B、G 或 H 的浓度变化表示反应的速率时，则有如下的速率方程：

$$v_A = k_A c_A^a c_B^b$$

$$v_B = k_B c_A^a c_B^b$$

$$v_G = k_G c_A^a c_B^b$$

$$v_H = k_H c_A^a c_B^b$$

因为：

$$-\frac{\Delta c_A}{a \Delta t} = -\frac{\Delta c_B}{b \Delta t} = \frac{\Delta c_G}{g \Delta t} = \frac{\Delta c_H}{h \Delta t}$$

即：

$$\frac{v_A}{a} = \frac{v_B}{b} = \frac{v_G}{g} = \frac{v_H}{h}$$

---

❶ 若反应物为气体，式(4-4)可写成

$$v=kp_A^a p_B^b$$

于是有：
$$\frac{k_A}{a}=\frac{k_B}{b}=\frac{k_G}{g}=\frac{k_H}{h} \tag{4-6}$$

可见：$k_A:k_B:k_G:k_H=a:b:g:h$，即不同物质的速率常数之比等于反应方程式中各物质的计量系数之比。

由式(4-5)可知，k 的单位，一级反应 $(a+b=1)$ 为 s^{-1}；二级反应为 $mol^{-1} \cdot L \cdot s^{-1}$，$n$ 级反应为 $mol^{1-n} \cdot (L)^{n-1} \cdot s^{-1}$，因此由给出的 k 的单位，可判断出反应的级数。

(3) 反应速率定律

质量作用定律只适用于基元反应，对复杂反应不存在反应速率与反应物浓度以化学计量系数为指数的幂的乘积成正比的关系。如反应

$$H_2+Cl_2 =\!=\!= 2HCl$$

其速率方程为：
$$v=kc_{H_2}c_{Cl_2}^{1/2}$$

复杂反应的速率方程不能直接书写，可以由反应机理推导出，若不知道反应机理，只能通过实验写出反应速率方程。如反应

$$BrO_3^-+5Br^-+6H^+ =\!=\!= 3Br_2+3H_2O$$

反应速率和反应物浓度存在一定的函数关系，有关实验数据列入表 4-1。

表 4-1 反应 $BrO_3^-+5Br^-+6H^+ =\!=\!= 3Br_2+3H_2O$ 的反应速率与反应物浓度的关系

实验次数	$c(H^+)/mol \cdot L^{-1}$	$c(BrO_3^-)/mol \cdot L^{-1}$	$c(Br^-)/mol \cdot L^{-1}$	$v/mol \cdot L^{-1} \cdot s^{-1}$
1	0.0080	0.0010	0.10	2.5×10^{-8}
2	0.0080	0.0010	0.20	4.7×10^{-8}
3	0.0040	0.0010	0.20	1.2×10^{-8}
4	0.0080	0.0020	0.10	5.4×10^{-8}

假定反应 $BrO_3^-+5Br^-+6H^+ =\!=\!= 3Br_3+3H_2O$ 的速率方程为

$$v=kc(H^+)^x c(BrO_3^-)^y c(Br^-)^z$$

则由实验有：① $k(0.0080)^x \times (0.0010)^y \times (0.10)^z = 2.5 \times 10^{-8}$
② $k(0.0080)^x \times (0.0010)^y \times (0.20)^z = 4.7 \times 10^{-8}$
③ $k(0.0040)^x \times (0.0010)^y \times (0.20)^z = 1.2 \times 10^{-8}$
④ $k(0.0080)^x \times (0.0020)^y \times (0.10)^z = 5.4 \times 10^{-8}$

由①和②可知 z 为 1；②和③可知 x 为 2；①和④可知 y 为 1。因此该反应的速率方程为

$$v=kc(H^+)^2 c(BrO_3^-) c(Br^-)$$

对于基元反应，反应速率方程中浓度的指数与反应物相应的计量系数相同，但要注意的是若二者相同，也并不一定就是基元反应。如反应

$$2NO+O_2 =\!=\!= 2NO_2$$

的速率方程为

$$v=kc(NO)^2 c(O_2)$$

但它不是基元反应，它由下面两个基元反应组成：

$$2NO =\!=\!= N_2O_2 \quad (快)$$
$$N_2O_2+O_2 =\!=\!= 2NO_2 \quad (慢)$$

4.2.2 动力学方程

对速率方程的微分形式进行积分，得到浓度与时间的关系

$$c=f(T) \tag{4-7}$$

这一积分形式称为动力学方程。式(4-7)反映了反应物和反应时间的关系。这是动力学

研究的一个重要问题。人们往往希望知道反应到某一时刻产物和反应物的浓度，也想知道反应物消耗到一定量时所需要的时间。式(4-7) 与反应级数有关，下面将讨论几种只有一种反应物的动力学方程。

(1) 一级反应

设某一级反应为

$$aA \longrightarrow B$$
$$t=0 \quad c_{A0} \quad 0$$
$$t=t \quad c_A \quad c_B$$

反应物 A 的消耗速率方程

$$v_A = -\frac{dc_A}{dt} = k_A c_A$$

对上式积分得

$$-\int_{c_{A0}}^{c_A} \frac{dc_A}{c_A} = \int_0^t k_A dt$$

$$\ln \frac{c_A}{c_{A0}} = -k_A t \quad \text{或} \quad \lg \frac{c_A}{c_{A0}} = \frac{-k_A}{2.303} t \tag{4-8}$$

当反应物消耗一半时，即 $\frac{c_A}{c_{A0}} = \frac{1}{2}$，称为半衰期。对于只有一种反应物的一级反应

$$t_{1/2} = \frac{0.693}{k_A} \tag{4-9}$$

一级反应的半衰期与起始浓度 c_{A0} 无关，这是一级反应的一个特征。

【例 4-1】 ^{14}C 放射性蜕变的 $t_{1/2} = 5730$ 年，今在一木乃伊中测得 ^{14}C 占 C 含量为 72%。试问该木乃伊距今有多少年？

解 因为 $\frac{c_{A0} - c_A}{c_{A0}} = 1 - 0.72 = 0.28$，所以 $c_A = (1-0.28)c_{A0} = 0.72 c_{A0}$

又因为放射性蜕变是一级反应，所以由式(4-9) 得 $k_A = 1.21 \times 10^{-4}$ 年$^{-1}$，由式(4-8) 得

$$\ln \frac{0.72 c_{A0}}{c_{A0}} = -1.21 \times 10^{-4} t, \quad t = 2715 \text{（年）}$$

【例 4-2】 蔗糖的水解反应

$$C_{12}H_{22}O_{11} + H_2O \Longrightarrow C_6H_{12}O_6 (\text{葡萄糖}) + C_6H_{12}O_6 (\text{果糖})$$

是典型的一级反应，某温度下，起始浓度为 $c_0 = 0.5 \text{mol} \cdot \text{L}^{-1}$ 的蔗糖溶液在稀盐酸的催化下发生水解。已知反应速率常数 $k = 5.32 \times 10^{-3} \text{min}^{-1}$，求：

(1) 300min 时，蔗糖溶液的浓度；
(2) 蔗糖水解一半时所需时间。

解 (1) 由式(4-8)

$$\ln \frac{c_A}{c_{A0}} = -k_A t$$

得：

$$\ln \frac{c}{c_{A0}} = -5.32 \times 10^{-3} \times 300, \quad \frac{c}{c_{A0}} = 0.20$$

故

$$c = 0.5 \times 0.20 = 0.10 \text{ (mol} \cdot \text{L}^{-1})$$

(2) 由式(4-9)

$$t_{1/2} = \frac{0.693}{k_A}$$

得
$$t_{1/2} = \frac{0.693}{5.32 \times 10^{-3}} = 130 \text{ (min)}$$

(2) 二级反应

设某二级反应为
$$a\text{A} \longrightarrow \text{产物}$$

反应物 A 的消耗速率方程
$$v_\text{A} = -\frac{dc_\text{A}}{dt} = k_\text{A} c_\text{A}^2$$

对上式积分得
$$-\int_{c_{\text{A}0}}^{c_\text{A}} \frac{dc_\text{A}}{c_\text{A}^2} = \int_0^t k_\text{A} dt$$
$$\frac{1}{c_\text{A}} - \frac{1}{c_{\text{A}0}} = k_\text{A} t \tag{4-10}$$

当 $\dfrac{c_\text{A}}{c_{\text{A}0}} = \dfrac{1}{2}$ 时，即反应物消耗一半时，则式(4-10) 为
$$t_{1/2} = \frac{1}{c_{\text{A}0} k_\text{A}} \tag{4-11}$$

(3) 零级反应

设某零级反应为
$$a\text{A} \longrightarrow \text{产物}$$

反应物 A 的消耗速率方程
$$v_\text{A} = -\frac{dc_\text{A}}{dt} = k_\text{A} c_\text{A}^0 = k_\text{A}$$

对上式积分得
$$\int_{c_{\text{A}0}}^{c_\text{A}} dc_\text{A} = -\int_0^t k_\text{A} dt$$
$$c_\text{A} - c_{\text{A}0} = -k_\text{A} t \tag{4-12}$$

当 $\dfrac{c_\text{A}}{c_{\text{A}0}} = \dfrac{1}{2}$ 时，即反应物消耗一半时，则式(4-12) 为
$$t_{1/2} = \frac{c_{\text{A}0}}{2 k_\text{A}} \tag{4-13}$$

零级反应的速率方程与浓度无关，其半衰期 $t_{1/2}$ 与速率常数 k 有关，也与反应物起始浓度 $c_{\text{A}0}$ 有关。

4.3 反应速率理论简介

目前反应速率理论主要有 Lewis 于 1918 年提出的碰撞理论和 Eyring 于 20 世纪 30 年代提出的过渡状态理论。由于反应速率是非平衡态问题，反应机理复杂，因此，反应速率理论目前还很不完善。本节只简要地介绍。

4.3.1 基本概念和术语

(1) 活化分子

活化分子（activated molecule）是指具有发生化学反应所需最低能量状态的分子。也就是能量高于某一临界值（低限能量）的分子。能量低于这个值的分子叫非活化分子或普通

分子。

分子在运动和碰撞过程中,分子之间不断发生能量交换,使每个分子的能量均在瞬息万变。因此,即便是同类分子,能量相差也很大。这种能量差别使分子分成活化分子和非活化分子。活化分子和非活化分子并非一成不变。因分子碰撞使有些活化分子失去能量,变成非活化分子;而非活化分子可能在碰撞中得到能量,变成活化分子。但在一定温度下,活化分子的数目(或活化分子所占的百分率)是不变的。

采用下列措施能增大活化分子数
① 增加浓度,因为在一定温度下活化分子占分子总数的百分比是固定的;
② 升高温度,增加分子能量;
③ 使用催化剂,使反应的能量标准降低。

(2) 有效碰撞

能够发生化学反应的分子(或原子)的碰撞叫作有效碰撞。在化学反应中,反应物分子不断发生碰撞,在千百万次碰撞中,大多数碰撞不发生反应,只有少数分子的碰撞才能发生化学反应。发生有效碰撞必定是活化分子,但活化分子的碰撞也不一定都能发生有效碰撞。发生有效碰撞必须具备下列 3 个条件:
① 反应物的分子必须相互碰撞;
② 分子具有一定能量,也就是说,必须是活化分子;
③ 活化分子碰撞时,相对取向合适。

(3) 活化能

活化能(activation energy)是指化学反应中,由反应物分子到达活化分子所需的最小能量,即一个化学反应发生所需要的最小能量。反应的活化能通常表示为 E_a,单位是 $kJ \cdot mol^{-1}$。不同的反应,活化能的数值是不同的,一般为每摩尔几十到几百千焦。

活化能是一个化学名词,又称为阈能。这一名词由阿伦尼乌斯(Arrhenius)在 1889 年引入,用来定义一个化学反应的发生所需要克服的能量障碍。化学反应速率与其活化能的大小密切相关,活化能越低,反应速率越快,因此,降低活化能会有效地促进反应的进行。

阿伦尼乌斯提出了活化能的概念,但对活化能的解释不够明确,特别是把活化能看作是与温度无关的常数,这与许多实验事实不符。20 世纪 20 年代,Tolman 运用统计热力学来讨论化学反应速率与温度的关系,推导出下面的关系式:

$$E_a = \overline{E^*} - \overline{E} \tag{4-14}$$

式中,$\overline{E^*}$ 为活化分子的平均摩尔能量;$\overline{E}$ 为反应物分子的平均摩尔能量,活化能是活化分子的平均能量与反应物分子的平均能量之差。

$\overline{E^*}$ 和 $\overline{E}$ 都与温度有关,因此 E_a 也应是温度的函数,但在有些情况下二者的温度效应可能彼此抵消,此时活化能则与温度无关。式(4-14)较好地弥补了阿伦尼乌斯理论的一些不足与缺陷,较好地解释了活化能与温度关系。

4.3.2 碰撞理论

化学反应碰撞理论(chemical reaction collision theory)是在气体分子运动理论的基础上于 20 世纪初发展起来的。1918 年,Lewis 运用气体分子运动理论的成果,以分子碰撞的观点来判断化学反应的发生与否,提出了化学反应的有效碰撞理论。

该理论认为,发生化学反应的先决条件是反应物分子的碰撞接触。但是并非每一次碰撞都能导致反应发生。碰撞中能发生化学反应的一组分子(下面简称分子组)首先必须具备足够的能量,以克服分子无限接近时电子云之间的斥力,从而导致分子中的原子重排,即发生化学反应。我们把具有足够能量的分子组称为活化分子组。活化分子组在全部分子中占有的比例以及活化分子组所完成的碰撞次数占碰撞总数的比例，都是符合麦克斯韦-玻耳兹曼分布的，故有：

$$f = e^{-\frac{E_a}{RT}} \tag{4-15}$$

式中，f 称为能量因子，其意义是能量满足要求的碰撞次数占总碰撞次数的分数；R 为气体常数；T 为热力学温度；E_a 等于能发生有效碰撞的活化分子组所具有的最低能量。

式(4-15)表示，能量 E_a 越高，在总碰撞次数中，满足能量要求的碰撞次数占的分数 f 越小。这是因为 E_a 越高，活化分子组具有的能量越高，故分子中活化分子组的比例越小，发生有效碰撞的机会越小，反应速率越小。满足能量要求的碰撞次数 Z^* 与总的碰撞次数 Z 的关系为：

$$Z^* = Zf \tag{4-16}$$

能量是有效碰撞的一个必要条件，但不充分。只有当活化分子组中的各个分子采取合适的取向进行碰撞时，反应才能发生。以下面的反应来说明这个问题：

$$NO_2 + CO \Longrightarrow NO + CO_2$$

只有当 CO 分子中的碳原子与 NO_2 中的氧原子相碰时，才能发生重排反应；而碳原子与氮原子相碰的这种取向，则不会发生氧原子的转移。

因此，真正的有效碰撞次数 Z^{**}，应该在总碰撞次数上再乘以一个校正因子，即取向因子 P。则有：

$$Z^{**} = ZPf = ZP e^{-\frac{E_a}{RT}} \tag{4-17}$$

取向因子 P 的取值范围很宽，对不同类型的反应可以在 $1 \sim 10^{-9}$ 之间取值。

碰撞理论可简单地解释前面讨论的反应物浓度对反应速率的影响。在一定的温度下，对某一反应而言，反应物活化分子组的百分数是一定的。而增大反应物的浓度，单位体积内的活化分子组数目增多，从而增大了单位时间内在此体积中的反应物分子有效碰撞的频率，增大反应速率。

碰撞理论应用了活化能概念，但没有从分子内部的变化揭示活化能的物理意义。碰撞理论只能说明一些简单的气体反应。

4.3.3 过渡态理论

碰撞理论直观说明了反应速率与活化能的关系，但由于碰撞理论把分子看成没有内部结构和内部运动的刚性球，所以没有从分子内部原子重新组合的角度揭示活化能的物理意义。随着人们对原子分子内部结构认识的深入，H. Eyring 于 1935 年在量子力学和统计力学的基础上提出了过渡状态理论。

过渡状态理论认为，化学反应不只是通过反应物分子之间简单碰撞就能完成的，而是在碰撞后先要经过一个中间的过渡状态，即首先形成一个活性基团（活化配合物），然后再分解为产物。活化配合物中的价键结构处于原有化学键被削弱、新化学键正在形成的一种过渡状态，其势能较高，极不稳定，因此活化配合物一经形成就极易分解，部分分解形成产物。

例如 NO_2 和 CO 的反应：

$$NO_2 + CO \longrightarrow NO + CO_2$$

当反应物 NO_2 和 CO 的活化分子以适当的取向碰撞之后，形成一种活化配合物 [ONO-CO]：

如图 4-1，活化配合物中的价键结构是原有的化学键被削弱，新的化学键在形成的一种过渡状态。这时，反应分子的动能暂时转化为活化配合物的势能，势能很高，如图 4-2 中的 c 点，c 点对应的能量是基态活化配合物的势能，由于活化配合物的势能高，因此极不稳定，所以它既可分解成产物，也可分解成反应物。图 4-2 中 a 点是反应物 NO_2+CO 分子对的平均势能；b 点是产物 $NO+CO_2$ 分子对的平均势能；E_a 是活化配合物与反应物分子对的平均势能之差，是正反应的活化能。也就是说，反应物 NO_2+CO 分子对必须克服 E_a 这个能垒才能经由活化配合物 [ONOCO] 生成产物 NO 和 CO_2；E_a' 是活化配合物与产物分子对 $NO+CO_2$ 的平均势能之差，是逆反应的活化能。同理，产物 $NO+CO_2$ 分子对克服 E_a' 也能经由活化配合物 [ONOCO] 生成反应物。由图 4-2 可见

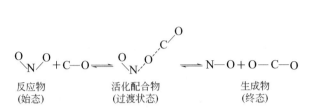

图 4-1　NO_2 和 CO 的反应过程

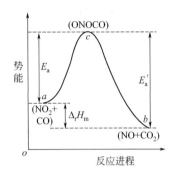

图 4-2　反应过程中势能变化示意图

$$NO_2+CO \longrightarrow O-N\cdots O\cdots C-O \qquad \Delta_r H_m(1)=E_a$$
$$O-N\cdots O\cdots C-O \longrightarrow NO+CO_2 \qquad \Delta_r H_m(2)=-E_a'$$

两个反应之和是总反应

$$NO_2+CO \longrightarrow NO+CO_2$$

则总反应的

$$\Delta_r H_m = \Delta_r H_m(1)+\Delta_r H_m(2)=E_a-E_a'$$

因此，化学反应的摩尔反应热是正、逆反应活化能之差。

反应放热　　$E_a<E_a'$　　　　$\Delta_r H_m<0$
反应吸热　　$E_a>E_a'$　　　　$\Delta_r H_m>0$

由图 4-2 可见，无论是吸热反应还是放热反应，反应物分子都必须超过一个能垒才能进行。

从图 4-2 中还可以看出，如果正反应是一步完成，则其逆反应也是一步完成的，而且正、逆反应经过同一活化配合物中间体。这是微观可逆性原理。

可以看出，过渡态理论对活化能的定义与碰撞理论对活化能的定义有所不同，但其含义实质上是一致的，而且两种定义的活化能在数值上差异很小。此外过渡态理论将反应涉及的物质的微观结构与反应速率结合起来。这比碰撞理论不考虑分子内部结构和内部运动只考虑碰撞的适用性更强，但是由于许多反应活化配合物的结构尚无法从实验中确定，加上计算方法过于复杂，致使这一理论的应用受到限制。

4.4　影响化学反应速率的因素

化学反应速率大小，首先取决于反应物的本性。例如无机物之间的反应一般比有机物之间的反应快得多；对于无机物之间的反应，分子间进行的反应一般比溶液中离子间进行的反应慢。除了反应物的本性外，反应速率还与反应物的浓度（或压力）、温度和催化剂等因素有关。反应物浓度对化学反应速率的影响在 4.2 节讨论过。因此本节主要讨论温度和催化剂对反应速率的影响。

4.4.1　温度对化学反应速率的影响

前面讨论浓度对反应速率的影响时，我们规定温度等其他因素不变。本节专门讨论温度

对反应速率的影响。最典型的例子是温度对氢气和氧气反应的影响。常温下氢气和氧气作用非常缓慢,以致两者的混合物放置几年都观察不到有水生成,但将温度升高到1073K,则立即以爆炸的方式瞬间完成。升高温度可使大多数反应的速率加快,通常认为温度对浓度的影响可以忽略,因此温度对反应速率的影响表现在速率常数随温度的变化上。

(1) 范特霍夫规则

1884年,van t Hoff在总结温度对化学反应速率的影响时指出,对于均相热化学反应,反应温度每升高10K,其反应速率变为原来的2～4倍,即

$$\frac{k_{T+10}}{k_T} \approx 2 \sim 4 \tag{4-18}$$

该式称为范特霍夫规则。

此经验规则是很粗略的,它说明温度对k的影响很大。而事实上范特霍夫规则只是在反应温度不是太高,温度变化幅度不太大,反应活化能比较低($50 \sim 240 \text{kJ} \cdot \text{mol}^{-1}$)的基元反应,这一范围内有规律可循。实验证明:真正的基元反应是很少的,化学反应速率与温度的关系是复杂的,因此并非所有的反应都符合范特霍夫规则。有些化学反应低于某一温度几乎观察不到其作用,当温度达到一定值后反应瞬间近乎完全,如爆炸反应。中和反应在常温下便瞬间完成,更是观察不到与温度的变化关系;有的化学反应随温度的增加,其反应速率反而下降,如NO与O_2生成NO_2的反应;有些反应温度升到一定值后出现分解、汽化或产生其他副反应,如有机物之间的一些反应。尤其是现代工业与科学技术的发展,许多反应往往在催化剂的催化下或在较高的温度下进行,反应速率与温度的变化关系往往也不是什么比例关系。

(2) 阿伦尼乌斯定律

在1889年,Arrhenius在总结了大量实验结果的基础上,提出下列经验公式:

① 指数式

$$k = A e^{-\frac{E_a}{RT}} \tag{4-19}$$

② 微分式

$$\frac{\mathrm{d}\ln k}{\mathrm{d}T} = \frac{E_a}{RT^2} \tag{4-20}$$

③ 积分式

$$\ln k = \ln A - \frac{E_a}{RT} \tag{4-21}$$

式(4-19)～式(4-21)均称为阿伦尼乌斯公式。式中,k为温度T时的反应速率常数;A为一常数,称为指前因子,也称为阿伦尼乌斯常数,单位与k相同;E_a称为实验活化能,一般可视为与温度无关的常数,$\text{J} \cdot \text{mol}^{-1}$或$\text{kJ} \cdot \text{mol}^{-1}$;$T$为热力学温度,K;$R$为摩尔气体常数,$\text{J} \cdot \text{mol}^{-1} \cdot \text{K}^{-1}$。

从式(4-19)可以看出,反应速率常数k与热力学温度T呈指数关系。温度微小的变化,将导致k值较大的变化,尤其是活化能E_a较大时更是如此。因此,人们将此式称为反应速率随温度而变的指数定律。用阿伦尼乌斯公式讨论温度和反应速率的关系时,可以近似地认为在一般温度范围内活化能E_a和指前因子A均不随温度变化而变化。

若温度分别为T_1和T_2时,反应速率常数分别为k_1和k_2,则由式(4-21)可得出

$$\ln \frac{k_2}{k_1} = \frac{E_a}{R}\left(\frac{T_2 - T_1}{T_1 T_2}\right) \tag{4-22}$$

若已知温度T_1时的速率常数k_1和温度T_2时的速率常数k_2,即可求算反应的活化能E_a,将求得的E_a代入式(4-21)就可以求出指前因子A的数值。

阿伦尼乌斯公式适用于几乎所有的基元均相反应和大多数复杂反应。

【例 4-3】 某反应当温度从 27℃ 上升到 37℃，速率常数增大一倍，求该反应的活化能 E_a。

解 由式(4-22) 得

$$\ln 2 = \frac{E_a}{8.31 \times 10^{-3}} \times \frac{310-300}{310 \times 300}$$

解得：$E_a = 53.6 \text{kJ} \cdot \text{mol}^{-1}$。

【例 4-4】 反应 $H_2 + I_2 \Longrightarrow 2HI$ 在 575K 和 700K 时的速率常数为 $6.6 \times 10^{-5} \text{mol} \cdot \text{L}^{-1} \cdot \text{s}^{-1}$ 和 $3.21 \times 10^{-2} \text{mol} \cdot \text{L}^{-1} \cdot \text{s}^{-1}$，试求 E_a 和 A。

解 由式(4-22) 得：

$$\ln \frac{3.21 \times 10^{-2}}{6.6 \times 10^{-5}} = \frac{E_a}{8.31 \times 10^{-3}} \times \left(\frac{700-575}{700 \times 575} \right)$$

解得：$E_a = 165.6 \text{kJ} \cdot \text{mol}^{-1}$

取温度 700K 和相应的速率常数 k 及计算所得的 E_a 代入式(4-21)，得：

$$\ln(3.21 \times 10^{-2}) = \ln A - \frac{165.5}{8.31 \times 10^{-3} \times 700}$$

解得：$A = 7.27 \times 10^{10} \text{mol} \cdot \text{L}^{-1} \cdot \text{s}^{-1}$

4.4.2 催化剂对化学反应速率的影响

催化剂最早由瑞典化学家贝采里乌斯（Jöns Jakob Berzelius）发现。1836 年，他首次提出化学反应中的"催化"与"催化剂"概念。关于催化剂和催化应用的研究，无疑是化学学科中最具有应用价值且最富有挑战性的研究领域。本章开篇列举的两个反应：

$$H_2(g) + \frac{1}{2} O_2(g) \Longrightarrow H_2O(l) \qquad \Delta_r G_m^\ominus = -237.1 \text{kJ} \cdot \text{mol}^{-1}$$

$$H_2(g) + O_2(g) \Longrightarrow H_2O_2(l) \qquad \Delta_r G_m^\ominus = -120.4 \text{kJ} \cdot \text{mol}^{-1}$$

根据化学热力学判断，均为常温常压下可以自发进行的反应。但是由于反应速率过慢，在通常条件下，一年甚至几年都得不到人们所希望的结果——能量和产物。对于这种热力学上具有可能性的、有应用价值的化学反应，就需要进行动力学研究，选择反应的催化剂、催化反应以得到我们所需要能量和产物。

根据国际纯粹化学与应用化学联合会（IUPAC）1981 年的定义：催化剂是一种改变反应速率但不改变反应总标准吉布斯自由能的物质。催化剂在化学反应中的作用称为催化作用，涉及催化剂的反应称为催化反应。

尽管人们对催化剂的作用机理研究不多，但催化剂的应用却极其广泛。据统计，约有 90% 以上的工业过程中使用催化剂，如化工、石化、生化、环保等。催化剂种类繁多，按状态可分为液体催化剂和固体催化剂，按反应体系的相态分为均相催化剂和多相催化剂，均相催化剂有酸、碱、可溶性过渡金属化合物和过氧化物催化剂。催化剂在现代化学工业中占有极其重要的地位，例如，合成氨生产采用铁催化剂，硫酸生产采用钒催化剂，乙烯的聚合以及用丁二烯制橡胶等三大合成材料的生产中，都采用不同的催化剂。

催化剂之所以能显著加快化学反应速率，是由于催化剂的加入与反应物之间形成了一种势能较低的活化配合物，改变了反应历程，与无催化反应的历程相比较，所需的活化能显著降低，从而使活化分子百分数和有效碰撞次数增多，使反应速率增大。

某化学反应

$$A + B \longrightarrow AB \qquad E_a$$

其反应历程为图 4-3 虚线所示，反应一步完成，其活化能为 E_a。加入催化剂（cat.），则催

化反应为

$$A + B \xrightleftharpoons{cat.} AB \quad E_{a1}$$

反应历程为图 4-3 中实线所示。反应因催化剂加入改变了反应历程

① $\quad A+B+cat \longrightarrow Acat+B \quad E_{a1}$

② $\quad Acat+B \longrightarrow AB+cat \quad E_{a2}$

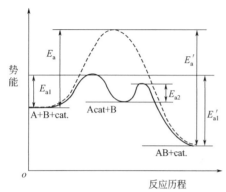

图 4-3 催化剂改变反应历程

从图 4-3 可以看出，加入催化剂后，反应 A 先与催化剂结合生成 Acat，A 和催化剂分子组需克服能垒 E_{a1}；第二步是 Acat 和 B 反应生成 AB 并释放出 cat，这一步 Acat 和 B 分子组需克服能垒 E_{a2}。从图 4-3 可见，$E_{a1} > E_{a2}$，则催化反应的步骤①是控制反应，又 $E_{a1} \ll E_a$，所以，催化反应的活化能大大降低，反应速率大大增大。例如合成氨反应，计算结果表明，没有催化时反应的活化能为 326.4kJ·mol^{-1}，加入 Fe 作催化剂时，活化能降低到 175.5kJ·mol^{-1}。

由图 4-3 可见，催化剂并没改变反应焓，即 $E_a - E_a' = E_{a1} - E_{a1}'$；同样，加入催化剂后，反应的始态和终态没有改变，所以反应的 $\Delta_r G$ 也不因加入催化剂而改变。因此催化剂的研究应针对 $\Delta_r G_m < 0$、反应速率慢的反应。对于通过热力学计算不能进行的反应，即 $\Delta_r G_m > 0$ 的反应，使用任何催化剂都是徒劳的。

从图 4-3 可知，催化剂使正反应的活化能降低（$E_{a1} < E_a$）的同时，也使逆反应的活化能降低（$E_{a1}' < E_a'$）。这表明催化剂不仅加快正反应的速率，同时也加快逆反应的速率。即催化剂使反应尽快达到化学平衡而不改变反应的平衡。

思 考 题

1. 判断下列说法是否正确

(1) 溶液中反应物 A 在 t_1 时的浓度为 c_1，t_2 时的浓度为 c_2，则可以由 $\dfrac{c_1 c_2}{t_1 - t_2}$ 计算反应速率，当 $\Delta t \to 0$ 时，则为平均速率。( )

(2) 反应速率系数 k 的量纲为 1。( )

(3) 反应：$2A + 2B \longrightarrow C$，其速率方程式 $v = k c_A c_B^2$，则反应级数为 3。( )

(4) 对零级反应来说，反应速率与反应物浓度无关。( )

(5) 反应：$aA(aq) + bB(aq) \longrightarrow gG(aq)$ 的反应速率方程式为 $v = k c_A^a c_B^b$，则此反应一定是一步完成的简单反应。( )

(6) 可根据反应速率系数的单位来确定反应级数。若 k 的单位是 mol^{1-n}·L^{n-1}·s^{-1}，则反应级数为 n。( )

(7) 对不同化学反应来说，活化能越大者，活化分子分数越多。( )

(8) 已知反应：$A \longrightarrow B$ 的 $\Delta_r H_m^\ominus = 67$kJ·mol^{-1}，$E_a = 90$kJ·mol^{-1}，则反应：$B \longrightarrow A$ 的 $E_a = -23$kJ·mol^{-1}。( )

(9) 一般情况下，温度升高，化学反应速率加快。活化能越大，则反应速率受温度的影响也越大。( )

(10) 催化剂只能改变反应的活化能，不能改变反应的热效应。( )

2. 试用活化分子概念解释反应物浓度、温度、催化剂对化学反应速率的影响。

3. 化学反应速率是如何定义的，反应速率的物理学单位是什么？化学反应的平均速率和瞬时速率的物

理意义和几何意义是什么？两者之间有何区别与联系？

4. 反应物浓度如何影响化学反应速率？什么是基元反应、非基元反应，两者之间有何区别与联系？速率方程的微分表达式是如何得到的？如何正确理解反应级数、反应分子数、反应速率常数 k 等概念？

5. 反应的活化能怎样影响化学反应速率？为什么有些反应的活化能很接近，反应速率却相差很大，但有些反应的活化能相差很大，反应速率却很接近？

6. 反应物浓度与反应时间的关系是通过什么公式表示的？什么是"半衰期"？级数不同的化学反应，其"半衰期"公式有何不同？

7. 简述"碰撞理论"和"过渡状态理论"的基本内容。利用"反应历程-势能图"说明催化剂如何影响化学反应速率。

8. 已知一级反应：$aA + bB \Longrightarrow mM + nN$，试分别写出转化率和反应速率表示式。

9. 反应级数和反应分子数之间有什么不同？

10. 影响化学反应速率的因素主要有哪些？它们将如何影响？

11. 某基元反应：$aA \Longrightarrow bB$ 正反应的活化能为 E_a，逆反应的活化能为 E_a'，试问：
(1) 加催化剂后，E_a、E_a' 各有何变化？
(2) 反应的 $\Delta_r H_m$、$\Delta_r G_m$ 加催化剂后有何变化？
(3) 若提高温度，E_a、E_a' 有何变化？
(4) 若改变反应物浓度，E_a 有何变化？

习　题

4.1 对于基元反应：$A(aq) + 2B(aq) \longrightarrow C(aq)$，当 A、B 的原始浓度分别为 $0.30 \text{mol} \cdot \text{L}^{-1}$ 和 $0.50 \text{mol} \cdot \text{L}^{-1}$ 时，测得反应速率常数为 $0.40 \text{mol}^{-2} \cdot \text{L}^2 \cdot \text{s}^{-1}$。求开始的反应速率为多少？经一段时间后 A 的浓度下降到 $0.10 \text{mol} \cdot \text{L}^{-1}$，此时的反应速率为多少？

4.2 反应：$H_2PO_3^- + OH^- \longrightarrow HPO_3^{2-} + H_2O$，100℃时，反应物浓度和反应速率关系如下：

$c(H_2PO_3^-)/\text{mol} \cdot \text{L}^{-1}$	$c(OH^-)/\text{mol} \cdot \text{L}^{-1}$	$v/\text{mol} \cdot \text{L}^{-1} \cdot \text{s}^{-1}$
0.10	1.0	3.2×10^{-5}
0.50	1.0	1.6×10^{-4}
0.50	4.0	2.56×10^{-3}

(1) 求反应级数；(2) 计算反应速率系数；(3) $H_2PO_3^-$、OH^- 的浓度均为 $1.0 \text{mol} \cdot \text{L}^{-1}$ 时，反应速率为多少？

4.3 某温度下乙醛分解反应为
$$CH_3CHO(g) \Longrightarrow CH_4(g) + CO(g)$$
根据下列实验数据：分别求算 42s 到 242s 和 242s 到 665s 时间间隔内的平均反应速率，并说明二者大小不等的原因。

t/s	42	105	242	384	665	1070
$c_{乙醛}/10^{-1}\text{mol} \cdot \text{L}^{-1}$	6.68	5.85	4.64	3.83	2.81	2.01

4.4 反应：$H_2(g) + I_2(g) \Longrightarrow 2HI(g)$ 可能有如下三个基元步骤：
① $\quad I_2 \Longrightarrow I + I$
② $\quad I + I \Longrightarrow I_2$
③ $\quad H_2 + 2I \Longrightarrow 2HI$

试对每个基元步骤写出其速率方程，指出每个基元反应的反应级数和反应分子数，并写出每个速率常数的单位。

4.5 对反应 $A(g) + B(g) \Longrightarrow 2C(g)$，已知如下动力学实验数据：

实验编号	$c(A)_0/\text{mol} \cdot \text{L}^{-1}$	$c(B)_0/\text{mol} \cdot \text{L}^{-1}$	$v_0/\text{mol} \cdot \text{L}^{-1} \cdot \text{s}^{-1}$
(1)	0.20	0.30	4.0×10^{-4}
(2)	0.20	0.60	7.9×10^{-4}
(3)	0.40	0.60	1.1×10^{-3}

试分别推导出反应对于 A 和 B 的反应级数,写出反应的速率方程,并求出速率常数。

4.6 环丁烯异构化反应是一级反应:

$$\underset{\substack{|\\H_2C-CH_2}}{\overset{CH=CH}{|}} \longrightarrow CH_2=\underset{H}{\overset{}{C}}-\underset{H}{\overset{}{C}}=CH_2$$

150℃时,$k = 2.0 \times 10^{-4} \text{s}^{-1}$,气态环丁烯的初始浓度为 $1.89 \times 10^{-3} \text{mol} \cdot \text{L}^{-1}$,试求:

(1) 20min 后环丁烯的浓度;

(2) 环丁烯的浓度为 $1.00 \times 10^{-4} \text{mol} \cdot \text{L}^{-1}$ 时所需的时间。

4.7 考古学者从古墓中取出的纺织品,经取样分析其 ^{14}C 含量为动植物活体的 85%。若放射性核衰变符合一级反应速率方程,且已知 ^{14}C 的半衰期为 5720 年,试估算该纺织品的年龄。

4.8 已知某气相反应的活化能 $E_a = 163 \text{kJ} \cdot \text{mol}^{-1}$,温度 390K 时的速率常数 $k = 2.37 \times 10^{-2} \text{L} \cdot \text{mol}^{-1} \cdot \text{s}^{-1}$。试求温度 420K 时的反应速率常数。

4.9 蔗糖水解反应:$C_{12}H_{22}O_{11} + H_2O \longrightarrow 2C_6H_{12}O_6$ 的活化能 $E_a = 110 \text{kJ} \cdot \text{mol}^{-1}$,298K 时其半衰期 $t_{1/2} = 1.22 \times 10^4 \text{s}$,且 $t_{1/2}$ 与反应物浓度无关。

(1) 此反应的反应级数为多少;

(2) 试写出其速率方程;

(3) 试求 308K 时的速率常数 k。

4.10 下列反应在水溶液中能缓慢地进行:$S_2O_8^{2-} + 2I^- = 2SO_4^{2-} + I_2$,试根据下列数据回答:

(1) 写出速率方程;

(2) 计算速率常数。

$[S_2O_8^{2-}]/\text{mol} \cdot \text{L}^{-1}$	$[I^-]/\text{mol} \cdot \text{L}^{-1}$	反应速率 $v/\text{mol} \cdot \text{L}^{-1} \cdot \text{s}^{-1}$
0.010	0.016	4.4×10^{-7}
0.010	0.0080	2.2×10^{-7}
0.0050	0.016	2.2×10^{-7}

4.11 已知反应:$2O_3 = 3O_2$,90℃时测得不同时间 O_3 的浓度为下列对应值:

t/s	0	100	200	300	400
$[O_3]/\text{mol} \cdot \text{L}^{-1}$	6.4×10^{-3}	6.25×10^{-3}	6.13×10^{-3}	6.00×10^{-3}	5.87×10^{-3}

试根据以上数据计算:

① 反应级数和反应速率常数;

② 多少秒后一半的 O_3 变为 O_2。

4.12 反应:$aA + bB = mM + nN$ 是放热反应,$\Delta_r H_m = -20.0 \text{kJ} \cdot \text{mol}^{-1}$,正反应的活化能 $E_a = 30.0 \text{kJ} \cdot \text{mol}^{-1}$,求逆反应的活化能。

4.13 下列反应在 288.2K、313K 的速率常数 k 分别为 $3.1 \times 10^{-4} \text{mol}^{-1} \cdot \text{L} \cdot \text{s}^{-1}$、$8.15 \times 10^{-3} \text{mol}^{-1} \cdot \text{L} \cdot \text{s}^{-1}$,求反应的活化能 E_a,并求 303K 时的速率常数 k。

$$CO + H_2O = CO_2 + H_2$$

4.14 25℃时,某反应的速率常数 k 为 $7.2 \times 10^{-3} \text{mol}^{-1} \cdot \text{L} \cdot \text{s}^{-1}$,活化能为 $45 \text{kJ} \cdot \text{mol}^{-1}$,求 50℃时的速率常数 k。

第5章 酸碱平衡

酸和碱（acid and base）是两类重要的化合物。许多化工生产过程中，使用大量的酸和碱；植物正常生长需要土壤保持正常的酸碱度；动物机体内酸性物质与碱性物质维持正常值，即保持动态平衡，能使组织细胞保持正常活动和维持兴奋性。在无机、有机、生化的催化作用中，氧化-还原反应和配位反应中都涉及酸碱平衡。本章将在化学平衡的基础上用酸碱质子理论重点讨论水溶液体系的酸碱平衡，其中包括溶剂水的自偶离解平衡。

5.1 电解质溶液

根据电解质在溶液中导电性的强弱，电解质（electrolyte）分为强电解质（strong electrolyte）和弱电解质（weak electrolyte）。一般来讲，强酸、强碱及大多数盐类，例如 HCl、NaOH、NaCl 等为强电解质，弱酸、弱碱，例如 HAc、NH_3 等为弱电解质。强电解质在水溶液中几乎完全电离，弱电解质在水溶液中部分电离。

必须注意，电解质的强弱除了与物质的本性有关以外，还与溶剂有关。例如：醋酸在水中为弱电解质，但在液氨中为强电解质：

$$HAc + H_2O \rightleftharpoons H_3O^+ + Ac^-$$
$$HAc + NH_3 \rightleftharpoons NH_4^+ + Ac^-$$

故在讨论酸碱强弱时，必须指明溶剂类型，未指明的均以水为溶剂，本书讨论酸碱也只限在水溶液中。

5.1.1 强电解质溶液

强电解质不论是离子化合物（如 NaOH）还是强极性化合物（如 HCl），在水溶液中由于水分子的作用，都完全电离成为相应的正负离子。一切强电解质的电离度在理论上应是100%，但是根据实验测定，强电解质的电离度都小于100%，如，在25℃时 KCl 电离度＝86%，HCl 电离度＝92%，NaOH 电离度＝91%。造成这种现象的主要原因是离子间的相互作用和离子与溶剂分子间的相互作用的结果。1923年德拜和休克尔把物理学中的静电学和化学联系起来，首先提出了强电解质离子的互吸理论。该理论假设强电解质全部电离，并认为离子间的相互作用力主要是库仑力，而强电解质溶液与理想溶液的偏差是由库仑力引起的，从而提出离子氛模型。

德拜和休克尔根据离子氛模型提出了德拜-休克尔极限公式：

$$\lg\gamma_i = -AZ_i^2\sqrt{I} \tag{5-1}$$

式中，γ_i 为离子的活度系数（activity coefficient）；Z_i 为离子的电荷数；I 为离子强度；A 在指定温度与溶剂后是一常数，在25℃的水溶液中，$A=0.509(kg\cdot mol^{-1})^{1/2}$。

离子强度的定义为：$I=\dfrac{1}{2}(c_1Z_1^2+c_2Z_2^2+c_3Z_3^2+\cdots)=\dfrac{1}{2}\sum\limits_{i=1}^{n}c_iZ_i^2$

式中，c_i 和 Z_i 等表示各种离子的浓度和电荷数。

活度系数 γ 反映电解质溶液中离子间相互牵制作用的强弱，是衡量实际溶液与理想溶液之间偏差大小的尺度，其与有效浓度和理论浓度的关系为：

$$a=\gamma c \tag{5-2}$$

式中，a 为活度，是离子在化学反应中起作用的有效浓度；c [物质的量浓度，单位 $mol \cdot dm^{-3}$ 或 $mol \cdot L^{-1}$，也可用质量摩尔浓度 b，单位 $mol \cdot kg^{-1}$，本书采用物质的量浓度] 是理论浓度（theory concentration），又称表观浓度（apparent concentration），如浓度为 $1 mol \cdot L^{-1}$ NaCl 在水溶液中 Cl^- 和 Na^+ 的浓度都应为 $1 mol \cdot L^{-1}$，这个浓度叫表观浓度；但实际测量为 $0.95 mol \cdot L^{-1}$，这个浓度称活度。一般情况下，$a < c$，γ 常常小于 1。当溶液极稀时，离子间的作用极小，可以忽略不计，γ 接近于 1，这时，活度和浓度基本趋于一致。本书主要讨论稀溶液，忽略了离子间的相互作用，因此本书不详细讨论强电解质溶液。

5.1.2 弱电解质溶液

(1) 弱电解质离解常数

弱电解质在水溶液中只部分离解，绝大部分以分子形式存在，因此在弱电解质溶液中，弱电解质离解和生成始终在进行，并建立平衡，这种平衡称为离解平衡。对于任一弱电解质 $A_n B_m$，在水溶液中，在给定的条件下，都存在如下平衡关系：

$$A_n B_m \rightleftharpoons n A^{m+} + m B^{n-}$$

根据化学平衡原理，在一定的温度下，该离解反应的平衡常数为：

$$K_{i,A_n B_m}^{\ominus} = \frac{(c_{A^{m+}}/c^{\ominus})^n (c_{B^{n-}}/c^{\ominus})^m}{(c_{A_n B_m}/c^{\ominus})}$$

本书采用 [A] 表示水溶液中化学平衡时各物质的浓度值。因为 $c^{\ominus} = 1 mol \cdot L^{-1}$，为书写方便，上式可简化为：

$$K_{i,A_n B_m}^{\ominus} = \frac{[A^{m+}]^n [B^{n-}]^m}{[A_n B_m]}$$

$K_i^{\ominus}$ 是弱电解质的标准离解常数，如 $K_a^{\ominus}$ 为弱酸的标准离解常数，$K_b^{\ominus}$ 为弱碱的标准离解常数。$K_i^{\ominus}$ 是平衡常数，所以它具有一般平衡常数的特征。对于给定的弱电解质而言，$K_i^{\ominus}$ 与温度有关，而与起始浓度无关。由于弱电解质离解过程中焓变不大，所以 $K_i^{\ominus}$ 受温度的影响也不大。同平衡常数一样，$K_i^{\ominus}$ 是反映弱电解质离解程度大小的特征常数，因此 $K_i^{\ominus}$ 的大小可衡量弱电解质的强弱。一般将 $K_i^{\ominus} \leqslant 10^{-4}$ 称为弱电解质，$K_i^{\ominus}$ 介于 $10^{-2} \sim 10^{-4}$ 之间称为中强电解质，而将 $K_i^{\ominus} \leqslant 10^{-7}$ 称为极弱电解质。

离解常数可以通过实验测得，也可以按式(3-11)计算。

(2) 弱电解质的离解度

弱电解质的离解程度也可以用离解度 α 表示：

$$\alpha = \frac{已离解的弱电解质的浓度}{弱电解质的起始浓度} \times 100\% \tag{5-3}$$

离解度相当于化学平衡中的转化率，其大小反映了弱电解质离解的程度，α 越小，离解的程度越小，电解质越弱。α 的大小主要取决于电解质的本性，除此之外还受溶液起始浓度、温度和其它电解质存在等因素的影响。

5.2 酸碱理论

5.2.1 酸碱理论的发展

研究酸碱反应，首先应了解酸碱的概念。人们最初对酸碱的认识是从它们的反应现象、特征入手的。醋和柠檬汁有"酸味"，能使某些蓝色的植物染料变成红色，人们称之为酸；把味道涩涩的，在水溶液中具有肥皂似的滑腻感，能使某些红色植物染料变成蓝色的物质称为碱;当酸碱混合时,得到的产物既没有酸的特征,也没有碱的特征,而有"盐味",人们把这种产物称之为盐。最早对酸、碱进行分类的是波义耳,他认为:酸除了具有"酸味",能使指示剂(一种植物的浸液)变色外,还是一种强有力的溶剂;碱能使指示剂变色,具有滑腻感和除垢的性质,能溶解油类和硫黄,还具有与酸对抗和破坏酸的能力。后来,人们试图从酸的组成上定义酸。18世纪末,法国化学家拉瓦锡从自己创立的燃烧的氧化学说出发,认为所有的酸必都含有一种叫作"酸素"的物质——氧。但后来人们发现,盐酸这一最重要的酸并不含有氧。据此,1810年,英国化学家戴维提出判断一种物质是不是酸,要看它是否含有氢。但这一概念带有片面性,因为氨及很多有机化合物都含有氢,但并不是酸。1838年,德国化学家李比希弥补了戴维的不足,他认为:所有的酸都是氢的化合物,但其中的氢必须是能够很容易地被金属所置换。碱则是能够中和酸并产生盐的物质。为酸和碱下了比较科学的定义。但他不能解释酸为什么有强弱和碱的组成。随着人们的认识不断深化,到19世纪80年代德国化学家奥斯特瓦尔德和瑞典化学家阿伦尼乌斯提出电解质的电离理论后才逐渐发展成了酸碱的近代理论。

关于酸碱的近代理论有多种,其中比较重要的有:酸碱电离理论、溶剂理论、酸碱质子理论、酸碱电子理论和软硬酸碱理论。这些理论从不同的角度给酸碱下定义,比较合理地解释了酸碱的本质,但都存在缺陷。因此,在比较各种酸碱理论时,不是判断哪种酸碱理论更"正确",而是考虑它们的适用范围。本书只介绍酸碱质子理论。

5.2.2 酸碱质子理论

(1) 酸碱定义(acid-base definition)

1923年,丹麦物理化学家布朗斯特和英国化学家劳莱在几个月之内先后发布了相同的酸碱理论,这一理论以他们两个人的名字命名为布朗斯特-劳莱酸碱理论,即酸碱质子理论(proton theory of alid-base)。该理论定义:酸是具有给出质子倾向的物质,而碱是具有接受质子倾向的物质。根据这个定义:HCl、HAc、H_2CO_3、HCO_3^-、NH_4^+、$H_2PO_4^-$、$[Al(H_2O)_6]^{3+}$等都是酸;而Cl^-、Ac^-、HCO_3^-、CO_3^{2-}、NH_3、HPO_4^{2-}、$[Al(H_2O)_5(OH)]^{2+}$等都是碱。酸给出质子后成为相应的碱;碱接受质子后成为相应的酸。酸和碱都不能孤立存在,是相互依赖的。有酸才有碱,有碱就有酸,酸碱之间的这种关系称为共轭关系。

$$酸 \rightleftharpoons 碱 + H^+$$
$$HCl \rightleftharpoons Cl^- + H^+$$
$$HAc \rightleftharpoons Ac^- + H^+$$
$$H_2CO_3 \rightleftharpoons HCO_3^- + H^+$$
$$HCO_3^- \rightleftharpoons CO_3^{2-} + H^+$$
$$NH_4^+ \rightleftharpoons NH_3 + H^+$$
$$H_2PO_4^- \rightleftharpoons HPO_4^{2-} + H^+$$
$$[Al(H_2O)_6]^{3+} \rightleftharpoons [Al(H_2O)_5(OH)]^{2+} + H^+$$

上列式中左边的酸是右边碱的共轭酸(conjugate acid),右边的碱是左边酸的共轭碱(conjugate base),如HCl是Cl^-的共轭酸,Cl^-是HCl的共轭碱;$[Al(H_2O)_6]^{3+}$是$[Al(H_2O)_5(OH)]^{2+}$的共轭酸,$[Al(H_2O)_5(OH)]^{2+}$是$[Al(H_2O)_6]^{3+}$的共轭碱。具有共轭关系的酸和碱可以相互转化。这种因一个质子的得失而相互转化的一对酸碱称为共轭酸碱对,如HCl-Cl^-、$[Al(H_2O)_6]^{3+}$-$[Al(H_2O)_5(OH)]^{2+}$等。共轭酸碱对中的酸和碱可以是分子,也可以是离子。有的离子在一个共轭酸碱对中是酸,在另一个共轭酸碱对中却是碱,这类物质称为两性物质,如HCO_3^-。H_2O也是两性物质。酸碱质子理论中没有盐的概念。

(2) 酸碱相对强弱

酸碱的强弱取决于给出质子或接受质子的能力。给出质子的能力越强,酸性就越强,反之亦然;接受质子的能力越强,碱性就越强,反之亦然。

各种酸或碱的强弱是相对同一种碱或酸而言的。酸在与同一种碱反应过程中,给出质子倾向越大,酸性越强;同理,碱在与同一种酸反应过程中,接受质子倾向越大,碱性越强。在水溶液中,酸或碱的强弱取决于它们将质子给予水分子的能力或从水分子中得到质子的能力,具体反映在酸或碱与水反应的平衡常数($K_a^{\ominus}$或$K_b^{\ominus}$)上。平衡常数越大,酸或碱的强度越大,这与阿伦尼乌斯酸碱电离理论基本相同。在液氨中,氨作为溶剂,由于氨接受质子的倾向比水大,各种酸给出质子的倾向都强于它们在水中给出质子的倾向,各种碱接受质子的倾向都弱于它们在水中接受质子的倾向,因此,酸碱的强弱与在水溶液中就大不相同了。如在水溶液中盐酸是强酸,乙酸是弱酸;而在液氨中,它们与氨反应过程中给出质子倾向都很大,以致很难区别它们的强弱。这种使盐酸、乙酸几乎具有同等强度的溶剂叫拉平溶剂,所产生的这种效应叫拉平效应。在冰醋酸中,由于乙酸接受质子的能力比水小,各种酸给出质子的倾向都弱于它们在水中给出质子的倾向,所以在水溶液中酸的强度差异很小的酸在冰醋酸中差异较大,如HNO_3、HCl、H_2SO_4、$HClO_4$在水溶液中都是强酸,而在冰醋酸中它们的强度依次是:

$$HNO_3 < HCl < H_2SO_4 < HClO_4$$

这种能使溶质的酸碱强弱表现出明显差异的溶剂称为区分溶剂,所产生的效应叫区分效应。各种碱的强度同酸一样与溶剂有关。如氨在水中是弱碱,而在甲酸中其碱性就显得强得多,因此比较碱的强弱则是看它们与同一种酸(溶剂)反应接受质子的能力大小。

在共轭酸碱对中,较强的酸对应的是较弱的共轭碱,较强的碱对应的是较弱的共轭酸。任何一种酸的酸性愈强,它的共轭碱愈弱,反之亦然。如HCl是强酸,Cl^-是极弱的共轭碱;HAc的酸性弱于HCl,Ac^-的碱性比Cl^-强。

(3) 酸碱反应和反应方向

根据酸碱质子理论,任何酸碱反应都是在两个共轭酸碱对之间的质子传递反应。前面所提到的各个共轭酸碱对的质子得失反应称为酸碱半反应。任一酸碱反应都是由给出质子的半反应和接受质子的半反应组成。若以HA-A^-和BH^+-B表示两个共轭酸碱对,则酸碱反应的通式为:

$$HA + B \rightleftharpoons A^- + BH^+$$

反应过程中,HA给出质子,B接受质子。反应由两个半反应组成。

$$HA \rightleftharpoons A^- + H^+$$
$$H^+ + B \rightleftharpoons HB^+$$

在酸碱质子理论中,水溶液中的一切酸碱反应都归结为质子传递反应,如离解反应、中和反应和水解反应等。

离解反应(dissociation reaction):

$$HAc + H_2O \rightleftharpoons Ac^- + H_3O^+$$

中和反应(neutralization reaction):

$$H_3O^+ + OH^- \rightleftharpoons H_2O + H_2O$$

水解反应(hydrolysis reaction):

$$\text{NH}_4^+ \; + \; \text{H}_2\text{O} \rightleftharpoons \text{NH}_3 \; + \; \text{H}_3\text{O}^+ \quad (\text{H}^+)$$

在酸碱反应过程中，质子总是从强酸向强碱转移，生成弱酸和弱碱。如 HCl 和 NH_3 反应：

$$\text{HCl} \; + \; \text{NH}_3 \rightleftharpoons \text{NH}_4^+ \; + \; \text{Cl}^-$$

（共轭酸碱对）

体系中 HCl 和 NH_4^+ 都是酸，但 HCl 是比 NH_4^+ 更强的酸；NH_3 和 Cl^- 都是碱，而 NH_3 的碱性比 Cl^- 强得多。因此，在反应过程中，质子是从 HCl 向 NH_3 转移，生成 NH_4^+ 和 Cl^-。由此可以得出结论：在酸碱质子理论中，酸碱反应的方向是在两个共轭酸碱对中，由较强的酸与较强的碱反应，生成较弱的酸和较弱的碱。且两个酸或碱的强度差异越大，反应的自发倾向越大，反应进行得越完全。

酸碱质子理论适用于水溶液和非水溶液，相对电离理论，扩大了酸碱的范畴；酸碱质子理论说明了酸或碱的强弱是相对酸或碱所处的环境而言的，同一种酸或碱在不同的环境，酸碱性是不同，从而加深了人们对酸碱本质的了解。但该理论对不含有质子的物质，如 Na_2O、SO_3 等不好归类；对于无质子转移的反应无法解释，如下列反应：

$$\text{Na}_2\text{O} + \text{SO}_3 \rightleftharpoons \text{Na}_2\text{SO}_4$$

尽管酸碱质子理论存在一定的局限，但它是广泛应用的一种理论。本书将以酸碱质子理论为依据讨论水溶液中的酸碱平衡。

5.3 水溶液的酸碱平衡

5.3.1 水的离子积

水是一种重要的溶剂，以下将要讨论的酸碱平衡都是以水为溶剂的。因此，在讨论之前首先必须了解有关水的离解平衡。实验已经证明纯水有很微弱的导电性，这说明水存在着部分离解。根据酸碱质子理论，水是两性物质，既可给出质子又可接受质子。在纯水中，水分子、水合氢离子和氢氧根离子总是存在下列平衡。

$$\text{H}_2\text{O} \; + \; \text{H}_2\text{O} \rightleftharpoons \text{H}_3\text{O}^+ \; + \; \text{OH}^- \quad (\text{H}^+)$$

该反应称为水的质子自递反应，反应的标准平衡常数称为水的质子自递常数，其表达式为：

$$K_w^\ominus = [\text{H}_3\text{O}^+] \cdot [\text{OH}^-] \tag{5-4}$$

$K_w^\ominus$ 又称为水的离子积。实验测定，22℃时，在纯水中：

$$c_{\text{H}_3\text{O}^+} = c_{\text{OH}^-} = 1.0 \times 10^{-7} \, \text{mol} \cdot \text{L}^{-1}$$

故：

$$K_w^\ominus = [\text{H}_3\text{O}^+][\text{OH}^-] = 1.0 \times 10^{-14}$$

由于水离解反应是吸热反应，所以 $K_w^\ominus$ 随温度升高而增大（见表 5-1）。但 $K_w^\ominus$ 随温度变化较小，因此，在室温下，一般采用 $K_w^\ominus = 1.0 \times 10^{-14}$。

表 5-1 $K_w^\ominus$ 与温度的关系

温度/℃	$K_w^\ominus$	温度/℃	$K_w^\ominus$
0	1.15×10^{-15}	30	1.89×10^{-14}
10	2.96×10^{-15}	40	2.87×10^{-14}
20	6.87×10^{-15}	50	5.47×10^{-14}
22	1.00×10^{-14}	90	3.37×10^{-13}
25	1.01×10^{-14}	100	5.43×10^{-13}

5.3.2 水溶液中的酸碱性和 pH 值

任何酸或碱在水中的离解都会引起水的离解平衡的移动，改变水溶液中的 H_3O^+ 和 OH^- 离子的浓度。在纯水中，$c_{H_3O^+}=c_{OH^-}$，当水的离解反应达到新的平衡时，$c_{H_3O^+}\neq c_{OH^-}$，当 $c_{H_3O^+}>c_{OH^-}$ 时，溶液呈酸性；当 $c_{H_3O^+}<c_{OH^-}$ 时，溶液呈碱性。所以在水溶液中，$c_{H_3O^+}$ 或 c_{OH^-} 反映了溶液酸碱性的强弱。$c_{H_3O^+}$ 称为溶液的酸度，$c_{H_3O^+}$ 愈大，溶液的酸度愈大。在一定的温度下，新的平衡仍存在 $K_w^\ominus=[H_3O^+]\cdot[OH^-]$，若已知 $c_{H_3O^+}$，就可求得 c_{OH^-}，反之亦然。

为了方便起见，当溶液的 $c_{H_3O^+}$ 不大时，常用 pH 表示溶液的酸度。pH 等于 $[H_3O^+]$ 的负对数，即：

$$pH=-\lg[H_3O^+] \tag{5-5}$$

同理：
$$pOH=-\lg[OH^-] \tag{5-6}$$

$$pK_w^\ominus=-\lg K_w^\ominus \tag{5-7}$$

由式(5-4)可知，pH、pOH 和 $pK_w^\ominus$ 之间的关系为：

$$pH+pOH=pK_w^\ominus=14 \tag{5-8}$$

pH 是水溶液中酸碱性的一种标度，pH 越小，$c_{H_3O^+}$ 越大，溶液的酸性越强，碱性越弱。溶液的酸碱性与 pH 的关系如下：

酸性溶液　pH<7<pOH
中性溶液　pH=7=pOH
碱性溶液　pH>7>pOH

pH 仅适用 $c_{H_3O^+}$ 或 c_{OH^-} 不大于 $1\text{mol}\cdot L^{-1}$ 的溶液，即 pH 的使用范围为 0~14。若溶液中 $c_{H_3O^+}$ 或 c_{OH^-} 大于 $1\text{mol}\cdot L^{-1}$，直接用 $c_{H_3O^+}$ 或 c_{OH^-} 表示溶液的酸碱性，而不用 pH 或 pOH 表示。

【例 5-1】 计算 pH=1.00 与 pH=3.00 的 HCl 溶液等体积混合后溶液的 $c_{H_3O^+}$、pH 和 pOH。

解 根据式(5-5)，pH=1.00 的溶液中，$c_{H_3O^+}=0.10\text{mol}\cdot L^{-1}$；

pH=3.00 的溶液中，$c_{H_3O^+}=0.0010\text{mol}\cdot L^{-1}$。

等体积混合后溶液中的 $c_{H_3O^+}=0.051\text{mol}\cdot L^{-1}$，则：

$$pH=-\lg[H_3O^+]=-\lg 0.051=1.29$$
$$pOH=14-pH=14-1.29=12.71$$

5.3.3 弱酸、弱碱的离解平衡

(1) 一元弱酸、弱碱的离解常数

在质子转移反应中能给出或接受一个质子的弱酸或弱碱称为一元弱酸或弱碱，多于一个质子的称为多元弱酸或弱碱。

一元弱酸 HA 在水溶液中与水发生质子转移，很快达到如下平衡：

$$HA+H_2O \rightleftharpoons H_3O^++A^-$$

其平衡常数为：

$$K_{a,HA}^\ominus=\frac{[H_3O^+][A^-]}{[HA]}$$

同理，一元弱碱在水溶液中存在下列平衡：

$$B + H_2O \rightleftharpoons HB^+ + OH^-$$

其平衡常数为:

$$K_{b,B}^{\ominus} = \frac{[HB^+][OH^-]}{[B]}$$

$K_{a,HA}^{\ominus}$ 和 $K_{b,B}^{\ominus}$ 分别称为弱酸和弱碱的离解常数,其大小可表示酸或碱的相对强弱。在相同的温度下,$K_{a,HA}^{\ominus}$ 和 $K_{b,B}^{\ominus}$ 值越大,弱酸或弱碱的酸性或碱性越强。如:在25℃,$K_{a,HF}^{\ominus} = 6.6 \times 10^{-4}$,$K_{a,HAc}^{\ominus} = 1.8 \times 10^{-5}$。浓度相同的氢氟酸溶液的酸度大于乙酸溶液的酸度。弱酸和弱碱的离解常数可用pH计测定溶液中的pH值求得。

(2) 多元弱酸、弱碱的离解常数

一元弱酸、弱碱的离解是一步完成的,而多元弱酸、弱碱的离解是分步进行的,离解常数可分别用 $K_{a1}^{\ominus}$,$K_{a2}^{\ominus}$,$K_{a3}^{\ominus}$ … $K_{an}^{\ominus}$ 表示。如 H_3PO_4 分三步离解:

第一步离解:$H_3PO_4 + H_2O \rightleftharpoons H_3O^+ + H_2PO_4^-$,$K_{a1}^{\ominus} = \frac{[H_3O^+][H_2PO_4^-]}{[H_3PO_4]} = 7.6 \times 10^{-3}$

第二步离解:$H_2PO_4^- + H_2O \rightleftharpoons H_3O^+ + HPO_4^{2-}$,$K_{a2}^{\ominus} = \frac{[H_3O^+][HPO_4^{2-}]}{[H_2PO_4^-]} = 6.3 \times 10^{-8}$

第三步离解:$HPO_4^{2-} + H_2O \rightleftharpoons H_3O^+ + PO_4^{3-}$,$K_{a3}^{\ominus} = \frac{[H_3O^+][PO_4^{3-}]}{[HPO_4^{2-}]} = 4.4 \times 10^{-13}$

离解总反应:$H_3PO_4 + 3H_2O \rightleftharpoons 3H_3O^+ + PO_4^{3-}$,$K_{a,总}^{\ominus} = K_{a1}^{\ominus} \cdot K_{a2}^{\ominus} \cdot K_{a3}^{\ominus}$

(3) 共轭酸碱对 $K_{a,HA}^{\ominus}$ 和 $K_{b,A^-}^{\ominus}$ 或 $K_{b,B}^{\ominus}$ 和 $K_{a,HB^+}^{\ominus}$ 的关系

共轭酸碱对的 $K_{a,HA}^{\ominus}$ 和 $K_{b,A^-}^{\ominus}$ 或 $K_{b,B}^{\ominus}$ 和 $K_{a,HB^+}^{\ominus}$ 之间有确定的关系。例如弱碱B的共轭酸 HB^+ 在水中离解:

$$HB^+ + H_2O \rightleftharpoons H_3O^+ + B$$

$$K_{a,HB^+}^{\ominus} = \frac{[H_3O^+][B]}{[HB^+]}$$

因为:

$$B + H_2O \rightleftharpoons HB^+ + OH^-$$

$$K_{b,B}^{\ominus} = \frac{[HB^+][OH^-]}{[B]}$$

所以:
$$K_{a,HB^+}^{\ominus} K_{b,B}^{\ominus} = K_w^{\ominus} \quad \text{或} \quad pK_{a,HB^+}^{\ominus} + pK_{b,B}^{\ominus} = pK_w^{\ominus} \tag{5-9}$$

式(5-9)表示弱碱离解常数与其共轭酸的离解常数之间的关系。因此,根据式(5-9),弱酸的离解常数可由其共轭碱的离解常数得到。同理,弱碱 A^- 的离解常数可根据其共轭酸 HA 的离解常数按下式计算:

$$K_{a,HA}^{\ominus} K_{b,A^-}^{\ominus} = K_w^{\ominus} \quad \text{或} \quad pK_{a,HA}^{\ominus} + pK_{b,A^-}^{\ominus} = pK_w^{\ominus}$$

对于多元弱酸或多元弱碱,共轭酸碱对之间的关系依然成立,但应分清楚其对应关系。如 PO_4^{3-} 在水中的离解分三步进行。

第一步离解:$PO_4^{3-} + H_2O \rightleftharpoons OH^- + HPO_4^{2-}$,$K_{b1}^{\ominus} = \frac{[OH^-][HPO_4^{2-}]}{[PO_4^{3-}]} = \frac{K_w^{\ominus}}{K_{a3}^{\ominus}}$

第二步离解:$HPO_4^{2-} + H_2O \rightleftharpoons OH^- + H_2PO_4^-$,$K_{b2}^{\ominus} = \frac{[OH^-][H_2PO_4^-]}{[HPO_4^{2-}]} = \frac{K_w^{\ominus}}{K_{a2}^{\ominus}}$

第三步离解：$H_2PO_4^{2-} + H_2O \rightleftharpoons OH^- + H_3PO_4$，$K_{b3}^{\ominus} = \dfrac{[OH^-][H_3PO_4]}{[H_2PO_4^-]} = \dfrac{K_w^{\ominus}}{K_{a1}^{\ominus}}$

离解总反应：$PO_4^{3-} + 3H_2O \rightleftharpoons 3OH^- + H_3PO_4$，$K_{b,\text{总}}^{\ominus} = K_{b1}^{\ominus} \cdot K_{b2}^{\ominus} \cdot K_{b3}^{\ominus}$

由以上的分步离解可见，PO_4^{3-} 的第一步离解常数与 H_3PO_4 第三步离解常数存在下列关系：

$$K_{b1}^{\ominus} \cdot K_{a3}^{\ominus} = K_w^{\ominus}$$

因此，分 n 步离解的多元弱酸的酸根离子的离解常数与弱酸的离解常数之间的关系是：$K_{b1}^{\ominus} \cdot K_{an}^{\ominus} = K_w^{\ominus}$，$K_{b2}^{\ominus} \cdot K_{a(n-1)}^{\ominus} = K_w^{\ominus}$，依此类推。

(4) 一元弱酸、弱碱的离解常数与离解度的关系

假定弱酸 HA 的浓度为 $c(\text{mol}\cdot L^{-1})$，在一定温度下，达到平衡时，离解度为 α。这时溶液中的 $[H_3O^+]$ 一部分为 HA 离解的 H_3O^+ 的浓度，一部分来自水的离解，但水中离解出的 H_3O^+ 浓度很低。若 $K_{a,HA}^{\ominus} \geq 20 K_w^{\ominus}$，就可忽略水中离解出来的 H_3O^+ 浓度，则：

$$[H_3O^+] \approx [A^-]$$

因此：

$$\text{HA} + \text{H}_2\text{O} \rightleftharpoons \text{H}_3\text{O}^+ + \text{A}^-$$

平衡浓度/$\text{mol}\cdot L^{-1}$　　　$c - c\alpha$　　　　　　$c\alpha$　　　$c\alpha$

则：

$$K_{a,HA}^{\ominus} = \dfrac{[H_3O^+][A^-]}{[HA]} = \dfrac{(\alpha c)(\alpha c)}{c - c\alpha} = \dfrac{c\alpha^2}{1-\alpha}$$

于是有：

$$\dfrac{c}{K_{a,HA}^{\ominus}} = \dfrac{1-\alpha}{\alpha^2}$$

当 $\dfrac{c}{K_{a,HA}^{\ominus}} \geq 500$ 时，$\alpha \leq 4.4\%$。$1-\alpha \geq 95\%$，因此 $1-\alpha \approx 1$，则有：

$$K_{a,HA}^{\ominus} = c\alpha^2$$

$$\alpha = \sqrt{\dfrac{K_{a,HA}^{\ominus}}{c}} \tag{5-10}$$

式(5-10) 表明：离解常数越大，离解度越大；浓度越小，离解度越大。式(5-10) 又称稀释定律，它表明，在一定温度下，离解常数不变，溶液稀释时，离解度增大。但必须说明，溶液稀释，离解度增大，溶液中离子的浓度仍是降低的。如：HAc 溶液稀释，HAc 的离解度增大，但 H_3O^+ 和 Ac^- 浓度降低。

同理，对于任一弱碱 B 在水溶液中的离解：

$$\text{B} + \text{H}_2\text{O} \rightleftharpoons \text{BH}^+ + \text{OH}^-$$

离解度、浓度和离解常数的关系为：

$$\alpha = \sqrt{\dfrac{K_{b,B}^{\ominus}}{c}} \tag{5-11}$$

5.4　酸碱溶液 pH 值的计算

5.4.1　一元弱酸、弱碱水溶液中的有关计算

任何一元弱酸 HA，在一定的温度下，水溶液中存在下列平衡：

$$\text{HA} + \text{H}_2\text{O} \rightleftharpoons \text{H}_3\text{O}^+ + \text{A}^-$$

溶液中同时还存在水的离解：

$$H_2O + H_2O \rightleftharpoons H_3O^+ + OH^-$$

若 $K_{a,HA}^\ominus \cdot c \geqslant 20 K_w^\ominus$，可忽略水中离解出来的 H_3O^+ 浓度，则 $c_{H_3O^+} = c_{A^-}$，因此：

$$HA + H_2O \rightleftharpoons H_3O^+ + A^-$$

平衡浓度/mol·L^{-1} $\quad c - c_{H_3O^+} \quad\quad\quad\quad c_{H_3O^+} \quad\quad c_{A^-}$

$$K_{a,HA}^\ominus = \frac{[H_3O^+]^2}{c - [H_3O^+]}$$

$$[H_3O^+] = -\frac{K_{a,HA}^\ominus}{2} + \sqrt{\frac{(K_{a,HA}^\ominus)^2}{4} + K_{a,HA}^\ominus c} \tag{5-12}$$

式(5-12)为忽略水的离解之后，计算一元弱酸溶液中 $[H_3O^+]$ 的近似公式。当 $\dfrac{c}{K_{a,HA}^\ominus} = 500$ 时，则：

$$[H_3O^+] = -\frac{K_{a,HA}^\ominus}{2} + \sqrt{\frac{(K_{a,HA}^\ominus)^2}{4} + 500(K_{a,HA}^\ominus)^2} = 21.87 K_{a,HA}^\ominus$$

$$\alpha = \frac{[H_3O^+]}{c} \times 100\% = \frac{21.87 K_{a,HA}^\ominus}{500 K_{a,HA}^\ominus} \times 100\% = 4.4\%$$

这时溶液中的 $[H_3O^+]$ 相对于 c 很小，$c - [H_3O^+] \approx c$，则：

$$K_{a,HA}^\ominus = \frac{[H_3O^+]^2}{c}$$

$$[H_3O^+] = \sqrt{K_{a,HA}^\ominus c} \tag{5-13}$$

式(5-13)为计算一元弱酸溶液中 $[H_3O^+]$ 最常用的简化公式，按此式计算，有：

$$[H_3O^+] = \sqrt{500(K_{a,HA}^\ominus)^2} = 22.36 K_{a,HA}^\ominus$$

与式(5-12)计算结果的相对误差为：

$$\frac{22.36 - 21.87}{21.87} \times 100\% = +2.2\%$$

由此可见，当 $\dfrac{c}{K_{a,HA}^\ominus} \geqslant 500$，弱酸的离解度<5%时，式(5-13)计算结果的最大误差约为2%。因为测定平衡常数时可能有百分之几的误差，所以计算结果符合要求。因此，$\dfrac{c}{K_{a,HA}^\ominus} \geqslant 500$ 是利用式(5-13)计算一元弱酸溶液中 H_3O^+ 浓度的必要条件。

同理，计算一元弱碱B溶液的 $[OH^-]$ 类似于一元弱酸，计算公式为：

$$K_{b,B}^\ominus = \frac{[OH^-]^2}{c - [OH^-]}$$

$$[OH^-] = -\frac{K_{b,B}^\ominus}{2} + \sqrt{\frac{(K_{b,B}^\ominus)^2}{4} + K_{b,B}^\ominus c} \tag{5-14}$$

若 $\dfrac{c}{K_{b,B}^\ominus} \geqslant 500$，则： $\quad\quad\quad\quad [OH^-] = \sqrt{K_{b,B}^\ominus c} \tag{5-15}$

【例 5-2】 计算 $0.10\,\text{mol·L}^{-1}$ 一氯乙酸（$CH_2ClCOOH$）离解度和溶液的pH值。

解 已知 $c = 0.10\,\text{mol·L}^{-1}$，$K_{a,CH_2ClCOOH}^\ominus = 1.4 \times 10^{-3}$

$$\frac{c}{K_{a,CH_2ClCOOH}^\ominus} = \frac{0.10}{1.4 \times 10^{-3}} < 500，根据式(5-12)，有：$$

$$[H_3O^+] = -\frac{K_{a,CH_2ClCOOH}^{\ominus}}{2} + \sqrt{\frac{(K_{a,CH_2ClCOOH}^{\ominus})^2}{4} + K_{a,CH_2ClCOOH}^{\ominus} c}$$

$$= -\frac{1.40 \times 10^{-3}}{2} + \sqrt{\frac{(1.40 \times 10^{-3})^2}{4} + 1.40 \times 10^{-3} \times 0.10} = 1.12 \times 10^{-2}$$

$$c_{H_3O^+} = 1.12 \times 10^{-2} \text{ mol} \cdot L^{-1}$$

$$\alpha = \frac{c_{H_3O^+}}{c} \times 100\% = \frac{1.12 \times 10^{-2}}{0.10} \times 100\% = 11.2\%$$

$$pH = -\lg[H_3O^+] = -\lg(1.12 \times 10^{-2}) = 1.95$$

【例 5-3】 计算 $0.10 \text{ mol} \cdot L^{-1}$ HAc 溶液中 $c_{H_3O^+}$、c_{Ac^-}、c_{OH^-}、α 和 pH 值。

解 已知 $c = 0.10 \text{ mol} \cdot L^{-1}$，$K_{a,HAc}^{\ominus} = 1.8 \times 10^{-5}$

因为 $\dfrac{c}{K_{a,HAc}^{\ominus}} = \dfrac{0.10}{1.8 \times 10^{-5}} > 500$，所以用近似公式计算。根据式(5-13)

$$[H_3O^+] = \sqrt{K_{a,HAc}^{\ominus} c} = \sqrt{1.8 \times 10^{-5} \times 0.10} = 1.34 \times 10^{-3}$$

$$c_{H_3O^+} = 1.34 \times 10^{-3} \text{ mol} \cdot L^{-1}$$

$$c_{Ac^-} = c_{H_3O^+} = 1.34 \times 10^{-3} \text{ mol} \cdot L^{-1}$$

$$[OH^-] = \frac{K_w^{\ominus}}{[H_3O^+]} = \frac{1.0 \times 10^{-14}}{1.34 \times 10^{-3}} = 7.5 \times 10^{-12}$$

$$c_{OH^-} = 7.5 \times 10^{-12} \text{ mol} \cdot L^{-1}$$

$$\alpha = \frac{c_{H_3O^+}}{c} \times 100\% = \frac{1.34 \times 10^{-3}}{0.10} \times 100\% = 1.34\%$$

$$pH = -\lg[H_3O^+] = -\lg(1.34 \times 10^{-3}) = 2.87$$

【例 5-4】 计算 $0.20 \text{ mol} \cdot L^{-1}$ HCl 溶液与 $0.20 \text{ mol} \cdot L^{-1}$ NH_3 溶液等体积混合后溶液的 pH 值。（已知：$K_{b,NH_3}^{\ominus} = 1.8 \times 10^{-5}$）

解 溶液混合后，HCl 和 NH_3 反应生成 $0.10 \text{ mol} \cdot L^{-1}$ NH_4Cl，溶液的 pH 值为 NH_4^+ 离解的结果

$$NH_4^+ + H_2O \rightleftharpoons H_3O^+ + NH_3$$

$$K_{a,NH_4^+}^{\ominus} = \frac{K_w^{\ominus}}{K_{b,NH_3}^{\ominus}} = \frac{1.0 \times 10^{-14}}{1.8 \times 10^{-5}} = 5.6 \times 10^{-10}$$

因为 $\dfrac{c}{K_{a,NH_4^+}^{\ominus}} = \dfrac{0.10}{5.6 \times 10^{-10}} > 500$，所以：

$$[H_3O^+] = \sqrt{K_{a,NH_4^+}^{\ominus} c} = \sqrt{5.6 \times 10^{-10} \times 0.10} = 7.5 \times 10^{-6}$$

$$pH = -\lg[H_3O^+] = -\lg 7.5 \times 10^{-6} = 5.12$$

【例 5-5】 计算 $0.10 \text{ mol} \cdot L^{-1}$ NH_3 溶液的 α 和 pH 值。

解 已知 $c = 0.10 \text{ mol} \cdot L^{-1}$，$K_{b,NH_3}^{\ominus} = 1.8 \times 10^{-5}$

因为 $\dfrac{c}{K_{b,NH_3}^{\ominus}} = \dfrac{0.10}{1.8 \times 10^{-5}} > 500$，所以用近似公式计算。根据式(5-15)：

$$[OH^-] = \sqrt{K_{b,NH_3}^{\ominus} c} = \sqrt{1.8 \times 10^{-5} \times 0.10} = 1.34 \times 10^{-3}$$

$$c_{OH^-} = 1.34 \times 10^{-3} \text{ mol} \cdot L^{-1}$$

$$\alpha = \frac{c_{OH^-}}{c} \times 100\% = \frac{1.34 \times 10^{-3}}{0.10} \times 100\% = 1.34\%$$

$$pOH = -\lg[OH^-] = -\lg(1.34 \times 10^{-3}) = 2.87$$

$$pH = 14 - pOH = 11.13$$

【例 5-6】 计算 $0.10 \text{mol} \cdot \text{L}^{-1}$ NaAc 水溶液中的 pH 值和 Ac^- 离解度。(已知:$K_{a,HAc}^{\ominus} = 1.8 \times 10^{-5}$)

解 溶液中的 pH 是 Ac^- 离解的结果

$$Ac^- + H_2O \rightleftharpoons HAc + OH^-$$

$$K_{b,Ac^-}^{\ominus} = \frac{K_w^{\ominus}}{K_{a,HAc}^{\ominus}} = \frac{1.0 \times 10^{-14}}{1.8 \times 10^{-5}} = 5.6 \times 10^{-10}$$

因为 $\dfrac{c}{K_{b,Ac^-}^{\ominus}} = \dfrac{0.10}{5.6 \times 10^{-10}} > 500$,所以:

$$[OH^-] = \sqrt{K_{b,Ac^-}^{\ominus} c} = \sqrt{5.6 \times 10^{-10} \times 0.10} = 7.5 \times 10^{-6}$$

$$c_{OH^-} = 7.5 \times 10^{-6} \text{mol} \cdot \text{L}^{-1}$$

$$[H_3O^+] = \frac{K_w^{\ominus}}{[OH^-]} = \frac{1.0 \times 10^{-14}}{7.5 \times 10^{-6}} = 1.3 \times 10^{-9}$$

$$pH = -\lg[H_3O^+] = -\lg(1.3 \times 10^{-9}) = 8.89$$

$$\alpha = \frac{c_{OH^-}}{c} \times 100\% = \frac{7.5 \times 10^{-6}}{0.10} \times 100\% = 7.5 \times 10^{-3}\%$$

α 是弱碱 Ac^- 的离解度,它是电离理论中所指的水解度。

【例 5-7】 将 $0.40 \text{mol} \cdot \text{L}^{-1}$、$0.20 \text{mol} \cdot \text{L}^{-1}$、$0.10 \text{mol} \cdot \text{L}^{-1}$ HCl 溶液与 $0.20 \text{mol} \cdot \text{L}^{-1}$ NH_3 溶液分别等体积混合,混合后溶液的 pH 值各为多少?(已知:$K_{b,NH_3}^{\ominus} = 1.8 \times 10^{-5}$)

解

(1) HCl 溶液浓度为 $0.40 \text{mol} \cdot \text{L}^{-1}$,混合反应后生成 NH_4^+ 的浓度为 $0.10 \text{mol} \cdot \text{L}^{-1}$,剩余的 HCl 浓度为 $0.10 \text{mol} \cdot \text{L}^{-1}$,则生成的 NH_4^+ 离解反应如下:

	NH_4^+	$+$	H_2O	$\rightleftharpoons$	NH_3	$+$	H_3O^+
反应前浓度/$\text{mol} \cdot \text{L}^{-1}$	0.10				0		0
平衡时浓度/$\text{mol} \cdot \text{L}^{-1}$	$0.10-x$				x		$x+0.10$

$$K_{a,NH_4^+}^{\ominus} = \frac{K_w^{\ominus}}{K_{b,NH_3}^{\ominus}} = \frac{1.0 \times 10^{-14}}{1.8 \times 10^{-5}} = 5.56 \times 10^{-10}$$

$$K_{a,NH_4^+}^{\ominus} = \frac{(0.10+x)x}{0.10-x} = 5.56 \times 10^{-10}$$

$K_{a,NH_4^+}^{\ominus}$ 很小,x 很小,所以 $0.10 - x \approx 0.10$,$0.10 + x \approx 0.10$,因此:

$$x = 5.56 \times 10^{-10}$$

$$c_{H_3O^+} = 0.10 \text{mol} \cdot \text{L}^{-1}$$

$$pH = -\lg[H_3O^+] = -\lg 0.10 = 1.00$$

(2) HCl 溶液浓度为 $0.20 \text{mol} \cdot \text{L}^{-1}$,混合反应后生成 NH_4^+ 浓度为 $0.10 \text{mol} \cdot \text{L}^{-1}$,则生成的 NH_4^+ 离解反应如下:

	NH_4^+	$+$	H_2O	$\rightleftharpoons$	NH_3	$+$	H_3O^+
反应前浓度/$\text{mol} \cdot \text{L}^{-1}$	0.10				0		0
平衡时浓度/$\text{mol} \cdot \text{L}^{-1}$	$0.10-x$				x		x

$$K_{a,NH_4^+}^{\ominus} = \frac{x^2}{0.10-x} = 5.56\times10^{-10}$$

$K_{a,NH_4^+}^{\ominus}$ 很小，x 很小，所以 $0.10-x \approx 0.10$，因此：
$$x = 7.5\times10^{-6}$$
$$c_{H_3O^+} = 7.5\times10^{-6}\ mol\cdot L^{-1}$$
$$pH = -lg[H_3O^+] = -lg(7.5\times10^{-6}) = 5.12$$

（3）HCl 溶液浓度为 $0.10\ mol\cdot L^{-1}$，混合反应后生成 NH_4^+ 的浓度为 $0.050\ mol\cdot L^{-1}$，剩余的 NH_3 浓度为 $0.050\ mol\cdot L^{-1}$，则生成的 NH_4^+ 离解反应如下：

$$NH_4^+ \ + \ H_2O \rightleftharpoons NH_3 \ + \ H_3O^+$$

反应前浓度/mol·L⁻¹　　0.050　　　　　　0.050　　　　0

平衡时浓度/mol·L⁻¹　0.050−x　　　　0.050+x　　　x

$$K_{a,NH_4^+}^{\ominus} = \frac{(0.050+x)x}{0.050-x} = 5.56\times10^{-10}$$

因 $K_{a,NH_4^+}^{\ominus}$ 很小，x 很小，所以 $0.050-x \approx 0.050$，$0.050+x \approx 0.050$，因此：
$$x = 5.56\times10^{-10}$$
$$c_{H_3O^+} = 5.56\times10^{-10}\ mol\cdot L^{-1}$$
$$pH = -lg[H_3O^+] = -lg(5.6\times10^{-10}) = 9.25$$

5.4.2 多元弱酸、弱碱的水溶液中的有关计算

多元弱酸、弱碱的离解是分步进行的，溶液中同时还存在水的离解，要精确地计算 $c_{H_3O^+}$ 在数学上是一个非常麻烦的事情。然而，在多元弱酸或弱碱的复杂平衡体系中，只有一个平衡是主要的，它的存在对其它平衡起着决定作用。例如由 H_3PO_4 的离解可见，$K_{a1}^{\ominus} \gg K_{a2}^{\ominus} \gg K_{a3}^{\ominus}$，同时也远大于 $K_w^{\ominus}$。因此，H_3PO_4 的第一步离解是主要的，这种情况在大多数多元弱酸或弱碱的溶液中普遍存在。所以对于多元弱酸或弱碱，一般进行有关的计算只考虑主要的离解平衡。

我们以二元弱酸为例讨论多元弱酸、弱碱水溶液中的有关计算。例如，任一二元弱酸在溶液中分步离解：

$$H_2A + H_2O \rightleftharpoons H_3O^+ + HA^- \qquad K_{a1}^{\ominus} = \frac{[H_3O^+][HA^-]}{[H_2A]}$$

$$HA^- + H_2O \rightleftharpoons H_3O^+ + A^{2-} \qquad K_{a2}^{\ominus} = \frac{[H_3O^+][A^{2-}]}{[HA^-]}$$

若 $K_{a1}^{\ominus} \gg K_{a2}^{\ominus} \left(\frac{K_{a1}^{\ominus}}{K_{a2}^{\ominus}} \geqslant 10^3\right)$，则 $c_{H_3O^+}$ 主要来自第一步离解。而第一步离解出来的 H_3O^+ 又大大地抑制了第二步离解（同离子效应），因此可忽略第二步离解出来的 $c_{H_3O^+}$，按一元弱酸来进行有关计算。若 $K_{a1}^{\ominus} \cdot c \geqslant 20 K_w^{\ominus}$，则平衡时：

$$[H_3O^+] \approx [HA^-]$$

若 $\dfrac{c}{K_{a1}^{\ominus}} \geqslant 500$，则

$$[H_3O^+] \approx \sqrt{K_{a1}^{\ominus} c}$$

对于溶液中 A^{2-} 的浓度，由第二步离解常数表达式可知：

$$[A^{2-}] = \frac{[HA^-]}{[H_3O^+]} K_{a2,H_2A}^{\ominus} \approx K_{a2,H_2A}^{\ominus}$$

这就是说,二元弱酸酸根离子的浓度近似等于第二步离解平衡的平衡常数,而与酸的浓度无关。必须说明的是,只有上述条件都满足,才有$[A^{2-}] \approx K_{a2}^{\ominus}$,这一结论不能简单地推广到三元弱酸。在二元弱酸的溶液中,$c_{H_3O^+} \neq 2c_{A^{2-}}$。二元弱酸(所有的多元弱酸)与强酸混合,混合溶液中的$c_{A^{2-}}$应根据二元弱酸离解总反应的平衡来计算,即:

$$[A^{2-}] = \frac{[H_2A]}{[H_3O^+]^2} \cdot K_{a1}^{\ominus} \cdot K_{a2}^{\ominus}$$

在这种混酸中,$c_{A^{2-}}$与$c_{H_3O^+}^2$成反比,这样就可以通过控制溶液的 pH 值达到控制$c_{A^{2-}}$的目的。

【例 5-8】 将H_2S气体通入纯水中至饱和(0.10mol·L^{-1}),计算达到平衡时,H_2S溶液中$c_{H_3O^+}$、c_{HS^-}、$c_{S^{2-}}$、c_{OH^-}和c_{H_2S}。

解 在H_2S水溶液中同时存在下列三个平衡:

$$H_2S \rightleftharpoons H^+ + HS^- \quad K_{a1}^{\ominus} = 1.1 \times 10^{-7}$$
$$HS^- \rightleftharpoons H^+ + S^{2-} \quad K_{a2}^{\ominus} = 1.3 \times 10^{-13}$$
$$H_2O \rightleftharpoons H^+ + OH^- \quad K_w^{\ominus} = 1.0 \times 10^{-14}$$

因为$K_{a1}^{\ominus} \gg K_{a2}^{\ominus}$,$K_{a1}^{\ominus} c > 20 K_w^{\ominus}$,所以只考虑$H_2S$的第一步离解。又因为$\frac{c}{K_{a1}^{\ominus}} = \frac{0.10}{1.1 \times 10^{-7}} > 500$,所以:

$$[H_3O^+] = \sqrt{K_{a1}^{\ominus} c} = \sqrt{1.1 \times 10^{-7} \times 0.10} = 1.05 \times 10^{-4}$$
$$c_{H_3O^+} = 1.05 \times 10^{-4} \text{mol·L}^{-1}$$
$$c_{HS^-} \approx c_{H_3O^+} = 1.05 \times 10^{-4} \text{mol·L}^{-1}$$
$$[S^{2-}] \approx K_{a2}^{\ominus} = 1.3 \times 10^{-13}$$
$$c_{S^{2-}} = 1.3 \times 10^{-13} \text{mol·L}^{-1}$$
$$c_{H_2S} = 0.10 - 1.05 \times 10^{-4} \approx 0.10 \text{ (mol·L}^{-1}\text{)}$$
$$[OH^-] = \frac{K_w^{\ominus}}{[H_3O^+]} = \frac{1.0 \times 10^{-14}}{1.05 \times 10^{-4}} = 9.5 \times 10^{-11}$$
$$c_{OH^-} = 9.5 \times 10^{-11} \text{mol·L}^{-1}$$

由H_2S水溶液的三个离解平衡可知,H_2S第二步离解出来的$c_{H_3O^+} = c_{S^{2-}}$,水离解出来的$c_{H_3O^+} = c_{OH^-}$。计算结果表明,H_2S第一步离解出来的$c_{H_3O^+} \gg c_{S^{2-}}$,$c_{H_3O^+} \gg c_{OH^-}$,因此,这样的近似处理是合理的。

【例 5-9】 若使0.05mol·L^{-1}的H_2CO_3溶液的CO_3^{2-}浓度控制在$5.0 \times 10^{-7} \text{mol·L}^{-1}$,应控制溶液的 pH 值为多大?(已知$K_{a1}^{\ominus} = 4.2 \times 10^{-7}$,$K_{a2}^{\ominus} = 5.6 \times 10^{-11}$)

解 忽略水的离解平衡,溶液中总反应的平衡为:
$$H_2CO_3 + 2H_2O \rightleftharpoons 2H_3O^+ + CO_3^{2-}, \quad K_{a,总}^{\ominus} = K_{a1}^{\ominus} K_{a2}^{\ominus} = 2.4 \times 10^{-17}$$
$$K_{a,总}^{\ominus} = \frac{[H_3O^+]^2 [CO_3^{2-}]}{[H_2CO_3]}$$

故:
$$[H_3O^+] = \sqrt{\frac{K_{a,总}^{\ominus} \cdot [H_2CO_3]}{[CO_3^{2-}]}} = \sqrt{\frac{2.4 \times 10^{-17} \times 0.05}{5.0 \times 10^{-7}}} = 1.5 \times 10^{-6}$$
$$pH = -\lg[H_3O^+] = -\lg(1.5 \times 10^{-6}) = 5.8$$

多元弱碱溶液中的有关计算与多元弱酸中的有关计算类似。

【例 5-10】 计算 $0.10\,\text{mol·L}^{-1}$ Na_2CO_3 溶液的 pH 值。(已知 $K_{a1}^{\ominus}=4.2\times10^{-7}$,$K_{a2}^{\ominus}=5.6\times10^{-11}$)

解 CO_3^{2-} 第一步离解常数:$K_{b1}^{\ominus}=\dfrac{K_w^{\ominus}}{K_{a2}^{\ominus}}=\dfrac{1.0\times10^{-14}}{5.6\times10^{-11}}=1.8\times10^{-4}$

CO_3^{2-} 第二步离解常数:$K_{b2}^{\ominus}=\dfrac{K_w^{\ominus}}{K_{a1}^{\ominus}}=\dfrac{1.0\times10^{-14}}{4.2\times10^{-7}}=2.4\times10^{-8}$

$K_{b1}^{\ominus}\gg K_{b2}^{\ominus}$,$\dfrac{c}{K_{b1}^{\ominus}}=\dfrac{0.10}{1.8\times10^{-4}}>500$,因此:

$$[OH^-]=\sqrt{K_{b1}^{\ominus}c}=\sqrt{1.8\times10^{-4}\times0.1}=4.2\times10^{-3}$$
$$pOH=-\lg[OH^-]=-\lg(4.2\times10^{-3})=2.38$$
$$pH=14-2.38=11.62$$

5.4.3 两性物质的离解平衡

有一类物质如 $NaHCO_3$、KH_2PO_3、K_2HPO_3 等两性物质在溶液中既能给出质子,又能接受质子,因此这类物质在溶液中的平衡是十分复杂的。

以 HA^- 为例,在水溶液中,HA^- 的离解平衡为:

作为酸离解 $\quad HA^- + H_2O \rightleftharpoons A^{2-} + H_3O^+ \quad\quad K_{a2}^{\ominus}$

作为碱离解 $\quad HA^- + H_2O \rightleftharpoons H_2A + OH^- \quad\quad K_{b2}^{\ominus}$

若 $K_{a2}^{\ominus}>K_{b2}^{\ominus}$,$HA^-$ 给出质子的能力大于 HA^- 接受质子的能力,溶液显酸性;若 $K_{a2}^{\ominus}<K_{b2}^{\ominus}$,则 HA^- 给出质子的能力小于 HA^- 接受质子的能力,溶液显碱性。溶液中 H_3O^+ 的计算公式为:

$$[H_3O^+]=\sqrt{\dfrac{K_{a1}^{\ominus}(K_{a2}^{\ominus}c+K_w^{\ominus})}{K_{a1}^{\ominus}+c}} \tag{5-16}$$

如果 $\dfrac{c}{K_{a1}^{\ominus}}\geq30$,$K_{a2}^{\ominus}c>20K_w^{\ominus}$,则溶液中 H_3O^+ 可用下列公式近似计算。

$$[H_3O^+]=\sqrt{K_{a1}^{\ominus}K_{a2}^{\ominus}} \tag{5-17}$$

计算结果的误差约为 2%。由式(5-17)可以看出,HA^- 溶液中 H_3O^+ 的浓度与 HA^- 的浓度无关,只取决于 $K_{a1}^{\ominus}$ 和 $K_{a2}^{\ominus}$ 的值。其它两性物质溶液中 H_3O^+ 的浓度的计算公式与此类似,如:

$H_2PO_4^-$ 溶液:$\quad [H_3O^+]=\sqrt{K_{a1}^{\ominus}K_{a2}^{\ominus}}$

HPO_4^{2-} 溶液:$\quad [H_3O^+]=\sqrt{K_{a2}^{\ominus}K_{a3}^{\ominus}}$

应该注意的是:任一两性物质溶液中 H_3O^+ 的浓度均等于本身和其共轭酸的酸离解常数的乘积的平方根。

【例 5-11】 计算 $0.10\,\text{mol·L}^{-1}$ $NaHCO_3$ 溶液的 pH 值。(已知 $K_{a1}^{\ominus}=4.2\times10^{-7}$,$K_{a2}^{\ominus}=5.6\times10^{-11}$)

解 因为 $\dfrac{c}{K_{a1}^{\ominus}}=\dfrac{0.10}{4.2\times10^{-7}}>30$,$K_{a2}^{\ominus}c=5.6\times10^{-11}\times0.10>20K_w^{\ominus}$,所以

$$[H_3O^+]=\sqrt{K_{a1}^{\ominus}K_{a2}^{\ominus}}=\sqrt{4.2\times10^{-7}\times5.6\times10^{-11}}=4.8\times10^{-9}$$
$$pH=-\lg[H_3O^+]=-\lg(4.8\times10^{-9})=8.32$$

5.5 缓冲溶液

许多化学反应（包括生物化学反应）需要在一定的 pH 范围内进行。然而，有些反应在反应过程中会产生或消耗 H_3O^+ 或 OH^-，使反应体系的 pH 值发生改变，从而影响化学反应的正常进行。要维持这类反应的正常进行就必须保持反应体系的 pH 值稳定。缓冲溶液 (buffer solution) 就是一类能抵御少量外来强酸或强碱及水的稀释，维持 pH 值基本不变的溶液。缓冲溶液实质是同离子效应的应用。

5.5.1 同离子效应

根据平衡移动原理，改变弱酸或弱碱离解平衡体系各组分的浓度，平衡移动的结果是使弱酸或弱碱的离解度增大或减小。现以一元弱酸 HAc 平衡体系中加 Ac^- 为例，通过计算说明。

【例 5-12】 在 $0.10\,\text{mol}\cdot\text{L}^{-1}$ HAc 溶液中加入晶体 NaAc，使 Ac^- 浓度为 $0.10\,\text{mol}\cdot\text{L}^{-1}$，计算溶液的 pH 值和 HAc 的离解度。（已知 $K_{a,\text{HAc}}^{\ominus}=1.8\times10^{-5}$）

解
$$\text{HAc} + \text{H}_2\text{O} \rightleftharpoons \text{H}_3\text{O}^+ + \text{Ac}^-$$

开始浓度 $/\text{mol}\cdot\text{L}^{-1}$ 0.10   0   0.10

平衡浓度 $/\text{mol}\cdot\text{L}^{-1}$ $0.10-x$ x $0.10+x$

$$K_{a,\text{HAc}}^{\ominus} = \frac{[\text{H}_3\text{O}^+][\text{Ac}^-]}{[\text{HAc}]}$$

$$[\text{H}_3\text{O}^+] = K_{a,\text{HAc}}^{\ominus}\frac{[\text{HAc}]}{[\text{Ac}^-]} = K_{a,\text{HAc}}^{\ominus}\frac{0.10-x}{0.10+x}$$

因为 $\dfrac{c}{K_{a,\text{HAc}}^{\ominus}} = \dfrac{0.10}{1.8\times10^{-5}} > 500$，$K_{a,\text{HAc}}^{\ominus}c = 1.8\times10^{-5}\times0.10 > 20K_w^{\ominus}$，所以

$$0.10+x\approx0.10, \quad 0.10-x\approx0.10, \quad [\text{H}_3\text{O}^+] = K_{a,\text{HAc}}^{\ominus} = 1.8\times10^{-5}$$

$$c_{\text{H}_3\text{O}^+} = 1.8\times10^{-5}\,\text{mol}\cdot\text{L}^{-1}$$

$$\text{pH} = -\lg[\text{H}_3\text{O}^+] = -\lg(1.8\times10^{-5}) = 4.74$$

$$\alpha = \frac{c_{\text{H}_3\text{O}^+}}{c}\times100\% = \frac{1.8\times10^{-5}}{0.10}\times100\% = 0.018\%$$

$0.10\,\text{mol}\cdot\text{L}^{-1}$ HAc 溶液未加入 NaAc 晶体前的离解度为 1.34%（见例 5-3），可见加入 NaAc 晶体后 HAc 的离解度大大下降。这种在弱电解质溶液中，加入含有共同离子的强电解质，使弱电解质的离解度降低的效应称为同离子效应。

由例 5-12 可见，在弱酸 HA 和其共轭碱 A^- 的混合溶液中，若浓度不太低，$[\text{H}_3\text{O}^+]$ 的计算公式为：

$$[\text{H}_3\text{O}^+] = K_{a,\text{HA}}^{\ominus}\frac{c_{\text{HA}}}{c_{\text{A}^-}} \tag{5-18}$$

在弱碱 B 和其共轭酸 HB^+ 的混合溶液中，若浓度不太低，$[OH^-]$ 的计算公式为：

$$[\text{OH}^-] = K_{b,\text{B}}^{\ominus}\frac{c_{\text{B}}}{c_{\text{HB}^+}} \tag{5-19}$$

因此，在弱酸或弱碱与其共轭碱或共轭酸的混合溶液中，酸度取决于离解常数和共轭酸碱对的浓度比的乘积。

5.5.2 缓冲溶液的组成及缓冲作用

缓冲溶液通常由一定浓度的缓冲剂，即弱酸与其共轭碱或弱碱与其共轭酸组成，如

HAc-Ac$^-$ 和 NH$_3$-NH$_4^+$ 等。现以 HAc 和共轭碱 Ac$^-$ 组成的缓冲体系为例，说明缓冲作用的原理。

若在 100mL 纯水中加入 0.10mL 1.0mol·L^{-1} HCl 或 NaOH 溶液，溶液中 H$_3$O$^+$ 或 OH$^-$ 的浓度约增加 0.001mol·L^{-1}，水的 pH 值改变 4 个单位，即由 7 降至 3 或由 7 升至 11。可见水没有缓冲作用。

若在 100mL 0.10mol·L^{-1} HAc 和 0.10mol·L^{-1} Ac$^-$ 的缓冲溶液中加入 0.10mL 1.0mol·L^{-1} HCl，相当于溶液中 H$_3$O$^+$ 浓度增加 0.001mol·L^{-1}。增加的 H$_3$O$^+$ 将与溶液中 Ac$^-$ 反应生成 HAc，这时溶液中 HAc 浓度为 0.10+0.001=0.101mol·L^{-1}，Ac$^-$ 浓度 0.10−0.001=0.099mol·L^{-1}。平衡时：

$$[H_3O^+] = K_{a,HAc}^{\ominus} \frac{c_{HAc}}{c_{Ac^-}} = 1.8 \times 10^{-5} \times \frac{0.101}{0.099} = 1.84 \times 10^{-5}$$

$$pH = -\lg[H_3O^+] = -\lg(1.84 \times 10^{-5}) = 4.73$$

由例 5-12 可知，未加 HCl 溶液前溶液的 pH 值为 4.74，加入 HCl 溶液后，溶液中的 pH 仅降低了约 0.01 个单位。

若在上述缓冲溶液中加入 0.10mL 1.0mol·L^{-1} NaOH，相当于溶液中 OH$^-$ 浓度增加 0.001mol·L^{-1}。增加的 OH$^-$ 将与溶液中 HAc 反应生成 Ac$^-$，这时溶液中 HAc 浓度为 0.10−0.001=0.099mol·L^{-1}，Ac$^-$ 浓度 0.10+0.001=0.101mol·L^{-1}。平衡时：

$$[H_3O^+] = K_{a,HAc}^{\ominus} \frac{c_{HAc}}{c_{Ac^-}} = 1.8 \times 10^{-5} \times \frac{0.099}{0.101} = 1.76 \times 10^{-5}$$

$$pH = -\lg[H_3O^+] = -\lg(1.76 \times 10^{-5}) = 4.75$$

加入 NaOH 溶液后，溶液中的 pH 仅升高了约 0.01 个单位。

由此可见，缓冲溶液具有抗酸抗碱的作用，能保持溶液酸度的稳定。

若将上述缓冲溶液稀释 10 倍，这时溶液中 HAc 浓度为 0.010mol·L^{-1}，Ac$^-$ 浓度 0.010mol·L^{-1}。平衡时：

$$[H_3O^+] = K_{a,HAc}^{\ominus} \frac{c_{HAc}}{c_{Ac^-}} = 1.8 \times 10^{-5} \times \frac{0.010}{0.010} = 1.8 \times 10^{-5}$$

$$pH = -\lg[H_3O^+] = -\lg(1.8 \times 10^{-5}) = 4.74$$

稀释后溶液中的 pH 值基本不变，可见缓冲溶液同时具有抗稀释的作用。但稀释倍数不能太大，因为稀释倍数过大或缓冲溶液的浓度太稀，水的离解就不能忽略。

5.5.3 缓冲溶液 pH 值的计算

缓冲溶液的浓度一般较大，因此可用近似计算。弱酸 HA 和其共轭碱 A$^-$ 的缓冲溶液的 H$_3$O$^+$ 浓度可按式(5-18) 计算。溶液中的 pH 计算公式为：

$$pH = pK_{a,HA}^{\ominus} + \lg \frac{c_{A^-}}{c_{HA}} \tag{5-20}$$

弱碱 B 和其共轭酸 HB$^+$ 的缓冲溶液的 OH$^-$ 浓度可按式(5-19) 计算。溶液中的 pH 计算公式为：

$$pH = pK_w^{\ominus} - pK_{b,B}^{\ominus} - \lg \frac{c_{HB^+}}{c_B} \tag{5-21}$$

由式(5-20) 和式(5-21) 可知，缓冲溶液的 pH 值主要取决于弱酸或弱碱的离解常数，其次是缓冲剂的浓度比。

5.5.4 缓冲溶液的缓冲容量和缓冲范围

缓冲溶液抵抗外来酸碱的能力称为缓冲能力（buffer capacity）。缓冲能力与缓冲溶液中共轭酸碱的浓度有关，如加入的强碱的浓度与 HAc 的浓度接近，或加入的强酸的浓度与 Ac^- 浓度接近，溶液对酸或碱的抵抗能力就很弱，甚至失去缓冲作用。因此，一切缓冲溶液的缓冲能力都是有限度的。衡量缓冲溶液缓冲能力大小的尺度是缓冲容量（β）。缓冲容量的数学表达式为

$$\beta = \frac{\mathrm{d}b}{\mathrm{dpH}} = -\frac{\mathrm{d}a}{\mathrm{dpH}} \tag{5-22}$$

根据式(5-22)，通常规定缓冲容量是使 1L 溶液的 pH 增加 dpH 单位时所需的强碱物质的量 $\mathrm{d}b$，或是使 1L 溶液的 pH 减小 dpH 单位时所需的强酸物质的量 $\mathrm{d}a$。酸的增加使 pH 值降低，为保持 β 为正值，在 $\dfrac{\mathrm{d}a}{\mathrm{dpH}}$ 前加负号。显然，β 越大，缓冲能力越大。可以证明，缓冲剂的浓度越大，β 越大；当缓冲剂的浓度比为 1:1 时，β 有极大值。下面通过实例说明缓冲容量与缓冲剂的浓度和溶液比的关系。

【例 5-13】 在 100mL 0.010mol·L^{-1} HAc 和 0.010mol·L^{-1} Ac$^-$ 的缓冲溶液中加入 0.10mL 1.0mol·L^{-1} HCl 溶液，计算溶液中的 pH 值。

解 加入 HCl 溶液后溶液中 HAc 浓度为 $0.010+0.001=0.011\text{mol·L}^{-1}$，Ac$^-$ 浓度 $0.010-0.001=0.009\text{mol·L}^{-1}$。则：

$$\mathrm{pH} = \mathrm{p}K_{a,\mathrm{HAc}}^{\ominus} + \lg\frac{c_{\mathrm{Ac}^-}}{c_{\mathrm{HAc}}} = 4.74 + \lg\frac{0.009}{0.011} = 4.65$$

当 100mL 0.10mol·L^{-1} HAc 和 0.10mol·L^{-1} Ac$^-$ 的缓冲溶液中加入 0.10mL 1.0mol·L^{-1} HCl 溶液时，溶液的 pH 值只变化 0.01 单位，而本例的浓度降低 10 倍，加入同量的强酸，pH 却改变了 0.09 个单位。可见，缓冲溶液中缓冲剂浓度较大时，缓冲容量也较大。

【例 5-14】 有两种缓冲溶液，第一种为 0.10mol·L^{-1} HAc 和 0.010mol·L^{-1} NaAc 组成的缓冲溶液，第二种为 0.10mol·L^{-1} HAc 和 0.0050mol·L^{-1} NaAc 组成的缓冲溶液，分别计算这两种缓冲溶液的 pH 值。

解 根据式(5-20)

第一种缓冲溶液：$\mathrm{pH} = \mathrm{p}K_{a,\mathrm{HAc}}^{\ominus} + \lg\dfrac{c_{\mathrm{Ac}^-}}{c_{\mathrm{HAc}}} = 4.74 + \lg\dfrac{0.010}{0.10} = 3.74$

第二种缓冲溶液：$\mathrm{pH} = \mathrm{p}K_{a,\mathrm{HAc}}^{\ominus} + \lg\dfrac{c_{\mathrm{Ac}^-}}{c_{\mathrm{HAc}}} = 4.74 + \lg\dfrac{0.0050}{0.10} = 3.44$

【例 5-15】 分别在例 5-14 的两种缓冲溶液 100mL 中加入 0.10mL 1.0mol·L^{-1} HCl 溶液，计算它们的 pH 值。

解 第一种缓冲溶液加入 HCl 后，溶液中 HAc 浓度为 $0.10+0.001=0.101\text{mol·L}^{-1}$，Ac$^-$ 浓度 $0.010-0.001=0.009\text{mol·L}^{-1}$，则：

$$\mathrm{pH} = \mathrm{p}K_{a,\mathrm{HAc}}^{\ominus} + \lg\frac{c_{\mathrm{Ac}^-}}{c_{\mathrm{HAc}}} = 4.74 + \lg\frac{0.009}{0.101} = 3.69$$

第二种缓冲溶液加入 HCl 后，溶液中 HAc 浓度为 $0.10+0.001=0.101\text{mol·L}^{-1}$，Ac$^-$ 浓度 $0.0050-0.001=0.004\text{mol·L}^{-1}$，则：

$$\mathrm{pH} = \mathrm{p}K_{a,\mathrm{HAc}}^{\ominus} + \lg\frac{c_{\mathrm{Ac}^-}}{c_{\mathrm{HAc}}} = 4.74 + \lg\frac{0.004}{0.101} = 3.34$$

由例 5-14 和例 5-15 可以看出，缓冲剂的浓度比不同，加入同量的强酸，pH 值的

改变不同。当弱酸和其共轭碱的浓度比为1∶1,pH值的变化仅为0.01单位;而浓度比为10∶1为0.05个单位;若浓度比为20∶1就为0.1个单位。可见,当浓度比越远离1∶1,pH值的变化越大,缓冲容量越小,甚至失去缓冲作用。就是说,任何缓冲体系都有一个有效的缓冲范围。缓冲剂的浓度比一般控制在1∶10至10∶1,相应的pH值或pOH值的变化范围为:

弱酸与共轭碱体系:$pH = pK_{a,HA}^{\ominus} \pm 1$

弱碱与共轭酸体系:$pOH = pK_{b,B}^{\ominus} \pm 1$

这一范围称为缓冲溶液有效的缓冲范围。当缓冲剂的浓度比为1∶1时,缓冲容量最大,这时,$pH = pK_{a,HA}^{\ominus}$,$pOH = pK_{b,B}^{\ominus}$。

5.5.5 缓冲溶液的选择和配制

缓冲溶液的选择实际上是合适的共轭酸碱对(conjugate acid-base pairs)的选择。共轭酸碱对的选择原则:首先是选择的共轭酸碱对不能与要进行反应的反应物或生成物发生作用。其次是选择的共轭酸碱对配制的缓冲溶液有尽可能大的缓冲容量。因此,选择的共轭酸碱对,其$pK_{a,HA}^{\ominus}$或$pK_{b,B}^{\ominus}$应尽量靠近要配制的缓冲溶液的pH值或pOH值,最大差别不要超过1。

【例5-16】 欲配制pH=4.00的缓冲溶液,现有HCOOH-HCOONa、HAc-NaAc、NaH_2PO_4-Na_2HPO_4、NH_3-NH_4Cl四个共轭酸碱对,它们的$pK_{a,HA}^{\ominus}$分别等于3.74、4.74、7.20、9.26。应选择哪一个共轭酸碱对?并计算弱酸与其共轭碱的浓度比。

解 在这四个共轭酸碱对中,HCOOH-HCOONa、HAc-NaAc的$pK_{a,HA}^{\ominus}$比较接近欲配制的缓冲溶液的pH,但HCOOH-HCOONa更接近,所以应选择HCOOH-HCOONa配制缓冲溶液。

根据式(5-20): $\lg \dfrac{c_{HCOOH}}{c_{HCOO^-}} = pK_{a,HCOOH}^{\ominus} - pH = 3.74 - 4.00 = -0.26$

$$\dfrac{c_{HCOOH}}{c_{HCOO^-}} = 0.55$$

缓冲溶液配制实际上是根据要配制的缓冲溶液的pH值或pOH值选择合适的$pK_{a,HA}^{\ominus}$或$pK_{b,B}^{\ominus}$和确定共轭酸碱对的浓度比。为了使缓冲溶液具有足够的缓冲容量,弱酸(或弱碱)、共轭碱(或共轭酸)的浓度应适当地控制大一些,一般选择在$0.1 \sim 1 mol \cdot L^{-1}$之间。缓冲溶液的配制方法一般为三种:

① 弱酸(或弱碱)、共轭碱(或共轭酸)配成相同浓度的溶液,然后按一定的体积比混合。

② 在一定量的弱酸(或弱碱)溶液中加入一定量的强碱(或强酸)溶液,通过反应生成的共轭碱(或共轭酸)和剩余的弱酸(或弱碱)组成缓冲溶液。

③ 在一定量的弱酸(或弱碱)溶液中加入对应的固体共轭碱(或共轭酸)。

【例5-17】 欲配制pH=9.00的缓冲溶液,应在500mL 0.10mol·L^{-1}的$NH_3·H_2O$溶液中加入固体NH_4Cl多少克?假设加入固体后溶液总体积不变(已知$pK_{b,NH_3}^{\ominus} = 4.74$)。

解 根据式(5-21):

$$\lg \dfrac{c_{NH_4^+}}{c_{NH_3}} = pK_w^{\ominus} - pK_{b,NH_3}^{\ominus} - pH = 14.00 - 4.74 - 9.00 = 0.26$$

$$\dfrac{c_{NH_4^+}}{c_{NH_3}} = 1.8$$

所以：　　　　　　　　$c_{NH_4^+} = 1.8 \times c_{NH_3} = 1.8 \times 0.10 = 0.18$ (mol·L^{-1})

已知 NH$_4$Cl 的摩尔质量为 53.5g·mol^{-1}。因而应加固体 NH$_4$Cl 的质量为：
$$m = 0.18 \times 0.5 \times 53.5 = 4.8 \text{ (g)}$$

【例 5-18】 浓度均为 0.10mol·L^{-1} 的 HAc 和 NaAc 溶液，如何配制 1L pH=5 的缓冲溶液？（已知 $K_{a,HAc}^{\ominus} = 1.8 \times 10^{-5}$）：

解 设 HAc 的体积为 V_a，NaAc 的体积为 V_b，根据式(5-18)：

$$[H_3O^+] = K_{a,HAc}^{\ominus} \frac{c_{HAc}}{c_{Ac^-}}$$

$$1.00 \times 10^{-5} = 1.8 \times 10^{-5} \times \frac{0.10 V_a}{0.10 V_b}$$

$$\frac{V_a}{V_b} = 0.56$$

因为 $V_a + V_b = 1L$，所以 $V_a = 0.36L$，$V_b = 0.64L$

因此，量取 360mL 0.10mol·L^{-1} 的 HAc 溶液和 640mL 0.10mol·L^{-1} 的 NaAc 溶液混合均匀，即配制成 pH=5 的缓冲溶液。

【例 5-19】 需在 0.10mol·L^{-1} 的 HAc 溶液 100mL 中加入多少毫升相同浓度的 NaOH 溶液才能配制 pH=5.00 的缓冲溶液？（已知 $K_{a,HAc}^{\ominus} = 1.8 \times 10^{-5}$）

解 设加入 xL NaOH，此时溶液体积为 $(x+0.10)$L，则反应生成的 Ac$^-$ 的浓度为 $\frac{0.10x}{0.10+x}$ mol·L^{-1}，剩余的 HAc 的浓度为 $\frac{0.010-0.10x}{0.10+x}$ mol·L^{-1}，根据式(5-18)：

$$[H_3O^+] = K_{a,HAc}^{\ominus} \frac{c_{HAc}}{c_{Ac^-}}$$

$$1.0 \times 10^{-5} = 1.8 \times 10^{-5} \times \frac{0.010 - 0.10x}{0.10x}$$

解之得　　　　　　　　$x = 0.064$ (L) = 64 (mL)

量取 100mL 0.10mol·L^{-1} 的 HAc 溶液后再量取 64mL 0.10mol·L^{-1} NaOH 溶液，混合均匀就配制成了 pH=5.00 的缓冲溶液。

需要说明的是以上计算配制的缓冲溶液中 pH 值和测定值有一定的差异。这是由于忽略了离子强度的影响，若加以校正，可使计算值与测定值基本一致。关于这方面的内容请查阅有关书籍，这里不再讨论。

思 考 题

1. 说明下列概念

质子酸和质子碱，两性物质，共轭酸碱对，离解常数和离解度，稀释定律，pH 和 pOH，同离子效应，缓冲溶液和缓冲容量

2. 0.20mol·L^{-1} HAc 溶液中 $c_{H_3O^+}$ 是 0.10mol·L^{-1} HAc 溶液中 $c_{H_3O^+}$ 的 2 倍。H$_2$S 溶液中 $c_{H_3O^+}$ 是 $c_{S^{2-}}$ 的 2 倍。这种说法是否正确，并说明理由。

3. 有个同学将 pH=6 的盐酸溶液稀释 1000 倍来配制 pH=9 的溶液。这位同学配制的溶液 pH=9 吗？为什么？

4. 稀释 HAc 溶液，HAc 的离解度 α 增大。若将 HAc 溶液稀释一倍，溶液的 pH 值是增大还是减小？

5. 水溶液中能稳定存在的最强的质子酸是 H$_3$O$^+$，最强的质子碱是 OH$^-$，为什么？如果以 NH$_3$ 为溶剂，那么在 NH$_3$ 溶液中能稳定存在最强的酸和最强的碱分别是哪一物质？

6. 现有等浓度的 HCl 和 NH$_3$ 溶液，要配制缓冲容量最大的缓冲溶液，量取 HCl 和 NH$_3$ 溶液的体积比应为多大？配制的缓冲溶液的 pH 值是多大？

7. HCl 溶液浓度是 HAc 溶液浓度的 2 倍，HCl 溶液的 H_3O^+ 浓度是否也是 HAc 溶液 H_3O^+ 浓度的 2 倍？为什么？

8. 下列溶液的 pH 如何变化？离解度如何变化？
(1) 将 NaAc(s) 加到 HAc 溶液中；   (2) 将 HCl(g) 通入 HAc 溶液中；
(3) 将 NH_4Cl(s) 加到 NH_3 溶液中； (4) 将 NaCl(s) 加到 NaOH 溶液中。

9. 选择题
(1) 根据酸碱质子理论，下列物质中既可作为酸，又可作为碱的是（   ）。
A. $[Al(H_2O)_6]^{3+}$ B. $[Cr(H_2O)_6]^{3+}$
C. $[Fe(H_2O)_4(OH)_2]^+$ D. PO_4^{3-}

(2) 根据质子理论下列水溶液中碱性最弱的是（   ）。
A. NO_3^- B. ClO_3^- C. CO_3^{2-} D. SO_4^{2-}

(3) 按照质子理论，$[Cr(H_2O)_5OH]^{2+}$ 的共轭酸是（   ）。
A. $[Cr(H_2O)_6]^{3+}$ B. $[Cr(H_2O)_4(OH)_2]^+$ C. $[Cr(H_2O)_3(OH)_3]$ D. $[Cr(OH)_4]^-$

(4) 在 3mol·L^{-1} 的 H_3PO_4 溶液中（H_3PO_4 的三级标准酸常数为 $K_{a1}^\ominus \gg K_{a2}^\ominus \gg K_{a3}^\ominus$），下列关系式正确的是（   ）。
A. $c_{H_3O^+} \approx \sqrt{K_{a1}^\ominus c}$ B. $c_{H_3O^+} \approx 3c_{PO_4^{3-}}$ C. $c_{PO_4^{3-}} \approx K_{a3}^\ominus$ D. $c_{PO_4^{3-}} \approx K_{a2}^\ominus$

(5) 醋酸的 $K_a^\ominus = 1.8 \times 10^{-5}$，欲配制 pH=5.0 的醋酸-醋酸钠缓冲溶液，其 $\dfrac{c(HAc)}{c(Ac^-)}$ 应为（   ）。
A. 5∶9   B. 18∶10   C. 1∶18   D. 1∶36

(6) 已知 $K_{b,NH_3}^\ominus = 1.8 \times 10^{-5}$，$K_{a,HCN}^\ominus = 4.9 \times 10^{-10}$，$K_{a,HAc}^\ominus = 1.8 \times 10^{-5}$，下列哪一对共轭酸碱混合物不能配制 pH=9 的缓冲溶液？（   ）
A. HAc-NaAc   B. NH_4Cl-NH_3 C. A 和 B 都不行   D. HCN-NaCN

(7) HAc 的标准离解常数为 $K_a^\ominus$，NaAc 的标准离解常数为（   ）。
A. $\sqrt{K_a^\ominus K_w^\ominus}$ B. $K_a^\ominus / K_w^\ominus$ C. $K_w^\ominus / K_a^\ominus$ D. $\sqrt{K_w^\ominus / K_a^\ominus}$

(8) 下列不是共轭酸碱对的是（   ）。
A. H_2CO_3-HCO_3^- B. HCN-CN^- C. H_3PO_4-HPO_4^{2-} D. $Zn(OH)_2$-$HZnO_2^-$

(9) 在弱酸 HA 溶液中，计算 H^+ 浓度时，可使用近似公式的条件是（   ）。
A. $K_{a,HA}^\ominus c < 20K_w^\ominus$，$\dfrac{c}{K_{HA}^\ominus} > 500$ B. $K_{a,HA}^\ominus c < 20K_w^\ominus$，$\dfrac{c}{K_{HA}^\ominus} < 500$
C. $K_{a,HA}^\ominus c > 20K_w^\ominus$，$\dfrac{c}{K_{HA}^\ominus} < 500$ D. $K_{a,HA}^\ominus c > 20K_w^\ominus$，$\dfrac{c}{K_{HA}^\ominus} > 500$

10. 填空题
(1) 已知 $K_{a,HAc}^\ominus = 1.8 \times 10^{-5}$，pH 值为 3.0 的下列溶液用等体积的水稀释后，它们的 pH 值为：HAc 溶液_____；HCl 溶液_____；HAc-NaAc 溶液_____。

(2) 酸碱_____理论认为，$H_2PO_4^-$ 既是酸又是碱，其共轭酸是_____，共轭碱是_____。

(3) HAc 为溶剂时，自身电离反应式为_____。

(4) 已知 18℃时水的 $K_w^\ominus = 6.4 \times 10^{-15}$，此时中性溶液中 $c_{H_3O^+}$ 为_____，pH 值为_____。

(5) 现有浓度相同的四种溶液 HCl、HAc（$K_{a,HAc}^\ominus = 1.8 \times 10^{-5}$）、NaOH 和 NaAc，欲配制 pH=4.74 的缓冲溶液，可有三种配法，每种配法所用的两种溶液及其体积比：_____，_____，_____。

(6) 已知 $K_{a,H_2S}^\ominus = 6.3 \times 10^{-8}$，$K_{a,HS^-}^\ominus = 4.4 \times 10^{-13}$，反应：$S^{2-} + H_2O \rightleftharpoons HS^- + OH^-$ 的平衡常数 $K_{b,S^{2-}}^\ominus = $_____。

习　题

5.1　写出下列各酸的共轭碱：H_2O，$H_2C_2O_4$，$H_2PO_4^-$，HCO_3^-，C_6H_5OH，HS^-，$C_6H_5NH_3^+$，$Fe(H_2O)_6^{3+}$。

5.2 写出下列各碱的共轭酸：H_2O，NO_3^-，HSO_4^-，S^{2-}，$C_6H_5O^-$，$Cu(H_2O)_2(OH)_2$，$(CH_2)_6N_4$，$R-NHCH_2COO^-$。

5.3 已知 $0.100 mol \cdot L^{-1}$ HAc 溶液中 HAc 的离解度为 1.34%，计算 $c_{H_3O^+}$、c_{Ac^-} 和 c_{HAc} 的值及 $K_{a,HAc}^{\ominus}$。

5.4 计算 $0.050 mol \cdot L^{-1}$ 的 HClO 中 $c_{H_3O^+}$、c_{ClO^-} 和离解度。（已知 $K_{a,HClO}^{\ominus} = 3.5 \times 10^{-8}$）

5.5 阿司匹林（$C_9H_8O_4$）的结构式为：

体温下（37℃），其 $K_{a,C_9H_8O_4}^{\ominus} = 3.0 \times 10^{-5}$。每粒药丸中含有阿司匹林 360.2mg，如果吃进 2 粒药丸溶解到胃液里，胃的体积为 1.00L，pH 值为 2。计算 $c_{C_9H_8O_4}$。（已知：阿司匹林的摩尔质量为 $180.16 g \cdot mol^{-1}$）

5.6 已知 $K_{a,HCN}^{\ominus} = 7.2 \times 10^{-10}$，计算 $0.20 mol \cdot L^{-1}$ NaCN 溶液的 c_{OH^-} 和 CN^- 离解度。

5.7 已知 $0.10 mol \cdot L^{-1}$ Na_2CO_3 溶液的 pH=11.62，计算弱酸的第二步离解常数。

5.8 测得某 Na_2CO_3 溶液的 pH=11.80，配制此溶液 100mL 需多少克 $Na_2CO_3 \cdot 10H_2O$。（已知 $Na_2CO_3 \cdot 10H_2O$ 的摩尔质量为 $286 g \cdot mol^{-1}$，$K_{a,H_2CO_3}^{\ominus} = 4.2 \times 10^{-7}$，$K_{a,HCO_3^-} = 5.6 \times 10^{-11}$）

5.9 计算 $0.10 mol \cdot L^{-1}$ H_2SO_4 溶液的 pH 值（$K_{a,HSO_4^-}^{\ominus} = 1.2 \times 10^{-2}$）。

5.10 计算下列混合溶液的 pH 值：（已知 $K_{a,HAc}^{\ominus} = 1.8 \times 10^{-5}$，$K_{b,NH_3}^{\ominus} = 1.8 \times 10^{-5}$）

(1) 30mL $2.0 mol \cdot L^{-1}$ NH_3 溶液与等体积、等浓度的 HCl 溶液混合；

(2) 30mL $2.0 mol \cdot L^{-1}$ NH_3 溶液与 10mL、等浓度的 HCl 溶液混合；

(3) 50mL $0.3 mol \cdot L^{-1}$ NaOH 溶液与 100mL $0.45 mol \cdot L^{-1}$ HAc 溶液混合。

5.11 计算 $0.20 mol \cdot L^{-1}$ $ClCH_2COOH$ 溶液的 pH 值。（已知 $ClCH_2COOH$ 的 $pK_a^{\ominus} = 2.86$）

5.12 若要使 $0.10 mol \cdot L^{-1}$ H_2S 溶液中的 S^{2-} 浓度为 $1.0 \times 10^{-10} mol \cdot L^{-1}$，需控制溶液的 pH 值为多少？（已知 $K_{a,H_2S}^{\ominus} = 1.1 \times 10^{-7}$，$K_{a,HS^-}^{\ominus} = 1.3 \times 10^{-13}$）

5.13 欲配制 pH=10.000 的溶液 1.00L，需分别量取 $0.200 mol \cdot L^{-1}$ Na_2CO_3 溶液和 $0.100 mol \cdot L^{-1}$ $NaHCO_3$ 溶液多少毫升混合？（已知 $K_{a,H_2CO_3}^{\ominus} = 4.2 \times 10^{-7}$，$K_{a,HCO_3^-}^{\ominus} = 5.6 \times 10^{-11}$）

5.14 在 $0.550 mol \cdot L^{-1}$ HAc 500mL 溶液中溶解 25.5g NaAc，配成缓冲溶液的 pH 值是多少？（已知 $K_{a,HAc}^{\ominus} = 1.8 \times 10^{-5}$，NaAc 的摩尔质量为 $82.03 g \cdot mol^{-1}$）

5.15 分别将 0.0060mol HCl 和 0.0060mol NaOH 加入 0.300L 由 $0.250 mol \cdot L^{-1}$ HAc 和 $0.560 mol \cdot L^{-1}$ NaAc 组成的缓冲溶液中，pH 值各发生怎样变化？（已知 $K_{a,HAc}^{\ominus} = 1.8 \times 10^{-5}$）

5.16 现将 50mL $0.025 mol \cdot L^{-1}$ 的某一元弱酸与 40mL $0.025 mol \cdot L^{-1}$ 的 NaOH 溶液混合，测得溶液 pH=5.35，计算此弱酸的 $K_a^{\ominus}$。

5.17 计算 0.10L $0.20 mol \cdot L^{-1}$ HAc 与 0.050L $0.20 mol \cdot L^{-1}$ NaOH 溶液混合后的 pH 值。（已知 $K_{a,HAc}^{\ominus} = 1.8 \times 10^{-5}$）

5.18 欲配制 450mL，pH=4.70 的缓冲溶液，需各取 $0.10 mol \cdot L^{-1}$ 的 HAc 和 $0.10 mol \cdot L^{-1}$ 的 NaOH 溶液多少毫升混合？（已知：$K_{a,HAc}^{\ominus} = 1.8 \times 10^{-5}$）

5.19 要配制 pH 为 5.00 的缓冲溶液，需称取多少克 $NaAc \cdot 3H_2O$ 固体溶解于 300mL $0.50 mol \cdot L^{-1}$ HAc 溶液中（忽略体积变化）？（已知 $NaAc \cdot 3H_2O$ 的摩尔质量为 $136 g \cdot mol^{-1}$，$K_{a,HAc}^{\ominus} = 1.8 \times 10^{-5}$）

5.20 在 HA 和 A^- 的缓冲溶液中，HA 的浓度是 $0.25 mol \cdot L^{-1}$，$K_{a,HA}^{\ominus} = 5 \times 10^{-5}$，如果在 100mL 该缓冲溶液中加入 0.20g NaOH，测得溶液的 pH=4.60，求原缓冲溶液的 pH 值。

第6章 沉淀-溶解平衡

在实际生产和科研中，常常会利用沉淀反应进行离子的分离、鉴定和除去溶液中的杂质，如在 Cl^-、NO_3^-、ClO_4^- 等离子的混合溶液中加入银盐，可使氯离子以 AgCl 形式沉淀，从而与试液中共存的 NO_3^-、ClO_4^- 等离子分离。要合理利用沉淀反应，关键是如何创造条件，使沉淀能够生成并沉淀完全，这些都涉及难溶电解质在水溶液中的沉淀-溶解平衡，这种固相与液相的平衡称为多相平衡（multi-phase equilibrium）。本章主要讨论沉淀-溶解平衡的特征，沉淀的形成，沉淀的溶解，沉淀的转化以及相关的影响因素。

6.1 溶度积原理

6.1.1 溶度积

严格地说，在水中绝对不溶的物质是不存在的。通常把溶解度小于 $0.01g\cdot(100g\ H_2O)^{-1}$ 的物质称为难溶物（insoluble material）；溶解度在 $0.01\sim1g\cdot(100g\ H_2O)^{-1}$ 之间的物质称为微溶物；溶解度大于 $1g\cdot(100g\ H_2O)^{-1}$ 称为易溶物（soluble material）。

$BaSO_4$ 是难溶强电解质，在一定温度下，将 $BaSO_4$ 固体放入水中后，在水分子的作用下，固体表面的 Ba^{2+} 与 SO_4^{2-} 会从固体表面溶解进入水中，而已溶解的 Ba^{2+} 和 SO_4^{2-} 又会受固体表面异号离子的吸引，从溶液中沉积回到固体表面。经过一定时间后，溶解和沉积的速率相等，溶液中的离子与固体难溶电解质之间达到动态平衡，此时的溶液称饱和溶液，此种平衡称为沉淀溶解平衡（dissolution equilibrium）。

$$BaSO_4(s) \underset{沉淀}{\overset{溶解}{\rightleftharpoons}} Ba^{2+}(aq) + SO_4^{2-}(aq)$$

$$K^{\ominus} = [Ba^{2+}]\cdot[SO_4^{2-}]$$

$K^{\ominus}$ 是沉淀溶解平衡的标准平衡常数，称为溶度积常数，简称溶度积（solubility product），用 $K_{sp}^{\ominus}$ 表示。在任一难溶强电解质 A_nB_m 的饱和溶液中都存在下列平衡：

$$A_nB_m \underset{沉淀}{\overset{溶解}{\rightleftharpoons}} nA^{m+} + mB^{n-}$$

$$K_{sp,A_nB_m}^{\ominus} = [A^{m+}]^n\cdot[B^{n-}]^m$$

溶度积同其它平衡常数一样，是难溶电解质达到沉淀溶解平衡时的特征常数，它表示难溶电解质的溶解程度。$K_{sp}^{\ominus}$ 越大表示难溶电解质的溶解程度越大。$K_{sp}^{\ominus}$ 是温度常数，温度升高，$K_{sp}^{\ominus}$ 增大。$K_{sp}^{\ominus}$ 可以通过实验测定，也可用热力学方法或电化学方法计算。常见难溶电解质的 $K_{sp}^{\ominus}$ 见附录8。

6.1.2 溶度积与溶解度

溶解度（solubility）是指在一定温度和压力下，物质在一定量溶剂中溶解达到饱和状态时的量。中学教材把物质在 100g 水中溶解的物质的质量定义为该物质的溶解度，而在沉淀溶解平衡的有关计算中，通常用难溶电解质在饱和溶液中所产生的离子的物质的量浓度（$mol\cdot L^{-1}$）来表示溶解度。因此，计算时要注意单位的换算。溶解度和溶度积都可以表示难溶电解质溶解能力的大小，但两者概念不同，溶解度是难溶电解质饱和溶液的浓度，而溶度积则是从平衡常数的角度表示难溶电解质溶解的程度。然而，溶解度和溶度积之间存在必然联系，因此根据溶度积常数表达式，一般可以进行溶度积和溶解度相互换算。若用 s（mol·L^{-1}）表示难溶电解质 A_nB_m 的溶解度，则 s 与 $K_{sp,A_nB_m}^{\ominus}$ 的相互换算推导如下：

$$A_nB_m \rightleftharpoons nA^{m+} + mB^{n-}$$

平衡浓度/mol·L^{-1} $\qquad\qquad\qquad\quad ns \qquad\quad ms$

$$K_{sp,A_nB_m}^{\ominus} = [A^{m+}]^n \cdot [B^{n-}]^m = (ns)^n \cdot (ms)^m$$

$$K_{sp,A_nB_m}^{\ominus} = n^n \cdot m^m \cdot s^{(n+m)} \text{ 或 } s = \sqrt[n+m]{\frac{K_{sp,A_nB_m}^{\ominus}}{n^n \cdot m^m}} \tag{6-1}$$

式(6-1) 只适用于溶于水的部分一步完全离解，离解出的离子在水溶液中无副反应的难溶电解质。

【例 6-1】 已知 Ag_2CrO_4 的溶度积为 2.0×10^{-12}，求 Ag_2CrO_4 的溶解度。

解 设 Ag_2CrO_4 的溶解度为 s mol·L^{-1}。在 Ag_2CrO_4 的饱和溶液中，其沉淀溶解平衡关系如下：

$$Ag_2CrO_4(s) \rightleftharpoons 2Ag^+(aq) + CrO_4^{2-}(aq)$$

将 $n=2, m=1$ 代入式(6-1) 得：

$$s = \sqrt[3]{\frac{K_{sp,Ag_2CrO_4}^{\ominus}}{4}} = \sqrt[3]{\frac{2.0\times10^{-12}}{4}} = 7.9\times10^{-5} \text{(mol·L}^{-1}\text{)}$$

【例 6-2】 已知 AgCl 在 298K 时的溶解度为 1.34×10^{-5} mol·L^{-1}，求 AgCl 的溶度积常数。

解 AgCl 在水中的沉淀溶解平衡关系为：

$$AgCl(s) \rightleftharpoons Ag^+(aq) + Cl^-(aq)$$

将 $n=1, m=1$ 代入式(6-1) 得：

$$K_{sp,AgCl}^{\ominus} = s^2 = (1.34\times10^{-5})^2 = 1.8\times10^{-10}$$

由例 6-1 和例 6-2 可见，Ag_2CrO_4 的溶度积比 AgCl 的小，但溶解度比 AgCl 的大，因此，对于不同类型的难溶电解质来说，往往不能直接用溶度积常数的大小来比较溶解度的大小，这是由于溶度积常数表达式中离子浓度的幂指数不同所致。因此，对不同类型的难溶电解质溶解度大小的比较，需根据溶度积常数计算出溶解度大小后再进行比较。而同类难溶电解质的溶度积常数越大，其溶解度也越大；溶度积常数越小，其溶解度也越小。例如，AB 型难溶电解质 AgCl、AgBr、AgI，$K_{sp}^{\ominus}$ 和溶解度都依次减小；A_2B 型难溶电解质 Ag_2CrO_4、PbI_2，$K_{sp}^{\ominus}$ 和溶解度都依次增大。

6.2 沉淀溶解平衡的移动

6.2.1 同离子效应

因加入具有相同离子的易溶强电解质，使难溶电解质的溶解度降低的效应称为同离子效应（common-ion effect）。如 $BaSO_4(s)$ 的沉淀溶解平衡

$$BaSO_4(s) \rightleftharpoons Ba^{2+} + SO_4^{2-}$$

若在上述沉淀溶解平衡体系中加入少量 Na_2SO_4 固体，因 Na_2SO_4 在溶液中完全离解，所以溶液 SO_4^{2-} 浓度增加，上述平衡向左移动，从而大大降低溶液中 Ba^{2+} 浓度，即降低了 $BaSO_4$ 的溶解度。

【例 6-3】 计算 $BaSO_4$ 在 298K、0.10 mol·L^{-1} Na_2SO_4 溶液中的溶解度。（已知：$K_{sp,BaSO_4}^{\ominus}=1.1\times10^{-10}$）

解 设 $BaSO_4$ 在 0.10 mol·L^{-1} Na_2SO_4 溶液中的溶解度为 s mol·L^{-1}。

$$BaSO_4(s) \rightleftharpoons Ba^{2+} + SO_4^{2-}$$

平衡浓度/mol·L^{-1} $\qquad\qquad\qquad\quad s \qquad s+0.10$

$$K_{sp,BaSO_4}^{\ominus} = [Ba^{2+}][SO_4^{2-}] = s(s+0.10) = 1.1 \times 10^{-10}$$

因 $K_{sp,BaSO_4}^{\ominus}$ 很小，所以 $s+0.10 \approx 0.10$，因此：

$$s = \frac{1.1 \times 10^{-10}}{0.10} = 1.1 \times 10^{-9} (mol \cdot L^{-1})$$

可见，$BaSO_4$ 在 298K，$0.10 mol \cdot L^{-1}$ Na_2SO_4 溶液中的溶解度为 $1.1 \times 10^{-9} mol \cdot L^{-1}$，仅相当于在纯水中的溶解度（$1.0 \times 10^{-5} mol \cdot L^{-1}$）的万分之一。

6.2.2 盐效应

在实验过程中人们发现，难溶电解质在不具有共同离子的强电解质溶液中的溶解度比在纯水中的溶解度要大一些。例如在 25℃ 时，AgCl 沉淀的溶解度为 $1.33 \times 10^{-5} mol \cdot L^{-1}$，而在 $0.010 mol \cdot L^{-1}$ 的 KNO_3 溶液中的溶解度则增大到 $1.43 \times 10^{-5} mol \cdot L^{-1}$，这种在难溶电解质的沉淀溶解平衡体系中，加入不具有相同离子的易溶强电解质，使难溶电解质溶解度增大的现象称为盐效应（salt effect）。

难溶电解质的溶度积常数表达式中离子的浓度，严格地讲应是离子的活度，如 $BaSO_4$。

$$K_{sp,BaSO_4}^{\ominus} = \frac{a_{Ba^{2+}}}{c^{\ominus}} \times \frac{a_{SO_4^{2-}}}{c^{\ominus}} = \gamma_{Ba^{2+}}[Ba^{2+}]\gamma_{SO_4^{2-}}[SO_4^{2-}]$$

在一定温度下，于 $BaSO_4$ 饱和溶液中加入强电解质时，由于溶液中离子浓度增大，离子间的相互牵制作用加强，离子的活度因子 $\gamma_{Ba^{2+}}$ 和 $\gamma_{SO_4^{2-}}$ 降低，而 $K_{sp,BaSO_4}^{\ominus}$ 不变，所以此时溶液中 $K_{sp,BaSO_4}^{\ominus} > \gamma_{Ba^{2+}}[Ba^{2+}]\gamma_{SO_4^{2-}}[SO_4^{2-}]$，原平衡被破坏。要达到新的平衡，必须溶解 $BaSO_4$ 固体以增大溶液中 Ba^{2+} 和 SO_4^{2-} 浓度，因此 $BaSO_4$ 的溶解度增大。

必须指出：在难溶电解质的饱和溶液中，加入具有相同离子的易溶强电解质时，常会同时存在同离子效应和盐效应。但盐效应引起溶解度的变化相对同离子效应而言小得多，因此一般情况下不予考虑。

6.2.3 酸效应

溶液的酸度对某些难溶弱酸盐及难溶氢氧化物的溶解度的影响称为酸效应（acid effect）。酸效应对 AgCl、$BaSO_4$ 等强酸盐沉淀的溶解度影响很小，而对 $CaCO_3$、CaC_2O_4 等弱酸盐沉淀的溶解度影响较大。若在其饱和溶液中加入酸，可使弱酸盐沉淀的溶解度显著增加，如某一弱酸盐沉淀 MA，在溶液中会存在下列沉淀溶解平衡：

$$MA(s) \rightleftharpoons M^+(aq) + A^-(aq)$$

若增大上述平衡体系的酸度，可使 A^- 与 H^+ 结合，生成相应的酸 HA，使溶液中 A^- 的浓度降低，导致沉淀溶解平衡发生移动；若降低酸度，M^+ 可能会发生水解，生成金属羟基配合物，使溶液中 M^+ 的浓度降低，也会导致沉淀溶解平衡发生移动。

6.2.4 配合效应

在沉淀溶解平衡体系中，若加入适当的配位剂，可与沉淀所离解出的阳离子结合形成稳定的配合物，从而使难溶电解质溶解度增大。因加入配位剂使沉淀的溶解度改变的作用称为配合效应（coordination effect）。例如 AgCl 难溶于稀硝酸，但易溶于氨水，这是因为 Ag^+ 与 NH_3 能生成稳定的 $[Ag(NH_3)_2]^+$ 配离子，降低了 Ag^+ 浓度，使 AgCl 溶解。

6.3 溶度积规则及应用

6.3.1 溶度积规则

难溶电解质的沉淀溶解平衡是一个动态平衡，当反应条件发生改变时，平衡就会发生移动，使沉淀生成或沉淀溶解。在难溶电解质溶液中，其离子浓度系数方次之积称为离子积，用 Q 表示，它的意义与化学平衡中的反应商 J 相似。通过比较离子积与溶度积的大小来判断非平衡状态的沉淀溶解反应方向，称为溶度积原理或溶度积规则（solubility rule）。Q 和 $K_{sp}^{\ominus}$ 相比较有以下三种情况：

① $Q < K_{sp}^{\ominus}$，溶液未达饱和，沉淀不能生成，或沉淀溶解；
② $Q = K_{sp}^{\ominus}$，溶液达到饱和，多相体系处于平衡状态；
③ $Q > K_{sp}^{\ominus}$，溶液过饱和，沉淀可以生成。

利用溶度积规则，可以判断在给定条件下，溶液中是生成沉淀还是沉淀溶解。

6.3.2 沉淀生成

沉淀生成的必要条件是 $Q > K_{sp}^{\ominus}$，即当溶液中 $Q > K_{sp}^{\ominus}$ 时，才有沉淀生成。

【例 6-4】 将 $0.002\,\mathrm{mol \cdot L^{-1}}$ Na_2SO_4 溶液与 $0.02\,\mathrm{mol \cdot L^{-1}}$ $BaCl_2$ 溶液等体积混合是否有沉淀生成？若有沉淀生成，沉淀完全后留在溶液中 SO_4^{2-} 的浓度多大？（已知 $K_{sp,BaSO_4}^{\ominus} = 1.1 \times 10^{-10}$）

解 等体积混合后溶液中离子的浓度分别为：

$$c_{Ba^{2+}} = 0.02 \times \frac{1}{2} = 0.01\,(\mathrm{mol \cdot L^{-1}})$$

$$c_{SO_4^{2-}} = 0.002 \times \frac{1}{2} = 0.001\,(\mathrm{mol \cdot L^{-1}})$$

则 $\qquad Q = c_{Ba^{2+}} \cdot c_{SO_4^{2-}} = 0.01 \times 0.001 = 1.0 \times 10^{-5} > K_{sp,BaSO_4}^{\ominus}$

因此混合后有 $BaSO_4$ 沉淀生成。

设沉淀完全后留在溶液中 SO_4^{2-} 的浓度为 $x\,\mathrm{mol \cdot L^{-1}}$，

$$BaSO_4(s) \rightleftharpoons Ba^{2+} + SO_4^{2-}$$

平衡浓度/$\mathrm{mol \cdot L^{-1}}$ $\qquad\qquad\qquad 0.009+x \qquad x$

$$K_{sp,BaSO_4}^{\ominus} = [Ba^{2+}][SO_4^{2-}] = (0.009 + x) \cdot x = 1.1 \times 10^{-10}$$

因 $K_{sp,BaSO_4}^{\ominus}$ 很小，所以 $0.009 + x \approx 0.009$，因此：

$$x = \frac{1.1 \times 10^{-10}}{0.009} = 1.2 \times 10^{-8}\,(\mathrm{mol \cdot L^{-1}})$$

在定性分析中，溶液中残留离子的浓度不大于 $10^{-5}\,\mathrm{mol \cdot L^{-1}}$ 时可认为沉淀完全；在定量分析中，溶液中残留离子浓度小于 $10^{-6}\,\mathrm{mol \cdot L^{-1}}$ 就可认为沉淀完全。本书中所讲的沉淀完全是指溶液中残留离子的浓度不大于 $10^{-5}\,\mathrm{mol \cdot L^{-1}}$。因此，在此例中残留的 SO_4^{2-} 离子浓度为 $1.2 \times 10^{-8}\,\mathrm{mol \cdot L^{-1}}$，说明 SO_4^{2-} 沉淀完全。

【例 6-5】 在 $0.10\,\mathrm{mol \cdot L^{-1}}$ $FeCl_3$ 溶液中，加入等体积的含有 $0.20\,\mathrm{mol \cdot L^{-1}}$ 的 $NH_3 \cdot H_2O$ 和 $0.20\,\mathrm{mol \cdot L^{-1}}$ 的 NH_4Cl 混合溶液，问能否产生 $Fe(OH)_3$ 沉淀？（已知：$K_{b,NH_3}^{\ominus} = 1.8 \times 10^{-5}$，$K_{sp,Fe(OH)_3}^{\ominus} = 2.79 \times 10^{-39}$）

解 等体积混合后：

$$c_{Fe^{3+}} = 0.10 \times \frac{1}{2} = 0.050\,\mathrm{mol \cdot L^{-1}}$$

$$c_{NH_4^+} = 0.20 \times \frac{1}{2} = 0.10\,\mathrm{mol \cdot L^{-1}}$$

$$c_{NH_3} = 0.20 \times \frac{1}{2} = 0.10\,\mathrm{mol \cdot L^{-1}}$$

根据式(5-19)：

$$[OH^-] = K_{b,NH_3}^{\ominus} \frac{c_{NH_3}}{c_{NH_4^+}} = 1.8 \times 10^{-5} \times \frac{0.10}{0.10} = 1.8 \times 10^{-5}$$

$$c_{OH^-} = 1.8 \times 10^{-5} \text{ mol·L}^{-1}$$

$$Q = c_{Fe^{3+}}(c_{OH^-})^3 = 5.0 \times 10^{-2} \times (1.8 \times 10^{-5})^3 = 2.9 \times 10^{-16} > K_{sp,Fe(OH)_3}^{\ominus}$$

所以有 $Fe(OH)_3$ 沉淀生成。

6.3.3 沉淀溶解

根据溶度积规则，当 $Q < K_{sp}^{\ominus}$ 时，沉淀将会溶解。在大多数情况下，可以通过化学反应来降低已达平衡的某一离子的浓度，从而达到沉淀溶解的目的。常用的方法有生成弱电解质，氧化还原溶解和配位溶解。

(1) 生成弱电解质

① 生成弱酸 一些难溶的弱酸盐，如碳酸盐、醋酸盐和一些硫化物，与强酸作用，其弱酸根离子生成弱酸，则平衡体系中弱酸根离子的浓度降低，致使 $Q < K_{sp}^{\ominus}$，平衡向沉淀溶解方向移动。例如 $CaCO_3$ 沉淀在 HCl 溶液中的溶解，体系中存在下列平衡：

$$CaCO_3 \rightleftharpoons Ca^{2+} + CO_3^{2-} \qquad K_1^{\ominus} = K_{sp,CaCO_3}^{\ominus}$$

$$CO_3^{2-} + H_3O^+ \rightleftharpoons HCO_3^- + H_2O \qquad K_2^{\ominus} = \frac{1}{K_{a2}^{\ominus}}$$

$$HCO_3^- + H_3O^+ \rightleftharpoons H_2CO_3 + H_2O \qquad K_3^{\ominus} = \frac{1}{K_{a1}^{\ominus}}$$

溶解反应：$CaCO_3 + 2H_3O^+ \rightleftharpoons Ca^{2+} + H_2CO_3 + 2H_2O \qquad K^{\ominus} = K_1^{\ominus} K_2^{\ominus} K_3^{\ominus} = \frac{K_{sp,CaCO_3}^{\ominus}}{K_{a1}^{\ominus} K_{a2}^{\ominus}}$

H_3O^+ 与 CO_3^{2-} 结合生成 HCO_3^- 和 H_2CO_3，生成的 H_2CO_3 极不稳定，分解为 CO_2 和 H_2O，CO_2 易挥发，又有利于 CO_3^{2-} 浓度降低。因此，若加入足够量的盐酸，就能达到 $CaCO_3$ 溶解的目的。

② 生成弱碱 如 $Mg(OH)_2$ 在铵盐溶液中的溶解：

$$Mg(OH)_2 \rightleftharpoons Mg^{2+} + 2OH^- \qquad K_1^{\ominus} = K_{sp,Mg(OH)_2}^{\ominus}$$

$$OH^- + NH_4^+ \rightleftharpoons NH_3 + H_2O \qquad K_2^{\ominus} = \frac{1}{K_{b,NH_3}^{\ominus}}$$

溶解反应：$Mg(OH)_2 + 2NH_4^+ \rightleftharpoons Mg^{2+} + 2NH_3 \cdot H_2O \qquad K^{\ominus} = K_1^{\ominus}(K_2^{\ominus})^2 = \frac{K_{sp,Mg(OH)_2}^{\ominus}}{(K_{b,NH_3}^{\ominus})^2}$

NH_4^+ 与 OH^- 反应生成难离解的弱碱 $NH_3 \cdot H_2O$，降低了 OH^- 浓度，平衡向沉淀溶解方向移动。

③ 生成水 一些难溶的金属氢氧化物和酸作用，因生成水而溶解。如：

$$Fe(OH)_3 \rightleftharpoons Fe^{3+} + 3OH^- \qquad K_1^{\ominus} = K_{sp,Fe(OH)_3}^{\ominus}$$

$$OH^- + H^+ \rightleftharpoons H_2O \qquad K_2^{\ominus} = \frac{1}{K_w^{\ominus}}$$

溶解反应：$Fe(OH)_3 + 3H^+ \rightleftharpoons Fe^{3+} + 3H_2O \qquad K^{\ominus} = K_1^{\ominus}(K_2^{\ominus})^3 = \frac{K_{sp,Fe(OH)_3}^{\ominus}}{(K_w^{\ominus})^3}$

可见，生成弱电解质的溶解反应的平衡常数与难溶电解质的溶度积及弱电解质的离解常数有关。难溶电解质的溶度积越大，生成的弱电解质离解常数越小，越易溶解。如 ZnS 和 CuS，因 $K_{sp,CuS}^{\ominus}$ 比 $K_{sp,ZnS}^{\ominus}$ 小得多，故 ZnS 能溶于稀 HCl，而 CuS 在浓 HCl 中都不溶。在定性分析中，硫化氢系统就是据此进行溶液中离子的分离。又如 $Al(OH)_3$ 和 $Fe(OH)_3$ 不能溶于铵盐,但能溶于酸。这是由于它们与酸反应生成水,而与铵盐反应生成氨,水是比氨水更弱的电解质。

【例 6-6】 试通过计算说明 0.1mol ZnS 可溶于 1L 1mol·L^{-1} 的盐酸溶液,而同样量的 SnS 沉淀不能完全溶解于 1L 1mol·L^{-1} 的盐酸溶液。(已知:H_2S 的 $K_{a1}^{\ominus}=1.1\times10^{-7}$,$K_{a2}^{\ominus}=1.3\times10^{-13}$,$K_{sp,ZnS}^{\ominus}=2.5\times10^{-22}$,$K_{sp,SnS}^{\ominus}=1.0\times10^{-25}$)

解 设平衡时 ZnS 溶解 x mol,其反应如下:

$$ZnS + 2H^+ \rightleftharpoons Zn^{2+} + H_2S$$

平衡浓度/mol·L^{-1} $1-2x$ x x

$$K^{\ominus}=\frac{K_{sp,ZnS}^{\ominus}}{K_{a1}^{\ominus}K_{a2}^{\ominus}}=\frac{2.5\times10^{-22}}{1.1\times10^{-7}\times1.3\times10^{-13}}=1.7\times10^{-2}$$

$$K^{\ominus}=\frac{[Zn^{2+}][H_2S]}{[H^+]^2}=\frac{x^2}{(1-2x)^2}=1.7\times10^{-2}$$

解之:$x=0.1$(mol),所以 0.1mol ZnS 可溶于 1L 1mol·L^{-1} 的盐酸溶液。

同理:
$$SnS + 2H^+ \rightleftharpoons Sn^{2+} + H_2S$$

$$K^{\ominus}=\frac{K_{sp,SnS}^{\ominus}}{K_{a1}^{\ominus}K_{a2}^{\ominus}}=\frac{1.0\times10^{-25}}{1.1\times10^{-7}\times1.3\times10^{-13}}=7.0\times10^{-6}$$

$$K^{\ominus}=\frac{[Sn^{2+}][H_2S]}{[H^+]^2}=\frac{x^2}{(1-2x)^2}=7.0\times10^{-6}$$

解之:$x=2.6\times10^{-3}$(mol),所以 0.1mol SnS 在 1L 1mol·L^{-1} 的盐酸溶液中仅溶解了 2.6%,基本没溶解。

【例 6-7】 将 0.5L 0.2mol·L^{-1} 的 $MgCl_2$ 溶液与 0.5L 0.1mol·L^{-1} 的氨水混合,为了使溶液不析出 $Mg(OH)_2$ 沉淀,在溶液中至少加入多少克固体 NH_4Cl?(不考虑加入固体 NH_4Cl 后溶液体积的变化,已知:$K_{sp,Mg(OH)_2}^{\ominus}=5.6\times10^{-12}$,$K_{b,NH_3}^{\ominus}=1.8\times10^{-5}$)

解 溶液混合后,Mg^{2+} 浓度为 0.1mol·L^{-1},NH_3 的浓度为 0.05mol·L^{-1}

设至少加入 x mol 固体 NH_4Cl,其反应如下:

$$Mg^{2+} + 2NH_3 + 2H_2O \rightleftharpoons Mg(OH)_2 + 2NH_4^+$$

$$K^{\ominus}=\frac{(K_{b,NH_3}^{\ominus})^2}{K_{sp,Mg(OH)_2}^{\ominus}}=\frac{(1.8\times10^{-5})^2}{5.6\times10^{-12}}=57.9$$

$$J=\frac{c_{NH_4^+}^2}{c_{Mg^{2+}}c_{NH_3}^2}=\frac{x^2}{0.1\times(0.05)^2}\geqslant 57.9$$

解之:$x\geqslant 0.12$(mol),至少加入固体 NH_4Cl 的质量为:

$$0.12\times 53.5=6.42(g)$$

(2) 氧化还原溶解

若难溶电解质的组成离子具有还原性,用强氧化性的试剂可使沉淀溶解。例如一些很难溶的金属硫化物如 CuS、Ag_2S,因其溶度积很小,即使加入较高浓度的强酸,也不能将它们溶解,针对这种状况,可利用氧化性酸,如硝酸,通过氧化还原反应使 S^{2-} 生成单质硫,降低了 S^{2-} 浓度,从而使难溶硫化物溶解。其溶解反应如下:

$$3CuS + 8HNO_3 \rightleftharpoons 3Cu(NO_3)_2 + 3S\downarrow + 2NO\uparrow + 4H_2O$$
$$3Ag_2S + 8HNO_3 \rightleftharpoons 6AgNO_3 + 3S\downarrow + 2NO\uparrow + 4H_2O$$

(3) 配位溶解

所谓配位溶解就是利用某些试剂与沉淀所离解的阳离子形成稳定的配合物,从而使沉淀

溶解。例如在冲洗照相底片时,要使底片上未曝光的 AgBr 被洗去,可加入 $Na_2S_2O_3$ 溶液,其反应式为:

$$AgBr(s) + 2S_2O_3^{2-} \rightleftharpoons [Ag(S_2O_3)_2]^{3-} + Br^-$$

由于生成了稳定的配合物,使溶液中银离子浓度降低,AgBr 的沉淀溶解平衡朝溶解方向移动。

又如 HgS 不溶于盐酸,不溶于硝酸,但溶于王水,因为 HNO_3 可将 S^{2-} 氧化为单质硫,HCl 中的 Cl^- 可与 Hg^{2+} 结合生成稳定的 $[HgCl_4]^{2-}$ 配离子,使 HgS 溶于王水。

$$3HgS + 12HCl + 2HNO_3 \rightleftharpoons 3H_2[HgCl_4] + 3S\downarrow + 2NO\uparrow + 4H_2O$$

6.3.4 分步沉淀

以上讨论的是一种离子与一种沉淀剂的反应,而在实际工作中,常常会遇到体系中同时存在多种离子,这些离子可能与加入的某一沉淀剂均发生沉淀反应,生成难溶电解质,这些难溶电解质可能先后生成,也可能同时生成。例如在含有相近浓度的 Cl^-、I^- 混合溶液中,逐滴加入 $AgNO_3$ 溶液。根据溶度积规则,开始生成 AgI 黄色沉淀,加到一定量的 $AgNO_3$ 溶液后才开始生成 AgCl 白色沉淀,这种在沉淀剂慢慢加入的条件下,不同沉淀先后生成的现象叫作分步沉淀(fractional precipitation)。

【例 6-8】 某溶液体系中含有 CrO_4^{2-} 和 Cl^-,它们的浓度均为 0.010mol·L^{-1}。若逐滴加入 $AgNO_3$ 溶液,试问哪一种离子先沉淀?能否利用分步沉淀的方法将二者分离?(已知:$K_{sp,Ag_2CrO_4}^{\ominus} = 2.0 \times 10^{-12}$,$K_{sp,AgCl}^{\ominus} = 1.8 \times 10^{-10}$)

解 Ag_2CrO_4 开始沉淀时所需的 Ag^+ 的浓度为:

$$[Ag^+] = \sqrt{\frac{K_{sp,Ag_2CrO_4}^{\ominus}}{[CrO_4^{2-}]}} = \sqrt{\frac{2.0 \times 10^{-12}}{0.010}} = 1.4 \times 10^{-5} (\text{mol·L}^{-1})$$

AgCl 开始沉淀时所需的 Ag^+ 的浓度为:

$$[Ag^+] = \frac{K_{sp,AgCl}^{\ominus}}{[Cl^-]} = \frac{1.8 \times 10^{-10}}{0.010} = 1.8 \times 10^{-8} (\text{mol·L}^{-1})$$

由上述计算可知,AgCl 开始沉淀所需的 Ag^+ 浓度小,所以 AgCl 先沉淀,Ag_2CrO_4 开始沉淀时溶液中残留的 Cl^- 浓度为:

$$[Cl^-] = \frac{K_{sp,AgCl}^{\ominus}}{[Ag^+]} = \frac{1.8 \times 10^{-10}}{1.4 \times 10^{-5}} = 1.3 \times 10^{-5} (\text{mol·L}^{-1})$$

计算结果表明当 Ag_2CrO_4 开始沉淀时,Cl^- 已基本上沉淀完全,利用分步沉淀可将二者分离。

分步沉淀常用于离子的分离、物质的提纯等方面。

【例 6-9】 在粗制的 $CuSO_4$ 溶液中往往含有少量的 Fe^{3+},问在 0.10mol·L^{-1} 的 $CuSO_4$ 溶液中,应控制溶液的 pH 值为多少时,才能除去 Fe^{3+}。已知 $K_{sp,Cu(OH)_2}^{\ominus} = 2.2 \times 10^{-20}$,$K_{sp,Fe(OH)_3}^{\ominus} = 2.79 \times 10^{-39}$。

解 理想的 pH 范围应使离子 Fe^{3+} 沉淀完全而 Cu^{2+} 不沉淀。Cu^{2+} 开始沉淀的 OH^- 的浓度为:

$$[OH^-] = \sqrt{\frac{K_{sp,Cu(OH)_2}^{\ominus}}{[Cu^{2+}]}} = \sqrt{\frac{2.2 \times 10^{-20}}{0.10}} = 4.7 \times 10^{-10} (\text{mol·L}^{-1})$$

pOH = 9.33, pH = 4.67

Fe^{3+} 沉淀完全时 OH^- 的浓度为:

$$[OH^-] = \sqrt[3]{\frac{K_{sp,Fe(OH)_3}^{\ominus}}{[Fe^{3+}]}} = \sqrt[3]{\frac{2.79 \times 10^{-39}}{1 \times 10^{-5}}} = 6.5 \times 10^{-12} (\text{mol·L}^{-1})$$

$pOH = 11.19$, $pH = 2.81$

因此，溶液中应控制 $2.81 < pH < 4.67$，实际上提纯 $CuSO_4$，pH 控制在 3.0~4.0 之间以除去 Fe^{3+}。

6.3.5 沉淀的转化

在含有某一沉淀的溶液中加入另一种适当的沉淀剂，而使一种沉淀转化为另一种沉淀的过程称为沉淀的转化（precipitation translation）。例如工业锅炉水垢中含有部分 $CaSO_4$，可用 Na_2CO_3 溶液处理，使之转化为 $CaCO_3$ 沉淀，$CaCO_3$ 易溶于稀 HCl，可用稀 HCl 除去水垢。沉淀转化反应为：

$$CaSO_4(s) + CO_3^{2-}(aq) \rightleftharpoons CaCO_3(s) + SO_4^{2-}(aq)$$

该反应的平衡常数为：

$$K^{\ominus} = \frac{[SO_4^{2-}]}{[CO_3^{2-}]} = \frac{K_{sp,CaSO_4}^{\ominus}}{K_{sp,CaCO_3}^{\ominus}} = \frac{9.1 \times 10^{-6}}{2.9 \times 10^{-9}} = 3.1 \times 10^3$$

转化反应的平衡常数值很大，所以当加入沉淀剂 Na_2CO_3 时，易生成 $CaCO_3$ 沉淀。

一般来说，两种沉淀的溶度积比较接近或将溶度积大的沉淀转化为溶度积小的沉淀比较容易实现。

【例 6-10】 将 0.100mol 的 $BaSO_4$ 固体加入 1.00L 的 Na_2CO_3 溶液中，搅拌使之达到平衡，问 $BaSO_4$ 全部转化为 $BaCO_3$ 所需 Na_2CO_3 溶液的最低浓度？（忽略体积的变化，已知：$K_{sp,BaSO_4}^{\ominus} = 1.05 \times 10^{-10}$，$K_{sp,BaCO_3}^{\ominus} = 2.60 \times 10^{-9}$）

解 设所需 Na_2CO_3 溶液的最低浓度为 x mol·L^{-1}。其转化反应为：

$$BaSO_4(s) + CO_3^{2-}(aq) \rightleftharpoons BaCO_3(s) + SO_4^{2-}(aq)$$

平衡浓度/mol·L^{-1} $x - 0.100$ 0.100

$$K^{\ominus} = \frac{K_{sp,BaSO_4}^{\ominus}}{K_{sp,BaCO_3}^{\ominus}} = \frac{1.05 \times 10^{-10}}{2.60 \times 10^{-9}} = 0.0404$$

$$K^{\ominus} = \frac{[SO_4^{2-}]}{[CO_3^{2-}]} = \frac{0.100}{x - 0.100} = 0.0404$$

解之：$x = 2.58 (mol·L^{-1})$

思 考 题

1. 离子积和溶度积有何区别与联系。
2. 若要比较难溶电解质溶解度的大小，是否可直接根据它们的溶度积的大小进行比较？
3. 比较 $BaSO_4$ 在纯水、K_2SO_4、KNO_3 溶液中的溶解度大小。
4. "沉淀完全"的标准是什么？
5. 举例说明要使沉淀溶解，可以采用哪些措施。
6. 写出下列物质的溶度积表达式：$BaCO_3$，CaF_2，Ag_2CrO_4，$AgBr$。
7. 化工生产中除铁时，往往是先加氧化剂而后调 pH，使铁以 $Fe(OH)_3$ 形式沉淀而除去，试述其理由。
8. 解释 CaC_2O_4 在 pH=2 的溶液中较 pH=4 的溶液中溶解度大。
9. 在草酸溶液中加入 $CaCl_2$，溶液中产生 CaC_2O_4 沉淀，当过滤后加氨水于滤液中又产生 CaC_2O_4 沉淀，请解释上述实验现象。
10. 在 10mL 0.1mol·L^{-1} $CuSO_4$ 溶液中，加入 1mL CdS 的饱和溶液，是否有沉淀生成？为什么？
11. 选择题

（1）在含 S^{2-} 为 0.01mol·L^{-1} 的溶液中，加入铋盐不产生沉淀时，可能达到的最大 Bi^{3+} 浓度是（　　）。（$K_{sp,Bi_2S_3}^{\ominus} = 1.0 \times 10^{-70}$）

A. 1.0×10^{-72} mol·L^{-1} B. 1.0×10^{-68} mol·L^{-1}
C. 1.0×10^{-34} mol·L^{-1} D. 1.0×10^{-32} mol·L^{-1}

(2) 将 10mL 0.1mol·L^{-1} MgCl$_2$ 和 10mL 0.01mol·L^{-1} 氨水相混合，将出现下列中哪一种情况？（　　）[已知 $K_{sp,Mg(OH)_2}^{\ominus}=1.2 \times 10^{-11}$，$K_{b,NH_3}^{\ominus}=1.8 \times 10^{-5}$]
A. $Q < K_{sp}^{\ominus}$ B. $Q = K_{sp}^{\ominus}$ C. $Q > K_{sp}^{\ominus}$ D. $Q \leqslant K_{sp}^{\ominus}$

(3) 现有 100mL 溶液，其中含 0.001mol Cl$^-$ 和 0.001mol CrO$_4^{2-}$，若逐滴加入 AgNO$_3$ 溶液时出现的现象是（　　）。（$K_{sp,AgCl}^{\ominus}=1.8 \times 10^{-10}$，$K_{sp,Ag_2CrO_4}^{\ominus}=2.0 \times 10^{-12}$）
A. AgCl 先沉淀，另一后沉淀 B. Ag$_2$CrO$_4$ 先沉淀，另一后沉淀
C. 仅可能出现 AgCl 沉淀 D. 仅可能出现 Ag$_2$CrO$_4$ 沉淀

(4) 假定 Sb$_2$S$_3$ 的溶解度为 x，则 Sb$_2$S$_3$ 的溶度积应为下列表示中的哪一个？（　　）
A. $K_{sp}^{\ominus}=x^2 \cdot x^3 = x^5$ B. $K_{sp}^{\ominus}=2x \cdot 3x = 6x^2$
C. $K_{sp}^{\ominus}=x \cdot x = x^2$ D. $K_{sp}^{\ominus}=(2x)^2 \cdot (3x)^3 = 108x^5$

(5) 一种难溶的 Fe^{3+} 盐在水溶液中电离式为 Fe$_2$X$_3$(s) ⇌ 2Fe^{3+}(aq) + 3X^{2-}(aq)，若此盐的溶度积为 $K_{sp}^{\ominus}$，平衡时水中的 [Fe^{3+}] 应等于（　　）。
A. $\sqrt{K_{sp}^{\ominus}}$ B. $\sqrt{\dfrac{2}{3}K_{sp}^{\ominus}}$ C. $\sqrt[5]{\dfrac{8}{27}K_{sp}^{\ominus}}$ D. $\sqrt[3]{\dfrac{2}{3}K_{sp}^{\ominus}}$

(6) 欲使 0.1mol 的 ZnS 溶解于 1L 盐酸中，则盐酸的最低浓度必须是（　　）mol·L^{-1}。（已知：$K_{sp,ZnS}^{\ominus}=2.5 \times 10^{-22}$，H$_2$S 的离解常数为 $K_{a1}^{\ominus}=1.1 \times 10^{-7}$，$K_{a2}^{\ominus}=1.3 \times 10^{-13}$）
A. 0.97 B. 0.77 C. 9.7 D. 0.077

(7) 向含有 1.0×10^{-3} mol·L^{-1} I$^-$ 和 Cl$^-$ 的溶液中逐滴加入 AgNO$_3$，则（　　）。（已知：$K_{sp,AgCl}^{\ominus}=1.8 \times 10^{-10}$，$K_{sp,AgI}^{\ominus}=8.5 \times 10^{-17}$）
A. 首先析出 AgCl 沉淀
B. 开始时两种沉淀同时析出，最终为 AgCl 沉淀
C. 开始时两种沉淀同时析出，最终为 AgI 沉淀
D. 不再生成 AgI 沉淀时，开始析出 AgCl 沉淀

(8) 将 CaCO$_3$ 溶于醋酸中，其溶解反应的平衡常数为（　　）。
A. $K^{\ominus}=\dfrac{K_{sp,CaCO_3}^{\ominus} K_{a1,H_2CO_3}^{\ominus} K_{a2,H_2CO_3}^{\ominus}}{K_{a,HAc}^{\ominus}}$ B. $K^{\ominus}=\dfrac{K_{a1,H_2CO_3}^{\ominus} K_{a2,H_2CO_3}^{\ominus}}{K_{sp,CaCO_3}^{\ominus} K_{a,HAc}^{\ominus}}$
C. $K^{\ominus}=\dfrac{K_{sp,CaCO_3}^{\ominus} (K_{a,HAc}^{\ominus})^2}{K_{a1,H_2CO_3}^{\ominus} K_{a2,H_2CO_3}^{\ominus}}$ D. $K^{\ominus}=\dfrac{K_{sp,CaCO_3}^{\ominus} K_{a1,H_2CO_3}^{\ominus} K_{a2,H_2CO_3}^{\ominus}}{(K_{a,HAc}^{\ominus})^2}$

(9) AgCl 在下列哪种溶液中溶解度最小？（　　）
A. 纯水 B. 0.01mol·L^{-1} 的 CaCl$_2$ 溶液
C. 0.01mol·L^{-1} 的 NaCl 溶液 D. 0.05mol·L^{-1} 的 AgNO$_3$ 溶液

(10) 在 Ca$_3$(PO$_4$)$_2$ 的饱和溶液中，$c_{Ca^{2+}}=2.0 \times 10^{-6}$ mol·L^{-1}，$c_{PO_4^{3-}}=1.58 \times 10^{-6}$ mol·L^{-1}，则 Ca$_3$(PO$_4$)$_2$ 的 $K_{sp}^{\ominus}$ 为（　　）。
A. 2.0×10^{-29} B. 3.2×10^{-12} C. 6.3×10^{-18} D. 5.1×10^{-27}

12. 填空题

(1) 根据溶度积规则，当_____时，有沉淀生成。

(2) 在有 PbI$_2$ 固体共存的饱和水溶液中加入 KNO$_3$ 固体，PbI$_2$ 的溶解度_____，这种现象叫_____。

(3) 向含有固体 AgI 的饱和溶液中
① 加入固体 AgNO$_3$，则 [I$^-$] 变_____。
② 若改加更多的 AgI，则 [Ag$^+$] 将_____。
③ 若改加 AgBr 固体，则 [I$^-$] 变_____，而 [Ag$^+$] _____。

(4) 欲使沉淀的溶解度增大，可采取_____、_____、_____、_____等措施。

习 题

6.1 已知 25℃时 PbI_2 的溶解度为 $1.29×10^{-3}$ mol·L^{-1}，求 PbI_2 的 $K_{sp}^{\ominus}$。

6.2 已知 $K_{sp,Mg(OH)_2}^{\ominus} = 5.61×10^{-12}$，计算：

(1) $Mg(OH)_2$ 在水中的溶解度；

(2) $Mg(OH)_2$ 在 $0.01 mol·L^{-1} MgCl_2$ 溶液中的溶解度。

6.3 $FeCO_3$ 和 CaF_2 的溶度积分别为 $3.13×10^{-11}$ 和 $3.45×10^{-11}$。试计算各物质的溶解度（以物质的量浓度表示）。两物质的溶度积虽然很接近，但为什么它们的溶解度却相差很大？

6.4 一溶液中含有 Fe^{3+} 和 Fe^{2+}，它们的浓度都是 $0.050 mol·L^{-1}$。如果要求 Fe^{3+} 沉淀完全而 Fe^{2+} 不生成沉淀 $Fe(OH)_2$，需控制 pH 为何值？

6.5 溶液中 Cl^- 浓度为 $0.10 mol·L^{-1}$，为了保证在逐滴加入 $AgNO_3$ 时，当 Cl^- 刚好沉淀完全的同时生成 Ag_2CrO_4 沉淀，溶液中 CrO_4^{2-} 浓度为多少？

6.6 要使 $0.10 mol Mg(OH)_2$ 全部溶解在 $1.0L NH_4Cl$ 溶液中，NH_4Cl 溶液的最低浓度为多少？

6.7 在下列溶液中通入 H_2S 气体至饱和，分别计算溶液中残留的 Cu^{2+} 的浓度。

(1) $0.10 mol·L^{-1} CuSO_4$；

(2) $0.10 mol·L^{-1} CuSO_4$ 与 $1.0 mol·L^{-1} HCl$ 的混合溶液。

6.8 一种混合溶液中含有 $3.0×10^{-2} mol·L^{-1} Pb^{2+}$ 和 $2.0×10^{-2} mol·L^{-1} Cr^{3+}$，若向其中逐滴加入浓 NaOH 溶液（忽略溶液体积的变化），Pb^{2+} 与 Cr^{3+} 均有可能形成氢氧化物沉淀。问：

(1) 哪种离子先被沉淀？

(2) 若要分离这两种离子，溶液的 pH 值应控制在什么范围？

6.9 欲溶解 $0.010 mol MnS$，需要 1.0L 多大浓度的 HAc？

6.10 往 $Cd(NO_3)_2$ 溶液中通入 H_2S，生成 CdS 沉淀。要使溶液中所剩 Cd^{2+} 浓度不超过 $2.0×10^{-6}$ mol·L^{-1}，计算溶液允许的最大酸度。

6.11 往含有浓度为 $0.10 mol·L^{-1}$ 的 $MnSO_4$ 溶液中滴加 Na_2S 溶液，试问是先生成 MnS 沉淀，还是先生成 $Mn(OH)_2$ 沉淀？

6.12 以 Na_2CO_3 溶液处理 $BaCrO_4$ 沉淀，通过计算说明 $BaCrO_4$ 沉淀转变成 $BaCO_3$ 沉淀所需的条件。

6.13 在 1L $0.20 mol·L^{-1}$ $ZnSO_4$ 溶液中含有 Fe^{2+} 杂质。加氧化剂将 Fe^{2+} 氧化成 Fe^{3+} 后，调节 pH 生成 $Fe(OH)_3$ 除去杂质，问如何控制溶液的 pH？

6.14 在 1.00L $0.010 mol·L^{-1}$ 的 NaCl 溶液中，加入 5g $Pb(NO_3)_2$，试问溶液中是否有沉淀生成。

6.15 于含有 $0.10 mol·L^{-1}$ Zn^{2+} 和 $0.10 mol·L^{-1}$ Cd^{2+} 的溶液中通入 H_2S 气体至饱和（H_2S 浓度为 $0.10 mol·L^{-1}$），问：

(1) 哪一种沉淀先析出？

(2) 为使 Cd^{2+} 沉淀完全，需控制溶液的 pH 值为多少？此时有无 ZnS 沉淀生成？

6.16 当 $CaSO_4$ 溶于水后，建立如下平衡：

(1) $CaSO_4(s) \rightleftharpoons CaSO_4(aq)$ $K_1^{\ominus} = 6.0×10^{-3}$

(2) $CaSO_4(aq) \rightleftharpoons Ca^{2+}(aq) + SO_4^{2-}(aq)$ $K_2^{\ominus} = 5.0×10^{-3}$

试求：(1) $CaSO_4(aq)$ 和 $Ca^{2+}(aq)$、$SO_4^{2-}(aq)$ 的浓度；

(2) 固体 $CaSO_4$ 溶于 1L 水中的物质的量；

(3) 将 (1) 的答案与用 $CaSO_4$ 的 $K_{sp,CaSO_4}^{\ominus} = 3.0×10^{-5}$ 直接计算得到的溶解度进行比较。

6.17 用 Na_2CO_3 处理 AgI，能否使之转化为 Ag_2CO_3？

6.18 试通过计算说明，向含有 Ag_2CrO_4 固体的溶液中加入 KI 溶液有何现象？

第 7 章 氧化还原反应及电化学基础

根据反应前后，元素氧化数是否发生变化，可把化学反应分为氧化还原反应和非氧化还原反应两大类。氧化还原反应在无机化学中是一类重要的反应。它在化工、冶金生产上常常涉及，也是化学热能或电能的来源之一。

利用自发氧化还原反应产生电流的装置叫原电池（galvanic cell）；利用电流促使非自发氧化还原反应发生的装置叫电解池（potlines）。原电池和电解池统称为化学电池（chemical battery）。研究化学电池中氧化还原反应过程以及电能和化学能相互转化的科学称为电化学。

本章重点讨论氧化还原反应的本质和特点，并着重围绕电极电势及其应用、影响电极电势的因素进行讨论，从而掌握氧化还原反应的方向和进行的程度。

7.1 氧化还原反应的基本概念

7.1.1 氧化数

氧化还原反应（redox reaction）的特征是反应前后元素化合价有变化。这种变化的实质是反应物之间电子转移的结果。所谓"电子转移"即电子得失，也指电子偏移。由于利用化合价来说明氧化和还原时，对于一些结构不易确定，组成复杂、特殊的化合物，常会遇到其组成元素的化合价往往不易确定的困难，于是在化合价的基础上，人们引入了氧化数的概念。氧化数（oxidation number）也称氧化值或氧化态。1970 年国际纯化学和应用化学联合会对氧化数进行了严格的阐述：氧化数是某元素一个原子的荷电数。这种荷电数由假设把每个键中的电子指定给电负性较大的原子而求得。通俗地讲，氧化数是指某元素的一个原子在特定形式下所带的电荷数。例如在 KCl 分子中氯元素的电负性比钾大，成键电子对指定给电负性大的氯原子，所以氯原子获得一个电子，氧化数为 -1，钾的氧化数为 $+1$；在 H_2O 分子中，两对成键电子都指定给电负性大的氧原子所有，因而氧的氧化数为 -2，氢的氧化数为 $+1$。氧化数的概念与化合价不同，后者只能是整数，而氧化数可以是分数。这样，就能利用氧化数的变化来定义氧化和还原，即：氧化是氧化数升高的过程，还原是氧化数降低的过程。

确定氧化数的规则如下。

① 单质（elementary substance）中元素的氧化数为零。

② 氧在化合物中的氧化数一般为 -2。在过氧化物（如 H_2O_2、Na_2O_2）中为 -1；在超氧化物（如 KO_2）中为 $-\dfrac{1}{2}$；在臭氧化物（如 KO_3）中为 $-\dfrac{1}{3}$；在二氟化物（如 OF_2）中为 $+2$。

③ 氢在化合物中的氧化数一般为 $+1$。在与活泼金属生成的离子型氢化物（如 NaH、CaH_2）中为 -1。

④ 碱金属和碱土金属在化合物中的氧化数分别为 $+1$ 和 $+2$；氟的氧化数是 -1。

⑤ 在离子型化合物中，元素原子的氧化数等于该元素原子的离子电荷数。例如：NaCl 中 Na 的氧化数为 $+1$，Cl 的氧化数为 -1。

⑥ 在共价化合物中，共用电子对偏向于电负性大的元素的原子，两原子的表观电荷数即为它们的氧化数。例如：HCl 中，H 原子形式上可认为它带一个单位正电荷，Cl 原子形

式上带一个单位的负电荷，即 H 的氧化数为+1，Cl 为-1。

⑦ 在任何化合物分子中各元素氧化数的代数和都等于零；在多原子离子中各元素氧化数的代数和等于该离子所带电荷数。

氧化数可为整数，但也可能是分数或小数。例如，Fe_3O_4 中 Fe 的平均氧化数为 $+\frac{8}{3}$；在 $Na_2S_4O_6$ 中，O 的氧化数为-2，则 S 的平均氧化数为+2.5。

注意：氧化数和化合价之间既有联系又有区别。化合价指的是相结合的原子个数比，不仅表示化合力，还表示离子电荷数、共价数、配位数，使用范围广泛。而氧化数表示元素在化合态时的形式电荷数，是人为的、经验的、按一定规则所指定的一个数值。在数值上，对离子型化合物，两者一致，而在共价化合物中两者不同。如在 CH_4、C_2H_4、CCl_4 中，C 元素化合价均为 4，但氧化数却分别为-4、-2、+4。此外，氧化数可以为正数、负数、分数、零，而化合价只可能是不为零的正整数。

7.1.2 氧化还原反应

氧化本来是指物质与氧结合，还原是指从氧化物中去掉氧恢复到未被氧化前的状态的反应，如：

$$Cu(s) + \frac{1}{2}O_2(g) = CuO(s) \qquad （铜的氧化）$$

$$CuO(s) + H_2(g) = Cu(s) + H_2O(l) \qquad （氧化铜的还原）$$

随着该定义的不断扩展，氧化不一定专指与氧结合，和氯、硫、氟等非金属化合也称为氧化。电子的发现，也使得氧化还原的定义得到了进一步的发展。任何一个氧化还原反应也可看成是两个半反应之和，一个半反应失去电子，另一个得到电子。如前面提到的铜被氧化的例子，该反应可被看成是下面两个半反应的结果：

$$Cu(s) + O^{2-} = CuO(s) + 2e^- \qquad (1)$$

$$\frac{1}{2}O_2(g) + 2e^- = O^{2-} \qquad (2)$$

式（1）为氧化反应，在反应中，Cu 失去电子，氧化数由 0 升高至+2，Cu 被氧化，称为还原剂；(2) 是还原反应，在反应中，O_2 得到电子，氧化数由 0 降低至-2，O_2 被还原，称为氧化剂。因此，氧化还原反应是指电子由还原剂向氧化剂转移的反应。需注意的是"转移"并不意味着电子的完全失去。当电子云远离某一原子时，该原子就被氧化，当电子云趋向某一原子时，该原子就被还原。

在半反应中，同一元素的两个不同氧化值的物质组成电对，其中，氧化值较大的物质称为氧化型，氧化值较小的物质称为还原型。通常电对表示成：氧化型/还原型。如（1）式中 CuO/Cu，(2) 式中 O_2/O^{2-}。氧化还原反应是由两个电对构成的反应系统。如：

$$Cu(s) + \frac{1}{2}O_2(g) = CuO(s)$$

7.1.3 氧化还原反应方程式配平

配平氧化还原方程式，首先要知道在反应条件（如温度、压力、介质的酸碱性）下，氧化剂的还原产物和还原剂的氧化产物，然后再根据氧化剂和还原剂氧化数变化相等的原则，或氧化剂和还原剂得失电子数相等的原则进行配平。前者称为氧化数法，后者称为离子-电子法。下面介绍如下。

(1) 氧化数法（oxidation number method）

以高锰酸钾和盐酸反应为例来说明用氧化数法配平氧化还原反应方程式的步骤。

① 根据实验结果写出反应物和生成物的化学式。
$$KMnO_4 + 2HCl \longrightarrow MnCl_2 + Cl_2$$
根据物质的实际存在形式，调整化学式前的系数。如氯气只能以双原子分子的形式存在，因此，HCl 分子前的系数至少为 2。

② 求元素氧化数的变化值。将氧化数有变化的元素的氧化数标出。用生成物的氧化数减去反应物的氧化数，求出氧化剂元素氧化数降低的值和还原剂元素氧化数升高的值。

$$\overset{-5}{KMnO_4 + 2HCl \longrightarrow MnCl_2 + Cl_2}\underset{+2}{}$$

③ 调整系数，使氧化数变化相等。根据氧化剂中氧化数降低的数值和还原剂中氧化数升高的数值必须相等的原则，在氧化剂和还原剂的化学式前，分别乘以相应的系数。

$$\overset{-5\times 2}{KMnO_4 + 2HCl \longrightarrow MnCl_2 + Cl_2}\underset{+2\times 5}{}$$

得到：$2KMnO_4 + 10HCl \longrightarrow 2MnCl_2 + 5Cl_2$

④ 配平氧化数未发生变化的原子数。简称原子数配平，一般用观察法。
$$2KMnO_4 + 16HCl \longrightarrow 2MnCl_2 + 5Cl_2 + 2KCl + 8H_2O$$

配平氧化还原反应方程式的要求：首先，氧化剂和还原剂的氧化数的变化必须相等；其次，方程式两边的原子数必须相等。

【例 7-1】 配平铬铁矿和碳酸钠在空气中煅烧的反应：
$$Fe(CrO_2)_2 + O_2 + Na_2CO_3 \longrightarrow Fe_2O_3 + Na_2CrO_4 + CO_2$$

解
$$\left.\begin{array}{l}Fe \quad 3-2=1 \\ Cr \quad 2\times(6-3)=6\end{array}\right\} 总共升高 7\times 4$$
$$O \quad 2\times(-2-0)=-4 \quad 总共降低 4\times 7$$

根据元素的氧化值的升高降低总数必须相等的原则，得：
$$4Fe(CrO_2)_2 + 7O_2 \longrightarrow 2Fe_2O_3 + 8Na_2CrO_4$$
$$4Fe(CrO_2)_2 + 7O_2 + 8Na_2CO_3 \longrightarrow 2Fe_2O_3 + 8Na_2CrO_4 + 8CO_2$$

(2) 离子-电子法（ion-electronic method）

以重铬酸钾和硫酸亚铁在硫酸溶液中的反应为例，说明用离子电子法配平氧化还原反应方程式的具体步骤。
$$K_2Cr_2O_7 + FeSO_4 + H_2SO_4 \longrightarrow Cr_2(SO_4)_3 + Fe_2(SO_4)_3 + K_2SO_4$$

① 将发生电子转移的反应物和生成物以离子形式（气体、纯液体、固体和弱电解质则写分子式）列出：
$$Cr_2O_7^{2-} + Fe^{2+} \longrightarrow Cr^{3+} + Fe^{3+}$$

② 将氧化还原反应分成两个半反应式。
$$还原：Cr_2O_7^{2-} \longrightarrow 2Cr^{3+}$$
$$氧化：Fe^{2+} \longrightarrow Fe^{3+}$$

③ 配平半反应式，使半反应两边的原子数和电荷数相等。

在配平半反应式时，首先应配平氧原子。反应在酸性介质中进行，配平时在多氧原子的

一边加 H^+,少氧原子的一边加 H_2O。$Cr_2O_7^{2-}$ 中有 7 个 O,需加 14 个 H^+ 和 7 个 O 形成 $7H_2O$,因此在还原半反应式左边加 $14H^+$,右边加 $7H_2O$,这样半反应式两边的原子数相等,然后根据电荷数相等的原则在左边加上 6 个电子,半反应式即配平。

$$Cr_2O_7^{2-} + 14H^+ + 6e^- \longrightarrow 2Cr^{3+} + 7H_2O$$

氧化半反应式中没有氧原子,只需根据电荷相等的原则配平电荷,因此在右边加上一个电子,氧化半反应式即配平。

$$Fe^{2+} \longrightarrow Fe^{3+} + e^-$$

④ 根据氧化剂获得的电子数和还原剂失去的电子数必须相等的原则,求出两个半反应式中得失电子的最小公倍数,将两个半反应式各自乘以相应的系数,然后相加消去电子就可得到配平的离子方程式:

$$
\begin{array}{lr}
Cr_2O_7^{2-} + 14H^+ + 6e^- == 2Cr^{3+} + 7H_2O & \times 1 \\
+)\quad\quad\quad\quad Fe^{2+} == Fe^{3+} + e^- & \times 6 \\
\hline
Cr_2O_7^{2-} + 14H^+ + 6Fe^{2+} == 2Cr^{3+} + 6Fe^{3+} + 7H_2O &
\end{array}
$$

⑤ 在离子反应式中添上不参加反应的反应物和生成物的离子,并写出相应的分子式,就得到配平的分子方程式:

$$K_2Cr_2O_7 + 6FeSO_4 + 7H_2SO_4 == Cr_2(SO_4)_3 + 3Fe_2(SO_4)_3 + K_2SO_4 + 7H_2O$$

在配平半反应时,氧原子的配平方法是:酸性介质中,在氧原子多的一边加 H^+,每多一个氧原子加两个 H^+,在另一边加一个 H_2O;碱性介质中,在氧原子少的一边加 OH^-,每少一个氧原子加两个 OH^-,在另一边加 1 个 H_2O。

注意:在同一方程式中 H^+ 和 OH^- 不能同时出现。

【例 7-2】 配平反应:$Al + NO_3^- \longrightarrow [Al(OH)_4]^- + NH_3$

解

$$
\begin{array}{lr}
Al + 4OH^- == [Al(OH)_4]^- + 3e^- & \times 8 \\
+)NO_3^- + 6H_2O + 8e^- == NH_3 + 9OH^- & \times 3 \\
\hline
8Al + 3NO_3^- + 5OH^- + 18H_2O == 8[Al(OH)_4]^- + 3NH_3 &
\end{array}
$$

在例 7-2 中,配平半反应:$NO_3^- \longrightarrow NH_3$ 时,右边少 3 个氧原子应加上 6 个 OH^-,而 NH_3 有 3H 需要 3 个 OH^-,因此右边共需 9 个 OH^-,左边应加上 6 个 H_2O。

【例 7-3】 配平反应:$ClO^- + Fe(OH)_3 \longrightarrow Cl^- + FeO_4^{2-}$

解

$$
\begin{array}{lr}
Fe(OH)_3 + 5OH^- == FeO_4^{2-} + 4H_2O + 3e^- & \times 2 \\
+)ClO^- + H_2O + 2e^- == Cl^- + 2OH^- & \times 3 \\
\hline
3ClO^- + 2Fe(OH)_3 + 4OH^- == 3Cl^- + 2FeO_4^{2-} + 5H_2O &
\end{array}
$$

在例 7-3 中,配平半反应:$Fe(OH)_3 \longrightarrow FeO_4^{2-}$ 时,左边少 4 个氧原子(先不考虑 OH^- 中的氧原子)应加上 8 个 OH^-,因已有 3 个 OH^-,故只需加上 5 个 OH^-,在右边加上 4 个 H_2O。

【例 7-4】 在 H_2SO_4 介质中,配平反应:

$$KMnO_4 + C_6H_{12}O_6 \longrightarrow MnSO_4 + 6CO_2 + K_2SO_4$$

解

$$
\begin{array}{lr}
MnO_4^- + 8H^+ + 5e^- == Mn^{2+} + 4H_2O & \times 24 \\
+)\quad C_6H_{12}O_6 + 6H_2O == 6CO_2 + 24H^+ + 24e^- & \times 5 \\
\hline
24MnO_4^- + 5C_6H_{12}O_6 + 72H^+ == 24Mn^{2+} + 30CO_2 + 66H_2O &
\end{array}
$$

$$24KMnO_4 + 5C_6H_{12}O_6 + 36H_2SO_4 \Longrightarrow 24MnSO_4 + 30CO_2 + 66H_2O + 12K_2SO_4$$

在例 7-4 中，配平半反应：$C_6H_{12}O_6 \longrightarrow 6CO_2$ 时，应不考虑左边的氧原子，因 $C_6H_{12}O_6$ 可看作 $C_6(H_2O)_6$，所以右边多 12 个氧原子，需加上 $24H^+$，在左边加上 6 个 H_2O。

用离子-电子法配平氧化还原反应方程式的一个优点就是可以不必知道元素的氧化值，在配平半反应时可以确定转移电子数。离子-电子法特别适合配平水溶液中的氧化还原反应，而配平半反应对于氧化还原反应的有关计算是非常重要的。

7.2 原电池

7.2.1 原电池组成和原电池符号

(1) 原电池组成 (galvanic cell composition)

在硫酸铜溶液中放入一锌片，将发生下列氧化还原反应：

$$Zn(s) + Cu^{2+}(aq) \Longrightarrow Zn^{2+}(aq) + Cu(s) \quad \Delta_r H_m^{\ominus}(298K) = -281.66 kJ \cdot mol^{-1}$$

电子直接从锌片传递给铜离子，使 Cu^{2+} 在锌片上还原而析出金属铜，同时锌被氧化为 Zn^{2+}，氧化还原反应中释放的化学能转变成了热能。这一反应也可在图 7-1 所示的装置中分开进行。在两烧杯中分别装入 $ZnSO_4$ 溶液和 $CuSO_4$ 溶液。在 $ZnSO_4$ 溶液中插入锌片，与 $ZnSO_4$ 溶液构成锌电极；在 $CuSO_4$ 溶液中插入铜片，与 $CuSO_4$ 溶液构成铜电极。用盐桥（一个装满饱和 KCl 溶液，并添加琼脂使之成为胶冻状黏稠体的倒置 U 形管）把两个烧杯中的溶液连通起来。当用导线把铜电极和锌电极连接起来时，检流计指针会发生偏转，说明导线中有电流通过，同时 Zn 片开始溶解，Cu 片上有 Cu 沉积上去。这种借助于自发的氧化还原反应将化学能转变成电能

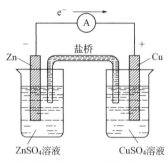

图 7-1 锌铜原电池示意图

的装置称为原电池。

反应发生后，Zn 半电池溶液中，由于 Zn^{2+} 增加，正电荷过剩，Cu 半电池溶液中，由于 Cu^{2+} 减少，SO_4^{2-} 相对增加，负电荷过剩，因此阻碍氧化还原反应的继续进行，不能维持持续的电流。连接两个半电池的盐桥中饱和 KCl 溶液的氯离子向锌半电池运动，钾离子向铜半电池运动，从而使锌盐和铜盐溶液始终维持电中性，使反应不断进行，维持持续的电流。

从电流计指针的偏转方向可知，电子是从锌片流向铜片（电流的方向与电子流动的方向相反）。因此，锌片失去电子发生氧化反应，为原电池负极；而铜片接受电子，使溶液中的铜离子得到电子而析出铜，发生还原反应，为原电池正极。其电极反应如下。

负极，锌电极：　　　　　　　$Zn(s) - 2e^- \longrightarrow Zn^{2+}$

正极，铜电极：　　　　　　　$Cu^{2+} + 2e^- \longrightarrow Cu(s)$

合并两个电极反应，得到原电池中发生的氧化还原反应，称为电池反应 (battery reaction)：

$$Zn(s) + Cu^{2+} \Longrightarrow Zn^{2+} + Cu(s)$$

原电池都是由两个电极和盐桥组成，电极由导体和电对组成。对于没有导体参与氧化或还原反应的电对，如 H^+/H_2、O_2/OH^-、Cl_2/Cl^- 等非金属单质及其相应的离子组成的电对和 Fe^{3+}/Fe^{2+}、Sn^{4+}/Sn^{2+} 等同一种金属离子不同的氧化态构成的电对，必须采用固体导体如铂和石墨协助电子转移。这类导体不参加氧化或还原反应，只起导电作用，因此称为惰性电极 (inert electrode)。理论上任何自发的氧化还原反应都可构成原电池。

(2) 电池符号

原电池的装置可以用符号表示出来。上述铜锌原电池可表示为：

$$(-)\text{Zn}|\text{ZnSO}_4(c_1)\|\text{CuSO}_4(c_2)|\text{Cu}(+)$$

任何原电池的装置都可用电池符号表示,根据 IUPAC1953 年"斯德哥尔摩协约",原电池符号的表示方法如下:

① "|"表示电极导体与电解质溶液之间的相界面,同一相中不同物质之间用","分开。

② "‖"表示盐桥,盐桥两边是相应电极的电解质溶液。

③ 要注明各种离子的浓度(严格地讲要注明活度)和气体分压,并写在括号内。

④ 规定负极写在左边,正极写在右边。

⑤ 当半电池中没有电子导体(金属)时,就必须外加惰性电极作为导体,纯气体、液体和固体,如 $\text{Cl}_2(\text{g})$、$\text{Br}_2(\text{l})$ 和 I_2 要紧靠惰性电极。

【例 7-5】 用电池符号表示电池反应为:

$$2\text{MnO}_4^- + 10\text{Cl}^- + 16\text{H}^+ \rightleftharpoons 2\text{Mn}^{2+} + 5\text{Cl}_2 + 8\text{H}_2\text{O}$$

的原电池装置。

解 电池符号为:

$$(-)\text{Pt}|\text{Cl}_2(p^\ominus)|\text{Cl}^-(c_1)\|\text{MnO}_4^-(c_2),\text{H}^+(c_3),\text{Mn}^{2+}(c_4)|\text{Pt}(+)$$

7.2.2 电极类型

根据组成电极各物质的特点,把电极分为四种类型。

(1) 金属-金属离子电极(metal-metal ion electrode)

将金属插入其盐的溶液中,金属即作为导体,又作为组成电对的物质,如锌电极。

电极反应: $\text{Zn}^{2+} + 2e^- \longrightarrow \text{Zn}(s)$

电极符号: $\text{Zn}(s)|\text{Zn}^{2+}(c)$

(2) 气体-离子电极(gas-ion electrode)

用固体导体吸附气体,并浸入到含有该气体对应离子的溶液中,固体导体不与气体和溶液发生反应,如铂、石墨等,也称这样的固体导体为惰性导电体(或惰性电极)。例如氯电极。

电极反应: $\text{Cl}_2 + 2e^- \longrightarrow 2\text{Cl}^-$

电极符号: $\text{Pt}|\text{Cl}_2(p^\ominus)|\text{Cl}^-(c)$

(3) 金属-金属难溶盐电极(metal-metal insoluble salt electrode)

将金属难溶盐涂在对应的金属上,然后浸在与该盐具有相同阴离子的溶液中。该电极又称为难溶盐电极,例如氯化银电极。

电极反应: $\text{AgCl}(s) + e^- \longrightarrow \text{Ag} + \text{Cl}^-$

电极符号: $\text{Ag}|\text{AgCl}(s)|\text{Cl}^-(c)$

注意:氯化银电极和银电极不同,虽然都是银离子获得电子变为银,但银离子的浓度不同。标准氯化银电极是当 $[\text{Cl}^-]=1.0\text{mol}\cdot\text{L}^{-1}$ 时 Ag 与 AgCl 组成的电对,而标准银电极是 $[\text{Ag}^+]=1.0\text{mol}\cdot\text{L}^{-1}$ 时 Ag 与 Ag^+ 组成的电对。

(4) 氧化还原电极(redox electrode)

当电对的氧化型和还原型都是以离子的形式存在于同一种溶液中时,将惰性电极插入到该溶液中就构成了"氧化还原"电极,例如 $\text{Fe}^{3+}/\text{Fe}^{2+}$ 电对。

电极反应: $\text{Fe}^{3+} + e^- \longrightarrow \text{Fe}^{2+}$

电极符号: $\text{Pt}|\text{Fe}^{3+}(c_1),\text{Fe}^{2+}(c_2)$

表 7-1 列出了一些常见电极。

表 7-1 常见电极类型

电极类型		电极图式示例	电极反应示例
第一类电极	金属-金属离子电极	$Zn\|Zn^{2+}$ $Cu\|Cu^{2+}$	$Zn^{2+}+2e^- \rightleftharpoons Zn$ $Cu^{2+}+2e^- \rightleftharpoons Cu$
第一类电极	气体-离子电极	$Pt\|Cl_2\|Cl^-$ $Pt\|O_2\|OH^-$	$Cl_2+2e^- \rightleftharpoons 2Cl^-$ $O_2+2H_2O+4e^- \rightleftharpoons 4OH^-$
第二类电极	金属-难溶盐电极	$Ag\|AgCl(s)\|Cl^-$ $Pt\|Hg(l)\|Hg_2Cl_2(s)\|Cl^-$	$AgCl(s)+e^- \rightleftharpoons Ag(s)+Cl^-$ $Hg_2Cl_2(s)+2e^- \rightleftharpoons 2Hg(l)+2Cl^-$
第二类电极	金属-难溶氧化物电极	$Sb\|Sb_2O_3(s)\|H^+$	$Sb_2O_3(s)+6H^++6e^- \rightleftharpoons 2Sb+3H_2O$
第三类电极	氧化还原电极	$Pt\|Fe^{3+},Fe^{2+}$ $Pt\|Sn^{4+},Sn^{2+}$	$Fe^{3+}+e^- \rightleftharpoons Fe^{2+}$ $Sn^{4+}+2e^- \rightleftharpoons Sn^{2+}$

7.2.3 电池电动势

在铜锌原电池:

$$(-)Zn|ZnSO_4(c_1)\|CuSO_4(c_2)|Cu(+)$$

中,两电极经导线连通后,电流便从正极(铜极)流向负极(锌极)。这说明两极之间有电势差,而且正极的电势一定比负极的高。就像水从地势高处向地势低处流一样。这种电势差是电流的推动力,用电动势(electromotive force)E 表示。电池电动势是在外电路没有电流通过的状态下,右边电极的电势减去左边电极的电势之差。即:

$$E=\varphi_{右}-\varphi_{左} \quad \text{或} \quad E=\varphi_{正}-\varphi_{负} \tag{7-1}$$

式中,φ 值都是相对于同一基准电极的电势。

电池电动势可以通过精密电位计测得。

7.2.4 电池电动势与电池反应吉布斯自由能的关系

根据热力学理论,在恒温恒压条件下,反应体系吉布斯自由能(Gibbs free energy)的降低值等于体系所能做的最大有用功(非体积功),即 $-\Delta G=-W_{max}$。如果将某一氧化还原反应设计成原电池,那么在恒温恒压下,电池所做的最大有用功就是电功。电功等于电动势(E)与通过电量(Q)的乘积:

$$W_{电}=EQ=EnF \tag{7-2}$$

因为原电池所做的电功是体系对环境做功,即 $W_{电}$ 为负,所以

$$\Delta G=-nEF \tag{7-3}$$

式中,F 为法拉第(Faraday)常数,其值等于 96485 C·mol^{-1} 或 96.48 kJ·V^{-1}·mol^{-1};n 为电池反应中转移电子数。

当电池中所有的物质都处于标准状态时,电池的电动势就是标准电动势 $E^{\ominus}$。则有:

$$\Delta G^{\ominus}=-nFE^{\ominus} \tag{7-4}$$

式(7-4)十分重要,它把热力学和电化学联系起来了。若测定出原电池的电动势 $E^{\ominus}$,就可以根据这一关系式计算出电池中进行的氧化还原反应的吉布斯自由能 $\Delta G^{\ominus}$;反之,通过计算某个氧化还原反应的吉布斯自由能 $\Delta G^{\ominus}$,就可以求出原电池的 $E^{\ominus}$。

【例 7-6】 已测得下列原电池:

$$(-)Pt|Fe^{3+}(1.0\,mol·L^{-1}),Fe^{2+}(1.0\,mol·L^{-1})\|$$
$$H^+(1.0\,mol·L^{-1}),Cr^{3+}(1.0\,mol·L^{-1}),Cr_2O_7^{2-}(1.0\,mol·L^{-1})|Pt(+)$$

的 $E^{\ominus}$ 为 0.561V,求电池反应的 $\Delta_r G_m^{\ominus}$。

解 正极反应:$Cr_2O_7^{2-}+14H^++6e^- \rightleftharpoons 2Cr^{3+}+7H_2O$

负极反应:$Fe^{2+}-e^- \rightleftharpoons Fe^{3+}$

电池反应：$Cr_2O_7^{2-} + 14H^+ + 6Fe^{2+} \Longrightarrow 2Cr^{3+} + 6Fe^{3+} + 7H_2O$

所以 $n=6$，由式(7-4)得：
$$\Delta_r G_m^{\ominus} = -nFE^{\ominus} = -6 \times 96.48 \times 0.561 = -325 \text{ (kJ·mol}^{-1})$$

7.2.5 标准电动势与电池反应平衡常数

根据热力学，标准吉布斯自由能 $\Delta G^{\ominus}$ 与平衡常数 $K^{\ominus}$ 的关系是：
$$\Delta G^{\ominus} = -RT\ln K^{\ominus}$$

而标准吉布斯自由能 $\Delta G^{\ominus}$ 与标准电动势 $E^{\ominus}$ 的关系为：
$$\Delta G^{\ominus} = -nFE^{\ominus}$$

将上述两式联立，并将其转化为以 10 为底的对数来表示，得：
$$E^{\ominus} = \frac{2.303RT}{nF}\lg K^{\ominus}$$

在 298.15K 时，$\dfrac{2.303RT}{F} = \dfrac{2.303 \times 8.314 \text{J·K}^{-1}\text{·mol}^{-1} \times 298.15\text{K}}{96485 \text{J·V}^{-1}\text{·mol}^{-1}} = 0.0592\text{V}$

所以 298.15K 时，标准平衡常数 $K^{\ominus}$ 和 $E^{\ominus}$ 的关系为：

$$\lg K^{\ominus} = \frac{nE^{\ominus}}{0.0592\text{V}} = \frac{n(\varphi_+^{\ominus} - \varphi_-^{\ominus})}{0.0592\text{V}} \tag{7-5}$$

根据式(7-5)，已知标准状态下正负极的电极电势，就可以求出该电池反应的平衡常数。

【例 7-7】 已知下列原电池：
$$(-)\text{Ag}|\text{AgCl}|\text{Cl}^-(1.0\text{mol·L}^{-1}) \| \text{Ag}^+(1.0\text{mol·L}^{-1})|\text{Ag}(+)$$
的 $E^{\ominus}$ 为 0.5769V，求该电池反应的平衡常数。

解 正极反应：$Ag^+ + e^- \Longrightarrow Ag$
负极反应：$Ag + Cl^- - e^- \Longrightarrow AgCl$
电池反应：$Ag^+ + Cl^- \Longrightarrow AgCl$

因为 $n=1$，所以由式(9-5)得：
$$\lg K^{\ominus} = \frac{nE^{\ominus}}{0.0592\text{V}} = \frac{0.5769\text{V}}{0.0592\text{V}} = 9.745$$
$$K^{\ominus} = 5.56 \times 10^9$$

在此例中，电池反应是 AgCl 溶解反应的逆反应，因此，电池反应的平衡常数的倒数为 AgCl 的溶度积常数（$K_{sp,\text{AgCl}}^{\ominus} = 1.8 \times 10^{-10}$）。

7.3 电极电势

7.3.1 电极电势的产生

在铜锌原电池中，为什么检流计的指针总是指向一个方向，即电子总是从 Zn 传递给 Cu^{2+}，而不是从 Cu 传递给 Zn^{2+} 呢？这是因为锌电极的电势比铜电极的电势更负，那么，电极电势差是如何产生的，为什么锌、铜电极的电势会不同呢？

当将锌这样的金属插入含有该金属离子的溶液中时，由于极性很大的水分子吸引构成晶格的金属离子，从而使金属锌以水合离子的形式进入金属表面附近的溶液，即 $Zn(s) - 2e^- \longrightarrow Zn^{2+}(aq)$，电极带有负电荷，而电极表面附近的溶液由于有过多的 Zn^{2+} 而带正电荷。开始时，溶液中过量的金属离子浓度较小，溶解速度较快。随着锌的不断溶解，溶液中锌离子浓度增加，同时锌片上的电子也不断增加，这样就阻碍了锌的继续溶解。溶液中的水合锌离子由于受其它锌离子的排斥作用和受锌片上电子的吸引作用，又有从金属锌表面获得电子而沉积在金属表面的倾向：$Zn^{2+}(aq) + 2e^- \longrightarrow Zn(s)$，而且随着水合锌离子浓度和锌片上电子数目的增加，沉积速度不断增大。当溶解速度和沉积速度相等时，达到了动态平衡：

$$Zn(s) \rightleftharpoons Zn^{2+}(aq) + 2e^-$$

这样，金属锌片带负电荷，在锌片附近的溶液中就有较多的 Zn^{2+} 吸引在金属表面附近，结果形成一个双电层，如图 7-2 所示。双电层之间存在电势差，这种在金属和溶液之间产生的电势差，就叫作金属电极的电极电势（electrode potential）。

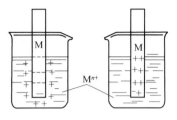

图 7-2 双电层示意图

若将金属 Cu 插于 $CuSO_4$ 溶液时，则溶液中 Cu^{2+} 更倾向于从 Cu 表面获得电子而沉积，最终形成电极带正电溶液带负电的双电层。

金属越活泼，溶解成离子的倾向越大，离子沉积的倾向越小。达成平衡时，电极的电势越低；反之，电极的电势越高。Zn 活泼，Zn 电极的电势低，Cu 不活泼，Cu 电极的电势较高，因此，连接 Zn 电极和 Cu 电极，则有电子从 Zn 电极流向 Cu 电极。

除此之外，不同的金属相接触，不同的液体接触界面或同一种液体但浓度不同的接触界面上都会产生双电层，从而产生所谓的接触电势。

电极电势的大小除了与电极的本性有关外，还与温度、介质及离子浓度等因素有关。当外界条件一定时，电极电势的大小只取决于电极的本性。

7.3.2 标准电极电势

当离子浓度、温度等因素一定时，电极的电势高低，主要取决于金属离子化倾向的大小。如果能测出电极的电极电势，则比较电极电势的大小，可以得知金属或离子在溶液中得失电子能力的强弱，进而来判断溶液中氧化剂、还原剂的强弱。所以，解决了电极电势的定量测定问题，就能找到氧化还原的定量规律。

目前，对电极电势的绝对值还无法测量，但是可以用两个不同的电极构成原电池测量其电动势，如果选择某种电极作为基准，规定它的电极电势为零，则可以方便地确定其它各种电极的电极电势。通常选择标准氢电极为基准，将待测电极和标准氢电极组成一个原电池

$$Pt | H_2(p^{\ominus}) | H^+(a=1) \| 待测电极$$

用电位差计测量电动势 E，$E = \varphi(待测电极) - \varphi(H^+/H_2)$，这样就可求出电极的电极电势。

(1) 标准氢电极 (standard hydrogen electrode)

按照 IUPAC（国际纯粹与应用化学联合会）的建议，采用标准氢电极作为标准电极，其结构如图 7-3 所示。它是把表面镀上一层铂黑的铂片插入氢离子活度为 1 的溶液中，并不断地通入压力为 100kPa 的纯氢气冲打铂片，使铂黑吸附氢气并达到饱和，这样的电极就是标准氢电极，规定标准氢电极的电极电势为零，即 $\varphi_{H^+/H_2}^{\ominus} = 0.0000V$，其电极反应为：

$$H^+(aq, 1.00 mol \cdot kg^{-1}) + e^- \rightleftharpoons \frac{1}{2} H_2(g, 100kPa)$$

(2) 甘汞电极 (calomel electrode)

因为标准氢电极难以制备和使用不十分方便，在实际工作中常采用一些易于制备和方便使用并且电极电势相对稳定的电极作参比电极。一般用甘汞电极作参比电极，甘汞电极在定温下电极电势的值比较稳定，并且容易制备，使用方便。甘汞电极的构造如图 7-4 所示，它是在一个玻璃管中放入少量纯汞，上面盖上一层由少量汞和少量甘汞制成的糊状物，再上面

是 KCl 溶液，汞中插入一个焊在铜丝上的铂丝。电极反应是：
$$Hg_2Cl_2(s) + 2e^- \rightleftharpoons 2Hg(l) + 2Cl^-(aq)$$
甘汞电极的电极电势与 KCl 溶液浓度有关。常用的饱和甘汞电极的 KCl 溶液是饱和溶液，298.15K 时饱和甘汞电极的电极电势为 0.2415V。

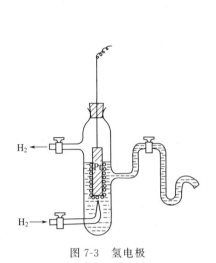

图 7-3　氢电极　　　　　　　　　　　图 7-4　甘汞电极

(3) 标准电极电势的测定

标准状态下的各种电极与标准氢电极组成原电池：

标准氢电极 | 待测电极

测定这些原电池的电动势就得到标准电动势 $E^\ominus$，从而可求出这些电极的标准电极电势。例如，用标准氢电极与标准铜电极组成电池：

标准氢电极 ‖ Cu^{2+}(1.00mol·kg^{-1}) | Cu(s)

298.15K 时测得该电池电动势 $E^\ominus = 0.3419V$，即：

$$E^\ominus = \varphi^\ominus_{Cu^{2+}/Cu} - \varphi^\ominus_{H^+/H_2} = 0.3419V$$

所以：
$$\varphi^\ominus_{Cu^{2+}/Cu} = E^\ominus + \varphi^\ominus_{H^+/H_2} = 0.3419V$$

又如，用标准锌电极与标准氢电极组成电池：

标准氢电极 | Zn^{2+}(1.00mol·kg^{-1}) | Zn(s)

在 298.15K 时测得其电动势为 0.7618V。但实验发现电流是由标准氢电极流向锌电极，所以标准氢电极实际上是正极，发生还原反应，锌电极实际上是负极，发生氧化反应，则：

$$E^\ominus = \varphi^\ominus_{H^+/H_2} - \varphi^\ominus_{Zn^{2+}/Zn} = 0.7618V$$

所以：
$$\varphi^\ominus_{Zn^{2+}/Zn} = \varphi^\ominus_{H^+/H_2} - E^\ominus = -0.7618V$$

实验测得的电池电动势都是正值，而电极电势可以是正值，也可以是负值，其正负值都是相对于 $\varphi^\ominus_{H^+/H_2}$ 而言的。

总的来说，某一电极的标准电极电势 $\varphi^\ominus$ 即为该电极在标准状态下与标准氢电极组成电池的电动势，在原电池中若电极为发生还原反应的正极，则 $\varphi^\ominus$ 为正值，如 $\varphi^\ominus_{Cu^{2+}/Cu}$ 为正值；若电极为发生氧化反应的负极，则 $\varphi^\ominus$ 为负值，如 $\varphi^\ominus_{Zn^{2+}/Zn}$ 为负值。

用类似的方法可以测得一系列电对的标准电极电势。对于某些与水剧烈反应而不能直接测定的电极（如 Na^+/Na、F_2/F^- 等电极），以及有些不能直接组成能测出其电动势的原电池的电极，这些电极的电极电势 $\varphi^\ominus$ 可以通过热力学数据用间接的方法来计算，或通过已知的电极电势来求算未知的电极电势。附录 9 中列出了一些氧化还原电对的标准电极电势数据。按照国际惯例，电池半反应一律用还原过程 $M^{n+} + ne^- \rightleftharpoons M$ 表示，因此电极电势是还原电势。数值越正，说明氧化型物质获得电子的本领或氧化性越强；反之，数值越负，说明还原型物质失去电子的本领或还原能力越强。

$\varphi^{\ominus}_{Zn^{2+}/Zn} = -0.7618V$，$\varphi^{\ominus}_{Pb^{2+}/Pb} = -0.126V$，说明 Zn 的还原能力强于 Pb。
$\varphi^{\ominus}_{MnO_4^-/Mn^{2+}} = 1.51V$，$\varphi^{\ominus}_{NO_3^-/NO} = 0.96V$，说明 MnO_4^- 的氧化性强于 NO_3^-。

为了正确使用标准电极电势表，应注意以下几个问题。

① 利用标准电极电势 $\varphi^{\ominus}$ 值的大小，可以判断电对中氧化型物质的氧化能力和还原型物质的还原能力的相对强弱。$\varphi^{\ominus}$ 值越大，表示在标准状态时该电对中氧化型物质的氧化能力越强，或其还原型物质的还原能力越弱。$\varphi^{\ominus}$ 值越小，表示在标准状态时该电对中还原型物质的还原能力越强，或其氧化型物质的氧化能力越弱。

② 本书统一采用标准还原电势，如 $Zn^{2+} + 2e^- \rightleftharpoons Zn$，$\varphi^{\ominus}_{Zn^{2+}/Zn} = -0.7618V$。并且标准还原电势符号的正负不随电极反应的书写方式不同而改变，如锌电极的电极反应写成 $Zn \rightleftharpoons Zn^{2+} + 2e^-$，其标准电极电势值依然不变，$\varphi^{\ominus}_{Zn^{2+}/Zn} = -0.7618V$。

③ 标准电极电势 $\varphi^{\ominus}$ 值的大小是衡量氧化剂氧化能力或还原剂还原能力强弱的标度，是体系的强度性质，与物质的本性有关，而与物质的量的多少无关，即不具有加和性。如

$$Cl_2 + 2e^- \rightleftharpoons 2Cl^- \qquad \varphi^{\ominus} = 1.358V$$

$$\frac{1}{2}Cl_2 + e^- \rightleftharpoons Cl^- \qquad \varphi^{\ominus} = 1.358V$$

④ 查表时，应注意溶液的酸、碱介质。附录 9A 为酸性介质的电极电势；附录 9B 为碱性介质中的电极电势。无论 H^+ 是出现在反应物中还是出现在产物中，都应查附录 9A；无论 OH^- 是出现在反应物中还是出现在产物中，都应查附录 9B。例如，判断在碱性介质中 H_2O_2 能否氧化 $Cr(OH)_4^-$，应查 $\varphi^{\ominus}_{HO_2^-/OH^-} = 0.878V$，而不应该查 $\varphi^{\ominus}_{H_2O_2/H_2O} = 1.776V$。在电极反应中，若没有 H^+ 或 OH^- 出现时，可根据物质存在的状态来考虑。如 $\varphi^{\ominus}_{Fe^{3+}/Fe^{2+}}$ 查附录 9A，而 $\varphi^{\ominus}_{S/S^{2-}}$ 查附录 9B。

7.3.3 标准电极电势计算

（1）由已知电极电势计算

若某一电极反应是另几个电极反应的代数和，则此电极反应的标准电极电势可由另几个电极反应的标准电极电势求得。

设：(1) $M_1^{n_1+} + n_1 e^- \rightleftharpoons M_2 \qquad \Delta G_1^{\ominus} \quad \varphi_1^{\ominus}$
(2) $M_3^{n_2+} + n_2 e^- \rightleftharpoons M_2 \qquad \Delta G_2^{\ominus} \quad \varphi_2^{\ominus}$
(3) $M_3^{n_3+} + n_3 e^- \rightleftharpoons M_1^{n_1+} \qquad \Delta G_3^{\ominus} \quad \varphi_3^{\ominus}$

若电极反应（3）为电极反应（2）减电极反应（1）的结果，则：

$$\Delta G_3^{\ominus} = \Delta G_2^{\ominus} - \Delta G_1^{\ominus}$$

根据式(7-4)有：

$$-n_3 F \varphi_3^{\ominus} = -n_2 F \varphi_2^{\ominus} - (-n_1 F \varphi_1^{\ominus})$$

则：
$$\varphi_3^{\ominus} = \frac{n_2 \varphi_2^{\ominus} - n_1 \varphi_1^{\ominus}}{n_3} \qquad (7-6)$$

【例 7-8】 已知 $\varphi^{\ominus}_{Cu^{2+}/Cu} = 0.337V$，$\varphi^{\ominus}_{Cu^{2+}/CuI} = 0.86V$，计算 $\varphi^{\ominus}_{CuI/Cu}$。

解 三个电对的电极反应如下：
(1) $Cu^{2+} + 2e^- \rightleftharpoons Cu \qquad \varphi^{\ominus}_{Cu^{2+}/Cu} = 0.337V$
(2) $Cu^{2+} + I^- + e^- \rightleftharpoons CuI \qquad \varphi^{\ominus}_{Cu^{2+}/CuI} = 0.86V$

(3) $CuI + e^- \rightleftharpoons Cu + I^-$ $\varphi^{\ominus}_{CuI/Cu}$

因为 (3)＝(1)－(2) 所以根据式(7-6)得：

$$\varphi^{\ominus}_{CuI/Cu} = \frac{2\varphi^{\ominus}_{Cu^{2+}/Cu} - \varphi^{\ominus}_{Cu^{2+}/CuI}}{1} = 2 \times 0.337 - 0.86 = -0.186$$

(2) 由标准吉布斯自由能变计算

根据式(7-4)，可由电极反应的 $\Delta G^{\ominus}$ 计算 $\varphi^{\ominus}$。

【例 7-9】 由 $\Delta_f G^{\ominus}_m$ 值计算 $CuI + e^- \rightleftharpoons Cu + I^-$ 的 $\varphi^{\ominus}_{CuI/Cu}$ 值。

解 查附录 4 得：

$$\begin{array}{cccc} & CuI(s) + & e^- \rightleftharpoons Cu(s) + & I^-(aq) \\ \Delta_f G^{\ominus}_m / kJ \cdot mol^{-1} & -69.5 & 0 & -51.9 \end{array}$$

$$\Delta_r G^{\ominus}_m = -51.9 - (-69.5) = 17.6 \text{kJ} \cdot mol^{-1}$$

则：

$$\varphi^{\ominus}_{CuI/Cu} = -\frac{\Delta_r G^{\ominus}_m}{nF} = -\frac{17.6}{1 \times 96.48} V = -0.182 V$$

计算结果与例 7-8 基本一致。

7.4 影响电极电势的因素

7.4.1 能斯特（Nernst）方程

电极电势与溶液的浓度、气体的压力和温度有关。下面根据化学等温式，通过一个电池反应来讨论它们的定量关系

$$2Fe^{3+} + Sn^{2+} \rightleftharpoons 2Fe^{2+} + Sn^{4+}$$

反应的等温式：

$$\Delta_r G_m = \Delta_r G^{\ominus}_m + RT \ln \frac{[Sn^{4+}][Fe^{2+}]^2}{[Sn^{2+}][Fe^{3+}]^2}$$

由于 $n=2$，将式(7-3) 和式(7-4) 代入得：

$$-2FE = -2FE^{\ominus} + RT \ln \frac{[Sn^{4+}][Fe^{2+}]^2}{[Sn^{2+}][Fe^{3+}]^2}$$

将上式两边同时除以 $-2F$，则上式变为：

$$E = E^{\ominus} - \frac{RT}{2F} \ln \frac{[Sn^{4+}][Fe^{2+}]^2}{[Sn^{2+}][Fe^{3+}]^2}$$

由此可推广到更为普遍的情况，对于电子转移数为 n 的任意一个氧化还原反应：

$$a Ox_1 + b Re_2 \rightleftharpoons c Ox_2 + d Re_1$$

$$E = E^{\ominus} - \frac{RT}{nF} \ln \frac{[Ox_2]^c [Re_1]^d}{[Ox_1]^a [Re_2]^b} \tag{7-7a}$$

或：

$$E = E^{\ominus} - \frac{RT}{nF} \ln J \tag{7-7b}$$

式(7-7) 称为电池反应的能斯特方程。该方程表明上述氧化还原反应中有关物质在任意浓度时的电动势 E 与标准电动势 $E^{\ominus}$ 的关系。

因为

$$E = \varphi_{Ox_1/Re_1} - \varphi_{Ox_2/Re_2}$$

$$E^{\ominus} = \varphi^{\ominus}_{Ox_1/Re_1} - \varphi^{\ominus}_{Ox_2/Re_2}$$

代入式(7-7) 整理得：

$$\varphi_{Ox_1/Re_1} - \varphi_{Ox_2/Re_2} = \left(\varphi^{\ominus}_{Ox_1/Re_1} - \frac{RT}{nF} \ln \frac{[Re_1]^d}{[Ox_1]^a}\right) - \left(\varphi^{\ominus}_{Ox_2/Re_2} - \frac{RT}{nF} \ln \frac{[Re_2]^b}{[Ox_2]^c}\right)$$

因此有：

$$\varphi_{Ox_1/Re_1} = \varphi^{\ominus}_{Ox_1/Re_1} - \frac{RT}{nF}\ln\frac{[Re_1]^d}{[Ox_1]^a} \tag{7-8a}$$

$$\varphi_{Ox_2/Re_2} = \varphi^{\ominus}_{Ox_2/Re_2} - \frac{RT}{nF}\ln\frac{[Re_2]^b}{[Ox_2]^c} \tag{7-8b}$$

式(7-8) 称为电极反应的能斯特（Nernest）方程式。式中 Ox_1 和 Ox_2 分别为电对 Ox_1/Re_1 和 Ox_2/Re_2 的氧化型物质；Re_1 和 Re_2 分别为电对 Ox_1/Re_1 和 Ox_2/Re_2 的还原型物质。因此，其一般形式可表示为：

$$\varphi_{\text{氧化型/还原型}} = \varphi^{\ominus}_{\text{氧化型/还原型}} - \frac{RT}{nF}\ln\frac{[\text{还原型}]}{[\text{氧化型}]} \tag{7-9}$$

若温度为 298.15K，并代入 R、F 的数值，换自然对数为以 10 为底的对数，则式(7-7) 和式(7-9) 可变为

$$E = E^{\ominus} - \frac{0.0592\text{V}}{n}\lg\frac{[Ox_2]^c[Re_1]^d}{[Ox_1]^a[Re_2]^b} \tag{7-10}$$

$$\varphi_{\text{氧化型/还原型}} = \varphi^{\ominus}_{\text{氧化型/还原型}} - \frac{0.0592\text{V}}{n}\lg\frac{[\text{还原型}]}{[\text{氧化型}]} \tag{7-11}$$

式中，φ 为指定浓度下的电极电势；$\varphi^{\ominus}$ 为标准电极电势；n 为电极反应式中电子的计量数。严格来说，式中氧化型浓度或还原型浓度应该为各物质的活度，但在稀溶液中一般用浓度代替活度来计算电对的电极电势。能斯特方程表示的是浓度或分压的变化对电极电势的影响。电对的电极电势随氧化型浓度的增加而增大。随还原型浓度的增加而减小。

使用能斯特方程时要注意以下几点。

① 在电极反应中，除氧化型、还原型物质外，还有参加电极反应的其它物质，如 H^+、OH^- 存在，则应把这些物质的浓度也表示在能斯特方程式中，而且电极反应各物质的计量系数为它们的次方。如：

$$MnO_4^- + 8H^+ + 5e^- \rightleftharpoons Mn^{2+} + 4H_2O$$

能斯特方程为

$$\varphi_{MnO_4^-/Mn^{2+}} = \varphi^{\ominus}_{MnO_4^-/Mn^{2+}} - \frac{0.0592\text{V}}{5}\lg\frac{[Mn^{2+}]}{[MnO_4^-][H^+]^8}$$

此式表示了 $[MnO_4^-]$、$[Mn^{2+}]$、$[H^+]$ 对电极电势的影响。

② 电极反应中，如果有气体，则用分压 $p/p^{\ominus}$ 表示，而纯固体和纯液体不计入方程式中。如：

$$2H^+ + 2e^- \rightleftharpoons H_2(g)$$

$$\varphi_{H^+/H_2} = \varphi^{\ominus}_{H^+/H_2} - \frac{0.0592\text{V}}{2}\lg\frac{p_{H_2}/p^{\ominus}}{[H^+]^2}$$

$$Br_2(l) + 2e^- \rightleftharpoons 2Br^-$$

$$\varphi_{Br_2/Br^-} = \varphi^{\ominus}_{Br_2/Br^-} - \frac{0.0592\text{V}}{2}\lg[Br^-]^2$$

7.4.2 浓度对电极电势的影响

从能斯特方程式可看出，当体系的温度一定时，对确定的电对来说，其 φ 除了与 $\varphi^{\ominus}$ 有关外，主要取决于 [氧化型]/[还原型] 的比值。

(1) 沉淀或配合物的生成对电极电势的影响

在电极反应中有沉淀或配合物生成时，电极反应中相应离子的浓度也会发生变化，从而

使电极电势发生变化。

① 沉淀生成对电极电势的影响

以在 Fe^{3+}/Fe^{2+} 半电池中加入 NaOH 生成 $Fe(OH)_3$ 和 $Fe(OH)_2$ 沉淀为例说明沉淀生成后对 Fe^{3+}/Fe^{2+} 电对电极电势的影响。

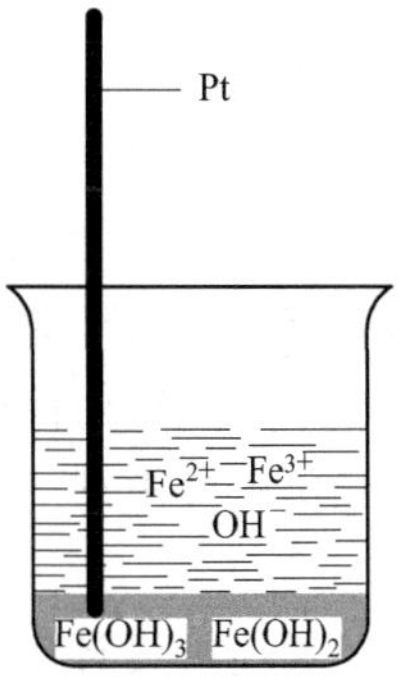

如图 7-5 在盛有 Fe^{3+}、Fe^{2+} 的烧杯中加入 NaOH 溶液，使生成 $Fe(OH)_3$ 和 $Fe(OH)_2$ 沉淀，插入铂丝组成半电池，此时半电池溶液中必存在 Fe^{3+}、Fe^{2+} 和 OH^-。

半电池中存在 Fe^{3+}/Fe^{2+} 和 $Fe(OH)_3/Fe(OH)_2$ 两个电对。对于电对 Fe^{3+}/Fe^{2+}，其电极反应为：

$$Fe^{3+} + e^- \rightleftharpoons Fe^{2+}$$

电极电势为：$\varphi_{Fe^{3+}/Fe^{2+}} = \varphi^{\ominus}_{Fe^{3+}/Fe^{2+}} - 0.0592V \lg \dfrac{[Fe^{2+}]}{[Fe^{3+}]}$

图 7-5 沉淀生成对电极电势的影响

对于电对 $Fe(OH)_3/Fe(OH)_2$，其电极反应为：

$$Fe(OH)_3 + e^- \rightleftharpoons Fe(OH)_2 + OH^-$$

电极电势为：$\varphi_{Fe(OH)_3/Fe(OH)_2} = \varphi^{\ominus}_{Fe(OH)_3/Fe(OH)_2} - 0.0592V \lg[OH^-]$

电对 Fe^{3+}/Fe^{2+} 和电对 $Fe(OH)_3/Fe(OH)_2$ 在同一半电池，一半电池只会有一个电极电势值，即两个电对的电极电势值相等，$\varphi_{Fe^{3+}/Fe^{2+}} = \varphi_{Fe(OH)_3/Fe(OH)_2}$。

因此，当 $c_{OH^-} = 1.0 mol \cdot L^{-1}$，即 $[OH^-] = 1.0$ 时，即金属难溶电极处于标准状态时，有：

$$\varphi_{Fe(OH)_3/Fe(OH)_2} = \varphi^{\ominus}_{Fe(OH)_3/Fe(OH)_2} = \varphi_{Fe^{3+}/Fe^{2+}}$$

因为 $\varphi^{\ominus}_{Fe(OH)_3/Fe(OH)_2} - 0.0592V \lg[OH^-] = \varphi^{\ominus}_{Fe^{3+}/Fe^{2+}} - 0.0592V \lg \dfrac{[Fe^{2+}]}{[Fe^{3+}]}$，则：

$$\varphi^{\ominus}_{Fe(OH)_3/Fe(OH)_2} = \varphi^{\ominus}_{Fe^{3+}/Fe^{2+}} + 0.0592V \lg \dfrac{[Fe^{3+}][OH^-]}{[Fe^{2+}]}$$

$$= \varphi^{\ominus}_{Fe^{3+}/Fe^{2+}} + 0.0592V \lg \dfrac{[Fe^{3+}][OH^-]^3}{[Fe^{2+}][OH^-]^2}$$

当沉淀溶解反应达到平衡时，则有：

$$\varphi^{\ominus}_{Fe(OH)_3/Fe(OH)_2} = \varphi^{\ominus}_{Fe^{3+}/Fe^{2+}} + 0.0592V \lg \dfrac{K^{\ominus}_{sp,Fe(OH)_3}}{K^{\ominus}_{sp,Fe(OH)_2}}$$

可见平衡体系中，电对 $Fe(OH)_3/Fe(OH)_2$ 标准电极电势只与电对 Fe^{3+}/Fe^{2+} 的标准电极电势及有关的溶度积常数有关，与有关的离子浓度无关。因此，生成沉淀后溶度积常数是影响电极电势的主要因素。电对的氧化型物质生成沉淀电极电势下降，生成沉淀的溶度积常数越小，电极电势下降得越多。而电对的还原型物质生成沉淀电极电势上升，生成沉淀的溶度积常数越小，电极电势上升得越多。

【例 7-10】 金属银与硝酸银溶液组成的半电池的电极反应为 $Ag^+ + e^- \rightleftharpoons Ag$。如果在这个半电池中加入 HCl，直到溶液中 $c(Cl^-)$ 为 $1.0 mol \cdot L^{-1}$，计算 $\varphi_{Ag^+/Ag}$。（已知 $K^{\ominus}_{sp,AgCl} = 1.8 \times 10^{-10}$，$\varphi^{\ominus}_{Ag^+/Ag} = 0.7991V$）

解 加入 HCl，溶液中发生反应：

$$Ag^+ + Cl^- \rightleftharpoons AgCl(s)$$

达到平衡时：$[Ag^+] = \dfrac{K^{\ominus}_{sp,AgCl}}{[Cl^-]} = 1.8 \times 10^{-10}$

因为 $[Cl^-] = 1.0$，所以 $[Ag^+] = K^{\ominus}_{sp,AgCl} = 1.8 \times 10^{-10}$

根据能斯特公式:

$$\varphi_{Ag^+/Ag} = \varphi^{\ominus}_{Ag^+/Ag} - 0.0592V \lg \frac{1}{[Ag^+]} = 0.7991V + 0.0592V \lg(1.8 \times 10^{-10}) = 0.2222V$$

从以上计算可以看出,由于溶液中生成了 AgCl 沉淀,Ag^+ 的浓度减少,$\varphi^{\ominus}_{Ag^+/Ag}$ 的数值变小,Ag^+ 的氧化能力下降。因 Ag^+ 的浓度与 $K^{\ominus}_{sp}$ 有关,所以 Ag^+/Ag 电对的电极电势与 $K^{\ominus}_{sp}$ 有关。对于难溶 Ag 盐而言,$K^{\ominus}_{sp}$ 越小,$\varphi_{Ag^+/Ag}$ 的数值越小。此题中 $c(Cl^-) = 1.0$ mol·L^{-1},根据前面的讨论,这时 $\varphi_{Ag^+/Ag} = \varphi^{\ominus}_{AgCl/Ag}$,因此 0.2222V 实际上是 AgCl/Ag 电对的标准电极电势 $\varphi^{\ominus}_{AgCl/Ag}$。$\varphi^{\ominus}_{AgCl/Ag}$、$\varphi^{\ominus}_{Ag^+/Ag}$ 和 $K^{\ominus}_{sp,AgCl}$ 之间的关系为:

$$\varphi^{\ominus}_{AgCl/Ag} = \varphi^{\ominus}_{Ag^+/Ag} + 0.0592V \lg K^{\ominus}_{sp,AgCl}$$

对于上式还可设计以下原电池求得:

$$(-)\,Ag\,|\,Ag^+(1.0\,mol\cdot L^{-1}) \parallel Cl^-(1.0\,mol\cdot L^{-1})\,|\,AgCl\,|\,Ag\,(+)$$

正极反应:$AgCl + e^- \rightleftharpoons Ag + Cl^-$ $\qquad \varphi^{\ominus}_{AgCl/Ag}$

负极反应:$Ag - e^- \rightleftharpoons Ag^+$ $\qquad \varphi^{\ominus}_{Ag^+/Ag}$

电池反应:$AgCl \rightleftharpoons Ag^+ + Cl^-$ $\qquad K^{\ominus}_{sp,AgCl}$

根据式(7-5):

$$\lg K^{\ominus}_{sp,AgCl} = \frac{E^{\ominus}}{0.0592V} = \frac{\varphi^{\ominus}_{AgCl/Ag} - \varphi^{\ominus}_{Ag^+/Ag}}{0.0592V}$$

因此有:

$$\varphi^{\ominus}_{AgCl/Ag} = \varphi^{\ominus}_{Ag^+/Ag} + 0.0592V \lg K^{\ominus}_{sp,AgCl}$$

对于一些难溶盐电极的标准电极电势都可采用类似的方法计算。

② 配合物生成对电极电势的影响

与生成沉淀一样,电对中氧化型或还原型物质生成配合物,也会降低有关离子的浓度,从而改变电极电势。如

$$Ag^+ + e^- \rightleftharpoons Ag \qquad \varphi^{\ominus}_{Ag^+/Ag} = 0.7991V$$

若在半电池中加入 $NH_3 \cdot H_2O$,形成 $[Ag(NH_3)_2]^+$,Ag^+ 的浓度减少,Ag^+ 的氧化能力下降,$\varphi_{Ag^+/Ag}$ 的数值变小。此时形成的 $[Ag(NH_3)_2]^+/Ag$ 电对的电极反应和电极电势为:

$$Ag(NH_3)_2^+ + e^- \rightleftharpoons Ag + 2NH_3 \qquad \varphi^{\ominus}_{[Ag(NH_3)_2]^+/Ag} = 0.0373V$$

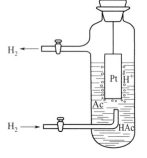

图 7-6 弱电解质生成对电极电势的影响

对于生成配合物后电极电势的有关计算见配位平衡的有关内容。一些难溶物和配离子标准电极电势见附录 10。

(2) 弱电解质(weak electrolyte)的生成对电极电势的影响

电对中的氧化型或还原型物质生成弱酸或弱碱等弱电解质时,会使溶液中 H^+ 或 OH^- 浓度减小,导致电极电势发生变化。

将氢电极的溶液加入 NaAc。溶液中必存在 H^+、Ac^- 和 HAc,如图 7-6 所示。

电极中一定存在 H^+/H_2 和 HAc/H_2 两个电对。对于电对 H^+/H_2:

电极反应:$\qquad 2H^+ + 2e^- \rightleftharpoons H_2$

电极电势:$\varphi_{H^+/H_2} = \varphi^{\ominus}_{H^+/H_2} - \frac{0.0592V}{2} \lg \frac{p_{H_2}}{[H^+]^2}$

对于电对 HAc/H_2:

电极反应:$\qquad 2HAc + 2e^- \rightleftharpoons H_2 + 2Ac^-$

电极电势：$\varphi_{HAc/H_2} = \varphi^{\ominus}_{HAc/H_2} - \dfrac{0.0592V}{2} \lg \dfrac{\dfrac{p_{H_2}}{p^{\ominus}}[Ac^-]^2}{[HAc]^2}$

电对 H^+/H_2 和电对 HAc/H_2 是同一电极，因此只有一个电极电势值，所以两个电对的电极电势值相等，即 $\varphi_{H^+/H_2} = \varphi_{HAc/H_2}$。

因此，当 $p_{H_2} = 100kPa$，$c(HAc) = c(Ac^-) = 1.0 mol \cdot L^{-1}$ 时，即电对 HAc/H_2 处于标准状态时，有：

$$\varphi_{HAc/H_2} = \varphi^{\ominus}_{HAc/H_2} = \varphi_{H^+/H_2}$$

因为 $\varphi^{\ominus}_{HAc/H_2} - \dfrac{0.0592V}{2} \lg \dfrac{\dfrac{p_{H_2}}{p^{\ominus}}[Ac^-]^2}{[HAc]^2} = \varphi^{\ominus}_{H^+/H_2} - \dfrac{0.0592V}{2} \lg \dfrac{\dfrac{p_{H_2}}{p^{\ominus}}}{[H^+]^2}$，则：

$$\varphi^{\ominus}_{HAc/H_2} = \varphi^{\ominus}_{H^+/H_2} + 0.0592V \lg \dfrac{[Ac^-][H^+]}{[HAc]}$$

体系达到平衡存在如下关系：

$$\varphi^{\ominus}_{HAc/H_2} = \varphi^{\ominus}_{H^+/H_2} + 0.0592V \lg K^{\ominus}_{a,HAc}$$

可见，电对 HAc/H_2 的标准电极电势 $\varphi^{\ominus}_{HAc/H_2}$ 与体系溶液中的 H^+、Ac^- 及 HAc 的浓度有关，$\varphi^{\ominus}_{HAc/H_2}$ 值可用体系溶液中的 H^+、Ac^- 及 HAc 的浓度计算。而在平衡体系中，电对 HAc/H_2 的标准电极电势 $\varphi^{\ominus}_{HAc/H_2}$ 只与电对 H^+/H_2 的 $\varphi^{\ominus}_{H^+/H_2}$ 和 HAc 的解离常数 $K^{\ominus}_{a,HAc}$ 有关，与体系物质的浓度无关。其电极电势为：

$$\varphi^{\ominus}_{HAc/H_2} = \varphi^{\ominus}_{H^+/H_2} + 0.0592V \lg K^{\ominus}_{a,HAc} = 0.000V + 0.0592V \lg(1.8 \times 10^{-5}) = -0.281V$$

可见，若电对氧化型物质生成弱电解质，则电极电势减小，即氧化型物质氧化能力降低。若电对还原物质生成弱电解质，电极电势增大，即还原型物质的还原能力降低，如 $\varphi^{\ominus}_{S/S^{2-}} = -0.447V$，而 $\varphi^{\ominus}_{S/H_2S} = 0.139V$。

同理，对于一般的弱酸 HA，$\varphi^{\ominus}_{HA/H_2}$ 与 $K^{\ominus}_{a,HA}$ 的关系为：

$$\varphi^{\ominus}_{HA/H_2} = \varphi^{\ominus}_{H^+/H_2} + 0.0592V \lg K^{\ominus}_{a,HA}$$

因此，测得 HA/H_2 电对的 $\varphi^{\ominus}_{HA/H_2}$，就可求得 HA 的 $K^{\ominus}_{a,HA}$；反之，已知 $K^{\ominus}_{a,HA}$，则可计算 $\varphi^{\ominus}_{HA/H_2}$。一些弱电解质标准电极电势见附录10。

【例 7-11】 已知 $\varphi^{\ominus}_{O_2/OH^-} = 0.401V$，$\varphi^{\ominus}_{O_2/H_2O} = 1.229V$，求 H_2O 的离解常数 $K^{\ominus}_w$。

解 设计如下的原电池：

$(-)Pt|O_2(100kPa)|H^+(1.0mol \cdot L^{-1}) \parallel OH^-(1.0mol \cdot L^{-1})|O_2(100kPa)|Pt(+)$

正极反应：$O_2 + 2H_2O + 4e^- \rightleftharpoons 4OH^-$ $\varphi^{\ominus}_{O_2/OH^-} = 0.401V$

负极反应：$2H_2O - 4e^- \rightleftharpoons O_2 + 4H^+$ $\varphi^{\ominus}_{O_2/H_2O} = 1.229V$

电池反应：$H_2O \rightleftharpoons H^+ + OH^-$ $K^{\ominus}_w$

根据式(7-5)：

$$\lg K^{\ominus}_w = \dfrac{\varphi^{\ominus}_{O_2/OH^-} - \varphi^{\ominus}_{O_2/H_2O}}{0.0592V} = \dfrac{0.401V - 1.229V}{0.0592V} = -13.99$$

$$K^{\ominus}_w = 1.0 \times 10^{-14}$$

7.4.3 酸度对电极电势的影响

在电极反应中如果有 H^+ 或 OH^- 参加反应，溶液的 pH 值也影响电极电势。本书采用的是还原电极电势，还原电极电势是衡量氧化型物质得电子转变成还原型物质的能力。在不同的电极反应中,标准电极电势 $\varphi^{\ominus}$ 值越大,氧化型物质夺电子的能力越强。例如,对电极反应:

$$MnO_4^- + 8H^+ + 5e^- \rightleftharpoons Mn^{2+} + 4H_2O$$

根据平衡移动原理,MnO_4^- 或 H^+ 的浓度增大时,电极反应向右方向进行的趋势增大,电极电势值也随着增大,所以 MnO_4^- 在酸性溶液中的氧化能力强;减少 MnO_4^- 或 H^+ 的浓度时,电极电势值也随着变小。

【例 7-12】 $KMnO_4$ 在酸性溶液中作氧化剂,本身被还原成 Mn^{2+},用 $KMnO_4$ 和 HCl 反应制备 Cl_2,当 HCl 的浓度为 $10.0 mol \cdot L^{-1}$ 时,电对 MnO_4^-/Mn^{2+} 的电极电势是多少? [假设平衡时溶液中 $c(MnO_4^-) = c(Mn^{2+}) = 1.00 mol \cdot L^{-1}$,溶液的温度为 298.15K]

解 $MnO_4^- + 8H^+ + 5e^- \rightleftharpoons Mn^{2+} + 4H_2O$ $\varphi^{\ominus}_{MnO_4^-/Mn^{2+}} = 1.51V$

$$\varphi_{MnO_4^-/Mn^{2+}} = \varphi^{\ominus}_{MnO_4^-/Mn^{2+}} - \frac{0.0592V}{5} \lg \frac{[Mn^{2+}]}{[MnO_4^-][H^+]^8}$$

$$= 1.5V + \frac{0.0592V}{5} \lg 10^8 = 1.60V$$

7.5 电极电势及电池电动势的应用

7.5.1 电极电势应用

(1) 比较氧化剂和还原剂的相对强弱

电极电势的代数值越小,就意味着对电极反应:

$$氧化型 + ne^- \rightleftharpoons 还原型$$

氧化型物质越难获得电子而被还原,即它为较弱的氧化剂;反之,还原型物质则易失去电子而被氧化,即它是较强的还原剂。标准电极电势表一般是按 $\varphi^{\ominus}$ 值由小到大的顺序排列的,因此位于表上方的还原型物质如 Li、Na、K、Ba、Ca 等单质都是较强的还原剂,它们对应的氧化型 Li^+、Na^+、K^+、Ba^{2+}、Ca^{2+} 等则是最弱的氧化剂。位于表下方的氧化型物质,如 F_2、O_3、H_2O_2、MnO_4^- 等都是较强的氧化剂,而它们对应的还原型物质 F^-、O_2、H_2O、MnO_2 则是较弱的还原剂。

根据标准电极电势表可选择合适的氧化剂或还原剂。例如要对含有 Cl^-、Br^-、I^- 的混合溶液做 I^- 的定性鉴定时,需选择合适的氧化剂只氧化 I^-,而不氧化 Cl^- 和 Br^-。I^- 被氧化成 I_2,再用 CCl_4 将 I_2 萃取出来成紫红色即可鉴定 I^-。从下面的标准电极电势数据可以找到合适的氧化剂。

电对	电极反应	$\varphi^{\ominus}/V$
I_2/I^-	$I_2 + 2e^- \rightleftharpoons 2I^-$	0.5355
Fe^{3+}/Fe^{2+}	$Fe^{3+} + e^- \rightleftharpoons Fe^{2+}$	0.771
Br_2/Br^-	$Br_2 + 2e^- \rightleftharpoons 2Br^-$	1.066
Cl_2/Cl^-	$Cl_2 + 2e^- \rightleftharpoons 2Cl^-$	1.36

$\varphi^{\ominus}_{Fe^{3+}/Fe^{2+}}$ 大于 $\varphi^{\ominus}_{I_2/I^-}$,小于 $\varphi^{\ominus}_{Br_2/Br^-}$ 和 $\varphi^{\ominus}_{Cl_2/Cl^-}$,因此,氧化剂的相对强弱为:$Cl_2 > Br_2 > Fe^{3+} > I_2$;还原剂的相对强弱为:$Cl^- < Br^- < Fe^{2+} < I^-$。故 Fe^{3+} 可把 I^- 氧化成 I_2,而不能氧化 Br^- 和 Cl^-,Br^- 和 Cl^- 仍留在溶液中,该反应为:

$$2Fe^{3+} + 2I^- \rightleftharpoons 2Fe^{2+} + I_2$$

可见 Fe^{3+} 是最合适的氧化剂。

一般来说,对于简单的电极反应,离子浓度的变化对电极电势 E 值影响不大,因而只要两个电对的标准电极电势相差较大，通常可直接用标准电极电势来进行比较。但当两电对的标准电极电势相差较小时，要用电极电势进行比较。例如，对于含氧酸盐，在介质的 H^+ 浓度不为 $1mol·L^{-1}$ 时，需先计算电极电势，再进行比较。

（2）判断氧化还原反应的方向

根据式(7-3)可知，对于任一氧化还原反应：

$\Delta_r G_m < 0$　　$E > 0$　　正向反应自发
$\Delta_r G_m = 0$　　$E = 0$　　反应处于平衡状态
$\Delta_r G_m > 0$　　$E < 0$　　正向反应不自发，逆向反应自发

所以 $E > 0$ 是一个氧化还原反应能自发进行的条件。而电动势 $E = \varphi_正 - \varphi_负$，则 $\varphi_正 > \varphi_负$ 时氧化还原反应可自发进行。因此，氧化还原反应的方向总是电极电势较大的电对的氧化型物质氧化电极电势较小的还原型物质。

如果氧化还原反应是在标准条件下进行，只需找出该反应的氧化剂和还原剂对应电对的标准电极电势，若氧化剂是标准电极电势较大电对的氧化型物质，而还原剂是标准电极电势较小电对的还原型物质，则该氧化还原反应可自发进行。如果氧化还原反应是在非标准情况下进行，则需根据能斯特公式计算出氧化剂和还原剂对应电对的电极电势，然后比较大小再得出正确的结论。但若两个电对的标准电极电势 $\varphi^\ominus$ 值之差大于 0.2V 时，浓度虽影响电极电势的大小，但一般不影响电池电动势数值的正负变化，因此可直接用标准电极电势值来判断。

【例 7-13】 试分别判断反应：

$$Pb^{2+} + Sn(s) \rightleftharpoons Pb(s) + Sn^{2+}$$

在标准状态和 $c(Sn^{2+}) = 1.0 mol·L^{-1}$，$c(Pb^{2+}) = 0.1 mol·L^{-1}$ 时能否自发进行？

解 将反应设计成电池：

$$(-)Sn(s)|Sn^{2+}(1.0mol·L^{-1}) \| Pb^{2+}(0.1mol·L^{-1})|Pb(s)(+)$$

查附录 9 知：$\varphi^\ominus_{Pb^{2+}/Pb} = -0.126V$；$\varphi^\ominus_{Sn^{2+}/Sn} = -0.136V$

在标准状态下：

$$E^\ominus = \varphi^\ominus_{Pb^{2+}/Pb} - \varphi^\ominus_{Sn^{2+}/Sn} = 0.01V$$

所以正反应可自发进行。

当 $c(Sn^{2+}) = 1mol·L^{-1}$ 时：

$$\varphi_{Sn^{2+}/Sn} = \varphi^\ominus_{Sn^{2+}/Sn} = -0.136V$$

$c(Pb^{2+}) = 0.1 mol·L^{-1}$ 时：

$$\varphi_{Pb^{2+}/Pb} = \varphi^\ominus_{Pb^{2+}/Pb} - \frac{0.0592V}{2}\lg\frac{1}{[Pb^{2+}]} = -0.126V + \frac{0.0592V}{2}\lg 0.1 = -0.156V$$

所以：$E = \varphi_{Pb^{2+}/Pb} - \varphi_{Sn^{2+}/Sn} = -0.156V - (-0.136)V = -0.02V$

因此在 $c(Sn^{2+}) = 1.0 mol·L^{-1}$，$c(Pb^{2+}) = 0.1 mol·L^{-1}$ 时反应不能自发向右进行。

【例 7-14】 用 $KMnO_4$ 和 HCl 反应制备 Cl_2 时，HCl 的浓度大于多少才有 Cl_2 产生。[假设溶液中 $c(MnO_4^-) = c(Mn^{2+}) = 1.00 mol·L^{-1}$，$p(Cl_2) = 100kPa$，溶液的温度为 298.15K]

解 查附录 9 知：$\varphi^\ominus_{MnO_4^-/Mn^{2+}} = 1.51V$，$\varphi^\ominus_{Cl_2/Cl^-} = 1.36V$

$KMnO_4$ 和 HCl 反应为：

$$2KMnO_4 + 16HCl \Longrightarrow 2MnCl_2 + 5Cl_2 + 2KCl + 8H_2O$$

要使反应正向进行，$\varphi_{MnO_4^-/Mn^{2+}}$ 必须大于 φ_{Cl_2/Cl^-}。设 HCl 的浓度为 $x mol·L^{-1}$，则：

$$\varphi_{MnO_4^-/Mn^{2+}} = \varphi^\ominus_{MnO_4^-/Mn^{2+}} - \frac{0.0592V}{5}\lg\frac{[Mn^{2+}]}{[MnO_4^-][H^+]^8} = \varphi^\ominus_{MnO_4^-/Mn^{2+}} + 0.0947V \lg[x]$$

$$\varphi_{Cl_2/Cl^-} = \varphi^{\ominus}_{Cl_2/Cl^-} - \frac{0.0592V}{2} \lg \frac{[Cl^-]^2}{p_{Cl_2}/p^{\ominus}} = \varphi^{\ominus}_{Cl_2/Cl^-} - 0.0592V \lg[x]$$

因此，需 $\varphi^{\ominus}_{MnO_4^-/Mn^{2+}} + 0.0947V \lg[x] > \varphi^{\ominus}_{Cl_2/Cl^-} - 0.0592V \lg[x]$，才有 Cl_2 产生。

解之，$x > 0.106$ （$mol \cdot L^{-1}$）

当 HCl 的浓度大于 $0.106 mol \cdot L^{-1}$，在此条件下反应正向进行，有 Cl_2 产生。

(3) 判断歧化反应能否发生

利用电极电势可判断处于中间氧化态的物质在一定条件下是否发生歧化反应［见7.6(2)］。

(4) 求未知电对的电极电势（见标准电极的计算）。

7.5.2 电池电动势应用

(1) 判断氧化还原反应进行的程度

氧化还原反应的完全程度可用反应平衡常数来判断。平衡常数和 $E^{\ominus}$ 的关系为：

$$\lg K^{\ominus} = \frac{nE^{\ominus}}{0.0592V}$$

上式说明，平衡常数 $K^{\ominus}$ 与温度、n 和 $E^{\ominus}$ 有关。同一氧化还原反应书写不同，$E^{\ominus}$ 虽然不变，但因 n 不同，$K^{\ominus}$ 值也不同。不同氧化还原反应的 $E^{\ominus}$ 是不同的，$E^{\ominus}$ 越大，$K^{\ominus}$ 值越大，反应进行的程度也越大。

【例 7-15】 计算 298.15K 时反应：

$$MnO_4^- + 5Fe^{2+} + 8H^+ \Longleftrightarrow Mn^{2+} + 5Fe^{3+} + 4H_2O$$

的标准平衡常数。

解 查附录9知：$\varphi^{\ominus}_{MnO_4^-/Mn^{2+}} = 1.51V$，$\varphi^{\ominus}_{Fe^{3+}/Fe^{2+}} = 0.771V$

$$E^{\ominus} = \varphi^{\ominus}_{MnO_4^-/Mn^{2+}} - \varphi^{\ominus}_{Fe^{3+}/Fe^{2+}} = 1.51V - 0.771V = 0.739V$$

则：
$$\lg K^{\ominus} = \frac{5 \times 0.739V}{0.0592V} = 62.416$$

$$K^{\ominus} = 2.61 \times 10^{62}$$

$K^{\ominus}$ 很大，说明反应进行得很完全。

应当指出，这里对氧化还原反应方向和程度的判断是从化学热力学角度进行讨论的，并未涉及反应速率问题。热力学看来可以进行完全的反应，它的反应速率不一定很快。因为反应进行的程度与反应速率是两个不同性质的问题。

(2) 水溶液中离子浓度的测定

应用标准电极与参比电极组成原电池，测得其电动势，通过 Nernst 方程，可以得到待测离子的活度（浓度）。如测定溶液的 pH 值、定量测定水样中离子的浓度等。

【例 7-16】 某水样含微量的 Cu^{2+}，为检测其浓度，现设计成一个原电池装置，将银电极浸入 $1.00 mol \cdot L^{-1}$ $AgNO_3$ 溶液组成正极，将铜电极浸入水样中，组成负极，测得该电池电动势 E 为 0.62V。计算水样中 Cu^{2+} 的浓度。

解 该电池的电池反应为

$$Cu(s) + 2Ag^+(aq) \Longleftrightarrow Cu^{2+}(aq) + 2Ag(s)$$

查附录9得知，$\varphi^{\ominus}_{Cu^{2+}/Cu} = 0.3419V$，$\varphi^{\ominus}_{Ag^+/Ag} = 0.799V$，则：

$$E = E^{\ominus} - \frac{0.0592V}{2} \lg \frac{[Cu^{2+}]}{[Ag^+]^2}$$

$$0.62V = 0.4571V - \frac{0.0592V}{2} \lg \frac{[Cu^{2+}]}{1^2}$$

解得，$[Cu^{2+}] = 3.14 \times 10^{-6} mol \cdot L^{-1}$

7.6 元素电势图

许多元素常具有多种氧化值。同一元素的不同氧化值物质其氧化或还原能力是不同的。为了突出表示同一元素各不同氧化值物质的氧化能力，以及它们相互之间的关系，物理学家拉蒂默（Latimer）建议把同一元素的不同氧化值物质所对应电对的标准电极电势，按各物质的氧化值从高到低的顺序排成以下图示，并在两种氧化值物质之间标出对应电对的标准电极电势。例如：

酸性溶液中

$$\varphi_A^\ominus \quad ClO_4^- \xrightarrow{+1.20V} ClO_3^- \xrightarrow{+1.18V} HClO_2 \xrightarrow{+1.65V} HClO \xrightarrow{+1.67V} Cl_2 \xrightarrow{+1.358V} Cl^-$$

碱性溶液中

$$\varphi_B^\ominus \quad ClO_4^- \xrightarrow{+0.36V} ClO_3^- \xrightarrow{+0.33V} HClO_2 \xrightarrow{+0.68V} HClO \xrightarrow{+0.42V} Cl_2 \xrightarrow{+1.358V} Cl^-$$

$\varphi_A^\ominus$，$\varphi_B^\ominus$ 分别表示酸性介质和碱性介质中的标准电极电势。这种表示元素各种氧化态物质之间标准电极电势变化的关系图，称为元素标准电极电势图［简称元素电势图(element potential diagram)］。它清楚地表明了各种元素的不同氧化态物质氧化、还原能力的相对大小。元素电势图的主要用途如下。

(1) 求标准电极电势

根据几个相邻电对的已知标准电极电势，可求算任一未知电对的标准电极电势。例如：已知酸性介质中铜元素电极电势图

$$\varphi_A/V \quad Cu^{2+} \xrightarrow[n=1]{0.153} Cu^+ \xrightarrow[n=1]{0.521} Cu$$
$$\underbrace{\qquad\qquad\varphi_{Cu^{2+}/Cu}^\ominus\qquad\qquad}_{n=2}$$

可以利用铜的元素电势图求出 $\varphi_{Cu^{2+}/Cu}^\ominus$。

图中对应的半反应为：

(1) $Cu^{2+} + e^- \rightleftharpoons Cu^+$

(2) $Cu^+ + e^- \rightleftharpoons Cu$

两式相加：

(3) $Cu^{2+} + 2e^- \rightleftharpoons Cu$

由式(7-6) 可知：

$$\varphi_3^\ominus = \varphi_{Cu^{2+}/Cu}^\ominus = \frac{n_1\varphi_1^\ominus + n_2\varphi_2^\ominus}{n_3} = \frac{0.153+0.521}{2}V = 0.337V$$

推广到一般，设有一种元素的电势图如下：

$$A \xrightarrow[n_1]{\varphi_1^\ominus} B \xrightarrow[n_2]{\varphi_2^\ominus} C \xrightarrow[n_3]{\varphi_3^\ominus} D$$
$$\underbrace{\qquad\qquad\varphi_x^\ominus\qquad\qquad}_{n_1+n_2+n_3}$$

$$\varphi_x^\ominus = \frac{n_1\varphi_1^\ominus + n_2\varphi_2^\ominus + n_3\varphi_3^\ominus}{n_1+n_2+n_3} \tag{7-12}$$

【例 7-17】 已知碱性介质中溴元素电极电势图为

$$\varphi_B^\ominus/V \quad BrO_3^- \underset{\varphi_{BrO_3^-/BrO^-}^\ominus}{\xrightarrow{+0.52}} BrO^- \xrightarrow{+0.45} Br_2 \xrightarrow{+1.078} Br^-$$
$$\underbrace{\qquad\qquad\varphi_{BrO^-/Br^-}^\ominus\qquad\qquad}$$

求 $\varphi^{\ominus}_{BrO_3^-/BrO^-}$ 和 $\varphi^{\ominus}_{BrO^-/Br^-}$ 值。

解 (1) $\varphi^{\ominus}_{BrO_3^-/Br_2} = \dfrac{\varphi^{\ominus}_{BrO_3^-/BrO^-} \times 4 + \varphi^{\ominus}_{BrO^-/Br_2} \times 1}{5}$

则: $\varphi^{\ominus}_{BrO_3^-/BrO^-} = \dfrac{5 \times \varphi^{\ominus}_{BrO_3^-/Br_2} - 1 \times \varphi^{\ominus}_{BrO^-/Br_2}}{4} = \dfrac{5 \times 0.52 - 1 \times 0.45}{4} V = 0.538V$

(2) $\varphi^{\ominus}_{BrO^-/Br^-} = \dfrac{1 \times \varphi^{\ominus}_{BrO^-/Br_2} + 1 \times \varphi^{\ominus}_{Br_2/Br^-}}{2} = \dfrac{1 \times 0.45 + 1 \times 1.078}{2} V = 0.764V$

(2) 判断歧化反应 (dismutation reaction) 能否发生

元素电极电势图可用来判断一种元素的某一氧化态能否发生歧化反应 (同一种元素的一部分原子或离子氧化,另一部分原子或离子还原的反应)。同一元素不同氧化态的 3 种物质从左到右按氧化态由高到低排列如下:

$$A \xrightarrow{\varphi^{\ominus}_{左}} B \xrightarrow{\varphi^{\ominus}_{右}} C$$

假设 $\varphi^{\ominus}_{右} > \varphi^{\ominus}_{左}$,即 $\varphi^{\ominus}_{B/C} > \varphi^{\ominus}_{A/B}$,因氧化还原方向总是电极电势大的氧化型物质氧化电极电势小的还原型物质,因此下列反应能自发进行,

$$2B \Longleftrightarrow A + C$$

B 发生歧化反应。可见,判断某物质能否发生歧化反应,其依据为: $\varphi^{\ominus}_{右} > \varphi^{\ominus}_{左}$。根据锰在酸性介质中的电极电势图:

$\varphi^{\ominus}_A/V$ $\quad MnO_4^- \xrightarrow{0.558} MnO_4^{2-} \xrightarrow{2.26} MnO_2 \xrightarrow{0.95} Mn^{3+} \xrightarrow{1.51} Mn^{2+} \xrightarrow{-1.180} Mn$

$\underbrace{\qquad\qquad\qquad\qquad}_{1.695} \underbrace{\qquad\qquad}_{1.23}$

可以判断,在酸性溶液中,MnO_4^{2-} 和 Mn^{3+} 均会发生歧化反应:

$$3MnO_4^{2-} + 4H^+ \Longleftrightarrow 2MnO_4^- + MnO_2 + 2H_2O$$

$$2Mn^{3+} + 2H_2O \Longleftrightarrow Mn^{2+} + MnO_2 + 4H^+$$

7.7 水的电势-pH 图

水是使用最多的溶剂,许多氧化还原反应在水溶液中进行,同时水本身又具有氧化还原性,因此研究水的氧化还原性,以及氧化剂或还原剂在水溶液中的稳定性等问题十分重要。水的氧化还原性与下列两个电极反应有关。

① 水作氧化剂,若在碱性介质中,则电极反应为:

$$2H_2O + 2e^- \Longleftrightarrow H_2(g) + 2OH^- \qquad \varphi^{\ominus}_{H_2O/H_2} = -0.828V$$

在 298.15K、$p(H_2) = 100kPa$ 时,有:

$$\begin{aligned}\varphi_{H_2O/H_2} &= \varphi^{\ominus}_{H_2O/H_2} - \dfrac{0.0592V}{2} \lg(p_{H_2}/p^{\ominus})[OH^-]^2 \\ &= -0.828V + 0.0592V \times pOH = -0.828V + 0.0592V \times (14-pH) \\ &= -0.0592V \times pH\end{aligned}$$

② 水作还原剂,若在酸性介质中,则电极反应为:

$$O_2(g) + 4H^+ + 4e^- \Longleftrightarrow 2H_2O \qquad \varphi^{\ominus}_{O_2/H_2O} = 1.229V$$

在 298.15K,$p(O_2) = 100kPa$ 时,有

$$\begin{aligned}\varphi_{O_2/H_2O} &= \varphi^{\ominus}_{O_2/H_2O} - \dfrac{0.0592V}{4} \lg \dfrac{1}{\dfrac{p_{O_2}}{p^{\ominus}}[H^+]^4} \\ &= 1.229V - 0.0592V \times pH\end{aligned}$$

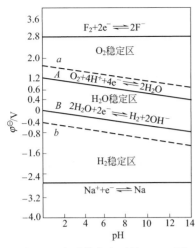

图 7-7 水及某些电对的 φ-pH 图

可见水作为氧化剂和还原剂时，其电极电势都是 pH 的函数。以电极电势为纵坐标，pH 为横坐标作图，就可得到水的电势-pH 图，简称 φ-pH 图，如图 7-7 所示。图中的直线 B 和直线 A 分别是以上述两方程画得的直线。

由于动力学等因素的影响，实际测量的值要比理论值差 0.5V。因此 A 线、B 线各向外推出 0.5V，实际水的 φ-pH 图为图中 a、b 虚线。

利用水的 φ-pH 图可以判断氧化剂和还原剂能否在水溶液中稳定存在。当某种氧化剂的 φ 值在 a 线以上，该氧化剂就能与水反应放出氧气；当某种还原剂的 φ 值在 b 线以下，该还原剂就能与水反应放出氢气。例如 $\varphi^{\ominus}_{F_2/F^-} = 2.87V$，在 a 线以上，则 F_2 在水中不能稳定存在，要氧化水放出氧气，反应为：

$$2F_2(g) + 2H_2O \rightleftharpoons 4HF + O_2(g)$$

而 $\varphi^{\ominus}_{Na^+/Na} = -2.714V$，在 b 线以下，则金属钠在水中不能稳定存在，会还原水放出氢气，反应为：

$$2Na + 2H_2O \rightleftharpoons 2NaOH + H_2(g)$$

如果某一种氧化剂或还原剂的 φ 值处于 a、b 线间，则它可在水中稳定存在。因此，a 线以上是 $O_2(g)$ 的稳定区，b 线以下是 $H_2(g)$ 的稳定区，a 线、b 线间为 H_2O 的稳定区。

思 考 题

1. 计算下列每一化合物中横线上面原子的氧化数是多少？

　　LiAl$\underline{H}$$_4$　　　　$\underline{Cu}_2$O　　　　Na$_2$$\underline{O}$$_2$　　　　$\underline{P}_4$
　　Ba$\underline{Fe}$O$_4$　　　$\underline{Mn}$O$_4^{2-}$　　　H$_2$$\underline{P}O_2$　　　Na$_2$$\underline{C}_2O_4$

2. 在一定条件下，下列物质都能作氧化剂：$KMnO_4$、$CuCl_2$、$FeCl_3$、$K_2Cr_2O_7$、I_2、Br_2、F_2，试根据标准电极电势表，把这些物质按氧化能力从大到小排列起来，写出它们在酸性介质中的还原产物。

3. 用标准电极电势的概念解释下列现象：

(1) 在 Sn^{2+} 盐溶液中加入锡能防止它氧化。
(2) Cu^+ 在水溶液中不稳定。
(3) 加入 $FeSO_4$ 可使 $K_2Cr_2O_7$ 溶液的橙红色褪去。
(4) 金属铁能置换铜离子，而氯化铁溶液又能溶解铜板。
(5) 二氯化锡溶液贮存易失去还原性。
(6) 硫酸亚铁溶液久放会变黄。

4. 判断下列反应的方向：

(1) $2KI + SnCl_4 \rightleftharpoons 2KCl + SnCl_2 + I_2$
(2) $2KMnO_4 + K_2SO_3 + 2KOH \rightleftharpoons 2K_2MnO_4 + K_2SO_4 + H_2O$
(3) $Cl_2 + H_2O \rightleftharpoons HCl + HClO$

5. 求出下列原电池的电动势，写出电池反应式，并指出正负极。

(1) $Pt|Fe^{2+}(1mol·L^{-1}), Fe^{3+}(0.0001mol·L^{-1}) \| I^-(0.0001mol·L^{-1}), I_2(s)|Pt$
(2) $Pt|Fe^{3+}(0.5mol·L^{-1}), Fe^{2+}(0.05mol·L^{-1}) \| Mn^{2+}(0.01mol·L^{-1}), H^+(0.1mol·L^{-1})|MnO_2$（固）$|Pt$

6. 今有一种含有 Cl^-、Br^-、I^- 三种离子的混合溶液，欲使 I^- 氧化为 I_2 而又不使 Br^-、Cl^- 被氧化。问常用的氧化剂 $Fe_2(SO_4)_3$ 和 $KMnO_4$ 中选择哪一种能符合上述要求？

7. 试从标准电极电势来估计下列水溶液中各反应的产物，并配平。

(1) $Fe + Cl_2 \longrightarrow$

(2) $Fe + I_2 \longrightarrow$

(3) $FeCl_3 + Cu \longrightarrow$

(4) $Fe^{3+} + Mn^{2+} + H_2O \longrightarrow$

8. 能否配制含有等浓度（$mol \cdot L^{-1}$）的下列各对离子的酸性水溶液？为什么？

(1) Sn^{2+} 和 Hg^{2+}

(2) SO_3^{2-} 和 MnO_4^-

(3) Sn^{2+} 和 Fe^{2+}

9. 选择题

(1) 根据反应 $MnO_2 + H^+ + Cl^- \longrightarrow Mn^{2+} + Cl_2 + H_2O$ 写出原电池的符号，正确的是（　　）。

A. $(-)Pt|Cl_2(p)|Cl^-(c_1) \| H^+(c_2), Mn^{2+}(c_3)|MnO_2|Pt(+)$

B. $(-)Pt, Cl_2(p)|Cl^-(c_1) \| H^+(c_2), Mn^{2+}(c_3), MnO_2|Pt(+)$

C. $(-)Pt, Cl_2(p)|Cl^-(c_1) \| H^+(c_2), Mn^{2+}(c_3)|MnO_2, Pt(+)$

D. $(-)Pt|Cl_2(p), Cl^-(c_1) \| H^+(c_2), Mn^{2+}(c_3)|MnO_2, Pt(+)$

(2) 利用标准电极电势表判断氧化还原反应进行方向，正确的说法是（　　）。

A. 氧化型物质与还原型物质起反应

B. $\varphi^\ominus$ 较大电对的氧化型物质与 $\varphi^\ominus$ 较小电对的还原型物质起反应

C. 氧化性强的物质与氧化性弱的物质起反应

D. 还原性强的物质与还原性弱的物质起反应

(3) $Cr_2O_7^{2-} + 14H^+ + 6e^- \Longleftrightarrow 2Cr^{3+} + 7H_2O$ 的能斯特方程表达式为（　　）。

A. $\varphi = \varphi^\ominus - \dfrac{0.0592V}{6} \lg \dfrac{[Cr_2O_7^{2-}]}{[Cr^{3+}]^2}$

B. $\varphi = \varphi^\ominus + \dfrac{0.0592V}{6} \lg \dfrac{[Cr_2O_7^{2-}]}{[Cr^{3+}]^2}$

C. $\varphi = \varphi^\ominus - \dfrac{0.0592V}{6} \lg \dfrac{[Cr^{3+}]^2 [H_2O]^7}{[Cr_2O_7^{2-}][H^+]^{14}}$

D. $\varphi = \varphi^\ominus - \dfrac{0.0592V}{6} \lg \dfrac{[Cr^{3+}]^2}{[Cr_2O_7^{2-}][H^+]^{14}}$

(4) 有一原电池：$(-)Ag|Ag_2CrO_4(s)|CrO_4^{2-}(c_1) \| Ag^+(c_2)|Ag(+)$，它的电池反应为（　　）。

A. $2Ag + CrO_4^{2-}(c_1) \Longleftrightarrow Ag_2CrO_4$　　　　B. $Ag_2CrO_4 \Longleftrightarrow 2Ag^+(c_2) + CrO_4^{2-}(c_1)$

C. $Ag_2CrO_4 \Longleftrightarrow 2Ag + CrO_4^{2-}(c_1)$　　　　D. $2Ag^+(c_2) + CrO_4^{2-}(c_1) \Longleftrightarrow Ag_2CrO_4$

(5) 使下列电极反应中有关离子浓度减小一半，而电极电势值增加的是（　　）。

A. $Cu^{2+} + 2e^- \Longleftrightarrow Cu$　　　　B. $I_2 + 2e^- \Longleftrightarrow 2I^-$

C. $2H^+ + 2e^- \Longleftrightarrow H_2$　　　　D. $Fe^{3+} + e^- \Longleftrightarrow Fe^{2+}$

(6) 对于原电池 $(-)Zn|ZnSO_4(c_1) \| CuSO_4(c_2)|Cu(+)$，下列叙述中正确的是（　　）。

A. "$\|$" 表示导线的连接　　　　B. "$|$" 表示相界面

C. 电对 Cu^{2+}/Cu 在反应中作为氧化剂　　　　D. Zn 在原电池中仅作为电子的导体

(7) 电极电势与 pH 无关的电对是（　　）。

A. H_2O_2/H_2O　　　B. IO_3^-/I^-　　　C. MnO_2/Mn^{2+}　　　D. MnO_4^-/MnO_4^{2-}

(8) 在一自发进行的原电池反应中，若得（失）电子数增加 n 倍时，则此原电池反应的 ΔG 和 $E^\ominus$ 将（　　）。

A. 变大，不变　　　B. 变小，不变　　　C. 变大，变小　　　D. 变小，变大

(9) 已知 $\varphi^\ominus_{M^{3+}/M^{2+}} > \varphi^\ominus_{M(OH)_3/M(OH)_2}$，则溶度积 $K^\ominus_{sp,M(OH)_3}$ 与 $K^\ominus_{sp,M(OH)_2}$ 的关系应是（　　）。

A. $K^\ominus_{sp,M(OH)_3} > K^\ominus_{sp,M(OH)_2}$　　　　B. $K^\ominus_{sp,M(OH)_3} < K^\ominus_{sp,M(OH)_2}$

C. $K^\ominus_{sp,M(OH)_3} = K^\ominus_{sp,M(OH)_2}$　　　　D. 无法判断

(10) 根据碱性溶液中硫元素的电势图：$SO_3^{2-} \xrightarrow{-0.58V} S_2O_3^{2-} \xrightarrow{-0.74V} S \xrightarrow{-0.508V} S^{2-}$，能发生歧化反应的物质是（　　）。

A. SO_3^{2-} B. $S_2O_3^{2-}$ C. S   D. S^{2-}

10. 填空题

(1) 电池$(-)Cu|Cu^+ \| Cu^+, Cu^{2+}|Pt(+)$和$(-)Cu|Cu^{2+} \| Cu^+, Cu^{2+}|Pt(+)$的电池反应均可为：$Cu+Cu^{2+} = 2Cu^+$，则此二电池的 $\Delta_r G_m^{\ominus}$ _____，$E^{\ominus}$ _____，$K^{\ominus}$ _____。(填相同或不同)

(2) 如仅根据下列三个电对的标准电极电势值：$\varphi_{O_2/H_2O_2}^{\ominus} = 0.682V$；$\varphi_{H_2O_2/H_2O}^{\ominus} = 1.77V$；$\varphi_{O_2/H_2O}^{\ominus} = 1.23V$；可知其中最强的氧化剂是_____；最强的还原剂是_____；既可作氧化剂又可作还原剂的是_____；只能作还原剂的是_____。

(3) Cu-Fe 原电池的电池符号是_____，其正极半反应式为_____，负极的半反应式为_____，原电池的反应式为_____

习 题

7.1 用离子-电子法配平下列酸性溶液中的方程式

(1) $MnO_4^- + H_2S \longrightarrow Mn^{2+} + S$

(2) $Cr_2O_7^{2-} + Fe^{2+} \longrightarrow Cr^{3+} + Fe^{3+}$

(3) $PbO_2 + Cr^{3+} \longrightarrow Cr_2O_7^{2-} + Pb^{2+}$

(4) $H_3AsO_4 + I^- \longrightarrow H_3AsO_3 + I_2$

(5) $Mn^{2+} + NaBiO_3 \longrightarrow MnO_4^- + Bi^{3+}$

7.2 用离子-电子法配平下列碱性溶液中的方程式

(1) $Cr(OH)_4^- + HO_2^- \longrightarrow CrO_4^{2-} + H_2O$

(2) $MnO_4^- + SO_3^{2-} \longrightarrow MnO_4^{2-} + SO_4^{2-}$

(3) $Zn + ClO^- + OH^- \longrightarrow Zn(OH)_4^{2-} + Cl^-$

(4) $Cl_2 + OH^- \longrightarrow Cl^- + ClO^-$

(5) $MnO_4^- + SO_3^{2-} \longrightarrow MnO_2 + SO_4^{2-}$ （中性介质）

7.3 现有下列物质：$FeCl_2$、$SnCl_2$、H_2、KI、Mg、Al，它们都能做还原剂，试根据标准电极电势表，把它们按还原本领的大小排列成顺序，并写出它们相应的氧化产物。

7.4 把镁片和铁片分别浸在它们的浓度为$1mol \cdot L^{-1}$的盐溶液中组成一个化学电池，试求这一电池的电动势（25℃），写出负极发生的变化，并说明哪一种金属溶解到溶液中去?

7.5 在含有相同浓度的Fe^{2+}、I^-混合溶液中，加入氧化剂$K_2Cr_2O_7$溶液，哪一种离子先被氧化?

7.6 写出下列原电池的半电极反应及电池反应式。

(1) $(-)Fe|Fe^{2+}(1mol \cdot L^{-1}) \| H^+(1mol \cdot L^{-1})|H_2(p^{\ominus})|Pt(+)$

(2) $(-)Pt|H_2(p^{\ominus})|H^+(1mol \cdot L^{-1}) \| Cr_2O_7^{2-}(1mol \cdot L^{-1}), Cr^{3+}(1mol \cdot L^{-1}), H^+(1mol \cdot L^{-1})|Pt(+)$

7.7 根据下列氧化还原反应设计电池，并写出电池符号

(1) $2Ag^+ + Zn = 2Ag + Zn^{2+}$

(2) $MnO_4^- + 8H^+ + 5Fe^{2+} = Mn^{2+} + 5Fe^{3+} + 4H_2O$

7.8 通过计算回答：

若溶液中MnO_4^- 和Mn^{2+}的浓度相等，问：在如下酸度 (1) pH=3，或 (2) pH=6，$KMnO_4$ 可否氧化I^-和Br^-?

7.9 已知电极反应：

$$H_3AsO_4 + 2H^+ + 2e^- \rightleftharpoons H_3AsO_3 + H_2O \qquad \varphi^{\ominus} = 0.559V$$
$$I_3^- + 2e^- \rightleftharpoons 3I^- \qquad \varphi^{\ominus} = 0.535V$$

计算出下列反应的平衡常数：

$$H_3AsO_3 + I_3^- + H_2O \rightleftharpoons H_3AsO_4 + 2H^+ + 3I^-$$

(1) 如果溶液的 pH=7，反应朝什么方向进行?

(2) 如果溶液中的$[H^+]=6mol \cdot L^{-1}$，反应朝什么方向进行?

7.10 下列反应组成原电池：(M 为金属)

$$M(s) + 2H^+(1mol \cdot L^{-1}) = M^{2+}(0.1mol \cdot L^{-1}) + H_2(100kPa)$$

测得其电池电动势为 0.5000V。

(1) 写出电池符号；
(2) 求电对 M^{2+}/M 的标准电极电势；
(3) 求该反应的平衡常数。

7.11 铁棒放在 $0.010 mol·L^{-1} FeSO_4$ 溶液中作为一个半电池，锰棒放入 $0.1 mol·L^{-1} MnSO_4$ 溶液中作为另一个半电池，用盐桥将两个半电池连接起来组成电池，试求：

(1) 该电池的电动势；
(2) 该电池反应的平衡常数；
(3) 如欲使电池电动势增加 0.02V，哪一个溶液需要稀释？稀释到原体积的多少倍？

7.12 写出电池反应 $2H_2O(l) \rightleftharpoons 2H_2(g) + O_2(g)$ 的正极反应和负极反应，并求出该电池反应在 298K 时的平衡常数。

7.13 已知：
$$Cu^{2+} + 2e^- \rightleftharpoons Cu \quad \varphi^{\ominus} = 0.34V$$
$$Cu^{2+} + e^- \rightleftharpoons Cu^+ \quad \varphi^{\ominus} = 0.15V$$

(1) 通过计算说明 Cu^+ 能否发生歧化反应；
(2) 计算反应 $Cu^{2+} + Cu \rightleftharpoons 2Cu^+$ 的平衡常数；
(3) 若 $K^{\ominus}_{sp,CuCl} = 1.2 \times 10^{-6}$，试计算下面反应的平衡常数：
$$Cu^{2+} + Cu + 2Cl^- \rightleftharpoons 2CuCl(s)$$

7.14 已知电对 $Ag^+ + e^- \rightleftharpoons Ag$ 的 $\varphi^{\ominus} = 0.799V$，$Ag_2C_2O_4$ 的 $K^{\ominus}_{sp} = 3.5 \times 10^{-11}$，计算下列电对的标准电极电势：
$$Ag_2C_2O_4(s) + 2e^- \rightleftharpoons 2Ag(s) + C_2O_4^{2-}$$

7.15 计算下列原电池的电动势
$$Zn|Zn^{2+}(a=0.1mol·L^{-1}) \| Fe^{3+}(a=0.1mol·L^{-1}), Fe^{2+}(a=1mol·L^{-1})|Pt$$

7.16 某原电池的正极为铜片，浸泡在 $0.1 mol·L^{-1}$ 的硫酸铜溶液中，不断通入 H_2S 气体使之饱和（饱和 H_2S 溶液浓度为 $0.1 mol·L^{-1}$）；其负极为 Zn 片，浸泡在 $0.1 mol·L^{-1}$ 的 $ZnSO_4$ 溶液中，通入 NH_3 气体，使 NH_3 的浓度为 $0.1 mol·L^{-1}$ 时为止。两溶液用盐桥连接后，测得电动势为 0.86V，求 CuS 的 $K^{\ominus}_{sp}$ 值。

7.17 铅蓄电池是常用的充电电池，它的一个电极填充海绵铅，另一个电极填充 PbO_2，介质为 H_2SO_4。若电池起始的电动势 $E = 2.05V$，试求介质 H_2SO_4 的浓度。（已知：$\varphi^{\ominus}_{Pb^{2+}/Pb} = -0.126V$，$\varphi^{\ominus}_{PbO_2/Pb^{2+}} = 1.455V$，$K^{\ominus}_{sp,PbSO_4} = 1 \times 10^{-8}$）

7.18 已知在 298K 时，$\varphi^{\ominus}_{Ag^+/Ag} = 0.799V$，$\varphi^{\ominus}_{AgCl/Ag} = 0.222V$。试求 $K^{\ominus}_{sp,AgCl}$。

7.19 已知 pH=0 时，$\varphi^{\ominus}_{Sb_2O_5/SbO^+} = 0.6V$，pH=14 时，$\varphi^{\ominus}_{Sb_2O_5/Sb_2O_3} = -0.13V$。试求：

(1) 298K 时，$K^{\ominus}_{sp,SbO(OH)}$；
(2) 298K 时，Sb_2O_3 饱和溶液的 pH 值。

7.20 利用下述电池可测定溶液中的 Cl^- 浓度，当用这种方法测定某地下水含 Cl^- 量时，测得电池的电动势为 0.280V，求地下水中的 Cl^- 含量。（已知：$\varphi^{\ominus}_{甘汞} = 0.244V$，$\varphi^{\ominus}_{Ag^+/Ag} = 0.800V$，$K^{\ominus}_{sp,AgCl} = 1.76 \times 10^{-10}$）

$$(-) Hg|Hg_2Cl_2|KCl(饱和) \| Cl^-(c)|AgCl|Ag (+)$$

第 8 章 原 子 结 构

公元前 5 世纪，人们就开始了物质能否无限可分的问题的讨论，希腊哲学家留基伯和其学生德莫克利特提出了原子说（atomism）。他们认为，宇宙万物是由最微小且不可分的物质粒子组成，并称这种粒子为原子（atom）。他们还认为宇宙间的原子数是无穷无尽的，它们的大小、形状、重量等都各自不同，并且不能毁灭，也不能创造出来。1808 年英国化学家道尔顿在古希腊朴素原子说和牛顿微粒说基础上提出原子学说，其要点为：①化学元素由不可分的微粒——原子构成，它在一切化学变化中是不可再分的最小单位；②同种元素的原子性质和质量都相同，不同元素原子的性质和质量各不相同，原子质量是元素的基本特征之一；③不同元素化合时，原子以简单整数比结合。道尔顿的原子学说不仅成为当时解释化学现象的统一理论，成为物质结构的基础，而且为化学的定量奠定了理论基础，使化学进入了一个新时代，因此道尔顿被恩格斯称为"近代化学之父"。

19 世纪末，英国物理学家汤姆逊等在研究阴极射线在磁场和电场中的偏转时，发现了电子的存在，并测出电子的质量（9.10×10^{-31} kg）、电荷值（1.60×10^{-19} C）和电子运动的速度（1.5×10^{6} m·s^{-1}）。汤姆逊的这一发现，使人类认识了第一个基本粒子，打破了原子不可再分的旧观念，从而打开了现代物理学研究领域的大门，在物理学史上具有划时代意义，因此他被称为"最先打开通向基本粒子物理学大门的伟人"。汤姆逊于 1904 年提出了一种原子模型。认为原子是一个平均分布着正电荷的粒子，其中镶嵌着许多电子，中和了正电荷，从而形成了中性原子。

1909~1911 年，英国物理学家卢瑟福（1871—1937）和他的合作者们通过 α 粒子轰击金箔的实验推翻了他的老师汤姆逊的原子模型，实验做法如图 8-1 所示。

在一个小铅盒里放有少量的放射性元素钋，它发出的 α 粒子从铅盒的小孔射出，形成很细的一束射线射到金箔上。α 粒子穿过金箔后，打到荧光屏上产生一个个的闪光，这些闪光可以用显微镜观察到。整个装置放在一个抽成真空的容器里，荧光屏和显微镜能够围绕金箔在一个圆周上转动。实验发现，大部分 α 粒子都可以穿透薄的金属箔，这一现象说明，固体中原子并不是密不可入的，排列并不紧密，内部有许多

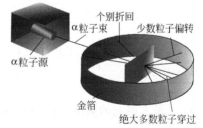

图 8-1 卢瑟福 α 粒子散射实验

空隙，所以粒子可以穿过金属箔而不改变方向。也有少数粒子穿过金属箔时，好像被什么东西挤了一下，因而运动轨迹发生了一定角度的偏转。还有个别的 α 粒子，好像正面打在坚硬的东西上，完全反弹回来。用汤姆逊的原子模型和带电粒子的散射理论不能解释这些实验现象。卢瑟福设想，原子内部一定有一个带正电的坚硬的核，粒子碰到核上就会被反弹回来，碰偏了就会改变方向，发生一定角度的偏转，而原子的核占据的空间很小，所以大部分 α 粒子还是能穿过去。

1912 年，卢瑟福根据 α 粒子散射实验现象提出"太阳-行星"原子核式结构模型。他认为，原子像一个小太阳系，每个原子都有一个极小的核，核的直径在 10^{-12} cm 左右，这个核几乎集中了原子的全部质量，并带有若干单位正电荷，原子核外有数量与核带的正电荷相等的电子绕核旋转，所以一般情况下，原子显中性。卢瑟福的原子模型，成功地解释了许多

物理化学现象。正是由于卢瑟福通过 α 粒子为物质的散射研究，无可辩驳地论证了原子的核模型，才使原子结构的研究走上了正确的轨道，于是他被誉为原子物理学之父。但后来的研究发现，卢瑟福的原子模型也有很大的局限性。

8.1 原子的玻尔模型

8.1.1 经典物理学局限性

19 世纪末，经典物理学体系已经在几乎所有方面都取得了巨大的成功。根据当时的物理学理论可以解释常见的物理现象，但人们用经典物理学解释黑体辐射实验的时候，出现了著名的所谓"紫外灾难"。当时由于冶金等各方面的需求，人们急于知道辐射能量与光波长之间的函数关系。用经典电磁理论，假定黑体辐射是由黑体中带电粒子振动所发出的，但根据经典力学和统计力学理论计算出的黑体辐射能量随波长的分布曲线与实验结果明显相矛盾。1900 年普朗克在深入分析实验数据和经典的理论计算方法基础上指出在经典理论范围内解决不了这个矛盾。为了从理论上得出正确的辐射公式，必须假定物质辐射（或吸收）的能量不是连续地、而是以某个数值的整数倍进行的。这个数值就叫能量子，若辐射频率为 ν，这个数值为 $h\nu$。因此物质辐射的能量为：

$$\Delta E = nh\nu \tag{8-1}$$

式中，$n = 1, 2, 3, \cdots$；$h = 6.625 \times 10^{-34} \, \text{J} \cdot \text{s}$，称为普朗克常数（Planck constant）。根据式(8-1) 计算结果与实验结果一致。普朗克这一假定称为能量量子化假定，它使人们从传统思想的束缚下获得了解放。黑体辐射、光电效应、原子光谱、康普顿效应等经典物理所不能解释的实验现象。都能根据普朗克假定得到合理的解释。

1905 年，爱因斯坦为解释光电效应，在普朗克量子假设的启发下，提出了光子学说 (photon theory)。他认为光是一束光子流，光子有一定的能量和动量，其大小由频率及波长决定。

$$E = h\nu \tag{8-2}$$

$$P = h/\lambda \tag{8-3}$$

式中，E 和 P 分别为光子的能量和动量；ν 和 λ 为光的频率和波长；h 为普朗克常数。根据爱因斯坦方程：

$$h\nu - \phi = E_{\max} \tag{8-4}$$

式中，ν 是入射光的频率；$\phi = h\nu_0$ 是功函数，是从原子键结中移出一个电子所需的最小能量，其中 ν_0 是光电效应发生的阈值频率，不同的金属有不同的 ν_0；$E_{\max} = \frac{1}{2}mv^2$，是被射出的电子的最大动能，其中 m 是被发射电子的静止质量，v 是被发射电子的速率。

当某种金属被光照射后，只有入射光的频率足够大（$\nu > \nu_0$），即光子的能量足够大 ($h\nu > \phi$) 时，吸收光子能量后的电子才有可能克服金属的引力，逸出金属表面成为光电子。因此金属能否产生光电效应只取决于光的频率，而与光强度无关。光强度增加只使照射到金属上的光子的数量增加，发射的光电子数增加，故照射光的强度与光电子数成正比。这就解释了经典电磁波理论不能解释的光电效应的实验结果。

另一类用经典物理学理论不能解释的实验现象是原子光谱。如图 8-2，原子光谱的分布是不连续的一条条分立的谱线。根据卢瑟福的原子模型，原子是电子绕核运动构成的，按照经典电磁理论，电子在力场中运动时总要发射电磁波，则原子光谱是电子绕核运动发射的电磁波。电子产生电磁辐射会逐渐失去能量，运动着的电子轨道会越来越小，最终将与原子核相撞并导致原子毁灭；同时电子逐渐失去能量，其转动频率也逐渐变化，发射出的频率应该是连续分布的，这些都显然与实验现象不符。

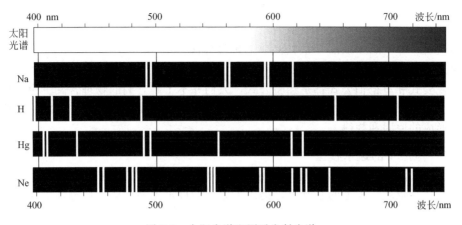

图 8-2 太阳光谱和原子发射光谱

8.1.2 氢原子光谱

氢原子光谱（hydrogen spectrum）是最简单的原子光谱，是高纯度低压氢气在放电管中经高压电场激发后产生的。人们获得的氢原子光谱都是线型光谱，谱线强度和间隔都沿着短波方向递减。在可见光区有 4 条，分别用 H_α、H_β、H_γ、H_δ 表示。其波长的粗略值分别为 656.2nm、486.4nm、434.0nm 和 410.2nm。1885 年，瑞士物理学家巴尔麦首先分析、研究了可见区几条谱线，发现这些谱线可用下列关系式表示：

$$\lambda = B\frac{n^2}{n^2-2^2} \quad (n=3,4,5,6,\cdots) \tag{8-5}$$

或写成：

$$\frac{1}{\lambda} = \frac{4}{B}\left[\frac{1}{2^2}-\frac{1}{n^2}\right] \tag{8-6}$$

式中，B 为一常数，$B=364.58$nm，当 $n=3$、4、5、6 时，计算出波长分别为 H_α、H_β、H_γ、H_δ 谱线的波长。人们称上式是巴尔麦公式，由此得出的一组谱线称为巴尔麦线系。当 $n\to\infty$ 时，$\lambda\to B$ 为这个线系的极限，这时邻近二谱线的波长之差趋于零。图 8-3 是巴尔麦线系的示意图。

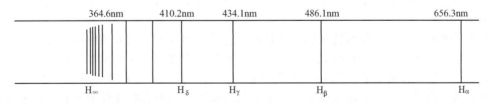

图 8-3 巴尔麦线系示意图

1890 年瑞典物理学家里德伯在分析了氢原子光谱的所有的谱线后归纳成一个统一的公式：

$$\nu = \frac{1}{\lambda} = R_\infty\left(\frac{1}{n_1^2}-\frac{1}{n_2^2}\right) \quad (n_1=1,2,3,\cdots; n_2=n_1+1, n_1+2, n_1+3, \cdots) \tag{8-7}$$

式中，R_∞ 称为里德伯常数，其值为 $1.0973731568525(73)\times 10^7\,\text{m}^{-1}$（不同原子的里德伯常量 R_∞ 差异）；ν 为波长的倒数，称波数，单位是 m^{-1}。利用此公式可计算氢原子光谱的各谱线系的波数，如现已命名的氢原子光谱 6 个线系分别为：

赖曼系　　　$n_1=1, n_2=2,3,4,$　　　紫外区

巴尔麦系	$n_1=2, n_2=3,4,5,\cdots$	可见光区
帕邢系	$n_1=3, n_2=4,5,6,\cdots$	红外区
布喇开系	$n_1=4, n_2=5,6,7,\cdots$	近红外区
芬德系	$n_1=5, n_2=6,7,8,\cdots$	远红外区
汉弗莱系	$n_1=6, n_2=7,8,9,\cdots$	远红外区

巴尔麦公式和里德伯公式都是经验公式，人们并不了解它们的物理含义。由于经典的电磁理论无法对氢原子光谱的规律和特征作出合理的解释，因而促使人们去寻求一种理论探讨原子光谱形成的原因和规律。

8.1.3 氢原子的玻尔模型

1913 卢瑟福的学生，丹麦物理学家尼尔森·玻尔综合了普朗克的量子论、爱因斯坦的光子论，在卢瑟福原子模型的基础上，提出了原子的玻尔模型，成功地解释了氢原子结构和氢原子光谱。

玻尔的理论有三个基本假设。

① 定态轨道假设 玻尔认为电子在原子核库仑引力作用下，按经典力学规律，在一个固定的，有一定能量并有特定半径的定态圆形轨道上运动。这些运动的电子既不能吸收能量也不能辐射能量，因而原子处于稳定状态（定态），其能量（称能级）保持不变。电子处于能量最低的定态轨道称基态，处于其它能量的轨道称激发态。

② 能量的吸收和释放假设 玻尔认为当原子中的电子从一个轨道跃迁到另一个轨道时会发射或吸收能量，而且发射或吸收的辐射是单频的，辐射的频率必须满足以下关系式：

$$\nu = \frac{E_2 - E_1}{h} = \frac{\Delta E}{h} \tag{8-8}$$

式中，ΔE 为两个轨道间的能量差，若 $\Delta E > 0 (E_2 > E_1)$，则需吸收辐射能，若 $\Delta E < 0 (E_2 < E_1)$，则会释放辐射能。

③ 轨道能量的假设 玻尔认为原子轨道存在不连续性，电子绕核轨道运动的角动量 L 必须是 $h/2\pi$ 的整数倍。

$$L = Pr = mvr = n\frac{h}{2\pi} \tag{8-9}$$

式中，P 为作圆周运动的电子的动量；m 为电子的质量；v 为电子运动的线速度；r 为圆形轨道半径；$n = 1, 2, 3, \cdots$。

上式说明电子只能在某些特定的分立轨道上运动，离核愈远轨道的能量愈高。

玻尔的理论引进了量子化概念，从而冲破了旧经典物理学能量连续变化的束缚，成功地说明了原子的稳定性并解释了氢原子与类氢离子（He^+、Li^{2+}）的光谱现象。玻尔认为氢原子中在基态轨道上运动的电子受到外界能量的激发后，从基态跃迁到激发态，处于激发态的电子不稳定，会从激发态回到基态，以电磁波的形式释放出能量，产生氢原子光谱。由于轨道能量具有量子化的特征，故形成线状氢原子光谱。玻尔导出的氢原子中电子圆周运动轨道半径公式和能量公式为：

$$r_n = a_0 n^2 \tag{8-10}$$

$$E_n = -B \frac{1}{n^2} \tag{8-11}$$

式中，a_0 为常数，$a_0 = 0.0529$nm，当 $n=1$ 时，轨道半径 $r_1 = a_0 = 0.0529$nm，是氢原子处于基态时的最小轨道半径，又称玻尔半径。式(8-11) 中，B 为常数，$B = 2.179 \times 10^{-18}$J，$n=1$ 时的能量是氢原子中离核最近的轨道的能量，即氢原子中电子处于基态时的能量，图 8-4 是氢原子能级图；玻尔从理论上计算的氢原子光谱的波长（频率）、电离能值与实验测定值极为吻合，所以说玻尔的理论大大扩展了量子论的影响，加速了量子论的发展，是原子结构理论发展中的一个重大进展。

玻尔理论虽然取得了很大成就，但不能解释后来发现的一些实验现象，如在一定强度的磁场下氢原子光谱的某些谱线可以分裂成若干条谱线，玻尔理论无法解释这类谱线分裂现象及氢原子光谱的精细结构；它只能解释氢原子的光谱，在解决其它多电子原子的光谱时就遇到了困难，如把理论用于非氢原子时，理论结果与实验不符。这些缺陷主要是其理论以经典理论为基础，而又是与经典理论相抵触的半经典半量子化的理论。它把微观粒子（电子，原子等）看作是经典力学中的质点，同时，又赋予它们量子化的特

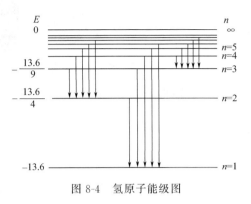

图 8-4　氢原子能级图

征，并未真正揭示微观粒子的运动特征，因此把玻尔的原子模型称为旧量子论模型。要克服玻尔理论的缺陷建立新的原子结构模型，就必须建立能反映微观粒子运动特点和规律的新的量子论。根据量子力学，人们建立了现代的原子模型。

8.2　原子的量子力学模型

8.2.1　微观粒子的波粒二象性

波粒二象性（wave-particle duality）是指某物质同时具备波的特征及粒子的特征。波粒二象性是量子力学中的一个重要概念。

光是一种粒子还是一种波，牛顿的微粒说和惠更斯的波动说争论了二百年之久，谁也未能取胜。其实微粒说和波动说都只能部分地解释光学现象，微粒说无法解释光的干涉和衍射等物理现象，而波动说又无法解释黑体辐射、光电效应和氢原子光谱。1905 年，爱因斯坦提出了光电效应的光量子解释，人们开始意识到光波同时具有波和粒子的双重性质。1924 年，德布罗意提出"物质波"假说，他认为与光具有波粒二象性一样，实物粒子也具有波粒二象性。他将这个波长 λ 和动量 P 联系为：

$$\lambda = \frac{h}{P} = \frac{h}{mv} \tag{8-12}$$

式(8-12)称为德布罗意关系式，它预示实物微粒波（称实物波）的波长（λ）可以通过实物粒子的大小（m）及其运动速度（v）求出。

【例 8-1】　分别计算一个质量为 0.025kg、运动速度为 300m·s^{-1} 的子弹和一个质量为 9.1×10^{-31}kg、运动速度为 1.5×10^6 m·s^{-1} 的电子的波长。

解　根据式(8-12)

子弹的波长　　$\lambda = \dfrac{6.6 \times 10^{-34}}{300 \times 0.025} = 8.8 \times 10^{-35}$ (m) $= 8.8 \times 10^{-26}$ (nm)

电子的波长　　$\lambda = \dfrac{6.6 \times 10^{-34}}{9.1 \times 10^{-31} \times 1.5 \times 10^{6}} = 4.8 \times 10^{-10}$ (m) $= 0.48$ (nm)

计算结果表明：子弹的实物波的波长很短，其波动性难以显示，可以忽略，因此在宏观世界和低速领域，几乎显示不出物体的波动性；而电子实物波长的波长虽较短，但它在 X 射线的波长范围内，电子在一定的场合下显示其波动性。

德布罗意关系式于 1927 年被美国科学家戴维逊和革末的电子衍射实验所证实。戴维逊

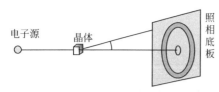

图 8-5 电子衍射示意图

和革末以加速电子束射向镍单晶获得电子的单晶衍射图,测得电子的实物波波长与德布罗意公式一致。英国科学家 G. P. 汤姆逊(发现电子的 J. J. 汤姆逊之子)以高速电子穿过多晶金属箔获得类似 X 射线在多晶上产生的衍射花纹(见图 8-5),确凿证实了电子的波动性,以后又有其它实验观测到氦原子、氢分子以及中子的衍射现象,微观粒子的波动性被广泛地证实。实际上微粒的波粒二象性是微粒的典型运动特征。

实物波既不是机械波,也不是电磁波,那它到底是一种什么波?1926 年,德国物理学家玻恩提出了符合实验事实的后来为大家公认的统计解释:物质波在某一地方的强度跟在该处找到它所代表的粒子的概率成正比。按照玻恩的解释,实物波乃是一种概率波,它说明实物粒子在某处邻近出现的概率与该处波的强度成正比。在电子衍射实验中,用较强的电子流可以在较短的时间内获得电子衍射照片。毕柏曼用极弱电子流做衍射实验时,电子的速度很慢,几乎一个个地通过晶体发生衍射。因为电子有粒子性,开始底片上只出现若干个无规律性的衍射斑点,斑点的位置无法预测,但当实验时间足够长时,底片上的斑点不仅数目增多,而且分布逐渐显示出明显的规律性,最后可得到与强电子流同样的衍射照片。衍射强度与电子数目成正比,电子出现数目多的地方衍射强度大,电子出现数目少的地方衍射强度小。设想用一个电子重复进行足够多次的相同实验,由于电子到达的地方是不能准确预测的,所以衍射(波)强度与电子出现的概率成正比,在衍射强度大的地方,电子出现机会大,在衍射强度小地方,电子出现的机会小。因此实物波是概率波,它指实物粒子在空间中某点某一时刻可能出现的概率。据此,在氢原子里处于基态的电子出现在空间任何一点都有可能,但是在玻尔半径处概率最大。因此电子运动可以用一个波函数来表征,但这个函数不表示一个电子确定的运动方向与确定的轨道,只是说明电子在原子内空间某一点出现的概率。

8.2.2 微观粒子测不准关系

测不准关系又称测不准原理(uncertainty principle),是德国物理学家海森伯 1927 年提出来的。该原理表明,在本质上不可能同时准确地测得电子的能量和它在空间的位置,其关系式为:

$$\Delta x \cdot \Delta P \geqslant \frac{h}{4\pi} \tag{8-13}$$

式中,Δx、ΔP 分别为测量微粒的位置和动量的不确定量。式(8-13)显示微粒不能同时有确定的位置和动量,它的位置被确定得愈准确,则相应的动量就愈不准确,反之亦然。

【例 8-2】 一个质量为 0.025kg 的子弹和一个质量为 9.1×10^{-31}kg 的电子,测得它们的运动速度分别为 $300\text{m}\cdot\text{s}^{-1}$ 和 $1.5\times 10^6\text{m}\cdot\text{s}^{-1}$,求它们的位置的不确定量,假定速度的测量误差为万分之一。

解 根据式(8-13):

子弹位置的不确定量:

$$\Delta x \geqslant \frac{h}{4\pi m \Delta v}=\frac{6.6\times 10^{-34}}{4\times 3.14\times 0.025\times (300\times 10^{-4})}=7.0\times 10^{-32}\ (\text{m})$$

电子位置的不确定量:

$$\Delta x \geqslant \frac{h}{4\pi m \Delta v}=\frac{6.6\times 10^{-34}}{4\times 3.14\times 9.1\times 10^{-31}\times (1.5\times 10^6\times 10^{-4})}=3.8\times 10^{-7}\ (\text{m})$$

计算结果表明,子弹位置的不确定量极小,无法测量,测不准关系对宏观物体不起作用,完全可以忽略，也就是说运动的宏观物体的位置和速度能准确测定，是经典力学适用的场合；而电子的位置不确定量在微米级，超出原子内空间的范围，这说明要同时测准电子的位置和速度（动量）是不可能的，可见运动的微观粒子服从测不准关系式，不适用经典力学，需用量子力学处理。因此测不准关系不仅是微观粒子运动必须遵循的规律，而且是宏观物体和微观粒子的分界线，可用于检验经典力学适用的范围。

8.2.3 波函数和薛定谔方程

前面已经谈到，同机械波和电磁波一样，实物波也可以用一个波函数来描述电子等实物微观粒子的运动状态。量子力学的第一个基本假定就是：任何微观粒子体系的运动状态都可以用一个波函数 $\Psi(x,y,z,t)$ 来描述，体系在时间 t 出现在空间某点 (x,y,z) 附近的概率与波函数的绝对值平方成正比。描述微观体系状态的波函数与电磁波的波函数不同，没有明确的物理意义。电磁波的波函数是指在 t 时刻，空间某点 (x,y,z) 处的电场强度或磁场强度，而实物波的波函数只是表示电子等实物粒子在 t 时刻空间某点 (x,y,z) 的微观运动状态，这种微观状态是一个比较抽象的概念，但实物波的波函数却可以用它的绝对值的平方代表体系的概率分布这种性质，即通过 $|\Psi|^2$ 体现它的物理意义。

火车、子弹和人造卫星等宏观物体的运动轨迹可以通过解牛顿力学方程求得，同样，要确定微观实物粒子的运动状态可以通过解量子力学方程来实现。1926 年奥地利物理学家薛定谔，从实物波的概念和测不准原理出发，对比波动光学方程，大胆地提出了一些假设，在经典力学基本方程的基础上提出了量子力学基本方程——微粒波动方程（薛定谔方程）。任何定态（能量有确定值的状态）的微观粒子的波函数都必须满足这一方程，自由粒子的波函数一定满足这一方程，非自由粒子（如原子、分子中的电子）的定态也服从这个方程，这是量子力学的另一个基本假设。

定态薛定谔方程的表示式为：

$$\frac{\partial^2 \psi}{\partial x^2}+\frac{\partial^2 \psi}{\partial y^2}+\frac{\partial^2 \psi}{\partial z^2}+\frac{8\pi^2 m}{h^2}(E-V)\psi=0 \tag{8-14}$$

式中，ψ 为实物波的波函数；m 为微观粒子的质量；E 为体系总能量，即为动能和势能之和；V 为势能；h 为普朗克常数；x，y，z 为空间坐标。对于氢原子和类氢离子，m 为电子的质量，E 为氢原子或类氢离子的总能量，势能 V 是原子核对电子的吸引能，为 $-Ze^2/r$，其中 Z 为核电荷数，e 为电子电荷，r 为电子离核的距离；ψ 为电子波的波函数。

对于薛定谔方程使用直角坐标很难求解，因此需将直角坐标转换成球坐标，由图 8-6 可知：

$$x=r\sin\theta\cos\varphi$$
$$y=r\sin\theta\sin\varphi$$
$$z=r\cos\theta$$

将 x、y、z 表达式代入薛定谔方程并加以整理，就得到以球坐标表示的薛定谔方程。此时波函数 $\psi(x,y,z)$ 就变成 $\psi(r,\theta,\varphi)$。应用变量分离法，求解的波函数 $\psi(r,\theta,\varphi)$ 为三个独立的 $R(r)$、$\Theta(\theta)$、$\Phi(\varphi)$ 的乘积，即：

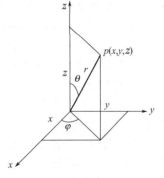

图 8-6 直角坐标和球坐标的关系

$$\psi(r,\theta,\varphi)=R(r)\Theta(\theta)\Phi(\varphi) \tag{8-15}$$

式中，$R(r)$ 函数是径向 r 的函数，为波函数的径向部分，$\Theta(\theta)$、$\Phi(\varphi)$ 函数是 θ 和 φ 的函数，为波函数的角度部分。令角度部分为 $Y(\theta,\varphi)$，则：

$$Y(\theta,\varphi)=\Theta(\theta)\Phi(\varphi) \tag{8-16}$$

则式(8-15)为：
$$\psi(r,\theta,\varphi)=R(r)Y(\theta,\varphi) \tag{8-17}$$

8.2.4 原子核外电子运动状态

(1) 原子轨道（atomic orbit）

描述电子运动状态的波函数 Ψ 不是具体的数值，而是数学函数关系式，它是薛定谔方程的合理解。薛定谔方程每一种合理的解对应一个波函数，也对应一种原子中电子运动状态，因此波函数也叫原子轨道或原子轨函。这里要说明的是原子轨道中"轨道"只是为了通俗起见，借用经典力学中"轨道"一词代替"运动状态"，不是指电子在核外所遵循的运动轨迹，而是指电子的一种运动状态，因此原子轨道和经典的轨道或轨迹有着本质的区别。原子轨道实际是指原子中电子在核外出现的概率最大的区域（达 90% 以上的区域），波函数是原子轨道的数学表达式。

(2) 电子云（electron cloud）

电子云是电子在核外空间分布的形象描绘，它区别于行星轨道式模型。电子在原子核空间运动得非常快，并有波粒二象性，不可能准确地知道电子在某一瞬间所处的确切位置和具体的轨迹，只能知道它在某处出现的概率有多少。为此，用小黑点的疏密来表示单位体积内电子出现概率，即概率密度大小（见图 8-7）。小黑点密处表示电子出现的概率密度大，小黑点疏处概率密度小，看上去好像一片带负电的云状物笼罩在原子核周围，因此叫电子云。波函数绝对值的平方 $|\Psi|^2$ 值表示单位体积内电子在核外空间某处出现的概率，即概率密度，所以电子云实际上就是概率密度的形象化图示，也就是说电子云图是 $|\Psi|^2$ 的图像，是电子行为具有统计性的一种形象的描述。

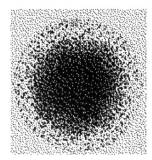

图 8-7 基态氢原子电子云示意图

(3) 四个量子数

在解薛定谔方程的过程中，为了得到电子运动状态合理的解，必须引入某些特定的参数，称为量子数，它们是 n、l 和 m。对于电子的轨道运动，其运动状态由这三个量子数确定，而每一个量子数分别由解 $R(r)$、$\Theta(\theta)$、$\Phi(\varphi)$ 方程获得，因此这三个量子数确定的轨道运动与玻尔量子数 n 确定的轨道运动有本质的区别，前者是指电子的运动状态，后者是指电子的具体的运动轨迹。

① 主量子数（n）(principal quantum number)

主量子数又称能量量子数，它是解 $R(r)$ 方程得到的波函数径向部分的参数。

a. 取值要求。n 只能取非零的正整数，即 $n=1,2,3,4,\cdots$。

b. 物理意义

(a) 表示电子出现概率最大区域离核的距离，$n=1$ 表示电子出现概率最大区域离核最近。

(b) 确定电子能量高低的主要量子数，对于氢原子或类氢离子，是确定电子能量高低的唯一量子数。n 愈大，电子的能量愈高。

(c) n 值对应的电子层及符号见表 8-1。代表电子层，n 相同的电子处于同一个电子层内。

表 8-1 n 值对应的电子层及符号

主量子数 n	1	2	3	4	5	6	7
电子层	第一层	第二层	第三层	第四层	第五层	第六层	第七层
电子层符号	K	L	M	N	O	P	Q

② 角量子数（l）(angular quantum number)

角量子数又称副量子数，它是解 $\Theta(\theta)$ 方程得到的波函数径向部分和角度部分的参数。

a. 取值要求。l 的取值受主量子数 n 的限制，只能取零至 $(n-1)$ 的正整数，即 $l = 0,1,2,3,\cdots,n-1$。

b. 物理意义

(a) 确定原子轨道和电子云在空间的角度分布情况（形状），原子轨道的形状取决于 l，l 相同，相应的原子轨道（或电子云）的形状相同见图 8-14。

(b) 表示的电子亚层，角量子数 l 取值对应电子亚层见表 8-2。

表 8-2　l 值对应的电子亚层符号

l	0	1	2	3	4	…	$n-1$
相应符号	s	p	d	f	g		

例如：$n=4$ 时，l 可取 $0,1,2,3$。

$l=0$：表示轨道为第四层的 4s 轨道，形状为球形。

$l=1$：表示轨道为第四层的 4p 轨道，形状为哑铃形。

$l=2$：表示轨道为第四层的 4d 轨道，形状为花瓣形。

$l=3$：表示轨道为第四层的 4f 轨道，形状复杂。

(c) 在多电子原子中 l 是和 n 一起决定电子的能量的量子数。在氢原子和类氢离子中，核外只有一个电子，因此电子的能量只与主量子数 n 有关，即 n 相同的电子的能量即使 l 不同也相同。如

$$E_{4s} = E_{4p} = E_{4d} = E_{4f}$$

对于多电子原子体系，由于各电子间的相互作用，使得 l 不同的电子能级发生分裂，一般 l 越大，能量越高。如：

$$E_{4s} < E_{4p} < E_{4d} < E_{4f}$$

因此，对于多电子体系只有 n 和 l 都相同时，电子的能量才相同；n 和 l 相同的轨道称等价轨道或简并轨道。

③ 磁量子数 (m)（magnetic quantum number）　磁量子数是解 $\Phi(\varphi)$ 方程得到的角度部分的参数，它表示原子轨道在磁场中的定向特征。电子在磁场中运动会受到磁场的影响，因而迫使它只能选择某些规定的取向，这些取向对应不同的磁量子数。

a. 取值要求。m 的取值受角量子数 l 的限制，只能取零至 $\pm l$ 的整数，即 $m = 0, \pm 1, \pm 2, \pm 3, \cdots, \pm l$，即 l 确定后，m 可取 $-l \sim +l$ 间的一切整数，包括零在内，共有 $(2l+1)$ 个取值。

b. 物理意义。磁量子数 m 只决定原子轨道在空间的伸展方向，每一种空间取向就是一个原子轨道，即有 $(2l+1)$ 个原子轨道。磁量子数与电子的能量无关。

m 对应的轨道数见表 8-3。

表 8-3　m 对应的轨道数

l	m	轨道类型	轨道数
0	0	s 轨道	1
1	$-1,0,+1$	p 轨道	3
2	$-2,-1,0,+1,+2$	d 轨道	5
3	$-3,-2,-1,0,+1,+2,+3$	f 轨道	7

轨道的运动状态由主量子数 n、角量子数 l 和磁量子数 m 确定，即 n、l、m 确定一个原子轨道。如 $n=4$，$l=0$，$m=0$ 的原子轨道是位于第四层，轨道形状是球形对称，轨道符号用 4s 表示，波函数表示为 $\psi_{4,0,0}$。

根据主量子数 n、角量子数 l 和磁量子数 m 的关系,可以得出每一电子层中原子轨道的数目,即对于一个确定的 n(第 n 层)的轨道数目为:

$$\text{原子轨道数} = n^2$$

④ 自旋量子数（m_s）(spin quantum number) n,l,m 三个量子数是由解氢原子波动方程得出的,与实验相符合。但用高分辨率的光谱仪得到的氢原子光谱大多数谱线其实是由靠得很近的两条谱线组成,其它的原子,如碱金属原子也发现类似的现象。这一现象用前三个量子数是不能解释的。为解释这一现象,1925 年乌仑贝克和哥德希密特提出了电子自旋的假设,根据这一假设引入了第四个量子数,称为自旋量子数 m_s,它表示电子的两种不同自旋运动状态。电子自旋后来被斯登和盖拉赫实验证实(见图 8-8)。

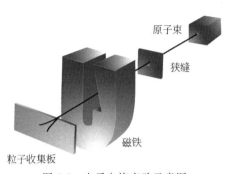

图 8-8 电子自旋实验示意图

a. 取值要求。自旋量子数 m_s 只能取两个值,即 $\pm\dfrac{1}{2}$。

b. 物理意义。自旋量子数 m_s 表示电子自旋方向。顺时针方向旋转,由自旋量子数 $m_s=+\dfrac{1}{2}$ 表示,也常用"↑"符号表示;逆时针方向旋转,由自旋量子数 $m_s=-\dfrac{1}{2}$ 表示,也常用"↓"符号表示。"↑↓"表示两个电子自旋方向相反;"↑↑"或"↓↓"表示两个电子自旋方向相同。

综上所述,n、l、m 和 m_s 四个量子数可以确定电子的一种运动状态,例如

$$n=4 \quad l=1 \quad m=0 \quad m_s=\dfrac{1}{2}$$

表示电子在第四电子层的 p 轨道上运动,轨道沿 z 轴对称方向伸展,呈哑铃形,电子顺时针方向自旋。因此由 n、l、m 和 m_s 四个量子数可以唯一确定电子的一种运动状态,由此可见 n 相同的电子为同一电子层运动的电子,n、l 相同的电子为同一能级运动的电子,n、l、m 三个量子数相同的电子为同一轨道上运动的电子。

【例 8-3】 用四个量子数描述 $n=4$,$l=1$ 的所有电子的运动状态。

解 因为 $l=1$,所以对应的有 $m=-1,0,+1$ 三个轨道,每个轨道容纳两个自旋方向相反的电子,所以有 $3\times2=6$ 个电子的运动状态,描述这些运动状态的四个量子数分别为:

$n=$	4,	4,	4,	4,	4,	4
$l=$	1,	1,	1,	1,	1,	1
$m=$	-1,	-1,	0,	0,	$+1$,	$+1$
$m_s=$	$+\dfrac{1}{2}$	$-\dfrac{1}{2}$	$+\dfrac{1}{2}$	$-\dfrac{1}{2}$	$+\dfrac{1}{2}$	$-\dfrac{1}{2}$

【例 8-4】 假定有下列电子的各套量子数,指出哪几种不可能存在。

	a	b	c	d	e	f
$n=$	3,	3,	2,	1,	2,	2
$l=$	2,	0,	2,	0,	-1,	0
$m=$	2,	-1,	2,	0,	0,	-2
$m_s=$	$+\dfrac{1}{2}$,	$+\dfrac{1}{2}$,	2,	0,	$+\dfrac{1}{2}$,	$+\dfrac{1}{2}$

解 b, c, d, e, f 都不可能存在。

8.2.5 波函数和电子云的空间图形

(1) 径向分布图 (radial distribution figure)

原子轨道的径向分布图是波函数 $R(r)$ 在任意给定方向（θ、φ 一定）上随 r 变化所作的图，又称波函数径向分布图，它表示波函数 $R(r)$ 随离核距离 r 变化的关系，如图 8-9。

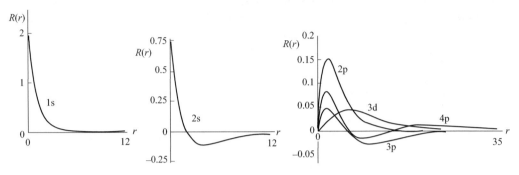

图 8-9 氢原子各种状态径向分布图

由于波函数的径向函数无明确的物理意义，而电子云径向密度函数 $R^2(r)$ 是表示电子在距核为 r 的某处附近单位体积内出现的概率，所以这里主要讨论电子云的径向分布。为了讨论半径为 $r \sim r+dr$ 球面之间球壳内电子出现的概率，引入径向分布函数 D。

如图 8-10 所示，半径为 r 的球面表面积为 $4\pi r^2$，则球壳薄层的体积为 $4\pi r^2 dr$，而电子在空间某处出现的概率为 $|\Psi|^2$，因此在离核距离为 r，厚度为 dr 的球壳内发现电子的概率为 $4\pi r^2 |\Psi|^2 dr$，令 $D(r) = 4\pi r^2 |\Psi|^2$，$D(r)$ 称径向分布函数，是指空间半径为 r 与 $r+dr$ 形成的球壳层内电子出现的径向概率与半径 r 的关系。不考虑角度 θ 和 φ，$D(r) = 4\pi r^2 R^2(r)$。这里所指的是 ns 电子的径向分布函数，对其它运动状态的电子，$D(r) = r^2 R^2(r)$。径向分布函数 $D(r)$ 对 r 作图，得到电子云径向分布函数图，如图 8-11。

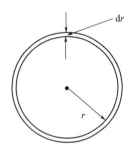

图 8-10 球壳薄层示意图

由图 8-11 可见，当 r 接近零时，即在接近核附近，电子出现的概率几乎为零；当 r 很大时，电子出现的概率也几乎为零；只有当 r 为某一有限的值时，电子出现的概率最大，如对于 1s 轨道，当 $r = a_0$（玻尔半径）时，电子出现的概率最大，这表明 1s 电子在核外出现最大概率处离核的距离为 a_0。

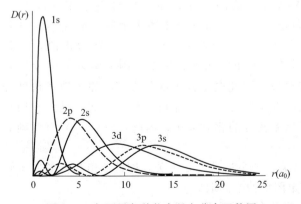

图 8-11 氢原子各种状态径向分布函数图

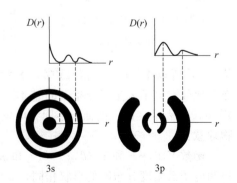

图 8-12 3s 和 3p 电子云径向分布

径向分布函数图与量子数 n 和 l 有关，径向分布函数图中有 $(n-l)$ 个波峰，即电子出现的概率大，有 $(n-l-1)$ 个波谷 $[D(r)$ 为零的点，不包括原点]，即电子出现的概率小。例如 3s 的径向函数分布图，出现的波峰数为 $3-0=3$，出现的波谷数为 $3-0-1=2$；3p 的径向函数分布图波峰数为 $3-1=2$，波谷数为 $3-1-1=1$（见图 8-12）。

从图 8-11 中可以见到，l 相同，n 不同时，径向分布曲线的最高峰随 n 增大而离核越远，如 1s、2s、3s、2p、3p 等。最高峰相当于原子轨道。例如，原子轨道 1s 离核距离为 a_0；2s 离核距离为 $5a_0$；3s 离核距离为 $14a_0$。由此可见，n 小的原子轨道靠近原子核内层，能量较低（$E_{1s}<E_{2s}<E_{3s}$）；n 大的原子轨道在离核较远的外层，能量较高。

(2) 角度分布图（angular distribution figure）

原子轨道和电子云角度分布分别为 $Y(\theta,\varphi)$ 和 $Y^2(\theta,\varphi)$。它们是电子出现的概率随 θ，φ 的改变而变化的函数，与离核的距离 r 无关，与量子数 l 有关。用 $Y(\theta,\varphi)$ 和 $Y^2(\theta,\varphi)$ 作图就得到原子轨道和电子云角度分布图。

现以 $2p_z$ 为例简述原子轨道和电子云角度函数分布图的绘制方法。

$2p_z$ 的波函数的角度部分函数为 $Y_{(1,0)}(\theta,\varphi)=\sqrt{\dfrac{3}{4\pi}}\cos\theta$（又称 p_z 原子轨道），将各个 θ 值代入 $Y_{(1,0)}(\theta,\varphi)$，计算结果见表 8-4。

表 8-4 $Y_{(1,0)}(\theta,\varphi)$ 值与 θ 的关系

θ	0°	30°	45°	60°	90°	120°	135°	150°	180°	...	360°
$\cos\theta$	1	$\dfrac{\sqrt{3}}{2}$	$\dfrac{\sqrt{2}}{2}$	$\dfrac{1}{2}$	0	$-\dfrac{1}{2}$	$-\dfrac{\sqrt{2}}{2}$	$-\dfrac{\sqrt{3}}{2}$	-1	...	1
$Y_{(1,0)}$	0.489	0.423	0.346	0.244	0	-0.244	-0.346	-0.423	-0.489	...	0

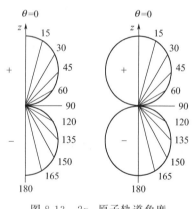

图 8-13 $2p_z$ 原子轨道角度分布示意图

从坐标原点引出与轴成一定 θ 角的射线，在射线上截取长度等于相应的 Y_{p_z} 值的线段，连接所有线段的端点，再把所得的图形绕 z 轴旋转 360°，所得的曲面即为 $2p_z$ 轨道角度分布。如图 8-13。

$2p_z$ 的电子云的角度函数分布图与 $2p_z$ 原子轨道的绘制方法相同。其它的原子轨道和电子云角度分布图也可用同样的方法绘制出来。原子轨道和电子云角度分布图见图 8-14。

原子轨道角度分布图表示在同一曲面上不同方向函数 $Y(\theta,\varphi)$ 值的大小，正、负号表示 $Y(\theta,\varphi)$ 的正、负值。电子云角度分布图表示同一曲面不同方向函数 $Y^2(\theta,\varphi)$ 值的大小，$Y^2(\theta,\varphi)$ 皆为正值，因此电子云角度分布图无正、负号。因为函数 $Y(\theta,\varphi)$ 的值 <1，所以 $Y^2(\theta,\varphi)$ 值 $<Y(\theta,\varphi)$ 的绝对值，因此电子云角度分布图和原子轨道角度分布图比较，电子云角度分布图的基本形状没发生改变，只是显得"瘦"一些（见图 8-14）。$Y^2(\theta,\varphi)$ 表示在同一曲面上不同方向电子概率密度的相对大小，因此，$Y^2(\theta,\varphi)$ 有明确的物理意义。

函数 $Y(\theta,\varphi)$ 和 $Y^2(\theta,\varphi)$ 与 l 和 m 有关，与主量子数 n 无关，因此 l 值相同的原子轨道和电子云角度分布图的形状相同，m 决定图形的空间取向。

$l=0$ 时，$m=0$。一条 s 原子轨道，角度分布图为球形，呈球形对称。

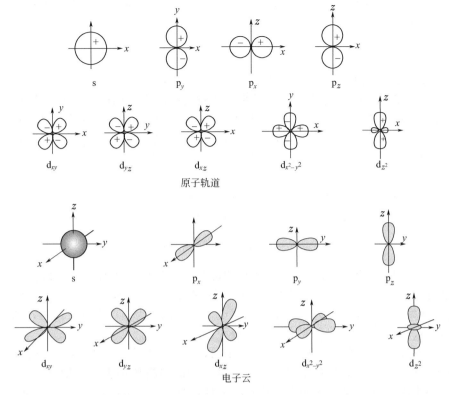

图 8-14 原子轨道和电子云角度分布图

$l=1$ 时，$m=-1,0,1$。三条 p 原子轨道，即 p_x、p_y、p_z 轨道，分布图均为哑铃形，分别以空间三个坐标轴对称。如 p_z 原子轨道分布图以 z 轴对称。$Y(\theta,\varphi)$ 的最大代数值在 z 轴方向。

$l=2$ 时，$m=-2,-1,0,1,2$。因此 d 轨道有五条，分别为 d_{xy}、d_{xz}、d_{yz}、$d_{x^2-y^2}$ 和 d_{z^2} 轨道，呈花瓣形。d_{xy}、d_{xz}、d_{yz} 有四个叶瓣，四个叶瓣夹在对应的两个坐标轴之间，其对称轴与坐标轴成 $45°$ 角。如 d_{xy} 的极大值位于 xy 平面，四个叶瓣在 x、y 轴之间，两条对称轴分别与 x、y 轴成 $45°$ 角。在坐标轴符号相同的象限，函数 $Y(\theta,\varphi)$ 值为正值，在坐标轴符号相异的象限，函数 $Y(\theta,\varphi)$ 值为负值。$d_{x^2-y^2}$ 也有四个叶瓣，极大值也位于 xy 平面，但两条对称轴分别为 x 轴和 y 轴。函数 $Y(\theta,\varphi)$ 在 x 轴和 y 轴方向有最大的代数值，x 轴方向为正值，y 轴方向为负值。d_{z^2} 实为 $d_{z^2-x^2}$ 和 $d_{z^2-y^2}$ 组合而成，以 z 轴为对称轴。函数 $Y(\theta,\varphi)$ 在 z 轴方向有最大的正值，在 xy 平面有一个小环，函数 $Y(\theta,\varphi)$ 值为负值。

应该说明的是，原子轨道和电子云的角度分布图不是波函数 Ψ 和电子云 $|\Psi|^2$ 的实际形状，因为没有考虑 Ψ 和 $|\Psi|^2$ 的径向部分。角度分布图更不是电子在核外运动的轨迹。

8.3 多电子结构和元素周期律

8.3.1 屏蔽效应和钻穿效应

(1) 屏蔽效应（screening effect）

在多电子原子中，一个电子受其它电子的排斥而能量升高，这种能量效应，称为"屏蔽效应"。

氢原子核外只有一个电子，它只受到原子核对它的吸引，而不存在屏蔽效应，所以该电子运动的能量可表示为：

$$E_n = -2.18 \times 10^{-18} \times \frac{Z^2}{n^2} \tag{8-18}$$

式中，Z 为核电荷；n 为主量子数。

在多电子原子中，每个电子不仅受到原子核对它的吸引，同时还要受到其它电子的排斥。这种排斥力相当于减小部分原子核对该电子的吸引，可以认为排斥作用部分抵消或屏蔽了核电荷对该电子的作用，相当于该电子受到的有效核电荷数减少了。对任何一个电子而言，所受到的核电荷的实际作用力，等于核电荷减去排斥力，即：

$$Z^* = Z - \sigma \tag{8-19}$$

式中，Z^* 为有效核电荷；σ 为屏蔽常数，它代表由于电子间的斥力而使原子核电荷减少的部分。因此，在多电子原子中的电子运动的能量可用下式得出。

$$E_n = -2.18 \times 10^{-18} \times \frac{(Z-\sigma)^2}{n^2} \tag{8-20}$$

由式(8-20)可知，原子内任一电子运动的能量与 σ 值的大小有关。对任何一个电子而言，σ 值大小既与起屏蔽作用的电子的多少以及这些电子所处的轨道有关，也同该电子本身所在的轨道有关。一般来说，外层电子对内层电子可近似认为不产生屏蔽作用，同层电子的屏蔽作用较小，但内层电子对外层电子产生较大的屏蔽作用。

σ 值与主量子数 n 和角量子数 l 有关。l 相同，而 n 不同的电子，随着 n 增大，电子离核距离增加，位于该电子内层的电子数增多，其所受的屏蔽作用也随之增强，σ 值增加；n 相同，而 l 不同的电子，随着 l 增大，其余电子对它的屏蔽作用也随之增强，σ 值增加。

σ 值可按美国科学家斯莱特根据实验结果提出的经验规则计算出来。斯莱特首先将原子中的电子按下列顺序分组：

(1s),(2s,2p),(3s,3p),(3d),(4s,4p),(4d),(4f),(5s,5p),…

然后规定：

① 位于被屏蔽电子的右边（外层）的各组对被屏蔽电子近似的可以认为没有屏蔽作用，$\sigma = 0$；

② 1s 轨道上的两个电子之间的 $\sigma = 0.30$，其 n 相同 l 不同的电子之间的 $\sigma = 0.35$；

③ 被屏蔽的电子为 ns 或 np 时，则主量子数 $(n-1)$ 的各电子对它们的 $\sigma = 0.85$，而小于 $(n-1)$ 的各电子对它们的 $\sigma = 1.00$；

④ 被屏蔽的电子为 nd 或 nf 时，则位于它们左边（内层）各组电子对它们的屏蔽常数 $\sigma = 1.00$。

在计算某原子中某个电子的 σ 值时，可将有关屏蔽电子对该电子的 σ 值相加而得。

【例 8-5】 试计算铜原子中 4s 电子的屏蔽常数 σ 值及相应的能量。

解 铜原子的电子结构式为 $1s^2 2s^2 2p^6 3s^2 3p^6 3d^{10} 4s^1$，则：

$$\sigma = 10 \times 1.00 + 18 \times 0.85 = 25.30$$

$$E_{4s} = -2.18 \times 10^{-18} \times \frac{(Z-\sigma)^2}{n^2} = -2.18 \times 10^{-18} \times \frac{(29-25.30)^2}{4^2} = -1.86 \times 10^{-18} (J)$$

(2) 钻穿效应（penetration effect）

在多电子原子中每个电子既对其它电子起屏蔽作用，也被其它电子所屏蔽，而电子可在核外空间各处出现，若外层电子穿过内层电子在靠近原子核的空间出现的概率较大，就可更多地避免其余电子的屏蔽，受到核的较强吸引，则电子的势能低，原子轨道的能量低。通常这种外层电子进入原子的内部空间的现象叫原子轨道的钻穿作用或称钻穿效应。

钻穿效应可用原子轨道的径向函数分布图解释。钻穿效应主要是指 n 相同 l 不同的原子轨道，一般来说，l 越小，原子轨道的钻穿能力越强。由图 8-11 可知，原子轨道 3p 的最大峰较 3d 离核的距离远，轨道的能量应较 3d 高，但 3p 比 3d 多一个靠近核的小峰，这就是说 3p 比 3d 的钻穿能力强，从而受到的屏蔽较小，轨道的能量也低，因此 3p 的能量较 3d 低。一般钻穿能力的大小是 $ns>np>nd>nf$，故引起轨道能级分裂，$E_{ns}<E_{np}<E_{nd}<E_{nf}$。

钻穿效应的存在不仅能引起轨道能级的分裂，而且还能导致能级的交错。例如：3d 和 4s 轨道能级，若只考虑主量子数的影响，应该是 $E_{3d}<E_{4s}$。如图 8-15 所示，4s 的主峰比 3d 的主峰离核远，但 4s 的 l 比 3d 小，钻穿能力比 3d 强，3 个小峰较接近原子核，其结果降低了 4s 轨道的能量，而且这种能量降低超过主量子数增加引起的能量升高，导致轨道能级交错，最终结果是 $E_{4s}<E_{3d}$。

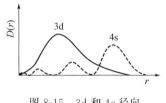

图 8-15　3d 和 4s 径向分布函数图

在多电子原子中的能级顺序受到多方面因素的影响，其中包括核电荷数、主量子数、角量子数、屏蔽效应、穿透效应和电子的自旋等。所以很难精确地描绘原子中电子的能级，但根据大量光谱实验数据可以总结出多电子原子的近似能级图。

8.3.2　鲍林近似能级图

用图示的方法表示原子轨道能级的高低称为原子轨道能级图，简称能级图 (energy level diagram)。原子轨道能级图直观，形象地表示各能级能量的高低，对讨论原子核外电子填充次序具有意义。原子轨道能级图有多种，这里只介绍鲍林能级图。

1939 年，美国化学家鲍林 (Pauling) 根据光谱实验的结果，总结原子中原子轨道能量高低的顺序，提出了多电子原子中原子轨道的近似能级图，又称鲍林近似能级图 (见图 8-16)。

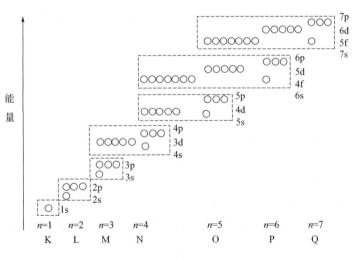

图 8-16　鲍林近似能级图

鲍林近似能级图是按原子轨道能量高低排列的，能级图中每个小圆圈代表一个原子轨道。能量相近的能级合并成一组，称为能级组，如 6s、4f、5d 和 6p 原子轨道合并成第六能级组。鲍林近似能量图共七个能级组，原子轨道的能量依次增大，能级组之间能量相差较大而能级组之内能量相差很小。

能级图中，对于氢原子，主量子数 n 相同的原子轨道的能量是相同的，而对于多电子原子，量子数 n 和 l 相同的轨道，其能量是相同的，如同一能级组中 7 条 f 轨道。在同一原子中，这些轨道称为等价轨道或简并轨道，简并轨道的数目称为简并度。如 nf 轨道的简并度为 7，称为七重简并轨道。这里需说明的是对于不同原子，即使量子数 n 和 l 相同的轨道，其能级的能量也是不同的。

能级图中，各原子轨道的能级由量子数 n 和 l 决定，l 相同，n 不同时，n 愈大的电子受到的屏蔽作用愈强，能量愈高；如 $E_{ns} < E_{(n+1)s} < E_{(n+2)s} < \cdots$，$E_{np} < E_{(n+1)p} < E_{(n+2)p} < \cdots$。$n$ 相同，即同一电子层，l 不同时，由于同层电子之间的屏蔽作用比内层电子的屏蔽作用弱，l 愈小的电子钻穿能力愈强，离核愈近，因此受到其它电子对它的屏蔽作用就愈弱，能量就愈低，如 $E_{ns} < E_{np} < E_{nd} < E_{nf}$。$n$、$l$ 都不同时，能级之间受多种因素影响，会出现 n 小的反而能量高的现象，如 $E_{4s} < E_{3d}$，称为能级交错。这种现象已通过屏蔽效应和钻穿效应得以解释。

我国著名化学家徐光宪教授根据光谱实验数据提出以 $(n+0.7l)$ 来划分基态多电子原子轨道的能级的概念。即 $n+0.7l$ 值愈大，轨道能级愈高，并把 $n+0.7l$ 值的第一位数字相同的各能级组合为一组，称为某能级组，计算结果见表 8-5。

表 8-5 电子能级分组

原子轨道	$n+0.7l$	能级组	组内允许填充最大电子数
1s	1.0	Ⅰ	2
2s	2.0	Ⅱ	8
2p	2.7		
3s	3.0	Ⅲ	8
3p	3.7		
4s	4.0	Ⅳ	18
3d	4.4		
4p	4.7		
5s	5.0	Ⅴ	18
4d	5.4		
5p	5.7		
6s	6.0	Ⅵ	32
4f	6.1		
5d	6.4		
6p	6.7		
7s	7.0	Ⅶ	32
5f	7.1		
6d	7.4		

徐光宪这个计算结果与鲍林近似能级吻合。这个能级顺序是基态原子电子在核外排布时的填充顺序。

8.3.3 多电子原子的核外电子排布规律

对于多电子的基态原子的核外电子排布规律，1920 年前后尼尔斯·玻尔提出构造原理。构造原理认为全部电子是一个一个地依次进入电场，并假设对电场而言它们是处于最稳定的情况中。构造原理是建立基态原子构型的一种规则。后来人们根据原子光谱实验和量子力学理论，总结出基态原子中电子排布的三条原则。

(1) 泡利不相容原理（Pauli exclusion principle）

泡利不相容原理是奥地利物理学家泡利在分析了大量原子能级数据的基础上，为解释化学元素周期性，于 1925 年提出来的假定：在同一原子中，四个量子数完全相同的电子是互不相容的。也就是说在同一原子中不可能有运动状态完全相同的电子。当电子的轨道运动状态（n，l，m）相同时，其自旋状态（m_s）一定不同，而 m_s 的取值只有两个 $\left(\pm\dfrac{1}{2}\right)$，由此推论：每一原子轨道最多只能容纳两个自旋方向相反的电子。前已提到，每一电子层的轨道数为 n^2，则每一电子层最多容纳的电子数为 $2n^2$，每一亚层（能级）的轨道数为 $2l+1$，同理可知，每一亚层可容纳的电子数为 $2(2l+1)$ 个，如 s、p、d、f 各亚层可容纳的电子数分别为 2、6、10、14。

(2) 能量最低原理（principle of minimum energy）

"能量越低越稳定"这是自然界一个普遍的规律。原子中的电子也是如此。多电子原子处在基态时，在不违反泡利不相容原理的条件下，电子总是优先占据能量较低的原子轨道，使整个原子体系能量处于最低状态。基态原子中的电子按能级图从低至高的顺序填入。根据鲍林能级图，基态原子各能级组轨道能级高低顺序为：$ns<(n-2)f<(n-1)d<np$。因此，基态原子的各能级组电子填充顺序是：$\rightarrow ns \rightarrow (n-2)f \rightarrow (n-1)d \rightarrow np$。基态原子的电子填充顺序见图 8-17。

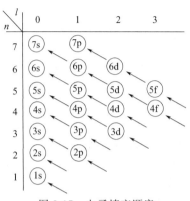

图 8-17 电子填充顺序

(3) 洪特规则（Hund's rule）

1925 年德国物理学家洪特根据原子的光谱实验结果总结出电子排布的第三原则：在等价轨道上排布的电子将尽可能分占不同的轨道，且自旋方向相同。如氮原子中的 3 个 p 电子分布于 3 个 p 轨道上并取相同的自旋方向（见图 8-18）。这一原则称洪特规则，又叫等价轨道原则。后来经量子力学证明，电子这样排布可使能量最低。

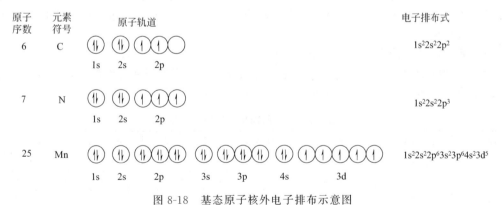

图 8-18 基态原子核外电子排布示意图

为了简便起见，常常只给出每个原子的电子结构式，而不必用电子填充顺序的轨道图表示。电子结构式与电子填充式不同，在电子结构式中"能级交错"消失，完全按主量子数大小的顺序排列，主量子数相同时以角量子数大小的顺序排列。如 82 号元素铅，电子填充式为：

$$1s^2 2s^2 2p^6 3s^2 3p^6 4s^2 3d^{10} 4p^6 5s^2 4d^{10} 5p^6 6s^2 4f^{14} 5d^{10} 6p^2$$

电子结构式为：

$$1s^2 2s^2 2p^6 3s^2 3p^6 3d^{10} 4s^2 4p^6 4d^{10} 4f^{14} 5s^2 5p^6 5d^{10} 6s^2 6p^2$$

由上例可见，对于原子序数较大的元素，其电子结构式很长，为了简便，常用惰性气体结构式来代替电子结构式的较内层部分。这些惰性气体的电子结构式称原子实，用［惰性气体元素符号]表示，如：

[He]　　1s^2
[Ne]　　1s^{2}2s^{2}2p^6
[Ar]　　1s^{2}2s^{2}2p^{6}3s^{2}3p^6
[Kr]　　1s^{2}2s^{2}2p^{6}3s^{2}3p^{6}3d^{10}4s^{2}4p^6
[Xe]　　1s^{2}2s^{2}2p^{6}3s^{2}3p^{6}3d^{10}4s^{2}4p^{6}4d^{10}5s^{2}5p^6

则82号元素铅的电子结构式为：[Xe]4f^{14}5d^{10}6s^{2}6p^2。原子结构式与原子丢失电子的顺序一致。原子丢失电子的顺序为：

$$\rightarrow n\mathrm{p} \rightarrow n\mathrm{s} \rightarrow (n-1)\mathrm{d} \rightarrow (n-2)\mathrm{f}$$

如二价铅离子的结构式为：[Xe]4f^{14}5d^{10}6s^2
四价铅离子的结构式为：[Xe]4f^{14}5d^{10}

根据电子排布三原则，可以写出大多数元素的电子结构式，但有少数元素的原子外层电子的分布情况稍有例外。如24号元素铬和29号铜，它们的电子结构式分别是[Ar]3d^{5}4s^{1}和[Ar]3d^{10}4s^1，而不是[Ar]3d^{4}4s^{2}和[Ar]3d^{9}4s^2。这种情况是洪特规则补充规则：等价轨道全空（p^0、d^0、f^0）、半满（p^3、d^5、f^7）和全满时（p^6、d^{10}、f^{14}）的结构，也具有较低能量和较大的稳定性。

【例8-6】 写出27号元素钴和二价的钴离子及三价的钴离子的电子结构式。

解　Co原子的电子结构式：　　　[Ar]3d^{7}4s^2
二价Co离子的电子结构式：　　　[Ar]3d^7
三价Co离子的电子结构式：　　　[Ar]3d^6

8.3.4　原子核外电子排布与元素周期律

在化学发展史中，元素周期表（periodic table of elements）的出现是化学发展的重要里程碑。1869年俄国科学家门捷列夫在寻找元素的性质（如金属性、非金属性和氧化性等）和原子量之间的联系时，公布了世界第一张化学元素周期表。以后有人不断地补充和改进，提出各种类型的周期表不下70余种。本书根据1997年IUPAC（国际纯粹与应用化学联合会）的长式周期表进行讨论。

(1) 元素周期与能级组（periodic table and group of energy levels）

元素周期的划分就是原子核外电子能级的划分，每一周期所能容纳的元素总数等于相应能级组中原子轨道所能容纳的电子总数。元素周期与能级组的关系见表8-6。

表8-6　元素周期与能级组的关系

周期	相应能级组	原子轨道	轨道数	最大电子容量	元素个数	原子序数
一	1	1s	1	2	2	1～2
二	2	2s,2p	4	8	8	3～10
三	3	3s,3p	4	8	8	11～18
四	4	4s,3d,4p	9	18	18	19～36
五	5	5s,4d,5p	9	18	18	37～54
六	6	6s,4f,5d,6p	16	32	32	55～86
七	7	7s,5f,6d,7p	16	32	32	87～118

由表8-6可见，当按原子序数（即核电荷）的顺序递增时，元素原子最外层的电子结构随原子序数的增加呈周期性的变化，即原子最外层的电子总是由$n\mathrm{s}^1$变化到$n\mathrm{s}^2n\mathrm{p}^6$（第一周期除外），也就是说每一周期元素原子最外层上的电子数总是由1增加到8，每一次这样的重复都意味着一个旧周期的结束，一个新周期的开始。物质的结构决定其性质，元素性质

的周期性变化正是元素原子电子层结构周期性的结果。

元素周期表共有七个周期，对应七个能级组。元素原子核外电子填充到的最高能级组的最大主量子 n，即原子最外层主量子数 n 对应于元素所在的周期数。例如，第一周期的元素原子只有一个电子层，主量子数 $n=1$；第二周期的元素原子有两个电子层，最外层主量子数 $n=2$，依次类推（只有 Pd 属于第五周期，但只有 4 个电子层）。

第一能级组只有一个轨道，只能容纳 2 个电子，对应的第一周期只有 2 个元素，称特短周期。第二、三能级组有四个轨道，可容纳 8 个电子，对应的第二、三周期有 8 个元素，称为短周期。第四、五能级组出现了 d 轨道，可容纳 18 个电子，对应的第四、五周期有 18 个元素。第六能级组出现了 f 轨道，可容纳 32 个电子，对应的第六、第七周期有 32 个元素，称为长周期。

(2) 价电子结构（valence electron structure）**与能级组**

在多电子原子中，元素核外有多个电子，但人们最为关注的是价电子。能参与成键的电子称为价电子，价电子所处的电子层称为价电子层。价电子都填充在最高能级组。因此电子的能量较高，一般不稳定，易参与化学反应。价电子排布称为价电子构型，根据元素原子的价电子构型，对元素周期表进行族和区的划分。

(3) 价电子结构与族（group）

元素周期表的列称为族，共 18 个列，分为 16 族。1985 年，IUPAC 建议分为 18 族，即 18 族标法。本书仍按 16 族分法（见图 8-19）进行讨论。

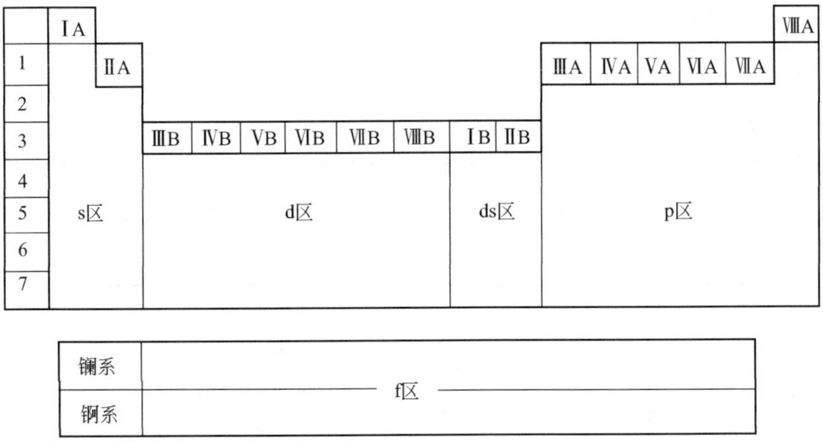

图 8-19 元素周期表中元素分区

① **主族**（main group） 周期表中 ⅠA～ⅧA（图 8-19 中以罗马数字标注的 Ⅰ～Ⅷ列）为主族。凡按电子填充顺序，最后一个电子填入 ns 或 np 能级的元素称为主族元素。主族元素的价电子等于族数。因主族元素最外层电子数相同，故元素的性质也十分相似。如主族元素的最高氧化值等于最外层电子数（氧和氟元素除外），与族数一致。第ⅧA 族的价电子层为 8 电子结构，较稳定，在通常情况下不参与化学反应，具有惰性，因而又称为惰性元素，这六个元素都是气体，故称为惰性气体。主族元素的价电子构型见表 8-7。

表 8-7 主族元素价电子构型

列数	1	2	13	14	15	16	17	18
族数	1	2	3	4	5	6	7	8
符号	ⅠA	ⅡA	ⅢA	ⅣA	ⅤA	ⅥA	ⅦA	ⅧA

列数	1	2	13	14	15	16	17	18
价电子构型	ns^1	ns^2	ns^2np^1	ns^2np^2	ns^2np^3	ns^2np^4	ns^2np^5	ns^2np^6
族名	碱金属	碱土金属	硼族	碳族	氮族	氧族	卤族	惰性气体

② 副族（sub group） 周期表中ⅠB～ⅧB和镧系和锕系为副族。按照原子核外电子填充顺序，从第四能级组开始，电子填充到$(n-1)d$能级上，从第六能级组开始，电子填充到$(n-2)f$能级上。凡是原子的最后一个电子填充到$(n-1)d$或$(n-2)f$能级上元素称为副族元素。从ⅢB到ⅦB，其价电子数与族数一致（见表8-8），元素的最高氧化值也与族数一致。ⅠB和ⅡB族的族数不等于价电子数，而是与元素原子最外电子层的电子数相等。第ⅧB副族包括三列，$(n-1)d$能级上的电子数分别为6、7、8，均大于5，性质相似，合并为同一副族。副族元素介于典型的金属元素（碱金属和碱土金属）和非金属元素（硼族到卤族）之间，又称为过渡元素（transition element）。最后一个电子填充到$(n-2)f$能级上的镧系和锕系元素又称内过渡元素。

表 8-8 副族元素价电子构型①

列数	11	12	3	4	5	6	7	8
族数	1	2	3	4	5	6	7	8
符号	ⅠB	ⅡB	ⅢB	ⅣB	ⅤB	ⅥB	ⅦB	ⅧB
价电子构型	$(n-1)d^{10}ns^1$	$(n-1)d^{10}ns^2$	$(n-1)d^1ns^2$	$(n-1)d^2ns^2$	$(n-1)d^3ns^2$	$(n-1)d^4ns^2$	$(n-1)d^5ns^2$	$(n-1)d^{6\sim8}ns^{1\sim2}$

① ⅧB副族中Pd的价电子结构为$4d^{10}$。

(4) 价电子结构（valence electron structure）**与区**

元素周期表中的元素除了分为周期和族外，还可根据价电子结构划分为如表8-9所示的五个区，即：s区，p区，d区，ds区，f区。表8-9为各区元素原子核外电子分布特点。

表 8-9 各区元素原子核外电子分布特点

元素分区	含族	价电子构型
s区	ⅠA、ⅡA	$ns^{1\sim2}$
p区	ⅢA～ⅧA	$ns^2np^{1\sim6}$（He为$1s^2$）
d区	ⅢB～ⅧB	$(n-1)d^{1\sim9}ns^2$ 有例外（$n=4、5、6$）
ds区	ⅠB、ⅡB	$(n-1)d^{10}ns^{1\sim2}$（$n=4、5、6$）
f区	镧系和锕系	$(n-2)f^{0\sim14}(n-1)d^{0\sim1}ns^2$（$n=6、7$）

① s区元素 最后一个电子填充在s能级上的元素。由于s区元素很容易失去价电子，因此s区元素性质活泼，属于活泼金属。

② p区元素 最后一个电子填充在p能级上的元素。周期表中的非金属几乎全部集中在p区。

③ d区元素 最后一个电子填充在$(n-1)d$能级上的元素。由于$(n-1)d$能级上的电子可以部分参与成键，因此这些元素有多种氧化态，它们都是金属，性质比较相似，从左到右性质变化比较缓慢。d区又称过渡元素，第四、五、六周期的过渡元素分别称为第一、二、三过渡系元素。这里需说明的是关于过渡元素的划分分歧比较大，并有以下几种划分。a. 过渡元素包括周期表中从ⅢB族到ⅧB族共8列的副族元素（镧以外的镧系元素和锕以外的锕系元素除外）。b. 过渡元素包括周期表中从ⅢB族到ⅡB族共10列的副族元素。c. 包

④ ds 区元素　最后一个电子填充在 $(n-1)$d 能级上并达到 d^{10} 状态的元素，ds 区元素的价电子数虽多，但参与成键的价电子数较少。有的书将 ds 区元素和 d 区元素统称 d 区元素。

⑤ f 区元素　最后一个电子填充在 f 能级上的元素。f 区元素最外层和次外层电子数基本相同，所以它们的化学性质很相似。

【例 8-7】　已知某元素的电子结构式为 $[Ar]3d^54s^2$，指出该元素在周期表中的位置、原子序数、元素名称和符号。

解　最外层主量子数 $n=4$，所以该元素属于 4 周期；该元素最后一个电子填充在 d 能级上，因此该元素为 d 区元素；其价电子构型为 $3d^54s^2$，价电子总数为 7，故属于ⅦB 副族；该元素核外电子总数为 25，因此该元素的原子序数为 25；元素的名称：锰，元素符号 Mn。

8.4　主要原子参数及其变化规律

原子的电子层结构随着核电荷的递增呈现周期性变化，影响到原子的某些性质，如原子半径、电离能、电子亲和能和电负性等，这些与电子层结构有关的元素的基本性质也呈现周期性的变化。人们常将这些性质相应的物理量称为原子参数。原子参数可以用来预测和说明元素的某些化学性质及其与化学性质有关的变化规律。

8.4.1　原子半径

(1) 原子半径分类

量子力学的原子模型认为，核外电子的运动是按概率分布的，由于原子本身没有明显的界面，因此难以确定原子核到最外电子层的距离，也就是说在原子中并不存在固定的半径。所谓的原子半径是指原子在形成化学键或相互接触时，相邻两个原子核间距的一半。原子的存在形式不同，原子半径的定义和数值也不相同，但都可用来在特定条件下衡量原子的相对大小。原子半径常有以下三种。

① 共价半径 (covalent radius)　两个相同原子形成共价键时，其核间距离的一半，称为原子的共价半径，如果没有特别注明，通常指的是形成共价单键时的共价半径。例如把 Cl—Cl 分子的核间距的一半（99pm）定为 Cl 原子的共价半径；把金刚石的 C—C 的核间距的一半（77pm）定为 C 原子的共价半径。当两个不同原子形成共价键时，若键合原子的电负性差值不大时，其核间距为两原子的半径之和，如在 CCl_4 分子中，C—Cl 的核间距为 176pm，为 C 原子和 Cl 原子半径之和。

若在共价型分子中，元素原子以复键键合，则原子半径随复键增加而减小，如 C=C 为 66pm，C≡C 为 60pm。

② 金属半径 (metallic radius)　金属单质的晶体中，两个相邻金属原子核间距的一半，称为该金属原子的金属半径。例如把金属钠晶体中两个相邻 Na 原子核间距的一半（186pm）定为 Na 原子的半径。同种原子的金属半径大于共价半径，如在高温下，金属钠可形成双原子的气态共价型分子，其共价半径为 154pm。对于同一金属原子，其金属半径与共价半径之比一般为 1.1～1.2。

③ 范德华半径 (Van der Waals radius)　在分子晶体中，分子之间是以范德华力（即分子间力）结合的。相邻两分子间相互接触的两原子核间距的一半，称为该原子的范德华半径。例如把 Cl_2 晶体中，两个相邻分子相互接触的两个 Cl 原子的核间距的一半（180pm）

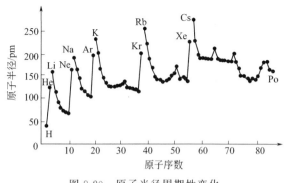

图 8-20　原子半径周期性变化

定为 Cl 原子的范德华半径。范德华半径比共价半径大得多，如 Cl 原子的共价半径仅为 99pm。

(2) 原子半径变化规律

原子半径的变化规律如图 8-20 所示。

① 原子半径在周期中的变化　由图 8-20 可知，同一周期的主族元素，自左向右，随着核电荷的增加，原子共价半径的总趋势是逐渐减小的。

在短周期（第二、三周期）中，从左至右，原子半径逐渐减小，变化幅度较大，$\Delta r \approx 10\text{pm}$。这是因为在同一周期中，随着原子序数增加，电子填充在同一电子层轨道，而同一层电子的屏蔽较小，所以随着原子序数增加，有效核电荷增加较多，$\Delta Z^* = 1 - \sigma = 1 - 0.35 = 0.65$，核对电子的吸引也较强，因此，原子半径减小幅度较大。

在长周期（第四、五、六周期）中，同一周期的 d 区过渡元素，从左向右过渡时，随着核电荷的增加，原子半径只是略有减小。这是因为 d 区过渡元素随着核电荷的增加，增加的电子进入 $(n-1)$d 轨道，它对最外层 $(n\text{s})$ 的电子屏蔽作用较大，$\sigma = 0.85$，有效核电荷 Z^* 增加不多，$\Delta Z^* = 1 - \sigma = 0.15$，原子半径变化幅度较小，$\Delta r \approx 5\text{pm}$。从 IB 族元素起，由于次外层的 $(n-1)$d 轨道已经充满，较为显著地抵消核电荷对外层 $n\text{s}$ 电子的引力，因此原子半径反而有所增大。

同一周期的 f 区内过渡元素，从左向右过渡时，随着核电荷 Z 增加，增加的电子进入 $(n-2)$f，即 4f 或 5f 轨道，出现了"镧系收缩"现象。与 d 区元素基本相似，新增加的电子填入倒数第三层的 $(n-2)$f 轨道上，对最外层 $n\text{s}(6\text{s}$ 或 $7\text{s})$ 屏蔽更完全 $(\sigma \approx 1)$，$\Delta Z^* = 1 - \sigma \approx 0$，$Z^*$ 几乎无增加，其结果是原子半径减小的平均幅度更小。例如 57 号元素镧 La 的半径为 187.7pm，71 号元素镥 Lu 的半径为 173.4pm，从 La 到 Lu 共 15 种元素总的原子半径缩小值只 14pm，相邻原子半径的 $\Delta r \approx 1\text{pm}$，"镧系收缩"十分显著。由于"镧系收缩"，不仅使 15 种镧系元素的半径相近，性质相似，分离困难，而且使镧系后面的过渡元素铪（Hf）、钽（Ta）、钨（W）的原子半径与其同族相应的锆（Zr）、铌（Nb）、钼（Mo）的原子半径极为接近，造成 Zr 与 Hf，Nb 与 Ta，Mo 与 W 的性质十分相似，在自然界往往共生，分离时比较困难。

② 原子半径在族中的变化　由图 8-20 可见，同一族中原子半径总的变化趋势是：主族元素从上往下过渡，电子层数逐渐增多，原子半径显著增大。但是副族元素除钪族外，从上往下过渡时，尽管电子层增多，然而由于内层电子的屏蔽作用，使得原子半径增大幅度变小；特别是第二、第三过渡系列同族元素，由于"镧系收缩"的影响，原子半径非常接近。例如，Zr(145pm) 与 Hf(144pm) 相近，Mo(130pm) 与 W(130pm) 相等。

8.4.2　电离能

(1) 电离能（ionization energy）**定义**

电离能（I）是用以衡量单个原子失电子难易程度的一个参数。基态的气态原子失去最外层的第一个电子成为气态 +1 价离子所需的能量，称为第一电离能。常用符号 I_1 表示，单位为 $\text{kJ} \cdot \text{mol}^{-1}$。由气态 +1 价离子再失去一个电子成为气态 +2 价离子所需的能量，称为第二电离能，符号 I_2。由气态 +2 价离子再失去一个电子成为气态 +3 价离子所需的能量，

称为第三电离能,符号 I_3,依此类推。如:

$$Al(g)-e^- \longrightarrow Al^+(g) \quad I_1=578kJ\cdot mol^{-1}$$
$$Al^+(g)-e^- \longrightarrow Al^{2+}(g) \quad I_2=1823kJ\cdot mol^{-1}$$
$$Al^{2+}(g)-e^- \longrightarrow Al^{3+}(g) \quad I_3=2751kJ\cdot mol^{-1}$$

离子所带的正电荷越多,它对电子的吸引能力越强,失去电子就越困难。因此就有:

$$I_1<I_2<I_3<I_4$$

显然,元素原子的电离能越小,原子就越易失去电子,金属性越强;反之,元素原子的电离能越大,原子越难失去电子,非金属性越强。这样,就可以根据原子的电离能来衡量原子失去电子的难易程度。一般情况下,只要应用第一电离能数据即可。图 8-21 是第一电离能的周期性变化规律。

(2) 元素的电离能的变化规律

由图 8-21 可见,同一周期的主族元素,自左向右,随着核电荷的增加,原子共价半径逐渐减小,核对外层电子的吸引力增强,电离能的总趋势是增大的。

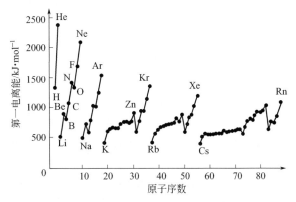

图 8-21 元素第一电离能的周期性变化

① 电离能在周期中的变化 在短周期(第一、二、三周期)中,随着原子序数的增加,电离能迅速增大,但有几个元素的电离能出现波动,这与这些元素的价电子构型有关。如ⅡA 族铍 Be($2s^2$) 和镁 Mg($3s^2$) 全充满,较稳定,因此 I_1 较高,而ⅢA 族硼 B($2s^22p^1$) 和铝 Al($3s^23p^1$) 失去一个电子成为 B^+($2s^22p^0$) 和 Al^+($3s^23p^0$) 更稳定,I_1 反而减小。同理ⅤA 族氮 N($2s^22p^3$) 和磷 P($3s^23p^3$) 具有半充满稳定结构,I_1 高,而ⅥA 族的氧 O($2s^22p^4$)和硫 S($2s^22p^4$) 失去一个电子后形成更稳定的半充满结构,因此 I_1 反而减小。

在长周期(第四、五、六、七周期)中,过渡元素的 I_1 变化远不如主族元素变化那样有规律。这是因为随着原子序数增加,从左到右过渡元素的有效核电荷增加较少,原子半径减小缓慢,使得 I_1 的增加也缓慢,但ⅡB族的 I_1 特高。同短周期一样,具有全充满电子构型[$ns^2(n-1)d^{10}$]、半充满电子构型(p^3,d^5,f^7)稳定,元素 I_1 增大。如 Zn>Ga,As>Se,Cd>In,Hg>Tl。

② 电离能在族中的变化 由图 8-21 可见,同一主族元素自上而下 n 增大,r 随着增大,I_1 逐渐减小,但副族元素电离能变化幅度小,且规律性不强。这是因为受"镧系收缩"的影响,元素的原子半径接近,核电荷增加成了影响 I_1 的主要因素,使副族元素从上往下 I_1 略微增大。

8.4.3 电子亲和能

(1) 电子亲和能定义

元素的一个气态原子在基态得到一个电子形成-1 价的气态负离子所释放的能量,称为该元素原子的电子亲和能,用符号 E_A 表示,单位为 $kJ\cdot mol^{-1}$。结合第 2、第 3 个电子,称第二、第三电子亲和能(E_{A2}、E_{A3})。例如:

$$O(g)+e^- \longrightarrow O^-(g) \quad E_{A1}=-141.0kJ\cdot mol^{-1}$$
$$O^-(g)+e^- \longrightarrow O^{2-}(g) \quad E_{A2}=+780.0kJ\cdot mol^{-1}$$
$$O(g)+2e^- \longrightarrow O^{2-}(g) \quad E_{A1}+E_{A2}=780.0-141.0=639.0kJ\cdot mol^{-1}$$

一般元素的第一亲和能为负值❶，而第二、第三电子亲和能都为正值，这是因为负离子要获得电子必须克服负电荷之间的排斥力，因此要吸收能量。从上例可见，氧原子形成 O^{2-} 过程是吸热过程。但单质氧和其它元素形成氧化物时，反应经常是放热的。这是因为电子亲和能是自由气态原子的属性，而当形成相应的氧化物时，往往具有较大的晶格能，形成晶格放出的能量，除补偿氧原子形成 O^{2-} 所吸收的能量外还有剩余。

电子亲和能大小反映原子得到电子的难易。电子亲和能代数值越小，原子就越易得到电子，非金属性越强，反之，元素原子的电子亲和能代数值越大，原子越难得到电子，金属性越强。

电子亲和能的测定较困难，实验数据较少，可靠性较差；不少元素原子的电子亲和能是用间接的方法确定的，准确度较低。

（2）元素的电子亲和能的变化规律

电子亲和能的大小取决于有效核电荷数、原子半径和原子的电子构型，同样呈现出周期性变化规律，但规律性不强。就一般而言，非金属原子的第一电子亲和能总是负值，而金属原子的第一电子亲和能一般为较小的负值或正值。稀有气体的电子亲和能均为正值。

① 电子亲和能在周期中的变化　同一周期，从左至右，第一电子亲和能代数值总的变化趋势是减小的，这是因为随着原子半径的减小，核电荷对电子的吸引力增大，第一电子亲和能代数值减小。但ⅡA(ns^2)、ⅤA(ns^2np^3)、ⅧA(ns^2np^6) 和ⅡB[$(n-1)d^{10}ns^2$]族元素原子的价电子构型为半满和全满，当结合一个电子时，电子进入不稳定结构或较高能级，使得电子亲和能较相邻的元素原子的电子亲和能代数值大，甚至为正值。稀有气体具有8电子稳定电子层结构，更难结合电子，因此电子亲和能代数值最大。

② 电子亲和能在族中的变化　同一主族元素原子第一电子亲和能的代数值，从上往下，总的变化趋势是增大的，这是因为随着电子层增加，原子半径增大，有效核电荷虽有所增加，但综合考虑，元素的第一电子亲和能代数值增大。电子亲和能同族变化不如同周期那么明显。第二周期p区元素的电子亲和能代数值普遍大于同族的第三周期元素的电子亲和能代数值，这可能是第二周期原子半径小，轨道数目少，结合的电子会受到自身电子较强的排斥，用以克服电子排斥所消耗的能量相对多一些。如N原子的电子亲和能是正值，是p区元素中除稀有气体外唯一的正值，这是由于它除了半满的p能级稳定的电子结构外，还有原子半径小的因素。此外，原子的电子亲和能代数值还有：O>S，F>Cl。因此，具有最小电子亲和能代数值的是Cl原子，不是F原子。

8.4.4　电负性

（1）电负性定义

电离能和电子亲和能都只是表示孤立的气态原子的性质，都只是从一个侧面反映原子的得失电子的能力。为了综合考虑分子中原子得失电子难易程度，合理地、准确地表示出元素的金属性和非金属性，1932年鲍林提出了电负性（electronegativity）的概念。

元素原子在分子中吸引电子的能力，称为该元素的电负性，用符号"χ"表示。电负性

---

❶ 有些教材用一般元素的第一电子亲和能为正值进行讨论，本书附录中的第一电子亲和能也是正值。这是电子亲和能定义的差异。如：$O(g)+e^- \longrightarrow O^-(g)$，$\Delta_E H_m^\ominus = -141.0 \text{kJ}\cdot\text{mol}^{-1}$；$E_{A1} = -\Delta_E H_m^\ominus = 141.0 \text{kJ}\cdot\text{mol}^{-1}$
$O^-(g)+e^- \longrightarrow O^{2-}(g)$，$\Delta_E H_m^\ominus = 780 \text{kJ}\cdot\text{mol}^{-1}$；$E_{A2} = -\Delta_E H_m^\ominus = -780 \text{kJ}\cdot\text{mol}^{-1}$
$O(g)+2e^- \longrightarrow O^{2-}(g)$　　$E_{A1}+E_{A2} = 141.0-780.0 = -639.0(\text{kJ}\cdot\text{mol}^{-1})$

值无法用实验测得，只能采用对比的方法获得，因此它是一个相对值，是分子中成键原子吸引电子能力大小的一个相对量度。

根据元素电负性的大小，可判断元素的金属性。电负性越大非金属性越强，金属性越弱；反之，电负性越小金属性越强，非金属性越弱。一般来说，电负性大于 2.0 的元素为非金属元素，小于 2.0 的元素为金属元素。根据两成键原子的电负性差值大小判断键的极性，$\Delta\chi=0$ 为非极性共价键；$\Delta\chi<1.7$ 为极性共价键；$\Delta\chi>1.7$ 为离子键。

关于电负性的标度方法有几种，这里只介绍鲍林的电负性标度 χ_p。

鲍林电负性 χ_p 标度是根据测定的化学键能得到的。若以 D 代表分子中 A、B 两原子形成的化学键的键能，则定义：

$$\Delta D = D_{A-B} - (D_{A-A} \cdot D_{B-B})^{\frac{1}{2}} \tag{8-21}$$

式中，D_{A-B}、D_{A-A}、D_{B-B} 分别是 A—B 键、A—A 键、B—B 键的键能；ΔD 是 A、B 两原子的电负性差值 $\Delta\chi$ 的函数，即：

$$\Delta\chi = \chi_A - \chi_B = 0.102(\Delta D)^{\frac{1}{2}} \tag{8-22}$$

式中，χ_A、χ_B 分别是 A、B 原子的电负性。根据式(8-22) 计算时，必须规定一个元素原子的电负性作为标准。鲍林指定非金属性最强的氟元素的电负性为 4.0，据此计算出其它元素的电负性，从而得出一套鲍林电负性数据 χ_p。鲍林电负性值的精确度不大，而且键能难以测定和计算，但应用广泛。

(2) 元素电负性变化规律

① 电负性在周期中的变化　同一周期的元素，从左至右，随着元素原子半径减小，有效核电荷增加，元素的电负性也随之增大，金属性减弱，非金属性增强。同周期的过渡元素的电负性变化不大。

② 电负性在族中的变化　同一主族元素，从上至下，随着电子层增加，元素原子半径增大，有效核电荷也增大，但原子半径增大的影响大于有效核电荷增大的影响，元素电负性逐渐减小。同一副族元素电负性的变化规律不明显。

周期表中，右上方的氟电负性最大，左下方的铯电负性最小。

思 考 题

1. 举例说明下列概念

基态，　激发态，　波粒二象性，　概率波，　原子轨道，　电子云，　电子轨道运动，

简并轨道，　能级交错，　能级分裂，　有效核电荷，　电离能，　电负性。

2. 卢瑟福的原子模型为什么不能解释原子光谱？

3. 玻尔原子结构理论存在哪些不足？其根本原因是什么？

4. 为什么说实物微粒的波动性是实物微粒运动的统计结果？

5. 波函数与原子轨道，波函数绝对值的平方与电子云有什么关系？

6. 指出下列各组量子数所表示的电子运动状态。

(1) $4, 0, 0, +\dfrac{1}{2}$ 　　　　　　　　　　(2) $3, 1, 0, -\dfrac{1}{2}$

7. 选择题

(1) 下列各组量子数合理的是（　　）。

A. $3, 3, 0, -\dfrac{1}{2}$ 　　　　　　　　　　B. $3, 1, 1, +\dfrac{1}{2}$

C. $2, 3, 3, +\dfrac{1}{2}$ 　　　　　　　　　　D. $2, 0, 1, -\dfrac{1}{2}$

(2) 同一原子中，可能存在下列量子数的两个电子（　　）。

A. $\left(1,1,0,+\dfrac{1}{2}\right)$ 和 $\left(1,0,0,-\dfrac{1}{2}\right)$ B. $\left(2,0,1,+\dfrac{1}{2}\right)$ 和 $\left(2,0,0,-\dfrac{1}{2}\right)$

C. $\left(3,2,0,-\dfrac{1}{2}\right)$ 和 $\left(3,2,1,-\dfrac{1}{2}\right)$ D. $\left(1,0,0,-\dfrac{1}{2}\right)$ 和 $\left(1,0,0,-\dfrac{1}{2}\right)$

(3) 下列哪一个轨道上的电子，在 xy 平面上的电子云密度为零（　　）。
A. $3p_z$ B. $3d_{z^2}$ C. $3s$ D. $3p_x$

(4) $\psi(3,2,1)$ 代表简并轨道中的一个轨道是（　　）。
A. 2p 轨道   B. 3d 轨道   C. 3p 轨道   D. 4p 轨道

(5) 下列离子中外层 d 轨道达半满状态的是（　　）。
A. Cr^{3+} B. Fe^{3+} C. Co^{3+} D. Mn^{3+}

(6) 基态原子的第五电子层只有 2 个电子，则原子的第四电子层中的电子数（　　）。
A. 肯定为 8 个   B. 肯定为 18 个   C. 肯定为 8~18 个   D. 肯定为 8~32 个

(7) 下列原子中，第一电离能最大的是（　　）。
A. C   B. N   C. Si   D. P

(8) $n=4$，$l=2$ 时，m 可取的数值有（　　）。
A. 1 个   B. 3 个   C. 5 个   D. 7 个

(9) 下列电子排布式中，原子处于激发状态的是（　　）。
A. $1s^2 2s^2 2p^6$ B. $1s^2 2s^2 2p^3 3s^1$
C. $1s^2 2s^2 2p^6 3s^2 3p^6 3d^5 4s^1$ D. $1s^2 2s^2 2p^6 3s^2 3p^6 3d^3 4s^2$

(10) 若将 ^{16}S 原子的电子排布式写成 $1s^2 2s^2 2p^6 3s^2 3p_x^2 3p_y^2$，它违背了（　　）。
A. 能量守恒原理   B. Pauli（泡利）不相容原理
C. 能量最低原理   D. Hund（洪德）规则

8. 填空题

(1) $n=4$ 电子层内可能有的原子轨道数_____；$n=3$ 电子层内可能有的电子运动状态数_____；$n=5$ 电子层内可能有的能级数_____；$l=3$ 能级的简并度是_____。

(2) M^{3+} 3d 轨道上有 3 个电子，表示电子可能的运动状态的四个量子数是_____，该原子的核外电子排布是_____，M 属_____周期，第_____族的元素，它的名称是_____，符号是_____。

(3) 波函数 ψ 是描述_____数学函数式，它和_____是同义词，$|\psi|^2$ 的物理意义是_____，电子云是_____的形象表示。

(4) 已知某元素与 Kr 同周期，最外层只有两个电子且失去两个电子后内层 $l=2$ 的轨道全充满，该元素所在族数为_____，原子序数是_____，元素名称是_____，核外电子排布式_____。

(5) 原子序数为 24 的原子，其价电子层结构是_____，3d 原子轨道的符号分别为_____。

9. 为什么 3d 能级高于 4s 能级？

10. 屏蔽效应和钻穿效应对多电子能级的影响是什么？

11. 简述鲍林能级图的特点。

12. 指出在多电子原子中，电子在能级组中填充顺序。

13. 指出元素周期表中各区价电子层结构。

14. 为什么主族元素氟原子的第一电子亲和能不是本族中最大的？

15. 举例说明原子半径、第一电离能与原子核外电子构型的关系。

习 题

8.1 通过计算判断下列物质何者具有波动性。
(1) 速度为 $1\times 10^5 \text{m}\cdot\text{s}^{-1}$，质量为 1.67×10^{-27} kg 的质子；
(2) 速度为 $3\times 10^2 \text{m}\cdot\text{s}^{-1}$，质量为 20g 的子弹。

8.2 按斯莱特规则计算 K、Fe、Cu 的最外层电子受核吸引的有效核电荷及相应能级的能量。

8.3 已知某元素 $l=1$ 的能级已填充了 23 个电子，指出该元素所在的周期和族数、原子序数、元素名称，并写出核外电子排布式。

8.4 请写出原子序数为 60、80、21 元素原子核外电子填充式和电子结构式，指出其所在周期、

8.5 已知元素所在周期和族数分别为6和ⅦB及4和ⅣA，请写出它们的核外电子结构式。

8.6 写出具有电子构型 $1s^22s^22p^5$ 的原子中各电子的全套量子数。

8.7 某一周期中有A、B、C、D四种元素，它们的原子序数都小于Kr，已知它们的最外层电子数分别为2、2、1、7；A、C的次外层电子数为8，B、D的次外层电子数为18。问A、B、C、D分别为哪种元素。

8.8 有一元素的最外层只有一个电子，失去3个电子后，$n=3$，$l=2$ 的能级上有3个电子，写出该元素符号，并确定其属于第几周期、第几族。

8.9 计算质量为145g，速度为 $168 \text{km} \cdot \text{h}^{-1}$ 的垒球的德布罗意波长。

8.10 完成下列表格

价层电子构型	元素所在周期	元素所在族
$2s^22p^4$		
$4s^24p^4$		
$4f^{14}5d^16s^2$		
$3d^74s^2$		
$4f^96s^2$		

8.11 完成下列表格

价层电子构型	元素所在周期	元素所在族
	3	ⅥA
	6	ⅡB
	4	ⅦB
	4	ⅦA
	5	ⅡA

8.12 按照能量从低到高的顺序排列下列能级：
(1) $n=4$，$l=0$；(2) $n=3$，$l=2$；(3) $n=3$，$l=0$；(4) $n=3$，$l=1$。

8.13 指出正确的磷原子基态的外层电子构型图，并说明电子构型图错误的原因。

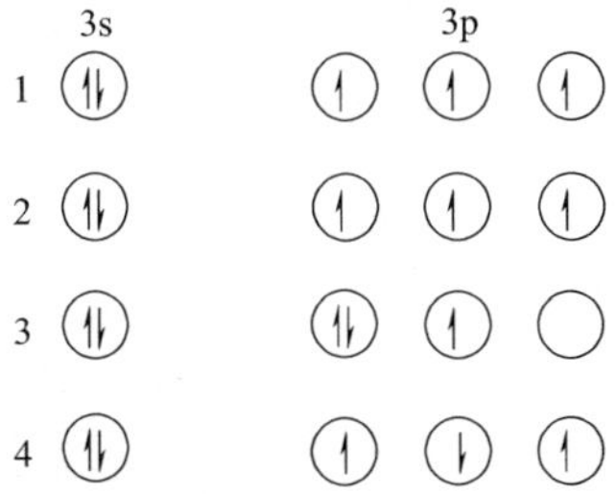

8.14 说明第五族元素Nb和Ta金属半径相近的原因。

8.15 写出与下列量子数相应的各类轨道的符号，并写出其在鲍林近似能级图中前后能级所对应的轨道符号：
(1) $n=2$，$l=1$；(2) $n=3$，$l=2$；(3) $n=4$，$l=0$；(4) $n=4$，$l=3$。

8.16 写出Ti、Cr、Mn的电子结构式，指出其原子中填有电子的电子层、能级组、能级、轨道各有多少？价电子数有多少？

8.17 指出在一个原子中下列哪些轨道是简并轨道？

$5d_{xy}$, $3p_x$, $4p_y$, $3p_y$, $3s$, $4d_{xy}$, $5d_{x^2-y^2}$

8.18 根据下列各组原子序数，比较各原子的原子半径、电离能、电子亲和能和电负性大小，并列出从小至大的顺序。

(1) 12，56，38；　　　　(2) 15，83，51；　　　　(3) 72，22，40；
(4) 20，34，28，36，23；　　(5) 15，12，17。

8.19 说明原子核外各电子层的电子数最多为 $2n^2$。

第9章 分子结构

物质是由分子组成的,分子(molecule)是保持物质性质的最小微粒,是参与化学反应的基本单元,而分子的性质又是由分子的内部结构所决定的。因此探索分子的内部结构对于了解物质的性质和化学反应规律具有重要的意义。

对分子的内部结构研究主要有两方面:①分子中原子间的相互作用力,即化学键问题;②分子(或晶体)的空间构型(即几何形状)问题。另外本章也将探讨分子间作用力(或范德华力)问题,并进一步介绍分子的结构与物质的物理、化学性质的关系等。

物质的分子是由原子构成的,而原子之间之所以能结合成分子,说明原子之间存在着相互作用力,这种分子中的两个(或多个)原子之间的强相互作用,称为化学键(chemical bond)。

1916 年,德国科学家柯塞尔考察大量的事实后得出结论:任何元素的原子都要使最外层满足 8 电子稳定结构,并提出了离子键(ionic bond)理论,柯塞尔的理论能解释许多离子化合物的形成,但无法解释非离子型化合物。1923 年,美国化学家路易斯发展了柯塞尔的理论,提出共价键的电子理论,两种元素的原子可以相互共用一对或多对电子,以便达到稀有气体原子的电子结构,这样形成的化学键叫作共价键(covalent bond),路易斯的共价理论成功地解释了由相同原子组成的分子如 H_2、O_2、N_2 等的形成。

柯塞尔和路易斯的理论只能定性地描述分子的形成,化学家更需要对化学键做定量阐述。1927 年,海特勒和伦敦用量子力学处理氢分子,用近似方法计算出氢分子体系的波函数和能量获得成功,这是用量子力学解决共价键问题的首例。1930 年,鲍林提出杂化轨道理论。由于上述的价键理论对共轭分子、氧气分子的顺磁性等事实不能有效解释,因此 20 世纪 30 年代后又产生一种新的理论——分子轨道理论。分子轨道理论在 1932 年首先由美国化学家马利肯提出。他用的方法跟经典化学相距很远,一时不被化学界接受,后经密立根、休克尔等人努力,使分子轨道理论得到充实和完善。

现代化学键理论已不只对若干化学现象作解释,而且指导应用,如在寻找半导体材料、抗癌药物等方面起着关键性的作用。同时在 20 世纪 90 年代,现代价键理论已进入生命微观世界,从理论上认识酶、蛋白质、核酸等生命物质,从而进一步揭开生命的秘密。

9.1 离子键理论

9.1.1 离子键的形成

在通常情况下,有些物质主要以晶体的形式存在,它们往往具有较高的熔点和沸点,硬度大,易脆,在熔融状态或水溶液均能导电。为了说明这类化合物的成键本质,1916 年德国化学家柯塞尔在玻尔原子结构的启示下,根据稀有气体原子具有稳定结构的事实,提出了离子键理论。

(1) 离子键的形成

离子型化合物之所以能导电,这是因为这类化合物中存在正、负离子,这些正、负离子在水溶液中或熔融状态下可以自由移动。离子键理论要点如下。

① 当活泼金属原子和活泼非金属原子,如钠原子和氯原子,在一定条件下相遇时,它们都有达到稳定结构的倾向,由于双方原子的电负性相差较大,发生了两种原子间的电子转移而产生正、负离子。

② 变化的结果是：钠（$3s^1$）失去一个电子而成为带一个正电荷的钠离子 Na^+（$2s^22p^6$），氯（$3s^22p^5$）获得一个电子而成带一个负电荷的氯离子 Cl^-（$3s^22p^6$）。

③ 成键。当正、负离子相互靠近时，除了正、负离子之间有静电相互吸引之外，还有电子与电子、原子核与原子核之间的相互排斥。按库仑定律和玻恩与梅尔的量子力学可知，当两种原子接近到某一距离时，吸引力和排斥力达到暂时的平衡，整个体系的能量会降到最低点，于是正、负离子间就形成了稳定的化学键。这种吸引力和排斥力可分别用下式计算：

$$V_{吸引}=\frac{q^+q^-}{4\pi\varepsilon_0 R} \qquad V_{排斥}=A\mathrm{e}^{-R/\rho} \tag{9-1}$$

式中，q^+、q^- 为正、负离子所带的电荷；ε_0 是相对介电常数；R 为正、负离子间的距离；A 和 ρ 为常数。

由上式可知，对于给定离子化合物的总能量，主要取决于平衡距离 R_0，由 NaCl 形成过程中的势能曲线可清晰表明，见图 9-1。图 9-1 中当正、负离子相互接近时，在 R 较大时，由于电子云之间的排斥作用可以忽略，这时主要表现为吸引作用所以体系的能量随着 R 的减小而降低。当正负离子接近到小于平衡距离 R_0，即 $R<R_0$ 时，电子云之间的排斥作用上升为主要作用，这时体系的能量突然增大。只有当正、负离子接近到平衡距离 R_0 时，吸引作用与排斥作用才达到暂时的平衡，这时正、负离子处于平衡位置附近振动，体系的能量降到最低点，形成了稳定的化学键——离子键。

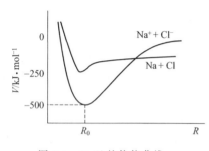

图 9-1 NaCl 的势能曲线

这种由原子间发生电子的转移，形成正、负离子，并通过静电作用而形成的化学键叫离子键。生成离子键的条件是原子间电负性相差较大，一般要大于 2.0 左右。由离子键形成的化合物叫作离子型化合物（ionic compound）。

(2) 离子键特征

以离子键结合的物质可以是气体分子，但多数是固体，如 NaCl、MgO 等。离子键有如下特点。

① 离子键的本质是静电作用力（electrostatic force），从离子键的形成过程中可以看出，当电负性相差较大的活泼金属原子与活泼非金属原子相互接近时，发生电子转移，由电负性较小的活泼金属原子失去电子，电负性较大的活泼非金属原子得到电子，形成正、负离子，正离子和负离子之间通过静电引力结合而形成离子键。因此，离子键的本质是静电作用力。根据库仑定律，两种带相反电荷 q^+ 和 q^- 的离子间之间的静电引力与离子电荷的乘积成正比，而与离子间距离 R 的平方成反比。因此，离子的电荷越高，离子间的距离越小，则离子间的静电引力越强。

形成离子键的重要条件是相互作用的原子之间的电负性差值要足够大。一般元素的电负性差值越大，它们之间形成的键离子性越强。但实验表明，即使电负性最大的氟与电负性最小的铯形成的最典型的离子型化合物氟化铯中，从键的性质分析，也不是百分之百的离子性，而只有92%的离子性。也就是说，离子之间也不是纯粹的静电作用，而仍有约8%的共价性。通常可以用离子性百分数来表示键的离子性和共价性的相对比例。表 9-1 列出了 AB 型离子化合物单键离子性百分数和电负性差值（$\chi_A-\chi_B$）之间的关系。

表 9-1 单键的离子性百分数与电负性差值之间的关系

$\Delta\chi$	离子性百分数/%	$\Delta\chi$	离子性百分数/%	$\Delta\chi$	离子性百分数/%
0.2	1	1.2	30	2.2	70
0.4	4	1.4	39	2.4	76
0.6	9	1.6	47	2.6	82
0.8	15	1.8	55	2.8	86
1.0	22	2.0	63	3.0	89

从表 9-1 可知，电负性差值 $\Delta\chi = 1.7$ 是重要分界线，单键约具有 50% 的离子性。当两个原子电负性差值 $\Delta\chi > 1.7$ 时，则形成的分子中以离子键为主，该物质可认为是离子型化合物；当两个原子电负性差值 $\Delta\chi < 1.7$，则形成的分子中以共价键为主，该物质可认为是共价化合物。例如在氯化钠中，钠的电负性为 0.93，氯的电负性为 3.16，它们之间的电负性差值为 2.23，形成的 NaCl 中键的离子性百分数约为 71%。因此说明钠离子与氯离子之间形成的是离子键，氯化钠为离子型化合物。

② 离子键既无方向性又无饱和性（saturation） 由于离子的电荷分布是球形对称的，因此只要条件许可，它可以在空间各个方向吸引异号电荷的离子。故离子键是没有方向性的。同时，只要空间排列允许，每一个离子可吸引尽可能多的异号电荷的离子，并沿三维空间不断地伸展形成离子晶体，因而离子键没有饱和性。

③ 离子键的强度（strength） 离子键的强度可以用键能来表示。以 NaCl 为例，离子键的键能是指将 1mol NaCl 气态分子解离成气态原子时所吸收的能量，用 E 表示。键能 E 越大，表示离子键越强。

离子键的强度一般用晶格能 U 的大小来度量。晶格能的定义是指在标准状态下，当相互远离的气态正、负离子形成 1mol 离子晶体时所释放的能量，以符号 U 表示❶。单位为 $kJ \cdot mol^{-1}$。晶格能一般为负值，其大小与离子的半径、电荷、晶格类型及离子的电子构型有关。一般离子半径越大，晶格能的绝对值越小。而离子的电荷越大，晶格能的绝对值就越大。晶格能通常不能直接测定，但可根据玻恩哈伯循环进行计算。晶格能的绝对值越大，则表示离子键越强，离子晶体越稳定。因此，晶格能是影响离子化合物一系列性质如熔点、硬度和溶解度的重要因素。

9.1.2 离子的特征

离子的特征与性质是决定离子型化合物的性质与特征的主要因素，研究离子型化合物的性质有必要深入探讨离子的特征与性质。离子具有三个主要的特征：离子半径、离子的电荷和离子的电子层构型。

(1) 离子半径（ionic radius）

离子半径应该指离子电子云分布的范围，但由于电子云没有一个确定（或明晰）的界面，因此严格地讲，与原子半径一样，离子半径这个概念没有确定的含义。但是当正、负离子通过离子键而形成离子晶体时，正、负离子间保持着一个平衡距离，这个距离叫核间距。如果把正、负离子近似看成是两个互相接触的球体，则核间距可以认为是正、负离子的半径之和，即 $d = r_+ + r_-$，如图 9-2 所示。核间距 d 可用 X 射线衍射法测得，用一定的方法推算出其中一个离子的半径，从而求出另一个离子的半径。若已测知核间距 d，又知其中一个离子的半径 r_1，则可求得 r_2，$r_2 = d - r_1$。

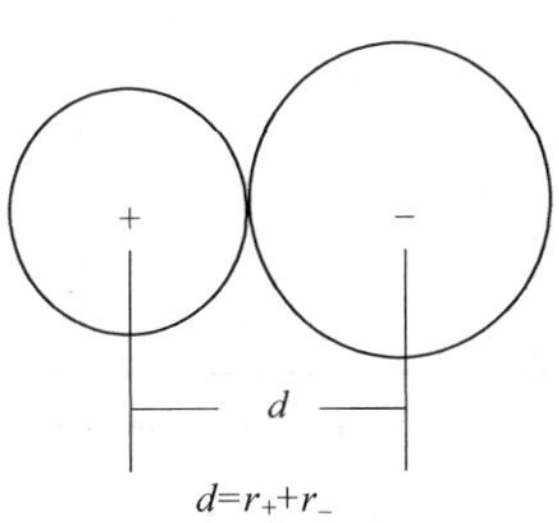

图 9-2 正、负离子的半径与核间距的关系

推算离子半径的方法很多，1926 年歌德希密特从晶体结构（crystal structure）的数据中测出氟离子的半径为 133pm 和氧离子的半径 132pm，以此为基础，结合测得的各种离子晶体的核间距 d 的实验数据，用上述方法推算出其它各种离子的半径。例如，由实验测得 CaO 晶体的核间距 d 为 231pm，从而可求得 Ca^{2+} 的半径。

---

❶ 有教材将晶格能定义为：在标准状态下，将 1mol 离子晶体分解为相互远离的气态正、负离子所需的能量，与本教材定义的晶格能的符号相反。

$$r_{Ca^{2+}} = r_{CaO} - r_{O^{2-}} \quad r_{Ca^{2+}} = 231 - 132 = 99 \text{pm}$$

1927年鲍林从核电荷数和屏蔽常数的值推算出离子半径计算式。

$$r = \frac{K}{Z - \sigma} \tag{9-2}$$

式中，Z 为核电荷；σ 为屏蔽常数；$Z-\sigma$ 为有效电荷数；K 为一取决于最外电子层的主量子数 n 的常数。

目前化学界公认的离子半径数值见表 9-2。本书主要采取鲍林的离子半径数据。

表 9-2 哥德希密德（G）和鲍林（P）推导的离子半径数据　　单位：pm

离子	G	P	离子	G	P	离子	G	P	离子	G	P
H^-	—	208	Sc^{3+}	83	81	Br^{7+}	—	39	Cs^+	170	169
Li^+	70	60	Ti^{3+}	75	69	Rb^+	149	148	Ba^{2+}	138	135
Be^{2+}	34	31	Ti^{4+}	64	68	Sr^{2+}	118	113	La^{3+}	115	
B^{3+}	—	20	V^{2+}	88	66	Y^{3+}	95	93	Hf^{4+}	86	
C^{4-}	—	260	V^{5+}		59	Zr^{4+}	80	80	Ta^{5+}	73	
C^{4+}	20	15	Cr^{3+}	65	64	Nb^{5+}	—	70	W^{6+}	65	
N^{3-}	—	171	Cr^{6+}	36	52	Mo^{6+}	65	62	Re^{7+}	56	
N^{3+}	16	—	Mn^{2+}	91	80	Tc^{7+}	56	—	Os^{4+}	88	
N^{5+}	15	11	Mn^{4+}	52	—	Ru^{4+}	65		Os^{6+}	69	
O^{2-}	132	140	Mn^{7+}		46	Rh^{4+}	65		Ir^{4+}	66	
F^-	133	136	Fe^{2+}	83	75	Pd^{2+}	80		Pt^{2+}	106	
Na^+	98	95	Fe^{3+}	67	60	Pd^{4+}	65		Pt^{4+}	92	
Mg^{2+}	78	65	Co^{2+}	82	72	Ag^+	113	126	Au^+	—	137
Al^{3+}	55	50	Co^{3+}	65	—	Ag^{2+}	89		Au^{3+}	85	
Si^{4-}	198	271	Ni^{2+}	78	70	Cd^{2+}	99	97	Hg_2^{2+}	127	
Si^{4+}	40	41	Cu^+	—	96	In^{3+}	92	81	Hg^{2+}	112	110
P^{3-}	186	212	Cu^{2+}	72	—	Sn^{2+}	102		Tl^+	149	144
P^{3+}	44	—	Zn^{2+}	83	74	Sn^{4+}	74	71	Tl^{3+}	105	95
P^{5+}	35	34	Ga^{3+}	62	62	Sb^{3-}	208	245	Pb^{2+}	132	121
S^{2-}	182	184	Ge^{2+}	65		Sb^{3+}	90		Pb^{4+}	84	84
S^{4+}	37	—	Ge^{4+}	55	53	Sb^{5+}		62	Bi^{3+}	120	
S^{6+}	30	29	As^{3-}	191	222	Te^{2-}	212	221	Bi^{5+}	—	74
Cl^-	181	181	As^{3+}	69	47	Te^{4+}	89		Po^{6+}	67	—
Cl^{5+}	34		Se^{2-}	193	198	Te^{3+}		56	Ar^{7+}	62	
Cl^{7+}	—	26	Se^{6+}	35	42	I^-	220	216	Fr^+	180	
K^+	133	133	Br^-	196	195	I^{5+}	94		Ra^{2+}	142	
Ca^{2+}	105	99	Br^{5+}	47		I^{7+}		50			

注：数据引自 Weast. Handbook of Chemistry and Physics. 51th ed. 1970—1971.

由表 9-2 可归纳出离子半径大致变化规律。

① 具有相同核电荷数的同一种元素的不同电荷的离子，核外电子数越多半径越大。因此，同一元素的正离子半径＜原子半径＜负离子半径。例如：

$$r_{O^{2+}} < r_O < r_{O^{2-}}$$

同一元素离子电荷高的半径小，例如：

$$r_{Fe^{2+}} > r_{Fe^{3+}}$$

② 在各主族元素中，由于自上而下电子层数依次增多，所以具有相同电荷数的同族离子的半径自上而下依次增大。例如：

$$r_{Mg^{2+}} < r_{Ca^{2+}} < r_{Sr^{2+}} < r_{Ba^{2+}} \quad r_{F^-} < r_{Cl^-} < r_{Br^-} < r_{I^-}$$

③ 具有相同的核外电子数，随核电荷数增加，离子半径依次减小。例如：

$$r_{F^-} > r_{Na^+} > r_{Mg^{2+}} > r_{Al^{3+}}$$

④ 周期表中处于相邻族的左上方和右下方斜对角线上的正离子半径近似相等。例如：

$$r_{Li^+}(60pm) \approx r_{Mg^{2+}}(65pm)$$

离子半径是决定离子化合物中正、负离子间引力大小的重要因素，也是决定离子化合物中离子键强弱的重要因素，因此离子半径的大小对离子化合物性质有显著影响。一般离子半径越小，离子间的引力越大，离子键越强，相应离子化合物的熔、沸点也就越高。

(2) 离子的电荷

离子所带的电荷是决定离子与离子型化合物性质的主要因素之一。离子的电荷是在形成离子化合物中相应元素的原子得失的电子数决定的。从离子键的形成过程可以看出，阳离子的电荷数就是相应原子失去的电子数；阴离子的电荷数就是相应原子得到的电子数。而原子得失电子数取决于各种原子的电离能和电子亲和能。一般电离能越大的原子越不容易失去电子形成高价正离子，而电子亲和能越大的原子却越容易获得电子成为高价负离子。

离子的电荷越高，形成的离子键越强，晶格能越大，离子化合物的熔、沸点越高。

(3) 离子的电子构型

一般简单的负离子其最外层都具有稳定的 8 电子结构，如 F^-、O^{2-}，对于正离子除了 8 电子结构外，还有其它多种构型。通常稳定存在的离子的电子层构型有以下几种情况。

① 0 电子构型（$1s^0$）：最外层没有电子的离子，如 H^+。

② 2 电子构型（$1s^2$）：最外层有 2 个电子的离子，如 H^-、Li^+、Be^{2+} 等。

③ 8 电子构型（ns^2np^6）：最外层有 8 个电子的离子，如 K^+、F^-、Ca^{2+} 等。

④ 9～17 电子构型（$ns^2np^6nd^{1\sim9}$）：最外层有 9～17 个电子的离子，具有不饱和电子构型，如 Mn^{2+}、Fe^{3+}、Ni^{2+} 等。

⑤ 18 电子构型（$ns^2np^6nd^{10}$）：最外层有 18 个电子的离子，如 Ag^+、Zn^{2+}、Sn^{4+} 等。

⑥ 18+2 电子构型 $[(n-1)s^2(n-1)p^6(n-1)d^{10}ns^2]$：次外层 18 个电子，最外层有 2 个电子的离子，如 Pb^{2+}、Sn^{2+}、Bi^{3+} 等。

离子的电子构型与离子键的强度有关，也影响离子化合物的性质。在离子电荷相同和半径大致相当的时候，不同电子构型的正离子对同种负离子的结合力的大小不同，相应化合物的性质有较大差异。例如，碱金属和铜分族，它们的最外层有 1 个电子，都能形成 +1 价离子，离子的电子构型分别为 8 电子构型和 18 电子构型，如 K^+ 为 8 电子构型的离子，而 Ag^+ 18 电子构型的离子，二者离子半径相当，但它们的氯化物的性质就有明显的差别。KCl 易溶于水，而 AgCl 则难溶于水。

9.1.3 离子晶体

(1) 晶体的基本概念

晶体（crystal）是原子、离子或分子在空间按照一定规律周期性重复排列形成的具有一定规则的几何外形的固体。晶体有三个特征：

① 晶体有整齐规则的几何外形；

② 晶体有固定的熔点，在熔化过程中，温度始终保持不变；

③ 晶体有各向异性的特点。

组成晶体的结构粒子（分子、原子、离子）在三维空间有规则地排列在一定的点上，这些点周期性地构成有一定几何形状的无限格子，叫作晶格。这些组成晶体的结构单元（原子、分子或离子）都能抽象为几何学上的点。这些点在空间排布形成的图形叫作点阵，以此表示晶体中结构粒子的排布规律。构成点阵的点叫作阵点。能完整反映晶体内部原子或离子在三维空间分布之化学结构特征的平行六面体单元是晶胞，整个晶体就是晶胞在三维空间周期地重复排列堆砌而成的。晶胞的形状与大小由它的三组棱长 a、b、c 及棱间交角 α、β、γ（合称为"晶胞参数"）来表征。尽管发现的晶体千万种，但可按晶胞参数划分为七大晶系。分别为三斜晶系、单斜晶系、正交晶系、四方晶系、立方晶系、三方晶系、六方晶系。七大晶系有 14 种格子，其中，三斜晶系、三方和六方晶系只有简单三斜、简单三方和简单六方 1 种点阵排列方式；单斜晶系有简单单斜和底心单斜 2 种点阵排列方式；正交晶系有简单正交、体心正交、面心正交、底心正交 4 种点阵排列方式；四方晶系有简单四方和体心四方 2 种点阵排列方式；立方晶系有简单立方、体心立方和面心立方 3 种点阵排列方式。

按照组成晶胞结构粒子种类和粒子间相互作用力的不同，晶体可分为离子晶体、原子晶体、金属晶体和分子晶体 4 种基本类型。

(2) 离子晶体的特征与性质

离子间通过离子键结合可形成离子化合物，离子化合物主要以晶体形式存在，称为离子晶体。在离子晶体中，每个离子都被若干个异电荷离子所包围着，因此在离子晶体中不存在单个分子。例如，在氯化铯晶体中，每一个带正电的铯离子 Cs^+ 周围都被 8 个带负电荷的 Cl^- 包围着，同时每一个带负电荷的 Cl^- 周围都被 8 个带正电荷的铯离子 Cs^+ 包围着，实际上无法分辨出某个独立的小分子。因此在离子化合物中不存在简单分子，整个晶体可看成是一个分子，通常书写的 CsCl 式子，不能叫分子式，而只能叫化学式（或最简式）。

在离子晶体中，正负离子是通过离子键结合在一起的，由于正负离子之间的静电作用力较强，晶格能大，所以离子晶体一般具有较高的熔点、沸点和硬度，如表 9-3 所示。

表 9-3 一些离子化合物的熔点和沸点

物质	NaCl	KCl	MgO	CaO
熔点/K	1074	1041	3073	2845
沸点/K	1686	1690	3873	3123

由表 9-3 的数值可知，离子的电荷愈高、半径愈小，熔点、沸点也就越高。

离子晶体易脆，延展性较差。原因是当离子晶体受到机械力作用时，交替排列的正、负离子会发生移动，原来异性离子相互间的排列的稳定状态变为同性相斥的离子排列状态，晶体结构即被破坏。

离子晶体物质一般易溶于水，不论在熔融状态或在水溶液中都具有优良的导电性，但在固体状态，由于离子不能自由移动，因此几乎不导电。

(3) 几种简单的离子晶体类型

离子晶体中正离子和负离子在空间的排布情况不同时，离子晶体的空间结构也不同。这里主要介绍最简单的 AB 型离子化合物三种典型的晶体结构类型。

① CsCl 型　CsCl 型的晶胞是正立方体，属于体心立方晶格，如图 9-3 所示。每个正离子被 8 个负离子所包围，同时每个负离子也被 8 个正离子所包围，晶胞中正、负离子的配位数为 8，在每个晶胞中含有 1 个正离子和 1 个负离子。许多晶体如 TiCl、CsBr 和 CsI 等都属于 CsCl 型。

② NaCl 型　它是 AB 型离子化合物中最常见的晶体构型，如图 9-4 所示。它的晶胞形状是立方体，属于立方面心晶格，晶胞中正、负离子的配位数为 6，每个离子被 6 个相反电荷的离子以最短的距离包围着，在每个晶胞中含有 4 个正离子和 4 个负离子。许多晶体如 LiF、CsF、NaI 和 MgO 等晶体都属于 NaCl 型。

③ ZnS 型（闪锌矿型）　ZnS 型晶胞形状也是立方体，属于面心立方晶格，但粒子排列较复杂，如图 9-5 所示。晶胞中正、负离子的配位数都是 4，在每个晶胞中含有 4 个正离子

和 4 个负离子。BeO、ZnO 和 ZnSe 等晶体也属于 ZnS 型。

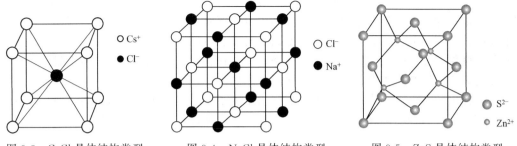

图 9-3 CsCl 晶体结构类型　　　图 9-4 NaCl 晶体结构类型　　　图 9-5 ZnS 晶体结构类型

(4) 半径比规则（radius ratio rule）

在形成离子晶体时，为使离子化合物的晶体最稳定，体系的能量最低，正、负离子会尽可能紧密接触，使空隙率尽可能低。由此可见，晶体构型中起决定作用的是组成离子晶体中的正、负离子半径的相对大小。对于 AB 型离子晶体而言，离子的半径与配位数之间遵守一定的规则——半径比规则。

现以配位数为 6 的 NaCl 型晶体为例说明半径比规则。若以 r_+ 和 r_- 分别表示正离子和负离子的半径，如图 9-6(a) 可知：

$$AB = BC = 2r_-$$
$$AC = 2r_- + 2r_+$$

因为 △ABC 为直角三角形，所以 $AC^2 = AB^2 + BC^2$。代入 AC、AB 和 BC 值，化简得 $r_+/r_- = 0.414$，即当 $r_+/r_- = 0.414$ 时，正、负离子间是直接接触的，负离子也是相互接触的。

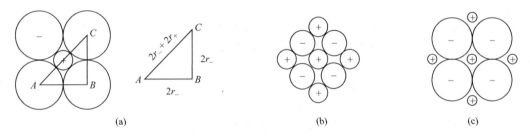

图 9-6 配位数为 6 的晶体中正、负离子半径比

当 $r_+/r_- > 0.414$ 时，如图 9-6(b) 所示，负离子间接触不良，正、负离子间却能紧密接触，这种结构可以稳定存在。

当 $r_+/r_- < 0.414$ 时，如图 9-6(c) 所示，负离子之间相互接触。而正、负离子之间接触不良，这样的结构不稳定，故使晶体向离子配位数减小的构型转变，如转化为 4 配位。但当 $r_+/r_- > 0.732$ 时，正离子有可能接触更多的负离子，因此有可能使配位数成 8。离子半径比与配位数及晶体构型间的关系归纳成表 9-4。

表 9-4 离子的半径比与配位数和晶体构型的关系

半径比 r_+/r_-	配位数	晶体构型
1.000～0.732	8	CsCl 型
0.732～0.414	6	NaCl 型
0.414～0.225	4	ZnS 型

然而，并非所有离子型化合物的构型都严格遵循半径比规则。例如氯化铷中，正、负离子的半径比 r_+/r_- 约为 0.82，理论上配位数应为 8，实际上它为氯化钠型，配位数为 6。还有当离子半径比处于接近极限值时，则该晶体可能同时具有两种晶体构型。例如二氧化锗存在上述两种构型的晶体。离子晶体的构型除了与正、负离子的半径比有关外，还与外界的条件有关。例如 CsCl 晶体在常温下是 CsCl 型，但在高温下它可以转变为 NaCl 型。这种化学组成相同而有不同晶体构型的现象称为同质多晶现象。

需要指出的是，离子半径比规则只能应用于离子型晶体，而不适用于共价型化合物。当正、负离子间存在强烈的相互极化作用时，晶体构型不符合离子半径比规则，这是受到离子极化影响造成的。

9.1.4 离子极化作用

(1) 离子的极化（ion polarization）

在电场（外电场或离子本身电荷产生的电场）作用下，离子的电子云发生变化，产生偶极或使原来偶极增大，这种现象叫作离子的极化。离子间除有静电引力作用外，还有其它的作用力。阳离子一般半径较小，又带正电荷，它对相邻阴离子会起诱导作用而使其变形，这种使带异号电荷的离子发生变形的能力称为离子的极化力。阴离子一般半径较大，外围有较多电子，因而在电场作用下容易发生电子云变形，这种被带相反电荷离子极化发生变形的性能，称为离子的变形性。实际上，每个离子都有使相反离子变形的极化作用和本身被其它离子作用而发生变形的双重性质。

离子的极化力的强弱与离子的结构有关。

① 电荷越高，阳离子极化力越强。例如：$Si^{4+} > Al^{3+} > Mg^{2+} > Na^+$。

② 电荷相同、半径相近的正离子，它们的极化力取决于电子层结构，其极化力大小顺序为：

18 或 18+2 电子构型的离子＞9～17 电子构型的离子＞8 电子构型的离子

这是由于 18 电子构型的离子，其最外电子层中的 d 电子对原子核的屏蔽作用较小，受核的引力大，极化力强。例如：$Ag^+ > K^+$。

③ 电荷相等和电子层结构相同的离子，半径越小，离子的极化力越强。例如：

$$Na^+ > K^+ > Rb^+ > Cs^+$$

④ 复杂阴离子的极化力通常是较小的，但电荷高的复杂阴离子也有一定极化力，例如 PO_4^{3-}。

(2) 离子的变形性

离子的变形性也与离子的结构有关。

① 核外电子数相同的离子，随负电荷减小和正电荷增加其变形性减小。如：

$$O^{2-} > F^- \gg Na^+ > Mg^{2+}$$

② 电子层结构相同的离子，电子层数越多，离子半径越大，变形性越大。如：

$$I^- > Br^- > Cl^- > F^-$$

③ 电荷相同、半径相近的正离子，它们的变形性取决于电子层结构，它们的变形性大小顺序为：

18 或 18+2 电子构型的离子＞9～17 电子构型的离子＞8 电子构型的离子。

例如：

$$Ag^+ > K^+ \ ; \ Hg^{2+} > Ca^{2+}$$

④ 复杂阴离子的变形性不大，且复杂阴离子中心原子氧化数越高，变形性越小。

因此，体积大的阴离子和 18 或（18+2）电子构型以及不规则电子层的低电荷阳离子容易发生变形。

(3) 离子极化作用对化合物晶体结构与性质的影响

① **影响化学键性质** 离子极化的结果，可能会导致化学键性质改变，使离子键逐步向共价键过渡。如果离子间相互极化作用很强，引起离子变形后，正、负离子间距更为缩短，阴、阳离子的电子云会发生重合，键的离子性降低而共价性增加。如 K^+ 的极化力小于 Ag^+，故当它们与 Cl^- 结合成 KCl 和 AgCl 后，KCl 的化学键仍以离子键为主，属于离子型化合物，而 AgCl 的化学键由于 Ag^+ 与 Cl^- 的相互极化作用，使 AgCl 已带有相当部分的共价型，从而造成两者性质上的差别。

离子间相互极化作用越强，电子云重叠程度就越大，键的共价性就越强，就有可能由离子键过渡为共价键。如卤化银系列化合物中，Ag^+ 为 18 电子构型，它的极化力和变形性都很大。对卤素离子来说，从 F^- 到 I^-，离子半径依次增大，离子的变形性依次增加。因此，除 AgF 中正负离子相互极化较弱外，从 AgCl 到 AgI，离子间在相互极化的同时，附加极化作用也依次增强，离子间电子云相互重叠增加，所以核间距明显地小于正、负离子的半径之和，并且差值依次增加，化学键也就从 AgF 的离子键逐渐过渡为 AgI 的共价键。

② **化合物的晶体构型（crystal configuration）** 由于离子极化，离子的电子云相互重叠，共价键的成分增加，键长也同时缩短。键长的缩短是由于正离子部分地钻入负离子的电子云，这样使 r_+/r_- 变小。离子极化使得离子的配位数向变小的方向变化。例如，AgF 是离子晶体，半径比为 0.85，大于 0.732 按半径比规则应该是 CsCl 型，但由于离子极化的作用，实际上 AgF 晶型是 NaCl 型。AgI 半径比为 0.51，大于 0.414，按半径比规则应该是 NaCl 型，但由于 Ag^+ 有较强的极化力，I^- 半径大，二者有强烈的离子极化的作用，使 AgI 晶型发生改变，配位数减小，晶型转变为 ZnS 型。

③ **化合物的颜色** 离子极化作用对化合物的颜色也有影响。离子相互极化作用越强，化合物的颜色越深。一般情况下，如果组成化合物的两种离子都是无色，则这一化合物也是无色，如 NaCl、KNO_3 等；如果组成化合物的离子一种无色，而另一种有颜色，则化合物有颜色，且与有色离子的颜色相同，如 K_2CrO_4 呈黄色。Ag^+ 是无色，卤素离子也是无色，卤化银都应是无色，然而 AgCl 是白色，AgBr 是淡黄色，而 AgI 是黄色。这显然与离子的相互极化作用有关，而且极化作用越强，颜色越深。

④ **化合物的溶解度** 化合物的溶解性与晶格能、水合能、键能等许多因素有关，一般离子化合物大都易溶于水，离子相互极化引起键型过渡后，往往导致化合物溶解度减小。如在银的卤化物中，F^- 半径小，不易发生变形，离子极化弱，所以 AgF 为离子型化合物，易溶于水。而 AgCl、AgBr 和 AgI 中随着 Cl^-、Br^-、I^- 半径增大，变形性增大，而 Ag^+ 又具有强的极化力，所以三者都有一定的共价性，并依次增大，它们的溶解度也依次明显减小。

⑤ **化合物的熔、沸点** 离子化合物的熔点一般都比较高，共价化合物形成的分子晶体的熔点较低。当化合物由离子型向共价型过渡后，其熔点也会相应降低。如卤化钙，随着卤素离子的变形性依次增加，离子极化作用依次加强，化学键的共价性增加，致使熔点依次降低。

9.2　共价键理论

离子键理论虽然可以说明离子化合物的形成特点。但它不能解释 H_2、H_2O、HCl 等电负性相差较小甚至相同的原子组成分子的成键原因。为此，1916 年美国化学家 G. N. Lewis 提出共价键理论，认为分子中原子之间通过共享电子对而使每一个原子都具有稀有气体的稳定的电子结构,又称八隅体规则(octet rule)。这种分子中原子之间通过共用电子对结合而成的化学键称为共价键(covalent bond)。

路易斯的共价键理论虽能成功地解释一些简单的非金属单质和化合物分子的形成过程,初步揭示了共价键与离子键的区别。但是 Lewis 学说存在一定的局限性,未能阐明共价键的本质及特征:为什么 2 个带负电荷的电子不是互相排斥,而是配对成键;也不能解释 CH_4 的空间构型等问题。直到 1927 年,海特勒和伦敦用量子力学处理 H_2 分子以后,人们才对共价键的本质有所认识。后来,美国化学家鲍林提出了杂化轨道理论,解释了 C 的四面体结构。20 世纪 30 年代,美国化学家莫立根、德国化学家洪特提出了分子轨道理论,着重研究分子中电子的运动规律,解释了氧分子的顺磁性、奇电子分子和稳定的离子等问题。

9.2.1 价键理论

(1) 共价键的形成

1927 年,海特勒和伦敦用量子力学研究 H_2 分子是如何形成时,得到了 H_2 分子的体系能量(E)与核间距离(R)关系曲线,如图 9-7 所示。当两个氢原子相互靠近时,存在核与核、电子与电子的排斥力、核与电子之间的吸引力,排斥力使体系能量升高,吸引力使体系能量降低。

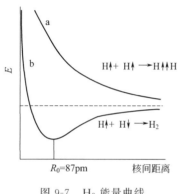

图 9-7 H_2 能量曲线

两个氢原子相互靠近的方式有两种。

① 若两个氢原子的成单电子自旋方向相反,当它们相互靠近时,核与电子之间的吸引力占主导作用,整个体系的能量要比两个氢原子单独存在时低,随着两个氢原子进一步靠近,当核间距达到平衡距离 R_0(实验值约为 74pm)时,体系能量最低,此时原子核间电子云密度最大,核对电子吸引力最强,从而形成稳定的 H_2 分子,这种状态称为 H_2 分子的基态。当两个氢原子靠近至核间距小于平衡距离 R_0 时,由于核之间的斥力逐渐增大,体系能量也相应升高。这说明两个氢原子在平衡距离 R_0 处形成了稳定的化学键。

② 若两个氢原子的成单电子自旋方向相同,当它们相互靠近时,两个氢原子核间电子云密度减小,排斥力占主导作用,使体系能量高于两个单独存在的氢原子能量之和,核间距越小,能量越高,因此,不能形成稳定的 H_2 分子。这种不稳定的状态称为 H_2 分子的激发态。

上一章已介绍过氢原子的玻尔半径是 52.9pm,而实际测得的 H_2 分子核间距为 74pm(理论值为 87pm),小于 2×52.9pm,说明当两个氢原子形成稳定的 H_2 分子时,两个氢原子的原子轨道发生了重叠,由此可见共价键是两个成键原子间通过原子轨道的重叠而形成的化学键。

(2) 价键理论(valence bond theory)的基本要点

① 两个原子接近时,自旋方向相反的未成对的价电子可以配对,形成共价键。

所谓价电子,一般是指能够参加成键的电子,通常对于主族元素而言,就是最外层电子,其价电子数等于它所在的族数,对于过渡元素而言,价电子数就是 $(n-1)$d 电子和 ns 电子数之和,除第Ⅷ族外,价电子数等于所在的族数。若 A、B 两原子各有 1 个成单电子,可形成共价单键,例如 HCl,H 原子的 1s 上有一个成单电子,Cl 原子的价电子上有一个 3p 单电子,可以配对形成共价单键。若 A、B 两原子各有 2 个或 3 个成单电子,可形成共价双键或三键,共用电子对数目超过 2 的称为多重键,例如:N_2 中 N 原子的价电子上有 3 个 2p

单电子，它可以与另一个 N 原子的 3 个自旋方向相反的成单电子配对形成共价三键而结合成 N_2。若 A 原子有 2 个成单电子，B 原子有 1 个成单电子，形成 2 个共价单键，为 AB_2 型分子；若 A 原子有 3 个成单电子，B 原子有 1 个成单电子，形成 3 个共价单键，为 AB_3 型分子。例如：H_2O 分子中 O 原子的价电子中有 2 个 2p 单电子，H 原子有一个成单 s 电子，因此一个 O 原子可以与两个 H 原子形成 AB_2 型的 H_2O 分子；对于 NH_3 来说，N 原子的价电子中有 3 个 2p 单电子，H 原子有一个成单 s 电子，因此一个 N 原子可以与 3 个 H 原子形成 AB_3 型的 NH_3 分子。

在成键过程中，两个单电子以自旋方向相反的方式配对时，会释放能量，使体系的能量降低，形成稳定的共价键，这是共价键形成的能量依据，即能量最低原理。

② 两原子在形成共价键时，成键电子的原子轨道要发生重叠，重叠的程度越大，所形成的共价键越牢固，因此成键时成键电子的原子轨道尽可能按最大限度的重叠方式进行，即要遵循原子轨道最大重叠原理。

为了使体系能量最低，参与重叠的原子轨道必须满足共价键成键三原则。

a. 能量相近原则，参与成键的原子轨道要能量相近，例如：H_2O 分子中 O 原子 2p 价电子与 H 原子的 1s 电子能量相近。

b. 对称性匹配原则（matching principle of symmetry），参与重叠的原子轨道的对称性应匹配，只有同号的原子轨道重叠（"+"与"+"、"−"与"−"）才能使体系能量降低，才是有效重叠。反之，异号的原子轨道重叠（"+"与"−"）会使体系能量升高，是无效重叠。

c. 原子轨道最大重叠原则（maximal overlap principle of atomic orbit），成键的原子轨道要尽可能最大限度的重叠。

例如：HF 分子中，氢原子的 1s 轨道与 F 原子的 $2p_x$ 轨道进行重叠，这时，s 轨道与 $2p_x$ 轨道有以下四种重叠方式，如图 9-8 所示。

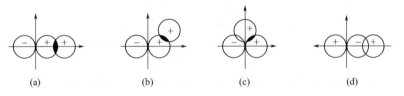

图 9-8　氢原子的 1s 轨道与 F 原子的 $2p_x$ 轨道重叠方式

其中 (a)、(b) 为同号重叠，但 (a) 的重叠程度更大，为有效重叠，(c) 的同号重叠与异号重叠相互抵消，是零重叠，不能形成化学键，(d) 为异号重叠，会使体系能量升高，为无效重叠。所以，HF 分子只能采用 (a) 的重叠方式才能形成稳定的共价键。

由于 p、d、f 原子轨道都有特定的伸展方向，因而它们只有沿一定方向才能进行有效重叠，图 9-9 是各类原子轨道之间有效重叠的方式。

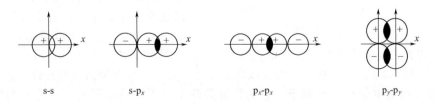

图 9-9　原子轨道的几种有效重叠的方式

综上所述，价键理论认为共价键形成的主要条件，一是两个成键原子有成单电子且自旋方向相反;二是两个原子轨道必须发生最大程度的重叠,使体系达到能量最低状态。

(3) 共价键特征

① 共价键的饱和性(saturability) 共价键形成条件之一,是原子中必须有成单电子,且成单电子的自旋方向必须相反。由于一个原子的一个成单电子只能与另一个原子的成单电子配对形成共价键,因此,一个原子的一个成单电子,如果已经配对成键,就不能再与其它自旋相反的成单电子配对成键了。一个原子有几个未成对的价电子,一般就只能和几个自旋相反的成单电子配对成键。例如:N 价电子层结构为 $2s^22p^3$,有 3 个未成对的 p 电子,因此两个 N 原子间只能形成三键。这说明原子所能形成共价键的数目受成单电子数所限制。这种特征称为共价键的饱和性。

上述形成共价键的配对电子,它们只在两个原子的核间附近运动,所以这种电子称为定域电子。

② 共价键的方向性(directivity) 按照最大重叠原理,在形成共价键时,原子间总是尽可能沿着原子轨道最大重叠的方向成键。只有这样,原子轨道才能重叠得最多,重叠越多,电子在两核间的概率密度越大,形成的共价键越稳定。除 s 轨道因是球形对称分布而没有方向性外,其它原子轨道在空间中都有各自特定的伸展方向,例 p_x、p_y、p_z 分别沿 x、y、z 轴的方向伸展,而 d 轨道的伸展方向更复杂。在形成共价键时,除了 s 轨道和 s 轨道之间可以在任何方向都能达到最大重叠外,p、d、f 原子轨道,只有沿着一定的方向上才能发生最大程度的重叠,因此共价键有方向性。例如:形成 HF 分子时,氢原子的 1s 轨道上的电子与氟原子的一个未成对的 p_x 电子配对,形成共价键,这时,s 轨道与 p_x 轨道只有沿着 x 轴方向与其相互靠近,且必须进行同号重叠(即"正正重叠"和"负负重叠"),才是最大重叠,才可能最有效地形成共价键。因此,共价键具有方向性。

(4) 共价键类型

由于原子轨道重叠方式的不同,可以形成不同类型的共价键。共价键主要有两种类型,一种是 σ 键,一种是 π 键。另有特殊一类:配位共价键。

① σ键 当两个成键原子沿着键轴(两个原子核的连线)方向以"头碰头"的方式发生轨道重叠,电子云密度集中在核间区域,即电子密度集中在键轴上,这样形成的共价键叫 σ 键,形成 σ 键的电子称 σ 电子。σ 键的特点是两个原子的成键轨道沿键轴的方向以"头碰头"方式重叠,原子轨道重叠部分沿着键轴呈圆柱形对称,即沿键轴方向旋转任何角度,轨道的形状、大小、符号均不变,不会破坏形成的 σ 键。由于成键轨道沿键轴方向重叠,故形成键时原子轨道发生最大程度的重叠,所以 σ 键的键能大、稳定性高。例如 H_2 分子中的 s-s 轨道重叠,HF 分子中的 s-p_x 重叠,Cl_2 分子中的 p_x-p_x 重叠,如图 9-10 所示。

② π键 当以 x 轴为键轴时,p_y 和 p_z 不再是关于键轴呈圆柱对称,而是分别对于 xz 平面和 xy 平面显镜面反对称。因此,当它们自身之间沿 x 轴相互接近而发生重叠时,就不可能以"头碰头"的方式发生轨道重叠,而只能以

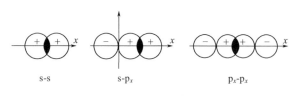

图 9-10 σ 键示意图

"肩并肩"的方式发生轨道重叠了,如 p_y-p_y、p_z-p_z。这样形成的共价键,轨道的重叠部分对通过一个键轴的平面(在这个平面上概率密度几乎为零)具有镜面反对称性。这种键称为 π 键,形成 π 键的电子称为 π 电子,它的特征是两个原子轨道以平行或"肩并肩"方式重叠,原子轨道重叠部分对通过一个键轴的平面具有镜面反对称性,π 键轨道重叠程度要比 σ 键轨道重叠程度小,因此 π 键的稳定性低于 σ 键。

例如在 N_2 分子结构中,就含有一个 σ 键和两个 π 键,N 原子的价电子结构为 $2s^22p^3$。

根据洪特规则，在 2p 轨道上的 3 个电子，应该是保持平行自旋的方向，分别占据 3 个 p 轨道，即 $2p_x^1 2p_y^1 2p_z^1$，并且它们是相互垂直的。当两个 N 原子沿着 x 轴的方向接近时，则两个 N 原子的 p_x 轨道，将以"头碰头"的方式进行重叠，形成一个 σ 键。这时，p_y 和 p_z 轨道就不可能再以"头碰头"的方式进行重叠了，而只能以"肩并肩"的方式进行重叠，而形成两个 π 键，其示意图如图 9-11 所示。

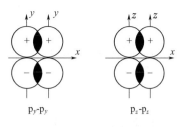

图 9-11 π 键示意图

可以表示为：

两个长方框分别为 $π_y$、$π_z$，框内的电子为 π 电子，N—N 之间的连线表示 σ，N 旁边的两个小黑点表示未参加成键的孤对电子。

③ 配位共价键（coordinate covalent bond）　当共价键中的共用电子对不是由成键的两个原子分别提供，而是由成键原子中一方单方面提供的，而另一方提供空轨道，这种由一个原子提供电子对为两个原子所共用而形成的共价键称为配位共价键，或称配位键。常用从提供电子对的原子指向接受电子对的原子方向的箭头（→）来表示，例如 CO 分子的成键可表示为：

$$:C \longrightarrow O: \qquad C \overset{\longleftarrow}{=\!=\!=} O$$

形成配位键必须满足两个条件：a. 一方的原子必须有孤对电子；b. 另一方的原子必须有空轨道。

④ 离域 π 键　在多原子分子中如有相互平行的 p 轨道，它们连贯重叠在一起构成一个整体，p 电子在多个原子间运动形成 π 型化学键，这种不局限在两个原子之间的 π 键称为离域 π 键，或大 π 键。表示成

$$\Pi_n^m \, (m \text{ 为电子数}, n \text{ 为原子数}, n \geq 3, m < 2n)$$

形成大 π 键的条件：a. 这些原子都在同一平面上；b. 这些原子有相互平行的 p 轨道；c. p 轨道上的电子总数小于 p 轨道数的 2 倍。

大 π 键的形成使分子的稳定性增大，例如，苯的分子结构中有一个 Π_6^6 键，因此苯特别稳定。

(5) 键参数（bond parameter）

表征化学键性质的物理量如键能、键角、键长、键的极性统称为键参数。键参数可以由实验直接或间接测定，也可以用量子力学来计算。

① 键能（E）（bond energy）　要了解某一共价化合物的稳定性，可以从该物质分子中共价键的强度来估计。当某一共价键形成时，放出的能量越多，说明共价键越强，要破坏它，就必须供给同样大的能量，在化学上常用键能的大小来衡量键的强度。

在 100kPa 和 298℃下，将 1mol 理想气态双原子 AB 拆开成为理想状态的气态 A 原子和气态 B 原子，所需要的能量称为 AB 的离解能，常用符合 $D_{A—B}$ 表示。常把双原子分子的离解能规定为键能，用 E 表示。

对于多原子分子来说，每个键的离解能是不一致的。对于 A_mB 或 AB_n 类的多原子分子而言，键能指的是 m 个或 n 个等价键的离解能的平均键能。例如，298K 标态的 H_2O 分子

$$H_2O(g) \longrightarrow OH(g) + H(g) \quad D'_{H-OH} = 498 \text{kJ} \cdot \text{mol}^{-1}$$

$$OH(g) \longrightarrow O(g) + H(g) \quad D''_{O-H} = 428 \text{kJ} \cdot \text{mol}^{-1}$$

因此键的离解能量不等于键能，而键能等于各键离解能的平均值，即

$$O-H \text{ 的键能} = \frac{498+428}{2} = 463 \text{kJ} \cdot \text{mol}^{-1}$$

一般来说，键能越大，化学键越牢固，含有该键的分子就越稳定。

② 键长（l）（bond length） 分子内，由于原子都在其平衡位置附近不停地振动，所以成键原子之间的距离实际上不是每一时刻都是固定不变的，但是，成键的两原子核间的平衡距离都是相当确定的。分子中两个原子核间的平衡距离称为键长（或核间距）（l）。

键长的数据可以通过光谱或衍射等实验方法来测定，如表 9-5 所示。

表 9-5　一些共价单键的键长和键能

键	H—H	C—C	O—O	Cl—Cl	S—S
键长/pm	74	154	148	199	205
键能/kJ·mol^{-1}	436	347	142	244	264

大量的实验数据表明，同一种键在不同分子中的键长数值基本上是个定值，例如金刚石中 C—C 的键长为 154pm，在乙烷中 C—C 的键长为 153pm，在丙烷中为 154pm 等，这说明一个键的性质主要取决于成键原子的本性。

两个确定原子之间如果形成不同的化学键，其键长越短，键能就越大，键就越牢固，例如：表 9-6 所示的烷烃、烯烃、炔烃中两个碳原子之间的键长和键能之间关系。

表 9-6　烷烃、烯烃、炔烃中两个碳原子之间的键长和键能

键	C—C	C=C	C≡C
键长/pm	154	134	120
键能/kJ·mol^{-1}	356	598	813

③ 键角（bond angle） 在分子中，两个相邻化学键之间的夹角称为键角，即键与键之间的夹角。键角与键长是表征分子空间结构的重要参数。双原子分子的形状总是直线形，而多原子分子，由于原子在空间排列不同，所以有不同的键角和几何构型。例如，H_2O 分子中 2 个 O—H 键之间的夹角是 104.5°，这就确定了 H_2O 是 V 形结构。

一般的键角可以通过分子光谱和 X 射线衍射法测得。知道了分子中的键长和键角，就可以确定分子的几何构型。

9.2.2　杂化轨道理论

如前所述，价键理论较好地阐明了共价键的形成过程和本质，并成功地解释了很多双原子分子（如 H_2、HCl、CO 等）的共价键的形成。但是用价键理论来讨论许多原子分子的价键形成和空间构型时，就会得到许多与实验不相符合的结果，而且对于多原子分子的一些性质也不能作出很好的解释。以甲烷（CH_4）为例，经实验测定，甲烷（CH_4）的分子结构如图 9-12 所示，甲烷分子具有正四面体结构，碳原子位于四面体的中心，四个氢原子占据四面体的四个顶点。CH_4 分子中四个 C—H 键是等效的，具有相同的键长，∠HCH 键角为 109.5°。

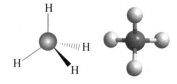

图 9-12　甲烷分子的空间构型

对于 CH$_4$ 分子来说，C 原子的价电子层结构为 $2s^2 2p^2$。价电子排布为：

从价电子排布情况来看，碳原子只有两个成单电子。按照价键理论，C 只能形成类似于 CH$_2$ 的化合物，也就是说，C 只能与两个未配对的电子配对形成两个共键单键，且键角应是 90°，即使考虑将 C 原子的 1 个 2s 电子激发到 2p 空轨道上去，而使价层上有四个成单电子，

这样，它可与四个氢原子的 1s 电子配对形成四个 C—H 键。因为碳原子的 2s 电子与 2p 电子的能量是不同的，那么这四个 C—H 键应是不等同的，显然，这与上述实验事实不符合，这是价键理论不能解释的。

(1) 杂化轨道理论的基本要点

为了解释多原子分子的空间结构，1931 年鲍林在价键理论的基础上，提出了杂化轨道概念，并发展成杂化轨道理论。杂化轨道理论的基本要点如下。

① 在分子的形成过程中，某原子成键时，在键合原子的作用下，其价层中若干不同类型的、能量相近的原子轨道可能改变原有的状态，"混杂"起来并重新分配能量和调整伸展方向，组合成新的轨道，这种重新组合的过程叫杂化，所形成的新轨道称为杂化轨道。

② 同一原子中能量相近的 n 个原子轨道经组合后形成的杂化轨道的数目与参与杂化的原子轨道的数目相等。例如同一个原子中一个 ns 轨道与一个 np 轨道进行混杂只能形成能量相等的二个 sp 杂化轨道，sp 杂化轨道的形成过程如图 9-13 所示。

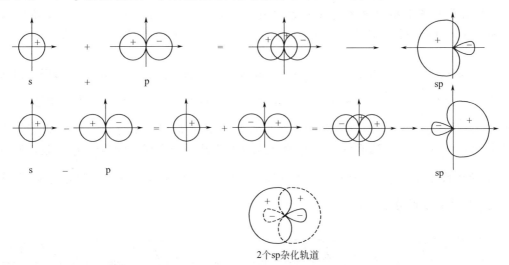

图 9-13　sp 杂化轨道的形成过程

③ 杂化轨道比原来未杂化的轨道具有更强的成键能力，形成的化学键更稳定，因而形成的分子也更稳定。从图 9-13 可知形成的新的杂化轨道的角度分布图的形状一头大，一头小，杂化轨道在成键的方向上电子云更突出集中，与别的原子轨道在成键时会发生更大程度的重叠，因而形成的化学键更稳定。

在形成分子过程中，通常存在激发、杂化、轨道重叠等过程。下面以甲烷分子形成为例

说明:

① 激发(excitation) 碳原子的基态价电子构型为 $2s^2 2p^2$,在与氢原子结合时,受氢原子的影响,碳原子首先经历被激发的过程。即碳原子中的 2s 轨道上成对的电子中有一个电子被激发到空的 2p 轨道上,从而使成单电子数目达到 4,满足甲烷能够形成四个 C—H 键的要求。如图 9-14 所示。

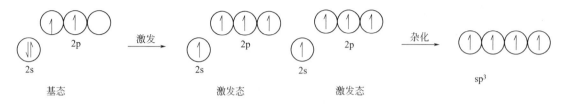

图 9-14 激发　　　　　　　　　　图 9-15 杂化

从基态变成激发态所需要消耗的能量可由形成的共价键所释放的能量来补偿。

② 杂化(hybrid) 处于激发态的一个 2s 和 3 个 2p 原子轨道进行线性组合形成 4 个新的轨道,即 4 个 sp^3 杂化轨道。杂化轨道的数目与参与杂化的原子轨道数目相同,形成的杂化轨道具有一定的形状(一头大,一头小),而且在空间有确定的方向,其能量也不同于原来的原子轨道。如图 9-15 所示。

需要说明的是,中心原子的原子轨道的杂化只能在形成分子过程中在键合原子的影响下才会发生,而且参与杂化的原子轨道的能量要相近。在成键过程中,激发与杂化实际上是同时进行的。

③ 轨道重叠 在 CH_4 分子中 C 原子经杂化后,4 个 sp^3 杂化轨道与组成分子的 4 个氢原子的 1s 原子轨道相互重叠成键,形成 4 个 σ 共价键。因此,决定了 CH_4 分子的构型是正四面体,H—C—H 之间的夹角为 109.5°。

(2) 杂化轨道类型与分子空间构型(molecular geometry) 根据组成杂化轨道的种类和数目的不同,可以把杂化轨道分成不同的类型,下面介绍一些常见的杂化轨道类型。

① sp 杂化 sp 杂化轨道是由一个 ns 轨道和一个 np 轨道组合而成的,它的特点是每个 sp 杂化轨道含有 $\frac{1}{2}$ s 和 $\frac{1}{2}$ p 的成分。sp 杂化轨道间的夹角为 180°,呈直线形。例如,$BeCl_2$ 分子中 Be 原子的价电子结构为 $2s^2$,Be 在与两个 Cl 原子形成分子时,一个 2s 电子激发到 2p 轨道上,然后一个 2s 轨道与一个 2p 轨道杂化,形成了呈直线形的两个 sp 轨道,其中每一个 sp 杂化轨道含有 $\frac{1}{2}$ 的 s 成分、$\frac{1}{2}$ 的 p 成分,两个 Cl 原子分别以 $2p_x$ 轨道与 sp 杂化轨道成键,形成直线形分子,如图 9-16 所示。

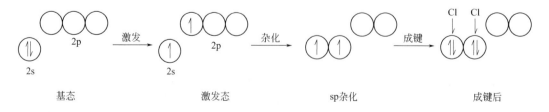

图 9-16 $BeCl_2$ 分子形成示意图

sp 杂化轨道形状如图 9-17 所示。

BeCl$_2$ 分子结构如图 9-18 所示。

图 9-17 sp 杂化轨道形状

图 9-18 BeCl$_2$ 分子结构图

乙炔分子的形成：乙炔分子中两个碳原子均采用 sp 杂化，每个碳原子的一个 sp 杂化轨道同氢原子的 1s 轨道形成碳氢 σ 键，另一个 sp 杂化轨道与相连的碳原子的一个 sp 杂化轨道形成碳碳 σ 键，形成直线结构的乙炔分子。未杂化的两个 p 轨道与另一个碳的两个 p 轨道相互平行，"肩并肩"地重叠，形成两个相互垂直的 π 键，为碳碳三重键结构（HC≡CH）。图 9-19 为乙炔结构示意图。

② sp^2 杂化 sp^2 杂化轨道是由一个 ns 轨道和二个 np 轨道组合成的，它的特点是每个 sp^2 杂化轨道含有 $\frac{1}{3}$ s 和 $\frac{2}{3}$ p 的成分。sp^2 杂化轨道间的夹角为 120°，呈平面三角形。例如，BF$_3$ 分子中 B 原子的价电子结构为 2s^{2}2p^1，B 在与三个 F 原子形成分子时，一个 2s 电子激发到空的 2p 轨道上，然后一个 s 轨道与二个 p 轨

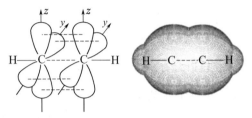

图 9-19 乙炔分子 σ 键和 π 键

道杂化，形成了呈平面三角形的三个 sp^2 轨道，其中每一个 sp^2 杂化轨道含有 $\frac{1}{3}$ 的 s 成分、$\frac{2}{3}$ 的 p 成分，三个 F 原子分别以 p$_x$ 轨道与 sp^2 杂化轨道成键，形成平面三角形分子。图 9-20 为 BF$_3$ 分子形成示意图。

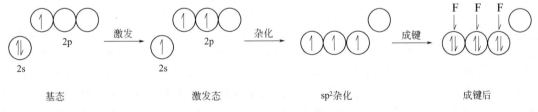

图 9-20 BF$_3$ 分子形成示意图

sp^2 杂化轨道形状如图 9-21 所示。

图 9-21 sp^2 杂化轨道形状

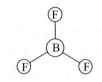

图 9-22 BF$_3$ 分子结构图

BF$_3$ 分子结构如图 9-22 所示。

乙烯分子的形成：乙烯分子的两个碳原子均采用 sp^2 杂化，每一个碳原子的 3 个杂化轨道中 2 个与氢的 1s 轨道形成碳氢 σ 键，另一个杂化轨道与另一个碳原子的一个杂化轨道形成碳碳 σ 键，4 个碳氢 σ 键位于同一平面，每个碳原子上余下的未参加杂化的 p 轨道都垂直于这一平面而平行，且相互重叠形成 π 键，其结构如图 9-23 所示。

苯分子的形成：苯分子的碳原子均采用 sp^2 杂化，每个碳原子的 3 个杂化轨道中一个与氢的 1s 轨道形成碳氢 σ 键，另 2 个杂化轨道分别与相邻的 2 个碳原子的杂化轨道形成碳碳 σ 键，6 个碳原子结合成一个处于同一平面的正六边形，每个碳原子上余下的未参加杂化的 2p 轨道，由于都处于垂直于苯分子形成的平面而平行，因此所有这些 2p 轨道之间相互重叠而形成大 π 键，其结构如图 9-24 所示。

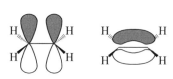
图 9-23 乙烯分子 σ 键和 π 键

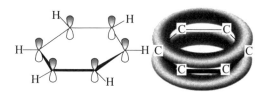
图 9-24 苯环 σ 键和 π 键

苯的大 π 键是平均分布在 6 个碳原子上，所以苯分子中每个碳碳键的键长和键能是相等的。

③ sp^3 杂化　sp^3 杂化轨道是由一个 ns 轨道和 3 个 np 轨道组合而成的，它的特点是每个 sp^3 杂化轨道含有 $\frac{1}{4}$s 和 $\frac{3}{4}$p 的成分。sp^3 杂化轨道间的夹角为 109.5°，分子的空间构型为正四面体。sp^3 杂化的典型例子是 CH_4 分子，前面已述。图 9-25 所示为 CH_4 分子的空间构型。

④ 等性杂化与不等性杂化（equivalent hybridization and inequivalent hybridization）　凡是由不同类型的原子轨道混合起来，重新组合成一组完全等同（能量相同、成分相同）的杂化轨道，称为等性杂化轨道。例如在 CH_4 分子中，C 原子采取 sp^3 杂化，每个 sp^3 杂化轨道是等同的，它们都含有 $\frac{1}{4}$s 和 $\frac{3}{4}$p 的成分。这种杂化叫作等性杂化。

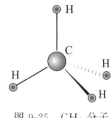
图 9-25　CH_4 分子结构图

而在 H_2O 分子中，O 原子的价电子结构为 $2s^2 2p^4$，氧原子中 2s 电子和两个 2p 电子已成对（称孤电子对）不参加成键，另外两个成单的 2p 电子与两个 H 原子的 1s 电子配对可形成两个共价单键，理论上键角应为 90°，但实际测定 H_2O 分子的结构为 V 字形，键角为 104.5°，这是用价键理论无法解释的。杂化轨道理论认为：形成水分子时，氧原子的一个 2s 轨道和 3 个 2p 轨道也采取 sp^3 杂化形成 4 个 sp^3 杂化轨道，其中有两个杂化轨道分别填入了自旋相反的两个电子。这两个轨道上的电子不参加成键，把这种不参加成键的电子称为孤对电子。剩下的两个杂化轨道为两个成单电子占据，故只能与两个 H 原子的 1s 电子形成两个 σ 共价键。由于孤对电子没有参加成键，因而只受一个原子核的吸引，其电子云在核的附近较密集，因此孤电子对对成键电子对所占据的杂化轨道有排斥作用，以致使两个 OH 键间的夹角不是 109.5°，而是 104.5°。

由于孤对电子的存在而造成不完全等同的杂化称为不等性杂化。

用同样的方法，也可以解释 NH_3 的情况。形成 NH_3 分子时，氮原子的一个 2s 轨道和 3 个 2p 轨道也采取 sp^3 杂化形成 4 个 sp^3 杂化轨道，其中有一对孤电子对，另外有 3 个杂化轨道为成单电子占据，分别与 3 个 H 原子的 1s 电子形成 3 个 σ 共价键。分子的空间构型为三角锥形。

杂化轨道理论很好地解释了分子的形状、键长、键角等现象，但不能解释分子的光谱和磁性等现象。前章讨论了光电效应，光是由于电子从高能级跳回低能级释放能量的一种形式，而磁性是与电子自旋有关的，如果分子中电子全部成对，则分子没有磁性。分子的磁性用磁矩表示，它与成单电子数有如下关系：$\mu = \sqrt{n(n+2)}$，按价键理论氧分子没有成单电子，它应没有磁性，而实验测得氧分子的磁矩为 2.83MB，按上式计算 $n=2$，有两个自旋相同成单电子。另外一些奇电子分子能稳定存在，价键理论也无法解释。这主要是由于价键理论过分强调成键电子定域在成键原子的两核之间。实际上，电子是在整个分子中运动，而不是固定在某一个区域内运动。

9.2.3 价电子对互斥理论

杂化轨道理论在解释和预见分子的空间构型是比较成功的。但是一个分子究竟采取哪种类型的杂化轨道，有些情况下是难以确定的。1940 年，西奇威克和鲍威尔在总结实验事实基础上，提出了一种在概念上比较简单又能比较准确地判断分子几何构型的理论模型，后经吉来斯和尼霍姆发展完善的价电子对互斥理论（VSEPR）也能解释和判断并预见共价分子的空间构型，该理论更为简明，结果也比较符合实验事实。

（1）价电子对互斥理论要点

① 可以用 AX_n 来表示分子和离子，其中，A 表示中心原子；X 为配位原子（与中心原子键合的原子）；n 表示配位原子的数目。AX_n 的空间构型取决于分子中中心原子 A 价电子层中电子对的数目以及电子对之间的相互排斥作用。按静电作用的原理，分子的构型总是采取电子对相互排斥力作用最小的结构，从而使体系的能量最低。价电子层中电子对指的是成键电子对和未成键的孤电子对。例如 BF_3 分子中 B 的价电子层只有 3 对成键的电子，这 3 对成键电子将倾向于尽可能远离，以达到三对成键电子对相互排斥力作用最小，因此 B 原子与 3 个 F 原子结合而成的 BF_3 分子的结构应是平面三角形。

② 对于 AX_n 分子来说，其分子的几何构型主要决定于中心原子 A 的价层电子对的数目和类型（是成键电子对还是孤电子对），根据电子对之间相互排斥最小的原则，分子的几何构型同电子对的数目和类型的关系如表 9-7 所示。

表 9-7　VSEPR 理论预言的价层电子对的几何构型与分子几何构型

A 的电子对数	成键电子对数	孤电子对数	价电子对排布方式	分子的几何构型	实例
2	2	0	直线形	B—A—B	CO_2（直线形）
3	3	0	平面三角形		BCl_3（平面三角形）
3	2	1	平面三角形		$PbCl_2$（V 形或角形）
4	4	0	正四面体		$SiCl_4$（正四面体）
4	3	1	四面体		PH_3（三角锥）
4	2	2	四面体		H_2O（V 形）

续表

A 的电子对数	成键电子对数	孤电子对数	价电子对排布方式	分子的几何构型	实例
5	5	0	三角双锥		PCl$_5$（三角双锥）
	4	1	三角双锥		SF$_4$（变形四面体）
	3	2	三角双锥		ClF$_3$（T 形）
	2	3	三角双锥		I$_3^-$（直线形）
6	6	0	正八面体		SF$_6$（正八面体）
	5	1	八面体		IF$_5$（四方锥）
	4	2	八面体		XeF$_4$（平面正方形）

③ 价层电子对相互排斥作用的大小与价层电子对数目、类型以及电子对间的夹角大小有关。一般规律如下。

a. 中心原子周围价电子数越多，则电子对排斥作用越大。

b. 电子对排斥作用大小与电子对类型有关。由于孤电子对只受到中心原子核的吸引，电子云在空间分布较"肥大"，对邻近电子对的斥力大，而成键电子对同时受两个原子核的吸引，所以电子云比较紧缩，对邻近电子对的斥力小。不同类型的价电子对之间排斥作用的顺序为：

孤电子对-孤电子对＞孤电子对-成键电子对＞成键电子对-成键电子对

另外，若同样是成键电子对，由于重键的电子云密度较大，相应的电子对排斥作用更大。如三键＞双键＞单键。

c. 电子对之间的夹角越小排斥力越大。

(2) 共价分子结构的判断

① 确定中心原子 A 的价层电子对数。现以 AX_m 型为例,中心原子 A 的价层电子对总数(P)为:

$$P = \frac{\text{中心原子 A 的价电子数} + m \times \text{配位原子供给的电子数} \pm \text{离子所带电荷}}{2}$$

这里需要说明的是:

a. 中心原子 A 的价电子数,以 SO_2 为例,中心原子 S 为第六主族,提供的价电子数为 6。

b. 配位原子供给的电子数,配位原子为卤素原子或氢原子时,以提供一个价电子计算,若以氧族元素为配位原子时,则规定每个氧族元素的原子以不提供价电子处理。如 CO_2 分子,C 原子的价电子为 4,配位原子 O 以不提供价电子处理,则 $P = \frac{4+0}{2} = 2$,CO_2 分子为直线形;在 NH_3 分子中,N 原子的价电子为 5,配位原子 H 提供 1 个价电子,则 $P = \frac{5+3\times1}{2} = 4$。

c. 若为正离子减去正电荷数,若为负离子加上负离子电荷数。如 NH_4^+,N 原子的价电子为 5,配位原子 H 提供 1 个价电子,正电荷数为 1,则 $P = \frac{5+4\times1-1}{2} = 4$。

d. 若计算所得 P 不为整数,则处理为整数,如 NO_2,$P = \frac{5+2\times0}{2} = 2.5$,算作 3。

② 确定电子对的空间分布和分子的空间构型 根据中心原子周围的价电子对数,确定电子对之间排斥作用最小的排布方式。

a. 若中心原子价电子对皆为成键电子对,则每一个价电子对连接一个配位原子,根据计算所得的价电子总数 P,查表 9-7 即可得电子对在空间斥力最小的排布方式。而电子对的排布方式就是分子的几何构型。

以 BF_3 分子为例,B 周围的三对电子都是成键电子对,价电子对的排布方式和分子的几何构型一致。因此,BF_3 分子为平面三角形。

b. 若中心原子含有孤电子对,则电子对的排布方式与分子的空间构型不同,除孤电子对所占的位置,即为分子的几何构型。

以 NH_3 分子为例,N 周围有四个价电子对,其中有三个成键电子对和一个孤电子对,电子对的排布方式是正四面体,除去一对孤电子对所占的位置,NH_3 的几何构型为三角锥形。

在 H_2O 分子中,O 周围也有四个价电子对,其中有二个成键电子对和二个孤电子对,价电子对的排布方式是正四面体,除去二对孤电子对所占的位置,H_2O 分子的几何构型为 V 形。

在 NO_2 分子中,N 周围相当于有三个价电子对,其中有二个成键电子对和一个成单电子,一个成单电子当作一对孤电子对。N 的价电子对的排布方式是平面三角形,NO_2 分子的几何构型为 V 形。

总之,当价电子对数目相同,而且皆为成键电子对时,电子对的排布方式也相同,电子对的排布与分子的几何构型是一致的;若中心原子含有孤电子对,则电子对的排布方式与分子的空间构型不同。表 9-7 列出了含有孤电子对相应电子对的排布方式与分子的空间构型的关系。

③ 影响分子结构的因素

a. 价层电子对之间排斥力顺序。不同类型的价层电子对之间排斥力不同,其相互排斥力大小顺序是:孤电子对-孤电子对>孤电子对-成键电子对>成键电子对-成键电子对。相同的价层电子对,孤电子对数目越多,成键电子对间夹角越小。例如:CH_4 分子、NH_3 分子和 H_2O 分子中中心原子的价电子对都为 4,但孤电子对数目分别为 0、1、2 对,形成分子时,成键电子对间夹角依次减小,分别为 109.5°、107°、104.5°。

在含有孤对电子的一些分子中,有些会出现多种多样的分子空间构型。对此应通过对价层电子对之间排斥力大小进行分析,才能得出分子的准确几何构型。一般尽可能选择电子对间夹角为 90°的排斥数为最小的方式排列,特别是孤电子对-孤电子对夹角为 90°尽可能少的方式排列。

例如在 ClF_3 分子中,中心 Cl 原子的价电子对数为 $P=\dfrac{7+3\times 1}{2}=5$,其中有 3 对成键电子对,2 对孤电子对。电子对的空间排布为三角双锥形,三角双锥的五个顶角中有两个顶角为孤对电子所占据,三个顶角为成键电子对所占据,因此,ClF_3 有三种可能的结构,如图 9-26 所示。电子对与中心原子连线之间有三种不同的夹角(90°、120°、180°),其中夹角越小,排斥力越大,各种电子对在 ClF_3 分子中处于 90°夹角的情况如表 9-8 所示。

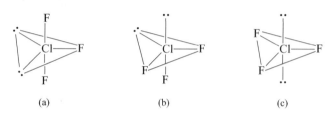

(a)　　　　　　　(b)　　　　　　　(c)

图 9-26　ClF_3 分子的三种可能的排布方式

表 9-8　电子对在 ClF_3 分子中处于 90°夹角的情况

ClF_3 可能的空间结构	处于 90°夹角的情况		
	孤-孤	孤-成	成-成
(a)	0	4	2
(b)	1	3	2
(c)	0	6	0

从表 9-8 中可知,(b) 结构中有 1 对处于 90°夹角的孤电子对-孤电子对,其排斥作用大,结构不稳定,而 (a)、(c) 没有,因此首先可排除排斥作用大的 (b) 结构。在 (a)、(c) 结构中,(c) 结构中孤电子对-成电子对的数目比 (a) 结构多,因此,在 3 种结构中,(a) 结构最稳定。实验测定也证实 ClF_3 分子为 T 形的 (a) 结构。

b. 中心原子相同而配位原子不同的分子,配位原子的电负性越大,其键角越小。例如:PCl_3 的键角 100.3°比 PBr_3 的键角 101.5°小。

中心原子不同而配位原子相同的分子,中心原子的电负性越大,其键角越大。例如:NH_3 的键角 107°比 PH_3 的键角 93.3°大。

价电子对互斥理论和杂化轨道理论,都是化学键理论的一种近似模型,从不同的角度看问题,得到的分子的几何构型的结果大致相同,价电子对互斥理论应用起来很简单,但只能得到定性,但不能得到定量的结果,由于它没有考虑到原子间成键的许多细节,还有一些与事实不符的例子。在涉及分子的能级关系问题时它也无能为力。

9.2.4　分子轨道理论

前面所述的价键理论直接利用原子的电子层结构简明地说明了共价键的形成和分子的空

间构型,方法直观、易于接受,但它们也有局限性。由于价键理论在讨论共价键时,只考虑了成键电子,并将成键电子定域在两个相邻的成键原子之间,缺乏对分子作为一个整体的全面考虑,这使得它在应用上受到限制,对许多单电子的结构与性质无法解释,例如:它对氢分子离子 H_2^+ 中的单电子键、氧分子中的三电子键以及分子的磁性等也无法解释。分子轨道理论(简称 MO 法),着重于分子的整体性,它把分子作为一个整体来处理,认为分子中的电子是在整个分子空间范围内运动,这比较全面地反映了分子内部电子的各种运动状态,不仅解释了分子中存在的电子对键、单电子键、三电子键的形成,而且对多原子分子的结构也能给以比较好的说明。

(1) 分子轨道理论基本要点

① 在分子中电子不是属于某个特定的原子,是在整个分子中运动。分子中的每个电子的运动状态可以用相应的波函数 Ψ 及自旋状态来描述,Ψ 就是分子轨道。

② 分子轨道是由原子轨道线性组合而成的,原子轨道线性组合遵循成键三原则,能量相近原则、对称性匹配原则、最大重叠原则。

③ n 个原子轨道线性组合后可得到 n 个分子轨道。其中包括相同数目的成键轨道和反键轨道,或一定数目的非键轨道,成键分子轨道的能量比原子轨道的能量低,反键分子轨道的能量比原子轨道的能量高。例如:两个氢原子的 1s 轨道可形成一个成键的分子轨道和一个反键分子轨道。

④ 分子轨道中电子的排布也遵从原子轨道电子排布的同样原则。即:泡利不相容原理、能量最低原理、洪特规则。

(2) 原子轨道线性组合的类型

当两个原子轨道线性组合成两个分子轨道时,由于原子轨道的波函数符号有正、负之分,其组合就有两种方式,一种是同号相加,所形成的分子轨道在两核间概率密度增大,其能量较原子轨道的能量低,称为成键分子轨道;一种是异号相加,所形成的分子轨道在两核间概率密度减小,其能量较原子轨道的能量高,称为反键分子轨道。

当两个原子轨道沿着联结两个核的轴线靠近时,若以"头碰头"的方式进行轨道重叠,产生的分子轨道称为 σ 分子轨道;若以"肩碰肩"的方式进行轨道重叠,产生的分子轨道称为 π 分子轨道。不同类型的原子轨道线性组合可得不同种类的分子轨道,下面介绍两种主要的原子轨道的线性组合。

① s-s 原子轨道组合(combination of s-s atomic orbital) 两个原子的 ns 原子轨道相组合,可形成两个 σ 分子轨道,其中一个能量较低的称为成键分子轨道,通常以符号 σ_{ns} 表示;另一个能量较高的称为反键分子轨道,通常以符号 σ_{ns}^* 表示。如图 9-27 所示。

由图 9-27 可见,σ_{ns} 成键轨道的电子云在两核间的密度大,原子核对电子的吸引力强,形成的化学键更稳定;而 σ_{ns}^* 反键轨道的电子云在两核间的密度小,原子核对电子的吸引力弱,不能形成稳定的化学键。

② p-p 原子轨道组合(combination of p-p atomic orbital) p 轨道在空间有

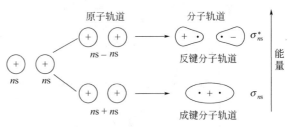

图 9-27 s-s 原子轨道线性组合

三种取向,两个原子的 p 原子轨道的线性组合有两种方式,当两个原子的 p_x 轨道沿着联结两个核的轴线靠近时,若以"头碰头"的方式进行轨道重叠,则产生两个 σ 分子轨道,其中一个能量较低的称为成键分子轨道,通常以符号 σ_{p_x} 表示;另一个能量较高的称为反键分子轨道,通常以符号 $\sigma_{p_x}^*$ 表示。如图 9-28 所示。

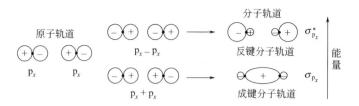

图 9-28 p_x-p_x 原子轨道线性组合

此外，两个原子的 p_y、p_z 轨道沿着联结两个核的轴线（x 轴）靠近时，只能以"肩并肩"的方式进行轨道重叠，形成成键的分子轨道 π_{2p_y}、π_{2p_z} 和反键的分子轨道 $\pi^*_{2p_y}$、$\pi^*_{2p_z}$，其中 π_{2p_y} 和 π_{2p_z} 形状相同，能量相等，$\pi^*_{2p_y}$ 和 $\pi^*_{2p_z}$ 形状相同，能量相等，是两组简并轨道。图 9-29 为 p_y-p_y 原子轨道线性组合 (linear combination of atomic orbital)。

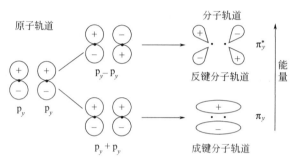

图 9-29 p_y-p_y 原子轨道线性组合

(3) 分子轨道能级 (energy level of molecular orbital)

分子轨道的能级高低是可以通过光谱实验来确定的。图 9-30 列出了第一、二周期同核双原子分子的轨道能级图。其中图 9-30(a) 是 O_2、F_2 的同核双原子分子的分子轨道的能级次序。即：

$$\sigma_{1s} < \sigma^*_{1s} < \sigma_{2s} < \sigma^*_{2s} < \sigma_{2p_x} < \pi_{2p_y} = \pi_{2p_z} < \pi^*_{2p_y} = \pi^*_{2p_z} < \sigma^*_{2p_x}$$

而图 9-30(b) 是 N 元素及 N 之前的同核双原子分子的分子轨道的能级次序。即：

$$\sigma_{1s} < \sigma^*_{1s} < \sigma_{2s} < \sigma^*_{2s} < \pi_{2p_y} = \pi_{2p_z} < \sigma_{2p_x} < \pi^*_{2p_y} = \pi^*_{2p_z} < \sigma^*_{2p_x}$$

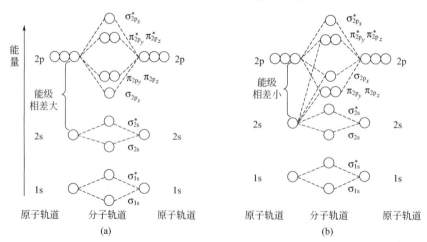

图 9-30 同核双原子分子的轨道能级图

O_2、F_2 分子轨道的能级次序与 N 之前的同核双原子分子的分子轨道的能级次序不同的原因在于：O、F 原子的 2s 和 2p 轨道的能量差较大，不会发生 2s 和 2p 轨道之间的相互作用；而 N 及 N 之前原子的 2s 和 2p 轨道的能量差不大，不仅要考虑 2s-2s、2p-2p 之间的相互作用，还要考虑 2s-2p 之间的作用，结果使 $\pi_{2p}<\sigma_{2p}$。

例如：F_2 的分子结构，氟分子由两个氟原子组成，氟原子的电子结构式为 $1s^2 2s^2 2p^5$，每个氟原子核外有 9 个电子，在氟分子中共有 18 个电子，根据分子轨道能级图 9-30(a)，F_2 分子的分子轨道式为：

$$(\sigma_{1s})^2(\sigma_{1s}^*)^2(\sigma_{2s})^2(\sigma_{2s}^*)^2(\sigma_{2p_x})^2(\pi_{2p_y})^2(\pi_{2p_z})^2(\pi_{2p_y}^*)^2(\pi_{2p_z}^*)^2$$

又如：B_2 的分子结构，硼分子由两个硼原子组成，硼原子的电子结构式为 $1s^2 2s^2 2p^1$，每个硼原子核外有 5 个电子，在硼分子中共有 10 个电子，根据分子轨道能级图 9-30(b)，B_2 分子的分子轨道式为：

$$(\sigma_{1s})^2(\sigma_{1s}^*)^2(\sigma_{2s})^2(\sigma_{2s}^*)^2(\pi_{2p_y})^1(\pi_{2p_z})^1$$

(4) 分子轨道理论应用

① 推测分子的存在及分子结构　He_2 分子的分子轨道式为 $(\sigma_{1s})^2(\sigma_{1s}^*)^2$，所以键级 = $(2-2)\div 2=0$，这说明 He_2 分子不能存在，这正是稀有气体为单原子分子的原因。而 He_2^+ 分子的分子轨道式为 $(\sigma_{1s})^2(\sigma_{1s}^*)^1$，键级 = $(2-1)\div 2=0.5$，说明 He_2^+ 分子是能存在的，实验已证实其存在。

另外，Be_2 分子的分子轨道式为 $(\sigma_{1s})^2(\sigma_{1s}^*)^2(\sigma_{2s})^2(\sigma_{2s}^*)^2$，键级 = $(4-4)\div 2=0$，因此在理论上 Be_2 分子不能存在，事实上 Be_2 分子至今尚未发现。

② 分子的稳定性与键级（bond order）　在分子轨道理论中引入了一个键参数——键级，来描述分子结构的稳定性。以成键电子数与反键电子数之差（即净成键的电子数）的一半来表示分子的键级。即：

$$键级 = \frac{成键电子数 - 反键电子数}{2}$$

键级的大小与键能有关，一般来说，在同一周期和同一区内（如 s 区或 p 区）的元素组成的双原子分子键级越大，键愈牢固，分子也愈稳定。

例如 N_2 分子的分子轨道式为 $(\sigma_{1s})^2(\sigma_{1s}^*)^2(\sigma_{2s})^2(\sigma_{2s}^*)^2(\pi_{2p_y})^2(\pi_{2p_z})^2(\sigma_{2p_x})^2$，所以键级 = $(10-4)\div 2=3$，N_2^+ 分子的分子轨道式为 $(\sigma_{1s})^2(\sigma_{1s}^*)^2(\sigma_{2s})^2(\sigma_{2s}^*)^2(\pi_{2p_y})^2(\pi_{2p_z})^2(\sigma_{2p_x})^1$，所以键级 = $(9-4)\div 2=2.5$，从键级可知，N_2 分子更稳定。

需要指出的是，键级只能定性地推断键能的大小，粗略地估计分子结构的稳定性的相对大小，事实上键级相同的分子其稳定性也是有差别的。

③ 预言分子的磁性（magnetism）　磁性是与电子自旋有关的，含有未成对电子的分子，在磁场中呈现顺磁性，分子的磁性用磁矩表示，它与成单电子数的关系 $\mu=\sqrt{n(n+2)}$，如果分子中电子全部成对，不含成单电子，则分子在磁场中呈现反磁性。

例如，O_2 分子具有磁性，用价键理论无法解释，而用分子轨道理论可以解释 O_2 的顺磁性。O_2 的分子轨道表达式为：

$$(\sigma_{1s})^2(\sigma_{1s}^*)^2(\sigma_{2s})^2(\sigma_{2s}^*)^2(\sigma_{2p_x})^2(\pi_{2p_y})^2(\pi_{2p_z})^2(\pi_{2p_y}^*)^1(\pi_{2p_z}^*)^1$$

有两个成单电子，所以 O_2 呈现顺磁性。

再如，B_2 分子的分子轨道表达式：$(\sigma_{1s})^2(\sigma_{1s}^*)^2(\sigma_{2s})^2(\sigma_{2s}^*)^2(\pi_{2p_y})^1(\pi_{2p_z})^1$，有两个成单电子，所以 B_2 呈现顺磁性。

④ 分子的电离能与最高占有轨道　由于成键轨道上的电子比非键轨道和反键轨道上的电子的能量低，因此，在分子轨道中移去一个成键轨道上的电子所需的能量较移去非键轨道或反键轨道上的电子所需的能量要高。例如实验测得 N_2 分子的电离能（1503kJ·mol^{-1}）比

O_2 分子的电离能（1314kJ·mol^{-1}）大，这是由于 N_2 分子第一步电离时，失去的是最高成键轨道 σ_{2p_x} 上的电子，而 O_2 分子第一步电离时失去的是反键轨道 π_{2p}^* 上的电子。

9.2.5 原子晶体

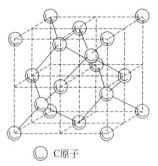

图 9-31 金刚石原子晶体结构示意图

有一类晶体物质，晶格结点上排列的是原子，原子之间是通过共价键相结合的，且成键电子对定域在原子之间不能自由运动。凡是通过共价键结合而成的晶体统称为原子晶体。由于原子晶体中的共价键在各个方向上是相同的，且由于原子之间的共价键比较牢固，即键的强度较高，要拆开这种原子晶体中的共价键需要消耗较大的能量，所以原子晶体一般具有较高的熔点、沸点和硬度。

例如金刚石是原子晶体的典型代表，其中每个碳原子形成 4 个 sp^3 杂化轨道，和周围的 4 个碳原子通过 C—C 共价键结合，形成正四面体的结构（如图 9-31 所示）。在金刚石晶胞中，C 原子除占据顶点和面心外，还占据将立方体分成八个小正方体的体心的位置，C 的配位数为 4。金刚石的硬度是天然物中最大的。一般半径较小，最外层电子数较多原子的单质常属于原子晶体，例如：Si、Ge、α-Sn 等。此外，半径较小、性质相似的元素组成的化合物常形成原子晶体，如：SiC、SiO$_2$ 等。

这类晶体在通常的情况下不导电，也是热的不良体，熔化时也不导电。但硅、碳化硅等具有半导体的性质，可以有条件地导电。

9.3 金属键理论

大多数金属元素的价电子都少于 4 个，除液态汞外它们都是以金属晶体形式存在，有特殊的金属光泽，具有良好的导电、导热和机械加工性能。为了研究金属的性质，有必要研究金属中原子之间的作用力以及作用力与金属性质的关系，目前已发展成熟的金属键理论 (metal bond theory) 主要有以下两种。

9.3.1 改性共价键理论

改性共价键理论 (modified covalent bond theory) 认为，在固态或液态金属中，由于金属原子的电离能和电负性都较小，金属原子的价电子易失去成正离子，并释放出可以自由移动的价电子，这些价电子可以在整个金属中自由地运动，金属中的原子（或离子）就是通过共用这些自由移动的价电子结合在一起的，形成了所谓的金属键。金属键不同于一般的共价键，没有饱和性和方向性，所以称为改性的共价键。对于金属键的形象化说法是"失去电子的金属离子浸泡在自由电子的海洋中"。

改性共价键理论可以解释金属具有光泽、良好的导电性、导热性和机械加工性等。

金属一般显银白色光泽是由于金属中自由电子可以吸收可见光，然后再把各种波长的光大部分再发射出来。金属的导电性是由于在外加电场的作用下，金属中的自由电子做定向运动而形成电流。不过在晶格内的原子和离子不是静止的，而是在晶格结点上作一定幅度的振动，这种振动对电子定向移动起着阻碍的作用，同时金属离子对电子的吸引，构成了金属特有的电阻。金属的电阻随温度的升高而升高，这是因为加热时原子和离子的振动加大，电子的运动受到的阻力更大。金属的导热性是由于自由运动的电子在运动过程中会不断地和原子或离子碰撞而发生能量交换。因此，当金属各处温度不同时就能通过自由电子的运动而把热能传递到邻近的原子和离子，使热能扩展开来，从而使热传递到整个金属。金属具有良好的机械加工性能是由于金属紧密堆积结构允许在外力作用下相邻原子核间平衡距离内产生相对滑动，而这种滑动不破坏金属键。

改性共价键理论能合理地解释金属的大部分性质。但对于一些金属的导电差异性的解释却无能为力。随着量子力学的发展，将量子力学应用于解释金属键的本质，建立了金属能带理论。

9.3.2 金属能带理论

将分子轨道理论运用于讨论金属间的作用力时建立了金属键的量子力学模型，也叫作能带理论。能带理论的基本论点如下。

① 为使金属原子较少的价电子能够适应高配位数紧密堆积结构的需要，成键时价电子必须是"离域"的，它不再属于任何一个特定的原子，所有的价电子都属于整个金属晶格的原子所共有。

② 金属晶格中原子很多，能形成许多分子轨道，而且同类型的分子轨道间的能量差很小。以金属 Li 为例，Li 原子电子结构 $1s^2 2s^1$，Li 原子在气态下形成双原子分子 Li_2，用分子轨道法处理时，其分子轨道表达式为 $(\sigma_{1s})^2 (\sigma_{1s}^*)^2 (\sigma_{2s})^2$，如图 9-32 所示。$Li_2$ 的二个价电子填入低能量的成键分子轨道 σ_{2s}，另一个是高能量的反键分子轨道 σ_{2s}^* 上无电子。

如 n 个 Li 原子形成金属锂中，它们的 n 个 1s 轨道进行线性组合形成 $\frac{1}{2}n$ 个 σ_{1s} 分子轨道，$\frac{1}{2}n$ 个 σ_{1s}^* 分子轨道。由于这些分子轨道之间的能量差很小，能级互相重叠连成一片，而形成一个 1s 能带。n 个 2s 轨道进行线性组合形成 $\frac{1}{2}n$ 个 σ_{2s} 分子轨道，$\frac{1}{2}n$ 个 σ_{2s}^* 分子轨道，同样道理可形成 2s 能带。各相邻分子轨道能级之间的差值将很小，一个电子从低能级向邻近的能级跃迁时并不需要很多的能量。这种由许多等距离能级所组成的能带，就是金属的能带模型。

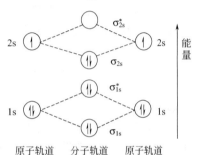

图 9-32 Li_2 分子轨道填充示意图

③ 在金属晶体中，由充满电子、能量较低的分子轨道所形成的能量较低的能带，叫作满带（例如金属锂中的 1s 能带已被电子充满，即为满带，如图 9-33 所示）。而由未充满电子或全空的能量较高的分子轨道所形成的能量较高的能带，叫作导带（例如金属锂中的 2s 能带只在 $\frac{1}{2}n$ 个 σ_{2s} 分子轨道充满电子，故称导带）。

从满带顶和导带底之间的区域称为禁带。满带与导带之间的能量间隔为禁带宽度，禁带宽度一般较大，以至于低能带中的电子向高能带跃迁几乎是不可能的。例如金属锂中，1s 能带是个满带，而 2s 能带是个导带，二者之间的能量差比较悬殊，它们之间的间隔是个禁带，是电子不能逾越的，但 2s 能带中由于电子未充满，在外电场的作用下，导带中的电子受激发后可以在带内相邻能级中自由运动，从而产生电流，这就是金属具有导电性的原因。

④ 金属中相邻近的能带有时可以互相重叠。例如铍的 2s 与 2p 原子轨道能量相近，因而线性组合后形成的 2s 能带和 2p 能带的能量比较接近，同时当铍原子间互相靠近时，由于原子间的相互作用，使 2s 和 2p 轨道能级发生分裂，而且原子越靠近，能级分裂程度增大，使得 2s 和 2p 能带有部分互相重叠，使禁带消失（见图 9-34）。同时由于 2p 能带是空的，所以 2s 能带中的电子很容易跃迁到空的 2p 能带中去，故铍依然是一种具有良好导电性的金属，并具有一切金属的通性。这类情况常出现在过渡元素、镁等金属之中。

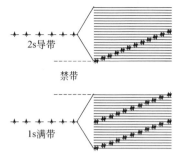

图 9-33 Li 金属晶格的分子轨道图

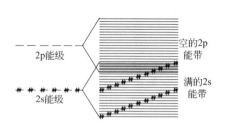

图 9-34 金属铍晶体 2s 和 2p 能带

按能带理论的观点，根据能带结构中电子填充的状况和禁带宽度不同，可将固体分为导体、半导体或绝缘体。

① 绝缘体（insulator） 绝缘体的结构特点是价电子都在满带，导带是空的，禁带区域宽度大于 5eV，所以在外电场作用下，满带中的电子不能越过禁带跃迁到导带，故不能导电。如金刚石。

② 导体（conductor） 导体的结构特点是能带中存在导带或价电子能带虽然是满带，但有空的能带，而且两个能带能量间隔很小，彼此能发生部分重叠，这类物质在外电场作用下，导带中的电子（或能带重叠时满带中的电子）可以接受外界能量而跃迁到邻近的空轨道上，因此能导电。

③ 半导体（semiconductor） 半导体的结构特点是满带被电子充满，导带是空的，但这种能带结构中，禁带宽度很窄（$E=3eV$）。在一般情况下，高温时可以导电，常温下不导电，如 Si、Ge 等。

能带理论能很好地说明金属的一些物理性质。向金属施以外加电场时，导带中的电子便会在能带内向较高能级跃迁，并沿着外加电场方向通过晶体产生运动，这就说明了金属的导电性；能带中的电子可以吸收光能，并也能将吸收的能量又发射出来，这就说明了金属的光泽和金属是辐射能的优良反射体；电子也可以传输热能，表现金属导热性；给金属晶体施加机械应力时，由于在金属中电子是"离域"的，因此机械加工根本不会破坏金属结构，这就决定了金属具有延性、展性和可塑性。

9.3.3 金属晶体

通过金属键形成的晶体即为金属晶体（metal crystal）。由于金属原子只有少数价电子用于成键，为了使这些电子尽量满足成键的要求，金属在形成晶体时，总是倾向于组成尽可能紧密的结构，每个原子尽可能地与更多原子接触，以满足原子轨道最大限度地重叠，所以最紧密的堆积是最稳定的结构。

金属密堆积晶格是由金属晶体中球状的刚性金属原子一个挨一个地紧密堆积在一起而组成的。在金属中常见的晶格有以下三种形式：面心立方紧密堆积晶格、六方紧密堆积晶格、体心立方紧密堆积晶格。

(1) 面心立方紧密堆积晶格

这类金属晶体中配位数为 12（见图 9-35），圆球占据全部体积的 74.05%，其余为晶体空缺，这种堆积方式属于最紧密堆积方式。属于这种堆积的金属有 Al、In、Pb、Ag、Au、Mn、Cu、Ni 等。

(2) 六方紧密堆积晶格

这类金属晶体中配位数为 12（见图 9-36），虽然堆积方式与面心立方紧密堆积晶格不同，但圆球占据的体积也是 74.05%，这种堆积方式也属于最紧密堆积方式。属于这种堆积的金属有 Be、Mg、Zn、Cd、Co、Y、Lu 等。

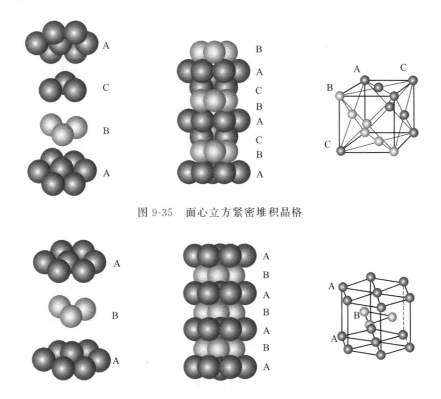

图 9-35　面心立方紧密堆积晶格

图 9-36　六方紧密堆积晶格

(3) 体心立方紧密堆积晶格

这类金属晶体中配位数为 8(见图 9-37)，圆球占据全部体积的 68.02%，这种堆积方式不属于最紧密堆积方式。属于这种堆积的金属有第一主族金属，Nb、Ta、Cr、Mo、W、Fe 等。

图 9-37　体心立方紧密堆积晶格

9.4　分子间作用力

分子间力 (intermolecular force) 就是分子与分子之间的作用力，它不同于化学键，其结合能比化学键能约小 1~2 个数量级，一般只有几至几十 kJ·mol^{-1}。分子间力是决定物质的熔点、沸点、汽化热、黏度等物理性质的主要因素。正是由于分子间力的存在，才使得气态物质可凝聚成液态，液态凝固成固态。分子间力最早是范德华 (Van der Waals) 提出的，所以也叫范德华力。

由于分子间力本质上属于静电引力，为了更好地理解分子间力，先介绍分子的极性。

9.4.1 分子的极性与变形性

(1) 分子的极性(molecular polarity)

任何一个分子都包含有带正电荷的原子核和带负电荷的核外电子,由于正负电荷数相等,所以分子是电中性的。但正电荷和负电荷在分子中的分布对于不同类型的分子有所不同。任何分子中都可以找到一个正电荷中心和一个负电荷中心,有些分子正电荷中心和负电荷中心不重合,这类分子叫作极性分子,有些分子正电荷中心和负电荷中心是重合的,这类分子叫作非极性分子。

对于双原子分子来说,如果是两个相同的原子,由于电负性相同,两个原子之间的化学键是非极性键,整个分子中的正电荷中心和负电荷中心互相重合,分子中不存在正、负两极,即分子不具有极性,这种分子都是非极性分子,如 H_2、N_2、Cl_2 等。如果是两个不相同的原子,由于电负性不等,在两个原子之间的化学键是极性键,分子中的正电荷中心和负电荷中心不会重合,分子中存在正、负极,分子有极性,这种分子都是极性分子,如 HCl、HI、CO 等。

对于多原子分子来说,情况稍为复杂些。分子的极性不仅与键的极性有关,而且与分子的空间构型有关。

例如,在 H_2O 分子中,H—O 键是极性键,而且 H_2O 是 V 形结构,二个 H—O 键的极性不能互相抵消,它的正、负电荷中心不重合,因此,H_2O 分子是一个极性分子。

在 CO_2 分子中,虽然 C=O 键是极性键,但 CO_2 具有直线形结构,二个 C=O 键的极性互相抵消,它的正、负电荷中心互相重合,所以 CO_2 分子是一个非极性分子。

总之,共价键是否有极性,决定于成键两原子间的共用电子对是否偏移;而分子是否有极性,决定于整个分子中正、负电荷中心是否重合。

分子极性的强弱常用偶极矩来衡量。如果正、负电荷中心的电量是 q,两中心的距离为 d,d 又称偶极长,则偶极矩 (μ) 定义为:

$$\mu = q \times d \tag{9-3}$$

偶极矩 (dipole moment) 是一个矢量,偶极矩 μ 的单位为 C·m,过去习惯使用的单位是"德拜",以 D 表示。当偶极电量为一个电子所带的电荷 1.602×10^{-19} C,偶极长 d 为 1×10^{-10} m 时,$\mu = 4.8$D。所以 $1D = 3.33 \times 10^{-30}$ C·m。

根据分子的偶极矩可以判断分子的极性,若分子的偶极矩为 0,则分子为非极性分子,反之偶极矩 μ 不为 0,则分子就是极性分子。对于极性分子,偶极矩越大,分子的极性越强,因此可根据偶极矩数值的大小比较分子的极性的相对强弱。一些物质的偶极矩列于表 9-9。

表 9-9 一些物质的偶极矩

极性分子	HCl	HBr	HI	CO	H_2O	H_2S	NH_3
μ/D	1.03	0.79	0.38	0.12	1.85	1.1	1.66

此外,还可以根据偶极矩来推断一个分子的空间几何构型。例如,NH_3 和 BF_3 都是四原子分子,这类分子的空间几何构型可能有平面三角形和三角锥形。通过实验测得 NH_3 偶极矩 μ 为 1.66D,BF_3 偶极矩 μ 为 0,所以 NH_3 分子是极性分子而 BF_3 是非极性分子,由此可推断 BCl_3 分子一定是平面三角形的构型,而 NH_3 分子为三角锥形的构型。

(2) 分子的变形性

前面讨论分子极性时,只考虑了孤立分子中的电荷分布情况,若把分子置于外加电场中，其电荷分布就会发生改变。以非极性分子为例，在通常情况下它们的正负电荷中心重合，分子的偶极矩为零。但在外加电场中，分子中的原子核和电子同时处于电场力的作用之下，原子核会向电场的负极方向移动，电子云则偏向于正极方向。结果，分子的正负电荷中心发生相对位移，引起分子外形改变，分子出现偶极，如图 9-38 所示。这种偶极是在外电场诱发下产生的，故称诱导偶极。这种在外电场作用下，分子的正负电荷中心分离而产生诱导偶极的过程称为分子的变形极化。因电子云与原子核相对位移而使分子外形发生变化的性质称为分子的变形性。电场越强，分子变形越显著，则诱导偶极越大；当外电场消失后，诱导偶极也随之消失。

对于非极性分子，变形性的大小可用公式表示：
$$\mu_{诱导} = \alpha E \tag{9-4}$$
式中，$\mu_{诱导}$ 为诱导偶极矩，$\mu_{诱导}$ 与外电场强度成正比；α 为比例常数，它是分子变形性的特性常数，它描述分子在外电场的作用下变形性的大小，称为极化率。分子的变形性受分子本身体积和外电场强度的影响。分子的体积愈大，分子的变形性愈大；外电场愈强，分子的变形性愈大。

对于极性分子来说，它本身就存在偶极，称为固有偶极或永久偶极。对于流动态物质，在无外电场时，它们处于不规则热运动状态，分子不可能发生规则排列。当有外电场作用时，极性分子在外电场作用下，正电荷中心移向负极；负电荷中心偏向电场的正极，全部分子沿电场方向较整齐地排列，这一过程称为分子的定向极化。同时分子还产生诱导偶极，使分子偶极矩增大，分子变形，此时分子的偶极为固有偶极与诱导偶极之和，如图 9-39 所示。

图 9-38 非极性分子的极化　　　　图 9-39 极性分子的极化

实际上，每一个极性分子，对于与其相邻的分子都是一个外加的微电场，它将使邻近的非极性分子或极性分子发生极化，这种极化对于分子间力具有重要影响。

任何一个分子，由于分子内部的原子核振动和电子不停地运动，不断地改变它们的相对位置，从而致使在某一瞬间分子的正电荷中心和负电荷中心会发生不重合现象，这时所产生的偶极叫作瞬时偶极。瞬时偶极的大小同分子的变形性有关，分子越大，越容易变形，瞬时偶极也越大。

9.4.2 分子间作用力

(1) 分子间作用力分类

① 取向力 (orientation force)　由于极性分子存在固有偶极，而偶极是电性的，当两个极性分子相互靠近时，因分子的固有偶极之间同极相斥异极相吸，使分子在空间按一定取向排列，在已取向的偶极分子之间，由于静电引力将互相吸引，当接近到一定距离后，排斥和吸引会达到相对平衡，从而使体系能量达到最小值。这种靠永久偶极而产生的相互作用力叫做取向力。取向力发生在极性分子和极性分子之间，如图 9-40(a) 所示。取向力的本质是静电引力，取向力与分子的偶极矩平方成正比，与热力学温度成反比，与分子间距离的 7 次方成反比，即随分子间距离变大，取向力递减得非常之大。

② 诱导力 (induction force)　当极性分子与非极性分子相遇时，由于极性分子的固有偶极产生的电场作用力使非极性分子电子云变形，从而产生诱导偶极，产生的诱导偶极又进一步使极性分子的偶极间的距离加大，增强极性分子的极性，同时固有偶极与诱导偶极产生

静电引力。这种由极性分子与非极性分子之间产生的作用力称为诱导力,如图 9-40(b)所示。

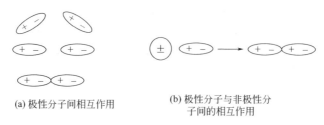

(a) 极性分子间相互作用　　(b) 极性分子与非极性分子间的相互作用

图 9-40　分子间作用力

在极性分子和极性分子之间,除了取向力外,由于极性分子的相互影响,每个分子也会发生变形,产生诱导偶极,其结果是极性分子的偶极矩增大,从而使分子之间出现了除取向力外的额外吸引力——诱导力。

诱导力的本质是静电引力,诱导力与分子偶极矩的平方成正比,与被诱导分子的变形性成正比,与温度无关。

③ 色散力(dispersion force)　非极性分子间没有偶极矩,它们之间似乎不会有相互作用力。但由于分子中电子运动和原子核不停地振动,从而使分子的正电荷中心和负电荷中心出现瞬时相对位移,产生了瞬时偶极。瞬时偶极可使其相邻的另一非极性分子产生瞬时诱导偶极,且两个瞬时偶极总采取异极相邻状态,这种随时产生的分子瞬时偶极间的作用力为色散力。虽然瞬时偶极存在短暂,但异极相邻状态却此起彼伏,不断重复,因此分子间始终存在着色散力。无疑,色散力不仅存在于非极性分子间,也存在于极性分子间以及极性与非极性分子间。而且在一般情况下,色散力是主要的分子间力,只有当极性分子的极性很强时,取向力才显得更大。表 9-10 列出了一些分子的三种分子间力的大小。

表 9-10　部分分子间作用力的分配　　　　　　　　　　　　　单位:$kJ \cdot mol^{-1}$

分子	色散力	诱导力	取向力	总和	分子	色散力	诱导力	取向力	总和
H_2	0.17	0.00	0.00	0.17	NH_3	14.73	1.55	13.31	29.59
Ar	8.49	0.00	0.00	8.49	HCl	16.82	1.004	3.305	21.13
CO	8.74	0.0084	0.029	8.78	HBr	21.92	0.502	0.686	23.11
H_2O	8.996	1.92	36.36	47.28	HI	27.86	0.113	0.03	28.00

色散力与相互作用分子的变形性有关,变形性越大,色散力越大。色散力与分子间距离的 7 次方成反比。

(2) 分子间力对物质性质的影响

分子间力对物质物理性质的影响是多方面的,主要是对汽化热、熔点、沸点、溶解度等性质有影响。

① 分子间力对物质熔点、沸点的影响　分子间力愈大,物质的熔点、沸点愈高。例如,CH_4、C_2H_6、C_3H_8、C_4H_{10} 随分子量的增大,分子间力增大,而熔点、沸点升高。

② 分子间力对溶解度的影响　溶质与溶剂之间的分子间力愈大,溶质在该溶剂中的溶解度愈大。

例如 I_2 在 CCl_4 中的溶解度比 I_2 在 H_2O 中的溶解度要大得多。

③ 分子间力对物质硬度的影响　分子间力愈大,物质的硬度愈大。例如:极性较小的聚乙烯、聚丙烯分子间力较小,硬度较小;而含有极性基团的有机玻璃等物质,分子间力较大,硬度较大。

9.4.3 氢键

结构相似的同系列物质的熔点、沸点一般随着分子量的增加而升高。但在氢化物中，沸点的升高不都是随分子量的增加而升高的，HF、H_2O、NH_3 的熔点、沸点明显偏高（如图 9-41 所示），这说明除分子间力影响物质的物理性质以外，还有其它的因素影响物质的物理性质，这就是氢键（hydrogen bond）。

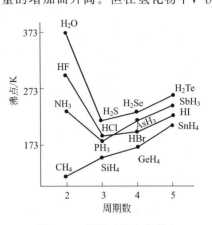

图 9-41　氢键对沸点的影响

(1) 氢键的形成

当氢原子与一个电负性很大而半径很小的原子成键时，由于共用电子对强烈地偏移到电负性较大的原子一边，氢原子几乎成为裸露的质子，这时，这种氢原子可以与另一个电负性较大并含有孤对电子而且半径较小的原子以静电引力靠近，并且钻入该原子的电子云中，产生相互作用力，这种相互作用力称为氢键。

现以 HF 为例说明氢键的形成，在 HF 分子中，F 的电负性为 4，比氢的电负性 2.2 大得多，因此在 HF 中 F—H 键的共用电子对强烈偏向于氟原子一边，由于氢原子核外只有一个电子，其电子云偏移氟原子的结果，使它几乎成为赤裸的质子。这个半径很小，无内层电子，又带正电性的氢原子与另一个 HF 分子中含有孤电子对并带部分负电荷的氟原子充分靠近产生吸引力，这种吸引力就叫氢键。如图 9-42 所示。

除了分子间的氢键外，某些物质也可以形成分子内氢键，例如邻硝基苯酚分子中便可形成一个分子内氢键。如图 9-43 所示。

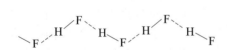

图 9-42　HF 分子间氢键形成示意图

图 9-43　邻硝基苯酚的分子内氢键示意图

(2) 氢键形成的条件

① 有氢原子参加。

② 有两个电负性较大，而且半径较小并含有孤对电子的原子。满足以上条件的原子有 N、O、F 三种元素的原子。

氢键组成的表示为：X—H⋯Y，X、Y 表示 F、O、N 等电负性较大的原子，氢键的键能是指拆开 H⋯Y 键所需的能量；键长是指 H⋯Y 原子核之间的距离。

(3) 氢键的特征

① 氢键具有方向性　由于电子云有方向性，所以氢键也有方向性。当 Y 原子与 X—H 形成氢键时，Y 中孤对电子的对称轴要尽可能与 X—H 键轴在同一个方向，即使 X—H⋯Y 在同一直线上。这样成键，可使 X 与 Y 的距离最远，两原子之间的斥力最小，体系最稳定。

② 氢键具有饱和性　由于氢原子的半径较小，几乎在形成氢键时被电子云所包围，当另外的原子靠近时就一定会产生电子云的排斥力，所以氢键有饱和性。能形成氢键的情况有：O—H⋯O，F—H⋯O，N—H⋯O，N—H⋯F 等。

氢键的能量也很小，大约与分子间力相当；另外氢键也是短程力，与分子间力相似。

氢键的存在十分普遍，如水、醇、酚、酸、氨基酸、蛋白质、DNA 等分子内都存在着氢键。

(4) 氢键对物质性质的影响

① 对熔点、沸点的影响　按分子间力，在卤化氢中，HF 的分子量最小，熔点、沸点应该最低，但事实上它的熔点、沸点却反常的高，这是由于 HF 能形成氢键，而 HCl、HBr、HI 形成的氢键很弱或不能形成氢键，所以 HF 的熔点、沸点反常的高。氢键对沸点的影响如图 9-43 所示。

② 氢键对溶解度的影响　如果溶质分子与溶剂分子能形成氢键，该溶质在该溶剂中的溶解度较大。例如，乙醇和乙醚都是有机分子，前者能溶于水，而后者不能溶于水。另外，NH_3 易溶于水，这些都与氢键有关。

如果溶质分子生成分子内氢键则在极性溶剂中溶解度减小，在非极性溶剂中溶解度增大，如邻硝基苯酚在水中溶解度比对硝基苯酚在水中的溶解度小得多，而在苯中溶解度则相反。

③ 氢键对生物体的影响　在生物体中，广泛存在着氢键，如蛋白质、氨基酸、DNA 等，蛋白质的二级结构和三级结构都是由于有氢键存在才能形成。DNA 的双螺旋结构就是由于碱基配对（氢键作用）才能形成，如果升高温度，氢键就被破坏，双螺旋结构也就遭到破坏。

9.4.4　分子晶体

在分子晶体（molecular crystal）中，组成晶格的质点是分子，质点间的作用力是分子与分子间的作用力。许多常温下为气体的非金属单质、氢化物、二氧化碳等无机物及多数有机物在固态时是分子晶体，如干冰（CO_2）、HCl、NH_3、N_2、蒽等。图 9-44 为蒽分子晶体结构示意图。

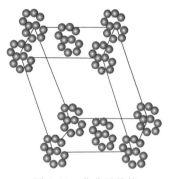

图 9-44　蒽分子晶体结构示意图

分子晶体是由分子组成，可以是极性分子，也可以是非极性分子。分子间的作用力很弱，因此，分子晶体具有较低的熔、沸点，硬度小、易挥发，许多物质在常温下呈气态或液态，例如 O_2、CO_2 是气体，乙醇、冰醋酸是液体。同类型分子的晶体，其熔、沸点随分子量的增加而升高，例如卤素单质的熔、沸点按 F_2、Cl_2、Br_2、I_2 顺序递增。

思　考　题

1. 以 KCl 为例说明离子键的形成过程。
2. 键能和离解能有何联系与区别？
3. 离子半径是如何测得的？
4. 试述 AB 型的离子晶体的离子半径比与晶体构型的对应关系。
5. 离子的电子构型有哪几种？阳离子的极化作用与电子构型有何关系？
6. 试指出下列物质固化时可以结晶成何种类型的晶体：（1）H_2；（2）H_2O；（3）Mg；（4）Si；（5）NaF。
7. 为什么在形成 CH_4 分子时，原子轨道要进行杂化？
8. 试比较 σ 键和 π 键，举例说明。
9. 分子的键角大小与哪些因素有关？
10. 试用杂化轨道理论解释 BF_3 分子具有平面三角形构型，而 NF_3 是三角锥形构型。
11. 所有 AB_3 型分子都是平面三角形构型。它们都是非极性分子。这两句话是否正确？试解释之。
12. 试用价键理论和分子轨道理论说明 O_2 分子的结构，这两种方法有何区别？
13. 按照分子轨道理论，原子轨道组合成分子轨道后，电子在分子轨道中的排布要遵循哪些原则？
14. 金属的晶体主要有哪些类型？各种类型的空间利用率是多少？

15. 试解释金属为什么具有优良导电、导热性？
16. 为什么金属 Al、Sn 能压延成片、抽成丝，而石灰石则不能？
17. 根据电负性的大小，试比较 HCl、HBr、HI 极性的大小。
18. 试解释：
(1) 水的熔、沸点比同族其它元素的氢化物的熔沸点高；
(2) O_2 的沸点比 H_2 的沸点高。
19. 试指出下列分子的分子间力的组成。
(1) 乙醇和水；(2) 二氧化碳和水；(3) 苯和四氯化碳；(4) 硫化氢和氯化氢。
20. 取向力只存在于极性分子之间。色散力只存在于非极性分子之间。这两句话是否正确？试解释之。

习 题

9.1 试用半径比规则判断下列晶体的类型及配位数。
(1) CsBr；(2) NaF；(3) CaO；(4) LiI。

9.2 将一根烧热的玻璃棒插入一瓶碘化氢气体中，可以见到有紫色的碘蒸气生成。在相同条件下，用氯化氢试验却没有黄绿色的氯气生成。试回答：
(1) 从上述实验中可得出什么结论？并解释此现象？
(2) 如果用氟化氢代替氯化氢进行，实验现象将如何？

9.3 结合下列物质讨论键型的过渡。
F_2 HCl AgI NaF

9.4 根据电负性值判断下列化学键类型。
Br—Br K—F N—Cl O—F

9.5 指出下列离子的电子构型，并比较其极化力的大小。
Na^+ Mn^{2+} Zn^{2+} Sn^{2+} Sb^{3+}

9.6 试用杂化轨道理论判断下列分子的杂化轨道类型及分子的空间构型，并说明各分子的极性。
$SiCl_4$ CO_2 BCl_3 PF_3 SO_2

9.7 试用杂化轨道理论解释：
(1) NH_3 分子构型是三角锥形，而 BF_3 分子构型是平面三角形；
(2) NH_3 分子的键角为 107°，而 H_2O 为 104.5°。

9.8 下列各组物质中，哪一种化合物的键角大，试用价电子互斥理论解释之。
(1) CCl_4 和 NF_3；
(2) H_2S 和 CS_2；
(3) NH_3 和 PH_3。

9.9 试用价层电子对互斥理论推断下列分子的空间构型，并用杂化轨道加以说明。
SiH_4 CS_2 BF_3 PF_3 OF_2 SO_3

9.10 试用价层电子对互斥理论推断下列分子或离子的空间构型。
$PbCl_2$ BCl_3 PCl_3 PH_4^+ SO_4^{2-} NO_3^-

9.11 通过计算键级比较下列物质的稳定性。
O_2^+ O_2 O_2^- O_2^{2-}

9.12 有下列双原子分子或离子
H_2^+ Li_2 B_2 N_2^- O_2^- F_2^+
(1) 写出分子轨道表达式；
(2) 计算键级，并判断稳定性？
(3) 形成何种类型的化学键？
(4) 判断哪些分子或离子具有顺磁性，哪些具有反磁性？

9.13 He 不能形成稳定的双原子分子，试以价键理论和分子轨道理论作简要解释。He_2^+ 能形成吗？亦请作简要说明。

9.14 MgO 和 BaO 都是 NaCl 型晶体，为什么 MgO 熔点和硬度比 BaO 的高？

9.15 试用离子极化的观点解释下列现象：

（1） AgF 易溶于水。而 AgCl、AgBr 和 AgI 难溶于水，且它们的溶解度也依次明显减小；
（2） AgI 按半径比规则应该是 NaCl 型，实际上晶型为 ZnS 型；
（3） AgF、AgCl、AgBr 和 AgI 颜色依次加深；
（4） $ZnCl_2$ 的熔点、沸点低于 $CaCl_2$；
（5） $FeCl_3$ 的熔点、沸点低于 $FeCl_2$。

9.16 根据键的极性和分子的空间构型，判断下列分子的极性。

I_2　　HBr　　NO　　H_2S（V 形）　　PH_3（三角锥）　　CS_2（直线形）　　CCl_4（正四面体）

9.17 试解释：
（1） NH_3 易溶于水，O_2 和 H_2 均难溶于水；
（2） HBr 的沸点比 HCl 高，但又比 HF 低；
（3） 常温常压下，F_2、Cl_2 为气体，Br_2 为液体，I_2 为固体。

9.18 试判断 Si 和 I_2 晶体哪种熔点高，并解释之。

第10章 配位化合物

配合物（complex）又称为络合物，是由中心原子或离子与其它分子或离子以配位键相结合的一类复杂的化合物。它不同于简单复盐（doublesalt），复盐在水中可完全离解为组成它的离子或分子，如硫酸亚铁铵 $(NH_4)_2Fe(SO_4)_2 \cdot 6H_2O$ 在水中可完全离解为 Fe^{2+}、NH_4^+、SO_4^{2-}。但配合物中含有一种复杂的离子或分子，它在溶液中只能部分离解，并在一定条件下能保持其相对稳定的性能。文献报道中最早的配合物 $KFe[Fe(CN)_6]$ 是由 Diesbach（迪士巴赫）在研制颜料时发现的，称为普鲁士蓝。18世纪末期法国化学家 Tassert（塔赦特）所发现的 $CoCl_3 \cdot 6NH_3$ 标志着配合物研究的开始。配合物的化学键理论经历了五个阶段：一是配合物的链结构理论；二是主价和副价理论；三是价键理论；四是晶体场理论；五是配合物的分子轨道理论。随着配合物化学键理论的发展及配合物的品种和数量不断增加，配位化学已逐渐成为极具活力的学科。配位化学与相关学科如分析化学（analytical chemistry）、有机化学（organic chemistry）、结构化学（structure chemistry）、生物化学（biochemistry）、材料化学（material chemistry）、高分子（macromolecule）材料与物理的相互渗透和融合，促进了化学学科领域的拓展，对生命科学、医学、材料科学等方面的研究起着重要的作用。

10.1 基本概念

在 $CoCl_2$ 的氨溶液中加入 H_2O_2，可以得到一种组成为 $CoCl_3 \cdot 6NH_3$ 的橙黄色晶体。将该晶体溶于水分装两支试管，往一份水溶液中加入 $AgNO_3$，则立即析出 $AgCl$ 沉淀。分析可知，$CoCl_3 \cdot 6NH_3$ 中的 Cl^- 已全部沉淀，说明该化合物中的 Cl^- 是自由离子，另一份水溶液中虽加入强碱却检不出氨气的产生，用碳酸盐试验也检查不出钴离子的存在，说明此溶液中 Co^{3+} 与 NH_3 形成了一种稳定的离子 $[Co(NH_3)_6]^{3+}$，在一定程度上使 Co^{3+} 和 NH_3 丧失了各自独立存在时的化学性质。其中 Co^{3+} 被称为中心离子（cetralion），以配位键形式与中心离子结合的氨分子叫作配位体（ligand）。由中心元素的原子或离子与配位体（负离子或分子）以配位键形式结合在一起形成的复杂离子或分子称为配离子或配分子，含有配离子或配分子的化合物称为配位化合物（简称配合物）。例如，$[Cu(NH_3)_4]SO_4$、$[Ag(NH_3)_2]Cl$、$K_2[HgI_4]$ 等都称为配位化合物，$[Cu(NH_3)_4]^{2+}$、$[Ag(NH_3)_2]^+$、$[HgI_4]^{2-}$ 等则称为配离子，而本身并不带电荷的配合分子，如 $[Fe(CO)_5]$ 和 $[PtCl_2(NH_3)_2]$ 也称为配位化合物。含有一个金属离子的配合物为单核配合物，含两个或两个以上金属离子的配合物称为多核配合物（polynuclear complex），本书主要涉及的是单核配合物（mononuclear complex）。

10.1.1 配合物的组成

配合物往往由两部分组成，一部分是复杂的配离子，另一部分是与配离子保持电荷平衡的简单离子。为了便于区分配离子和简单离子，将配离子用"[ ]"括起来称为内界，与内界保持电荷平衡的其它简单离子以及结晶水分子称为外界。配合物的内界和外界是以离子键（electrovalent bond）相结合的，另有一些配合物只含内界如 $Fe(CO)_5$ 和 $Ni(CO)_4$。

(1) 中心离子(central ion)

中心离子又称为形成体或电子对接受体，它位于配合物的几何中心，被配位体所包围。一般是金属正离子，特别是过渡金属离子，如 Cu^{2+}、Cd^{2+}、Ni^{2+}、Zn^{2+}、Ag^+、Hg^{2+}等，也有一些主族金属离子，如 Pb^{2+}、Sn^{2+}、Sb^{3+} 等，但也有中性原子，如 $Ni(CO)_4$ 及 $[Fe(CO)_5]$ 中的 Ni 和 Fe 就是中性原子。此外，一些高氧化态的非金属元素也可以作为中心离子，如 $H_2[SiF_6]$ 中的 Si(Ⅳ)、$Na[BF_4]$ 中的 B(Ⅲ) 等。

(2) 配位体(ligand)

配位体简称配体，在中心离子的周围并与其形成配合键的一些离子或分子称为配位体。配位体为含有孤对电子对的分子或离子，能够提供配位体的物质称为配合剂。配位体可以是负离子，如 X^-、OH^-、CN^-、$C_2O_4^{2-}$、$S_2O_3^{2-}$、ClO_4^- 等，也可以是中性分子，如 H_2O、NH_3、CO 等，配位体中能提供孤对电子且直接与中心离子配合的原子称为配位原子。有些配体含有两个可提供孤对电子的原子但由于空间构型的原因，只能有一个原子参与配位，此时需依据它们与中心离子的键合情况来确定配位原子。如硫氰根作为配体时，直接以配位键与中心离子成键的是 S 原子，故配位原子是硫，而在异硫氰根中，直接与中心离子配合的是氮原子，故配位原子为氮。

配位体一般可分为两类。

① 单齿配位体（monodentate ligand） 只含一个配位原子的配体称为单齿配位体，如 NH_3、CO、OH^-、CN^-、X^- 等。

② 多齿配位体（multidentate ligand） 含两个或两个以上配位原子的配位体，统称为多齿配位体，例如乙二胺（$NH_2CH_2CH_2NH_2$，简写为 en）中有两个 N 原子都可作为配位原子，是双齿配位体，乙二胺四乙酸（EDTA）中的两个氮原子和四个羧基上的羟基氧原子共六个配位原子为六齿配位体。二亚乙基三胺（$NH_2CH_2CH_2NHCH_2CH_2NH_2$，简写为 dien）中有三个氮原子称为三齿配体。一般含两个以上配位原子的离子或分子可统称为多齿配体。通常配位原子集中在 p 区，如 F、Cl、Br、I、O、S、N、P、C 等。EDTA、dien 和 en 的结构式如下：

HOOC—CH₂   H₂C—COOH
            N—CH₂CH₂—N
HOOC—CH₂   H₂C—COOH
                    EDTA

H₂C—CH₂ H₂C—CH₂
H₂N   N   NH₂
                H
                dien

H₂N   NH₂
H₂C—CH₂
       en

(3) 配离子(complex ion) **的电荷**

中心离子的电荷与配体电荷的代数和即为配离子的电荷。对于无外界配合物，其配离子电荷为零，对于由内界和外界组成的配合物，则配离子的电荷在数值上等于外界所带电荷，但符号相反。

例如：$K_2[HgI_4]$，配离子 $[HgI_4]^{2-}$ 的电荷可直接依据配离子中各离子或原子团的电荷计算得到：$2\times 1+(-1)\times 4=-2$，也可直接依据中性分子的电荷为零，即内外界电荷之和为零计算，本例中外界电荷为 +2，则配离子的电荷为 -2。

又如 $[CoCl(NH_3)_5]Cl_2$，配离子 $[CoCl(NH_3)_5]^{2+}$ 的电荷为：$3\times 1+0\times 5+(-1)\times 1=+2$，直接由外界知为 +2。

(4) 配位数(coordination number)

直接与中心离子配位的配位原子的数目，叫作该中心离子的配位数。由单齿配体形成的配合物，配位数等于配体的数目，如 $[CoCl(NH_3)_5]Cl_2$ 的配位数为 6（一个 Cl^- 和五个 N）；多齿配体在与中心离子键合形成配合物时，并非所有的能够提供孤对电子的原子都参与配位，所以配位原子的数目应根据配合物的晶体结构数据来确定，但在本章中，若无特别说明可把多齿配体中可提供孤对电子的原子的数目看成为配位原子数目。如 EDTA 中有两个氮原子和四个氧原子提供孤对电子，则配离子 $[Ca(EDTA)]^{2-}$ 的中心离子 Ca^{2+} 的配位数为 6；$C_2O_4^{2-}$ 中有两个氧原子提供孤对电子，则 $[Pt(NH_3)_2(C_2O_4)]$ 的中心离子 Pt^{2+} 的配位数为 4。

中心离子的配位数可达 12，常见的有 2、4、6、8，以 4 和 6 最为常见。中心离子的配位数多少与很多因素有关，主要取决于中心离子和配位体的性质。

① 中心离子 中心离子的电荷越高，则吸引配体的数目越多，配位数就越大，如 Pt^{2+} 与 Cl^- 形成 $[PtCl_4]^{2-}$，Pt^{4+} 与 Cl^- 形成 $[PtCl_6]^{2-}$，又如 Cu^+ 形成 $[Cu(NH_3)_2]^+$，Cu^{2+} 形成 $[Cu(NH_3)_4]^{2+}$。中心离子的半径越大，中心离子周围容纳的配体的数目越多，配位数越大，如 Cd^{2+} 的半径比 Zn^{2+} 半径大，Cd^{2+} 与 Cl^- 形成 $[CdCl_6]^{4-}$，而 Zn^{2+} 与 Cl^- 形成 $[ZnCl_4]^{2-}$，B(Ⅲ) 形成 $[BF_4]^-$，而半径比 B(Ⅲ) 大的 Al(Ⅲ) 形成 $[AlF_6]^{3-}$。但中心离子的半径过大会减小中心离子对配体的吸引力而使中心离子的配位数减小，如 Hg^{2+} 比 Cd^{2+} 半径大，Hg^{2+} 与 Cl^- 形成的配离子 $[HgCl_4]^{2-}$，其配位数比 $[CdCl_6]^{4-}$ 小。

② 配位体（ligand） 配体的负电荷多可增加与中心离子的吸引力，但也增大了配体之间的排斥力，结果往往是使中心离子的配位数减小，如 Co^{2+} 与 H_2O、NH_3 形成 6 配位的 $[Co(H_2O)_6]^{2+}$、$[Co(NH_3)_6]^{2+}$，而与 SCN^-、Cl^- 形成 4 配位的 $[Co(SCN)_4]^{2-}$、$[CoCl_4]^{2-}$。配位体半径越大，则中心离子周围容纳的配位体的数目越少，配位数越小，如卤素离子半径依 F^-、Cl^-、Br^- 增大，它们与 Al^{3+} 形成的配离子分别是 $[AlF_6]^{3-}$、$[AlCl_4]^-$、$[AlBr_4]^-$。

配合物 $[Cu(NH_3)_4]SO_4$ 的组成如下：

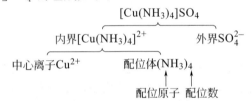

其中 NH_3 是单齿配体，故配体个数与中心离子的配位数相同。

配合物 $[Cu(NH_3)_4][PtCl_4]$ 由两个内界组成，其组成如下：

$$[Cu(NH_3)_4][PtCl_4]$$

内界 $[Cu(NH_3)_4]^{2+}$ ： 中心离子 Cu^{2+} ，配体 NH_3
内界 $[PtCl_4]^{2-}$ ： 中心离子 Pt^{2+} ，配体 Cl^-

其中两个金属离子的配位数均为 4，配位原子分别是 N 和 Cl。

10.1.2 配合物的命名

配合物的命名与一般无机物的命名原则相同。若配合物的外界是简单阴离子则内界与外界以"化"连接，称为某化某；若外界离子是一个复杂的阴离子，则称为某酸某，反之，若外界为正离子，内界为配阴离子，则配离子与外界以"酸"连接。

配离子的内界按以下顺序依次命名：配位体数→配位体的名称→"合"→中心离子；不同的配体名称之间用（·）分开，最后一个配体名称后面缀以"合"字，配体的数目用二、三、四等数字表示。中心离子氧化数加括号，用罗马数字注明。

如 $[Cu(NH_3)_4]SO_4$　　　　硫酸四氨合铜(Ⅱ)

　　$[Ag(NH_3)_2]OH$　　　　氢氧化二氨合银(Ⅰ)

　　$H_2[SiF_6]$　　　　　　　六氟合硅(Ⅳ) 酸

　　$[Co(en)_3]Cl_3$　　　　　三氯化三乙二胺合钴(Ⅲ)

若配合物中含有多个配体，其配体的命名细则如下。

① 既有无机配体又有有机配体，命名时则无机配体在前，有机配体排列在后。如：

[CoCl₂(en)₂]Cl　　　　氯化二氯·二（乙二胺）合钴（Ⅲ）

② 配体中既有中性分子又有阴离子，命名时阴离子在前，中性分子在后。如：

[CoCl₂(NH₃)₃(H₂O)]Cl　　　氯化二氯·三氨·一水合钴（Ⅲ）

[Zn(OH)(H₂O)₃]NO₃　　　硝酸羟基·三水合锌（Ⅱ）

③ 同类配体的名称，按配位原子元素符号的英文字母顺序排列。如：

[Co(NH₃)₅(H₂O)]Cl₃　　　三氯化五氨·一水合钴（Ⅲ）

④ 同类配体中若配位原子相同，则将含原子数较少的配体排列在前，较多原子数的配体排后。如：

[Pt(NO₂)(NH₃)(NH₂OH)(py)]Cl　　　氯化一硝基·一氨·一羟胺·一吡啶合铂（Ⅱ）

⑤ 配体原子相同，配体中含原子的数目也相同，则按在结构式中与配位原子相连的元素符号的英文字母顺序排列。如：

[Pt(NH₂)(NO₂)(NH₃)₂]　　　一氨基·一硝基·二氨合铂（Ⅱ）

⑥ 无机配体为含氧酸根阴离子时用"根"字结尾。如：

Na₃[Ag(S₂O₃)₂]　　　二(硫代硫酸根)合银（Ⅰ）酸钠

在命名时，还需注意：有的配体相同，但配位原子或键合方式不同时，其命名存在差异。如硝基（NO_2）的配位原子是 N，亚硝酸根（ONO—）的配位原子是 O。这是它们命名的差别所在。对于羟基和氢氧根，它们的区别在于其成键方式，如果是离子键（外界），则称为氢氧根；如果是配位键（内界），则为羟基（hydroxyl group），因为这时羟基上氧原子提供一对电子给中心离子。

10.1.3　螯合物

螯合物（chelate）（旧称内络盐）是由中心离子和多齿配体结合而成的具有环状结构的配合物。螯合物是配合物的一种，在螯合物的结构中，至少有一个多齿配体提供多对电子与中心离子或原子形成配位键。"螯"指螃蟹的大钳，此名称比喻多齿配体可紧紧夹住中心离子或原子。双齿或多齿配位体又称为螯合剂。

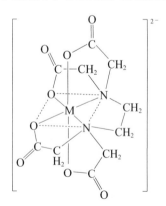

图 10-1　金属离子(Ⅱ)与 EDTA 螯合物的结构

在螯合物（chelate complex）中，离解一个多齿配体需要断开多个配位键（coordinate bond），故螯合物通常比一般配合物要稳定。螯合物的稳定性与环的大小和环的数目有关，一般具有五元环或六元环结构的螯合物最稳定，而且环的数目越多，螯合物越稳定。由于螯合物的稳定常数都非常高，因此它在溶液中很少有逐级解离现象。螯合物一般有特征颜色，几乎不溶于水，而溶于有机溶剂。利用这些特点可以进行沉淀溶解、萃取分离及比色定量测定等工作。如测定金属离子的浓度、掩蔽金属离子等。

常见的螯合剂中二齿螯合剂有乙二胺（en）、2,2'-联吡啶（bipy）、草酸根（ox），三齿螯合剂有二亚乙基三胺，六齿螯合剂有乙二胺四乙酸（EDTA）等。值得一提的是 EDTA（ethylenediaminetetracetic acid），它能提供 2 个氮原子和 4 个羧基氧原子与金属离子配合，可以用 1 分子的 EDTA 把需要 6 配位的金属离子紧紧包裹起来（见图 10-1），生成极稳定的产物。螯合剂绝大多数是有机化合物，但也有极少数的无机化合物，如三聚磷酸钠与钙离子可形成螯合物。由于 Ca^{2+}、Mg^{2+} 都能与三聚磷酸钠形成稳定螯合物,所以常把三聚磷酸钠加入锅炉水中,用以防止钙、镁形成难溶盐沉淀,沉积在锅炉内壁。

螯合物在工业中用来除去金属杂质,如水的软化、去除有毒的重金属离子等。生命元素大多以螯合物的形式存在于生物体内,如血红蛋白和叶绿素中卟啉环上的4个氮原子把金属离子(血红蛋白含Fe^{3+},叶绿素含Mg^{2+})固定在环中心。

10.1.4 新型配合物

新型配合物大致可分为金属羰基配合物、金属夹心型配合物、分子氮配合物、金属簇状配合物、冠醚配合物等。

① 金属羰基配合物 是低氧化态(-1,0,+1等)的过渡金属与CO所形成的配合物。如$Ni(CO)_4$、$Fe(CO)_5$、$Co_2(CO)_8$、$Mn_2(CO)_{10}$等。配体CO的结构式为:$C\equiv O$:,按分子轨道理论,CO共有14个电子,其分子轨道表达式为$[KK(\sigma_{2s})^2(\sigma_{2s}^*)^2(\pi_{2p_y})^2(\pi_{2p_z})^2(\sigma_{2p_x})^2]$。成键时,C原子上的孤对电子进入金属原子的空轨道形成σ配键,金属原子和CO呈直线分布(M—C—O)。另外,金属原子中填充有电子的d轨道又与CO中空的反键轨道π*轨道相互重叠形成反馈π键,这两种键相互作用,称为σ-π键的协同作用,可使M—C键的稳定性增强,从而使羰基配合物更稳定。

② 金属夹心型配合物 是由过渡金属原子和具有离域π键结构的分子(如环戊二烯和苯等)形成的一类配合物。这类配合物的结构特点是中心离子被对称地夹在两个平行的碳环配体之间形成夹心型结构。如二茂铁和二苯铬等。

③ 分子氮配合物 配体中至少有一个氮分子与金属结合的配位化合物。分子氮作为配体时称为双氮。元素周期表中自第ⅣB族起的过渡元素,绝大多数皆已用常规方法制得了各种不同的双氮配合物,只有钒、铱、铪、钽等少数元素还未形成稳定的双氮配合物。第ⅧB族过渡金属有与N_2形成配合物的突出能力,其中过渡金属以低的氧化态存在,如Co(Ⅰ)或Ni(0)。在大多数双氮配合物中,氮分子是以顶端配位在金属中心原子上,但也发现有侧配位的。

④ 金属簇状配合物 是具有金属-金属键的一类多核配合物,以成簇的金属原子构成金属骨架而形成多面体分子。常见的簇状配合物有两类:一类是羰基簇状配合物(也称多核羰基配合物),如$Co_2(CO)_8$、$[Co_6(CO)_{14}]^{4-}$等;另一类是卤素簇状配合物,如$[Mo_2Cl_8]^{4-}$、$[Ta_6Cl_{12}]^{2+}$等。

⑤ 冠醚配合物 是一类以冠醚为配体的配合物,冠醚(又称"大环醚")是一类含有多个氧原子的大环化合物。常见的冠醚有15-冠-5、18-冠-6,冠醚的空穴结构对离子有选择作用,在有机反应中可作催化剂。冠醚有一定的毒性,必须避免吸入其蒸气或与皮肤接触。冠醚和金属离子形成的配合物具有特殊的稳定性。

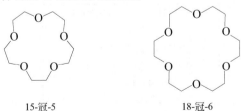

15-冠-5　　　　　　18-冠-6

除冠醚配合物外,还有其它大环配合物,如席夫碱大环配合物就属其中一种。这类大环配合物可通过二醛类物质与二胺类物质在金属离子的模板作用下发生缩合反应而形成。席夫碱基团通过碳-氮双键(—C=N—)上的氮原子及与之相邻的其它的含孤对电子的原子如氧(O)、硫(S)、磷(P)等为给体(供体)与金属原子(或离子)配位。席夫碱类配合物具有抗结核、抗癌、抗菌等药理学和生理学活性,由于其生物活性与金属离子的种类及其配体的配合有关,故合成各种新的席夫碱配合物、探讨其结构与性质的关系、深入考察其生理、药理活性的作用机理、构造、稳定性等成为近半个世纪以来生物无机领域的研究热点。图 10-2 配合物为武汉工程大学潘志权课题组所合成的新型的席夫碱大环配合物。配合物 (a) 为双核锰大环配合物,每个锰离子的配位数为 6,锰离子的配位环境可看成为变形的八面体形。配合物 (b) 为双核镍大环配合物,一个镍离子的配位数为 4,其配位的空间构型为四边形;另一个为 6,其配位的空间构型为变形的八面体形。这两个配合物的配体均为多齿配体。

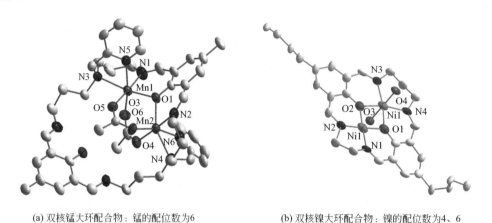

(a) 双核锰大环配合物:锰的配位数为6　　　(b) 双核镍大环配合物:镍的配位数为4、6

图 10-2　金属的席夫碱配合物的晶体结构图 (Schiff base complexes)

注:灰色为 C 原子,为了图形更清晰氢原子未画出来。

10.2　配合物的空间构型和磁性

10.2.1　配合物的空间构型

配合物的空间构型 (spatial configuration) 指的是配位体围绕着中心离子(或原子)排布的几何构型。目前已有多种方法测定配合物的空间构型。比较精确的方法是采用 X 射线晶体衍射测出配合物中各原子的位置、键角 (bond angle) 和键长 (bond length) 等,从而得出配合物分子或离子的空间构型。空间构型与配位数的多少密切相关。现将其中主要构型举例列在表 10-1 中。

表 10-1　常见配合物的空间构型

配位数	配合物	空间构型
2	$[Ag(NH_3)_2]^+$,$[Ag(CN)_2]^-$	直线形
3	$[HgI_3]^-$	平面三角形
4	$[Zn(NH_3)_4]^{2+}$,$[HgCl_4]^{2-}$	四面体
	$[Ni(CN)_4]^{2-}$,$[PdCl_4]^{2-}$	平面正方形
5	$Fe(CO)_5$	三角双锥
	$[SbCl_5]^{2-}$	四方锥
6	$[Co(NH_3)_6]^{2+}$,$[Fe(CN)_6]^{3-}$	八面体

注:中心离子位于各空间构型的中心。

从表 10-1 可以看出,在各种不同配位数的配合物中,围绕中心离子(或原子)排布的配位体,趋向于处在彼此排斥作用最小的位置上,这样的排布有利于使系统的能量降低。配合物空间构型不仅仅取决于配位数,当配位数相同时,还常与中心离子和配位体的种类有关，如 $[NiCl_4]^{2-}$ 是四面体（tetrahedron）构型，而 $[Ni(CN)_4]^{2-}$ 则为平面正方形。

10.2.2 配合物的磁性

物质的磁性（magnetism）是指它在磁场中表现出来的性质。物质受磁场的影响可分为两类：一类是反磁性物质，另一类是顺磁性物质。磁力线通过反磁性物质时，比在真空中受到的阻力大。外磁场力图把这类物质从磁场中排斥出去。磁力线通过顺磁性物质时，比在真空中来得容易。外磁场倾向于把这类物质吸向自己。除此以外，还有一类被磁场强烈吸引的物质叫作铁磁性物质。例如，铁、钴、镍及其合金都是铁磁性物质。

物质在磁场中具有不同磁性主要与物质内部的电子自旋有关。若这些电子都是偶合的，由电子自旋产生的磁效应彼此抵消，这种物质在磁场中表现出反磁性。反之，如存在未成对电子，其电子自旋产生的磁效应不能抵消，这种物质就表现出顺磁性。其磁性的大小用物质的磁矩（μ）来表示，物质的磁矩与分子中的未成对电子数（n）有近似关系如下：

$$\mu=\sqrt{n(n+2)} \tag{10-1}$$

根据式(10-1)，可用未成对电子数 n 计算磁矩 μ。同样，在已知配合物的磁矩时，可通过此公式计算配合物中未成对的电子数目，也可通过 $\mu-1$ 预测 n 值，例如：实验测得 $[Fe(H_2O)_6]^{3+}$ 的磁矩为 5.92 B. M.，计算得 $\mu-1=4.92$，此值与 5 很接近，故 $n=5$；又如，实验测得 $[CoF_6]^{3-}$ 磁矩为 5.26 B. M.，计算得 $\mu-1=4.26$，此值与 4 更接近，可推知其未成对电子数为 $n=4$。按 $\mu-1$ 所得的 n 值可通过将其代入式(10-1)进行验算。

10.3 配合物的化学键理论

10.3.1 价键理论

美国化学家 L. Pauling 把杂化轨道理论应用于研究配合物的结构，较好地说明了配合物的空间构型和某些性质。在 20 世纪 30~50 年代主要用这个理论来讨论配合物的化学键，这就是配合物的价键理论（valence bond theory）。

(1) 价键理论的要点

① 在配合物形成时由配位体提供的孤对电子进入中心离子空的价电子轨道而形成配位键（σ 键）。

② 为了形成结构匀称的配合物，中心离子的能量相近且能量较低的空的轨道，重新混杂在一起形成一定数量的能量完全相同的新轨道，这些空的杂化轨道接受配位原子提供的孤对电子，从而形成 σ 配位键。

③ 不同类型的杂化轨道具有不同的空间构型。

由 s 与 p 杂化可形成 sp^3、sp^2、sp 三种杂化轨道。对于绝大多数 d 区元素的原子来说，d 轨道也常参与杂化，形成含有 d、s、p 成分的杂化轨道，如 d^2sp^3、sp^3d^2 和 dsp^2 等杂化轨道。配合物的几何构型由中心离子的杂化轨道类型决定，现将常见的杂化轨道及其在空间的构型列于表 10-2。

中心离子利用哪些空轨道进行杂化，这既和中心离子的电子层结构有关，又和配位体中配位原子的电负性有关。例如，过渡金属离子内层的 $(n-1)d$ 轨道尚未填满，而外层的 ns、np 和 nd 是空轨道，它们有两种空轨道杂化的方式。

一种是中心离子以最外层的空轨道 ns、np 和 nd 组成杂化轨道与配位原子形成配位键，称为外轨配键（outer-orbital coordination bond），如 sp、sp^2、sp^3、sp^3d^2。采用外轨配键形成的配合物称为外轨型的配合物，这类配合物的杂化轨道由主量子数相同的轨道杂化得到。

另一种是中心离子的次外层有空的 d 轨道或 d 轨道上的电子在配位体的作用下发生重

排，次外层的 d 轨道即 ($n-1$)d 轨道上的成单电子被强行配对，腾出内层的能量较低的空 d 轨道。这些空的 d 轨道与外层的 s 和 p 轨道重新混杂在一起形成能量完全相同的新的杂化轨道，接受配位体的孤对电子，所形成的键称为内轨配键（inter-orbital coordination bond），如 dsp^2、dsp^3、d^2sp^3。相应的化合物称为内轨型配合物。这类配合物的中心离子的杂化轨道由不同主量子数的轨道杂化得到。

表 10-2　杂化轨道的类型及其空间构型

配位数	杂化轨道	参与杂化的原子轨道	空间构型	实例
2	sp	ns,np	直线形 B—A—B	$[Cu(NH_3)_2]^+$ $[Ag(CN)_2]^-$ $[Ag(NH_3)_2]^+$
3	sp^2	ns,np	平面三角形	$[HgI_3]^-$ $[CuCl_3]^{2-}$
4	sp^3	ns,np	正四面体	$[ZnCl_4]^{2-}$ $[BF_4]^-$ $[Cd(NH_3)_4]^{2+}$ $[Ni(NH_3)_4]^{2+}$ $[Ni(CO)_4]$ $[HgI_4]^{2-}$
4	dsp^2	($n-1$)d,ns,np	平面正方形	$[Pt(NH_3)_2Cl_2]$ $[AuF_4]^-$ $[Cu(NH_3)_4]^{2+}$ $[Ni(CN)_4]^{2-}$
5	dsp^3	($n-1$)d,ns,np	三角双锥	$Fe(CO)_5$ $[CuCl_5]^{3-}$ $[Co(CN)_5]^{3-}$
6	sp^3d^2	ns,np,nd	正八面体	$[Ti(H_2O)_6]^{3+}$ $[FeF_6]^{3-}$ $[Mn(H_2O)_6]^{2+}$
6	d^2sp^3	($n-1$)d,ns,np	正八面体	$[Fe(CN)_6]^{3-}$ $[Co(NH_3)_6]^{3+}$ $[Cr(NH_3)_6]^{3+}$

配合物是内轨型还是外轨型，主要取决于中心离子的电子构型、离子所带的电荷和配位原子的电负性大小。其规律如下：

① 具有 d^{10} 构型的离子只能形成外轨型配合物。

② 中心离子电荷增多有利于形成内轨型配合物。中心离子电荷较多时，对配位原子的孤对电子引力增强，利于内层 d 轨道参与成键。

③ 配位原子电负性大的（F、O 等）不易提供孤对电子，对中心离子的 d 电子分布影响较小，形成配合物后，中心离子的 d 电子分布基本不发生改变，故易形成外轨型配合物；配位原子电负性小的（C、N 等）较易给出孤对电子，孤对电子将影响中心离子的 d 电子分

布,使中心离子空出内层轨道,形成内轨型配合物。

由于 nd 轨道比 $(n-1)$d 轨道的能量高,相同中心离子形成配合物时,外轨型配合物通常没有内轨型配合物稳定。在配位键的形成过程中,中心离子所提供的空轨道的数目,由中心离子的配位数决定,因此,中心离子空轨道的杂化类型与配位数密切相关。

(2) 杂化类型(hybrid style)

① 配位数为 2 配位数为 2 的配合物中,中心离子需提供两个空轨道来接受配体的两对孤对电子形成两个配位键。在 $[Ag(NH_3)_2]^+$ 配离子中,中心离子的配位数是 2,表明中心离子需提供两个空轨道与两个 NH_3 分子形成两个配位键。由于 Ag^+ 的外层 d 电子构型为 $4d^{10}$,由于 4d 轨道已充满电子,中心离子只能利用外层空的 5s 和 5p 轨道杂化,形成两个新的能量相同的空 sp 杂化轨道,两个空 sp 杂化轨道分别接受两个氨分子中配位原子 N 上的孤对电子而形成两个配位键。其分子构型为直线型。

中心离子 Ag^+ 的价层电子结构

$[Ag(NH_3)_2]^+$ 的电子结构

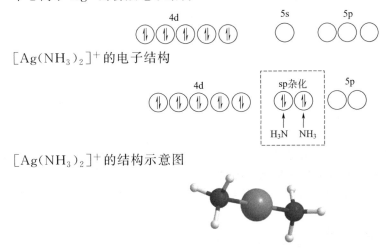

$[Ag(NH_3)_2]^+$ 的结构示意图

② 配位数为 4 在配位数为 4 的配合物中,中心离子需提供 4 个空的杂化轨道,由于采用的杂化轨道不同,配位数为 4 的配离子空间构型有两种:正四面体和平面正方形。下面分别讨论之。

对于 $[Ni(NH_3)_4]^{2+}$ 配离子,中心的配位数为 4,表明中心离子需提供 4 个空轨道与 4 个 NH_3 分子形成 4 个配位键。由于中心离子 Ni^{2+} 的外层 d 电子构型为 $3d^8$,且配体 NH_3 的强度不能使中心离子 d 轨道上的电子重排,故中心离子只能采用外层的 4s,4p 轨道杂化,形成 4 个空的 sp^3 杂化轨道,这 4 个轨道接受 4 个配位原子 N 的 4 对孤对电子形成 4 个配位键。配离子空间构型为正四面体型。

中心离子 Ni^{2+} 的价层电子结构

$[Ni(NH_3)_4]^{2+}$ 的电子结构

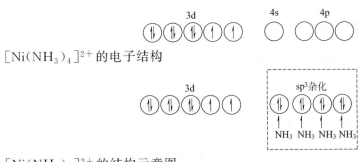

$[Ni(NH_3)_4]^{2+}$ 的结构示意图

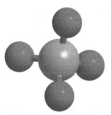

[Ni(CN)$_4$]$^{2-}$中配体CN$^-$为强场配体，使中心离子d轨道上的电子重排后空出一个空的内层d轨道，故中心离子采用3d，4s，4p轨道杂化，所形成的四个空的dsp^{2}杂化轨道接受由四个CN$^-$提供的四对孤对电子形成四个配位键。配离子空间构型为平面正方形。

[Ni(CN)$_4$]$^{2-}$的电子结构

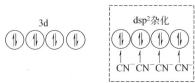

[Ni(CN)$_4$]$^{2-}$的结构示意图

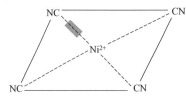

【例10-1】 已知[PtCl$_4$]$^{2-}$为平面正方形结构，[HgI$_4$]$^{2-}$为四面体结构，画出中心离子的电子分布情况并指出它们采用哪种杂化轨道成键？

解 （1）Pt^{2+}的外层d电子构型为5d^8，[PtCl$_4$]$^{2-}$为平面正方形结构，说明中心离子Pt^{2+}采用dsp^{2}杂化成键

中心离子Pt^{2+}的价层电子结构

[PtCl$_4$]$^{2-}$的电子结构

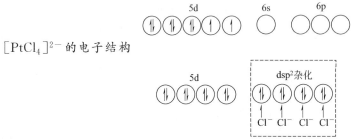

配合物为内轨型配合物

（2）Hg^{2+}的外层d电子构型为5d^{10}，[HgI$_4$]$^{2-}$为四面体结构，说明中心离子Hg^{2+}采用sp^{3}杂化成键

中心离子Hg^{2+}的价层电子结构

[HgI$_4$]$^{2-}$的电子结构

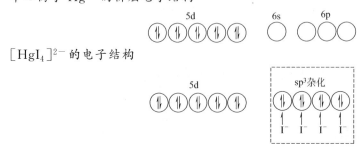

配合物为外轨型配合物

③ 配位数为 6　配位数为 6 的配合物中，中心离子需提供 6 个空的杂化轨道，其杂化方式有两种 sp^3d^2 和 d^2sp^3，以何种方式进行杂化取决于中心离子及配体的强弱。

在 $K_3[Fe(CN)_6]$ 中，Fe^{3+} 的外层 d 电子构型为 $3d^5$，CN^- 为强场配体，使中心离子 d 轨道上的电子重排。腾出两个空的 3d 轨道，故中心离子采用 3d, 4s 和 4p 轨道进行杂化，形成 6 个空的 d^2sp^3 杂化轨道接受配体提供的 6 对孤对电子形成 6 个配位键。配离子空间构型为正八面体型。

中心离子 Fe^{3+} 的价层电子结构

$K_3[Fe(CN)_6]$ 的电子结构（其中虚线框中各轨道中的电子是由六个配体 CN^- 提供的六对孤对电子）

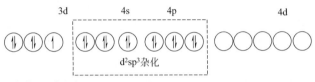

$[Fe(CN)_6]^{3-}$ 的结构示意图

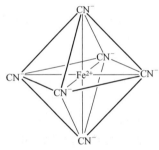

在 $[Co(SCN)_6]^{2+}$ 中，中心离子的配位数为 6，表明中心离子需提供六个空轨道与六个 SCN^- 形成 6 个配位键。Co^{2+} 的外层 d 电子构型为 $3d^7$，SCN^- 配体不能使中心离子 d 轨道上的电子重排。故中心离子只能利用外层的 4s, 4p 和 4d 空轨道进行杂化，所形成的六个空的 sp^3d^2 杂化轨道接受配体提供的六对孤对电子形成六个配位键。配离子空间构型为正八面体型。

中心离子 Co^{2+} 的价层电子结构

$[Co(SCN)_6]^{2+}$ 的电子结构

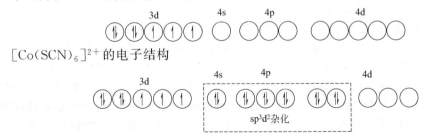

(3) 价键理论的应用

① 解释配合物的空间构型 (spatial configuration)　按照价键理论，中心离子与配体形成配位键时，中心离子需提供经杂化的空轨道。由于杂化轨道均具有一定的空间取向，配体中的孤对电子占有的轨道沿着这些特定的方向与各杂化轨道重叠，形成具有一定空间构型的配合物。因此，配合物的空间构型由中心离子的杂化类型所决定。由前讨论可知，配合物的

配位数不同，则中心离子的杂化类型就不同。当配位数为 4 或 6 时有两种杂化方式，故即使配位数相同，也因中心离子和配体的种类和性质不同，使中心离子的杂化类型不同，故配合物的空间构型不同。对于配位数为 6 的配合物，其空间构型均为八面体，但有两种杂化方式（d^2sp^3 和 sp^3d^2）。杂化轨道与配离子空间构型的关系见表 10-2。

② 解释配合物的磁性 配合物的磁性与中心原子的成单电子数有关，磁性的大小用磁矩来表示，单位为玻尔磁子（BM）。磁矩与配合物单电子数的关系见式(10-1)。式中，n 为配合物中未成对电子的数目。若计算所得的 $\mu=0$，则为反磁性物质，$\mu>0$ 则为顺磁性物质。物质的磁矩也可由磁天平测得，或通过变温磁化率的测定加以计算，通过对应的磁化率计算公式对磁化率随温度变化的磁学数据进行拟合，进而求算相应的磁学参数。

配合物的磁性由配合物中中心离子的未成对电子数决定，而未成对电子数目可依据价键理论按下列步骤来加以判定。

a. 写出中心离子（原子）的价层电子构型，对于过渡金属配合物，中心离子的价层电子构型一般为 $(n-1)d^{1\sim10}$，按价键理论的基本要点，其杂化轨道是由中心离子的能量相近且能量较低的空轨道形成的，所以一般参与杂化的轨道为 $(n-1)d$，ns，np，如果中心离子的 $(n-1)d$ 轨道不参与杂化，而 ns，np 轨道数不够的话，可以再利用 nd 轨道杂化；

b. 画出其价层轨道表示式，即 $(n-1)d$，ns，np；

c. 依据配位数确定中心离子所需空的轨道数；

d. 考察配体的强弱，确定是外轨型（采用 ns，np 或 ns，np，nd 轨道形成杂化轨道）或内轨型配合物 [采用 $(n-1)d$，ns，np 轨道形成杂化轨道]；

e. 确定中心离子（原子）的杂化类型；

f. 确定配合物的几何构型及未成对电子数目。

例如：$[FeF_6]^{3-}$、Fe^{3+} 的价层电子构型为 $3d^5$，F^- 的电负性大不会使中心离子的价电子发生重排，故形成配合物后仍有 5 个单电子，根据式(10-1) 可以求得：

$$\mu=\sqrt{n(n+2)}=\sqrt{5\times(5+2)}=5.92\text{BM}$$

实验测得 $[FeF_6]^{3-}$ 的磁矩为 5.88BM，与理论值非常相近。除了可通过价键理论推测配合物中未成对电子数目，进而求得磁矩以外，还可通过配合物的磁矩，推测配合物的空间构型及稳定性，也可以求出配合物中中心原子的成单电子数。例如：实验测得 $[Fe(H_2O)_6]^{3+}$ 的磁矩为 5.92BM，根据以上公式可知它有 5 个单电子，必须采用 sp^3d^2 杂化，是正八面体结构。实验测得 $[CoF_6]^{3-}$ 磁矩为 5.26BM，可推知其未成对电子数为 $n=4$，由于 Co^{3+} 的价层电子构型为 $3d^6$，其六个电子中有 4 个成单电子，故形成配合物后，Co^{3+} 的 d 电子未发生重排。为了空出 6 个轨道，必须采用外层的 4s、4p、4d 轨道杂化，故杂化方式为 sp^3d^2，空间构型为八面体，为外轨型配合物。

③ 判断配合物的稳定性（stability） 配合物的稳定性可用内轨型和外轨型配合物来衡量，内轨型配合物较稳定，外轨型配合物的稳定性较差。例如：外轨型配离子 $[FeF_6]^{3-}$ 及 $[Ni(NH_3)_4]^{2+}$ 的稳定性分别不如内轨型配离子 $[Fe(CN)_6]^{3-}$ 及 $[Ni(CN)_4]^{2-}$ 的高。

总之，鲍林的价键理论成功地说明了配离子空间构型、磁性和稳定性。但该理论仍存在一定的局限性。例如它不能解释为什么许多配离子都具有特征的颜色；也不能很好地说明为什么 CN^-、CO 等配体易形成内轨型的配合物，而 X^-、H_2O 等易形成外轨型配合物。另外，该理论虽能推算出配合物的单电子数，但对单电子处于哪个 d 轨道的具体位置无法确定，因而判断配离子中中心离子的杂化类型及配离子的空间构型仍有困难。如 $[Cu(NH_3)_4]^{2+}$ 配离子中，中心离子 Cu^{2+} 的价层电子构型为 $3d^9$，5 个 d 轨道不可能因为电子重排而空出一个空的轨道，故应采用外层的 4s 和 4p 轨道进行 sp^3 杂化，形成正四面体的配合物，但 X 射线晶体结构表明 $[Cu(NH_3)_4]^{2+}$ 呈平面正方形构型，而平面正方形对应的

杂化类型为 dsp^2，此时 3d 上的一个未成对电子被激发到 4p 轨道上，这种杂化方式与由价键理论推测所得的杂化类型不符，且由 3d 电子激发到 4p 轨道所需能量单从价键理论也无法加以解释。故价键理论对 $[Cu(NH_3)_4]^{2+}$ 结构不能作出满意的回答。究其原因主要是由于该理论只考虑了中心离子的杂化情况，而忽略了配体对中心离子的影响，故对配合物的有些性质无法作出合理的解释。

10.3.2 晶体场理论

晶体场理论（crystal field theory）是 1929 年由皮赛（H. Bethe）和范弗雷克（J. H. Van Vleck）提出的，它的出发点是考虑配体场对中心离子 d 轨道的影响。晶体场理论克服了价键理论的缺点，它不仅考虑到中心离子与配位体之间的静电效应，而且还考虑到它们之间的共价性质，能巧妙地解释配合物的结构、磁性、光学性质、稳定性和反应机理，在配合物的化学键理论中占有重要地位。

(1) 晶体场理论的基本要点

① 在配合物中，中心离子与配体之间的作用，类似于离子晶体中正负离子间的静电作用。

② 中心离子在周围配体非球形对称电场的作用下，原来能量相同的 5 个简并 d 轨道分裂成能级不同的几组轨道：有些轨道的能量升高、有些轨道的能量降低。

③ 由于 d 轨道的分裂，d 轨道上的电子将重新排布，电子优先占据能量较低的轨道，使体系的能量降低。

(2) 中心离子 d 轨道的能级分裂（energy level splitting）

自由离子的 5 个 d 轨道虽然有不同的空间伸展方向但能量相同，处于简并状态。若将其放入一球形负电场中，由于球形带电体产生均匀强电场，所以 5 个 d 轨道受到球形电场的静电排斥作用相同，这时 5 个 d 轨道的能量等同地升高，但不发生分裂。但若将其置在配体场中（非球形场），过渡金属离子 5 个简并 d 轨道受到周围非球形对称的配体负电场的作用时，带负电荷的配体与中心离子的 d 轨道上的电子的相互排斥，不仅使得各轨道电子能量普遍升高，而且不同 d 轨道的电子因受到的影响不同，各轨道能量升高值不同，从而导致 d 轨道能级分裂。在不同配体场中，中心离子的 5 个 d 轨道所受的配体场的作用各不相同，本书仅讨论正八面体场中的 d 轨道分裂情况。

如图 10-3 所示，将一中心离子放入在正八面体中，六个相同的配体分别沿 $\pm x$、$\pm y$、

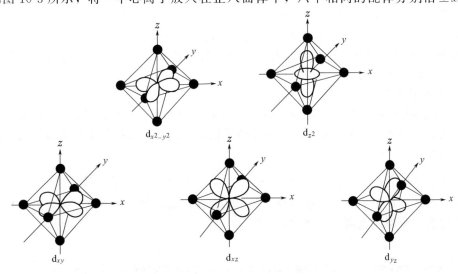

图 10-3　正八面体场的 d 轨道和配位体

$\pm z$ 的方向接近中心离子，由于 d_{xy}、d_{yz}、d_{xz} 三个轨道正好插在配体的空隙中，因此其轨道与配体之间的距离相对较远，受配体静电斥力较小。而 d_{z^2}、$d_{x^2-y^2}$ 与配体迎头相碰，其轨道与配体之间的距离相对较近，受配体静电斥力较大，因而这两个 d 轨道所受配体的斥力较大。

d 轨道在正八面体场中，分为两组，一组为 d_{z^2}、$d_{x^2-y^2}$ 轨道，它们的能量比球形场中的 d 轨道能量高些，通常将这两个轨道称为 e_g 轨道（或 d_γ 轨道），另一组是 d_{xy}、d_{yz}、d_{xz} 轨道，它们的能量比球形场中 d 轨道能量低些，但比自由离子的 d 轨道能量高些。通常将这组轨道称为 t_{2g} 轨道（或 d_ε 轨道），其能量相对高低如图 10-4。这里的球形场的能量在数值上可看成是分裂后的五个 d 轨道能量的平均值。因此，上面所述的 d_{z^2}、$d_{x^2-y^2}$ 轨道的能量升高，以及 d_{xy}、

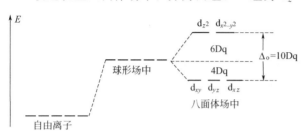

图 10-4 自由离子、球形场及八面体场中 d 轨道能级图

d_{yz}、d_{xz} 三个轨道能量的降低是相对于这个平均值的球形场而言的。且由于受到八面体场的作用，五个 d 轨道的能量均较自由的中心离子的能量要高。

① 分裂能（break-up energy） 在不同构型的配合物中，d 轨道分裂的方式和大小是不同的。分裂后最高能量 d 轨道和最低能量 d 轨道之间的能量差称为分裂能。通常用 Δ 符号表示。对正八面体配合物，分裂能为 d 轨道分裂后的两组轨道（t_{2g} 或 d_ε 和 e_g 或 d_γ）的能量之差，用 Δ_o 表示❶。

$$\Delta_o = E_{e_g} - E_{t_{2g}}$$

Δ_o 值相当于一个电子由 t_{2g} 轨道跃迁到 e_g 轨道所吸收的能量。

将 Δ_o 分成 10 等份，每等份为 1Dq，则 $\Delta_o = 10$Dq。

若将分裂前 d 轨道的能量作为零点，根据能量守恒，有：

$$2E_{e_g} + 3E_{t_{2g}} = 0$$

又因 $\Delta_o = E_{e_g} - E_{t_{2g}} = 10$Dq，则得到 $E_{e_g} = \dfrac{3}{5}\Delta_o = 6$Dq $E_{t_{2g}} = -\dfrac{2}{5}\Delta_o = -4$Dq

由计算可知，在正八面体场中，中心离子的 d 轨道发生能级分裂后，每个 t_{2g} 轨道的能量比分裂前降低 4Dq，每个 e_g 轨道的能量比分裂前升高 6Dq。

② 影响分裂能的因素 分裂能的大小由配合物的光谱确定。它与中心离子的电荷和半径、配体的性质等因素有关。现分别讨论如下。

a. 中心离子的电荷和半径

（a）当配体相同时，同一中心离子的电荷愈高，分裂能 Δ 愈大。因为电荷高，对配体的吸引力大，中心离子与配体距离近，中心离子的 d 轨道与配体的静电斥力就越大，分裂能也越大。例如：

$[Fe(H_2O)_6]^{2+}$ $\Delta_o = 10400 \text{cm}^{-1}$；$[Fe(H_2O)_6]^{3+}$ $\Delta_o = 13700 \text{cm}^{-1}$

（b）电荷相同的中心离子，半径愈大，轨道离核愈远，其 d 轨道离配体愈近，与配体的静电斥力愈大，分裂能也愈大。例如：

---

❶ 分裂能的单位可以用 cm^{-1}（波数），也可以用 $\text{kJ} \cdot \text{mol}^{-1}$，两者之间的换算关系是（$\text{cm}^{-1}$）×$1.196 \times 10^{-2} = \text{kJ} \cdot \text{mol}^{-1}$。

Fe^{2+}	$r=76pm$	$[Fe(H_2O)_6]^{2+}$	$\Delta_o=10400cm^{-1}$
Co^{2+}	$r=74pm$	$[Co(H_2O)_6]^{2+}$	$\Delta_o=9300cm^{-1}$
Ni^{2+}	$r=72pm$	$[Ni(H_2O)_6]^{2+}$	$\Delta_o=8500cm^{-1}$

b. 同族同氧化值离子的分裂能随中心离子 d 轨道主量子数的增大而增大。相同配体，同一族同氧化值的金属离子所形成的具有相同构型的配合物，其分裂能的大小顺序是第三过渡系＞第二过渡系＞第一过渡系。第五周期比第四周期的中心离子的分裂能约增大 30%～50%，第六周期（d 轨道主量子数为 5）比第五周期的中心离子的分裂能约增大 20%～30%，例如：

$[Co(NH_3)_6]^{3+}$	Co^{3+}	$3d^6$	$\Delta_o=22900cm^{-1}$
$[Rh(NH_3)_6]^{3+}$	Rh^{3+}	$4d^6$	$\Delta_o=34100cm^{-1}$
$[Ir(NH_3)_6]^{3+}$	Ir^{3+}	$5d^6$	$\Delta_o=41000cm^{-1}$

c. 配体的性质。同一中心离子且构型相同的配合物，分裂能随配位体不同而变化。一般配体场强越大，分裂能越大。如八面体场中，当配位体场强较大时，处于头碰头状态的配体和 d 轨道（d_{z^2} 和 $d_{x^2-y^2}$）之间会产生更强的相互排斥作用，使这两个 d 轨道能量升高更多，进而导致分裂能增加。配体场的强弱可由光谱实验数据总结得出，按照其强弱顺序依序排列，所得到的序列称为光谱化学序列。

$$I^-<Br^-<S^{2-}<SCN^-<Cl^-<NO_3^-<F^-<OH^-<C_2O_4^{2-}<$$
$$H_2O<EDTA<NH_3<en<NO_2^-<CN^-<CO$$

按配位原子来说，Δ 大小为：卤素＜氧＜氮＜碳，即 $I<Br<Cl<\approx S<F<O<N<C$。处于化学序列前端的配体如 I^- 和 Br^- 为弱场配体，产生的分裂能较小，处于后端的配体为强场配体，产生的分裂能较大，对于处于中间位置的配体，其分裂能的大小与中心离子的性质有关。

d. 配合物的空间构型。不同构型的配位场所形成的分裂能明显不同。当中心离子处于配位数为 4 的正方形或正四面体场时，中心离子的 d 轨道的能级分裂与八面体场的完全不同。平面正方形配合物的分裂能最大，八面体配合物的分裂能次之，四面体配合物分裂能最小。

(3) 晶体场稳定化能（crystal field stabilization energy）

若 d 轨道不是处在全满或全空时，在配体作用下，中心离子的 d 电子进入分裂后的轨道，轨道的总能量一般比处于未分裂轨道的总能量低，这一总能量的降低值，称为晶体场稳定化能（用 CFSE 表示）。在正八面体中，晶体场稳定化能可按下式计算：

$$CFSE=(-4n_1+6n_2)Dq+(m_1-m_2)E_p \tag{10-2}$$

式中，n_1 为 t_{2g} 轨道中的电子数；n_2 为 e_g 轨道中的电子数；m_1 为八面体场中，d 轨道中的成对电子数；m_2 为球形体场中，d 轨道中的成对电子数；E_p 为电子成对能。如果一个轨道上已有一个电子，第二个电子进入该轨道与之成对时，该电子需要克服电子间的排斥作用才能偶合成对，这个能量称为电子成对能。

由式(10-2) 可知，晶体场稳定化能与分裂能（$\Delta_o=10Dq$）、成对能以及中心离子的 d 电子分布有关。CFSE 由两部分组成，其中 $(-4n_1+6n_2)Dq$ 表示由于 d 轨道能级分裂而导致的体系能量的降低；$(m_1-m_2)E_p$ 表示相比于球形场中，由于多余的电子配对而增加的能量，一般前者大于后者，故配合物总的能量降低。晶体场稳定化能值越负，配合物就越稳定。按晶体场稳定化能的计算公式，可计算出具有 d^1～d^{10} 电子的中心离子在八面体场中的晶体场稳定化能，其结果列于表 10-3 中。由表可知，具有 d^1～d^3、d^8～d^{10} 的离子，在八面体的弱场和强场中 d 电子的分布形式是相同的，但是由于弱、强场的分裂能不同，所以它们的晶体场稳定化能（Dq=Δ_o/10）也有所不同。另外，由于在弱的八面体场中，其d轨道中成对电子数与球形体场中的成对电子数相同，故弱八面体场的晶体场稳定化能与电子成对能无关。

表 10-3　强、弱场中 $d^1 \sim d^{10}$ 的晶体场稳定化能

中心离子 d 电子数	弱场中 d 电子分布	自旋态 CFSE	强场中 d 电子分布	自旋态 CFSE
1	$t_{2g}^1 e_g^0$	$-4Dq$	$t_{2g}^1 e_g^0$	$-4Dq$
2	$t_{2g}^2 e_g^0$	$-8Dq$	$t_{2g}^2 e_g^0$	$-8Dq$
3	$t_{2g}^3 e_g^0$	$-12Dq$	$t_{2g}^3 e_g^0$	$-12Dq$
4	$t_{2g}^3 e_g^1$	$-6Dq$	$t_{2g}^4 e_g^0$	$-16Dq+E_p$
5	$t_{2g}^3 e_g^2$	$0Dq$	$t_{2g}^5 e_g^0$	$-20Dq+2E_p$
6	$t_{2g}^4 e_g^2$	$-4Dq$	$t_{2g}^6 e_g^0$	$-24Dq+2E_p$
7	$t_{2g}^5 e_g^2$	$-8Dq$	$t_{2g}^6 e_g^1$	$-18Dq+E_p$
8	$t_{2g}^6 e_g^2$	$-12Dq$	$t_{2g}^6 e_g^2$	$-12Dq$
9	$t_{2g}^6 e_g^3$	$-6Dq$	$t_{2g}^6 e_g^3$	$-6Dq$
10	$t_{2g}^6 e_g^4$	$0Dq$	$t_{2g}^6 e_g^4$	$0Dq$

【例 10-2】 $[Co(NH_3)_6]^{3+}$ 的磁矩为 0BM，按晶体场理论，指出其中心离子 d 轨道分裂后的 d 电子排布，并计算相应的晶体场稳定化能。

解 Co^{3+} 的电子构型为 $3d^6$，由于其磁矩为 0，故其未成对电子数为 0，所以 d 电子在分裂之后的轨道上排布为：

$$E_{e_g} = 6Dq, \quad E_{t_{2g}} = -4Dq$$

$$CFSE = 6 \times (-4Dq) + (3-1)E_p = -24Dq + 2E_p$$

CFSE 计算式中的 $2E_p$，是中心离子在配位体形成的八面体场中的成对电子数减去球形场中成对的 d 电子数而增加的能量。但由于此配合物的分裂能大于电子成对能，故其 CFSE 值为负值，表明形成配合物后能量降低，更稳定。若不考虑电子成对能的影响，则 CFSE = $-24Dq$。

(4) 晶体场理论的应用

① 配合物 d 电子的自旋状态和磁性　对于八面体配合物，d 电子在分裂后的 t_{2g} 和 e_g 轨道上的分布规律与原子核外电子排布相似，遵守能量最低原理（principle of the lowest energy）、泡利不相容原理（Pauli exclusion principle）和洪特规则（Hund rule）。

具体分布情况有下面两种：

a. 对于弱场配体，其分裂能小于电子成对能（$\Delta_o < E_p$）。根据能量最低原理，电子应该首先以自旋平行单电子形式占据 t_{2g} 和 e_g，此时未成对电子数与中心离子为自由离子时的未成对电子数目一致，所形成的配合物称为高自旋配合物。

b. 对于强场配体，其分裂能大于电子成对能（$\Delta_o > E_p$），根据能量最低原理，电子尽量占据低能量的 t_{2g} 轨道，只有在 t_{2g} 轨道全部充满后，才会填充在 e_g 轨道上，这种情况单电子数较自由离子时少，所形成的配合物称为低自旋配合物。

具有 d^1、d^2、d^3、d^8、d^9、d^{10} 电子的离子，其 d 电子在强、弱场中的分布是相同的，即没有高、低自旋之分。只有具有 d^4、d^5、d^6、d^7 电子的离子，其中 d 电子在弱、强场中的分布是不同的，从而有高、低自旋之分。

由 Δ_o 与 E_p 的相对大小可确定中心离子的 d 电子分布，从而可知形成配合物后，中心离子的未成对电子数目 (n)，若 n 不为零，为顺磁性物质，$n=0$ 为反磁性物质。可依据 n 值和磁矩的计算公式，求算磁矩值。

【例 10-3】 用晶体场理论说明 $[Fe(CN)_6]^{4-}$ 为反磁性，而 $[Fe(H_2O)_6]^{2+}$ 具有顺磁性。

解 Fe^{2+} 的电子排布为 $3d^6$

由于 CN^- 为强场配体，$\Delta_o > E_p$，d 电子在分裂后的 d 轨道上排布为 $t_{2g}^6 e_g^0$，为低自旋配合物，其未成对电子数目为零，故为反磁性物质

由于 H_2O 的场强较弱，$\Delta_o < E_p$，d 电子在分裂后的 d 轨道上排布为 $t_{2g}^4 e_g^2$，为高自旋配合物，结构中有 4 个未成对电子，故呈顺磁性

$[Fe(CN)_6]^{4-}$ 的 d 电子分布　　　　　$[Fe(H_2O)_6]^{2+}$ 的 d 电子分布

② 解释配合物的颜色　过渡金属离子的配合物大多具有特征的颜色，如 $[Cu(H_2O)_4]^{2+}$ 为蓝色，$[Co(H_2O)_6]^{2+}$ 为粉红色，$[V(H_2O)_6]^{3+}$ 为绿色，$[Ti(H_2O)_6]^{3+}$ 为紫红色等。这可以用晶体场理论来解释。物质的颜色是由于它选择性地吸收可见光中某些波长的光产生的。当白光投射到物体上，如果全部被吸收，物体呈黑色；如果全部反射出来，物体呈白色；如果只吸收可见光中某些波长的光，则剩下的未被吸收的光线的颜色就是物质的颜色。配合物具有颜色是因为 d 轨道在晶体场的作用下发生能级分裂而产生的。

在具有 1~9 个 d 电子数的过渡金属配离子中，因 d 轨道没有被电子充满，故电子在获得光能后，就可能从较低能级的轨道跃迁到较高能级的轨道，这种跃迁称为 d-d 跃迁，跃迁所需要的能量就是 d 轨道的分裂能 Δ_o。尽管不同配合物的分裂能不同，但其数量级一般都在近紫外和可见光的能量范围之内。不同配合物由于分裂能的不同，发生 d-d 跃迁吸收光的波长也不同，使配合物产生不同的颜色。对于分裂能较小的配合物，发生 d-d 跃迁吸收可见光中较低能量的波长较长的光，波长较短的光透过配离子溶液，所以人们看到是波长较短的光的颜色。如果配合物的分裂能较大，则发生 d-d 跃迁时吸收能量较高、吸收波长较短的光，波长较长的光透过溶液，呈现波长较长的光的颜色。发生 d-d 跃迁所吸收光的颜色和配离子呈现的颜色之间存在着互补关系。例如 $[Ti(H_2O)_6]^{3+}$ 发生 d-d 跃迁时吸收的波长在 510nm 处，即蓝绿色成分，吸收最少的是紫色及红色成分，所以它呈淡红紫色。颜色的深浅与跃迁电子数目有关。配合物的颜色和吸收光的颜色见表 10-4。

表 10-4　配合物的颜色和吸收光的颜色

配合物的颜色	吸收光		配合物的颜色	吸收光	
	颜色	波长/nm		颜色	波长/nm
黄绿	紫	400~450	紫	黄绿	560~580
黄色	蓝	450~480	蓝	黄	580~600
橙	绿蓝	480~490	绿蓝	橙	600~650
红	蓝绿	490~500	蓝绿	红	650~750
紫红	绿	500~560			

具有 d^0 和 d^{10} 的中心离子所形成的配离子如 $[Ag(NH_3)_2]^+$、$[Zn(NH_3)_4]^{2+}$、$[HgI_4]^{2-}$ 等均是无色的，这是因为中心离子的 d 轨道中没有电子或是全被电子充满，这种情况下 d-d 跃迁不可能发生。另外，如果某些配离子的分裂能很小或很大，发生 d-d 跃迁所需要的能量不在可见光的能量范围内，那么这些配离子也是没有颜色的。

尽管晶体场理论能较好地解释配合物的颜色、磁性和稳定性，但是晶体场理论也有其局

限性。一方面，它不能满意地解释光谱化学序列，无法解释中性原子和中性分子形成的羰基化合物等。另一方面，晶体场理论只考虑中心离子和配体间的静电作用，忽视了中心离子和配体间的作用还有一定程度的共价成分。

10.4 配合物的稳定性

10.4.1 配位平衡和平衡常数

含有配离子的化合物其内界和外界之间是以离子键结合的，在水中与强电解质的电离方式相同，几乎全部离解为阴、阳离子。如 $[Cu(NH_3)_4]SO_4$ 在水溶液中存在下列离解反应：

$$[Cu(NH_3)_4]SO_4 \rightleftharpoons [Cu(NH_3)_4]^{2+} + SO_4^{2-}$$

向该溶液中加入 $BaCl_2$ 溶液，可观察到白色 $BaSO_4$ 沉淀产生；若加入 NaOH 溶液，不能产生 $Cu(OH)_2$ 沉淀；而加入 Na_2S 却能产生黑色的 CuS 沉淀，这些实验现象表明：$[Cu(NH_3)_4]^{2+}$ 在溶液中部分离解出 Cu^{2+} 和 NH_3，由于 $Cu(OH)_2$ 的溶解度较大，加入少量的 NaOH 溶液不足以使溶液中 $[Cu^{2+}][OH^-]^2 > K_{sp,Cu(OH)_2}^{\ominus}$，不产生 $Cu(OH)_2$ 沉淀；而 CuS 的溶解度很小，当加入 Na_2S 后，可使 $[Cu^{2+}][S^{2-}] > K_{sp,CuS}^{\ominus}$，因此有 CuS 沉淀生成。故此溶液中存在如下离解平衡：

$$[Cu(NH_3)_4]^{2+} \rightleftharpoons Cu^{2+} + 4NH_3$$

其离解常数为

$$K^{\ominus} = \frac{[Cu^{2+}][NH_3]^4}{[Cu(NH_3)_4^{2+}]}$$

该离解常数又称为配合物的不稳定常数，因为该值越大，表明配合物越不稳定，用 $K_{\text{不稳}}^{\ominus}$ 表示。

对于含两个或两个以上配体的配离子，在水溶液中的离解，与多元弱酸（或弱碱）的离解类似是分步进行的。如 $[Cu(NH_3)_4]^{2+}$ 在水溶液中的离解可分为以下四步进行。按平衡常数的定义，每一步都存在一个平衡常数，各步的平衡常数表示的是对应配离子的不稳定常数。

$$[Cu(NH_3)_4]^{2+} \rightleftharpoons [Cu(NH_3)_3]^{2+} + NH_3 \qquad K_{\text{不稳}1}^{\ominus} = \frac{[Cu(NH_3)_3^{2+}][NH_3]}{[Cu(NH_3)_4^{2+}]}$$

$$[Cu(NH_3)_3]^{2+} \rightleftharpoons [Cu(NH_3)_2]^{2+} + NH_3 \qquad K_{\text{不稳}2}^{\ominus} = \frac{[Cu(NH_3)_2^{2+}][NH_3]}{[Cu(NH_3)_3^{2+}]}$$

$$[Cu(NH_3)_2]^{2+} \rightleftharpoons [Cu(NH_3)]^{2+} + NH_3 \qquad K_{\text{不稳}3}^{\ominus} = \frac{[Cu(NH_3)^{2+}][NH_3]}{[Cu(NH_3)_2^{2+}]}$$

$$[Cu(NH_3)]^{2+} \rightleftharpoons Cu^{2+} + NH_3 \qquad K_{\text{不稳}4}^{\ominus} = \frac{[Cu^{2+}][NH_3]}{[Cu(NH_3)^{2+}]}$$

将以上四步离解反应相加，即得 $[Cu(NH_3)_4]^{2+} \rightleftharpoons Cu^{2+} + 4NH_3$，按照多重平衡规则

$$K_{\text{不稳}}^{\ominus} = K_{\text{不稳}1}^{\ominus} \cdot K_{\text{不稳}2}^{\ominus} \cdot K_{\text{不稳}3}^{\ominus} \cdot K_{\text{不稳}4}^{\ominus} \tag{10-3}$$

$[Cu(NH_3)_4]^{2+}$ 的不稳定常数是各级不稳定常数的乘积，即配合物的离解在溶液中是分级进行的。同理，中心离子与配体的结合形成配离子的过程也是分级进行的，如 Cu^{2+} 与 NH_3 是逐步配合而形成 $[Cu(NH_3)_4]^{2+}$ 的，其形成反应的顺序和离解反应的顺序刚好相反。因此，第一级稳定常数相当于第四级不稳定常数的倒数，第二级稳定常数相当于第三级不稳定常数的倒数，第三级稳定常数相当于第二级不稳定常数的倒数，第四级稳定常数相当

于第一级不稳定常数的倒数。其相互关系可用式（10-4）表示。这里各步平衡常数称为逐级稳定常数，$K_1^\ominus$、$K_2^\ominus$、$K_3^\ominus$、$K_4^\ominus$ 分别表示逐级稳定常数，其总反应的稳定常数为各逐级稳定常数的乘积（10-5）：

$$K_{\text{稳}n}^\ominus = \frac{1}{K_{\text{不稳}5-n}^\ominus}, \quad n=1,2,3,4 \tag{10-4}$$

$$Cu^{2+} + 4NH_3 \rightleftharpoons [Cu(NH_3)_4]^{2+}$$

$$K_\text{稳}^\ominus = K_1^\ominus \cdot K_2^\ominus \cdot K_3^\ominus \cdot K_4^\ominus \tag{10-5}$$

由于配离子的离解和形成反应互为可逆反应，故配离子的不稳定常数与稳定常数的数值互为倒数。这里配离子的逐级稳定常数一般随着配位数的增加而下降。这是因为随着配位体数目增多，配位体之间的排斥作用加大，故其稳定性下降。

$K_\text{不稳}^\ominus$、$K_\text{稳}^\ominus$ 是配合物的特性常数，其值与平衡常数一样，只与配合物的本性和温度有关，与配合物的起始浓度无关。除通过实验方法测定外，还可通过某些计算求得。一般 $K_\text{不稳}^\ominus$ 越小（$K_\text{稳}^\ominus$ 越大），则配合物越稳定，对于同类型的配合物（配位数相同），其配合物的稳定性可直接依据 $K_\text{不稳}^\ominus$ 或 $K_\text{稳}^\ominus$ 的值大小决定。但不同类型的配合物的稳定性不能直接用 $K_\text{不稳}^\ominus$ 或 $K_\text{稳}^\ominus$ 比较。常见配离子的稳定常数见表10-5。

表 10-5　常见配离子的稳定常数

配离子	$K_\text{稳}^\ominus$	配离子	$K_\text{稳}^\ominus$	配离子	$K_\text{稳}^\ominus$	配离子	$K_\text{稳}^\ominus$
$[Ag(NH_3)_2]^+$	1.12×10^7	$[Co(NH_3)_6]^{2+}$	1.29×10^5	$[Cd(CN)_4]^{2-}$	6.02×10^{18}	$[Ni(NH_3)_4]^{2+}$	9.09×10^7
$[Ag(CN)_2]^-$	1.3×10^{21}	$[Co(NH_3)_6]^{3+}$	1.58×10^{35}	$[Fe(CN)_6]^{3-}$	1.00×10^{42}	$[Zn(CN)_4]^{2-}$	5.00×10^{16}
$[Ag(SCN)_2]^-$	3.72×10^7	$[Cu(NH_3)_4]^{2+}$	2.09×10^{13}	$[Fe(CN)_6]^{4-}$	1.00×10^{35}	$[Zn(NH_3)_4]^{2+}$	2.88×10^9
$[Ag(S_2O_3)_2]^{3-}$	2.88×10^{13}	$[Cu(CN)_2]^-$	1.0×10^{16}	$[FeF_6]^{3-}$	1.00×10^{16}		
$[AlF_6]^{3-}$	6.94×10^{19}	$[Cd(NH_3)_4]^{2+}$	1.32×10^7	$[Ni(CN)_4]^{2-}$	2.00×10^{31}		

【例 10-4】 在 50mL $0.1\text{mol} \cdot L^{-1}$ $AgNO_3$ 溶液中，加入 10mL $2\text{mol} \cdot L^{-1}$ 氨水，使 Ag^+ 全部生成 $[Ag(NH_3)_2]^+$ 配离子。如将此溶液加水稀释至 100mL，求溶液中 Ag^+ 浓度？（已知 $K_{\text{稳},[Ag(NH_3)_2]^+}^\ominus = 1.12 \times 10^7$）

解　稀释后，Ag^+ 和 NH_3 的浓度为：

$$c_{Ag^+} = 0.1 \times \frac{50}{100} = 0.05 \text{mol} \cdot L^{-1}$$

$$c_{NH_3} = 2 \times \frac{10}{100} = 0.20 \text{mol} \cdot L^{-1}$$

生成配离子后，溶液中还剩下的氨的浓度为：

$$c_{\text{剩},NH_3} = 0.2 - 2 \times 0.05 = 0.10 \text{mol} \cdot L^{-1}$$

$$c_{[Ag(NH_3)_2]^+} = c_{Ag^+} = 0.05 \text{mol} \cdot L^{-1}$$

设溶液中 Ag^+ 离子浓度为 x，则根据平衡原理有：

	$[Ag(NH_3)_2]^+$	$\rightleftharpoons$	Ag^+	$+$	$2NH_3$
开始浓度/$\text{mol} \cdot L^{-1}$	0.05		0		0.10
平衡浓度/$\text{mol} \cdot L^{-1}$	$0.05-x$		x		$0.10+2x$

$$K_{\text{不稳},[Ag(NH_3)_2]^+}^\ominus = \frac{[Ag^+][NH_3]^2}{[Ag(NH_3)_2^+]} = \frac{x(0.10+2x)^2}{0.05-x} = \frac{1}{1.12 \times 10^7}$$

由于 NH_3 的浓度较大，由 $[Ag(NH_3)_2]^+$ 解离出的 Ag^+ 浓度很小，因此，$0.05-x \approx 0.05$，$0.10+2x \approx 0.10$ 解之得：$c_{Ag^+} = 4.5 \times 10^{-7} \text{mol} \cdot L^{-1}$。

10.4.2 影响配位化合物稳定性的因素

配位化合物的稳定性主要指热力学稳定性,尤其是水溶液中的稳定性。影响配合物的稳定性的因素很多,如温度、压力、浓度等。本书主要讨论中心离子和配体的结构和性质对配合物稳定性的影响。

(1) 中心离子对配位化合物稳定性的影响

中心离子与配体之间结合力的强弱,显然与中心离子的电荷数、半径和电子构型有关。

① 中心离子电荷(central ion charge) 同一周期元素或同一元素作为中心离子,电荷越高配合物的稳定性越强,对应的稳定常数值越大,如:

$[Co(NH_3)_6]^{3+}$ $K_{稳}^{\ominus}=1.58\times 10^{38}$

$[Co(NH_3)_6]^{2+}$ $K_{稳}^{\ominus}=1.29\times 10^{5}$

$[Ni(NH_3)_6]^{2+}$ $K_{稳}^{\ominus}=5.49\times 10^{8}$

$[Fe(CN)_6]^{3-}$ $K_{稳}^{\ominus}=1.00\times 10^{42}$

$[Fe(CN)_6]^{4-}$ $K_{稳}^{\ominus}=1.00\times 10^{35}$

② 中心离子所在的周期(cycle) 一般来说,同族元素作中心离子,元素所在的周期数越大,配位化合物越稳定,如:

$[Pt(NH_3)_6]^{2+}$ $K_{稳}^{\ominus}=2.00\times 10^{35}$

$[Ni(NH_3)_6]^{2+}$ $K_{稳}^{\ominus}=5.49\times 10^{8}$

$[Hg(NH_3)_4]^{2+}$ $K_{稳}^{\ominus}=1.90\times 10^{19}$

$[Zn(NH_3)_4]^{2+}$ $K_{稳}^{\ominus}=2.88\times 10^{9}$

③ 中心离子的电子构型(electron configuration) 2 或 8 电子构型的阳离子作为中心离子,在配体相同时,电荷越高和半径越小,形成的配合物越稳定。因此可用离子势 $\dfrac{Z^+}{r}$ 来衡量配合物的稳定性,一般来说,中心离子的离子势越大,所形成的配合物越稳定。例如氨基酸与碱金属和碱土金属形成的配位化合物的稳定性顺序为:

$$Na^+>K^+>Rb^+>Cs^+, \quad Mg^{2+}>Ca^{2+}>Sr^{2+}>Ba^{2+}$$

18 或 18+2 电子构型的阳离子作为中心离子,由于变形性大,易生成稳定的共价配位化合物,故此类阳离子作为中心离子形成的配合物比 2 或 8 电子构型阳离子作为中心离子形成的配合物稳定。由于半径越大,变形性越大,因此对于 18 或 18+2 电子构型的阳离子,半径大的形成的配合物稳定性大。如:$[ZnCl_4]^{2-}<[CdCl_4]^{2-}<[HgCl_4]^{2-}$。这里需要说明的是:8 电子构型、18 电子构型和 18+2 电子构型都只形成外轨型的配合物,一般来说,外轨型配合物的稳定性比内轨型配合物的低。

9~17 电子型阳离子都有未充满的 d 轨道,容易接受配体的电子对,生成配合物的能力强。就一般而言,电荷高、d 电子少的阳离子(如 Ti^{3+}、V^{3+})的变形小,类似于同周期 8 电子构型的阳离子,与配体间的作用力以静电引力为主;而电荷较低,d 电子多的阳离子(如 Fe^{2+}、Co^{2+}、Ni^{2+}、Pt^{2+}、Cu^{2+} 等)的变形性大,且属于 9~17 电子构型的阳离子,形成配合物中配位键的共价性增大。此外,这类阳离子易生成内轨型配合物,内轨型配合物较稳定。

(2) 配体对配合物稳定性的影响

配位化合物稳定性主要受配位原子电负性和配体碱性的影响。

① 配位原子的电负性(electronegativity) 配位原子的电负性对配位化合物稳定性的影响与电子构型有关。对于 2 或 8 电子构型的阳离子,配位原子的电负性越大,形成的配合物越稳定,其顺序为:

$$F \gg Cl > Br > I$$
$$O \gg S > Se > Te$$
$$N \gg P > As > Sb$$

对于 18 或 18+2 电子构型的阳离子，配位原子的电负性越小，越容易给出电子对，形成的配合化合物越稳定，其顺序为：

$$N \ll P < As$$
$$F \ll Cl < Br < I$$
$$O < S$$
$$N \gg O \gg F$$

② **配体的碱性**（alkalescence） 配位原子相同的一系列结构相似的配体与同一中心离子形成配位化合物时，配体的碱性越强，所形成的配合物越稳定，如表 10-6 所示。

表 10-6 配体的碱性与配位化合物的关系

配体	$\lg K_{t,L}^{\ominus}$	$\lg K_{稳,[AgL]^+}^{\ominus}$	配体	$\lg K_{t,L}^{\ominus}$	$\lg K_{稳,[AgL]^+}^{\ominus}$
β-萘胺	4.28	1.62	NH_3	9.26	7.24
吡啶(py)	5.31	2.11	乙二胺(en)	10.11	7.70

注：$K_{t,L}^{\ominus}$ 是配体与强酸反应的中和常数，$K_{t,L}^{\ominus}$ 越大表示配体接受质子的倾向越大，碱性越强，$K_{稳,[AgL]^+}^{\ominus}$ 为第一级稳定常数。

(3) 18 电子规则（18 electron rule）

18 电子规则又称有效原子序数（在金属配合物中金属原子周围包括与配位原子共享的电子总数称为该金属原子的有效原子序数）法则（EAN），是西奇威克（N. V. Sidgwick）在吉尔伯特·牛顿·路易斯（Gilbert Newton Lewis）的八隅体规则（8 电子规则）基础上提出的经验规则。这是过渡金属簇状配合物化学中比较重要的一个概念，常用来预测金属配合物的结构和稳定性。过渡金属价电子层有 5 个 $(n-1)d$、1 个 ns 和 3 个 np 轨道，共 9 条价轨道，若这 9 条价轨道全充满，则其价电子层有 18 个电子，使其具有与同周期稀有气体原子相同的电子结构，则该配合物是稳定的。填充过程由金属原子与配体间共享电子完成。利用 18 电子规则可以较好地说明 Cr、Mn、Fe 和 Co 的三核簇状配合物及二茂铁、五羰基合铁、六羰基合铬和四羰基合镍的电子结构。例如 $Fe(CO)_5$、$Ni(CO)_4$、$Co_2(CO)_8$、$Fe_2(CO)_9$ 等符合 18 电子规则的配合物都较稳定，符合 18 电子规则的 $HMn(CO)_4$ 和 $Mn_2(CO)_{10}$ 都已经合成出来。而 $Mn(CO)_5$ 或 $Co(CO)_4$ 不符合 18 电子规则，都不存在。

二茂铁 $Fe(C_5H_5)_2$ 符合 18 电子规则 [Fe(Ⅱ) 有 6 个电子，每个 C_5H_5 有 6 个电子，共 18 个电子]，较稳定；而 $Ni(C_5H_5)_2$ 和 $Co(C_5H_5)_2$ 等不符合 18 电子规则，稳定性差，容易氧化。

18 电子规则也有些例外，一些不符合 18 电子规则的配合物也能稳定存在。

10.4.3 配位平衡的移动

配合平衡是动态平衡，依据化学平衡移动原理，当外界条件改变时，平衡就会发生移动。在配位平衡反应中，当中心离子、配离子或者配体的浓度发生改变时，配合平衡都将发生移动，配位平衡体系中，各离子浓度可因生成弱电解质，产生沉淀反应或氧化还原反应而改变，分述如下。

(1) 和酸碱电离平衡（acid-base ionization equilibrium）**的关系**

以 $[Ni(CN)_4]^{2-}$ 的配位平衡加以讨论。

若在此溶液中加入稀硝酸，则溶液中的 CN^- 会与硝酸电离产生的 H^+ 作用生成弱酸 HCN，从而使 CN^- 浓度降低，发生下列反应：

$$[Ni(CN)_4]^{2-} \longrightarrow Ni^{2+} + 4CN^-$$
$$+$$
$$4H^+ \longrightarrow 4HCN$$

总的平衡式为：　　　　$[Ni(CN)_4]^{2-} + 4H^+ \rightleftharpoons Ni^{2+} + 4HCN$

该反应的平衡常数为

$$K^{\ominus} = \frac{[Ni^{2+}][HCN]^4}{[Ni(CN)_4^{2-}][H^+]^4} = \frac{[Ni^{2+}][CN^-]^4[HCN]^4}{[Ni(CN)_4^{2-}][CN^-]^4[H^+]^4} = \frac{K^{\ominus}_{\text{不稳},[Ni(CN)_4]^{2-}}}{(K^{\ominus}_{HCN})^4} = 3.45 \times 10^5$$

从平衡常数值可知，该反应向右进行的程度很大。

此反应的平衡常数也可依据反应物的解离及生成物的生成平衡来计算总的平衡常数，其中各平衡反应中所涉及的各物质的量与总的平衡式中各物质的量相同。为使求算简便，总的平衡式中所涉及的难溶化合物，弱电解质均按完全解离或由最简离子生成书写平衡式。

上式的平衡可分解为两个平衡：

$$[Ni(CN)_4]^{2-} \longrightarrow Ni^{2+} + 4CN^- \qquad K^{\ominus}_{\text{不稳},[Ni(CN)_4]^{2-}}$$
$$4H^+ + 4CN^- \longrightarrow 4HCN \qquad 1/(K^{\ominus}_{HCN})^4$$

两式相加的反应为上述总的平衡式，按多重平衡规则，总的平衡常数为这两式的平衡常数的乘积，与第一种方法推导的平衡常数表达式相同。

若在此溶液中加入氢氧化钠水溶液，则溶液中的 Ni^{2+} 可能会与 OH^- 反应转化为 $Ni(OH)_2$ 沉淀，所发生的反应如下

$$[Ni(CN)_4]^{2-} \longrightarrow Ni^{2+} + 4CN^-$$
$$+$$
$$2OH^- \longrightarrow Ni(OH)_2 \downarrow$$

总的平衡式为：　　　　$[Ni(CN)_4]^{2-} + 2OH^- \rightleftharpoons Ni(OH)_2 + 4CN^-$

该反应的平衡常数为

$$K^{\ominus} = \frac{[CN^-]^4}{[Ni(CN)_4^{2-}][OH^-]^2} = \frac{[CN^-]^4[Ni^{2+}]}{[Ni(CN)_4^{2-}][OH^-]^2[Ni^{2+}]} = \frac{K^{\ominus}_{\text{不稳},[Ni(CN)_4]^{2-}}}{K^{\ominus}_{sp,Ni(OH)_2}} = 9.12 \times 10^{-17}$$

上面的总的平衡式可分解为下面两个平衡

$$[Ni(CN)_4]^{2-} \longrightarrow Ni^{2+} + 4CN^- \qquad K^{\ominus}_{\text{不稳},[Ni(CN)_4]^{2-}}$$
$$Ni^{2+} + 2OH^- \longrightarrow Ni(OH)_2 \qquad 1/K^{\ominus}_{sp,Ni(OH)_2}$$

按多重平衡规则，其总的平衡常数为两式之积。

由于其平衡常数值很小，说明在溶液中增加碱度，很难使其产生 $Ni(OH)_2$ 沉淀，故 $[Ni(CN)_4]^{2-}$ 的离解反应不会发生移动。从以上计算可知，溶液酸碱度对配离子离解平衡的影响，与配离子的稳定性密切相关，应依据配离子的 $K^{\ominus}_{\text{不稳}}$ 或 $K^{\ominus}_{\text{稳}}$ 的值及对应的弱酸的 $K^{\ominus}_a$（或弱碱的 $K^{\ominus}_b$）或沉淀物的 $K^{\ominus}_{sp}$ 通过计算说明，或直接通过实验方法加以判定。

(2) 和沉淀-溶解平衡（precipitation-solubility equilibrium）的关系

配合剂、沉淀剂都可以和 M^{n+} 结合，生成配合物、沉淀物，故两种平衡的关系实质是配合剂与沉淀剂争夺 M^{n+} 的问题，当然和 $K^{\ominus}_{sp}$、$K^{\ominus}_{\text{稳}}$ 的值有关。

【例 10-5】 计算 AgBr 在 $Na_2S_2O_3$ 中（$6 \text{ mol} \cdot L^{-1}$）的溶解度。（已知：$K^{\ominus}_{sp,AgBr} = 5.35 \times 10^{-13}$，$K^{\ominus}_{\text{稳},[Ag(S_2O_3)_2]^{3-}} = 2.88 \times 10^{13}$）

解 AgBr 溶于 $Na_2S_2O_3$ 中的总反应为：

$$AgBr + 2S_2O_3^{2-} \rightleftharpoons [Ag(S_2O_3)_2]^{3-} + Br^-$$

其平衡常数：

$$K^{\ominus}=\frac{[Ag(S_2O_3)_2^{3-}][Br^-]}{[S_2O_3^{2-}]^2}=\frac{[Ag(S_2O_3)_2^{3-}][Br^-][Ag^+]}{[S_2O_3^{2-}]^2[Ag^+]}=K^{\ominus}_{sp,AgBr} \cdot K^{\ominus}_{稳,[Ag(S_2O_3)_2]^{3-}}=15.4$$

其平衡常数也可通过下面两式的平衡常数的乘积求算：

$$AgBr \longrightarrow Ag^+ + Br^- \qquad K^{\ominus}_{sp,AgBr}$$
$$Ag^+ + 2S_2O_3^{2-} \longrightarrow [Ag(S_2O_3)_2]^{3-} \qquad 1/K^{\ominus}_{稳,[Ag(S_2O_3)_2]^{3-}}$$

$K^{\ominus}_{sp,AgBr}$ 很小，$K^{\ominus}_{稳,[Ag(S_2O_3)_2]^{3-}}$ 也很大，因此溶液中游离的 Ag^+ 浓度极小。由平衡常数的数值知，反应是正向进行的，即从 AgBr 中溶解下来的 Ag^+，基本完全转变成 $[Ag(S_2O_3)_2]^{3-}$，故上述平衡式中 $[Br^-]=[Ag(S_2O_3)_2^{3-}]$，设其为 x，则上式达到平衡时：$[S_2O_3^{2-}]=6-2x$，

$$K^{\ominus}=\frac{[Ag(S_2O_3)_2^{3-}][Br^-]}{[S_2O_3^{2-}]^2}=\frac{x^2}{(6-2x)^2}=15.4$$

计算得：$x=2.66(mol \cdot L^{-1})$，故 1.0L 6mol·L^{-1} 的 $Na_2S_2O_3$ 中可溶解 AgBr 2.66mol。

【例 10-6】 在含有 0.2mol·L^{-1} $NH_3 \cdot H_2O$ 和 0.02mol·L^{-1} NH_4Cl 的混合溶液中，加入等体积的 0.3mol·L^{-1} $[Cu(NH_3)_4]^{2+}$ 溶液，问溶液中有无 $Cu(OH)_2$ 沉淀？（已知：$K^{\ominus}_{sp,Cu(OH)_2}=2.20 \times 10^{-20}$，$K^{\ominus}_{不稳,[Cu(NH_3)_4]^{2+}}=5.90 \times 10^{-14}$，$K^{\ominus}_{b,NH_3}=1.8 \times 10^{-5}$）

解 本题涉及 $NH_3 \cdot H_2O$ 的解离平衡、$[Cu(NH_3)_4]^{2+}$ 解离平衡及 $Cu(OH)_2$ 溶解沉淀平衡。溶液中总的平衡为：

$$[Cu(NH_3)_4]^{2+} + 2H_2O \rightleftharpoons Cu(OH)_2 + 2NH_3 + 2NH_4^+$$

$$K^{\ominus}=\frac{[NH_3]^2[NH_4^+]^2}{[Cu(NH_3)_4^{2+}]}$$

因为 $NH_3 \cdot H_2O$ 的解离反应的组分为 NH_3、NH_4^+、OH^-；$[Cu(NH_3)_4]^{2+}$ 解离反应的组分为 $[Cu(NH_3)_4]^{2+}$、Cu^{2+}、$4NH_3$；$Cu(OH)_2$ 溶解反应的组分为 $Cu(OH)_2$、Cu^{2+}、$2OH^-$。所以反应的平衡常数表达式分子和分母需同乘 $[OH^-]^2$、$[NH_3]^2$、$[Cu^{2+}]$ 得：

$$K^{\ominus}=\frac{[NH_3]^4[NH_4^+]^2[OH^-]^2[Cu^{2+}]}{[Cu(NH_3)_4^{2+}][NH_3]^2[OH^-]^2[Cu^{2+}]}=\frac{K^{\ominus}_{不稳,[Cu(NH_3)_4]^{2+}}(K^{\ominus}_{b,NH_3})^2}{K^{\ominus}_{sp,Cu(OH)_2}}$$

所以：
$$K^{\ominus}=\frac{5.90 \times 10^{-14} \times (1.8 \times 10^{-5})^2}{2.20 \times 10^{-20}}=8.7 \times 10^{-4}$$

反应商：
$$J=\frac{[NH_3]^2[NH_4^+]^2}{[Cu(NH_3)_4^{2+}]}=\frac{(0.1)^2 \times (0.01)^2}{0.15}=6.7 \times 10^{-6}$$

$J < K^{\ominus}$，平衡向右移动，故溶液中有 $Cu(OH)_2$ 生成。

(3) 和氧化还原反应（oxidation-reduction reaction）**的关系**

氧化还原反应和配合反应的关系体现在半反应的 $\varphi^{\ominus}$ 值和 φ 值上。在氧化还原电对中，加入一定量的配合剂，使电对中氧化型或还原型离子转化为配离子，则氧化还原电对的电极电势也会随之发生改变。对于电极反应

$$a 氧化型 + ze^- \rightleftharpoons b 还原型$$

若氧化型被络合，该电极反应的平衡左移，即氧化型物质得电子能力减弱，故 φ 值减小；当还原型被络合时，电极反应的平衡右移，即氧化型物质更易得电子，φ 值增大。除依据平衡移动的观点解释 φ 值的变化外，还可依据能斯特公式进行说明。若氧化型和还原型同时被络合，则计算更复杂些。

一般而言，由配离子和对应的金属所组成电对的标准电极电势值与该金属离子与金属组

成的电对的非标准电极电势值相等，其相等的前提条件是配离子和对应的金属所组成电对对应的电极反应式中所有物质的浓度均等于 $1.0\,\text{mol}\cdot\text{L}^{-1}$，若存在气体则其分压为 $100\,\text{kPa}$，即配离子电极处于标准状态。该结论可以用下列两个方法加以说明。

① 在由配离子和金属原子所组成电对的标准电极中，其电极反应式中所有物质均处于标准状态，这时配离子及配体的浓度均为 $1.0\,\text{mol}\cdot\text{L}^{-1}$。该电极也可以看成是由金属离子与金属原子组成的非标态下的电极，此时，按照配离子稳定常数的计算公式，溶液中金属离子的浓度为稳定常数的倒数。由于稳定常数一般不为1，故溶液中金属离子的浓度不等于 $1.0\,\text{mol}\cdot\text{L}^{-1}$，故看成当金属离子与金属原子组成电极时，该电极处于非标准状态。

例：若下列反应的反应式中所有物质浓度为 $1.0\,\text{mol}\cdot\text{L}^{-1}$：

$$[Cu(NH_3)_4]^{2+} + 2e^- \rightleftharpoons Cu + 4NH_3$$

上述反应在此条件下对应的电对 $[Cu(NH_3)_4]^{2+}/Cu$ 为标准电对，其电极电势为 $\varphi^{\ominus}_{[Cu(NH_3)_4]^{2+}/Cu}$，并由 $K^{\ominus}_{\text{不稳},[Cu(NH_3)_4]^{2+}} = \dfrac{[Cu^{2+}][NH_3]^4}{[Cu(NH_3)_4^{2+}]}$ 知，溶液中 $[Cu^{2+}] = K^{\ominus}_{\text{不稳},[Cu(NH_3)_4]^{2+}}$，由于 $K^{\ominus}_{\text{稳},[Cu(NH_3)_4]^{2+}}$ 不为1，所以此时溶液中的 $[Cu^{2+}]$ 不等于 $1.0\,\text{mol}\cdot\text{L}^{-1}$，故电对 $[Cu(NH_3)_4]^{2+}/Cu$ 的标准状态实际是电对 Cu^{2+}/Cu 的非标准状态，这时电对 Cu^{2+}/Cu 的电极电势为：

$$\varphi_{Cu^{2+}/Cu} = \varphi^{\ominus}_{Cu^{2+}/Cu} - \frac{0.0592}{2}\lg\frac{1}{[Cu^{2+}]} = \varphi^{\ominus}_{Cu^{2+}/Cu} - \frac{0.0592}{2}\lg K^{\ominus}_{\text{稳},[Cu(NH_3)_4]^{2+}}$$

因此，这两个电对的电极反应在此条件下的电极电势值应相等，即 $\varphi^{\ominus}_{[Cu(NH_3)_4]^{2+}/Cu} = \varphi_{Cu^{2+}/Cu}$，则有：

$$\varphi^{\ominus}_{[Cu(NH_3)_4]^{2+}/Cu} = \varphi^{\ominus}_{Cu^{2+}/Cu} - \frac{0.0592}{2}\lg K^{\ominus}_{\text{稳},[Cu(NH_3)_4]^{2+}}$$

$$\varphi^{\ominus}_{[ML_n]^m/M} = \varphi^{\ominus}_{M^{z+}/M} = \varphi^{\ominus}_{M^{z+}/M} - \frac{0.0592}{z}\lg K^{\ominus}_{\text{稳},[ML_n]^m} \tag{10-6}$$

式中，m 为配离子的电荷；z 为金属离子的电荷数；n 为配体数。

② 通过原电池的设计来求算

为求 $\varphi^{\ominus}_{[Cu(NH_3)_4]^{2+}/Cu}$ 的值，设计下列原电池：

$(-)Cu|Cu^{2+}(1.0\,\text{mol}\cdot\text{L}^{-1}) \| [Cu(NH_3)_4]^{z+}(1.0\,\text{mol}\cdot\text{L}^{-1}), NH_3(1.0\,\text{mol}\cdot\text{L}^{-1})|Cu(+)$

正极反应：$[Cu(NH_3)_4]^{2+} + 2e^- \rightleftharpoons Cu + 4NH_3 \qquad \varphi^{\ominus}_{[Cu(NH_3)_4]^{2+}/Cu}$

负极反应：$Cu - 2e^- \rightleftharpoons Cu^{2+} \qquad \varphi^{\ominus}_{Cu^{2+}/Cu}$

电池反应：$[Cu(NH_3)_4]^{2+} \rightleftharpoons Cu^{2+} + 4NH_3 \qquad K^{\ominus}_{\text{不稳},[Cu(NH_3)_4]^{2+}}$

$$\lg K^{\ominus}_{\text{不稳},[Cu(NH_3)_4]^{2+}} = \frac{2E^{\ominus}}{0.0592} = \frac{2\{\varphi^{\ominus}_{[Cu(NH_3)_4]^{2+}/Cu} - \varphi^{\ominus}_{Cu^{2+}/Cu}\}}{0.0592}$$

因此：$\varphi^{\ominus}_{[Cu(NH_3)_4]^{2+}/Cu} = \varphi^{\ominus}_{Cu^{2+}/Cu} + \dfrac{0.0592}{2}\lg K^{\ominus}_{\text{不稳},[Cu(NH_3)_4]^{2+}}$

同理也可以得到与式(10-6)相同的关系式。

式(10-6)是常见配离子和对应的金属原子所组成电对的标准电极电势值的计算公式。它反映了配离子 $K^{\ominus}_{\text{稳},[ML_n]^m}$ 或 $K^{\ominus}_{\text{不稳},[ML_n]^m}$ 与 $\varphi^{\ominus}_{M^{z+}/M}$ 及 $\varphi^{\ominus}_{[ML_n]^m/M}$ 之间的对应关系。

【例 10-7】 已知 $Hg^{2+} + 2e^- \rightleftharpoons Hg$ 的 $\varphi^{\ominus}_{Hg^{2+}/Hg} = 0.854\,\text{V}$，$[HgI_4]^{2-}$ 的 $K^{\ominus}_{\text{稳}} = 6.76 \times 10^{29}$，求 $\varphi^{\ominus}_{[HgI_4]^{2-}/Hg}$ 的值。

解 根据式(10-6)，有

$$\varphi^{\ominus}_{[HgI_4]^{2-}/Hg} = \varphi^{\ominus}_{Hg^{2+}/Hg} - \frac{0.0592V}{2}lgK^{\ominus}_{稳,[HgI_4]^{2-}} = 0.854 - \frac{0.0592V}{2}lg(6.76\times10^{29}) = -0.029V$$

【例 10-8】 已知 $\varphi^{\ominus}_{Zn^{2+}/Zn} = -0.763V$，$\varphi^{\ominus}_{[Zn(NH_3)_4]^{2+}/Zn} = -1.04V$，求 $K^{\ominus}_{稳,[Zn(NH_3)_4]^{2+}}$。

解
$$\varphi^{\ominus}_{[Zn(NH_3)_4]^{2+}/Zn} = \varphi^{\ominus}_{Zn^{2+}/Zn} - \frac{0.0592V}{2}lgK^{\ominus}_{稳,[Zn(NH_3)_4]^{2+}}$$

$$K^{\ominus}_{稳,[Zn(NH_3)_4]^{2+}} = 2.29\times10^9$$

(4) 和其它配位平衡之间的关系

在配离子溶液中加入另一种配合剂（或另一种金属离子）时，由于可形成新的配离子，而改变原有配合平衡中配离子（或金属离子）浓度，也能促进配合平衡的移动。平衡移动的方向取决于两种配离子稳定性的相对大小，反应的方向是向生成稳定常数更大的配离子方向移动。两种配离子的稳定常数相差越大，则转化反应进行得越完全。进行的程度的大小可通过计算反应的平衡常数的大小来确定。

【例 10-9】 在 $[Ag(NH_3)_2]^+$ 加入 $Na_2S_2O_3$，判断反应进行的方向。（已知：$K^{\ominus}_{稳,[Ag(S_2O_3)_2]^{3-}} = 2.88\times10^{13}$，$K^{\ominus}_{稳,[Ag(NH_3)_2]^+} = 1.67\times10^7$）

解 两者混合后，反应为：

$$[Ag(NH_3)_2]^+ + 2S_2O_3^{2-} \rightleftharpoons [Ag(S_2O_3)_2]^{3-} + 2NH_3$$

其平衡常数为：

$$K^{\ominus} = \frac{[Ag(S_2O_3)_2^{3-}][NH_3]^2}{[S_2O_3^{2-}]^2[Ag(NH_3)_2^+]} = \frac{[Ag(S_2O_3)_2^{3-}][NH_3]^2[Ag^+]}{[S_2O_3^{2-}]^2[Ag(NH_3)_2^+][Ag^+]} = \frac{K^{\ominus}_{稳,[Ag(S_2O_3)_2]^{3-}}}{K^{\ominus}_{稳,[Ag(NH_3)_2]^+}} = 1.72\times10^6$$

因反应的 $K^{\ominus}$ 值很大，故反应正向进行，且反应进行程度较大。

【例 10-10】 将 $0.20mol\cdot L^{-1}$ Hg^{2+} 溶液与等体积的 $4.0mol\cdot L^{-1}$ KI 溶液混合，计算溶液中 Hg^{2+} 和 $[HgI_4]^{2-}$ 配离子的浓度（已知：$K^{\ominus}_{稳,[HgI_4]^{2-}} = 6.76\times10^{29}$）。

解 两溶液混合后 $[Hg^{2+}] = 0.10mol\cdot L^{-1}$，$[I^-] = 2.0mol\cdot L^{-1}$。设达到平衡时 $[HgI_4]^{2-}$ 解离了 $x\,mol\cdot L^{-1}$，则：

	$[HgI_4]^{2-}$	$\rightleftharpoons$	Hg^{2+}	$+$	$4I^-$
开始浓度/mol·L⁻¹	0.10		0		1.6 (因形成配离子时消耗了 $0.4mol\cdot L^{-1}$ 的 I^-)
平衡浓度/mol·L⁻¹	0.10−x		x		1.6+4x

$$K^{\ominus}_{不稳,[HgI_4]^{2-}} = \frac{[Hg^{2+}][I^-]^4}{[HgI_4^{2-}]} = \frac{x(1.6+4x)^4}{0.1-x} = \frac{1}{6.76\times10^{29}}$$

由于溶液中存在大量的碘离子，故解离的配离子浓度很小，则上式可直接简化为：

$$K^{\ominus}_{不稳,[HgI_4]^{2-}} = \frac{x\times1.6^4}{0.1} = \frac{1}{6.76\times10^{29}}, \quad 得\, x = [Hg^{2+}] = 2.26\times10^{-32}mol\cdot L^{-1}$$

$[HgI_4^{2-}] = 0.1mol\cdot L^{-1}$

10.5 配合物的应用

10.5.1 在分析化学中的应用

(1) 离子的鉴定 (identification)

金属离子的配合物或配离子往往具有特征的颜色，在分析化学中人们常利用特征颜色来鉴别某些离子：如 $K_4[Fe(CN)_6]$ 与 Fe^{3+} 反应生成特征的蓝色物质，或 Fe^{3+} 与 KSCN 溶液反应生成特征血红色物质鉴定 Fe^{3+} 的存在。其它一些金属离子也能形成具有特征颜色的配离子或配合物而加以鉴定。如氨水与溶液中的 Cu^{2+} 反应生成深蓝色的 $[Cu(NH_3)_4]^{2+}$。检查无水酒精是否真的无水，可取少许酒精，在此溶液中投入白色的无水硫酸铜固体，如果变成浅蓝色，则表示酒精中含水。丁二酮肟在弱碱性介质中能与 Ni^{2+} 形成鲜红色的难溶于水的螯合物。这个反应在氨碱性条件下具有灵敏度高、选择性强的特点，因此丁二酮肟是鉴定溶液中是否含有 Ni^{2+} 的特效剂。

$$4Fe^{3+} + 3[Fe(CN)_6]^{4-} \rightleftharpoons Fe_4[Fe(CN)_6]_3 \downarrow \quad (蓝色)$$

$$Fe^{3+} + nSCN^- \longrightarrow [Fe(SCN)_n]^{3-n} \quad (血红色)$$

$$Co^{2+} + 4SCN^- \xrightarrow{\text{丙酮}} [Co(SCN)_4]^{2-} \quad (蓝色)$$

$$Cu^{2+} + 4NH_3 \rightleftharpoons [Cu(NH_3)_4]^{2+} \quad (蓝色)$$

$$2 \begin{array}{c} H_3C-C=NOH \\ H_3C-C=NOH \end{array} + Ni^{2+} \rightleftharpoons \text{[Ni螯合物结构]} \downarrow + 2H^+$$

鲜红色

(2) 离子的分离（separation）

生成配合物使物质溶解度改变可达到离子分离的目的，如有些含金属离子的难溶化合物因形成金属离子的配合物而溶解。在含有 Zn^{2+} 和 Fe^{3+}、Al^{3+}、Cr^{3+} 的混合溶液中，加入氨水使 Zn^{2+} 生成 $[Zn(NH_3)_4]^{2+}$ 配离子溶于水中，而其它离子均形成氢氧化物的沉淀，通过离心分离和洗涤，可使 Zn^{2+} 与其它离子分离。常见的可与氨水形成配离子的金属离子有 Cu^{2+}、Zn^{2+}、Ni^{2+}、Ag^+、Cd^{2+} 等，而在氨水中只能形成氢氧化物的是 Fe^{3+}、Al^{3+}、Cr^{3+}、Mn^{2+} 等。

$$Zn^{2+} + 4NH_3 \rightleftharpoons [Zn(NH_3)_4]^{2+}$$

$$Al^{3+} + 3NH_3 + 3H_2O \rightleftharpoons Al(OH)_3 + 3NH_4^+$$

锆和铪两元素性质极为相似，在矿物中往往共生，如何将它们分离呢？研究表明：ZrO^{2+} 和 HfO^{2+} 与磷酸三丁酯 $PO(C_4H_9O_3)_3$（简称 TBP）这种有机配合剂生成的配合物在煤油中溶解度不同，从而可使锆、铪分离。

(3) 离子的掩蔽（shelter）

在含有多种金属离子的溶液中，加入配合剂鉴定其中某种金属离子时，其它离子若发生类似的反应，就会造成干扰。通常加入被称为掩蔽剂的某种试剂，使之与干扰元素形成稳定的配合物。例如，在含有 Co^{2+} 和 Fe^{3+} 的混合溶液中，加入配合剂 KSCN 鉴定 Co^{2+} 时，Co^{2+} 与 SCN^- 生成宝石蓝色的 $[Co(NCS)_4]^{2-}$，但同时 Fe^{3+} 与 KSCN 溶液反应生成血红色的 $[Fe(NCS)_n]^{3-n}$，从而干扰了 Co^{2+} 的鉴定。如在溶液中先加入足量的 NaF（或其它可溶性的氟化物），使 Fe^{3+} 生成较稳定的无色的 $[FeF_6]^{3-}$，就可以消除 Fe^{3+} 对 Co^{2+} 的干扰。这种排除干扰作用的效应称为掩蔽效应，所用的配合剂称为掩蔽剂。

$$Fe^{3+} + 6F^- \rightleftharpoons [FeF_6]^{3-} \quad (无色)$$

$$Fe^{3+} + nSCN^- \longrightarrow [Fe(SCN)_n]^{3-n} \quad (血红色)$$

此掩蔽作用可由下式的平衡常数值加以说明：

$$[FeF_6]^{3-} + nSCN^- \rightleftharpoons [Fe(SCN)_n]^{3-n} + 6F^-$$

该反应的平衡常数：

$$K^{\ominus} = \frac{[\text{Fe(SCN)}_n^{3-n}][\text{F}^-]^6}{[\text{FeF}_6^{3-}][\text{SCN}^-]^n} = \frac{[\text{Fe(SCN)}_n^{3-n}][\text{F}^-]^6[\text{Fe}^{3+}]}{[\text{FeF}_6^{3-}][\text{SCN}^-]^n[\text{Fe}^{3+}]} = \frac{K^{\ominus}_{\text{稳},[\text{Fe(SCN)}_n]^{3-n}}}{K^{\ominus}_{\text{稳},[\text{FeF}_6]^{3-}}} \ll 1$$

故当 Fe^{3+} 与氟化物形成 $[FeF_6]^{3-}$ 后，不会与 SCN^- 结合形成血红色的 $[Fe(NCS)_n]^{3-n}$，而干扰 Co^{3+} 的鉴定。

10.5.2　在工业生产中的应用

(1) 在冶金工业（metallurgical industry）**中的应用**

提炼金属（湿法冶金）：所谓湿法冶金是指用水溶液直接从矿石中将金属元素以化合物的形式浸取出来，然后再进一步还原为金属的过程。如金与氰化钠在氧化气氛中（鼓入空气）生成 $[Au(CN)_2]^-$ 配离子，此时金从难溶的矿石中溶解与其它不溶物分离，再用锌粉作还原剂置换得到单质金。

$$4Au + 8NaCN + 2H_2O + O_2 \rightleftharpoons 4Na[Au(CN)_2] + 4NaOH$$
$$Zn + 2[Au(CN)_2]^- \rightleftharpoons [Zn(CN)_4]^{2-} + 2Au$$

湿法冶金（wet-process metallurgy）可以避免火法冶金中的高温、粉尘等恶劣的操作条件，有利于实现连续自动化生产，但氰化物湿法冶金最大的弊端是氰化物有剧毒，该方法已逐渐被淘汰。

高纯金属的制备：CO 能与许多过渡金属形成羰基配合物，这些金属羰基配合物易挥发，受热后易分解成金属和 CO 的性质来制备高纯金属。

(2) 在催化工业（catalyst industry）**中的应用**

利用配合物的形成，对反应所起的催化作用称为配位催化（络合催化），这种催化是通过形成不稳定的中间配合物，使整个反应的活化能降低，加快反应的速率。配位催化反应具有活性高、选择性好、反应条件温和（常不需要高温高压）等优点，广泛地应用于有机合成、高分子合成中。例如，以 $PdCl_2$ 作催化剂，在常温常压下可催化乙烯氧化为乙醛：

$$C_2H_4 + PdCl_2 + H_2O \longrightarrow [PdCl_2 H_2O(C_2H_4)] \longrightarrow CH_3CHO + Pd + 2HCl$$
$$2CuCl_2 + Pd \longrightarrow 2CuCl + PdCl_2$$
$$2CuCl + \frac{1}{2}O_2 + 2HCl \longrightarrow 2CuCl_2 + H_2O$$

三式相加得总反应：
$$C_2H_4 + \frac{1}{2}O_2 \xrightarrow[\text{HCl 溶液}]{PdCl_2 + CuCl_2} CH_3CHO$$

(3) 在电镀工业（electroplating industry）**中的应用**

许多金属制件，常用电镀法镀上一层既耐腐蚀、又增加美观的 Zn、Cu、Ni、Cr、Ag 等金属。但要获得牢固、均匀、致密、光亮的镀层，在电镀时必须控制电镀液中的上述金属离子以很小的浓度，使它们在阴极镀件上保持平稳且缓慢的还原速率。配合物能较好地达到此要求。CN^- 可以与上述金属离子形成稳定性适度的配离子。所以，电镀工业中曾长期采用氰配合物电镀液，但是，由于含氰废电镀液有剧毒、容易污染环境，造成公害。近几十年来人们开始研究无氰电镀工艺，目前已找到可代替氰化物作配位剂的焦磷酸盐、1-羟基亚乙基-1,1-二磷酸、氨三乙酸等，如 1-羟基亚乙基-1,1-二磷酸与 Cu^{2+} 形成的羟基·亚乙基·二膦酸合铜(Ⅱ)配离子，用于电镀所得的镀层较好。

此外，在制镜工业中，利用 Ag^+ 与 NH_3 生成 $[Ag(NH_3)_2]^+$ 进行银镜反应（silver mirror reaction），可在玻璃面上镀上一层光亮的银涂层。

$$2[Ag(NH_3)_2]^+ + HCHO + 3OH^- \longrightarrow HCOO^- + 2Ag + 4NH_3 + 2H_2O$$

10.5.3 在生命科学中的作用

(1) 生命必需金属元素的补充

动物必需的金属元素是调节生物大分子活性构象的模板（template），或是生物催化反应中活化中间体的必要组成部分，成为控制体内正常代谢活动的关键因素。因此动物必需的金属元素缺乏或过量都会危害健康。如缺锌可导致发育停滞、抑制性成熟、降低免疫功能等。动物必需金属元素的缺乏必须由体外及时补充。大量的动物研究实验表明，动物对不同形式的化合物的吸收是不同的。一般无机盐补充，普遍存在吸收率低，刺激性大，甚至产生毒副作用，而以金属配合物补充则会大大地提高吸收率，减小甚至消除刺激性。例如无机锌盐（$ZnCO_3$、$ZnSO_4 \cdot 7H_2O$、$ZnCl_2$、$ZnAc_2$）是最早采用的补锌制剂，用于治疗因锌缺乏引起的口腔溃疡、痤疮、食欲不振、免疫力低下等有一定的疗效。但无机锌制剂易吸潮、吸收率低、口感不适，对胃肠道有较大的刺激性，个别的锌盐甚至会引起胃出血，因而逐渐被淘汰。而氨基酸与 Zn^{2+} 形成的配合物是一种比较理想的补锌剂。氨基酸锌具有易吸收，不损害肠胃，且稳定性高、不结块，使用安全等特点。

(2) 有毒金属元素的排出

在医学上常用配位疗法治疗重金属的中毒患者。这种方法就是对体内有害的金属离子选择合适的配体与其结合而排出体外。例如 EDTA 能与 Pb^{2+} 形成稳定的可溶于水且不被人体吸收的螯合物随新陈代谢排出体外，达到缓解 Pb^{2+} 中毒的目的。因此 $Na_2[Ca(EDTA)]$ 用于治疗铅中毒。柠檬酸钠也是治疗职业性铅中毒的有效药物，它能与 Pb^{2+} 形成稳定配合物并迅速排出体外。

又如，用青霉胺治疗威尔逊症，将沉积于肝、脑、肾等组织中的过量 Cu^{2+} 以青霉胺-Cu(Ⅱ) 螯合物形式从尿中排出，效果良好。

(3) 新药的研制

配合物与药学关系密切，许多药物本身就是配合物。如羟基喹啉铁(Ⅲ)具有明显的抗菌和抗霉作用，而 Fe^{3+} 和自由的 8-羟基喹啉均无抗菌作用。

在生命体中存在着许多金属蛋白和金属蛋白酶，它们在生命的各种代谢活动，能量传递和转换，电荷转移，氧气的贮存和输送等都起着重要的作用。大多数药物和毒剂的作用原理是它们屏蔽了金属酶的活动中心。例如氰化物与呼吸酶的中心原子铁配位，因而阻断了呼吸酶。据此人们研制出用于治疗某些疾病的药物，如乙醛吡咯胺与锌相联结，专一地屏蔽碳酸酐酶，因此它是特效的利尿剂。又如某些联胺的衍生物屏蔽单胺类氧化酶（铜原子），故用来做激素。

恶性肿瘤是威胁人类生命的最危险的杀手。到目前为止，人类还没有有效的控制和治疗手段。很长一段时间人们对抗癌药物的研制和筛选局限在有机化合物和生化制剂。1969 年罗泽贝尔格和瓦恩卡姆发现顺-二氯·二氨合铂具有强烈抑制细胞分裂，阻止癌细胞生成后，配合物的抗癌药物的研制和筛选迅速发展，目前，人们已找到了 40 余种具有抗癌活性的铂配合物。如 1R,2R-环己二胺草酸合铂(Ⅱ)是目前临床常用的、疗效较好的治疗癌症的药物，与顺铂相比较，它的显著优点是对肾脏无毒，水溶增大，抗癌广谱。

10.5.4 与生物化学的关系

金属配合物在生物化学（biochemistry）中具有广泛而重要的应用。生物体内的金属元素，尤其是微量的金属元素，主要以配合物的形式存在。在各种生化反应中起特殊作用的酶，许多都含有复杂的金属配合物。由于酶的催化作用，使得许多目前在实验室中尚无法实现的化学反应，在生物体内实现了。生物配体按照分子量的大小，大致分为大分子配体和小分子配体两类。大分子配体包括蛋白质、核酸和多糖类等，小分子配体包括氨基酸、羧酸和卟啉等。在已知的 1000 多种生物酶中，约有 $\frac{1}{3}$ 是复杂的金属配合物。生命体内的各种代谢作用、能量的转换以及 O_2 的输送，也与金属配合物有密切关系。植物绿叶中的叶绿素（chlorophyl）就是以 Mg^{2+} 为中心离子的卟啉类配合物［见图 10-5(a)］。叶绿素在进行光合作用时，将 CO_2、H_2O 合成为复杂的糖类，使太阳能转化为化学能加以贮存供生命之需。使血液呈红色的血红素结构中也含有以 Fe^{2+} 为中心离子的卟啉类配合物［见图 10-5(b)］，它与有机大分子球蛋白结合成一种蛋白质称为血红蛋白（haemoglobin），氧合血红蛋白具有鲜红的颜色。而血红蛋白本身是蓝色的。因此动脉血呈鲜红色（含氧量高），而静脉血则带蓝色（含氧量低）。动物通过呼吸将氧气吸入肺部，当肺泡中的血液为空气所饱和，对 O_2 很敏感的无氧血红蛋白就会与氧结合成氧合血红蛋白。经血液血红蛋白将氧输送到机体各组织中，氧的分压下降，血红蛋白释放出氧以及氧化碳水化合物、脂类和蛋白质，同时释放出能量供机体活动所需。然后血红蛋白将氧化产生的 CO_2 带回肺部而吸出体外，完成新陈代谢过程。可见 O_2 与血红蛋白结合力比较弱，因此当一些与 Fe^{2+} 能形成稳定配合物的毒剂，如 CO 或 CN^- 进入血液就可以使血红蛋白中断输 O_2，造成组织缺 O_2 而中毒，这就是煤气（含 CO）及氰化物（含 CN^-）中毒的基本原理。

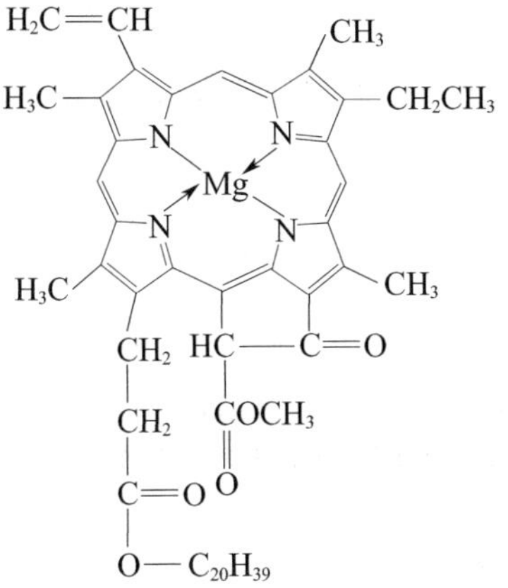

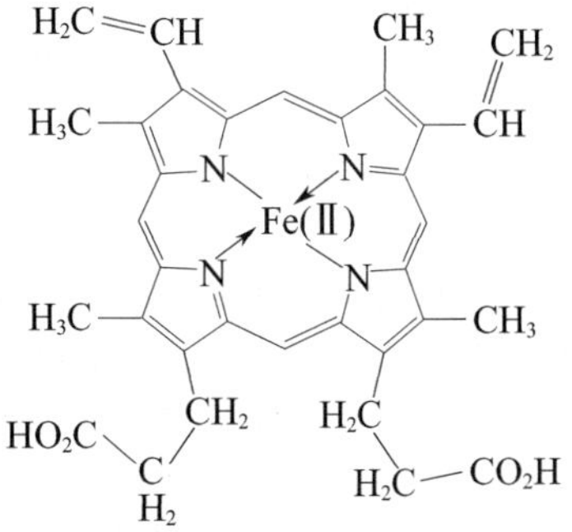

图 10-5 叶绿素和血红素基团结构

近年来随着仿生化学的迅速发展，在固氮酶及光合作用的化学模拟方面，人们进行大量研究并取得了一定的成绩。植物固氮菌（azotobacter）中的固氮酶含 Fe、Mo 等的配合物。目前，世界各国的科学界都在致力于这些配合物的组成、结构、性能和有关反应机理的研究，探索某些仿生新工艺。1965 年，科学家合成了第一个氮分子配合物 $[Ru(NH_3)(N_2)]Cl_2$。目前已制成了数百计的这类配合物，并提出了许多固氮酶的模型，期望在不久的将来能实现常温、常压下合成氨的工业生产。

除上述各领域外，配位化合物还在原子能、半导体、激光材料、太阳能储存等高科技领域得到广泛的应用。环境保护、印染、鞣革等部门也都与配合物有关。配合物的研究与应用，无疑具有广阔的前景。

思 考 题

1. 从配合物的内界、外界、中心离子、配体、配位数及配位原子等概念说明配合物的组成？
2. 配合物和一般的复盐有何区别，请举实例加以说明？
3. 什么样的配合物其磁矩与对应的自由的中心离子的磁矩相同。

4. 具有怎样的结构特点的配合物是有颜色的，无色的配离子的结构特点是什么，请分述。

5. 请用反应平衡常数值的大小解释 Ag^+ 反应顺序

$$Ag^+ \xrightarrow{NaCl} AgCl\downarrow \xrightarrow{NH_3} [Ag(NH_3)_2]^+ \xrightarrow{NaBr} AgBr\downarrow \xrightarrow{Na_2S_2O_3}$$
$$[Ag(S_2O_3)_2]^{3-} \xrightarrow{KI} AgI\downarrow \xrightarrow{NaCN} [Ag(CN)_2]^-$$

6. $Cu(OH)_2$ 溶于氨水，生成深蓝色的溶液 $[Cu(NH_3)_4]^{2+}$，但在此溶液中加入 H_2SO_4 时，溶液的颜色由深蓝色变为浅蓝色，这是为什么？

7. 已知 $[HgI_4]^{2-}$ 的稳定常数为 $K^{\ominus}_{稳1}$，$[HgCl_4]^{2-}$ 的稳定常数为 $K^{\ominus}_{稳2}$。则反应 $[HgCl_4]^{2-} + 4I^- \rightleftharpoons [HgI_4]^{2-} + 4Cl^-$ 的标准平衡常数为（　　）。

A. $1/K^{\ominus}_{稳1}$　　　B. $K^{\ominus}_{稳1}/K^{\ominus}_{稳2}$　　　C. $K^{\ominus}_{稳1} \cdot K^{\ominus}_{稳2}$　　　D. $K^{\ominus}_{稳1} + K^{\ominus}_{稳2}$

8. 已知溶液中反应 $[Cd(NH_3)_4]^{2+} + 4CN^- \rightleftharpoons [Cd(CN)_4]^{2-} + 4NH_3$ 向右进行的倾向很大，试比较 $K^{\ominus}_{稳,[Cd(NH_3)_4]^{2+}}$ 和 $K^{\ominus}_{稳,[Cd(CN)_4]^{2-}}$ 的相对大小，并说明浓度相同时，$[Cd(NH_3)_4]^{2+}$ 与 $[Cd(CN)_4]^{2-}$ 解离度的相对大小。

9. 推导说明 $\varphi^{\ominus}_{PbSO_4/Pb}$ 与 $\varphi^{\ominus}_{Pb^{2+}/Pb}$ 及 $K^{\ominus}_{sp,PbSO_4}$ 的关系式。

10. 已知 $[Mn(CN)_6]^{4-}$ 的磁矩为 1.8BM，确定配离子的空间构型和中心离子的杂化方式。

11. $[Mn(SCN)_6]^{4-}$ 的磁矩为 6.1BM，用晶体场理论说明中心离子的 d 电子分布及配离子的类型。

12. 已知 $[Fe(H_2O)_6]^{2+}$ 的分裂能 Δ_o 为 $10400cm^{-1}$，电子成对能 P 为 $17600cm^{-1}$，写出该配合物的中心离子 d 轨道排布方式，计算其磁矩及晶体场稳定化能。

13. 对八面体配合物来说，在确定其中心离子 d 电子在分裂后的 d 轨道中的排布时，应考虑哪些因素。

14. 请指出下列电对 $\varphi^{\ominus}$ 的相对大小，并分述其理由。

(1) $\varphi^{\ominus}_{[Fe(CN)_6]^{3-}/Fe}$ 与 $\varphi^{\ominus}_{Fe^{3+}/Fe}$　　(2) $\varphi^{\ominus}_{[CuCl_2]^-/Cu}$ 与 $\varphi^{\ominus}_{[Cu(CN)_2]^-/Cu}$

15. 已知 $[NiCl_4]^{2-}$ 为顺磁性，$[Pt(NH_3)_4]^{2+}$ 呈反磁性，试指出各中心离子的杂化方式，配离子的空间构型。

16. 下列离子中，晶体场稳定化能为零的有哪几个？
$[Fe(NH_3)_6]^{3+}$，$[Mn(H_2O)_6]^{2+}$，$[Fe(NH_3)_6]^{2+}$，$[Ti(H_2O)_6]^{3+}$，$[Zn(H_2O)_6]^{2+}$，$[Cr(H_2O)_6]^{3+}$

17. 指出 Cr^{3+}、Fe^{3+}、Co^{3+}、Ni^{2+} 中在强场八面体和弱场八面体中，d 电子分布方式均相同的是哪几个？

18. 为什么单质 Au、Pt 难以溶于单一的硝酸或盐酸，而易溶于王水？

19. 已知 $[Fe(CN)_6]^{3-}$ 是内轨型配合物，指出中心离子未成对电子数和杂化轨道类型。

20. 说明 Ni^{2+}、Fe^{3+}、Zn^{2+}、Cr^{3+} 中，在外加磁场中磁矩最大的是哪一个？

习　题

10.1　命名下列配合物，指出中心离子的氧化值、配位数和配位原子。

配　合　物	中心离子氧化值	配　位　数	配位原子
$[Cr(NH_3)_2(H_2O)_4]Cl_3$			
$H_2[SiF_6]$			
$[Cu(NH_3)_4][PtCl_4]$			
$[CoCl_2(NH_3)_2(H_2O)_2]NO_3$			
$K_3[Fe(CN)_5CO]$			

10.2　写出下列配合物的化学式

氢氧化四氨合铜(Ⅱ)，二氯·二氨合铂(Ⅱ)，二硫代硫酸银(Ⅰ)酸钠，四羰基合镍，二羟基·四水合钴(Ⅲ) 配阳离子。

10.3　计算下列反应的平衡常数（所需数据在附录中查找），判断反应的方向。

$$[Ag(NH_3)_2]^+ + Br^- \rightleftharpoons AgBr + 2NH_3$$
$$[Ag(S_2O_3)_2]^{3-} + 2CN^- \rightleftharpoons [Ag(CN)_2]^- + 2S_2O_3^{2-}$$
$$[HgCl_4]^{2-} + 4I^- \longrightarrow [HgI_4]^{2-} + 4Cl^-$$

第 10 章 配位化合物

10.4 用价键理论指出下列配离子的中心离子的杂化类型，配离子的空间构型和磁性。
(1) $[Ni(NH_3)_4]^{2+}$，$[Ni(CN)_4]^{2-}$；
(2) $[Fe(CN)_6]^{3-}$，$[FeF_6]^{3-}$；
(3) $[Cr(H_2O)_6]^{3+}$，$[Cr(C_2O_4)_3]^{3-}$。

10.5 已知 $[MnBr_4]^{2-}$ 和 $[Mn(CN)_6]^{4-}$ 的未成对电子数分别是 5 和 1，试根据价键理论推测这两种配离子中的中心离子成键轨道杂化类型及配离子的空间构型。

10.6 已知下列配离子的空间构型，试依据价键理论说明中心离子的轨道杂化类型和配离子的磁性。
$$[Ag(NH_3)_2]^+（直线形），[HgI_4]^{2-}（正四面体），$$
$$[Ni(CN)_4]^{2-}（平面四边形），[Fe(CN)_6]^{4-}（八面体）$$

10.7 已知 $[CoF_6]^{3-}$ 的 $\mu=4.90$BM，试分别用价键理论和晶体场理论解释其成键情况。

10.8 根据晶体场理论指出下列配离子中中心离子的 d 电子分布情况，并计算晶体场稳定化能（F^-，H_2O 为弱场配体，CN^- 为强场配体）。
$$[FeF_6]^{3-}，[Fe(CN)_6]^{3-}，[Fe(H_2O)_6]^{3+}，[Fe(H_2O)_6]^{2+}，[Fe(CN)_6]^{4-}$$

10.9 已知下列配离子的磁矩，试用晶体场理论判断中心离子的 d 电子分布、各配离子中分裂能（Δ_o）与电子成对能（E_p）的相对大小及配离子空间构型。指出属于高自旋还是低自旋配离子。
$[Co(NH_3)_6]^{2+}$，$\mu=4.26$BM
$[Mn(SCN)_6]^{4-}$，$\mu=6.10$BM
$[Fe(CN)_6]^{4-}$，$\mu=0.00$BM

10.10 根据晶体场理论，填充处于八面体场的下述配离子的 d 电子。
(1) d^5 和 d^4，高自旋；(2) d^6 和 d^7，低自旋。

10.11 实验中发现 $[Cr(H_2O)_6]^{3+}$ 紫色，$[Cr(NH_3)_3(H_2O)_3]^{3+}$ 浅红色，$[Cr(NH_3)_5(H_2O)]^{3+}$ 橙黄色，$[Cr(NH_3)_6]^{3+}$ 黄色，请用晶体场理论解释之。

10.12 已知 $\varphi^{\ominus}_{I_2/I^-}=0.535$V，$\varphi^{\ominus}_{Fe^{3+}/Fe^{2+}}=0.771$V，$K^{\ominus}_{稳,[Fe(CN)_6]^{4-}}=1.00\times10^{35}$，$K^{\ominus}_{稳,[Fe(CN)_6]^{3-}}=1.00\times10^{42}$，在标准状态下试判断反应：$2[Fe(CN)_6]^{4-}+I_2 \rightleftharpoons 2[Fe(CN)_6]^{3-}+2I^-$ 进行的方向。

10.13 试计算 $\varphi^{\ominus}_{[Co(NH_3)_6]^{3+}/[Co(NH_3)_6]^{2+}}$ 的值。（已知：$\varphi^{\ominus}_{Co^{2+}/Co}=-0.277$V，$\varphi^{\ominus}_{Co^{3+}/Co}=0.422$V，$K^{\ominus}_{不稳,[Co(NH_3)_6]^{3+}}=6.30\times10^{-36}$，$K^{\ominus}_{不稳,[Co(NH_3)_6]^{2+}}=7.70\times10^{-6}$）

10.14 通过计算说明 1L 3.0mol·L^{-1} 的氨水和 1L 1.0mol·L^{-1} KCN 溶液，哪一个可溶解较多的固体 AgI？（已知：$K^{\ominus}_{sp,AgI}=8.3\times10^{-17}$，$K^{\ominus}_{不稳,[Ag(CN)_2]^-}=7.9\times10^{-22}$，$K^{\ominus}_{不稳,[Ag(NH_3)_2]^+}=8.91\times10^{-8}$）

10.15 10mL 0.2mol·L^{-1} 的 $CuSO_4$ 与 20mL 6.0mol·L^{-1} 氨水混合，求达平衡后溶液中 Cu^{2+}，$[Cu(NH_3)_4]^{2+}$ 及 NH_3 的浓度各为多少？若向此溶液中加入 2mL 0.1mol·L^{-1} 的 NaOH 溶液，问是否有 $Cu(OH)_2$ 生成。（已知：$K^{\ominus}_{sp,Cu(OH)_2}=2.2\times10^{-20}$，$K^{\ominus}_{不稳,[Cu(NH_3)_4]^{2+}}=5.90\times10^{-14}$）

10.16 若使 0.01mol AgCl 完全溶解于 500mL 氨水中，试计算氨水的最初浓度为多少？（已知：$K^{\ominus}_{sp,AgCl}=1.8\times10^{-10}$，$K^{\ominus}_{不稳,[Ag(NH_3)_2]^+}=8.91\times10^{-8}$）

10.17 一个银电极浸在含 1mol·L^{-1} $[Ag(NH_3)_2]^+$ 的 1mol·L^{-1} $NH_3\cdot H_2O$ 的溶液中，一个铜电极浸在含 0.1mol·L^{-1} 的 $CuSO_4$ 溶液中，求组成电池的电动势，并写出其电池反应式。（已知：$\varphi^{\ominus}_{Cu^{2+}/Cu}=0.345$V，$\varphi^{\ominus}_{Ag^+/Ag}=0.799$V，$K^{\ominus}_{不稳,[Ag(NH_3)_2]^+}=8.91\times10^{-8}$）

10.18 在含有 0.2mol·L^{-1} $NH_3\cdot H_2O$ 和 0.2mol·L^{-1} NH_4Cl 的混合溶液中，加入等体积的 0.1mol·L^{-1} 的 $[Zn(NH_3)_4]^{2+}$ 溶液，问溶液中有无 $Zn(OH)_2$ 沉淀生成？（已知：$K^{\ominus}_{sp,Zn(OH)_2}=3.0\times10^{-17}$，$K^{\ominus}_{b,NH_3}=1.8\times10^{-5}$，$K^{\ominus}_{不稳,[Zn(NH_3)_4]^{2+}}=3.5\times10^{-10}$）

10.19 已知 $K^{\ominus}_{sp,AgI}=8.3\times10^{-17}$，$K^{\ominus}_{不稳,[Ag(CN)_2]^-}=7.9\times10^{-22}$。若 0.05mol AgI 固体恰好溶于 0.5L NaCN 溶液中，试计算 NaCN 溶液的起始浓度至少为多少。

10.20 已知：$[Cu(CN)_2]^- + e^- \rightleftharpoons Cu + 2CN^-$ $\varphi^{\ominus}=-0.429$V
$Cu^+ + e^- \rightleftharpoons Cu$ $\varphi^{\ominus}=0.521$V
求 $K^{\ominus}_{稳,[Cu(CN)_2]^-}$。

第 11 章 主族金属元素（一）

周期表ⅠA和ⅡA主族元素原子的价电子层构型分别为 ns^1 和 ns^2，它们的原子最外层均有 1~2 个 s 电子，因此将这些元素称为 s 区元素。

11.1 s 区元素概述

s 区元素是最活泼的金属元素。ⅠA 包括锂（lithium）、钠（sodium）、钾（potassium）、铷（rubidium）、铯（cesium）、钫（francium）六种金属元素。由于它们的氧化物在水溶液中显碱性，所以将它们称为碱金属（alkali metal）。ⅡA 包括铍（beryllium）、镁（magnesium）、钙（calcium）、锶（strontium）、钡（barium）、镭（radium）六种金属元素。由于钙、锶、钡的氧化物的性质介于"碱性的"碱金属的氧化物和"土性的"难溶的 Al_2O_3 之间，所以这几种元素称为碱土金属（alkaline earth metal），现习惯上也常把铍和镁包括在内。s 区元素中，锂、铷、铯、铍是稀有金属元素，钫和镭是放射性元素（radioelement）。

表 11-1 和表 11-2 分别列举了碱金属和碱土金属的一些基本性质。

表 11-1 碱金属元素的基本性质

项 目	锂	钠	钾	铷	铯
元素符号	Li	Na	K	Rb	Cs
原子序数	3	11	19	37	55
原子量	6.941	22.989	39.098	85.468	132.905
价电子层构型	$2s^1$	$3s^1$	$4s^1$	$5s^1$	$6s^1$
金属半径/pm	152	154	227	248	265
电负性	1.0	0.9	0.8	0.8	0.7
第一电离能/$kJ·mol^{-1}$	520	496	419	403	376
第二电离能/$kJ·mol^{-1}$	7298	4562	3051	2633	2230
电极电势（M^{2+}/M）/V	-3.045	-2.711	-2.932	-2.952	-2.923
氧化态	+1	+1	+1	+1	+1

表 11-2 碱土金属元素的基本性质

项 目	铍	镁	钙	锶	钡
元素符号	Be	Mg	Ca	Sr	Ba
原子序数	4	12	20	38	56
原子量	9.012	24.305	40.078	87.62	137.33
价电子层构型	$2s^2$	$3s^2$	$4s^2$	$5s^2$	$6s^2$
金属半径/pm	112	160	197	215	220
电负性	1.6	1.3	1.0	0.95	0.90
第一电离能/$kJ·mol^{-1}$	905	742	593	552	562
第二电离能/$kJ·mol^{-1}$	1757	1450	1145	1064	965
电极电势（M^{2+}/M）/V	-1.85	-2.37	-2.87	-2.89	-2.90
氧化态	+2	+2	+2	+2	+2

碱金属原子最外层只有一个 s 电子，次外层是 8 电子构型（Li 的次外层为 2 个电子），

由于内层电子的屏蔽效应较显著,所以这一个价电子离核较远,很容易失去,从而使碱金属的第一电离能在同周期元素中最低,因此碱金属是同周期元素中金属性最强的金属。与同周期元素相比,碱金属原子的原子半径最大,在固体中原子间的引力比较小,因此碱金属的熔点、沸点、硬度、升华热等都很低,随 Li-Na-K-Rb-Cs 的顺序依次降低。同时,随着原子半径的增加,电离能和电负性也依次下降。碱金属第一电离能小,而第二电离能很大,这是由于失去外层的一个 s 电子后形成稀有气体电子结构的稳定离子,从稳定的电子结构再失去电子就相当困难,因此碱金属具有稳定的 +1 价的氧化态。

对于碱土金属元素来说,其最外层有 2 个 s 电子,次外层的电子构型与相邻的碱金属元素相同。由于核电荷相应有所提高,对外层电子的吸引力要强一些,因此碱土金属的原子半径比相邻的碱金属要小,电离能要大些。虽然这些元素也容易失去最外层的 s 电子而表现出较强的金属性,但它们的金属活泼性不如碱金属。由它们的标准电极电势,也可以得出同样的结论。由于碱土金属失去外层的两个 s 电子后形成稀有气体电子结构的稳定离子,因此碱土金属具有稳定的 +2 价的氧化态。由表 11-1 和表 11-2 可见碱土金属第二电离能比碱金属小得多。

s 区元素是最活泼的金属元素,其单质都能与大多数非金属反应。除了铍、镁外,都较易与水发生化学反应,极易在空气中燃烧。s 区元素能形成稳定的氢氧化物,其氢氧化物除 $Be(OH)_2$ 具有两性外,$LiOH$、$Mg(OH)_2$ 是中强碱,其它均为强碱。

s 区元素的化合物多是离子键型的化合物。但第二周期的锂和铍的离子半径较小,极化作用较强,形成的化合物是共价型的,少数镁的化合物也具有共价成分。通常情况下 s 区元素的盐类在水溶液中一般都不发生水解,水中溶解性好。

碱金属和碱土金属的化合物在无色火焰中燃烧时,会呈现出一定的颜色(见表 11-3),称为焰色反应(flame reaction)。可以用来鉴定化合物中某元素的存在,特别是在野外。

表 11-3　碱金属和碱土金属的特征焰色

元素	Li	Na	K	Rb	Cs	Ca	Sr	Ba
颜色	深红	黄	紫	红紫	紫红	橙红	深红	绿
波长/nm	670.8	589.2	766.5	780.0	455.5	714.9	687.8	553.5

11.2　碱金属

11.2.1　碱金属单质的物理化学性质

(1) 碱金属单质的物理性质

碱金属单质的一些物理性质见表 11-4。碱金属单质都是具有银白色(铯略带金色)光泽的典型轻金属,具有密度小、硬度小、熔点低、导电性强的特点。

锂、钠、钾都比水轻,最轻的是锂,它的密度约为水的一半。它们之所以轻,是因为它们在同一周期里比相应的其它元素原子量较小,而原子半径较大的缘故。

由于碱金属的硬度小,可以很容易将钠、钾用刀切割。在碱金属的晶体中有活动性较高的自由电子,因而它们具有良好的导电性和导热性。其中导电性能最佳的是金属钠。

碱金属的价电子易受光激发而电离,是制造光电管的优质材料。

碱金属在常温下可以相互溶解形成液体合金。如 77.2% 的金属钾和 22.8% 的金属钠可以形成熔点为 260.7K 的液态合金,该合金由于具有较高的比热容和较宽的液化范围而被用作核反应堆的冷却剂。碱金属与汞可以形成汞齐。例如钠汞齐(熔点为 236.2K),由于具有缓和的还原性而常在有机合成中用作还原剂。

表 11-4　碱金属单质的一些物理性质

性　质	Li	Na	K	Rb	Cs
密度/g·cm^{-3}	0.534	0.968	0.856	1.532	1.90
熔点/℃	180.05	97.8	63.2	39.8	28.5
沸点/℃	1347	881.4	765.5	688	705
硬度（金刚石=10）	0.6	0.4	0.5	0.3	0.2

（2）碱金属单质的化学性质

碱金属（alkali metal）是化学活泼性很强的金属元素，在同一族中金属活泼性从上而下逐渐增强。它们能直接或间接地与电负性较大的非金属元素形成相应的化合物。其主要化学反应见表 11-5。

表 11-5　碱金属的主要化学反应

反　应	说　明
（1）与非金属反应 　$2M + X_2 \longrightarrow 2MX$ 　$6Li + N_2 \longrightarrow 2Li_3N$ 　$3M + E \longrightarrow M_3E$ 　$2M + 2C \longrightarrow M_2C_2$ 　$2M + S \longrightarrow M_2S$	 X=卤素，反应激烈 室温下只有 Li 与 N_2 发生反应 E=P,As,Sb,Bi，加热反应 M=Li,Na 反应很激烈，有多硫化物产生
（2）与氧反应 　$2Li + \frac{1}{2}O_2$（过量）$\longrightarrow Li_2O$	 其它金属形成 $Na_2O_2, K_2O_2, KO_2, RbO_2, CsO_2$
（3）与水反应 　$2M + 2H_2O \longrightarrow 2MOH + H_2$	 Li 反应缓慢，K 发生爆炸
（4）与氢反应 　$2M + H_2 \longrightarrow 2MH$ 　$2M + 2H^+ \Longleftrightarrow 2M^+ + H_2$	 与 H_2 反应生成离子型化合物，反应激烈 与酸作用时都发生爆炸
（5）与 NH_3 反应 　$2M + 2NH_3 \longrightarrow 2MNH_2 + H_2$	 Fe 作催化剂在液氨中，与气态氨反应需加热
（6）与汞反应 　$M + Hg \longrightarrow$ 汞齐	 钠易与汞反应

碱金属有很高的反应活性，在室温下能迅速地与空气中的氧反应，因此要将碱金属保存在无水的煤油中。锂的密度小，能浮在煤油上，所以将锂保存在液体蜡中。钠、钾在空气中稍微加热就燃烧起来，而铷和铯在室温下遇空气就立即燃烧。它们的氧化物在空气中易吸收二氧化碳形成碳酸盐。

碱金属都可以与水反应。锂的升华热很大，不易活化，因而使得反应速率较慢。另外，反应所生成的氢氧化锂的溶解度较小，覆盖在金属的表面，从而也减缓了反应速率，所以锂与水反应时还不如钠激烈。钠与水反应剧烈，反应放出的热使钠熔化成小球。钾与水反应更加剧烈，产生的氢气能燃烧，铷和铯与水剧烈反应甚至发生爆炸。碱金属与水反应生成氢氧化物和氢气，如：

$$2Na + 2H_2O \Longleftrightarrow 2NaOH + H_2\uparrow$$

由于碱金属与水反应，所以它们不能在水溶液中作还原剂使用。但碱金属的氨溶液是一种能在低温下使用的非常强的还原剂。碱金属溶于液氨中生成蓝色的导电溶液。在溶液中含有金属离子和溶剂化的自由电子,这种电子反应活性非常高,因此碱金属在液氨中具有非常强的还原性。碱金属的氨溶液长时间放置或有催化剂[如过渡金属(transition metal)氧化物]存在时可以发生如下反应:

$$2Na + 2NH_3 = 2NaNH_2 + H_2\uparrow$$

在高温时碱金属还能夺取某些氧化物中的氧或夺取氯化物中的氯,如金属钠可以从 $TiCl_4$ 中置换出金属钛:

$$TiCl_4 + 4Na = Ti + 4NaCl$$

11.2.2 碱金属的氢化物

化学活性很高的碱金属能与氢气在高温下直接化合,生成离子型氢化物 MH,又称为盐型氢化物(hydride):

$$2M + H_2 = 2M^+H^- (M=碱金属)$$

这些氢化物都是白色的似盐化合物,其中的氢以 H^- 的形式存在。电解熔融的盐型氢化物,在阳极上放出氢气,证明在这类氢化物中的氢是带负电的组分。如氢化锂溶于熔融的 LiCl 中,电解时在阴极上析出金属锂,在阳极上放出氢气。

在碱金属氢化物中,以 LiH 为最稳定,加热到熔点(961K)也不分解,其它碱金属氢化物稳定性较差,加热未到熔点时便分解为氢气和相应的金属单质。

所有碱金属氢化物都是强还原剂。例如,氢化钠 NaH 在 673K 时能将 $TiCl_4$ 还原为金属钛:

$$TiCl_4 + 4NaH = Ti + 4NaCl + 2H_2\uparrow$$

在有机合成中,LiH 常用来还原某些有机化合物。

离子型氢化物在水中都能发生剧烈的水解作用而放出氢气,例如:

$$LiH + H_2O = LiOH + H_2\uparrow$$

11.2.3 碱金属的氧化物

碱金属与氧可以形成多种氧化态的氧化物(oxide),即普通氧化物 M_2O,过氧化物 M_2O_2,超氧化物 MO_2 和臭氧化物 MO_3。

(1)普通氧化物

碱金属锂在空气中燃烧时可以生成白色固体氧化锂:

$$4Li + O_2 \xrightarrow{\triangle} 2Li_2O$$

除锂外,其它碱金属在空气中燃烧的主要产物都不是 M_2O,因而为得到纯净的碱金属氧化物,除锂外的其它碱金属的氧化物必须采用间接方法来制备。例如实验室中常用金属钠还原过氧化钠制得白色固体氧化钠,用金属钾还原硝酸钾制得淡黄色固体氧化钾。

$$Na_2O_2 + 2Na = 2Na_2O$$

$$2KNO_3 + 10K = 6K_2O + N_2$$

也可用叠氮化物还原亚硝酸盐制得:

$$3NaN_3 + NaNO_2 = 2Na_2O + 5N_2$$

碱金属氧化物的一些物理性质列于表 11-6。

表 11-6 碱金属氧化物的一些物理性质

项 目	Li_2O	Na_2O	K_2O	Rb_2O	Cs_2O
颜色	白色	白色	淡黄色	亮黄色	橙红色
熔点/℃	>1700	1275	350(分解)	400(分解)	400(分解)

碱金属氧化物与水化合生成相应的氢氧化物 MOH，并放出大量的热。如：
$$Na_2O(s) + H_2O(l) == 2NaOH(s) \quad \Delta_r H_m^{\ominus} = -115.17 \text{kJ} \cdot \text{mol}^{-1}$$
Li_2O 与水反应很慢，Rb_2O 和 Cs_2O 与水发生剧烈反应。

(2) 过氧化物

所有碱金属都能形成相应的过氧化物 M_2O_2（peroxide）。过氧化物可以看作过氧化氢的盐，过氧离子 O_2^{2-} 与 F_2 是等电子体，其分子轨道式为 $[KK(\sigma_{2s})^2(\sigma_{2s}^*)^2(\sigma_{2p_x})^2(\pi_{2p_y})^2(\pi_{2p_z})^2(\pi_{2p_y}^*)^2(\pi_{2p_z}^*)^2]$，键级为 1。

最常见的过氧化物是过氧化钠。工业上，将金属钠加热至熔化（393～433K），通入一定量的不含二氧化碳的干燥空气，得到 Na_2O，然后再提高温度至 573～623K，即可制得淡黄色粉末 Na_2O_2。

$$4Na + O_2 \xrightarrow{453～473K} 2Na_2O$$

$$2Na_2O + O_2 \xrightarrow{573～623K} 2Na_2O_2$$

Na_2O_2 易吸潮而潮解，与水或稀酸反应而产生 H_2O_2，H_2O_2 随即又分解产生氧气。

$$Na_2O_2 + 2H_2O == H_2O_2 + 2NaOH$$
$$Na_2O_2 + H_2SO_4 == H_2O_2 + Na_2SO_4$$
$$2H_2O_2 == 2H_2O + O_2\uparrow$$

所以过氧化钠可用做氧气发生剂、氧化剂、漂白剂以及消毒剂。而且 Na_2O_2 与 CO_2 反应也能放出氧气：

$$2Na_2O_2 + 2CO_2 == 2Na_2CO_3 + O_2\uparrow$$

由此 Na_2O_2 可在高空飞行、防毒面具和潜艇中用作二氧化碳的吸收剂和供氧剂。

过氧化钠在碱性介质中是一种强氧化剂，常用作分解矿石的溶剂。例如：

$$Cr_2O_3 + 3Na_2O_2 \xrightarrow{共熔} 2Na_2CrO_4 + Na_2O$$
$$MnO_2 + Na_2O_2 == Na_2MnO_4$$

由于在熔融时 Na_2O_2 有强碱性，因此不能采用瓷器和石英器皿作容器，宜用铁、镍制作容器。而且由于 Na_2O_2 有氧化性，熔融时遇到棉花、炭粉等还原性物质时会发生爆炸，使用时应十分小心。

Na_2O_2 的热稳定性很高，其分解温度为 675℃。

(3) 超氧化物

钾、铷、铯在过量氧气中燃烧可制得超氧化物 MO_2（superoxide）。例如：

$$K + O_2 \xrightarrow{燃烧} KO_2$$

超氧化物中超氧离子 O_2^- 的分子轨道式为 $[KK(\sigma_{2s})^2(\sigma_{2s}^*)^2(\sigma_{2p_x})^2(\pi_{2p_y})^2(\pi_{2p_z})^2(\pi_{2p_y}^*)^2(\pi_{2p_z}^*)^1]$。有一个单电子，故超氧离子为顺磁性（paramagnetism），其键级（bond order）为 1.5。

超氧化物是强氧化剂，能够与水剧烈反应立即产生氧气和过氧化氢。例如：

$$2KO_2 + 2H_2O == 2KOH + H_2O_2 + O_2\uparrow$$

也能和 CO_2 反应放出氧气：

$$4KO_2 + 2CO_2 == 2K_2CO_3 + 3O_2\uparrow$$

KO_2 较易制备，也可除去 CO_2 和再生 O_2，常用于急救器中和潜水、登山等方面。

(4) 臭氧化物（ozonide）

碱金属臭氧化物都是离子型化合物。将干燥的钾、铷、铯、钫的氢氧化物固体与臭氧反应或臭氧通入它们的液氨溶液均可得到相应臭氧化物，如：

$$6CsOH + 4O_3 = 4CsO_3 + 2CsOH \cdot H_2O \text{（水合晶体）} + O_2$$

$$K + O_3 \xrightarrow{NH_3(l)} KO_3$$

碱土金属的臭氧化物都有颜色，如 KO_3 呈红棕色。碱金属臭氧化物与水反应激烈并放出 O_2：

$$4RbO_3 + 2H_2O = 4RbOH + 5O_2 \uparrow$$

碱金属的臭氧化物在常温下缓慢分解，生成超氧化物和氧气。如：

$$KO_3 = KO_2 + \frac{1}{2}O_2 \uparrow$$

由于臭氧化物在多种情况下都能生成氧气，所以作为氧源应用于航空和宇航工业。臭氧化物具有爆炸性，最好于低温惰性气体保护下使用。

11.2.4 碱金属的氢氧化物

碱金属元素的氧化物遇水都能发生剧烈反应，生成相应的碱。碱金属的氢氧化物（hydrate）都是白色固体。在空气中易吸水而潮解，故固体 NaOH 常用作干燥剂。

碱金属的氢氧化物在水中易溶，并且溶解时还放出大量的热，其氢氧化物碱性的递变规律如下：

$$LiOH < NaOH < KOH < RbOH < CsOH$$
中强碱　　强碱　　强碱　　强碱　　强碱

对于氢氧化物的酸碱性及其强弱可以作如下考虑，若以 ROH 代表氢氧化物，它们有两种离解方式：

$$R-O-H \longrightarrow R^+ + OH^- \quad \text{碱式离解}$$
$$R-O-H \longrightarrow RO^- + H^+ \quad \text{酸式离解}$$

究竟是以哪一种方式离解或二者兼有，与离子 R^+ 的电荷数 Z 及离子半径 r 有关。令 $\phi = \frac{Z}{r}$，ϕ 称为离子势（ionic potential）。显然 ϕ 的值越大，R^+ 的静电场越强，对氧原子上的电子云吸引力也越强，极化作用越强。O—H 键变弱，ROH 以酸式离解为主，即酸性越强。反之，则 ROH 更趋向碱式离解。

若 r 的单位为 pm 时，判断酸碱性的经验规则为：

$\sqrt{\phi} < 0.22$：金属氢氧化物为碱性

$0.22 < \sqrt{\phi} < 0.32$：金属氢氧化物为两性

$\sqrt{\phi} > 0.32$：金属氢氧化物为酸性

此规则也称为 ROH 规则。碱金属和碱土金属的离子势见表 11-7。

表 11-7　碱金属和碱土金属的离子势

氢氧化物	$\sqrt{\phi}$	氢氧化物	$\sqrt{\phi}$
LiOH	0.115	Be(OH)$_2$	0.27
NaOH	0.099	Mg(OH)$_2$	0.167
KOH	0.085	Ca(OH)$_2$	0.141
RbOH	0.081	Sr(OH)$_2$	0.130
CsOH	0.077	Ba(OH)$_2$	0.122

由表 11-7 可以看到，对于同族元素的氢氧化物，由上而下离子势逐渐减小，氢氧化物的碱性增强；碱土金属的离子势大于碱金属的离子势，其碱性弱于碱金属；Be(OH)$_2$ 为两性。

应当说明的是，对于碱金属和碱土金属及一些阳离子而言，以 $\sqrt{\phi}$ 值判别氢氧化物的酸碱性强弱是相当可靠的，但对于另一些元素的氢氧化物来说则不一定可靠。这是由于氢氧化物的酸碱性除与中心离子的电荷、半径有关外，还与离子的电子层结构、氢氧化物的结构及溶剂效应等因素有密切的关系，因此它只是一个粗略的经验方法。

11.2.5 碱金属重要盐类的性质

碱金属常见的盐有卤化物、硝酸盐、硫酸盐、碳酸盐等。碱金属的盐大多数是离子型晶体，其熔点、沸点较高。由于 Li^+ 最小，极化作用较强，使其某些盐（如卤化物）具有较明显的共价性。

（1）溶解性

碱金属的盐类大多都易溶于水，并且在水中完全离解。它们的碳酸盐、硫酸盐的溶解度从锂到铯依次增大。少数碱金属盐难溶于水，如 LiF、Li_2CO_3 等，除此以外，还有少数由较大的阴离子组成的难溶盐。如钴亚硝酸钠 $Na_3[Co(NO_2)_6]$ 与钾盐作用，生成亮黄色的 $K_2Na[Co(NO_2)_6]$ 沉淀，该反应可以用来鉴定 K^+。

（2）热稳定性

碱金属盐一般具有较高的热稳定性。碱金属的卤化物在高温时挥发而难分解；硫酸盐在高温下既难挥发又难分解；碳酸盐中除 Li_2CO_3 在 1543K 部分分解为 Li_2O 和 CO_2 外，其余很难分解。只有碱金属的硝酸盐热稳定性差，加热到一定温度时易分解。例如：

$$4LiNO_3 \xrightarrow{973K} 2Li_2O + 4NO_2\uparrow + O_2\uparrow$$

$$2NaNO_3 \xrightarrow{1003K} 2NaNO_2 + O_2\uparrow$$

$$2KNO_3 \xrightarrow{943K} 2KNO_2 + O_2\uparrow$$

11.2.6 碱金属配位化合物

碱金属的配位化学过去研究得很少。由于碱金属离子的低电荷和大体积使其配位能力比较弱。它们一般不与简单的无机配位体形成配合物或形成的配合物不稳定，但能与一些有机螯合剂形成具有一定稳定性的配合物。如水杨醛与钠离子形成配位数为 4 的配合物：

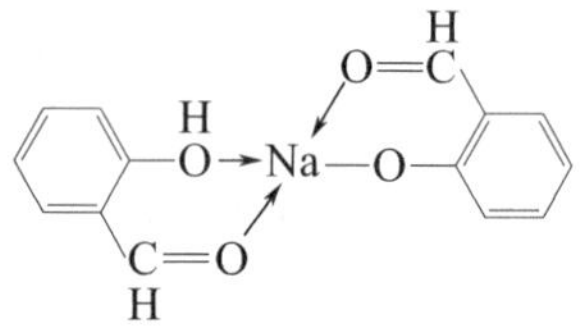

20 世纪 60 年代，人们发现大环多元醚可与碱金属形成相当稳定的配位化合物。如二苯并-18-冠-6 与 K^+ 形成稳定的配合物。

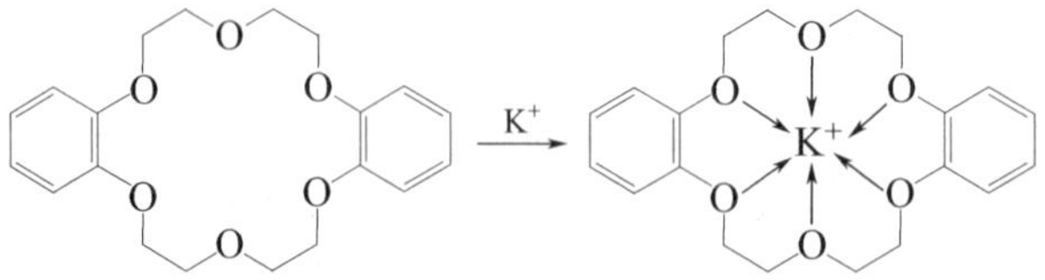

大环效应（macrocyclic effect）的这一发现使人们对该领域的兴趣和系统研究迅速发展了起来。如利用冠醚的配位作用具有高度的选择性这一特性，分离大小不同的金属离子。

11.3 碱土金属

11.3.1 碱土金属单质的物理化学性质

（1）碱土金属单质的物理性质

碱土金属单质除铍呈钢灰色外，其余的都具有银白色光泽。碱土金属的密度、熔点和沸点则较碱金属为高,这主要是因为碱土金属原子半径比碱金属小,具有 2 个价电子,所形成的金属键比碱金属的强的缘故。碱土金属单质的一些物理性质见表 11-8。

表 11-8 碱土金属单质的一些物理性质

项 目	Be	Mg	Ca	Sr	Ba
密度/g·cm^{-3}	1.848	1.738	1.55	2.63	3.62
熔点/℃	1287	648	839	768	727
沸点/℃	2500	1105	1494	1381	(1850)
硬度(金刚石=10)	4	2.5	2	1.5	

(2) 碱土金属单质的化学性质

碱土金属活泼性略低于碱金属的活泼性。其主要化学反应列于表 11-9。

表 11-9 碱土金属的主要化学反应

反 应	说 明
(1) 与非金属反应	
$M + X_2 \longrightarrow MX_2$	X=卤素,反应激烈
$M + S \longrightarrow MS$	M 与 Se、Te 也有类似反应
$3M + N_2 \longrightarrow M_3N_2$	高温下反应,M 在空气中燃烧与 MO 同时生成
$6M + P_4 \longrightarrow 2M_3P_2$	
$M + 2C \longrightarrow MC_2$	在高温下反应,Be 的产物为 Be_2C
(2) 与氧反应	
$2M + O_2 \longrightarrow 2MO$	加热能燃烧,Ba 能形成过氧化物
(3) 与水反应	
$M + 2H_2O(l) \longrightarrow M(OH)_2 + H_2$	反应没有碱金属激烈,Mg 在热水中反应缓慢,Be 同水蒸气也不反应
$Be + 2OH^- \longrightarrow BeO_2^{2-} + H_2$	其它碱土金属无此反应
(4) 与氢反应	
$M + H_2 \longrightarrow MH_2$	Be 不发生此反应
$M + 2H^+ \longrightarrow M^{2+} + H_2$	Be 反应缓慢,其余反应较快
(5) 与氨反应	
$M + 2NH_3 \longrightarrow M(NH_2)_2 + H_2$	在催化剂存在下,Ca、Sr、Ba 与液氨的反应
$3M + 2NH_3 \longrightarrow M_3N_2 + 3H_2$	气态氨高温下反应

与碱金属类似,碱土金属在干态和一些有机溶剂中用作还原剂,如在高温下,Ca、Mg 能夺取许多氧化物中的氧或氯化物中的氯:

$$ZrO_2 + 2Ca \Longrightarrow Zr + 2CaO$$

$$TiCl_4 + 2Mg \Longrightarrow Ti + 2MgCl_2$$

11.3.2 碱土金属的氢化物

碱土金属中较活泼的钙、锶、钡在氢气流中加热可以直接化合,生成离子型氢化物,这些氢化物都是白色似盐化合物。

$$M + H_2 \Longrightarrow M^{2+}H_2^- \text{ (M=Ca,Sr,Ba)}$$

与碱金属元素类似,钙、锶、钡和氢的电负性相差较大,氢可以从金属原子的外层电子中夺取 1 个电子,形成阴离子 H^-,这类氢化物都是离子晶体,所以常称为离子型氢化物。

在碱土金属氢化物中 CaH_2 在有机合成中常作为还原剂。由于 CaH_2 与水反应能放出大量的氢气,所以常用它作为野外产生氢气的材料,称它为生氢剂。

11.3.3 碱土金属的氧化物

碱土金属与氧化合一般生成普通氧化物 MO，钙、锶、钡还可以形成过氧化物 MO_2 和超氧化物。

(1) 普通氧化物

碱土金属在室温或加热下，能与氧气直接化合而生成氧化物 MO，另外碱土金属的碳酸盐、硝酸盐、氢氧化物等热分解也能得到氧化物。例如：

$$CaCO_3 \xrightarrow{\triangle} CaO + CO_2 \uparrow$$

$$2Sr(NO_3)_2 \xrightarrow{\triangle} 2SrO + 4NO_2 \uparrow + O_2 \uparrow$$

碱土金属氧化物都是白色固体。其中唯有 BeO 是 ZnS 型晶体，其它都是 NaCl 型晶体。与碱金属氧化物相比，碱土金属氧化物中正、负离子都带有两个电荷，而正、负离子间的距离又小，所以碱土金属氧化物具有较大的晶格能，导致其熔点、硬度都相当高。除 BeO 外，由 MgO 到 BaO 熔点依次降低。由此特性 BeO 和 MgO 可作耐高温材料，CaO 是重要的建筑材料。碱土金属的一些物理性质见表 11-10。

表 11-10 碱土金属氧化物的一些物理性质

项　　目	BeO	MgO	CaO	SrO	BaO
熔点/℃	2530	2852	2614	2430	1918
硬度(金刚石=10)	9	5.6	4.5	3.5	3.3
M—O 核间距/pm	165	210	240	257	277

(2) 过氧化物（peroxide）

钙、锶、钡的氧化物与过氧化氢作用，可得到相应的过氧化物 MO_2，碱土金属的过氧化物中以 BaO_2 较为重要。工业上将 BaO 在空气中加热到 600℃ 以上即可转化为过氧化钡。

$$2BaO + O_2 \xrightarrow{\triangle} 2BaO_2$$

BaO_2 与稀酸反应可以生成 H_2O_2，这是实验室制取 H_2O_2 的方法：

$$BaO_2 + H_2SO_4 == BaSO_4 \downarrow + H_2O_2$$

BaO_2 也可作为供氧剂、引火剂、漂白剂等。CaO_2 常用于水产养殖作为增氧剂。

11.3.4 碱土金属的氢氧化物

BeO 几乎不与水反应，MgO 与水缓慢反应生成相应的碱，其它碱土金属氧化物遇水都能发生剧烈反应，生成相应的碱。

$$MO + H_2O == M(OH)_2$$

碱土金属的氢氧化物是白色固体，在空气中易吸水而潮解，故固体 $Ca(OH)_2$ 常用作干燥剂。

碱土金属的氢氧化物微溶于水，溶解度较小，其中 $Be(OH)_2$ 和 $Mg(OH)_2$ 是难溶的氢氧化物。碱土金属氢氧化物的溶解度见表 11-11。

表 11-11 碱土金属氢氧化物的溶解度（293K）

氢氧化物	$Be(OH)_2$	$Mg(OH)_2$	$Ca(OH)_2$	$Sr(OH)_2$	$Ba(OH)_2$
溶解度/mol·L^{-1}	8×10^{-6}	5×10^{-4}	6.9×10^{-3}	6.7×10^{-2}	2×10^{-1}

从表中数据可以看出，同族元素的氢氧化物的溶解度从上到下逐渐增大。这是由于随着金属离子半径的增大，正、负离子之间的作用力逐渐减小，容易被水分子解离。同一周期中，碱土金属离子半径比碱金属离子半径小，并且带两个正电荷，水分子不易将它们拆开，

因此碱土金属氢氧化物的溶解度比碱金属氢氧化物的溶解度就小得多。

碱土金属氢氧化物的碱性递变规律与它们的溶解度的递变规律相同，同族从上到下碱性依次增强，同周期从碱金属到碱土金属碱性减弱。

11.3.5 碱土金属的盐类

(1) 溶解度

碱土金属的盐比相应的碱金属盐溶解度小，除氯化物、硝酸盐、硫酸镁、铬酸镁易溶于水外，其余的碳酸盐、硫酸盐、草酸盐、铬酸盐皆难溶。硫酸盐和铬酸盐的溶解度依 Ca→Sr→Ba 的顺序降低。钙盐中以 CaC_2O_4 的溶解度为最小，因此常用生成白色 CaC_2O_4 的沉淀反应来鉴定 Ca^{2+}。$BaSO_4$、$BaCrO_4$ 都是难溶的，$BaSO_4$ 甚至不溶于酸，因此可用 Ba^{2+} 来鉴定 SO_4^{2-}，而 Ba^{2+} 的鉴定可利用生成黄色的 $BaCrO_4$ 沉淀的反应。

(2) 热稳定性

碱土金属盐的热稳定性较碱金属差，但常温下也都是稳定的。例如碱土金属中的碳酸盐在强热时才能分解。

$$MCO_3(s) \xrightarrow{\triangle} MO(s) + CO_2(g)\,(M=碱土金属)$$

这是因为碱土金属阳离子 M^{2+} 的电荷高、半径小，对含氧酸根中的 O^{2-} 有较强的吸引作用（与含氧酸根的中心离子对氧的极化作用相反，故也称为反极化作用），此作用可破坏含氧酸根，并使含氧酸盐分解为 MO 和酸酐。常见的碱土金属含氧酸盐的分解温度见表 11-12。

表 11-12 常见的碱土金属含氧酸盐的分解温度

$t/℃$	硝酸盐	碳酸盐	硫酸盐	$t/℃$	硝酸盐	碳酸盐	硫酸盐
Be	约 100	<100	550～600	Sr	>750	1290	1580
Mg	约 129	540	1124	Ba	>592	1360	>1580
Ca	>561	900	>1450				

11.3.6 碱土金属配位化合物

碱土金属离子形成配合物的能力比碱金属强，能与一些有机螯合剂形成相当稳定的配合物。如 Ca^{2+} 与 EDTA 形成 1∶1 相当稳定的螯合物，见图 11-1。

分析化学中常利用这种配合物测定样品中的 Ca^{2+} 含量。

叶绿素是一种绿色色素，在植物的光合作用中发挥核心作用。叶绿素是镁的大环配合物，作为配位体的卟啉环与 Mg^{2+} 的配位是通过 4 个环氮原子实现的。叶绿素分子中涉及包括 Mg^{2+} 在内的 4 个六元螯环，见图 11-2。

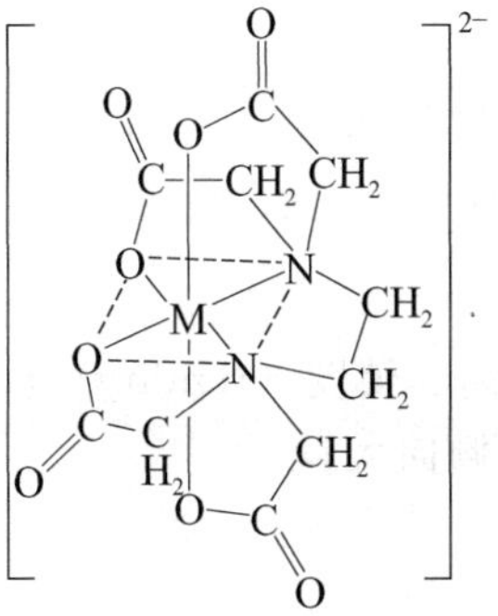

图 11-1 Ca^{2+} 和 EDTA 的配位

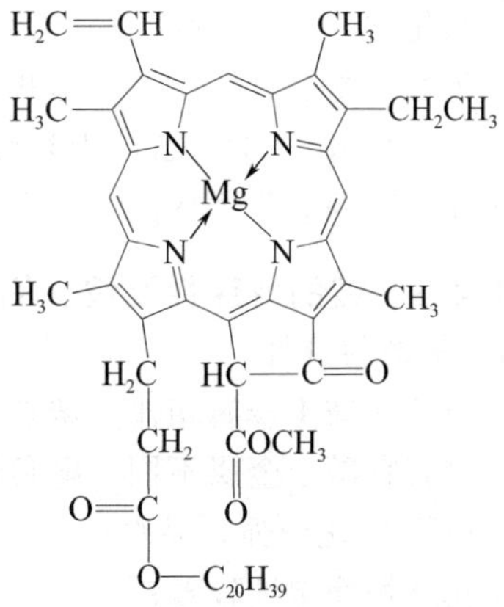

图 11-2 Mg^{2+} 在叶绿素中的配位

11.4 锂、铍的特殊性

11.4.1 对角线规则

Li 与 Mg、Be 与 Al、B 与 Si 处于周期表中左上右下对角线位置，它们的单质及化合物性质有许多相似之处，这称为对角线规则（diagonal rule）。

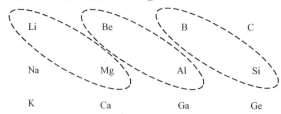

这是由于正离子的电荷越高，其极化能力越强，而半径越大，极化能力则越弱，元素周期表中对角线位置上两个元素的电荷数和半径对极化作用的影响恰好相反，使得它们离子极化力相近，导致对应的元素性质相似。

11.4.2 锂的特殊性及锂、镁的相似性

(1) 锂的特殊性

① 熔点、硬度高于本族其它金属，导电性较弱；
② 与其它碱金属不同，化合物中 $LiOH$、Li_2CO_3 易分解，氢化物中 LiH 最稳定；
③ $\varphi^{\ominus}_{Li^+/Li}$ 在同族中反常地低，$Li^+(g)$ 的水合热较大（放热多），但与水反应缓慢；
④ 不同于其它碱金属，锂能直接与氮化合，生成氮化锂，且 Li_3N 稳定；
⑤ LiF、Li_2CO_3、Li_3PO_4 难溶于水，而其它碱金属这些盐类都溶于水。

(2) 锂与镁的相似性

① 单质与氧作用生成正常氧化物：

$$4Li + O_2 \longrightarrow 2Li_2O \quad 2Mg + O_2 \longrightarrow 2MgO$$

② 单质与 N_2 直接作用生成氮化物：

$$6Li + N_2 \longrightarrow 2Li_3N \quad 3Mg + N_2 \longrightarrow Mg_3N_2$$

③ 氢氧化物均为中强碱，且在水中溶解度不大，加热分解为正常氧化物；
④ 氟化物（fluoride）、碳酸盐（carbonate）、磷酸盐（phosphate）均难溶于水；
⑤ 氯化物共价性较强，均能溶于有机溶剂中；
⑥ 碳酸盐受热分解，产物为相应氧化物；
⑦ Li^+ 和 Mg^{2+} 的水合能力较强，但与水反应缓慢；
⑧ 锂、镁的氯化物均能溶于有机溶剂中，表现出共价特征。

11.4.3 铍的特殊性及铍、铝的相似性

(1) 铍的特殊性

① 与其它碱土金属相比，熔点（melting point）较高、硬度（rigidity）较大；
② 与其它碱土金属不同，电负性较大，形成共价键倾向大；
③ Be^{2+} 极化较强，易水解；
④ 化合物稳定性较差；
⑤ $Be(OH)_2$ 两性。

(2) 铍与铝的相似性
① 两者都是活泼金属，电极电势相近；
② 被冷的浓硝酸钝化，在空气中易形成致密的氧化膜保护层，不易被腐蚀；
③ 两性元素，氢氧化物也属两性，且难溶；
④ 氧化物的熔点和硬度都很高；
⑤ 卤化物均有共价型，且性质相似：

$$BeF_2 + 2NaF \longrightarrow Na_2[BeF_4] \quad AlF_3 + 3NaF \longrightarrow Na_3[AlF_6]$$
$$xBeCl_2 \longrightarrow (BeCl_2)_x \quad 2AlCl_3 \longrightarrow Al_2Cl_6$$

⑥ 盐都易水解；
⑦ 碳化物与水反应生成甲烷：

$$Be_2C + 4H_2O \longrightarrow 2Be(OH)_2 + CH_4 \uparrow$$
$$Al_4C_3 + 12H_2O \longrightarrow 4Al(OH)_3 + 3CH_4 \uparrow$$

11.5 碱金属和碱土金属的生物效应

生物（植物和动物）体内几乎存在着迄今发现的所有元素，这些元素大致分为四大类：必需元素、可能有益或辅助营养元素、沾染元素、有毒元素。在活的有机体内，维持其正常的生物功能所必需的元素称为生命元素。生命元素必须满足下列条件：
① 若没有它，则生物不能生长，也不能完成生命循环；
② 该元素在生物体内的作用不能被另一种元素完全代替；
③ 该元素对生物功能有直接影响，并参与代谢过程。

在生物体内，每一种生命元素呈现不同的生物效应，而效应的强、弱取决于特定的器官或体液中的浓度和其存在的形式。

11.5.1 碱金属的生物效应

(1) 钠、钾的生物效应

钠和钾是生物体内所必需的元素，在生物的生长发育和正常的生命活动中起十分重要的作用。对于生物体系而言，由于 K^+ 和 Na^+ 间离子半径和水合能差异很大，因此 K^+、Na^+ 在细胞内外的浓度分布很不平衡，在细胞内部，主要集中着 K^+（0.1051 mol·L^{-1}），Na^+ 浓度很低（0.01 mol·L^{-1}）；在细胞外部，主要分布着 Na^+（0.1431 mol·L^{-1}），K^+ 浓度很低（0.005 mol·L^{-1}）。

在人和动物的体内，Na^+ 和 K^+ 是体液中主要的阳离子。其重要作用是维持体液酸碱平衡、渗透压及保持神经、肌肉系统的应急能力等。Na^+ 和 K^+ 在许多代谢过程中的生理活性是很不一样的，有时甚至起相互拮抗作用，如 K^+ 是丙酮酸酶的激活剂，而 Na^+ 却对其起抑制作用；K^+ 能促进蛋白质的合成和细胞内糖代谢，而 Na^+ 则参与氨基酸和糖类的吸收。因此，高血压、心脏病等疾病的发生可能与钠的摄入量过多有关。

对于植物来说，钾是重要的必需元素。钾在植物体内的生理功能同光合作用和呼吸作用有关。土壤中缺钾，植物的生长会受到严重影响，缺钾会引起植物叶片收缩、发黄、根系生长延缓、植株的茎秆易倒伏等。因此，钾是植物生长的三大要素之一。

(2) 锂、铯、铷的生物效应

锂、铯、铷是生物体内的非必需元素，但这些元素仍微量地存在于生物体内。Li_2CO_3 是一种治疗狂躁型抑郁症的特效药物，铯和铷在生物体内可能有类似于钾的作用，但其确切的生理作用需进一步证实。

11.5.2 碱土金属的生物效应

(1) 钙的生物效应

钙是生命活动必需的元素。Ca^{2+} 在细胞内的浓度（10^{-5} mol·L^{-1}）比在细胞外的浓度（10^{-3} mol·L^{-1}）小得多。钙是构成植物细胞壁和动物骨骼（主要成分是羟基磷灰石，hydroxylapatite）的重要成分。人体内99%的钙存在于骨骼和牙齿中，钙在维持心脏正常收缩、神经肌肉兴奋性、凝血和保持细胞膜完整性等方面起着重要作用。钙最重要的生物功能是信使作用，细胞内的信号传递依靠细胞内外 Ca^{2+} 的浓度差。

人体中血钙的正常浓度为 2.3~2.9 mmol·L^{-1}，其中一部分以游离 Ca^{2+} 存在，一部分结合到蛋白质上。健康人血液中钙的浓度能自动地维持在正常的范围内，如果血浆游离的 Ca^{2+} 浓度高于正常生理水平时，会抑制甲状旁腺素分泌和刺激降钙素分泌，结果使骨钙重吸收减少，肾钙排泄增加；当血浆游离的 Ca^{2+} 浓度低于正常生理水平时，会刺激甲状旁腺素分泌和抑制降钙素分泌，从而增加肠对钙的吸收比例。可见钙代谢的动态平衡是通过甲状旁腺素和降钙素的调节来实现的。它们作用于肠道、骨骼和肾脏三个靶器官，通过影响钙吸收与排泄，在成骨和溶骨这两个方面控制代谢的平衡，保持着血钙浓度的恒定。身体器官的损伤会引起血钙浓度的异常，如肾病综合征、肾小管酸中毒、慢性肾功能衰竭等会导致钙代谢紊乱，出现低血钙症。碳酸钙、醋酸钙常用于治疗肾病引起的低血钙症。

(2) 镁的生物效应

镁也是生命活动必需的元素。Mg^{2+} 是一种内部结构的稳定剂和细胞内酶的辅因子，细胞内的核苷酸以其 Mg^{2+} 配合物形式存在。因为 Mg^{2+} 倾向于与磷酸根结合，所以 Mg^{2+} 对于 DNA 复制和蛋白质生物合成都是必不可少的。Mg^{2+} 是多种酶的激活剂，并有相当高的特异性，而且 Mg^{2+} 的激活功能是其它二价离子不能代替的。如在细胞质内，葡萄糖（glucose）被氧化成二氧化碳和水，同时释放能量供给机体，在氧化过程的六个步骤中，有两个步骤需 Mg^{2+} 来催化。

植物光合作用中涉及许多色素，叶绿素 a 是其中最重要的一种。它是 Mg^{2+} 作为中心离子的卟啉类配合物，它吸收可见光区的红光，将太阳能通过光合作用（photosynthesis）转化为生物能，并得以贮存起来。大气中的氧气便是光合作用的副产品。

动物体内含有 0.05% 的镁离子，其中 60%~70% 存储在骨骼中，其余部分存在于软组织和细胞内液中，镁离子在细胞内液中的浓度仅次于钾离子，为细胞液中浓度第二高的离子；软组织中，Mg^{2+} 在心脏、横纹肌、肝脏、肾脏和大脑中的浓度尤高。由此可见，Mg^{2+} 在动物生命中具有重要的作用，它不仅维持骨骼和牙齿的完整性，而且在神经肌肉脉冲传递、酶的活性以及体内能量、蛋白和脂肪代谢中起着重要作用。动物摄入镁不足就会产生缺乏症，如奶牛缺镁会表现如下症状：首先，奶牛的食欲下降、行动迟缓、表现嗜睡，随着病情的加重，奶牛变得走步僵硬，接着步态摇晃，而且，奶牛变得紧张和易怒，肌肉明显颤抖，继续下去，奶牛完全瘫痪和痉挛。如不及时治疗，会造成死亡。

(3) 其它碱土金属的生物效应

铍单质和铍的化合物有很强的毒性，铍在器官中积累达到一定量时会诱发癌症；可溶性的铍盐特别是氟化铍接触皮肤后，会产生皮炎。在生物体内锶是痕量元素（trace element），尚未发现其生理作用。钡盐的毒性极强，其中毒症状是过量流涎、呕吐、腹痛、腹泻、痉挛性地发抖，肾、肠、胃出血等。由于硫酸钡既不溶于水也不溶于酸，所以进行 X 射线透视胃肠道时，可以口服硫酸钡乳剂作为造影剂（contrast medium）。

思 考 题

1. 说明碱金属单质在过量氧气中燃烧各生成什么氧化物,各类氧化物与水作用的情况如何?
2. 说明碱土金属单质在过量氧气中燃烧各生成什么氧化物,各类氧化物与水作用的情况如何?
3. 碱金属元素和碱土金属元素的性质有哪些相似?有哪些不同?
4. 说明 s 区元素氢氧化物的碱性递变规律。
5. 用离子极化的观点解释碱土金属碳酸盐的热稳定性变化规律。
6. 锂的标准电极电势虽比钠低,但为什么锂同水的作用却不如钠剧烈?
7. 商品氢氧化钠中常含有碳酸钠,怎样以最简便的方法加以检验?
8. 简述过氧化钠的制备、性质和用途。
9. 有的土壤呈碱性主要是由碳酸钠引起的,加入石膏为什么有改良土壤的作用?
10. 金属钠应如何贮存?将钠放在液氨中情况如何?
11. 下列金属在空气中燃烧,各生成何种氧化物?

$$Li, Na, Cs, Ba, K$$

12. 工业级的 NaCl 和 Na_2CO_3 中都含有杂质 Ca^{2+}、Mg^{2+}、Fe^{3+},通常采用沉淀法除去。试问为什么在 NaCl 溶液中除加 NaOH 外还要加 Na_2CO_3?在 Na_2CO_3 溶液中还要加 NaOH?
13. 人们一般认为钡盐有毒。为什么检查人体肠胃疾病用 X 射线透视造影时可服用"钡餐"?
14. 选择题

(1) 与碱土金属相比,碱金属表现出(   )。
 A. 较大的硬度　　　B. 较高的熔点　　　C. 较小的离子半径　　　D. 较低的电离能

(2) 铍和铝的化学性质有许多相似之处,但并不是所有的性质都一样,下列相似性不恰当的是(   )。
 A. 氧化物都具有高熔点　　　　　　B. 氯化物都为共价型化合物
 C. 都能生成六配位的化合物　　　　D. 既溶于酸又溶于碱

(3) 在水中 Li 的还原性比 Na 强,这是因为(   )。
 A. Li 的电离能比 Na 小　　　　　　B. Li 的电负性比 Na 大
 C. Li 的半径比 Na 大　　　　　　　D. Li^+ 的水合能比 Na^+ 大

(4) 下列碱金属碳酸盐中溶解度最小的是(   )。
 A. Li_2CO_3　　　B. Na_2CO_3　　　C. Rb_2CO_3　　　D. Cs_2CO_3

(5) 下列有关碱土金属氢氧化物的叙述正确的是(   )。
 A. 都难溶于水　　　　　　　　　　B. 都是强碱
 C. 碱性由铍到钡依次递增　　　　　D. 固体中有的是白色,有的不是白色

(6) 实验室中熔解 NaOH,应选用下列哪种坩埚?(   )
 A. 石英坩埚　　　B. 瓷坩埚　　　C. 玻璃坩埚　　　D. 镍坩埚

(7) 金属锂应保存在下列哪种物质中?(   )
 A. 汽油　　　B. 煤油　　　C. 干燥空气　　　D. 液体石蜡

(8) 金属锂和金属钠分别与水反应的情况是(   )。
 A. 锂比钠激烈　　　B. 钠比锂激烈　　　C. 都激烈　　　D. 都很缓慢

(9) 常温下,下列金属不与水反应的是(   )。
 A. Na　　　B. Rb　　　C. Ca　　　D. Mg

(10) 下列碱金属标准电极电势 $\varphi^{\ominus}_{M^+/M}$ 大小排列顺序正确的是(   )。
 A. Li>Na>Cs　　　B. Li>Cs>Na　　　C. Na>Cs>Li　　　D. Cs>Na>Li

习 题

11.1 完成下列反应方程式

(1) $Na_2O_2 + CO_2 \longrightarrow$

(2) $Na_2O_2 + NaCrO_2 \longrightarrow$

(3) $Na_2O_2 + H_2SO_4(稀) \longrightarrow$

(4) $Na_2O_2 + Na \longrightarrow$

(5) $Na + O_2 \longrightarrow$

(6) $Na_2O_2 + H_2O \longrightarrow$

(7) $TiCl_4 + Na \longrightarrow$

(8) $BaSO_4 + C \xrightarrow{\triangle}$

(9) $Li + N_2 \longrightarrow$

(10) $Mg + N_2 \longrightarrow$

(11) $LiNO_3 \xrightarrow{\triangle}$

(12) $KO_2 + H_2O \longrightarrow$

11.2 试解释下列现象：

(1) $Mg(OH)_2$ 难溶于水，但能溶于 NH_4Cl；

(2) $BaCO_3$ 能溶于 HAc，而 $BaSO_4$ 则不溶。

11.3 试用简便方法将下列各物质分别鉴定出来：

(1) 烧碱、纯碱、泡花碱　(2) 大苏打和小苏打　(3) 元明粉和保险粉

11.4 现有 5 种白色固体，它们分别是：$MgCl_2$、Na_2SO_4、KCl、Na_2CO_3、$BaSO_4$，如何用最简便的方法将它们鉴别出来？

11.5 现有一白色固体混合物，其中可能有 KCl、$MgSO_4$、$BaCl_2$、$NaNO_3$、$CaCO_3$ 中的两种或几种，通过下列实验，判断这几种物质哪种一定存在？哪种不可能存在？

(1) 混合物溶于水，得到澄清透明的溶液；

(2) 溶液呈紫色焰色反应；

(3) 加碱于溶液中产生白色胶状沉淀。

11.6 试说明 $Mg(OH)_2$ 溶于 NH_4Cl 而 $Be(OH)_2$ 不能。

11.7 指出下列氧化物中何种为正常氧化物、过氧化物、超氧化物，试用分子轨道理论说明过氧离子和超氧离子的稳定性。

$$Li_2O, CsO_2, CaO_2, Na_2O_2, KO_2$$

11.8 鉴别下列各对物质

(1) $Be(OH)_2$ 和 $Mg(OH)_2$　　(2) Na_2CO_3 和 $MgCO_3$　　(3) Na_2CO_3 和 $BaCO_3$

11.9 鉴别下列各组物质

(1) Na_2CO_3，$NaHCO_3$，$NaOH$　(2) $Ca(OH)_2$，CaO，$CaSO_4$　(3) Na_2CO_3，$NaOH$，Na_2O_2

11.10 用化学反应方程式表示下列物质之间的转换

$$Mg \longrightarrow Mg_3N_2 \longrightarrow Mg(OH)_2 \longrightarrow Mg(NO_3)_2 \longrightarrow MgO$$

11.11 现有 780g Na_2O_2，试计算在标准状态下，可吸收 CO_2 多少升？可提供氧气多少升？

11.12 氢氧化镁溶于醋酸的反应如下：

$$Mg(OH)_2 + 2HAc \rightleftharpoons Mg^{2+} + 2Ac^- + 2H_2O$$

计算反应的 $K^{\ominus}$ 值，推断氢氧化镁能否溶于醋酸。

11.13 将白色固体 A 加强热，得到白色固体 B 和无色气体 C，将 C 通入 $Ca(OH)_2$ 饱和溶液中得到白色固体 D。如果将少量的 B 溶于水，所得的 B 溶液使红色石蕊试纸变蓝。B 溶液被盐酸中和后，经蒸发干燥后得白色固体 E。E 在无色火焰中燃烧为绿色火焰。如果 B 的水溶液加入稀 H_2SO_4 溶液得白色沉淀 F，F 不溶于盐酸。试确定 A、B、C、D、E、F 各为何种物质，并写出相关反应方程式。

第 12 章 主族金属元素（二）

12.1 p 区元素概述

主族金属（main group metal）元素除包括 s 区的碱金属和碱土金属外，还包括 p 区 ⅢA 族的铝（aluminum）、镓（gallium）、铟（indium）、铊（thallium），ⅣA 族的锗（germanium）、锡（tin）、铅（lead），ⅤA 族的砷（arsenic）、锑（antimony）、铋（bismuth）。其中锗、砷、锑兼有金属和非金属的特性，因其性质与同族的金属元素有许多相似之处，故一般放在一起讨论。

与 s 区的碱金属和碱土金属相比，p 区金属元素相对密度较大，熔、沸点较高，化学性质不如碱金属和碱土金属活泼。而与副族元素金属相比，p 区金属元素一般具有密度较小，熔、沸点较低，化学性质较活泼的特点。其中ⅣA 族和ⅤA 族金属的熔点也很低，被称为低熔点金属。p 区金属元素具有导热性和导电性的金属通性，其中锗、锡、砷、锑还具有半导体（semiconductor）的性质。

12.2 铝

铝是元素周期表中ⅢA 族的元素，在地壳中的含量丰富，丰度达 8.05%，在所有元素中居第三位。在自然界中，铝主要存在于矿石中，如正长石（$K_2O \cdot Al_2O_3 \cdot 6SiO_2$）、白云母（$K_2O \cdot 3Al_2O_3 \cdot 6SiO_2 \cdot 2H_2O$）、高岭土、冰晶石（$Na_3AlF_6$）等。

工业上提炼铝一般用 NaOH 溶液处理铝土矿，使铝转变为可溶性的铝酸钠：

$$Al_2O_3 + 2NaOH + 3H_2O = 2NaAl(OH)_4$$

然后过滤将铝酸钠溶液与不溶杂质分开，向滤液中通入 CO_2 得到 $Al(OH)_3$ 沉淀：

$$NaAl(OH)_4 + CO_2 = Al(OH)_3 + NaHCO_3$$

再过滤、洗涤、干燥、煅烧制得符合电解要求的纯净的 Al_2O_3：

$$2Al(OH)_3 \xrightarrow{\text{高温}} Al_2O_3 + 3H_2O$$

最后 Al_2O_3 溶解在熔融的冰晶石 Na_3AlF_6 中，在 1300K 电解制得 Al：

$$2Al_2O_3(l) \xrightarrow{\text{1300K,电解}} 4Al + 3O_2 \uparrow$$

电解铝的纯度一般为 98%～99%，其中含有杂质 Si、Fe 及微量的 Ga。

12.2.1 铝的物理化学性质

铝是一种银白色有金属光泽的金属，密度 2.702g·cm^{-3}，熔点 933K，沸点 2740K。铝具有良好的延展性和导电性，能替代铜用来制造电线、电缆等电器材料。金属铝与氧有较强的亲和力，表面上易形成一层致密的氧化膜，使铝不能进一步同氧、水或酸作用，因此广泛被应用于建筑设备、体育设备、日用器具等。铝的另一重要用途是制造合金，广泛用于机械制造、航空、国防等工业。

铝是活泼金属：

$$Al^{3+} + 3e^- \rightleftharpoons Al \quad \varphi^{\ominus} = -1.662V$$

高温条件下可与很多非金属单质（如 B、C、P、S、Br_2 等）直接化合，如：

$$2Al + 3S \xrightarrow{高温} Al_2S_3$$

铝和氧高温下反应放出大量的热,工业上称为铝热还原法,铝被用来从其它金属氧化物中置换出金属,反应中释放出来的热量可以将反应混合物加热至3273K的高温,以致使产物金属熔化而同 Al_2O_3 熔渣分层。铝热法还常被用来还原某些难以还原的金属氧化物如 MnO_2、Cr_2O_3 等。

$$4Al + 3O_2 == 2Al_2O_3 \quad \Delta_r H_m^\ominus = -3339 kJ \cdot mol^{-1}$$

铝是典型的两性金属(metalloid),既能溶于酸又能溶于碱。铝能与盐酸或氢氧化钠反应放出氢气,但在冷的浓硝酸和浓硫酸中,铝的表面被钝化而不发生作用。

$$2Al + 6HCl == 2AlCl_3 + 3H_2 \uparrow$$

$$2Al + 2NaOH + 6H_2O == 2NaAl(OH)_4 + 3H_2 \uparrow$$

铝不能与 H_2 直接反应,但铝的氢化物 $(AlH_3)_n$ 是存在的,这是一种白色的聚合物。$(AlH_3)_n$ 要在乙醚中制备:

$$3nLiH + nAlCl_3 \xrightarrow{乙醚} (AlH_3)_n + 3nLiCl$$

当反应混合物中 LiH 过量时,将有 $LiAlH_4$ 生成,$LiAlH_4$ 是重要的还原剂(reducer),在有机反应中广泛使用。

12.2.2 氧化铝和氢氧化铝

(1) 氧化铝(alumina)

氧化铝 Al_2O_3 是白色晶形粉末,属于离子晶体。常见的有 α-Al_2O_3、β-Al_2O_3、γ-Al_2O_3 三种类型。

自然界中存在的刚玉即为 α-Al_2O_3,可通过单质 Al 在 O_2 中燃烧或灼烧 $Al(OH)_3$ 或某些铝盐(硫酸铝、硝酸铝)而制得。α-Al_2O_3 晶体属于六方紧密堆积构型,氧原子按六方紧密堆积方式排列,6个氧原子组成一个八面体,在整个晶体中有 $\frac{2}{3}$ 的八面体孔穴被 Al 原子占据。由于这种紧密堆积,加之晶体中 Al^{3+} 与 O^{2-} 吸引力强,晶格能大,所以 α-Al_2O_3 的熔点(2290K±15K)和硬度(8.8,仅次于金刚石)都很高。它不溶于水,也不溶于酸或碱,耐腐蚀且电绝缘性好,可用作高硬度材料、研磨材料和耐火材料。天然或人造刚玉由于含有不同离子可以有多种颜色,如含有微量 Cr(Ⅲ)的红宝石,含有 Fe(Ⅲ) 或 Ti(Ⅳ) 的蓝宝石。

将 $Al(OH)_3$ 在723K温度左右加热分解可得到 γ-Al_2O_3。γ-Al_2O_3 又被称为活性氧化铝,高温灼烧后(1273K左右)可转变为 α-Al_2O_3。γ-Al_2O_3 呈六方面心紧密堆积,表面积很大,有很强的吸附能力、催化活性和化学活性,可用作吸附剂和催化剂。γ-Al_2O_3 不溶于水,但易吸收水分,能溶于酸和碱,化学活性比 α-Al_2O_3 强。

$$Al_2O_3 + 6HCl == 2AlCl_3 + 3H_2O$$

$$Al_2O_3 + 2NaOH + 3H_2O == 2NaAl(OH)_4$$

β-Al_2O_3 具有离子传导能力,可以允许 Na^+ 通过,常用于制成钠-硫蓄电池。这种蓄电池使用温度可达620~680K,其蓄电量是铅蓄电池的3~5倍,因而具有广阔的应用前景。用 β-Al_2O_3 陶瓷做电解食盐水的隔膜生产烧碱,具有产品纯度高、污染公害小的特点。

(2) 氢氧化铝(aluminum hydroxide)

在可溶性铝盐中加入 $NH_3 \cdot H_2O$ 或适量 NaOH,可得到白色的 $Al(OH)_3$ 胶状沉淀。

$$Al^{3+} + 3NH_3 \cdot H_2O == Al(OH)_3 + 3NH_4^+$$

$Al(OH)_3$ 是典型的两性氢氧化物,既溶于酸也溶于碱。铝在溶液中的存在状态随着溶液 pH 值的变化而不同。Al(OH)$_3$ 在酸性溶液中溶解反应为：
$$Al(OH)_3(s) + 3H^+ \rightleftharpoons Al^{3+} + 3H_2O$$
反应的平衡常数为：
$$K_1^\ominus = \frac{K_{sp,Al(OH)_3}^\ominus}{(K_w^\ominus)^3}$$
则 pH 与 Al^{3+} 的浓度的关系为：
$$pH = \frac{1}{3}\{lgK_{sp,Al(OH)_3}^\ominus - lg[Al^{3+}]\} - lgK_w^\ominus \tag{12-1}$$
Al(OH)$_3$ 在碱性溶液中溶解反应为：
$$Al(OH)_3(s) + OH^- \rightleftharpoons Al(OH)_4^-$$
反应的平衡常数为：
$$K_2^\ominus = K_{稳,Al(OH)_4^-}^\ominus K_{sp,Al(OH)_3}^\ominus$$
则 pH 与 Al(OH)$_4^-$ 的浓度的关系为：
$$pH = lg[Al(OH)_4^-] - lg(K_{稳,Al(OH)_4^-}^\ominus K_{sp,Al(OH)_3}^\ominus K_w^\ominus) \tag{12-2}$$

由式（12-1）和式（12-2）可分别求得 Al(OH)$_3$ 溶解度与 pH 的关系，即 Al^{3+} 或 Al(OH)$_4^-$ 与 pH 的关系，相关数据列于表 12-1。

表 12-1　Al(OH)$_3$ 溶解沉淀平衡体系中 Al^{3+}、Al(OH)$_4^-$ 的浓度与 pH 的关系

$c(Al^{3+})$/mol·L^{-1}	10^{-1}	10^{-2}	10^{-3}	10^{-4}	10^{-5}
pH	3.4	3.7	4.0	4.4	4.7
$c[Al(OH)_4^-]$/mol·L^{-1}	10^{-1}	10^{-2}	10^{-3}	10^{-4}	10^{-5}
pH	12.9	11.9	10.9	9.9	8.9

由表 12-1 可知：在 0.01mol·L^{-1} 的 Al^{3+} 溶液中，pH=3.7 时，开始生成 Al(OH)$_3$ 沉淀；pH=4.7 时，沉淀完全 [c(Al^{3+}) = 10^{-5}mol·L^{-1}]；pH=8.9 时，沉淀开始溶解转变为 Al(OH)$_4^-$；pH=11.9 时，沉淀全部转变成 Al(OH)$_4^-$ [c(Al(OH)$_4^-$)=0.01mol·L^{-1}]。

Al(OH)$_3$ 的碱性和酸性都较弱，碱性略强于酸性，医药上可用作抗胃酸药，中和胃酸，保护溃疡面。Al(OH)$_3$ 凝胶沉淀有很强的吸附能力，常用于做净水剂、吸附剂和媒染剂。

12.2.3　铝盐

金属铝、氧化铝、氢氧化铝与酸反应得到相应的铝盐，和碱反应生成铝酸盐（aluminate）。

可溶性铝盐溶液中含有 Al^{3+}，水溶液中 Al^{3+} 实际上以八面体的水合配离子 [Al(H$_2$O)$_6$]$^{3+}$ 而存在。铝盐的水解作用实际上是 [Al(H$_2$O)$_6$]$^{3+}$ 在水中解离而使溶液显酸性。
$$[Al(H_2O)_6]^{3+} + H_2O \rightleftharpoons [Al(H_2O)_5OH]^{2+} + H_3O^+$$
[Al(H$_2$O)$_5$OH]$^{2+}$ 还可逐级解离。因为 Al(OH)$_3$ 是难溶的弱碱，一些弱酸如 H$_2$S、HCN、H$_2$CO$_3$ 的铝盐在水中几乎全部水解（又称双水解反应），因此弱酸的铝盐如 Al$_2$S$_3$、Al$_2$(CO$_3$)$_3$ 等不能通过湿法制得。

常见的铝盐有卤化铝、硫酸铝和明矾。

卤化铝以 AlCl$_3$ 最为常见。除 AlF$_3$ 是离子化合物外，其余的卤化铝都是共价化合物。卤化铝的一些物理性质见表 12-2。

表 12-2 卤化铝的一些物理性质

卤化物	AlF$_3$	AlCl$_3$	AlBr$_3$	AlI$_3$
状态	无色晶体	白色晶体	无色晶体	棕色片状晶体(含微量 I$_2$)
熔点/℃	1040	193(加压)	97.5	191
沸点/℃	1260	178(升华)	268	382

AlCl$_3$ 溶于有机溶剂、熔融或处于气态时,都以共价的二聚体 Al$_2$Cl$_6$ 形式存在。Al$_2$Cl$_6$ 可看作以 Al—Cl—Al 氯桥键(三中心四电子键)结构的双聚分子。在 Al$_2$Cl$_6$ 中,Al 原子采用 sp^3 杂化,和 3 个 Cl 原子形成 3 个 σ 键。由于 Al 的缺电子性,而 Cl 原子又有孤对电子,故每个 AlCl$_3$ 中的 Al 原子上的一个空轨道可接受另一个 AlCl$_3$ 中的一个 Cl 原子上的一对孤对电子,形成配位键。

Al$_2$Cl$_6$ 的分子结构

高温下 Al$_2$Cl$_6$ 可离解为 AlCl$_3$。湿法只能制得 AlCl$_3$·6H$_2$O。无水 AlCl$_3$ 常温下为白色晶体,易水解,在空气中与微量水汽会形成 HCl 酸雾。无水 AlCl$_3$ 可通过单质 Al 和 Cl$_2$ 直接加热制得,也可在高温下通 Cl$_2$ 于 Al$_2$O$_3$ 和炭的混合物来制取。

$$2Al + 3Cl_2 \Longrightarrow 2AlCl_3$$
$$Al_2O_3 + 3C + 3Cl_2 \Longrightarrow 2AlCl_3 + 3CO$$

无水 AlCl$_3$ 易形成配位化合物,遇水强烈水解放出大量的热。工业上 AlCl$_3$ 是许多有机合成反应的优良催化剂。AlBr$_3$ 和 AlI$_3$ 与 AlCl$_3$ 性质相似。

另一类重要的铝盐是硫酸铝,可将 Al(OH)$_3$ 溶于浓硫酸或用硫酸处理铝土矿而制得。无水硫酸铝 Al$_2$(SO$_4$)$_3$ 为白色粉末,在水溶液中得到的是 Al$_2$(SO$_4$)$_3$·18H$_2$O,为无色针状结晶。Al$_2$(SO$_4$)$_3$ 易与 K$^+$、Rb$^+$、NH$_4^+$、Ag$^+$ 等的硫酸盐结合成矾,其通式为 MAl(SO$_4$)$_2$·12H$_2$O(M 表示一价金属离子)。在矾的分子结构中,Al^{3+} 与 6 个 H$_2$O 分子配位形成 [Al(H$_2$O)$_6$]$^{3+}$,余下的为晶格中的水分子,它们在 [Al(H$_2$O)$_6$]$^{3+}$ 与 SO$_4^{2-}$ 间形成氢键。硫酸铝钾 KAl(SO$_4$)$_2$·12H$_2$O 称为铝钾矾,俗称明矾,是无色晶体。Al$_2$(SO$_4$)$_3$ 或明矾易水解,产物是碱式盐到 Al(OH)$_3$ 的胶状沉淀。由于这些水解产物胶粒的吸附作用和 Al^{3+} 的凝聚效应,故 Al$_2$(SO$_4$)$_3$ 或明矾常用作净水剂,此外在纺织工业上可用作媒染剂,Al$_2$(SO$_4$)$_3$ 还是泡沫灭火器中常用的药剂。

12.3 锡、铅

锡和铅是元素周期表中ⅣA族的金属元素,在地壳中含量较低,主要以氧化物和硫化物矿存在于自然界中。锡的主要矿石是锡石(SnO$_2$),我国是锡石贮藏量最丰富的国家之一,云南个旧的锡矿闻名于世,被称为锡都。铅的矿石有方铅矿(PbS)、白铅矿(PbCO$_3$)和硫酸铅矿(PbSO$_4$),我国铅的贮藏量也居世界前列。由于锡和铅易于从矿石中提炼出来,故早在公元前一两千年就为人们使用。我国明代宋应星的《天工开物》一书中记载的古代炼锡和炼铅的方法和现代工业上使用的炭还原法和醋酸浸取铅的方法类似。现代工业的主要冶炼过程是先将矿石煅烧,使硫、砷成为挥发性氧化物而除去,有效成分硫化物则转变为氧化物,再用炭还原:

$$SnO_2 + 2C \Longrightarrow Sn + 2CO\uparrow$$
$$2PbS + 3O_2 \Longrightarrow 2PbO + 2SO_2\uparrow$$
$$PbO + C \Longrightarrow Pb + CO\uparrow$$
$$PbO + CO \Longrightarrow Pb + CO_2\uparrow$$

将粗锡和粗铅电解即可得到相应的纯金属。

12.3.1 锡和铅的物理化学性质

锡和铅都是低熔点的重金属。铅一般呈暗灰色。锡有灰锡（α-锡）、白锡（β-锡）和脆锡（γ-锡）三种同素异形体，常见的是银白色硬度居中的白锡，它有较好的延展性。白锡只在 286～434K 温度范围内稳定。低于 286K 时转变为粉末状的灰锡。一旦白锡转化出现灰锡，灰锡就能催化此转化反应，像瘟疫似的蔓延使锡碎裂成粉末，俗称"锡疫"；高于 434K 时，白锡即转变为脆锡。

锡和铅有着广泛的用途，如青铜中含 Sn，印刷业中的铅字是含 Sn、Pb 的合金，在铁皮表面镀锡可制成马口铁。铅广泛用于制造铅蓄电池、电缆和耐酸设备，铅还因其密度大能有效吸收 γ 射线而作为放射性保护材料广泛应用于原子能工业中。

锡和铅都是中等活泼的金属，但有时表现出一定的化学惰性，其金属单质的化学性质主要体现在如下方面。

① 与氧的反应 金属锡表面易形成一层保护膜，故一般情况下空气中的氧对锡无影响。铅在空气中表面会形成一层氧化铅或碱式碳酸铅，从而保护内层的铅不被进一步氧化。高温下锡和铅都易与氧反应而生成氧化物。

② 与其它非金属的反应 加热条件下锡和铅可与卤素和硫生成卤化物和硫化物。

③ 与水的反应 锡的标准电极电势与氢电极接近，而且 H_2 在锡上的超电压很大，锡表面又易形成一层保护膜，因此锡一般情况下不与水反应，故常把锡用来镀在某些金属（主要是低碳钢制件）表面以防锈蚀。铅在有空气存在时，可与水缓慢反应生成 $Pb(OH)_2$：

$$2Pb + O_2 + 2H_2O = 2Pb(OH)_2$$

④ 与酸和碱的反应 锡和铅都显两性，它们与酸、碱的反应情况见表 12-3。

表 12-3 锡、铅和酸、碱的反应

试剂	Sn	Pb
HCl	$Sn + 2HCl(浓) = SnCl_2 + H_2\uparrow$ （与稀盐酸很难反应）	$Pb + 2HCl = PbCl_2 + H_2\uparrow$ （由于产物 $PbCl_2$ 微溶，会覆盖在 Pb 表面，致使反应难以继续进行）
H_2SO_4	$Sn + 4H_2SO_4(浓) = Sn(SO_4)_2 + 2SO_2\uparrow + 4H_2O$ （与稀硫酸反应很慢）	$Pb + 3H_2SO_4(浓) = Pb(HSO_4)_2 + SO_2\uparrow + 2H_2O$ （与稀 H_2SO_4 反应会因生成的 $PbSO_4$ 微溶附在 Pb 表面，致使反应难以继续进行）
HNO_3	$Sn + 4HNO_3(浓) = H_2SnO_3\downarrow + 4NO_2\uparrow + H_2O$ （与浓硝酸反应生成白色沉淀 β-锡酸） $4Sn + 10HNO_3(稀) = 4Sn(NO_3)_2 + NH_4NO_3 + 3H_2O$	$3Pb + 8HNO_3(稀) = 3Pb(NO_3)_2 + 2NO\uparrow + 4H_2O$
NaOH	$Sn + 2NaOH + 2H_2O = Na_2[Sn(OH)_4] + H_2\uparrow$ （与热的浓碱作用）	$Pb + NaOH + 2H_2O = Na[Pb(OH)_3] + H_2\uparrow$

12.3.2 锡和铅的氧化物和氢氧化物

(1) 氧化物

锡和铅有 MO 和 MO_2 两类氧化物。MO_2 都是共价型、两性偏酸性的化合物。MO 也是两性的，但碱性稍强。MO 化合物的离子型也略强，但还不是典型的离子化合物。锡和铅的所有氧化物都是难溶于水的固体。锡、铅氧化物的一些物理性质见表 12-4。

表 12-4 锡、铅氧化物的一些物理性质

MO	颜色	熔点/K	MO_2	颜色	熔点/K
SnO	黑色	1353(分解)	SnO_2	白色	1400
PbO	黄(红)色	1160	PbO_2	棕黑色	562

① 锡的氧化物　较为重要的是 SnO_2，可通过金属锡在空气中燃烧而制得。SnO_2 不溶于水，也难溶于酸或碱，但与 NaOH 或 Na_2CO_3 和 S 共熔，可转变为可溶性盐：

$$SnO_2 + 2NaOH == Na_2SnO_3 + H_2O$$

$$SnO_2 + 2Na_2CO_3 + 4S == Na_2SnS_3 + Na_2SO_4 + 2CO_2\uparrow$$

SnO_2 晶体可作为半导体，当其吸附 H_2、CO、CH_4 等还原性可燃气体后，电导率会发生显著变化，利用这一特点 SnO_2 常被用于制造半导体气敏元件来检测上述气体，以预防中毒、火灾、爆炸等事故的发生。SnO_2 还广泛用于制造玻璃和陶瓷行业。

② 铅的氧化物　PbO 俗称"密陀僧"，是用空气氧化熔融的铅而制得。它有两种变体：红色四方晶体和黄色正交晶体。常温下红色的较为稳定。PbO 两性偏碱，易溶于醋酸或硝酸得到 Pb(Ⅱ) 盐而难溶于碱。PbO 用于制造铅蓄电池、铅玻璃等，高纯度 PbO 还广泛应用于制造铅靶彩色电视光导摄像管靶面。

用熔融的 $KClO_3$ 或硝酸盐氧化 PbO 或电解 Pb(Ⅱ) 盐溶液可得到 PbO_2。也可用强氧化剂 NaClO 在碱性介质中氧化 Pb(Ⅱ) 生成 PbO_2：

$$Pb(OH)_3^- + ClO^- == PbO_2 + Cl^- + OH^- + H_2O$$

PbO_2 为棕黑色粉末，两性偏酸，与强碱共热可得到铅酸盐：

$$PbO_2 + 2NaOH + 2H_2O == Na_2[Pb(OH)_6]$$

将 PbO_2 加热，PbO_2 逐步转变为铅的低氧化态氧化物：

$$PbO_2 \xrightarrow{563\sim593K} Pb_2O_3 \xrightarrow{633\sim693K} Pb_3O_4 \xrightarrow{803\sim823K} PbO$$

PbO_2 在酸性介质中有强氧化性，可将 Mn^{2+} 氧化成 MnO_4^-，亦可将 Cl^- 氧化成 Cl_2。

PbO_2 可用于铅蓄电池的电极，加热 PbO_2 可放出 O_2，当它与可燃物，如硫或磷一起研磨时可发火，故也用于火柴的制造。

铅的氧化物除 PbO 和 PbO_2 外，还有橙色的 Pb_2O_3 和红色 Pb_3O_4。Pb_3O_4 俗称"铅丹"或"红丹"，可由 Pb 在 O_2 中加热制得。Pb_3O_4 的晶体中既有 Pb(Ⅳ) 又有 Pb(Ⅱ)，化学式可写成 $2PbO\cdot PbO_2$，但根据测定其结构应是 $Pb_2[PbO_4]$，属于铅酸盐。

Pb_3O_4 与 HNO_3 反应得到 PbO_2 和 $Pb(NO_3)_2$：

$$Pb_3O_4 + 4HNO_3 == PbO_2\downarrow + 2Pb(NO_3)_2 + 2H_2O$$

这个反应说明了在 Pb_3O_4 的晶体中有 $\dfrac{2}{3}$ 的 Pb(Ⅱ) 和 $\dfrac{1}{3}$ 的 Pb(Ⅳ)。

铅丹可用于制造铅玻璃和涂料。由于 Pb_3O_4 具有氧化性，涂在钢材上有利于钢材表面的钝化，防锈蚀效果好，故被大量应用于油漆船舶和桥梁钢架。

(2) 氢氧化物

由于锡和铅的氧化物难溶于水，因此它们的氢氧化物是用锡、铅的盐溶液和强碱制得的。这些氢氧化物实际上是一些组成不定的氧化物的水合物 $aMO_2\cdot bH_2O$ 和 $aMO\cdot bH_2O$，通常也将它们的化学式写成 $M(OH)_4$ 和 $M(OH)_2$，除 $Pb(OH)_4$ 是棕色沉淀外，其余的都是白色沉淀。锡和铅的氢氧化物都是两性的，由 ROH 规则可知其中以 $Sn(OH)_4$ 酸性最强，而以 $Pb(OH)_2$ 碱性最强。

① 锡的氢氧化物　Sn(Ⅳ) 的氢氧化物俗称锡酸，分为 α-锡酸和 β-锡酸。α-锡酸为无定形粉末，可溶于酸和碱，而 β-锡酸由金属 Sn 和浓 HNO_3 反应制得，不溶于酸和碱。α-锡酸长久放置或加热可转变为 β-锡酸。Sn(Ⅱ) 的氢氧化物既可溶于酸，又可溶于碱。

$$Sn(OH)_4 + 4HCl == SnCl_4 + 4H_2O$$

$$Sn(OH)_4 + 2NaOH == Na_2[Sn(OH)_6]$$

$$Sn(OH)_2 + 2HCl == SnCl_2 + 2H_2O$$

$$Sn(OH)_2 + 2NaOH = Na_2[Sn(OH)_4]$$

② 铅的氢氧化物 $Pb(OH)_2$ 是以碱性为主的两性氢氧化物,既可溶于酸,又可溶于碱。

$$Pb(OH)_2 + 2HCl = PbCl_2 + 2H_2O$$
$$Pb(OH)_2 + NaOH = Na[Pb(OH)_3]$$

如将 $Pb(OH)_2$ 在高温下(373K 以上)脱水,得到红色的 PbO;如加热温度低则得到黄色的 PbO 变体。

12.3.3 锡和铅的化合物

(1) 卤化物

锡和铅的卤化物有 MX_2 和 MX_4 两种类型。将金属锡、铅直接与卤素或浓的氢卤酸反应,或者用它们的氧化物与氢卤酸反应,均可以得到相应的卤化物。

MX_4 由于极化作用,故具有明显的共价化合物的特征,熔点低,易挥发或升华。相比之下 MX_2 具有离子化合物的特点,熔点较高。

① 四卤化物(tetrahalide) $SnCl_4$ 常用于媒染剂、催化剂及涂料行业。无水 $SnCl_4$ 通常由 Cl_2 氧化 $SnCl_2$ 制得,水溶液中只能得到 $SnCl_4 \cdot 5H_2O$ 晶体。无水 $SnCl_4$ 同水作用生成胶状的 H_2SnO_3 沉淀,同时因剧烈水解会生成大量的白烟。加入盐酸可抑制水解,生成 $H_2[SnCl_6]$。

在盐酸酸化过的 $PbCl_2$ 溶液中通入 Cl_2,可得到黄色的 $PbCl_4$ 液体。$PbCl_4$ 极不稳定,容易分解为 $PbCl_2$ 和 Cl_2。$PbBr_4$、PbI_4 的合成及性质与 $PbCl_4$ 类似,但是稳定性更差。

② 二卤化物(dihalide) 将 Sn 与盐酸反应可得到无色晶体 $SnCl_2 \cdot 2H_2O$,它是工业上和化学实验中常用的还原剂。酸性溶液中,$HgCl_2$ 可被 $SnCl_2$ 溶液还原成白色的 Hg_2Cl_2 沉淀,过量的 $SnCl_2$ 可将 Hg_2Cl_2 继续还原成金属 Hg 沉淀而使沉淀颜色变为棕黑色,此反应十分灵敏,据此可用于 Hg^{2+} 或 Sn^{2+} 的鉴定:

$$2HgCl_2 + SnCl_2 = Hg_2Cl_2 \downarrow (白色) + SnCl_4$$
$$Hg_2Cl_2 + SnCl_2 = 2Hg \downarrow (黑色) + SnCl_4$$

$SnCl_2$ 也易水解:

$$SnCl_2 + H_2O = Sn(OH)Cl \downarrow (白色) + HCl$$

因此在配制 $SnCl_2$ 溶液时,应先将 $SnCl_2$ 固体溶解在少量浓盐酸中,再加水稀释。同时为防止 Sn^{2+} 氧化,需在新配制的 $SnCl_2$ 溶液中加入少许锡粒。

$PbCl_2$ 难溶于冷水,易溶于热水和盐酸溶液:

$$PbCl_2 + 2HCl = H_2[PbCl_4]$$

PbI_2 为黄色丝状沉淀,易溶于热水,也可溶于 KI 溶液:

$$PbI_2 + 2KI = K_2[PbI_4]$$

(2) 硫化物

锡和铅的硫化物都难溶于水或稀酸,并具有特征的颜色:

$$SnS—棕色\downarrow;\quad SnS_2—黄色\downarrow;\quad PbS—黑色\downarrow$$

与氧化物类似,低氧化态的硫化物呈碱性,高氧化态的硫化物呈两性,故 SnS、PbS 溶于酸而不溶于碱。

$$SnS + 4HCl = H_2[SnCl_4] + H_2S$$
$$PbS + 4HCl(浓) = H_2[PbCl_4] + H_2S$$
$$3PbS + 8HNO_3 = 3Pb(NO_3)_2 + 3S + 2NO + 4H_2O$$

PbS 与 H_2O_2 作用生成白色的 $PbSO_4$:

$$PbS + 4H_2O_2 = PbSO_4 + 4H_2O$$

而 SnS_2 既能溶于浓盐酸也能溶于碱或 Na_2S 溶液中：

$$SnS_2 + 6HCl \Longrightarrow H_2[SnCl_6] + 2H_2S$$

$$3SnS_2 + 6NaOH \Longrightarrow 2Na_2SnS_3 + Na_2[Sn(OH)_6]$$

$$SnS_2 + Na_2S \Longrightarrow Na_2SnS_3$$

利用 SnS 和 SnS_2 在碱金属硫化物中的溶解度不同，可分离鉴别 Sn^{2+} 和 Sn^{4+}。

由于多硫离子具有氧化性和碱性，故 SnS 可在多硫离子溶液中生成 SnS_3^{2-} 而溶解：

$$SnS + S_2^{2-} \Longrightarrow SnS_3^{2-}$$

SnS_3^{2-} 在酸中不稳定，易分解析出 SnS_2 沉淀。

(3) 铅的其它化合物

重要的可溶性铅盐有硝酸铅 $Pb(NO_3)_2$ 和醋酸铅 $Pb(Ac)_2$。Pb(Ⅱ) 离子在溶液中微弱水解，其第一级水解为：

$$Pb^{2+} + H_2O \Longrightarrow PbOH^+ + H^+ \quad K^\ominus = 1.3 \times 10^{-8}$$

$Pb(Ac)_2$ 为共价型的化合物，在水溶液中微弱离解，其溶液放置后会因吸收空气中的 CO_2 生成白色的 $PbCO_3$ 沉淀。

$Pb(Ac)_2$ 溶液加入质量比为 1∶1 的 NaOH 和 Na_2CO_3 混合液生成白色沉淀，即为铅白，沉淀的形状常因溶液的浓度和温度不同而不同。

$$3Pb(Ac)_2 + 2NaOH + 2Na_2CO_3 \Longrightarrow 2PbCO_3 \cdot Pb(OH)_2 + 6NaAc$$

铅白是广泛应用的白色颜料，具有色度好和遮盖力强等优点。但铅白有一定的毒性，遇 H_2S 气体会因生成 PbS 而变黑。

$Pb(NO_3)_2$ 是制备难溶铅盐的原料，各种难溶铅盐的生成如下所示。

```
PbS↓(黑色)        ←H2S—           HBr→    PbBr2↓(白色)
PbCO3↓(白色)      ←NH4HCO3—  硝   HI→     PbI2↓(黄色) ——HI过量→ [PbI4]2−(可溶)
Pb2(OH)2CO3↓(白色) ←Na2CO3—   酸   HCl冷→  PbCl2↓(白色) ——HCl过量→ [PbCl4]2−(可溶)
                              铅
PbCrO4↓(黄色)     ←K2CrO4—         H2SO4→  PbSO4↓(白色) ——浓H2SO4→ Pb(HSO4)2(可溶)
```

难溶铅盐广泛用作颜料和涂料，如 $PbCrO_4$ 是一种常用的黄色颜料（铬黄）；$Pb_2(OH)_2CrO_4$ 为红色颜料；$PbSO_4$ 制白色油漆；PbI_2 配制黄色颜料。

12.3.4 Sn(Ⅱ) 的还原性和 Pb(Ⅳ) 的氧化性

锡、铅在酸、碱性介质中的元素电势图如下：

$$\varphi_A^\ominus/V \quad Sn^{4+} \xrightarrow{0.154} Sn^{2+} \xrightarrow{-0.136} Sn$$

$$\varphi_B^\ominus/V \quad [Sn(OH)_6]^{2-} \xrightarrow{-0.93} [Sn(OH)_4]^{2-} \xrightarrow{-0.91} Sn$$

$$\varphi_A^\ominus/V \quad PbO_2 \xrightarrow{1.455} Pb^{2+} \xrightarrow{-0.126} Pb$$

$$\varphi_B^\ominus/V \quad PbO_2 \xrightarrow{0.247} PbO \xrightarrow{-0.58} Pb$$

可见，无论在酸性还是在碱性介质中，Sn(Ⅱ) 都具有较强的还原性，因此，$SnCl_2$ 溶液和 $Na_2[Sn(OH)_4]$ 是常用的还原剂。$SnCl_2$ 溶液可将 $HgCl_2$ 还原成白色的 Hg_2Cl_2 沉淀，过量的 $SnCl_2$ 还可将 Hg_2Cl_2 继续还原成棕黑色的 Hg 沉淀。在碱性介质中 $[Sn(OH)_4]^{2-}$ 的还原性更强，它可将铋盐还原成单质铋，此法可用于 Bi^{3+} 的鉴定：

$$2Bi(OH)_3 + 3[Sn(OH)_4]^{2-} \Longrightarrow 3[Sn(OH)_6]^{2-} + 2Bi\downarrow(黑色)$$

在酸性介质中，Pb(Ⅳ) 具有强的氧化性。因此，PbO_2 是常用的氧化剂，在酸性介质中，可将 Mn^{2+} 氧化成 MnO_4^-，此法可用于 Mn^{2+} 的鉴定。PbO_2 还可与盐酸作用放出 Cl_2，与浓 H_2SO_4 作用放出 O_2。反应式如下：

$$2Mn^{2+} + 5PbO_2 + 4H^+ =\!=\!= 2MnO_4^- + 5Pb^{2+} + 2H_2O$$
$$4HCl + PbO_2 =\!=\!= PbCl_2 + Cl_2 + 2H_2O$$
$$2PbO_2 + 2H_2SO_4 =\!=\!= 2PbSO_4 + O_2\uparrow + 2H_2O$$

12.4 砷、锑、铋

砷、锑、铋是ⅤA族的元素，其中，砷、锑是准金属，铋是金属。砷、锑、铋的最外层电子结构为 ns^2np^3，和氮、磷一样，不同的是它们次外层电子结构为 18 电子构型的 $(n-1)s^2(n-1)p^6(n-1)d^{10}$。与 8 电子构型相比，18 电子构型的离子极化作用和变形性都很强，因此砷、锑、铋的性质和氮、磷相比，有很大的差异。

12.4.1 砷、锑、铋的物理化学性质

砷、锑、铋在地壳中的含量不高（其质量分数为 As 5×10^{-4}%，Sb 1×10^{-4}%，Bi 2×10^{-5}%），在自然界中有时以游离态存在，但主要以硫化物矿存在，如雄黄（As_4S_4）、雌黄（As_2S_3）、辉锑矿（Sb_2S_3）、辉铋矿（Bi_2S_3）等。少量的砷还广泛存在于金属硫化物矿中。我国锑的蕴藏量居世界第一位。

砷、锑、铋的单质一般可通过炭还原它们的氧化物或用铁粉还原其硫化物（矿藏的品位较高时）而制得：

$$As_4O_6 + 6C =\!=\!= 4As + 6CO\uparrow$$
$$Bi_2O_3 + 3C =\!=\!= 2Bi + 3CO\uparrow$$
$$M_2S_3 + 3Fe =\!=\!= 2M + 3FeS$$

与过渡金属相比，砷、锑、铋的熔点较低，易挥发。砷和锑各有灰、黄、黑三种同素异形体（常温下灰砷、灰锑更为稳定），而铋没有。

砷和锑的蒸气分子都是四原子分子，加热至 1073K 开始分解为 As_2 和 Sb_2。铋蒸气中双原子分子和单原子分子处于平衡状态。快速冷却砷蒸气和锑蒸气可得到黄砷和黄锑，其结构与黄磷类似，是以 As_4 或 Sb_4 为基本结构单元的分子晶体，具有明显的非金属性。黄砷易溶于 CS_2，黄锑稍溶于 CS_2，它们都不稳定，室温下很快就转变为灰色变体。用液态空气冷却砷和锑的蒸气可得到黑砷和黑锑的无定形体。

常温下砷、锑、铋在水或空气中都比较稳定，高温时能和氧、硫、卤素等反应生成相应的氧化物、硫化物和卤化物：

$$4M + 3O_2 =\!=\!= M_4O_6(Bi_2O_3) \quad (M=As、Sb、Bi)$$
$$2M + 3S =\!=\!= M_2S_3$$
$$2M + 3X_2 =\!=\!= 2MX_3$$

砷、锑、铋均不溶于稀酸，但能和氧化性酸如硝酸、热浓硫酸、王水等反应：

$$3As + 5HNO_3 + 2H_2O =\!=\!= 3H_3AsO_4 + 5NO\uparrow$$
$$2Sb + 6H_2SO_4(热、浓) =\!=\!= Sb_2(SO_4)_3 + 3SO_2\uparrow + 6H_2O$$
$$2Bi + 6H_2SO_4(热、浓) =\!=\!= Bi_2(SO_4)_3 + 3SO_2\uparrow + 6H_2O$$

砷还可与熔融的 NaOH 反应，而锑、铋不与碱发生反应：

$$2As + 6NaOH(熔融) =\!=\!= 2Na_3AsO_3 + 3H_2\uparrow$$

砷、锑、铋能和许多金属形成合金。在铅中加入 0.5% 砷，可增加铅的硬度，用于制造子弹和轴承；锑合金广泛应用于制造蓄电池栅机、机床和电动机的轴衬。铋与ⅢA、ⅥA族

金属元素形成的化合物（如 InSb、AlSb、Sb_2Se_3、Sb_2Te_3 等）是优良的半导体材料。由铋组成的武德合金（质量分数：Bi 50%，Pb 25%，Sn 12.5%，Cd 12.5%）熔点很低（343K），可作保险丝并用于自动灭火设备和蒸气锅炉的安全装置。铋的熔点（544K）和沸点（1743K）相差一千多摄氏度，可用于核反应堆的冷却剂（refrigerant）。

12.4.2 砷、锑、铋的氧化物和氧化物的水合物

砷、锑、铋可以形成+3 和+5 氧化态的氧化物和氧化物的水合物。

(1) +3 氧化态的氧化物和氧化物的水合物

直接在氧气中燃烧砷、锑、铋的单质可得到如下的 M_2O_3。

氧化物	氧化物的水合物	酸碱性
As_2O_3	H_3AsO_3	两性偏酸（弱）
Sb_2O_3	$Sb(OH)_3$	两性偏碱（弱）
Bi_2O_3	$Bi(OH)_3$	弱碱性

As_2O_3 是砷的重要化合物，俗称砒霜，是剧毒的白色粉状固体，致死量为 0.1g。它可用于制造杀虫剂、除草剂和各种含砷药物。常温下 As_2O_3 微溶于水 [2.0g·(100g 水)$^{-1}$，298K]，在热水中溶解性稍好，溶解后生成亚砷酸（H_3AsO_3）。As_2O_3 是两性偏酸氧化物，易溶于碱生成亚砷酸盐：

$$As_2O_3 + 6NaOH \Longrightarrow 2Na_3AsO_3 + 3H_2O$$
$$As_2O_3 + 6HCl \Longrightarrow 2AsCl_3 + 3H_2O$$

Sb_2O_3 俗称锑白，广泛应用于陶瓷、颜料、油漆等行业。Sb_2O_3 具有阻燃功能，而且使塑料具有耐热性，对光和空气有较高的稳定性，因此常用作塑料的阻燃剂。Sb_2O_3 是两性偏碱的氧化物，难溶于水，易溶于酸和碱：

$$Sb_2O_3 + 3H_2SO_4 \Longrightarrow Sb_2(SO_4)_3 + 3H_2O$$
$$Sb_2O_3 + 2NaOH \Longrightarrow 2NaSbO_2 + H_2O$$

Bi_2O_3 是碱性氧化物，不溶于碱，溶于酸后以 Bi^{3+} 或水解产物离子 BiO^+ 形式存在。

+3 价氧化物的水合物在水中存在以下的平衡关系：

$$M^{3+} + 3OH^- \Longrightarrow M(OH)_3 \Longrightarrow H_3MO_3 \Longrightarrow 3H^+ + MO_3^{3-}$$

加酸时平衡向左移动，溶液中主要以 M^{3+} 形式存在；加碱时平衡向右移动，溶液中主要以 MO_3^{3-} 形式存在。

+3 价的砷、锑、铋都具有还原性，其还原性从砷到铋依次减弱。H_3AsO_3 是中强还原剂，可使 I_2 还原成 I^-：

$$AsO_3^{3-} + I_2 + H_2O \Longrightarrow 2H^+ + AsO_4^{3-} + 2I^-$$

此反应的氧化和还原电对的标准电极电势很接近（$\varphi^{\ominus}_{H_3AsO_4/H_3AsO_3} = 0.56V$，$\varphi^{\ominus}_{I_2/I^-} = 0.54V$），因此酸碱度对反应的影响很大。pH=5~9 时，反应正向进行；pH<4 时，反应逆向进行。

H_3SbO_3 与 H_3AsO_3 类似，但 $Bi(OH)_3$ 的还原性要弱得多，需要在强碱性条件下，用强氧化剂（如氯气）才能将其氧化：

$$Bi(OH)_3 + Cl_2 + 3NaOH \Longrightarrow NaBiO_3 + 2NaCl + 3H_2O$$

(2) +5 氧化态的氧化物和氧化物的水合物

M_2O_5 通常是由单质或 M_2O_3 氧化成+5 价的氧化物的水合物后，再脱水制得：

$$3As_2O_3 + 4HNO_3 + 7H_2O \Longrightarrow 6H_3AsO_4 + 4NO\uparrow$$
$$2H_3AsO_4 \Longrightarrow As_2O_5 + 3H_2O$$

$$3Sb + 5HNO_3 + 8H_2O == 3H[Sb(OH)_6] + 5NO\uparrow$$
$$2H[Sb(OH)_6] == Sb_2O_5 + 7H_2O$$

用酸处理 $NaBiO_3$ 即得到红棕色的 Bi_2O_5,它极不稳定,很快分解为 Bi_2O_3 和 O_2。

M_2O_5 及其水合物的酸性强于相应的 M_2O_3 及其水合物,且其酸性从砷到铋依次减弱。As_2O_5 易溶于水得到 H_3AsO_4,它是一个三元酸($K_{a1}^{\ominus}=6.3\times10^{-3}$,$K_{a2}^{\ominus}=1.0\times10^{-7}$,$K_{a3}^{\ominus}=3.2\times10^{-12}$)。锑酸 $H[Sb(OH)_6]$ 是一个一元酸($K_a^{\ominus}=4.0\times10^{-5}$),呈六配位八面体结构。游离的铋酸尚未制得。

+5 价的砷、锑、铋的氧化物及其水合物都具有氧化性,氧化性从砷到铋依次增强,其中 Bi(Ⅴ)的化合物具有很强的氧化性,如 $NaBiO_3$ 在酸性介质中能将 Mn^{2+} 氧化成 MnO_4^-:

$$2Mn^{2+} + 5NaBiO_3 + 14H^+ == 2MnO_4^- + 5Bi^{3+} + 5Na^+ + 7H_2O$$

12.4.3 砷、锑、铋的化合物

(1) 氢化物

砷、锑、铋都能形成氢化物 MH_3。它们的氢化物都是无色,有恶臭味的有毒气体,极不稳定,稳定性由砷到铋依次降低,AsH_3 加热到 523K 时分解为单质 As,SbH_3 室温下即迅速分解,而 BiH_3 在 228K 以上即不存在。砷、锑、铋的氢化物以砷化氢较为重要。

砷化氢(AsH_3)又称胂,可由胂化物水解或用活泼金属还原砷化合物制得:

$$Na_3As + 3H_2O == AsH_3 + 3NaOH$$
$$As_2O_3 + 6H_2SO_4 + 6Zn == 2AsH_3 + 6ZnSO_4 + 3H_2O$$

胂不稳定,室温下即在空气中发生自燃:

$$2AsH_3 + 3O_2 == As_2O_3 + 3H_2O$$

在缺氧的条件下,胂受热分解为单质砷:

$$2AsH_3 == 2As + 3H_2\uparrow$$

析出的砷聚积在器皿的冷却部位形成亮黑色的"砷镜",即"马氏(Marsh)试砷法",可检出 0.007mg 的 As,在法医检验和卫生防疫中常用此法鉴定砷。

SbH_3 分解时也可形成"锑镜",但"砷镜"可溶于次氯酸钠溶液而"锑镜"不溶:

$$2As + 5NaClO + 3H_2O == 2H_3AsO_4 + 5NaCl$$

砷、锑、铋的氢化物都有强还原性,按砷、锑、铋的顺序其氢化物还原性依次增强。胂是一种强还原剂,可与硝酸银反应析出黑色的单质银,此反应亦可用于检验砷,此法又称"古氏(Gutzeit)试砷法",可检出 0.005mg 的 As:

$$2AsH_3 + 12AgNO_3 + 3H_2O == As_2O_3 + 12HNO_3 + 12Ag\downarrow$$

(2) 卤化物

砷、锑、铋的卤化物包括三卤化物和五卤化物,其中三卤化物较为重要。三卤化物某些物理性质见表 12-5。

表 12-5 砷、锑、铋三卤化物的某些物理性质

卤化物	状态	熔点/℃	沸点/℃	卤化物	状态	熔点/℃	沸点/℃
AsF_3	无色液体	-6.0	62.8	$SbBr_3$	白色易潮解晶体	96.0	288
$AsCl_3$	无色液体	-16.2	130.2	SbI_3	红色晶体	170.5	401
$AsBr_3$	淡黄色晶体	31.2	221	BiF_3	灰白色粉末	649	900
AsI_3	红色晶体	140.4	约 400	$BiCl_3$	白色易潮解晶体	233.5	441
SbF_3	无色晶体	290	约 345	$BiBr_3$	金黄色易潮解晶体	219	462
$SbCl_3$	白色易潮解晶体	73.4	223	BiI_3	棕黑色晶体	408.6	约 542

砷、锑、铋的三卤化物可由单质或三氧化物与卤素反应制得，如：
$$2Bi_2O_3 + 6Br_2 \rightleftharpoons 4BiBr_3 + 3O_2$$
但三氟化物只能用 HF 与三氧化物反应制得。F_2 与单质及三氧化物反应将生成五氟化物。

在砷、锑、铋的三卤化物中仅 BiF_3 是离子化合物，Bi 的其它卤化物和 SbF_3 的晶体类型介于离子型和共价型之间，其余的三卤化物都是共价化合物。

三卤化物的主要的化学性质是水解性。由于砷、锑、铋的 +3 价氧化态氧化物的水合物是弱酸或弱碱，故它们的三卤化物在溶液中会强烈水解。按砷、锑、铋的顺序 +3 价氧化态氧化物的水合物碱性逐渐增强，故其三卤化物的水解程度依次减弱。由于 Sb(Ⅲ)、Bi(Ⅲ) 的酰基盐是难溶的，故 Sb(Ⅲ)、Bi(Ⅲ) 的盐常温下水解不彻底，通常停留在酰基盐阶段：
$$AsX_3 + 3H_2O \rightleftharpoons H_3AsO_3 + 3HX$$
$$SbCl_3 + H_2O \rightleftharpoons SbOCl\downarrow + 2HCl$$
$$BiCl_3 + H_2O \rightleftharpoons BiOCl\downarrow + 2HCl$$

三卤化物还能与卤素离子形成相应的配合物，如 $NaSbF_4$、$(NH_4)_2SbF_5$。

砷、锑、铋只能形成几种五卤化物，砷和锑仅形成 AsF_5、$AsCl_5$ 和 SbF_5、$SbCl_5$，铋只能形成 BiF_5，其中 BiF_5 极不稳定，$AsCl_5$ 于 1976 年在 $-105℃$ 下用紫外线照射 $AsCl_3$ 和液氯的混合物时制得。五卤化物的某些物理性质列于表 12-6。

表 12-6 砷、锑、铋五卤化物的某些物理性质

五卤化物	状态	熔点/℃	沸点/℃	密度/g·cm^{-3}
AsF_5	无色气体	-79.8	-52.8	2.33（$-53℃$）
SbF_5	无色油状液体	8.3	141	3.11（25℃）
BiF_5	—	154.4	230	5.40（25℃）
$AsCl_5$		约 -50（分解）	—	—
$SbCl_5$	黄色液体	4	140（分解）	2.35（21℃）

五氟化物可由 F_2 与单质（As、Bi）或氧化物（As_2O_3、Sb_2O_3）反应制得。

五卤化物有形成配合物的强烈倾向。如：
$$AsCl_3 + SbCl_5 + Cl_2 \rightleftharpoons [AsCl_4]^+[SbCl_6]^-$$

SbF_5 是很强的路易斯酸，对 F^- 的亲和力尤其显著，生成很稳定的 $[SbF_6]^-$ 阴离子。$[SbF_6]^-$ 可继续与五氟化锑反应生成 $[Sb_2F_{11}]^-$。因此五氟化锑可增强 HF 的酸性，也可增强 F_2 的氧化性。如五氟化锑存在下，F_2 可将 O_2 氧化成 O_2^+：
$$SbF_5 + \frac{1}{2}F_2 + O_2 \longrightarrow [O_2]^+[SbF_6]^-$$

SbF_5 溶液与 HSO_3F 溶液的混合液是氟锑磺酸，这是一种酸性超强的酸，称之为魔酸，它的酸性是浓硫酸的 10 亿倍，以至于 $HClO_4$ 在其中都显碱性：
$$HClO_4 + SbF_6SO_3H \rightleftharpoons H_2O + ClO_3SbF_6SO_3$$

氟锑磺酸还是一种良好的溶剂和腐蚀剂，可以将包括金、铂在内的极不活泼金属氧化溶解。在室温下氟锑磺酸和玻璃作用剧烈，并能溶解烃类有机物，可以将有机含氧化合物脱水炭化，但和含铅塑料玻璃（一种状似玻璃的透明有机含铅合成材料）反应很慢，故可用含铅塑料玻璃制成的细口瓶盛装。一般情况下现配现用。

（3）硫化物

砷、锑、铋硫化物的性质常用于相应元素的定性分析。

在砷、锑、铋的 M^{3+} 盐溶液或用强酸酸化后的 MO_3^{3-}、MO_4^{3-} 溶液中通入 H_2S，均可得到相应的硫化物沉淀，它们的颜色及溶解性见表 12-7。

表 12-7　砷、锑、铋硫化物颜色和溶解性

硫化物	As_2S_3	Sb_2S_3	Bi_2S_3	As_2S_5	Sb_2S_5
颜色	黄色	橙色	黑色	黄色	橙色
在浓 HCl 中	不溶	溶①	溶	不溶	溶①
在 NaOH 中	溶	溶	不溶	溶	溶
在 Na_2S 中	溶	溶	不溶	易溶	易溶

① $Sb_2S_5 + 6H^+ + 8Cl^- =\!=\!= 2SbCl_4^- + 3H_2S\uparrow + 2S\downarrow$。

这些硫化物的酸碱性类似于相应氧化物的酸碱性，且酸性按 As_2S_3、Sb_2S_3、Bi_2S_3 依次减弱，As_2S_5、Sb_2S_5 的酸性强于相应的 As_2S_3、Sb_2S_3。

As_2S_3 两性偏酸，故不溶于浓 HCl 而溶于 NaOH 和 Na_2S 溶液。Sb_2S_3 呈两性，溶于浓 HCl。Bi_2S_3 呈碱性，溶于煮沸的浓 HCl：

$$As_2S_3 + 6NaOH =\!=\!= Na_3AsO_3 + Na_3AsS_3 + 3H_2O$$
$$Sb_2S_3 + 6NaOH =\!=\!= Na_3SbO_3 + Na_3SbS_3 + 3H_2O$$
$$Sb_2S_3 + 12HCl =\!=\!= 2H_3[SbCl_6] + 3H_2S\uparrow$$
$$Bi_2S_3 + 6HCl =\!=\!= 2BiCl_3 + 3H_2S\uparrow$$

As_2S_3、Sb_2S_3、As_2S_5、Sb_2S_5 均呈两性，亦可溶于碱金属硫化物或 $(NH_4)_2S$ 中，生成硫代（亚）酸盐：

$$As_2S_3 + 3(NH_4)_2S =\!=\!= 2(NH_4)_3AsS_3$$
$$As_2S_5 + 3Na_2S =\!=\!= 2Na_3AsS_4$$

向硫代（亚）酸盐加酸后立即生成不稳定的硫代（亚）酸，常温下迅速分解放出 H_2S 气体，同时析出相应的硫化物沉淀：

$$2AsS_3^{3-} + 6H^+ =\!=\!= 2H_3AsS_3 =\!=\!= As_2S_3\downarrow + 3H_2S\uparrow$$
$$2AsS_4^{3-} + 6H^+ =\!=\!= 2H_3AsS_4 =\!=\!= As_2S_5\downarrow + 3H_2S\uparrow$$

思 考 题

1. p 区主族金属元素与 s 区的碱金属和碱土金属以及过渡金属元素的性质有何异同？
2. 铍和铝并不是同一族的金属元素，为什么它们的化学性质相似？
3. 为什么 $AlCl_3$ 溶液和 Na_2S（或 Na_2CO_3）溶液混合得不到相应的硫化物（或碳酸盐）沉淀？
4. $Al(OH)_3$ 和 $Zn(OH)_2$ 都是两性的白色沉淀，试用简便的化学方法将其分离。
5. 试用 ROH 规则解释，为什么 Sn 和 Pb 的氢氧化物中，$Sn(OH)_4$ 酸性最强，而 $Pb(OH)_2$ 碱性最强？
6. Pb(Ⅳ) 的强氧化性体现在哪些方面？试用化学方程式说明。
7. 马氏（Marsh）试砷法和古氏（Gutzeit）试砷法的化学原理是什么？
8. 试总结砷、锑、铋＋3 和＋5 氧化态的氧化物及其水合物酸碱性的递变规律。
9. 为什么 BiF_3 是离子化合物，$BiCl_3$ 的晶体类型介于离子型和共价型之间，而 $SbCl_3$ 是共价化合物？
10. 试总结砷、锑、铋＋3 和＋5 氧化态的硫化物的酸碱性递变规律。
11. 铝的化学性质比铜活泼，为什么硝酸能溶解铜而不能溶解铝？
12. 如何配制和保存 $SnCl_2$ 溶液？
13. 为什么单质铅不能在盐酸或浓硫酸中完全溶解而易溶于硝酸？

习 题

12.1　用反应式说明下列现象：

(1) 金属铝即能溶于酸，又能溶于碱；

(2) Al_2S_3 遇水能放出有臭味的气体；

(3) 在 $Na[Al(OH)_4]$ 溶液中加入 NH_4Cl 有 NH_3 放出；

(4) 泡沫灭火剂装有 $Al_2(SO_4)_3$ 和 $NaHCO_3$，遇水即产生泡沫。

12.2 $SnCl_2$ 中含有杂质 $SnCl_4$，$SnCl_4$ 中含有杂质 $SnCl_2$，如何将其中杂质除去？

12.3 有一瓶白色药品，可能是 $Al(OH)_3$、$Zn(OH)_2$ 或 $ZnCO_3$ 之一，试设计一简便的方案鉴别是哪种化合物。

12.4 完成并配平下列反应方程式：

(1) $Al + NaOH + H_2O \longrightarrow$

(2) $Al^{3+} + F^-$（过量）$\longrightarrow$

(3) $Al^{3+} + CO_3^{2-} + H_2O \longrightarrow$

(4) $Al_2O_3 + KOH + H_2O \longrightarrow$

12.5 锡与盐酸反应只能得到 $SnCl_2$，而不是 $SnCl_4$；锡与氯气反应得到 $SnCl_4$，而不是 $SnCl_2$。试用有关电对的电极电势说明。

12.6 怎样用 Sn^{2+} 鉴定 Hg^{2+}？试描述其反应现象并用化学方程式解释之。

12.7 SnS 和 SnS_2 都难溶于水，怎样用简便的化学方法分离之？

12.8 下列说法是否正确，为什么？写出有关的反应式。

(1) PbO_2 可将 Cl^- 氧化成 Cl_2，而 Cl_2 又能将 $Pb(OH)_3^-$ 氧化成 PbO_2；

(2) I_2 可将 AsO_3^{3-} 氧化成 AsO_4^{3-}，而 H_3AsO_4 又能将 I^- 氧化成 I_2。

12.9 完成并配平下列反应方程式：

(1) $Sn(OH)_2 + NaOH \longrightarrow$

(2) $Sn(OH)_4 + NaOH \longrightarrow$

(3) $SnS + HCl \longrightarrow$

(4) $SnS_2 + NaOH \longrightarrow$

(5) $Bi(OH)_3 + [Sn(OH)_4]^{2-} \longrightarrow$

(6) $Mn^{2+} + PbO_2 + H^+ \longrightarrow$

(7) $HCl + PbO_2 \longrightarrow$

(8) $PbS + HNO_3 \longrightarrow$

(9) $Pb(OH)_2 + NaOH \longrightarrow$

(10) $PbCl_2 + HCl \longrightarrow$

12.10 某固体 A 难溶于水和稀盐酸，加入硝酸后可得溶液 B 和无色气体 C，C 在空气中很快转变为红棕色气体。向 B 中加入盐酸得到沉淀 D，D 与 H_2S 可得到黑色沉淀 E 和溶液 F。E 溶于硝酸可产生气体 C、黄色沉淀 G 和溶液 B。试推断 A～G 的化学式并写出有关的反应方程式。

12.11 有一红色粉末 A，加 HNO_3 得棕色沉淀物 B，沉淀分离后的溶液 C 中加入 K_2CrO_4 得黄色沉淀 D；往 B 中加入浓 HCl 则有气体 E 放出；气体 E 通入加了适量 NaOH 的溶液 C，可得到 B。试问 A、B、C、D、E 为何种化合物？

12.12 某固体盐 A，加水溶解后生成白色沉淀 B；于其中加入盐酸，沉淀 B 消失得一无色溶液，于此溶液中加入 NaOH 溶液得白色沉淀 C；继续加入 NaOH 使之过量，沉淀 C 溶解得溶液 D；于 D 中加入 $BiCl_3$ 溶液得黑色沉淀 E 和溶液 F。如果于沉淀 B 的盐酸溶液中逐滴加入 $HgCl_2$ 溶液，先得到白色丝状沉淀 G，而后变为黑色沉淀 H。请推断 A 到 H 各为何物并写出有关反应式。

12.13 无色水合晶体 A 溶于稀盐酸得无色溶液，再加入 NaOH 溶液得到白色沉淀 B。B 溶于过量的 NaOH 溶液得到无色溶液 C。将 B 溶于盐酸后蒸发，浓缩后又析出 A。向 A 的稀盐酸溶液通入 H_2S 生成橙色沉淀 D。D 与 Na_2S_2 可以发生氧化还原反应，反应产物之间作用得到无色溶液 E。将 A 溶于水中得白色沉淀 F。写出 A、B、C、D、E 和 F 的化学式并写出有关反应式。

12.14 向 Sn^{2+}、Pb^{2+}、Sb^{3+} 和 Bi^{3+} 的酸性溶液中通入 H_2S 气体，能否生成相应的硫化物沉淀？如能得到沉淀，这些硫化物沉淀又如何溶解？

12.15 如何鉴别以下各组物质，并写出有关的反应方程式。

(1) H_3AsO_3 和 H_3AsO_4

(2) As^{3+}、Sb^{3+} 和 Bi^{3+}

(3) Ba^{2+}、Sn^{2+} 和 Pb^{2+}

12.16 完成并配平下列反应方程式：

(1) $As_2O_3 + NaOH \longrightarrow$

(2) $As_2S_3 + NaOH \longrightarrow$

(3) $As_2S_3 + Na_2S \longrightarrow$

(4) $AsH_3 + AgNO_3 + H_2O \longrightarrow$

(5) $AsCl_3 + H_2O \longrightarrow$

(6) $AsO_4^{3-} + H^+ \longrightarrow$

(7) $As + NaClO + H_2O \longrightarrow$

(8) $AsO_3^{3-} + I_2 + H_2O \longrightarrow$

(9) $SbCl_3 + H_2O \longrightarrow$

(10) $Sb_2O_3 + H_2SO_4 \longrightarrow$

(11) $Sb_2S_3 + NaOH \longrightarrow$

(12) $Bi_2S_3 + HCl \longrightarrow$

(13) $Bi(NO_3)_3 + H_2O \longrightarrow$

(14) $Mn^{2+} + NaBiO_3 + H^+ \longrightarrow$

(15) $Bi(OH)_3 + Cl_2 + NaOH \longrightarrow$

第 13 章 非金属元素

非金属 (nonmetal) 元素是元素的一大类，在所有的一百多种化学元素中，非金属占了 22 种。在周期表中，除氢以外，其它非金属元素都排在表的右侧和上侧，属于 p 区。包括氢 (hydrogen)、硼 (boron)、碳 (carbon)、氮 (nitrogen)、氧 (oxygen)、氟 (fluorine)、硅 (silicon)、磷 (phosphorus)、硫 (sulfur)、氯 (chlorine)、砷 (arsenic)、硒 (selenium)、溴 (bromine)、碲 (tellurium)、碘 (iodine)、砹 (astatine)、氦 (helium)、氖 (neon)、氩 (argon)、氪 (krypton)、氙 (xenon)、氡 (radon)。它们在周期表中的位置如下：

B、Si、As、Se、Te 为准金属，它们既有金属性又有非金属性，At 为人工合成的元素。80% 的非金属元素在国防、宇航事业以及高科技新材料开发中有着特殊的作用和重要位置。

13.1 概述

13.1.1 单质

(1) 物理性质

非金属单质大多由 2 个或多个原子以共价键相结合而成。一般稀有气体为单原子分子；卤素、氢为双原子分子；ⅥA 族的硫、硒、碲为二配位的链形与环形分子；ⅤA 族的磷、砷为三配位的有限分子 P_4、As_4，灰砷和黑磷为层状分子；ⅣA 族的碳、硅为四配位的金刚石型结构。

非金属单质大多是分子晶体，少部分为原子晶体和过渡型的层状晶体，按其结构和性质，大致分为 3 类。

① 稀有气体及 O_2、N_2、H_2 等：一般状态下为气体，固体为分子晶体，熔沸点很低。

② 多原子分子，S_8、P_4 等：一般状态下为固体，分子晶体，熔沸点低，但比第一类高。

③ 大分子单质，如金刚石、晶态硅等：原子晶体，熔沸点高。

非金属在室温下可以是气体或固体（除了溴，唯一液体非金属元素）。处于固体状态，非金属元素有不同的颜色，例如碳是黑色的，而硫是黄色的。非金属的硬度有明显的差异，例如硫是很软的，但钻石（碳的一种）却是全世界最硬的。非金属是易碎的，而且密度比金属要低。非金属不是好的导热体，是电的绝缘体（碳以石墨的形态存在除外）。

(2) 化学性质

非金属单质的化学活泼性各异，非金属一般不与非氧化性稀酸发生反应，但硼、碳、磷、硫、碘、砷等能被浓 HNO_3、浓 H_2SO_4 及王水氧化。大部分单质不与水反应，但卤素与高温下的碳能与水发生反应。除碳、氮、氧外，一般可以和碱溶液发生反应，对于有变价的主要发生歧化反应；Si、B 则是从碱溶液中置换出氢气；在浓碱中，F_2 能将 O^{2-} 氧化成 O_2。

活泼非金属元素，如 F、Cl、Br、O、P、S 等，能与金属形成卤化物、氧化物、硫化物、氢化物或含氧酸盐等。非金属元素之间也能形成卤化物、氧化物、无氧酸、含氧酸等。

元素的非金属性越强，它的单质与 H_2 反应越剧烈，得到的气态氢化物的稳定性越强，元素的最高价氧化物所对应的水化物的酸也越强。例如：非金属性 Cl＞S＞P＞Si，Cl_2 与 H_2 在光照或点燃时就可能发生爆炸反应，S 与 H_2 须加热才能反应，而 Si 与 H_2 须在高温下才能反应，并且 SiH_4 极不稳定；氢化物的稳定性 HCl＞H_2S＞PH_3＞SiH_4；这些元素的最高价氧化物的水化物的酸性 $HClO_4$＞H_2SO_4＞H_3PO_4＞H_4SiO_4。因此，这些化学反应中的表现可以作为判断元素的金属性或非金属强弱的依据。

元素的非金属性越强，它的单质的氧化性越强，对应的阴离子的还原性越弱。例如：非金属性 Cl＞Br＞I＞S，它们的单质的氧化性 Cl_2＞Br_2＞I_2＞S，还原性 Cl^-＜Br^-＜I^-＜S^{2-}。

13.1.2 化合物

由于非金属元素复杂的成键方式，几乎所有的化合物中都含有非金属元素。如果形成的是无机化合物，则非金属元素与金属元素可以形成无氧酸盐、含氧酸盐及配合物等类型的化合物；非金属元素之间可以形成一系列共价化合物。非金属元素碳、氢、氧是形成有机化合物的基础。

(1) 化合物成键方式

非金属原子之间主要是以共价键成键，而非金属元素与金属元素之间主要是以离子键成键。

非金属原子之间以共价键成键的原因是由于成键原子均有获得电子的能力，都倾向于获得对方的电子使自己达到稳定的构型，因此两成键原子为达此目的而享用共用电子对。多原子的共价分子常常出现轨道杂化现象，这使得中心原子更易和多个原子成键。在非金属原子之间形成的共价键中，除了一般的 σ 键和 π 键外，还有一种大 Π 键。大 Π 键是离域的，可以增加共价分子或离子的稳定性。

非金属元素与金属元素之间以离子键成键的原因是由于金属原子失去电子的能力较强，非金属得到电子的能力较强，两者相遇时一般会引起电子的得失，形成正负离子，双方都达到稳定结构。

(2) 分子氢化物

除稀有气体以外，所有非金属元素都能形成共价型简单氢化物。此外 C、Si、B 能分别形成碳烷、硅烷、硼烷等一系列多原子的氢化物。

① 分子氢化物熔沸点　同一族的熔点、沸点从上到下递增。但 NH_3、H_2O、HF 的熔点、沸点因为存在氢键而特别高。如图 13-1 所示。

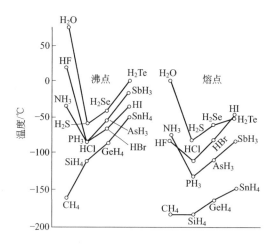

图 13-1　第二周期至第六周期主族元素氢化物熔点、沸点的变化

② 热稳定性、还原性和酸性　热稳定性同一周期自左向右依次增加，同一族自上而下减弱，与非金属元素电负性变化规律一样。还原性除 HF 外都具有还原性，其变化规律与稳定性相反，稳定性大的还原性小。酸性变化规律同周期与稳定性一致，同族与稳定性相反。它们的变化规律如下：

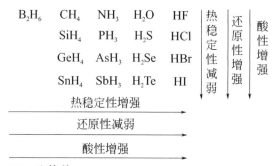

(3) 含氧酸（oxyacid）及其盐

除稀有气体、氧、氟元素以外，所有非金属元素都能形成含氧酸，且在酸中呈正氧化态。

① 命名

正酸：含氧酸中只含有一个成酸元素的原子，而且成酸元素的氧化态是该元素最常见的氧化态，如 H_2SO_4、$HClO_3$。

高酸：含氧酸的成酸元素氧化态比正酸的高，如 $HClO_4$。

原酸：原酸脱去一个或两个以上水分子，即生成正酸。如 H_5PO_5 为原磷酸，失去 1 个水分子成为 H_3PO_4，H_5IO_6 失去 2 个水分子成为 HIO_4。

偏酸：正酸脱去水分子，即生成偏酸。如 H_3PO_4，失去 1 个水分子成为 HPO_3（偏磷酸）。

亚酸：含氧酸的成酸元素氧化态比正酸的稍低，如 $HClO_2$、H_3AsO_3（亚砷酸）。

次酸：含氧酸的成酸元素氧化态比亚酸的还低，如 $HClO$。

焦酸：两个正酸脱去一个水分子为焦酸。如两个 H_2SO_4 失去一个水分子成为 $H_2S_2O_7$；两个 H_3PO_4 失去一个水分子成为 $H_4P_2O_7$。

② 含氧酸的酸性强弱　同一族从下到上、同一周期从左到右，非金属最高价含氧酸的酸性逐渐增强。但其它价态含氧酸不遵循此规律。含氧酸性强弱可根据离子势（见第 15 章主族金属元素有关内容）和鲍林酸碱经验规则定性判断。

鲍林酸碱经验规则是由美国量子学家、化学家鲍林提出的关于含氧酸酸性比较的经验规则。鲍林指出，含氧酸可以写成以下形式：$MO_m(OH)_n$，根据非羟基氧的原子数（即通式中的 m）来比较酸性的强弱，即酸性的强弱与非羟基氧原子数有关。当 $m=0$ 时，酸为弱酸；$m=1$ 时，含氧酸为中强酸；$m=2$ 时，为强酸；$m=3$ 时，含氧酸为极强酸。但是值得指出的是，碳酸按鲍林酸碱经验规则判断为中强酸，但实际为弱酸。因为在水中以 H_2CO_3 形式存在的极少，大部分以六水合二氧化碳存在，比值大约为 1∶600。而亚磷酸按照酸碱经验规则判断为弱酸，实际上为中强酸，因为亚磷酸中存在一个非羟基氧。

③ 含氧酸及其盐的热稳定性　常见的含氧酸盐中，最稳定的是硅酸盐、磷酸盐，虽然它们在加热时不分解，但容易脱水缩合为多酸。最不稳定的是硝酸盐、氯酸盐等（含氧阴离子半径大，电荷少）。而碳酸盐、硫酸盐稳定性居中。

含氧酸及其盐热稳定性规律如下。

a. 同一类含氧酸盐中，盐的稳定性取决于阳离子的性质，即阳离子的极化作用越强，含氧阴离子越易变形则越易分解。H^+ 的极化作用＞一般金属阳离子。所以稳定性：酸＜盐，因此有：

(a) 正盐＞酸式盐＞对应酸；

(b) 碱金属盐＞碱土金属盐＞过渡金属盐＞铵盐（同一酸根），碱金属和碱土金属的碳酸盐随着阳离子半径的增大而增强；

(c) 高氧化值盐＞低氧化值盐（同一成酸元素）（$NaNO_3$＜$NaNO_2$ 例外）。

b. 酸稳定，对应的盐也稳定，例如：

$$H_2SO_4 > H_2CO_3, Na_2SO_4 > Na_2CO_3; H_3PO_4 > HNO_3, Na_3PO_4 > NaNO_3$$

④ 含氧酸及其盐的氧化还原性　非金属含氧酸中，高氧化态的强酸常具有氧化性，如硫酸（H_2SO_4）、硝酸（HNO_3）等；一些弱酸如次氯酸也是氧化性酸。还原性酸包括亚硫酸、亚磷酸等。影响含氧酸及其盐的氧化能力的因素有中心原子结合电子的能力；分子的稳定性；其它外在因素，如溶液的酸碱性、浓度、温度以及伴随氧化还原反应同时进行的其它非氧化还原过程。含氧酸及其盐的氧化还原性变化规律如下。

a. 同周期 p 区元素最高氧化态含氧酸氧化性从左到右递增。例如：

$$H_4SiO_4 < H_3PO_4 < H_2SO_4 < HClO_4$$

b. 同主族最高氧化态含氧酸氧化性随原子序数递增而呈现锯齿形变化。但低氧化态含氧酸氧化性随原子序数而减弱。例如：

$$HClO_4 < HBrO_4 > H_5IO_6; HClO > HBrO > HIO$$

c. 含氧酸氧化性＞对应盐的氧化性，即含氧酸氧化性在酸性中＞碱性中。例如：

$$\varphi_A^{\ominus}(HClO_2/HClO) = 1.64V, \varphi_B^{\ominus}(ClO_2^-/ClO^-) = 0.66V$$

d. 同一含氧酸浓溶液氧化性＞稀溶液氧化性，例如：

$$浓 HNO_3 > 稀 HNO_3; \quad 浓 H_2SO_4 > 稀 H_2SO_4$$

e. 同一元素不同氧化态含氧酸若浓度相等，低氧化态的氧化性大于高氧化态的氧化性。例如：

$$HNO_2 > HNO_3$$

⑤ 含氧酸盐的溶解性　含氧酸盐属于离子化合物，它们的绝大部分钠盐、钾盐和铵盐以及酸式盐都易溶于水。其它含氧酸盐在水中的溶解性可以归纳如下。

a. 硝酸盐、氯酸盐都易溶于水，且溶解度随温度的升高而迅速地增加。

b. 硫酸盐大部分溶于水，但 $SrSO_4$、$BaSO_4$ 及 $PbSO_4$ 难溶于水，$CaSO_4$、Ag_2SO_4 及 Hg_2SO_4 微溶于水。

c. 碳酸盐大多数都不溶于水，其中又以 Ca^{2+}、Sr^{2+}、Ba^{2+}、Pb^{2+} 的碳酸盐最难溶。

d. 磷酸盐大多数都不溶于水。

13.2 卤素

位于周期系第ⅦA族元素,总称卤素元素或卤素(halogen)。卤素希腊文的意思是"成盐元素",它们能直接和金属化合成盐类,包括氟、氯、溴、碘、砹。砹是用人工方法制成的一种放射性元素。人们对砹的性质知道的还不多,因此本章对砹将不予讨论。

卤素单质的性质十分活泼,在地壳中它们都以化合物的形式存在,含量从氟到碘逐渐下降。氟广泛存在于自然界,主要形式是萤石(CaF_2)、冰晶石(Na_3AlF_6)和氟磷灰石[$3Ca_3(PO_4)_2 \cdot Ca(F,Cl)_2$]。在地壳中的丰度约为0.065%。

氯和溴在自然界分布很广,在地壳中主要存在于火成岩和沉积岩中。不过氯和溴最大的资源是海水,海水含盐约3%,主要是氯化钠,相当于20 g·L^{-1}的氯,含溴约0.065 g·L^{-1}。另外氯还存在于岩盐、井盐和盐湖中,相当量的溴还存在于某些矿水和石油产区的矿井中。

碘主要以钠、钾、钙、镁的无机盐形式存在于海水中。海洋中的某些如海藻、海带等具有选择性吸收和富集碘的能力,所以这也是碘的一个中药来源。目前世界上碘主要来源于智利硝石,其碘含量为0.02%~1%(以$NaIO_3$形式存在)。

卤素原子的某些物理性质见表13-1。由于卤素原子的价电子构型为ns^2np^5,它们很容易得到一个电子形成卤离子,或与另一个原子形成共价键,所以卤素原子都能以-1氧化态形式存在。除氟外,在一定条件下,氯、溴、碘的外层$nsnp$轨道上的成对电子受激发可跃迁到nd轨道,nd轨道也参与成键,因此可呈现+1、+3、+5、+7氧化态,这些氧化态突出地表现在氯、溴、碘的含氧化合物和卤素间化合物中,如:$HClO$、HIO_3、Cl_3O_7和BrF_3等。

表13-1 卤素的原子结构和性质

元 素	氟(F)	氯(Cl)	溴(Br)	碘(I)
核电荷(原子序数)	9	17	35	53
电子层结构	[He]$2s^22p^5$	[Ne]$3s^23p^5$	[Ar]$3d^{10}4s^24p^5$	[Kr]$4d^{10}5s^25p^5$
共价半径/pm	64	99	114	133
X^-离子半径/pm	136	181	196	216
I_1/kJ·mol^{-1}	1681	1251	1140	1008
E_A/kJ·mol^{-1}	328	349	325	295
电负性	4.0	3.2	3.0	2.7
氧化态	-1	±1,+3,+4,+5,+6,+7	±1,+3,+4,+5,+6,+7	±1,+3,+5,+6,+7

13.2.1 卤素单质的物理化学性质

(1) 卤素单质的物理性质

卤素单质的一些重要性质列于表13-2。

表13-2 卤素单质的重要性质

性 质	氟(F_2)	氯(Cl_2)	溴(Br_2)	碘(I_2)
物态(298K,101.3kPa)	气体	气体	液体	固体
颜色	浅黄色	黄绿色	红棕色	紫黑色
熔点/K	53.38	172	265.8	386.5
沸点/K	84.86	238.4	331.8	457.4
临界温度/K	144	417	588	785
临界压力/MPa	5.57	7.7	10.33	11.75
水中的溶解度(298K)/mol·dm^{-3}	反应	0.09	0.21	0.0013
$\varphi^{\ominus}_{X_2/X^-}$/V	2.87	1.36	1.08	0.535
熔化焓/kJ·mol^{-1}	0.51	6.41	29.56	41.95
汽化焓/kJ·mol^{-1}	6.54	20.40	31	44
X^-的水合能/kJ·mol^{-1}	-507	-368	-335	-293
X_2离解能/kJ·mol^{-1}	1596.9	242.6	193.8	152.6

(2) 卤素单质的化学性质

从卤素在自然界中的存在形式可以看出卤素单质化学活泼性很强。卤素的价电子层结构为 ns^2np^5，易获一个电子达到 8 电子稳定结构。卤素单质是强氧化剂，而 F_2 最强，随原子序数增大，氧化能力变弱。碘不仅以负一价的离子存在于自然界中，而且以 +5 价态存在于碘酸钠中，说明碘具有一定的还原性，它们的化学活泼性，从 F_2 到 I_2 依次减弱。

① 与金属的反应　F_2 在任何温度下都可与金属直接化合，生成高价氟化物，F_2 与 Cu、Ni、Mg 作用时由于金属表面生成一薄层氟化物致密保护膜而中止反应，所以 F_2 可储存于 Cu、Ni、Mg 或合金制成的容器中。

Cl_2 可与各种金属作用，但干燥的 Cl_2 不与 Fe 反应，因此 Cl_2 可储存在铁罐中。

Br_2、I_2 常温下只能与活泼金属作用，与不活泼金属只有在加热条件下反应。

② 与非金属反应　F_2 可与除 O_2、N_2、稀有元素 He、Ne 外的所有非金属作用，直接化合成高价氟化物。低温下可与 C、Si、S、P 猛烈反应，生成氟化物大多具有挥发性。

Cl_2 也能与大多数非金属单质直接作用，但不及 F_2 激烈。

$$2S(s) + Cl_2(g) \longrightarrow S_2Cl_2(l) \text{（红黄色液体）}$$

$$S(s) + Cl_2(g, 过量) \longrightarrow SCl_2(l) \text{（深红色发烟液体）}$$

$$2P(s) + 3Cl_2(g) \longrightarrow 2PCl_3(l) \text{（无色发烟液体）}$$

$$2P(s) + 5Cl_2(g, 过量) \longrightarrow 2PCl_5(s) \text{（黄白色固体）}$$

Br_2 和 I_2 反应不如 F_2、Cl_2 激烈，与非金属作用不能氧化到最高价。

$$2P(s) + 3Br_2(l) \longrightarrow 2PBr_3(l)$$

$$2P(s) + 3I_2(s) \longrightarrow 2PI_3(s)$$

③ 与 H_2 的反应　卤素与 H_2 反应生成卤化氢

$$X_2 + H_2 \longrightarrow 2HX \quad (X = F, Cl, Br, I)$$

F_2 低温黑暗中即可与 H_2 直接化合放出大量热导致爆炸；Cl_2 常温下与 H_2 缓慢反应，且必须在光照时进行；Br_2 在加热的条件下才能与 H_2 反应；I_2 与 H_2 反应需在高温下进行且是可逆的。

④ 与水的反应　卤素和水发生两类反应，即：

第一类反应　　　　$X_2 + H_2O \longrightarrow 2HX + \dfrac{1}{2}O_2 \uparrow$　　　(X=F, Cl, Br)

第二类反应　　　　$X_2 + H_2O \longrightarrow HX + HXO$　　　(X=Cl, Br, I)

图 13-2 是卤素与水反应的 pH 电势图，由图可见 F_2 的氧化性很强，故它发生第一类反应，与 H_2O 反应产生 O_2 而且反应十分剧烈；Cl_2、Br_2 与水也能自发地进行第一类反应，但反应的活化能很大，反应进行得十分缓慢，故主要发生第二类反应。I_2 和水不发生第一类反应。卤素在碱性溶液中发生两类歧化反应，如：

$$Br_2 + 2KOH \longrightarrow KBr + KBrO + H_2O$$

$$3I_2 + 6NaOH \longrightarrow 5NaI + NaIO_3 + 3H_2O$$

不同卤素单质发生歧化反应的条件及主要产物

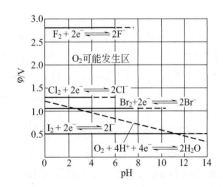

图 13-2　卤素与水反应的 pH 电势图

见表 13-3。

表 13-3 不同卤素单质发生歧化反应的条件及主要产物

卤素单质	产物			pH
	常温	加热	低温	
Cl_2	ClO^-	ClO_3^-	ClO^-	>4
Br_2	BrO_3^-	BrO_3^-	BrO^-(0℃)	>6
I_2	IO_3^-	IO_3^-	IO_3^-	>9

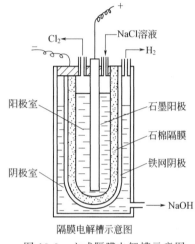

图 13-3 立式隔膜电解槽示意图

(3) 卤素单质的制备

① 单质氯的制备 工业制备采用电解饱和 NaCl 水溶液，两极间用石棉隔开，如图 13-3。

（石墨）阳极：$2Cl^- \longrightarrow Cl_2 + 2e^-$

（铁网）阴极：$2H^+ + 2e^- \longrightarrow H_2$

溶液中阴极区为碱性。整个电解反应：

$$2NaCl + 2H_2O \xrightarrow{电解} H_2 + Cl_2 + 2NaOH$$

Cl_2 常温下加压可液化装入钢瓶中（表面涂绿色）。

实验室利用 MnO_2、$KMnO_4$ 和浓盐酸反应制备 Cl_2。

$$MnO_2 + 4HCl(浓) \xrightarrow{\triangle} MnCl_2 + Cl_2 + 2H_2O$$

$$2KMnO_4 + 16HCl(浓) \longrightarrow$$
$$2MnCl_2 + 2KCl + 5Cl_2 + 8H_2O$$

② 单质氟的制备 1886 年采用中温（373K）电解氧化法。因为 HF 导电性差，所以电解时要将 HF 与强电解质 KHF_2 混合，并在混合物中加入少量 LiF 或 AlF_3 以增加导电性及降低电解质的电解温度。混合物中 KHF_2：HF=3：2，混合物熔点为 345K，电极反应：

（无定形碳）阳极 $2F^- \longrightarrow F_2 \uparrow + 2e^-$

（铜制电解槽）阴极 $2HF_2^- + 2e^- \longrightarrow H_2 \uparrow + 4F^-$

阳极电解得到的 F_2 压入镍制的特种钢瓶中，在电解槽中有一隔膜将阳极生成的氟和阴极生成的氢分开，防止两种气体混合而发生爆炸反应。

实验室利用热分解含氟化合物制备 F_2：

$$K_2PbF_6 \xrightarrow{\triangle} F_2 \uparrow + K_2PbF_4$$

$$BrF_5 \xrightarrow{\triangle} F_2 \uparrow + BrF_3$$

这种方法所用原料是用单质 F_2 制取的，所以它是 F_2 的重新释放。K_2PbF_6 和 BrF_5 为 F_2 贮存原料。经 100 年努力，终于在 1986 年由化学家克里斯特（Christe）成功地用化学法制得单质 F_2。使用 $KMnO_4$、HF、KF、H_2O_2 采用氧化络合置换法制得单质 F_2。

$$10HF + 2KF + 2KMnO_4 + 3H_2O_2 == 2K_2MnF_6 + 8H_2O + 3O_2$$

$$K_2MnF_6 + 2SbF_5 == 2KSbF_6 + MnF_3 + \frac{1}{2}F_2 \uparrow$$

③ 单质 Br_2、I_2 的制备 工业 Br_2 制备是将浓缩海水在酸性条件下用 Cl_2 氧化。在 383K 将 Cl_2 通入 pH=3.5 的海水中，Br^- 被氧化成单质 Br_2，用空气将 Br_2 带出来，然后用 Na_2CO_3 吸收：

$$2Br^- + Cl_2 \longrightarrow Br_2 + 2Cl^-$$
$$3Br_2 + 3Na_2CO_3 \longrightarrow 5NaBr + NaBrO_3 + 3CO_2$$

再调 pH 值至酸性，Br^- 和 BrO_3^- 在酸性条件下进行逆歧化反应得到单质 Br_2。
$$5HBr + HBrO_3 \longrightarrow 3Br_2 + 3H_2O$$

实验室是利用 NaBr 和 MnO_2 或浓硫酸反应制备 Br_2。
$$MnO_2 + 2NaBr + 3H_2SO_4 \longrightarrow Br_2 + MnSO_4 + 2NaHSO_4 + 2H_2O$$
$$2NaBr + 3H_2SO_4(浓) \longrightarrow Br_2 + SO_2 + 2NaHSO_4 + 2H_2O$$

工业上大量制备 I_2 以经浓缩的 $NaIO_3$ 为原料用 $NaHSO_3$ 还原制得。
$$2IO_3^- + 5HSO_3^- \longrightarrow 3HSO_4^- + 2SO_4^{2-} + I_2 + H_2O$$

海水中含 I_2 量少，常采用海草富集 I_2，在酸性条件下，用水浸取海草灰。
实验室是利用 NaI 和 MnO_2 或浓硫酸反应制备 I_2：
$$MnO_2 + 2NaI + 3H_2SO_4 \longrightarrow I_2 + MnSO_4 + 2NaHSO_4 + 2H_2O$$
$$8NaI + 9H_2SO_4(浓) \longrightarrow 4I_2 + H_2S + 8NaHSO_4 + 4H_2O$$

13.2.2 卤化氢和氢卤酸

卤化氢均为强烈刺激性臭味的无色气体，在空气中易与水蒸气结合而形成白色酸雾。卤化氢是极性分子，极易溶于水，其水溶液称为氢卤酸。液态卤化氢不导电，这表明它们是共价性化合物，卤化氢的一些重要性质见表 13-4。

表 13-4 卤化氢的重要性质

性 质		HF	HCl	HBr	HI
熔点/K		189.8	158.2	184.5	222.2
沸点/K		292.5	188.1	206.0	237.6
$\Delta_f H_m^\ominus$/kJ·mol^{-1}		−271	−92.30	−36.4	26.5
$\Delta_f G_m^\ominus$/kJ·mol^{-1}		−273	−95.4	−53.5	1.72
在 1273K 的分解百分数/%		忽略	0.0014	0.5	33
气态分子的偶极矩/10^{-30}C·m		6.37	3.57	2.67	1.40
键能/kJ·mol^{-1}		568.6	431.8	365.7	298.7
汽化热/kJ·mol^{-1}		30.31	16.12	17.62	19.77
水合热/kJ·mol^{-1}		−48.14	−17.58	−20.93	−23.02
恒沸溶液 (101.3kPa)	沸点/K	393	383	399	400
	密度/g·cm^{-3}	1.14	1.097	1.49	1.70
	质量分数/%	25.3	20.24	47	57

(1) 卤化氢的性质

① 卤化氢的热稳定性　卤化氢受热分解为氢和相应的卤素：
$$2HX \rightleftharpoons H_2 + X_2$$

从表 13-4 中生成热的大小可知，卤化氢的热稳定性按 HF—HCl—HBr—HI 顺序降低。

② 卤化氢的酸性　卤化氢都是极性分子，因此它们在水中的溶解度很大，例如，在通常情况下，1 体积水可溶解 500 体积的卤化氢。氢卤酸都是挥发性的酸，它们的酸性按 HF—HCl—HBr—HI 顺序而递增。除氢氟酸外，其

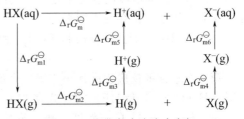

图 13-4 卤化氢水溶液中离解的玻恩-哈伯循环

余都是强酸。氢卤酸酸性的变化可通过卤化氢在水溶液中解离过程各步的自由能变化（见表 13-5）来说明。图 13-4 所示为氢卤酸解离过程中的热化学循环。

则：$\Delta_r G_m^\ominus = \Delta_r G_{m1}^\ominus + \Delta_r G_{m2}^\ominus + \Delta_r G_{m3}^\ominus + \Delta_r G_{m4}^\ominus + \Delta_r G_{m5}^\ominus + \Delta_r G_{m6}^\ominus = -RT\ln K_a^\ominus$

表 13-5　卤化氢离解过程各步的自由能变化 $\Delta_r G_m^\ominus$　　　　单位：kJ·mol^{-1}

自由能变化	HF(aq)	HCl(aq)	HBr(aq)	HI(aq)
$\Delta_r G_{m1}^\ominus$	23.9	−4.2	−4.2	−4.2
$\Delta_r G_{m2}^\ominus$	535.1	404.5	339.1	272.2
$\Delta_r G_{m3}^\ominus$	1320.2	1320.2	1320.2	1320.2
$\Delta_r G_{m4}^\ominus$	−347.5	−366.8	−345.4	−315.3
$\Delta_r G_{m5}^\ominus + \Delta_r G_{m6}^\ominus$	−1513.6	−1393.4	−1363.7	−1330.2
$\Delta_r G_m^\ominus$	18.1	−39.7	−54.0	−57.3
p$K_a^\ominus$	3.2	−7.0	−9.5	−10

③ **卤化氢的还原性**　卤化氢和氢卤酸中的卤素是处于最低氧化态 −1，因此，它们具有还原性。氢卤酸的还原性强弱可以用 $\varphi_{X_2/X^-}^\ominus$ 来衡量。氢卤酸通常被氧化成卤素单质。

卤素氢化物的还原性按 HF—HCl—HBr—HI 的顺序而递增。HF 几乎不具有还原性，除电解外，任何强氧化剂都不能氧化它。强氧化剂如 $KMnO_4$ 可氧化 HCl：

$$2KMnO_4 + 16HCl(浓) \longrightarrow 2MnCl_2 + 2KCl + 5Cl_2 + 8H_2O$$

浓 H_2SO_4 不能氧化 HCl，但可氧化 HBr、HI：

$$2NaBr + 3H_2SO_4(浓) \longrightarrow Br_2 + SO_2 + 2NaHSO_4 + 2H_2O$$

而 HI 甚至可被空气中的 O_2 氧化成 I_2，生成的 I_2 和 I^- 结合为 I_3^-，因此 HI 溶液在空气中会慢慢变成黄棕色。

$$4HI + O_2 \longrightarrow 2I_2 + 2H_2O$$
$$I_2 + I^- \rightleftharpoons I_3^- \quad K^\ominus(25℃) = 714$$

④ **HF 的特殊性**

a. 反常的高熔点、高沸点。在卤化氢中，HF 的分子量最小，其熔点、沸点应该是最低的，但实际上它的熔点比 HBr 高，沸点比 HI 还要高。这是由于在 HF 分子间存在着氢键而形成了缔合分子的缘故。实验证明，HF 在气态、液态、固态时都有不同程度的缔合 $(HF)_n$。气态时 $n = 2 \sim 6$，液态时，聚合程度增大，固态时，则形成无限长的曲折的 $(HF)_n$ 长链。

b. 可形成酸式盐。HF 还可以通过氢键与活泼金属的氧化物形成各种"酸式盐"，如 $KHF_2(KF·HF)$、$NaHF_2(NaF·HF)$ 等。

c. 氢氟酸的电离度反常。一般来讲，弱酸的浓度越稀，离解度越大；浓度越大，离解度越小。当氢氟酸的浓度较稀时遵循上述原则，当氢氟酸的浓度较大时（物质的量浓度大于 5mol·L^{-1}），其离解度的变化不是随浓度的增大而减小，而是随浓度的增大而急剧增大。其原因是氢氟酸在溶液存在下列平衡：

$$HF + H_2O \longrightarrow [H_3O^+F^-] \rightleftharpoons H_3O^+ + F^- \quad K_a^\ominus = 6.6 \times 10^{-4}$$
$$F^- + HF \rightleftharpoons HF_2^- \quad K^\ominus = 5.7$$

第一个平衡的反应程度远小于第二个反应的平衡程度。所以，氢氟酸在溶液中主要以离子对 $[H_3O^+F^-]$ 和 HF_2^- 的形式存在，由于氢键（$H_2O—H^+\cdots F^-$）的存在，大大降低离子对 $[H_3O^+F^-]$ 的离解度，故氢氟酸是弱酸。随着氢氟酸浓度的增加，有利于第二个平衡向右移动，从而使第一个平衡向右移动，离子对 $[H_3O^+F^-]$ 的离解度增大，其酸性增强。
$$[H_3O^+F^-] + HF \rightleftharpoons H_3O^+ + HF_2^-$$
因此氢氟酸在水溶液中达到一定的浓度将成为强酸。

d. 与二氧化硅和硅酸盐的作用。氢氟酸不同于其它氢卤酸，它能与二氧化硅、硅酸盐作用生成气态 SiF_4：
$$SiO_2 + 4HF \rightleftharpoons SiF_4 \uparrow + 2H_2O$$
$$CaSiO_3 + 6HF \rightleftharpoons SiF_4 \uparrow + CaF_2 + 3H_2O$$
因此，氢氟酸不宜贮于玻璃容器中，应该盛于塑料容器里。上述反应可用来刻蚀玻璃，溶解硅酸盐。氟化氢有"氟源"之称，它是制备单质氟和其它氟化物的原料，是氟化反应的常用试剂。

(2) 制备和用途

① 直接合成（direct synthesis） 工业上，盐酸主要是由氯和氢直接合成卤化氢，经冷却后以水吸收而制得。对于氢和溴的作用，需用含铂石棉或含铂硅胶做催化剂，加热到 $200 \sim 400 ℃$ 制取。该法也可用于制取 HI，只是规模小些，氢和碘作用以 Pt 为催化剂，在 $300℃$ 以上得到 HI。

② 复分解反应（double decomposition reaction） 用卤化物与高沸点的酸（如 H_2SO_4 和 H_3PO_4）反应来制取卤化氢。
$$CaF_2 + H_2SO_4(浓) \xrightarrow{\triangle} CaSO_4 + 2HF \uparrow$$
工业上生产 HF 是把反应物放在衬铅的铁制容器中进行（因生成 PbF_2 保护层阻止进一步腐蚀铁）。HF 的水溶液为氢氟酸，一般用塑料容器盛装。试剂级氢氟酸相对密度 1.14，浓度 40%，约 $22.5 mol \cdot L^{-1}$。

实验室中小量的氯化氢可用食盐和浓硫酸反应，经浓硫酸洗瓶干燥制得。
$$NaCl + H_2SO_4(浓) \longrightarrow NaHSO_4 + HCl \uparrow$$
$$NaHSO_4 + NaCl \longrightarrow Na_2SO_4 + HCl \uparrow$$
氯化氢的水溶液即盐酸，市售试剂级盐酸，相对密度 1.19，浓度 37%，相当于 $12 mol \cdot L^{-1}$，工业盐酸因常含 $FeCl_3$ 杂质而呈黄色。

本法不适于制取 HBr 和 HI，因为浓 H_2SO_4 能使所生成的 HBr 和 HI 进一步氧化，得不到卤化氢：
$$2HBr + H_2SO_4(浓) \longrightarrow Br_2 + SO_2 + 2H_2O$$
$$H_2SO_4(浓) + 8HI \longrightarrow 4I_2 + H_2S + 4H_2O$$
如果用非氧化性、非挥发性的磷酸与溴化物和碘化物作用则可得到 HBr 和 HI：
$$NaBr + H_3PO_4(浓) \xrightarrow{\triangle} NaH_2PO_4 + HBr \uparrow$$
$$NaI + H_3PO_4(浓) \xrightarrow{\triangle} NaH_2PO_4 + HI \uparrow$$

③ 非金属卤化物的水解（hydrolyzation） 非金属卤化物水解一般生成非金属含氧酸和卤化氢。此法适用于 HBr 和 HI 的制备，以水滴到非金属卤化物上，卤化氢即源源不断地产生：
$$PBr_3 + 3H_2O \rightleftharpoons H_3PO_3 + 3HBr \uparrow$$
$$PI_3 + 3H_2O \rightleftharpoons H_3PO_3 + 3HI \uparrow$$
实际上不需要事先制成卤化磷，把溴滴加在磷和少许水的混合物中或把水逐滴加入磷和碘的混合物中即可连续产生 HBr 和 HI：
$$2P + 6H_2O + 3Br_2 \rightleftharpoons 2H_3PO_3 + 6HBr \uparrow$$
$$2P + 6H_2O + 3I_2 \rightleftharpoons 2H_3PO_3 + 6HI \uparrow$$

④ 碳氢化合物的卤化 氟、氯和溴与饱和烃或芳香烃的反应产物之一是卤化氢，例如氯和乙烷的作用：

$$C_2H_6(g) + Cl_2(g) \longrightarrow C_2H_5Cl(l) + HCl(g)$$

近年来，在农药和有机合成工业上的这类反应中获得大量的副产品盐酸。碘和饱和烃作用时，得不到碘的衍生物和碘化氢，因为碘化氢是一活泼的还原剂，它能把所生成的碘的衍生物又还原成烃和碘。

在氢卤酸中，氟化氢用于铝工业（合成冰晶石）、铀生产（UF_4/UF_6）、石油烷烃催化剂、不锈钢酸洗、制冷剂及其它无机物的制备。氢氟酸能与 SiO_2 或硅酸盐反应生成气态 SiF_4，利用这一特性，它被广泛用于分析测定矿物或钢板中 SiO_2 的含量，用于玻璃、陶瓷器皿的刻蚀等。盐酸是最重要的强酸之一，在无机物制备、皮革工业、食品工业以及轧钢、焊接、搪瓷、医疗、橡胶、塑料等行业有着极其广泛的应用。

13.2.3 卤化物、卤素互化物和多卤化物

(1) 卤化物

卤素和电负性较小的元素生成的化合物叫作卤化物。除 He、Ne、Ar 外，其它元素几乎都与 X_2 化合生成卤化物。F_2 氧化能力强，元素形成氟化物往往表现最高价，如 SiF_4、SF_6、IF_7、OsF_8；而 I_2 的氧化能力小得多，所以元素在形成碘化物时，往往表现较低的氧化态，例如 CuI、Hg_2I_2。卤化物又可分为金属卤化物和非金属卤化物两大类。

① 卤化物的制备

a. 金属卤化物的制备

（a）卤化氢与相应物质作用

$$\text{活泼金属：} Zn + 2HCl \longrightarrow ZnCl_2 + H_2\uparrow$$
$$\text{氧化物：} CuO + 2HCl \longrightarrow CuCl_2 + H_2O$$
$$\text{氢氧化物：} Mg(OH)_2 + 2HCl \longrightarrow MgCl_2 + 2H_2O$$
$$\text{难溶盐：} CaCO_3 + 2HCl \longrightarrow CaCl_2 + H_2O + CO_2\uparrow$$

（b）金属与卤素直接反应

$$2Al + 3Cl_2 \xrightarrow{\text{高温干燥}} 2AlCl_3$$
$$2Cr + 3Cl_2 \xrightarrow{\triangle} 2CrCl_3$$

（c）氧化物的卤化

$$TiO_2 + C + 2Cl_2 \longrightarrow TiCl_4 + CO_2$$

（d）生成难溶卤化物。可溶性的金属盐或卤化物生成难溶卤化物或微溶卤化物转变成更难溶卤化物。

$$AgNO_3 + NaCl \rightleftharpoons AgCl\downarrow + NaNO_3$$
$$AgCl\downarrow + KI \rightleftharpoons AgI\downarrow + KCl$$

b. 非金属卤化物的制备。非金属卤化物的制备大多是卤素单质与非金属单质直接反应，如：

$$S(s) + 3F_2(g) \longrightarrow SF_6(g)$$
$$2P(s) + 3Cl_2(g) \longrightarrow 2PCl_3(l)$$

② 金属卤化物的物理化学性质

a. 卤化物的熔、沸点。随着金属离子半径减小和氧化数增大，同一周期各元素的卤化物自左向右离子性依次降低，共价性依次增强。而且，它们的熔点和沸点也依次降低。

同一金属的卤化物随着卤离子半径的增大，变形性也增大，按 F→Cl→Br→I 的顺序其离子性依次降低，共价性依次增加。例如：卤化钠的熔点和沸点的变化。

不同氧化态的同一金属，它的高氧化态卤化物与其低氧化态卤化物相比较，前者的离子性要比后者小。例如 $FeCl_2$ 显离子性，而 $FeCl_3$ 的熔点（555K）和沸点（588K）都很低，易溶解在有机溶剂（如丙酮）中，即 $FeCl_3$ 有明显的共价性。

非金属如硼、碳、硅、氮、磷等的卤化物它们都是以共价键结合，具有挥发性，较低的熔点和沸点。

b. 卤化物的溶解度

氟化物：因为 F^- 很小，Li 和碱土金属以及 La 系元素多价金属氟化物的晶格能远较其它卤化物为高，所以难溶。

Hg(Ⅰ)、Ag(Ⅰ) 的氟化物中，因为 F^- 变形性小，与 Hg(Ⅰ)、Ag(Ⅰ) 形成的氟化物表现离子性而溶于水。而 Cl^-、Br^-、I^- 在极化能力强的金属离子作用下呈现不同程度的变形性，生成化合物显共价性，溶解度依次减小，重金属卤化物溶解度较小，如：

$$AgCl > AgBr > AgI$$

非金属卤化物都显共价性，有的不溶于水（如 CCl_4，SF_6），溶于水的往往发生强烈水解（如 PCl_3）。

c. 共价卤化物的水解性。共价卤化物易水解，其水解产物可能由于卤化物不同而不同，不过一般是生成含氧酸、碱式盐或卤氧化物：

$$BCl_3 + 3H_2O \rightleftharpoons H_3BO_3 + 3HCl$$
$$3SiF_4 + 2H_2O \rightleftharpoons SiO_2 + 2H_2SiF_6$$
$$FeCl_3 + H_2O \rightleftharpoons Fe(OH)Cl_2 + HCl$$
$$BiCl_3 + H_2O \rightleftharpoons BiOCl + 2HCl$$

d. 形成配合物。许多共价型的卤化物卤素负离子 X^- 形成配合物，如：

$$PbCl_2\downarrow + 2Cl^- \rightleftharpoons [PbCl_4]^{2-}$$
$$HgI_2\downarrow + 2I^- \rightleftharpoons [HgI_4]^{2-}$$

（2）互卤化物（interhalogen compound）

不同卤素原子之间以共价键相结合形成的化合物称为卤素互化物（简称互卤化物）。互卤化物主要是二元互卤化物，三元互卤化物也存在，如 IF_2Cl。二元互卤化物可用通式 XY_n 表示，$n=1,3,5,7$，X 的电负性小于 Y，除 BrCl、ICl、ICl_3、IBr_3 和 IBr 外，其它几乎都是氟的卤素互化物。互卤化物的某些性质见表 13-6。

表 13-6 互卤化物的某些性质

化合物	沸点/℃	键能 /kJ·mol^{-1}	$\Delta_f G_m^\ominus$ /kJ·mol^{-1}	化合物	沸点/℃	键能 /kJ·mol^{-1}	$\Delta_f G_m^\ominus$ /kJ·mol^{-1}
ClF(g)	−100	252.5	−57.7	ClF_3(g)	−12	174	−124
ClF_5(g)	−13	154	−165	BrF(g)	−20	248.6	−73.6
BrF_3(l)	126	202	−241	BrF_5(l)	41	187	−351.9
IF(g)	不稳定	277	−117.6	IF_3(s)	不稳定	275	−460
IF_5(l)	105	269	−784	IF_7(s)	5（升华）	322	−824(g)
BrCl(l)	约 5	215.1	−1.0	I_2Cl_6(s)	101(熔点)		
ICl(s)	—	207.7	−13.9	IBr(s)		175.4	3.9(g)

二元互卤化物可采用直接合成或低氧化态互卤化物卤化的方法制得：

$$Cl_2 + F_2 \xrightarrow{200℃} 2ClF$$
$$Cl_2 + 3F_2（过量）\xrightarrow{300℃} 2ClF_3$$

$$I_2(g) + 7F_2 \xrightarrow{250\sim300℃} 2IF_7$$
$$BrF_3 + F_2 \longrightarrow BrF_5$$

互卤化物的成键作用是以电负性小的卤素原子 X 拆开价电子层中的孤对电子，激发到空的 d 轨道，以一定的杂化轨道类型与另一个电负性大的卤素原子 Y 形成 σ 键。各种类型的互卤化物见表 13-7，价电子对构型和分子构型见图 13-5。

表 13-7 互卤化物杂化类型和构型

互卤化物类型	价电子对数目	轨道杂化类型	价电子对构型	分子构型
XY_3	5	sp^3d	三角双锥	T 型
XY_5	6	sp^3d^2	八面体	四方锥
XY_7	7	sp^3d^3	五角双锥	五角双锥

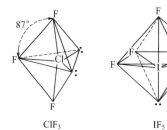 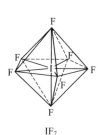

图 13-5 互卤化物的价电子对构型和分子构型

绝大多数卤素互化物是不稳定的，它们的许多性质类似于卤素单质，比卤素（氟除外）更活泼，最典型的性质是都容易发生水解作用，生成卤离子和卤氧离子，分子中较大的卤原子生成卤氧离子。

$$XY + H_2O \Longrightarrow H^+ + Y^- + HXO$$
$$3BrF_3 + 5H_2O \Longrightarrow H^+ + BrO_3^- + Br_2 + 9HF + O_2$$
$$IF_5 + 3H_2O \Longrightarrow H^+ + IO_3^- + 5HF$$

互卤化物是很强的氟化剂和氧化剂，作为氧化剂时，中心原子 X 的氧化态变为 0 或 -1：

$$W + 6ClF \longrightarrow WF_6 + 3Cl_2$$
$$Se + 4ClF \longrightarrow SeF_4 + 2Cl_2$$

(3) 多卤化物（polyhalide）

金属卤化物与卤素单质或卤素互化物加合所形成的化合物称为多卤化物。多卤化物可以只含有一种卤素，也可以含有二种或三种卤素，可用通式 MXY_{2n} 表示，$n=1,2,3,4$，如 KI_3、$CsIBr_2$、$RbICl_2$、KIF_6 等。结构与性质与卤素互化物近似。

多卤化物的形成，可看作是卤化物和极化的卤素分子相互反应的结果。只有当分子的极化能超过卤化物的晶格能，反应才能进行。氟化物的晶格能一般较高，不易形成多卤化物，含氯、溴、碘的多卤化物应该依次增多。由此可见，在碱金属卤化物中，以铯的多碘化物为最稳定。

多卤化物的熔点都很低，可溶于水、丙酮、酒精等极性溶剂内，且多具有颜色。多卤化物稳定性差，受热易分解，分解产物为卤化物、卤素或互卤化物。多卤化物分解倾向于生成晶格能高的更稳定的物质。

$$CsICl_2 \Longrightarrow CsCl + ICl \quad 晶格能:CsCl>CsI$$
$$RbICl_2 \Longrightarrow RbCl + ICl \quad 晶格能:RbCl>RbI$$
$$CsBr_3 \Longrightarrow CsBr + Br_2$$

13.2.4 卤素的氧化物、含氧酸和盐
(1) 卤素的氧化物

卤素与电负性比它更大的氧化合时,除氟外,能形成氧化数都是正值的氧化物、含氧酸和含氧酸盐。由于氟具有最大的电负性,它在化合物中的氧化态都是负值,如在 OF_2 和 O_2F_2 中氟的氧化态也是负的。已知卤素氧化物见表 13-8。

表 13-8 卤素氧化物

氧化态	−1	+1	+4	+5	+6	+7	其它
F	OF_2, O_2F_2						
Cl		Cl_2O	ClO_2		Cl_2O_6	Cl_2O_7	
Br		Br_2O	BrO_2		BrO_3	Br_2O_7	
I			I_2O_4	I_2O_5			I_4O_9

二氟化氧(OF_2 熔点 −224℃,沸点 −145℃)这个最稳定的氟氧二元化合物可由 F_2 与稀氢氧化物水溶液反应制备:

$$2F_2(g) + 2OH^-(aq) \longrightarrow OF_2(g) + 2F^-(aq) + H_2O(l)$$

高于室温时,气态纯二氟化氧不但稳定而且不与玻璃起反应。这个强氟化试剂的氟化能力弱于 F_2,构型为角形分子,如图 13-6。

二氟化二氧(O_2F_2 熔点 −154℃,沸点 −57℃)可通过两元素液体混合物的光解反应来合成。液态时不稳定,高于 −100℃ 即迅速分解。O_2F_2 将金属钚和钚的化合物氧化为 PuF_6:

$$Pu(s) + 3O_2F_2(g) \longrightarrow PuF_6(g) + 3O_2(g)$$

人们对该反应的兴趣在于从废弃的核燃料中以挥发性氟化物的形式除去 Pu。O_2F_2 分子的结构类似于 H_2O_2,见图 13-7。

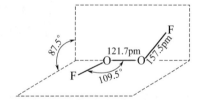

图 13-6 二氟化氧分子结构示意图　　图 13-7 二氟化二氧分子结构示意图

用新制得的黄色 HgO 和 Cl_2(用干燥空气稀释或溶解在 CCl_4 中)反应即可制得 Cl_2O:

$$2Cl_2 + 2HgO \longrightarrow HgCl_2 \cdot HgO + Cl_2O\,(g)$$

该反应适用于实验室和工业制备。另一种大规模的制法是在旋转式管状反应器中,使 Cl_2 和潮湿的 Na_2CO_3 反应:

$$2Cl_2 + 2Na_2CO_3 + H_2O \longrightarrow 2NaHCO_3 + 2NaCl + Cl_2O(g)$$

Cl_2O 极易溶于水,−9.4℃ 的饱和溶液中,每 100g 水含 143.6g Cl_2O,在水中它与 HClO 存在如下平衡:

$$Cl_2O + H_2O \rightleftharpoons 2HClO$$

因此,Cl_2O 就是 HClO 的酸酐。Cl_2O 主要用来制次氯酸盐,例如 $Ca(ClO)_2$ 是一种有效的漂白剂。黄色气体 ClO_2 能凝聚成一种红色液体,熔点 214K,沸点 283K。ClO_2 气体中含奇数电子,因此具有顺磁性和很高的化学活性。

二氧化氯是唯一大量生产的卤素氧化物,制备方法是在强酸性溶液中用 NaCl、HCl 或 SO_2 还原 ClO_3^-:

$$ClO_3^- + Cl^- + 2H^+ \longrightarrow ClO_2 + \frac{1}{2}Cl_2 + H_2O$$

$$2ClO_3^-(aq) + SO_2(g) \xrightarrow{酸} 2ClO_2(g) + SO_4^{2-}(aq)$$

ClO_2 是强吸热化合物（$\Delta_f G_m^{\ominus} = 121 \text{kJ} \cdot \text{mol}^{-1}$），只能保持在稀释状态以防爆炸性分解，而且要现合成现使用。ClO_2 溶于水，最多可达 $8\text{g} \cdot \text{L}^{-1}$，同时放热并得到暗绿色溶液，中性水溶液受光照则迅速分解，生成氯酸和盐酸的混合物，而其碱性溶液剧烈水解成亚氯酸盐和氯酸盐的混合物。ClO_2 主要用途是纸浆漂白、污水杀菌和饮用水净化。

溴的氧化物 Br_2O、BrO_2、BrO_3 或 Br_3O_8 等，它们对热都不稳定。

碘的氧化物是最稳定的卤素氧化物，有 I_2O_4 或 $IO^+ IO_3^-$、I_4O_9 或 $I(IO_3)_3$、I_2O_5 和 I_2O_7。

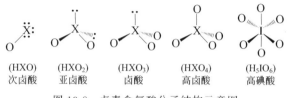

图 13-8　卤素含氧酸分子结构示意图

（2）卤素的含氧酸和盐

① 卤素的含氧酸的通性

a. 卤素的含氧酸的结构。除了氟的含氧酸仅限于次氟酸 HOF 外，其它卤素的各种含氧酸的通式及分子结构见图 13-8。

b. 卤素的含氧酸的酸性（acidity of haloide oxyacid）。卤素的不同元素的同类含氧酸，其酸性从氯到碘依次减弱，例如，$HClO > HBrO > HIO$。相同元素的不同含氧酸，表现出酸性 $HXO < HXO_2 < HXO_3 < HXO_4$ 的规律。

这些含氧酸的通式可以写成 $(HO)_nRO_m$。根据鲍林规则，m 越大，即酸中的非羟基氧原子数目越多，含氧酸的酸性就越强。卤酸含氧酸的酸性强弱的变化规律为：

酸性增强↓

HClO	HBrO	HIO
HClO_2	HBrO_2	
HClO_3	HBrO_3	
HClO_4	HBrO_4	HIO_4

←酸性增强

c. 卤素的含氧酸的氧化性。卤素的含氧酸及其盐所组成的电对的电极电势的代数值较大，见表 13-9。所以卤素的含氧酸均为强氧化剂，但氧化数高的氧化能力不一定强，在标准状态下，次卤素的氧化性最强。卤素含氧酸盐的氧化性并不显著，一旦酸化后，氧化性会显著增强，因此在碱性介质中，卤素含氧酸的氧化能力减弱。

表 13-9　卤素含氧酸阴离子的标准电极电势

电极反应	标准电极电势 $\varphi^{\ominus}/V$		
	Cl	Br	I
在酸性溶液中（还原型 X^-）			
$HXO + H^+ + 2e^- = X^- + H_2O$	1.490	1.330	0.990
$HXO_2 + 3H^+ + 4e^- = X^- + 2H_2O$	1.560		
$XO_3^- + 6H^+ + 6e^- = X^- + 3H_2O$	1.450	1.440	1.090
$XO_4^- + 8H^+ + 8e^- = X^- + 4H_2O$	1.370	1.520	1.240(H_5IO_6)
在碱性溶液中（还原型 X^-）			
$XO^- + H_2O + 2e^- = X^- + 2OH^-$	0.900	0.760	0.490
$XO_2^- + 2H_2O + 4e^- = X^- + 4OH^-$	0.750		
$XO_3^- + 3H_2O + 6e^- = X^- + 6OH^-$	0.620	0.610	0.260
$XO_4^- + 4H_2O + 8e^- = X^- + 8OH^-$	0.500	0.690	0.370(IO_6^{5-})

d. 卤素的含氧酸的稳定性。卤素的含氧酸是不稳定的，多数只能制得它们的水溶液，卤素原子在含氧酸中均为 sp^3 杂化，其分子构型及稳定性次序为：

	XO^-	XO_2^-	XO_3^-	XO_4^-
构型	直线形	V 形	三角锥形	正四面体
Cl—O 结合能/kJ·mol^{-1}	209	245	244	364
稳定性	小 ──────────────────────────→ 大			

② 卤素的含氧酸及其盐

a. 次卤酸及其盐。卤素和水可发生可逆反应，生成次卤酸。

$$X_2 + H_2O \longrightarrow HXO + HX \quad (Cl_2, Br_2, I_2)$$

次卤酸不稳定，仅存在于稀溶液中，都是极弱酸，酸性按 HClO→HBrO→HIO 顺序减弱，次碘酸呈两性，碱性略强，可看成氢氧化碘。

次卤酸是强氧化剂，在酸性介质中氧化剂更强，HXO 很容易分解，光照可加速其分解。

$$2HXO \Longrightarrow O_2\uparrow + 2HX$$

氯气具有杀菌和漂白的能力是因为它与水作用生成了次卤酸的缘故，而完全干燥的氯气是没有漂白能力的。

次卤酸在加热条件下易分解，发生歧化反应，如：

$$3HXO \Longrightarrow 2HX + HXO_3$$

将卤素与冷的碱液发生反应，可得到次卤酸盐，如：

$$X_2 + 2NaOH \Longrightarrow NaXO + NaX + H_2O$$

XO^- 在溶液中也会发生歧化反应：

$$3ClO^- \Longrightarrow 2Cl^- + ClO_3^-$$

常温下歧化反应速率很小，但在 75℃ 以上则进行得很快。因此把氯气通入 75℃ 以上的热碱溶液中，得到的是氯化物和氯酸盐，而不是次氯酸盐。而次溴酸盐和次碘酸盐的稳定性很差，在室温下，次溴酸盐歧化反应速率很快，仅在 273K 时就能生成溴酸盐。次碘酸盐在任何温度下都会迅速地歧化，最终得到碘酸盐和碘化物。故次卤酸盐的稳定性随 MClO→MBrO→MIO 的顺序降低。

次氯酸盐易水解，如：

$$ClO^- + H_2O \Longrightarrow HClO + OH^-$$

次氯酸盐与空气中的 CO_2 反应，生成次氯酸，如：

$$2ClO^- + CO_2 + H_2O \Longrightarrow 2HClO + CO_3^{2-}$$

次卤酸盐有氧化性，如与浓盐酸反应时，可将 Cl^- 氧化成 Cl_2，即：

$$NaClO + 2HCl \Longrightarrow NaCl + Cl_2\uparrow + H_2O$$

次卤酸盐中比较重要的是次氯酸盐，在工业生产中，电解冷的稀 NaCl 溶液，不用隔膜使阳极上的 Cl_2 和阴极区的 NaOH 作用，就可制得次氯酸钠溶液。

将氯和干燥的熟石灰反应，可得到漂白粉。漂白粉是次氯酸钙和碱式氯化钙的混合物，其有效成分是 $Ca(ClO)_2$，其中含有效氯 35%。

$$3Ca(OH)_2 + 2Cl_2 \Longrightarrow Ca(ClO)_2 + CaCl_2 \cdot Ca(OH)_2 \cdot H_2O + H_2O$$

b. 亚卤酸及其盐。唯一已知的亚卤酸是亚氯酸。它极不稳定会迅速分解。

$$8HClO_2 \Longrightarrow 6ClO_2 + Cl_2 + 4H_2O$$

亚氯酸盐比亚氯酸稳定，如把亚氯酸盐的碱性溶液放置一年也不见分解，但加热或敲击亚氯酸盐（chlorite）固体时立即发生爆炸分解，在溶液中受热也会分解，歧化成为氯酸盐（chlorate）和氯化物。

$$3NaClO_2 = 2NaClO_3 + NaCl$$

亚氯酸制备是由亚氯酸盐与 H_2SO_4 作用,过滤除去 $BaSO_4$ 即可制得纯净 $HClO_2$,但 $HClO_2$ 不稳定,很快分解。

$$Ba(ClO_2)_2 + H_2SO_4 = BaSO_4 \downarrow + 2HClO_2$$

亚氯酸盐可用 Na_2O_2 与 ClO_2 作用制备纯 $NaClO_2$。

$$Na_2O_2 + 2ClO_2 = 2NaClO_2 + O_2$$

ClO_2 在碱溶液中发生歧化反应也可生成亚氯酸盐。

$$2ClO_2 + 2OH^- = ClO_2^- + ClO_3^- + H_2O$$

亚氯酸是弱酸($K_a^{\ominus} \approx 10^{-2}$)但酸性比 $HClO$ 强。亚氯酸及其盐具有氧化性可作漂白剂。

③ 卤酸及其盐

a. 卤酸的制取

(a) 利用卤素单质在碱性介质中歧化的特点制取。

$$3X_2 + 6OH^- \longrightarrow 5X^- + XO_3^- + 3H_2O$$

此法优点是反应彻底,X^-、XO_3^- 易分离。不足是 XO_3^- 转化率只有 $\frac{1}{6}$。

(b) 卤酸盐与酸反应。

$$Ba(ClO_3)_2 + H_2SO_4 = BaSO_4 \downarrow + 2HClO_3$$

H_2SO_4 浓度不宜太高,否则易发生爆炸分解。

(c) 直接氧化法

$$I_2 + 10HNO_3 \longrightarrow 2HIO_3 + 10NO_2 + 4H_2O$$

$$I^- + 3Cl_2 + 6OH^- \longrightarrow IO_3^- + 6Cl^- + 3H_2O$$

$HClO_3$ 可存在的最大质量分数为 40%,$HBrO_3$ 50%,HIO_3 固体,可见酸的稳定性依次增强。

b. 性质

(a) 酸性。卤酸都是强酸,按 $HClO_3 \to HBrO_3 \to HIO_3$ 的顺序酸性依次减弱。这是因为随着原子序数增大,半径和变形性增大,H 的反极化作用增强,使得 H—O 键逐渐增强,不易离解出 H^+,所以酸性减弱。

(b) 稳定性。$HXO_3 > HXO$,按 $HClO_3 \to HBrO_3 \to HIO_3$ 的顺序稳定性依次增强,但也极易分解。$HClO_3$、$HBrO_3$ 仅存在于溶液中,减压蒸馏冷溶液可得到黏稠的浓溶液。

分解反应的类型:

光催化 $$2HClO_3 \xrightarrow{h\nu} 2HCl + 3O_2$$

歧化: $$4HClO_3 \xrightarrow{\triangle} HCl + 3HClO_4$$

浓溶液热分解:

$$8HClO_3(浓) \xrightarrow{\triangle} 2Cl_2 + 3O_2 + 4HClO_4 + 2H_2O$$

$$4HBrO_3(浓) \xrightarrow{\triangle} 2Br_2 + 5O_2 + 2H_2O$$

$$2HIO_3 \xrightarrow{\triangle, 443K} I_2O_5 + H_2O$$

I_2O_5 是稳定的卤氧化物,是 HIO_3 的酸酐。盐的稳定性大于相应酸的稳定性,但受热时也发生分解。

歧化: $4KClO_3 \xrightarrow{400℃} KCl + 3KClO_4$

催化: $2KClO_3 \xrightarrow{\triangle, MnO_2} 2KCl + 3O_2 \uparrow$

自身氧化还原热分解: $2Zn(ClO_3)_2 \xrightarrow{\triangle} 2ZnO + 2Cl_2 + 5O_2$

(c) 氧化性。卤酸的浓溶液都是强氧化剂，其中以溴酸的氧化性最强，这反映了 p 区中间横排元素的不规则性。

	BrO_3^-/Br_2	ClO_3^-/Cl_2	IO_3^-/I_2
$\varphi_{XO_3^-/X_2}^{\ominus}/V$	1.52	1.47	1.19

$$2BrO_3^- + 2H^+ + I_2 =\!=\!= 2HIO_3 + Br_2$$
$$2ClO_3^- + 2H^+ + I_2 =\!=\!= 2HIO_3 + Cl_2 \uparrow$$
$$2BrO_3^- + 2H^+ + Cl_2 =\!=\!= 2HClO_3 + Br_2$$

$HBrO_3$ 氧化能力最强的原因是在分子构型相同的情况下，Br 同 Cl 比，外层 18e 的 Br 吸引电子能力大于 8e 的 Cl，而 Br 与 I 相比，都是 18e，但半径 Br<I。得电子能力 Br>I，所以 BrO_3^- 的氧化能力最强。氧化能力的大小与稳定性刚好相反，越稳定氧化能力越小。

同一元素低氧化态含氧酸的氧化性大于高氧化态含氧酸的氧化性。这是因为卤素原子在含氧酸中均为 sp^3 杂化，低氧化态的含氧酸孤对电子多，成键的数目少，成键的 sp^3 杂化轨道含 s 轨道成分少，因此键能小，易断裂。此外低氧化态含氧酸的对称性低，不稳定。而盐的氧化性小于相应的酸，这是因为 M^{n+} 极化能力小于 H^+ 所致。

(d) 盐类的溶解度。氯酸盐基本可溶，但溶解度不大。溴酸盐中 $AgBrO_3$、$Pb(BrO_3)_2$、$Ba(BrO_3)_2$ 难溶，其余可溶。可溶碘酸盐更少，$Cu(IO_3)_2$、$AgIO_3$、$Pb(IO_3)_2$、$Hg(IO_3)_2$、Ca、Sr、Ba 的碘酸盐均难溶。所以溶解度的变化规律：

$$MClO_3 > MBrO_3 > MIO_3$$

(e) 重要的卤酸盐。卤酸盐中比较重要的，且有实用价值的是氯酸盐，其中最常见的是 $KClO_3$ 和 $NaClO_3$。$NaClO_3$ 易潮解而 $KClO_3$ 不会吸潮可制得干燥产品。

工业上制备 $KClO_3$ 通常用无隔膜电解槽电解热的（约 400K）NaCl 溶液，得到 $NaClO_3$ 后再与 KCl 进行复分解反应，由于 $KClO_3$ 的溶解度较小，可从溶液中析出：

$$NaClO_3 + KCl =\!=\!= KClO_3 + NaCl$$

固体 $KClO_3$ 是强氧化剂，它与易燃物质如碳、硫、磷及有机物质相混合时，一受撞击即猛烈爆炸，因此，氯酸钾大量用于制造火柴、焰火。$KClO_3$ 与浓 HCl 生成 ClO_2 与 Cl_2 的混合物称为优氯。

④ 高卤酸及其盐

a. 高氯酸及其盐。高氯酸可用高氯酸钾与浓硫酸作用制得：

$$KClO_4 + H_2SO_4 =\!=\!= KHSO_4 + HClO_4$$

在低于 365K 的温度下减压蒸馏把 $HClO_4$ 从混合物中分离出来。工业生产采用电解氧化 HCl(aq) 制取 $HClO_4$。电解法可得到 20% 的 $HClO_4$，经减压蒸馏可得 70% 市售 $HClO_4$。质量分数低于 60% 的 $HClO_4$ 溶液加热不分解。质量分数 72.4% 的 $HClO_4$ 溶液是恒沸混合物，沸点 476K，此时分解。无水高氯酸是无色易流动的液体，沸点 90℃，易发生爆炸，使用要注意，不能与有机物和其它可被氧化的物质接触。

高氯酸是无机酸中最强的酸。浓高氯酸多以分子状态存在，此时 H^+ 的反极化作用使 $HClO_4$ 不稳定，受热易分解，因而表现出强氧化性。

$$4HClO_4(浓) \longrightarrow 2Cl_2 + 7O_2 + 2H_2O$$

而稀 $HClO_4$ 氧化能力很弱,甚至不能被 Zn 还原。

$$Zn + 2HClO_4 \longrightarrow Zn(ClO_4)_2 + H_2\uparrow$$

高氯酸盐是氯的含氧酸盐中最稳定的,在固体和溶液中均有较高的热稳定性。受热时分解为氯化物和氧气,如将 $KClO_4$ 固体加热到 883.2K 可按下式分解:

$$KClO_4 \xrightarrow{883.2K} KCl + 2O_2\uparrow$$

因此,高氯酸钾固体在高温下是一个强氧化剂,但氧化能力比氯酸盐弱,故 $HClO_4$ 可用于制作安全炸药。

高氯酸盐一般是可溶的,但 Cs^+、Rb^+、K^+ 及 NH_4^+ 的高氯酸盐的溶解度都很小。

b. 高溴酸(hyperbromic acid)及其盐。20 世纪 60 年代末高溴酸制备才获得成功,用单质氟在碱性溶液中氧化溴酸盐可得 BrO_4^-,即:

$$BrO_3^- + F_2 + 2OH^- \Longleftrightarrow BrO_4^- + 2F^- + H_2O$$

在实际制备中,通氟的量控制溶液显中性为止,剩余的 BrO_3^- 和 F^- 用沉淀为 $AgBrO_3$ 和 CaF_2 方法除去,然后将溶液通过阳离子交换树脂即可得高溴酸溶液。$HBrO_4$ 可浓缩到质量分数 55%(约 $6mol\cdot L^{-1}$)溶液,在常温下很稳定,甚至在 373K 时也不分解,但高于 55% 则不稳定。在室温下,它的氧化能力不强,但在 373K 时,氧化能力增强,如能迅速将 Mn^{2+} 或 Cr^{3+} 氧化成 MnO_2 或 $Cr_2O_7^{2-}$。

$KBrO_4$ 是稳定的,但稳定性低于 $KClO_4$ 和 KIO_4。

c. 高碘酸(periodic acid)及其盐(periodate)。高碘酸及盐有几个系列,其中最重要的是正高碘酸(H_5IO_6)和偏高碘酸(HIO_4)及它们的盐。将氯气通入碘酸盐的碱性溶液中,可得高碘酸盐:

$$Cl_2 + IO_3^- + 6OH^- \Longleftrightarrow IO_6^{5-} + 2Cl^- + 3H_2O$$

酸化高碘酸盐可得到高碘酸:

$$Ba_5(IO_6)_2 + 5H_2SO_4 \Longleftrightarrow 5BaSO_4 + 2H_5IO_6$$

也可用高氯酸和单质碘作用制备高碘酸:

$$2HClO_4 + I_2 \Longleftrightarrow 2HIO_4 + Cl_2$$

正高碘酸为白色晶体,加热到 100℃ 脱水变成偏高碘酸,加热到 140℃ 熔化并发生分解:

$$H_5IO_6 \xrightarrow{100℃} HIO_4 + 2H_2O$$

$$2H_5IO_6 \xrightarrow{140℃} 2HIO_3 + O_2 + 4H_2O$$

正高碘酸为三元酸($K_{a1}^{\ominus}=2.2\times10^{-2}$,$K_{a2}^{\ominus}=1\times10^{-6}$,$K_{a3}^{\ominus}=2.5\times10^{-13}$),在强酸溶液中主要以 H_5IO_6 形式存在,随着 pH 值增加可有 $H_4IO_6^-$、$H_3IO_6^{2-}$、$H_2IO_6^{3-}$ 及 IO_4^- 形式存在。

偏高碘酸也为白色晶体,酸性($K_a^{\ominus}=30.8$)比正高碘酸强。在水溶液中与正高碘酸存在下列平衡:

$$H_5IO_6(aq) \Longleftrightarrow H^+(aq) + IO_4^-(aq) + 2H_2O$$

高碘酸盐目前已制得 $Ag_2H_3IO_6$、$Na_3H_2IO_6$ 及 Na_5IO_6。在酸性介质中,高碘酸及高碘酸盐是强的氧化剂,可定量地将 Mn^{2+} 氧化成 MnO_4^-:

$$5H_5IO_6 + 2Mn^{2+} \Longleftrightarrow 2MnO_4^- + 5HIO_3 + 6H^+ + 7H_2O$$

13.2.5 拟卤素

某些 -1 价离子在形成化合物时,其性质与卤化物很相似,在自由状态时原子团性质与卤素单质也很相似,这些原子团称为拟卤素(pseudohalogen),把它们的 -1 价离子形成的化合物称为拟卤化物。拟卤素和卤素的相似性见表 13-10。

表 13-10 拟卤素与卤素的对比

	卤素 X_2	氰$(CN)_2$ 无色气体	硫氰$(SCN)_2$ 易挥发的黄色液体	氧氰$(OCN)_2$ 仅存在溶液中
游离态				
酸	氢卤酸 HX	氢氰酸 HCN $K_a^{\ominus}=6.2\times 10^{-10}$	硫氰酸 HSCN 强酸	氰酸 HOCN $K_a^{\ominus}=3.5\times 10^{-4}$
盐	MX	MCN	MSCN	MOCN
毒性		剧毒	无毒	无毒

(1) 单质制备

$(CN)_2$ 可通过热分解制取。

$$2AgCN \xrightarrow{\triangle} 2Ag + (CN)_2$$

$(SCN)_2$ 可用 AgSCN 悬浮在乙醚中用 Br_2 氧化而制得。

$$2AgSCN + Br_2 \xrightarrow{乙醚} 2AgBr + (SCN)_2$$

(2) 拟卤素的物理化学性质

拟卤素与卤素性质比较相似,主要表现如下:

① 游离态拟卤素都为二聚体,卤素也为双原子分子;
② 拟卤素与 Ag(Ⅰ)、Hg(Ⅰ)、Pb(Ⅱ) 形成的盐难溶于水外,其余的盐都能溶于水;
③ 能直接与金属化合形成盐:

$$2Fe + 3(SCN)_2 = 2Fe(SCN)_3$$

④ 在水中或碱溶液中易发生歧化反应:

$$(CN)_2 + H_2O = HCN + HOCN$$
$$(CN)_2 + 2OH^- = CN^- + OCN^- + H_2O$$

⑤ 游离态拟卤素有氧化性,其对应的离子具有还原性。其单质氧化能力及负离子的还原能力变化规律如下:

<----- 氧化能力增强

F_2　$(OCN)_2$　Cl_2　Br_2　$(CN)_2$　$(SCN)_2$　I_2
F^-　OCN^-　Cl^-　Br^-　CN^-　SCN^-　I^-

还原能力增强 ----->

例如:
$$2SCN^- + 4H^+ + MnO_2 = Mn^{2+} + (SCN)_2 + 2H_2O$$
$$2CuCN + 2FeCl_3 = 2CuCl + 2FeCl_2 + (CN)_2$$

拟卤素及其离子中,氰化物应用最为广泛,CN^- 与一些金属离子如 Au^+、Ag^+ 和 Zn^{2+} 等形成稳定的配离子,应用这种性质,可用 NaCN(或 KCN)从矿石中提炼金和银,及用于金和银的电镀;此外,氰化物还用于有机合成中。氰化物有剧毒,毫克量的 NaCN(或 KCN)均可使人致命,由于 CN^- 具有还原性,所以用过氧化氢解毒或漂白粉消除污染。

13.3 氧族元素

周期系ⅥA包括氧(O)、硫(S)、硒(Se)、碲(Te)和钋(Po)五种元素,通称为氧族元素。除氧之外,S、Se、Te 又常因为性质相似,称为硫族元素(chalcogen)。其中钋(polonium)是放射性元素。

13.3.1 氧族元素的通性

在氧族元素中,氧是地壳中分布最广和含量最多的元素,占地壳含量的 48.6%,它还以游离态存在于大气和水中，以化合态存在于岩石、矿物和土壤中。氧在水中以质量计占 88.81%，以体积计在空气中约占 21%。硫的含量远少于氧，仅占岩石圈的 0.052%，在自然界中，游离状态 S 常存在于火山附近，S 还以金属硫化物和硫酸盐存在于矿物质中，硒和碲含量更少，往往以硒化物或碲化物形式作为"杂质"存在于金属硫化物矿中。

氧族元价电子构型为 ns^2np^4，比稀有气体外层稳定的 8 电子结构少 2 个电子，所以它们有获得 2 个电子成为氧化数为 -2 的阴离子的倾向，表现出较强的非金属性。但与卤素原子相比，它们结合 2 个电子不像卤素原子结合一个电子那么容易，因此非金属性弱于卤素。本族元素的原子半径、离子半径、电离能和电负性的变化趋势和卤素相似。从上到下，本族元素从典型的非金属过渡到典型的金属，氧和硫是典型非金属，硒和碲则是准金属（物理化学性质介于金属和非金属之间），而钋则是典型的金属。氧族元素及其单质的一些基本性质见表 13-11。

表 13-11　氧族元素及其单质的一些基本性质

元素		氧(O)	硫(S)	硒(Se)	碲(Te)	钋(Po)
原子序数		8	16	34	52	84
价层电子构型		$2s^2sp^4$	$3s^23p^4$	$4s^24p^4$	$5s^25p^4$	$6s^26p^4$
主要氧化值		-2,-1,0	-2,0,+2,+6	-2,0,+2,+4,+6	-2,0,+2,+4,+6	—
熔点/℃		-218.4	119①	217②	449.5	254
沸点/℃		-182.9	444.6	684.9	989.8	962
原子半径/pm		66	104	117	137	176
离子半径	$r(M^{2-})$/pm	140	184	198	221	—
	$r(M^{6+})$/pm	9	29	42	56	67
第一电离能/kJ·mol^{-1}		1314	999.6	940.9	869.3	812
第一电子亲和能/kJ·mol^{-1}		-141	-200.4	-195	-190.1	-180
电负性		3.5	2.5	2.4	2.1	2.0

① 单斜硫。
② α 单斜体。

氧和氟一样是第二周期元素，原子（及离子）半径小，电负性大，和同族其它元素相比，也有一些反常的特点。在本族中，氧和硫有一定的相似性，然而硒、碲和硫有更多的相似性，故而把除氧外的其余元素称为硫族元素。

在氧族元素中，O_2 与大多数金属化合形成的是离子型化合物，如 MgO、K_2O，而 S、Se、Te 的电负性与 O 相比迅速递减，形成 -2 价离子的倾向相应减弱，因此 S、Se、Te 只有与电负性较小的 ⅠA、ⅡA 族元素化合，才能形成离子化合物。如 Na_2S、K_2Se。而与大多数金属形成 -2 共价型的化合物，例 CuS、HgS。

O_2 与大多数非金属形成氧化数为 -2 的共价化合物，但也能形成氧化数为 -1 的共价化合物，如过氧键，只有与 F_2 化合时才显正氧化态，如 OF_2 为 +2。S、Se、Te 与非金属化合时，遇电负性大的元素显正氧化态，其氧化数可为 +2、+4 和 +6，以 +4 和 +6 氧化态为主，+6 氧化态有氧化性，+4 氧化态具有氧化性和还原性。S、Se、Te 形成 +4 和 +6 是因为 S、Se、Te 均能利用其价电子层 d 轨道参与成键，当这些原子中成对的 s 或 p 电子激发到同层 d 空轨道上，其未成对电子数可分别增加 4 或 6，成键时氧化数可为 +4 或 +6。

卤素基态原子只有 1 个未成对电子，相同原子间利用未成对电子成键只能形成 X_2 分子，而氧族基态原子中含有不止一个未成对电子，在相同原子间可以 2 个或更多个的结合，组成含有氧链或硫链的单质分子,这种相同原子间的共价结合称为成链作用。

13.3.2 氧和臭氧

(1) 氧单质

氧气在常温常压下,是无色、无味的气体;熔点-218.4℃,沸点-182.962℃,在-183℃时凝聚为淡蓝色液体。气体密度1.429g·L^{-1}。氧气分子是非极性分子,在水中的溶解度很小,0℃时1L水只能溶解49.1mL氧气。

氧气分子的结构,可以用分子轨道理论得到很好的说明。根据分子轨道理论,O_2的分子轨道表达式为:

$$O_2[KK(\sigma_{2s})^2(\sigma_{2s}^*)^2(\sigma_{2p_x})^2(\pi_{2p_y})^2(\pi_{2p_z})^2(\pi_{2p_y}^*)^1(\pi_{2p_z}^*)^1]$$

即O_2中有一个σ键和两个三电子π键。σ键由$(\sigma_{2p_x})^2$构成,两个三电子π键分别由$(\pi_{2p_y})^2$、$(\pi_{2p_y}^*)^1$和$(\pi_{2p_z})^2$、$(\pi_{2p_z}^*)^1$构成,O_2的结构式可表示为:

$$:\overset{\cdot\quad\cdot}{\underset{\cdot\quad\cdot}{O}} \text{————} O:$$

由于O_2的两个等价$(\pi_{2p_y}^*)^1$和$(\pi_{2p_z}^*)^1$轨道上各有一个成单电子,因此O_2为顺磁性。O_2分子中有4个净成键电子,键级为2,因此O_2分子的键能较大,在常温下也比较稳定。

氧的化学性质非常活泼,除了惰性气体、卤素及一些不活泼的金属需要间接才能与氧化合外,其它所有的金属和非金属在加热条件下都能和氧直接作用,生成氧化物,并释放出大量的热。

$$4Al + 3O_2 = 2Al_2O_3 \quad \Delta_r H_m^\ominus = -3350 \text{kJ·mol}^{-1}$$
$$4P + 5O_2 = 2P_2O_5 \quad \Delta_r H_m^\ominus = -2984 \text{kJ·mol}^{-1}$$

有许多元素可形成一种以上的氧化物。氧还能与活泼金属形成过氧化物和超氧化物。最丰富的氧化物是水和二氧化硅。

人们最早制得纯氧是加热氧化物,拉瓦锡在空气中加热汞,产生红色的氧化汞粉末,再加热氧化汞制得纯氧。

$$2Hg + O_2 = 2HgO$$
$$2HgO = 2Hg + O_2\uparrow$$

实验室中常用氯酸钾晶体与二氧化锰(催化剂)混合加热制取。

$$2KClO_3 \xrightarrow[\triangle]{MnO_2} 2KCl + 3O_2\uparrow$$

或分解过氧化氢得到氧:

$$2H_2O_2 \longrightarrow 2H_2O + O_2\uparrow$$

或加热高锰酸钾:

$$2KMnO_4 \xrightarrow{\triangle} K_2MnO_4 + MnO_2 + O_2\uparrow$$

工业上则是利用分离液态空气和电解水制备氧气:

$$2H_2O \xrightarrow{电解} 2H_2\uparrow + O_2\uparrow$$

氧气不但是动物维持生命过程和燃烧过程中不可缺少的物质,而且在现代工业生产中也十分重要。

(2) 氧化物、过氧化氢

① **氧化物** 氧与金属化合生成离子型氧化物,与非金属反应一般生成共价型化合物。

离子型氧化物是含O^{2-}的氧化物,这是最重要的一类氧化物,通常所说的氧化物就是这一类,如Na_2O、MgO、CaO等;含O_2^{2-}的氧化物称过氧化物,如Na_2O_2等;含O_2^-的氧化物称超氧化物，这类氧化物不稳定，如 KO_2 等；含 O_3^- 的氧化物称臭氧化物，这一类氧化物极不稳定，如 KO_3、NaO_3。

氧化物可分酸性氧化物，如 SO_2、SO_3、P_2O_5 等；碱性氧化物，如 Na_2O、K_2O、CaO 等；两性氧化物，如 Al_2O_3、ZnO 等；中性氧化物，如 CO、NO、N_2O、H_2O 等。

同一周期中，高氧化态氧化物从左至右酸性增强；同一族中，相同氧化态的氧化物由上至下碱性增强；同一元素高氧化态的酸性比低氧化态的强。

② 过氧化氢　过氧化氢的分子式为 H_2O_2，其水溶液俗称"双氧水"。H_2O_2 是极性分子，其偶极矩 $\mu(H_2O_2)=6.7\times10^{-30}$ C·m，比水的极性强 $[\mu(H_2O_2)=6.0\times10^{-30}$ C·m$]$。纯的过氧化氢是无色黏稠状液体，沸点 151.4℃，熔点 -0.98℃。分子间存在氢键。由于极性比水强，所以其缔合程度比水大，密度比水大，与水可以任意比混溶。

a. H_2O_2 的结构。在过氧化氢中，两个氧原子是连在一起的，它的一般结构式可表示为：

$$H—O—O—H$$

其中的—O—O—键称为过氧键。在过氧化氢分子中，每个氧原子均以 sp^3 杂化形成四个 sp^3 杂化轨道，每个氧原子各以一个 sp^3 杂化轨道重叠形成 σ 键（过氧键），每个氧原子剩下的三个 sp^3 杂化轨道中一个与氢原子的 1s 轨道重叠形成 σ 键，另二个 sp^3 杂化轨道为孤对电子占据。由于孤对电子的排斥作用，H—O 键与 O—O 键之间的键角不是四面体的夹角 109°28′ 而是 97°。H_2O_2 分子不是直线型，并且两根氢氧键不在同一平面上。两个氢原子位于像半展开书本的两页纸上，两页纸面的夹角为 94°，O—O 键与 H—O 键的夹角为 97°，O—O 键长为 149pm，O—H 键长为 97pm（图 13-9）。

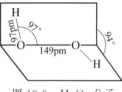

图 13-9　H_2O_2 分子结构示意图

b. H_2O_2 的性质

(a) 对热的不稳定性。H_2O_2 分子中存在过氧键，其键能较小，所以 H_2O_2 易受热分解。

$$2H_2O_2 = O_2\uparrow + 2H_2O \qquad \Delta_rH_m^\ominus = -196\text{kJ·mol}^{-1}$$

纯的过氧化氢在暗处和低温下，分解很慢。若受热而达到 153℃ 时，即猛烈爆炸式分解。过氧化氢在碱性介质中比在酸性介质中分解快得多。微量杂质或金属离子（Fe^{3+}、Mn^{2+}、Cu^{2+}、Cr^{3+} 等）的存在均能加快其分解。为防止分解，实验室中常将过氧化氢装在棕色瓶中放置在阴凉处，也常加入一些稳定剂，如微量的锡酸钠、焦磷酸钠或 8-羟基喹啉等来抑制杂质的催化分解作用，从而使过氧化氢稳定。

(b) 弱酸性。H_2O_2 具有极弱的酸性：

$$H_2O_2 + H_2O \rightleftharpoons H_3O^+ + HO_2^-, \qquad K_{a1}^\ominus = 1.55\times10^{-12}(293\text{K})$$
$$HO_2^- + H_2O \rightleftharpoons H_3O^+ + O_2^{2-} \qquad K_{a2}^\ominus \approx 10^{-25}(293\text{K})$$

所以可以和某些碱直接反应，例如：

$$H_2O_2 + Ba(OH)_2 = BaO_2 + 2H_2O$$

(c) 氧化还原性。H_2O_2 分子中，氧的氧化数为 -1，处于中间态，因此既可以作氧化剂，也可以作还原剂，但以氧化剂为主。

$$\varphi_A^\ominus/V \quad O_2 \xrightarrow{0.682} H_2O_2 \xrightarrow{1.776} H_2O$$
$$\varphi_B^\ominus/V \quad O_2 \xrightarrow{-0.076} HO_2^- \xrightarrow{0.878} H_2O$$

酸性介质中显强氧化性，如能将 I^- 氧化成单质碘。

$$2KI + H_2O_2 + H_2SO_4 = I_2 + K_2SO_4 + 2H_2O$$

在碱性介质中也呈强氧化性，如能将 CrO_2^- 氧化成 CrO_4^{2-}。

$$2NaCrO_2 + 3H_2O_2 + 2NaOH = 2Na_2CrO_4 + 4H_2O$$

只有当 H_2O_2 与 MnO_4^- 或 Cl_2 等强氧化剂反应时，才显还原性。如：

$$2KMnO_4 + 5H_2O_2 + 3H_2SO_4 = 2MnSO_4 + K_2SO_4 + 5O_2\uparrow + 8H_2O$$

$$Cl_2 + H_2O_2 = 2HCl + O_2\uparrow$$

过氧化氢用作氧化剂或还原剂的优点是其还原产物为 H_2O 或 O_2，不会给反应系统引入新的杂质，而且过量部分很容易在加热条件下分解为 H_2O 和 O_2。过氧化氢的主要用途是以它的强氧化性为基础，在工业上常用于漂白毛、丝、羽毛等不宜用 Cl_2 漂白的物质，医药上，常用稀 H_2O_2 溶液（3%）作为温和的消毒杀菌剂。高浓度的 H_2O_2 可作为火箭燃料。

(3) 臭氧（ozone）

臭氧是地球大气中一种微量气体。臭氧又名三原子氧，俗称"福氧、超氧、活氧"，分子式是 O_3。臭氧在常温常压下为淡蓝色气体，伴有一种自然清新味道。在 $-112℃$ 凝聚为深蓝色液体，在 $-192.7℃$ 凝结为黑紫色固体。臭氧密度是氧气的 1.5 倍，在水中的溶解度是氧气的 10 倍。臭氧和氧气都是氧元素组成的单质，它们是同素异形体。与氧气不同，臭氧在地面附近的大气层中的含量很低，但在大气层的上层，离地面 20~30km 处，有一臭氧层（浓度达 0.2×10^{-6}）存在。它是由于大气中氧分子受太阳的高能紫外辐射（波长 100~200nm）分解成氧原子后，氧原子又与周围的氧分子结合而形成的。臭氧层能非常有效地吸收紫外辐射（波长 200~400nm），使太阳射向地面的有害辐射的 99% 被吸收，从而保护地球上生命不受紫外辐射的伤害。

由于大气的污染，使臭氧层受到破坏，臭氧层日渐稀薄乃至出现臭氧层空洞。南极洲上空的巨大臭氧空洞面积曾经一度达到 280 万平方公里，相当于 3 个美国大陆的面积。臭氧层的破坏，危害到我们每一个人。据估计，总臭氧量减少 1%（即紫外线 β 增强 2%），细胞癌变率将增加约 4%。皮肤癌的发病率将增加 5%~7%，白内障患者将增加 0.2%~0.6%。大气总臭氧量的减少，即紫外线增加还可能会诱发麻疹、水痘、疟疾、疱疹、真菌病、结核病、麻风病、淋巴癌；并引起海洋浮游生物及虾、蟹幼体、贝类的大量死亡，造成某些生物灭绝；还会严重阻碍各种农作物和树木的正常生长，如大豆叶片光合作用强度下降，造成减产，大气臭氧层损失 1%，大豆也将减产 1%。

为了防止臭氧空洞进一步加剧，保护生态环境和人类健康，1985 年《保护臭氧层维也纳公约》缔结。并先后签订《关于消耗臭氧层物质的蒙特利尔议定书》和《蒙特利尔议定书》等国际公约。约定 1987 年 9 月 16 日为"国际保护臭氧层日"。中国政府非常重视保护臭氧层工作，1989 年加入《保护臭氧层维也纳公约》、1991 年加入《蒙特利尔议定书》，并以积极的行动践行承诺。

保护臭氧层的重要性给人的印象似乎是受到保护的臭氧应该越多越好，其实不是这样，如果大气中的臭氧，尤其是地面附近的大气中的臭氧聚集过多，对人类来说臭氧浓度过高反而是个祸害。

① 臭氧的分子结构 组成臭氧分子的三个氧原子呈 V 形排列。中心氧原子采用 sp^2 杂化，形成三个 sp^2 杂化轨道，其中一个杂化轨道有孤对电子占据，另外两个具有成单电子的杂化轨道分别与两旁氧原子具有成单电子的 p 轨道重叠形成两个 σ 键，中心氧原子还有一个与 sp^2 杂化轨道所在平面垂直的 p 轨道，该轨道上有一对电子，两旁的氧原子也还各有一个具有成单电子的 p 轨道与中心氧原子 sp^2 杂化轨道所在平面垂直，上述三个 p 轨道相互平行，彼此侧面重叠形成 Π_3^4 大 π 键。键角为 116.8°，键长为 127.8pm（如图 13-10）。

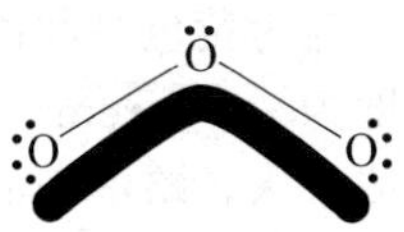

图 13-10 臭氧分子结构示意图

臭氧分子中无单电子，故为反磁性。

② 臭氧的性质　臭氧很不稳定。在常温下能缓慢地分解成氧，并放出热量。

$$2O_3 \Longleftrightarrow 3O_2 \quad \Delta_r H_m^\ominus = -286.1 \text{kJ} \cdot \text{mol}^{-1}$$

由于分解时放出大量热量，故当其含量在 25% 以上时，很容易爆炸。含量为 1% 以下的臭氧，在常温常压的空气中分解半衰期为 16h 左右。随着温度的升高，分解速度加快，温度超过 100℃ 时，分解非常剧烈，达到 270℃ 高温时，可立即转化为氧气。臭氧在水中的分解速度比空气中快得多。在含有杂质的水溶液中臭氧迅速分解。如水中臭氧浓度为 6.25×10^{-5} mol·L^{-1}(3mg·L^{-1}) 时，其半衰期为 5~30min，但在纯水中分解速度较慢，如在蒸馏水或自来水中的半衰期大约是 20min(20℃)，然而在二次蒸馏水中，经过 85min 后臭氧分解只有 10%，若水温接近 0℃ 时，臭氧会变得更加稳定。

臭氧的氧化能力极强，其氧化还原电势仅次于 F_2。在水溶液中的电极电势为：

$$O_3 + 2H^+ + 2e^- \Longleftrightarrow O_2 + H_2O \quad \varphi_A^\ominus = 2.07\text{V}$$
$$O_3 + H_2O + 2e^- \Longleftrightarrow O_2 + 2OH^- \quad \varphi_B^\ominus = 1.24\text{V}$$

O_3 可以将湿润的硫氧化成硫酸，将硫化铅氧化成硫酸铅，并能将 Co^{2+} 氧化成 Co^{3+} 如：

$$S + 3O_3 + H_2O \Longleftrightarrow H_2SO_4 + 3O_2 \uparrow$$
$$PbS + 4O_3 \Longleftrightarrow PbSO_4 + 4O_2 \uparrow$$
$$2Co^{2+} + O_3 + 2H^+ \Longleftrightarrow 2Co^{3+} + O_2 \uparrow + H_2O$$

O_3 在硼砂缓冲溶液中（pH≈9）与 KI 反应生成 I_2，然后用碘量法测定 I_2，可以定量测定 O_3 的含量，也可利用淀粉-碘化钾试纸定性地检验臭氧：

$$2I^- + O_3 + H_2O \Longleftrightarrow I_2 + 2OH^- + O_2 \uparrow$$

除 Au、Pt、Zr 以外，臭氧可以和大多数金属反应得到相应的氧化物。

臭氧在水溶液中与有机物的反应产物极其复杂，氧化速率：

链烯烃＞胺＞酚＞多环芳香烃＞醇＞醛＞链烷烃

如：
$$CH_3CH=CHCH_3 \xrightarrow{O_3} 2CH_3CHO$$

臭氧可以形成臭氧化物，如干燥的臭氧与粉末状的氢氧化钾在 -10℃ 以下可制得臭氧化钾：

$$5O_3 + 2KOH \Longleftrightarrow 2KO_3 + 5O_2 + H_2O$$

利用臭氧的强氧化性，在工业上作为油脂、蜡、纺织品以及淀粉的漂白剂，杀菌剂和饮水消毒剂。由于臭氧能将工业废水中的有害成分如酚、苯、硫、醇氧化成无害的物质，因此臭氧可用来处理工业废水。在处理大气污染方面，臭氧化学的研究正日益受到重视。空气中含少量臭氧可消毒杀菌，刺激热的中枢神经系统，加速血液循环，有利于人体健康，但浓度过高使人头晕疲劳，对人体有害。

13.3.3　硫及其化合物

(1) 硫单质的物理化学性质

硫在自然界中除以单质硫（硫黄）存在外，大部分是以硫化物和硫酸盐形式存在。重要的硫化物矿石有黄铁矿（FeS_2）、黄铜矿（$CuFeS_2$）、闪锌矿（ZnS）、方铅矿（PbS）等，重要的硫酸盐矿石有石膏（$CaSO_4 \cdot 2H_2O$）、重晶石（$BaSO_4$）、芒硝（$Na_2SO_4 \cdot 10H_2O$）等。

硫为黄色晶状固体，其中最主要的是斜方硫和单斜硫。其中正交硫的熔点是 112.8℃，密度为 2.07g·cm^{-3}，单斜硫的熔点是 119℃，密度是 1.96g·cm^{-3}，沸点是 444.7℃。两者难溶于水，略溶于酒精、乙醚，易溶于二硫化碳、苯、四氯化碳。固体硫具有多种晶型，斜方硫是室温下唯一稳定的硫的存在形式。斜方硫和单斜硫可相互转化，368.6K 是两种晶体的相变点，转变速度相当慢。

$$S_{\text{斜方}} \underset{368.6K}{\overset{368.6K}{\rightleftharpoons}} S_{\text{单斜}} \quad \Delta_r H_m^{\ominus} = 0.40 \text{kJ·mol}^{-1}$$

加热固体，熔化后汽化前，开环形成长链。在 230℃ 左右，熔化的硫迅速倒入到冷水中，就得到褐色的软橡皮状的弹性硫。具有长链结构的弹性硫有拉伸性，只能部分溶解在 CS_2 中。弹性硫放置后就逐渐转变为黄色的斜方晶硫。

① 硫单质结构 斜方硫在 96.5℃ 以下稳定存在，单斜硫在 96.5℃ 以上稳定存在，两者都由结构单元 S_8 分子组成。S_8 分子中每个硫原子以 sp^3 杂化轨道两两重叠形成共价单键，S—S 键长 206pm，键角 ∠SSS 为 108°，两面角 ∠SSS-SSS 为 98.3°，如图 13-11 所示。

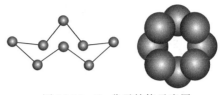

图 13-11 S_8 分子结构示意图

硫加热到 112.8℃ 即熔化为淡黄色易流动的液体，当温度高于 160℃ 时，S_8 环状分子破裂并发生聚合作用，形成很长的硫链（图 13-11）。由于长链相互纠缠，使分子不易运动，因此黏度增加，同时颜色也加深，在 200℃ 左右，聚合至最大。进一步加热，长链分子断裂为短链分子，运动较易，黏度重新下降。继续加热到 444.6℃ 时，硫沸腾为橙色蒸气。硫蒸气中有 S_8、S_4、S_2 等分子存在，蒸气温度越高，S_2 分子含量越多，在 750℃ 时，S_2 占 92%。在 1473K 以上时，硫蒸气离解成 S 原子。

② 单质的化学性质 硫的化学性质虽然不如氧，但还是比较活泼的，它既可以从金属获得二个电子形成氧化态为 -2 的硫化物，例如：

$$2Al + 3S = Al_2S_3$$

也可以与非金属性比它更强的元素化合，形成正氧化态的化合物，例如：

$$S + 3F_2 = SF_6$$
$$S + O_2 = SO_2$$

所以硫既有氧化性，又有还原性，但硫的氧化性不如氧，而还原性比氧强。硫还能与热的浓硫酸、硝酸及碱反应：

$$S + 2H_2SO_4(\text{浓}) = 3SO_2 + 2H_2O$$
$$S + 2HNO_3(\text{浓}) = H_2SO_4 + 2NO$$
$$3S + 6NaOH(\text{浓}) = 2Na_2S + Na_2SO_3 + 3H_2O$$

硫主要用于生产硫酸，在橡胶、造纸工业也有广泛应用。硫还用于制造黑火药、医用药剂和杀虫剂等。

(2) 硫的氧化物、含氧酸及盐

硫的氧化物有 S_2O、S_2O_3、SO_2、SO_3、S_3O_7 等，其中最重要的是 SO_2 和 SO_3。硫还能形成种类繁多的含氧酸，如亚硫酸、硫酸、连硫酸、过硫酸。

① 二氧化硫、亚硫酸及盐

a. 二氧化硫 (sulfur dioxide)。硫在空气中燃烧就得到 SO_2，许多金属硫化物矿灼烧时能生成氧化物，同时放出 SO_2。

$$3FeS_2 + 8O_2 = Fe_3O_4 + 6SO_2$$

二氧化硫是 V 字形的构型，分子中的 S 原子以 sp^2 杂化分别与两个 O 原子形成一个 σ 键，还有一个 p 轨道与两个 O 原子相互平行的 p 轨道形成一个 Π_3^4 的离域 π 键。S—O 键具有双键的特征（S—O 单键键长为 155pm）。二氧化硫分子的结构见图 13-12。

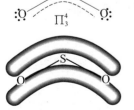

图 13-12 SO_2 分子的结构示意图

二氧化硫是无色有臭味的气体，分子具有极性，易液化。液态 SO_2 还是许多物质的良好溶剂。

SO₂ 能和一些有机色素结合成无色的化合物，因此可用来漂白纸张、草帽、丝绸、羊毛等。这主要是因为 SO₂ 有还原性和形成加合物的能力，但由于被还原的物质可被空气氧化，形成的加合物可被酸或加热分解，所以这种漂白作用是暂时的。

SO₂ 是大气中一种主要的气态污染物，对动植物有毒害作用，腐蚀建筑物，导致酸雨的形成。其主要作用是制造硫酸和亚硫酸盐。

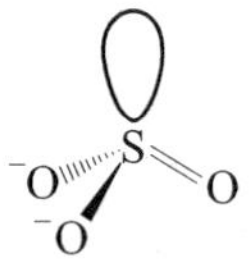

图 13-13　SO_3^{2-} 结构示意图

b. 亚硫酸（sulfurous acid）及其盐。SO_2 易溶于水（20℃时，$1dm^3$ 水能溶解 $39.27dm^3 SO_2$），并生成亚硫酸。光谱研究表明 SO_2 在水溶液中，主要是以水合物 $SO_2 \cdot nH_2O$ 存在，并取决于其浓度、温度和 pH 值，存在的主要离子有 H_3O^+、HSO_3^-、$S_2O_5^{2-}$、SO_3^{2-}，几乎不存在未离解的 H_2SO_3。

(a) 亚硫酸结构。亚硫酸分子中 S 原子以 sp^3 杂化轨道与 O 原子的 2p 轨道成键，因有一对孤对电子，所以 SO_3^{2-} 为三角锥形，如图 13-13。

(b) 亚硫酸的酸性。亚硫酸是一中强的二元酸：

$$H_2SO_3 + H_2O \rightleftharpoons H_3O^+ + HSO_3^- \quad K_{a1}^\ominus = 1.3 \times 10^{-2}$$

$$HSO_3^- + H_2O \rightleftharpoons H_3O^+ + SO_3^{2-} \quad K_{a2}^\ominus = 6.3 \times 10^{-8}$$

目前尚未制得纯净的亚硫酸，因为在水溶液中存在下列平衡：

$$SO_2 + nH_2O \rightleftharpoons SO_2 \cdot nH_2O \rightleftharpoons H^+ + HSO_3^- + (n-1)H_2O$$

加酸并加热时平衡向左移动，有 SO_2 气体逸出。加碱时，平衡向右移动，生成酸式盐或正盐：

$$NaOH + SO_2 \rightleftharpoons NaHSO_3$$

$$2NaOH + SO_2 \rightleftharpoons Na_2SO_3 + H_2O$$

(c) 亚硫酸的氧化还原性。亚硫酸中的硫处于中间价态，因此既有氧化性又有还原性，但以还原性为主：

$$SO_4^{2-} + 4H^+ + 2e^- \rightleftharpoons H_2SO_3 + H_2O \quad \varphi_A^\ominus = 0.172V$$

$$SO_4^{2-} + H_2O + 2e^- \rightleftharpoons SO_3^{2-} + 2OH^- \quad \varphi_B^\ominus = -0.93V$$

在空气中会被逐渐氧化成硫酸。

$$2H_2SO_3 + O_2 \rightleftharpoons 2H_2SO_4$$

故保存亚硫酸溶液时应防止空气进入。氧化剂如卤素等也易和亚硫酸作用。

$$H_2SO_3 + Cl_2 + H_2O \rightleftharpoons H_2SO_4 + 2HCl$$

亚硫酸只有遇强还原剂时，才显氧化性。如：

$$H_2SO_3 + 4H^+ + 4e^- \rightleftharpoons S + 3H_2O \quad \varphi_A^\ominus = 0.45V$$

$$SO_3^{2-} + 3H_2O + 4e^- \rightleftharpoons S + 6OH^- \quad \varphi_B^\ominus = -0.58V$$

将 H_2S 通入亚硫酸溶液中，有硫析出。

$$H_2SO_3 + 2H_2S \rightleftharpoons 3S + 3H_2O$$

(d) 亚硫酸盐（sulfite）。亚硫酸的盐有两种：正盐和酸式盐。碱金属的亚硫酸盐易溶于水，由于水解，溶液显碱性，其它金属的正盐均微溶于水，而所有的酸式亚硫酸盐都易溶于水，故在难溶性的正盐溶液中通入 SO_2，可使其转变为可溶性的酸式盐。如：

$$CaSO_3 + SO_2 + H_2O \rightleftharpoons Ca(HSO_3)_2$$

亚硫酸盐受热易分解（歧化反应），如：

$$4Na_2SO_3 \rightleftharpoons 3Na_2SO_4 + Na_2S$$

$NaHSO_3$ 受热，分子间脱水得焦亚硫酸钠：

$$2NaHSO_3 \xrightarrow{\triangle} Na_2S_2O_5 + H_2O$$

亚硫酸盐比亚硫酸具有更强的还原性，在空气中易被氧化成硫酸盐，因此，亚硫酸盐常被用作还原剂。例如：在染织工业上，亚硫酸钠常用作去氯剂：

$$Na_2SO_3 + Cl_2 + H_2O = Na_2SO_4 + 2HCl$$

亚硫酸及其盐的还原性强弱次序为：

$$亚硫酸盐 > 亚硫酸 > 二氧化硫$$

亚硫酸盐遇强酸即分解，放出 SO_2。

$$SO_3^{2-} + 2H^+ = H_2O + SO_2\uparrow$$

$$HSO_3^- + H^+ = H_2O + SO_2\uparrow$$

② 三氧化硫、硫酸及硫酸盐

a. 三氧化硫 (sulfur trioxide)。大量的三氧化硫可经催化氧化二氧化硫制得：

$$2SO_2 + O_2 \xrightarrow[450℃]{V_2O_5} 2SO_3 \qquad \Delta_rH_m^\ominus = -95.6 \text{kJ}\cdot\text{mol}^{-1}$$

$$\Delta_rG_m^\ominus = -70.9 \text{kJ}\cdot\text{mol}^{-1}$$

气态 SO_3 分子为平面三角形，S原子以 sp^2 杂化成键。S—O 键长为 142 pm，具有双键的特征。SO_3 是非极性分子。纯 SO_3 是无色、易挥发的固体，熔点 16.8℃，沸点 44.5℃。固态 SO_3 有多种晶形，主要以一种稳定的三聚 $(SO_3)_3$ 环状结构和一种介稳态多聚 $(SO_3)_n$ 螺旋状长链结构的形式存在（如图 13-14）。

图 13-14 三氧化硫分子结构示意图

SO_3 加热到 467℃分解为 SO_2 和 O_2；溶于水生成 H_2SO_4；与金属氧化物反应生成硫酸盐。SO_3 是强的氧化剂，如可以把磷氧化为氧化物：

$$4P + 10SO_3 = P_4O_{10} + 10SO_2$$

由于 SO_3 中含有双键，是强的路易斯酸，因此溶于浓硫酸中生成焦硫酸：

$$SO_3 + H_2SO_4 = H_2S_2O_7$$

b. 硫酸及其盐。硫酸是重要的化工产品之一，可用于制造肥料和其它各种酸，也可用于炸药、石油和煤焦油产品的生产中。

目前工业上生产硫酸采用接触法，先通过二氧化硫的催化氧化来生产三氧化硫，用水吸收生成的 SO_3 可制造硫酸，由于 SO_3 和水反应时放出大量的热，并容易生成酸雾，所以工业上用 98.3%的硫酸来吸收 SO_3，得到含过量 20% SO_3 的发烟硫酸（$H_2SO_4 \cdot xSO_3$）。然后让反应中的气体再经过一次催化氧化和吸收，这样可使 SO_2 转化率提高到 99.7%。最后再用 92.5% H_2SO_4 来稀释发烟硫酸，即得到了 98.3%的商品硫酸。这种硫酸密度为 1.84g·cm^{-3}，其物质的量浓度为 18.4mol·L^{-1}。硫酸制备总的反应为：

$$SO_3 + H_2O = H_2SO_4 \qquad \Delta_rH_m^\ominus = -88\text{kJ}\cdot\text{mol}^{-1}$$

浓硫酸是无色的油状液体，凝固点为 283K，沸点 611K。硫酸是一种高沸点难挥发的强酸，易溶于水，能以任意比与水混溶。浓硫酸溶解时放出大量的热，因此在稀释浓硫酸时，只能将浓硫酸在搅拌下缓慢地倒入水中，绝不能将水倒入浓硫酸中，以免因剧烈放热发生喷溅而灼伤皮肤。

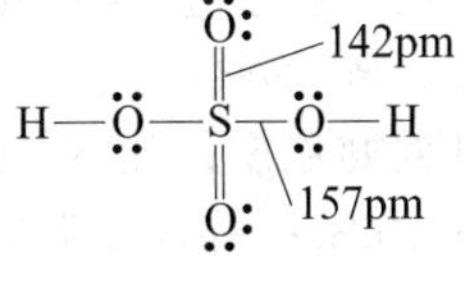

图 13-15 H_2SO_4 结构示意图

(a) 硫酸的结构。硫酸分子中 S 原子以 sp^3 杂化轨道与 O 原子的 2p 轨道成键,分子中双键(σ 配键和 σ-π 配键)键长 142 pm,单键键长为 157 pm,见图 13-15。

(b) 硫酸的酸性。硫酸是二元酸中酸性最强的,它的第一步电离可以认为是完全的,但第二步电离并不完全:

$$H_2SO_4 \longrightarrow H^+ + HSO_4^-$$

$$HSO_4^- \rightleftharpoons H^+ + SO_4^{2-} \quad K_a^\ominus = 1.0 \times 10^{-2}$$

(c) 吸水性。硫酸是 SO_3 的水合物,除了硫酸 H_2SO_4($SO_3 \cdot H_2O$)和焦硫酸 $H_2S_2O_7$($2SO_3 \cdot H_2O$)外,SO_3 和 H_2O 还生成一系列的其它水合物,如:$H_2SO_4 \cdot H_2O$($SO_3 \cdot 2H_2O$)、$H_2SO_4 \cdot 2H_2O$($SO_3 \cdot 3H_2O$)、$H_2SO_4 \cdot 4H_2O$($SO_3 \cdot 5H_2O$)等。这些水合物很稳定,因此浓硫酸有很强的吸水性,常用它作为干燥剂,可以干燥不与硫酸起反应的各种气体,如氢气、氯气和二氧化碳等。此外,浓硫酸还能从一些有机物中按照水的组成比,把氢原子和氧原子夺取出来,使有机物碳化。

$$C_{12}H_{22}O_{11} \xrightarrow{\text{浓 } H_2SO_4} 12C + 11H_2O$$

(d) 氧化性。浓硫酸是一种强氧化剂,能溶解许多金属,包括不活泼的铜、银、汞等。在这些反应中硫酸被还原为 SO_2。但随着金属活泼性增加硫酸也可被还原为游离的 S 或 H_2S,如:

$$Cu + 2H_2SO_4 = CuSO_4 + SO_2\uparrow + 2H_2O$$

$$3Zn + 4H_2SO_4 = 3ZnSO_4 + S\downarrow + 4H_2O$$

$$4Zn + 5H_2SO_4 = 4ZnSO_4 + H_2S\uparrow + 4H_2O$$

常温下,浓硫酸能使铁、铝等金属钝化。因此可用铁罐运输浓硫酸。

稀硫酸能溶解比氢活泼的金属,因为稀硫酸所释放出的氢离子可获得金属失去的电子而产生氢气。故稀硫酸中氢离子是氧化剂,如

$$Zn + 2H^+ = Zn^{2+} + H_2\uparrow$$

浓硫酸在加热时能氧化几乎所有的金属,也能氧化某些非金属。热的浓硫酸可将碳、硫、磷等非金属单质氧化到其高价态的氧化物或含氧酸,本身被还原为 SO_2。

$$C + 2H_2SO_4(\text{浓}) \xrightarrow{\triangle} CO_2\uparrow + 2SO_2\uparrow + 2H_2O$$

$$S + 2H_2SO_4(\text{浓}) \xrightarrow{\triangle} 3SO_2\uparrow + 2H_2O$$

$$2P + 5H_2SO_4(\text{浓}) = 2H_3PO_4 + 5SO_2\uparrow + 2H_2O$$

(e) 硫酸的衍生物(ramification)。含氧酸中的—OH 基团全去掉,得酰基。酰基与卤素结合,或者说酸中的—OH 被 X 取代得酰卤,如:

$$SO_2 + Cl_2 \xrightarrow{\text{活性炭}} SO_2Cl_2$$

SO_2Cl_2 称为硫酰氯或氯化硫酰,为无色发烟液体,遇水猛烈水解。

硫酸分子去掉一个—OH 为磺酸基,硫酸中的一个—OH 被—Cl 取代为氯磺酸。干燥的 HCl 和发烟硫酸的 SO_3 作用,生成氯磺酸:

$$SO_3 + HCl \longrightarrow HSO_3Cl$$

HSO_3Cl 为无色液体,遇水也强烈水解。

(f) 硫酸盐(sulfate)。硫酸盐能形成酸式盐和正盐。酸式盐大都易溶于水,在正硫酸盐中,除 $CaSO_4$、$SrSO_4$、$BaSO_4$、$PbSO_4$ 等不溶于水外,其余都易溶于水。活泼金属的硫酸盐对热稳定,如 Na_2SO_4、K_2SO_4、$BaSO_4$ 等在 1000℃ 时也不分解。一些重金属的硫酸盐如 $CuSO_4$ 等,在强热时分解为金属氧化物和 SO_3:

$$CuSO_4 = CuO + SO_3$$

或由金属氧化物进一步分解成金属单质:

$$Ag_2SO_4 \rightleftharpoons Ag_2O + SO_3$$
$$2Ag_2O \rightleftharpoons 4Ag + O_2$$

酸式硫酸盐受强热,首先脱水转变为焦硫酸,最后脱去 SO_3,同时生成硫酸盐:
$$2KHSO_4 \rightleftharpoons K_2S_2O_7 + H_2O$$
$$K_2S_2O_7 \rightleftharpoons K_2SO_4 + SO_3$$

SO_3 是酸性物质,可将某些碱性氧化物矿石与 $KHSO_4$ 共熔,使矿物转变为可溶性硫酸盐,达到分解矿石的目的。

固体硫酸盐在高温下也有氧化性。当正盐与碳共热时,能被还原成硫化物。
$$Na_2SO_4 + 2C \rightleftharpoons Na_2S + 2CO_2\uparrow$$

若阳离子有还原性,则可能将 SO_3 部分还原,如:
$$2FeSO_4 \rightleftharpoons Fe_2O_3 + SO_3 + SO_2$$

阳离子生成碱性氧化物,酸根自身发生氧化还原反应:
$$2HgSO_4 \xrightarrow{\triangle} 2HgO + 2SO_2 + O_2$$

容易形成复盐是硫酸盐的又一特征。一种组成通式为 M(Ⅰ)$_2$SO$_4$·M(Ⅱ)SO$_4$·6H$_2$O 的复盐:如 $(NH_4)_2SO_4·FeSO_4·6H_2O$;另一种组成符合通式为 M(Ⅰ)$_2SO_4$·M(Ⅲ)$_2$(SO$_4$)$_3$·24H$_2$O 的复盐,常称为矾,例如:$K_2SO_4·Al_2(SO_4)_3·24H_2O$(明矾)、$K_2SO_4·Cr_2(SO_4)_3·24H_2O$(铬矾)等。一些含结晶水的硫酸盐也被称为矾,例如:$CuSO_4·5H_2O$(胆矾或蓝矾)、$FeSO_4·7H_2O$(绿矾),可写成 $[Cu(H_2O)_4]·[SO_4(H_2O)]$、$[Fe(H_2O)_6]·[SO_4(H_2O)]$,这种阴离子中所带的结晶水称为阴离子水,是 H_2O 分子和 SO_4^{2-} 通过氢键相连而成的。

硫酸盐在工业上有很多重要的用途,如芒硝($Na_2SO_4·10H_2O$)是重要化工原料,$CuSO_4·5H_2O$ 是消毒杀菌剂和农药,$Al_2(SO_4)_3$ 是净水剂、造纸充填剂和媒染剂,$FeSO_4·7H_2O$ 是农药和治疗贫血的药剂,是制造蓝黑墨水的原料。

c. 硫的其它含氧酸及其盐。硫的含氧酸数量多且较稳定,根据结构的类似性,可将硫的含氧酸划分为 4 个系列(表 13-12):亚硫酸系列、硫酸系列、连硫酸系列和过硫酸系列。

表 13-12 硫的重要含氧酸

分 类	名称	化学式	硫的平均氧化数	结构式	存在形式
亚硫酸系列	亚硫酸	H_2SO_3	+4	H—O—S(↑O)—O—H	盐
	连二亚硫酸	$H_2S_2O_4$	+3	H—O—S(↑O)—S(↓O)—O—H	盐
硫酸系列	硫酸	H_2SO_4	+6	H—O—S(↑O)(↓O)—O—H	酸、盐
	硫代硫酸	$H_2S_2O_3$	+2	H—O—S(↑O)(↓O)—S—H	盐
	焦硫酸	$H_2S_2O_7$	+6	H—O—S(↑O)(↓O)—O—S(↑O)(↓O)—O—H	酸、盐

续表

分类	名称	化学式	硫的平均氧化数	结构式	存在形式
连硫酸系列	连多硫酸	$H_2S_xO_6$ ($x=3\sim6$)		H—O—S—S—S—S—O—H (带O原子)	盐，盐
过硫酸系列	过一硫酸	H_2SO_5	+6	H—O—S—O—O—H (带O原子)	酸、盐
	过二硫酸	$H_2S_2O_8$	+6	H—O—S—O—O—S—O—H (带O原子)	酸、盐

(a) 硫代硫酸（thiosulfuric acid）及其盐。硫代硫酸盐的结构可以看成 SO_4^{2-} 中的一个氧原子被硫取代后的产物，中心硫原子的氧化数为+6，和它相连的另一个硫原子为-2。但在配平方程式时，一般将硫的平均氧化数作为+2 来考虑。硫代硫酸不稳定，有实际意义的是其钠盐，$Na_2S_2O_3\cdot5H_2O$，称为硫代硫酸钠，俗名大苏打、海波，是无色透明的晶体，易溶于水，溶液呈弱碱性。在中性或碱性溶液中稳定，而在酸性溶液中不稳定，能迅速分解。

$$S_2O_3^{2-} + 2H^+ = S\downarrow + SO_2\uparrow + H_2O$$

上述反应实际上相当复杂，其分解产物视反应条件可能包括硫、二氧化硫、硫化氢、多硫化氢、硫酸等。在 0℃以下，$H_2S_2O_3$ 按下式定量地分解：

$$H_2S_2O_3 = H_2S + SO_3$$

故在水溶液中，游离的硫代硫酸或酸式硫代硫酸盐至今尚未制得。

在非水溶剂或无溶剂的条件下可以制得 $H_2S_2O_3$ 或溶剂化的 $H_2S_2O_3$：

$$H_2S + SO_3 \xrightarrow[-78℃]{(CH_3CH_2)_2O} H_2S_2O_3\cdot n(CH_3CH_2)_2O$$

$$HSO_3Cl + H_2S \xrightarrow{低温} H_2S_2O_3 + HCl$$

硫代硫酸钠的制备是将沸腾的 Na_2SO_3 溶液与 S 粉反应：

$$Na_2SO_3 + S \longrightarrow Na_2S_2O_3$$

实际生产中，将 Na_2S 和 Na_2CO_3 以摩尔比 2∶1 配成溶液，然后通 SO_2：

$$2Na_2S + Na_2CO_3 + 4SO_2 \longrightarrow 3Na_2S_2O_3 + CO_2$$

硫代硫酸钠具有显著的还原性，它是一个中强还原剂，与强氧化剂作用时，被氧化成硫酸钠：

$$Na_2S_2O_3 + 4Cl_2 + 5H_2O = Na_2SO_4 + H_2SO_4 + 8HCl$$

当它与较弱的氧化剂作用时，被氧化成连四硫酸钠：

$$2Na_2S_2O_3 + I_2 = Na_2S_4O_6 + 2NaI$$

故硫代硫酸钠在漂染工业中用作除氯剂，在分析化学上用作碘量法的滴定剂。

硫代硫酸钠另一个重要的性质是它的配位性，$S_2O_3^{2-}$ 具有很强的配位能力，可与某些金属离子形成稳定的配离子，例如：不溶于水的 AgBr 可以溶解在 $Na_2S_2O_3$ 溶液中：

$$AgBr + 2Na_2S_2O_3 = Na_3[Ag(S_2O_3)_2] + NaBr$$

硫代硫酸钠用作照相业的定影剂，可用此反应溶去底片上未曝光的溴化银。

重金属的硫代硫酸盐难溶且不稳定。例如：Ag^+ 与 $S_2O_3^{2-}$ 生成白色沉淀 $Ag_2S_2O_3$，在溶液中 $Ag_2S_2O_3$ 不稳定，由白色经黄色、棕色，最后生成黑色的 Ag_2S，用此反应可鉴定 $S_2O_3^{2-}$：

$$2Ag^+ + S_2O_3^{2-} \rightleftharpoons Ag_2S_2O_3 \downarrow （白色）$$
$$Ag_2S_2O_3 + H_2O \rightleftharpoons Ag_2S \downarrow （黑色） + H_2SO_4$$

(b) 过硫酸（persulfuric acid）及其盐。凡含氧酸的分子中含有过氧键的称为过某酸。硫酸分子中含有过氧键就称为过硫酸。过硫酸可看作过氧化氢 H—O—O—H 分子中的氢原子被磺酸基（—SO_3H）所取代的产物。

单取代物：H—O—O—SO_3H 即 H_2SO_5 称为过一硫酸；

双取代物：HO_3S—O—O—SO_3H 即 $H_2S_2O_8$ 称为过二硫酸。

过一硫酸为白色晶体，熔点 45℃，加热会发生爆炸；过二硫酸白色晶体，熔点 60℃（分解），易吸潮。在室温慢慢地分解，放出氧气。过硫酸在水溶液不稳定，极易发生水解：

$$H_2S_2O_8 + H_2O \rightleftharpoons H_2SO_5 + H_2SO_4$$
$$H_2SO_5 + H_2O \rightleftharpoons H_2O_2 + H_2SO_4$$

过二硫酸及其盐均不稳定，加热条件下容易分解，如：

$$2K_2S_2O_8 \xrightarrow{\triangle} 2K_2SO_4 + 2SO_3 + O_2 \uparrow$$

$K_2S_2O_8$ 和 $(NH_4)_2S_2O_8$ 是重要的过二硫酸盐，它们都是很强的氧化剂，能氧化氯、溴、碘离子为单质，将铁(Ⅱ)氧化为铁(Ⅲ)，锰(Ⅱ)氧化为锰(Ⅶ)等。如：过二硫酸盐在 Ag^+ 催化条件下，能将 Mn^{2+} 氧化成 MnO_4^-：

$$S_2O_8^{2-} + 2e^- \rightleftharpoons 2SO_4^{2-} \quad \varphi^{\ominus} = 2.01V$$
$$2Mn^{2+} + 5S_2O_8^{2-} + 8H_2O \xrightarrow{Ag^+} 2MnO_4^- + 10SO_4^{2-} + 16H^+$$

此反应在钢铁分析中用于锰含量的测定。过硫酸及其盐的氧化性实际上是由于过氧键所引起的，它们作为氧化剂参与氧化反应时，过氧键断裂，这两个氧原子的氧化态发生变化，而硫的氧化态没有变。

(c) 连二亚硫酸（dithionous acid）及其盐。凡含氧酸分子中的成酸原子不止一个且直接相连者，称为"连某酸"，并按连接的成酸原子的数目，称为"连几某酸"。

连二亚硫酸不能游离存在。因 $S_2O_4^{2-}$ 的溶液很不稳定，在酸性溶液中极快分解为亚硫酸根和硫代硫酸根离子，故尚未制得。一般都用其盐（$Na_2S_2O_4$）。

$$2H_2S_2O_4 + H_2O \rightleftharpoons H_2S_2O_3 + 2H_2SO_3$$

硫代硫酸又分解成亚硫酸和硫：

$$H_2S_2O_3 \rightleftharpoons H_2SO_3 + S$$

连二亚硫酸盐比连二亚硫酸稳定。$Na_2S_2O_4 \cdot 2H_2O$ 是重要的连二亚硫酸盐，为白色粉末，俗称保险粉。$Na_2S_2O_4$ 能溶于冷水，但溶液不稳定，易分解。

$$2S_2O_4^{2-} + H_2O \rightleftharpoons S_2O_3^{2-} + 2HSO_3^-$$

$Na_2S_2O_4$ 受热时，也容易发生分解：

$$2Na_2S_2O_4 \xrightarrow{\triangle} Na_2S_2O_3 + Na_2SO_3 + SO_2 \uparrow$$

$Na_2S_2O_4$ 还是一种很强的还原剂，其水溶液能被空气中的氧氧化，因此，$Na_2S_2O_4$ 用来吸收气体中的氧气。

$$2Na_2S_2O_4 + O_2 + 2H_2O \rightleftharpoons 4NaHSO_3$$
$$Na_2S_2O_4 + O_2 + H_2O \rightleftharpoons NaHSO_3 + NaHSO_4$$

此外，还能将硝基化合物还原成胺，将 I_2、IO_3^-、H_2O_2、Cu^{2+}、Ag^+、Hg^{2+} 等物质还原。$Na_2S_2O_4$ 也能还原许多有机染料，故在印染工业中有重要应用，并广泛应用于食品、医药、化纤、造纸、染料等工业。

(d) 焦硫酸（disulfuric acid）及其盐。等物质的量的 H_2SO_4 和 SO_3 化合时，就得到焦

硫酸（$H_2S_2O_7$）。它是一种无色的晶状固体，熔点35℃。焦硫酸也可以看作是由两分子硫酸之间脱去一分子水所得的产物。

焦硫酸具有比浓硫酸更强的氧化性、吸水性和腐蚀性，在制造某些染料、炸药中用作脱水剂。

焦硫酸和水反应生成 H_2SO_4：
$$H_2S_2O_7 + H_2O \Longrightarrow 2H_2SO_4$$

将焦硫酸加热，即失去三氧化硫：
$$H_2S_2O_7 \Longrightarrow H_2SO_4 + SO_3\uparrow$$

焦硫酸在无机合成上有一个重要的用途，就是与一些难溶的碱性金属氧化物共熔生成可溶性的硫酸盐：
$$Fe_2O_3 + 3K_2S_2O_7 \Longrightarrow Fe_2(SO_4)_3 + 3K_2SO_4$$
$$Al_2O_3 + 3K_2S_2O_7 \Longrightarrow Al_2(SO_4)_3 + 3K_2SO_4$$

(3) 硫化氢和硫化物 (hydrogen sulfide and sulfide)

① 硫化氢和氢硫酸　硫化氢为无色，具有臭鸡蛋味的气体。硫化氢有毒性，吸入微量，就使人头痛、恶心，长时间吸入，使人昏迷甚至死亡。硫化氢的熔点为 $-85.5℃$，沸点为 $-60.7℃$。硫化氢稍溶于水，其水溶液被称为氢硫酸。20℃时，1体积水约可溶解2.6体积的硫化氢，所得溶液的浓度约为 $0.1mol \cdot L^{-1}$。

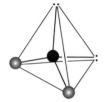

图 13-16　硫化氢分子结构示意图

a. 硫化氢结构。H_2S 结构与 H_2O 相似，中心原子 S 进行不等性 sp^3 杂化，分子构型呈 V 形，如图 13-16。

b. 硫化氢的制备。工业上常用硫铁矿或硫化物与酸反应制备 H_2S，实验室可用硫化物与稀酸反应制备 H_2S，如：
$$FeS + 2HCl \Longrightarrow H_2S + FeCl_2$$

由于 H_2S 水溶液不易保存，因此实验室所用 H_2S 常用硫代乙酰胺替代，硫代乙酰胺水解得到 H_2S。
$$CH_3CSNH_2 + 2H_2O \Longrightarrow CH_3COO^- + NH_4^+ + H_2S$$

c. 硫化氢的化学性质

(a) 弱酸性。硫化氢是很弱的二元酸：
$$H_2S + H_2O \Longrightarrow H_3O^+ + HS^- \quad K_{a1}^\ominus = 1.1 \times 10^{-7}$$
$$HS^- + H_2O \Longrightarrow H_3O^+ + S^{2-} \quad K_{a2}^\ominus = 1.3 \times 10^{-13}$$

(b) 还原性。在硫化氢中，硫的氧化态为 -2，处于最低氧化态，同时因硫对电子的亲和力不大，因此 S^{2-} 容易失去电子而具有较强的还原性。较强的氧化剂均可将 H_2S 氧化成单质硫。
$$Br_2 + H_2S \Longrightarrow 2HBr + S\downarrow$$
$$H_2S + I_2 \Longrightarrow 2HI + S\downarrow$$
$$H_2S + H_2SO_4(浓) \Longrightarrow SO_2 + 2H_2O + S\downarrow$$

当遇到过量的强氧化剂时，则被氧化成 SO_4^{2-}。
$$4Br_2 + H_2S + 4H_2O \Longrightarrow 8HBr + H_2SO_4$$
$$H_2S + 4Cl_2 + 4H_2O \Longrightarrow H_2SO_4 + 8HCl$$

由标准电极电势可知，无论是在酸性介质中还是在碱性介质中，硫化氢都可作为还原剂。
$$S + 2H^+ + 2e^- \Longrightarrow H_2S \quad \varphi_A^\ominus = 0.141V$$
$$S + 2e^- \Longrightarrow S^{2-} \quad \varphi_B^\ominus = -0.508V$$

② 硫化物

a. 金属硫化物　硫与电负性比它小的元素所形成的化合物称为硫化物。金属硫化物在水中有不同的溶解度和特征颜色，这种特性在分析化学上用来鉴别和分离不同金属。常见金属硫化物的颜色与溶度积常数见表 13-13。

表 13-13　常见金属硫化物的颜色与溶度积常数

名称	化学式	颜色	溶度积 $K_{sp}^{\ominus}$(291K)	名称	化学式	颜色	溶度积 $K_{sp}^{\ominus}$(291K)
硫化锌	ZnS	白色	1.2×10^{-23}	硫化锑	Sb_2S_3	橘红色	2.9×10^{-59}
硫化锰	MnS	肉红色	1.4×10^{-15}	硫化亚锡	SnS	褐色	1.2×10^{-25}
硫化亚铁	FeS	黑色	3.7×10^{-19}	硫化汞	HgS	黑色	4.0×10^{-53}
硫化铅	PbS	黑色	3.4×10^{-28}	硫化银	Ag_2S	黑色	1.6×10^{-49}
硫化镉	CdS	黄色	3.6×10^{-29}	硫化铜	CuS	黑色	8.5×10^{-45}

金属硫化物在水中的溶解度的大小，实际上与离子间的互相极化作用有关。从结构来看，S^{2-} 的离子半径较大，因此变形性较大。显然如果金属离子的极化力和变形性越大，则与 S^{2-} 之间的互相极化作用就越强，生成的化学键（M—S 键）的共价成分就越多，其硫化物的溶解度就越小。

硫化物在强酸中的溶解情况不同，可分为四类。

（a）能溶于稀盐酸，这类硫化物的溶度积相对较大，$K_{sp}^{\ominus} > 10^{-24}$，稀盐酸可有效降低溶液中 S^{2-} 使之溶解。如：

$$FeS + 2HCl \rightleftharpoons FeCl_2 + H_2S \uparrow$$

（b）能溶于浓盐酸，如 ZnS、CdS 等，这类硫化物的 $K_{sp}^{\ominus}$ 值在 $10^{-25} \sim 10^{-30}$ 之间，浓盐酸除了降低 S^{2-} 浓度外，Cl^- 与金属离子发生配位作用，同时降低了金属离子的浓度，从而使硫化物溶解。如：

$$CdS + 4HCl \rightleftharpoons H_2[CdCl_4] + H_2S \uparrow$$

（c）不溶于浓盐酸但溶于硝酸，如 Ag_2S、CuS 等，这类硫化物的溶度积很小，$K_{sp}^{\ominus} < 10^{-30}$，硝酸通过氧化反应将溶液中的 S^{2-} 氧化为 S，降低 S^{2-} 的浓度，使硫化物溶解。如：

$$3CuS + 8HNO_3 \rightleftharpoons 3Cu(NO_3)_2 + 3S\downarrow + 2NO\uparrow + 4H_2O$$

（d）不溶于硝酸仅溶于王水，这类硫化物的溶度积更小，仅靠硝酸的氧化作用将 S^{2-} 浓度的降低还不足以使其溶解，必须同时借助于 Cl^- 与金属离子发生配位作用，同时降低金属离子的浓度，才能使硫化物溶解。如：

$$3HgS + 2HNO_3 + 12HCl \rightleftharpoons 3H_2[HgCl_4] + 3S\downarrow + 2NO\uparrow + 4H_2O$$

由于氢硫酸是弱酸，所有硫化物在水中都有不同程度的水解。碱金属硫化物易溶于水，由于水解而使溶液呈碱性。所以碱金属硫化物俗称"硫化碱"，其水解反应为：

$$S^{2-} + H_2O \rightleftharpoons HS^- + OH^-$$

微溶性的碱土金属硫化物，也发生水解作用，如：

$$2CaS + 2H_2O \rightleftharpoons Ca(HS)_2 + Ca(OH)_2$$

所生成的酸式硫化物可溶于水，若将溶液煮沸，水解可完全进行：

$$Ca(HS)_2 + 2H_2O \rightleftharpoons Ca(OH)_2 + 2H_2S$$

一些易水解的金属离子（如 Al^{3+}、Cr^{3+}）其硫化物与水发生完全水解：

$$Al_2S_3 + 6H_2O \rightleftharpoons 2Al(OH)_3 \downarrow + 3H_2S \uparrow$$

$$Cr_2S_3 + 6H_2O \rightleftharpoons 2Cr(OH)_3 \downarrow + 3H_2S \uparrow$$

b. 多硫化物（polysulfide）。多硫化物为含多硫离子 S_x^{2-} 的化合物。碱金属（包括铵）的硫化物中溶入硫黄可生成一系列 x 值不同的多硫化物 [$x = 2 \sim 6$，在 $(NH_4)_2S_x$ 中 x 可达 9]：

$$M_2S + (x-1)S \longrightarrow M_2S_x$$

多硫化物的颜色随 x 值的增大而加深（由黄色至红色）。$x=2$ 时，又称为过硫化物，它是不稳定的过硫化氢 H_2S_2 的盐，如 FeS_2。过硫化氢 H_2S_2 与过氧化氢的结构相似。

(a) 多硫化物结构。在 K_2S_2 和 Na_2S_2 中，S—S 键长约 2.15 埃（Å，$1\text{Å} = 10^{-10}$ m）；在具有黄铁矿结构的过渡金属多硫化物中，S—S 键长为 $2.07 \sim 2.21$ Å。S_3^{2-}、S_4^{2-}、S_6^{2-} 的结构见图 13-17。

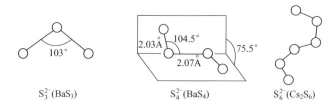

图 13-17 多硫化物结构示意图

(b) 多硫化物的性质。多硫化物在酸性溶液中很不稳定，容易歧化分解生成 H_2S 和单质 S：

$$Na_2S_2 + 2HCl = 2NaCl + H_2S + S$$

此反应可用于鉴定多硫化物。

多硫化物是一种硫化试剂，在反应中它向其它反应物提供活性硫而表现出氧化性。例如：

$$SnS + (NH_4)_2S_2 = (NH_4)_2SnS_3$$
$$As_2S_3 + 3Na_2S_2 = 2Na_3AsS_4 + S$$

多硫化物能将 SnS [硫化亚锡(Ⅱ)] 氧化成硫代锡(Ⅳ)酸盐 [$(NH_4)_2SnS_3$] 而溶解。将三硫化二砷(Ⅲ)(As_2S_3) 氧化成硫代砷(Ⅴ)酸盐而溶解。

多硫化物有一定的还原性，能被强的氧化剂氧化：

$$3FeS_2 + 11O_2 \longrightarrow Fe_3O_4 + 6SO_3$$

多硫化钠 Na_2S_x 和多硫化铵 $(NH_4)_2S_x$ 可用作分析试剂。多硫化钠也用于制聚硫橡胶和硫化染料。多硫化钙是农药石灰硫黄合剂的主要成分，可在石灰悬浮液中加入硫黄煮沸而得。

13.3.4 硒、碲及其化合物

硒、碲为稀散金属（准金属），在自然界中和一些硫化物矿伴生在一起，但是从这些伴生矿中提取硒、碲没有实际的经济价值。电解精炼铜所得的阳极泥是硒、碲的主要来源。阳极泥中硒、碲主要以硒化物和碲化物的形式存在。处理阳极泥的方法是苏打烧结法，将阳极泥与纯碱一起在空气中焙烧，然后用水浸取可得到 Na_2SeO_3 和 Na_2TeO_3：

$$Ag_2Se + Na_2CO_3 + O_2 \xrightarrow{650℃} 2Ag + Na_2SeO_3 + CO_2$$
$$Cu_2Se + Na_2CO_3 + 2O_2 = 2CuO + Na_2SeO_3 + CO_2$$
$$Cu_2Te + Na_2CO_3 + 2O_2 = 2CuO + Na_2TeO_3 + CO_2$$

用硫酸中和碱性浸取液，碲以 $TeO_2 \cdot nH_2O$ 形式沉淀，而硒以 Na_2SeO_3 形式留在溶液中，通入 SO_2 于溶液中则析出硒：

$$Na_2SeO_3 + 2SO_2 + H_2O = Se + H_2SO_4 + Na_2SO_4$$

含碲高的阳极泥提取碲可采用硫酸化焙烧法：干燥后阳极泥在 250℃ 下进行硫酸化焙烧，然后在 700℃ 使二氧化硒挥发，碲则留在焙烧渣中。对于高纯碲的制取主要采用电解法：

$$Na_2TeO_3 + H_2O \xrightarrow{电解} Te + 2NaOH + O_2$$

(1) 单质

硒至少有6种同素异形体,在已知的六种固体同素异形体中,三种晶体(α-单斜体、β-单斜体和灰色三角晶)是最重要的,为灰色金属光泽的固体,α-型的熔点为217℃。沸点为684.9℃。非晶态固体形式存在的硒有红色和黑色的两种无定形玻璃状的硒。

硒在空气中燃烧发出蓝色火焰,生成二氧化硒(SeO_2)。也能直接与各种金属和非金属反应,包括氢和卤素。不能与非氧化性的酸作用,但它溶于浓硫酸、硝酸和强碱中。

碲有两种同素异形体,一种为结晶形、具有银白色金属光泽,性脆,密度6.25 g·cm^{-3},熔点452℃,沸点1390℃,硬度是2.5(莫氏硬度),不溶于同它不发生反应的所有溶剂。另一种为无定形,黑色粉末,密度6.00g·cm^{-3},熔点(449.5±0.3)℃,沸点(989.8±3.8)℃,易传热和导电。

碲的化学性质与硒相似,在空气或氧中燃烧生成二氧化碲,发出蓝色火焰;易和卤素剧烈反应生成碲的卤化物,但不与硫、硒反应。在高温下不与氢作用。溶于硫酸、硝酸、氢氧化钾和氰化钾溶液。

(2) 化合物

硒、碲可以形成许多稳定的化合物,主要包括硒化物和碲化物以及氧化物和含氧酸及其盐等。

① 氢化物 在一定条件下,使硒和氢直接化合,或FeSe与酸作用,Al_2Se_3水解均可生成H_2Se:

$$H_2(g) + Se(g) \xrightarrow[表面催化]{\triangle} H_2Se(g)$$

$$FeSe + 2HCl \longrightarrow H_2Se\uparrow + FeCl_2$$

$$Al_2Se_3 + 6H_2O \longrightarrow 3H_2Se\uparrow + 2Al(OH)_3\downarrow$$

由于H_2Te的热稳定性差,不能由单质直接化合生成,但可用碲化物与酸作用或水解的方法制备。

H_2Se是一种无色、易燃、剧毒气体,带有令人非常不愉快的气味,是目前世界上最臭的物质;熔点为-66.1℃,沸点为-41.1℃,溶于水、二硫化碳;与空气混合能形成爆炸性混合物。遇明火、高热能引起燃烧爆炸。燃烧时呈蓝色火焰。

H_2Se的水溶液为二元弱酸(氢硒酸),酸的离解常数分别为$K_{a1}^{\ominus}=1.30\times10^{-4}$、$K_{a2}^{\ominus}=1\times10^{-11}$。可直接与大多数金属反应生成硒化物。硒化氢具有很强的还原性,在空中能被氧化成红色硒。

H_2Te是无色而有恶臭的气体。密度4.49g·cm^{-3}。熔点-51℃。液体为黄绿色,沸点-4℃,有剧毒!稍溶于水生成碲氢酸。燃烧时呈青白色火焰。

H_2Te的水溶液为二元弱酸(氢碲酸),酸的离解常数分别为$K_{a1}^{\ominus}=2.3\times10^{-3}$、$K_{a2}^{\ominus}=1.6\times10^{-11}$。0℃以上不稳定,在潮湿空气中或太阳光下迅速分解,易被空气氧化生成二氧化碲。易被二氧化硫氧化生成元素碲。和各种金属盐的溶液反应生成金属碲化物或金属碲氢化物。

② 氧化物和含氧酸 硒和碲在空气中燃烧可分别得到SeO_2和TeO_2。

二氧化硒为白色或微红色有光泽针状结晶粉末,剧毒,密度3.95g·cm^{-3}(15℃),熔点340~350℃,315℃时升华,蒸气呈黄绿色,有蒜臭和刺激味,易潮解,易溶于水、甲醇、乙醇、乙醚、丙酮,易被碳或有机物还原,不会燃烧,但遇明火、高温时会放出极毒蒸气,用作某些有机反应中的氧化剂、催化剂等。

溶于水生成H_2SeO_3,亚硒酸为白色固体,是二元弱酸,$K_{a1}^{\ominus}=3.5\times10^{-3}$、$K_{a2}^{\ominus}=5\times$

10^{-8},具有氧化还原性:

$$\varphi^{\ominus}_{H_2SeO_3/Se}=0.74V, \quad \varphi^{\ominus}_{SeO_4^{2-}/H_2SeO_3}=1.15V$$

H_2SeO_3 能被 H_2S、SO_2 和 KI 溶液还原成 Se,也可被 H_2O_2、$HClO_3$、$KMnO_4$ 等氧化成 H_2SeO_4。

$$5H_2SeO_3 + 2HClO_3 \longrightarrow 5H_2SeO_4 + Cl_2 + H_2O$$

二氧化碲 TeO_2 有四角和斜方两种晶型,白色结晶粉末,无臭。熔点为733℃,熔化为红色液体。相对密度为5.66(0℃)(四方),5.91(0℃)(斜方)。不溶于水和硝酸,溶于强酸和强碱。用于防腐和测定疫苗中的细菌等。

因为 TeO_2 不溶于水。所以亚碲酸 H_2TeO_3 是由 TeO_2 溶于碱中再酸化结晶而得到的。H_2TeO_3 也是白色晶体,为二元弱酸,$K^{\ominus}_{a1}=3\times 10^{-3}$、$K^{\ominus}_{a2}=2\times 10^{-8}$,也具有氧化还原性。

$$\varphi^{\ominus}_{TeO_2/Te}=0.53V, \quad \varphi^{\ominus}_{H_6TeO_6/TeO_2}=1.02V$$

将 Te(Ⅳ) 氧化成 Te(Ⅵ),需要强的氧化剂:

$$3TeO_2 + H_2Cr_2O_7 + 6HNO_3 + 5H_2O \longrightarrow 3H_6TeO_6 + 2Cr(NO_3)_3$$

三氧化硒 SeO_3 为白色易潮解的固体,118℃时熔化,但在100℃以上升华,165℃以上分解,分解成二氧化物和氧:

$$SeO_3 \xrightarrow{\triangle} SeO_2 + \frac{1}{2}O_2$$

将亚硒酸盐与强氧化剂作用可制得硒酸,如将亚硒酸银和溴水反应后,除去沉淀溴化银,煮沸赶走多余的溴即得硒酸:

$$Ag_2SeO_3 + Br_2 + H_2O == 2AgBr\downarrow + H_2SeO_4$$

纯硒酸(H_2SeO_4)是无色六方柱晶体,相对密度为3.004,熔点为58℃(易过冷),沸点为260℃(分解),极易潮解,易溶于水,不易挥发,有毒。无水硒酸溶于水,其浓度可高达99%。溶于硫酸不溶于液氨,在乙醇中分解。

硒酸的水溶液和硫酸的酸性接近,第一步也是完全电离的,$K^{\ominus}_{a2}=1.1\times 10^{-2}$(25℃)。硒酸是强氧化剂,其氧化性强于硫酸,不但能氧化硫化氢、二氧化硫、I^-,Br^- 等,中等浓度硒酸就能氧化 Cl^-,如:

$$H_2SeO_4 + 6H^+ + 6I^- == Se + 3I_2 + 4H_2O$$
$$H_2SeO_4 + 2H^+ + 2Cl^- == SeO_2 + Cl_2 + 2H_2O$$

热的无水硒酸不但能溶解 Ag,也能溶解 Au、Pd,在 Cl^- 存在下还可溶解 Pt。

$$2Au + 6H_2SeO_4 == Au_2(SeO_4)_3 + 3H_2SeO_3 + 3H_2O$$

高浓度时,也能使有机物炭化。

三氧化碲 TeO_3 有两种晶型,一种是橙黄色的 α-TeO_3,一种是灰色的 β-TeO_3。α-TeO_3 的结构与三氟化铁相似,密度 $5.075g\cdot cm^{-3}$。熔点400℃(分解)。吸湿性强,难溶于水,也难溶于弱酸和碱,但可溶于浓氢氧化钾,由加热碲酸至300℃制得。α-TeO_3 与氧气和硫酸在密封容器中加热,可得 β-TeO_3。α-TeO_3 受热分解,首先生成五氧化二碲,而后进一步分解成二氧化碲。

碲酸 H_6TeO_6(原碲酸)为白色晶体,密度 $3.425g\cdot cm^{-3}$,熔点136℃,分子构型为八面体,溶于热水及碱,不溶于冷水。由硫酸与碲酸钡作用或用强氧化剂氧化碲制得。

$$5Te + 6HClO_3 + 12H_2O == 5H_6TeO_6 + 3Cl_2$$
$$5TeO_2 + 2KMnO_4 + 6HNO_3 + 12H_2O == 5H_6TeO_6 + 2KNO_3 + 2Mn(NO_3)_2$$

碲酸是三元弱酸:$K^{\ominus}_{a1}=2\times 10^{-8}$,$K^{\ominus}_{a2}=10^{-11}$,$K^{\ominus}_{a3}=10^{-15}$。它也是强的氧化剂,但

氧化性没硒酸强，可被 SO_2 还原为 Te，和热盐酸反应还原为 H_2TeO_3：

$$H_6TeO_6 + 3SO_2 == Te + 3H_2SO_4$$

$$H_6TeO_6 + 2HCl == H_2TeO_3 + Cl_2 + 3H_2O$$

13.4 氮族元素

周期表ⅤA族包括氮（N）、磷（P）、砷（As）、锑（Sb）、铋（Bi）五种元素。其中氮、磷是非金属元素，砷是准金属，锑和铋是金属（其性质在金属元素部分介绍）。氮、磷、砷三种元素的性质列于表 13-14。

表 13-14 氮、磷、砷三种元素的性质

性　质	元　素		
	氮	磷	砷
原子序数	7	15	23
原子量	14.01	30.97	74.92
存在状态	气体	固体	固体
熔点/℃	−209.9	44.1	817
沸点/℃	−195.8	280	613
电子构型	$[He]2s^22p^3$	$[Ne]3s^23p^3$	$[Ar]3d^{10}4s^24p^3$
主要氧化态	−3,−2,−1,0,+1,+2,+3,+4,+5	−3,0,+1,+3,+5	−3,0,+3,+5
共价半径/pm	70	110	121
第一电离能/kJ·mol^{-1}	1402	1012	947.8
第一电子亲和能/kJ·mol^{-1}	7	−72	−78
电负性（鲍林标度）	3.04	2.19	2.18
（阿莱-罗周标度）	3.07	2.06	2.20
M—M 单键键能/kJ·mol^{-1}	−167	201	146
M≡M 三键键能/kJ·mol^{-1}	942	481	380

氮、磷、砷价电子构型为 ns^2np^3。由于它们的电负性比同周期的ⅦA、ⅥA族元素的小，因此能与卤素、氧、硫反应，主要形成氧化态为+3 和+5 的共价化合物。它们与电负性小的氢则形成氧化态为−3 的共价型氢化物。总之，形成共价化合物是这三种元素的主要特征。在氮、磷、砷氧化态为−3 的化合物中，只有金属氮化物是离子性，含有 N^-。磷和砷单质比较活跃，氮单质只有在高温下才表现出化学活性。氮、磷、砷的五氧化物和三氧化物都是酸性氧化物，其+5 价的含氧酸根离子稳定性依次降低。

13.4.1 氮及其化合物

(1) 氮单质

① 氮气的自然界的分布和制备　氮在地壳中的含量是 0.0046%（质量分数），大部分的氮是以单质状态存在于空气中。除土壤中含有一些铵盐、硝酸盐外，很少以无机化合物形式存在于自然界。化合态的氮主要存在于有机体中，它是组成植物体的蛋白质的重要元素。

氮气工业上大量制备是将空气液化，然后分馏，得到的氮气中常含有少量的氩气和氧气。目前是采用较先进的膜分离技术、变压吸附技术等制备氮气。膜分离的原理是利用不同

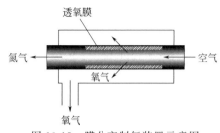

图 13-18 膜分离制氮装置示意图

气体在膜中溶解和扩散系数的差异来实现气体的分离。当洁净压缩空气在驱动力——膜两侧压力差作用下，渗透速率相当快的气体如氧气、水汽、氢气、二氧化碳等透过膜后，在膜的渗透侧被富集，而渗透速率相当慢的气体如氮气、氩气等被滞留在膜的滞留侧被富集从而达到混合气体分离的目的，制备所需纯度的氮气。其分离装置见图 13-18。

实验室中制备少量氮气最常用的有以下几种方法。

a. 加热亚硝酸铵的溶液：

$$NH_4NO_2 \xrightarrow{343K} N_2\uparrow + 2H_2O$$

b. 亚硝酸钠与氯化铵的饱和溶液相互作用：

$$NH_4Cl + NaNO_2 = N_2\uparrow + NaCl + 2H_2O$$

c. 将氨通过红热的氧化铜：

$$2NH_3 + 3CuO = 3Cu + N_2\uparrow + 3H_2O$$

d. 氨与溴水反应：

$$8NH_3 + 3Br_2(aq) = N_2\uparrow + 6NH_4Br$$

e. 重铬酸铵加热分解：

$$(NH_4)_2Cr_2O_7 \xrightarrow{\triangle} N_2\uparrow + Cr_2O_3 + 4H_2O$$

② 氮单质物理化学性质 单质氮在常温下是一种无色无臭的气体，在标准状态下的气体密度是 $1.25g·dm^{-3}$，氮气在标准大气压下，冷却至 $-195.8℃$ 时，变成无色的液体，冷却至 $-209.86℃$ 时，液态氮变成雪状的固体。因此它是个难于液化的气体，只有在加压和极低的温度下，才能得到液氮。氮气在水里溶解度很小，在常温常压下，1 体积水中大约只溶解 0.02 体积的氮气。

常温下，N_2 化学性质不活泼，是由它的分子结构所决定的。其结构式为：:N≡N:，含有 1 个 σ 键和 2 个 π 键。N_2 的分子轨道表达式为：$[KK(\sigma_{2s})^2(\sigma_{2s}^*)^2(\pi_{2p_y})^2(\pi_{2p_z})^2(\sigma_{2p_x})^2]$，分子中电子最高占据分子轨道（HOMO）与最低未占分子轨道（LUMO）之间的能量差大，使得 N_2 分子不能进行简单的电子转移的氧化还原反应，因此 N_2 分子很稳定。此外由 N_2 分子三重键的键能也可知 N_2 分子很稳定。由表 13-15 可知，N_2 分子的总三重键的键能（$946kJ·mol^{-1}$）很高，断开第一个键所需的能量（$528kJ·mol^{-1}$）较大。

表 13-15 N_2 的键能   单位：$kJ·mol^{-1}$

N≡N	N=N	N—N
946	418	160
$\Delta_1 = 528$		$\Delta_2 = 258$

在高温下，N_2 有很高的化学活泼性，可与其它元素反应生成氮化物，如：

$$3Mg + N_2 = Mg_3N_2(Ca,Sr,Ba 类似)$$

$$2B + N_2 = 2BN(Al 类似)$$

氮与 O_2 在高温或放电条件下直接化合成 NO，即：

$$N_2 + O_2 = 2NO\uparrow$$

在高温、高压和催化剂存在条件下，氮与 H_2 反应生成 NH_3：

$$N_2 + 3H_2 \xrightarrow[催化剂]{高温、高压} 2NH_3$$

在常温下可与锂反应生成氮化锂,即:

$$6Li + N_2 =\!=\!= 2Li_3N$$

把空气中的 N_2 转化为可利用的含氮化合物叫作固氮。雷雨闪电时生成 NO,某些微生物和藻类,豆科植物如大豆、花生的根瘤等的生物固氮方法,都能将空气中的 N_2 转变为可利用的化合氮,这都是自然界中的固氮方法,也可用空气燃烧法(电弧法)、氰氨基盐法、合成氨法进行人工固氮。生物固氮法的研究将为在常温常压下固氮制氨开辟广泛的应用前景。

③ 氮在化合物中的成键特征

a. 形成离子(N^{3-})化合物。N 原子有较高的电负性,能与碱金属、碱土金属及 B、Al 等形成离子型化合物。N^{3-} 的负电荷较高,半径较大(171pm),遇到水分子会强烈水解,生成 NH_3 和金属氢氧化物,因此离子型化合物只能存在于干态,不会有 N^{3-} 的水合离子。

$$Mg_3N_2 + 6H_2O =\!=\!= 2NH_3\uparrow + 3Mg(OH)_2$$

b. 形成共价键。N 原子同电负性较高的非金属形成化合物时,形成如下几种共价键。

(a) N 原子采取 sp^3 杂化,形成三个共价键,为不等性杂化,分子构型为三角锥形,例如 NH_3、NF_3、NCl_3 等。若形成四个共价单键,为等性杂化,则分子构型为正四面体型,例如 NH_4^+。

(b) N 原子采取 sp^2 杂化,形成一个共价单键和一个共价双键,并保留有一对孤电子对,分子构型为角形,例如 Cl—N=O。若没有孤电子对时,则分子构型为三角形,例如 HNO_3 分子或 NO_3^-。硝酸分子中 N 原子分别与三个 O 原子形成三个 σ 键,它的未杂化 p 轨道上的一对电子和两个 O 原子的成单 p 电子形成一个三中心四电子的不定域 Π 键。在硝酸根离子中,三个 O 原子和中心 N 原子之间形成一个四中心六电子的不定域大 Π 键。这种结构使硝酸中 N 原子的表观氧化数为 +5,由于存在大 Π 键,硝酸盐在通常是足够稳定的。

(c) N 原子采取 sp 杂化,形成一个共价三键,并保留有一对孤电子对,分子构型为直线形,例如 N_2 分子和 CN^- 中 N 原子的结构。

c. 形成配位键。N 原子在形成单质或化合物时,常保留有孤电子对,因此这样的单质或化合物便可作为电子对给予体,向金属离子配位。例如 $[Cu(NH_3)_4]^{2+}$、$[Ru(NH_3)_5N_2]^{2+}$ 等。

(2) 氮的氧化物、含氧酸和盐

① 氮的氧化物 氮和氧有多种不同的化合形式,在氧化物中氮的氧化态可以从 +1 到 +5,所有氧化物在热力学上都是不稳定的,除 N_2O 外,其它都有毒性。在工业废气和汽车尾气中含有多种氮氧化物,主要是 NO 和 NO_2,能破坏臭氧层,产生光化学烟雾,是造成大气污染的来源之一。这些氧化物的物理性质和结构见表 13-16,制备及主要化学性质见表 13-17。

表 13-16 氮的氧化物的物理性质和结构

化学式	性　状	熔点/K	沸点/K	结　　构
N_2O	无色气体(俗称笑气)	182	184.5	:N≡N—Ö: N 以 sp 杂化轨道成键,2 个 σ 键和 2 个 Π_3^4 键
NO	气体、液体和固体都是无色	109.5	121	:N≡O: N 以 sp 杂化轨道成键,1 个 σ 键和 1 个 Π 键,1 个三电子 π 键
N_2O_3	蓝色固体存在于低温;气态时大部分分解为 NO_2 和 NO	172.4	276.5 (分解)	固体有两种构型:一为不稳定结构 ONONO;二为稳定结构 $ONNO_2$,见左图 N 以 sp^2 杂化轨道成键,4 个 σ 键和 1 个 Π_5^6 键

续表

化学式	性状	熔点/K	沸点/K	结构	
NO_2	红棕色气体	262	294.5（分解）	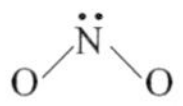 O—N—O	N 以 sp^2 杂化轨道成键，2个σ键和1个 Π_3^3 键
N_2O_4	无色气体	261.9	294.3	 O₂N—NO₂	N 以 sp^2 杂化轨道成键，5个σ键和2个 Π_3^4 键
N_2O_5	无色固体在280K以下稳定，气体不稳定	305.6	(升华)	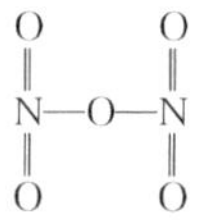 O₂N—O—NO₂	固体由 NO_2^+、NO_3^- 离子组成，见左图。NO_2^+ 是直线形的对称结构。NO_3^- 与硝酸根结构相同，3个O原子和中心N原子在同一平面上成三角形，3个σ键，1个 Π_4^6 键。气相中 N 以 sp^2 杂化轨道成键，6个σ键和2个 Π_3^4 键

表 13-17　氮氧化物的制备和化学性质

化学式	制备	化学性质
N_2O	$NH_4NO_3 \xrightarrow{190\sim300℃} N_2O + 2H_2O$	室温下不活泼，有毒，易溶于水，但不与水作用，能助燃，可用作麻醉剂
NO	$3Cu + 8HNO_3(稀) == 3Cu(NO_3)_2 + 2NO + 4H_2O$	不助燃，结构不饱和故有加合反应，例如： $2NO + Cl_2 == 2NOCl$ $2NO + O_2 == 2NO_2$ 可作配位剂如： $FeSO_4 + NO == [Fe(NO)]SO_4$
N_2O_3	$NO + NO_2 == N_2O_3$	室温下迅速分解为 NO 和 NO_2
NO_2	$2NO + O_2 == 2NO_2$ $Cu + 4HNO_3(浓) == Cu(NO_3)_2 + 2NO_2 + 2H_2O$ $2Pb(NO_3)_2 \xrightarrow{\triangle} 2PbO + 4NO_2 + O_2$	溶于水生成硝酸： $2NO_2 + H_2O == HNO_3 + HNO_2$ 低温下聚合成 N_2O_4 $2NO_2 \rightleftharpoons N_2O_4$ 有氧化还原性，以氧化性为主 $NO_2 + H_2S == NO\uparrow + S\downarrow + H_2O$ $2NO_2 + O_3 == N_2O_5 + O_2\uparrow$
N_2O_4	$2NO_2 \rightleftharpoons N_2O_4$	极易离解成 NO_2，溶于水生成硝酸和亚硝酸： $N_2O_4 + H_2O == HNO_3 + HNO_2$ 强氧化剂，与胺、肼等接触能自燃，可用作火箭推进剂的氧化剂
N_2O_5	$2NO_2 + O_3 == N_2O_5 + O_2\uparrow$ $P_4O_{10} + 4HNO_3 + 4H_2O \xrightarrow{-10℃} 2N_2O_5 + 4H_3PO_4$	易潮解，挥发时分解成 NO_2 和 O_2，极不稳定，能爆炸性分解，强氧化剂，溶于水生成硝酸： $N_2O_5 + H_2O == 2HNO_3$

② 氮的含氧酸和盐　氮有一系列含氧酸，如连二亚硝酸（$H_2N_2O_2$）、次硝酸（HNO）、亚硝酸（HNO_2）、硝酸（HNO_3）等。其中以亚硝酸和硝酸最为重要。

a. 亚硝酸及其盐。将强酸加到冷冻的亚硝酸盐溶液中，可制得亚硝酸溶液。

$$Ba(NO_2)_2 + H_2SO_4 == 2HNO_2 + BaSO_4$$

$$NaNO_2 + H_2SO_4 \Longrightarrow HNO_2 + NaHSO_4$$

当将等物质量的 NO 和 NO_2 混合物溶解在被冰冻的水中，也可生成亚硝酸。

$$NO + NO_2 + H_2O \Longrightarrow 2HNO_2$$

亚硝酸是弱酸，比醋酸略强。它很不稳定，仅能存在于冷的稀溶液中，在较浓的溶液中要分解。

$$2HNO_2 \Longrightarrow N_2O_3(蓝色) + H_2O \Longrightarrow NO_2(棕色) + NO + H_2O$$

$$3HNO_2 \Longrightarrow HNO_3 + 2NO\uparrow + H_2O$$

亚硝酸分子中 N 采取 sp^2 不等性杂化，与两个 O 形成 σ 键，N 的孤电子对占据一个杂化轨道，N 一个未参与杂化的 p 轨道与非羟基 O 的一个 p 轨道肩并肩重叠形成一个 π 键。HNO_2 的结构见图 13-19。

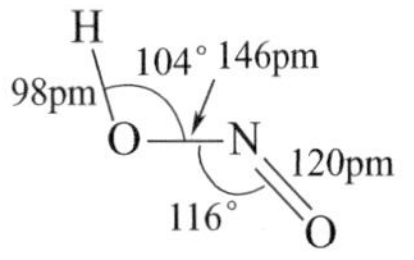

亚硝酸根离子 NO_2^- 的结构为 N 采取 sp^2 不等性杂化，与两个 O 形成 σ 键，N 的孤对电子对占据一个杂化轨道；此外 N 一个未参与杂化的 p 轨道有一个成单电子，二个 O 各有一个具有成单电子 p 轨道，加上一个外来电子形成 Π_3^4 键。

图 13-19 亚硝酸分子结构示意图

亚硝酸盐比较稳定，用金属在高温下还原硝酸盐或将 NO 和 NO_2 通入碱溶液中可制得亚硝酸盐。

$$Pb(粉) + NaNO_3 \Longrightarrow PbO + NaNO_2$$

$$NO + NO_2 + 2NaOH \Longrightarrow 2NaNO_2 + H_2O$$

亚硝酸盐大多易溶于水，无色（除 $AgNO_2$ 不溶于水，且呈浅黄色外），碱金属的亚硝酸盐很稳定，熔融时也不分解。其余金属的亚硝酸盐在高温时会分解为 NO、NO_2 和金属氧化物（银盐分解为银），如：

$$Pb(NO_2)_2 \Longrightarrow PbO + NO_2\uparrow + NO\uparrow$$

亚硝酸及其盐的氧化还原性不仅和溶液的酸碱性有关，还和与它反应的氧化剂或还原剂的相对强弱有关。在酸性介质中，主要呈氧化性。

$$2HNO_2 + 2KI + 2HCl \Longrightarrow 2NO\uparrow + I_2 + 2KCl + 2H_2O$$

$$2NaNO_2 + 2KI + 4HCl \Longrightarrow 2NO\uparrow + I_2 + 2KCl + 2NaCl + 2H_2O$$

酸性介质中，有强的氧化剂时，亚硝酸及其盐才能作为还原剂被氧化，如：

$$5HNO_2 + 2KMnO_4 + 3H_2SO_4 \Longrightarrow 5HNO_3 + K_2SO_4 + 2MnSO_4 + 3H_2O$$

$$NO_2^- + Cl_2 + H_2O \Longrightarrow NO_3^- + 2H^+ + 2Cl^-$$

在碱性溶液中，NO_2^- 以还原性为主，空气中的氧能将 NO_2^- 氧化成 NO_3^-。

$$2NO_2^- + O_2 \Longrightarrow 2NO_3^-$$

但遇到更强的还原剂时，NO_2^- 则成了氧化剂。如：

$$2Al + NO_2^- + OH^- + H_2O \Longrightarrow NH_3 + 2AlO_2^-$$

NO_2^- 可作配体形成两种配合物，一种以 N 原子配位称硝基配合物，以 O 原子配位叫亚硝酸根配合物，这种异构称为键合异构。如配离子 $[Co(NH_3)_5(NO_2)]^{2+}$，硝基配合物为黄色，亚硝酸根配合物为红色。一般亚硝酸根配合物的稳定性比硝基配合物的稳定性差，亚硝酸根配合物放置时可异构化为硝基配合物。

b. 硝酸（nitric acid）及其盐（nitrate）

（a）硝酸。硝酸是工业上重要的无机酸之一，它是制造炸药、燃料、硝酸盐和其它化学药品的重要原料。

纯 HNO_3 是无色液体。沸点 83℃，易挥发，属挥发性酸。HNO_3 与水可以任意比例互溶。通常市售的 HNO_3 是硝酸的水溶液，其质量分数为 0.68～0.70，密度为 $1.4g\cdot cm^{-3}$，物质的量浓度为 15mol·L^{-1}，沸点 122℃。溶有 NO$_2$（质量分数为 0.1～0.2）的浓硝酸 [w(HNO$_3$)＞0.80]称为发烟硝酸。

由于 N$_2$ 的键能大，难以用 N$_2$ 直接氧化制备 HNO$_3$。1900 年以前，大量的硝酸制备采用硝酸盐与浓硫酸反应制得：

$$NaNO_3 + H_2SO_4(浓) \xrightarrow{120\sim150℃} HNO_3 + NaHSO_4$$

1903 年用电弧法直接用 N$_2$ 和 O$_2$ 合成 HNO$_3$ 获得成功。让空气通过温度为 4273K 的电弧，然后将混合气体迅速冷却到 1473K 以下，可以得到 NO 气体，进一步冷却，并使得 NO 与 O$_2$ 作用变成 NO$_2$，然后用水吸收制成硝酸。

$$\frac{1}{2}N_2(g) + \frac{5}{4}O_2(g) + \frac{1}{2}H_2O(l) \xrightarrow{电弧} HNO_3(l)$$

此方法受技术和设备以及成本高限制难以推广应用。

目前硝酸的生产采用氨催化氧化法，该法于 1901 年获得成功，是目前主要的工业制造硝酸的方法。在 1273K 和铂网（90%Pt，10%Rh 合金网）为催化剂时，NH$_3$ 可以被空气中的 O$_2$ 氧化成 NO，NO 进一步与 O$_2$ 作用生成 NO$_2$，NO$_2$ 被水吸收就成为硝酸：

$$NH_3(g) + 2O_2(g) \xrightarrow{Pt\text{-}Rh 合金网} HNO_3(l) + H_2O(l)$$

用这种方法制得的硝酸溶液含 HNO$_3$ 约 50%，若要得到更高浓度的酸，可在稀 HNO$_3$ 中加浓 H$_2$SO$_4$ 作为吸水剂，然后蒸馏。

HNO$_3$ 分子为平面三角形结构，在 HNO$_3$ 分子中，N 原子采取 sp^2 杂化，形成三个 σ 键，三个 O 原子围绕 N 原子在同一平面上成三角形状。N 原子一个 p 轨道上的一对电子和两个 O 原子的成单 p 电子形成一个垂直于平面的三中心四电子的不定域 Π 键。在 NO$_3^-$ 中，每个 ∠ONO 键角是 120°，N 原子仍是 sp^2 杂化，除形成三个 σ 键外，还与三个 O 原子形成一个 Π_4^6 键。如图 13-20。

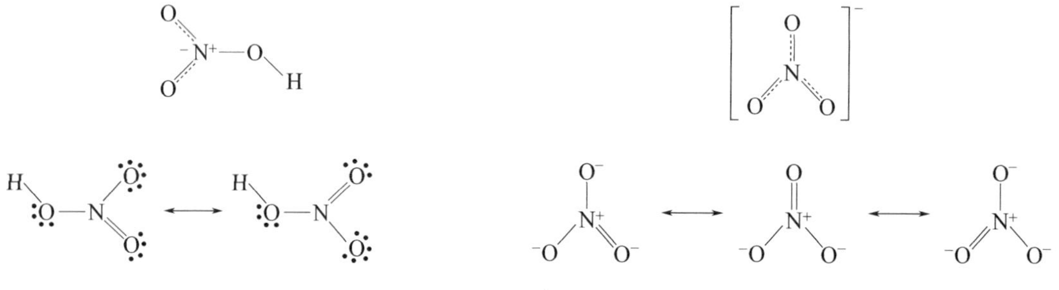

图 13-20 HNO$_3$ 和 NO$_3^-$ 的结构

硝酸的主要化学性质如下。

不稳定性：HNO$_3$ 受热或见光都会逐渐分解：

$$4HNO_3 === 4NO_2\uparrow + O_2\uparrow + 2H_2O$$

温度愈高，浓度愈大，分解愈快。因此在实验室常把硝酸装在棕色瓶中。硝酸分解时产生红棕色的 NO$_2$，NO$_2$ 溶于硝酸使硝酸呈黄到红色，溶解越多，颜色越深。

氧化性：硝酸是一种强氧化性的酸，它能氧化许多非金属和金属，还原产物主要取决于金属的活泼型、硝酸的浓度和反应温度。尽管硝酸的还原产物不是单一的，但其具有一定的规律性。浓硝酸的还原产物主要是 NO$_2$，稀硝酸的主要产物为 NO。与金属反应，其还原产物主要取决于硝酸的浓度和金属的活泼性，活泼金属（如 Mg、Zn 等）与硝酸反应，其主要产物是 N$_2$O，甚至是 NH$_4^+$，如：

$$3Cu + 8HNO_3(稀) === 3Cu(NO_3)_2 + 2NO\uparrow + 4H_2O$$

$$Cu + 4HNO_3(浓) =\!=\!= Cu(NO_3)_2 + 2NO_2\uparrow + 2H_2O$$
$$4Zn + 10HNO_3(稀) =\!=\!= 4Zn(NO_3)_2 + N_2O\uparrow + 5H_2O$$
$$4Zn + 10HNO_3(很稀) =\!=\!= 4Zn(NO_3)_2 + NH_4NO_3 + 3H_2O$$

浓硝酸与非金属如 C、S、P、I_2 等的还原产物主要是 NO,如:

$$3C + 4HNO_3(浓) \xrightarrow{\triangle} 3CO_2\uparrow + 4NO\uparrow + 2H_2O$$
$$3P + 5HNO_3(浓) + 2H_2O =\!=\!= 3H_3PO_4\uparrow + 5NO\uparrow$$
$$S + 2HNO_3 =\!=\!= H_2SO_4 + 2NO\uparrow$$
$$3I_2 + 10HNO_3 \xrightarrow{\triangle} 6HIO_3 + 10NO\uparrow + 2H_2O$$

有些金属能溶于稀 HNO_3,而不溶于冷、浓 HNO_3,如 Fe、Al、Cr 等,这是因为这些金属表面被浓 HNO_3 氧化,生成了一层不溶于 HNO_3 的致密氧化膜,保护了金属内部不能再与酸反应,即"钝化"。这就是能用铝制容器运输浓硝酸的原因。

浓硝酸与 Sn、As、Sb、Mo、W 等金属反应生成水合氧化物或含氧酸,如:

$$Sn + 4HNO_3 =\!=\!= SnO_2 + 4NO_2\uparrow + 2H_2O$$
$$2Sb + 6HNO_3 =\!=\!= Sb_2O_3 + 6NO_2\uparrow + 3H_2O$$

铂或金等不活泼金属不溶于 HNO_3,但可溶于王水。这是由于王水中高浓度的 Cl^- 与金属形成稳定的配离子,使金或铂的浓度降低,电极电势降低,增强了金或铂的还原性。如 HNO_3 氧化 Au,其相关的电极电势为:$\varphi^{\ominus}_{Au^{3+}/Au}=1.5V$,$\varphi^{\ominus}_{AuCl_4^-/Au}=1.00V$,$\varphi^{\ominus}_{NO_3^-/NO}=0.96V$。因此没有 Cl^- 存在,HNO_3 不能氧化 Au,而有 Cl^- 存在时,生成 $AuCl_4^-$ 增强了 Au 的还原能力,使 HNO_3 能氧化 Au,反应如下:

$$Au + HNO_3 + 4HCl =\!=\!= HAuCl_4 + NO\uparrow + 2H_2O$$

(b) 硝酸盐 (nitrate)。硝酸盐大多数都是无色易溶的晶体,室温下,所有硝酸盐都十分稳定,加热时固体硝酸盐则发生分解。硝酸盐的分解形式有以下三类。

碱金属、碱土金属的硝酸盐加热时,分解产物为亚硝酸盐和氧。

$$2KNO_3 \xrightarrow{\triangle} 2KNO_2 + O_2\uparrow$$

位于金属活动顺序镁和铜之间的金属硝酸盐在加热时,可分解为金属氧化物、氮的氧化物和氧。如:

$$2Pb(NO_3)_2 \xrightarrow{\triangle} 2PbO + 4NO_2 + O_2\uparrow$$

位于金属铜以下的活泼性更小的金属硝酸盐,加热时,可分解为金属单质、氮的氧化物和氧。如:

$$2AgNO_3 \xrightarrow{\triangle} 2Ag + 2NO_2 + O_2\uparrow$$

硝酸铵的分解产物与温度有关:

$$NH_4NO_3 \xrightarrow{200\sim 260℃} N_2O + 2H_2O$$
$$2NH_4NO_3 \xrightarrow{>300℃} 2N_2 + O_2 + 4H_2O$$

NO_3^- 可作为配体形成配合物,其中最常见的是作为对称的双齿配体,但也可作为单齿配体,见图 13-21。

(c) NO_3^- 和 NO_2^- 的鉴定(棕色环试验)。在硝酸盐溶液中加入少量 $FeSO_4$ 固体,再小心加入浓 H_2SO_4,在浓 H_2SO_4 与溶液的界面上出现"棕色环"$[Fe(NO)(H_2O)_5]^{2+}$——亚硝酸酰五水合亚铁配离子。

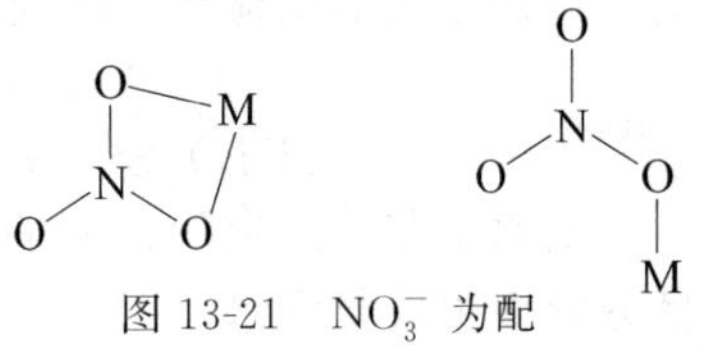

$$3Fe^{2+} + NO_3^- + 4H^+ \longrightarrow 3Fe^{3+} + NO + 2H_2O$$

图 13-21 NO_3^- 为配体的配合物

$$[Fe(H_2O)_6]^{2+} + NO \longrightarrow [Fe(NO)(H_2O)_5]^{2+} + H_2O$$

亚硝酸根离子在 HAc 的酸性介质中，与 $FeSO_4$ 反应，本身被还原为 NO，使溶液呈棕色，也可鉴定 NO_2^-。

$$NO_2^- + Fe^{2+} + 2H^+ \Longleftrightarrow Fe^{3+} + NO + H_2O$$

用硫酸亚铁鉴定 NO_3^- 和 NO_2^- 时，主要区别在于介质的酸性不同。另外，在弱酸性介质中，NO_2^- 能氧化 I^-，而 NO_3^- 在此条件下却不能氧化 I^-，据此也可鉴定 NO_3^- 和 NO_2^-。

③ 氮的氢化物及铵盐

a. 氨（ammonia）

氨是无色有刺激性气味的气体。因为 NH_3 分子存在氢键，所以它的熔、沸点均高于本族其它元素的氢化物，分别为 $-77.7\,^\circ\text{C}$（195.42K）和 $-33.3\,^\circ\text{C}$（239.81K）。氨极易溶于水，在 $0\,^\circ\text{C}$ 时，1 体积水可溶解 1200 体积的 NH_3，在 $20\,^\circ\text{C}$ 时，可溶解 700 体积的 NH_3。

氨在常温下加压易液化，汽化热较高（$23.32\,kJ\cdot mol^{-1}$），故常用作制冷剂。液氨也是一种很好的非水溶剂。

工业上氨的制备是以煤和天然气等原料制成含氢和氮的粗原料气。然后对粗原料气进行净化处理，除去氢气和氮气以外的杂质制得纯净的氢、氮混合气。将纯净的氢、氮混合气压缩到高压，在催化剂的作用下合成氨。

$$3H_2 + N_2 \xrightleftharpoons[Al_2O_3\cdot Fe_2O_3]{20\times10^3\sim30\times10^3\,kPa,450\,^\circ\text{C}} 2NH_3$$

实验室制备多采用铵盐与碱作用，如：

$$NH_4Cl + NaOH \Longrightarrow NH_3\uparrow + NaCl + H_2O$$

也可用氮化物水解制取氨：

$$Mg_3N_2 + 6H_2O \Longrightarrow 2NH_3\uparrow + 3Mg(OH)_2\downarrow$$

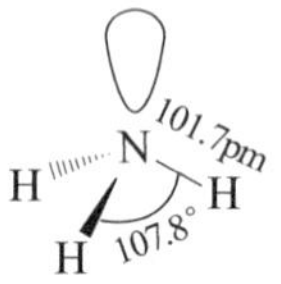

在氨分子中，N 是以 4 个 sp^3 杂化轨道中的 3 个轨道与 3 个 H 原子键合，另一个轨道为未键合的孤电子对所占据，氨分子呈三角锥形（见图 13-22），这样的结构使它具有很强的极性，容易形成氢键。

图 13-22 氨分子结构

氨溶于水称氨水，氨水中存在如下平衡：

$$NH_3(aq) + H_2O \Longleftrightarrow NH_3\cdot H_2O \Longleftrightarrow NH_4^+ + OH^-$$

$$K_b^\ominus = \frac{[NH_4^+][OH^-]}{[NH_3]}$$

因此氨水显弱碱性，具有碱的通性。

（a）能使无色酚酞试液变红色，能使紫色石蕊试液变蓝色，能使湿润红色石蕊试纸变蓝。实验室中常见此法检验 NH_3 的存在。

（b）能与酸反应，生成铵盐。浓氨水与挥发性酸（如浓盐酸和浓硝酸）相遇会产生白烟。

$$NH_3 + HCl \Longrightarrow NH_4Cl(\text{白烟})$$
$$NH_3 + HNO_3 \Longrightarrow NH_4NO_3(\text{白烟})$$

与不挥发性酸（如硫酸、磷酸）作用无此现象。实验室中可用此法检验 NH_3 的存在。工业上，利用氨水的弱碱性来吸收硫酸工业尾气，防止污染环境。

$$SO_2 + 2NH_3\cdot H_2O \Longrightarrow (NH_4)_2SO_3 + H_2O$$
$$(NH_4)_2SO_3 + SO_2 + H_2O \Longrightarrow 2NH_4HSO_3$$

氨水中存在游离的氨分子，因此具有刺激性、挥发性，此外一水合氨不稳定，见光受热易分解而生成氨和水。

$$NH_3\cdot H_2O \Longrightarrow NH_3\uparrow + H_2O$$

氨水是很好的沉淀剂,它能与多种金属离子反应,生成难溶性弱碱或两性氢氧化物。例如:与 Al^{3+} 作用生成的 $Al(OH)_3$ 沉淀不溶于过量氨水。

氨水是很好的配位剂,它与多种金属离子形成配合物,如与 Cu^{2+}、Zn^{2+} 等离子作用,当氨水少量时生成氢氧化物沉淀,当氨水过量时,氢氧化物又转化成配离子而溶解。

$$Zn(OH)_2 + 4NH_3 \cdot H_2O = [Zn(NH_3)_4]^{2+} + 2OH^- + 4H_2O$$

$$Cu(OH)_2 + 4NH_3 \cdot H_2O = [Cu(NH_3)_4]^{2+}(深蓝色) + 2OH^- + 4H_2O$$

NH_3 分子的 N 的氧化态为 -3,处于最低氧化态,在一定条件下呈现还原性,能被氧化剂氧化,如氨在纯氧中燃烧生成氮(火焰呈黄色):

$$4NH_3 + 3O_2 = 2N_2 + 6H_2O$$

在水溶液中能被许多强氧化剂(Cl_2,H_2O_2,$KMnO_4$ 等)所氧化。例如:

$$3Cl_2 + 2NH_3 = N_2 + 6HCl$$

若 Cl_2 过量,则得到 NCl_3:

$$3Cl_2 + NH_3 = NCl_3 + 3HCl$$

高温下,NH_3 被某些金属氧化物所氧化。如:

$$3CuO + 2NH_3 = 3Cu + N_2 + 3H_2O$$

氨的另一类重要反应就是取代反应,氨分子中的氢分别被其它原子或基团取代,生成氨基($-NH_2$)、亚氨基($=NH$)或氮化物($\equiv N$)的衍生物;或者以氨基或亚氨基取代其它化合物中的原子或基团,例如:

$$2Na(s) + 2NH_3(l) \xrightarrow{放置} 2NaNH_2(s) + H_2(g)$$

$$3Mg(s) + 2NH_3(l) \xrightarrow{热 Mg} Mg_3N_2(s) + 3H_2(g)$$

$$HgCl_2 + 2NH_3 = Hg(NH_2)Cl + NH_4Cl$$

$$COCl_2(光气) + 4NH_3 = CO(NH_2)_2(尿素) + 2NH_4Cl$$

b. 铵盐

铵盐一般是无色的晶体,易溶于水。NH_4^+ 半径为 143pm,接近于 K^+(133pm) 和 Rb^+(149pm) 的半径,因此,铵盐的性质类似于碱金属盐类,而且与钾盐、铷盐同晶,并有相似的溶解度。

由于氨的弱碱性,与强酸组成的铵盐,其水溶液显酸性:

$$NH_4^+ + H_2O \rightleftharpoons NH_3 \cdot H_2O + H^+$$

因此在任何铵盐溶液中加入强碱,并加热,就会放出氨(NH_4^+ 的鉴定反应):

$$NH_4^+ + OH^- \xrightarrow{\triangle} NH_3 + H_2O$$

铵盐加热易分解,其实质是质子的转移。与 NH_4^+ 结合的阴离子碱性越强,则夺质子的能力越强,分解温度越低。铵盐热分解产物和阴离子对应的酸的氧化性、挥发性有关,也和分解温度有关。大致可分为:

铵盐中阴离子所对应的酸无氧化性时,分解产物是氨和相应酸,如:

$$(NH_4)_2CO_3 \xrightarrow{\triangle} 2NH_3\uparrow + CO_2\uparrow + H_2O$$

$$NH_4Cl \xrightarrow{\triangle} NH_3\uparrow + HCl\uparrow$$

若酸是不挥发性的,则只有氨逸出,酸或酸式盐残留在容器中,如:

$$(NH_4)_3PO_4 \xrightarrow{\triangle} 3NH_3\uparrow + H_3PO_4$$

$$(NH_4)_2SO_4 \xrightarrow{\triangle} NH_3\uparrow + NH_4HSO_4$$

铵盐中阴离子所对应的酸有氧化性时,分解产物是氮或氮的氧化物,如:

$$(NH_4)_2Cr_2O_7 \xrightarrow{\triangle} N_2\uparrow + 4H_2O\uparrow + Cr_2O_3$$

$$NH_4NO_3 \xrightarrow{200\sim260℃} N_2O\uparrow + 2H_2O\uparrow$$

$$2NH_4NO_3 \xrightarrow{>300℃} 2N_2\uparrow + 4H_2O\uparrow + O_2\uparrow$$

基于上述反应产生大量气体,硝酸铵可作炸药的主要成分。

铵盐是重要的化工原料。硫酸铵、碳酸氢铵、硝酸铵可作肥料;氯化铵作碳锌干电池的电解质及焊药,也是合成有机化合物的重要原料。

c. 联氨、羟氨、叠氮酸(hydrazine, hydroxylamine, azide)

(a) 联氨。联氨(N_2H_4)可视为NH_3分子中的一个H被—NH_2取代后的产物。联氨又称肼,是一种有毒的强极性化合物,常态下呈无色油状液体。气味像氨,熔点274K,沸点387K,溶于水、醇、氨等溶剂。

联氨可由次氯酸钠与氨反应制得:

$$NaClO + 2NH_3 \longrightarrow N_2H_4 + NaCl + H_2O$$

在N_2H_4分子中,每个N原子以sp^3不等性杂化形成σ键,其分子结构类似于气态H_2O_2,如图13-23。

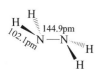

图13-23 联氨的分子结构

联氨分子通过氢键可以缔合,固态时为链状多聚体。加热时,发生分解:

$$N_2H_4 \xrightarrow{\triangle} 2H_2 + N_2$$

在联氨分子中氮原子的孤电子对可以同H结合而显碱性,但其碱性不如氨强,联氨是一个二元弱碱($K_{b1}^{\ominus}=8.5\times10^{-7}$,$K_{b2}^{\ominus}=8.9\times10^{-16}$)。因此联氨也能与酸生成盐,如盐酸肼、硫酸肼等。

联氨和氨一样也能生成配位化合物,例如[Pt(NH_3)$_2$(N_2H_4)$_2$]Cl_2,[(NO_2)$_2$Pt(N_2H_4)$_2$Pt(NO_2)$_2$]等。

联氨最显著的性质是具有还原性,在碱性溶液中,N_2H_4还原性更强。

$$N_2 + 4H_2O + 4e^- \rightleftharpoons N_2H_4 + 4OH^- \quad \varphi_B^{\ominus}=-1.15V$$

$$N_2 + 5H^+ + 4e^- \rightleftharpoons N_2H_5^+ \quad \varphi_A^{\ominus}=-0.23V$$

许多氧化剂都能将N_2H_4氧化,例如:

$$N_2H_4 + O_2 = N_2 + 2H_2O$$

在酸性介质中,它可以被卤素氧化:

$$N_2H_4 + 2X_2 = 4HX + N_2$$

N_2H_4与液氯、N_2O_4、H_2O_2反应时,能放出大量的热,因此它们的混合物可用作火箭燃料。如联氨与N_2O_4可发生激烈的反应,并自动着火,升温到2973K,曾用作阿波罗号宇宙飞船的能源。

$$N_2O_4(l) + 2N_2H_4(l) = 3N_2(g) + 4H_2O(g) \quad \Delta_rH_m^{\ominus}=-1038.7\text{kJ}\cdot\text{mol}^{-1}$$

(b) 羟氨。羟氨又叫胲,NH_2OH看成是NH_3中的H被—OH取代的衍生物。它在室温下为不稳定的白色晶体,易潮解,熔点33℃,沸点110℃。溶于水、乙醇、甘油,不溶于乙醚。

在羟氨分子中,N、O皆以sp^3杂化形成σ键,有顺式和反式两种异构体,固态时为反式,气态可能是顺式和反式的混合物。其分子结构见图13-24。

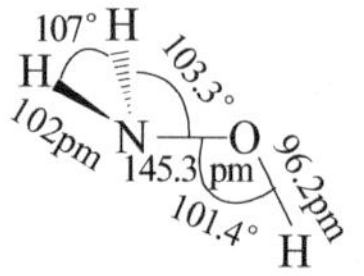

羟氨的水溶液和羟氨的盐比较稳定,但由于有孤对电子的排斥作用,液态羟氨极不稳定,即使在室温下也会发生分解:

$$3NH_2OH = NH_3 + N_2 + 3H_2O$$

羟氨水溶液为弱碱性($K_b^{\ominus}=9.1\times10^{-9}$),因此可以与HCl、$H_2SO_4$

图13-24 羟氨的分子结构(反式)

反应生成盐 NH_3OHCl 或 $(NH_2OH\cdot HCl)$、$(NH_3OH)_2SO_4$ 或 $[(NH_2OH)_2\cdot H_2SO_4]$，为白色结晶。

羟氨有孤对电子，可以配位。但其主要的特性是具有强还原性，其有关的标准电极电势如下：

$$N_2 + 4H_2O + 2e^- \rightleftharpoons 2NH_2OH + 2OH^- \qquad \varphi_B^{\ominus} = -3.04V$$

$$N_2 + 2H_2O + 2H^+ + 2e^- \rightleftharpoons 2NH_2OH \qquad \varphi_A^{\ominus} = -1.87V$$

羟氨能将 AgBr 还原为 Ag：

$$2NH_2OH + 2AgBr = 2Ag + N_2 + 2HBr + 2H_2O$$

$$2NH_2OH + 4AgBr = 4Ag + N_2O + 4HBr + H_2O$$

(c) 叠氮酸。叠氮酸（HN_3）又叫叠氮化氢，在常温常压下为一种无色、具有挥发性、刺激性、高爆炸性的液体。熔点 $-80℃$，沸点 $37℃$。呈弱酸性，有强烈臭味。

叠氮酸通常由叠氮化物，如叠氮化钠等盐类酸化产生。也可由肼和亚硝酸作用生成：

$$N_2H_4 + HNO_2 \longrightarrow HN_3 + 2H_2O$$

HN_3 的分子结构见图 13-25。

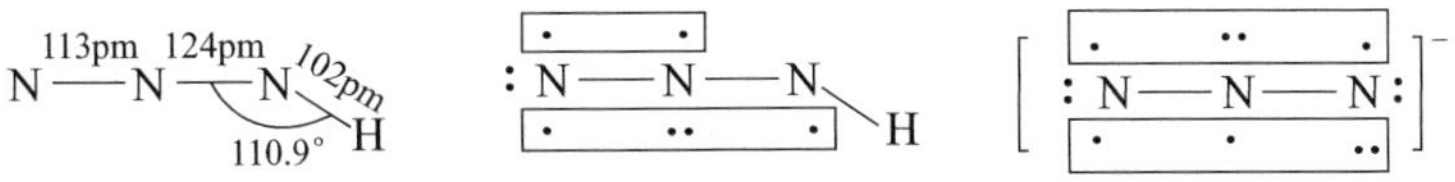

图 13-25　HN_3 分子结构

图 17-25 中与 H 相接的 N 原子采用 sp^2 杂化，紧接的一个 N 原子采用 sp 杂化，这个 N 原子与最后一个 N 原子之间有一个 π 键，三个 N 原子之间存在一个大 π 键。

叠氮酸的水溶液酸性与乙酸相似，显弱酸性：

$$HN_3 + H_2O \rightleftharpoons N_3^- + H_3O^+ \qquad K_a^{\ominus} = 1.8\times 10^{-5}$$

叠氮酸和许多衍生物受到撞击立即爆炸、分解。

$$2HN_3 = 3N_2 + H_2$$

许多金属离子都能生成叠氮酸盐，如：

$$NaNH_2 + N_2O = NaN_3 + H_2O$$

$$AgNO_3 + HN_3 = AgN_3 + HNO_3$$

叠氮酸所有的盐类皆具爆炸性。叠氮酸与铅、银、亚汞离子形成的盐类难溶于水。金属盐在无水形式下皆可形成结晶，并受热分解，产生纯金属的残渣。

叠氮酸盐具有还原性，其氧化产物为 N_2，如：

$$2NaN_3 + MnO_2 + 2H_2SO_4 = Na_2SO_4 + MnSO_4 + 3N_2 + 2H_2O$$

$$2N_3^- + I_2 = 3N_2 + 2I^-$$

13.4.2　磷及其化合物

(1) 磷单质

在自然界中，磷难以游离态存在，而主要以磷酸盐的形式存在。最常见和最重要的有磷酸钙矿石[$Ca_3(PO_4)_2$]和磷灰石[$Ca_5F(PO_4)_3$]。磷还存在于细胞、蛋白质、骨骼等生物体有关组织中，是生物体重要的元素。

制备单质磷是将磷酸钙矿混以石英砂和碳粉，在电弧炉中熔烧还原而制得。

$$2Ca_3(PO_4)_2 + 6SiO_2 + 10C \xrightarrow{1400\sim 1500℃} 6CaSiO_3 + P_4 + 10CO$$

把生成的磷蒸气通入水面下冷却，就得到凝固的白磷。

纯白磷是无色而透明的晶体，遇光或空气氧化后表面生成氧化物而显黄色，因此白磷又叫黄磷，熔点 $44.1℃$，沸点 $280℃$，着火点是 $40℃$。密度 $1.82g\cdot cm^{-3}$，不溶于水，易溶解在二硫化碳溶剂中。白磷活性很高,当暴露在空气中,会被缓慢氧化,而氧化产生的部分能量以光的形式释放出来,所以白磷放于暗处有磷光发出。当堆积的白磷氧化积聚的能量(热量)达到燃点(313K)便发生自燃,因此白磷要储存在水中以隔绝空气。

白磷有剧毒,人吸入 0.1g 白磷就会中毒死亡,皮肤经常接触也能引起中毒。白磷中毒后的解毒剂是硫酸铜,如皮肤接触白磷受伤后可用 $0.2\text{mol}\cdot\text{L}^{-1}$ $CuSO_4$ 溶液浸洗。

$$2P + 5CuSO_4 + 8H_2O == 5Cu + 2H_3PO_4 + 5H_2SO_4$$
$$11P + 15CuSO_4 + 24H_2O == 5Cu_3P + 6H_3PO_4 + 15H_2SO_4$$

磷的同位素已发现的共有 13 种,包括从磷 27 到磷 39,其中只有磷 31 最为稳定,其它同位素都具有放射性。磷有多种同素异形体,其中最主要的有白磷、红磷和黑磷。

将白磷隔绝空气加热到 533K,就转变为红磷。红磷隔绝空气,加热到 689K 时会升华,蒸气冷凝又可得到白磷。在高压加热急冷白磷蒸气可得到钢灰色固体黑磷。

$$黑磷 \xleftarrow[\triangle]{1215.9\text{MPa}, 473\text{K}} 白磷 \xrightleftharpoons[689\text{K 以上}]{加热到 533\text{K}} 红磷$$

红磷是红棕色粉末,无毒,不溶于水、碱和 CS_2 中,密度 $2.34\text{g}\cdot\text{cm}^{-3}$,熔点 59℃,沸点 200℃,着火点 240℃。红磷的结构不清楚,可能的结构是链状或环状多聚体。黑磷是磷最稳定的一种同素异形体,其密度 $2.70\text{g}\cdot\text{cm}^{-3}$,不溶于普通溶剂中。结构与石墨相似,呈层状结构,略显金属,能导电。红磷和黑磷的分子结构见图 13-26。

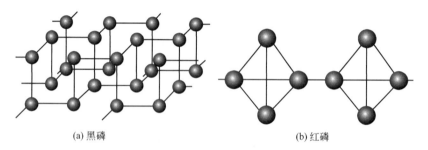

图 13-26 红磷和黑磷的分子结构

白磷的结构是 P 原子相互以 σ 键键合形成正四面体构型 P_4 分子(如图 13-27)。分子中 P—P 键长是 221pm,∠PPP 键角是 60°。在 P_4 分子中每个 P 原子用它的 3 个 p 轨道与另外三个 P 原子的 p 轨道间形成三个 σ 键,这种纯 p 轨道间的键角应为 90°(理论上 P_4 分子中的 P—P 键还含有少量的 s、d 轨道成分),实际上为 60°。所以 P_4 分子有张力($96\text{kJ}\cdot\text{mol}^{-1}$,

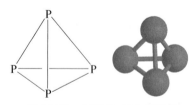

图 13-27 白磷 P_4 的分子结构

因为 p 轨道的对称轴与键轴之间存在偏角使电子云不能沿着对称轴方向重叠,这样的分子称有张力的分子)。这种张力的存在使每个 P—P 键的键能减弱,即 P—P 键比正常的减小 $96\text{ kJ}\cdot\text{mol}^{-1}$,容易断裂,因此白磷在高温下有较高的化学活性。

工业上用白磷制备高纯度的磷酸,因磷燃烧生成 P_2O_5 时,有烟雾产生,故可用以制造烟幕弹。在青铜中加入少量磷的磷青铜合金富有弹性、耐磨、耐腐蚀,可用来制造轴承、阀门等。红磷用于生产农药、火柴。火柴盒侧面的涂层就是红磷和三硫化二锑的混合物。

(2) 磷的氢化物、卤化物和硫化物

① 磷的氢化物(膦) 磷的氢化物有多种,通式为 P_nH_{n+2}($n=1\sim6$),其中最稳定的是膦 PH_3。膦是一种无色气体,极毒,有鱼腥臭气味。熔点 -134℃,沸点 -87.8℃,在水中的溶解度 $31.2\text{ mg}\cdot(100\text{mL})^{-1}$ (17℃)。纯的 PH_3 在空气中会自燃,自燃点 100~150℃。

膦能采用多种方法制备，常见的方法有如下几种。

a. 金属磷化物水解可以制得高达 10mol 的 PH_3，而且反应定量进行，如：
$$Ca_3P_2 + 6H_2O \Longrightarrow 2PH_3\uparrow + 3Ca(OH)_2\downarrow$$

b. 鏻盐加强碱可制得纯度很高的 PH_3。
$$PH_4^+ + OH^- \Longrightarrow PH_3\uparrow + H_2O$$

c. 白磷在碱中歧化可制得 PH_3，但这一方法不适于工业生产。
$$P_4 + 3OH^- + 3H_2O \Longrightarrow PH_3\uparrow + 3H_2PO_2^-$$

膦分子与氨分子的结构类似，呈三角锥形（如图 13-28）。

PH_3 碱性小于 NH_3，其水溶液近乎中性。

$$PH_3 + H_2O \Longrightarrow PH_2^- + H_3O^+ \quad K_a^\ominus = 1.6\times10^{-29}$$
$$PH_3 + H_2O \Longrightarrow PH_4^+ + OH^- \quad K_b^\ominus = 4\times10^{-28}$$

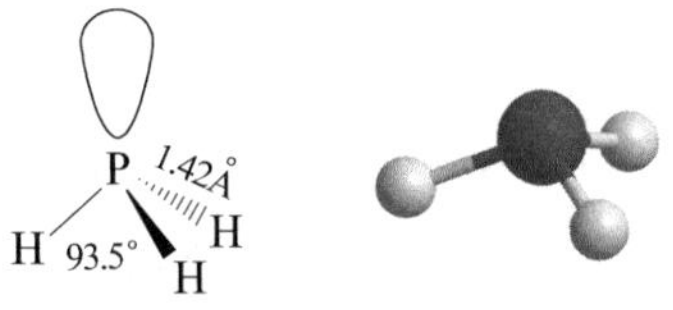

图 13-28 膦（PH_3）分子结构

与铵盐不同，鏻盐在水中会强烈地水解，因此在水溶液中无 PH_4^+ 存在，PH_4^+ 只在固态中存在，如 PH_4I。

$$PH_3(g) + HI(g) \Longrightarrow PH_4I(s)(62℃升华)$$
$$PH_4I + H_2O \Longrightarrow PH_3 + H_3O^+ + I^-$$

膦及其衍生物（PR_3）是强的配合剂，与过渡金属配位能力比 NH_3 强。这是因为 N 的原子中无 d 轨道，而 P 的原子中有 3d 空轨道，可接受过渡金属离子中的 d 电子对，形成反馈键，因此形成的配合物更稳定，如配合物 $Cr(CO)_3(PH_3)_3$。

膦的还原性一般都强。其标准电极电势为：

$$\tfrac{1}{4}P_4 + 3H^+ + 3e^- \Longrightarrow PH_3 \qquad \varphi_A^\ominus = -0.065V$$

$$\tfrac{1}{4}P_4 + 3H_2O + 3e^- \Longrightarrow PH_3 + 3OH^- \quad \varphi_B^\ominus = -0.89V$$

因此 PH_3 无论在酸性的条件下还是在碱性条件下均表现较强的还原性。一定温度下，PH_3 可在空气中燃烧生成磷酸。

$$PH_3 + 2O_2 \Longrightarrow H_3PO_4$$

可把一些金属从它的盐中还原出来，如：

$$PH_3 + 8CuSO_4 + 4H_2O \Longrightarrow H_3PO_4 + 4H_2SO_4 + 4Cu_2SO_4$$

生成的 Cu_2SO_4 和 PH_3 继续进行两类反应：

$$2PH_3 + 3Cu_2SO_4 \Longrightarrow 3H_2SO_4 + 2Cu_3P(浅黑色沉淀)$$
$$PH_3 + 4Cu_2SO_4 + 4H_2O \Longrightarrow H_3PO_4 + 4H_2SO_4 + 8Cu\downarrow$$

② 磷的卤化物　磷可以形成三种系列二元卤化物：PX_3、P_2X_4 和 PX_5，另外不可以形成混合型的（PX_2Y、PX_2Y_3）卤化物。单一的卤化物可由白磷与卤素（反应激烈）或红磷与卤素（反应平稳）反应生成，产物为何种系列很大程度取决于反应物的比例和反应条件，但在任何条件下要得到纯的卤化物都必须分离和纯化产物。

在 PX_3 分子中，P 原子以不等性 sp^3 杂化，分子结构为三角锥形结构。气态 PX_5 分子中 P 原子以 sp^3d 杂化，分子结构为三角双锥（见图 13-29）。但固态的 PCl_5 和 PBr_5 都不具有三角双锥结构，在 PCl_5 晶体中，含有正四面体的 $[PCl_4]^+$ 和正八面体的 $[PCl_6]^-$，而在 PBr_5 晶体中却是 $[PBr_4]^+$ 和 Br^-。

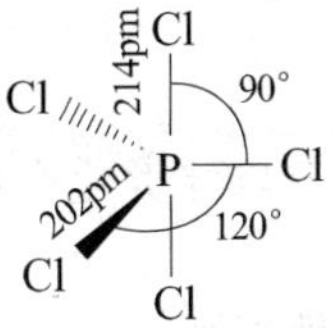

图 13-29 PCl_5 分子结构

a. 三卤化磷（phosphorus trihalide）。氯和溴分别与白磷或红磷作用可制得 PCl_3 和 PBr_3，用 CaF_2、ZnF_2 或 AsF_3 与 PCl_3 作用可制取 PF_3：

$$P_4 + 6Cl_2 \Longrightarrow 4PCl_3$$
$$PCl_3(l) + AsF_3(l) \Longrightarrow PF_3(g) + AsCl_3(l)$$

在 CS_2 中以理论比值混合白磷和碘可制得 PI_3。三卤化磷的性质列于表 13-18。

表 13-18 三卤化磷的性质

卤化物	PF_3	PCl_3	PBr_3	PI_3
物态	无色气体	无色液体	无色液体	红色晶体
熔点/℃	-153.5	-93.6	-41.5	61.2
沸点/℃	-101.8	76.1	173.2	>200(分解)
$\Delta_f H_m^\ominus / kJ \cdot mol^{-1}$	-919	-287	-139	45.61
$\Delta_f G_m^\ominus / kJ \cdot mol^{-1}$	-898	-268	-163	—
P—X 键长/pm	156	204	222	243

注:选自邵学俊、董平安、魏益海编著的无机化学。

三卤化磷除 PF_3 水解缓慢外,其它的极易水解,生成亚磷酸和卤化氢:
$$PX_3 + 3H_2O = H_3PO_3 + 3HX$$

PX_3 容易与氧或硫反应生成三卤氧化磷 POX_3 或三卤硫化磷 PSX_3,如:
$$2PF_3 + O_2 = 2POF_3$$
$$PBr_3 + S = PSBr_3$$

PX_3 分子中有孤对电子可以作为配体形成配合物,如:
$$Ni(CO)_4 + 4PF_3 = Ni(PF_3)_4 + 4CO$$

b. 五卤化磷(phosphorus pentahalides)。五卤化磷可由磷单质与过量的卤素直接反应,也可由三卤化磷与卤素反应制得。后一方法可适合制备混合型卤化物,PI_5 直到 1978 年才制得。
$$P_4 + 10 Cl_2(过量) = 4PCl_5$$
$$PF_3 + Cl_2 = PF_3Cl_2$$

五卤化磷的性质见表 13-19。

表 13-19 五卤化磷的性质

卤化物	PF_5	PCl_5	PBr_5	PI_5
物态	无色气体	白色晶体	橙黄色晶体	褐黑色晶体
熔点/℃	-97.3	157	<100(分解)	41
沸点/℃	-84.5	160(升华)	106(分解)	—
$\Delta_f H_m^\ominus / kJ \cdot mol^{-1}$	—	-375	-253	
$\Delta_f G_m^\ominus / kJ \cdot mol^{-1}$		-305		
P—X 键长/pm	158(轴),153(赤道)	212(轴),202(赤道)		

注:选自邵学俊、董平安、魏益海编著的无机化学。

磷的五卤化物极易水解,在水量不足时水解不完全,生成三卤氧化磷,如:
$$PCl_5 + H_2O = POCl_3 + 2HCl$$

在过量 H_2O 中完全水解,如:
$$POCl_3 + 3H_2O = H_3PO_4 + 3HCl$$

POX_3 称磷酰卤或卤化磷酰或卤氧化磷,其中最重要的是 $POCl_3$,可用于与醇类化合物反应,合成磷酸酯(杀虫剂)。

五卤化物的热稳定性随卤素原子量增大,卤素离子还原能力增强,稳定性减弱。
$$PF_5 > PCl_5 > PBr_5$$

$$PCl_5 \xrightarrow{473K} PCl_3 + Cl_2$$

c. 磷的硫化物。磷的硫化物是 P 和 S 共热产物,以 P_4 为基础的有四种硫化物,即 P_4S_3、P_4S_5、P_4S_7、P_4S_{10},均为浅黄色固体。它们都是以 P_4 四面体为结构基础,在这些分子中四个 P 原子仍然保持在 P_4 四面体中原来的相对位置,其结构如图 17-30 所示。

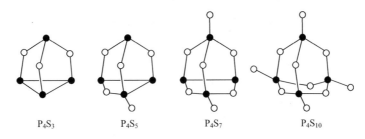

图 13-30 磷的硫化物

磷的硫化物加热发生水解,如:

$$P_4S_3 + 9H_2O \xrightarrow{\triangle} 3H_2S + PH_3 + 3H_3PO_3$$

磷的硫化物的性质见表 13-20,硫化磷是制造安全火柴的原料。

表 13-20 磷的硫化物性质

硫化磷		P_4S_3	P_4S_5	P_4S_7	P_4S_{10}
熔点/℃		172.5	276	310	288
沸点/℃		407	514	523	514
相对密度(固体,17℃)		2.03	2.17	2.19	2.09
颜色	固态	黄色	黄色	几乎白色	黄色
	液态	棕黄色	—	浅黄色	红棕色
溶解度(17℃)/g·(100g 溶剂)$^{-1}$	水中	—	—	—	—
	CS_2 中	100	约 10	0.029	0.222
	苯中	25	—	—	—

(3) 磷的氧化物和含氧酸及盐

① 磷的氧化物 磷的氧化物是磷的一类重要的化合物,至少有六种是已知的,其中最重要的是六氧化四磷 P_4O_6(俗称三氧化二磷 P_2O_3)和十氧化四磷(俗称五氧化二磷 P_2O_5)。

a. 六氧化四磷。在 50℃左右条件下,白磷在含 75%氧气和 25%氮气、压力为 12kPa 的气流中氧化,产物经蒸馏纯化可得到纯的 P_4O_6。P_4O_6 为白色蜡状有大蒜气味的极毒晶体,熔点为 23.8℃,沸点 175.4℃,可溶于许多有机溶剂。

P_4 分子中受弯曲应力的 P—P 键在 O_2 分子的进攻下很易断裂,在每对 P 原子间嵌入一个氧原子,形成一个稠环分子的 P_4O_6 分子,分子结构见图 13-31。

P_4O_6 在 200~400℃的密封管中减压加热分解为四氧化二磷和红磷:

$$2P_4O_6 \xrightarrow{200\sim240℃,减压} 3P_2O_4 + 2P(红磷)$$

P_4O_6 与冷水反应较快,形成亚磷酸。

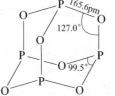

图 13-31 P_4O_6 分子结构

$$P_4O_6 + 6H_2O \text{(冷)} == 4H_3PO_3$$

在热水中即起强烈的歧化反应。

$$P_4O_6 + 6H_2O\text{(热)} == 3H_3PO_4 + PH_3$$

与氯、溴单质反应生成三氯氧磷和三溴氧磷。与碘反应很慢，生成红色的产物。加压条件下二者在四氯化碳中反应，析出橘红色的四碘化二磷：

$$5P_4O_6 + 8I_2 \xrightarrow{CCl_4,\ 加压} 4P_2I_4 + 3P_4O_{10}$$

与氯化氢反应生成亚磷酸和三氯化磷：

$$P_4O_6 + 6HCl \longrightarrow 2H_3PO_3 + 2PCl_3$$

P_4O_6 也可以作为配体（性质类似于亚磷酸根），取代四羰基合镍或五羰基合铁中的羰基，形成一系列的配合物。如 $Fe(CO)_4(P_4O_6)$，该配合物结构如图13-32所示。

b. 十氧化四磷。磷在充足的空气中或氧气中燃烧可生成十氧化四磷。P_4O_{10} 是难挥发、强吸湿性的白色固体，存在几种变形体，市售的 P_4O_{10} 为 β-无定形粉末，熔点为420℃，但在360℃升华。

P_4O_{10} 具有 [PO_4] 结构单元，其结构是在 P_4O_6 结构的基础上，每个P上因有孤对电子，还可以再结合O原子形成 σ 配键，而O原子的孤对电子又可与P原子的空的 d 轨道形成 p-dπ 键，即 P—O 键具有双键特征，P_4O_{10} 分子的结构如图13-33。

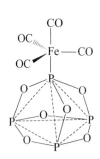 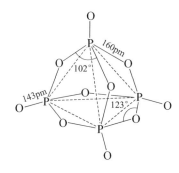

图13-32　$Fe(CO)_4(P_4O_6)$ 配合物结构　　　　图13-33　P_4O_{10} 分子结构

P_4O_{10} 与水作用先成偏磷酸，然后是焦磷酸，最后形成正磷酸。

水少时：$P_4O_{10} + 2H_2O == (HPO_3)_4$ 环偏磷酸

水多时：$4HPO_3 + 2H_2O == 2H_4P_2O_7$ 焦磷酸

这种转化通常不能完全，只有在 HNO_3 作催化剂时，H_2O 量大于 P_4O_{10} 的6倍时，才可能很快完全转化成 H_3PO_4。

$$P_4O_{10} + 6H_2O \xrightarrow[\triangle]{HNO_3\ 催化} 4H_3PO_4$$

P_4O_{10} 是强脱水剂，在空气中吸收水分迅速潮解，因此常作气体和液体的干燥剂。它甚至可以使硫酸、硝酸等脱水成为相应的氧化物。

$$P_4O_{10} + 6H_2SO_4 == 6SO_3 + 4H_3PO_4$$
$$P_4O_{10} + 12HNO_3 == 6N_2O_5 + 4H_3PO_4$$

② 磷的含氧酸及其盐　和其它元素的含氧酸相比，磷的含氧酸最多。在磷的含氧酸和含氧酸盐中，磷的氧化数为+1、+3和+5，其中氧化数为+5的最多，并且很重要。磷的含氧酸及其盐在工业、农业和生命过程中都很重要。

a. 正磷酸及其盐。P_4P_{10} 完全水解，将可以得到四分子的正磷酸。正磷酸为白色的固体，熔点为42.35℃，能与水以任意比混溶，正磷酸为三元中强酸。市售磷酸为含75%～85% H_3PO_4 的难挥发黏稠状的溶液，相当于 14.7mol·dm^{-3}，密度为 1.7g·cm^{-3}。

在 H_3PO_4 分子中 P 采取不等性 sp^3 杂化,三个杂化轨道与氧原子之间形成三个 σ 键,另一个 P→O 键是一个从磷到氧的 σ 配键和两个由氧到磷的 d←p π 配键组成,σ 配键是磷原子上一对孤电子对与氧原子的空轨道所形成。同时,由于这氧原子的 p_y、p_z 上还有两对孤电子对,而 P 原子又有 d_{xy}、d_{xz} 空轨道,可以形成 d←p π 配键,由于 O 的 2p 轨道与 P 的 d 轨道能量相差较多,组成的分子轨道不是很有效。所以,P→O 键的数看起来是三重键,但从键能和键长上看介于单键与双键之间。如图 13-34。

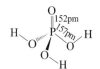

图 13-34 磷酸分子结构

磷酸是难挥发性酸,与某些挥发性酸形成的盐反应可制备挥发性酸,如:

$$NaBr + H_3PO_4(浓) = NaH_2PO_4 + HBr\uparrow$$
$$NaI + H_3PO_4(浓) = NaH_2PO_4 + HI\uparrow$$

磷酸受强热时脱水,依次生成焦磷酸、三磷酸和多聚偏磷酸。三磷酸多是链状结构,多聚的偏磷酸是环状结构。

$$2H_3PO_4 \xrightarrow[473\sim573K]{-H_2O} H_4P_2O_7$$

$$3H_3PO_4 \xrightarrow[>573K]{-2H_2O} H_5P_3O_{10}$$

$$4H_3PO_4 \xrightarrow{-4H_2O} (HPO_3)_4$$

正磷酸可形成三种类型的磷酸盐,如:

NaH_2PO_4　　　磷酸二氢钠或第一磷酸钠
Na_2HPO_4　　　磷酸氢二钠或第二磷酸钠
Na_3PO_4　　　磷酸三钠或第三磷酸钠

磷酸二氢盐都溶于水,在磷酸一氢盐和磷酸正盐中只有碱金属盐和铵盐能溶于水。可溶性的磷酸盐在水溶液中均能发生不同程度的水解,呈现不同的酸碱性,磷酸二氢盐溶于水时,存在两种平衡:

$$H_2PO_4^- + H_2O \rightleftharpoons HPO_4^{2-} + H_3O^+$$
$$H_2PO_4^- + H_2O \rightleftharpoons H_3PO_4 + OH^-$$

但因为 $H_2PO_4^-$ 释放质子的能力强于获得质子的能力,故溶液显酸性。

磷酸一氢盐在水中也存在两种平衡:

$$HPO_4^{2-} + H_2O \rightleftharpoons PO_4^{3-} + H_3O^+$$
$$HPO_4^{2-} + H_2O \rightleftharpoons H_2PO_4^- + OH^-$$

而磷酸一氢盐获得质子的能力比释放质子的能力强得多,故溶液呈碱性。

磷酸正盐的溶液具有强碱性,PO_4^{3-} 只发生获得质子的反应。

$$PO_4^{3-} + H_2O \rightleftharpoons HPO_4^{2-} + OH^-$$

磷酸盐与过量的钼酸铵在浓硝酸溶液中加热,可缓慢析出黄色磷钼酸铵晶体,这是鉴定 PO_4^{3-} 的特征反应:

$$PO_4^{3-} + 12MoO_4^{2-} + 3NH_4^+ + 24H^+ = (NH_4)_3[P(Mo_{12}O_{40})]\cdot 6H_2O\downarrow + 6H_2O$$

PO_4^{3-} 具有很强的配位能力,能与许多金属离子形成配合物,如:

$$Fe^{3+} + 2H_3PO_4 \rightleftharpoons [Fe(HPO_4)_2]^- + 4H^+$$

由于生成了无色的可溶性 $[Fe(HPO_4)_2]^-$ 配离子,在分析化学中常用 PO_4^{3-} 来掩蔽 Fe^{3+}。

磷酸盐(主要是钙盐和铵盐)是重要的无机肥料,但天然磷酸盐都不溶于水,不能被作物吸收,需要经过化学处理,如用适量硫酸处理磷酸钙:

$$Ca_3(PO_4)_2 + 2H_2SO_4 = 2CaSO_4 + Ca(H_2PO_4)_2$$

所生成的硫酸钙和磷酸二氢钙的混合物叫过磷酸钙,可直接用作肥料,其中有效成分是可溶于水的 $Ca(H_2PO_4)_2$ 易被植物吸收。表 13-21 是主要的磷酸盐肥料的成分与制造方法。

表 13-21 主要的磷酸盐肥料的成分与制造方法

肥料品种	主要成分	含量/%	简要制造过程	适用范围
过磷酸钙（普钙）	$Ca(H_2PO_4)_2 + CaSO_4 \cdot H_2O$	P_2O_5: 16~18	用62%硫酸分解磷矿粉,然后熟化 $Ca_5F(PO_4)_3 + 5H_2SO_4 = 3H_3PO_4 + 5CaSO_4 + HF$	油、粮、棉、甜菜等作物
重过磷酸钙（重钙）	$Ca(H_2PO_4)_2$	P_2O_5: 40~50	用磷酸分解磷矿粉,堆置熟化 $Ca_5F(PO_4)_3 + 7H_3PO_4 + 5H_2O = 5Ca(H_2PO_4)_2 \cdot H_2O + HF$	油、粮、棉、甜菜等作物
钙镁磷肥	复杂的钙镁硅酸盐	P_2O_5: 12~18	磷矿石、蛇纹石和焦炭投入高炉中燃烧,将熔体水粹后粉碎	酸性土壤
脱氟磷肥	$Ca_5(OH)(PO_4)_3$	P_2O_5: 18~30	磷矿石在1400℃高炉中通入水蒸气脱氟 $Ca_5F(PO_4)_3 + H_2O(g) = Ca_5(OH)(PO_4)_3 + HF$	酸性土壤
硝酸磷肥（氮磷混肥）	$CaHPO_4 + NH_4NO_3 + Ca(NO_3)_2$	P_2O_5:10 N:16	用硝酸分解磷矿粉,然后用氨中和得溶液即得复合肥料 (1) $Ca_5F(PO_4)_3 + 10HNO_3 = 3H_3PO_4 + 5Ca(NO_3)_2 + HF$ (2) $3H_3PO_4 + 3Ca(NO_3)_2 + 6NH_3 = 3CaHPO_4 + 6NH_4NO_3$	适用于各种土壤、各种作物
安福粉	磷酸的铵盐	P_2O_5:30 N:18	用硫酸分解磷矿粉生成 H_3PO_4,再与 NH_3 反应 $Ca_5F(PO_4)_3 + 5H_2SO_4 = 3H_3PO_4 + 5CaSO_4 + HF$ $2H_3PO_4 + 3NH_3 = (NH_4)_2HPO_4 + NH_4H_2PO_4$	偏酸性土壤,各种作物,也可用于根外施肥
磷酸二氢钾	KH_2PO_4	P_2O_5:52 K:30	用氢氧化钾或碳酸钾中和磷酸	粮食、棉花、根外施肥

b. 磷的其它含氧酸及其盐。几种比较重要的磷的含氧酸的结构与命名列于表 13-22。

表 13-22 几种磷的含氧酸的结构与命名

分子式	命名	结构	氧化数	备注
H_3PO_2	次磷酸	H—P(H)(OH)=O	+1	P 以不等性 sp^3 杂化轨道成键,一元酸:$K_a^\ominus = 5.89 \times 10^{-2}$
H_3PO_3	亚磷酸	H—O—P(H)(OH)=O	+3	P 以不等性 sp^3 杂化轨道成键,二元酸:$K_{a1}^\ominus = 1.6 \times 10^{-2}$ $K_{a2}^\ominus = 7 \times 10^{-7}$
H_3PO_4	正磷酸	H—O—P(OH)(OH)=O	+5	P 以不等性 sp^3 杂化轨道成键,三元酸:$K_{a1}^\ominus = 7.5 \times 10^{-3}$ $K_{a2}^\ominus = 6.2 \times 10^{-8}$ $K_{a3}^\ominus = 2.2 \times 10^{-13}$

分子式	命名	结构	氧化数	备注
$H_4P_2O_7$	焦磷酸	(结构式:HO-P(=O)(OH)-O-P(=O)(OH)-OH)	+5	P 以不等性 sp^3 杂化轨道成键,四元酸:$K_{a1}^{\ominus}=1.4\times10^{-1}$ $K_{a2}^{\ominus}=3.2\times10^{-2}$ $K_{a3}^{\ominus}=1.7\times10^{-6}$ $K_{a4}^{\ominus}=6.0\times10^{-9}$
$(HPO_3)_4$	四偏磷酸	(环状四聚结构)	+5	P 以不等性 sp^3 杂化轨道成键

(a) 亚磷酸及其盐。PCl_3 在冷的 CCl_4 溶液中水解可制得亚磷酸。亚磷酸 H_3PO_3 是白色易吸潮晶体,熔点为 347K,在水中的溶解度较大。

在亚磷酸分子中有一个 P—H 键容易被氧原子进攻,故具有还原性。亚磷酸及其盐都是强还原剂,能将 Ag^+、Cu^{2+} 等离子还原为金属,能将热、浓 H_2SO_4 还原为二氧化硫。例如:

$$H_3PO_3 + CuSO_4 + H_2O = Cu + H_3PO_4 + H_2SO_4$$

亚磷酸及其盐溶液受热时发生歧化反应:

$$4H_3PO_3 = 3H_3PO_4 + PH_3\uparrow$$

(b) 次磷酸及其盐。次磷酸 H_3PO_2 是一种白色易潮解的固体,熔点为 299.8K。将膦用碘氧化可得到次磷酸:

$$PH_3 + 2I_2 + 2H_2O = H_3PO_2 + 4HI$$

在次磷酸钡溶液中加硫酸便可得到游离的次磷酸:

$$Ba(H_2PO_2)_2 + H_2SO_4 = BaSO_4\downarrow + 2H_3PO_2$$

由于分子中含有两个 P—H 键,所以次磷酸比亚磷酸的还原性更强,故次磷酸及其盐溶液是强还原剂。如可以把冷的浓硫酸还原为 S,尤其是在碱性溶液中 $H_2PO_2^-$ 是极强的还原剂,能使 Ag^+、Cu^{2+}、Hg^{2+} 分别还原成 Ag、Cu、Hg_2^{2+} 或 Hg,还能使 Ni^{2+} 还原为金属 Ni。例如:

$$H_2PO_2^- + 2Cu^{2+} + 6OH^- = PO_4^{3-} + 2Cu + 4H_2O$$
$$Ni^{2+} + H_2PO_2^- + H_2O = HPO_3^{2-} + 3H^+ + Ni$$

所以,次磷酸盐可用于化学镀,将金属离子还原为金属,并在其它金属表面或塑料表面沉积,形成牢固的镀层。

H_3PO_2 及其盐都不稳定,易受热分解放出 PH_3:

$$2H_3PO_2 \xrightarrow{400K} H_3PO_4 + PH_3\uparrow$$
$$4H_2PO_2^- \xrightarrow{500K} P_2O_7^{4-} + 2PH_3\uparrow + H_2O$$

(c) 焦磷酸及其盐。焦磷酸($H_4P_2O_7$)由正磷酸加热至 210℃,失水而成焦磷酸。纯焦磷酸可由磷酸氢钠加热得焦磷酸钠,将其溶解,转化成焦磷酸铅沉淀,再通入硫化氢,过滤将滤液真空低温浓缩即得。焦磷酸是无色黏稠液体,久置生成晶体,为无色玻璃状物质。密度 2.04g·cm^{-3}(25℃),熔点 61℃。易溶于水,其酸性强于正磷酸。焦磷酸在水中逐渐转变为正磷酸。常用作催化剂,制备有机磷酸酯等。

常见的焦磷酸盐有 $M_2H_2P_2O_7$ 和 $M_4P_2O_7$。分别于 Cu^{2+}、Ag^+、Zn^{2+}、Hg^{2+}、Sn^{2+} 等盐溶液中加入 $Na_4P_2O_7$ 溶液,均有难溶的焦磷酸盐沉淀生成,当 $Na_4P_2O_7$ 过量时,可与

这些金属离子形成配离子（如$[Cu(P_2O_7)_2]^{6-}$、$[Mn_2(P_2O_7)_2]^{4-}$）而使沉淀溶解，这些可溶的配阴离子常用于无氰电镀。

(d) 多聚偏磷酸及其盐。磷酸加热至 673K 以上得到多聚偏磷酸 $(HPO_3)_x$

$$x H_3PO_4 \rightleftharpoons (HPO_3)_x + x H_2O$$

多聚偏磷酸是无色透明黏稠状液体，易潮解。以聚合分子的形式存在，具有环状结构。能与水混溶并水解为正磷酸，不结晶，有腐蚀性。

多聚偏磷酸盐是简单磷酸盐高温缩合的产物。最为人熟知的是格氏盐（六偏磷酸钠）。这类多磷酸盐的突出用途是作锅炉用水的软化剂，多磷酸根离子是硬水中 Ca^{2+}、Mg^{2+}、Fe^{3+} 等离子的配位剂，它们能与这类离子生成可溶性的稳定的配合物（胶体的多阴离子）。另一方面，由于多磷酸根离子的存在，阻止了锅炉水垢磷酸钙和碳酸镁结晶的生长，可防止水垢的沉积。另外多聚的偏磷酸盐玻璃体还可用做钻井泥浆和油漆颜料的分散剂。

正、焦、偏三种磷酸可以用硝酸银和蛋白来鉴定。硝酸银与正磷酸产生黄色沉淀，与焦、偏磷酸都产生白色沉淀，但偏磷酸能使蛋白沉淀。

13.5 碳、硅、硼

碳（carbon）和硅（silicon）都是第ⅣA族元素，它们的性质相似。硼（boron）位于第ⅢA族，处于硅的对角线上，其性质和硅相似，因此本节将它们放在一起讨论。

在元素周期表中，碳和硅是形成化合物最多的两种元素。碳以 C—C 链构成整个有机界。生物体、矿物燃料（煤、石油、天然气）都是碳的有机化合物的集合体。硅及其化合物作为材料，几乎伴随了整个人类发展过程。当今使用的各种陶瓷、砖块、水泥、玻璃等都是硅酸盐的不同形式；高纯度单质硅是现代信息产业最基础的材料之一；硅光电池则是目前卫星、空间站、宇宙飞船等的主要动力源。硼以其独特的缺电子性，对结构化学的发展起了重要的推动作用。表 13-23 列举了一些基本性质。

表 13-23 C、Si、B 的基本性质

性　　质	碳	硅	硼
元素符号	C	Si	B
原子序数	6	14	5
原子量	12.011	28.086	10.81
价电子层结构	$2s^2 2p^2$	$3s^2 3p^2$	$2s^2 2p^1$
主要氧化数	+4、+2(−4,−2)	+4(+2)	+3
共价半径/pm	77	117	88
离子半径/pm			
M^{4+}	16	42	
M^{3+}			23
第一电离能/kJ·mol^{-1}	1086.1	786.1	792.4
电负性	2.55	1.90	2.04

碳元素的价电子构型为 $2s^2 2p^2$，价电子数目与价电子轨道数目相等的原子，被称为等电子原子。它可以用 sp、sp^2 或 sp^3 杂化轨道形成 σ 键，C—C 键的强度很大（345.6kJ·mol^{-1}），碳有很强的自相结合成链的能力。由于碳是第二周期的元素，能够形成 p-p π 键，因此碳还能形成多重键（双键和三键）。同时，由于 C—H 键 [(411±7)kJ·mol^{-1}] 比 C—C 键更强，因此由碳形成的有机化合物数目最多，结构也十分复杂。

硅的价电子构型为 $3s^2 3p^2$，也是等电子原子，单硅的原子半径比碳的大，且 Si—Si 键的强度比 C—C 键要弱得多，因此含 Si—Si 键的化合物的数量和种类比碳氢化合物要少

得多。

硼的价电子构型为 $2s^2 2p^1$，为缺电子原子。由于 B 原子的半径较小、电负性较大，失去电子成为正离子比较困难，所以，B 易形成共价键。B 除了以 sp^2 或 sp^3 杂化轨道形成 σ 键外，还可以用其杂化轨道形成多中心键，如三原子两电子键（三中心两电子键），这种缺电子键几乎是 B 元素独有的成键方式。

13.5.1　碳、硅、硼的物理化学性质

碳、硅、硼都有同素异形体，它们的单质晶体几乎都是原子晶体，所以熔、沸点高，硬度也大（石墨、C_{60} 等除外）。

(1) 碳的物理化学性质

在自然界中碳有多种同素异形体，如金刚石、石墨、C_{50}、C_{60}、C_{70}、C_{84}、C_{120} 等。下面重点介绍金刚石、石墨、C_{60}。

金刚石为无色透明晶体。由于碳原子的半径较小，共价键的强度较大，要破坏四个共价键或扭歪键角会遇到很大的阻力，因此在所有单质中，它的熔点最高（3550℃），硬度最大（莫氏硬度为 10）。金刚石在室温下呈化学惰性，但在空气中加热到 820℃ 左右能燃烧成 CO_2，金刚石主要用做装饰品和工业用硬质材料。由于金刚石中碳原子的价电子相互形成了共价键，不存在自由电子，所以金刚石不导电，导热性也不好。

金刚石晶体属于立方晶系。每个碳原子的 2s 电子被激发到 2p 原子轨道，4 个单电子分占 4 个 sp^3 杂化原子轨道，每个碳原子均以 sp^3 杂化轨道与另 4 个碳原子的 sp^3 杂化轨道重叠形成共价键。5 个碳原子分别位于四面体的中心和 4 个顶角，形成正四面体（结构见图 13-35）。

石墨为灰黑色柔软固体，密度比金刚石小，熔点比金刚石低 50℃，有导电性。在常温下虽然对化学试剂也呈现惰性，但比金刚石活泼。

石墨中的每个碳原子以 sp^2 杂化轨道与邻近的三个碳原子以 σ 键相连接，键角为 120°，形成由无数个正六角形构成的网状平面层，所以石墨具有层状结构（结构见图 13-36）。每个碳原子还有 1 个未杂化的 2p 轨道（有 1 个 2p 电子）。这些 2p 轨道与六角网状平面垂直，并相互平行，这些相互平行的 p 轨道可形成大 Π 键。大 Π 键不是定域的，π 电子可以在整个碳原子平面内作自由运动，因此与层平行方向有良好的导电性和导热性。石墨晶体内碳原子层内碳原子间的结合力是共价键，层与层之间的结合力是分子间力，因此石墨易于沿着与层平行的方向滑动，质软并具有润滑性。离域 π 电子的存在使得石墨的化学性质比金刚石活泼。

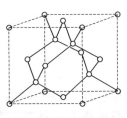

图 13-35　金刚石结构

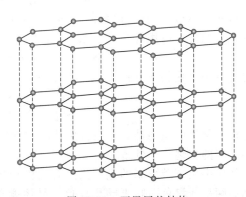

图 13-36　石墨层状结构

20 世纪 80 年代，美国的史曼莱（R. E. Smalley）等在进行石墨晶型的激光汽化实验时，发现了碳的第三种同素异形体 C_{60} 晶体。C_{60} 是由含有多个六角环的石墨小碎片卷联而成的

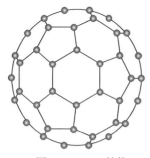

图 13-37　C_{60} 结构

多面体。它的结构是 20 个正六角环和 12 个正五角环拼成的近似足球状的 32 面体（结构见图 13-37）。C_{60} 的 60 个碳原子占据了 32 面体的 60 个点。C_{60} 上的每个碳原子以 sp^2 杂化轨道与相邻三个碳原子以 σ 键相连，一个 σ 键不在同一平面，键角分别为 108°或 120°，每个碳原子剩余的 p 轨道电子在 C_{60} 的外围和内腔形成共轭大 Π 键，因而具有很强的电子亲和力、还原性。大 Π 键具有活泼的化学反应性能，使得 C_{60} 具有多变性，为合成新的具有光电磁性质的材料开辟了广阔的空间。

碳单质重要的化学性质是它的还原性，能将各种金属氧化物还原为金属单质。在冶金工业常被用来还原金属氧化物矿物以冶炼金属，例如用焦炭提取金属锌：

$$ZnO + C = Zn + CO$$

(2) 硅的物理化学性质

硅是分布很广的元素，在地壳中的含量仅次于氧，占地壳质量的 27.7%，主要以二氧化硅和硅酸盐的形式存在。

硅有晶体和无定形体两种，晶体硅又有多晶硅和单晶硅之分。无定形硅为深色粉末，晶态硅的结构与金刚石相似，熔点和沸点较高，硬而脆，银灰色并具有金属光泽，能导电，但电导率不及金属，且随温度升高而增加。单晶硅用于电子工业，大量硅用于钢铁制造。

硅的化学性质不活泼，室温时不与氧、水、氢卤酸反应，但能与强碱、F_2 反应，在有氧化剂（HNO_3、CrO_3、$KMnO_4$、H_2O_2 等）存在条件下还能与 HF 反应：

$$Si + 2NaOH + H_2O = Na_2SiO_3 + 2H_2\uparrow$$

$$3Si + 4HNO_3 + 18HF = 3H_2SiF_6 + 4NO\uparrow + 8H_2O$$

$$Si + 2F_2 = SiF_4\uparrow$$

在高温下硅能与其它卤素和一些非金属单质反应。

$$Si + 2X_2 = SiX_4$$

工业上，晶体硅（纯度 96%～99%）可用二氧化硅和焦炭在电炉中反应制得：

$$SiO_2 + 2C = Si + 2CO$$

反应中 SiO_2 过量，以防止 SiC 的生成。

无定形硅是用石英砂与镁粉共热制得：

$$SiO_2 + 2Mg = Si + 2MgO$$

但是，这些从 SiO_2 直接还原所制得的硅不能作半导体用，因此必须进一步提纯。

高纯度的硅，可用锌蒸气还原 $SiCl_4$ 的方法制得：

$$SiCl_4 + 2Zn = Si + 2ZnCl_2$$

也可以用氢化物或 SiI_4 的热分解制备：

$$SiH_4 = Si + 2H_2\uparrow$$

$$SiI_4 = Si + 2I_2\uparrow$$

用作半导体的超纯硅，需用区域熔融的方法提纯。

(3) 硼的物理化学性质

自然界中没有游离态的硼。人工合成的单质硼有结晶体，也有粉末。结晶硼呈灰黑色，粉末硼呈棕色。晶体硼有多种变体，它们都是以 B_{12} 正十二面体为基本结构单元。这个二十面体由 12 个 B 原子组成，它有 20 个等边三角形的面和 12 个顶角，每个顶角有一个硼原子，每个硼原子与邻近的 5 个硼原子距离相等（177pm），如图 13-38。

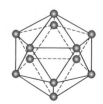

图 13-38　B_{12} 结构

硼原子的价电子层结构为 $2s^2 2p^1$,常见氧化数为 +3。成键时,2s 轨道上的一个电子被激发到了 2p 轨道上,在 2s、$2p_x$、$2p_y$ 和 $2p_z$ 四个原子轨道上,只有 3 个价电子,有一个空的 2p 轨道。由于轨道数多于价电子数,故硼原子被称为缺电子原子,容易形成多中心键。另外,硼原子的半径较小,电负性较大,故电离能较高。硼原子主要表现为非金属性,易形成共价型化合物。

单质硼的晶体属于原子晶体,因此,晶体硼的硬度很大(在单质中,仅次于金刚石),熔点(2537K)和沸点(2823K)也很高,化学性质也不活泼。但无定形硼和粉末状硼比较活泼。主要性质如下。

① 硼易在氧气中燃烧

$$4B + 3O_2 = 2B_2O_3 (973K)$$

② 与非金属作用 无定形硼在室温下与 F_2 反应得 BF_3。高温时,除稀有气体外,能与所有非金属如 Cl_2、Br_2、I_2、N_2 等化合,分别生成 BCl_3、BBr_3、BI_3 和 BN。

③ 与酸和水蒸气反应 无定形硼在赤热下可以与水蒸气反应生成硼酸和氢:

$$2B + 6H_2O(g) = 2H_3BO_3 + 3H_2 \uparrow$$

它不与非氧化性酸(盐酸)作用,但能被氧化性酸如浓 HNO_3、浓硫酸和王水所氧化:

$$B + 3HNO_3 = H_3BO_3 + 3NO_2 \uparrow$$

$$2B + 3H_2SO_4 = 2H_3BO_3 + 3SO_2 \uparrow$$

④ 与强碱作用 无定形硼与浓的强碱溶液有类似硅的反应:

$$2B + 2NaOH + 2H_2O \xrightarrow{\triangle} 2NaBO_2 + 3H_2 \uparrow$$

氧化剂存在时,与强碱共熔,可得偏硼酸盐:

$$2B + 2NaOH + 3KNO_3 \xrightarrow{\triangle} 2NaBO_2 + 3KNO_2 + H_2O$$

单质硼一般通过加热硼酸,脱水成 B_2O_3,然后用镁或铝还原而制备,在此条件下制得的硼不纯,杂质为金属氧化物。

$$2H_3BO_3 \longrightarrow B_2O_3 + 3H_2O$$

$$B_2O_3 + 3Mg \longrightarrow 2B + 3MgO$$

用盐酸、氢氧化钠和氢氟酸除去杂质,可得到纯度为 95%~98% 棕色粉末的硼。

13.5.2 碳的氧化物、含氧酸和盐

(1) 一氧化碳(carbon monoxide)

CO 分子的电子总数为 14,与 N_2 分子的电子总数相同,两者是等电子分子,它们的结构相似。按分子轨道理论,CO 的电子排布式为:CO[KK$(\sigma_{2s})^2 (\sigma_{2s}^*)^2 (\pi_{2p_y})^2 (\pi_{2p_z})^2 (\sigma_{2p_x})^2$],因此在 CO 分子中,C 和 O 之间是通过三键结合的,一个 σ 键,二个 π 键,其中一个 π 键由双方各提供一个 p 电子形成,另一个 π 键是由氧原子单独提供孤对电子形成的 π 配键,分子结构见图 13-39。

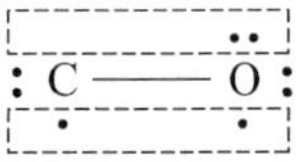

CO 的偶极矩几乎为零,由于分子内配位键的形成,使碳原子的电子云密度增大,增强了碳原子的配位能力,因此 CO 与金属形成配合物时,一般是 C 作为配位原子,如 $Ni(CO)_4$、$Fe(CO)_5$、$Cr(CO)_6$ 等。煤气中毒也与 CO 的配位能力较强有关,CO 与血红蛋白(Hb)结合的能力约为 O_2 的 230~270 倍。CO 与血红蛋白(Hb)结合后,Hb 就失去结合氧的能力,使生物机体因缺氧而致死。

图 13-39 CO 分子结构

CO 是无色、无臭、无味、可燃的有毒气体,熔点 -199℃,沸点 -191.5℃。在高温下能使许多金属氧化物还原为金属,所以在冶金工业常用作还原剂:

$$Fe_2O_3 + 3CO \xrightarrow{高温} 2Fe + 3CO_2 \uparrow$$

在常温下，CO 可使 PdCl$_2$ 溶液、Ag(NH$_3$)$_2$OH 溶液变黑，反应十分灵敏，可用于检测微量 CO：

$$CO + PdCl_2 + H_2O = CO_2\uparrow + 2HCl + Pd\downarrow$$

$$CO + 2Ag(NH_3)_2OH = CO_2\uparrow + 4NH_3 + H_2O + 2Ag\downarrow$$

CO 易与 O$_2$、S、H$_2$、F$_2$、Cl$_2$、Br$_2$ 等非金属反应。如与 H$_2$ 反应可生成甲醇和甲烷有机化合物。

$$CO + 2H_2 \xrightarrow[623\sim 673K]{Cr_2O_3, ZnO} CH_3OH$$

$$CO + 3H_2 \xrightarrow[523K, 10kPa]{Fe, Co, Ni} CH_4 + H_2O$$

CO 在光或活性炭催化剂的存在下，与氯反应生成无色有毒的 COCl$_2$，又称光气。

$$CO + Cl_2 = COCl_2$$

此外，CO 作为配位体，形成羰基配合物。在 CO 分子中，既有孤电子对，又有空 π^* 轨道，当遇到过渡金属原子 M 时，CO 中的孤电子对就进入 M 原子的空轨道形成 σ 键，而 M 原子中的孤电子对也可以进入 CO 分子的空 π^* 轨道形成反馈 π 配位键，最后形成羰基配合物。如：

$$Ni + 4CO \longrightarrow Ni(CO)_4$$

$$Fe + 5CO \longrightarrow Fe(CO)_5$$

(2) 二氧化碳和碳酸（carbon dioxide and carbonic acid）

CO$_2$ 是线性的非极性分子。分子中碳原子以 sp 杂化成键时 2 个 sp 杂化轨道上的电子分别同 2 个氧原子未成对的 p 电子结合，形成两个 σ 键，因而 CO$_2$ 分子呈直线形。碳原子未参加杂化的 2 个 p 轨道上的电子则分别与一个氧原子 p 轨道上的 1 个未成对电子及另一个氧原子 p 轨道上的一对孤对电子形成两个大 Π 键。这两个大 Π 键均由 3 个原子（1 个碳原子、2 个氧原子）提供的 4 个电子组成，称为三中心四电子键，以 Π_3^4 表示，如图 13-40。

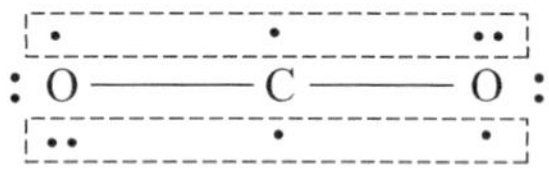

图 13-40 CO$_2$ 分子

CO$_2$ 是无色、无臭的气体。固态 CO$_2$ 是分子晶体，它的熔点很低（-78.5℃），固态 CO$_2$ 常不经熔化而直接升华，所以称为干冰。干冰比普通的冰要冷得多，常用作制冷剂，是保存和运输易腐食品的理想物质。

CO$_2$ 溶解于水生成碳酸。碳酸是一种二元弱酸，与碱作用能生成两种类型的盐：正盐（碳酸盐）和酸式盐（碳酸氢盐）。

碳酸盐都是固体。碱金属（除碳酸锂外）和铵盐溶解于水，其它的碳酸盐难溶于水。酸式碳酸盐比相应的难溶碳酸盐有较大的溶解度。例如：

$$CaCO_3 + CO_2 + H_2O = Ca(HCO_3)_2$$
（难溶） （可溶）

但对易溶碳酸盐如 Na$_2$CO$_3$、K$_2$CO$_3$ 或 (NH$_4$)$_2$CO$_3$ 来说，和它们相应的酸式碳酸盐，如：NaHCO$_3$、KHCO$_3$ 或 NH$_4$HCO$_3$，却有较低的溶解度。

碱金属的碳酸盐和酸式碳酸盐在水溶液中，进行水解而显碱性。

$$CO_3^{2-} + H_2O = HCO_3^- + OH^- \quad \text{（显强碱性）}$$

$$HCO_3^- + H_2O = H_2CO_3 + OH^- \quad \text{（显弱碱性）}$$

因为 CO$_3^{2-}$ 有强的水解性，所以碳酸钠溶液和水解性强的金属离子作用时，由于水解互相促进，最后得到的一般是碱式碳酸盐或氢氧化物的沉淀，如：

$$2Cu^{2+} + 2CO_3^{2-} + H_2O = Cu_2(OH)_2CO_3\downarrow + CO_2\uparrow$$

$$2Fe^{3+} + 3CO_3^{2-} + 3H_2O == 2Fe(OH)_3\downarrow + 3CO_2\uparrow$$

碳酸盐另一个主要性质是它们对热不稳定性，高温时常按下式分解：

$$MCO_3 \xrightarrow{\triangle} MO + CO_2\uparrow$$

不同的碳酸盐对热不稳定性相差很大，有如下规律。

同一种含氧酸（盐）的热稳定性次序为：

$$正盐 > 酸式盐 > 酸$$
$$Na_2CO_3 > NaHCO_3 > H_2CO_3$$

同族元素从上到下，碳酸盐的热稳定性增强：

$$BeCO_3 < MgCO_3 < CaCO_3 < SrCO_3 < BaCO_3$$

不同金属的碳酸盐的热稳定性次序为：

$$碱金属盐 > 碱土金属盐 > 过渡金属盐 > 铵盐$$
$$K_2CO_3 > CaCO_3 > ZnCO_3 > (NH_4)_2CO_3$$

铵盐分解产生的气体分子极多，熵值较大，因此热稳定性较差。

13.5.3 硅的氧化物、含氧酸和盐

(1) 硅的氧化物

二氧化硅（silicon dioxide）又称硅石，有晶态和无定形态之分。硅藻土是自然界中一种无定形硅石，晶态二氧化硅在自然界主要存在于石英矿石中，无色透明的纯石英称为水晶。紫水晶、玛瑙和碧玉等是含杂质的有色石英晶体。

二氧化硅是原子晶体，其中硅原子以 sp^3 杂化轨道与4个氧原子相连接，形成 SiO_4 正四面体，硅原子位于四面体中心，4个氧原子分占四面体的4个顶角（图13-41）。SiO_4 四面体间通过共用顶角上的氧原子彼此又相互连接起来。在空间形成了一个巨大的硅氧网络结构的二氧化硅晶体。因原子间以共价键结合，故石英的熔点高、硬度大，且不溶于水。

图 13-41 单四面体 $[SiO_4]^{4-}$

将石英加热到1873K时，熔化成黏稠状液体，其内部结构变成无规则状态，冷却时由于黏度大不易再结晶，只是缓慢的硬化，称为玻璃状固体，即石英玻璃。石英玻璃有很多优良的特性，如热膨胀系数小，耐高温的剧变，透光性能好等，可用作制造耐高温的仪器和光学仪器等；在高纯度石英中添加加剂并将其拉成丝，这种丝具有很高的强度和弹性，还具有极高的导光性，可以制成光导纤维，广泛用于各种通信系统。

二氧化硅与氟作用生成 SiF_4 和 O_2，高温下，可被 Mg、Al 或 B 还原：

$$SiO_2 + 2Mg \xrightarrow{高温} 2MgO + Si$$

在无机酸中，SiO_2 只与 HF 反应：

$$SiO_2 + 4HF(g) == SiF_4\uparrow + 2H_2O$$
$$SiO_2 + 6HF(aq) == H_2SiF_6 + 2H_2O$$

SiO_2 作为酸性氧化物，可缓慢和浓热的碱液反应，与熔融的 MOH 或 M_2CO_3 反应，反应速率较快：

$$SiO_2 + 2NaOH == Na_2SiO_3 + H_2O$$
$$SiO_2 + Na_2CO_3 == Na_2SiO_3 + CO_2\uparrow$$

由于玻璃中含有 SiO_2，所以玻璃能被碱腐蚀。

SiO_2 和其它的一些含氧酸盐，也能发生类似于和 Na_2CO_3 的反应，即能置换出易挥发的酸性氧化物，如：

$$SiO_2 + Na_2SO_4 == Na_2SiO_3 + SO_3\uparrow$$

$$SiO_2 + 2KNO_3 \xrightarrow{1273K} K_2SiO_3 + NO_2 + NO + O_2$$

(2) 硅酸（silicic acid）

硅酸为组成复杂的白色固体，产物的组成随形成条件不同而不同，常以通式 $xSiO_2 \cdot yH_2O$ 表示。如：

偏硅酸	H_2SiO_3	$x=1$	$y=1$
正硅酸	H_4SiO_4	$x=1$	$y=2$
二硅酸	$H_6Si_2O_7$	$x=2$	$y=3$
三偏硅酸	$H_4Si_3O_8$	$x=3$	$y=2$
二偏硅酸	$H_2Si_2O_5$	$x=2$	$y=1$

因为在各种硅酸中以偏硅酸的组成最简单，所以常用 H_2SiO_3 来代表硅酸。

硅酸在水中的溶解度不大，当硅酸浓度超过其溶解度后，就会发生聚合作用，在碱性或微酸性条件下主要发生氧联作用：

$$Si(OH)_4 + SiO(OH)_3^- \rightleftharpoons (HO)_3Si-O-Si(OH)_3 + OH^-$$

在酸性作用下发生羟联作用：

$$(H_2O)_2Si(OH)_4 + Si(OH)_3(OH_2)_3^+ \rightleftharpoons [\text{双硅酸结构}] + 2H_2O$$

由双硅酸、三硅酸、……、多硅酸一直聚合下去，可生成硅酸溶胶或硅酸凝胶。在溶胶中加入电解质或在适当浓度的硅酸盐溶液中加酸，都可得到凝胶。若除去凝胶状的硅酸沉淀中的大部分水，可得到白色多孔而坚硬的硅胶。因硅胶具有高度的多孔性，内表面积很大，故硅胶有强吸附性能，可用作吸附剂和干燥剂。如将硅胶凝胶用 $CoCl_2$ 溶液浸泡、干燥活化后可制得变色硅胶。因为无水 $CoCl_2$ 为蓝色，水合 $CoCl_2 \cdot 6H_2O$ 为红色，根据变色硅胶由蓝变红就可以判断硅胶的吸水程度，反应如下：

$$CoCl_2 \rightleftharpoons CoCl_2 \cdot H_2O \rightleftharpoons CoCl_2 \cdot 2H_2O \rightleftharpoons CoCl_2 \cdot 6H_2O$$
（蓝色）　　　（蓝紫）　　　（紫红）　　　（粉红）

此外，硅胶还是很好的催化剂载体。

(3) 硅酸盐（silicate）

硅酸盐有可溶性和不溶性两大类，除碱金属以外，其它金属的硅酸盐均难溶，天然硅酸盐是不溶的。可溶性硅酸盐中，硅酸钠非常重要。

因硅酸的酸性很弱，硅酸钠在溶液中强烈水解，溶液呈碱性，水解产物为二硅酸盐或多硅酸盐：

$$Na_2SiO_3 + 2H_2O \rightleftharpoons NaH_3SiO_4 + NaOH$$
$$2NaH_3SiO_4 \rightleftharpoons Na_2H_4Si_2O_7 + H_2O$$

或：
$$2Na_2SiO_3 + H_2O \rightleftharpoons Na_2Si_2O_5 + 2NaOH$$

硅酸钠溶液和饱和的氯化铵溶液反应，或通入 CO_2 气体，均可以生成白色硅酸沉淀：

$$Na_2SiO_3 + 2NH_4Cl \rightleftharpoons H_2SiO_3 \downarrow + 2NH_3 + 2NaCl$$
$$Na_2SiO_3 + CO_2 + H_2O \rightleftharpoons Na_2CO_3 + H_2SiO_3 \downarrow$$

市售的水玻璃俗称泡花碱，是多种硅酸盐的混合物，其化学组成为 $Na_2O \cdot nSiO_2$。建筑工业及造纸工业用它做黏合剂。木材或织物用水玻璃浸泡后，可以防水、防腐。此外，还可以用作软水剂、洗涤剂和制肥皂的填料，还是制造硅胶和分子筛的原料。

地壳的 95% 是硅酸盐矿，它们是碱金属、碱土金属、铝、镁及铁等的硅氧化合物，可以看作是碱性氧化物和酸性氧化物组成的复杂化合物，用通式 $aM_xO_y \cdot bSiO_2 \cdot cH_2O$ 表示。几种天然硅酸盐的化学式表示如下：

高岭土	$Al_2O_3 \cdot 2SiO_2 \cdot 2H_2O$
白云母	$K_2O \cdot 3Al_2O_3 \cdot 6SiO_2$
石棉	$CaO \cdot MgO \cdot 6SiO_2$
正长石	$K_2O \cdot Al_2O_3 \cdot 6SiO_2$
泡沸石	$Na_2O \cdot 3Al_2O_3 \cdot 2SiO_2 \cdot nH_2O$

天然硅酸盐组成复杂，其复杂性在其阴离子，而阴离子的基本结构单元是 SiO_4 四面体。硅酸盐是重要的建筑材料，水泥、玻璃、陶瓷等工业都建立在硅酸盐的化学基础上。

13.5.4 硼的氧化物、氢化物、含氧酸和盐

(1) 硼的氧化物

硼是亲氧元素，常见的氧化物是三氧化硼（B_2O_3），其熔点为 723℃，沸点推测为 2523K，它是最难结晶的物质之一。X 射线结构测定表明，晶体状 B_2O_3 是六方晶格，由 BO_4 单元的四面体组成［见图 13-42(a)］；而无定形 B_2O_3 是由平面三角形 BO_3 的单元构成的［见图 13-42(b)］。在 1273K 以上气态 B_2O_3 是单分子，其构型为角形分子［见图 13-42(c)］。

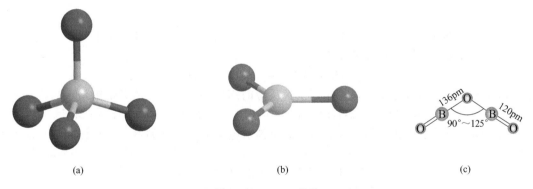

图 13-42　B_2O_3 结构

因 B—O 键能大，所以 B_2O_3 的热稳定性很强。在高温下，只能被强还原剂镁或铝还原。熔融态的 B_2O_3 极易溶解许多金属氧化物而产生有特征颜色的硼玻璃。硼玻璃耐高温，可用于制作耐高温的玻璃仪器；硼玻璃纤维，用作火箭的防护材料，硼玻璃还用于制作光学仪器设备、绝缘器材和玻璃钢，这些都是建筑、机械和军工方面所需要的新型材料。

(2) 硼的氢化物

虽然硼和氢不能直接化合，但能通过间接的方法制得一系列的共价型硼氢化物，由于这类氢化物和烷烃相似，所以称之为硼烷。早期采用 Mg_3B_2（由 Mg 和 B_2O_3 反应制得）和酸作用得到硼烷，只是该法产率较低。

$$Mg_3B_2 + 2H_3PO_4 \Longrightarrow Mg_3(PO_4)_2 + B_2H_6$$

目前主要采用 NaH 或 $NaBH_4$ 还原 BX_3，可得到产率较高、纯度较大的 B_2H_6。

$$3NaBH_4 + 4BF_3 \xrightarrow{323 \sim 343K} 3NaBF_4 + 2B_2H_6$$

目前已制得 20 多种中性硼烷及大量的衍生物,如碳硼烷(硼烷中的部分 B 原子被 C 取代)等。

大多数硼烷的组成为 B_nH_{n+4} 和 B_nH_{n+6},硼烷的命名原则与烷烃相似,通常用天干字(甲、乙、丙等)及十一、十二等数字表示 B 原子的数目,H 原子数在括号中用阿拉伯数字表示,如 B_5H_{11} 称为戊硼烷(11),$B_{14}H_{20}$ 称为十四硼烷(20)。

① 硼烷(borane)的性质 硼烷的物理性质列于表 13-24。

表 13-24 硼烷的物理性质

名称	乙硼烷	丁硼烷	戊硼烷(9)	戊硼烷(11)	己硼烷	癸硼烷
分子式	B_2H_6	B_4H_{10}	B_5H_9	B_5H_{11}	B_6H_{10}	$B_{10}H_{14}$
室温下状态	气体	气体	液体	液体	液体	固体
沸点/K	180.5	291	321	336	383	486
熔点/K	107.5	153	226.4	150	210.7	372.6
溶解性	易溶于乙醚	易溶于苯	易溶于苯	—	易溶于苯	易溶于苯
水解性	室温下较快	室温下缓慢	363K,3d 水解尚未完全	—	363K,16h 水解尚未完全	室温
稳定性	373K 以下稳定	不稳定	稳定	室温分解	室温缓慢分解	极稳定

最简单的硼烷是乙硼烷(B_2H_6),它是制备其它硼烷的原料,也是 p 型半导体材料的掺杂剂。

硼烷的性质较活泼,能与多种元素及化合物反应。硼烷在空气中激烈的燃烧并放出大量的热:

$$B_2H_6 + 3O_2 \xrightarrow{燃烧} B_2O_3 + 3H_2O \quad \Delta_rH_m^{\ominus} = -2166 \text{kJ·mol}^{-1}$$

硼烷具有强还原性,可被氧化剂氧化:

$$B_2H_6 + 6Cl_2 = 2BCl_3 + 6HCl$$

硼烷遇水发生水解作用,只是它们水解反应的速率差别很大。乙硼烷极易水解:

$$B_2H_6 + 6H_2O = 2H_3BO_3 \downarrow + 6H_2 \quad \Delta_rH_m^{\ominus} = -590.4 \text{kJ·mol}^{-1}$$

由于硼烷是缺电子化合物,很容易与具有孤对电子的分子(如氨、一氧化碳等)发生加合反应:

$$B_2H_6 + 2CO = 2[H_3B \leftarrow CO]$$
$$B_2H_6 + 2NH_3 = B_2H_6(NH_3)_2$$

乙硼烷与 LiH 反应,得到一种比 B_2H_6 还原性更强的还原剂——硼氢化锂:

$$B_2H_6 + 2LiH \longrightarrow 2LiBH_4$$

② 乙硼烷(diborane)的分子结构 乙硼烷的分子结构如图 13-43 所示,在乙硼烷分子中,其中两个 B 原子和四个 H 原子在同一平面上,还有一个 H 原子在平面之上,另一个 H 原子在平面之下。每个硼原子采用 sp^3 杂化轨道和同一平面上的二个 H 原子形成 σ 键,这 4 个 σ 键在同一平面上,共用去 8 个价电子,剩余的 4 个价电子在 2 个 B 原子和另 2 个 H 原子之间形成了 2 个垂直于上述平面的三中心二电子键(3c-2e),又称氢桥键,一个在平面之上,一个在平面之下。这种三中心二电子键是由三个原子(此处,即 2 个 B 的 sp^3 和 1 个 H 的 1s)轨道组成的 3 个分子轨道——成键、反键、非键轨道,在成键轨道上填充两个电子而形成的。

(3) 硼酸(boranic acid)**及其盐**

B_2O_3 溶于水,在热的水蒸气中形成挥发性偏硼酸,在水中形成硼酸:

$$B_2O_3(s) + H_2O(g) = 2HBO_2(g)$$

$$B_2O_3(s) + 3H_2O(l) \Longrightarrow 2H_3BO_3(aq)$$

除硼酸 H_3BO_3($B_2O_3 \cdot 3H_2O$)、偏硼酸 HBO_2($B_2O_3 \cdot H_2O$) 外，还有焦硼酸 $H_4B_2O_5$($B_2O_3 \cdot 2H_2O$)、四硼酸 $H_2B_4O_7$($2B_2O_3 \cdot H_2O$)，其中以 H_3BO_3 最重要。

在硼酸晶体中，每个硼原子用 3 个 sp^2 杂化轨道分别与 3 个羟基(—OH)中的氧原子以共价键相结合，每个氧原子除以共价键与一个硼原子和一个氢原子结合外，还通过氢键与另一个 H_3BO_3 单元中的氢原子结合而连成层状结构（图 13-44），层与层之间以微弱的范德华力相吸引。因此 H_3BO_3 具有层状结构，晶体呈鳞片状，分子内层与层之间容易滑动，所以 H_3BO_3 可作为润滑剂。

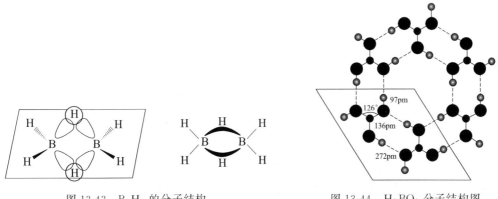

图 13-43　B_2H_6 的分子结构　　　　图 13-44　H_3BO_3 分子结构图

硼酸微溶于水，随温度的升高，由于硼酸中的部分氢键断裂，溶解度明显增大。硼酸受热则会逐渐脱水形成偏硼酸，大约在 413K 时可进一步脱水，变为四硼酸（$H_2B_4O_7$），温度更高时则转变为硼酐。

$$4H_3BO_3 \xrightarrow{-4H_2O} 4HBO_2 \xrightarrow{-H_2O} H_2B_4O_7 \xrightarrow{-H_2O} 2B_2O_3$$
硼酸　　　　　偏硼酸　　　　四硼酸　　　　硼酐

硼酸是一元弱酸，$K_a^{\ominus} = 5.75 \times 10^{-10}$。它在水溶液中之所以呈酸性，不是因为硼酸本身电离出 H^+，而是由于硼酸中的硼原子是缺电子原子，具有空轨道，它加合了来自 H_2O 分子中的 OH^-（其中氧原子具有孤电子对）而释放出 H^+：

$$B(OH)_3 + H_2O \Longrightarrow [B(OH)_4]^- + H^+$$

利用硼酸缺电子的性质，若与某些多元醇（如甘油或甘露醇）反应，由于生成稳定的配合物，使硼酸的酸性大为增强，例如：

$$H_3BO_3 + 2\begin{array}{c}CH_2OH\\|\\CHOH\\|\\CH_2OH\end{array} \rightleftharpoons H\left[\begin{array}{c}H_2C-O\\|\\HC-O\\|\\H_2C-OH\end{array}\begin{array}{c}B\end{array}\begin{array}{c}O-CH_2\\|\\O-CH\\|\\HO-CH_2\end{array}\right] + 3H_2O$$

这个反应在分析化学中很有用，因为硼酸的酸性很弱，无法找到合适的指示剂进行中和滴定，但加入多元醇后硼酸酸性加强，就能用一般的指示剂指示滴定终点，进行中和法分析。

硼酸和甲醇或乙醇在 H_2SO_4 存在条件下，生成硼酸酯，它具有挥发性，燃烧时呈绿色火焰，这是鉴别硼酸根的方法。

硼酸主要用于玻璃搪瓷等工业，还被用作消毒剂和防腐剂。

硼酸盐有偏硼酸盐、硼酸盐和多硼酸盐等多种。最重要的硼酸盐是四硼酸盐的钠盐 $Na_2B_4O_7 \cdot 10H_2O$，俗称硼砂。硼砂矿是硼在自然界主要的矿石，它是制造单质硼和其它硼化物的主要原料。

在硼砂中，包含有$[B_4O_5(OH)_4]^{2-}$阴离子，其中两个四配位的 B 原子是 BO_4 四面体结构单元中的中心原子，两个三配位的硼原子是 BO_3 三角形结构单元中的中心原子。即在四硼酸根中有两个 BO_3 平面三角形和两个 BO_4 四面体通过共用角顶 O 原子而连接成的复杂结构（见图 13-45）。

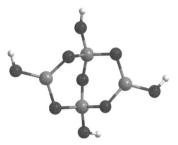

图 13-45　硼砂中 $[B_4O_5(OH)_4]^{2-}$ 阴离子的结构

硼砂是无色透明的晶体，在空气中容易失去水分子而风化，加热到 380～400℃，完全失水成为无水盐 $Na_2B_4O_7$，加热到 878℃，则熔化为玻璃状物质。熔化的硼砂能溶解许多金属氧化物，生成具有特征颜色的偏硼酸的复盐。例如：

$$Na_2B_4O_7 + CoO = 2NaBO_2 \cdot Co(BO)_2$$
（宝蓝色）

$$Na_2B_4O_7 + NiO = 2NaBO_2 \cdot Ni(BO)_2$$
（棕色）

$$Na_2B_4O_7 + MnO = 2NaBO_2 \cdot Mn(BO)_2$$
（绿色）

因此，分析化学中常用硼砂做硼砂珠实验，来鉴定金属离子。此性质也被用于陶瓷和搪瓷的上釉以及焊接金属时除去金属表面的氧化物。硼砂还可以代替 B_2O_3 用于特种光学玻璃和人造宝石。

硼砂易溶于水，也较易水解：

$$B_4O_7^{2-} + 7H_2O \rightleftharpoons 4H_3BO_3 + 2OH^- \rightleftharpoons 2H_3BO_3 + 2B(OH)_4^-$$

20℃时，硼砂溶液的 pH 值为 9.24，硼砂溶液中含有的 H_3BO_3 和 $B(OH)_4^-$ 的物质的量相等，所以具有缓冲作用。由于其水溶液呈碱性，因此可作为肥皂粉的填料。

在硼砂水溶液中加酸时，其产物不是四硼酸，而是 H_3BO_3，因为后者溶解度小，易于结晶析出：

$$Na_2B_4O_7 + H_2SO_4 + 5H_2O = 4H_3BO_3 + Na_2SO_4$$

将硼砂与 NH_4Cl 共热，再用盐酸、热水处理，可得白色固体氮化硼 BN。

$$Na_2B_4O_7 + 2NH_4Cl = 2NaCl + B_2O_3 \downarrow + 2BN \downarrow + 4H_2O$$

13.6　氢和稀有气体

13.6.1　氢

(1) 氢的结构与物理性质

氢是宇宙中最丰富的元素。在地壳和海洋中，化合形式的氢若以质量计，氢在丰度序列中占第九位（0.9%）。含氢化合物的种类是极其丰富的，水、生命物质、化石燃料（煤、石油、天然气）等均含有化合态氢。

氢有 3 种同位素：^1_1H（氕）、^2_1H（氘）、^3_1H（氚），其中，^1_1H 占总量的 99.98%，^2_1H 占总量的 0.016%，^3_1H 占总量的 0.004%。

氢原子的电子层结构为 $1s^1$，它可失去一个电子形成 H^+，又与卤素原子相似，形成双原子的气态分子，并且可与碱金属作用形成 H^-。氢的一些重要性质见表 13-25。

从表 13-25 中氢的电离能、电负性以及电子亲和能等可以看出，氢既能与金属结合，也可以与非金属结合。它的成键特征为：①形成共价化合物；②失去价电子成为 H^+；③得到

电子成为 H^-，形成离子型化合物；④形成双原子分子 H_2。

表 13-25　氢的物理性质

性质	数值	性质	数值
价层电子构型	$1s^1$	电离能/$kJ·mol^{-1}$	1312
氧化态	$-1,0,+1$	电子亲和能/$kJ·mol^{-1}$	-72.9
熔点/℃	-259.14	电负性	2.1
沸点/℃	-252.8	气体密度（20℃）/$g·L^{-1}$	0.0899
原子半径/pm	37	离子半径/pm　H^+ 　　　　　　　H^-	1.2 208

氢气无色、无味、无臭，是所有气体中最轻的气体，其凝固点（14.1K）和沸点（20.5K）都很低，很难液化，通常将氢气压缩在钢瓶中待用。氢在水中的溶解度很小，273K 时，1 体积水只能溶解 0.02 体积的氢。

氢气很容易被某些金属（如镍、钯、铂等）吸附，钯对氢的吸附能力最强，室温下，1 体积的粉状钯大约吸附 900 体积的氢气，被吸附的氢气有很强的化学活泼性，故钯、铂等金属可作为有氢参与的化学反应中的催化剂。

（2）氢的化学性质

① 氢与金属氧化物的反应　在高温下，许多金属氧化物如 CuO、WO_3、TiO_2 等能与氢气反应：

$$CuO + H_2 \xrightarrow{\triangle} Cu + H_2O$$

这是氢气用于冶金工业的重要反应之一。此外，氢气也可以与某些非金属化合物反应，将非金属还原出来：

$$SiCl_4 + 2H_2 == Si + 4HCl$$

它是制取半导体硅的重要反应。

② 氢与有机化合物的反应　在催化条件下，氢气能与不饱和有机化合物进行加氢反应。

$$RC=CR' + H_2 == RH_2C-CH_2R'$$

所以氢气广泛用于石油化工、食品工业的油脂氧化和有机合成。

③ 氢与活泼金属的反应　氢气与电负性小的活泼金属反应，生成离子型氢化物，如：

$$2Na + H_2 == 2NaH$$

④ 氢与非金属单质的反应　氢气与电负性大的非金属能形成含极性共价键的化合物，如：

$$2H_2 + O_2 == 2H_2O$$
$$H_2 + S == H_2S$$

⑤ 氢能形成氢桥键化合物　在高温高压条件下，氢与金属钠、铝，加催化剂可形成具有氢桥键的金属铝氢化合物，如：

$$Na + Al + 2H_2 \xrightarrow{烃稀释剂, 140℃, 25MPa} NaAlH_4$$

$$2LiH + 2Al + 3H_2 \xrightarrow{四氢呋喃, 140℃, 25MPa} 2LiAlH_4$$

金属铝氢化合物是一个很活泼的化学试剂，可用它来制备多种金属和非金属氢化物，而且氢化锂铝在有机合成中是一种选择性很高的还原剂。

（3）氢化物

氢与其它元素形成的二元化合物称为氢化物。氢化物有不同的类型，主要取决于元素的电负性，一般可分为三大类。

① 离子型氢化物（ionic hydride）　电负性很低的活泼金属，如碱金属与碱土金属的

Ca、Sr、Ba，以及某些稀土金属的 La 等，在加热时可与氢生成离子型氢化物，氢得到一个电子，成为氧化值为 −1 的阴离子 H^-。

$$2Li + H_2 = 2LiH$$
$$Ca + H_2 = CaH_2$$

这类氢化物具有盐类的离子晶体结构，有较高的熔点，并且在熔融态下能导电。离子型氢化物呈强碱性。

② 共价型氢化物（covalent hydride） 氢与高电负性元素形成共价型氢化物，除稀有气体外，几乎所有非金属都可与氢形成这类氢化物：

$$H_2 + F_2 = 2HF$$
$$2H_2 + O_2 = 2H_2O$$
$$3H_2 + N_2 = 2NH_3$$

共价型氢化物具有熔点低、沸点低、易挥发、不导电等特性，且具有一定的酸性，在周期表中自左至右呈酸性增强的变化趋势。

③ 金属型氢化物（metal hydride） 氢气与 d 区和 f 区的过渡元素化合，产生具有金属外貌和传导性的物质，因此称它为金属型氢化物。它们的结构不同于原来金属的结构，过渡金属吸氢后往往发生晶格膨胀，氢化物的密度小于原来金属的密度。过渡型氢化物最大的特点是组成不定，含氢量随外界条件而变，有些过渡金属还可以可逆地吸收和释放 H_2，因此可作为贮氢材料，如 $PdH_{0.8}$、$LaH_{2.76}$ 等。被金属吸附的氢，在减压加热时又可释放出来。因此，根据需要能可逆地加氢和析氢。

④ 氢能源（hydrogen energy） 氢气作为动力燃料有很多优点。如干净、无毒；燃烧热值大；资源广泛；质量轻，可输送；应用广泛，适应性强等。可用于飞机和宇宙飞船、汽车，还可制成氢氧燃料电池来发电。氢能燃料电池作为一种清洁能源，其应用不仅能获得较好的环保效益，而且能减少对外国的石油依赖，实现能源独立。牛津研究所预测，到 2010 年前，世界每天生产的氢能源当量将达到 320 万桶石油；2020 年前将达到 950 万桶石油。专家们认为，氢将在 2050 年前取代石油而成为主要能源，人类将进入完全的氢经济社会。

有关氢能源的研究，目前面临三大课题：氢气的制取，氢气的贮存和输送，氢的利用。无论从地球资源和生产技术来看，或是从环境保护的角度来看，氢能作为 21 世纪很有前途的理想能源。

13.6.2 稀有气体
(1) 稀有气体的存在、分离和应用

元素周期系零族元素包括氦、氖、氩、氪、氙、氡六种元素称为稀有气体（noble gas）。空气中含有微量的稀有气体。在接近地球表面的空气中，每 $1000dm^3$ 空气中就含有 $9.3dm^3$ 氩、$18cm^3$ 氖、$5cm^3$ 氦、$11cm^3$ 氪、$0.08cm^3$ 氙。

从空气中分离稀有气体主要利用它们不同的物理性质。氩的沸点介于氮和氧之间，将液态空气分级蒸馏，挥发除去大部分氮之后，剩下的液态氧中就富集了稀有气体并含有少量氮气。继续分馏可以把稀有气体分离出来。使这种气体通过氢氧化钠塔除去 CO_2，再通过赤热的铜丝除去微量的氧，然后通过灼热的镁屑除去氮气，剩下的气体就是以氩为主的稀有气体了。

从混合稀有气体中分离各个组分最常用的方法是低温选择性吸附或低温分馏。在低温下越容易液化的稀有气体越容易被活性炭吸附。而且在不同的低温下活性炭对各种气体的吸附也不同。例如在 −100℃ 时，氩、氪和氙被吸附，而氦和氖不被吸附。在液态空气的低温下（−190℃），氖被吸附，而氦不被吸附。在不同的低温下使活性炭对混合稀有气体吸附和解吸,就能将稀有气体一一分离开来。

稀有气体的应用主要是基于这些元素的化学不活泼性,易于发光放电等性质,在光学、冶炼、医学以及一些尖端工业部门,获得广泛的应用。如大量的氦用于火箭燃料压力系统,惰性气氛焊接和用于核反应堆热交换器。由于氦的密度小,不易燃烧,可用来代替氢气填充气球和飞艇。此外,氦的沸点是已知所有物质中最低的,广泛用作低温研究中的冷冻剂,也是核磁共振(NMR)光谱仪和 NMR 显影中使用的超导磁体的冷冻剂。

稀有气体还广泛用于各种光源,包括传统光源、霓虹灯(Ne)、氙闪光灯、高压长弧氙灯和激光灯。用作光源的原理是:气体放电使部分原子电离并使离子或中性原子处于激发态,由激发态回到较低的能量状态时发射出各种光。

此外,氪和氙的同位素在医学上被用于测量脑中的血流量和肺功能,计算胰岛素分泌量等。氡在医学上已用于治疗癌症。

(2) 稀有气体的性质

除了氦原子的电子层有 2 个电子外,其余稀有气体原子的最外电子层都有 8 个电子,2 个电子和 8 电子结构都是稳定结构,因此它们的化学性质非常不活泼。这些元素不仅与其它元素不易化合,它们的原子之间也难于结合起来,而是以单原子分子的形式存在。

稀有气体的一些物理性质列于表 13-26,这些性质都随原子序数的增加呈有规律地变化。稀有气体分子间存在着微弱的分子间力,因此稀有气体的熔点、沸点都很低,氦的沸点是所有物质中最低的。液态氦是最冷的一种液体,借助于液态氦,可使温度达到 0.001K,在科学上常用来研究低温时物质的行为。

表 13-26 稀有气体的物理性质

性　　质	氦 He	氖 Ne	氩 Ar	氪 Kr	氙 Xe	氡 Rn
原子序数	2	10	18	36	54	86
原子量	4.003	20.18	39.95	88.80	131.3	222
价电子层结构	$1s^2$	$2s^2 2p^6$	$3s^2 3p^6$	$4s^2 4p^6$	$5s^2 5p^6$	$6s^2 6p^6$
原子半径/pm	122	160	191	198	217	—
第一电离能/$kJ·mol^{-1}$	2372.2	2080.5	1520.4	1350.6	1170.3	1037.0
熔点/℃	−272.25	−248.6	−189.4	−157.2	−111.8	−71
沸点/℃	−268.9	−246.1	−185.9	−153.4	−108.1	−62
临界温度/℃	−267.93	−228.71	−122.4	−63.75	−16.59	—

(3) 稀有气体化合物(noble gas compounds)

长期以来,稀有气体被认为不与任何物质作用,化合价为零,因此过去被称为惰性气体或零族元素。1962 年英国化学家巴特列(N. Bartlett)制得了氙的化合物,其化学式为 $Xe^+ PtF_6^-$。这是首次合成的第一个稀有气体的化合物。此后不久又相继发现了氙的一系列氟化物和氟氧化合物。这个稀有气体化合物的发现,是化学发展史中一次重要的突破。下面以氙为主介绍其含氟和含氧化合物。

氙可以形成多种氧化态的氟化物和氧化物,其中有些化合物很稳定。表 13-27 列举了一些氙的化合物。

表 13-27 氙的主要化合物

氧化态	化合物	性　状	熔点/K	分子构型	附　注
Ⅱ	XeF_2	无色晶体	402	直线形	易溶于 HF 中,遇水分解成 Xe、O_2 和 HF
Ⅳ	XeF_4	无色晶体	390	平面四方形	稳定
	$XeOF_2$	无色晶体	304		不稳定

续表

氧化态	化合物	性 状	熔点/K	分子构型	附 注
Ⅵ	XeF_6	无色晶体	322	变形八面体	稳定
Ⅵ	$XeOF_4$	无色液体	227	四方锥形	稳定
Ⅵ	XeO_3	无色晶体	—	三角锥形	吸潮,在溶液中稳定,爆炸性分解
Ⅷ	XeO_4	无色气体	—	四面体	爆炸性分解

① 氙的氟化物　将氙和氟放在密闭的镍容器中加热，由于氙和氟的配比不同，得到不同的产物：

$$Xe + F_2 = XeF_2$$
$$Xe + 2F_2 = XeF_4$$
$$Xe + 3F_2 = XeF_6$$

XeF_2、XeF_4、XeF_6 都是共价化合物，常温下为无色固体，熔点由 XeF_2、XeF_4、XeF_6 依次降低，热稳定性也依次降低，并且都是强氧化剂，氧化能力随氧化数的升高而增强，如与氢反应生成 HF 和 Xe。

$$XeF_2 + H_2 = Xe + 2HF \quad 670K$$
$$XeF_4 + 2H_2 = Xe + 4HF \quad 400K$$
$$XeF_6 + 3H_2 = Xe + 6HF \quad 300K$$

它们还能将 Cl^-、I^- 氧化成单质，将低价的 Ge(Ⅲ)、Co(Ⅱ) 氧化成高价的 Ge(Ⅳ)、Co(Ⅲ)，把 Hg 氧化成 Hg_2^{2+}，Pt 氧化成 Pt(Ⅳ) 等，如：

$$XeF_2 + 2X^- = Xe + X_2 + 2F^- \quad (X=Cl^-、I^-)$$
$$XeF_4 + 4Hg = Xe + 2Hg_2F_2$$
$$XeF_4 + Pt = Xe + PtF_4$$

它们都和水发生水解反应：

$$2XeF_2 + 2H_2O = 2Xe + O_2 + 4HF$$
$$6XeF_4 + 12H_2O = 4Xe + 2XeO_3 + 3O_2 + 24HF$$
$$XeF_6 + 3H_2O = XeO_3 + 6HF$$
$$XeF_6 + H_2O = XeOF_4 + 2HF \quad (不完全水解)$$

XeF_6 与 SiO_2 反应生成无色的氟氧液体：

$$2XeF_6 + SiO_2 = 2XeOF_4 + SiF_4 \uparrow$$

② 氙的氧化物　氙的氟化物与水反应即可得到 XeO_3，固态的 XeO_3 是一种易潮解和易爆炸的化合物，爆炸时发生下列反应：

$$2XeO_3 = 2Xe + 3O_2 \uparrow$$

XeO_3 在水中以分子形式存在，有较好的稳定性，其水溶液不导电，但具有较强的氧化性，可将 Cl^-、Br^-、Mn^{2+} 分别氧化成 Cl_2、BrO_3^-、MnO_4^-。

$$5XeO_3 + 6MnSO_4 + 9H_2O = 6HMnO_4 + 5Xe + 6H_2SO_4$$

XeF_6 和 $Ba(OH)_2$ 反应，可生成高氙酸钡：

$$4XeF_6 + 18Ba(OH)_2 = 3Ba_2XeO_6 + Xe + 12BaF_2 + 18H_2O$$

在酸性介质中，XeO_6^{4-} 的氧化性比 MnO_4^-、F_2 还强。

Ba_2XeO_6 与无水 H_2SO_4 反应生成 XeO_4：

$$Ba_2XeO_6 + 2H_2SO_4 = 2BaSO_4 + XeO_4 + 2H_2O$$

常温下，XeO_4 是不稳定的、易爆炸的液体。它会缓慢分解为 Xe、XeO_3 和 H_2O。

思 考 题

1. 请解释为什么 HBr 和 HI 不能用浓硫酸与相应的卤化物制备？
2. 试述卤化氢的还原性、酸性和热稳定性的递变规律，并加以解释。
3. 试述氯的各种含氧酸的酸性、热稳定性和氧化性的递变规律，并加以解释。
4. HNO_2 或 NO_2^- 在酸性介质中其氧化性大于还原性有何依据？试写出亚硝酸盐在酸性溶液中与 KI、$FeCl_2$、$KMnO_4$ 的反应方程式。
5. 试回答：(1) 氧气和臭氧的组成和性质有何不同？(2) 空气中混有少量臭氧，如何检验？
6. 解释下列事实：(1) 不能用硝酸与 FeS 作用制备 H_2S；(2) 稀、浓硫酸和 Zn 作用得到不同的产物。
7. 硼酸在水溶液中是如何显酸性的？为什么说它是一元弱酸？
8. 如何从离子极化角度解释碳酸盐热稳定性的递变规律？
9. 什么是缺电子原子？什么是缺电子化合物？举例说明。
10. 在焊接金属时，使用硼砂的原理是什么？什么是硼砂珠试验？
11. 金属硫化物为什么大多难溶于水？按其在水和酸中的溶解情况，金属硫化物可分为哪几类？

习 题

13.1 用反应式来表示下列反应过程：
(1) 用过量的 $HClO_3$ 处理 I_2；
(2) 氯气长时间通入 KI 溶液中。

13.2 解释下列事实：
(1) 通 H_2S 于 $Al_2(SO_4)_3$ 溶液中，得不到 Al_2S_3 沉淀。实验室中不能长久保存 H_2S、Na_2S、Na_2SO_3 溶液。
(2) 将 H_2S 气体通入 $MnSO_4$ 溶液中，不产生 MnS 沉淀，若先加入适量氨水后，再通入 H_2S，即有 MnS 沉淀产生。
(3) 让装有水玻璃的试剂瓶长期敞开口后，水玻璃变混浊。

13.3 $AgNO_3$ 溶液中加入少量的 $Na_2S_2O_3$，$Na_2S_2O_3$ 溶液中加入少量 $AgNO_3$，两者反应有何不同，写出反应方程式。

13.4 已知某物质的水溶液（A）既有氧化性，又有还原性。根据如下试验判断此物质为何种物质，并写出相关反应式。
① 在此溶液中加入碱时生成盐。
② 将①所得溶液酸化，加入适量的 $KMnO_4$ 溶液，可使 $KMnO_4$ 褪色。
③ 在②所得的溶液中加入 $BaCl_2$，得到白色沉淀。

13.5 不存在 BH_3 而只存在其二聚体 B_2H_6，$AlCl_3$ 气态时也为双聚体，但 BCl_3 却不能形成二聚体。请解释原因。

13.6 H_3BO_3 与 H_3PO_3 化学式相似，为什么 H_3BO_3 为一元酸，而 H_3PO_3 为二元酸？

13.7 为什么 O_2 为非极性分子而 O_3 却为极性分子。

13.8 从分子结构角度解释为什么 O_3 比 O_2 的氧化能力强？

13.9 将臭氧通入酸化的淀粉碘化钾溶液。给出实验现象及相关的反应方程式。

13.10 给出 SO_2、SO_3、O_3 分子中离域大 Π 键类型，并指出形成离域大 Π 键的条件。

13.11 在与金属反应时，为什么浓 HNO_3 被还原的产物主要是 NO_2，而稀硝酸被还原的产物主要是 NO？

13.12 Au、Pt 不溶于浓硝酸，但可溶于王水。请给出 Au、Pt 溶于王水的反应式，并解释王水能氧化 Au、Pt 的原因。

13.13 采用 $NaBiO_3$ 和 $(NH_4)_2S_2O_8$ 为氧化剂，在酸性条件下将 Mn^{2+} 氧化为 MnO_4^-，应如何选择反应条件？

13.14 在酸性溶液中，按氧化能力由大到小排列下列离子，并简要说明之：
NO_3^-，PO_4^{3-}，AsO_4^{3-}，SbO_4^{3-}，BiO_3^-。

13.15 完成并配平下列反应式：
(1) $O_3 + KI + H_2SO_4$
(2) $H_2O_2 + KI + H_2SO_4$
(3) $H_2O_2 + KMnO_4 + H_2SO_4$
(4) $H_2S + FeCl_3$
(5) $Na_2SO_3 + I_2$
(6) $Zn + HNO_3$（稀）
(7) $Na_2SO_3 + Cl_2 + H_2O$
(8) $SiO_2 + HF$ (aq)
(9) $BF_3 + HF$
(10) $NH_4Cl + NaNO_2$
(11) $Si + NaOH + H_2O$

13.16 回答有关硝酸的问题：
① 根据 HNO_3 的分子结构，说明 HNO_3 为什么不稳定？
② 为什么久置的浓 HNO_3 会变黄？

13.17 从平衡移动的原理解释为什么在 Na_2HPO_4 或 NaH_2PO_4 溶液中加入 $AgNO_3$ 溶液，均析出黄色的 Ag_3PO_4 沉淀？析出 Ag_3PO_4 沉淀后溶液的酸碱性有何变化？写出相应的反应方程。

13.18 比较下列各对碳酸盐热稳定性的大小：
(1) Na_2CO_3 和 $BeCO_3$
(2) $NaHCO_3$ 和 Na_2CO_3
(3) $MgCO_3$ 和 $BaCO_3$
(4) $PbCO_3$ 和 $CaCO_3$

13.19 将易溶于水的钠盐 A 与浓硫酸混合后微热得无色气体 B。将 B 通入酸性高锰酸钾溶液后有气体 C 生成。将 C 通入另一钠盐 D 的水溶液中则溶液变黄、变橙，最后变为棕色，说明有 E 生成，向 E 中加入氢氧化钠溶液得无色溶液 F，当酸化该溶液时又有 E 出现。请给出 A、B、C、D、E、F 的化学式。

13.20 今有白色的钠盐晶体 A 和 B。A 和 B 都溶于水，A 的水溶液呈中性，B 的水溶液呈碱性。A 溶液与 $FeCl_3$ 溶液作用，溶液呈棕色。A 溶液与 $AgNO_3$ 溶液作用，有黄色沉淀析出。晶体 B 与浓盐酸反应，有黄绿色气体产生，此气体同冷 NaOH 溶液作用，可得到含 B 的溶液。向 A 溶液中开始滴加 B 溶液时，溶液呈红棕色；若继续滴加过量的 B 溶液，则溶液的红棕色消失。试判断白色晶体 A 和 B 各为何物？写出有关的反应方程式。

13.21 向白色固体钾盐 A 中加入酸 B 有紫黑色固体 C 和无色气体 D 生成，C 微溶于水，但易溶于 A 的溶液中得棕黄色溶液 E，向 E 中加入 NaOH 溶液得无色溶液 F。将气体 D 通入 $Pb(NO_3)_2$ 溶液得黑色沉淀 G。若将 D 通入酸化的 $NaHSO_3$ 溶液则有乳白色沉淀 H 析出。回答 A、B、C、D、E、F、G、H 各为何物质。写出有关反应的方程。

13.22 向无色溶液 A 中加入 HI 溶液有无色气体 B 和黄色沉淀 C 生成，C 在 KCN 溶液中部分溶解变成无色溶液 D，向 D 中通入 H_2S 时析出黑色沉淀 E，E 不溶于浓盐酸。若向 A 中加入 KI 溶液有黄色沉淀 F 生成，将 F 投入 KCN 溶液则 F 全部溶解。请给出 A、B、C、D、E、F 所代表的物质。

13.23 在淀粉碘化钾溶液中加入少量 NaClO 时，得到蓝色溶液 A，加入过量 NaClO 时，得到无色溶液 B，然后酸化之并加少量固体 Na_2SO_3 于 B 溶液中，则 A 的蓝色复现，当 Na_2SO_3 过量时，蓝色又褪去成为无色溶液 C，再加 $NaIO_3$ 溶液蓝色的 A 溶液又出现。指出 A、B、C 各为何物，并写出反应方程式。

13.24 化合物 A 为白色固体，A 在水中溶解度较小，但易溶于氢氧化钠溶液和浓盐酸。A 溶于浓盐酸得溶液 B，向 B 中通入 H_2S 得黄色沉淀 C，C 不溶于盐酸，易溶于氢氧化钠溶液。C 溶于硫化钠溶液得无色溶液 D，若将 C 溶于 Na_2S 溶液则得无色溶液 E。向 B 中滴加溴水，则溴被还原，而 B 转为无色溶液 F，向所得 F 的酸性溶液中加入淀粉碘化钾溶液，则溶液变蓝，给出 A、B、C、D、E、F 所代表的物质。

第 14 章 过渡元素（一）

14.1 过渡元素概述

过渡元素（transition element）包含了周期表中从ⅢB族开始到ⅧB族共 8 个直列内的元素，包括 f 区的镧系和锕系元素。它们的电子结构特点是含有部分填充的 f 亚层和 d 亚层。另外，由于ⅠB族元素的某些离子如其 $(n-1)$d 壳层也未充满，性质与过渡元素十分相似，因此有时也将ⅠB族元素包含在过渡元素范围内一起讨论。ⅡB族元素的某些性质如形成稳定的配合物等与过渡元素很相似，也有将ⅡB族元素与过渡元素一起讨论的。

本书将ⅠB族和ⅡB族作为过渡元素（二）在第 15 章中讨论。

过渡元素均为金属元素，因此又称过渡金属（transition metal）。

过渡元素（一）在周期表中的分布如图 14-1 所示。镧系之后的元素本章不予讨论。

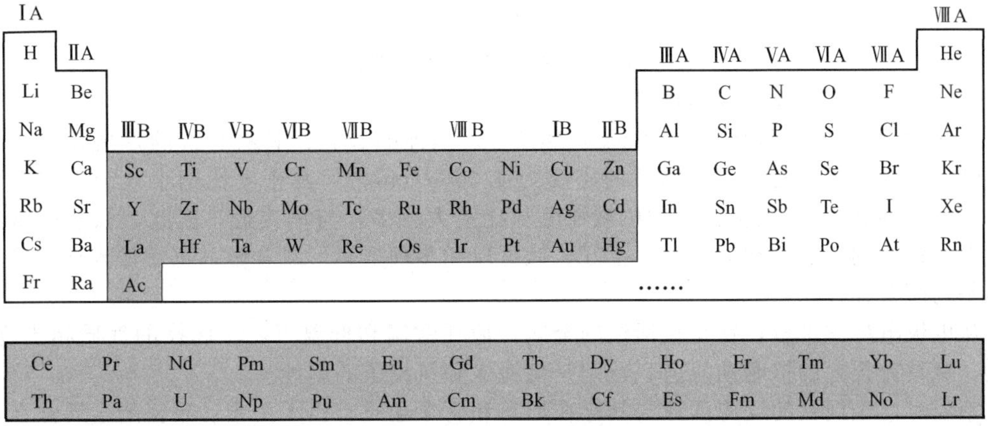

ⅠA																	ⅧA
H	ⅡA											ⅢA	ⅣA	ⅤA	ⅥA	ⅦA	He
Li	Be											B	C	N	O	F	Ne
Na	Mg	ⅢB	ⅣB	ⅤB	ⅥB	ⅦB	ⅧB			ⅠB	ⅡB	Al	Si	P	S	Cl	Ar
K	Ca	Sc	Ti	V	Cr	Mn	Fe	Co	Ni	Cu	Zn	Ga	Ge	As	Se	Br	Kr
Rb	Sr	Y	Zr	Nb	Mo	Tc	Ru	Rh	Pd	Ag	Cd	In	Sn	Sb	Te	I	Xe
Cs	Ba	La	Hf	Ta	W	Re	Os	Ir	Pt	Au	Hg	Tl	Pb	Bi	Po	At	Rn
Fr	Ra	Ac					……										

Ce	Pr	Nd	Pm	Sm	Eu	Gd	Tb	Dy	Ho	Er	Tm	Yb	Lu
Th	Pa	U	Np	Pu	Am	Cm	Bk	Cf	Es	Fm	Md	No	Lr

图 14-1 过渡元素（一）在周期表中的位置

过渡元素可分为第一过渡系列、第二过渡系列和第三过渡系列。第六周期的镧系，第七周期的锕系又称为内过渡系列，其原子或某些氧化态离子的电子陆续填充在 $(n-2)$f 轨道上。

在讨论第ⅧB族元素性质时，常将 Fe、Co、Ni 称为铁系元素，Ru、Rh、Pd、Os、Ir、Pt 称为铂系元素。

第ⅢB族的钪（Sc）、钇（Y）及镧系一起共计 17 种元素，它们在性质上非常相似，总称为稀土元素（lanthanon），用 RE（rare earth）表示。

14.2 钛副族

周期表中的第ⅣB族包括钛 Ti（titanium）、锆 Zr（zirconium）、铪 Hf（hafnium）和𬬻 Rf（rutherfordium），称为钛副族，其中，𬬻为人工合成放射性元素，本节不予讨论。

钛一直以来被认为是稀有金属，但钛在地壳中的质量分数为 0.56%，位列第 10。钛的主要矿藏有：钛铁矿（$FeTiO_3$）、金红石（TiO_2）、钒钛铁矿、钙钛矿（$CaTiO_3$）和榍石等。

锆和铪是稀有金属。锆在地壳中的质量分数为 0.019%，超过铜、锌、锡、镍、铅等。含锆的主要矿石有锆英石（主要成分为硅酸盐，$ZrSiO_4$），在独居石矿中也可以选出锆矿砂。

铪在地壳中的质量分数为 3.3×10^{-4}%，由于"镧系收缩"的影响，铪的化学性质与锆极为相似，在自然界中常与锆混生。

钛族元素原子的价电子层结构为 $(n-1)d^2ns^2$，常见的氧化态为 Ti(Ⅳ)，此时内层 d 轨道全空，结构较为稳定。此外，Ti 还可表现氧化数为 +3 的氧化态，至于氧化数为 +2 的氧化态则比较少见。在个别情况之下，Ti 还可以表现出更低的氧化数，如 -1。锆和铪生成低氧化数的趋势极小，通常以Ⅳ氧化态存在。

钛族元素原子失去 4 个电子之后所形成的 M(Ⅳ) 化合物大多为共价型的（通常认为 TiO_2 是离子型的），在水溶液中则主要以 MO^{2+} 离子形式存在，且易水解。

由于镧系收缩，铪的原子半径与锆的十分接近，造成这两个元素化学性质十分相似。

钛副族的元素电势图见图 14-2。

$$TiO_2 \xrightarrow{0.1} Ti^{3+} \xrightarrow{-0.369} Ti^{2+} \xrightarrow{-1.628} Ti$$

$$ZrO_2 \xrightarrow{-1.55} Zr$$

$$HfO_2 \xrightarrow{-1.57} Hf$$

图 14-2　钛副族的元素电势图

14.2.1　钛的物理、化学性质

金属钛的外观与钢相似，熔点约为 1660℃。高纯的金属钛具有良好的延展性，当含有杂质时，钛的可塑性变差。金属钛的密度为 $4.506 g \cdot cm^{-3}$，其密度比钢小（约为钢密度的 57%），比金属铝大，但金属钛的机械强度却比铝大得多，与钢接近，因此，钛兼有钢和铝的优点，且钛的耐热性和抗腐蚀性很好。钛可以和多种金属形成合金，将钛加入钢中形成的钛钢坚韧而有弹性。

从电极电势图来看，钛是很活泼的金属，但在常温和低温下，金属钛的性质相当稳定，因此，钛具有很好的抗腐蚀能力，特别是抗海水和氯离子的腐蚀。

室温时，金属钛的反应活性与其存在形态和所含杂质有很大关系。致密的金属钛在自然界中是相当稳定的，但粉末钛在空气中因氧化可引起自燃。

钛与热硝酸反应十分缓慢，但能与热的浓盐酸发生反应：

$$2Ti + 6HCl(热,浓) \longrightarrow 2TiCl_3 + 3H_2 \uparrow$$

金属钛更容易溶解在氢氟酸或盐酸与浓硫酸的混合酸中：

$$Ti + 6HF \longrightarrow TiF_6^{2-} + 2H^+ + 2H_2 \uparrow$$

$$(\varphi^{\ominus}_{TiF_6^{2-}/Ti} = -1.19V)$$

钛在高温下具有很高的反应活性，能与大多数非金属如卤素、氧、氮、碳、硼、硅、硫等直接化合。

金属钛不容易提取。由于通常的碳还原法不能制得金属钛，且钛在高温下对氧和氮都比较活泼，而钛的冶炼过程一般都需要在 800℃ 以上的高温下进行，因此冶炼钛必须在真空中或在惰性气氛保护下操作。

金红石的主要成分是 TiO_2，钛铁矿通过硫酸法处理也可以得到 TiO_2。二氧化钛在高温下与碳、氯气共热生成 $TiCl_4$，后者在 800℃ 以上的高温下用活泼金属 Mg 或 Na 还原得到海绵状钛，再通过电弧熔融或感应熔融制得钛锭：

$$TiO_2 + 2C(s) + 2Cl_2(g) \longrightarrow TiCl_4(g) + 2CO(g)$$

$$TiCl_4 + 2Mg(s) \xrightarrow[1070K]{[Ar]} Ti(s) + 2MgCl_2(s)$$

或以 $CaCl_2$ 为溶剂，在惰性气氛中电解 TiO_2 也可以得到金属钛。

14.2.2 钛的氧化物和钛酸盐

钛的氧化物是二氧化钛（TiO_2）。自然界中的 TiO_2 有三种晶型，分别为金红石、锐钛矿和板钛矿。其中最重要的是金红石（rutile），其结构如图 14-3 所示。

金红石是典型的 MA_2 型晶体结构，属四方晶系。其中，Ti 的配位数是 6，O 的配位数是 3。自然界中的金红石是红色或桃红色，如果含有微量的 Fe、Nb、Ta、Sn、Cr、V 等杂质则呈黑色。

钛白是纯净的粉状二氧化钛，白色。二氧化钛因具有折射率高、着色力强、遮盖力大、性质稳定不易变色且无毒的特性而成为优良的白色涂料，广泛用于造纸、油漆、橡胶、塑料等工业领域。

(1) TiO_2 制备

二氧化钛的制取方法有两种。

氧化法：使用干燥的氧气氧化 $TiCl_4$：

$$TiCl_4 + O_2 \xrightarrow{923\sim1023K} TiO_2 + 2Cl_2$$

另一种方法是用浓硫酸处理钛铁矿。将精选后的钛铁矿用浓硫酸处理：

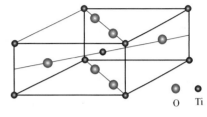
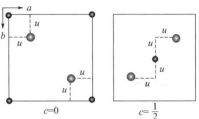

图 14-3 金红石晶型

$$FeTiO_3 + 2H_2SO_4 \longrightarrow TiOSO_4 + FeSO_4 + 2H_2O$$

得到可溶性的硫酸钛酰。产物溶液稀释加热使其水解，得到水合二氧化钛（一般称为偏钛酸，即 β-型钛酸，H_2TiO_3）沉淀：

$$TiOSO_4 + 2H_2O \longrightarrow H_2TiO_3 \downarrow + H_2SO_4$$

将水合二氧化钛过滤洗涤，然后在高温下煅烧，即得产品钛白。

(2) TiO_2 性质

二氧化钛受热时变为浅黄色，冷却下来呈白色。钛白不溶于水和稀酸，微溶于碱，属两性氧化物，但其酸碱性均不强。二氧化钛可以溶于热浓硫酸或熔化的硫酸氢钾中，如：

$$TiO_2 + H_2SO_4 \longrightarrow TiOSO_4 + H_2O$$

加热溶液水解得到的水合二氧化钛（即 β-型钛酸）不溶于酸和碱，若加碱于新制备的钛盐溶液得到的新鲜水合二氧化钛（即 α-型钛酸），其反应活性比 β-型钛酸大，能溶于稀酸，也能溶于碱。

二氧化钛能溶于熔融的碱，生成钛酸盐：

$$TiO_2 + 2KOH \xrightarrow{熔融} K_2TiO_3 + H_2O$$

也可以缓慢溶于氢氟酸中：

$$TiO_2 + 6HF \longrightarrow H_2[TiF_6] + 2H_2O$$

将二氧化钛与碳酸钡共熔（加入氯化钡或碳酸钠作助熔剂）得到偏钛酸钡：

$$TiO_2 + BaCO_3 \longrightarrow BaTiO_3 + CO_2 \uparrow$$

偏钛酸钡具有"压电效应"，可用于超声波发生装置中。

14.2.3 钛的卤化物

(1) 钛的四卤化物

TiF_4、$TiCl_4$、$TiBr_4$ 和 TiI_4 的熔点分别为 284℃、-25℃、39℃和150℃，其中 TiF_4 为离子型化合物。

$TiCl_4$ 是最重要的 Ti 的卤化物，是制备钛单质和一系列钛化合物的原料。

制备：$TiCl_4$ 可以通过二氧化钛与碳、氯气作用制得（前叙及），也可以用 $COCl_2$、$SOCl_2$、$CHCl_3$、CCl_4 等氯化二氧化钛来制备：

$$TiO_2 + CCl_4 \xrightarrow{770K} TiCl_4 + CO_2$$

$TiCl_4$ 是分子晶体，常温下为无色液体，易挥发，具有刺激性气味。$TiCl_4$ 在水中或在潮湿的空气中极易水解，$TiCl_4$ 暴露在空气中会发烟：

$$TiCl_4 + 2H_2O \longrightarrow TiO_2 + 4HCl$$

利用这一特性可制作烟幕弹。$TiCl_4$ 在水中部分水解可以生成氯化钛酰：

$$TiCl_4 + H_2O \longrightarrow TiOCl_2 + 2HCl$$

完全水解则生成偏钛酸。

$TiCl_4$ 在浓盐酸中与 Cl^- 作用生成 $[TiCl_6]^{2-}$ 配离子：

$$TiCl_4 + 2HCl \longrightarrow H_2[TiCl_6]$$

若向溶液中加入 NH_4^+，可以析出黄色的 $(NH_4)_2TiCl_6$ 晶体。

(2) 钛的三卤化物

由于 Ti(Ⅲ) 为 d^1 电子构型而具有颜色（一般为紫色）。TiF_3 固体在常温下的磁矩为 1.75B.M.，但其它三卤化钛 TiX_3 的磁矩都很小，这是因为在这些钛的三卤化物的结构中形成了 Ti—Ti 键而降低了物质的磁性。

$TiCl_3$ 可以由 $TiCl_4$ 通过还原的方法用 H_2、Al 或 Ti 还原制得，如在管式炉中，过量氢气还原 $TiCl_4$ 可得到 $TiCl_3$：

$$2TiCl_4 + H_2 \longrightarrow 2TiCl_3 + 2HCl$$

工业上常用的方法是在高温下用铝粉还原 $TiCl_4$：

$$3TiCl_4 + Al \xrightarrow{409K} 3TiCl_3 + AlCl_3$$

用锌粉处理酸性的四氯化钛的盐酸溶液，从溶液中可以析出六水合三氯化钛 $TiCl_3 \cdot 6H_2O$ 的紫色晶体：

$$2TiCl_4 + Zn \longrightarrow 2TiCl_3 + ZnCl_2$$

六水合三氯化钛的另一异构体为绿色。紫色异构体的结构可以写成 $[Ti(H_2O)_6]Cl_3$，绿色异构体的结构可以写成 $[Ti(H_2O)_5Cl]Cl_2 \cdot H_2O$。

(3) Ti(Ⅳ) 的配合物

由于 Ti^{4+} 电荷多，半径小（68pm），以至于在 Ti(Ⅳ) 的水溶液中不存在简单的 Ti^{4+} 或水合离子。钛酰离子（或钛氧基离子）TiO^{2+} 实际上是 $[Ti(OH)_2(H_2O)_4]^{2+}$，六个配体大致呈八面体对称性排列。加碱于 Ti(Ⅳ) 溶液中得到的水合二氧化钛相当于 $[Ti(OH)_4(H_2O)_2]$，即 $TiO_2 \cdot 4H_2O$。

在 Ti(Ⅳ) 溶液中加入过氧化氢，依溶液条件不同将得到不同颜色的配合物。强酸性溶液中呈现红色，稀酸或中性溶液中呈现黄色。利用这一特性可以进行钛或过氧化氢的比色分析。在 pH 小于 1 时，溶液中形成的是单核的 $[Ti(O_2)(OH)(H_2O)_4]^+$ 配离子，pH 在 1~3 之间时，生成的可能是如下结构的双核配离子：

其中 Ti 的配位数是 6。

Ti(Ⅳ) 过氧化氢配合物的颜色可能是由于过氧负离子的变形所引起的。

14.2.4 锆和铪的重要化合物

由于镧系收缩的原因，Zr 和 Hf 的性质十分接近，自然界中共生共存。金属铪的密度为 $13.3 \text{g} \cdot \text{cm}^{-3}$，比钛和锆大很多（金属锆的密度 $6.5 \text{g} \cdot \text{cm}^{-3}$）。

二氧化锆（zirconium dioxide）是硬的白色粉末，常温下稳定的晶型属单斜晶系。高温下二氧化锆至少有两种变体。未经高温处理的二氧化锆可溶于无机酸，但经过高温处理之后则具有很高的化学惰性，除氢氟酸之外不溶于任何酸。二氧化锆具有很高的熔点（3973K），热膨胀系数很小，且二氧化锆无毒，因此二氧化锆可以用来制作坩埚和熔炉的炉膛。无色透明的立方二氧化锆具有接近金刚石的较高折射率和非常高的硬度（莫氏 8.5）而常常用于首饰行业。

锆盐的水溶液按下式水解：

$$ZrOCl_2 + (x+1)H_2O \longrightarrow ZrO_2 \cdot xH_2O + 2HCl$$

水解得到的是含水量不定的白色凝胶，也称为 α-锆酸，可溶于稀酸中；加热条件下生成的沉淀叫 β-锆酸，难溶于酸。

四氯化锆（zirconium tetrachloride）是白色粉末，604K 时升华。潮湿空气中产生酸雾，遇水剧烈水解：

$$ZrCl_4 + 9H_2O \longrightarrow ZrOCl_2 \cdot 8H_2O + 2HCl$$

水解得到的水合氯化锆酰难溶于冷的浓盐酸，可以溶于水，从溶液中可以析出四方形棱晶或针状晶体 $ZrOCl_2 \cdot 8H_2O$，可用于锆的鉴定和提纯。

锆和铪的性质十分相似，但可利用锆和铪的含氟的化合物溶解性的差别来分离锆和铪，然而这种方法需要很长时间。目前主要应用溶剂萃取和离子交换等方法来分离锆和铪。

14.3 钒副族

周期表中的第ⅤB族包含四个元素：钒（V, vanadium）、铌（Nb, niobium）、钽（Ta, tantalum）和𬭊（Db, dubnium）。其中𬭊（Db）是人工合成的放射性元素，本章不予讨论，其余三个元素在自然界中分散而不集中，属于稀有金属。

钒族元素的价电子构型为 $(n-1)d^3ns^2$，5 个价电子都可以参与成键，因此，钒族元素的最高氧化数是 +5，其它的氧化数，如 +3 和 +2 氧化态也可以形成，在某些化合物中还可以形成氧化数更低的氧化态，如 +1，0 和 -1。按 V→Nb→Ta 的顺序，高氧化态稳定性增加，低氧化态稳定性减弱。

由于镧系收缩，铌和钽性质十分相似，在自然界中共存。

钒族元素的电势图见图 14-4。

14.3.1 钒族元素的物理化学性质

钒、铌、钽金属单质密度随周期数的增加而增大（分别为 $6.11 \text{g} \cdot \text{cm}^{-3}$、$8.57 \text{g} \cdot \text{cm}^{-3}$ 和 $16.654 \text{g} \cdot \text{cm}^{-3}$）。由于钒族金属比同周期的钛族金属有较强的金属键，因此其熔点较高，分别为 (2163 ± 10)℃、(2741 ± 10)℃ 和 3269℃。三种金属单质都是银白色，有金属光泽，具有典型的体心立方金属结构。纯净的金属硬度低，有延展性，当含有杂质时则变得硬而脆。

从元素电势图看，V、Nb 和 Ta 都是活泼金属，但在常温下金属单质性质很不活泼，表

$$\varphi_A^\ominus/V \quad V(OH)_4^+ \xrightarrow{+0.1} VO^{2+} \xrightarrow{+0.36} V^{3+} \xrightarrow{-0.26} V^{2+} \xrightarrow{-1.19} V$$
$$\underline{\qquad\qquad\qquad -0.25 \qquad\qquad\qquad}$$

$$Nb_2O_5 \xrightarrow{-0.1} Nb^{3+} \xrightarrow{-1.1} Nb$$
$$\underline{\qquad -0.64 \qquad}$$

$$Ta_2O_5 \xrightarrow{-0.81} Ta$$

$$\varphi_B^\ominus/V \quad HV_6O_{17}^{3-} \xrightarrow{-1.15} V$$

图 14-4 钒族元素的电势图

面形成致密的氧化膜而呈钝态。钒在常温下不与空气、水、碱及除氢氟酸以外的所有非氧化性酸作用。钒与氢氟酸作用因形成配位化合物而溶解：

$$2V + 12HF \longrightarrow 2H_3VF_6 + 3H_2$$

钒也能溶于浓硫酸、浓硝酸和王水。如：

$$V + 8HNO_3 =\!=\!= V(NO_3)_4 + 4NO_2\uparrow + 4H_2O$$

高温下钒具有较高的反应活性，能与大多数非金属反应。钒与非金属生成的许多化合物是非化学计量的或填充式的，如与碳、氮等形成熔点更高的化合物。如钒在高温下与氧、卤素等直接反应。

$$4V + 5O_2 \xrightarrow{>933K} 2V_2O_5$$

$$V + 2Cl_2 \xrightarrow{加热} VCl_4$$

铌和钽性质不活泼，除氢氟酸外，不与任何酸作用。

由于钒在高温下具有较高的反应活性，因此，钒的提取十分困难。铁/钒合金（钒铁）是通过铝热法制备的，然后加入其它金属中制成合金。纯钒可以通过金属 Na 或 H_2 还原 VCl_3 或单质 Mg 还原 VCl_4 制得。所有钒族金属都可以通过电解熔融的氟配合物来制备。

14.3.2 钒族元素的重要化合物

(1) 氧化物

钒族元素的氧化物 M_2O_5 均呈两性，依 $V_2O_5 \to Nb_2O_5 \to Ta_2O_5$ 次序活泼性依次降低，且氧化物的酸性依次减弱，碱性依次增强。

① V_2O_5　工业上用氯化焙烧法处理钒铅矿来制备五氧化二钒。

五氧化二钒 (vanadium pentoxide) 是橙黄色或砖红色固体，无臭、无味、有毒、微溶于水，熔点约为 670℃，在 1800℃ 分解。熔化的五氧化二钒结晶热非常大，若快速结晶，会因为灼热而发光，冷却后生成橙色正交晶系的针状晶体。

五氧化二钒是两性偏酸性的氧化物，易溶于 NaOH 生成钒酸盐。

$$V_2O_5 + 6NaOH \longrightarrow 2Na_3VO_4 + 3H_2O$$

生成的正钒酸根离子可以表示为 $[VO_2(OH)_4]^{3-}$，可看成是水合离子，相当于 $(VO_4^{3-}) \cdot 2H_2O$，溶液中为无色。五氧化二钒溶于氢氧化钠亦可生成偏钒酸根 VO_3^-，其结构可以看成是 VO_4 四面体共用顶点而形成的长链。五氧化二钒也可溶于浓度较大的 H_2SO_4 中生成淡黄色的 VO_2^+ 水合离子。

$$V_2O_5 + 2H^+ \longrightarrow 2VO_2^+ + H_2O$$

五氧化二钒具有较强的氧化性，能氧化浓盐酸生成氯气，本身被还原为 V(Ⅳ)：

$$V_2O_5 + 6HCl \longrightarrow 2VOCl_2 + Cl_2\uparrow + 3H_2O$$

五氧化二钒是许多有机反应的催化剂,也是接触法生产硫酸的催化剂。将五氧化二钒加入玻璃中可以防止紫外线透过玻璃。

② Nb_2O_5 和 Ta_2O_5 Nb_2O_5 和 Ta_2O_5 都是白色固体,反应活性较 V_2O_5 差,很难与酸作用,但可与氢氟酸反应生成配合物,如:

$$Nb_2O_5 + 12HF \longrightarrow 2HNbF_6 + 5H_2O$$

与 NaOH 共熔生成铌酸盐和钽酸盐,如:

$$Nb_2O_5 + 10NaOH \longrightarrow 2Na_5NbO_5 + 5H_2O$$

(2) 含氧酸盐

钒的含氧酸有正钒酸盐 $M_3^I VO_4$、偏钒酸盐 $M^I VO_3$ 和多钒酸盐。

正钒酸根离子的基本结构与 ClO_4^-、PO_4^{3-}、SO_4^{2-} 等相似,都是正四面体结构。正钒酸根离子结构中 V—O 键并不牢,可以同 H^+ 缩合成水后形成多钒酸根离子,缩合的程度与溶液的浓度和 pH 值有关。

浓度大于 $10^{-4} mol \cdot L^{-1}$ 的溶液中,随着溶液 pH 值的减小,正钒酸根离子可以逐步缩合失水,例如,浓度为 $1 mol \cdot L^{-1}$ 的 VO_4^{3-} 的溶液中随 pH 值变化为:

$$VO_4^{3-} \xrightarrow{13.5} V_2O_7^{4-} \xrightarrow{9.5} V_3O_9^{3-} \xrightarrow{7} V_{10}O_{28}^{6-} \xrightarrow{2} V_2O_5 \xrightarrow{0.5} VO_2^+$$
无色　　　无色　　　无色　　　橘红　　　红色　　　淡黄

若浓度低于 $10^{-4} mol \cdot L^{-1}$,则随 pH 值变化为:

$$VO_4^{3-} \xrightleftharpoons{+H^+} HVO_4^{2-} \xrightleftharpoons{+H^+} H_2VO_4^- \xrightleftharpoons{+H^+} H_3VO_4 \xrightleftharpoons{+H^+} VO_2^+$$

VO_4^{3-} 中的 O^{2-} 也可以被其它阴离子取代。如在正钒酸根阴离子溶液中加入过氧化氢,若溶液是弱酸性、中性或弱碱性,得到黄色二过氧钒酸根阴离子 $[VO_2(O_2)_2]^{3-}$,若溶液是强碱性的,则得到红棕色过氧钒阳离子 $[V(O_2)]^{3+}$。

$$[VO_2(O_2)_2]^{3-} + 6H^+ \xrightleftharpoons{} [V(O_2)]^{3+} + H_2O_2 + 2H_2O$$

上述性质可用于比色法测定钒的含量。

酸性溶液中,钒酸盐是中等强度的氧化剂,可以被一些常见的还原剂所还原。如被 Fe^{2+}、草酸、酒石酸、乙醇等还原为 VO^{2+}:

$$VO_2^+ + Fe^{2+} + 2H^+ \longrightarrow VO^{2+} + Fe^{3+} + H_2O$$
　黄色　　　　　　　　　　蓝色

$$2VO_2^+ + H_2C_2O_4 + 2H^+ \xrightarrow{加热} 2VO^{2+} + 2CO_2 + 2H_2O$$

前一反应可用于氧化还原法测定钒。

较强的还原剂可以将 V(V) 还原为更低氧化态。

$$2VO_2^+ + Zn + 4H^+ \longrightarrow 2VO^{2+} + Zn^{2+} + 2H_2O$$
　　　　　　　　　　　　　蓝色

$$2VO^{2+} + Zn + 4H^+ \longrightarrow 2V^{3+} + Zn^{2+} + 2H_2O$$
　　　　　　　　　　　　绿色

$$2V^{3+} + Zn \longrightarrow 2V^{2+} + Zn^{2+}$$
　　　　　　　　紫色

这些还原产物除 VO^{2+} 在溶液中比较稳定外,其它氧化态均具有较强的还原性,其中 V^{2+} 的还原性尤强,能从水中置换氢气。

将 Nb_2O_5 和 Ta_2O_5 与纯碱共融,分别得到偏铌酸钠 $NaNbO_3$ 和偏钽酸钠 $NaTaO_3$,用硫酸将偏铌酸钠和偏钽酸钠溶液酸化,可以得到含水不定的白色胶状沉淀 $Nb_2O_5 \cdot xH_2O$ 和 $Ta_2O_5 \cdot xH_2O$,即所谓的"铌酸"和"钽酸"。

铁电相铌酸锂和钽酸锂晶体是功能材料领域的"万能"材料。它们具有良好的机械、物理性能和成本低等优点,并且作为非线性光学晶体、电光晶体、压电晶体、声光晶体和双折射晶体等在现今以光技术产业为中心的IT产业中得到广泛的应用。

(3) 卤化物

钒的五卤化物只有 VF_5 能稳定存在,其在常温常压下为无色液体。Nb 和 Ta 的 F、Cl、Br、I 的卤化物均存在,且都是易升华和易水解的固体。

这些五卤化物在气态都是单聚的,具有三角双锥结构。固态时 NbF_5 和 TaF_5 为四聚体 (tetramer), $NbCl_5$、$TaCl_5$、$NbBr_5$ 和 $TaBr_5$ 为二聚体,Nb 和 Ta 原子周围的卤素原子呈八面体排列。如图 14-5 所示。

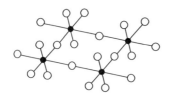 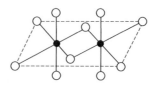

图 14-5 铌和钽的五卤化物聚合结构示意图

14.4 铬副族

周期表中的第ⅥB族包含四个元素,铬(Cr, chromium)、钼(Mo, molybdenum)、钨(W, tungsten)和𬭳(Sg, seaborgium),原子序数分别是 24、42、74、106。Sg 为人工合成放射性元素,本章不予讨论。三种元素在地壳层中的丰度分别是:铬 $1.0\times10^{-2}\%$,钼 $1.5\times10^{-4}\%$,钨 $1.55\times10^{-4}\%$。

铬的主要矿藏是铬铁矿,铬铁矿的主要成分是 $FeCr_2O_4$(即 $FeO \cdot Cr_2O_3$)。此外还有铬铅矿($PbCrO_4$)和铬赭石矿(Cr_2O_3)。我国的铬资源主要分布在西藏地区。

钼的主要矿藏有辉钼矿(MoS_2)、钼钙矿($CaMoO_4$)和钼铅矿($PbMoO_4$)。我国的钼矿资源十分丰富,居世界第二位,主要分布在河南、陕西和吉林三省。

钨的主要矿藏有白钨矿(钨钙矿)$CaWO_4$ 和黑钨矿(钨锰铁矿)$(Fe,Mn)WO_4$。世界钨资源主要集中于亚洲一带,而我国的钨矿储量占世界总储量的一半以上,以湖南的白钨矿和江西的黑钨矿最为著名,两地的钨储量又占全国钨储量的一半以上。另外广东、福建及广西等地钨矿也很丰富。

三元素原子的价电子结构分别是 $3d^54s^1$、$4d^55s^1$ 和 $5d^46s^2$,最高氧化数都是+6,铬常见的氧化数是+6、+3 和+2,钼和钨常见的氧化数+6、+5、+4。金属晶体中,由于铬、钼、钨中的 6 个价电子均可以形成金属键,因而金属键较强,单质的熔点、沸点在各自的周期中都属较高,硬度也相当大。其中,W 在所有金属中熔点最高(3422℃),Cr 在所有金属中硬度最大。

由于镧系收缩的影响,Mo、W 的性质更加接近,与 Cr 的性质相差较远。

铬副族的元素电势图见图 14-6。

14.4.1 铬的物理化学性质

铬元素是 1797 年由法国化学家沃克兰(Vauquelin)在分析铬铅矿时发现的。由于该元素的化合物可呈现多种不同的颜色,故取名为 Chromium(由希腊文"颜色"派生而来)。

铬是具有银白色光泽的金属,具有很高的熔沸点。由于金属铬的耐腐蚀性好,硬度大,又有明亮的金属光泽,因此广泛地用于冶金和电镀工业。

常温下单质铬的表面因形成了致密的氧化膜而降低了活性,在空气和水中相当稳定,亦

$$\varphi_A^\ominus/V \quad Cr_2O_7^{2-} \xrightarrow{1.232} Cr^{3+} \xrightarrow{-0.407} Cr^{2+} \xrightarrow{-0.913} Cr$$

$$H_2MoO_4 \xrightarrow{0.4} MoO_2^+ \xrightarrow{0.0} Mo^{3+} \xrightarrow{-0.200} Mo$$

$$WO_3 \xrightarrow{-0.029} W_2O_5 \xrightarrow{-0.031} WO_2 \xrightarrow{-0.15} W^{3+} \xrightarrow{-0.1} W$$

$$\varphi_B^\ominus/V \quad CrO_4^{2-} \xrightarrow{-0.13} Cr(OH)_3 \xrightarrow{-0.17} Cr(OH)_2 \xrightarrow{-1.4} Cr$$

$$MoO_4^{2-} \xrightarrow{-1.4} MoO_2 \xrightarrow{-0.87} Mo$$

$$WO_4^{2-} \xrightarrow{-1.25} W$$

图 14-6 铬副族的元素电势图

不与硝酸和王水作用。高温下的反应性增强，可与多种非金属单质直接反应。去掉钝化膜的金属铬可以溶于稀盐酸或稀硫酸中，形成蓝色的 Cr^{2+} 溶液，Cr^{2+} 与空气接触，很容易被氧化为紫色的 Cr^{3+} 溶液：

$$Cr + 2H^+ == Cr^{2+} + H_2$$
$$4Cr^{2+} + 4H^+ + O_2 == 4Cr^{3+} + 2H_2O$$

金属铬与热的浓硫酸作用，则生成 +3 价的铬离子：

$$2Cr + 6H_2SO_4(热,浓) == Cr_2(SO_4)_3 + 3SO_2 + 6H_2O$$

铬不溶于浓硝酸。

工业上常以铬铁矿为原料制备金属铬。

用焦炭与铬铁矿直接反应可以得到铬铁合金。该合金可以作为生产不锈钢的原料：

$$FeCr_2O_4 + 4C == Fe + 2Cr + 4CO$$

若要制备不含铁的金属铬，可将铬铁矿与纯碱在高温下用空气氧化，使铬转化为可溶性的铬酸盐，然后用水浸取熔体、酸化制得重铬酸钠，后者用热碳还原法制得三氧化二铬，再经铝热法还原，就得到金属铬：

$$4FeCr_2O_4 + 8Na_2CO_3 + 7O_2 == 2Fe_2O_3 + 8Na_2CrO_4 + 8CO_2$$
$$Na_2Cr_2O_7 + 2C == Cr_2O_3 + Na_2CO_3 + CO$$
$$Cr_2O_3 + 2Al == 2Cr + Al_2O_3$$

14.4.2 铬(Ⅲ) 的化合物

Cr^{3+} 的外层价电子构型为 $3d^3$，Cr(Ⅲ) 的化合物都具有颜色，且 Cr^{3+} 具有较小的半径和较多的电荷，因而较容易形成多种配合物。

(1) 三氧化二铬 (chromic oxide)

① 制备 高温下单质铬与氧气直接反应可以生成 Cr_2O_3。重铬酸铵或 CrO_3 加热分解也可以得到 Cr_2O_3：

$$4Cr + 3O_2 == 2Cr_2O_3$$
$$(NH_4)_2Cr_2O_7 == Cr_2O_3 + N_2 + 4H_2O$$
$$4CrO_3 == 2Cr_2O_3 + 3O_2$$

用 S 还原重铬酸钠也可以得到绿色三氧化二铬：

$$Na_2Cr_2O_7 + S == Cr_2O_3 + Na_2SO_4$$

② 性质 Cr_2O_3 是绿色固体，熔点很高，对光、大气、高温及腐蚀性气体极稳定。Cr_2O_3 的性质在很多方面与 Al_2O_3 相似。

Cr_2O_3 微溶于水，具有刚玉晶体结构，呈两性，溶于硫酸生成蓝紫色的 $Cr_2(SO_4)_3$，溶于强碱 NaOH 生成绿色的 Na[Cr(OH)$_4$] 或 NaCrO$_2$：

$$Cr_2O_3 + 3H_2SO_4 = Cr_2(SO_4)_3 + 3H_2O$$

$$Cr_2O_3 + 2NaOH = 2NaCrO_2 + H_2O$$

经高温灼烧过的 Cr$_2$O$_3$ 与酸、碱都不反应，与 K$_2$S$_2$O$_7$ 共熔后可转化为可溶性盐，这一性质与 α-Al$_2$O$_3$ 十分相似：

$$Cr_2O_3 + 3K_2S_2O_7 \xrightarrow{\text{共熔}} Cr_2(SO_4)_3 + 3K_2SO_4$$

③ 用途　Cr$_2$O$_3$ 主要用于冶炼金属，其次是作为绿色颜料，用于涂料、玻璃陶瓷、彩色水泥等的生产；作为磨料用于机械仪表等滚珠轴承的研磨和抛光；作为催化剂及其载体，用于有机合成；用作耐火材料，或与氧化镁等制成复合耐火材料；作为熔喷涂料借助等离子体直接喷涂到金属、陶瓷表面，赋予后者极高的耐磨性、耐蚀性和耐高温性；用于人工合成红宝石，这在通信和能源方面具有广泛的用途。纳米三氧化二铬具有优异性能和特殊用途。

(2) 氢氧化铬 (chromic hydroxide)

① 氢氧化铬的生成　Cr(Ⅲ) 在水中的存在形式一般写成 Cr^{3+}，这是一个 6 分子水配位的配离子。若在 Cr^{3+} 溶液中加入碱，使溶液的 pH 值增加，Cr(H$_2$O)$_6^{3+}$ 将发生水解：

$$[Cr(H_2O)_6]^{3+} + H_2O \longrightarrow [Cr(OH)(H_2O)_5]^{2+} + H_3O^+$$

若进一步降低溶液的酸度，[Cr(OH)(H$_2$O)$_5$]$^{2+}$ 与 [Cr(H$_2$O)$_6$]$^{3+}$ 或 [Cr(OH)(H$_2$O)$_5$]$^{2+}$ 之间进一步通过羟基桥联，形成链状或环状的多核（即含多个 Cr）的聚合物：

$$\begin{matrix}[Cr(H_2O)_6]^{3+}\\+\\{[Cr(OH)(H_2O)_5]^{2+}}\end{matrix} \rightleftharpoons \left[(H_2O)_5Cr\overset{H}{\underset{}{\overset{O}{-}}}Cr(H_2O)_5\right]^{5+} + H_2O$$

$$2[Cr(OH)(H_2O)_5]^{2+} \rightleftharpoons \left[(H_2O)_4Cr\overset{\overset{H}{O}}{\underset{\underset{H}{O}}{}}Cr(H_2O)_4\right]^{4+} + 2H_2O$$

若继续加入碱降低溶液酸度，则生成高分子量的可溶聚合物，最后会析出灰绿色水合氧化铬(Ⅲ) 胶状沉淀 Cr$_2$O$_3 \cdot n$H$_2$O，常常写成 Cr(OH)$_3$，即氢氧化铬：

$$Cr^{3+} + 3OH^- = Cr(OH)_3$$

② 性质　与 Al(OH)$_3$ 相似，氢氧化铬呈两性。Cr(OH)$_3$ 溶于稀盐酸生成紫色的 CrCl$_3$ 溶液：

$$Cr(OH)_3 + 3HCl = CrCl_3 + 3H_2O$$

若溶于过量的 NaOH，则生成亮绿色的溶液，这个溶液中含有 [Cr(OH)$_6$]$^{3-}$，这是一个 6 配位的离子，常常写成 [Cr(OH)$_4$]$^-$ 或者 CrO$_2^-$：

$$Cr(OH)_3 + OH^- = [Cr(OH)_4]^-$$

或者

$$Cr(OH)_3 + OH^- = CrO_2^- + 2H_2O$$

Cr^{3+} 和 Cr(OH)$_4^-$ 在水中都可以水解。若将 Cr(OH)$_4^-$ 溶液加热沸腾可完全水解为水合三氧化二铬沉淀：

$$2[Cr(OH)_4]^- + (x-3)H_2O \longrightarrow Cr_2O_3 \cdot xH_2O + 2OH^-$$

溶液中 [Cr(OH)$_4$]$^-$ 具有强还原性，可被 H$_2$O$_2$ 氧化生成 CrO$_4^{2-}$：

$$2[Cr(OH)_4]^- + 3H_2O_2 + 2OH^- = 2CrO_4^{2-} + 8H_2O$$

溶液颜色由绿色变为黄色。

若在酸性溶液中，Cr(Ⅲ) 以 $[Cr(H_2O)_6]^{3+}$ 的形式存在，较难被氧化，只有用强氧化剂，如过硫酸盐或高锰酸钾等才能将其氧化成重铬酸根：

$$2Cr^{3+} + 3S_2O_8^{2-} + 7H_2O \xrightarrow[Ag^+催化]{\triangle} Cr_2O_7^{2-} + 6SO_4^{2-} + 14H^+$$

$$10Cr^{3+} + 6MnO_4^- + 11H_2O \xrightarrow{\triangle} 5Cr_2O_7^{2-} + 6Mn^{2+} + 22H^+$$

$$2Cr^{3+} + 3PbO_2 + H_2O \xrightarrow{\triangle} Cr_2O_7^{2-} + 3Pb^{2+} + 2H^+$$

(3) 常见的盐类和配合物

常见的铬盐有氯化铬、硫酸铬和铬钾矾，这些化合物多带结晶水，其结晶水数目与铝盐十分相似。

① 氯化铬（chromium trichloride）　实验式为 $CrCl_3 \cdot 6H_2O$ 的配合物有三种水合异构体：

$[Cr(H_2O)_6]Cl_3$　　　　$[Cr(H_2O)_5Cl]Cl_2 \cdot H_2O$　　　　$[Cr(H_2O)_4Cl_2]Cl \cdot 2H_2O$
　紫色　　　　　　　　　　　　淡绿色　　　　　　　　　　　　暗绿色（反式）

蒸发 $CrCl_3$ 溶液，析出暗绿色的反式 $[Cr(H_2O)_4Cl_2]Cl \cdot 2H_2O$；将暗绿色溶液冷却到 273K 以下，并通入 HCl 气体，析出紫色的 $[Cr(H_2O)_6]Cl_3$ 晶体，用乙醚处理紫色晶体的溶液，并通入 HCl 气体后，就析出另一淡绿色的晶体 $[Cr(H_2O)_5Cl]Cl_2 \cdot H_2O$。三者之间的转化表示如下：

$$[Cr(H_2O)_4Cl_2]Cl \cdot 2H_2O \underset{蒸发浓缩}{\overset{冷却至273K以下，通入HCl气体}{\rightleftharpoons}} [Cr(H_2O)_6]Cl_3$$
　　暗绿色　　　　　　　　　　　　　　　　　　　　　　　　紫色

$$\overset{乙醚处理，HCl}{\rightleftharpoons} [Cr(H_2O)_5Cl]Cl_2 \cdot H_2O$$
　　　　　　　　　　　　淡绿色

实验室中常见到的 $CrCl_3$ 溶液是蓝紫色，实际上是 $[Cr(H_2O)_6]Cl_3$ 的颜色。当向新制备的 $Cr(OH)_3$ 的沉淀中加入盐酸时，沉淀溶解得到绿色溶液，所得溶液实际上是 $[Cr(H_2O)_5Cl]Cl_2 \cdot H_2O$ 或 $[Cr(H_2O)_4Cl_2]Cl \cdot 2H_2O$ 的颜色。但为了方便起见，各种水合物都用 $CrCl_3$ 表示。蓝紫色的 $CrCl_3$ 溶液也可因为温度和离子浓度等不同颜色发生变化，例如在稀的 $CrCl_3$ 溶液中主要是 $[Cr(H_2O)_6]^{3+}$ 存在，溶液呈蓝紫色，若升高温度或增大 Cl^- 浓度，因形成 $[Cr(H_2O)_5Cl]Cl_2 \cdot H_2O$ 或 $[Cr(H_2O)_4Cl_2]Cl \cdot 2H_2O$ 而使溶液变为绿色。

水合氯化铬加热脱水时会发生水解：

$$CrCl_3 \cdot 6H_2O =\!\!=\!\!= Cr(OH)Cl_2 + 5H_2O + HCl$$

② 硫酸铬（chromic sulfate）　三氧化二铬与冷的浓硫酸反应可以得到紫色的硫酸铬 $Cr_2(SO_4)_3 \cdot 18H_2O$，此外还有绿色的 $Cr_2(SO_4)_3 \cdot 6H_2O$ 和桃红色的无水 $Cr_2(SO_4)_3$。

硫酸铬与碱金属的硫酸盐可形成铬矾 $MCr(SO_4)_2 \cdot 12H_2O$（$M = Na^+$、K^+、Rb^+、Cs^+、NH_4^+ 等）。如硫酸钾与硫酸铬形成的铬钾矾 $[K_2SO_4 \cdot Cr_2(SO_4)_3 \cdot 24H_2O]$（俗称紫矾，铬钾矾），其结构与明矾结构十分相似。

铬钾矾可以用二氧化硫还原重铬酸钾酸性溶液得到：

$$K_2Cr_2O_7 + H_2SO_4 + 3SO_2 =\!\!=\!\!= K_2SO_4 \cdot Cr_2(SO_4)_3 + H_2O$$

由于 H_2SO_4 是非挥发性酸，固体硫酸铬加热脱水并不发生水解，生成因含不同数目结晶水而颜色不同的盐。

③ 配合物　Cr^{3+} 的价电子排布为 $3d^3$，能形成数目众多的配合物，这些配合物的配位数一般为 6，在这些配合物中，e_g 轨道全空，在可见光下极易发生 d-d 跃迁，所以，Cr(Ⅲ) 的配合物都具有颜色。

$[Cr(H_2O)_6]^{3+}$是最常见的配合物,它存在于水溶液中,也存在于很多含结晶水的 Cr(Ⅲ) 的盐中。

与 Cr(Ⅲ) 形成配合物的配体,除了 H_2O 外,常见的还有 NH_3、$C_2O_4^{2-}$、OH^-、CN^-、SCN^- 等。与 Cr(Ⅲ) 形成配合物的配体不同,配合物的颜色可能不一样。如前面提到的 $CrCl_3 \cdot 6H_2O$ 不同颜色的异构体就是一例。

若$[Cr(H_2O)_6]^{3+}$中的配位水分子被不同数目的 NH_3 取代,将得到不同颜色的配合物:

$$[Cr(H_2O)_6]^{3+} \xrightarrow[NH_4^+]{NH_3} [Cr(H_2O)_4(NH_3)_2]^{3+} \xrightarrow[NH_4^+]{NH_3} [Cr(H_2O)_3(NH_3)_3]^{3+} \xrightarrow[NH_4^+]{NH_3}$$
紫　　　　　　　　　　　紫红　　　　　　　　　　　浅红

$$[Cr(H_2O)_2(NH_3)_4]^{3+} \xrightarrow[NH_4^+]{NH_3} [Cr(H_2O)(NH_3)_5]^{3+} \xrightarrow[NH_4^+]{NH_3} [Cr(NH_3)_6]^{3+}$$
橙红　　　　　　　　　　橙黄　　　　　　　　　　黄

可以发现,随着 NH_3 分子数目的增多,化合物的颜色逐渐由紫色过渡到黄色,这种现象可以用配合物的晶体场理论说明。由于 NH_3 是比 H_2O 更强的配体,因此随着 NH_3 分子进入配位体电场,分裂能 Δ_o 逐渐增大,发生 d-d 跃迁所需的能量逐渐增大,d-d 跃迁所吸收的光的波长逐渐较小,因此,观察到的物质的颜色的波长就逐渐增大。

若在 Cr^{3+} 溶液中直接加入氨水,将生成 $Cr(OH)_3$ 沉淀,当 $NH_3 \cdot H_2O$ 过量时,则沉淀溶解生成配离子$[Cr(NH_3)_6]^{3+}$,但是这个反应并不完全,若加入过量的 NH_4^+ 抑制 $NH_3 \cdot H_2O$ 的水解,可增大 NH_3 的浓度,促使反应进行。但即使这样,形成铬氨配合物的反应仍不能进行得十分完全:

$$Cr^{3+} \xrightarrow{NH_3 \cdot H_2O} Cr(OH)_3 \xrightarrow{NH_3 \cdot H_2O + NH_4^+} [Cr(NH_3)_6]^{3+}$$

$$NH_3 \cdot H_2O \rightleftharpoons NH_4^+ + OH^-$$

若要分离溶液中的 Al^{3+} 和 Cr^{3+},不宜采取加入 $NH_3 \cdot H_2O$ 生成配合物的方法分离,可行的方式是在溶液中加入碱,并加入氧化剂 H_2O_2,将 Cr(Ⅲ) 氧化成 CrO_4^{2-} 留在溶液中而 Al(Ⅲ) 生成 $Al(OH)_3$ 沉淀的方法达到分离的目的,如下图:

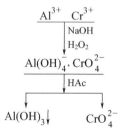

此外,Cr 还可以形成低氧化态的配合物,如 Cr 的羰基配合物 $Cr(CO)_6$ 可以用还原法制得:

$$8CrCl_3 + 48CO + 3LiAlH_4 \xrightarrow[\text{无水乙醇}]{115℃,加压} 8Cr(CO)_6 + 3LiCl + 3AlCl_3 + 12HCl$$

铬还能形成夹心配合物,如二茂铬$(C_5H_5)_2Cr$ 和二苯铬$(C_6H_6)_2Cr$。

14.4.3　Cr(Ⅵ) 化合物

由于 Cr^{6+} 半径小电荷多,溶液中不可能存在简单的 Cr^{6+}。Cr(Ⅵ) 化合物主要以含氧化合物的形式存在,包括铬酸盐和重铬酸盐(CrO_4^{2-}、$Cr_2O_7^{2-}$)、三氧化铬(CrO_3) 和铬氧基(CrO_2^{2+})。

Cr(Ⅵ) 的价电子结构是 $3d^0$,d 轨道上没有电子,化合物中不存在 d-d 电子跃迁,但 Cr(Ⅵ) 的化合物通常具有颜色,这可以理解为在这些化合物中,由于 Cr(Ⅵ) 具有较强的电场,使得电子较容易吸收可见光后从 O 原子一端跃迁到 Cr 原子一端,而且这种跃迁比 Ti(Ⅳ) 和 V(Ⅴ) 的含氧化合物来得更容易。

CrO_4^{2-}	$Cr_2O_7^{2-}$	CrO_3	CrO_2^{2+}
黄色	橙色	红色	深红色

Cr(Ⅵ) 的化合物均具有毒性。

(1) 三氧化铬 (chromic anhydride)

① 制备 向 $K_2Cr_2O_7$（红矾钾）或 $Na_2Cr_2O_7$（红矾钠）的浓溶液中加入浓硫酸，可以析出暗红色针状晶体 CrO_3。工业上制取三氧化铬是将红矾钠直接与浓硫酸作用：

$$Na_2Cr_2O_7 + 2H_2SO_4 \rightleftharpoons 2NaHSO_4 + 2CrO_3 + H_2O$$

② 性质 CrO_3 的结构单元为 CrO_4 四面体，每两个四面体之间通过共用一个氧原子形成长链结构，这种结构使得三氧化铬熔点不高，约 470K。

CrO_3 加热到 470K 以上时会发生分解，生成 Cr_3O_8、Cr_2O_5、CrO_2 最后生成 Cr_2O_3，释放氧气：

$$4CrO_3 \xrightarrow{\triangle} 2Cr_2O_3 + 3O_2 \uparrow$$

中间产物 CrO_2 为黑色，具有磁性，可用于制作磁信息记录材料。

CrO_3 可溶于水生成铬酸，溶液呈黄色。288K 时，每 100g 水可以溶解三氧化铬约 166g，因此，三氧化铬又称为铬酐：

$$CrO_3 + H_2O \rightleftharpoons H_2CrO_4$$

CrO_3 具有明显的氧化性，当与有机物如乙醇接触时，发生剧烈的反应以至引起燃烧。

CrO_3 是有毒物质，具有强烈的腐蚀性。

CrO_3 是重要的氧化剂，广泛用于纺织工业、皮革工业和电镀工业。

(2) 铬酸 (chromic acid)、**铬酸盐** (chromate) **和重铬酸盐** (dichromate)

① 铬酸和重铬酸 三氧化铬溶于水生成的黄色溶液就是铬酸（H_2CrO_4），它是一个中强酸，第二级电离比较弱：

$$H_2CrO_4 \rightleftharpoons H^+ + HCrO_4^- \qquad K_{a1}^{\ominus} = 1.8 \times 10^{-1}$$
$$HCrO_4^- \rightleftharpoons H^+ + CrO_4^{2-} \qquad K_{a2}^{\ominus} = 3.3 \times 10^{-7}$$

CrO_4^{2-} 中的 Cr—O 键比较强，因此不如 VO_4^{3-} 那样容易形成各种多酸，但在酸性条件下还是可以形成比较简单的多酸根离子，最重要的是重铬酸根离子：

$$CrO_4^{2-} + H^+ \rightleftharpoons HCrO_4^-$$
$$2HCrO_4^- \rightleftharpoons Cr_2O_7^{2-} + H_2O$$

CrO_4^{2-} 呈黄色，$Cr_2O_7^{2-}$ 呈橙色。升高溶液的 pH 值，平衡左移，溶液中以 CrO_4^{2-} 为主呈黄色；降低溶液的 pH，平衡右移，溶液中以 $Cr_2O_7^{2-}$ 为主呈橙色。在中性溶液中，二者的比例为 1∶1。

$Cr_2O_7^{2-}$ 的结构是由两个 CrO_4^{2-} 四面体共用顶点所形成的，如图 14-7。

② 铬酸盐和重铬酸盐 最重要的铬酸盐和重铬酸盐有：铬酸钾（K_2CrO_4）和铬酸钠（Na_2CrO_4），它们都是黄色晶状固体；重铬酸钾（$K_2Cr_2O_7$）和重铬酸钠（$Na_2Cr_2O_7$），它们都是橙色晶状固体。

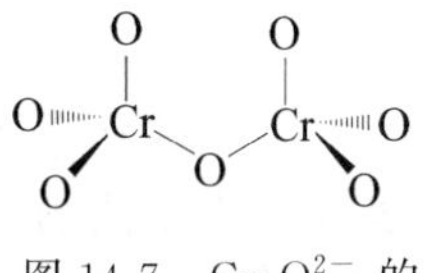

图 14-7 $Cr_2O_7^{2-}$ 的结构

工业上首先生产得到重铬酸钠，后者再与 KCl 发生复分解反应得到重铬酸钾：

$$2KCl + Na_2Cr_2O_7 \rightleftharpoons K_2Cr_2O_7 + 2NaCl$$

$Na_2Cr_2O_7$ 的溶解度比 $K_2Cr_2O_7$ 大得多［293K 时的溶解度：$Na_2Cr_2O_7$ 180g·(100g 水)$^{-1}$，$K_2Cr_2O_7$ 12g·(100g 水)$^{-1}$］。虽然室温下 $K_2Cr_2O_7$ 的溶解度比较小，但升高温度，$K_2Cr_2O_7$ 的溶解度增大［373K 时 $K_2Cr_2O_7$ 的溶解度 94.1g·(100g 水)$^{-1}$］，而温度

对 NaCl 的溶解度的影响不大,因此,在高温下将 $Na_2Cr_2O_7$ 与 KCl 混合,低温下就可以析出 $K_2Cr_2O_7$,且析出的 $K_2Cr_2O_7$ 不含结晶水,可以通过重结晶的方法提纯。实验室中 $K_2Cr_2O_7$ 常作为基准试剂。

酸性介质中,$Cr_2O_7^{2-}$ 具有强氧化性,但氧化性不如 $KMnO_4$:

$$Cr_2O_7^{2-} + 14H^+ + 6e^- \longrightarrow 2Cr^{3+} + 7H_2O \qquad \varphi_A^{\ominus} = 1.33V$$

碱性溶液中,CrO_4^{2-} 的氧化性则弱得多:

$$CrO_4^{2-} + 4H_2O + 3e^- \rightleftharpoons Cr(OH)_3 + 5OH^- \qquad \varphi_B^{\ominus} = -0.13V$$

酸性溶液中,$K_2Cr_2O_7$ 可以与常见的还原剂作用,其还原产物一般是 Cr^{3+}:

$$Cr_2O_7^{2-} + 6X^- + 14H^+ \rightleftharpoons 2Cr^{3+} + 3X_2 + 7H_2O(X=Cl^-, I^-)$$

$$Cr_2O_7^{2-} + 3SO_3^{2-} + 8H^+ \rightleftharpoons 2Cr^{3+} + 3SO_4^{2-} + 4H_2O$$

$$Cr_2O_7^{2-} + 3H_2S + 8H^+ \rightleftharpoons 2Cr^{3+} + 3S + 7H_2O$$

$$Cr_2O_7^{2-} + 6Fe^{2+} + 14H^+ \rightleftharpoons 2Cr^{3+} + 6Fe^{3+} + 7H_2O$$

$K_2Cr_2O_7$ 也可以与有机物反应。如与酒精作用:

$$3CH_3CH_2OH + 2K_2Cr_2O_7 + 8H_2SO_4 \rightleftharpoons$$
$$3CH_3COOH + 2Cr_2(SO_4)_3 + 2K_2SO_4 + 11H_2O$$

反应前溶液呈橙色,反应后溶液呈绿色。

除碱金属、铵和镁的铬酸盐易溶于水外,其它铬酸盐均难溶于水。常见的难溶铬酸盐及其反应有:

$$CrO_4^{2-} + 2Ag^+ \rightleftharpoons Ag_2CrO_4(砖红色) \qquad K_{sp}^{\ominus} = 2.0 \times 10^{-12}$$

$$CrO_4^{2-} + Pb^{2+} \rightleftharpoons PbCrO_4(铬黄) \qquad K_{sp}^{\ominus} = 2.8 \times 10^{-13}$$

$$CrO_4^{2-} + Ba^{2+} \rightleftharpoons BaCrO_4(柠檬黄) \qquad K_{sp}^{\ominus} = 1.2 \times 10^{-10}$$

铬黄和柠檬黄可作为颜料。

在 $Cr_2O_7^{2-}$ 溶液中加入相应的金属离子,得到的仍然是这些离子的铬酸盐沉淀而不是重铬酸盐,因为这些金属离子的铬酸盐具有更小的溶解度。如:

$$Cr_2O_7^{2-} + 2Pb^{2+} + H_2O \rightleftharpoons 2PbCrO_4 + 2H^+$$

另一方面,这些铬酸盐沉淀均溶于强酸:

$$2PbCrO_4 + 2H^+ \rightleftharpoons 2Pb^{2+} + Cr_2O_7^{2-} + H_2O$$

其中 $PbCrO_4$ 亦可溶于碱:

$$PbCrO_4 + 4OH^- \rightleftharpoons PbO_2^{2-} + CrO_4^{2-} + 2H_2O$$

因此,生成 $PbCrO_4$ 只能在弱酸或弱碱介质中完成。此反应亦可用于区分 $PbCrO_4$ 与其它黄色铬酸盐沉淀。

$SrCrO_4$ 的溶解度较大,可溶于 HAc 中,将 Sr^{2+} 加入 $Cr_2O_7^{2-}$ 溶液中并不生成 $SrCrO_4$ 沉淀。

$$CrO_4^{2-} + Sr^{2+} \rightleftharpoons SrCrO_4(黄色) \qquad K_{sp}^{\ominus} = 2.2 \times 10^{-5}$$

实验室中常用的"铬酸洗液",是由重铬酸钾的饱和溶液与浓硫酸混合而成。

(3) 其它 Cr(Ⅵ) 的化合物

① **过氧化物（peroxide）** 酸性介质中 $K_2Cr_2O_7$ 氧化 H_2O_2,最终产物是绿色 Cr^{3+} 和氧气,但反应过程中先生成蓝色的过氧化铬:

$$Cr_2O_7^{2-} + 4H_2O_2 + 2H^+ \rightleftharpoons 2CrO_5 + 5H_2O$$

实验测得过氧化铬结构中含有两个过氧基,因此,其化学式应表示为 $CrO(O_2)_2$ 较为合适。过氧化铬结构中 Cr 的氧化数为 +6,周围分布有 5 个氧原子,其中两个过氧离子 O_2^{2-}

是 π 配位。

生成的蓝色过氧化铬很不稳定,室温下很快分解放出氧气:
$$4CrO_5 + 12H^+ \rightleftharpoons 4Cr^{3+} + 7O_2 + 6H_2O$$
总反应是:
$$Cr_2O_7^{2-} + 3H_2O_2 + 8H^+ \rightleftharpoons 2Cr^{3+} + 3O_2 + 7H_2O$$
若在碱性介质中分解,产物是铬酸根和氧气:
$$CrO_5 + 2OH^- \rightleftharpoons CrO_4^{2-} + O_2 + H_2O$$
蓝色的过氧化铬能在乙醚中生成溶剂化的配合物[$CrO(O_2)_2·(C_2H_5)_2O$]而变得较为稳定。过氧化铬和乙醚形成的配合物结构如图14-8所示。

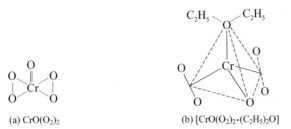

图14-8 过氧化铬结构(a)和过氧化铬在乙醚中的结构(b)

生成的过氧化铬在乙醚中显示特征蓝色,常用于检验溶液中的 Cr^{3+} 或者检验 H_2O_2,反应较为灵敏。

② 氯化铬酰(chromium oxychloride) CrO_2Cl_2 称为氯化铬酰,或称为二氯二氧化铬。CrO_2Cl_2 是深红色液体,外观与液态 Br_2 相似,沸点为390K,可用蒸馏方法提纯。

氯化铬酰可用下法制得:将重铬酸钾与氯化钾混合,慢慢加入浓硫酸,小心加热,将生成的 CrO_2Cl_2 蒸馏出来:
$$K_2Cr_2O_7 + 4KCl + 3H_2SO_4 \rightleftharpoons 2CrO_2Cl_2 + 3K_2SO_4 + 3H_2O$$
氯化氢与三氧化铬反应,也可以得到 CrO_2Cl_2:
$$CrO_3 + 2HCl \rightleftharpoons CrO_2Cl_2 + H_2O$$
氯化铬酰遇水分解:
$$2CrO_2Cl_2 + 3H_2O \rightleftharpoons H_2Cr_2O_7 + 4HCl$$

14.4.4 钼和钨的重要化合物

由于镧系收缩的影响,Mo 和 W 的性质更为接近,但其差异比起 Zr 和 Hf 或 Nb 和 Ta 的差异要大,因此分离 Mo 和 W 相对较容易。

钼和钨可以形成氧化数从 -2 到 $+6$ 的化合物,但以氧化数为 $+6$ 的最为稳定。

(1) 氧化物

钼和钨的氧化物分别是 MoO_3 和 WO_3。

① 三氧化钼(molybdenum trioxide) 常温下 MoO_3 是白色固体,加热后可转变为黄色,1070K 熔化成深黄色液体。三氧化钼具有显著的升华现象。

制备:煅烧辉钼矿可以得到粗三氧化钼。将烧结块用氨水浸泡,三氧化钼转化为钼酸铵进入溶液,用盐酸处理钼酸铵得到钼酸沉淀,后者加热到400~500℃分解得到三氧化钼:
$$2MoS_2 + 7O_2 \rightleftharpoons 2MoO_3 + 4SO_2$$
$$MoO_3 + 2NH_3·H_2O \rightleftharpoons (NH_4)_2MoO_4 + H_2O$$
$$(NH_4)_2MoO_4 + 2HCl \rightleftharpoons H_2MoO_4 + 2NH_4Cl$$
$$H_2MoO_4 \rightleftharpoons MoO_3 + H_2O$$

结构：三氧化钼具有一种少见的层状结构。这种结构是由畸变的 MoO_6 八面体结构单元组成的二维空间无限结构。

② **三氧化钨**（tungstic oxide） WO_3 是深黄色固体，加热时转变为橙黄色，熔点 1450K。

制备：空气中用碱熔法处理白钨矿或黑钨矿，生成钨酸钠，水浸取后酸化得到黄色的钨酸沉淀，加热钨酸就得到柠檬黄的三氧化钨：

$$CaWO_4 \xrightarrow[800\sim 900℃]{Na_2CO_3} Na_2WO_4 \xrightarrow{水溶酸化} H_2WO_4 \xrightarrow{NH_3\cdot H_2O} (NH_4)_2WO_4 \xrightarrow{蒸发结晶焙烧} WO_3$$

结构：WO_3 是由 WO_6 八面体结构单元组成的三维空间无限结构。

③ **性质** 三氧化钼和三氧化钨都是酸性的氧化物，不溶于水，但可溶于氨水及强碱溶液，形成相应的简单盐：

$$MoO_3 + 2NH_3\cdot H_2O \longrightarrow (NH_4)_2MoO_4 + H_2O$$
$$WO_3 + 2NaOH \longrightarrow Na_2WO_4 + H_2O$$

MoO_3 和 WO_3 的氧化性很弱，仅在高温下可被 H_2 还原为金属单质。

MoO_3 和 WO_3 作为负载型催化剂已得到广泛应用。MoO_3 和 WO_3 与大环配体形成的配合物是制得注意的一个研究领域。

(2) 钼酸（molybdic acid）、**钨酸**（tungstic acid）**及其简单盐**

与铬酸不同，钼酸和钨酸在水中的溶解度都比较小。例如，在 291K 时，100g 水中可溶解大约 1g 的钼酸。

钼酸和钨酸的酸性都比铬酸弱，且按 $H_2CrO_4 \rightarrow H_2MoO_4 \rightarrow H_2WO_4$ 顺序酸性迅速减弱。

MoO_3 和 WO_3 溶于碱可形成简单的钼酸盐和钨酸盐，其中，只有碱金属盐、铵盐、铍盐、镁盐、铊盐可溶于水，其它都难溶。$PbMoO_4$ 可用于重量法测定 Mo。

浓硝酸中，简单的钼酸盐可以转化为黄色的水合钼酸：

$$MoO_4^{2-} + 2H^+ + H_2O \xrightarrow{浓硝酸} \underset{(黄色)}{H_2MoO_4\cdot H_2O}$$

$$H_2MoO_4\cdot H_2O \xrightarrow{\triangle} \underset{(白色)}{H_2MoO_4} + H_2O$$

往简单钨酸盐的热溶液中加入强酸，可以析出黄色的水合钨酸 H_2WO_4；在冷的溶液中加入过量的酸，则析出白色的水合钨酸胶状沉淀 $H_2WO_4\cdot xH_2O$，将溶液煮沸后，沉淀转化为黄色：

$$WO_4^{2-} + 2H^+ + xH_2O \xrightarrow{冷} \underset{(白色)}{H_2WO_4\cdot xH_2O}$$

$$\underset{(白色)}{H_2WO_4\cdot xH_2O} \xrightarrow{\triangle} \underset{(黄色)}{H_2WO_4} + xH_2O$$

与铬酸不同的是，钼酸和钨酸的氧化性都十分弱，在强还原剂的作用下 H_2MoO_4 可被还原为 Mo^{3+}，最后溶液呈棕色。钨酸的氧化性更弱。

钼酸盐和钨酸盐在酸性溶液中都有缩合成多酸根离子的倾向，这一点和铬酸盐类似，但比铬酸盐缩合的趋势要大得多，这是因为在 MoO_4^{2-} 和 WO_4^{2-} 结构中，Mo—O 键和 W—O 键都比 Cr—O 键键能小，在酸的作用下易脱水缩合成多钼或多钨酸根离子，酸性越强，缩合程度越大。如：

$$\underset{pH=6}{[MoO_4]^{2-}} \longrightarrow \underset{pH=1.5\sim 2.9}{[Mo_7O_{24}]^{6-}} \longrightarrow \underset{pH\leqslant 1}{[Mo_8O_{26}]^{4-}} \longrightarrow MoO_3\cdot 2H_2O$$

在 WO_4^{2-} 溶液中加入强酸,随着 pH 值降低,可以逐步缩合形成 $HW_6O_{21}^{5-}$、$W_{12}O_{39}^{6-}$ 等。若酸性进一步增加,最终从溶液中析出水合 WO_3。

实验室中常见的多钼酸盐为四水合七钼酸铵 $(NH_4)_6[Mo_7O_{24}]\cdot 4H_2O$,习惯上称为仲钼酸铵,是常用来检验 PO_4^{3-} 的试剂,也是一种微量元素肥料。

钼、钨与磷、硼等元素可以形成多酸。

由两个或多个相同种类的简单含氧酸分子缩合失水形成的多酸称为"同多酸",上述的多酸就属于"同多酸"。

由不同种类的含氧酸分子缩合失水形成的多酸称为"杂多酸"。目前研究比较多的是钼和钨与磷、硅形成的"杂多酸"。杂多酸是一种特殊的配合物,其中 P 或 Si 是配合物的中心离子,多钼酸根或多钨酸根为配体。它们都是固体酸。例如:钼酸铵与磷酸根离子可形成 $(NH_4)_3PO_4\cdot 12MoO_3$ 黄色沉淀:

$$H_3PO_4 + 12(NH_4)_2MoO_4 + 21HNO_3 \longrightarrow$$
$$(NH_4)_3PO_4\cdot 12MoO_3 \downarrow + 21NH_4NO_3 + 12H_2O$$

如前所述,这一反应用来鉴定 PO_4^{3-}。

上述沉淀含有杂多酸根阴离子 $[PMo_{12}O_{40}]^{3-}$,其结构如图 14-9 所示。

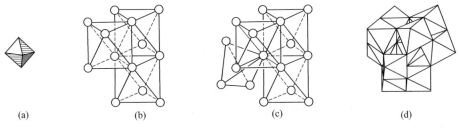

图 14-9 $[PMo_{12}O_{40}]^{3-}$ 离子的结构

(a) 基本结构单元 MoO_6 八面体;(b) 三个 MoO_6 八面体共用顶点上的氧原子形成的 Mo_3O_{10} 结构单元;(c) 一个 Mo_3O_{10} 结构单元中共用的顶点 O 原子与 P-O 四面体共享 O 原子顶点;(d) P-O 四面体中的四个顶点 O 原子分别与四个 Mo_3O_{10} 结构单元共享 O 原子形成 $[PMo_{12}O_{40}]^{3-}$

14.5 锰副族

周期表中第ⅦB族包含三个元素:锰(Mn, manganese)、锝(Tc, technetium)、铼(Re, rhenium)。其价电子构型为 $(n-1)d^5ns^2$,其中内层的 d 轨道半充满(也有人认为 Tc 的基态价电子排布为 $4d^65s^1$)。第七周期的 Bh 元素此处不介绍。

锰元素于 1774 年由瑞典化学家甘恩(J. G. Grahn)从软锰矿中发现,其名称来源于拉丁文 magnes(磁石)和意大利语 manganese(锰)。锰在地壳层中的含量仅次于铁和钛,为 0.085%。主要富矿为软锰矿(MnO_2)、硬锰矿 $[(Ba,H_2O)_2Mn_5O_{10}]$ 和菱锰矿($MnCO_3$)。深海海底存在铁锰的氧化物,被黏土层层包围的团块形成的锰矿称为锰结核(含锰 25%)。我国南海有大量的锰结核资源。锝的名称由希腊文 technktos(人造的)而来,是放射性元素,1937 年发现于意大利,是铀的裂变产物,在地壳层中的含量极少,主要是由人工合成制得,最早在回旋加速器中用氘(重氢)轰击钼制得,是第一个人工合成的元素。铼的名称由拉丁文 Rhenus(莱茵河)而来,1925 年发现于德国。铼是一种非常稀少的元素,常与钼伴生。

锰的元素电势图如图 14-10。

三元素低氧化态 M^{2+} 的稳定性按 Mn→Tc→Re 依次减弱;高氧化态 M(Ⅶ)的稳定性

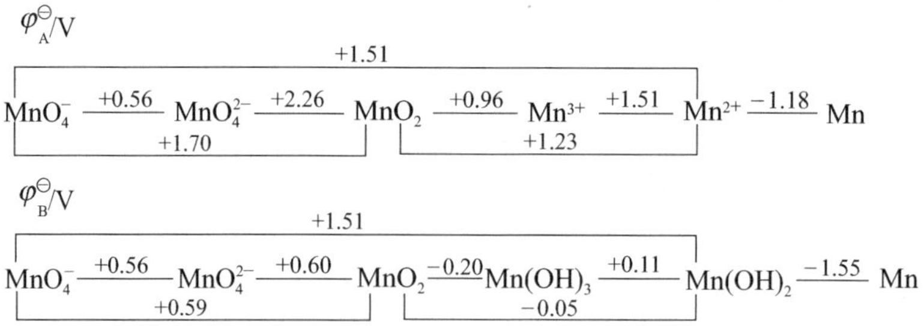

$$\varphi_A^\ominus/V$$

$$\mathrm{MnO_4^-} \xrightarrow{+0.56} \mathrm{MnO_4^{2-}} \xrightarrow{+2.26} \mathrm{MnO_2} \xrightarrow{+0.96} \mathrm{Mn^{3+}} \xrightarrow{+1.51} \mathrm{Mn^{2+}} \xrightarrow{-1.18} \mathrm{Mn}$$

以上区间上方标注 +1.51，下方 MnO₄⁻ 到 MnO₂ 为 +1.70，MnO₂ 到 Mn²⁺ 为 +1.23

$$\varphi_B^\ominus/V$$

$$\mathrm{MnO_4^-} \xrightarrow{+0.56} \mathrm{MnO_4^{2-}} \xrightarrow{+0.60} \mathrm{MnO_2} \xrightarrow{-0.20} \mathrm{Mn(OH)_3} \xrightarrow{+0.11} \mathrm{Mn(OH)_2} \xrightarrow{-1.55} \mathrm{Mn}$$

上方 +1.51，下方 MnO₄⁻ 到 MnO₂ 为 +0.59，MnO₂ 到 Mn(OH)₂ 为 −0.05

图 14-10　锰的元素电势图

依次增强。其最高氧化态的酸性从 Mn 到 Re 依次减弱，氧化性也依次减弱。

14.5.1　锰的物理化学性质

① **制备**　锰单质一般通过铝热法还原软锰矿（MnO_2）得到。但 MnO_2 与铝粉混合反应剧烈，因此一般将软锰矿加热分解成 Mn_3O_4（组成类似 Fe_3O_4，是 MnO 和 Mn_2O_3 的混合氧化物）后再与铝粉混合燃烧：

$$3MnO_2 \xrightarrow{\triangle} Mn_3O_4 + O_2$$

$$3Mn_3O_4 + 8Al \xrightarrow{\triangle} 9Mn + 4Al_2O_3$$

然后用电解法进一步提纯。

② **性质**　锰是活泼的金属，与非氧化性酸反应置换出氢气：

$$Mn + 2H^+ \longrightarrow Mn^{2+} + H_2\uparrow$$

常温下可以缓慢溶于水，加热下反应生成 $Mn(OH)_2$ 和氢气：

$$Mn + 2H_2O(热) \longrightarrow Mn(OH)_2 + H_2\uparrow$$

这一性质类似金属镁。

在有氧化剂存在时，锰与熔融的碱反应生成锰酸盐：

$$2Mn + 4KOH + 3O_2 \xrightarrow{熔融} 2K_2MnO_4 + 2H_2O$$

室温时，锰不与非金属单质反应。在高温下，锰可以与卤素、氧、氮、硫、硼、碳、硅、磷等直接化合，如：

$$3Mn + 2O_2 \xrightarrow{\triangle} Mn_3O_4$$

$$3Mn + N_2 \xrightarrow[\triangle]{1000K} Mn_3N_2$$

$$3Mn + C \xrightarrow{\triangle} Mn_3C$$

锰是银白色金属，粉末状的锰呈灰色。单质锰的用处不大，锰主要用来制造合金。

14.5.2　Mn(Ⅱ) 的化合物

(1) Mn(Ⅱ) 的性质

Mn^{2+} 的价电子构型为 $3d^5$，其大多数配合物一般为八面体构型的高自旋的 $t_{2g}^3 e_g^2$，电子从 t_{2g} 轨道跃迁到 e_g 轨道，这种跃迁是自旋-禁阻的，因此，Mn^{2+} 的化合物一般颜色很浅，甚至几乎是无色的，如水溶液中 Mn^{2+} 是很淡的粉红色。若 Mn^{2+} 形成四面体配合物，虽然电子的 d-d 跃迁也是禁阻的，但由于这种情况下 d-d 跃迁所需能量较小，所以，这种情况下，高自旋的 Mn^{2+} 四面体配合物具有比较深的颜色。

从元素的电势图中可以看出，酸性条件下 Mn^{2+} 很难被氧化到高氧化态，除非使用强氧化剂，如 $(NH_4)_2S_2O_8$（Ag^+ 催化）、$NaBiO_3$、PbO_2、高碘酸等。

$$2Mn^{2+} + 5S_2O_8^{2-} + 8H_2O \xrightarrow[Ag^+催化]{\triangle} 2MnO_4^- + 10SO_4^{2-} + 16H^+$$

$$2Mn^{2+} + 5PbO_2 + 4H^+ \longrightarrow 2MnO_4^- + 5Pb^{2+} + 2H_2O$$

$$2Mn^{2+} + 5NaBiO_3 + 14H^+ \xrightarrow{\triangle} 2MnO_4^- + 5Na^+ + 5Bi^{3+} + 7H_2O$$

由于生成了紫色的 MnO_4^-，这些反应都可以用于 Mn^{2+} 的鉴定。实验中，用于鉴定反应的 Mn^{2+} 浓度不能过大，否则，生成的 MnO_4^- 与 Mn^{2+} 反应生成棕色的 MnO_2 沉淀：

$$3Mn^{2+} + 2MnO_4^- + 2H_2O \longrightarrow 5MnO_2 + 4H^+$$

(2) 常见的 Mn(Ⅱ) 的化合物

① $Mn(OH)_2$　可溶性的 Mn^{2+} 盐溶液与碱反应可以生成白色的 $Mn(OH)_2$：

$$Mn^{2+} + 2OH^- \longrightarrow Mn(OH)_2 \downarrow (白)$$

从元素电势图中可以看出，$Mn(OH)_2$ 很容易被氧化成高氧化态。空气或溶液中的氧气立即将刚生成的白色 $Mn(OH)_2$ 氧化成水合的二氧化锰 $MnO(OH)_2$：

$$2Mn(OH)_2 + O_2 \longrightarrow 2MnO(OH)_2 (棕色)$$

通常情况下将 NaOH 溶液直接加入 Mn^{2+} 溶液中，所得到的沉淀为棕色。为了得到白色的 $Mn(OH)_2$，一般在混合 Mn^{2+} 溶液和 NaOH 溶液之前，先将两溶液加热沸腾除去其中溶解的氧气，然后将 NaOH 溶液用长吸管吸取，再将吸管伸入到 Mn^{2+} 溶液中，小心放出 NaOH 溶液。即使这样小心操作，所得 $Mn(OH)_2$ 也很难看到纯白色，且放置后颜色很快就会变深，最终变为棕色沉淀。

上述 $Mn(OH)_2$ 与溶液中氧气的反应可以设计用来测定水中的溶解氧，因为生成的 $MnO(OH)_2$ 酸化后可以和 I^- 作用生成 I_2，后者可以用碘量法（iodimetry）测定。

② Mn(Ⅱ) 的盐　Mn(Ⅱ) 的强酸盐易溶，如 $MnSO_4$、$MnCl_2$ 和 $Mn(NO_3)_2$ 等，而多数弱酸盐难溶，如 $MnCO_3$、MnS 和 MnC_2O_4 等。

最常见的 Mn(Ⅱ) 盐是硫酸锰。$MnSO_4 \cdot 7H_2O$ 是淡玫瑰红的晶体，空气中易风化，加热逐步失去结晶水。$MnSO_4$ 很稳定，加热到 1123K 才开始分解，1423K 则分解完全。而硫酸铁(Ⅱ)、硫酸镍(Ⅱ) 等硫酸盐加热易分解，利用该性质可以除去 $MnSO_4$ 中铁、镍等杂质。

带结晶水的 $MnS \cdot xH_2O$ 是淡粉红色（又被称为肉色）的沉淀，无水的 MnS 是绿色固体。MnS 难溶于水，但易溶于酸中，较弱的酸如 HAc 即可溶解 MnS，因此，MnS 不能在酸性溶液中生成。

Mn(Ⅱ) 盐受热分解时，若阴离子具有氧化性则分解产生二氧化锰，如：

$$Mn(NO_3)_2 \xrightarrow{\triangle} MnO_2 + 2NO_2$$

$$Mn(ClO_4)_2 \xrightarrow{\triangle} MnO_2 + Cl_2 + 3O_2$$

另外，前已述及，溶液中 Mn^{2+} 可以被 MnO_4^- 氧化生成 MnO_2。

$MnSO_4$ 是制备其它锰化合物的原料。常用作种子发芽的促进剂，植物合成叶绿素的催化剂。适量加入饲料中，可以使动物骨骼发育正常并催肥。但要注意，锰的各种化合物的粉尘均有毒，能引起神经系统的慢性中毒和呼吸系统的疾病。

14.5.3　Mn(Ⅳ) 的化合物

Mn(Ⅳ) 的化合物中最重要的是 MnO_2。除此之外，也有其它一些 Mn(Ⅳ) 的化合物。

(1) MnO_2

软锰矿的主要成分是 MnO_2。

① 制备　化学法制备 MnO_2 的原料是软锰矿。

硫酸法：将软锰矿置于转炉中，煅烧至 973～1020K，软锰矿中的主要成分转化为 Mn_2O_3，然后用硫酸浸取，分离除去 $MnSO_4$ 得到 MnO_2。

$$Mn_2O_3 + H_2SO_4 \longrightarrow MnO_2 + MnSO_4 + H_2O$$

硝酸法：硝酸法是依次用 NaOH 和 HNO_3 处理上述煅烧物，最后得到 MnO_2，并有副产品硝酸锰。

工业上制取二氧化锰主要是电解法。

② **性质** Mn 的五种简单氧化物中，MnO_2 呈两性，不溶于水、稀酸和稀碱，但可溶于浓酸和浓碱中。

$$4MnO_2 + 6H_2SO_4(浓) \longrightarrow 2Mn_2(SO_4)_3 + 6H_2O + O_2$$
$$MnO_2 + 2NaOH(浓) \longrightarrow \underset{\text{亚锰酸钠}}{Na_2MnO_3} + H_2O$$

生成的 Mn^{3+} 呈紫红色，只存在于强酸溶液中。

MnO_2 中锰的氧化数是 +4，具有氧化性，也具有还原性。

$$\varphi_A^{\ominus}(MnO_2/Mn^{2+}) = 1.22V \qquad \varphi_B^{\ominus}(MnO_4^{2-}/MnO_2) = 0.60V$$

在酸性条件下以氧化性为主。与浓盐酸作用生成氯气：

$$MnO_2 + 4HCl(浓) \longrightarrow MnCl_2 + 2H_2O + Cl_2\uparrow$$

若用浓硫酸处理 MnO_2 固体，也可以生成 $MnSO_4$ 释放氧气：

$$2MnO_2 + 2H_2SO_4(浓) \longrightarrow 2MnSO_4 + 2H_2O + O_2\uparrow$$

在碱性条件下，MnO_2 具有比较强的还原性。如 MnO_2 与 KOH 及氧化剂氯酸钾、硝酸钾等共熔时即可被氧化为 Mn(Ⅵ)：

$$3MnO_2 + 6KOH + KClO_3 \xrightarrow{熔融} 3K_2MnO_4 + KCl + 3H_2O$$

甚至空气中的氧气都可以将其氧化：

$$2MnO_2 + 4KOH + O_2 \xrightarrow{熔融} 2K_2MnO_4 + 2H_2O$$

(2) 其它 Mn(Ⅳ) 的化合物

四价 Mn 盐在酸、碱中都不稳定。在酸性介质中，容易被还原为 Mn^{2+}，若遇强氧化剂，则可被氧化为高氧化态。在碱性介质中更不稳定，容易被氧化为锰酸盐。目前除 MnF_4 外，尚无法获得稳定的 $MnCl_4$（据悉，用冷的浓盐酸处理 MnO_2，可以得到绿色的 $MnCl_4$，后者溶于乙醚，若用乙醚处理反应液，乙醚层出现绿色）。

但四价的 Mn 可以形成比较稳定的配合物。MnO_2 用 HF 和 KHF_2 处理，可以得到金黄色的 $K_2[MnF_6]$：

$$MnO_2 + 2KHF_2 + 2HF \longrightarrow K_2[MnF_6] + 2H_2O$$

此外还可以形成 $Li_2[MnF_6]$、$Na_2[MnF_6]$、$Rb_2[MnF_6]$、$Cs_2[MnF_6]$、$Ca[MnF_6]$、$Sr[MnF_6]$、$Ba[MnF_6]$ 以及 $K_2[MnCl_6]$、$Rb_2[MnCl_6]$、$Cs_2[MnCl_6]$、$(NH_4)_2[MnCl_6]$，也制得少数的过氧配合物，它们主要是 $K_2H_2[Mn(O)(O_2)_3]$、$K_3H[Mn(O)(O_2)_3]$ 和 $K_2H_2[Mn(O_2)_4]$。

二氧化锰是一种具有广泛用途的氧化剂，也是制备其它锰盐和锰合金的基本原料。二氧化锰还是一种催化剂，用于催化分解氯酸钾和双氧水，也用于有机合成。

14.5.4 Mn(Ⅵ) 和 Mn(Ⅶ) 的化合物

(1) K_2MnO_4 和 $KMnO_4$ 的制备

Mn(Ⅵ) 和 Mn(Ⅶ) 的化合物主要是锰酸钾、锰酸钠和高锰酸钾、高锰酸钠。

工业上以软锰矿为原料制备锰酸钾，锰酸钾再经碳化法或电解法制得高锰酸钾。

将软锰矿和 KOH 混合，在 473~543K 温度下加热熔融，并通入空气，可制得绿色的 K_2MnO_4。若加入氧化剂 $KClO_3$ 则可以加速反应。

K_2MnO_4 只在强碱性条件下存在。根据热力学计算，要使 MnO_4^{2-} 在溶液中稳定存在，

pH 最低应为 14.4。若加入酸，使溶液的碱性降低，在中性或酸性条件下 MnO_4^{2-} 会发生歧化反应：

$$3MnO_4^{2-} + 2H_2O \rightleftharpoons MnO_2 + 2MnO_4^- + 4OH^-$$

$$3MnO_4^{2-} + 4H^+ \rightleftharpoons MnO_2 + 2MnO_4^- + 2H_2O$$

工业上制备高锰酸钾就是在以软锰矿和 KOH 为原料制得的 K_2MnO_4 溶液中通入 CO_2 气体降低溶液的碱性得到 $KMnO_4$ 的，这一方法称为碳化法。碳化法只有 $\frac{2}{3}$ 的 Mn 转化为产品。

更好的制备 K_2MnO_4 的方法是电解法。先制得 K_2MnO_4，然后用水或稀溶液浸取，配成含 K_2MnO_4、KOH 和 K_2CO_3 的溶液，以镍为阳极、铁为阴极电解得到 $KMnO_4$：

阳极： $2MnO_4^{2-} - 2e^- \longrightarrow 2MnO_4^-$

阴极： $2H_2O + 2e^- \longrightarrow H_2\uparrow + 2OH^-$

总反应： $2K_2MnO_4 + 2H_2O \xrightarrow{\text{电解}} 2KMnO_4 + 2KOH + H_2\uparrow$

电解法不仅产率高，副产品 KOH 还可以重复利用。

(2) 高锰酸钾（potassium permanganate）**的性质**

① 稳定性　固体高锰酸钾比较稳定，加热到 473K 以上分解放出 O_2：

$$2KMnO_4 \xrightarrow{\triangle} K_2MnO_4 + MnO_2 + O_2\uparrow$$

溶液中的高锰酸钾不稳定。酸性介质中容易分解：

$$4MnO_4^- + 4H^+ \longrightarrow 3O_2\uparrow + 2H_2O + 4MnO_2\downarrow$$

中性或弱碱性条件下，特别是在暗处，$KMnO_4$ 分解很慢。光对高锰酸钾的分解起到催化作用。因此，配制好的 $KMnO_4$ 溶液应保存在棕色瓶中。

② 氧化性　$KMnO_4$ 的氧化性和还原产物随介质不同而不同。

酸性条件下，MnO_4^- 是强氧化剂，可以氧化大多数还原性物质，其还原产物是 Mn^{2+}。如：

$$MnO_4^- + 5Fe^{2+} + 8H^+ \longrightarrow Mn^{2+} + 5Fe^{3+} + 4H_2O$$

这一反应可用于铁的定量测定。

$$2MnO_4^- + 6H^+ + 5H_2C_2O_4 \longrightarrow 2Mn^{2+} + 10CO_2 + 8H_2O$$

这一反应用于标定 $KMnO_4$ 溶液的浓度。

在 Mn^{2+} 的酸性溶液中加入焦磷酸盐，可以用高锰酸钾定量测定 Mn^{2+}：

$$4Mn^{2+} + MnO_4^- + 8H^+ + 15H_2P_2O_7^{2-} \longrightarrow 5[Mn(H_2P_2O_7)_3]^{3-} + 4H_2O$$

注意生成的产物 Mn 的状态。

固体高锰酸钾与浓盐酸反应放出氯气，实验室利用这一反应制备氯气：

$$2MnO_4^- + 16H^+ + 10Cl^- \longrightarrow 2Mn^{2+} + 5Cl_2 + 8H_2O$$

酸性介质中高锰酸钾做氧化剂，若 $KMnO_4$ 过量，则会生成棕色沉淀 MnO_2：

$$2MnO_4^- + 3Mn^{2+} + 2H_2O \longrightarrow 5MnO_2\downarrow + 4H^+$$

使用草酸标定 $KMnO_4$ 时，开始反应速率很慢，一旦生成了 Mn^{2+}，Mn^{2+} 可以对氧化反应起到催化作用，故反应随着 Mn^{2+} 的增加而加快。

用高锰酸钾进行氧化还原滴定时，滴定剂本身起到指示剂的作用。

中性或弱碱性介质中，高锰酸钾做氧化剂，还原产物是 MnO_2，如：

$$2MnO_4^- + I^- + H_2O \longrightarrow 2MnO_2 + IO_3^- + 2OH^-$$

强碱性介质中，高锰酸钾则被还原为 MnO_4^{2-}：

$$2MnO_4^- + SO_3^{2-} + 2OH^- \longrightarrow 2MnO_4^{2-} + SO_4^{2-} + H_2O$$

若还原剂过量,还原剂与锰酸根反应也得到 MnO_2 沉淀。

由此可见,$KMnO_4$ 做氧化剂,无论酸性、中性或碱性介质,若条件控制不当,都有可能生成 MnO_2 棕色沉淀。

向浓硫酸中加入大量的高锰酸钾,会生成一种具有爆炸性的绿色油状液体 Mn_2O_7,十分危险。室温下若将 $KMnO_4$ 粉末与浓硫酸接触,生成的 Mn_2O_7 在室温下立即爆炸分解。

溶液中生成的绿色油状的 Mn_2O_7 可用 CCl_4 萃取,Mn_2O_7 在 CCl_4 中稳定。

Mn_2O_7 溶于大量的冷水生成 $HMnO_4$。$HMnO_4$ 只存在于溶液中,最大可以浓缩到 20% 而不至于分解。$HMnO_4$ 既是强酸性物质,也是一种强氧化剂。

固体高锰酸钾与有机物接触和碰撞,也会引起燃烧,储存和运输应注意。

14.5.5 锝和铼的重要化合物

锝和铼是比较稳定的金属,主要的化合物是含氧化物(氧化物和高锝酸、高铼酸及其盐)、硫化物、卤氧化物和负氢离子配合物。

单质锝和铼不溶于盐酸,可溶于浓硝酸,生成高锝酸(pertechnetic acid)和高铼酸(perrhenic acid):

$$3Tc + 7HNO_3 \longrightarrow 3HTcO_4 + 7NO + 2H_2O$$

$$3Re + 7HNO_3 \longrightarrow 3HReO_4 + 7NO + 2H_2O$$

与 Mn 不同,低氧化态的 Tc(Ⅱ) 和 Re(Ⅱ) 不稳定,只存在少数配合物,而高氧化态 Tc_2O_7 和 Re_2O_7 性质相近,但比 Mn_2O_7 的稳定性大得多,其水化物高锝酸和高铼酸的酸性和氧化性都不如高锰酸。

锝是十分稀少的元素,且由于其放射性的原因研究起来有些困难。锝的化合物主要是一些氧化物,如 TcO_2、TcO_3、Tc_2O_7 以及锝酸 H_2TcO_4。其中,黑色的 TcO_2 是最稳定的锝的化合物。

铼的氧化物有棕黑色固体 ReO_2、红色固体 ReO_3 以及黄色的 Re_2O_7,其中最稳定的是 Re_2O_7。

将 Re_2O_7 或 Tc_2O_7 与水反应可得到高铼酸和高锝酸,其氧化性都不明显。

将 Tc_2O_7 与 CCl_4 在密闭环境中加热到 700K,可以制得 $TcCl_4$,这是一种稳定的红色化合物。

在水和乙二胺溶液中,钾与高锝酸或高铼酸盐反应可以得到氢配合物 $K_2[TcH_9]$ 和 $Re_2[TcH_9]$。

铼可以形成多种含卤配离子。如 $[Re_2Cl_8]^{2-}$,其结构如图 14-11 所示。

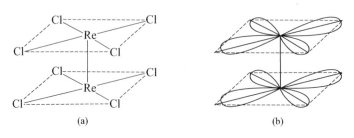

图 14-11 $[Re_2Cl_8]^{2-}$ 阴离子结构

该结构中 Re—Re 之间是四重键,键长为 224pm,比金属晶体中相邻的两个 Re 之间的距离 271.4pm 小很多。

14.6 铁系元素

周期表中的第ⅧB族元素,一般只讨论所包含的九个元素,即铁(Fe,iron)、钴(Co,cobalt)、镍(Ni,nickel)、钌(Ru,ruthenium)、铑(Rh,rhodium)、钯(Pd,palladium)、锇(Os,osmium)、铱(Ir,iridium)和铂(Pt,platinum)。第ⅧB族元素是周期表中比较特殊的一族。尽管也存在从上到下同一族元素性质相似的规律,但同一周期的元素更为相似,即是说,虽然也存在如Fe、Ru、Os元素的相似性,但Fe、Co、Ni的性质更为相似,且由于镧系收缩的原因,Ru、Rh、Pd与Os、Ir、Pt的性质更为接近而与Fe、Co、Ni的性质相差较大,因此,化学上将Fe、Co、Ni称为铁系元素,而将Ru、Rh、Pd、Os、Ir和Pt称为铂系元素。铂系元素属于稀有金属,和金、银一起称为贵金属。

铁是人类发现和使用最早的金属之一,在人类文明发展过程中起到非常重要的作用。

铁的元素符号Fe来自拉丁文ferrum(铁)。铁在地壳中的含量居第四位,仅次于氧、硅和铝,在宇宙中的含量居第九位。

地壳中铁的主要矿藏有赤铁矿(Fe_2O_3)、磁铁矿(Fe_3O_4)、褐铁矿($2Fe_2O_3 \cdot 3H_2O$)、菱铁矿($FeCO_3$)和黄铁矿(FeS_2)。黄铁矿含硫高,不适合炼铁,是制造硫酸的重要原料。我国铁矿储量居世界第三,主要分布在辽南、湖北、冀东和川西地区,但多为含铁30%左右的贫矿。高品位的铁矿一般依赖进口(巴西和澳大利亚)。

人类使用钴的历史可以追索到公元前两千多年。钴元素最早于1735年由瑞典人Brandt(布兰特)发现。钴的英文名为Cobalt,来源于德语。地壳中钴的质量分数为百万分之二十九,主要矿藏为砷化物矿和硫化物矿,如砷钴矿($CoAs$)和辉钴矿($CoAsS$)。

镍的英文名称为Nickel,来源于德语。镍于1751年由瑞典人Cronstedt发现。镍在地壳中的质量分数为百万分之九十九,主要矿藏为镍黄铁矿($NiS \cdot FeS$)。我国的镍过去主要依赖从古巴进口,但自从开发了甘肃金川大镍矿后才得以自给自足。

铁系元素的基本性质见表14-1。铁系元素的电离能见表14-2。铁系元素的电势图见图14-12。

表14-1 铁系元素的基本性质

性质 \ 元素	铁	钴	镍
元素符号	Fe	Co	Ni
原子序数	26	27	28
原子量	55.85	58.93	58.69
价电子层结构	$3d^6 4s^2$	$3d^7 4s^2$	$3d^8 4s^2$
主要氧化数	+2,+3,+6	+2,+3,+4	+2,+3,+4
金属原子半径/pm	126	125	124
离子半径/pm			
M^{2+}	78(配位数6,高自旋)	74.5(配位数6,高自旋)	69(配位数6)
M^{3+}	64.5(配位数6,高自旋)	61(配位数6,高自旋)	60(配位数6,高自旋)
电负性	1.83(Ⅱ) 1.96(Ⅲ)	1.88(Ⅱ)	1.91(Ⅱ)

表14-2 铁系元素的电离能

电离能/kJ·mol^{-1}	第一电离能	第二电离能	第三电离能
Fe	759.4	1561	2957.4
Co	758	1646	3232
Ni	736.7	1753.0	3393

$$\varphi_A^\ominus/V \quad FeO_4^{2-} \xrightarrow{+2.20} Fe^{3+} \xrightarrow{+0.771} Fe^{2+} \xrightarrow{-0.4402} Fe$$

$$Co^{3+} \xrightarrow{+1.808} Co^{2+} \xrightarrow{-0.277} Co$$

$$NiO_2 \xrightarrow{+1.93} Ni^{2+} \xrightarrow{-0.250} Ni$$

$$\varphi_B^\ominus/V \quad FeO_4^{2-} \xrightarrow{+0.72} Fe(OH)_3 \xrightarrow{-0.56} Fe(OH)_2 \xrightarrow{-0.877} Fe$$

$$Co(OH)_3 \xrightarrow{+0.17} Co(OH)_2 \xrightarrow{-0.73} Co$$

$$Ni(OH)_4 \xrightarrow{\geqslant +0.6} Ni(OH)_3 \xrightarrow{+0.48} Ni(OH)_2 \xrightarrow{-0.72} Ni$$

图 14-12 铁系元素的电势图

14.6.1 铁系元素单质的物理化学性质

铁系元素单质的主要物理性质列于表 14-3。

表 14-3 铁系元素单质的主要物理性质

性质	铁	钴	镍
颜色	银白或灰色	灰色	银白色
密度/g·cm^{-3}	7.874	8.90	8.902
熔点/℃	1538	1495	1453
沸点/℃	2750	2870	2732

铁、钴、镍的单质都是银白色金属,铁、钴略带灰色,镍为银白色。铁、钴、镍均属于铁磁性物质,它们的合金是很好的磁性材料。铁和镍具有很好的延展性(ductibility),而钴比较硬而脆。

从 Fe、Co 到 Ni,3d 轨道上的单电子数减少,形成金属键依次减弱,因此,它们的单质的熔点依次降低。

铁是用途最为广泛的金属,它的物理性质在很大程度上取决于它的纯度。低纯度的铁是脆性的。铁通常由高温下还原铁的氧化物而制得,也可以用氢气还原氧化铁或直接加热分解铁的羰基化合物得到高纯铁。铁主要用于炼钢、制造其它合金。铁是人体必不可少的元素,它是血管中输送氧气的血红蛋白的重要成分。铁的氧化物也用于制造磁信息记录材料。

金属钴通常用碳或铝在高温下还原其氧化物,再经电解(electrolysis)纯化制得。钴在高达 982℃ 时仍然坚硬,用于制造多种硬合金、磁铁、陶瓷和特种玻璃。放射性 ^{60}Co 可用于治疗癌症。维生素 B$_{12}$ 含有元素钴。

镍是硬而柔韧的银白色金属,能被磨得光亮如镜,通常情况下不生锈。镍常用作镀层金属、制造金属合金(alloy),也可用于制镍镉电池以及铸造硬币。金属镍还是一种很好的有机反应催化剂,如有机氢化反应常使用 Raney-Ni 为催化剂。

铁系元素的价电子结构为 3d^{6}4s^2、3d^{7}4s^2 和 3d^{8}4s^2,内层 3d 轨道上的电子已经超过 5 个,一般情况下所有电子都参与形成化学键的可能性十分小,因此,铁系元素最高氧化数小于其族数。其中,Fe 的最高氧化数为 +6(高铁酸盐),常见的氧化数为 +2 和 +3,在某些配合物里可以表现更低的氧化数。钴和镍的最高氧化数为 +4,常见的是 +2 和 +3,但以 +2 氧化数最为稳定和常见。

从电极电势图可看出,铁、钴、镍都是中等强度的活泼金属,活泼性按 Fe→Co→Ni 递减。

纯净的铁、钴、镍的块状金属在空气和纯水中很稳定。含有杂质的铁在潮湿的空气中易生锈,形成结构松散的 Fe$_2$O$_3$·nH$_2$O。经过冷的浓硝酸处理的铁表面可形成一层致密的氧化物保护膜。极细的金属铁粉在空气中可能迸出火花。钴和镍在空气中形成薄而密的氧化膜,因此,块状的钴和镍在空气中并不生锈。钴在加热条件下可以和空气作用,温度不高时

生成 Co_3O_4，高温下则生成 CoO。加热条件下，镍也可以与空气作用生成 NiO。

铁易溶于无机酸中。在非氧化性酸中生成 Fe(Ⅱ)，在氧化性酸或有氧存在下可生成 Fe(Ⅲ)。镍与铁类似，溶于无机酸可以生成 Ni(Ⅱ)，而钴在无机酸中反应很慢。钴和镍与铁相似，在冷的浓硝酸中"钝化"。

铁在浓的热碱液中易被腐蚀，而钴和镍在碱中稳定性大得多，特别是镍，可以使用镍制容器熔融强碱。

850K 左右，铁与水蒸气作用生成 Fe_3O_4。

铁在常温下与氯、溴、硫等不作用。升高温度，铁可与卤素作用生成 $FeCl_3$、$FeBr_3$ 和 FeI_2。铁与氮不能直接化合，但铁可与 NH_3 在高温下反应，钴和镍也有类似的反应：

$$4Fe + 2NH_3 \xrightarrow{\text{高温}} 2Fe_2N + 3H_2$$

$$4Co + 2NH_3 \xrightarrow{\text{高温}} 2Co_2N + 3H_2$$

$$6Ni + 2NH_3 \xrightarrow{720K} 2Ni_3N + 3H_2$$

Fe、Co、Ni 常见的氧化态是 Fe(Ⅱ)、Fe(Ⅲ)、Co(Ⅱ)、Co(Ⅲ)、Ni(Ⅱ) 和 Ni(Ⅲ)。低氧化态具有还原性，高氧化态具有氧化性。还原性按 Fe(Ⅱ)→Co(Ⅱ)→Ni(Ⅱ) 依次减弱；氧化性按 Fe(Ⅲ)→Co(Ⅲ)→Ni(Ⅲ) 依次增强；且碱性介质（alkaline medium）中还原性比在酸性介质中强。这些是理解铁钴镍化学性质重要的线索！

14.6.2 铁系元素的氧化物和氢氧化物

铁、钴、镍都可以生成 +2 和 +3 的氧化物和氢氧化物：

FeO	CoO	NiO
（黑色）	（灰绿色）	（暗绿色）
Fe_2O_3	Co_2O_3	Ni_2O_3
（砖红色）	（黑色）	（黑色）

(1) 氧化物

在隔绝空气的条件下加热 M(Ⅱ) 草酸盐或碳酸盐可以得到相应的 +2 价氧化物，如：

$$MC_2O_4 \xrightarrow[\text{隔绝空气}]{\triangle} MO + CO + CO_2 \quad (M=Fe、Co、Ni)$$

生成的 FeO 具有 NaCl 型晶体结构，具强还原性，易自燃。这些 +2 价氧化物都是碱性的，不溶于碱，溶于酸生成相应的盐。

$Fe(OH)_3$ 加热分解可以得到较纯的 Fe_2O_3。钴(Ⅲ) 和镍(Ⅲ) 的草酸盐、碳酸盐或硝酸盐在空气中加热分解可以得到 Co_2O_3 和 Ni_2O_3，如：

$$4NiCO_3 + O_2 \xrightarrow{\triangle} 2Ni_2O_3 + 4CO_2$$

Fe_2O_3、Co_2O_3、Ni_2O_3 都是碱性氧化物，一般不溶于碱，但可溶于酸。

Fe、Co、Ni 的 +3 价氧化物具有不同程度的氧化性，氧化能力从 $Fe_2O_3 \to Co_2O_3 \to Ni_2O_3$ 依次增强。如用浓盐酸溶解这些氧化物：

$$Fe_2O_3 + 6HCl \longrightarrow 2FeCl_3 + 3H_2O$$

$$Co_2O_3 + 6HCl \longrightarrow 2CoCl_2 + Cl_2 + 3H_2O$$

$$Ni_2O_3 + 6HCl \longrightarrow 2NiCl_2 + Cl_2 + 3H_2O$$

三氧化二铁（ferric oxide）具有两种不同结构，即 α 型和 γ 型 Fe_2O_3，α 型是顺磁性的，γ 型是铁磁性的。自然界中的赤铁矿是 α 型的，使用草酸铁或硝酸铁加热分解得到的三氧化二铁也是 α 型的，将 Fe_3O_4 氧化得到 Fe_2O_3 则是 γ 型的。γ 型的 Fe_2O_3 加热到 400℃ 以上会转变为 α 型的 Fe_2O_3。

三氧化二铁可用作红色颜料、涂料、媒染剂、抛光粉，以及某些反应的催化剂。

除此之外，Fe 还可以形成 Fe_3O_4，即所谓的磁性氧化铁。过去曾认为它是 FeO 和 Fe_2O_3 的混合物，但 X 射线衍射实验结果表明 Fe_3O_4 是一种反式尖晶石结构，可以写成 $Fe^{III}[(Fe^{II}Fe^{III})O_4]$。$Fe_3O_4$ 具有磁性，能导电，是磁铁矿的主要成分。

此外，Co 也可以形成 Co_3O_4，Ni 还可以形成 NiO_2，它们都不稳定，是有机化学反应中很有用的氧化剂。

(2) 氢氧化物

在 Fe^{2+}、Co^{2+}、Ni^{2+} 离子溶液中加入碱，均可得到相应的氢氧化物沉淀：

$$M^{2+} + 2OH^- \longrightarrow M(OH)_2 \quad (M=Fe、Co 和 Ni)$$

如将除去空气的 Fe^{2+} 溶液与除去空气的 NaOH 溶液小心混合，可以生成白色的氢氧化亚铁：

$$Fe^{2+} + 2OH^- \longrightarrow Fe(OH)_2$$

生成的氢氧化亚铁基本为碱性，但具有非常弱的酸性，从碱性溶液中可以析出蓝绿色的 $Na_4[Fe(OH)_6]$。

白色的 $Fe(OH)_2$ 沉淀与空气接触很快被氧化，最后变为棕红色的 $Fe(OH)_3$，因此可以观察到颜色由白色经过灰色，逐渐变为棕红色的变化过程，其间可以观察到绿色的中间产物。

$$4Fe(OH)_2 + O_2 + 2H_2O \xrightarrow{(很快)} 4Fe(OH)_3$$

粉红色的 Co^{2+} 溶液中加入碱，可得到蓝色的 $Co(OH)_2$，这种蓝色的变体不稳定，放置或加热变为粉红色的 $Co(OH)_2$。$Co(OH)_2$ 在空气中可以慢慢被氧化生成棕色的 $Co(OH)_3$：

$$4Co(OH)_2 + O_2 + 2H_2O \longrightarrow 4Co(OH)_3$$

若使用强氧化剂，氧化反应迅速进行。

绿色 $Ni(OH)_2$ 不能被空气氧化，但可以使用强氧化剂如 NaClO、Br_2 等将 $Ni(OH)_2$ 氧化为黑色的 $Ni(OH)_3$：

$$2Co(OH)_2 + NaClO + H_2O \longrightarrow 2Co(OH)_3 + NaCl$$

$$2Ni(OH)_2 + NaClO + H_2O \longrightarrow 2Ni(OH)_3 + NaCl$$

$$2Co(OH)_2 + Br_2 + 2NaOH \longrightarrow 2Co(OH)_3 + 2NaBr$$

$$2Ni(OH)_2 + Br_2 + 2NaOH \longrightarrow 2Ni(OH)_3 + 2NaBr$$

$Co(OH)_2$ 的两性比 $Fe(OH)_2$ 显著些，$Co(OH)_2$ 溶于过量的浓碱形成 $[Co(OH)_4]^{2-}$，而 $Ni(OH)_2$ 则是碱性的。

Fe、Co、Ni 的 +3 价氢氧化物用酸酸化时的反应并不相同。$Fe(OH)_3$ 溶于盐酸仅仅是酸碱反应，而 $Co(OH)_3$ 和 $Ni(OH)_3$ 溶于盐酸则要发生氧化还原反应：

$$Fe(OH)_3 + 3HCl \longrightarrow FeCl_3 + 3H_2O$$

$$2Co(OH)_3 + 6HCl \longrightarrow 2CoCl_2 + Cl_2 + 6H_2O$$

$$2Ni(OH)_3 + 6HCl \longrightarrow 2NiCl_2 + Cl_2 + 6H_2O$$

在 Fe^{3+} 的溶液加入碱，形成的红棕色沉淀实际上是水合的三氧化二铁，即 $Fe_2O_3 \cdot xH_2O$，通常写成 $Fe(OH)_3$。新沉淀出来的 $Fe(OH)_3$ 略显两性，可溶于热的浓氢氧化钾中，形成 $K_3[Fe(OH)_6]$ 或 $KFeO_2$ 即铁(Ⅲ)酸钾。

14.6.3 铁盐、钴盐和镍盐

铁系元素的 +2 价和 +3 价离子中 d 轨道处于未充满状态，所以，这些离子的水合物或化合物都具有颜色。Fe^{2+} 水合离子呈浅绿色，Fe^{3+} 的水合离子为浅紫色，Co^{2+} 和 Ni^{2+} 的水合离子分别为粉红色和亮绿色。它们的无水化合物由于配位环境不同，可呈现不同的颜色。

(1) 硫酸盐（sulfate）

① **硫酸亚铁**（ferrous sulfate） 铁溶于稀硫酸中可以得到硫酸亚铁。工业上通过氧化黄铁矿的方法也可以得到硫酸亚铁：

$$2FeS_2 + 7O_2 + 2H_2O \longrightarrow 2FeSO_4 + 2H_2SO_4$$

硫酸亚铁也是生产钛白的副产品。

无水的 $FeSO_4$ 是白色固体。溶液中析出的通常是绿色的含结晶水的 $FeSO_4 \cdot 7H_2O$，俗称绿矾。绿矾在空气中会风化，逐步失去部分结晶水，最后得到白色的 $FeSO_4 \cdot H_2O$，若加热至 300℃ 可得到白色的无水 $FeSO_4$。温度升高，$FeSO_4$ 发生分解生成 Fe_2O_3 和硫的氧化物：

$$2FeSO_4 \xrightarrow{\triangle} Fe_2O_3 + SO_2 + SO_3$$

固体或溶液中的 $FeSO_4$ 都易被空气氧化。绿矾在空气中久置表面出现黄色或铁锈色：

$$2FeSO_4 + \frac{1}{2}O_2 + H_2O \longrightarrow 2Fe(OH)SO_4$$

其溶液久置会出现棕色沉淀。

保存 $FeSO_4$ 溶液时，应在溶液中加入足够的硫酸和铁钉防止被空气氧化。

$FeSO_4$ 可与一些碱金属或铵的硫酸盐形成复盐，亚铁的复盐比其简单盐要稳定，不易被空气氧化。最常见的复盐是硫酸亚铁铵[即 $FeSO_4 \cdot (NH_4)_2SO_4 \cdot 6H_2O$]，俗称摩尔盐，实验室中常用来做还原剂；在定量分析中用来标定重铬酸钾和高锰酸钾溶液的浓度。

硫酸亚铁也是用于制备其它铁化合物的起始原料，常用于蓝黑墨水和其它染料的生产，还可以用作食品添加剂、木材防腐剂和污水处理剂。

② **硫酸铁**（ferric sulfate） 硫酸铁是一种常见的 Fe(Ⅲ) 原料，与 $(NH_4)_2SO_4$ 形成的复盐 $(NH_4)Fe(SO_4)_2$，俗称铁铵矾，可用于鞣革。

③ **$NiSO_4$** 硫酸镍是实验室中最常见的镍盐。可以用镍与硫酸和硝酸反应制备：

$$2Ni + 2HNO_3 + 2H_2SO_4 \longrightarrow 2NiSO_4 + NO_2 + NO + 3H_2O$$

或者将氧化镍或碳酸镍与稀硫酸反应制得：

$$NiO + H_2SO_4 \longrightarrow NiSO_4 + H_2O$$

$$NiCO_3 + H_2SO_4 \longrightarrow NiSO_4 + H_2O + CO_2$$

硫酸镍一般以 $NiSO_4 \cdot 7H_2O$ 或 $NiSO_4 \cdot 6H_2O$ 存在，加热可以逐步失去结晶水。硫酸镍可以与碱金属的硫酸盐形成复盐 $M_2^I Ni(SO_4)_2 \cdot 6H_2O$。

硫酸镍大量用于电镀和催化剂。

(2) 卤化物

FeF_3 为白色固体。$FeCl_3 \cdot 6H_2O$ 呈橘黄色，无水 $FeCl_3$ 为棕黑色。$FeBr_3$ 是已知的稳定的化合物，但 FeI_3 不能稳定存在。

① **氯化铁**（iron trichloride） 无水 $FeCl_3$ 由 Fe 与 Cl_2 通过干法合成制得。

$FeCl_3$ 为共价化合物，熔、沸点都不高，易升华，易溶于有机溶剂（如乙醚、丙酮等）。

无水的 $FeCl_3$ 为薄片状六方晶系，熔点 282℃，沸点 315℃，在 300℃ 时升华，400℃ 以下的气体中主要以二聚体形式存在（图 14-13），更高温度下，$FeCl_3$ 分解为 $FeCl_2$ 和 Cl_2，若有大量的 Cl_2 存在，750℃ 以上分解为单体 $FeCl_3$。

三氯化铁主要用于有机染料的生产，在印刷制版中利用 $FeCl_3$ 与 Cu 的反应，把铜版上需要去掉部分的 Cu 溶解掉。

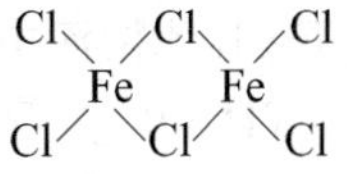

氯化铁可以引起蛋白质凝聚，在医疗上用作伤口止血剂。

图 14-13 $FeCl_3$ 二聚体结构示意图

② **卤化钴 CoX_2** 无水的 CoF_2 是粉红色的，无水 $CoCl_2$ 为蓝

色，无水 $CoBr_2$ 为绿色，无水 CoI_2 为蓝色。实验室中使用较多的是 $CoCl_2 \cdot 6H_2O$，粉红色。

含结晶水的 $CoCl_2 \cdot 6H_2O$ 受热逐步失去结晶水，颜色由粉红→紫红→蓝紫逐步变为蓝色。利用无水 $CoCl_2$ 显蓝色而水合 $CoCl_2$ 显粉红色的颜色变化，将其掺入硅胶中可制得变色硅胶，变色硅胶吸水前为蓝色，吸水后逐步变为蓝紫色和粉红色，用以指示吸水程度。吸水后的变色硅胶经烘烤干燥可以重新使用。变色硅胶作为干燥剂在实验室广泛使用。

③ $NiCl_2$ 二氯化镍与二氯化钴同晶。$NiCl_2 \cdot 6H_2O$ 是绿色固体，加热逐步失去结晶水，形成 $NiCl_2 \cdot 4H_2O$、$NiCl_2 \cdot 2H_2O$ 等。这些含结晶水的盐都是绿色固体。无水的 $NiCl_2$ 为黄褐色。

$NiCl_2$ 在乙醚和丙酮中的溶解度比 $CoCl_2$ 小得多，利用这一性质可以分离钴和镍。

Co^{3+} 和 Ni^{3+} 的简单离子在水溶液中不能稳定存在。

(3) 氧化数为 +6 的 Fe 的化合物

碱性介质中，用 $NaClO$ 氧化 $Fe(OH)_3$ 可以得到紫红色的高铁(Ⅵ)酸盐溶液：

$$2Fe(OH)_3 + 3ClO^- + 4OH^- \longrightarrow 2FeO_4^{2-} + 3Cl^- + 5H_2O$$

将 Fe_2O_3、KNO_3 和 KOH 混合熔融，也可生成高铁酸钾：

$$Fe_2O_3 + 3KNO_3 + 4KOH \longrightarrow 2K_2FeO_4 + 3KNO_2 + 2H_2O$$

将高铁酸盐酸化，高铁酸根离子迅速分解：

$$4FeO_4^{2-} + 20H^+ \longrightarrow 4Fe^{3+} + 3O_2 + 10H_2O$$

14.6.4 铁系元素的配合物

铁系元素的 3d 轨道未充满，4d 轨道为空，可以接受孤对电子，因此铁、钴、镍可以形成多种配合物。

(1) Fe 的配合物

① 水合物 $[Fe(H_2O)_6]^{2+}$ 为浅绿色，$[Fe(H_2O)_6]^{3+}$ 为浅紫色。$[Fe(H_2O)_6]^{2+}$ 的水解程度不大，而 $[Fe(H_2O)_6]^{3+}$ 的水解则较为显著。d^5 组态的 Fe^{3+} 和 Mn^{2+} 一样，与水形成的配合物属高自旋结构，$(t_{2g})^3(e_g)^2$，电子发生 d-d 跃迁是自旋-禁阻的。$[Mn(H_2O)_6]^{3+}$ 是浅粉红色的，$[Fe(H_2O)_6]^{3+}$ 是浅紫色，但通常见到的 $FeCl_3$ 溶液是黄色或棕黄色的，这其实与 $[Fe(H_2O)_6]^{3+}$ 的水解有关。

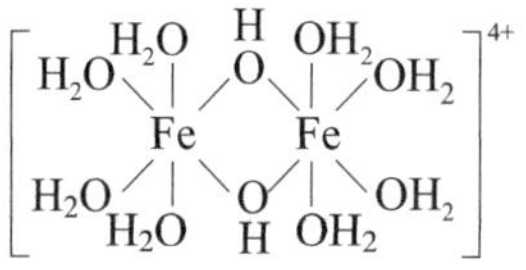

Fe^{3+} 的半径为 60pm，电荷数为 +3，离子势较大，很容易水解，所以 +3 价态的铁盐溶于水不能得到淡紫色的溶液，第一步水解生成的 $[Fe(OH)(H_2O)_5]^{2+}$ 即为黄色：

图 14-14 二聚体 $[Fe_2(OH)_2(H_2O)_8]^{4+}$ 结构示意图

$$[Fe(H_2O)_6]^{3+} + H_2O \longrightarrow [Fe(OH)(H_2O)_5]^{2+} + H_3O^+$$

简写为： $Fe^{3+} + H_2O \longrightarrow [Fe(OH)]^{2+} + H^+$

第二步水解： $[Fe(OH)]^{2+} + H_2O \longrightarrow [Fe(OH)_2]^+ + H^+$

随着水解程度增加，水解产物之间发生各种类型的缩合反应，如形成二聚体的 $[Fe_2(OH)_2(H_2O)_8]^{4+}$，其结构如图 14-14 所示。若减小溶液的酸性或增加溶液的碱性，随着水解程度的增加，溶液颜色由黄色逐步变为棕色，在更高的 pH 下则生成 $Fe_2O_3 \cdot xH_2O$ 沉淀。

② 与卤素形成的配合物 盐酸中，Fe^{3+} 与 Cl^- 形成黄色的 $FeCl_4^-$ 即 $[FeCl_4(H_2O)_2]^-$ 配离子。$FeCl_3$ 水溶液中，随 Cl^- 的浓度不同，$Fe(Ⅲ)$ 可以以 $[FeCl(H_2O)_5]^{2+}$、$[FeCl_2(H_2O)_4]^+$、$[FeCl_4(H_2O)_2]^-$ 等形式存在。由于 $FeCl_3$ 能与具有配位能力的有机分子结合，因此，在盐酸溶液中，氯化铁可以用乙醚来萃取。

Fe^{3+} 与 F^- 形成的配合物是无色的，产物主要是 $[FeF_5(H_2O)]^{2-}$。利用这一性质，常

常在溶液中加入 NH_4F 形成无色配合物来掩蔽 Fe^{3+}。

③ 与 SCN^- 及 CN^- 形成配合物　Fe^{3+} 与 SCN^- 阴离子形成血红色的配合物常用来定性鉴定 Fe^{3+} 或比色法测定 Fe^{3+}。一般认为反应中形成了 $[Fe(SCN)(H_2O)_5]^{2+}$，但简单盐 $Fe(SCN)_3$ 和阴离子盐 $[Fe(SCN)_4]^-$ 及 $[Fe(SCN)_6]^{3-}$ 等也被证实存在，因此有时将产物的化学式写成 $[Fe(SCN)_n]^{3-n}$ 的通式形式（$n=1\sim6$）。这一反应通常要在弱酸性条件下进行以避免 Fe^{3+} 水解生成沉淀。

Fe^{2+} 与 SCN^- 不作用。Fe^{2+} 及 Fe^{3+} 与 CN^- 都形成配合物。

含三个结晶水的六氰合铁(Ⅱ)酸钾 $K_4[Fe(CN)_6]\cdot 3H_2O$ 也称为亚铁氰化钾，为黄色晶体，俗称黄血盐。$[Fe(CN)_6]^{4-}$ 配离子可以由 Fe^{2+} 与 CN^- 直接反应生成，在 Fe^{2+} 的溶液中加入 KCN，先生成白色 $Fe(CN)_2$ 沉淀，过量的 KCN 则生成 $[Fe(CN)_6]^{4-}$ 配离子：

$$Fe^{2+} + 2CN^- \longrightarrow Fe(CN)_2 \downarrow$$
$$Fe(CN)_2 + 4KCN \longrightarrow K_4[Fe(CN)_6]$$

生成的配离子是低自旋的，结构中没有未成对电子。

蒸发所得溶液，可以得到含三个结晶水的黄血盐。黄血盐固体加热，可逐步失去结晶水生成白色粉末，继续加热最后分解：

$$K_4[Fe(CN)_6] \xrightarrow{\triangle} FeC_2 + N_2 + 4KCN$$

$[Fe(CN)_6]^{4-}$ 的稳定常数非常大（1.0×10^{35}），结构中配体 CN^- 几乎不能被水分子取代，因此，黄血盐的水溶液毒性极小。

六氰合铁(Ⅲ)酸钾 $K_3[Fe(CN)_6]$ 也叫铁氰化钾，一般由亚铁氰化钾氧化得到。如在 $K_4[Fe(CN)_6]$ 的水溶液中通 Cl_2，可得到铁氰化钾：

$$2K_4[Fe(CN)_6] + Cl_2 \longrightarrow 2K_3[Fe(CN)_6] + 2KCl$$

所得产物为深红色，俗称赤血盐。赤血盐在水中的溶解度比黄血盐大。

形成的 $[Fe(CN)_6]^{3-}$ 配离子的稳定常数（1.0×10^{42}）比 $[Fe(CN)_6]^{4-}$ 的还要大，因此 $[Fe(CN)_6]^{3-}$ 配离子在溶液中几乎不游离出 CN^-。

Fe^{2+} 或 Fe^{3+} 形成配离子之后稳定常数相差较大，因此，形成配离子之后电极电势发生了较大的改变，$\varphi^{\ominus}_{Fe^{3+}/Fe^{2+}}=0.771V$，$\varphi^{\ominus}_{[Fe(CN)_6]^{3-}/[Fe(CN)_6]^{4-}}=0.36V$。水溶液中 Fe^{3+} 可以被 I^- 还原为 Fe^{2+}，而 I_2 单质可以氧化 $[Fe(CN)_6]^{4-}$ 为 $[Fe(CN)_6]^{3-}$。

赤血盐在碱性溶液中有氧化性：

$$4K_3[Fe(CN)_6] + 4KOH \longrightarrow 4K_4[Fe(CN)_6] + O_2 + 2H_2O$$

在中性溶液中有微弱的水解：

$$K_3[Fe(CN)_6] + 3H_2O \rightleftharpoons Fe(OH)_3 + 3KCN + 3HCN$$

因此使用赤血盐溶液，最好现配现用。

铁氰化钾溶液中加入 Fe^{2+}，或者亚铁氰化钾溶液中加入 Fe^{3+} 都会产生特征的蓝色沉淀。前者称为滕氏蓝（Turnbull's blue），后者称为普鲁士蓝（Prussian blue），分别用于鉴定 Fe^{2+} 和 Fe^{3+}。

这两种配合物的颜色不同，但它们的晶体结构实际上是完全相同的，其组成可以写成 $KFe[Fe(CN)_6]$，如图 14-15 所示，铁离子位于立方体的顶点，Fe^{2+} 和 Fe^{3+} 交替排列，CN^- 阴离子位于立方体的每边，N 原子指向 Fe^{3+}，C 原子指向 Fe^{2+}，Fe^{3+} 和 Fe^{2+} 周围的 C 原子或 N 原子呈八面体排列，晶体中每间隔一个立方体的体心被 K^+ 所占有。

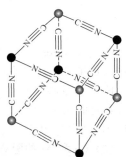

图 14-15　普鲁士蓝和滕氏蓝的晶体结构（K^+ 未画出）

若 Fe^{3+} 与铁(Ⅲ)氰化钾溶液反应，则生成棕色的铁(Ⅲ)氰化铁(Ⅲ)；若 Fe^{2+} 与亚铁氰化钾反应，在无氧化剂存在下，依加入的试剂量不同，可以得到白色胶状的亚铁氰化亚铁或亚铁氰化亚铁钾：

$$Fe^{3+} + [Fe(CN)_6]^{3-} \rightleftharpoons Fe[Fe(CN)_6]$$
$$2Fe^{2+} + [Fe(CN)_6]^{4-} \rightleftharpoons Fe_2[Fe(CN)_6]$$
$$2K^+ + Fe^{2+} + [Fe(CN)_6]^{4-} \rightleftharpoons K_2Fe[Fe(CN)_6]$$

④ 形成氨合物 Fe^{2+} 和 Fe^{3+} 在氨水中都生成沉淀而不能形成配合物。

$$Fe^{2+} + 2NH_3 + 2H_2O \longrightarrow Fe(OH)_2 + 2NH_4^+$$
$$Fe^{3+} + 3NH_3 + 3H_2O \longrightarrow Fe(OH)_3 + 3NH_4^+$$

这是因为 Fe^{2+} 和 Fe^{3+} 形成氢氧化物比形成配合物更加稳定，即使形成配合物，遇水也立即水解生成沉淀。如氨气与无水 $FeCl_2$ 反应可生成六配位的氨合物，遇水即水解。

⑤ 其它配合物 由环戊二烯（cyclopentadienyl）阴离子与 Fe^{2+} 形成的二茂铁是一种 π 键配体形成的配合物，具有夹心结构。

二茂铁（ferrocene）的制备：溴化环戊二烯镁与 $FeCl_2$ 在有机溶剂中反应可制得二茂铁：

$$2C_5H_5MgBr + FeCl_2 \xrightarrow{乙醚} (C_5H_5)_2Fe + MgBr_2 + MgCl_2$$

二茂铁具有夹心结构，如图 14-16 所示。

(a) 环戊二烯分子   (b) 环戊二烯阴离子   (c) 二茂铁(交错式)   (d) 二茂铁(遮蔽式)

图 14-16 环戊二烯和二茂铁结构

图 14-16(c) 和 (d) 所示结构中，两个五元环彼此平行，Fe^{2+} 处在两环中间形成夹心结构。二茂铁分子是逆磁性的，结构中没有未成对电子。

二茂铁是橙黄色固体，容易升华，熔点 173~174℃，不溶于水而易溶于某些有机溶剂。二茂铁及其衍生物可以作为火箭燃料的添加剂和汽油的抗震剂，也可以作为硅树脂和橡胶的熟化剂。

二价铁与 1,10-二氮菲（邻菲啰啉，o-phenanthroline）（缩写为 phen）形成多齿配合物：

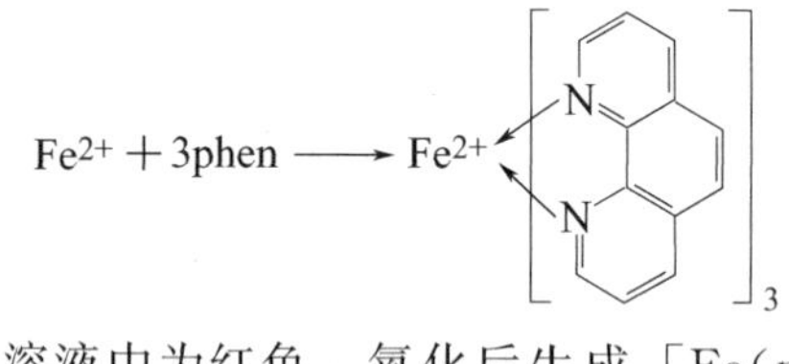

$$Fe^{2+} + 3phen \longrightarrow [Fe(phen)_3]^{2+}$$

形成的 $[Fe(phen)_3]^{2+}$ 在水溶液中为红色，氧化后生成 $[Fe(phen)_3]^{3+}$ 为蓝色，颜色的变化可以用作氧化还原滴定的指示剂。

Fe^{3+} 与草酸根 $C_2O_4^{2-}$ 可形成黄绿色的 $[Fe(C_2O_4)_3]^{3-}$，由于草酸根是双齿配体，该配合物可能为一对外消旋的镜像异构体。从溶液中可以析出绿色晶体 $K_3[Fe(C_2O_4)_3]\cdot 3H_2O$，该化合物具有光学活性，见光分解为 FeC_2O_4。

(2) Co 和 Ni 的配合物

Co^{2+} 和 Ni^{2+} 可以形成配位数为 4 或 6 的配合物。

Co^{2+} 的配合物的颜色与其配位数有关系，配位数为 4 的四面体的 Co(Ⅱ) 的配离子为蓝色，配位数为 6 的八面体 Co(Ⅱ) 配离子为粉红色至紫色。

水溶液中 Co^{2+}、Ni^{2+} 以 $[Co(H_2O)_6]^{2+}$ 和 $[Ni(H_2O)_6]^{2+}$ 的形式存在，$[Co(H_2O)_6]^{2+}$ 为粉红色，$[Ni(H_2O)_6]^{2+}$ 为绿色，这些水合配离子都具有不同程度的水解，如：

$$[Co(H_2O)_6]^{2+} \rightleftharpoons [Co(OH)(H_2O)_5]^+ + H^+$$

但它们的水解程度都不大。

Co^{3+}、Ni^{3+} 不能形成稳定的水合物。

向 Co^{2+} 的水溶液中加入氨水，先得到蓝色的碱式盐沉淀，过量氨水则生成棕黄色的 $[Co(NH_3)_6]^{2+}$，该离子在空气中容易被氧化为淡红棕色的 $[Co(NH_3)_6]^{3+}$。由于 Co^{3+} 在水溶液中不稳定，Co(Ⅲ) 的配合物一般由 Co(Ⅱ) 的配合物氧化得到，例如：用活性炭作催化剂，在 $CoCl_2$、NH_3 和 NH_4Cl 的溶液中通入空气或加入过氧化氢，从溶液中可以分离出橙黄色的 $[Co(NH_3)_6]Cl_3$ 固体：

$$2[Co(H_2O)_6]^{2+} + 10NH_3 + 2NH_4^+ + H_2O_2 \longrightarrow 2[Co(NH_3)_6]^{3+} + 14H_2O$$

由于 $\varphi^\ominus_{Co^{3+}/Co^{2+}} = +1.808V$，$Co^{3+}$ 具有很强的氧化性，在水溶液中不可能单独存在。若形成配离子，其电极电势可能发生较大的变化，如 $\varphi^\ominus_{[Co(NH_3)_6]^{3+}/[Co(NH_3)_6]^{2+}} = +0.108V$，这显然与二者的配离子稳定常数的差异有关：$K^\ominus_{稳,[Co(NH_3)_6]^{2+}} = 1.29 \times 10^5$，$K^\ominus_{稳,[Co(NH_3)_6]^{3+}} = 1.58 \times 10^{35}$。

若 Co^{2+} 与 Co^{3+} 形成 CN^- 配合物，电对的电极电势变化更大，$\varphi^\ominus_{[Co(CN)_6]^{3-}/[Co(CN)_6]^{4-}} = -0.83V$，实际上 $[Co(CN)_6]^{4-}$ 是一个相当强的还原剂，若将含 $[Co(CN)_6]^{4-}$ 的水溶液稍加热，即可释放出氢气：

$$2K_4[Co(CN)_6] + 2H_2O \xrightarrow{\triangle} 2K_3[Co(CN)_6] + 2KOH + H_2\uparrow$$

用 KCN 处理 Co^{2+} 溶液，有红色的氰化钴 $Co(CN)_2$ 生成，加入过量的 KCN 后可从溶液中析出成紫色 $K_4[Co(CN)_6]$ 晶体。

Co^{3+} 与 Fe^{2+} 是等电子体，Co^{3+} 的大多数配合物包括 $[Co(H_2O)_6]^{3+}$ 和 $[Co(NH_3)_6]^{3+}$ 都是低自旋的 ($t_{2g}^6 e_g^0$)，少数如 CoF_6^{3-} 是高自旋的 ($t_{2g}^4 e_g^2$)。

将 Co^{2+} 的浓溶液用醋酸酸化，再加入亚硝酸钾，立即生成黄色的 $K_3[Co(NO_2)_6]$ 沉淀，若在稀溶液中反应，放置数小时后亦有沉淀生成：

$$Co^{2+} + 7NO_2^- + 2H^+ + 3K^+ \longrightarrow K_3[Co(NO_2)_6] + NO + H_2O$$

注意该反应中 Co(Ⅱ) 被氧化成了 Co(Ⅲ)。若加入过量的 KCl，由于同离子效应可以使 Co 沉淀完全，Ni^{2+} 没有类似的反应，利用这一性质差异可以设计分离 Ni^{2+} 和 Co^{2+}。$Na_3[Co(NO_2)_6]$ 的溶解度比 $K_3[Co(NO_2)_6]$ 的要大，化学分析中可用 $Na_3[Co(NO_2)_6]$ 沉淀出溶液中的 K^+。

Co^{2+} 的溶液中加入 SCN^- 可生成不稳定的蓝色配离子 $[Co(SCN)_4]^{2-}$，产物为 4 配位的四面体对称结构。该配合物在丙酮或戊醇中比较稳定，可用于定性检验 Co^{2+}，亦可以用于比色分析（Fe^{3+} 的存在会严重干扰反应，可以用 NH_4F 或酒石酸根离子掩蔽）。

将浓 $CoCl_2$ 溶液加热，溶液颜色可由粉红色变为蓝色，冷却后又变为粉红色，或者在 $CoCl_2$ 浓溶液中加入浓盐酸，也可以使溶液颜色由粉红变为蓝色。溶液蓝色是因为生成了 4 配位的 $[CoCl_4]^{2-}$。

$$[Co(H_2O)_6]^{2+} + 4Cl^- \rightleftharpoons [CoCl_4]^{2-} + 6H_2O$$
$$\text{粉红色} \qquad\qquad\qquad \text{蓝色}$$

Co(Ⅱ) 和 Co(Ⅲ) 离子电子结构中内层的 $(n-1)d$ 轨道未充满电子，外层 d 轨道全空，容易形成数目众多的配合物。除了形成单核配合物之外，还可以形成双核和多核配合物 (polynuclear complex)，且这些配合物往往具有多种异构体。

向 Ni^{2+} 的溶液中加入氨水，先生成绿色沉淀 $Ni(OH)_2$，过量氨水则生成蓝色的

$[Ni(NH_3)_6]^{2+}$ 溶液。

Ni^{2+} 与乙二胺形成的 $[Ni(en)_3]^{2+}$ 为紫色。

Ni^{2+} 溶液中加入 KCN，先生成绿色的 $Ni(CN)_2$ 沉淀。适量过量 KCN，则生成无色或黄色的 $[Ni(CN)_4]^{2-}$ 溶液，该离子为平面正方形结构。继续加入 KCN，则可形成具有四角锥或变形的三角双锥结构的 5 配位的红色 $[Ni(CN)_5]^{3-}$。

Ni^{2+} 在碱性溶液中与丁二酮肟作用生成鲜红色沉淀，是非常灵敏的用于 Ni^{2+} 鉴定的反应。将含微量 Ni^{2+} 的溶液用稀氨水或醋酸钠处理后，加入丁二酮肟（dimethylglyoxine），立即生成鲜红色的二(丁二酮肟)合镍(Ⅱ) 沉淀（nickel dimethylglyoxine）：

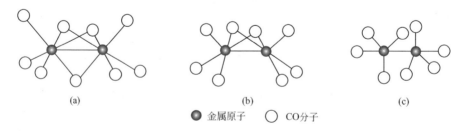

产物结构中四个 N 原子在 Ni 周围呈平面正方形排列。

(3) 羰基（carbonyl）配合物

325K 及 101.325kPa 的压力下，金属 Ni 与 CO 作用生成无色液体四羰基合镍 $Ni(CO)_4$，该物质剧毒。

Fe 在 373～473K 和 202kPa 压力下与 CO 作用形成淡黄色液体五羰基合铁 $Fe(CO)_5$。

根据有效原子序（EAN）规则，Co 不能形成单核的羰基化合物，但可形成双核的羰基化合物。八羰基二钴 $Co_2(CO)_8$ 可由 $CoCO_3$ 在 H_2 气氛中与 CO 在 393～473K 及 253～303kPa 压力下作用制得。其它双核的羰基化合物可以由单核的羰基化合物加热或通过其它特殊方法制得。

羰基化合物都有不同程度的毒性。根据有效原子序规则，这些金属形成羰基配合物之后价层满足 18 电子。羰基配合物结构的规律性较强。4 配位的为四面体结构，5 配位的为三角双锥结构，而 6 配位的则为八面体结构。

双核的 $Fe_2(CO)_9$ 结构如图 14-17(a) 所示，$Fe_2(CO)_9$ 为黄色固体；双核的 $Co_2(CO)_8$ 为橙黄色固体，已知它有两种结构，见图 14-17(b) 和图 14-17(c)。

图 14-17 $Fe_2(CO)_9$ 结构 (a) 和 $Co_2(CO)_8$ 的两种结构 (b 和 c)

过渡金属三核和三核以上的羰基化合物归属为原子簇化合物。

14.7 铂系元素

铂系包含钌 Ru、铑 Rh、钯 Pd、锇 Os、铱 Ir 和铂 Pt 六个元素，它们都属于稀有金属，自然界中几乎完全以单质的形式分散于其它矿石中,与金、银等元素一起称为贵金属元素。

Ru、Rh、Pd 金属单质的密度为 12g·cm^{-3} 左右,Os、Ir、Pt 金属单质的密度为 22g·cm^{-3} 左右,因此,又将 Ru、Rh、Pd 合称为轻铂系,将 Os、Ir、Pt 称为重铂系。但由于这六个元素的性质很相似,且在自然界中共生共存,因此统称为铂系元素。

铂系元素(platinum group element)基本性质和金属单质的某些物理性质列于表 14-4。

表 14-4 铂系元素的基本性质和金属单质的某些物理性质

项目	钌 Ru	铑 Rh	钯 Pd	锇 Os	铱 Ir	铂 Pt
价电子层结构	$4d^75s^1$	$4d^85s^1$	$4d^{10}5s^0$	$5d^66s^2$	$5d^76s^2$	$5d^96s^1$
原子量	101.07	102.9	106.4	190.2	192.2	195.1
金属半径/pm	132.5	134.5	137.6	134	135.7	138
主要氧化数	+2 +4 +6 +7 +8	+3 +4	+2 +4	+2 +3 +4 +6 +8	+3 +4 +6	+2 +4
M^{2+} 半径/pm	81	80	85	88	92	124
第一电离能/kJ·mol^{-1}	711	720	805	840	880	870
电负性	2.2	2.28	2.20	2.2	2.2	2.28
$\varphi^{\ominus}_{M^{2+}/M}$/V	0.45	0.6	0.987	0.85	1.0	~1.2
密度/g·cm^{-3}	12.41	12.41	12.02	22.57	22.42	21.45
熔点/K	2583	2239±3	1825	3318±30	2683	2045
沸点/K	4173	4000±100	3413	5300±100	4403	4100±100

价电子层结构对元素单质的物理化学性质产生一定的影响。

由于镧系收缩,重铂系与轻铂系相比,尽管电子层增加,但原子半径变化很小,这是轻铂系和重铂系单质密度相差较大的原因。

14.7.1 铂系元素单质的重要物理化学性质

铂系元素的单质,除了锇为蓝灰色的外,其余都是银白色金属。

轻铂系和重铂系从左到右依 Ru→Rh→Pd 和 Os→Ir→Pt,金属单质的熔点逐渐降低,这与原子结构中单电子数目减少有关;重铂系金属单质的熔点要高于相应的轻铂系金属单质的熔点。

金属单质的硬度也与原子价层电子结构有关。钌和锇的硬度高且脆,不易承受机械加工处理。铑和铱可以承受机械处理,但较困难。钯和铂具有较高的可塑性,如将铂冷轧,可以制成 0.0025mm 厚的铂箔。

大多铂系金属单质都有吸附气体的能力。其中,钯吸附氢气的能力很强,常温下钯溶解氢气的体积比为 1∶700;锇吸附氢气的能力最差。铂吸附氢气的能力很差,但铂吸附氧气的能力比钯强很多。钯吸附氧气的体积比是 1∶0.07,而铂吸附氧气的体积比为 1∶70。

金属吸附气体在一定程度上改变了气体分子结构,它们的高度催化活性与此有关。

铂系金属单质的化学稳定性相当高,常温下这些金属单质与氧、硫、氮不作用,高温下才可以反应。

常温下只有粉末状的锇在空气中慢慢氧化生成易挥发的 OsO_4(可闻到 OsO_4 的特殊气味,OsO_4 有毒)。块状的锇在空气中加热超过 500℃ 开始燃烧生成 OsO_4。

钌单质在空气中加热生成 RuO_4。铑和钯在很高温度下与空气作用生成 Rh_2O_3 和 PdO,若温度再升高,氧化物开始分解。铂在氧气中加热生成 PtO,温度升高氧化物分解。

钯可溶于王水、(缓慢)溶于浓硝酸和热浓硫酸。铂溶于王水形成配合酸:

$$3Pt + 4HNO_3 + 18HCl \longrightarrow 3H_2[PtCl_6] + 4NO + 8H_2O$$

而钌、铑、锇、铱在王水中溶解极其缓慢，一般认为它们在王水中也不溶。这些金属单质在有氧化剂存在下可与碱共融形成化合物。

14.7.2 铂系元素的重要化合物

Pt 的化合物中常见的氧化数为 +2 和 +4。氧化数为 +4 的化合物主要是氯铂酸及其盐，这是实验室中常用的 Pt 的试剂。

用王水溶解 Pt 单质后，将溶液小心蒸发便可得到吸湿性很强的游离酸 $H_2[PtCl_6]$。将 $PtCl_4$ 溶于浓盐酸也可以得到氯铂酸。

氯铂酸阴离子体积较大，与半径较小的 Na^+ 结合成盐易溶于水，而与半径较大的 K^+ 或 NH_4^+ 结合形成的盐难溶于水。$Na_2[PtCl_6]$ 为橙黄色固体，除易溶于水外，还可以溶于酒精。$K_2[PtCl_6]$、$(NH_4)_2[PtCl_6]$、$Rb_2[PtCl_6]$、$Cs_2[PtCl_6]$ 等化合物都是不溶于水的黄色晶体。这一性质可用来检验 K^+、Rb^+、Cs^+ 等。

加热氯铂酸铵盐，可得到海绵状的铂：

$$3(NH_4)_2PtCl_6 \xrightarrow{\triangle} 3Pt + 2NH_4Cl + 16HCl + 2N_2$$

铂(Ⅳ) 化合物的溶液中加碱可得到 $Pt(OH)_4$，$Pt(OH)_4$ 是两性化合物。

$$Pt(OH)_4 + 6HCl \longrightarrow H_2[PtCl_6] + 4H_2O$$
$$Pt(OH)_4 + 2NaOH \longrightarrow Na_2[Pt(OH)_6]$$

用草酸和二氧化硫等还原氯铂酸及其盐可以得到亚氯铂酸盐：

$$K_2[PtCl_6] + K_2C_2O_4 \longrightarrow K_2[PtCl_4] + 2KCl + 2CO_2$$
$$H_2[PtCl_6] + SO_2 + 2H_2O \longrightarrow H_2[PtCl_4] + H_2SO_4 + 2HCl$$

亚氯铂酸盐在溶液中与乙烯反应可得到乙烯基配合物：

$$[PtCl_4]^{2-} + C_2H_4 \longrightarrow [Pt(C_2H_4)Cl_3]^- + Cl^-$$

阴离子 $[Pt(C_2H_4)Cl_3]^-$ 的结构如图 14-18 所示。

乙烯分子中成键的 π 电子配位给 Pt^{2+} 的空的 dsp^2 杂化轨道形成 σ 轨道，同时，Pt^{2+} 轨道中的 d 电子对反馈给乙烯双键中的反键 π^* 轨道形成 π 键，如图 14-19 所示。

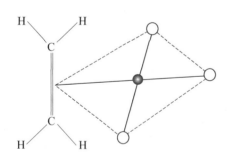

图 14-18 $[Pt(C_2H_4)Cl_3]^-$ 的结构
(中心离子采取 dsp^2 杂化，平面四边形的三个顶点被 Cl^- 占据，第四个顶点被乙烯分子占据，乙烯分子的 C=C 双键垂直于分子平面，两个 C 原子与 Pt 的距离相等)

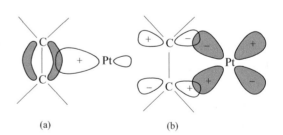

图 14-19 $[Pt(C_2H_4Cl_3)]^-$ 结构中的 σ 键 (a) 和反馈 π 键 (b)

以这种方式形成化合物后，乙烯分子中成键轨道上的电子数减少，反键轨道上的电子数增加，这就大大削弱了乙烯分子双键的键能，因此乙烯分子被活化。

很多金属或金属配合物的催化机理 (catalytic mechanism) 与此类似。

$[Pt(C_2H_4)Cl_3]^-$ 的钾盐 $K[Pt(C_2H_4)Cl_3]$ 称为 Zeise 盐。

其它的 Pt(Ⅱ) 的 4 配位化合物大多是平面结构。[PtCl$_4$]$^{2-}$ 为红色，[Pt(NH$_3$)$_4$]$^{2+}$ 为无色，而它们形成的盐[Pt(NH$_3$)$_4^{2+}$][PtCl$_4^{2-}$]却是绿色的。由 PtCl$_4^{2-}$ 或 PtCl$_2$ 与 NH$_3$ 作用得到的 PtCl$_2$(NH$_3$)$_2$ 具有顺反异构体，其中顺式异构体称为"顺铂"，顺铂和[RuCl(NH$_3$)$_5$]Cl 都具有抗癌作用。

Pd 和 Pt 类似，可以形成氧化数为+4 的氯钯酸 H$_2$PdCl$_6$。

PdCl$_2$ 是常常讨论的 Pd 的化合物。由于形成条件不同，PdCl$_2$ 有两种结构，α-PdCl$_2$ 和 β-PdCl$_2$。α-PdCl$_2$ 的结构类似 CuCl$_2$ 的链状结构[图 14-20(a)]。β-PdCl$_2$ 的结构看起来复杂些，该结构可以看成是一个立方体的 6 个面心的位置被 Pd 占据，6 个 Pd 呈八面体排列，立方体的每条棱的中心被 Cl 占据，每个 Pd 周围有 4 个 Cl。如图 14-20(b) 所示。α-PdCl$_2$ 和 β-PdCl$_2$ 结构中，Pd 的配位数都是 4，四个 Cl 在 Pd 周围都呈平面正方形排列。

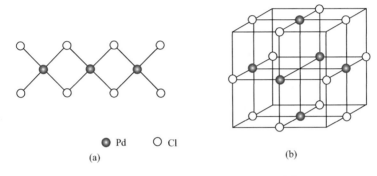

图 14-20　α-PdCl$_2$(a) 和 β-PdCl$_2$(b) 结构

向 PdCl$_2$ 的溶液中通入 CO 气体立即得到黑色的金属钯，这一反应非常灵敏，可以用于 CO 的检验。

$$PdCl_2 + CO + H_2O \longrightarrow Pd\downarrow + CO_2 + 2HCl$$

14.8　稀土元素和镧系元素

镧系元素 (lanthanides)（用符号 Ln 表示）性质十分相似又不完全相同。Ln 和钪(Sc)、钇(Y) 共 17 种元素统称为稀土元素。按照这些元素的电子层结构以及物理化学性质，将其中的 La、Ce、Pr、Nd、Pm、Sm、Eu 称为铈组稀土，又称轻稀土，用 [Ce] 表示；将 Gd、Tb、Dy、Ho、Er、Tm、Yb、Lu、Sc、Y 称为钇组稀土，又称重稀土，用 [Y] 表示。

稀土元素在地壳层中的总含量为 $1.53 \times 10^{-2}\%$，其中，丰度最大的是铈(cerium)，占 $4.6 \times 10^{-3}\%$，比常见的锡的含量还高。其次是钇(yttrium)、钕(neodymium) 和镧(lanthanum)。钇的含量比铅还高，即使是比较少见的铥，其含量也比常见的银或汞要高，所以，稀土元素并不稀少，只是这些元素在地壳层中非常分散，性质相近，分离提纯十分困难。

稀土具有丰富而优异的光、电、磁、超导、催化等性能，广泛应用于尖端科技领域和军工领域，是一种不可替代的高新技术和军事战略元素。含有稀土元素的新型材料越来越广泛地应用到钢铁和有色金属、航空和航天、电子、高温超导材料等高科技领域，在生物效应方面的应用研究也十分活跃。稀土元素在农业上也得到广泛应用。有人将稀土形象地比喻为"工业维生素"，对稀土资源的研究和应用越来越得到国际上各个国家和地区的高度重视。稀土已成为一些国家重要的战略资源。

(1) 镧系元素的基本性质

镧系元素的主要性质列于表 14-5 和表 14-6。

表 14-5 镧系元素的基本性质（一）

元素	Ln(g)价电子结构			Ln(s)价电子结构			半径/pm		主要氧化数①	$\varphi^{\ominus}_{Ln^{3+}/Ln}$/V	Ln^{3+}(g)电子层结构	Ln^{3+}在水中的颜色	离子半径/pm		
	4f	5d	6s	4f	5d	6s	共价半径	金属半径					+2	+3	+4
^{57}La	0	1	2	0	1	2	169	187.7	+3	-2.379	$4f^0$	无色		103	
^{58}Ce	1	1	2	1	1	2	165	182.4	+3 +4	-2.336	$4f^1$	无色		102	87
^{59}Pr	3	0	2	2	1	2	164	182.8	+3 +4	-2.35	$4f^2$	绿色		99	85
^{60}Nd	4	0	2	3	1	2	164	182.1	+3	-2.323	$4f^3$	红色		98	
^{61}Pm	5	0	2	4	1	2	163	181.0	+3	-2.30	$4f^4$	粉红		97	
^{62}Sm	6	0	2	5	1	2	162	180.2	+2 +3	-2.301	$4f^5$	淡黄	—	96	
^{63}Eu	7	0	2	7	0	2	185	204.2	+2 +3	-1.991	$4f^6$	淡粉红	117	95	
^{64}Gd	7	1	2	7	1	2	162	180.2	+3	-2.279	$4f^7$	无色		94	
^{65}Tb	9	0	2	8	1	2	161	178.2	+3 +4	-2.28	$4f^8$	微粉红		92	76
^{66}Dy	10	0	2	9	1	2	160	177.3	+3 +4	-2.295	$4f^9$	淡黄绿	107	91	
^{67}Ho	11	0	2	10	1	2	158	176.6	+3	-2.33	$4f^{10}$	粉红		90	
^{68}Er	12	0	2	11	1	2	158	175.7	+3	-2.331	$4f^{11}$	淡红		89	
^{69}Tm	13	0	2	12	1	2	158	174.6	+2 +3	-2.319	$4f^{12}$	浅绿	103	88	
^{70}Yb	14	0	2	14	0	2	170	194.0	+2 +3	-2.19	$4f^{13}$	无色	102	87	
^{71}Lu	14	1	2	14	1	2	158	173.4	+3	-2.28	$4f^{14}$	无色		86	

注：下划线表示最稳定的氧化态。

表 14-6 镧系元素的基本性质（二）

元素	熔点/℃	沸点/℃	密度/g·cm^{-3}	颜色	晶体类型	Ln^{3+}未成对电子数	Ln^{3+}磁矩/B.M.
^{57}La	920	3470	6.166	暗白色	面心立方	0	0
^{58}Ce	804	3470	6.773	灰色	面心立方	1	2.3~2.5
^{59}Pr	935	3130	6.475	银白	面心立方	2	3.4~3.6
^{60}Nd	1024	3030	7.003	银（带黄）	六方	3	3.5~3.6
^{61}Pm	1027	2727	7.2	—	六方	4	—
^{62}Sm	1052	1900	7.536	灰白	六方	5	1.4~1.7
^{63}Eu	826	1440	5.245	银白	体心立方	6	3.3~3.5
^{64}Gd	1312	3000	7.886	白色	六方	7	7.9~8.0
^{65}Tb	1356	2800	8.853	灰蓝	六方	8	9.5~9.8
^{66}Dy	1407	2600	8.559	银色	六方	9	10.4~10.6
^{67}Ho	1461	2600	8.78	银白	六方	10	10.4~10.7
^{68}Er	1497	2900	9.045	暗灰	六方	11	9.4~9.6
^{69}Tm	1445	1730	9.318	银白	六方	12	7.1~7.5
^{70}Yb	824	1430	6.972	灰色	面心立方	13	4.3~4.9
^{71}Lu	1652	3330	9.84	银白	六方	14	0

① 电子层结构 表 14-5 列出了镧系元素价电子构型。在该表中发现，多数元素的固态和气态的价电子构型不同。气态时，除了 La 为 $4f^05d^16s^2$、Ce 为 $4f^15d^16s^2$、Gd 为 $4f^75d^16s^2$ 和 Lu 为 $4f^{14}5d^16s^2$ 之外，其它元素的价电子结构中 5d 亚层中没有电子，而在固态时，除了 Eu 和 Yb 之外，5d 亚层中均有一个电子。

镧系元素的原子光谱十分复杂，其 4f 和 5d 轨道的能级十分接近，光谱中要想区分 4f 和 5d 是很困难的，其中一些问题尚未得到完全解决。

尽管 4f 和 5d 轨道能级相近，但它们的性质存在较大的差别，在固态中 5d 参与形成金属键的能力比 4f 大得多。在原子基态，4f 能级比 5d 低，但电子若进入 5d 轨道则能形成较强的金属键，因而在镧系元素固体的价电子结构中，只有 Eu 和 Yb 因 4f 轨道形成半满和全满结构导致 5d 轨道上电子数为 0 外，其它元素 5d 轨道上均有一个电子以形成较多的金属键。

在气态时，电子按能级顺序应优先排在 4f 轨道上。如 La 应该是 $4f^1 5d^0 6s^2$ 而实际上是 $4f^0 5d^1 6s^2$，不难看出，这与 4f 轨道全空较为稳定有关。又如 Gd，按能级排列顺序应该是 $4f^8 5d^0 6s^2$ 而实际上是 $4f^7 5d^1 6s^2$，这显然与 4f 轨道半满相对稳定有关。对于 Ce 的气态原子价电子结构，目前尚不能得到完美的解释，$4f^1 5d^1 6s^2$ 而不是 $4f^2 5d^0 6s^2$，这可能与 $4f^1$ 接近全空有关。

② 氧化数　镧系元素在形成化学键时，最外层的 $6s^2$ 电子参与成键，且 5d 或 4f 电子也可以参与成键，尽管 4f 轨道成键能力弱，但由于 5d 和 4f 轨道能级十分接近，电子可以从 4f 轨道跃迁到 5d 轨道之后再成键。因此，镧系元素都可以表现出+3 的氧化数。

事实上，从电极电势或电离能来看，镧系金属的活泼性仅次于碱金属和碱土金属。

有些镧系元素可以表现出+2 和+4 氧化数。镧系元素的+2 或+4 氧化态能否稳定存在，主要取决于元素原子的电子层结构，此外，形成带不同电荷的离子之后的水合能差异在一定程度上也影响离子的稳定性。

Ce 和 Pr 易形成+4 氧化态，这显然与形成的 Ln(Ⅳ) 氧化态中元素的电子亚层结构为全空或接近全空有关，Tb 和 Dy 易形成+4 氧化态，则与形成后元素的电子亚层结构为半满或接近半满有关。同样的道理，Sm、Eu、Tm 和 Yb 可以形成+2 氧化态，显然与形成后元素的电子亚层结构半满、全满或接近半满、全满有关。

③ 镧系收缩（lanthanide contraction）　镧系元素随着原子序数增加，核电荷数增加，核外电子数也增加，但核外电子一般增加在倒数第三层 4f 轨道上。4f 亚层对原子核的屏蔽作用很强，因此，尽管原子核电荷逐渐增加，但有效核电荷增加得很少，因此，从 La 到 Lu，原子半径平均每个元素只减少 1pm。尽管如此，从 La 到 Lu 原子半径累计共减少了约 14pm，从而造成镧系之后的元素的性质与同族上一周期元素的性质十分相近的事实。这一现象称为"镧系收缩"。

镧系收缩直接导致的结果是，第五周期的 Y 的原子半径与镧系元素的原子半径接近，离子半径也十分接近，如 Y^{3+} 半径（88pm）与铒 Er^{3+}（88.1pm）相当，甚至 Sc^{3+} 半径也与 Lu^{3+} 相当，因而在自然界中 Sc 和 Y 常常与镧系元素共存，这就是为什么通常把 Y 和 Sc 都归为稀土元素一类的原因。

由于镧系收缩，镧系之后的元素单质的相对密度很大，如：

第五周期元素	Zr	Nb	Mo	Tc	Ru	Rh	Pd
单质相对密度	6.506	8.57	10.22	11.50	12.41	12.41	12.02
第六周期元素	Hf	Ta	W	Re	Os	Ir	Pt
单质相对密度	13.31	16.654	19.3	21.02	22.57	22.42	21.45

镧系元素的原子半径随原子序数的变化示意图见图 14-21。

图 14-21 中，在 Eu 和 Yb 两处原子半径突然增加了不少，这与 Eu 的 4f 亚层半充满后对原子核的屏蔽作用较大，有效核电荷较小，对最外层电子吸引力突然减小有关，同样，Yb 的 4f 亚层全充满对原子核的屏蔽作用也强。另一方面，4f 亚层全满或半满后，4f 电子不容易参与形成金属键，这也是导致它们原子半径比其它原子半径都大的原因，从 Eu 和

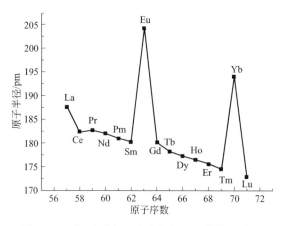

图 14-21 镧系元素原子半径与原子序数的关系

Yb 单质的熔点和密度比相邻元素的单质的熔点和密度都小也可以看得出这种异常变化与金属键强弱的有关（表 14-6）。镧系元素原子半径变化图中出现两个突然增大的峰，在铈处出现了一个小的峰谷，这一现象称为峰谷变化。

镧系元素的 Ln^{3+} 的半径变化较为规则，如图 14-22 所示。

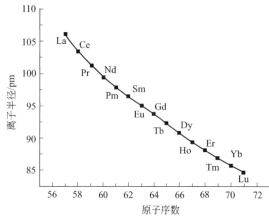

图 14-22 镧系元素 Ln^{3+} 半径变化

Ln^{3+} 半径随原子序数的增加逐渐减小，其收缩的程度比原子半径收缩的程度要大，从 La^{3+} 到 Lu^{3+}，离子半径累计减小了约 21pm。在 Gd 处，离子半径变化略微出现一些转折，称为钆断现象。

④ 颜色　Ln^{3+} 的电子层结构中，4f 电子数为 0～14，这些离子对光的吸收取决于晶体或水溶液中 4f 能级，与 4f 电子数有很大关系。

从表 14-5 中可以看出，$4f^0$、$4f^1$、$4f^7$、$4f^{13}$、$4f^{14}$ 的离子为无色的，这与结构中 4f 轨道全空、接近全空、半满、全满和接近全满有关，且 4f 层中单电子数相同，颜色相近。

影响物质颜色的因素很多，电子的 d-d 跃迁或 f-f 跃迁只是其中的原因之一，物质的颜色还受到其它一些因素的影响。如在 Ce^{4+} 的化合物中，Ce^{4+} 的电子层结构是 $4f^0$，但 Ce^{4+} 是橙红色的，其形成颜色的机理与电子的 f-f 跃迁无关，而是由电荷迁移所引起的。

⑤ 磁性　化合物的磁性主要与分子结构中的单电子有关。过渡金属化合物的磁性主要由未成对 d 电子的自旋运动所产生，但是对镧系元素的化合物而言情况有所不同。物质的磁性来源于原子中电子的自旋运动、轨道运动和原子核运动，其中原子核运动所产生的磁矩极其微小，对原子的磁矩几乎无贡献。原子中电子的自旋运动产生自旋磁矩，轨道运动产生轨道磁矩。对 d 区元素化合物而言，原子中的 d 电子受到晶体场中配体的作用较为强烈，其轨道运动对磁矩的贡献被周围配体电场所抑制，因此对 d 区元素化合物磁性的考虑一般可以忽略电子的轨道磁矩而只考虑电子的自旋磁矩。而 f 区元素形成的化合物中，4f 电子排列在原子轨道的更靠近原子核的内层，受到外界电场的影响较小，其轨道磁矩不容忽视。图 14-23 是 Ln^{3+} 的化合物在 300K 时的顺磁磁矩。

图 14-23 中粗线的值是考虑原子的自旋磁矩和轨道磁矩后的计算值,这些数值与 300K 时实验测定结果能很好地吻合。

镧系元素原子中未成对电子数较多,且电子的轨道运动对物质磁性贡献较大,因而镧系化合物具有较为明显的磁性。镧系元素是许多新型磁性材料的基础。

(2) 镧系元素的单质和重要化合物

① 单质 镧系金属单质的主要性质列于表 14-6。

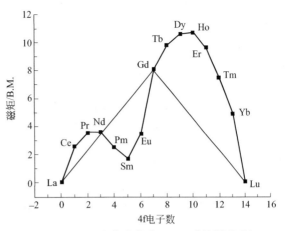

图 14-23 Ln^{3+} 化合物在 300K 时的顺磁磁矩
(细线是只考虑电子自旋磁矩的计算值,粗线是同时考虑了电子自旋磁矩和轨道磁矩后的计算值)

镧系都是比较活泼的金属,其金属活泼性从 La 到 Lu 依次递减。这些金属单质与潮湿空气接触都会被慢慢氧化,遇酸则可以置换出氢气,与冷水也可以缓慢作用,遇热水反应较快。镧系金属单质与碱不作用。

其中,Eu 和 Yb 的性质比较接近 Ca 和 Sr,能溶于液氨形成深蓝色溶液。

② 氧化物和氢氧化物 将 Ln 或者 Ln 的氢氧化物、草酸盐、碳酸盐、硝酸盐、硫酸盐在空气中直接加热可以得到氧化物,Ce 得到白色的 CeO_2,Pr 得到黑色的 $Pr_6O_{11}(Pr_2O_3 + 4PrO_2)$,Tb 得到暗棕色的 $Tb_4O_7(Tb_2O_3 + 2TbO_2)$,其它镧系元素得到 Ln_2O_3。Ln_2O_3 的颜色与 Ln^{3+} 的颜色基本一致。

这些 Ln_2O_3 均呈碱性,难溶于水,易溶于酸中,哪怕是灼烧过的 Ln_2O_3 也溶于酸 (HF 和 H_3PO_4 除外),这一点与 Al_2O_3、Cr_2O_3 不同。Ln_2O_3 可吸收空气中的水分形成水合物,若同时吸收二氧化碳则形成碱式碳酸盐。

新沉淀的 CeO_2 含有水,易溶于酸,但灼烧过后的 CeO_2 具有较强的惰性,在强酸强碱中都难溶。CeO_2 硬度很高,可作为耐磨材料。CeO_2 是强氧化剂,在有还原剂存在下可溶于酸:

$$2CeO_2 + H_2O_2 + 6HNO_3 \longrightarrow 2Ce(NO_3)_3 + O_2\uparrow + 4H_2O$$
$$2CeO_2 + 2KI + 8HCl \longrightarrow 2CeCl_3 + I_2 + 2KCl + 4H_2O$$

Pr_6O_{11} 和 Tb_4O_6 是混合价态化合物。含 Ln(Ⅳ) 的氧化物具有一定程度的氧化性。PrO_2 也具有强氧化性,只能存在于固体中,与水作用被还原为 Pr^{3+} 并放出氧气:

$$4PrO_2 + 6H_2O \longrightarrow 4Pr(OH)_3 + O_2\uparrow$$

Pr_6O_{11} 和 Tb_4O_6 溶于盐酸,分别得到 Pr^{3+} 和 Tb^{3+},氧化盐酸或水放出氯气或氧气:

$$2PrO_2 + 8HCl \longrightarrow 2PrCl_3 + Cl_2\uparrow + 4H_2O$$
$$Pr_2O_3 + 6HCl \longrightarrow 2PrCl_3 + 3H_2O$$
$$2Tb_4O_7 + 24HCl \longrightarrow 8TbCl_3 + O_2\uparrow + 12H_2O$$

CeO_2、Pr_6O_{11} 和 Tb_4O_6 用 H_2 还原都可以得到 Ln_2O_3。

在 Ln(Ⅲ) 溶液中加入 NaOH 可得到 $Ln(OH)_3$,后者的碱性与碱土金属的氢氧化物相近,且随 La 到 Lu 氢氧化物的碱性依次减弱,以至于 $Yb(OH)_3$ 和 $Lu(OH)_3$ 有微弱的酸性,在高压下,二者与浓 NaOH 共热分别得到 $Na_3Yb(OH)_6$ 和 $Na_3Lu(OH)_6$。

$Ln(OH)_3$ 的颜色与 Ln^{3+} 相近,但颜色稍浅。

$Ln(OH)_3$ 的溶解度比碱土金属的溶解度要小很多,且随 La 到 Lu 溶解度依次降低。

溶液中可以存在 Ce(Ⅳ),向其中加入 NaOH 可得到黄色的 $Ce(OH)_4$ 沉淀,它比所有的 Ln(Ⅲ) 氢氧化物都难溶。

用 5% HNO_3 溶解稀土混合氧化物,除 $Ce(OH)_4$ 外,其它都溶解生成 Ln^{3+},据此可以分离出 $Ce(OH)_4$。

$$Ln(OH)_3 \xrightarrow{\text{空气中} O_2} \underset{Ce(OH)_4}{Ln(OH)_3} \xrightarrow[\text{溶解}]{5\% HNO_3} \underset{Ce(OH)_4(s)}{Ln^{3+}(aq)}$$

无论是酸中还是碱中,Ce(Ⅳ) 都是强氧化剂:

$$2Ce(OH)_4 + 8HCl \longrightarrow 2CeCl_3 + 8H_2O + Cl_2 \uparrow$$

③ 盐类

a. 卤化物。研究最多的是镧系金属的氯化物。将镧系金属的氧化物、氢氧化物、碳酸盐溶于盐酸就可以得到相应的氯化物 $LnCl_3$。这些氯化物极易溶于水,在水中有微弱的水解,固态含有一定数目的结晶水。若加热含结晶水的固体氯化物,水解得到难溶于水的碱式盐:

$$LnCl_3 \cdot 6H_2O \xrightarrow{\triangle} LnOCl + 2HCl + 5H_2O$$

一般可在氯化氢气氛中加热含结晶水的镧系金属氯化物得到相应的无水氯化物。

将 Ln_2O_3 固体与 NH_4Cl 固体混合加热,或者采用氧化物氯化的方法,反应体系中加入碳粉,这些方法也都可以得到相应的氯化物:

$$Ln_2O_3(s) + 6NH_4Cl(s) \xrightarrow{\text{约 573K}} 2LnCl_3(s) + 6NH_3(g) + 3H_2O(g)$$

$$Ln_2O_3 + 3C + 3Cl_2 \xrightarrow{\triangle} 2LnCl_3 + 3CO$$

b. 草酸盐。在镧系金属的可溶性盐溶液中加入 $6mol \cdot L^{-1}$ 硝酸和草酸溶液,镧系金属都生成难溶的草酸盐沉淀,从而与其它金属离子分离。生成的草酸盐含有结晶水,$Ln_2(C_2O_4)_3 \cdot nH_2O$,$n$ 一般等于 10,也有 6、7、9 或 11 的。

将镧系金属的草酸盐加热,最后都可以得到镧系金属的氧化物,Ce 为 CeO_2,Pr 为 Pr_6O_{11},Tb 为 Tb_4O_7,其余为 Ln_2O_3。工业上一般都是将稀土元素处理成草酸盐后加热分解成氧化物保存,因此,镧系金属的草酸盐具有特殊的重要性。

14.9 锕系元素简介

周期表中从 89 号元素锕(actinium,Ac)到 103 号元素铹(lawrencium,Lr),为第七周期 f 区元素,称为锕系元素(actinides),用 An 表示。锕系元素都是放射性元素,其中位于铀 U 后面的元素称为铀后元素或超铀元素。锕系元素的单质都是具有银白色光泽的放射性金属,与镧系元素的单质相比,锕系金属具有稍高的熔点和密度,金属的结构多变。锕系元素的一些基本性质见表 14-7。

表 14-7 锕系元素的一些基本性质

元素	名称	价电子结构			原子半径/pm	常见氧化数[①]	离子半径/pm[②]				
		5f	6d	7s			+2	+3	+4	+5	+6
[89]Ac	锕	0	1	2	188	+3		111			
[90]Th	钍	0	2	2	179	(+3)+4			94		
[91]Pa	镤	2	1	2	163	+3+4+5		104	90	78	
[92]U	铀	3	1	2	156	+3+4+5+6		103	89	76	73
[93]Np	镎	4	1	2	155	+3+4+5+6+7		110	101	75	72
[94]Pu	钚	6	0	2	159	+3+4+5+6+7		100	86	74	71

续表

元素	名称	价电子结构			原子半径/pm	常见氧化数[①]	离子半径/pm[②]				
		5f	6d	7s			+2	+3	+4	+5	+6
[95]Am	镅	7	0	2	173	(+2)$\underline{+3}$+4+5+6		98	89	86	
[96]Cm	锔	7	1	2	174	$\underline{+3}$+4		97	85		
[97]Bk	锫	9	0	2	—	$\underline{+3}$+4	118	98	87		
[98]Cf	锎	10	0	2	186	(+2)$\underline{+3}$	117	95	82		
[99]Es	锿	11	0	2	186	(+2)$\underline{+3}$	—	98			
[100]Fm	镄	12	0	2	—	(+2)$\underline{+3}$					
[101]Md	钔	13	0	2	—	(+2)$\underline{+3}$					
[102]No	锘	14	0	2	—	$\underline{(+2)}$+3	110				
[103]Lr	铹	14	1	2	—	+3					

① 下划线表示最稳定的氧化态，括号（ ）表示仅存在固体。
② 离子半径为配位数为 6 的数据。

锕系元素的价电子结构与镧系元素类似，最外层 7s 轨道上有 2 个电子，由于 6d 轨道能级与 5f 接近，因此 6d 轨道上可以有 1 到 2 个电子。

与镧系元素不同的是，锕系元素的 5f 轨道参与成键的能力比镧系的 4f 轨道强，因此，锕系元素可以表现出更高的氧化数。但从锔（curium）Cm 开始，由于核电荷增加，5f 轨道的能级与 6d 轨道的能级相差变大，因而 5f 轨道参与成键变得较为困难，所以从表 14-7 中可看到，从 Cm 以后，元素的氧化数只表现为 +2 和 +3，这与镧系相似。

(1) 钍（thorium）及其化合物

钍是银白色金属，其金属性十分活泼，与浓度大于 $6mol \cdot L^{-1}$ 的盐酸反应释放氢气：
$$Th + 4HCl \longrightarrow ThCl_4 + 2H_2 \uparrow$$

粉末状的钍在空气中会燃烧生成 ThO_2。

块状的钍在浓硝酸中钝化。

从矿物中分离出来的钍以 $Th(OH)_4$ 形式存在，转化为 ThO_2 后用活泼金属如 Ca 还原就可以制得金属钍。

$$ThO_2 + 2Ca \longrightarrow 2CaO + Th$$

最重要的钍的试剂是 $Th(NO_3)_4$ 水溶液，由它可以制取其它钍的化合物。

向 $Th(NO_3)_4$ 水溶液中加入 NaOH 得到白色 $Th(OH)_4$ 沉淀。氢氧化钍是二氧化钍的水合物，只溶于酸，并强烈地吸收二氧化碳形成碳酸钍 $Th(CO_3)_2$。

加热氢氧化钍、碳酸钍或草酸钍，可以得到 ThO_2 的白色粉末。二氧化钍是最难熔的氧化物，其熔点为 3660K，溶解二氧化钍最好的溶剂是 HNO_3-HF。加热分解草酸钍得到的 ThO_2 是松软结构，易溶于酸。

溶液中 Th^{4+} 电荷多，容易水解。由于 Th^{4+} 半径大，可形成高配位数的化合物，常见的配位数是 6 和 8，最高可以形成配位数为 12 的化合物。

无水的卤化钍可由干法制得，如：
$$ThO_2 + 4HF(g) \xrightarrow{873K} ThF_4 + 2H_2O$$
$$ThO_2 + CCl_4 \xrightarrow{873K} ThCl_4 + CO_2$$

(2) 铀（uranium）及其化合物

铀是一种银灰色的金属，化学性质十分活泼，在空气中铀能被氧化成为黑色。金属铀的密度很大，与黄金相当，能与酸和一些非金属单质直接作用。空气中加热铀能引起燃烧，粉末状的铀在空气中能自燃。

铀的氧化物很复杂,通常是非化学计量的。主要的氧化物有棕黑色的 UO_2(主要存在于沥青矿中),墨绿色的 U_3O_8 和橙黄色的 UO_3。

UO_3 是两性氧化物。UO_3 溶于硝酸,由于溶液中不可能存在高价态的简单 U^{6+},所得溶液中 $U(Ⅵ)$ 通常以 UO_2^{2+} 即铀酰离子的形式存在:

$$UO_3 + 2HNO_3 \longrightarrow UO_2(NO_3)_2 + H_2O$$

UO_3 溶于碱,形成黄色的重铀酸钠 $Na_2U_2O_7 \cdot 6H_2O$,加热脱水得到无水的铀黄。

铀的卤化物中重要的是 UF_6。UF_6 为白色固体,在干燥空气中十分稳定,遇水则立即水解:

$$UF_6 + 2H_2O \longrightarrow UO_2F_2 + 4HF$$

UF_6 是八面体型化合物,熔点为 337K,加热,液态的 UF_6 易挥发。天然铀的同位素中只有 $^{235}_{92}U$ 具有重要的利用价值,利用 $^{235}_{92}U$ 和 $^{238}_{92}U$ 形成的 UF_6 气体扩散速度不同可以将 $^{235}_{92}U$ 和 $^{238}_{92}U$ 分离。

思 考 题

1. 归纳总结过渡元素的性质特点:(1) 原子的电子层结构;(2) 氧化态的表现,各族元素最高氧化态稳定性的变化规律;(3) 原子半径的变化规律;(4) 单质的主要物理性质。

2. 解释 $TiCl_3$ 和 $[Ti(O_2)OH(H_2O)_4]^+$ 具有颜色的原因。

3. 举例说明锆和铪的相似性。

4. 锌汞齐能将钒酸盐中的钒(Ⅴ)还原成钒(Ⅱ),将铌酸盐中的铌(Ⅴ)还原为铌(Ⅳ),但不能使钽酸盐还原,这说明了什么?

5. 归纳总结 $Fe(Ⅱ)—Co(Ⅱ)—Ni(Ⅱ)$ 还原性强弱变化规律和 $Fe(Ⅲ)—Co(Ⅲ)—Ni(Ⅲ)$ 氧化性强弱变化规律。若形成沉淀或配离子,这些离子的氧化还原性通常发生怎样的变化?

6. (1) 用浓盐酸分别溶解 $Fe(OH)_3$、$Co(OH)_3$ 和 $Ni(OH)_3$ 沉淀时反应现象有什么不一样?
(2) 分别向 $FeSO_4$ 溶液、$CoSO_4$ 溶液和 $NiSO_4$ 溶液中加入氨水,反应现象有何不同?

7. 查标准电极电势表说明:将金属铬溶于 $HClO_4$ 溶液中得到什么产物?若将得到的溶液在空气中振荡会有什么变化?

8. Cr^{3+} 在水溶液中呈什么颜色?为什么有时看到含 Cr^{3+} 的溶液是绿色,有时是紫色或蓝紫色?解释原因。

9. 在室温或加热条件下,为什么不能将浓硫酸与高锰酸钾固体直接混合?

10. 解释为什么 MnO_2 呈黑色,MnO_4^- 呈紫色,而 $Mn(H_2O)_6^{2+}$ 呈浅粉红色?

11. 紫色的 MnO_4^- 在强碱性溶液中变为绿色的 MnO_4^{2-},橙色的 $Cr_2O_7^{2-}$ 在碱性溶液中变为黄色,二者转变的原理是否相同?

12. 什么是同多酸?什么是杂多酸?各举例说明。

13. 溶液的 pH 值怎样影响铬酸根离子、钼酸根离子和钨酸根离子的存在形态?

14. 镧系元素原子价电子结构中,为什么有的 $(n-1)d$ 轨道上有电子,有的又没有电子,怎样解释?为什么有些元素的固体和气态价电子结构不一样?

15. 镧系元素常见的氧化数是 +3。能形成 +2 和 +4 的镧系元素原子结构有哪些特点?

16. 解释镧系收缩和原子半径的变化规律。为什么在镧系元素原子半径变化图中,在 Eu 和 Yb 处出现反常?这与这两个元素单质的熔点和密度与相邻元素比较反常小有什么内在联系?

17. 镧系元素 Ln^{3+} 半径的变化规律与镧系原子半径的变化规律有哪些相似和不同之处?什么叫钇断现象?怎样解释?

18. 镧系元素化合物的磁性与 d 区元素化合物的磁性相比有什么特点?

19. 分析镧系金属 Ln^{3+} 水合离子的颜色,找到其颜色变化的规律。如何理解这样的变化规律?

20. 为什么锕系元素与镧系元素相比可以表现出更高的氧化数?而从 Cm 开始锕系元素的氧化数又与镧系元素相似?

21. 什么是铀后元素或超铀元素？这些元素中最重要的应用有哪些？
22. 怎样分离天然 $^{235}_{92}U$ 和 $^{238}_{92}U$ 同位素？

习 题

14.1 完成并配平下列化学反应方程式：
(1) $TiOSO_4 + Zn + H_2SO_4 \longrightarrow$
(2) $Ti + HF \longrightarrow$
(3) $TiO_2 + H_2SO_4 \longrightarrow$
(4) $FeTiO_3 + H_2SO_4 \longrightarrow$
(5) $TiO_2 + BaCO_3 \longrightarrow$
(6) $TiO_2 + C + Cl_2 \longrightarrow$
(7) $NH_4VO_3 \longrightarrow$（加热）
(8) $V_2O_5 + HCl$（浓）$\longrightarrow$
(9) $V_2O_5 + H_2C_2O_4 + H_2SO_4 \longrightarrow$
(10) $V_2O_5 + NaOH \longrightarrow$
(11) TiI_4 在真空中加强热；
(12) $FeTiO_3$ 和碳的混合物在氯气中加热；
(13) 向含有 $TiCl_6^{2-}$ 的水溶液中加过量的氨；
(14) 向 VCl_3 溶液中加入 Na_2SO_3；
(15) 将 VCl_2 固体加到 $HgCl_2$ 水溶液中。

14.2 根据下列实验现象写出相关的反应方程式：将一瓶 $TiCl_4$ 打开瓶盖立即冒白烟。向瓶中加入浓盐酸和金属锌，生成紫色溶液，向溶液中缓慢加入 NaOH 直至溶液呈碱性，出现紫色沉淀。过滤后，沉淀用 HNO_3 处理，然后用稀碱溶液处理，生成白色沉淀。

14.3 通过查阅电极电势表，说明分别用 $1.0 mol \cdot L^{-1}$ 的 Fe^{2+}、$1.0 mol \cdot L^{-1}$ 的 Sn^{2+}、单质 Zn 来还原 $0.1 mol \cdot L^{-1}$ 的 VO_2^+（酸性介质），最终得到产物是什么？

14.4 (1) 写出 MnO_4^- 与 SO_3^{2-} 反应的主要产物：a. 酸性介质；b. 中性介质；c. 强碱性介质。
(2) a. 若酸性介质中二者反应而 MnO_4^- 相对过量，可能会得到什么产物？b. 若碱性介质中反应产物为棕色浑浊，分析产生这种现象的两种可能的原因。

14.5 解释下列现象，并写出相应的方程式：
(1) $TiCl_4$ 可用于制造烟幕弹；
(2) 当用 TiO_2 为原料制备金属钛时，为什么不能用碳直接还原？
(3) 若使 VO_4^{3-} 溶液的 pH 值不断降低，将会出现什么现象？

14.6 写出下列反应方程式：
(1) 重铬酸铵固体加热；
(2) 重铬酸钾固体加热至高温；
(3) 向酸性重铬酸钾溶液中通入 SO_2 气体；
(4) 向酸性重铬酸钾溶液中通入 H_2S 气体。

14.7 查标准电极电势判断下列反应能否进行：
(1) 酸性介质中 MnO_4^- 与 Cr^{3+} 反应能否生成 $Cr_2O_7^{2-}$？
(2) 标准浓度下 $Cr_2O_7^{2-}$ 与盐酸能否反应？浓盐酸与 $K_2Cr_2O_7$ 固体呢？

14.8 解释下列实验现象，写出相关反应的方程式：
(1) 向 $Cr_2(SO_4)_3$ 溶液中加入 NaOH 溶液，先析出灰绿色沉淀，NaOH 过量沉淀溶解得到亮绿色溶液，往溶液中加入 Br_2 水，溶液很快变为黄色，用 H_2O_2 来代替溴水也有相同的结果；
(2) 将黄色固体 $BaCrO_4$ 用浓盐酸溶解，最终得到一绿色溶液；
(3) 在酸性的 $Cr_2O_7^{2-}$ 溶液中加入足量锌粉，搅拌，溶液颜色由橙色变为绿色，最后变为天蓝色，将溶液在空气中放置，溶液颜色最终又变为绿色；
(4) 酸性的 $Cr_2O_7^{2-}$ 溶液中通入 H_2S 气体，溶液颜色由橙色变为绿色，并有乳白色沉淀生成。

14.9 有一橙色固体 A，受热后分解得到绿色固体 B 和无色气体 C，加热时，C 能与镁反应生成灰色固体 D。固体 B 溶于过量的 NaOH 溶液生成绿色溶液 E，在 E 中加入适量的 H_2O_2 则生成黄色溶液 F，用稀硫酸酸化 F 溶液，得到橙色溶液 G，在 G 中加入 $BaCl_2$ 得到黄色沉淀 H。在 G 中加入 KCl 固体可析出橙色固体 I，过滤出固体 I 并烘干，加强热固体 I 得到含 B 的固体产物和可支持燃烧的气体 J。写出从 A 到 J 各产物的分子式，并写出上述有关反应方程式。

14.10 有一黑色不溶于水的固体物质 A，与浓硫酸反应得到淡红色溶液 B，且有无色气体 C 放出，向 B 溶液中加入 NaOH 溶液得到白色固体 D，此固体在空气中立即转变为棕色固体 E。若 A 与 KOH 及 $KClO_3$ 固体共熔可得到一绿色固体 F，将 F 溶于水并通入 CO_2 气体，溶液颜色由绿色变为紫色，得溶液 G，且同时析出固体 A。推测 A、B、C、D、E、F、G 各为何物？写出相关反应方程式。

14.11 完成并配平下列反应方程式

$Cr_2O_3 + H_2SO_4 \longrightarrow$

$CrO_2^- + Cl_2 + OH^- \longrightarrow$

$CrO_3 + HCl \longrightarrow$

$CrO_2Cl_2 + H_2O \longrightarrow$

$CrO(O_2)_2 + NaOH \longrightarrow$

$Cr_2O_3 + K_2S_2O_7 \longrightarrow$

$K_2Cr_2O_7 + FeSO_4 + H_2SO_4 \longrightarrow$

$Cr_2O_7^{2-} + H_2O_2 + H^+ \longrightarrow$

$MnO_2 + HCl$（浓）$\longrightarrow$

$MnO_4^- + C_2O_4^{2-} + H^+ \longrightarrow$

$MnO_4^- + H_2O_2 + H^+ \longrightarrow$

$MnO_4^- + Fe^{2+} + H^+ \longrightarrow$

$MnO_2 + HF + KHF_2 \longrightarrow$

$Mn_2O_3 + H_2SO_4 \longrightarrow$

$KMnO_4 \xrightarrow{(>473K)}$

$MnO_4^- + Mn^{2+} \longrightarrow$

$Mn^{2+} + NaBiO_3 + H^+ \longrightarrow$

$Mn^{2+} + PbO_2 + H^+ \longrightarrow$

$Cr^{3+} + NaBiO_3 + H^+ \longrightarrow$

$Cr^{3+} + PbO_2 + H^+ \longrightarrow$

14.12 解释下列变化并写出相关的化学方程式：

(1) 向 Mn^{2+} 溶液中加入 NaOH 溶液，生成的白色沉淀很快变为棕色；

(2) 向 Hg^{2+} 溶液中加入 NaOH 溶液，白色沉淀立即变为黄色；

(3) 向 Cu^{2+} 溶液中加入 NaOH 溶液，生成蓝色沉淀，加热后沉淀变为黑色。

14.13 将金属钛溶于稀盐酸，生成紫色溶液，该溶液在室温下能使酸性的高锰酸钾溶液褪色。写出与上述实验现象相关的反应方程式。

14.14 含 Fe^{2+}、Co^{2+}、Ni^{2+} 的溶液中加入 NaOH 后在空气中放置各发生怎样的变化？写出相关的化学反应方程式。

14.15 用浓盐酸分别处理 $Fe(OH)_3$、$Co(OH)_3$、$Ni(OH)_3$，各发生怎样的变化？写出相关的化学反应方程式。

14.16 在氯化钴溶液中加入浓氨水，然后往溶液中通入空气。描述可能观察到的现象，写出相关化学反应方程式。

14.17 解释下列现象：

(1) 在 Fe^{3+} 溶液中加入 KSCN 出现血红色，但加入少许铁粉后，血红色消失；

(2) Fe^{3+} 的盐是稳定的，而 Co^{3+} 的盐尚未制得；

(3) 不能由 Fe^{3+} 和 I^- 反应制备 FeI_3，同样，不能由 Co(Ⅲ) 与 Cl^- 反应制备 $CoCl_3$；

(4) I_2 不能将 Fe^{2+} 氧化成 Fe^{3+}，但 I_2 可以氧化 $[Fe(CN)_6]^{4-}$ 为 $[Fe(CN)_6]^{3-}$；

(5) 将 Na_2CO_3 溶液与 $FeCl_3$ 溶液混合得不到 $Fe_2(CO_3)_3$，同样，将 Na_2S 溶液与 $FeCl_3$ 溶液混合也得不到 Fe_2S_3；

(6) Co(Ⅲ)盐不稳定而其配离子稳定，Co(Ⅱ)盐稳定而其配离子不稳定；

(7) 变色硅胶含有什么成分？干燥时呈蓝色，吸水后呈红色？吸水后的变色硅胶可否再利用？

14.18 写出下列实验现象有关的反应式：

向含有 Fe^{2+} 的溶液中加入 NaOH 溶液后得到白色沉淀，放置沉淀逐渐经绿色变为棕色。过滤，沉淀用盐酸溶解，溶液呈黄色，加入几滴 KSCN 溶液立即显示红色，通入 SO_2 气体，红色消失。溶液中滴加 $KMnO_4$ 溶液，其紫色会褪去，最后加入黄血盐，生成蓝色沉淀。

14.19 完成并配平下列反应方程式：

$FeSO_4 + Br_2 \longrightarrow$

$FeCl_3 + Fe \longrightarrow$

$FeCl_3 + Cu \longrightarrow$

$FeCl_3 + SnCl_2 \longrightarrow$

$FeCl_3 + NH_4F \longrightarrow$

$FeCl_3 + H_2S \longrightarrow$

$FeCl_3 + KI \longrightarrow$

$Ni + CO \longrightarrow$

$Co(OH)_2 + H_2O_2 \longrightarrow$

$Ni(OH)_2 + Br_2 + OH^- \longrightarrow$

$Co_2O_3 + HCl \longrightarrow$

$Fe(OH)_3 + KClO_3 + KOH \longrightarrow$

$K_4Co(CN)_6 + O_2 + H_2O \longrightarrow$

14.20 溶液中混有 Fe^{3+}、Al^{3+}、Cr^{3+} 和 Ni^{2+}，试设计分离方案将它们一一分离。

14.21 解释下列实验现象：

(1) 向 $FeCl_3$ 溶液中加入 KSCN 溶液，溶液立即变红，加入适量的 $SnCl_2$ 溶液颜色消失；

(2) $[Co(CN)_6]^{4-}$ 易被氧化；

(3) 向 $FeSO_4$ 溶液中加入碘水，碘水不褪色，再加入 $NaHCO_3$ 后，碘水颜色褪去；

(4) 向 $FeCl_3$ 溶液中通入 H_2S 气体，不生成硫化物沉淀。

14.22 为什么 $[Fe(CN)_6]^{4-}$ 可以由 Fe^{2+} 与 KCN 直接混合制得，而 $[Fe(CN)_6]^{3-}$ 却不能由 $FeCl_3$ 与 KCN 直接混合得到？通常如何制备 $K_3[Fe(CN)_6]$？

14.23 根据铂的化学性质，实验室中使用铂丝、铂坩埚和铂蒸发皿必须严格遵守那些规定？指出是否能在铂制容器中进行下列试剂参加的反应？

(1) HF　(2) 王水　(3) $HCl + H_2O_2$　(4) $NaOH + Na_2O_2$

(5) Na_2CO_3　(6) $NaHSO_4$　(7) $Na_2CO_3 + S$

14.24 绿色水合晶体 A 溶于水后加入碱和双氧水，有沉淀 B 生成。B 溶于草酸氢钾得到黄绿色溶液 C，将 C 蒸发浓缩后缓慢冷却，析出绿色晶体 D。D 见光后可分解为白色固体 E，E 受热分解最后得到黑色粉末 F。指出 A、B、C、D、E、F 各是什么物质，并写出相关化学反应方程式。

14.25 有一种金属 A，溶于稀盐酸后，能生成 ACl_2（ACl_2 的磁矩为 5.0 B.M.）。在无氧时，在 ACl_2 溶液中加入 NaOH，可生成白色沉淀 B。当 B 置于空气中，会逐渐变绿，最后呈棕色沉淀 C。若将 C 溶于稀盐酸中则可生成溶液 D。D 能使 I^- 氧化成 I_2。若在 C 的浓 NaOH 溶液中通入氯气，可得到紫色的溶液 E。于 E 中加入 $BaCl_2$ 后会生成红棕色沉淀 F。F 具有强氧化性。若将 C 灼烧，则可生成棕红色粉末 G。在部分还原的情况下，G 可以变成铁磁性的黑色物质 H，写出 A～G 的化学式，并写出有关的反应方程式。

第 15 章 过渡元素（二）

本章元素包括元素周期表第ⅠB族铜（Cu，copper）、银（Ag，silver）、金（Au，gold）和第ⅡB族锌（Zn，zinc）、镉（Cd，cadmium）、汞（Hg，mercury）等六种金属元素。这两族元素的原子核外价电子构型分别为 $(n-1)d^{10}ns^1$（第ⅠB族）和 $(n-1)d^{10}ns^2$（第ⅡB族）。

15.1 铜副族元素

铜、银、金是人们最早发现和使用的三种金属。在自然界中，铜、银、金可以单质状态存在，但极少，主要以氧化物和硫化物等状态存在。含铜的矿物比较多见，大多具有鲜艳而引人注目的颜色，例如：金黄色的黄铜矿（$CuFeS_2$）、鲜绿色的孔雀石 [$CuCO_3 \cdot Cu(OH)_2$]、深蓝色的石青 [$2CuCO_3 \cdot Cu(OH)_2$]、赤铜矿（Cu_2O）、辉铜矿（Cu_2S）等。银主要以硫化物的形式存在，除较少的闪银矿外，硫化银常与方铅矿共存。金在自然界中以游离状态存在于矿金和沙金中。矿金大都是随地下涌出的热泉通过岩石的细缝沉积而成，常与石英夹在岩石的缝隙中，大多与其它金属伴生，其中除黄金外还有银、铂、锌等其它金属，在其它金属未提出之前称为合质金。沙金是在河流底层或低洼地带，同石沙混杂在一起，经过淘洗出来的黄金。

铜的冶炼是将精选过的矿石进行焙烧，除去部分的硫和挥发性的杂质，使部分硫化物转变成氧化物。

$$2CuFeS_2 + O_2 =\!=\!= Cu_2S + 2FeS + SO_2\uparrow$$
$$2FeS + 2O_2 =\!=\!= 2FeO + SO_2\uparrow$$

将焙烧过的矿石与沙子混合，在反射炉中进行高温（1773~1823K）熔炼，使 Cu_2S 和 FeS 熔融在一起形成"冰铜"（含 18%~20% Cu），杂质形成硅酸盐炉渣而除去。

$$m Cu_2S + n FeS \longrightarrow 冰铜$$
$$\left.\begin{array}{l}FeO + SiO_2 \longrightarrow FeSiO_3 \\ CaO + SiO_2 \longrightarrow CaSiO_3\end{array}\right\}炉渣（浮在冰铜上面而除去）$$

将冰铜放入转炉，鼓入大量的空气，FeS 被氧化成 FeO，加入适量的 SiO_2 与之形成炉渣除去。部分 Cu_2S 被氧化成 Cu_2O，Cu_2S 与 Cu_2O 反应生成粗铜（含 98% Cu）。

$$2FeS + 3O_2 =\!=\!= 2FeO + 2SO_2\uparrow$$
$$2Cu_2S + 3O_2 =\!=\!= 2Cu_2O + 2SO_2\uparrow$$
$$Cu_2S + 2Cu_2O =\!=\!= 6Cu + SO_2\uparrow$$

粗铜经电解法（electrolytic method）提炼得到纯铜。

银和金的提炼是将游离状态和化合状态存在的银和金用氰化物浸取，反应如下：

$$4Ag + 2H_2O + 8NaCN + O_2 =\!=\!= 4Na[Ag(CN)_2] + 4NaOH$$
$$Ag_2S + 4NaCN =\!=\!= 2Na[Ag(CN)_2] + Na_2S$$
$$4Au + 2H_2O + 8NaCN + O_2 =\!=\!= 4Na[Au(CN)_2] + 4NaOH$$

再用 Zn 或 Al 还原银或金的配合物，可得到纯度不高的粗银粉或金粉。

$$2Na[Ag(CN)_2] + Zn =\!=\!= Na_2[Zn(CN)_4] + 2Ag$$
$$2Na[Au(CN)_2] + Zn =\!=\!= Na_2[Zn(CN)_4] + 2Au$$

粗银粉或金粉经电解法提炼得到纯银或金。

15.1.1 铜副族元素单质的物理化学性质

第ⅠB族铜副族元素的最外层电子数与第ⅠA主族碱金属元素相同,都是ns^1,但铜(Cu)、银(Ag)、金(Au)分别与同周期第ⅠA主族的钾(K)、铷(Rb)、铯(Cs)相比,前者次外层有18个电子,而后者只有8个电子。由于d电子的屏蔽效应较同电子层的s、p电子弱一些,因此第ⅠB族元素的有效核电荷较同周期的第ⅠA主族元素大,原子半径相应变小,电离能相应变大,所以铜副族元素单质的化学性质远不及相应的碱金属活泼(见表15-1)。

表15-1 铜副族和碱金属元素性质对比

性 质	铜副族元素	碱金属元素
物理性质	金属键较强。具有较高的熔、沸点和升华热,良好的延展性。电导性和热导性大,密度较大	金属键较弱。熔、沸点较低,硬度、密度也较小
化学活泼性和性质变化规律	是不活泼的重金属,同族金属活泼性从上至下减小	是极活泼的轻金属,同族金属活泼性从上至下增加
氧化态	+1、+2、+3	+1
化合物的键和还原性	化合物有较明显的共价性,化合物大多有颜色,金属离子易被还原	化合物主要是离子型的,离子一般是无色的,极难被还原
氢氧化物的碱性和稳定性	氢氧化物碱性较弱,对热不稳定	氢氧化物是强碱,对热稳定
形成配合物的能力	极易生成配合物	极难生成配合物

(1) 铜、银、金的物理性质及应用

金属铜呈紫红色,是电和热的良导体。在所有金属中,铜的导电性仅次于银。考虑到价格因素,电气行业广泛应用铜作为导电材料,其用量占到铜产量的一半以上。此外铜还以各种合金(如铜-锌合金,俗称黄铜;铜-锡合金,俗称青铜)的形式大量应用于机械制造业和其它工业部门,用来制造各种开关、轴承、管道等。同时,铜还是国防工业不可缺少的原材料。枪支弹药、飞机舰艇的制造都需要大量的铜。

金属银呈白色,它的导电、传热性能在金属中最好。银主要用于制造首饰、蓄电池(storage battery)、照相器材及电子工业。银合金主要用于制造高级实验器材和仪表器件,在牙科中可制作齿套、牙钩等。

金属金呈黄色,它具有极佳的延展性,可以抽成极细的金丝或加工成很薄的金箔(gold foil)。金主要用于制造各种首饰,在经济上作为一种贵金属起到"硬货币"的作用。

铜族元素的熔点、沸点、密度和硬度都高于相应的碱金属,这可能是铜族元素的d电子参与成键,其金属键强于碱金属所致。铜族元素的一些性质见表15-2。

表15-2 铜族元素的一些性质

性 质	Cu	Ag	Au	性 质		Cu	Ag	Au
原子序数	29	47	79	电负性		1.9	1.9	2.4
原子量	63.55	107.9	197.0	原子半径/pm		128	144	144
颜色	紫红色、黄色	白色	黄色	常见氧化态		+1, +2	+1	+1, +3
熔点/℃	1083	962	1064	离子半径/pm	M^{3+}	54	75	85
沸点/℃	2570	2155	2808		M^{2+}	73	94	—
密度(20℃)/g·cm^{-3}	8.95	10.49	19.32		M^+	77	115	137
导电性(Hg=1)	57	59	40	第一电离能/kJ·mol^{-1}		745.3	730.8	889.9
硬度(金刚石=10)	3	2.7	2.5	第二电离能/kJ·mol^{-1}		1957.3	2072.6	1973.3
价电子构型	$3d^{10}4s^1$	$4d^{10}5s^1$	$5d^{10}6s^1$	第三电离能/kJ·mol^{-1}		3577.6	3359.4	(2895)

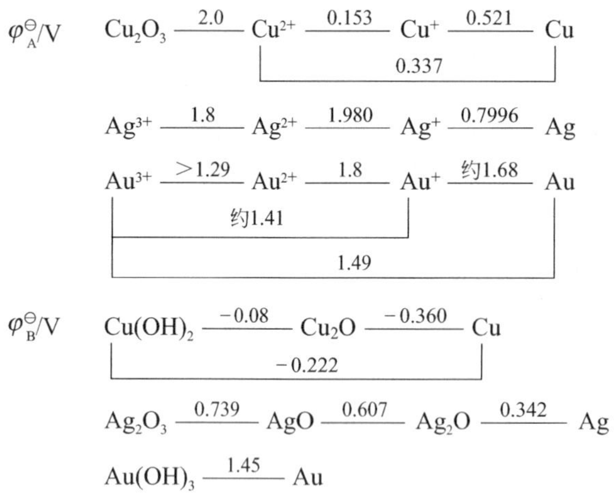

$$\varphi_A^\ominus/V \quad Cu_2O_3 \xrightarrow{2.0} Cu^{2+} \xrightarrow{0.153} Cu^+ \xrightarrow{0.521} Cu$$
$$\underset{0.337}{\phantom{Cu_2O_3 \xrightarrow{2.0} Cu^{2+}}}$$

$$Ag^{3+} \xrightarrow{1.8} Ag^{2+} \xrightarrow{1.980} Ag^+ \xrightarrow{0.7996} Ag$$

$$Au^{3+} \xrightarrow{>1.29} Au^{2+} \xrightarrow{1.8} Au^+ \xrightarrow{约1.68} Au$$
$$约1.41$$
$$1.49$$

$$\varphi_B^\ominus/V \quad Cu(OH)_2 \xrightarrow{-0.08} Cu_2O \xrightarrow{-0.360} Cu$$
$$-0.222$$

$$Ag_2O_3 \xrightarrow{0.739} AgO \xrightarrow{0.607} Ag_2O \xrightarrow{0.342} Ag$$

$$Au(OH)_3 \xrightarrow{1.45} Au$$

图 15-1 铜副族元素的电极电势图

(2) 铜、银、金的化学性质

铜副族元素的电极电势图如图 15-1。

铜、银、金均为不活泼金属,常温或加热条件下均不与水反应,化学活性按 Cu、Ag、Au 的次序依次降低。

常温下铜在干燥空气中是稳定的,在水中几乎看不出反应。与含有二氧化碳的潮湿空气接触,铜的表面会缓慢生成绿色的主要成分为碱式碳酸铜的铜绿。银、金无此类似现象。

$$2Cu + H_2O + O_2 + CO_2 == Cu_2(OH)_2CO_3$$

银和含有 H_2S 的空气接触,表面会很快生成一层黑色的 Ag_2S 薄膜而使银失去银白色的光泽。

$$2Ag + H_2S + \frac{1}{2}O_2 == Ag_2S(黑色) + H_2O$$

常温下铜可与卤素单质反应,银与卤素作用很慢,而金必须要在加热的条件下才与干燥卤素反应。加热时铜和银与氧气或硫均可反应,但金不反应。即使在高温下铜、银、金也不与氮气或碳反应。

铜副族元素的标准电极电势均大于氢,故不能从稀酸中置换出氢气。但如在空气中久置,铜、银可缓慢溶解于稀盐酸或稀硫酸:

$$2Cu + 2H_2SO_4(稀) + O_2 == 2CuSO_4 + 2H_2O$$
$$4Ag + 4HCl + O_2 == 4AgCl + 2H_2O$$

铜、银可溶于硝酸或热的浓硫酸,如:

$$Cu + 4HNO_3(浓) == Cu(NO_3)_2 + 2H_2O + 2NO_2\uparrow$$

金的金属活泼性最差,只能溶于王水中:

$$Au + 4HCl + HNO_3 == H[AuCl_4] + NO\uparrow + 2H_2O$$

铜、银、金均可溶于浓的碱金属氰化物溶液中,其原因是生成了极稳定的配离子 $[Cu(CN)_4]^{3-}$、$[Ag(CN)_2]^-$、$[Au(CN)_4]^-$,大大降低了溶液中对应的游离金属离子浓度,增强了金属单质的还原能力。铜还能溶于配位能力较弱的氨水:

$$2Cu + 2H_2O + 8CN^- == 2[Cu(CN)_4]^{3-} + 2OH^- + H_2\uparrow$$
$$2Cu + 2H_2O + 8NH_3 + O_2 == 2[Cu(NH_3)_4]^{2+} + 4OH^-$$

15.1.2 铜副族元素的氧化物和氢氧化物

(1) 铜的氧化物和氢氧化物

① 氧化亚铜(cuprous oxide)和氢氧化亚铜(cuprous hydroxide) Cu_2O 是共价型化合物,对热稳定,难溶于水,常用于制造船舶底漆、红玻璃、红瓷釉。工业上常用干法(高温煅烧铜和氧化铜的混合物)、湿法(Na_2SO_3 还原 $CuSO_4$)和电解法(铜作电极,食盐水作电解液)生产 Cu_2O 粉。实验室可用温和的还原剂如葡萄糖在碱性溶液中还原 Cu(Ⅱ)盐,制得 Cu_2O:

$$2[Cu(OH)_4]^{2-} + C_6H_{12}O_6 == Cu_2O\downarrow + 4OH^- + C_6H_{12}O_7 + 2H_2O$$

Cu_2O 是弱碱性氧化物,溶于稀硫酸先生成硫酸亚铜,后者迅速歧化为硫酸铜和单质铜:

$$Cu_2O + H_2SO_4 == Cu_2SO_4 + H_2O$$

$$Cu_2SO_4 =\!=\!= CuSO_4 + Cu$$

Cu_2O 溶于稀盐酸时,由于生成难溶于水的白色氯化亚铜沉淀,故不发生歧化反应:

$$Cu_2O + 2HCl =\!=\!= 2CuCl\downarrow + H_2O$$

Cu_2O 易溶于氨水和氢卤酸,分别生成稳定的无色配合物 $[Cu(NH_3)_2]OH$ 和 $H[CuX_2]$,这些配合物易被空气中氧气所氧化,据此可除去气体中的 O_2:

$$4[Cu(NH_3)_2]^+ + 2H_2O + 8NH_3 + O_2 =\!=\!= 4[Cu(NH_3)_4]^{2+} + 4OH^-$$

氢氧化亚铜极不稳定,很易脱水生成氧化亚铜。$Cu(OH)$ 能存在 pH=3 左右的溶液中,由黄色到橙色并迅速转变为红色的 Cu_2O,在酸性较强的溶液中歧化为 Cu 和 Cu^{2+}。$Cu(OH)$ 只显碱性不显两性。

② 氧化铜 (copper oxide) 和氢氧化铜 (copper hydroxide)　氧化铜是碱性氧化物,工业上一般通过铜粉空气氧化法制得氧化铜。氧化铜常用作玻璃、陶瓷、搪瓷的颜料、油类的脱硫剂、有机合成的催化剂等。实验室常通过加热碱式碳酸铜或铜的含氧酸盐(如硝酸铜、硫酸铜)制得氧化铜,如:

$$2Cu(NO_3)_2 \xrightarrow{\triangle} 2CuO + 4NO_2 + O_2$$

氧化铜对热较稳定,加热到 1000℃ 才分解为氧化亚铜和氧气:

$$4CuO =\!=\!= 2Cu_2O + O_2\uparrow$$

从这一反应可以看出在高温下,Cu_2O 比 CuO 稳定。

CuO 具有氧化性,在高温下是氧化剂,在有机分析中常使有机物气体从热的 CuO 上通过,将气体氧化成 CO_2 和 H_2O。

向 Cu^{2+} 溶液中加入强碱,可得到蓝色的氢氧化铜沉淀。氢氧化铜的热稳定性较差,加热至 80℃ 即脱水为黑褐色的氧化铜。

氢氧化铜略显两性,既可溶于酸,也可溶于过量的浓碱生成蓝色的 $[Cu(OH)_4]^{2-}$:

$$Cu(OH)_2 + H_2SO_4 =\!=\!= CuSO_4 + 2H_2O$$
$$Cu(OH)_2 + 2NaOH =\!=\!= Na_2[Cu(OH)_4]$$

氢氧化铜易溶于氨水,生成 $[Cu(NH_3)_4]^{2+}$:

$$Cu(OH)_2 + 4NH_3\cdot H_2O =\!=\!= [Cu(NH_3)_4](OH)_2 + 4H_2O$$

(2) 银的氧化物和氢氧化物

向可溶性 Ag^+ 溶液中加入强碱,可生成白色的氢氧化银沉淀。氢氧化银极不稳定,常温下即脱水生成棕色的 Ag_2O 沉淀:

$$2Ag^+ + 2OH^- =\!=\!= Ag_2O\downarrow + H_2O$$

AgOH 只有在低于 228K 时,用强碱与乙醇溶液中可溶性银盐作用才能真正得到。

Ag_2O 为共价化合物,微溶于水。Ag_2O 不稳定,加热到 300℃ 会分解:

$$2Ag_2O =\!=\!= 4Ag + O_2\uparrow$$

Ag_2O 是碱性氧化物,除了能与酸反应生成相应的银盐外,还可与氨水或 NaCN 溶液生成无色的配离子:

$$Ag_2O + 4NH_3\cdot H_2O =\!=\!= 2[Ag(NH_3)_2](OH) + 3H_2O$$
$$Ag_2O + 4CN^- + H_2O =\!=\!= 2[Ag(CN)_2]^- + 2OH^-$$

氧化银的氨水溶液在放置过程中会生成爆炸性很强的 Ag_3N 或 Ag_2NH,故不宜久置。可通过加入硝酸或盐酸破坏银氨配离子。

15.1.3　铜副族元素的化合物

(1) 卤化物

铜族元素卤化物的一些性质列于表 15-3。

表 15-3 铜族元素卤化物的一些性质

分子式	晶型	颜色	熔点/℃	沸点/℃	溶解性质 水	溶解性质 其它溶剂
CuF_2		白	950(分解)		微溶(冷)	溶于盐酸、氢氟酸、硝酸和乙醇
$CuCl_2$	单斜	黄褐	630(分解)		溶	乙醇,丙酮
$CuBr_2$	单斜	黑	498	900	易溶	乙醇,丙酮
CuF		红	908	1100(升华)	不溶	氢氟酸,盐酸
$CuCl$	立方	白	430	约1400	微溶	
$CuBr$	立方	白	497	1345	微溶	
CuI	立方	白	606	约1290	不溶	
AgF	立方	白	435	1159	溶	
$AgCl$	立方	白	455	1547	不溶	
$AgBr$	立方	黄	432	1502	不溶	
AgI	六方	黄	558	1506	不溶	
AgF_2		白	690	700(分解)	分解	
AuF_3	六方	橙黄	>300	升华		
$AuCl_3$	单斜	红	>360(分解)			
$AuBr_3$		棕	160(分解)		微溶	溶于乙醚、乙醇、甘油
AuI_3		绿	常温下分解		不溶	
$AuCl$	正交	黄	289(分解)		不溶	
$AuBr$		黄灰	115(分解)		不溶	
AuI		绿黄	120(分解)		不溶	

① 铜的卤化物　卤化铜(Ⅱ)除碘化铜不存在外,其余皆可由碳酸铜与氢卤酸反应制得(由于 Cu^{2+} 具有氧化性,I^- 具有强还原性,故 I^- 能把 Cu^{2+} 还原成 Cu^+,而得不到 CuI_2)。而随着 F^-、Cl^-、Br^- 半径依次变大,其变形性也依次增强,故卤化铜的颜色由白色、棕色、黑色依次加深。

卤化铜 (copper halide) 除 CuF_2 外,无水 $CuCl_2$ 和 $CuBr_2$ 为共价化合物,其结构为链状结构。如无水 $CuCl_2$ 中每个 Cu 处于 4 个 Cl 形成的平面正方形的中心,如图 15-2。

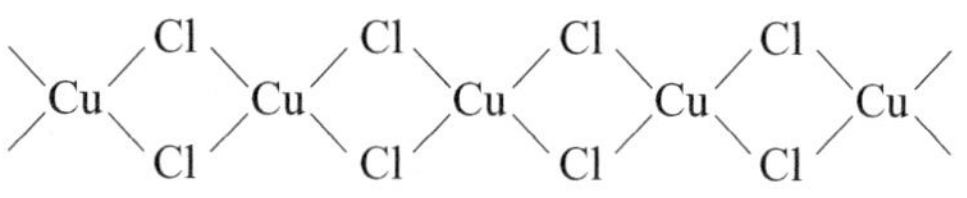

$CuCl_2$ 呈棕黄色,易溶于水,浓度较大时以黄色的 $[CuCl_4]^{2-}$ 为主,所以溶液为绿色或蓝绿色;浓度较稀时以蓝色的 $[Cu(H_2O)_4]^{2+}$ 为主,所以溶液为蓝色;其浓盐酸溶液为黄绿色。水溶液中存在以下平衡:

图 15-2　$CuCl_2$ 的链状结构

$$[Cu(H_2O)_4]^{2+} + 4Cl^- \Longleftrightarrow [CuCl_4]^{2-} + 4H_2O$$

无水 $CuCl_2$ 在高温下发生下面的反应:

$$2CuCl_2 \xrightarrow{>773K} 2CuCl + Cl_2$$

由此可见,在高温下,Cu(Ⅰ) 比 Cu(Ⅱ) 稳定。

卤化亚铜除 CuF 易歧化,未制得纯态外,CuCl、CuBr、CuI 均可通过 Cu^{2+} 溶液与还原剂在相应卤离子存在的条件下反应制得。CuCl、CuBr、CuI 皆为难溶于水的白色沉淀。

$$Cu^{2+} + 2Cl^- + Cu \Longleftrightarrow 2CuCl\downarrow$$

$$CuCl + HCl \longrightarrow H[CuCl_2]$$
$$2Cu^{2+} + 2Cl^- + 2H_2O + SO_2 \longrightarrow 2CuCl\downarrow + 4H^+ + SO_4^{2-}$$
$$2Cu^{2+} + 4I^- \longrightarrow 2CuI\downarrow + I_2$$

Cu^{2+} 与 I^- 反应很完全,故可用碘量法测定 Cu^{2+} 的含量。

CuCl 的盐酸溶液能吸收一氧化碳而形成氯化碳酰亚铜,即 $Cu(CO)Cl\cdot H_2O$,在气体分析中,可用于测定 CO 的准确含量。

$$[CuCl_2]^- + CO \longrightarrow [CuCl_2(CO)]^-$$

② 银的卤化物 向硝酸银溶液中加入卤化物,可得到相应的卤化银沉淀(AgF 除外,一般通过银和氟直接化合)。由于 Ag^+ 极化作用较强,而从 F^- 到 I^- 的离子半径依次增大,阴离子的变形性依次增强,故而卤化物的键型从离子键向共价键逐渐转变,导致其颜色依次加深,水溶性逐渐降低。

$$Ag^+ + Cl^- \longrightarrow AgCl\downarrow (白色) \quad K_{sp}^\ominus = 1.8\times10^{-10}$$
$$Ag^+ + Br^- \longrightarrow AgBr\downarrow (淡黄色) \quad K_{sp}^\ominus = 5.0\times10^{-13}$$
$$Ag^+ + I^- \longrightarrow AgI\downarrow (黄色) \quad K_{sp}^\ominus = 9.3\times10^{-17}$$

AgCl、AgBr、AgI 均可感光分解:
$$2AgX \longrightarrow 2Ag + X_2$$

因此,常用 AgBr 明胶制照相底片和洗相纸。

③ 金的卤化物 金在化合物中主要表现为 +3 价。铜副族元素中,金是唯一能形成三卤化物的元素。在 200℃ 下,金与过量氯气作用,可得到红色的 $AuCl_3$ 晶体。无论在固态还是气态下,$AuCl_3$ 都为二聚体,具有氯桥结构,如图 15-3。

图 15-3 $AuCl_3$ 的二聚体结构

无水 $AuCl_3$ 加热分解,其分解过程如下:
$$AuCl_3 \xrightarrow{>160℃} AuCl + Cl_2$$
$$AuCl \xrightarrow{>420℃} Au + \frac{1}{2}Cl_2$$

$AuCl_3$ 易溶于水,形成红色的羟基三氯合金(Ⅲ)酸:
$$AuCl_3 + H_2O \longrightarrow H[AuCl_3(OH)]$$

$AuCl_3$ 溶于盐酸,形成 $[AuCl_4]^-$ 配离子:
$$AuCl_3 + Cl^- \longrightarrow [AuCl_4]^-$$

在金的化合物中,+3 氧化态是最稳定的。由图 15-1 金的电势图可知,在水溶液中 +1 氧化态很容易转化为 +3 氧化态:

$$3Au^+ \rightleftharpoons Au^{3+} + 2Au \quad K^\ominus = \frac{[Au^{3+}]}{[Au^+]^3} = 10^{13}$$

可见反应进行得很彻底。

(2) 硫化物

硫化亚铜为黑色难溶固体,可由过量的铜和硫加热制得:
$$2Cu + S \longrightarrow Cu_2S$$

也可将硫代硫酸钠加入硫酸铜溶液并加热制得:
$$2Cu^{2+} + 2S_2O_3^{2-} + 2H_2O \longrightarrow Cu_2S\downarrow + S\downarrow + 2SO_4^{2-} + 4H^+$$

Cu_2S 难溶于水,也不溶于稀盐酸,可溶于硝酸或氰化物溶液。
$$3Cu_2S + 16HNO_3(浓) \longrightarrow 6Cu(NO_3)_2 + 8H_2O + 4NO\uparrow + 3S\downarrow$$
$$Cu_2S + 4CN^- \longrightarrow 2[Cu(CN)_2]^- + S^{2-}$$

向可溶性 Cu^{2+} 溶液中加入 S^{2-}，可生成黑色的硫化铜（CuS）沉淀。CuS 难溶于水，也不溶于稀盐酸，可溶于硝酸：

$$3CuS + 8HNO_3 = 3Cu(NO_3)_2 + 2NO\uparrow + 3S\downarrow + 4H_2O$$

也可溶于 NaCN 溶液中：

$$10NaCN + 2CuS = 2Na_3[Cu(CN)_4] + 2Na_2S + (CN)_2\uparrow$$

CuS 常用作涂料和颜料，工业上常用 H_2S 通入铜盐或铜和硫在低于 110℃ 下反应生成 CuS。

向 Ag^+ 溶液中通入 H_2S 可得到黑色的硫化银（Ag_2S）沉淀。Ag_2S 难溶于水，不溶于稀酸，溶于浓硝酸和氰化钾。

$$3Ag_2S + 8HNO_3(浓) = 6AgNO_3 + 3S + 2NO + 4H_2O$$

$$Ag_2S + 4CN^- = 2[Ag(CN)_2]^- + S^{2-}$$

（3）硫酸盐

五水硫酸铜 $CuSO_4\cdot 5H_2O$ 俗称胆矾，工业上多通过硫酸法或电解法制备。在 $CuSO_4\cdot 5H_2O$ 晶体中每个 Cu^{2+} 可以跟四个水分子形成配位键，水合铜离子 $[Cu(H_2O)_4]^{2+}$ 构型为平面正方形，硫酸根上的氧原子与 Cu^{2+} 形成两个离得较远的配位键，结合构成六配位的拉长八面体，第五个水分子通过氢键连接在配位 H_2O 分子和 SO_4^{2-} 之间，如图 15-4 所示。因此，硫酸铜晶体的化学式可写为 $[Cu(H_2O)_4]SO_4\cdot H_2O$，习惯上简写为 $CuSO_4\cdot 5H_2O$。

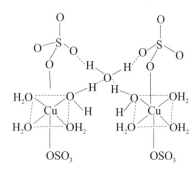

图 15-4　$CuSO_4\cdot 5H_2O$ 结构示意图

受热时结晶水可如下式依次失去：

$$CuSO_4\cdot 5H_2O \xrightarrow[-2H_2O]{102℃} CuSO_4\cdot 3H_2O \xrightarrow[-2H_2O]{113℃} CuSO_4\cdot H_2O \xrightarrow[-H_2O]{250℃} CuSO_4$$
　　蓝色　　　　　　　　　　　　　　　　　　　　　蓝白色　　　　　　白色

硫酸铜晶体受热失去结晶水时，如果温度过高，则发生分解：

$$2CuSO_4 \xrightarrow{340℃以上} CuSO_4\cdot CuO + SO_3$$

$$CuSO_4\cdot CuO \xrightarrow{650\sim 750℃} 2CuO + SO_3$$

实验室一般通过氧化铜与硫酸或金属铜与浓硫酸加热制得。

无水 $CuSO_4$ 为白色粉末，吸水性很强，吸水后即成蓝色。故无水 $CuSO_4$ 常用作干燥剂，检验或除去有机液体中的微量水分。硫酸铜易溶于水，其溶液与石灰乳混合可配成"波尔多液"，广泛用作农作物及果园的杀虫剂。此外，硫酸铜还用于原电池、电镀、印染、选矿和制备某些无机颜料。

（4）硝酸盐

① 硝酸铜（cupric nitrate）　硝酸铜有三水、六水、九水三种水合物。硝酸铜常用于制造农药及搪瓷工业的着色剂，一般用铜或氧化铜与硝酸反应制得。

无水硝酸铜 $[Cu(NO_3)_2]$ 是一种易挥发亮蓝色的固体，在真空中升华。气态时，$Cu(NO_3)_2$ 单体为平面正方结构，每个 Cu 原子与四个氧原子相连，如图 15-5 所示。冷凝时则发生聚合。

将 $Cu(NO_3)_2\cdot 3H_2O$ 加热，在脱水的同时还会发生水解和硝酸根的分解，不能得到无水 $Cu(NO_3)_2$。

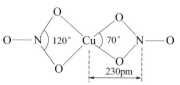

图 15-5　气态 $Cu(NO_3)_2$ 结构示意图

$$3[Cu(NO_3)_2 \cdot 3H_2O] \xrightarrow{114.5℃} Cu(NO_3)_2 \cdot 2Cu(OH)_2 + 4NO_2 + O_2 + 7H_2O$$

$$Cu(NO_3)_2 \cdot 2Cu(OH)_2 \xrightarrow{强热} 3CuO + 2NO_2 + \frac{1}{2}O_2 + 2H_2O$$

② 硝酸银（silver nitrate） 硝酸银是最重要的可溶性银盐。将银溶于硝酸，所得溶液经蒸发结晶，即可得到无色或白色的硝酸银晶体。

硝酸银熔点209℃，加热到440℃分解：

$$2AgNO_3 = 2Ag + 2NO_2\uparrow + O_2\uparrow$$

硝酸银中如含有微量有机物，见光后也可分解析出Ag，因此硝酸银常保存在棕色瓶中。硝酸银是氧化剂，可被铜、锌等金属还原成银：

$$2Ag^+ + Cu = 2Ag + Cu^{2+}$$

10%的硝酸银溶液在医药上可作为杀菌剂，如治疗眼结膜炎，硝酸银还是制备其它银盐的主要原料。

(5) 醋酸铜（copper acetate）

CuO或Cu(OH)$_2$与醋酸溶液反应，可以从溶液中结晶，得到一水合醋酸铜(Ⅱ)，Cu(CH$_3$COO)$_2$·H$_2$O是一种暗绿色固体，相对密度1.882，熔点115℃。加热至240℃分解。溶于水及乙醇，微溶于乙醚及甘油，常用作杀虫剂（insecticide），尤其是和Cu$_3$(AsO$_3$)$_2$组成的复盐Cu$_3$(AsO$_3$)$_2$·Cu(CH$_3$COO)$_2$俗称"巴黎绿"，有剧毒，可作为杀虫剂和杀菌剂（bactericide）。

Cu(CH$_3$COO)$_2$·H$_2$O具有一种二聚体的结构单元Cu$_2$(OAc)$_4$(H$_2$O)$_2$。Cu$_2$(OAc)$_4$(H$_2$O)$_2$是"中国灯笼"式的结构，如图15-6。

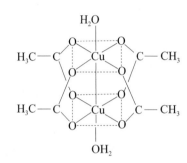

图15-6　Cu$_2$(OAc)$_4$(H$_2$O)$_2$结构示意图

Cu$_2$(OAc)$_4$(H$_2$O)$_2$中每个乙酸根的一个氧原子都与一个铜原子桥连在一起，键长197pm。两个水分子配体分别位于上下方，Cu—O键长为220pm。两个五配位的铜原子之间的距离为265pm，与金属铜中Cu—Cu距离相近。

15.1.4　铜副族元素的配合物

(1) 亚铜的配合物

Cu$^+$的最外层电子构型为3s^{2}3p^{6}3d^{10}，可与卤离子、CN$^-$、NH$_3$等配体形成配位数为2的配合物。其稳定性按如下顺序增强：

$$Cl^- < Br^- < I^- < SCN^- < NH_3 < S_2O_3^{2-} < CS(NH_2)_2 < CN^-$$

[Cu(NH$_3$)$_2$]$^+$吸收CO的能力很强，化工厂常利用它来除去能导致催化剂中毒的一氧化碳气体：

$$[Cu(NH_3)_2]^+ + CO = [Cu(NH_3)_2CO]^+$$

[Cu(NH$_3$)$_2$]$^+$不稳定，遇空气则变成深蓝色的[Cu(NH$_3$)$_4$]$^{2+}$，利用这个性质可除去气体中痕量的氧。

$$4[Cu(NH_3)_2]^+ + O_2 + 8NH_3 + 2H_2O = 4[Cu(NH_3)_4]^{2+} + 4OH^-$$

向Cu^{2+}的溶液加入CN$^-$，得到白色的CuCN沉淀，继续加入过量的CN$^-$，沉淀溶解生成无色的[Cu(CN)$_2$]$^-$溶液：

$$Cu^{2+} + 4CN^- = 2CuCN\downarrow + (CN)_2\uparrow$$

$$CuCN + CN^- = [Cu(CN)_2]^-$$

(2) 铜的配合物

Cu^{2+}的最外层电子构型为3s^{2}3p^{6}3d^9，可与许多阴离子如卤离子、CN$^-$或中性分子

NH_3、H_2O 等配体形成配合物。其中 Cu^{2+} 配位数多为 4，Cu^{2+} 采用 dsp^2 杂化，为平面正方形构型。Cu^{2+} 亦可形成配位数为 6 的配合物，但稳定性相对较差。

在 Cu^{2+} 盐溶液中，加入过量氨水，可得到深蓝色的铜氨液，即 $[Cu(NH_3)_4]^{2+}$。它可溶解纤维素，而在溶解了纤维素的溶液中加酸，纤维又可沉淀析出，工业上利用此性质来生产人造丝。

Cu^{2+} 还可以与一些有机配体，如乙二胺等生成配合物。$CuSO_4$ 在碱性溶液中与缩二脲 $HN(CONH_2)_2$ 生成紫色的配合物，以此检测未知物质中蛋白质或其它含肽化合物，这就是"缩二脲试验"。

(3) 银的配合物

Ag^+ 常以 sp 杂化轨道与卤离子、CN^-、NH_3 等配体形成配位数为 2 的配离子。

由于银盐溶解度的不同及相应的配离子的稳定常数各异，沉淀的生成和溶解以及配离子的形成和解离可以交替发生，如向 Ag^+ 溶液中加入 Cl^- 可得到 AgCl 白色沉淀，继续向其中加入适量氨水，AgCl 转化为无色的 $[Ag(NH_3)_2]^+$ 溶液而溶解。

$$AgCl + 2NH_3 \Longleftrightarrow [Ag(NH_3)_2]^+ + Cl^-$$

$$K^\ominus = K^\ominus_{sp,AgCl} K^\ominus_{稳,[Ag(NH_3)_2]^+} = 1.8 \times 10^{-10} \times 1.12 \times 10^7 = 2.0 \times 10^{-3}$$

再向溶液中加入适量 Br^-，可生成 AgBr 的淡黄色沉淀。

$$[Ag(NH_3)_2]^+ + Br^- \Longleftrightarrow AgBr + 2NH_3$$

$$K^\ominus = \frac{1}{K^\ominus_{sp,AgBr} K^\ominus_{稳,[Ag(NH_3)_2]^+}} = \frac{1}{5.0 \times 10^{-13} \times 1.12 \times 10^7} = 1.8 \times 10^5$$

向沉淀中加入 $S_2O_3^{2-}$ 溶液，AgBr 转化为无色的 $[Ag(S_2O_3)_2]^{3-}$ 溶液而溶解，$K^\ominus = 14.4$。再向溶液中加入适量 I^-，可生成 AgI 的黄色沉淀，$K^\ominus = 3.7 \times 10^2$。向沉淀中加入 CN^-，AgI 转化为无色的 $[Ag(CN)_2]^-$ 溶液而溶解，$K^\ominus = 1.2 \times 10^5$。

$[Ag(NH_3)_2]^+$ 可被醛或葡萄糖还原为金属银，可用来鉴定醛基。工业上利用此反应制造镜子和保温瓶镀银：

$$2[Ag(NH_3)_2]^+ + HCHO + 2OH^- \Longleftrightarrow 2Ag\downarrow + HCOO^- + NH_4^+ + 3NH_3 + H_2O$$

(4) 金的配合物

$K[Au(CN)_2]$ 是金的典型配合物。当有过氧化氢存在时，将 Au 溶于 KCN 溶液，可得到 $K[Au(CN)_2]$：

$$2Au + H_2O_2 + 4KCN \Longleftrightarrow 2K[Au(CN)_2] + 2KOH$$

将 $AuCl_3$ 与氨水反应，把沉淀溶于 KCN 溶液，亦可得到 $K[Au(CN)_2]$：

$$2AuCl_3 + 6NH_3 \cdot H_2O + 4KCN \Longleftrightarrow$$
$$2K[Au(CN)_2] + 2KOH + 6NH_4Cl + O_2\uparrow + 2H_2O$$

15.1.5 铜(Ⅰ)与铜(Ⅱ)的相互转化

铜的常见氧化值为 +1、+2，在一定条件下两者可以相互转化。

① 常温时，固态铜(Ⅰ)与铜(Ⅱ)的化合物都较为稳定

$$Cu_2O(s) \Longleftrightarrow CuO(s) + Cu(s) \quad \Delta_r G_m^\ominus = 16.3 \text{kJ} \cdot \text{mol}^{-1}$$

$$2CuO(s) \Longleftrightarrow Cu_2O(s) + \frac{1}{2}O_2(g) \quad \Delta_r G_m^\ominus = 113.4 \text{kJ} \cdot \text{mol}^{-1}$$

由于 $\Delta_r G_m^\ominus > 0$，说明常温下固态 CuO 和固态 Cu_2O 均能稳定存在。

② 高温时，固态铜(Ⅰ)的化合物比固态铜(Ⅱ)的化合物稳定。

高温时下列反应都能自发正向进行：

$$4CuO(s) \Longleftrightarrow 2Cu_2O(s) + O_2\uparrow$$

$$2CuS(s) = Cu_2S(s) + S$$
$$2CuCl_2(s) = 2CuCl(s) + Cl_2 \uparrow$$

③ 气态时，Cu^+ 比 Cu^{2+} 稳定。

由反应：
$$2Cu^+(g) = Cu^{2+}(g) + Cu(s) \quad \Delta_r G_m^\ominus = 896 \text{kJ} \cdot \text{mol}^{-1}$$

来看，$Cu^+(g)$ 转化成 $Cu^{2+}(g)$ 需吸收大量的热，所以气态 Cu(Ⅰ) 化合物能稳定存在。

高温时或气态时，Cu^+ 比 Cu^{2+} 稳定的原因，可以从相应的原子结构或电离能的数据加以解释。Cu(Ⅰ) 的价电子构型为 $3d^{10}$ 的饱和结构，比 Cu(Ⅱ) $3d^9$ 的价电子构型稳定；气态 Cu 原子的第二电离能（$1958 \text{kJ} \cdot \text{mol}^{-1}$）远大于第一电离能（$751 \text{kJ} \cdot \text{mol}^{-1}$），故 $Cu^+(g)$ 很难再失去一个电子形成 $Cu^{2+}(g)$。

④ 在水溶液中，Cu^{2+} 比 Cu^+ 稳定。

由于 Cu^{2+} 的电荷比 Cu^+ 高，离子半径比 Cu^+ 小，与水的结合力强于 Cu^+，与水结合时放出的热量远大于 Cu^+（Cu^{2+} 的水合热为 $-2120 \text{kJ} \cdot \text{mol}^{-1}$，$Cu^+$ 的水合热 $-582 \text{kJ} \cdot \text{mol}^{-1}$），故在水溶液中 Cu^+ 不如 Cu^{2+} 稳定。由图 15-1 铜的电极电势图可见，在水溶液中 Cu^+ 易发生歧化反应。如 Cu_2O 溶于稀硫酸立即得到歧化产物 $CuSO_4$ 和 Cu：
$$Cu_2O + H_2SO_4 = CuSO_4 + Cu + H_2O$$

298K 时 Cu^+ 的歧化反应 $2Cu^+(aq) = Cu^{2+}(aq) + Cu$ 的标准平衡常数 $K^\ominus = 1.7 \times 10^6$，这说明平衡时溶液中绝大部分 Cu^+ 已歧化为 Cu^{2+} 和 Cu。如果要使 Cu^{2+} 转化为 Cu^+，一方面应有还原剂的存在，另一方面生成物应是难溶物或配合物，才有利于平衡向歧化反应的逆方向移动。

$$Cu^{2+} + Cu + 2Cl^- = 2CuCl \downarrow (白色)$$

此反应中 Cu 是还原剂，Cl^- 是沉淀剂。CuCl 的生成使溶液中游离的 Cu^+ 浓度大大下降，$\varphi_{Cu^+/Cu}$ 降低，φ_{Cu^{2+}/Cu^+} 升高：

$$\varphi_A^\ominus / V \quad Cu^{2+} \xrightarrow{0.538} CuCl \xrightarrow{0.137} Cu$$

$\varphi_右^\ominus < \varphi_左^\ominus$，因此 Cu^{2+} 将 Cu 氧化成 CuCl。实际反应中，因生成的 CuCl 沉积在 Cu 的表面，阻碍反应继续进行，所以常常使 Cu^{2+} 和 Cu 在浓盐酸中反应，生成 $[CuCl_2]^-$ 离子，反应完成后用水稀释，得到白色的 CuCl 沉淀。

同理，在有 Cu(Ⅰ) 的沉淀剂或配位剂存在的条件下，于 Cu^{2+} 溶液中加入还原剂，可得到 Cu(Ⅰ) 的沉淀或配离子。如：

$$Cu^{2+} + 4I^- = 2CuI \downarrow + I_2$$
$$2Cu^{2+} + SO_2 + 2Cl^- + 2H_2O = 2CuCl \downarrow + 4H^+ + SO_4^{2-}$$
$$2Cu^{2+} + 10CN^- = 2[Cu(CN)_4]^{3-} + (CN)_2$$

15.2 锌副族元素

第ⅡB族锌副族元素的最外层电子数与第ⅡA主族碱土金属元素相同，都是 ns^2，但次外层电子数目不同（ⅡB族为 18 个电子，而ⅡA族为 8 个电子，其中 Be 只有 2 个电子），所以锌副族元素单质的化学性质远不及相应的碱土金属活泼，也与铜副族元素的性质有明显差异。锌副族元素的主要性质体现在：

① 由于 d 电子的屏蔽效应较同电子层的 s、p 电子弱一些，因此第ⅡB族元素的有效核电荷较同周期的第ⅡA主族元素大，核对最外层 s 电子的引力较大，s 电子不易失去，所以锌副族元素单质的化学性质远不及相应的碱土金属活泼。

② 与铜副族类似，按 Zn、Cd、Hg 的次序，金属活泼性依次降低。

③ 由于锌副族元素原子的 $(n-1)$d 轨道已全充满，而 ns 电子与 $(n-1)$d 电子的第二、第三电离能相差很大，很难失去 $(n-1)$d 轨道上的 d 电子，故锌副族元素常见的氧化数为 $+2$。由于"$6s^2$ 惰性电子对"效应（Hg 的 4f 电子对最外层 6s 电子的屏蔽更小，导致第一电离能特别高），6s 电子很难失去，$+1$ 价的亚汞离子以二聚体 Hg_2^{2+} 的形式存在。

④ 锌副族元素离子具有 18e 电子构型，极化力和变形性均较大，故其许多化合物（如 HgI_2）具有一定的共价性，同时锌副族元素离子也较易形成配合物。

锌是人类很早就知道其化合物的元素之一。古代人们将锌矿石和铜熔化制得合金——黄铜。但金属锌的获得比铜、铁、锡、铅要晚得多，这是由于碳和锌矿共热时，温度很快高达 1000℃ 以上，而金属锌的沸点是 906℃，故锌成为蒸气散失，不易为古代人们所察觉，只有当人们掌握了冷凝气体的方法后，单质锌才有可能被制得。

锌在地壳中的含量约为 0.005%～0.02%，主要矿石是铁闪锌矿或闪锌矿 ZnS。将矿石在空气中煅烧成氧化锌，

$$2ZnS + 3O_2 \xrightarrow{\text{焙烧}} 2ZnO + 2SO_2$$

再将氧化锌和焦炭混合，加热到 1373～1573K，

$$2C + O_2 = 2CO$$
$$ZnO + CO = Zn(g) + CO_2$$

将生成的锌蒸馏（distillation）出来，可得到纯度为 98% 的粗锌，通过精馏将铅、镉、铜、铁等杂质除掉，可得到纯度为 99.9% 的锌。也可将焙烧后的氧化锌（含有少量的硫化物，称为焙砂）用硫酸浸出后，再电解可得到纯度为 99.99% 的金属锌。

镉在地壳中的含量比锌少得多，常常以少量包含于锌矿中，很少单独成矿。镉与它的同族元素汞和锌相比，被发现的晚得多。这是因为金属镉比锌更易挥发（volatilization），所以高温炼锌时，它比锌更早逸出，不易为人们所觉察。

镉是锌矿冶炼时的副产品。将含镉的锌加热到镉的沸点以上，锌的沸点以下的温度，镉先被蒸出得到粗镉。再将粗镉溶于盐酸，用锌还原，可得到较纯的镉。

汞是地壳中相当稀少的一种元素，极少数的汞在自然界中以纯金属的状态存在。朱砂（HgS）又称辰砂，氯硫汞矿、硫锑汞矿和其它一些与朱砂相连的矿物是汞最常见的矿藏。朱砂在流动的空气中加热到 600～700℃ 后，其中的汞可以还原，温度降低后汞凝结，这是生产汞的最主要的方式。

$$HgS + O_2 = Hg + SO_2$$

也可用 Fe 和 HgS 作用，

$$HgS + Fe = Hg + FeS$$

或将朱砂与石灰混合焙烧，

$$4HgS + 4CaO \xrightarrow[>630K]{\text{焙烧}} 4Hg + 3CaS + CaSO_4$$

将得到的粗汞用稀 HNO_3 洗涤并鼓入空气，使一些较活泼的金属杂质被氧化而溶于 HNO_3，然后将汞进行真空蒸馏提纯，得到 99.9% 的纯汞。

15.2.1 锌副族元素单质的物理化学性质

(1) 锌、镉、汞的物理性质及应用

锌是蓝白色有光泽的金属，镉和汞是银白色有光泽的金属。锌、镉、汞分别位于第一、二、三过渡系之末，其单质的熔点、沸点都比同一过渡系金属单质低。在所有金属中汞的熔点最低，常温下汞是唯一呈液态的金属。

锌可耐大气的腐蚀，可用于作防腐镀层（即白铁皮，把锌镀在铁片上）。此外，由于锌的电极电势较铁更负，故大量用于造船业作为牺牲阳极，防止河水，特别是海水对铁质船体的腐蚀。

镉能耐大气、碱和海水的腐蚀，故同锌一样，广泛应用于飞机、船舶的防腐镀层。^{113}Cd具有很强的俘获中子能力，可用于制造核反应堆控制棒。

汞又称水银，热膨胀系数很大，在0～200℃范围内受热时均匀膨胀且不润湿玻璃，故用于制造温度计。汞的蒸气在电弧中能导电，并辐射出紫外光，可用于制作高压水银灯。

纯汞是有毒的，它的化合物和盐的毒性更高，口服、吸入或接触后可以导致脑和肝等的损伤。虽然纯汞比其化合物的毒性低，但它依然是一种很危险的污染物，因为它在生物体内形成毒性很高的有机化合物，因此在操作汞时要特别小心。尽管汞的沸点很高，但在室内温度下饱和的汞蒸气已经达到了中毒剂量的数倍，故盛汞的容器要特别防止它溢出或蒸发，加热汞一定要在一个通风和过滤良好的罩子下进行。如果含有水银的用品一旦被打破，水银会形成球体滚落。这时，要先关掉室内所有加热装置，打开窗户通风；然后戴上手套，用小铲子把水银收集起来处理，或在上面撒些硫黄粉末，硫和汞反应能生成不易溶于水的硫化汞，大大降低汞的危害。处理散落在地的水银时最好戴上口罩。

锌、镉、汞之间或与其它许多金属可形成合金。汞能溶解许多金属形成汞齐，在工业上有许多重要用途。如铊汞齐在-60℃才凝固，可用于制造低温温度计。钠汞齐常用作还原剂广泛应用于有机合成。混汞法提金就是利用汞与金矿中的金形成汞齐，从而与金矿中其它的矿物分离的炼金方法。由于铁不形成汞齐，故汞可以储存于铁罐中。

锌族元素的一些性质列于表15-4。

表 15-4　锌族元素的一些性质

性　质	Zn	Cd	Hg	性　质		Zn	Cd	Hg
原子序数	30	48	80	原子半径/pm		134	151	151
原子量	65.39	112.411	200.59	常见氧化态		+2	+2	+2，+1
颜色	蓝白色	银白色	银白色	离子半径/pm	M^{2+}	74	95	102
熔点/℃	419.58	320.9	-38.87		M^+	—	—	119
沸点/℃	907	765	356.58	第一电离能/kJ·mol^{-1}		906.1	876.5	1007
密度/g·cm^{-3}	7.14	8.642	13.59	第二电离能/kJ·mol^{-1}		1733	1631	1809
价电子构型	3d^{10}4s^2	4d^{10}5s^2	5d^{10}6s^2	第三电离能/kJ·mol^{-1}		3831	3644	3300
电负性	1.6	1.7	1.9					

（2）锌、镉、汞的化学性质

锌副族元素的电极电势图如图15-7。

锌、镉、汞的化学活性按Zn、Cd、Hg的次序依次降低。锌与镉性质上相似，而汞与它们相差较大。在干燥的空气中，锌、镉、汞的单质均很稳定。在潮湿的空气中，锌表面形成一层致密的碱式碳酸盐薄膜，阻止了锌进一步被氧化：

$$4Zn + 3H_2O + 2O_2 + CO_2 = 3Zn(OH)_2 \cdot ZnCO_3$$

受热时，Zn和Cd生成白色的ZnO和棕色的CdO。汞加热时缓慢氧化成红色的HgO。

Zn和Cd加热时可与卤素反应生成卤化物，锌与硫黄加热可得到ZnS。而Hg常温下即可与卤素或硫黄反应。室温下汞蒸气与碘蒸气化合生成HgI$_2$，故可将碘升华以除去空气中混有的少量汞蒸气。将汞与硫粉一起研磨，极易形成HgS，因此，不慎将汞撒落在地上无法收集时，撒上硫黄粉，使Hg形成极难溶的HgS。

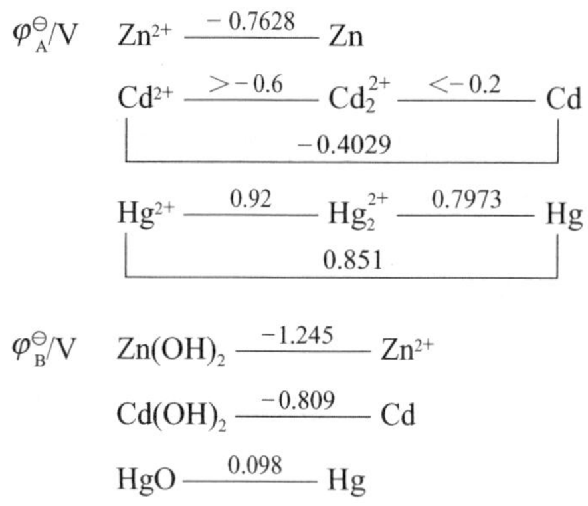

$\varphi_A^\ominus/V$

$$Zn^{2+} \xrightarrow{-0.7628} Zn$$

$$Cd^{2+} \xrightarrow{>-0.6} Cd_2^{2+} \xrightarrow{<-0.2} Cd$$
$$\xrightarrow{-0.4029}$$

$$Hg^{2+} \xrightarrow{0.92} Hg_2^{2+} \xrightarrow{0.7973} Hg$$
$$\xrightarrow{0.851}$$

$\varphi_B^\ominus/V$

$$Zn(OH)_2 \xrightarrow{-1.245} Zn^{2+}$$

$$Cd(OH)_2 \xrightarrow{-0.809} Cd$$

$$HgO \xrightarrow{0.098} Hg$$

图 15-7　锌副族元素的电极电势图

Zn 在红热时，可被水蒸气或 CO_2 所氧化：

$$Zn + H_2O = ZnO + H_2$$
$$Zn + CO_2 = ZnO + CO$$

因此工业上在冶炼单质锌时，要尽量去除反应体系中的 H_2O 或 CO_2。

Zn 与 Al 相似，都是两性金属，可溶于非氧化性酸或强碱，放出 H_2。但是 Al 不溶于氨水而 Zn 可生成 $[Zn(NH_3)_4]^{2+}$ 溶于浓氨水：

$$Zn + 4NH_3 + 2H_2O = [Zn(NH_3)_4](OH)_2 + H_2\uparrow$$

Cd 能溶于非氧化性酸，放出氢气：

$$Cd + 2HCl = CdCl_2 + H_2\uparrow$$

镉与氧化性酸（如浓硫酸、硝酸）反应较为复杂，反应产物与温度、酸的浓度有关。汞与水蒸气、碱、稀盐酸均不反应，与浓硫酸、硝酸反应时，产物亦随温度、酸的浓度、汞与酸的比例关系等因素有关：

$$Hg + 2H_2SO_4(浓) = HgSO_4 + SO_2\uparrow + 2H_2O$$
$$2Hg + 2H_2SO_4(浓) = Hg_2SO_4 + SO_2\uparrow + 2H_2O$$
$$Hg + 4HNO_3(热,浓) = Hg(NO_3)_2 + 2NO_2\uparrow + 2H_2O$$
$$6Hg + 8HNO_3(冷,稀) = 3Hg_2(NO_3)_2 + 2NO\uparrow + 4H_2O$$

15.2.2　锌副族元素的氧化物和氢氧化物

(1) 氧化锌（zinc oxide）**和氢氧化锌**（zinc hydroxide）

氧化锌是最重要的也是生产量最大的锌的化合物，它是冶炼锌的中间产物，也是制备其他锌化合物的原料。ZnO 可由相应的碳酸盐、硝酸盐加热分解得到：

$$ZnCO_3 \xrightarrow{\triangle} ZnO + CO_2$$

纯氧化锌为白色，有"锌白"之称，可作白色颜料。当氧化锌受热时，会有少量氧原子溢出（800℃时溢出氧原子占总数 0.007%）而显黄色。当温度下降后晶体则恢复白色。

氧化锌是一种两性氧化物，难溶于水或乙醇，但可溶于大多数酸，例如盐酸（hydrochloric acid）：

$$ZnO + 2HCl = ZnCl_2 + H_2O$$

同时可以与强碱反应生成可溶性锌酸盐，例如与氢氧化钠反应：

$$ZnO + 2NaOH + H_2O = Na_2[Zn(OH)_4]$$

氧化锌在脂肪酸中可发生缓慢的反应，生成相应的羧酸盐，如油酸盐和硬脂酸盐。氧化锌可以与硫化氢发生反应，在工业生产中该反应常用来除去混合气体中的硫化氢：

$$ZnO + H_2S \longrightarrow ZnS + H_2O$$

氧化锌是橡胶硫化的重要反应物，氧化锌和硬脂酸的混合可加强橡胶的硬化度。氧化锌作为汽车轮胎的添加剂，除了硫化作用，还能大大提高橡胶的热传导性能，从而有助于轮胎的散热，保证行车安全，同时也能阻止霉菌生物或紫外线对橡胶的侵蚀。氧化锌是水泥的一种添加剂，能缩减水泥的硬化时间，并提高水泥的防水性能。在玻璃、陶瓷的制作中，氧化锌可用作助熔剂，降低玻璃和陶瓷的烧结温度。

添加铝、镓和氮的氧化锌的透明度达 90%，可用作玻璃涂料，让可见光通过的同时反射红外线。可涂在窗户玻璃的表面，以达到保温或隔热的效果。

氧化锌具有除臭、抗菌的功能，因而在棉织物、橡胶、食品包装等内常添加氧化锌。在食品中添加的氧化锌不仅具有一定的防腐作用，更能作为锌源为人体补充必需的锌元素。混有约 0.5% 氧化铁的氧化锌被称为炉甘石,用于配制治疗急性瘙痒性皮肤病的炉甘石洗剂。

氧化锌吸收波长 280～400nm 的紫外线的能力格外强,因此常添加到防晒霜产品中,以防止晒伤和其它由紫外线引起的皮肤病。

掺有铝元素的氧化锌被用作透明电极,该复合材料的成本和毒性比传统的氧化铟锡要小得多。因此,氧化锌已经在太阳能电池和液晶显示屏上得到应用。

氢氧化锌为白色难溶于水的沉淀,可通过向可溶性锌盐中加入适量碱得到:

$$Zn^{2+} + 2OH^- \Longrightarrow Zn(OH)_2 \downarrow$$

氢氧化锌对热不稳定,受热易脱水生成氧化锌:

$$Zn(OH)_2 \xrightarrow{1050K} ZnO + H_2O$$

氢氧化锌呈两性,可溶于酸或碱生成锌盐或锌酸盐:

$$Zn(OH)_2 + H_2SO_4 \Longrightarrow ZnSO_4 + 2H_2O$$

$$Zn(OH)_2 + 2NaOH \Longrightarrow Na_2[Zn(OH)_4]$$

氢氧化锌还可溶于氨水:

$$Zn(OH)_2 + 4NH_3 \Longrightarrow [Zn(NH_3)_4]^{2+} + 2OH^-$$

而氢氧化铝不溶于氨水。因此可利用氨水来分离溶液中的 Zn^{2+} 和 Al^{3+}。

(2) 氧化镉(cadmium oxide)**和氢氧化镉**(cadmium hydroxide)

氢氧化镉为白色难溶于水的沉淀,可通过向可溶性镉盐加入适量碱得到:

$$Cd^{2+} + 2OH^- \Longrightarrow Cd(OH)_2 \downarrow$$

$Cd(OH)_2$ 碱性强于 $Zn(OH)_2$,常温下难溶于稀的强碱,加热下缓慢溶于浓的强碱,生成 $Na_2[Cd(OH)_4]$。氢氧化镉可溶于氨水:

$$Cd(OH)_2 + 4NH_3 \Longrightarrow [Cd(NH_3)_4]^{2+} + 2OH^-$$

$Cd(OH)_2$ 受热分解为棕褐色的氧化镉:

$$Cd(OH)_2 \xrightarrow{470K} CdO + H_2O$$

可见 $Cd(OH)_2$ 的热稳定性低于 $Zn(OH)_2$。

CdO 是共价化合物,难溶于水,呈碱性。CdO 在无机工业中用于制取各种镉盐;有机合成中用于制造催化剂;电镀工业中用于配制镀铜的电镀液;电池工业中用于制造蓄电池的电极;颜料工业中用于制造镉颜料,应用于油漆、玻璃、搪瓷和陶器釉药中;冶金工业中用于制造各种合金,如硬钢合金、印刷合金等。

(3) 汞的氧化物及氢氧化物

由于 Hg^{2+} 极化力强,变形性大,$Hg(OH)_2$ 极不稳定,向可溶性汞盐溶液中加入碱得到的是黄色的 HgO 而非 $Hg(OH)_2$:

$$Hg^{2+} + 2OH^- \Longrightarrow HgO \downarrow (黄色) + H_2O$$

黄色 HgO 受热可转化为红色的 HgO,两种 HgO 晶体结构相同,黄色 HgO 晶粒较红色为小。HgO 是共价化合物,难溶于水,呈碱性。加热易分解:

$$2HgO \Longrightarrow 2Hg + O_2$$

向可溶亚汞盐溶液中加入 NaOH 得到黑褐色的 Hg_2O 与 Hg 的混合沉淀:

$$Hg_2(NO_3)_2 + 2NaOH \Longrightarrow 2NaNO_3 + HgO \downarrow + Hg \downarrow + H_2O$$

Hg_2O 是共价化合物,黑褐色,难溶于水,呈碱性。Hg_2O 不稳定,见光易分解:

$$Hg_2O(黑褐色) \Longrightarrow HgO(黄色) + Hg(黑色)$$

15.2.3 锌副族元素的化合物

(1) 卤化物

锌族元素卤化物的一些性质列于表 15-5。

表 15-5　锌族元素卤化物的一些性质

分子式	晶型	颜色	熔点/℃	沸点/℃	溶解性质 水	溶解性质 其他溶剂
ZnF_2	四方	白	872	1500	微溶	
$ZnCl_2$		白	290	732	易溶	乙醇,丙酮
$ZnBr_2$	六方	白	394	679	易溶	乙醚,易溶于乙醇
ZnI_2		白	446	625	易溶	乙醇,乙醚
CdF_2	立方	白	1110	1748	微溶	酸
$CdCl_2$	正交	白	564	960	易溶	丙酮,微溶于乙醇
$CdBr_2$	六方	白	568	844	溶	微溶于丙酮、乙醇
CdI_2	六方	白	387	742	溶	丙酮,乙醇,乙醚
HgF_2	立方	白	645	650	分解	氢氟酸,稀硝酸
$HgCl_2$	正交	白	276	304	微溶	甲醇,丙酮,乙醇,乙醚,微溶于苯
$HgBr_2$	正交	白	236	322	微溶	甲醇,乙醇,微溶于氯仿
HgI_2	四方	红	259	345	不溶	微溶于丙酮、乙醇、乙醚
Hg_2F_2	四方	黄	570	>570 分解	分解	
Hg_2Cl_2	四方	白	383(升华)		不溶	
Hg_2Br_2	四方	白	345(升华)		不溶	
Hg_2I_2		黄色	140(升华)		不溶	

由表 15-5 可见,所有的氟化物的熔点和沸点都比其相应的卤化物高得多,所以氟化物基本为离子化合物,而其它卤化物都表现出共价性。Hg(Ⅱ)和 Hg(Ⅰ)的氯化物、溴化物、碘化物的熔点、沸点都较低,显然都是共价化合物。

① **卤化锌**　卤化锌中以氯化锌最重要。工业上常用 Zn、ZnO 或 $ZnCO_3$ 与盐酸反应,经浓缩可得 $ZnCl_2 \cdot H_2O$ 白色晶体。$ZnCl_2 \cdot H_2O$ 加热时不易脱水而易水解形成碱式盐:

$$ZnCl_2 \cdot H_2O = Zn(OH)Cl + HCl$$

$ZnCl_2$ 吸水性强,在水中溶解度很大(10℃时,100g 水可溶解 330g 无水盐),故有机反应中无水氯化锌常用作脱水剂和催化剂。浓的 $ZnCl_2$ 溶液有明显的酸性:

$$ZnCl_2 \cdot H_2O = H[ZnCl_2(OH)]$$

因此它能溶解金属氧化物:

$$2H[ZnCl_2(OH)] + FeO = Fe[ZnCl_2(OH)]_2 + H_2O$$

因此,在金属焊接时常用 $ZnCl_2$ 清除金属表面的氧化物。

② **卤化汞**　卤化汞可通过汞和卤素共热、Hg^{2+} 与卤离子反应或 HgO 与氢卤酸反应制得:

$$Hg^{2+} + 2I^- = HgI_2 \downarrow (红色)$$
$$HgO + 2HCl = HgCl_2 + H_2O$$

除 HgF_2 为离子化合物外,其余卤化汞皆为共价化合物。由于 Hg 原子以 sp 杂化轨道成键,所以 HgX_2 均为直线形分子。$HgCl_2$ 易升华,俗称升汞。HgF_2(白色)易水解。按 $HgCl_2 \rightarrow HgBr_2 \rightarrow HgI_2$ 顺序,卤化汞在水中溶解度急剧降低。$HgCl_2$ 微溶于水(常温下 100g 水可溶解 6~7g),因其易水解产生碱式盐沉淀,故配制 $HgCl_2$ 溶液时应加入适量盐酸。

$$HgCl_2 + H_2O \Longleftrightarrow Hg(OH)Cl \downarrow + HCl$$

$HgCl_2$ 也易发生氨基反应生成白色的氨基氯化汞沉淀:

$$HgCl_2 + 2NH_3 \Longleftrightarrow Hg(NH_2)Cl \downarrow + NH_4Cl$$

酸性溶液中，$HgCl_2$ 可被 $SnCl_2$ 溶液还原成白色的 Hg_2Cl_2 沉淀，过量的 $SnCl_2$ 可将 Hg_2Cl_2 还原成金属 Hg 而使沉淀变为棕黑色，据此可用于 Hg^{2+} 或 Sn^{2+} 的鉴定:

$$2HgCl_2 + SnCl_2 \Longleftrightarrow Hg_2Cl_2 \downarrow + SnCl_4$$
$$Hg_2Cl_2 + SnCl_2 \Longleftrightarrow 2Hg \downarrow + SnCl_4$$

HgX_2 可与过量的卤离子反应生成无色的配离子:

$$HgI_2 + 2I^- \Longleftrightarrow [HgI_4]^{2-}$$

$[HgI_4]^{2-}$ 与 KOH 的混合溶液称为奈斯勒（Nessler）试剂，与氨或铵盐反应生成特殊的棕褐色碘化氨基氧化汞沉淀，可用于检验氨或 NH_4^+:

$$2[HgI_4]^{2-} + NH_3 + 3OH^- \Longleftrightarrow HgOHg(NH_2)I \downarrow + 7I^- + 2H_2O$$
$$2[HgI_4]^{2-} + NH_4^+ + 4OH^- \Longleftrightarrow HgOHg(NH_2)I \downarrow + 7I^- + 3H_2O$$

$HgOHg(NH_2)I$ 的结构式为 $\left[O \begin{matrix} Hg \\ Hg \end{matrix} NH_2 \right] I$。

③ **卤化亚汞（mercurous halide）** Hg_2X_2 分子中 Hg 原子以 sp 杂化轨道成键，故 Hg_2X_2 均为直线型分子。Hg_2F_2 易溶于水，并歧化产生灰褐色沉淀:

$$Hg_2F_2 + H_2O \Longleftrightarrow HgO \downarrow + Hg \downarrow + 2HF$$

而 Hg_2Cl_2（白色）、Hg_2Br_2（白色）、Hg_2I_2（淡绿色）均难溶于水且溶解度依次降低。Hg_2Cl_2 是最常用的卤化亚汞。由于其味甜，又称"甘汞"，医药上可用作缓泻剂及治疗皮肤病。工业上常用 Hg_2Cl_2 来制造参比电极，电极反应为:

$$Hg_2Cl_2(s) + 2e \Longleftrightarrow 2Hg(l) + 2Cl^-$$

Hg_2X_2 光照或受热时易歧化为 HgX_2 和 Hg:

$$Hg_2X_2 \Longleftrightarrow HgX_2 + Hg$$

Hg_2X_2 可溶于过量的卤离子，生成配离子和单质汞，溶液呈灰褐色:

$$Hg_2X_2 + 2X^- \Longleftrightarrow [HgX_4]^{2-} + Hg \downarrow$$

Hg_2Cl_2 与氨水反应生成氯化氨基汞和汞的灰褐色沉淀，可用此反应来检验溶液中是否存在 Hg_2^{2+}:

$$Hg_2Cl_2 + 2NH_3 \Longleftrightarrow Hg(NH_2)Cl \downarrow + Hg \downarrow + NH_4Cl$$

(2) 硫化物

分别向 Zn^{2+}、Cd^{2+}、Hg^{2+} 的可溶盐溶液中加入 $(NH_4)_2S$ 溶液，可得到白色的 ZnS、黄色的 CdS、黑色的 HgS 沉淀。ZnS、CdS、HgS 在水中的溶解度依次减小，HgS 是最难溶的硫化物沉淀之一。ZnS 溶于稀盐酸或硫酸，不溶于醋酸；CdS 只溶于较浓的盐酸或硫酸，可溶于硝酸；而 HgS 只溶于王水和 Na_2S 溶液:

$$3HgS + 2HNO_3 + 12HCl \Longleftrightarrow 3H_2[HgCl_4] + 3S \downarrow + 2NO \uparrow + 4H_2O$$
$$HgS + Na_2S \Longleftrightarrow Na_2[HgS_2]$$

ZnS 晶体可制成荧光粉，用于电视屏幕、阴极管等。CdS 又称"镉黄"，是名贵的颜料。高纯度的 CdS 是良好的半导体材料，可用于太阳能电池、阴极射线发光材料等。

(3) 硫酸盐

$ZnSO_4 \cdot 7H_2O$ 俗称锌矾或皓矾。将单质 Zn 或 ZnO 溶于稀硫酸，再浓缩、冷却后即可得到 $ZnSO_4 \cdot 7H_2O$ 晶体。$ZnSO_4 \cdot 7H_2O$ 受热后可逐步脱水至无水盐（280℃）。加热至930℃时，$ZnSO_4$ 分解:

$$2ZnSO_4 = 2ZnO + 2SO_2\uparrow + O_2\uparrow$$

$ZnSO_4$ 溶液和 BaS 溶液混合,立即生成白色的 ZnS 和 $BaSO_4$ 沉淀:

$$ZnSO_4 + BaS = ZnS\downarrow + BaSO_4\downarrow$$

经过滤、干燥即可得到建筑业常用的优质白色涂料"锌钡白"。

硫酸镉有两种结晶水合物 $3CdSO_4 \cdot 8H_2O$ 和 $CdSO_4 \cdot H_2O$,可通过 Cd 或 $CdCO_3$ 与稀 H_2SO_4 制备。因 $CdSO_4$ 的溶解度随温度变化很小,用其饱和溶液做电池的电解质时电动势很稳定,故 $CdSO_4$ 常用于制备标准镉电极。

(4) 硝酸盐

硝酸汞 $Hg(NO_3)_2$ 和硝酸亚汞 $Hg_2(NO_3)_2$ 是常用的可溶性的汞盐。汞与 HNO_3 反应时,HNO_3 过量可得到 $Hg(NO_3)_2$,汞过量则得到 $Hg_2(NO_3)_2$。$Hg(NO_3)_2$ 和 $Hg_2(NO_3)_2$ 在水溶液中都能发生一定程度的水解:

$$3Hg(NO_3)_2 + 3H_2O = Hg_3O_2(NO_3)_2 \cdot H_2O\downarrow + 4HNO_3$$
$$Hg_2(NO_3)_2 + H_2O = Hg_2(OH)NO_3\downarrow + HNO_3$$

为了防止水解,在配制硝酸汞或硝酸亚汞溶液时,需加入适量的 HNO_3。

$Hg(NO_3)_2$ 和 $Hg_2(NO_3)_2$ 对热不稳定,是锌族元素硝酸盐中热稳定性最差的,$Hg(NO_3)_2$ 在 180℃(沸点)即分解:

$$2Hg(NO_3)_2 \xrightarrow{180℃} 2HgO + 4NO_2 + O_2$$

水合晶体对热稳定性更差。水合硝酸汞晶体在约 145℃ 时熔化并分解:

$$Hg(NO_3)_2 \cdot \frac{1}{2}H_2O \xrightarrow{145℃} HgO + 2NO_2 + \frac{1}{2}O_2 + \frac{1}{2}H_2O$$

水合硝酸亚汞的分解温度更低,当温度高于 70℃ 时即发生分解:

$$Hg_2(NO_3)_2 \cdot 2H_2O = HgO + Hg + 2NO_2 + \frac{1}{2}O_2 + 2H_2O$$

(5) 配合物

Zn^{2+}、Cd^{2+}、Hg^{2+} 均为 18e 构型离子,有较强的极化力(polarization force)和变形性(deformability),较易形成配合物。而 Hg_2^{2+} 一般与配体反应歧化生成 Hg^{2+} 配合物和单质 Hg。

① 氨配合物 向 Zn^{2+} 溶液中加入氨水时,首先生成白色的 $Zn(OH)_2$,氨水过量时生成 $[Zn(NH_3)_4]^{2+}$ 而溶解,再向其中加入 Na_2S 又有白色的 ZnS 沉淀析出;Cd^{2+} 与 Zn^{2+} 类似,但生成的 CdS 为黄色沉淀;而 Hg^{2+} 一般生成氨基化物(如 $HgNH_2Cl$、$HgO \cdot HgNH_2NO_3$)的白色沉淀,仅当有过量铵盐存在时才生成氨配合物:

$$M(OH)_2 + 4NH_3 = [M(NH_3)_4]^{2+} + 2OH^-$$
$$[M(NH_3)_4]^{2+} + S^{2-} = MS\downarrow + 4NH_3 \quad (M=Zn^{2+}、Cd^{2+})$$
$$2Hg(NO_3)_2 + 4NH_3 \cdot H_2O = HgO \cdot HgNH_2NO_3\downarrow + 3NH_4NO_3 + 3H_2O$$

② 氰配合物 Zn^{2+}、Cd^{2+}、Hg^{2+} 均可与 CN^- 形成配位数为 4 的很稳定的氰配合物:

$$Zn^{2+} + 4CN^- = [Zn(CN)_4]^{2-} \quad K_{稳}^{\ominus}=1.0\times10^{16}$$
$$Cd^{2+} + 4CN^- = [Cd(CN)_4]^{2-} \quad K_{稳}^{\ominus}=1.3\times10^{18}$$
$$Hg^{2+} + 4CN^- = [Hg(CN)_4]^{2-} \quad K_{稳}^{\ominus}=3.3\times10^{41}$$

③ 其它配合物 Zn^{2+}、Cd^{2+}、Hg^{2+} 还可与 SCN^- 和卤离子形成配位数为 4 的一系列配合物,其中 $[HgI_4]^{2-}$ 与 KOH 的混合溶液称为奈斯勒(Nessler)试剂,可用于检验氨或 NH_4^+。Zn^{2+} 或 Cd^{2+} 与亚铁氰化钾反应,均可生成白色的 $Zn_2[Fe(CN)_6]$ 或 $Cd_2[Fe(CN)_6]$ 的白色沉淀,亦可用于 Zn^{2+} 或 Cd^{2+} 的鉴定。

$$2M^{2+} + [Fe(CN)_6]^{4-} \rightleftharpoons M_2[Fe(CN)_6]\downarrow \quad (M=Zn^{2+}、Cd^{2+})$$

在强碱性介质中，Zn^{2+} 与二苯硫腙反应生成粉红色螯合物，螯合物能溶于 CCl_4 溶液中。反应不受其它离子干扰，常用于鉴定 Zn^{2+}。

$$\begin{array}{c}HN-NH-C_6H_5\\|\\C=S\\|\\N=N-C_6H_5\end{array} + \frac{1}{2}Zn^{2+} \rightleftharpoons \begin{array}{c}HN-N-C_6H_5\\|\\C=S\rightarrow\frac{1}{2}Zn\\|\\N=N-C_6H_5\end{array} + H^+$$

二苯硫腙　　　　　　　　　　　粉红色

(6) Hg^{2+} 与 Hg_2^{2+} 的相互转化

Hg^{2+} 与 Hg_2^{2+} 的相互转化取决于反应条件。在酸性介质中，由图 15-7 汞的电势图可知，Hg_2^{2+} 能稳定存在于溶液中，不发生歧化，而 Hg^{2+} 可和 Hg 反应生成 Hg_2^{2+}：

$$Hg^{2+} + Hg \rightleftharpoons Hg_2^{2+}$$

该反应的平衡常数：

$$\lg K^{\ominus} = \frac{nE^{\ominus}}{0.0592} = \frac{0.92-0.7973}{0.0592} = 2.073$$

$$K^{\ominus} = \frac{[Hg_2^{2+}]}{[Hg^{2+}]} = 118$$

可见反应进行得比较完全。当体系达到平衡时，Hg^{2+} 基本上可转化为 Hg_2^{2+}。如要使 Hg_2^{2+} 转化为 Hg^{2+}，必须加入沉淀剂或配位剂使 Hg^{2+} 生成沉淀或配离子，Hg^{2+} 浓度大为降低，Hg_2^{2+} 就会发生歧化反应，如加入碱、硫化物、碳酸盐、氰化物等：

$$Hg_2^{2+} + 2OH^- \rightleftharpoons HgO\downarrow + Hg\downarrow + H_2O$$
$$Hg_2^{2+} + 4I^- \rightleftharpoons [HgI_4]^{2-} + Hg\downarrow$$
$$Hg_2^{2+} + S^{2-} \rightleftharpoons HgS\downarrow + Hg\downarrow$$
$$Hg_2^{2+} + CO_3^{2-} \rightleftharpoons HgO\downarrow + Hg\downarrow + CO_2\uparrow$$
$$Hg_2^{2+} + 4CN^- \rightleftharpoons [Hg(CN)_4]^{2-} + Hg\downarrow$$

思 考 题

1. 试从原子结构上解释ⅠB与ⅠA，ⅡB与ⅡA族金属元素在性质上的异同。
2. 试比较 Zn、Cd、Hg 的氧化物和氢氧化物酸碱性的递变规律。何者具有两性？其单质也有两性吗？
3. 铁能使 Cu^{2+} 还原，而铜能使 Fe^{3+} 还原，这两者是否矛盾？试解释其原因。
4. 请比较气态时 Cu^+ 和 Cu^{2+} 的稳定性。在水溶液中两者的稳定性又会发生什么变化？解释其原因。
5. 用化学原理解释以下现象，并写出相应的化学方程式：
(1) 铜器在潮湿空气中久置会生成铜绿；
(2) 金不溶于浓盐酸或硝酸，但可溶于王水；
(3) HgS 不溶于浓盐酸或硝酸，但可溶于王水或 Na_2S 溶液；
(4) 有机化学上为什么可用 $[Ag(NH_3)_2]^+$ 鉴定醛基？
6. 什么叫奈斯勒（Nessler）试剂？它的用途是什么？
7. 焊接时为什么可以用浓 $ZnCl_2$ 溶液处理铁皮表面？
8. 怎样鉴定 Hg^{2+}？
9. Hg_2^{2+} 常温下易发生歧化反应吗？Hg_2^{2+} 与 Hg^{2+} 转化的条件是什么？
10. 在 Cu^{2+}、Ag^+、Zn^{2+}、Cd^{2+}、Hg^{2+} 和 Hg_2^{2+} 的溶液中，分别加入适量的 NaOH 溶液，各生成什么沉淀？写出有关的离子反应方程式。
11. 试比较铜副族元素和锌副族元素的通性，为什么说锌副族元素较同周期的铜副族元素活泼？
12. 选择题

(1) 在亚汞盐溶液中通入 H_2S 气体或加入氨水，歧化反应能自发进行，此时 H_2S 或氨水是（　　）。
　A. 沉淀剂　　　　B. 氧化剂　　　　　　C. 还原剂　　　　　　D. 配位剂
(2) 下列离子能与 I^- 发生氧化还原反应的是（　　）。
　A. Zn^{2+}　　　　B. Hg^{2+}　　　　　C. Cu^{2+}　　　　　D. Ag^+
(3) 在水溶液中 Cu(Ⅱ) 可以转化为 Cu(Ⅰ)，但需要一定的条件，该条件简述得最全面的是（　　）。
　A. 有还原剂存在即可
　B. 有还原剂存在，同时反应中 Cu(Ⅰ) 能生成沉淀
　C. 有还原剂存在，同时反应中 Cu(Ⅰ) 能生成配合物
　D. 有还原剂存在，同时反应中 Cu(Ⅰ) 能生成沉淀或配合物
(4) 下列元素的电子构型中外层 4s 轨道只有一个电子，次外层全充满的是（　　）。
　A. Zn　　　　　　B. Cu　　　　　　　　C. K　　　　　　　　D. Cr
(5) 室温下，锌粒不能从下列物质中置换出氢气的是（　　）。
　A. HCl 溶液　　　B. NaOH 溶液　　　　C. 稀 H_2SO_4　　　　D. 水
(6) 下列硫化物不能溶于 HNO_3 的是（　　）。
　A. ZnS　　　　　B. CuS　　　　　　　C. CdS　　　　　　　D. HgS
(7) 今有五种硝酸盐：$Cu(NO_3)_2$、$AgNO_3$、$Hg(NO_3)_2$、$Hg_2(NO_3)_2$ 和 $Cd(NO_3)_2$，往这些溶液中分别滴加下列哪一种试剂即可将它们区别开来？（　　）
　A. H_2SO_4　　　B. HNO_3　　　　　C. HCl　　　　　　　D. 氨水
(8) 与稀 H_2SO_4 作用有金属单质生成的是（　　）。
　A. Ag_2O　　　　B. Cu_2O　　　　　C. ZnO　　　　　　　D. HgO
(9) 与银反应能置换出氢气的稀酸是（　　）。
　A. H_2SO_4　　　B. HNO_3　　　　　C. HCl　　　　　　　D. HI
(10) 向 $Hg_2(NO_3)_2$ 溶液中加入 NaOH，生成的沉淀是（　　）。
　A. Hg_2O　　　　B. HgOH　　　　　　C. $HgO+Hg$　　　　D. $Hg(OH)_2+Hg$

习　题

15.1　完成下列反应方程式：
(1) $Cu + H_2SO_4(浓) \longrightarrow$
(2) $Au + H_2O + CN^- + O_2 \longrightarrow$
(3) $[Cu(OH)_4]^{2-} + C_6H_{12}O_6 \longrightarrow$
(4) $Cu(OH)_2 + NH_3 \cdot H_2O \longrightarrow$
(5) $Cu_2S + HNO_3(浓) \longrightarrow$
(6) $AgBr + Na_2S_2O_3 \longrightarrow$
(7) $ZnO + NaOH + H_2O \longrightarrow$
(8) $Cd(OH)_2 + NH_3 \longrightarrow$
(9) $HgCl_2 + Sn^{2+}(少量) \longrightarrow$
(10) $HgCl_2 + Sn^{2+}(过量) \longrightarrow$
(11) $Hg(NO_3)_2 + NH_3 \longrightarrow$
(12) $Hg_2(NO_3)_2 + KOH \longrightarrow$
(13) $Hg^{2+} + I^-(少量) \longrightarrow$
(14) $Hg^{2+} + I^-(过量) \longrightarrow$
(15) $Hg_2Cl_2 + NH_3 \longrightarrow$
(16) $AgI + CN^- \longrightarrow$
(17) $Zn(OH)_2 + NH_3 \longrightarrow$
(18) $[Cd(NH_3)_4]^{2+} + S^{2-} \longrightarrow$

15.2　试选用适当的配合剂溶解以下沉淀，并写出有关的反应方程式：
(1) CuCl　　(2) $Cu(OH)_2$　　(3) AgBr　　(4) $Zn(OH)_2$　　(5) $Cd(OH)_2$　　(6) CuS

(7) PbS　　　(8) HgS　　　(9) $HgCl_2$　　　(10) HgI_2

15.3　许多金属离子都可以和 CN^- 形成稳定的配合物,为什么向 Cu^{2+} 溶液中加入 NaCN 却得不到 $[Cu(CN)_4]^{2-}$?

15.4　为什么铜、银、金可溶于浓的碱金属氰化物溶液中?为什么金难溶于浓盐酸或浓硝酸却易溶于王水中?

15.5　试分离并鉴定下述离子:Ag^+、Cu^{2+}、Zn^{2+}、Cd^{2+}、Hg^{2+}。

15.6　从 AgX 以及 ZnS、CdS、HgS 的颜色及水溶性变化递变规律,你能得出什么结论?试用有关化学原理解释之。

15.7　汞与 HNO_3 反应,为什么既能得到 $Hg(NO_3)_2$,又能得到 $Hg_2(NO_3)_2$?

15.8　用适当的方法区别下列各组物质:
(1) 锌盐和铝盐;　　　　　　　　　(2) 升汞和甘汞;
(3) 锌盐和镉盐;　　　　　　　　　(4) 氯化银和氯化汞。

15.9　计算下列反应的 $K^\ominus$ 值,并根据 $K^\ominus$ 说明反应进行的趋势:
(1) $AgCl(s) + 2S_2O_3^{2-} \rightleftharpoons [Ag(S_2O_3)_2]^{3-} + Cl^-$　　　$K_1^\ominus$
(2) $AgBr(s) + 2S_2O_3^{2-} \rightleftharpoons [Ag(S_2O_3)_2]^{3-} + Br^-$　　　$K_2^\ominus$
(3) $AgI(s) + 2S_2O_3^{2-} \rightleftharpoons [Ag(S_2O_3)_2]^{3-} + I^-$　　　$K_3^\ominus$

15.10　分别在 $Cu(NO_3)_2$、$AgNO_3$、$Hg(NO_3)$ 溶液中加入过量的 KI 溶液,各得到什么产物?写出反应方程式。

15.11　选用适当的试剂溶解下列金属(以反应式表示):
　　　　Cu　　Ag　　Au　　Zn　　Cd　　Hg

15.12　将少量的某钾盐溶液 A 加到一硝酸盐溶液 B 中,生成黄绿色沉淀 C。将少量 B 加到 A 中则生成无色溶液 D 和灰黑色沉淀 E。将 D 和 E 分离后,在 D 中加入无色硝酸盐 F,可生成金红色的沉淀 G。F 与过量的 A 反应则生成 D。F 与 E 反应有 B 生成。试确定各字母所代表的物质并写出有关反应方程式。

15.13　白色固体 A 不溶于水和氢氧化钠溶液,溶于盐酸生成无色溶液 B 和气体 C。在溶液 B 中滴加氨水先有白色沉淀 D 生成,而后 D 又溶于过量的氨水形成无色溶液 E。将气体 C 通入硫酸镉溶液中得黄色沉淀 F。若将 C 通入 E 中则析出固体 A。试根据上述实验现象判断各字母所代表的物质。

15.14　某黑色固体 A 不溶于水和 NaOH 溶液,可溶于盐酸得到绿色溶液 B。B 与铜丝一起煮沸生成土黄色溶液 C。用大量水稀释 C 可得到白色沉淀 D。D 可溶于氨水得到无色溶液 E,E 在空气中迅速氧化为蓝色溶液 F。向 F 中加入 KCN 则生成溶液 G,向 G 中加入锌粉,得到红黄色沉淀 H,H 不溶于稀盐酸和 NaOH 溶液,可溶于硝酸生成蓝色溶液 I,向 I 中加入适量 NaOH 溶液则生成蓝色沉淀 J,J 受热分解又可得到 A。试推断 A~J 各为什么物质,并写出有关的反应方程式。

15.15　设计一个不使用 H_2S 而能使下列离子分离的方案:
　　　　Al^{3+}、Cu^{2+}、Zn^{2+}、Hg^{2+}、Hg_2^{2+}

15.16　标准状态 298K 时,在水溶液中 Cu^+ 和 Hg_2^{2+} 分别发生歧化和反歧化反应:
　　　　$2Cu^+ \rightleftharpoons Cu^{2+} + Cu$　　　$Hg^{2+} + Hg \rightleftharpoons Hg_2^{2+}$
(1) 通过计算说明为什么 Cu^+ 和 Hg^{2+} 分别发生歧化和反歧化反应;
(2) 若使上述两可逆反应平衡向左移动,应采取什么措施?试举例说明;
(3) 当 Hg^{2+}、Hg_2^{2+} 和 Hg 处于平衡时,若 Hg^{2+} 的浓度为 0.10 mol·L^{-1},Hg_2^{2+} 浓度是否<1.0 mol·L^{-1} ?

15.17　CuCl、AgCl、Hg_2Cl_2 都是难溶于水的白色粉末,试用简便的化学方法鉴别这三种氯化物。

第16章 常见离子的分离和鉴定

16.1 离子的分离和鉴定概述

根据无机离子的性质,利用化学反应的方法,对无机元素进行分离和鉴定,在一些无法或难以使用仪器的地方(如地质队的野外考查)得到广泛的应用。无机元素的分离和鉴定分为干法分析和湿法分析两种。干法分析是反应在固体之间进行,例如焰色反应、熔珠试验、粉末研磨法等都属于干法,这类方法只用少量试剂和仪器,便于在野外环境作矿物鉴定之用。但由于这类方法本身不够完善,因此只能作为辅助的试验方法。湿法分析是指试样与试剂在水溶液中反应,以鉴定物质组成的分析方法。本章主要介绍湿法,即常见阳离子和阴离子的分离和鉴定。

16.1.1 鉴定反应和鉴定反应的条件

(1) 鉴定反应(identification reaction)

离子的分离和鉴定中的化学反应分为两大类型:一类用来分离或掩蔽离子,这类反应要求是反应进行得完全,有足够的速度,用起来方便;另一类用来鉴定离子,作为鉴定反应不仅反应要完全、迅速地进行,而且要有明显的外观特征,否则就无法鉴定某离子是否存在。因此鉴定反应必须有以下几种现象发生。

① 沉淀的生成或溶解 通过沉淀的生成或溶解来证实某种离子的存在,如溶液中加入HCl,有白色沉淀生成,表明溶液中可能存在 Ag^+、Pb^{2+}、Hg_2^{2+}。

$$Ag^+ + Cl^- \rightleftharpoons AgCl\downarrow(白色)$$

$$Pb^{2+} + 2Cl^- \rightleftharpoons PbCl_2\downarrow(白色)$$

$$Hg_2^{2+} + 2Cl^- \rightleftharpoons Hg_2Cl_2\downarrow(白色)$$

离心并弃去溶液,将沉淀洗涤后加入 NH_3 水,沉淀溶解表示只有 Ag^+ 存在。

$$AgCl\downarrow + 2NH_3 \rightleftharpoons [Ag(NH_3)_2]^+ + Cl^-$$

当用 HNO_3 酸化后又重新析出白色沉淀证实有 Ag^+ 存在。

$$[Ag(NH_3)_2]^+ + Cl^- + 2H^+ \rightleftharpoons AgCl\downarrow(白色) + 2NH_4^+$$

② 溶液颜色的改变 通过溶液的颜色改变来证实某种离子的存在,如在溶液中加入 $NaBiO_3$,用 HNO_3 酸化后溶液出现紫红色就表示溶液中有 Mn^{2+} 存在。

$$5NaBiO_3 + 2Mn^{2+} + 14H^+ \rightleftharpoons 2MnO_4^- + 5Bi^{3+} + 5Na^+ + 7H_2O$$

③ 气体的排出 通过反应产生的气体来证实某种离子的存在,观察气体的产生比较困难,一般利用气体的酸碱性、氧化还原性或与某些物质生成沉淀来判断,如溶液加入 NaOH 加热,用湿 pH 试纸检验,pH 试纸显碱色(pH 值在 10 以上),证实溶液存在 NH_4^+。

$$NH_4^+ + OH^- \xrightleftharpoons{\triangle} NH_3\uparrow + H_2O$$

(2) 鉴定反应的条件

鉴定反应需要在一定条件下才能进行,否则反应不能发生,或者得不到预期的效果。因此反应条件对离子的分离与鉴定都是十分重要的。重要的反应条件通常为以下几个方面。

① 反应离子的浓度 在鉴定反应中，要求溶液中相互反应的离子浓度足够大，这样才能保证反应显著，以便于观察。以沉淀反应为例，从理论上讲，溶液中生成沉淀的离子的离子积大于溶度积，沉淀就会生成。但在实际的鉴定反应中，为了得到足够量的沉淀，被测离子的浓度往往要比理论上计算的浓度大若干倍。这一点对于溶解度较大的沉淀尤其重要。例如：

$$Pb^{2+} + 2Cl^- \rightleftharpoons PbCl_2 \downarrow （白色）$$

$PbCl_2$ 在水中的溶解度较大（20℃时，100g 水中能溶解 0.99g），因此，要观察到沉淀析出，溶液中 Pb^{2+} 浓度必须足够大。

② 溶液的酸度 许多分离反应和鉴定反应都要求在一定酸度下进行，例如分离 Zn^{2+} 和 Cd^{2+}，在 HCl 浓度为 $0.3mol \cdot L^{-1}$ 时，用 H_2S 就能分离得比较完全。在鉴定反应中，溶液的酸度高低会妨碍鉴定。例如用 $Na_3Co(NO_2)_6$ 鉴定 K^+ 时，酸和碱均能分解 $[Co(NO_2)_6]^{3-}$，所以反应只能在中性或弱酸性溶液中进行。

适宜的酸度条件可以通过加入酸碱来调节，必要时还要用缓冲溶液来维持。例如以 K_2CrO_4 鉴定 Ba^{2+} 时，要求在 $pH=4\sim5$ 时生成沉淀，因此要加入 HAc-NaAc 缓冲溶液来保持这个酸度。

③ 溶液的温度 氧化还原反应的反应速率往往较慢，提高溶液的温度，可以明显加快反应速率。如：AsO_4^{3-} 的稀 HCl 溶液通入 H_2S，反应进行得很缓慢，当反应在加热下进行，速率就要快得多，As_2S_3 的沉淀很快生成。

④ 溶剂的影响 一般的分离鉴定反应都是在水溶液中进行的，但有些反应产物在水中的溶解度较大或不够稳定，这就需要加入适当的有机溶剂使其溶解度降低或使其稳定性增加。如：少量乙醇可降低 $CaSO_4$ 的溶解度；用生成 $CrO(O_2)_2$ 的方法鉴定 Cr^{3+} 时，鉴定反应在水溶液中极易生成不稳定的过铬酸 H_2CrO_6。但加入少量的乙醚或戊醇，$CrO(O_2)_2$ 很容易被乙醚或戊醇萃取，$CrO(O_2)_2$ 在乙醚或戊醇中比较稳定，有机层中就可以看到 $CrO(O_2)_2$ 的特征蓝色。

⑤ 催化剂（catalyst） 一些氧化还原反应只有在催化剂的存在下才能进行。如 $S_2O_8^{2-}$ 氧化 Mn^{2+} 的反应，除加热外还需加入 Ag^+ 作催化剂，Mn^{2+} 才被氧化成 MnO_4^-。否则，Mn^{2+} 只能氧化到正四价的锰，形成 $MnO(OH)_2$ 沉淀。

$$2Mn^{2+} + 5S_2O_8^{2-} + 8H_2O_2 \xrightleftharpoons[\text{加热}]{Ag^+ \text{催化}} 2MnO_4^- + 10SO_4^{2-} + 16H^+$$

$$Mn^{2+} + S_2O_8^{2-} + 3H_2O \xrightleftharpoons{\text{加热}} MnO(OH)_2 + 2SO_4^{2-} + 4H^+$$

16.1.2 鉴定反应的灵敏度和选择性

(1) 鉴定反应的灵敏度

对于同一种离子，可能有几种甚至多种不同的鉴定反应，灵敏度是评价这些反应的重要指标。鉴定反应的灵敏度一般用最低浓度和检出限量表示。

① 最低浓度 最低浓度是指在一定条件下，利用某反应鉴定某被测离子能得出肯定结果的最低浓度，一般以 c_B 或 $1:G$ 表示，G 是含有 1g 被鉴定离子的溶剂的质量；c_B 则以 $\mu g \cdot mL^{-1}$ 为单位。两者的关系为：

$$1:G = c_B \times 10^{-6} : 1$$

例如用 CrO_4^{2-} 鉴定 Pb^{2+} 时，当 Pb^{2+} 与水的重量比为 1:200000 时，要观察到黄色沉淀，至少要取试液 0.03mL，否则就观察不到 $PbCrO_4$ 沉淀。因此鉴定反应的最低浓度为 1:200000 或 $5\mu g \cdot mL^{-1}$。

② 检出限量（detection limit） 检出限量是指在一定条件下，利用某反应鉴定某被测离子能得出肯定结果时该离子的最小质量，通常以微克（μg）作单位来表示，并记为 m。在上述鉴定 Pb^{2+} 的实例中，其检测限量为：

$$1 : 200000 = m : 0.03$$

$$m = \frac{1 \times 0.03}{200000} = 1.5 \times 10^{-7} g = 0.15 \mu g$$

显然，检出限量越低，最低浓度越小，则此鉴定方法的灵敏度越高。通常表示某鉴定反应的灵敏度时，要同时指出其最低浓度和检出限量。对于同一离子，不同的鉴定反应有不同的最低浓度和检出限量。

这里要说明的是利用某一反应鉴定某一离子时，未检出离子，不能说这种离子不存在，只是说明此离子的存在量小于反应的灵敏度。

（2）鉴定反应的选择性

在鉴定反应中，一种试剂往往能和许多离子发生反应，如 K_2CrO_4 与 Pb^{2+} 反应生成黄色沉淀，灵敏度较高，但 K_2CrO_4 和 Ba^{2+}、Sr^{2+} 都生成黄色沉淀，所以在未排除的情况下，不能断定黄色沉淀就是 $PbCrO_4$。因此，鉴定反应不仅要求灵敏度高，而且希望能在其它离子共存时不受干扰地鉴定某种离子。如果一种试剂只与少数几种离子起反应，则这种反应为选择性反应，与加入试剂反应的离子越少，则这一反应的选择性越高。加入试剂只与一种离子起反应，则这一鉴定反应的选择性最高，称为该离子的特效反应或专属反应，该试剂称为特效试剂或专属试剂。如 NH_4^+ 的鉴定：

$$NH_4^+ + OH^- \rightleftharpoons NH_3 \uparrow + H_2O$$

这一反应生成的 NH_3 具有特殊气味，能使润湿的红色石蕊试纸变蓝，是鉴定 NH_4^+ 的特效反应。

在实际的离子鉴定中特效反应并不多，往往要采取下列措施提高反应的选择性。

① 控制溶液的酸度 在实际鉴定中控制溶液的酸度是提高反应选择性最常用的方法之一。例如，K_2CrO_4 检验 Ba^{2+} 时，有 Sr^{2+} 共存，由于 $BaCrO_4$ 的溶解度比 $SrCrO_4$ 小，因此可加入 HAc-NaAc 缓冲溶液提高溶液的酸度，使 CrO_4^{2-} 浓度降低，这时 $SrCrO_4$ 不能生成，而 $BaCrO_4$ 能生成，从而提高了反应的选择性。

② 加入掩蔽剂（masking agent） 加入掩蔽剂掩蔽干扰离子也是提高反应选择性最常用的方法之一。掩蔽剂一般是配位剂，使干扰离子生成配合物以提高鉴定反应的选择性。例如，用 NH_4SCN 鉴定 Co^{2+} 时，生成 $Co(SCN)_4^{2-}$ 显天蓝色，若溶液中存在 Fe^{3+}，Fe^{3+} 同 SCN^- 生成血红色的配离子，干扰 Co^{2+} 的检验。在溶液中加入 NaF，使 Fe^{3+} 生成更稳定的无色配离子 $[FeF_6]^{3-}$，则 Fe^{3+} 的干扰便可消除。

③ 分离干扰离子 在没有更好的可以消除干扰的办法时，分离干扰离子是提高鉴定反应选择性的一种手段。例如，用 $C_2O_4^{2-}$ 鉴定 Ca^{2+} 时，Ba^{2+} 共存会发生类似的反应，若先用 CrO_4^{2-} 与 Ba^{2+} 生成 $BaCrO_4$ 沉淀除去 Ba^{2+}，就能消除其干扰。

16.1.3 空白试验和对照试验

在鉴定过程中采用灵敏度高和选择性高或特效的鉴定反应是准确鉴定的必要条件，但有时并不能完全保证鉴定的可靠性。其原因来自两个方面：

① 溶剂、辅助试剂或器皿等可能存在被测离子；
② 试剂失效或反应条件控制不当，检测不出被测离子。

为了正确分析判断结果的可靠性，通常要做空白试验和对照试验。

(1) 空白试验（blank test）

用蒸馏水代替试液，用相同的方法进行试验，称为空白试验。空白试验可以检验溶剂、试剂或器皿是否存在被测离子，以证实检验结果的准确性。

(2) 对照试验（contrast test）

用已知溶液（溶液中含有被测离子）代替试液，用相同的方法进行试验，称为对照试验。对照试验可以检验试剂是否失效或反应条件是否控制得当。当使用不稳定的试剂，如易氧化、易分解的试剂时，得到否定结果，为判断鉴定结果的准确性，对照试验是必需的。

16.1.4 离子分别鉴定和混合离子分离鉴定

(1) 分别鉴定

有时利用特效试剂，或者创造出特效条件，不需经过分离，在其它离子共存时直接鉴定离子。这种利用特效试剂或创造特效条件，在其它离子存在下鉴定任一需要鉴定的离子的方法称为分别鉴定法。

分别鉴定最适用于对试样组成已大致了解，只需确定其中某些离子是否存在的鉴定。因此分别鉴定目标明确，在有限离子鉴定中是一种准确、快速、灵敏和机动的鉴定方法，不受鉴定顺序的限制。

(2) 混合离子分离鉴定

当试样组成复杂，并要求对试样中每种离子都要进行鉴定时，用分别鉴定法去逐一鉴定每一种离子就显得不方便，甚至不可能，因为不可能有如此多的特效试剂或都能创造特效条件。因此可用几种试剂将溶液中性质相近的离子分成若干组，再在组内逐一鉴定离子是否存在或在组内进一步分离，一直分到彼此不再干扰鉴定为止。这就是混合离子的分离鉴定方法。

将各组离子分开的试剂称为组试剂，组试剂一般为沉淀剂。组试剂将反应相似的离子整组分出，可使复杂分析简单化。当加入某种组试剂，没发现离子与组试剂起反应，则表示某一组离子不存在，就不必检验这些离子了。如在试液中加入 HCl 溶液未出现白色沉淀，就没有鉴定 Ag^+ 和 Hg_2^{2+} 的必要。组试剂需满足下列要求：

① 分离完全，一些离子完全沉淀，另一些离子完全进入溶液；
② 反应迅速；
③ 沉淀与溶液容易分开；
④ 一个组内离子不宜太多，以便鉴定。

根据组试剂不同，常用的混合离子分离鉴定方法一般采用硫化氢系统和两酸两碱系统。

16.2 常见阳离子的分离和鉴定

16.2.1 阳离子与常用试剂的反应

(1) 与 HCl 反应

在常见阳离子中，只有 Ag^+、Pb^{2+}、Hg_2^{2+} 能与 HCl 作用，生成氯化物沉淀：

$$\left. \begin{array}{l} Ag^+ \\ Hg_2^{2+} \\ Pb^{2+} \end{array} \right\} \xrightarrow{HCl} \left\{ \begin{array}{l} AgCl\downarrow \quad 白色，溶于氨水 \\ Hg_2Cl_2\downarrow \quad 白色，溶于浓HNO_3 \\ PbCl_2\downarrow \quad 白色，溶于热水、NaOH、NH_4Ac \end{array} \right.$$

(2) 与 H_2SO_4 反应

在常见阳离子中，只有 Ba^{2+}、Sr^{2+}、Ca^{2+}、Pb^{2+}、Ag^+、Hg_2^{2+} 与 H_2SO_4 形成硫酸

盐沉淀：

Ba^{2+}, Sr^{2+}, Ca^{2+}, Pb^{2+}, Ag^+, Hg_2^{2+} 经 H_2SO_4 反应生成：

- $BaSO_4\downarrow$ 白色，难溶于酸
- $SrSO_4\downarrow$ 白色，溶于煮沸的酸
- $CaSO_4\downarrow$ 白色，溶解度较大，当 Ca^{2+} 浓度很大时，才析出沉淀
- $PbSO_4\downarrow$ 白色，溶于 NaOH、NH_4Ac、热 HCl、浓 H_2SO_4
- $Ag_2SO_4\downarrow$ 白色，在浓溶液中产生沉淀，溶于热水
- $Hg_2SO_4\downarrow$ 白色，溶于浓 HNO_3

$CaSO_4$ 的溶解度较大，在溶液中加入适量的乙醇，溶解度大大下降。但在饱和 $(NH_4)_2SO_4$ 溶液中，生成 $(NH_4)_2[Ca(SO_4)_2]$ 而不析出沉淀，这是 Ca^{2+} 与 Ba^{2+}、Sr^{2+} 和 Pb^{2+} 的区别。$BaSO_4$、$SrSO_4$ 不溶于强酸，但将它们转化为碳酸盐可溶于酸。

(3) 与 NaOH 反应

① 生成两性氢氧化物沉淀，能溶于过量 NaOH 的有：

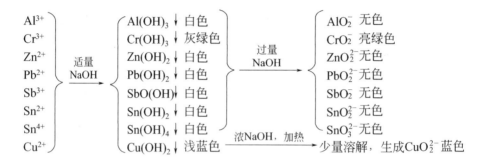

② 生成氢氧化物、氧化物或碱式盐沉淀，不溶于过量 NaOH 的有：

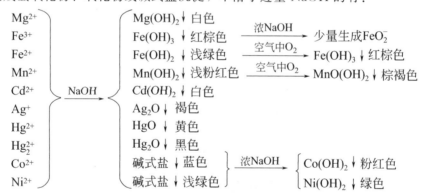

(4) 与 NH_3 反应

① 生成氢氧化物、氧化物或碱式盐沉淀，能溶于过量氨水，生成配离子的有：

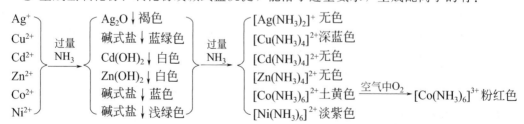

② 生成氢氧化物或碱式盐沉淀，不与过量的 NH_3 生成配离子的有：

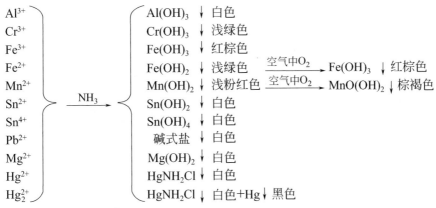

(5) 与 (NH$_4$)$_2$CO$_3$ 反应

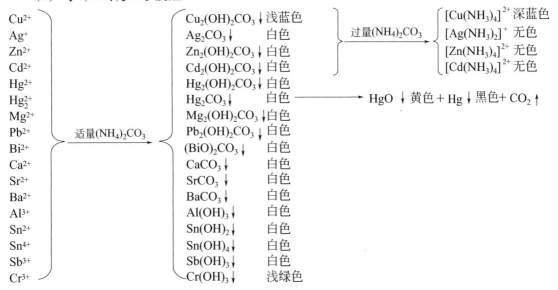

(6) 与 H$_2$S 或 (NH$_4$)$_2$S 反应

① 在约 0.3 mol·L^{-1} HCl 溶液中通入 H$_2$S，能生成沉淀的有：

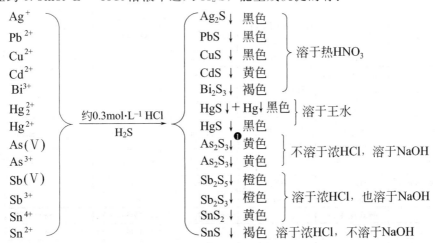

---

❶ As$_2$S$_5$ 沉淀只能在热浓 HCl 溶液中 As(V) 与 H$_2$S 作用才能得到。通常情况下，用 I$^-$ 将 As(V) 还原为 As(Ⅲ)，因为在稀 HCl 溶液中，很容易定量地析出 As$_2$S$_3$ 沉淀。

② 在约 0.3 mol·L⁻¹ HCl 溶液中通入 H₂S，沉淀分出后，再加 (NH₄)₂S 或在氨性溶液中通入 H₂S，能生成沉淀的有：

③ 硫化物溶于 Na₂S 溶液，生成可溶性硫代酸盐的有：

$$\left.\begin{array}{l}As_2S_3\\Sb_2S_3\\SnS_2\\HgS\end{array}\right\} \xrightarrow{Na_2S} \left\{\begin{array}{l}AsS_3^{3-}\\SbS_3^{3-}\\SnS_3^{2-}\\HgS_2^{2-}\end{array}\right.$$

常见阳离子与常用试剂反应见表 16-1。

表 16-1 常见阳离子与常用试剂的反应

试剂		Ag^+	Hg_2^{2+}	Pb^{2+}	Bi^{3+}	Cu^{2+}	Cd^{2+}
HCl		AgCl↓白	Hg₂Cl₂↓白	PbCl₂↓白			
H₂S 约 0.3 mol·L⁻¹ HCl		Ag₂S↓黑	HgS+Hg↓黑	PbS↓黑	Bi₂S₃↓暗褐	CuS↓黑	CdS↓亮黄
硫化物沉淀加 Na₂S		不溶	HgS₂²⁻+Hg	不溶	不溶	不溶	不溶
(NH₄)₂S		Ag₂S↓黑	HgS+Hg↓黑	PbS↓黑	Bi₂S₃↓暗褐	CuS↓黑	CdS↓亮黄
(NH₄)₂CO₃		Ag₂CO₃↓白，试剂过量→[Ag(NH₃)₂]⁺	Hg₂CO₃↓淡黄→HgO+Hg	碱式盐↓白	碱式盐↓白	碱式盐↓浅蓝	碱式盐↓白
NaOH	适量	Ag₂O↓褐	Hg₂O↓黑	Pb(OH)₂↓白	Bi(OH)₃↓白	Cu(OH)₂↓浅蓝	Cd(OH)₂↓白
	过量	不溶	不溶	PbO₂²⁻	不溶	部分 CuO₂²⁻	不溶
NH₃	适量	Ag₂O↓褐	HgNH₂Cl↓白+Hg↓黑	Pb(OH)₂↓白	Bi(OH)₃↓白	Cu(OH)₂↓浅蓝	Cd(OH)₂↓白
	过量	[Ag(NH₃)₂]⁺	不溶	不溶	不溶	[Cu(NH₃)₄]²⁺	[Cd(NH₃)₄]²⁺
H₂SO₄		Ag₂SO₄↓白，Ag⁺浓度大时析出	Hg₂SO₄↓白	PbSO₄↓白			

试剂		Hg^{2+}	As(Ⅲ)	Sb(Ⅲ)	Sn(Ⅱ)	Sn(Ⅳ)
H₂S, 约 0.3 mol·L⁻¹ HCl		HgS↓黑	As₂S₃↓黄	Sb₂S₃↓橙	SnS↓褐	SnS₂↓黄
硫化物沉淀加 Na₂S		HgS₂²⁺	AsS₃³⁻	SbS₃³⁻	不溶	SnS₃²⁻
(NH₄)₂S		HgS↓黑	AsS₃³⁻	Sb₂S₃↓橙	SnS↓褐	SnS₂↓黄
(NH₄)₂CO₃		碱式盐↓白		HSbO₂↓白	Sn(OH)₂↓白	Sn(OH)₄↓白
NaOH	适量	HgO↓黄		HSbO₂↓白	Sn(OH)₂↓白	Sn(OH)₄↓白
	过量	不溶		SbO₂⁻	SnO₂²⁻	SnO₃²⁻
NH₃	适量	HgNH₂Cl↓白		HSbO₂↓白	Sn(OH)₂↓白	Sn(OH)₄↓白
	过量	不溶		不溶	不溶	不溶

续表

试剂		Al^{3+}	Cr^{3+}	Fe^{2+}	Fe^{3+}	Co^{2+}	Ni^{2+}
$(NH_4)_2S$		$Al(OH)_3\downarrow$ 白	$Cr(OH)_3\downarrow$ 灰绿	$FeS\downarrow$ 黑	Fe_2S_3+ $FeS\downarrow$ 黑	$CoS\downarrow$ 黑	$NiS\downarrow$ 黑
$(NH_4)_2CO_3$		$Al(OH)_3\downarrow$ 白	$Cr(OH)_3\downarrow$ 灰绿	碱式盐↓ 绿变褐	碱式盐↓ 红褐	碱式盐↓ 蓝紫	碱式盐↓ 浅绿
NaOH	适量	$Al(OH)_3\downarrow$ 白	$Cr(OH)_3\downarrow$ 灰绿	$Fe(OH)_2\downarrow$ 绿变红棕	$Fe(OH)_3\downarrow$ 红棕	碱式盐↓ 蓝	碱式盐↓ 浅绿
NaOH	过量	AlO_2^-	CrO_2^- 亮绿	不溶	不溶	$Co(OH)_2\downarrow$ 粉红	$Ni(OH)_2\downarrow$ 绿
NH_3	适量	$Al(OH)_3\downarrow$ 白	$Cr(OH)_3\downarrow$ 灰绿	$Fe(OH)_2\downarrow$ 绿变红棕	$Fe(OH)_3\downarrow$ 红棕	碱式盐↓ 蓝	碱式盐↓ 浅绿
NH_3	过量	不溶	部分溶解	不溶	不溶	$[Co(NH_3)_6]^{2+}$ 土黄→ $[Co(NH_3)_6]^{3+}$ 粉红	$[Ni(NH_3)_6]^{2+}$ 淡紫

试剂		Zn^{2+}	Mn^{2+}	Ba^{2+}	Sr^{2+}	Ca^{2+}	Mg^{2+}
$(NH_4)_2S$		$ZnS\downarrow$ 白	$MnS\downarrow$ 浅粉红				
$(NH_4)_2CO_3$		碱式盐↓ 白	$MnCO_3\downarrow$ 白	$BaCO_3\downarrow$ 白	$CrCO_3\downarrow$ 白	$CaCO_3\downarrow$ 白	碱式盐↓ 白 (NH_4^+ 浓度大时不沉淀)
NaOH	适量	$Zn(OH)_2\downarrow$ 白	$Mn(OH)_2\downarrow$ 浅粉红变棕褐			少量 $Ca(OH)_2$ ↓白	$Mg(OH)_2\downarrow$ 白
NaOH	过量	$[ZnO_2]^{2-}$	不溶			不溶	不溶
NH_3	适量	$Zn(OH)_2\downarrow$ 白	$Mn(OH)_2\downarrow$ 浅粉红变棕褐				部分生成 $Mg(OH)_2\downarrow$ 白
NH_3	过量	$[Zn(NH_3)_4]^{2+}$	不溶				
H_2SO_4				$BaSO_4\downarrow$ 白	$SrSO_4\downarrow$ 白	$CaSO_4\downarrow$ 白	

16.2.2 阳离子混合物的分离鉴定方法

前面已知讨论阳离子与常见试剂的反应,利用这些反应的相似性和差异性,选用适当的组试剂,将阳离子分成若干个组,使各组离子按顺序分批沉淀下来,然后在各组中进一步分离和鉴定每一种离子,这就是阳离子混合物的分离鉴定法。阳离子混合物的分离鉴定比较有意义的是硫化氢系统和两酸两碱系统。

(1) 硫化氢系统

各离子硫化物溶解度的显著差异是常见阳离子分组的主要依据。硫化氢系统就是以 HCl、H_2S、$(NH_4)_2S$ 和 $(NH_4)_2CO_3$ 为组试剂,将 25 种常见阳离子分为五个组,如表 16-2。

表 16-2 阳离子的硫化氢系统分组方案

分组根据的特性	硫化物不溶于水				硫化物溶于水	
	稀酸中生成硫化物沉淀			稀酸中不生成硫化物沉淀	碳酸盐不溶于水	碳酸盐溶于水
	氯化物不溶于水	氯化物溶于热水				
		硫化物不溶于硫化钠	硫化物溶于硫化钠			
组内离子	Ag^+、Hg_2^{2+}、(Pb^{2+})[①]	Pb^{2+}、Bi^{3+}、Cu^{2+}、Cd^{2+}	Hg^{2+}、$As(Ⅲ,Ⅴ)$、$Sb(Ⅲ,Ⅴ)$、Sn^{4+}	Fe^{2+}、Fe^{3+}、Al^{3+}、Mn^{2+}、Cr^{3+}、Zn^{2+}、Co^{2+}、Ni^{2+}	Ba^{2+}、Sr^{2+}、Ca^{2+}	Mg^{2+}、K^+、Na^+、(NH_4^+)[②]

分组根据的特性	硫化物不溶于水				硫化物溶于水	
	稀酸中生成硫化物沉淀			稀酸中不生成硫化物沉淀	碳酸盐不溶于水	碳酸盐溶于水
	氯化物不溶于水	氯化物溶于热水				
		硫化物不溶于硫化钠	硫化物溶于硫化钠			
组的名称	Ⅰ组 银组 盐酸组	ⅡA组	ⅡB组	Ⅲ组 铁组 硫化铵组	Ⅳ组 钙组 碳酸铵组	Ⅴ组 钠组 可溶组
		Ⅱ组 铜锡组 硫化氢组				
组试剂	HCl	约 0.3 mol·L^{-1} HCl, H$_2$S 或 TAA,加热		NH$_3$+NH$_4$Cl, (NH$_4$)$_2$S,加热	NH$_3$+NH$_4$Cl, (NH$_4$)$_2$CO$_3$	—

① Pb^{2+} 浓度大时部分沉淀。

② 系统分析中需要加入铵盐,故 NH$_4^+$ 需另行检出。

① 第一组(盐酸组或银组) 本组包括 Ag$^+$、Hg$_2^{2+}$ 和 Pb^{2+} 三种离子,它们都能与盐酸作用生成氯化物沉淀,从试液中最先被分离出来。

a. 分离条件

(a)沉淀剂盐酸的用量:过量的盐酸对沉淀有利。但盐酸过量太多会生成 [AgCl$_2$]$^-$ 和 [HgCl$_4$]$^{2-}$ 等,使沉淀溶解。实验结果表明沉淀本组离子时,Cl$^-$ 的浓度以 0.5mol·L^{-1} 为宜。这时 PbCl$_2$ 难以完全沉淀,当试液中 Pb^{2+} 的浓度小于 1mg·mL^{-1} 时,就需要在第二组中再去检出。

(b)防止水解:Bi^{3+}、Sb^{3+} 等离子在溶液酸度不够高时会水解生成白色的碱式盐沉淀。为了避免发生此种情况,应加入 HNO$_3$ 使溶液中 H$^+$ 的浓度达到 2.0~2.4mol·L^{-1}。

(c)防止生成胶体沉淀(colloidal precipitation):为了防止氯化银生成难以分离的胶体沉淀,沉淀反应宜在加热至近沸的酸溶液中进行。

b. 本组离子的分离鉴定

(a)Pb^{2+} 的分离和鉴定:在本组离子的氯化物沉淀中加水并用水浴加热,使 PbCl$_2$ 溶解于热水之中。趁热分离,以 HAc 酸化离心液,加入 K$_2$CrO$_4$ 试剂鉴定,如析出黄色沉淀(PbCrO$_4$),表示有 Pb^{2+} 存在。反应的 $m=0.25\mu g$,$c_B=5\mu g·mL^{-1}$。

注意:本组内未检出 Pb^{2+} 不能说明 Pb^{2+} 不存在,应在第二组内继续鉴定。

(b)Ag$^+$ 与 Hg$_2^{2+}$ 的分离及 Hg$_2^{2+}$ 的鉴定:分出 PbCl$_2$ 后的沉淀以热水洗涤干净,然后于氯化物沉淀中加入浓硝酸和稀盐酸,加热,AgCl 不溶解,而 Hg$_2$Cl$_2$ 易溶于此混酸中。于分离出 AgCl 沉淀的溶液中加入 KI、CuSO$_4$ 和 Na$_2$SO$_3$,生成橙红色 Cu$_2$HgI$_4$ 沉淀,表示 Hg$_2^{2+}$ 存在。反应的 $m=0.05\mu g$,$c_B=1\mu g·mL^{-1}$。

(c)Ag$^+$ 的鉴定:于 Hg$_2$Cl$_2$ 分离的沉淀加浓氨水,沉淀溶解,再加 HNO$_3$ 酸化重新得到白色 AgCl 沉淀,表示 Ag$^+$ 存在。反应的 $m=0.5\mu g$,$c_B=10\mu g·mL^{-1}$。

c. 第一组分离步骤。第一组分离步骤见图 16-1。

② 第二组(硫化氢组或铜锡组) 本组包括 Pb^{2+}、Bi^{3+}、Cu^{2+}、Cd^{2+}、Hg^{2+}、As(Ⅲ,Ⅴ)、Sb(Ⅲ,Ⅴ)、Sn(Ⅱ,Ⅳ)离子。它们不被 HCl 溶液沉淀,但在 0.3mol·L^{-1} HCl 溶液中,可与 H$_2$S 反应生成硫化物沉淀。Pb^{2+} 虽然在第一组中能以 PbCl$_2$ 的形式沉淀出来,但由于沉淀不完全,溶液中还剩有相当量的 Pb^{2+},所以第二组中也包括 Pb^{2+}。

a. 分离条件

(a)本组与第三、四组离子分离的依据是其硫化物溶解度有显著的差异。因此本组离子

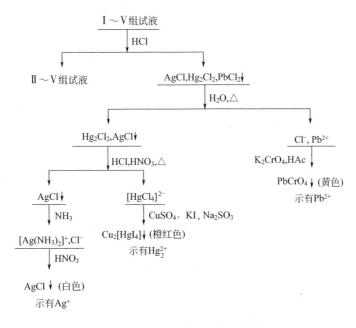

图 16-1 盐酸组分离步骤示意图

与第三组阳离子能有效分离的关键是正确控制溶液的酸度。方法是根据分步沉淀原理,通过调节酸度来控制溶液中 S^{2-} 的浓度,使第二组硫化物沉淀完全,而第三组离子不沉淀。实验证明,分离第二组与第三组最适宜的酸度是 $0.3\,\text{mol}\cdot\text{L}^{-1}$ HCl。若溶液的酸度过高,第二组中溶解度较大的 CdS、SnS 和 PbS 将沉淀不完全或者不沉淀而进入第三组中。如酸度过低,则第三组中溶解度最小的 ZnS 则可能析出沉淀而进入第二组中。表 16-3 是硫化物完全沉淀允许的最高盐酸浓度。

表 16-3 硫化物完全沉淀的最高允许盐酸浓度

第二组硫化物	HCl 浓度/mol·L^{-1}	第三组硫化物	HCl 浓度/mol·L^{-1}
As$_2$S$_3$	12	ZnS	2×10^{-2}
HgS	7.5	CoS	1×10^{-3}
CuS	7.0	NiS	1×10^{-3}
Sb$_2$S$_3$	3.7	FeS	1×10^{-4}
Bi$_2$S$_3$	2.5	MnS	8×10^{-5}
CdS	0.7		
PbS	0.35		
SnS,SnS$_2$	0.3~1.0		

(b) 加入 H_2O_2 使 Sn(Ⅱ) 氧化成 Sn(Ⅳ),加热除去 H_2O_2 后加入少许 NH_4I,使 As(Ⅴ) 还原为 As(Ⅲ)。

(c) 为减少硫化物生成胶体,应将溶液加热,然后通入 H_2S,冷却后,将试液稀释一倍,再通入 H_2S 以保证溶解度较大的 PbS、CdS 等沉淀完全。

b. 硫化氢的代用品——硫代乙酰胺 (thiacetamide)。由于 H_2S 气体毒性较大,制备也不方便,故一般多以硫代乙酰胺 CH_3CSNH_2(通常简写为 TAA)的水溶液代替 H_2S 作沉淀剂。硫代乙酰胺在不同的介质中加热时发生不同的水解反应。在酸性溶液中水解产生 H_2S,

可代替 H_2S 沉淀第二组离子，水解反应如下：

$$CH_3CSNH_2 + 2H_2O \xrightleftharpoons[]{\triangle, H^+} CH_3COO^- + NH_4^+ + H_2S\uparrow$$

在碱性溶液中，TAA 水解生成 S^{2-}，故可以代替 Na_2S 使铜组与锡组分离。水解反应如下：

$$CH_3CSNH_2 + 3OH^- \xrightleftharpoons[]{\triangle} CH_3COO^- + NH_3 + H_2O + S^{2-}$$

在氨性溶液中，TAA 水解生成 HS^-，故可以代替 $(NH_4)_2S$ 沉淀第Ⅲ组阳离子。水解反应如下：

$$CH_3\overset{S}{\overset{\|}{C}}NH_2 + 2NH_3 \xrightleftharpoons[]{\triangle} CH_3\overset{NH}{\overset{\|}{C}}NH_2 + NH_4^+ + HS^-$$

以硫代乙酰胺代替硫化氢作为组试剂具有以下特点：

(a) 由于硫代乙酰胺的沉淀作用属于均相沉淀，故所得硫化物一般具有良好的晶形，易于分离和洗涤，共沉淀现象较少；

(b) 可以减少有毒 H_2S 气体逸出，减低实验室中空气的污染程度。

用硫代乙酰胺作沉淀剂时，应该注意以下几点：

(a) 在加入 TAA 以前，应预先除去氧化性物质，以免部分 TAA 氧化成 SO_4^{2-}，使第Ⅳ组阳离子在此时沉淀；

(b) TAA 的用量应适当过量，使水解后溶液中有足够的 H_2S，以保证硫化物沉淀完全；

(c) 沉淀作用应在沸水浴中加热进行，并在沸腾的温度下加热适当长的时间，以促进 TAA 的水解，保证硫化物沉淀完全；

(d) 第Ⅲ组阳离子沉淀以后，溶液中尚留有相当量的 TAA，为了避免它氧化成 SO_4^{2-} 而使第Ⅳ组阳离子过早沉淀，应立刻进行第Ⅳ组阳离子分析。

c. 本组离子的分离鉴定

(a) 铜组与锡组的分离。根据硫化物的酸碱性，以 Na_2S 为组试剂处理第二组沉淀，两性偏酸的 As、Sb、Sn(Ⅳ)、Hg 的硫化物与 Na_2S 反应溶解，而 Pb、Bi、Cu、Cd 的硫化物属于碱性硫化物，不与 Na_2S 反应仍留在沉淀中。因此可以将第二组分成两个小组，即铜组和锡组。其分离过程见图 16-2。

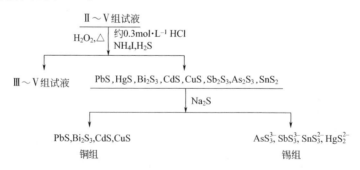

图 16-2 铜组和锡组的分离过程示意图

(b) 铜组的分离鉴定。在分出锡组后的沉淀中可能含有 PbS、Bi_2S_3、CuS 和 CdS。沉淀用含 NH_4Cl 的水溶液洗涤干净后，加 $6 mol\cdot L^{-1}$ HNO_3 并加热溶解：

$$3PbS + 2NO_3^- + 8H^+ \xrightleftharpoons[]{\triangle} 3Pb^{2+} + 3S\downarrow + 2NO\uparrow + 4H_2O$$

$$Bi_2S_3 + 2NO_3^- + 8H^+ \xrightleftharpoons[]{\triangle} 2Bi^{3+} + 3S\downarrow + 2NO\uparrow + 4H_2O$$

$$3CuS + 2NO_3^- + 8H^+ \stackrel{\triangle}{\rightleftharpoons} 3Cu^{2+} + 3S\downarrow + 2NO\uparrow + 4H_2O$$

$$3CdS + 2NO_3^- + 8H^+ \stackrel{\triangle}{\rightleftharpoons} 3Cd^{2+} + 3S\downarrow + 2NO\uparrow + 4H_2O$$

- 铅（lead）、铋（bismuth）与铜（copper）、镉（cadmium）的分离：在上述硝酸溶液加入浓氨水，将溶液调至微碱性，Pb^{2+}、Bi^{3+}生成$Pb(OH)_2$、$Bi(OH)_3$白色沉淀，Cu^{2+}、Cd^{2+}以$[Cu(NH_3)_4]^{2+}$和$[Cd(NH_3)_4]^{2+}$形式存在溶液中。
- 铅与铋的分离和Pb^{2+}的鉴定：将上述铅、铋沉淀用$3mol \cdot L^{-1}$ NH_4Ac处理，$Bi(OH)_3$不溶解，$Pb(OH)_2$由于Ac^-的配位作用而溶解。

溶液中加入K_2CrO_4，生成黄色沉淀$PbCrO_4$，在沉淀上加$6mol \cdot L^{-1}$ $NaOH$溶液，如沉淀溶解，表示Pb^{2+}存在。

- Bi^{3+}的鉴定：在上述分离Pb^{2+}后的沉淀上，加入$2mol \cdot L^{-1}$ HNO_3使沉淀溶解，于溶液中加入硫脲（tu），如溶液无色变为黄色[生成黄色络合物$Bi(tu)_2^{3+}$]，示有Bi^{3+}。
- Cu^{2+}的鉴定：将分离铅、铋后所得的溶液调至中性或弱酸性，加入$K_4[Fe(CN)_6]$，若有红棕色沉淀生成，示有Cu^{2+}。鉴定反应如下：

$$2Cu^{2+} + [Fe(CN)_6]^{4-} = Cu_2[Fe(CN)_6]\downarrow (红棕色)$$

反应的$m = 0.02\mu g$，$c_B = 0.4\mu g \cdot mL^{-1}$。

- 铜与镉的分离和Cd^{2+}的鉴定：在热的$2mol \cdot L^{-1}$ HCl介质中通H_2S，加热使Cu^{2+}沉淀，将黑色CuS分离后，加$NaAc$降低酸度，再通H_2S，加热，有黄色沉淀生成，表明有Cd^{2+}存在。
- 铜组分离鉴定过程：铜组的分离鉴定过程见图16-3。

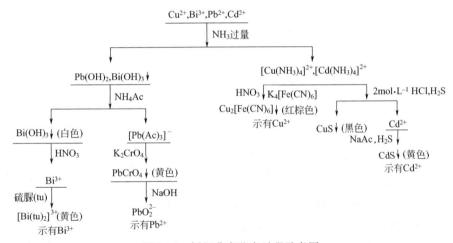

图16-3 铜组分离鉴定过程示意图

(c) 锡组的分离鉴定。在分离铜组后的溶液中，逐滴加入浓HAc至呈酸性，硫代酸盐即被分解，析出相应的硫化物。

$$2AsS_3^{3-} + 6HAc = As_2S_3\downarrow + 3H_2S\uparrow + 6Ac^-$$
$$2SbS_3^{3-} + 6HAc = Sb_2S_3\downarrow + 3H_2S\uparrow + 6Ac^-$$
$$SnS_3^{2-} + 2HAc = SnS_2\downarrow + H_2S\uparrow + 2Ac^-$$
$$HgS_2^{2-} + 2HAc = HgS\downarrow + H_2S\uparrow + 2Ac^-$$

- 砷与锑、锡、汞的分离和砷的鉴定：在砷、锑、锡、汞的沉淀上加入过量的12%$(NH_4)_2CO_3$，微热，硫化砷的酸性最强而溶解，从而使砷与锡组锑、锡、汞的硫化物分离。

$$As_2S_3 + 6CO_3^{2-} + 3H_2O = AsS_3^{3-} + AsO_3^{3-} + 6HCO_3^-$$

在分离沉淀的溶液中小心地加入 $3\text{mol}\cdot\text{L}^{-1}$ HCl 溶液（防止大量气泡把溶液带出）使呈酸性，如有黄色沉淀（As_2S_3）析出，则显示有砷存在。

$$AsS_3^{3-} + AsO_3^{3-} + 6H^+ \Longrightarrow As_2S_3\downarrow + 3H_2O$$

- 锑、锡与汞的分离和汞的鉴定：在上述分出砷后剩下的沉淀上，加浓盐酸并加热，HgS 不溶解，而锑和锡的硫化物则生成氯络离子而溶解与汞分离。

$$Sb_2S_3 + 6H^+ + 12Cl^- \Longrightarrow 2[SbCl_6]^{3-} + 3H_2S\uparrow$$
$$SnS_2 + 4H^+ + 6Cl^- \Longrightarrow [SnCl_6]^{2-} + 2H_2S\uparrow$$

将分离锑和锡后的沉淀用水洗涤一次，用 HCl 和 KI 加热溶解：

$$HgS + 4I^- + 2H^+ \Longrightarrow [HgI_4]^{2-} + H_2S\uparrow$$

除去 H_2S，加 $CuSO_4$ 和 Na_2SO_3，若生成橙红色沉淀（Cu_2HgI_4），表示 Hg^{2+} 存在。

- 锑的鉴定：取分离汞后的几滴溶液，加浓盐酸及数粒 $NaNO_2$，当无气体放出时，加数滴苯及罗丹明 B 溶液，苯层显紫红色，示有 Sb^{3+} 存在。此法可在大量的四价 Sn 存在下鉴定 Sb。

- 锡的鉴定：取分离汞后的溶液，加铅粒将 Sn(Ⅳ) 还原为 Sn(Ⅱ)。

$$[SnCl_6]^{2-} + Pb \Longrightarrow [SnCl_4]^{2-} + PbCl_2$$

弃去沉淀，于溶液中加入 $HgCl_2$ 溶液，若生成白色或灰黑色沉淀，示有 Sn 存在。

$$[SnCl_4]^{2-} + 2HgCl_2 \Longrightarrow Hg_2Cl_2\downarrow（白色）+ [SnCl_6]^{2-}$$
$$[SnCl_4]^{2-} + Hg_2Cl_2 \Longrightarrow 2Hg\downarrow（黑色）+ [SnCl_6]^{2-}$$

反应的 $m = 5\mu g$，$c_B = 100\mu g\cdot mL^{-1}$。

- 锡组分离鉴定过程：锡组的分离鉴定过程见图 16-4。

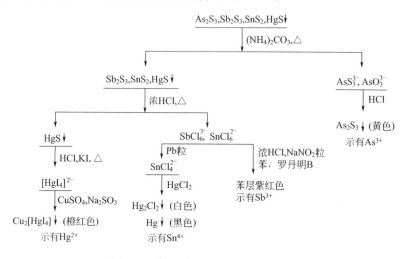

图 16-4 锡组分离鉴定过程示意图

③ 第三组（硫化铵组或铁组） 本组包括八种离子：Al^{3+}、Cr^{3+}、Fe^{3+}、Fe^{2+}、Mn^{2+}、Zn^{2+}、Co^{2+} 和 Ni^{2+}。它们的氯化物溶于水，在 $0.3\text{mol}\cdot\text{L}^{-1}$ HCl 溶液中不形成硫化物沉淀，而在 NH_3-NH_4Cl(pH≈9) 溶液中通 H_2S 或与 $(NH_4)_2S$ 反应生成硫化物或氢氧化物沉淀。

a. 分离条件

(a) 酸度要适当。沉淀时酸度不能太高，否则本组离子沉淀不完全；酸度也不能太低，否则第Ⅴ组的 Mg^{2+} 可能生成 $Mg(OH)_2$ 而部分沉淀，本组中具有两性的 $Al(OH)_3$、$Cr(OH)_3$ 沉淀有少量溶解。因此需用 NH_3-NH_4Cl 控制溶液的酸度（pH≈9）。

(b) 防止硫化物形成胶体。进行沉淀时，必须将溶液加热以促使硫化物和氢氧化物胶体凝聚，并保证 Cr^{3+} 沉淀完全。因此本组离子的沉淀条件是：在 NH_3-NH_4Cl 存在下，向热的试液中加入 $(NH_4)_2S$。

b. 本组离子的分离鉴定

(a) Al^{3+}、Cr^{3+}、Fe^{3+}、Mn^{2+} 和 Zn^{2+}、Co^{2+}、Ni^{2+} 的分离。在含有本组离子的溶液中加入 pH≈9 的 NH_3-NH_4Cl 的缓冲溶液，加热并加入 $(NH_4)_2S$，这些离子分别生成硫化物和氢氧化物沉淀，如 FeS（黑）❶、Fe_2S_3（黑）、MnS（肉色）、ZnS（白）、CoS（黑）、NiS（黑）、$Al(OH)_3$（白）、$Cr(OH)_3$（灰绿）。离心分离后，将沉淀洗净，加 $6\text{mol}\cdot L^{-1}$ HNO_3 加热溶解。分离沉淀后，于溶液中加入 NH_3-NH_4Cl 溶液和适量 H_2O_2，控制溶液的 pH 值为 7~8，生成 $Al(OH)_3$、$Cr(OH)_3$、$Fe(OH)_3$、$MnO(OH)_2$ 的沉淀，溶液为 $[Co(NH_3)_6]^{2+}$、$[Ni(NH_3)_6]^{2+}$、$[Zn(NH_3)_4]^{2+}$。使得 Al^{3+}、Cr^{3+}、Fe^{3+}、Mn^{2+} 和 Zn^{2+}、Co^{2+}、Ni^{2+} 的分离。分离过程见图 16-5。

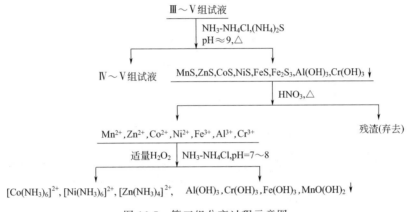

图 16-5 第三组分离过程示意图

(b) Fe^{3+}、Mn^{2+}、Al^{3+}、Cr^{3+} 的分离鉴定

● Fe^{3+}、Mn^{2+} 与 Al^{3+}、Cr^{3+} 的分离及 Mn^{2+} 的鉴定：在分出 Zn^{2+}、Co^{2+}、Ni^{2+} 后的沉淀上，加过量 NaOH 和 H_2O_2，加热。$Fe(OH)_3$、$MnO(OH)_2$ 沉淀不溶解，而 Al^{3+}、Cr^{3+} 以 AlO_2^-、CrO_4^{2-} 形式进入溶液而与 Fe^{3+}、Mn^{2+} 分离。离心洗涤沉淀，在沉淀上，加 HNO_3 和 H_2O_2，$Fe(OH)_3$ 溶解，Mn(Ⅳ) 被还原为 Mn^{2+}，进入溶液。加热溶液，除去 H_2O_2。取几滴溶液加入固体铋酸钠，加热，若溶液呈紫红色显示有 Mn^{2+} 存在，鉴定反应为：

$$2Mn^{2+} + 5NaBiO_3 + 14H^+ \Longrightarrow 2MnO_4^- + 5Bi^{3+} + 5Na^+ + 7H_2O$$

反应的 $m = 0.8\mu g$，$c_B = 16\mu g\cdot mL^{-1}$。

● Fe^{3+} 鉴定：取几滴上述除去 H_2O_2 的溶液，加入几滴亚铁氰化钾，若有深蓝色的沉淀生成，示有 Fe^{3+}，鉴定反应如下：

$$Fe^{3+} + K_4[Fe(CN)_6] \Longrightarrow KFe[Fe(CN)_6]\downarrow（深蓝色）+ 3K^+$$

反应的 $m = 0.05\mu g$，$c_B = 1\mu g\cdot mL^{-1}$。

● Al^{3+} 的鉴定：取一滴含有 AlO_2^-、CrO_4^{2-} 的溶液，加入茜素磺酸钠（茜素 S）溶液，若有红色沉淀生成示有 Al^{3+}。鉴定反应如下：

---

❶ Fe^{2+} 易被氧化成 Fe^{3+}，Fe^{3+} 在酸性介质中能被 H_2S 还原成 Fe^{2+}，因此本组无法区别铁的价态。Fe^{2+}、Fe^{3+} 的鉴定一般采用分别法直接从试液中鉴定。

反应的 $m=0.15\mu g$，$c_B=3\mu g\cdot mL^{-1}$。

- Cr^{3+} 的鉴定：鉴定 Al^{3+} 后的剩余溶液，用 H_2SO_4 酸化至 pH 值为 2~3，CrO_4^{2-} 转变成 $Cr_2O_7^{2-}$。然后加入 H_2O_2 和乙醚或戊醇。若乙醚层显蓝色示有 Cr^{3+}，鉴定反应如下：

$$Cr_2O_7^{2-} + 4H_2O_2 + 2H^+ \rightleftharpoons 2CrO(O_2)_2 + 5H_2O$$

反应的 $m=2.5\mu g$，$c_B=50\mu g\cdot mL^{-1}$。

- Fe^{3+}、Mn^{2+}、Al^{3+}、Cr^{3+} 的分离鉴定过程：Fe^{3+}、Mn^{2+}、Al^{3+}、Cr^{3+} 的分离鉴定过程见图 16-6。

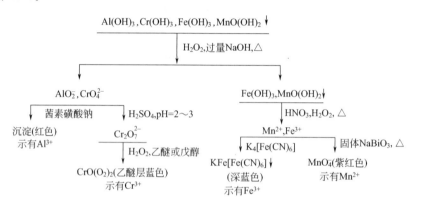

图 16-6　Fe^{3+}、Mn^{2+}、Al^{3+}、Cr^{3+} 分离鉴定过程示意图

(c) Zn^{2+}、Co^{2+}、Ni^{2+} 的分离鉴定

- Ni^{2+} 的鉴定：取分离出 $Al(OH)_3$、$Cr(OH)_3$、$Fe(OH)_3$ 和 $MnO(OH)_2$ 后的溶液 1~2 滴，加入几滴丁二酮肟（又名镍试剂，简称 DMG），若有鲜红色沉淀生成示有 Ni^{2+}，鉴定反应适宜酸度是 pH 值为 5~10。反应如下：

反应的 $m=0.15\mu g$，$c_B=3\mu g\cdot mL^{-1}$。

- Co^{2+} 的鉴定：取分离出 $Al(OH)_3$、$Cr(OH)_3$、$Fe(OH)_3$ 和 $MnO(OH)_2$ 后的溶液 1~2 滴，用 HCl 酸化，加入浓 NH_4SCN 与丙酮，若有蓝色络合物 $[Co(SCN)_4]^{2-}$ 生成示有 Co^{2+}。鉴定反应如下：

$$Co^{2+} + 4SCN^- \rightleftharpoons [Co(SCN)_4]^{2-}$$

反应的 $m=0.5\mu g$，$c_B=10\mu g\cdot mL^{-1}$。

- Zn^{2+} 与 Co^{2+}、Ni^{2+} 的分离和 Zn^{2+} 的鉴定：在鉴定 Co^{2+}、Ni^{2+} 后，于分离出 $Al(OH)_3$、$Cr(OH)_3$、$Fe(OH)_3$ 和 $MnO(OH)_2$ 后的溶液中加入氨基乙酸 NH_2CH_2COOH

（简称 Gly）作缓冲剂和掩蔽剂，调节 pH 值为 6~7，通入 H_2S，Zn^{2+} 沉淀为白色 ZnS，而 Co^{2+}、Ni^{2+} 等形成 $Co(Gly)_2$、$Ni(Gly)_2$ 后，不能再生成硫化物沉淀，因此 Zn^{2+} 与 Co^{2+}、Ni^{2+} 分开。

用 HAc 及 H_2O_2 加热溶解 ZnS 沉淀，除去过量 H_2O_2 后，离心分离沉淀，取溶液加入 $(NH_4)_2[Hg(SCN)_4]$ 溶液若生成白色晶体沉淀，表示 Zn^{2+} 存在。若在溶液中加入 Co^{2+}（<0.02%），则生成蓝色混晶。鉴定反应如下：

$$Zn^{2+} + [Hg(SCN)_4]^{2-} \rightleftharpoons Zn[Hg(SCN)_4] \downarrow （白色）$$
$$Co^{2+} + [Hg(SCN)_4]^{2-} \rightleftharpoons Co[Hg(SCN)_4] \downarrow （蓝色）$$

反应在中性或弱酸性溶液中进行。反应的 $m=0.5\mu g$，$c_B = 10 \mu g \cdot mL^{-1}$。

- Zn^{2+}、Co^{2+}、Ni^{2+} 的分离鉴定过程：Zn^{2+}、Co^{2+}、Ni^{2+} 的分离鉴定过程见图 16-7。

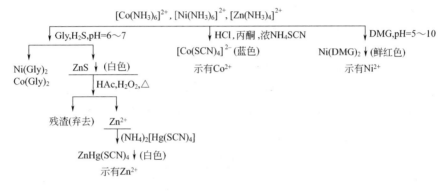

图 16-7 Zn^{2+}、Co^{2+}、Ni^{2+} 分离鉴定过程示意图

④ 第四组（碳酸铵组或钙组） 本组包括 Ba^{2+}、Sr^{2+}、Ca^{2+}。它们在氨性溶液中，加入 $(NH_4)_2CO_3$ 生成 $BaCO_3$、$SrCO_3$ 和 $CaCO_3$ 沉淀与第五组分离。

a. 分离条件

(a) 铵盐浓度要适当。$(NH_4)_2CO_3$ 在水溶液中下列平衡：

$$NH_4^+ + CO_3^{2-} \xrightleftharpoons{H_2O} NH_3 + HCO_3^-$$

可见在大量的 NH_4^+ 存在下，CO_3^{2-} 的浓度降低，可阻止第五组的 Mg^{2+} 生成 $MgCO_3$ 沉淀。

(b) 溶液适当加热。$(NH_4)_2CO_3$ 试剂中存在相当量的 NH_2COONH_4（氨基甲酸铵）加热到 60℃ 可使 NH_2COONH_4 转化成 $(NH_4)_2CO_3$：

$$NH_2COONH_4 + H_2O \rightleftharpoons (NH_4)_2CO_3$$

此外，加热溶液还可破坏过饱和现象，促使本组沉淀的生成，并获得较大的晶形沉淀。但温度不能太高，否则碳酸铵分解：

$$(NH_4)_2CO_3 \rightleftharpoons 2NH_3 \uparrow + CO_2 \uparrow + H_2O$$

b. 本组离子的分离鉴定。在分出第三组沉淀并经酸化、加热除去 H_2S 后的试液中，加氨水至呈微碱性，再加入 $(NH_4)_2CO_3$，将本组离子沉淀，与第五组分离。

(a) Ba^{2+} 的分离和鉴定。在分离第五组后的沉淀用 HAc 溶解，用 HAc-NaAc 溶液控制溶液的 pH≈4，加入适当过量的 $0.01mol \cdot L^{-1}$ K_2CrO_4 或 $K_2Cr_2O_7$，由于 $BaCrO_4$ 与 $SrCrO_4$ 的溶度积差别较大，$BaCrO_4$ 沉淀，而 Sr^{2+}、Ca^{2+} 留在溶液中与 Ba^{2+} 分离。

在分离 Sr^{2+}、Ca^{2+} 的沉淀上加 HCl 溶解，加入玫瑰红酸钠，若生成鲜红色沉淀，示有 Ba^{2+}。鉴定反应如下：

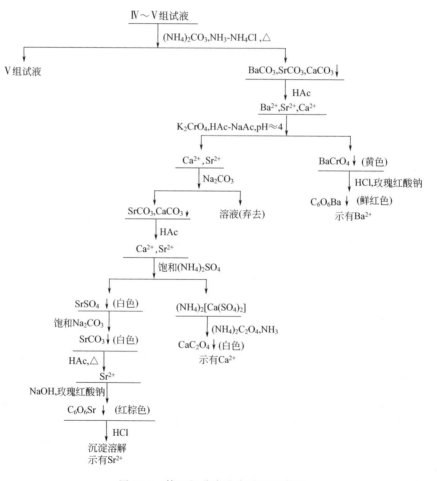

反应的 $m=0.25\mu g$，$c_B=5\mu g \cdot mL^{-1}$。

(b) Sr^{2+}、Ca^{2+} 的分离和 Ca^{2+} 的鉴定。于分出 $BaCrO_4$ 沉淀后的溶液中，加入 Na_2CO_3 将 Sr^{2+} 和 Ca^{2+} 沉淀后，弃去溶液，然后加 HAc 溶解 $SrCO_3$ 和 $CaCO_3$。于溶液中加入饱和 $(NH_4)_2SO_4$，Sr^{2+} 生成 $SrSO_4$ 沉淀，而 Ca^{2+} 生成 $(NH_4)_2[Ca(SO_4)_2]$ 留在溶液中与 Sr^{2+} 分离。

于分离沉淀后的溶液中加入 $(NH_4)_2C_2O_4$，用 $NH_3 \cdot H_2O$ 调节溶液呈碱性，若有白色沉淀生成示有 Ca^{2+}。鉴定反应如下：

$$Ca^{2+} + C_2O_4^{2-} \Longleftrightarrow CaC_2O_4 \downarrow (白色)$$

反应的 $m=1\mu g$，$c_B=20\mu g \cdot mL^{-1}$。

(c) Sr^{2+} 的鉴定。于分离 Ca^{2+} 后的沉淀上加入饱和 Na_2CO_3，待 $SrSO_4$ 转化为 $SrCO_3$，离心分离溶液。于沉淀上加入 HAc 溶解，加热除去 CO_2 后加入 NaOH 调节溶液至中性，加入玫瑰红酸钠若生成红棕色沉淀，加入稀 HCl 后沉淀又溶解示有 Sr^{2+}。

图 16-8 第四组分离鉴定过程示意图

(d) 本组离子的分离鉴定过程。本组离子的分离鉴定过程见图 16-8。

⑤ **第五组（可溶组或钠组）** 本组包括 K^+、Na^+、NH_4^+、Mg^{2+} 等离子，称为钠组。本组没有组试剂。这些离子在溶液中是无色的，它们的盐类大多溶于水，因此又叫可溶组。

a. Mg^{2+} 的鉴定（镁试剂法）。在强碱溶液中 Mg^{2+} 与镁试剂（对硝基苯偶氮间苯二酚）生成蓝色的螯合物沉淀。干扰离子有 Ag^+、Hg_2^{2+}、Hg^{2+}、Cu^{2+}、Co^{2+}、Ni^{2+}、Mn^{2+}、Cr^{3+}、Fe^{3+} 等及大量的 Ca^{2+}、NH_4^+，这些离子除 NH_4^+ 外都已除去。

反应的 $m=0.5\mu g$，$c_B=10\mu g \cdot mL^{-1}$。

b. Na^+ 的鉴定（醋酸铀酰锌法）。醋酸铀酰锌与 Na^+ 在醋酸缓冲溶液中生成淡黄色结晶状醋酸铀酰锌钠沉淀：

$$Na^+ + Zn^{2+} + 3UO_2^{2+} + 9Ac^- + 9H_2O \xrightarrow{HAc} [NaAc \cdot Zn(Ac)_2 \cdot 3UO_2(Ac)_2 \cdot 9H_2O] \downarrow （黄）$$

干扰离子有 Ag^+、Hg_2^{2+}、Sb^{3+}，浓度小于 Na^+ 20 倍的 K^+、Mg^{2+}、Ba^{2+}、Al^{3+}、Cu^{2+}、Zn^{2+}、Pb^{2+}、Co^{2+}、Ni^{2+}、Hg^{2+}、Fe^{3+}、Ca^{2+}、NH_4^+ 不干扰 Na^+ 的鉴定。PO_4^{3-} 和 AsO_4^{3-} 能使试剂分解，应先除去。

反应的 $m=12.5\mu g$，$c_B=250\mu g \cdot mL^{-1}$。

c. K^+ 的鉴定（四苯硼钠法）：在碱性、中性或稀酸溶液中，四苯硼酸钠与 K^+ 反应生成白色沉淀。

$$K^+ + [B(C_6H_5)_4]^- \Longleftrightarrow K[B(C_6H_5)_4] \downarrow （白色）$$

干扰离子有 NH_4^+、Ag^+、Hg^{2+}。

反应的 $m=0.5\mu g$，$c_B=10\mu g \cdot mL^{-1}$。

d. NH_4^+ 的鉴定（气室法）

(a) pH 试纸。NH_4^+ 与强碱一起加热时放出气体 NH_3，NH_3 遇润湿的 pH 试纸显碱色，pH 值在 10 以上。通常认为这是 NH_4^+ 的专属反应。

$$NH_4^+ + OH^- \xrightleftharpoons{\triangle} NH_3 \uparrow + H_2O$$

反应的 $m=0.05\mu g$，$c_B=1\mu g \cdot mL^{-1}$。

(b) 与奈斯勒试剂反应。$K_2[HgI_4]$ 的 NaOH 溶液称为奈斯勒试剂。气体 NH_3 遇滴有奈斯勒试剂的滤纸生成红棕色斑点（沉淀）。

$$NH_3 + 2HgI_4^{2-} + OH^- \Longleftrightarrow \begin{bmatrix} I-Hg \\ \diagdown NH_2 \\ I-Hg \diagup \end{bmatrix} I \downarrow + 5I^- + H_2O$$
红棕色

反应的 $m=0.05\mu g$，$c_B=1\mu g \cdot mL^{-1}$。

(2) 两酸两碱系统

两酸两碱系统是用普通的两酸（盐酸、硫酸）、两碱（氨水、氢氧化钠）为组试剂，利用形成沉淀及其溶解性质将阳离子分成五个组的分析体系。

① **分组方案** 这一系统分组法是将复杂的体系先分成五个小组，然后在每个小组中，用适当的反应鉴定某种离子存在与否，也可在各组中再进一步分离与鉴定。其分组方案见表 16-4。

表 16-4 两酸两碱分组方案

组试剂	组 名	离 子
HCl	Ⅰ组,盐酸组	Ag^+,Hg_2^{2+},Pb^{2+}
H_2SO_4	Ⅱ组,硫酸组	Pb^{2+},Ba^{2+},Ca^{2+},Sr^{2+},Ca^{2+}
NH_3-NH_4Cl,H_2O_2	Ⅲ组,氨组	Hg^{2+},Bi^{3+},Sb(Ⅲ,Ⅴ),Sn(Ⅱ,Ⅳ),Al^{3+},Cr^{3+},Fe^{3+},Fe^{2+},Mn^{2+}
NaOH	Ⅳ组,碱组	Cu^{2+},Cd^{2+},Co^{2+},Ni^{2+},Mg^{2+}
—	Ⅴ组,可溶组	As(Ⅲ,Ⅴ),Zn^{2+},K^+,Na^+,NH_4^+

注:NH_4^+,Na^+,Fe^{3+},Fe^{2+}需分别检出。

② 两酸两碱系统分离步骤 图 16-9 是两酸两碱系统分离过程示意图。

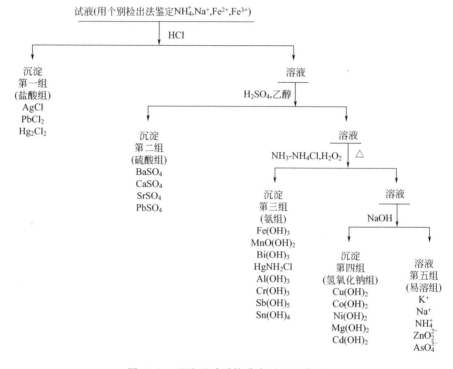

图 16-9 两酸两碱系统分离过程示意图

③ 硫化氢系统和两酸两碱系统的比较 硫化氢系统的优点是系统严谨,分离较完全,能较好地与离子特性及溶液中离子平衡等理论相结合,但不足之处是硫化氢会污染空气,污染环境。两酸两碱系统的优点是避免了有毒的硫化氢,应用的是最普通最常见的两酸两碱,但由于分离系统中用得较多的是氢氧化物沉淀,而氢氧化物沉淀不容易分离,并且由于两性及生成配合物的性质,以及共沉淀等原因,使组与组的分离条件不容易控制。

(3) 阳离子分离鉴定示例

① 以 Ag^+、Pb^{2+}、Hg^{2+}、Cu^{2+}、Fe^{3+} 混合溶液为例说明用硫化氢系统分析法分离和鉴定这些离子的步骤。

a. 加 $2mol·L^{-1}$ HCl 沉淀 Ag^+ 和 Pb^{2+}(AgCl,$PbCl_2$),分离并分别鉴定 Ag^+ 和 Pb^{2+},因 $PbCl_2$ 溶解度大,得出否定结果应继续鉴定。

b. 于分离 Ag^+ 和 Pb^{2+} 后的溶液中,用 HCl 调至 H^+ 浓度约为 $0.3mol·L^{-1}$,加硫代乙酰胺加热沉淀 Cu^{2+}、Pb^{2+} 和 Hg^{2+}(CuS,HgS,PbS),在分离沉淀后的溶液中鉴定 Fe^{3+}。

c. 于 CuS、HgS、PbS 沉淀上加 Na_2S 溶液并加热，HgS 溶解，与 CuS 和 PbS 分离后鉴定 Hg^{2+}。

d. 在 CuS 和 PbS 沉淀上加 HNO_3 溶液并加热，溶解后分别鉴定 Cu^{2+} 和 Pb^{2+}。

其分离鉴定过程见图 16-10。

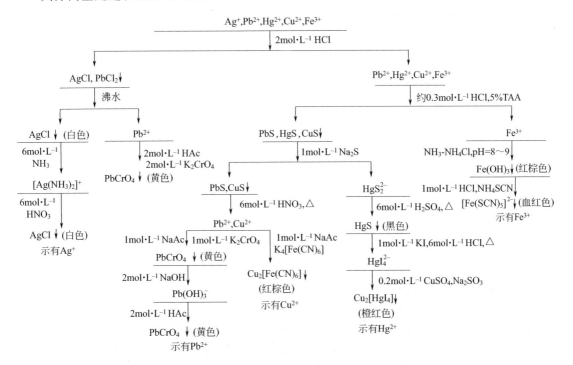

图 16-10 硫化氢系统示例分离鉴定过程示意图

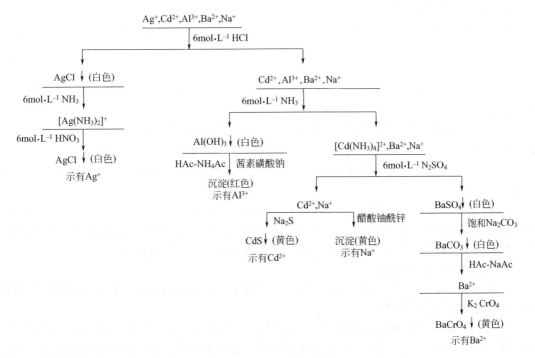

图 16-11 两酸两碱系统示例分离鉴定过程示意图

② 以 Ag^+、Cd^{2+}、Al^{3+}、Ba^{2+}、Na^+ 混合溶液为例说明用两酸两碱系统分析法分离和鉴定这些离子的步骤。

  a. 加入 $6mol·L^{-1}$ HCl 分离鉴定 Ag^+。
  b. 加入 $6mol·L^{-1}$ $NH_3·H_2O$ 分离鉴定 Al^{3+}。
  c. 加入 $6mol·L^{-1}$ H_2SO_4 分离鉴定 Ba^{2+}。
  d. 分别鉴定 Cd^{2+} 和 Na^+。

其分离鉴定过程见图 16-11。

16.3 常见阴离子的分离和鉴定

在水溶液中，金属元素绝大多数是由一种元素形成的简单离子，即阳离子存在，而非金属元素常以简单或复杂的阴离子存在，绝大多数是由两种以上元素构成的复杂阴离子，例如，由 S 在水溶液中存在形式有 SO_3^{2-}、SO_4^{2-}、$S_2O_3^{2-}$、SCN^- 等常见的阴离子。所以，组成阴离子的非金属元素虽然不多，但形成的阴离子的数目却很多。此外，一些高价的金属离子也可以形成含氧酸根，例如 $Cr_2O_7^{2-}$、MnO_4^- 等。由于阴离子的总数很多，难以一一讨论，所以下面只讨论常见的 SO_4^{2-}、PO_4^{3-}、SiO_3^{2-}、CO_3^{2-}、SO_3^{2-}、$S_2O_3^{2-}$、S^{2-}、Cl^-、Br^-、I^-、NO_3^-、NO_2^-、Ac^- 等 13 种阴离子。

16.3.1 阴离子的初步检验

由于阴离子鉴定反应具有相互干扰少、同一试样中共存的阴离子不多的特点，因此，阴离子的分析方法跟阳离子的分析方法不同。在阴离子分析中，通常利用阴离子的特点，采用"消去法"进行初步检验。通过初步检验可以说明试样中可能存在的阴离子，从而消除某些阴离子存在的可能性，这就大大地简化了分析步骤。

(1) 阴离子的分析特性

① 与酸的反应 许多阴离子与酸作用，有的生成挥发性的气体，有的生成沉淀。例如，

$$S_2O_3^{2-} + 2H^+ = S\downarrow + SO_2\uparrow + H_2O$$

$$SiO_3^{2-} + 2H^+ = H_2SiO_3\downarrow$$

这一性质给某些阴离子的鉴定带来很多方便，但也必须注意到，这些阴离子的分析试液在酸性条件下是不稳定，一般应保存在碱性溶液中。

② 氧化还原性 在酸性溶液中，由于离子间发生氧化还原反应，因此有些阴离子是不能共存，如 NO_2^- 不能与 S^{2-}、SO_3^{2-}、$S_2O_3^{2-}$、I^- 中任何一种离子共存，S^{2-} 不能与 SO_3^{2-}、$S_2O_3^{2-}$ 中任何一种离子共存，但当溶液呈碱性时，本章所研究的 13 种阴离子都能共存。

③ 形成配合物 有些阴离子，例如 PO_4^{3-}、I^-、$C_2O_4^{2-}$、$S_2O_3^{2-}$、Br^-、Cl^-、NO_2^- 能与阳离子形成配合物，以致对双方的分析鉴定均有干扰。因此在制备阴离子分析试液时，要事先把碱金属以外的阳离子（定性分析中称为重金属离子）全部除去。

(2) 阴离子的初步试验

在分别鉴定阴离子前要做一些初步实验。阴离子的初步实验一般包括分组试验、挥发性试验和氧化性还原性试验等。

① 分组试验 根据阴离子与某些试剂的反应将其分成三组，如表 16-5 所示，组试剂可说明该组离子是否存在。如有沉淀生成则表明有该组离子存在；如无沉淀，则该组离子可全部排除。$S_2O_3^{2-}$ 浓度大时在第Ⅰ组检出，浓度较小时可能在第二组中检出。

表 16-5 阴离子的分组

组别	组试剂	组的特性	组内阴离子
I	$BaCl_2$（中性或弱碱性）	钡盐难溶于水	SO_4^{2-}、PO_4^{3-}、SiO_3^{2-}、CO_3^{2-}、SO_3^{2-}、$S_2O_3^{2-}$（浓度大）
II	$AgNO_3+HNO_3$	银盐难溶于水和稀 HNO_3	S^{2-}、Cl^-、Br^-、I^-、$S_2O_3^{2-}$（浓度小）
III		钡盐和银盐都溶于水	NO_3^-、NO_2^-、Ac^-

注：当试液中有第一组阳离子存在时，应改用 $Ba(NO_3)_2$。

② 挥发性试验（酸化试验） 在试样溶液中加稀 H_2SO_4 或稀 HCl，必要时加热，则在酸性溶液中 SO_3^{2-}、$S_2O_3^{2-}$、S^{2-}、CO_3^{2-}、NO_2^- 等会产生气体。这些生成的气体各自具有如下的特征。

CO_2：由 CO_3^{2-} 生成，无色无臭，使 $Ba(OH)_2$ 或 $Ca(OH)_2$ 溶液变浑。

SO_2：由 SO_3^{2-} 或 $S_2O_3^{2-}$ 生成，无色，有燃烧硫黄的刺激臭，具有还原性可使 $K_2Cr_2O_7$ 溶液变绿（$Cr_2O_7^{2-}$ 还原为 Cr^{3+}）。

NO_2：由 NO_2^- 生成，红棕色气体，有氧化性，能使 KI-淀粉试纸变蓝。

H_2S：由 S^{2-} 生成，无色，有腐卵臭，可使醋酸铅试纸变黑。

③ 氧化性和还原性试验

a. $KMnO_4$（酸性）。试液以 H_2SO_4 酸化后，加入 $0.01 mol·L^{-1}$ 的 $KMnO_4$ 溶液，如果溶液的紫红色褪去，则表示 SO_3^{2-}、$S_2O_3^{2-}$、S^{2-}、Br^-、I^-、NO_2^- 以及较浓的 Cl^- 等可能存在。

b. I_2-淀粉（酸性）。I_2 溶液的氧化能力远较酸性 $KMnO_4$ 溶液的氧化能力弱，因此它只能氧化强还原性阴离子如 SO_3^{2-}、$S_2O_3^{2-}$ 和 S^{2-} 等。能使 I_2-淀粉溶液的蓝色消失，则表示上述三种离子至少有一种可能存在。需要说明的是在 $KMnO_4$ 试验中得出否定结果后，此项试验已无必要。

本章所讨论的 13 种阴离子中，具有氧化性的只有 NO_2^-，它能在稀 H_2SO_4 溶液中将 I^- 氧化为 I_2。表 16-6 为各项初步试验中所得的结果。

表 16-6 阴离子的初步试验结果

阴离子	试剂					
	稀 H_2SO_4	$BaCl_2$	$AgNO_3+HNO_3$	H_2SO_4+KI	$H_2SO_4+I_2$	$KMnO_4+H_2SO_4$
SO_4^{2-}		+				
SO_3^{2-}	+	+			+	+
$S_2O_3^{2-}$	+	(+)	+		+	+
CO_3^{2-}	+	+				
PO_4^{3-}		+				
SiO_3^{2-}	+	+				
Cl^-			+			(+)
Br^-			+			+
I^-			+			+
S^{2-}	+		+		+	+
NO_3^-						
NO_2^-	+			+		+
Ac^-						

注：+表示阴离子与试剂反应，(+)表示阴离子的浓度大时才与试剂反应。

16.3.2 阴离子的鉴定

（1）阴离子的鉴定反应

13 种阴离子的鉴定反应见表 16-7。

表 16-7 阴离子的鉴定反应

离子	试剂	鉴定反应	介质	主要干扰离子
Cl^-	$AgNO_3$	$Ag^+ + Cl^- \longrightarrow AgCl\downarrow$ AgCl 溶于过量氨水，用 HNO_3 酸化后沉淀重新析出	酸性介质	
Br^-	氯水，CCl_4 或苯	$2Br^- + Cl_2 \longrightarrow Br_2 + 2Cl^-$ 析出的 Br_2 溶于 CCl_4 或苯溶剂中呈橙黄色或橙红色	中性或酸性	
I^-	氯水，CCl_4、苯	$2I^- + Cl_2 \longrightarrow I_2 + 2Cl^-$ 析出的碘溶于溶剂中呈紫红色	中性或酸性	
SO_4^{2-}	$BaCl_2$	$Ba^{2+} + SO_4^{2-} \longrightarrow BaSO_4\downarrow$（白色）	酸性	
SO_3^{2-}	稀 HCl	$SO_3^{2-} + 2H^+ \longrightarrow SO_2\uparrow + H_2O$ SO_2 的鉴定： (1) 使 MnO_4^- 溶液褪色； (2) 使 I_2-淀粉溶液褪色； (3) SO_2 可使品红溶液褪色	酸性介质	$S_2O_3^{2-}$、S^{2-} 对 SO_3^{2-} 的鉴定有干扰
	$Na_2[Fe(CN)_5NO]$ $ZnSO_4$，$K_4[Fe(CN)_6]$	生成红色沉淀	中性介质	S^{2-} 与 $Na_2[Fe(CN)_5NO]$ 生成紫红色配合物，干扰 SO_3^{2-} 的鉴定
	Br_2 水或 H_2O_2，$BaCl_2$	$SO_3^{2-} + Br_2 + H_2O \Longleftrightarrow SO_4^{2-} + 2Br^- + 2H^+$ $Ba^{2+} + SO_4^{2-} \Longleftrightarrow BaSO_4\downarrow$	中性介质	$S_2O_3^{2-}$、S^{2-} 对 SO_3^{2-} 的鉴定有干扰，加 $CdCO_3$、$SrNO_3$ 除去
$S_2O_3^{2-}$	稀 HCl	$S_2O_3^{2-} + 2H^+ \longrightarrow SO_2\uparrow + S\downarrow + H_2O$ 反应中有硫析出使溶液变浑浊	酸性介质	S^{2-}、SO_3^{2-} 同时存在时，干扰 $S_2O_3^{2-}$ 的鉴定
	$AgNO_3$	$2Ag^+ + S_2O_3^{2-} \longrightarrow Ag_2S_2O_3\downarrow$ $Ag_2S_2O_3$ 沉淀不稳定，生成后立即发生水解反应，并且伴随明显的颜色变化，有白→黄→棕，最后变成黑色的 Ag_2S $Ag_2S_2O_3 + H_2O \longrightarrow Ag_2S\downarrow + H_2SO_4$	中性介质	S^{2-}
S^{2-}	稀 HCl	$S^{2-} + 2H^+ \longrightarrow H_2S\uparrow$ H_2S 气体使 $Pb(Ac)_2$ 试纸变黑	酸性介质	$S_2O_3^{2-}$、SO_3^{2-} 存在干扰
	$Na_2[Fe(CN)_5NO]$	$S^{2-} + [Fe(CN)_5NO]^{2-} \longrightarrow$ $[Fe(CN)_5NOS]^{4-}$（紫红色）	碱性介质	
NO_2^-	对氨基苯磺酸 α-苯胺	溶液呈红色	中性或乙酸	MnO_4^- 强氧化剂的干扰
NO_3^-	$FeSO_4$ 浓 H_2SO_4	$NO_3^- + Fe^{2+} + 4H^+ \longrightarrow Fe^{3+} + NO + 2H_2O$ $Fe^{2+} + NO \longrightarrow [Fe(NO)]^{2+}$（棕色） 在混合液与浓硫酸分层处形成棕色环	酸性介质	NO_2^- 有同样的反应，妨碍鉴定
CO_3^{2-}	稀 HCl 或 （稀 H_2SO_4）	$CO_3^{2-} + 2H^+ \longrightarrow CO_2\uparrow + H_2O$ CO_2 气体使饱和的 $Ba(OH)_2$ 溶液变浑浊	酸性介质	
PO_4^{3-}	$AgNO_3$	$PO_4^{3-} + 3Ag^+ \longrightarrow Ag_3PO_4\downarrow$（黄色）	中性或弱酸性	CrO_4^{2-}、S^{2-}、AsO_4^{3-}、AsO_3^{3-}、I^-、$S_2O_3^{2-}$ 等离子能与 Ag^+ 生成有色沉淀而干扰

续表

离子	试剂	鉴定反应	介质	主要干扰离子
PO_4^{3-}	$(NH_4)_2MoO_4$（过量试剂）	$PO_4^{3-}+3NH_4^++12MoO_4^{2-}+24H^+\longrightarrow$ $(NH_4)_3PO_4 \cdot 12MoO_3 \cdot 6H_2O\downarrow$（黄色）$+$ $6H_2O$ (1) 无干扰离子时不必加 HNO_3 (2) 磷钼酸铵能溶于过量磷酸盐溶液生成配合物,因此需要加入过量的钼酸铵试剂	HNO_3 介质	(1) SO_3^{2-}、$S_2O_3^{2-}$、S^{2-}、I^-、Sn^{2+}等离子将钼酸铵试剂还原为低价钼的化合物钼蓝,影响检出。 (2) SiO_3^{2-}、AsO_4^{3-}与钼酸铵试剂形成相似的黄色沉淀,妨碍鉴定。 (3) 大量 Cl^- 存在时,可与 $Mo(Ⅵ)$ 形成配合物而降低反应的灵敏度
SiO_3^{2-}	NH_4Cl（饱和）（加热）	$SiO_3^{2-}+2NH_4^+\longrightarrow H_2SiO_3\downarrow$（白色胶状）$+2NH_3\uparrow$	碱性介质	
F^-	H_2SO_4	$CaF_2+H_2SO_4\longrightarrow 2HF\uparrow+CaSO_4$ HF 与硅酸盐或 SiO_2 生成 SiF_4 气体。SiF_4 与水作用,立即转化为不溶于水的硅酸沉淀而使水变浑。 $SiO_2+4HF\longrightarrow SiF_4+2H_2O$ $SiF_4+4H_2O\longrightarrow H_4SiO_4\downarrow+4HF$		

（2）阴离子混合溶液分离鉴定示例

① 分离鉴定含 S^{2-}、SO_3^{2-}、$S_2O_3^{2-}$ 阴离子的混合溶液

a. 加入固体 $CdCO_3$，S^{2-} 沉淀为黄色的 CdS。

b. 于溶液中加入 HCl 加热,溶液浑浊表示有 $S_2O_3^{2-}$ 存在。

c. 加入 $SrCl_2$ 或 $Sr(NO_3)_2$ 分离鉴定 SO_3^{2-}。

其分离鉴定过程见图 16-12。

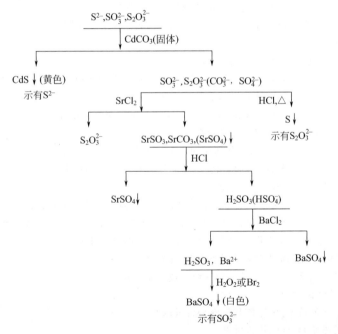

图 16-12　S^{2-}、SO_3^{2-}、$S_2O_3^{2-}$ 阴离子的混合溶液分离鉴定过程示意图

② 分离鉴定含 Cl^-、Br^-、I^- 阴离子的混合溶液　分离鉴定 Cl^-、Br^-、I^- 时,一般先将其沉淀为卤化银,然后再分别检出。其分离鉴定过程见图 16-13。

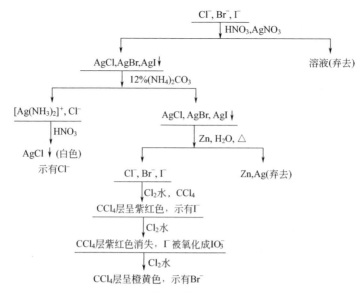

图 16-13 Cl^-、Br^-、I^- 阴离子的混合溶液分离鉴定过程示意图

思 考 题

1. 为什么说要获得正确的鉴定结果，首先应该创造有利于反应产物生成的反应条件？反应条件主要有哪些？
2. 鉴定反应的灵敏度如何表示？
3. 什么叫特效反应和选择性反应？在实际应用中有何重要意义？在鉴定离子时如何排除共存离子的干扰？
4. 什么叫空白试验和对照试验？它们在定性分析中起何作用？
5. 硫化氢系统分析中共包括几个组？每组的名称是什么？每组内有哪些离子？
6. 阴离子定性分析有哪些特点？
7. Pb^{2+} 为什么在盐酸组沉淀又在硫化氢组沉淀？
8. 为什么分离硫化氢组应控制 $0.3\,mol·L^{-1}$ HCl，分离 $(NH_4)_2CO_3$ 组应控制 pH=9？
9. 向一未知溶液中加入 HCl，无白色沉淀能否证实溶液中不含 Ag^+ 和 Pb^{2+}？
10. 用王水溶解 HgS 后，在检出 Hg^{2+} 前为何要除去过量的王水？用什么方法除去？
11. 为什么有 HNO_3 存在，$PbSO_4$ 不能沉淀？
12. Cl^-、Br^-、I^- 沉淀为 AgX 时，为何要加入 HNO_3？
13. S^{2-} 如何干扰 SO_3^{2-}、$S_2O_3^{2-}$ 的检出？应如何除去？$S_2O_3^{2-}$ 如何干扰 SO_3^{2-} 的检出，如何除去？试液中如无 S^{2-}、SO_3^{2-} 是否干扰 $S_2O_3^{2-}$ 的检出？
14. 沉淀第一组阳离子为什么要在酸性溶液中进行？若在碱性条件下进行，将会发生什么后果？
15. 已知某未知试液不含第三组阴离子，在沉淀第二组硫化物时是否还要调节酸度？
16. 用 $(NH_4)_2S$ 或 TAA 沉淀第三组离子为什么要加足够的 NH_4Cl？
17. 以 K_2CrO_4 试剂鉴定 Ba^{2+} 时，为什么要加 HAc 和 NaAc？
18. $BaCl_2$ 试验得出否定结果，能否将第一组阴离子整组排除？
19. 在氧化性还原性试验中，
(1) 以稀 HNO_3 代替稀 H_2SO_4 酸化试液是否可以？
(2) 以稀 HCl 代替稀 H_2SO_4 是否可以？
(3) 以浓 H_2SO_4 酸化试液是否可以？
20. 在 Cl^-、Br^-、I^- 的分离鉴定中，为什么用 12% 的 $(NH_4)_2CO_3$ 将 AgCl 与 AgBr 和 AgI 分离开？
21. 如何分离 Ag^+ 和 Hg_2^{2+}？

习 题

16.1 用 CrO_4^{2-} 检验 Ba^{2+}，检出反应的 $m=3.5\mu g$，$c_B=70\mu g \cdot mL^{-1}$；若改用 SO_4^{2-} 来检验 Ba^{2+}，$m=3\mu g$，$c_B=50\mu g \cdot mL^{-1}$，试比较两个反应的灵敏度。计算试验时应各取多少毫升含 Ba^{2+} 试液？

16.2 取含铁的试样 $0.01g$ 制成 $2mL$ 试液，若取 1 滴 NH_4SCN 饱和溶液与 1 滴试液作用，仍可肯定检出 Fe^{3+}，试液再稀释，反应即不可靠，已知此反应的 $m=0.25\mu g$，$c_B=5\mu g \cdot mL^{-1}$，估算此试样中的铁的百分含量。

16.3 下列物质能否溶于所加的溶液中，加以解释：
(1) $Mg(OH)_2$ 在 NH_4Cl 溶液中；　　(2) $Fe(OH)_3$ 在 NH_4Cl 溶液中；
(3) ZnS 在 HCl 溶液中；　　(4) CuS 在 HCl 溶液中；
(5) HgS 在 HNO_3 溶液中；　　(6) HgS 在 Na_2S 溶液中；
(7) Bi_2S_3 在 HNO_3 溶液中；　　(8) $CaCO_3$ 在 HAc 溶液中；
(9) CaC_2O_4 在 HAc 溶液中；　　(10) $AgCl$ 在 $NH_3 \cdot H_2O$ 中；
(11) $AgBr$ 在浓 $NH_3 \cdot H_2O$ 中；　　(12) $AgBr$ 在 $Na_2S_2O_3$ 溶液中；
(13) $AgCl$ 在 HNO_3 溶液中；　　(14) CuS 在 HNO_3 溶液中。

16.4 用一种试剂分离各对离子或沉淀：
(1) Al^{3+} 与 Fe^{3+}；　　(2) Zn^{2+} 与 Cr^{3+}；
(3) Fe^{2+} 与 Mn^{2+}；　　(4) Pb^{2+} 与 Ba^{2+}；
(5) Pb^{2+} 与 Cu^{2+}；　　(6) Cr^{3+} 与 Mn^{2+}；
(7) $BaSO_4$ 与 $PbSO_4$；　　(8) $Fe(OH)_3$ 与 $Zn(OH)_2$；
(9) CuS 与 HgS；　　(10) ZnS 与 Ag_2S。

16.5 试用 6 种溶剂，把下列 6 种固体从混合物中逐一溶解，每种溶剂只能溶解一种物质，并说明溶解次序。
$BaCO_3$、$AgCl$、KNO_3、HgS、CuS、$PbSO_4$

16.6 设计分离鉴定下列离子混合液的试验方案
(1) NH_4^+、Ba^{2+}、Al^{3+}、Cu^{2+}；　　(2) K^+、Zn^{2+}、Cr^{3+}、Ag^+；
(3) Pb^{2+}、Mn^{2+}、Fe^{3+}、Cu^{2+}；　　(4) Mg^{2+}、Ag^+、Co^{2+}、Pb^{2+}；
(5) Fe^{3+}、Zn^{2+}、Al^{3+}、Cr^{3+}；　　(6) Ni^{2+}、Co^{2+}、Fe^{3+}、Mn^{2+}。

16.7 请选用一种试剂区别下列五种离子
Cu^{2+}、Zn^{2+}、Hg^{2+}、Fe^{3+}、Co^{2+}

16.8 现有五瓶没有标签的试剂，它们分别是 $NaNO_3$、Na_2S、$NaCl$、$Na_2S_2O_3$、Na_2HPO_4，请用一种试剂将它们鉴别出来。

16.9 某一阴离子试液能使 $KMnO_4$ 酸性溶液褪色，但不能使 I_2-淀粉溶液褪色，这一试液可能存在哪些阴离子？

16.10 某阴离子未知溶液初步试验结果如下：
(1) 试液酸化无气体产生；
(2) 酸性溶液中加 $BaSO_4$ 无沉淀；
(3) 硝酸溶液中加 $AgNO_3$ 有黄色沉淀；
(4) 酸性溶液中加 $KMnO_4$ 褪色，加 I_2-淀粉不褪色；
(5) 与 KI 无反应。
试推测哪些阴离子可能存在，说明理由，并设计分离鉴定这些阴离子的方案。

16.11 在 NO_2^- 存在下，如何鉴定 NO_3^-，写出有关反应式。

16.12 有未知的酸性溶液 4 种，定性分析后报告如下，试指出哪些合理，哪些不合理，说明理由。
(1) Fe^{2+}、Na^+、SO_4^{2-}、NO_2^-；　　(2) K^+、I^-、SO_4^{2-}、MnO_4^-；
(3) Zn^{2+}、Na^+、SO_4^{2-}、NO_3^-、Cl^-；　　(4) Ba^{2+}、Al^{3+}、Cu^{2+}、NO_3^-、Cl^-。

16.13 请设计用两酸两碱分离含有 Ba^{2+}、Al^{3+}、Cr^{3+}、Fe^{3+}、Co^{2+}、Ni^{2+} 的混合溶液的分离方案。

附 录

附录1 常用物理量、单位和符号

符 号	意 义	单 位
s	固体	
l	液体	
g	气体	
p	压力	Pa
V	体积	m^3、$L(dm^3)$
T	热力学温度、绝对温度	K
t	摄氏温度	℃
R	摩尔气体常数	$J \cdot mol^{-1} \cdot K^{-1}$
s	溶解度	$mol \cdot L^{-1}$
A_r	原子量	
M_r	分子量	
M	摩尔质量	$g \cdot mol^{-1}$,$kg \cdot mol^{-1}$
n	物质的量	mol
V_m	摩尔体积	$m^3 \cdot mol^{-1}$,$L \cdot mol^{-1}$
x_B	B物质的摩尔分数	
p_B	气体中B的分压	Pa
V_B	气体中B的分体积	m^3 或 L
$[A]$	平衡表达式和反应商表达式中A物质的浓度值	
c_A	A物质的浓度	$mol \cdot L^{-1}(mol \cdot dm^{-3})$
$c_0(A)$	A物质的起始浓度值	
ξ	反应进度或进程	mol
ν_B	B物质的化学计量系数	
$p^{\ominus}$	标准压力	100kPa
$c^{\ominus}$	标准浓度	$1mol \cdot L^{-1}(mol \cdot dm^{-3})$
U	热力学能(内能)	J 或 kJ
W	功	J 或 kJ
Q	热	J 或 kJ
ΔH	焓变	J 或 kJ
$\Delta_r H_m^{\ominus}(T)$	T 温度下的标准摩尔反应焓	$J \cdot mol^{-1}$ 或 $kJ \cdot mol^{-1}$
$\Delta_f H_m^{\ominus}(298.15K)$	298.15K 下标准摩尔生成焓	$J \cdot mol^{-1}$ 或 $kJ \cdot mol^{-1}$
$\Delta_c H_m^{\ominus}(298.15K)$	298.15K 下标准摩尔燃烧焓	$J \cdot mol^{-1}$ 或 $kJ \cdot mol^{-1}$
Q_p、Q_V	恒压反应热、恒容反应热	$J \cdot mol^{-1}$ 或 $kJ \cdot mol^{-1}$
$\Delta_r G_m^{\ominus}(T)$	T 温度下反应的标准摩尔吉布斯自由能变	$J \cdot mol^{-1}$ 或 $kJ \cdot mol^{-1}$
$\Delta_f G_m^{\ominus}(298.15K)$	298.15K 下标准摩尔生成吉布斯自由能变	$J \cdot mol^{-1}$ 或 $kJ \cdot mol^{-1}$
$\Delta_r S_m^{\ominus}(T)$	T 温度下反应的标准摩尔熵变	$J \cdot mol^{-1} \cdot K^{-1}$
K_p	压力实验平衡常数	
K_c	浓度实验平衡常数	
$K^{\ominus}$	标准平衡常数	
$K_i^{\ominus}$	标准解离常数	
$K_w^{\ominus}$	水的离子积常数	
$K_t^{\ominus}$	酸碱中和常数	
$K_{sp}^{\ominus}$	难溶强电解质的溶度积常数	
J	反应商	
α	弱电解质的离解度	
$\varphi_{电对}^{\ominus}$	标准电极电势	V
$E^{\ominus}$	标准电动势	V

续表

符号	意义	单位
I	电离能	$kJ \cdot mol^{-1}$
E_A	电子亲和能	$kJ \cdot mol^{-1}$
χ	电负性	
ψ	波函数(原子轨道)	
L_b	共价键键长	pm
θ	共价键键角	°(度)
$E(X-Y)$	共价键键能	$kJ \cdot mol^{-1}$
$D(X-Y)$	共价键解离能	$kJ \cdot mol^{-1}$
μ	磁矩	μ_B
P	偶极矩	$C \cdot m$
U	晶格能	$kJ \cdot mol^{-1}$
d	偶极长度	m
a	极化率、范德华常数 活度	
F	法拉第常数	$(=96485)C \cdot mol^{-1}$
f	活度系数	
h	普朗克常数	
Ω	微观状态数	
aq	水溶液	
*	纯物质	

附录 2 国际单位制 (SI)

1948 年召开的第九届国际计量大会做出决定，要求国际计量委员会创立一种简单而科学的、供所有米制公约组织成员国均能使用的实用单位制。1954 年第十届国际计量大会决定采用米(m)、千克(kg)、秒(s)、安培(A)、开尔文(K) 和坎德拉(cd) 作为基本单位。1960 年第十一届国际计量大会决定将以这六个单位为基本单位的实用计量单位制命名为"国际单位制"，并规定其符号为"SI"。1974 年的第十四届国际计量大会又决定增加物质的量的单位摩尔(mol) 作为基本单位。因此，目前国际单位制共有七个基本单位。

国际单位制有两个辅助单位，即弧度和球面度。

SI 导出单位是由 SI 基本单位按定义式导出的，其数量很多，其中一些是以杰出科学家的名字命名的，如牛顿、帕斯卡、焦耳等。

1984 年 2 月 27 日中华人民共和国国务院发布了《关于在我国统一实行法定计量单位的命令》，规定我国的计量单位一律采用《中华人民共和国的法定计量单位》。1993 年 12 月 27 日国家技术监督局发布了中华人民共和国国家标准（GB 3100—93~3102—93），规定从 1994 年 7 月 1 日开始实施。

本书规定采用 GB 3100—93~3102—93，见表 1~表 4。

表 1 国际单位制 (SI)

量的名称	单位名称	单位符号	量的名称	单位名称	单位符号
长度	米	m	热力学温度	开[尔文]	K
质量	千克(公斤)[①]	kg	物质的量	摩[尔]	mol
时间	秒	s	发光强度	坎[德拉]	cd
电流	安[培][①]	A			

[①] ( ) 号内的字为前者的同义词；[ ] 内的字，是在不致引起混淆的情况下可以省略的字。下同。

表 2　SI 导出单位（摘录）

量的名称	单位名称	单位符号	量的名称	单位名称	单位符号
频率	赫[兹]	Hz	电位、电压、电动势(电势)	伏[特]	V
压力、压强	帕[斯卡]	Pa	摄氏温度	摄氏度	℃
能[量]、功、热量	焦[耳]	J	电阻	欧[姆]	Ω
电荷[量]	库[仑]	C	电导	西[门子]	S

表 3　可与国际单位并用的我国法定单位（摘录）

量的名称	单位名称	单位符号	量的名称	单位名称	单位符号
时间	分	min	质量	吨	t
	[小]时	h		原子质量单位	u
	日(天)	d	体积	升	L
			能	电子伏	eV

表 4　用于构成十进制倍数和分数单位的词头（摘录）

因数	词头名称	符号	因数	词头名称	符号
10^{12}	太[拉](tera)	T	10^{-2}	厘(centi)	c
10^{9}	吉[咖](giga)	G	10^{-3}	毫(milli)	m
10^{6}	兆(mega)	M	10^{-6}	微(micro)	μ
10^{3}	千(kilo)	k	10^{-9}	纳[诺](nano)	n
10^{2}	百(hecto)	h	10^{-12}	皮[可](pico)	p
10^{-1}	分(deci)	d	10^{-15}	飞[母托](femto)	f

附录 3　一些基本的物理常数

物理量	符号	国际单位数值
真空中光速	c	$2.99792458(12) \times 10^{8} \text{ m·s}^{-1}$
电子[静止][1]质量	m_e	$9.109534(47) \times 10^{-31} \text{ kg}$
质子[静止]质量	m_p	$1.6726485(86) \times 10^{-27} \text{ kg}$
中子[静止]质量	m_n	$1.6749543(86) \times 10^{-27} \text{ kg}$
[统一的]原子质量单位	$u(m_u)$	$1.6605655(86) \times 10^{-27} \text{ kg}$
电子电荷	e	$1.6021892(46) \times 10^{-19} \text{ C}$
阿伏伽德罗(Avogadro)常数	N_A	$6.022045(31) \times 10^{23} \text{ mol}^{-1}$
玻尔兹曼常数	$k(R/N_A)$	$1.380622(44) \times 10^{-23} \text{ J·K}^{-1}$
玻尔半径	a_0	$5.2917706(44) \times 10^{-11} \text{ m}$
玻尔磁子	μ_B	$4.35981 \times 10^{-18} \text{ J}$
普朗克(Planck)常数	h	$6.626176(36) \times 10^{-34} \text{ J·s}$
法拉第(Faraday)常数	F	$9.648456(27) \times 10^{4} \text{ C·mol}^{-1}$
气体常数	R	$8.31441(26) \text{ J·mol}^{-1}\text{·K}^{-1}$
水在常压下的冰点	T_0	273.150 K
水的三相点		273.160 K

[1] 在不产生误会时，方括号中内容可以省略。下同。

注：数据来源．北京师范大学，华中师范大学，南京师范大学无机化学教研室编．无机化学．2 版．北京：高等教育出版社，1987．

附录4 一些物质的标准热力学数据（298.15K，100kPa）

物　　质	状　　态	$\Delta_f H_m^{\ominus}/kJ\cdot mol^{-1}$	$\Delta_f G_m^{\ominus}/kJ\cdot mol^{-1}$	$S_m^{\ominus}/J\cdot mol^{-1}\cdot K^{-1}$
Ag	s	0	0	42.55
Ag^+	aq	105.58	77.12	72.68
AgF	s	−204.6	—	—
AgCl	s	−127.07	−109.80	96.23
AgBr	s	−100.37	−96.90	107.11
AgI	s	−61.84	−66.19	115.5
Al	s	0	0	28.33
Al^{3+}	aq	−531	−485	−322
$AlCl_3$	s	−704.2	−628.9	110.7
AlF_3	s	−1301.2	−1230.1	96.23
Al_2O_3	s	−1675.7	−1582.4	50.92
$Al_2(SO_4)_3$	s	−3440.8	−3100.1	239
As	s	0	0	35.1
AsH_3	g	66.4	68.9	222.67
AsF_3	l	−956.3	−909.1	181.21
$AsCl_3$	g	−261.5	−248.9	327.1
$AsBr_3$	g	−130	−159	363.8
B	s	0	0	5.86
B_2O_3	s	−1272.8	−1193.7	54.0
B_2H_6	g	35.6	86.9	232.0
BF_3	g	−1137.0	−1120.3	254.0
BCl_3	g	−403.8	−388.7	290.0
BBr_3	g	−205.6	−232.5	324.1
BI_3	g	71.1	20.75	349.1
Ba	s	0	0	62.8
Ba^{2+}	aq	−537.64	−560.74	9.6
BaO	s	−553.5	−525.5	70.42
BaO_2	s	−634.3	—	—
$Ba(OH)_2$	s	−994.7		
$Ba(NO_3)_2$	s	−922.1	−796.7	213.8
$BaCO_3$	s	−1216.3	−1137.6	112.1
Be	s	0	0	9.50
Be^{2+}	aq	−382.8	−379.7	−129.7
BeO	s	−609.6	−580.3	14.1
$Be(OH)_2$	s	−905.8	−817.6	50
Br_2	l	0	0	152.23
Br_2	g	30.907	3.142	245.354
Br_2	aq	−2.59	3.93	130.5
Br^-	aq	−121.50	−104.04	82.84
HBr	g	−36.40	−53.42	198.59
BrO_3^-	aq	−83.7	1.7	163.2
C	graphite	0	0	5.740
C	diamond	1.897	2.900	2.377
CO	g	−110.52	−137.15	197.56
CO_2	g	−393.51	−394.36	213.64
CO_3^{2-}	aq	−677.1	−527.9	−56.9
CH_4	g	−74.81	−50.75	186.15
C_2H_6	g	−84.68	−32.89	229.49
CN^-	aq	150.6	172.4	94.1
HCN	aq	107.1	119.7	124.7
CF_4	g	−925	−879	261.5
CCl_4	l	−135.44	−65.27	216.40
CCl_4	g	−102.9	−60.6	309.74

续表

物　　质	状　态	$\Delta_f H_m^{\ominus}/kJ\cdot mol^{-1}$	$\Delta_f G_m^{\ominus}/kJ\cdot mol^{-1}$	$S_m^{\ominus}/J\cdot mol^{-1}\cdot K^{-1}$
CS_2	l	89.70	65.27	151.34
CS_2	g	117.36	67.15	237.73
Ca	s	0	0	41.4
Ca^{2+}	aq	−542.83	−553.54	−53.1
CaO	s	−635.1	−604.0	39.75
CaO_2	s	−652.7	—	—
$Ca(OH)_2$	s	−986.1	−898.6	83.4
CaS	s	−482.4	−477.4	56.5
$Ca(NO_3)_2$	s	−938.4	−743.2	193.3
$CaCO_3$	calcite	−1206.9	−1128.8	92.9
$CaCO_3$	aragonite	−1207.7	−1127.7	88.7
Cd	s	0	0	51.76
Cd^{2+}	aq	−75.90	−77.74	−61.1
CdO	s	−258.2	−228.4	54.8
CdF_2	s	−700.4	−647.7	77.4
CdI_2	s	−203.3	−201.4	161.1
$CdCO_3$	s	−750.6	−669.4	92.5
Ce	s	0	0	72.0
Ce^{3+}	aq	−700.4	−676	−205
Ce^{4+}	aq	−576	−506	−419
Ce_2O_3	s	−1799	—	—
Cl_2	g	0	0	222.96
Cl_2	aq	−23.4	6.90	121
Cl^-, HCl	aq	−167.08	−131.29	56.73
HCl	g	−92.31	−95.30	186.80
Cl_2O	g	80.3	97.9	266.10
HClO	aq	−120.9	−79.9	142.3
ClO_4^-	aq	129.33	−8.62	182.0
Co	s	0	0	30.04
Co^{2+}	aq	−58.2	−54.5	−113
Co^{3+}	aq	—	132	—
$CoCl_2$	s	−312.5	—	—
Cr	s	0	0	23.77
Cr^{2+}	aq	−144	—	—
CrO_4^{2-}	aq	−881.2	−727.8	50.2
$Cr_2O_7^{2-}$	aq	−1490.3	−1301.2	261.9
$HCrO_4^-$	aq	−878.2	−764.8	184.1
$CrCl_2$	s	−395.4	−356.1	115.3
$CrCl_3$	s	−556.5	−486.2	123.0
Cs	s	0	0	85.23
Cs^+	aq	−258.04	−291.70	132.8
Cu	s	0	0	33.15
Cu^+	aq	71.7	50.0	40.6
Cu^{2+}	aq	64.77	65.52	−99.6
CuCl	s	−137.2	−119.86	86.2
CuBr	s	−104.6	−100.8	96.11
CuI	s	−67.8	−69.5	96.7
CuS	s	−53.1	−53.6	66.5
CuO	s	−157.3	−129.7	42.6
$CuCl_2$	s	−220.1	−175.7	108.1
F_2	g	0	0	202.67
F^-	aq	−332.63	−278.82	−13.8
HF	g	−271.1	−273.2	173.67
HF	aq	−320.1	−296.9	88.7
F_2O	g	−21.8	−4.6	247.32
Fe	s	0	0	27.28

续表

物 质	状 态	$\Delta_f H_m^\ominus/\text{kJ}\cdot\text{mol}^{-1}$	$\Delta_f G_m^\ominus/\text{kJ}\cdot\text{mol}^{-1}$	$S_m^\ominus/\text{J}\cdot\text{mol}^{-1}\cdot\text{K}^{-1}$
Fe^{2+}	aq	-89.1	-78.6	-138
Fe^{3+}	aq	-48.5	-4.6	-316
FeO	s	-272	—	—
Fe_2O_3	s	-824	-742.2	87.4
Fe_3O_4	s	-1118	-1015	146
$Fe(OH)_2$	s	-569	-486.6	88
$Fe(OH)_3$	s	-823.0	-696.6	107
Ge	s	0	0	31.09
GeO_2	s	-551.0	-497.1	55.3
GeH_4	g	90.8	113.4	217.02
H_2	g	0	0	130.57
H^+	g	1536.2	—	—
H^+	aq	0	0	0
H_2O	l	-285.83	-237.18	69.91
H_2O	g	-241.82	-228.59	188.715
H_2O_2	l	-187.78	-120.42	109.6
H_2O_2	g	-136.31	-105.60	232.6
Hg	l	0	0	76.02
Hg	g	61.32	-31.85	174.85
Hg^{2+}	aq	171.1	164.4	-32.2
HgO	red	-90.83	-58.56	70.29
HgO	yellow	-90.4	-58.43	71.1
HgI_2	red	-105.4	-101.7	180
Hg_2Cl_2	s	-265.22	-210.78	192.5
Hg_2Br_2	s	-206.90	-181.08	218
Hg_2I_2	s	-121.34	-111.00	233.5
I_2	s	0	0	116.14
I_2	g	62.438	19.359	260.58
I_2	aq	22.6	16.42	137.2
I^-	aq	-56.90	-51.93	106.70
HI	g	26.5	1.7	206.78
IO_3^-	aq	-221.3	-128.0	118.4
K	s	0	0	64.68
K^+	aq	-252.17	-282.48	101.04
K_2O_2	s	-495.8	—	—
KO_2	s	-280.3	—	—
KF	s	-586.6	-538.9	66.55
KHF_2	s	-928.4	-860.4	104.6
KBF_4	s	-1887.0	-1785	134
Li	s	0	0	29.12
Li^+	aq	-278.46	-292.61	11.30
Li_2O	s	-598.7	-562.1	37.89
LiF	s	-616.9	-588.7	35.66
$LiHF_2$	s	-945.3	—	—
Li_2CO_3	s	-1216.0	-1132.2	90.17
Mg	s	0	0	32.68
Mg^{2+}	aq	-466.85	-454.80	-138.1
MgO	s	-601.7	-569.4	26.94
$Mg(OH)_2$	s	-924.5	-833.6	63.18
$Mg(NO_3)_2$	s	-790.65	-589.5	164.0

续表

物　　质	状　　态	$\Delta_f H_m^\ominus$/kJ·mol^{-1}	$\Delta_f G_m^\ominus$/kJ·mol^{-1}	$S_m^\ominus$/J·mol^{-1}·K^{-1}
MgCO$_3$	s	−1095.8	−1012.1	65.69
Mn	s	0	0	32.01
Mn^{2+}	aq	−220.75	−228.0	−73.6
MnO	s	−385.2	−362.9	59.71
MnO$_4^-$	aq	−541.4	−447.2	191.2
MnO$_4^{2-}$	aq	−652	−501	59
MnCl$_2$	s	−481.3	−440.5	118.2
MnBr$_2$	s	−384.9	—	—
MnI$_2$	s	−247	—	—
N$_2$	g	0	0	191.50
NO	g	90.25	86.57	210.65
NO$_2$	g	33.18	51.30	239.95
NO$_2^-$	aq	−104.6	−37.2	140.2
NO$_3^-$	aq	−207.36	−111.34	146.4
N$_2$O	g	82.0	104.2	219.74
N$_2$O$_3$	g	83.72	139.41	312.17
N$_2$O$_4$	l	−19.50	94.45	209.2
N$_2$O$_4$	g	9.16	97.82	304.2
NH$_3$	g	−46.11	−16.48	192.34
N$_2$H$_4$	l	50.6	149.2	121.2
N$_2$H$_4$	g	95.4	159.3	238.4
NH$_4^+$	aq	−132.51	−79.37	113.4
NH$_3$·H$_2$O	l	−361.2	−254.1	165.6
HNO$_2$	aq	−119.2	−55.6	152.7
NF$_3$	g	−124.7	−83.3	260.6
NCl$_3$	l	230	—	—
NH$_4$F	s	−463.9	−348.8	72.0
NH$_4$Cl	s	−314.4	−203.0	94.6
NH$_4$Br	s	−270.8	−175.3	113
NH$_4$I	s	−201.4	−112.5	117
Na	s	0	0	51.30
Na$^+$	aq	−240.300	−261.88	58.41
Na$_2$O$_2$	s	−513.2	−449.7	94.8
NaO$_2$	s	−260.7	−218.7	115.9
NaF	s	−575.4	−545.1	51.21
NaHF$_2$	s	−915.1	—	—
Na$_2$CO$_3$	s	−1130.8	−1048.1	138.8
Ni	s	0	0	29.87
Ni^{2+}	aq	−54.0	−45.6	−128.9
NiCl$_2$	s	−305.33	−259.06	97.65
O$_2$	g	0	0	205.03
O$_3$	g	142.7	163.2	238.8
P	white	0	0	41.09
P	red	−17.6	−12.1	22.80
P	g	314.6	278.3	163.084
P$_2$	g	144.3	103.8	218.02
P$_4$	g	58.91	24.48	279.87
PO$_4^{3-}$	aq	−1277.4	−1018.8	−222
P$_4$O$_{10}$	hexagonal	−2984.0	−2697.8	228.9
PH$_3$	g	5.4	13.4	210.12

续表

物　质	状　态	$\Delta_f H_m^\ominus$/kJ·mol^{-1}	$\Delta_f G_m^\ominus$/kJ·mol^{-1}	$S_m^\ominus$/J·mol^{-1}·K^{-1}
H_3PO_3	s	−964.4	—	—
H_3PO_3	aq	−964.8	—	—
PF_3	g	−918.8	−897.5	273.13
PCl_3	l	−319.7	−272.4	217.1
PCl_3	g	−287.0	−267.8	311.67
PBr_3	g	−139.3	−162.8	347.980
PI_3	s	−45.6	—	—
PF_5	g	−1595.8	—	—
PCl_5	s	−443.5	—	—
PCl_5	g	−374.9	−305.0	364.47
POF_3	g	−1254.4	−1205.8	285.0
$POCl_3$	g	−558.5	−513.0	325.3
PH_4Cl	s	−145.2	—	—
PH_4Br	s	−127.6	−47.7	110.0
PH_4I	s	−69.8	0.2	123.0
Pb	s	0	0	64.81
Pb^{2+}	aq	−1.7	−24.4	10.5
PbO	red	−219.0	−188.9	66.5
PbF_2	s	−664.0	−617.1	110.5
$PbCl_2$	s	−359.4	−314.1	138.0
PbI_2	s	−175.5	−173.6	174.8
Ra	s	0	0	71
Ra^{2+}	aq	−527.6	−561.4	54
Rb	s	0	0	76.78
Rb^+	aq	−251.12	−283.61	120.46
Rb_2O	s	−330.1	—	—
S	rhombic	0	0	31.80
S	monoclinic	0.3	0.10	32.55
S^{2-}	aq	33.1	85.8	−14.6
SO_2	g	−297.04	−300.19	248.11
SO_3	β-s	−454.51	−368.99	52.3
SO_3	g	−395.72	−371.08	256.65
SO_4^{2-}	aq	−909.27	−774.63	20.1
$S_2O_3^{2-}$	aq	−1338.9	−1110.4	248.1
H_2S	g	−20.63	−33.56	205.7
H_2S	aq	−39.7	−27.87	121
H_2SO_4	l	−813.99	−690.06	156.90
H_2SO_4	g	−741	—	—
SF_2	g	−297	−303	257.6
SCl_2	g	−19.7	—	—
SF_4	g	−763	−722	299.6
SF_5	g	−976.5	−912.1	322.6
SF_6	g	−1220.5	−1116.5	291.6
SO_2F_2	g	−769.7	—	—
SO_2Cl_2	g	−382.1	—	—
Sb	s	0	0	45.69
SbF_3	s	−915.5	—	—
$SbCl_3$	s	−382.2	−323.7	184
Sb_2O_3	s	−689.9	—	123.0
Sb_2O_5	s	−980.7	−838.9	125.1

续表

物　质	状　态	$\Delta_f H_m^\ominus/\text{kJ}\cdot\text{mol}^{-1}$	$\Delta_f G_m^\ominus/\text{kJ}\cdot\text{mol}^{-1}$	$S_m^\ominus/\text{J}\cdot\text{mol}^{-1}\cdot\text{K}^{-1}$
Se	black	0	0	42.44
Se	g	227.1	187.1	176.6
H_2Se	g	29.7	15.9	218.9
Si	s	0	0	18.83
SiO_2	quartz	−910.94	−856.67	41.84
SiH_4	g	34.3	56.9	204.5
Si_2H_6	g	80.3	127.2	272.5
SiF_4	g	−1614.9	−1572.7	282.38
$SiCl_4$	l	−687.0	−619.9	239.7
$SiCl_4$	g	−657.0	−617.0	330.6
$SiBr_4$	g	−415.5	−431.8	377.8
SiC	cubic	−65.3	−62.8	16.61
Sn	white	0	0	51.54
Sn	gray	−2.09	0.13	44.14
Sn	g	302.1	267.4	168.38
SnH_4	g	162.8	188.3	227.57
$SnCl_4$	g	−471.5	−432.2	365.7
$SnBr_4$	g	−314.6	−331.4	411.8
Sr	s	0	0	52.3
Sr^{2+}	aq	−545.80	−559.44	−32.6
SrO	s	−592.0	−561.9	54.4
SrO_2	s	−633.5	—	—
$Sr(OH)_2$	s	−959.0	—	—
$Sr(NO_3)_2$	s	−978.2	−780.1	194.6
$SrCO_3$	s	−1220.1	−1140.1	97.1
Te	s	0	0	49.71
Ti	s	0	0	30.36
TiO_2	rutile	−944.7	−899.5	50.3
$TiCl_4$	l	−804.2	−737.2	252.3
Tl^+	aq	5.36	−32.38	125.5
Tl^{2+}	aq	196.6	214.6	−192
TlCl	s	−204.14	−184.93	111.25
$TlCl_3$	s	−315.1	—	—
$TlCl_4^-$	aq	−519.2	−421.7	243
V	s	0	0	28.91
V_2O_5	s	−1551	−1420	131
Xe	g	0	0	169.57
XeF_2	g	−107.0	—	—
XeF_4	g	−206.2	—	—
XeF_6	g	−279.0	—	—
Zn	s	0	0	41.63
Zn^{2+}	aq	−153.89	−147.03	−112.1
ZnO	s	−348.28	−318.32	43.64
ZnF_2	s	−746.4	−713.5	73.68
$ZnCO_3$	s	−812.78	−731.57	82.4
ZnS	sphalerite	−206.0	−210.3	57.7

注：数据主要来源：
1. 武汉大学，吉林大学，南开大学．无机化学．3版．北京：高等教育出版社，1994．
2. 傅献彩，沈文霞，姚天扬．物理化学．4版．北京：高等教育出版社，1990．
3. 北京师范大学，华中师范大学，南京师范大学无机化学教研室编．无机化学．2版．北京：高等教育出版社，1987．

附录 5　一些有机物的标准摩尔燃烧焓 $\Delta_c H_m^\ominus$

物　质	M_r	$-\Delta_c H_m^\ominus/\text{kJ}\cdot\text{mol}^{-1}$	物　质	M_r	$-\Delta_c H_m^\ominus/\text{kJ}\cdot\text{mol}^{-1}$
$CH_4(g)$甲烷	16.04	890.31	$C_6H_6(l)$苯	78.12	3268
$C_2H_6(g)$乙烷	30.07	1560	$C_7H_8(l)$甲苯	92.14	3908.69
$C_3H_8(g)$丙烷	44.10	2220	$C_6H_5COOH(s)$苯甲酸	122.12	3227
$CH_2O(g)$甲醛	30.03	563.58	$C_6H_5OH(s)$苯酚	94.11	3054
$CH_3CHO(g)$乙醛	44.05	1193	$C_{12}H_{22}O_{11}(s)$蔗糖	342.30	5645
$CH_3OH(l)$甲醇	32.04	726	$C_2H_4(g)$乙烯	28.05	1411
$C_2H_5OH(l)$乙醇	46.07	1368	$C_2H_2(g)$乙炔	26.04	1300
$CH_3COOH(l)$醋酸	60.05	874	$CH_3COOC_2H_5(l)$乙酸乙酯	88.11	2231

注：P. W. Atkins. Physical Chemistry. 6th' ed., New York: W. H. Freeman and Company, 1997.

附录 6　弱酸弱碱在水中的解离常数（298.15K）

物质	分子式	$K_i^\ominus$	物质	分子式	$K_i^\ominus$
砷酸	H_3AsO_4	$6.3\times10^{-3}(K_{a1}^\ominus)$ $1.0\times10^{-7}(K_{a2}^\ominus)$ $3.2\times10^{-12}(K_{a3}^\ominus)$	乙酸	CH_3COOH	1.8×10^{-5}
亚砷酸	H_3AsO_3	6.0×10^{-10}	苯甲酸	C_6H_5COOH	6.2×10^{-5}
硼酸	H_3BO_3	5.8×10^{-10}	草酸	$H_2C_2O_4$	$5.9\times10^{-2}(K_{a1}^\ominus)$ $6.4\times10^{-5}(K_{a2}^\ominus)$
碳酸	$H_2CO_3(CO_2+H_2O)$	$4.2\times10^{-7}(K_{a1}^\ominus)$ $5.6\times10^{-11}(K_{a2}^\ominus)$	邻苯二甲酸	⌬(COOH)(COOH)	$1.1\times10^{-3}(K_{a1}^\ominus)$ $3.9\times10^{-6}(K_{a2}^\ominus)$
氢氰酸	HCN	6.2×10^{-10}	苯酚	C_6H_5OH	1.1×10^{-10}
氢氟酸	HF	6.6×10^{-4}	乙二胺四乙酸	$H_6\text{-EDTA}^{2+}$ $H_5\text{-EDTA}^+$ $H_4\text{-EDTA}$ $H_3\text{-EDTA}^-$ $H_2\text{-EDTA}^{2-}$ $H\text{-EDTA}^{3-}$	$0.1(K_{a1}^\ominus)$ $3.2\times10^{-2}(K_{a2}^\ominus)$ $1.0\times10^{-2}(K_{a3}^\ominus)$ $2.1\times10^{-3}(K_{a4}^\ominus)$ $6.9\times10^{-7}(K_{a5}^\ominus)$ $5.5\times10^{-11}(K_{a6}^\ominus)$
亚硝酸	HNO_2	5.1×10^{-4}			
磷酸	H_3PO_4	$7.6\times10^{-3}(K_{a1}^\ominus)$ $6.3\times10^{-8}(K_{a2}^\ominus)$ $4.4\times10^{-13}(K_{a3}^\ominus)$	亚氯酸	$HClO_2$	1.1×10^{-2}
焦磷酸	$H_4P_2O_7$	$3.0\times10^{-2}(K_{a1}^\ominus)$ $4.4\times10^{-3}(K_{a2}^\ominus)$ $2.5\times10^{-7}(K_{a3}^\ominus)$ $5.6\times10^{-10}(K_{a4}^\ominus)$	次氯酸	$HClO$	2.9×10^{-8}
			H_2O_2		$2.3\times10^{-12}(K_{a1}^\ominus)$
			铬酸	H_2CrO_4	$1.8\times10^{-1}(K_{a1}^\ominus)$ $3.3\times10^{-7}(K_{a2}^\ominus)$
亚磷酸	H_3PO_3	$5.0\times10^{-2}(K_{a1}^\ominus)$ $2.5\times10^{-7}(K_{a2}^\ominus)$	氨水	$NH_3\cdot H_2O$	1.8×10^{-5}
氢硫酸	H_2S	$1.1\times10^{-7}(K_{a1}^\ominus)$ $1.3\times10^{-13}(K_{a2}^\ominus)$	联氨	H_2NNH_2	$3.0\times10^{-6}(K_{b1}^\ominus)$ $7.6\times10^{-15}(K_{b2}^\ominus)$
硫酸	HSO_4^-	$1.0\times10^{-2}(K_{a2}^\ominus)$	羟氨	H_2NOH	9.1×10^{-9}
亚硫酸	H_2SO_3	$1.3\times10^{-2}(K_{a1}^\ominus)$ $6.3\times10^{-8}(K_{a2}^\ominus)$	六亚甲基四胺	$(CH_2)_6N_4$	1.4×10^{-9}
偏硅酸	H_2SiO_3	$1.7\times10^{-10}(K_{a1}^\ominus)$ $1.6\times10^{-12}(K_{a2}^\ominus)$	乙二胺	$H_2NCH_2CH_2NH_2$	$8.5\times10^{-5}(K_{b1}^\ominus)$ $7.1\times10^{-8}(K_{b2}^\ominus)$
甲酸	$HCOOH$	1.8×10^{-4}	吡啶	⌬N	1.7×10^{-9}

附录7 常用缓冲溶液的配制及 pH 范围

缓冲溶液组成	pK_a	缓冲液 pH	缓冲溶液配制方法
氨基乙酸-HCl	2.35($pK_1^\ominus$)	2.3	取氨基乙酸 150g 溶于 500mL 水中后,加浓 HCl 80mL,水稀至 1L
H_3PO_4-柠檬酸盐		2.5	取 $Na_2HPO_4 \cdot 12H_2O$ 113g 溶于 200mL 水后,加柠檬酸 387g,溶解,过滤后,稀至 1L
一氯乙酸-NaOH	2.86	2.8	取 200g 一氯乙酸溶于 200mL 水中,加 NaOH 40g,溶解后,稀至 1L
邻苯二甲酸氢钾-HCl	2.95($pK_1^\ominus$)	2.9	取 500g 邻苯二甲酸氢钾溶于 500mL 水中,加浓 HCl 80mL,稀至 1L
甲酸-NaOH	3.76	3.7	取 95g 甲酸和 NaOH 40g 于 500mL 水中,溶解,稀至 1L
NaAc-HAc	4.74	4.7	取无水 NaAc 83g 溶于水中,加冰 HAc 60mL,稀至 1L
六亚甲基四胺-HCl	5.15	5.4	取六亚甲基四胺 40g 溶于 200mL 水中,加浓 HCl 10mL,稀至 1L
Tris-HCl(三羟甲基氨甲烷)$(HOCH_2)_3CNH_2$	8.21	8.2	取 25g Tris 试剂溶于水中,加浓 HCl 8mL,稀至 1L
NH_3-NH_4Cl	9.26	9.2	取 NH_4Cl 54g 溶于水中,加浓氨水 63mL,稀至 1L

附录8 难溶电解质的溶度积 (298K)

难溶电解质	$K_{sp}^\ominus$	难溶电解质	$K_{sp}^\ominus$
$Al(OH)_3$ 无定形	1.3×10^{-33}	Hg_2S	1×10^{-47}
Ag_2CrO_4	2.0×10^{-12}	HgI_2	2.8×10^{-29}
$AgBr$	5.0×10^{-13}	HgS(黑)	1.6×10^{-52}
Ag_2CO_3	8.1×10^{-12}	$MgCO_3$	6.82×10^{-6}
Ag_3PO_4	1.4×10^{-16}	$Mg(OH)_2$	5.61×10^{-12}
Ag_2S	2×10^{-49}	$Mn(OH)_2$	1.9×10^{-13}
As_2S_3	2.1×10^{-22}	MnS(结晶)	2.5×10^{-13}
$BaCrO_4$	1.2×10^{-10}	$NiCO_3$	1.42×10^{-7}
$BaC_2O_4 \cdot H_2O$	2.3×10^{-8}	α-NiS	3.2×10^{-19}
$Bi(OH)_3$	4×10^{-31}	γ-NiS	2×10^{-26}
$CaCO_3$	2.9×10^{-9}	$PbCO_3$	7.4×10^{-14}
$CaC_2O_4 \cdot H_2O$	2.0×10^{-9}	$PbCrO_4$	2.8×10^{-13}
$CaSO_4$	9.1×10^{-6}	PbI_2	7.1×10^{-9}
$Cd(OH)_2$ 新析出	2.5×10^{-14}	PbS	8.0×10^{-28}
CdS	8.0×10^{-27}	$PbBr_2$	6.60×10^{-6}
$Co(OH)_2$ 新析出	2×10^{-15}	Sb_2S_3	2×10^{-93}
α-CoS	4×10^{-21}	SnS	1×10^{-25}
$Cr(OH)_3$	6×10^{-31}	SnS_2	2×10^{-27}
$CuCl$	1.2×10^{-6}	$SrCrO_4$	2.2×10^{-5}
CuI	1.1×10^{-12}	$SrC_2O_4 \cdot H_2O$	1.6×10^{-7}
$CuSCN$	4.5×10^{-15}	$SrSO_4$	3.32×10^{-7}
$Cu(OH)_2$	2.2×10^{-20}	$Zn(OH)_2$	3.0×10^{-17}
$Fe(OH)_2$	8×10^{-16}	α-ZnS	1.6×10^{-24}
$Fe(OH)_3$	2.79×10^{-39}	$AgCl$	1.8×10^{-10}
Hg_2I_2	4.5×10^{-29}	$AgCN$	1.2×10^{-16}

续表

难溶电解质	$K_{sp}^{\ominus}$	难溶电解质	$K_{sp}^{\ominus}$
AgI	9.3×10^{-17}	Hg_2SO_4	7.4×10^{-7}
$Ag_2C_2O_4$	3.5×10^{-11}	$HgBr_2$	6.2×10^{-20}
Ag_2SO_4	1.4×10^{-5}	HgS(红)	4×10^{-53}
AgSCN	1.0×10^{-12}	MgF_2	5.16×10^{-11}
$BaCO_3$	5.1×10^{-9}	$MnCO_3$	2.24×10^{-11}
BaF_2	1×10^{-6}	MnS(无定形)	2.5×10^{-10}
$BaSO_4$	1.1×10^{-10}	Na_3AlF_6	4.0×10^{-10}
Bi_2S_3	1×10^{-97}	$Ni(OH)_2$(新析出)	2.0×10^{-15}
CaF_2	2.7×10^{-11}	β-NiS	1×10^{-24}
$Ca_3(PO_4)_2$	2.0×10^{-29}	$Pb(OH)_2$	1.43×10^{-15}
$CdCO_3$	5.2×10^{-12}	$PbCl_2$	1.6×10^{-5}
$CdC_2O_4\cdot3H_2O$	9.1×10^{-5}	PbF_2	2.7×10^{-8}
$CoCO_3$	1.4×10^{-13}	$Pb_3(PO_4)_2$	8.0×10^{-43}
$Co(OH)_3$	2×10^{-44}	$PbSO_4$	2.53×10^{-8}
β-CoS	2×10^{-25}	$Sb(OH)_3$	4×10^{-42}
CuBr	5.2×10^{-9}	$Sn(OH)_2$	5.45×10^{-28}
CuCN	3.2×10^{-29}	$Sn(OH)_4$	1×10^{-56}
Cu_2S	2×10^{-48}	$SrCO_3$	5.6×10^{-10}
$CuCO_3$	1.4×10^{-10}	SrF_2	2.4×10^{-9}
CuS	6×10^{-36}	$Sr_3(PO_4)_2$	4.1×10^{-28}
$FeCO_3$	3.2×10^{-11}	$ZnCO_3$	1.46×10^{-10}
FeS	6×10^{-18}	$Zn_3(PO_4)_2$	9.1×10^{-33}
Hg_2Cl_2	1.3×10^{-18}	β-ZnS	2.5×10^{-22}

附录9　标准电极电势（298.15K）

A. 酸性溶液

电　极　反　应	$\varphi_A^{\ominus}/V$
$3N_2+2H^++2e^- \rightleftharpoons 2HN_3(g)$	-3.40
$3N_2+2H^++2e^- \rightleftharpoons 2HN_3(aq)$	-3.09
$Li^++e^- \rightleftharpoons Li$	-3.045
$K^++e^- \rightleftharpoons K$	-2.925
$Rb^++e^- \rightleftharpoons Rb$	-2.925
$Cs^++e^- \rightleftharpoons Cs$	-2.923
$Ba^{2+}+2e^- \rightleftharpoons Ba$	-2.906
$Sr^{2+}+2e^- \rightleftharpoons Sr$	-2.889
$Ca^{2+}+2e^- \rightleftharpoons Ca$	-2.868
$Na^++e^- \rightleftharpoons Na$	-2.714
$La^{3+}+3e^- \rightleftharpoons La$	-2.522
$Ce^{3+}+3e^- \rightleftharpoons Ce$	-2.483
$Y^{3+}+3e^- \rightleftharpoons Y$	-2.372
$Mg^{2+}+2e^- \rightleftharpoons Mg$	-2.363
$Yb^{3+}+3e^- \rightleftharpoons Yb$	-2.267
$H_2+2e^- \rightleftharpoons 2H^-$	-2.25
$H^++e^- \rightleftharpoons H(g)$	-2.1065
$Sc^{3+}+3e^- \rightleftharpoons Sc$	-2.077
$AlF_6^{3-}+3e^- \rightleftharpoons Al+6F^-$	-2.069
$Be^{2+}+2e^- \rightleftharpoons Be$	-1.847
$U^{3+}+3e^- \rightleftharpoons U$	-1.789
$Al^{3+}+3e^- \rightleftharpoons Al$	-1.662
$Ti^{2+}+2e^- \rightleftharpoons Ti$	-1.628

续表

电 极 反 应	$\varphi_A^{\ominus}/V$
$Ba^{2+} + 2e^- \rightleftharpoons Ba(Hg)$	-1.570
$ZrO_2 + 4H^+ + 4e^- \rightleftharpoons Zr + 2H_2O$	-1.553
$Zr^{4+} + 4e^- \rightleftharpoons Zr$	-1.529
$ZnS + 2e^- \rightleftharpoons Zn + S^{2-}$	-1.44
$Ti^{3+} + 3e^- \rightleftharpoons Ti$	-1.37
$SiF_6^{2-} + 4e^- \rightleftharpoons Si + 6F^-$	-1.24
$CdS + 2e^- \rightleftharpoons Cd + S^{2-}$	-1.21
$TiF_6^{2-} + 4e^- \rightleftharpoons Ti + 6F^-$	-1.191
$V^{2+} + 2e^- \rightleftharpoons V$	-1.18
$Mn^{2+} + 2e^- \rightleftharpoons Mn$	-1.18
$Cr^{2+} + 2e^- \rightleftharpoons Cr$	-0.913
$Ti^{3+} + e^- \rightleftharpoons Ti^{2+}$	-0.90
$TiO^{2+} + 2H^+ + 4e^- \rightleftharpoons Ti + H_2O$	-0.882
$H_3BO_3(aq) + 3H^+ + 3e^- \rightleftharpoons B + 3H_2O$	-0.8698
$SiO_2(quartz) + 4H^+ + 4e^- \rightleftharpoons Si + 2H_2O$	-0.857
$Te + 2H^+ + 2e^- \rightleftharpoons H_2Te$	-0.739
$Zn^{2+} + 2e^- \rightleftharpoons Zn$	-0.7628
$Zn^{2+} + Hg + 2e^- \rightleftharpoons Zn(Hg)$	-0.7627
$TlI + e^- \rightleftharpoons Tl + I^-$	-0.752
$Ta_2O_5 + 10H^+ + 10e^- \rightleftharpoons 2Ta + 5H_2O$	-0.750
$Cr^{3+} + 3e^- \rightleftharpoons Cr$	-0.744
$HgS + 2H^+ + 2e^- \rightleftharpoons Hg(l) + H_2S(g)$	-0.72
$Te + 2H^+ + 2e^- \rightleftharpoons H_2Te(g)$	-0.718
$TlBr + e^- \rightleftharpoons Tl + Br^-$	-0.658
$NbO_2 + 2H^+ + 2e^- \rightleftharpoons NbO + H_2O$	-0.646
$Nb_2O_5 + 10H^+ + 10e^- \rightleftharpoons 2Nb + 5H_2O$	-0.644
$As + 3H^+ + 3e^- \rightleftharpoons AsH_3(g)$	-0.608
$TlCl + e^- \rightleftharpoons Tl + Cl^-$	-0.5568
$Ga^{3+} + 3e^- \rightleftharpoons Ga$	-0.529
$Sb + 3H^+ + 3e^- \rightleftharpoons SbH_3(g)$	-0.510
$H_3PO_2 + H^+ + e^- \rightleftharpoons P(white) + 2H_2O$	-0.508
$H_3PO_3 + 2H^+ + 2e^- \rightleftharpoons H_3PO_2(aq) + H_2O$	-0.499
$2CO_2(g) + 2H^+ + 2e^- \rightleftharpoons H_2C_2O_4(aq)$	-0.49
$H_3PO_3 + 3H^+ + 3e^- \rightleftharpoons P + 3H_2O$	-0.454
$In^{3+} + 2e^- \rightleftharpoons In^+$	0.443
$Fe^{2+} + 2e^- \rightleftharpoons Fe$	-0.4402
$Cr^{3+} + e^- \rightleftharpoons Cr^{2+}$	-0.408
$Cd^{2+} + 2e^- \rightleftharpoons Cd$	-0.4029
$Se + 2H^+ + 2e^- \rightleftharpoons H_2Se(aq)$	-0.399
$Ti^{3+} + e^- \rightleftharpoons Ti^{2+}$	-0.369
$PbI_2 + 2e^- \rightleftharpoons Pb + 2I^-$	-0.365
$PbSO_4 + 2e^- \rightleftharpoons Pb + SO_4^{2-}$	-0.3588
$Cd^{2+} + Hg + 2e^- \rightleftharpoons Cd(Hg)$	-0.3521
$PbSO_4 + Hg + 2e^- \rightleftharpoons Pb(Hg) + SO_4^{2-}$	-0.3505
$In^{3+} + 3e^- \rightleftharpoons In$	-0.343
$Tl^+ + e^- \rightleftharpoons Tl$	-0.3363
$PbBr_2 + 2e^- \rightleftharpoons Pb + 2Br^-$	-0.284
$Co^{2+} + 2e^- \rightleftharpoons Co$	-0.277
$H_3PO_4(aq) + 2H^+ + 2e^- \rightleftharpoons H_3PO_3(aq) + H_2O$	-0.276
$PbCl_2 + 2e^- \rightleftharpoons Pb + 2Cl^-$	-0.268
$V^{3+} + e^- \rightleftharpoons V^{2+}$	-0.257
$SnF_6^{2-} + 4e^- \rightleftharpoons Sn + 6F^-$	-0.25
$Ni^{2+} + e^- \rightleftharpoons Ni$	-0.250
$2SO_4^{2-} + 4H^+ + 2e^- \rightleftharpoons S_2O_6^{2-} + 2H_2O$	-0.22
$Ga^+ + e^- \rightleftharpoons Ga$	-0.20
$Mo^{3+} + 3e^- \rightleftharpoons Mo$	-0.20

续表

电 极 反 应	$\varphi_A^\ominus/V$
$CO_2 + 2H^+ + 2e^- \rightleftharpoons HCOOH$	-0.199
$CuI + e^- \rightleftharpoons Cu + I^-$	-0.1852
$AgI + e^- \rightleftharpoons Ag + I^-$	-0.1522
$MoO_2 + 4H^+ + 4e^- \rightleftharpoons Mo + 2H_2O$	-0.152
$Sn^{2+} + 2e^- \rightleftharpoons Sn(white)$	-0.1375
$Pb^{2+} + 2e^- \rightleftharpoons Pb$	-0.1262
$SnO_2 + 4H^+ + 2e^- \rightleftharpoons Sn^{2+} + 2H_2O$	-0.117
$WO_3 + 6H^+ + 6e^- \rightleftharpoons W + 3H_2O$	-0.090
$P(white) + 3H^+ + 3e^- \rightleftharpoons PH_3(g)$	-0.063
$Hg_2I_2 + 2e^- \rightleftharpoons 2Hg + 2I^-$	-0.0405
$HgI_4^{2-} + 2e^- \rightleftharpoons Hg + 4I^-$	-0.038
$2D^+ + 2e^- \rightleftharpoons D_2$	-0.0034
$2H^+ + 2e^- (SHE) \rightleftharpoons H_2$	$\pm.0000$
$Ag(S_2O_3)_2^{3-} + e^- \rightleftharpoons Ag + 2S_2O_3^{2-}$	$+0.017$
$CuBr + e^- \rightleftharpoons Cu + Br^-$	$+0.033$
$HCOOH(aq) + 2H^+ + 2e^- \rightleftharpoons HCHO(aq) + H_2O$	$+0.056$
$AgBr + e^- \rightleftharpoons Ag + Br^-$	$+0.0713$
$TiO^{2+} + 2H^+ + e^- \rightleftharpoons Ti^{3+} + H_2O$	$+0.099$
$Si + 4H^+ + 4e^- \rightleftharpoons SiH_4(g)$	$+0.102$
$C(graphite) + 4H^+ + 4e^- \rightleftharpoons CH_4(g)$	$+0.1316$
$CuCl + e^- \rightleftharpoons Cu + Cl^-$	$+0.137$
$Hg_2Br_2 + 2e^- \rightleftharpoons 2Hg + 2Br^-$	$+0.1392$
$S(rhombic) + 2H^+ + 2e^- \rightleftharpoons H_2S(aq)$	$+0.142$
$Sn^{4+} + 2e^- \rightleftharpoons Sn^{2+}$	$+0.15$
$Cu^{2+} + e^- \rightleftharpoons Cu^+$	$+0.153$
$BiOCl + 2H^+ + 3e^- \rightleftharpoons Bi + H_2O + Cl^-$	$+0.160$
$SO_4^{2-} + 4H^+ + 2e^- \rightleftharpoons H_2SO_3 + H_2O$	$+0.172$
$AgCl + e^- \rightleftharpoons Ag + Cl^-$	$+0.2222$
$HgBr_4^{2-} + 2e^- \rightleftharpoons Hg + 4Br^-$	$+0.223$
$HAsO_2(aq) + 3H^+ + 3e^- \rightleftharpoons As + 2H_2O$	$+0.2476$
$Hg_2Cl_2 + 2e^- \rightleftharpoons 2Hg + 2Cl^-$	$+0.267691$
$BiO^+ + 2H^+ + 3e^- \rightleftharpoons Bi + H_2O$	$+0.320$
$Cu^{2+} + 2e^- \rightleftharpoons Cu$	$+0.337$
$AgIO_3 + e^- \rightleftharpoons Ag + IO_3^-$	$+0.354$
$SO_4^{2-} + 8H^+ + 6e^- \rightleftharpoons S + 4H_2O$	$+0.3572$
$VO^{2+} + 2H^+ + e^- \rightleftharpoons V^{3+} + H_2O$	$+0.359$
$Fe(CN)_6^{3-} + e^- \rightleftharpoons Fe(CN)_6^{4-}$	$+0.36$
$C_2N_2(g) + 2H^+ + 2e^- \rightleftharpoons 2HCN(aq)$	$+0.373$
$2H_2SO_3 + 2H^+ + 4e^- \rightleftharpoons S_2O_3^{2-} + 3H_2O$	$+0.400$
$H_2SO_3 + 4H^+ + 4e^- \rightleftharpoons S + 3H_2O$	$+0.450$
$Ag_2CrO_4 + 2e^- \rightleftharpoons 2Ag + CrO_4^{2-}$	$+0.464$
$Ag_2MoO_4 + 2e^- \rightleftharpoons 2Ag + MoO_4^{2-}$	$+0.486$
$ReO_4^- + 4H^+ + 3e^- \rightleftharpoons ReO_2 + 2H_2O$	$+0.510$
$4H_2SO_3 + 4H^+ + 6e^- \rightleftharpoons S_4O_6^{2-} + 6H_2O$	$+0.52$
$Cu^+ + e^- \rightleftharpoons Cu$	$+0.521$
$I_2 + 2e^- \rightleftharpoons 2I^-$	$+0.5355$
$I_3^- + 2e^- \rightleftharpoons 3I^-$	$+0.536$
$Cu^{2+} + Cl^- + e^- \rightleftharpoons CuCl$	$+0.538$
$AgBrO_3 + e^- \rightleftharpoons Ag + BrO_3^-$	$+0.546$
$H_3AsO_4(aq) + 2H^+ + 2e^- \rightleftharpoons HAsO_2 + 2H_2O$	$+0.560$
$AgNO_2 + e^- \rightleftharpoons Ag + NO_2^-$	$+0.564$
$MnO_4^- + e^- \rightleftharpoons MnO_4^{2-}$	$+0.558$
$Hg_2SO_4 + 2e^- \rightleftharpoons 2Hg + SO_4^{2-}$	$+0.6151$
$Cu^{2+} + Br^- + e^- \rightleftharpoons CuBr$	$+0.640$
$Ag_2SO_4 + 2e^- \rightleftharpoons 2Ag + SO_4^{2-}$	$+0.654$
$Au(CNS)_4^- + 3e^- \rightleftharpoons Au + 4CNS^-$	$+0.655$

续表

电 极 反 应	$\varphi_A^{\ominus}/V$
$O_2(g) + 2H^+ + 2e^- \rightleftharpoons H_2O_2(aq)$	+0.6824
$(CNS)_2 + 2e^- \rightleftharpoons 2CNS^-$	+0.77
$Fe^{3+} + e^- \rightleftharpoons Fe^{2+}$	+0.771
$Hg_2^{2+} + 2e^- \rightleftharpoons 2Hg$	+0.7973
$Ag^+ + e^- \rightleftharpoons Ag$	+0.7991
$Cu^{2+} + I^- + e^- \rightleftharpoons CuI$	+0.86
$AuBr_4^- + 3e^- \rightleftharpoons Au + 4Br^-$	+0.87(60℃)
$2Hg^{2+} + 2e^- \rightleftharpoons Hg_2^{2+}$	+0.920
$NO_3^- + 3H^+ + 2e^- \rightleftharpoons HNO_2 + H_2O$	+0.934
$AuBr_2^- + e^- \rightleftharpoons Au + 2Br^-$	+0.959
$NO_3^- + 4H^+ + 3e^- \rightleftharpoons NO + 2H_2O$	+0.96
$Pd^{2+} + 2e^- \rightleftharpoons Pd$	+0.987
$HNO_2 + H^+ + e^- \rightleftharpoons NO + H_2O$	+1.00
$AuCl_4^- + 3e^- \rightleftharpoons Au + 4Cl^-$	+1.00
$N_2O_4 + 4H^+ + 4e^- \rightleftharpoons 2NO + 2H_2O$	+1.03
$Br_2(l) + 2e^- \rightleftharpoons 2Br^-$	+1.0652
$N_2O_4 + 2H^+ + 2e^- \rightleftharpoons 2HNO_2$	+1.07
$Br_2(aq) + 2e^- \rightleftharpoons 2Br^-$	+1.087
$SeO_4^{2-} + 4H^+ + 2e^- \rightleftharpoons H_2SeO_3 + H_2O$	+1.15
$O_2 + 4H^+ + 4e^- \rightleftharpoons 2H_2O(g)$	+1.185
$2IO_3^- + 12H^+ + 10e^- \rightleftharpoons I_2 + 6H_2O$	+1.196
$Pt^{2+} + 2e^- \rightleftharpoons Pt$	约+1.2
$ClO_3^- + 3H^+ + 2e^- \rightleftharpoons HClO_2 + H_2O$	+1.21
$O_2 + 4H^+ + 4e^- \rightleftharpoons 2H_2O(l)$	+1.229
$MnO_2 + 4H^+ + 4e^- \rightleftharpoons Mn^{2+} + 2H_2O$	+1.23
$ClO_4^- + 2H^+ + 2e^- \rightleftharpoons ClO_3^- + H_2O$	+1.230
$Tl^{3+} + 2e^- \rightleftharpoons Tl^+$	+1.25
$2HNO_2(aq) + 4H^+ + 4e^- \rightleftharpoons N_2O + 3H_2O$	+1.29
$Cr_2O_7^{2-} + 14H^+ + 6e^- \rightleftharpoons 2Cr^{3+} + 7H_2O$	+1.33
$Cl_2 + 2e^- \rightleftharpoons 2Cl^-$	+1.3595
$Au(OH)_3(s) + 3H^+ + 3e^- \rightleftharpoons Au + 3H_2O$	+1.45
$2HIO + 2H^+ + 2e^- \rightleftharpoons I_2 + 2H_2O$	+1.45
$PbO_2 + 4H^+ + 2e^- \rightleftharpoons Pb^{2+} + 2H_2O$	+1.455
$Au^{3+} + 3e^- \rightleftharpoons Au$	+1.498
$MnO_4^- + 8H^+ + 5e^- \rightleftharpoons Mn^{2+} + 4H_2O$	+1.51
$2BrO_3^- + 12H^+ + 10e^- \rightleftharpoons Br_2(l) + 6H_2O$	+1.52
$Mn^{3+} + e^- \rightleftharpoons Mn^{2+}$	+1.5415
$2HBrO + 2H^+ + 2e^- \rightleftharpoons Br_2(l) + 2H_2O$	+1.595
$NaBiO_3 + 6H^+ + 2e^- \rightleftharpoons Bi^{3+} + Na^+ + 3H_2O$	≈1.6
$Ce^{4+} + e^- \rightleftharpoons Ce^{3+}$	+1.61
$2HClO + 2H^+ + 2e^- \rightleftharpoons Cl_2 + 2H_2O$	+1.63
$H_5IO_6 + H^+ + 2e^- \rightleftharpoons IO_3^- + 3H_2O$	+1.644
$HClO_2 + 2H^+ + 2e^- \rightleftharpoons HClO + H_2O$	+1.645
$PbO_2 + SO_4^{2-} + 4H^+ + 2e^- \rightleftharpoons PbSO_4 + 2H_2O$	+1.682
$Au^+ + e^- \rightleftharpoons Au$	+1.691
$MnO_4^- + 4H^+ + 3e^- \rightleftharpoons MnO_2 + 2H_2O$	+1.695
$BrO_4^- + 2H^+ + 2e^- \rightleftharpoons BrO_3^- + H_2O$	+1.763
$H_2O_2 + 2H^+ + 2e^- \rightleftharpoons 2H_2O$	+1.776
$XeO_3 + 6H^+ + 6e^- \rightleftharpoons Xe + 3H_2O$	+1.8
$Co^{3+} + e^- \rightleftharpoons Co^{2+}$	+1.808
$Ag^{2+} + e^- \rightleftharpoons Ag^+$	+1.980
$S_2O_8^{2-} + 2e^- \rightleftharpoons 2SO_4^{2-}$	+2.01
$O_3 + 2H^+ + 2e^- \rightleftharpoons O_2 + H_2O$	+2.07
$F_2O + 2H^+ + 4e^- \rightleftharpoons 2F^- + H_2O$	+2.15
$FeO_4^{2-} + 8H^+ + 3e^- \rightleftharpoons 4H_2O + Fe^{3+}$	+2.20
$H_4XeO_6 + 2H^+ + 2e^- \rightleftharpoons XeO_3 + 3H_2O$	+2.3
$O(g) + 2H^+ + 2e^- \rightleftharpoons H_2O$	+2.422
$F_2(g) + 2e^- \rightleftharpoons 2F^-$	+2.87
$F_2(g) + 2H^+ + 2e^- \rightleftharpoons 2HF(aq)$	+3.06

B. 碱性溶液

电 极 反 应	$\varphi_B^{\ominus}/V$
$Ca(OH)_2 + 2e^- \rightleftharpoons Ca + 2OH^-$	-3.02
$Ba(OH)_2 \cdot 8H_2O + 2e^- \rightleftharpoons Ba + 2OH^- + 8H_2O$	-2.99
$La(OH)_3 + 3e^- \rightleftharpoons La + 3OH^-$	-2.90
$Sr(OH)_2 + 2e^- \rightleftharpoons Sr + 2OH^-$	-2.88
$Ce(OH)_3 + 3e^- \rightleftharpoons Ce + 3OH^-$	-2.87
$Ba(OH)_2 + 2e^- \rightleftharpoons Ba + 2OH^-$	-2.81
$Y(OH)_3 + 3e^- \rightleftharpoons Y + 3OH^-$	-2.81
$Mg(OH)_2 + 2e^- \rightleftharpoons Mg + 2OH^-$	-2.690
$Be_2O_3^{2-} + 3H_2O + 4e^- \rightleftharpoons 2Be + 6OH^-$	-2.63
$BeO + H_2O + 2e^- \rightleftharpoons Be + 2OH^-$	-2.613
$Sc(OH)_3 + 3e^- \rightleftharpoons Sc + 3OH^-$	-2.61
$H_2ZrO_3 + H_2O + 4e^- \rightleftharpoons Zr + 4OH^-$	-2.36
$H_2AlO_3^- + H_2O + 3e^- \rightleftharpoons Al + 4OH^-$	-2.33
$Al(OH)_3 + 3e^- \rightleftharpoons Al + 3OH^-$	-2.30
$H_2PO_2^- + e^- \rightleftharpoons P + 2OH^-$	-2.05
$H_2BO_3^- + H_2O + 3e^- \rightleftharpoons B + 4OH^-$	-1.79
$SiO_3^{2-} + 3H_2O + 4e^- \rightleftharpoons Si + 6OH^-$	-1.697
$HPO_3^{2-} + 2H_2O + 2e^- \rightleftharpoons H_2PO_2^- + 3OH^-$	-1.565
$Mn(OH)_2 + 2e^- \rightleftharpoons Mn + 2OH^-$	-1.55
$Cr(OH)_3(c) + 3e^- \rightleftharpoons Cr + 3OH^-$	-1.48
$Cr(OH)_3(hydr) + 3e^- \rightleftharpoons Cr + 3OH^-$	-1.34
$CrO_2^- + 2H_2O + 3e^- \rightleftharpoons Cr + 4OH^-$	-1.27
$Zn(CN)_4^{2-} + 2e^- \rightleftharpoons Zn + 4CN^-$	-1.26
$Zn(OH)_2 + 2e^- \rightleftharpoons Zn + 2OH^-$	-1.245
$ZnO_2^{2-} + 2H_2O + 2e^- \rightleftharpoons Zn + 4OH^-$	-1.215
$CdS + 2e^- \rightleftharpoons Cd + S^{2-}$	-1.175
$Te + 2e^- \rightleftharpoons Te^{2-}$	-1.143
$PO_4^{3-} + 2H_2O + 2e^- \rightleftharpoons HPO_3^{2-} + 3OH^-$	-1.12
$2SO_3^{2-} + 2H_2O + 2e^- \rightleftharpoons S_2O_4^{2-} + 4OH^-$	-1.12
$Zn(NH_3)_4^{2+} + 2e^- \rightleftharpoons Zn + 4NH_3(aq)$	-1.04
$NiS(\gamma) + 2e^- \rightleftharpoons Ni + S^{2-}$	-1.04
$Cd(CN)_4^{2-} + 2e^- \rightleftharpoons Cd + 4CN^-$	-1.028
$CNO^- + H_2O + 2e^- \rightleftharpoons CN^- + 2OH^-$	-0.970
$FeS(\alpha) + 2e^- \rightleftharpoons Fe + S^{2-}$	-0.95
$PbS + 2e^- \rightleftharpoons Pb + S^{2-}$	-0.93
$Sn(OH)_6^{2-} + 2e^- \rightleftharpoons HSnO_2^- + H_2O + 3OH^-$	-0.93
$SO_4^{2-} + H_2O + 2e^- \rightleftharpoons SO_3^{2-} + 2OH^-$	-0.93
$Se + 2e^- \rightleftharpoons Se^{2-}$	-0.92
$HSnO_2^- + H_2O + 2e^- \rightleftharpoons Sn + 3OH^-$	-0.909
$Tl_2S + 2e^- \rightleftharpoons 2Tl + S^{2-}$	-0.90
$Cu_2S + 2e^- \rightleftharpoons 2Cu + S^{2-}$	-0.89
$P(white) + 3H_2O + 3e^- \rightleftharpoons PH_3 + 3OH^-$	-0.89

续表

电 极 反 应	$\varphi_B^\ominus/V$
$Fe(OH)_2 + 2e^- \rightleftharpoons Fe + 2OH^-$	-0.877
$SnS + 2e^- \rightleftharpoons Sn + S^{2-}$	-0.87
$NiS(\alpha) + 2e^- \rightleftharpoons Ni + S^{2-}$	-0.830
$2H_2O + 2e^- \rightleftharpoons H_2 + 2OH^-$	-0.8277
$Cd(OH)_2 + 2e^- \rightleftharpoons Cd + 2OH^-$	-0.809
$Co(OH)_2 + 2e^- \rightleftharpoons Co + 2OH^-$	-0.73
$Ni(OH)_2 + 2e^- \rightleftharpoons Ni + 2OH^-$	-0.72
$HgS(black) + 2e^- \rightleftharpoons Hg + S^{2-}$	-0.69
$AsO_4^{3-} + 2H_2O + 2e^- \rightleftharpoons AsO_2^- + 4OH^-$	-0.68
$AsO_2^- + 2H_2O + 3e^- \rightleftharpoons As + 4OH^-$	-0.675
$Ag_2S(\alpha) + 2e^- \rightleftharpoons 2Ag + S^{2-}$	-0.66
$SbO_2^- + 2H_2O + 3e^- \rightleftharpoons Sb + 4OH^-$	-0.66
$Cd(NH_3)_4^{2+} + 2e^- \rightleftharpoons Cd + 4NH_3(aq)$	-0.613
$PbO(\gamma) + H_2O + 2e^- \rightleftharpoons Pb + 2OH^-$	-0.580
$2SO_3^{2-} + 3H_2O + 4e^- \rightleftharpoons S_2O_3^{2-} + 6OH^-$	-0.571
$Fe(OH)_3 + e^- \rightleftharpoons Fe(OH)_2 + OH^-$	-0.56
$O_2 + e^- \rightleftharpoons O_2^-$	-0.563
$HPbO_2^- + H_2O + 2e^- \rightleftharpoons Pb + 3OH^-$	-0.540
$Ni(NH_3)_6^{2+} + 2e^- \rightleftharpoons Ni + 6NH_3(aq)$	-0.476
$Bi_2O_3 + 3H_2O + 6e^- \rightleftharpoons 2Bi + 6OH^-$	-0.46
$S + 2e^- \rightleftharpoons S^{2-}$	-0.447
$Cu(CN)_2^- + e^- \rightleftharpoons Cu + 2CN^-$	-0.429
$Hg(CN)_4^{2-} + 2e^- \rightleftharpoons Hg + 4CN^-$	-0.37
$Cu_2O + H_2O + 2e^- \rightleftharpoons 2Cu + 2OH^-$	-0.358
$Tl(OH)(c) + e^- \rightleftharpoons Tl + OH^-$	-0.343
$Ag(CN)_2^- + e^- \rightleftharpoons Ag + 2CN^-$	-0.31
$Cu(CNS) + e^- \rightleftharpoons Cu + CNS^-$	-0.27
$CrO_4^{2-} + 4H_2O + 3e^- \rightleftharpoons Cr(OH)_3(hydr) + 5OH^-$	-0.13
$Cu(NH_3)_2^+ + e^- \rightleftharpoons Cu + 2NH_3$	-0.12
$2Cu(OH)_2 + 2e^- \rightleftharpoons Cu_2O + 2OH^- + H_2O$	-0.080
$O_2 + H_2O + 2e^- \rightleftharpoons HO_2^- + OH^-$	-0.076
$Tl(OH)_3 + 2e^- \rightleftharpoons TlOH + 2OH^-$	-0.05
$MnO_2 + 2H_2O + 2e^- \rightleftharpoons Mn(OH)_2 + 2OH^-$	-0.05
$AgCN + e^- \rightleftharpoons Ag + CN^-$	-0.017
$NO_3^- + H_2O + 2e^- \rightleftharpoons NO_2^- + 2OH^-$	$+0.01$
$S_4O_6^{2-} + 2e^- \rightleftharpoons 2S_2O_3^{2-}$	$+0.08$
$HgO(\gamma) + H_2O + 2e^- \rightleftharpoons Hg + 2OH^-$	$+0.098$
$Co(NH_3)_6^{3+} + e^- \rightleftharpoons Co(NH_3)_6^{2+}$	$+0.108$
$N_2H_4 + 2H_2O + 2e^- \rightleftharpoons 2NH_3 + 2OH^-$	$+0.11$
$Mn(OH)_3 + e^- \rightleftharpoons Mn(OH)_2 + OH^-$	$+0.15$
$Co(OH)_3 + e^- \rightleftharpoons Co(OH)_2 + OH^-$	$+0.17$
$PbO_2 + H_2O + 2e^- \rightleftharpoons PbO(\gamma) + 2OH^-$	$+0.247$

续表

电极反应	$\varphi_B^{\ominus}/V$
$IO_3^- + 3H_2O + 6e^- \rightleftharpoons I^- + 6OH^-$	+0.26
$ClO_4^- + H_2O + 2e^- \rightleftharpoons ClO_3^- + 2OH^-$	+0.36
$Ag(NH_3)_2^+ + e^- \rightleftharpoons Ag + 2NH_3$	+0.373
$O_2 + 2H_2O + 4e^- \rightleftharpoons 4OH^-$	+0.401
$Ag_2CO_3 + 2e^- \rightleftharpoons 2Ag + CO_3^{2-}$	+0.47
$IO^- + H_2O + 2e^- \rightleftharpoons I^- + 2OH^-$	+0.485
$NiO_2 + 2H_2O + 2e^- \rightleftharpoons Ni(OH)_2 + 2OH^-$	+0.490
$MnO_4^- + 2H_2O + 3e^- \rightleftharpoons MnO_2(软锰矿) + 4OH^-$	+0.588
$MnO_4^{2-} + 2H_2O + 2e^- \rightleftharpoons MnO_2 + 4OH^-$	+0.60
$2AgO + H_2O + 2e^- \rightleftharpoons Ag_2O + 2OH^-$	+0.607
$BrO_3^- + 3H_2O + 6e^- \rightleftharpoons Br^- + 6OH^-$	+0.61
$H_3IO_6^{2-} + 2e^- \rightleftharpoons IO_3^- + 3OH^-$	+0.7
$FeO_4^{2-} + 4H_2O + 3e^- \rightleftharpoons Fe(OH)_3 + 5OH^-$	+0.72
$2NH_2OH + 2e^- \rightleftharpoons N_2H_4 + 2OH^-$	+0.73
$BrO^- + H_2O + 2e^- \rightleftharpoons Br^- + 2OH^-$	+0.761
$HO_2^- + H_2O + 2e^- \rightleftharpoons 3OH^-$	+0.878
$ClO^- + H_2O + 2e^- \rightleftharpoons Cl^- + 2OH^-$	+0.89
$HXeO_4^- + 3H_2O + 6e^- \rightleftharpoons Xe + 7OH^-$	+0.9
$HXeO_6^{3-} + 2H_2O + 2e^- \rightleftharpoons HXeO_4^- + 4OH^-$	+0.9
$Cu^{2+} + 2CN^- + e^- \rightleftharpoons Cu(CN)_2^-$	+1.103
$O_3 + H_2O + 2e^- \rightleftharpoons O_2 + 2OH^-$	+1.24

注：数据主要来源：1. 武汉大学，吉林大学，南开大学. 无机化学. 3 版. 北京：高等教育出版社，1994.
2. 朱裕贞，顾达，黑恩成. 现代基础化学. 北京：化学工业出版社，1998.

附录10　一些弱电解质、难溶物和配离子标准电极电势（298.15K）

A. 酸性溶液

电极反应		$\varphi^{\ominus}/V$	$K_{稳}^{\ominus}$、$K_{sp}^{\ominus}$ 或 $K_a^{\ominus}$
$Al^{3+} + 3e^- \rightleftharpoons Al$		−1.662	
	$AlF_6^{3-} + 3e^- \rightleftharpoons Al + 6F^-$	−2.069	6.94×10^{19}
$Te + 2e^- \rightleftharpoons Te^{2-}$		−1.143	(碱性)2.3×10^{-3}　1.6×10^{-11}
	$Te + 2H^+ + 2e^- \rightleftharpoons H_2Te(aq)$	−0.739	
$Tl^+ + e^- \rightleftharpoons Tl$		−0.3363	
	$TlCl + e^- \rightleftharpoons Tl + Cl^-$	−0.5568	1.83×10^{-4}
	$TlBr + e^- \rightleftharpoons Tl + Br^-$	−0.658	3.71×10^{-6}
	$TlI + e^- \rightleftharpoons Tl + I^-$	−0.752	5.54×10^{-8}
	$Tl_2S + 2e^- \rightleftharpoons 2Tl + S^{2-}$	−0.90	(碱性)5.00×10^{-21}
	$Tl(OH)(c) + e^- \rightleftharpoons Tl + OH^-$	−0.343	(碱性)
$Tl^{3+} + 2e^- \rightleftharpoons Tl^+$		+1.25	
	$Tl(OH)_3 + 2e^- \rightleftharpoons TiOH + 2OH^-$	−0.05	$1.68 \times 10^{-44}[Tl(PH)_3]$
$Se + 2e^- \rightleftharpoons Se^{2-}$		−0.92	(碱性)
	$Se + 2H^+ + 2e^- \rightleftharpoons H_2Se(aq)$	−0.399	1.29×10^{-4}　1.00×10^{-11}
$Pb^{2+} + 2e^- \rightleftharpoons Pb$		−0.126	
	$PbCl_2 + 2e^- \rightleftharpoons Pb + 2Cl^-$	−0.268	1.6×10^{-5}
	$PbBr_2 + 2e^- \rightleftharpoons Pb + 2Br^-$	−0.284	6.60×10^{-6}
	$PbI_2 + 2e^- \rightleftharpoons Pb + 2I^-$	−0.365	7.1×10^{-9}
	$PbSO_4 + 2e^- \rightleftharpoons Pb + SO_4^{2-}$	−0.3588	2.53×10^{-8}
	$PbS + 2e^- \rightleftharpoons Pb + S^{2-}$	−0.93	(碱性)8.0×10^{-28}

续表

电 极 反 应	$\varphi^{\ominus}/V$	$K_{稳}^{\ominus}、K_{sp}^{\ominus}$ 或 $K_a^{\ominus}$
$Sn^{2+} + 2e^- \rightleftharpoons Sn(白)$	-0.136	
$SnS + 2e^- \rightleftharpoons Sn + S^{2-}$	-0.87	1×10^{-25}
$Sn^{4+} + 4e^- \rightleftharpoons Sn$	0.0005	
$SnF_6^{2-} + 4e^- \rightleftharpoons Sn + 6F^-$	-0.25	
$Cu^+ + e^- \rightleftharpoons Cu$	$+0.521$	
$CuCl + e^- \rightleftharpoons Cu + Cl^-$	$+0.137$	1.2×10^{-6}
$CuBr + e^- \rightleftharpoons Cu + Br^-$	$+0.033$	5.2×10^{-9}
$CuI + e^- \rightleftharpoons Cu + I^-$	-0.1852	1.1×10^{-12}
$Cu_2S + 2e^- \rightleftharpoons 2Cu + S^{2-}$	-0.89	(碱性)2×10^{-48}
$Cu(CN)_2^- + e^- \rightleftharpoons Cu + 2CN^-$	-0.429	(碱性)1.0×10^{16}
$Cu(CNS) + e^- \rightleftharpoons Cu + CNS^-$	-0.27	(碱性)4.5×10^{-15}
$Cu(NH_3)_2^+ + e^- \rightleftharpoons Cu + 2NH_3$	-0.12	(碱性)7.25×10^{10}
$Cu^{2+} + 2CN^- + e^- \rightleftharpoons Cu(CN)_2^-$	$+1.103$	(碱性)1.0×10^{16}
$Cu^{2+} + e^- \rightleftharpoons Cu^+$	$+0.152$	
$Cu^{2+} + Cl^- + e^- \rightleftharpoons CuCl$	$+0.538$	1.2×10^{-6}
$Cu^{2+} + Br^- + e^- \rightleftharpoons CuBr$	$+0.640$	5.2×10^{-9}
$Cu^{2+} + I^- + e^- \rightleftharpoons CuI$	$+0.86$	1.1×10^{-12}
$Cu^{2+} + 2CN^- + e^- \rightleftharpoons Cu(CN)_2^-$	$+1.103$	1.0×10^{16}
$Ag^+ + e^- \rightleftharpoons Ag$	$+0.7991$	
$AgCl + e^- \rightleftharpoons Ag + Cl^-$	$+0.2222$	1.8×10^{-10}
$AgBr + e^- \rightleftharpoons Ag + Br^-$	$+0.0713$	5.0×10^{-13}
$AgI + e^- \rightleftharpoons Ag + I^-$	-0.1518	9.3×10^{-17}
$AgCN + e^- \rightleftharpoons Ag + CN^-$	-0.017	1.2×10^{-16}
$Ag(CN)_2^- + e^- \rightleftharpoons Ag + 2CN^-$	-0.31	(碱性)1.3×10^{21}
$Ag(NH_3)_2^+ + e^- \rightleftharpoons Ag + 2NH_3$	$+0.373$	(碱性)1.12×10^7
$Ag(S_2O_3)_2^{3-} + e^- \rightleftharpoons Ag + 2S_2O_3^{2-}$	$+0.017$	2.88×10^{13}
$AgIO_3 + e^- \rightleftharpoons Ag + IO_3^-$	$+0.354$	3.17×10^{-8}
$Ag_2CrO_4 + 2e^- \rightleftharpoons 2Ag + CrO_4^{2-}$	$+0.464$	2.0×10^{-12}
$Ag_2MoO_4 + 2e^- \rightleftharpoons 2Ag + MoO_4^{2-}$	$+0.486$	
$AgBrO_3 + e^- \rightleftharpoons Ag + BrO_3^-$	$+0.546$	5.38×10^{-5}
$AgNO_2 + e^- \rightleftharpoons Ag + NO_2^-$	$+0.564$	
$Ag_2SO_4 + 2e^- \rightleftharpoons 2Ag + SO_4^{2-}$	$+0.654$	1.4×10^{-5}
$Ag_2S(\alpha) + 2e^- \rightleftharpoons 2Ag + S^{2-}$	-0.66	(碱性)2×10^{-49}
$Ag_2CO_3 + 2e^- \rightleftharpoons 2Ag + CO_3^{2-}$	$+0.47$	8.1×10^{-12}
$Hg^{2+} + 2e^- \rightleftharpoons Hg$	$+0.854$	
$Hg_2SO_4 + 2e^- \rightleftharpoons 2Hg + SO_4^{2-}$	$+0.6151$	7.4×10^{-7}
$HgI_4^{2-} + 2e^- \rightleftharpoons Hg + 4I^-$	-0.038	6.76×10^{29}
$HgBr_4^{2-} + 2e^- \rightleftharpoons Hg + 4Br^-$	$+0.223$	1.0×10^{21}
$HgS(black) + 2e^- \rightleftharpoons Hg + S^{2-}$	-0.69	(碱性)1.6×10^{-52}
$Hg(CN)_4^{2-} + 2e^- \rightleftharpoons Hg + 4CN^-$	-0.37	(碱性)2.5×10^{41}
$Hg_2^{2+} + 2e^- \rightleftharpoons 2Hg$	$+0.7991$	
$Hg_2Cl_2 + 2e^- \rightleftharpoons 2Hg + 2Cl^-$	$+0.267691$	1.3×10^{-18}
$Hg_2Br_2 + 2e^- \rightleftharpoons 2Hg + 2Br^-$	$+0.1397$	
$Hg_2I_2 + 2e^- \rightleftharpoons 2Hg + 2I^-$	-0.0405	4.5×10^{-29}
$Hg_2SO_4 + 2e^- \rightleftharpoons 2Hg + SO_4^{2-}$	$+0.6151$	7.4×10^{-7}
$S + 2e^- \rightleftharpoons S^{2-}$	-0.447	
$S + 2H^+ + 2e^- \rightleftharpoons H_2S(aq)$	$+0.142$	1.1×10^{-7} 1.3×10^{-13}
$Fe^{3+} + e^- \rightleftharpoons Fe^{2+}$	$+0.771$	

续表

电 极 反 应		$\varphi^{\ominus}/V$	$K_{稳}^{\ominus}, K_{sp}^{\ominus}$ 或 $K_a^{\ominus}$
	$Fe(CN)_6^{3-} + e^- \rightleftharpoons Fe(CN)_6^{4-}$	+0.36	1.0×10^{42} 1.0×10^{35}
	$Fe(OH)_3 + e^- \rightleftharpoons Fe(OH)_2 + OH^-$	−0.56	4×10^{-38} 8×10^{-16}
$Fe^{2+} + 2e^- \rightleftharpoons Fe$		−0.4402	
	$FeS(\alpha) + 2e^- \rightleftharpoons Fe + S^{2-}$	−0.95	6×10^{-18}
	$Fe(OH)_2 + 2e^- \rightleftharpoons Fe + 2OH^-$	−0.877	8×10^{-16}
$Au^{3+} + 3e^- \rightleftharpoons Au$		+1.498	
	$AuCl_4^- + 3e^- \rightleftharpoons Au + 4Cl^-$	+1.00	
	$AuBr_4^- + 3e^- \rightleftharpoons Au + 4Br^-$	+0.87(60℃)	
	$Au(CNS)_4^- + 3e^- \rightleftharpoons Au + 4CNS^-$	+0.655	1.0×10^{42}
	$Au(OH)_3(s) + 3H^+ + 3e^- \rightleftharpoons Au + 3H_2O$	+1.45	
$Au^+ + e^- \rightleftharpoons Au$		+1.691	
	$AuBr_2^- + e^- \rightleftharpoons Au + 2Br^-$	+0.956	

B. 碱性溶液

电 极 反 应		$\varphi^{\ominus}/V$	$K_{稳}^{\ominus}, K_{sp}^{\ominus}$ 或 $K_a^{\ominus}$
$Ca^{2+} + 2e^- \rightleftharpoons Ca$		−2.866	
	$Ca(OH)_2 + 2e^- \rightleftharpoons Ca + 2OH^-$	−3.02	5.50×10^{-6}
$Ba^{2+} + 2e^- \rightleftharpoons Ba$		−2.906	
	$Ba(OH)_2 \cdot 8H_2O + 2e^- \rightleftharpoons Ba + 2OH^- + 8H_2O$	−2.99	$2.55 \times 10^{-4}[Ba(OH)_2 \cdot 8H_2O]$
$La^{3+} + 3e^- \rightleftharpoons La$		−2.522	
	$La(OH)_3 + 3e^- \rightleftharpoons La + 3OH^-$	−2.90	
$Sr^{2+} + 2e^- \rightleftharpoons Sr$		−2.888	
	$Sr(OH)_2 + 2e^- \rightleftharpoons Sr + 2OH^-$	−2.88	
$Ce^{3+} + 3e^- \rightleftharpoons Ce$		−2.483	
	$Ce(OH)_3 + 3e^- \rightleftharpoons Ce + 3OH^-$	−2.87	
$Y^{3+} + 3e^- \rightleftharpoons Y$		−2.372	
	$Y(OH)_3 + 3e^- \rightleftharpoons Y + 3OH^-$	−2.81	
$Mg^{2+} + 2e^- \rightleftharpoons Mg$		−2.363	
	$Mg(OH)_2 + 2e^- \rightleftharpoons Mg + 2OH^-$	−2.690	5.61×10^{-12}
$Sc^{3+} + 3e^- \rightleftharpoons Sc$		−2.077	
	$Sc(OH)_3 + 3e^- \rightleftharpoons Sc + 3OH^-$	−2.61	
$Al^{3+} + 3e^- \rightleftharpoons Al$		−1.662	
	$Al(OH)_3 + 3e^- \rightleftharpoons Al + 3OH^-$	−2.30	1.3×10^{-33}(无定形)
$Mn^{2+} + 2e^- \rightleftharpoons Mn$		−1.180	
	$Mn(OH)_2 + 2e^- \rightleftharpoons Mn + 2OH^-$	−1.55	1.9×10^{-13}
$Cr^{3+} + 3e^- \rightleftharpoons Cr$		−0.744	
	$Cr(OH)_3(c) + 3e^- \rightleftharpoons Cr + 3OH^-$	−1.48	6×10^{-31}
$Zn^{2+} + 2e^- \rightleftharpoons Zn$		−0.7628	
	$Zn(CN)_4^{2-} + 2e^- \rightleftharpoons Zn + 4CN^-$	−1.26	5.0×10^{16}
	$Zn(OH)_2 + 2e^- \rightleftharpoons Zn + 2OH^-$	−1.245	3.0×10^{-17}
	$Zn(NH_3)_4^{2+} + 2e^- \rightleftharpoons Zn + 4NH_3(aq)$	−1.04	2.88×10^9
$Ni^{2+} + e^- \rightleftharpoons Ni$		−0.250	
	$NiS(\gamma) + 2e^- \rightleftharpoons Ni + S^{2-}$	−1.04	2×10^{-26}
	$NiS(\alpha) + 2e^- \rightleftharpoons Ni + S^{2-}$	−0.830	3.2×10^{-19}
	$Ni(OH)_2 + 2e^- \rightleftharpoons Ni + 2OH^-$	−0.72	2.0×10^{-15}
	$Ni(NH_3)_6^{2+} + 2e^- \rightleftharpoons Ni + 6NH_3(aq)$	−0.476	5.49×10^8
$Cd^{2+} + 2e^- \rightleftharpoons Cd$		−0.4029	

续表

电 极 反 应	$\varphi^{\ominus}/V$	$K_{稳}^{\ominus}$、$K_{sp}^{\ominus}$或$K_a^{\ominus}$
$Cd(CN)_4^{2-} + 2e^- \rightleftharpoons Cd + 4CN^-$	-1.028	6.02×10^{18}
$Cd(OH)_2 + 2e^- \rightleftharpoons Cd + 2OH^-$	-0.809	2.5×10^{-14}
$Cd(NH_3)_4^{2+} + 2e^- \rightleftharpoons Cd + 4NH_3(aq)$	-0.613	1.32×10^7
$CdS + 2e^- \rightleftharpoons Cd + S^{2-}$	-1.175	8.0×10^{-27}
$Co^{3+} + e^- \rightleftharpoons Co^{2+}$	+1.808	
$Co(NH_3)_6^{3+} + e^- \rightleftharpoons Co(NH_3)_6^{2+}$	+0.108	$1.58 \times 10^{35}[Co(NH_3)_6^{3+}]$; $1.29 \times 10^5 [Co(NH_3)_6^{2+}]$
$Co(OH)_3 + e^- \rightleftharpoons Co(OH)_2 + OH^-$	+0.17	$2 \times 10^{-44}[Co(OH)_3]$; $2 \times 10^{-15}[Co(OH)_2]$
$Co^{2+} + 2e^- \rightleftharpoons Co$	-0.277	
$Co(OH)_2 + 2e^- \rightleftharpoons Co + 2OH^-$	-0.73	2×10^{-15}

附录 11 元素原子参数

表 1 元素的原子半径（单位：pm）

Li 157	Be 112										B 88	C 77	N 74	O 66	F 64	Ne —
Na 191	Mg 160										Al 143	Si 118	P 110	S 104	Cl 99	Ar 174
K 235	Ca 197	Sc 164	Ti 147	V 135	Cr 129	Mn 137	Fe 126	Co 125	Ni 125	Cu 128	Zn 137	Ga 153	Ge 122	As 121	Se 104	Br 144	Kr 189
Rb 250	Sr 215	Y 182	Zr 160	Nb 147	Mo 140	Tc 135	Ru 134	Rh 134	Pd 137	Ag 144	Cd 152	In 167	Sn 158	Sb 141	Te 137	I 133	Xe 218
Cs 272	Ba 224	Lu 172	Hf 159	Ta 147	W 141	Re 137	Os 135	Ir 136	Pt 139	Au 144	Hg 155	Tl 171	Pb 175	Bi 182	Po —	At —	Rn —

注：1. 数据来源于 Wells A F. Structural inorganic chemistry. 5thedn. Oxford：Clarendon Press，1984.
2. 非金属列出共价半径；金属列出金属半径（配位数为12）；稀有气体列出范德华半径。

表 2 元素的第一电离能（kJ·mol^{-1}）

H 1312																	He 2372
Li 520	Be 900										B 801	C 1086	N 1402	O 1314	F 1681	Ne 2081
Na 496	Mg 738										Al 578	Si 787	P 1012	S 1000	Cl 1251	Ar 1521
K 419	Ca 590	Sc 631	Ti 658	V 650	Cr 653	Mn 717	Fe 759	Co 758	Ni 737	Cu 746	Zn 906	Ga 579	Ge 762	As 944	Se 941	Br 1140	Kr 1351
Rb 403	Sr 550	Y 616	Zr 660	Nb 664	Mo 685	Tc 702	Ru 711	Rh 720	Pd 805	Ag 731	Cd 868	In 558	Sn 709	Sb 832	Te 869	I 1008	Xe 1170
Cs 376	Ba 503	Lu 524	Hf 654	Ta 761	W 770	Re 760	Os 840	Ir 880	Pt 870	Au 890	Hg 1007	Tl 589	Pb 716	Bi 703	Po 812	At —	Rn 1037
Fr —	Ra —	Lr 509															

La	Ce	Pr	Nd	Pm	Sm	Eu	Gd	Tb	Dy	Ho	Er	Tm	Yb
538	528	523	530	536	543	547	592	564	572	581	589	597	603
Ac	Th	Pa	U	Np	Pu	Am	Cm	Bk	Cf	Es	Fm	Md	No
490	590	570	590	600	585	578	581	601	608	619	627	635	642

注：数据来源于 James E，Huheey. Inorganic Chemistry：Principles of structure and reactivity，3th edition.

表3 元素的电子亲和能（kJ·mol^{-1}）

H 72.9																	He (−21)
Li 59.6	Be (−240)											B 23	C 122	N* (−58) (−800) (−1290)	O* 141 −780	F 322	Ne (−29)
Na 52.9	Mg (−230)											Al 44	Si 120	P 74	S* 200.4 −590	Cl 348.7	Ar (−35)
K 48.4	Ca (−156)	Sc (37.7)	Ti (90.4)	V 63	Cr	Mn (56.2)	Fe (90.3)	Co (123.1)	Ni 123	Cu (−87)	Zn 36	Ga 116	Ge 77	As	Se* 195 −420	Br 324.5	Kr (−39)
Rb 46.9	Sr	Y	Zr	Nb 96	Mo	Tc	Ru	Rh	Pd (−58)	Ag 34	Cd 121	In 101	Sn 190.1	Sb 295	Te (−40)	I	Xe
Cs 45.5	Ba (−52)	Lu	Hf 80	Ta 50	W 15	Re	Os 205.3	Ir	Pt	Au 50	Hg 100	Tl 100	Pb (180)	Bi (270)	Po (−40)	At	Rn
Fr 44.0																	

*从上到下依次排列的为第一、第二或第三电子亲和能（余同）。

注：1. 数据来源于 James E, Huheey. Inorganic Chemistry: Principles of structure and reactivity, Second edition.
2. 括号内的数值为理论值，其余为实验值。

表4 元素的 Pauling 电负性（χ_P）

H 2.2																	He 3.2
Li 0.98	Be 1.57											B 2.04	C 2.55	N 3.04	O 3.44	F 3.98	Ne 5.1
Na 0.93	Mg 1.31											Al 1.61	Si 1.90	P 2.19	S 2.58	Cl 3.16	Ar 3.3
K 0.82	Ca 1.00	Sc 1.36	Ti 1.54	V 1.63	Cr 1.66(II)	Mn 1.55	Fe 1.83(II) 1.96(III)	Co 1.38(II)	Ni 1.91(II)	Cu 1.9(I) 2.0(II)	Zn 1.65	Ga 1.81	Ge 2.01	As 2.18	Se 2.55	Br 2.96	Kr 2.9
Rb 0.82	Sr 0.95	Y 1.22	Zr 1.33	Nb 1.6	Mo 2.16(II) 2.24(III) 2.35(IV)	Tc 1.9	Ru 2.2	Rh 2.28	Pd 2.20	Ag 1.93	Cd 1.69	In 1.78	Sn 1.8(II) 1.96(IV)	Sb 2.05	Te 2.1	I 2.66	Xe 2.6
Cs 0.79	Ba 0.89	Ln 1.1− 1.27	Hf 1.3	Ta 1.5	W 2.36	Re 1.9	Os 2.2	Ir 2.20	Pt 2.28	Au 2.54	Hg 2.00	Tl 1.62(I) 2.04(II)	Pb 1.87(II) 2.33(IV)	Bi 2.02	Po 2.0	At 2.2	Rn —

注：数据来源于 James E, Huheey. Inorganic Chemistry: Principles of structure and reactivity. Second edition.

附录12 鲍林（Pauling）离子半径

离子	r/pm	离子	r/pm
H^+	208	O^{2-}	140
Li^+	60	F^-	136
Be^{2+}	31	Na^+	95
B^{3+}	29	Mg^{2+}	65
C^{4-}	260	Al^{3+}	50
C^{4+}	15	Si^{4+}	41
N^{3-}	171	P^{3-}	212
N^{5+}	11	P^{5+}	34

离子	r/pm	离子	r/pm
S^{2-}	184	Br^-	195
S^{6+}	29	Br^{7+}	39
Cl^-	181	Rb^+	148
Cl^{7+}	26	Sr^{2+}	113
K^+	133	Y^{3+}	93
Ca^{2+}	99	Zr^{4+}	80
Sc^{3+}	81	Nb^{5+}	70
Ti^{3+}	69	Mo^{6+}	62
Ti^{4+}	68	Ag^+	126
V^{2+}	66	Cd^{2+}	97
V^{5+}	59	In^{3+}	81
Cr^{3+}	64	Sn^{4+}	71
Cr^{6+}	52	Sb^{3-}	245
Mn^{2+}	80	Sb^{5+}	62
Mn^{7+}	46	Te^{2-}	221
Fe^{2+}	75	Te^{3+}	56
Fe^{3+}	60	I^-	216
Co^{2+}	72	I^{7+}	50
Ni^{2+}	70	Cd^+	169
Cu^+	96	Ba^{2+}	135
Zn^{2+}	74	Au^+	137
Ga^{3+}	62	Hg^{2+}	110
Ge^{4+}	53	Tl^+	144
As^{3-}	222	Tl^{3+}	95
As^{3+}	47	Pb^{2+}	121
Se^{2-}	198	Pb^{4+}	84
Se^{6+}	42	Bi^{5+}	74

注：数据来源于武汉大学，吉林大学，南开大学. 无机化学. 3 版. 北京：高等教育出版社, 1994.

附录 13 某些键的键能和键长

键	键能/kJ·mol^{-1}	键长/pm	键	键能/kJ·mol^{-1}	键长/pm
B—B	293±21		F—H	565±4	74.2
C—C	345.6	154	Cl—H	428.02±0.42	127.4
C═C(C_2)	602±21	134	Br—H	362.3±0.4	140.8
C≡C	835.1	120	I—H	294.6±0.4	160.8
Si—Si	222	235.2	B—F	613.1±53	
N—N	约 167	145	C—F	485	135
N═N	418	125	Si—F	565	157
N≡N	941.69±0.04	109.8	N—F	283±24	136
P—P(P_4)	201	221	P—F(PF_3)	490	154
As—As(As_4)	146	243	As—F(AsF_3)	484.1	171.2
Sb—Sb(Sb_4)	121?		Sb—F(SbF_3)	约 402	
O—O	约 142	148	O—F	189.5	142
O═O	493.59±0.4	120.7	B—Cl	456	175
S—S(H_2S_2)	268±21	205	C—Cl	327.2	177
S═S	424.7±6.3	188.7	Si—Cl	381	202
Se—Se(Se_6)	172		Ge—Cl($GeCl_4$)	348.9	210
Te—Te	126		N—Cl	313	175
H—H	432.00±0.04	74.2	P—Cl(PCl_3)	326	203
F—F	154.8±4	141.8	As—Cl($AsCl_3$)	321.7	216.1
Cl—Cl	239.7±0.4	198.8	O—Cl(HClO)	218	
Br—Br	190.16±0.04	228.4	S—Cl(S_2Cl_2)	255	207
I—I	148.95±0.04	266.6	C—O	357.7	143
C—H	411±7	109	C═O	798.9±0.4	120
Si—H	318	148	Si—O	452	166
N—H	386±8	101	N—O	201	140
P—H	约 322	144	N═O	607	121
As—H	约 247	152	C—N	304.6	147
O—H	458.8±1.4	96	C═N	615	
S—H	363±5	134	C≡N	887	116
Se—H	276?	146	C—S	272	182
Te—H	238?	170	C═S	573±21	160

注：数据来源于 James E. Huheey. Inorganic Chemistry: Principles of structure and reactivity. third edition.

附录14　一些配离子的稳定常数（298K）

配离子	$K_{稳}^{\ominus}$	$\lg K_{稳}^{\ominus}$	配离子	$K_{稳}^{\ominus}$	$\lg K_{稳}^{\ominus}$
$Ag(NH_3)_2^+$	1.12×10^7	7.05	$Co(SCN)_4^{2-}$	1.00×10^5	5.00
$Cd(NH_3)_6^{2+}$	1.38×10^5	5.14	$Cr(NCS)_2^+$	9.52×10^2	2.98
$Cd(NH_3)_4^{2+}$	1.32×10^7	7.12	$Cu(SCN)_2^-$	1.51×10^5	5.18
$Co(NH_3)_6^{2+}$	1.29×10^5	5.11	$Fe(NCS)_2^+$	2.29×10^3	3.36
$Co(NH_3)_6^{3+}$	1.58×10^{35}	35.20	$Hg(SCN)_4^{2-}$	1.70×10^{21}	21.23
$Cu(NH_3)_2^+$	7.25×10^{10}	10.86	$Ni(SCN)_3^-$	64.5	1.81
$Cu(NH_3)_4^{2+}$	2.09×10^{13}	13.32	$Ag(en)_2^+$	5.00×10^7	7.07
$Fe(NH_3)_2^{2+}$	1.6×10^2	2.20	$Cd(en)_3^{2+}$	1.20×10^{12}	12.08
$Hg(NH_3)_4^{2+}$	1.90×10^{19}	19.28	$Co(en)_3^{2+}$	8.69×10^{13}	13.94
$Ni(NH_3)_6^{2+}$	5.49×10^8	8.74	$Co(en)_3^{3+}$	4.90×10^{48}	48.69
$Ni(NH_3)_4^{2+}$	9.09×10^7	7.96	$Cr(en)_2^{2+}$	1.55×10^9	9.19
$Pt(NH_3)_6^{2+}$	2.00×10^{35}	35.30	$Cu(en)_2^+$	6.33×10^{10}	10.80
$Zn(NH_3)_4^{2+}$	2.88×10^9	9.46	$Cu(en)_2^{2+}$	3.98×10^{19}	19.60
AlF_6^{3-}	6.94×10^{19}	19.84	$Cu(en)_3^{2+}$	1.0×10^{21}	21.00
FeF_6^{3-}	1.0×10^{16}	16.00	$Fe(en)_3^{2+}$	5.00×10^9	9.70
$AuCl_2^+$	6.3×10^9	9.80	$Hg(en)_2^{2+}$	2.00×10^{23}	23.30
$CdCl_4^{2-}$	6.33×10^2	2.80	$Mn(en)_3^{2+}$	4.67×10^5	5.67
$CuCl_3^{2-}$	5.0×10^5	5.70	$Ni(en)_3^{2+}$	2.14×10^{18}	18.33
$CuCl_2^-$	3.1×10^5	5.49	$Zn(en)_3^{2+}$	1.29×10^{14}	14.11
$HgCl_4^{2-}$	1.17×10^{15}	15.07	AgY^{3-}	2.09×10^7	5.32
$PbCl_4^{2-}$	39.8	1.60	AlY^-	1.29×10^{16}	16.11
$PtCl_4^{2-}$	1.0×10^{16}	16.00	CaY^{2-}	5.01×10^{10}	10.70
$SnCl_4^{2-}$	30.2	1.48	CdY^{2-}	2.88×10^{16}	16.46
$ZnCl_4^{2-}$	1.58	—	CoY^{2-}	2.04×10^{16}	16.31
$AgCl_4^{3-}$	1.99×10^5	5.30	CuY^{2-}	6.31×10^{18}	18.80
$CdBr_4^{2-}$	5.01×10^3	3.70	FeY^{2-}	2.14×10^{14}	14.33
$CuBr_2^-$	7.76×10^5	5.89	FeY^-	1.26×10^{25}	25.10
$HgBr_4^{2-}$	1.0×10^{21}	21.00	HgY^{2-}	6.33×10^{21}	21.80
$AgBr_4^{3-}$	5.37×10^8	8.73	MgY^{2-}	4.90×10^8	8.69
AgI_3^{2-}	4.78×10^{13}	13.68	MnY^{2-}	6.3×10^{13}	13.80
AgI_2^-	5.49×10^{11}	11.74	NiY^{2-}	4.17×10^{18}	18.62
CdI_4^{2-}	5.57×10^5	5.41	ZnY^{2-}	3.16×10^{16}	16.50
CuI_2^-	7.09×10^8	8.85			
PbI_4^{2-}	2.95×10^4	4.47	$Al(OH)_4^-$	1.07×10^{33}	33.03
HgI_4^{2-}	6.76×10^{29}	29.83	$Bi(OH)_4^-$	1.59×10^{35}	35.20
$Ag(CN)_2^-$	1.3×10^{21}	21.11	$Cd(OH)_4^{2-}$	4.18×10^8	8.62
$Ag(CN)_4^{3-}$	4.0×10^{20}	20.60	$Cr(OH)_4^-$	7.49×10^{29}	29.90
$Au(CN)_2^-$	2.0×10^{38}	38.30	$Cu(OH)_4^{2-}$	3.16×10^{18}	18.50
$Cd(CN)_4^{2-}$	6.02×10^{18}	18.78	$Fe(OH)_4^{2-}$	3.80×10^8	8.58
$Cu(CN)_2^-$	1.0×10^{16}	16.00	$Ca(P_2O_7)^{2-}$	4.0×10^4	4.60
$Cu(CN)_4^{3-}$	2.00×10^{30}	30.30	$Cd(P_2O_7)^{2-}$	4.0×10^5	5.60
$Fe(CN)_6^{4-}$	1.0×10^{35}	35.00	$Cu(P_2O_7)^{2-}$	1.0×10^8	8.00
$Fe(CN)_6^{3-}$	1.0×10^{42}	42.00	$Pb(P_2O_7)^{2-}$	2.0×10^5	5.30
$Hg(CN)_4^{2-}$	2.5×10^{41}	41.40	$Ni(P_2O_7)^{6-}$	2.5×10^2	2.40
$Ni(CN)_4^{2-}$	2.0×10^{31}	31.30	$Ag(S_2O_3)^-$	6.62×10^8	8.82
$Zn(CN)_4^{2-}$	5.0×10^{16}	16.70	$Ag(S_2O_3)_2^{3-}$	2.88×10^{13}	13.46
$Ag(SCN)_4^{3-}$	1.20×10^{10}	10.08	$Cd(S_2O_3)_2^{2-}$	2.75×10^6	6.44
$Ag(SCN)_2^-$	3.72×10^7	7.57	$Cu(S_2O_3)_3^{5-}$	1.66×10^{12}	12.22
$Au(SCN)_4^{3-}$	1.0×10^{42}	42.00	$Pb(S_2O_3)_2^{2-}$	1.35×10^5	5.13
$Au(SCN)_2^-$	1.0×10^{23}	23.00	$Hg(S_2O_3)_3^{6-}$	1.74×10^{33}	33.24
$Cd(SCN)_4^{2-}$	3.98×10^3	3.60	$Hg(S_2O_3)_2^{4-}$	2.75×10^{29}	29.44

（注：Y＝乙二胺四乙酸根离子）

注：数据主要来源于：1. 朱裕贞，顾达，黑恩成. 现代基础化学. 北京：化学工业出版社，1998.
2. 樊行雪，方国女. 大学化学原理及应用. 2版. 北京：化学工业出版社. 2004.
3. 北京师范大学无机化学教研室等. 无机化学实验. 3版. 北京：高等教育出版社，2001.

参 考 文 献

[1] 邵学俊等编. 无机化学. 第2版. 武汉：武汉大学出版社，2003.
[2] 宋天佑等编. 无机化学. 北京：高等教育出版社，2004.
[3] Umland J B, et al. General Chmeistry. 2nd ed. West Publishing Company，1996.
[4] Harvey D. Modern Analytical Chemistry. Mc Craw Hill，2000.
[5] Zhi-Quan Pan, Wen-Hao Ni, Hong Zhou, et al, "A novel (μ-OAc)$_2$ bridged unsymmetric coordinated binuclear Mn(Ⅱ) macrocyclic complex with ligating pendant-arm", Inorg. Chem. Commun. 2008，11，1363-1366.
[6] Zhou H, Peng Z-H, Song Y, et al. Synthesis, crystal structure, electrochemical, EPR and magnetic properties of dinuclear complexes with an Okawa-style unsymmetrical diphenolato Schiff base macrocyclic ligand, Polyhedron, 2007，26，3233-3241.
[7] Walter J. Moore. Physical Chemistry 3nd ed. Lowe & Brydone Ltd.，1976.
[8] 杨宏孝等编. 无机化学. 第3版. 北京：高等教育出版社，2002.
[9] 孙淑声等编. 无机化学. 第2版. 北京：北京大学出版社，1999.
[10] 朱志昂主编. 近代物理化学：上册. 第3版. 北京：科学出版社，2004.
[11] 慕慧主编. 基础化学. 北京：科学出版社，2001.
[12] 大连理工大学编. 无机化学. 第4版. 北京：高等教育出版社，2001.
[13] 天津大学编. 物理化学：上册. 第4版. 北京：高等教育出版社，2001.
[14] 谢有畅，邵美成编. 结构化学. 北京：人民教育出版社，1979.
[15] 朱裕贞等编. 现代基础化学. 北京：化学工业出版社，1998.
[16] 邓建成主编. 大学化学基础. 北京：化学工业出版社，2002.
[17] 杨玉国主编. 现代化学基础. 北京：中国铁道出版社，2001.
[18] 吉林大学等编. 物理化学. 北京：人民教育出版社，1979.
[19] 赵钰琳等编. 现代化学基础. 第2册. 北京：化学工业出版社，1988.
[20] 罗旭主编. 化学统计学. 北京：科学出版社，2001.
[21] 北京师范大学等编. 无机化学实验. 第3版. 北京：高等教育出版社，1983.
[22] 周正民主编. 简明无机化学. 郑州：郑州大学出版社，2002.
[23] 天津大学无机化学教研室编. 无机化学. 第2版. 北京：高等教育出版社，1992.
[24] 樊行雪，方国女编. 大学化学原理及应用. 第2版. 北京：化学工业出版社，华东理工大学出版社，2004.

元素周期表